"十二五"普通高等教育本科国家级规划教材

有机化学

（第五版） 下册

□ 胡宏纹 主编
□ 吴 琳 修订

高等教育出版社·北京

内容提要

本书第四版是“十二五”普通高等教育本科国家级规划教材。

本书是在第四版教学实践的基础上，结合教学改革需要修订而成的。本次修订更新了部分章后习题，将参考文献等内容通过二维码展现，方便读者选用。全书共 31 章，分上、下两册出版。上册 15 章，主要介绍有机化合物的分类、性质、主要反应、代表化合物，以及对映异构和光谱分析；下册 16 章，主要介绍天然有机化合物、立体化学及各类主要有机化学反应机理。

本书可作为高等学校化学类专业有机化学课程教材，也可供相关专业选用。

图书在版编目(CIP)数据

有机化学. 下册 / 胡宏纹主编；吴琳修订. --5 版. --北京：高等教育出版社，2021.1(2022.11重印)

ISBN 978-7-04-055151-8

Ⅰ.①有… Ⅱ.①胡… ②吴… Ⅲ.①有机化学-高等学校-教材 Ⅳ.①O62

中国版本图书馆 CIP 数据核字(2020)第 192933 号

YOUJI HUAXUE

策划编辑 曹 瑛　责任编辑 曹 瑛　封面设计 姜 磊　版式设计 杨 树
插图绘制 于 博　责任校对 刁丽丽　责任印制 高 峰

出版发行 高等教育出版社
社　　址 北京市西城区德外大街 4 号
邮政编码 100120
印　　刷 人卫印务（北京）有限公司
开　　本 787mm×1092mm 1/16
印　　张 26.5
字　　数 660 千字
购书热线 010-58581118
咨询电话 400-810-0598
网　　址 http://www.hep.edu.cn
　　　　 http://www.hep.com.cn
网上订购 http://www.hepmall.com.cn
　　　　 http://www.hepmall.com
　　　　 http://www.hepmall.cn
版　　次 1979 年 4 月第 1 版
　　　　 2021 年 1 月第 5 版
印　　次 2022 年 11 月第 3 次印刷
定　　价 50.00 元

物 料 号 55151-00

目　　录

第十六章　杂环化合物

由碳原子和至少一个其他原子所组成的环称为杂环(heterocycle),环内碳原子以外的原子称为杂原子(heteroatom)。含有杂环的有机化合物称为杂环化合物(heterocyclic compound)。最常见的杂原子为氮、氧和硫。已知的有机化合物中约有一半含有杂环。

杂环化合物广泛存在于自然界中,其中许多化合物在生命过程中起着非常重要的作用。许多杂环化合物用作医药、农药、染料等,近年来杂环化合物也用于电子工业中,如导电高分子化合物、半导体、传感器等。杂环化合物还可以作为有机合成中间体和配合物中金属离子的配体。

杂环化合物的种类非常丰富,本章只介绍几类常见的杂环化合物。

杂环化合物的命名比较复杂,对于杂环母核我国目前仍普遍采取外文音译的方法命名。常见杂环化合物名称及编号如下:

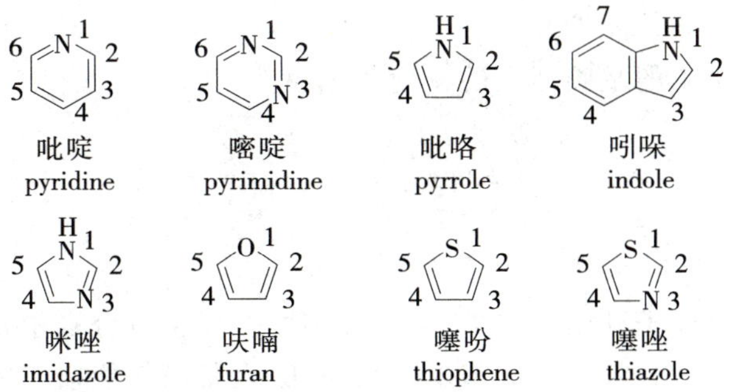

更详细的杂环化合物系统命名方法见《有机化合物命名原则 2017》。

§16.1　吡　　啶

吡啶在 19 世纪中期首先从骨焦油中分离出来,人们在 19 世纪 80 年代就已经认识到它同苯在结构上的联系。

16.1.1　结构和物理性质

吡啶分子中所有的原子在同一平面内,实验测定的键长、键角为

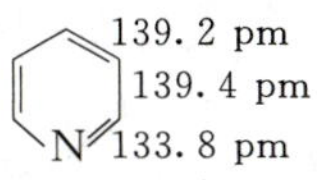

键长

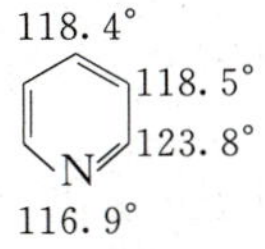

键角

表面上可以把吡啶看作苯分子中一个 CH 单位被 sp^2 杂化的氮原子置换而形成的，氮原子的孤电子对在 sp^2 杂化轨道上，与 p 轨道垂直，不参与 π 电子的共轭。

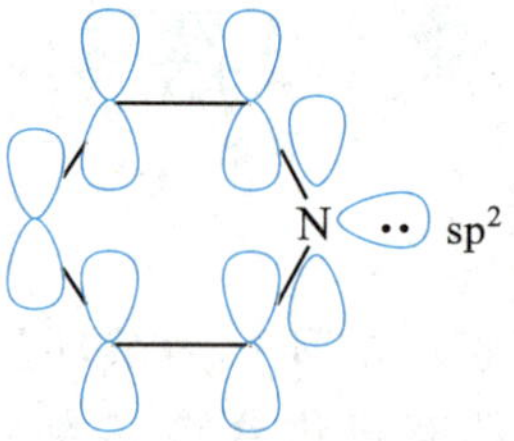

吡啶分子中电负性较大的氮原子的存在，使六元环变形，并使分子具有较大的偶极矩(7.34×10^{-30} C·m)。

吡啶的共振结构为

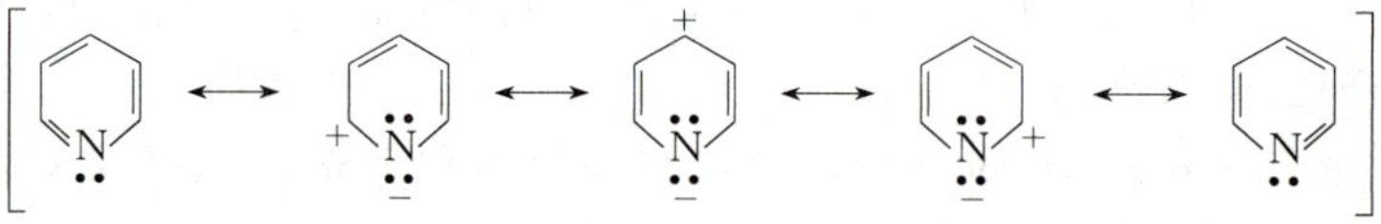

由于偶极结构在共振杂化体中有一定的贡献，环上碳原子带部分正电荷，因此，吡啶是缺电子的芳环。吡啶的经验共振能与苯相近。

用分子轨道法计算出来的吡啶环上的 π 电子密度为

吡啶环上原子的编号从氮原子开始，2，6 位，3，5 位和 4 位原子也分别用 α，β 和 γ 表示。

吡啶为无色液体，能与水混溶，气味与苯胺相似，吸入其蒸气能损害神经系统。

由于偶极矩的影响，吡啶及其烷基取代物的沸点都比苯系化合物高：

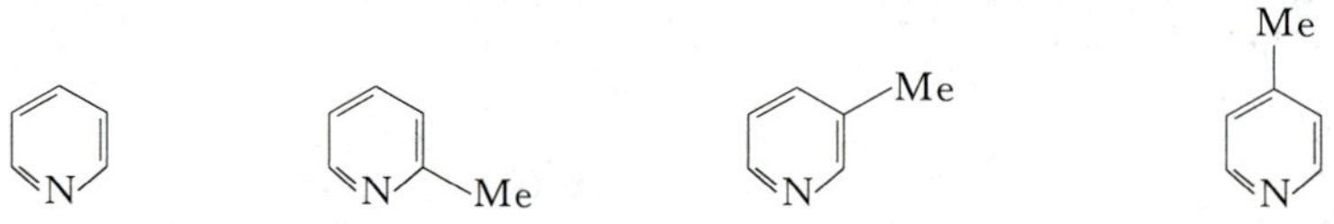

	吡啶	2-甲基吡啶	3-甲基吡啶	4-甲基吡啶
	pyridine	2-methylpyridine	3-methylpyridine	4-methylpyridine
沸点/℃	115	128	144	144

杂环上质子的化学位移与其所在碳原子周围的电子云密度有关，与缺电子碳原子相连的质子的共振信号在低场出现。吡啶环上 α-，β-和 γ-质子的化学位移分别为 8.5，7.1 和 7.5；α-，β-和 γ-碳原子的 ^{13}C 化学位移分别为 149.7，123.2 和 135.1。

16.1.2 氮原子上的亲电加成

吡啶环上的氮原子相当于脂肪族化合物中的亚胺(imine，$-\text{C}=\ddot{\text{N}}-$)，能与亲电试剂加成。吡啶的碱性在水溶液中($\mathrm{p}K_a=5.20$)比脂肪胺($\mathrm{p}K_a=9\sim11$)弱，而在气相中则相近。这可能是两类碱性化合物在溶液中溶剂化程度不同，吡啶季铵离子中，正电荷向环上碳原子分散，因此溶剂化程度较脂肪族铵离子低。

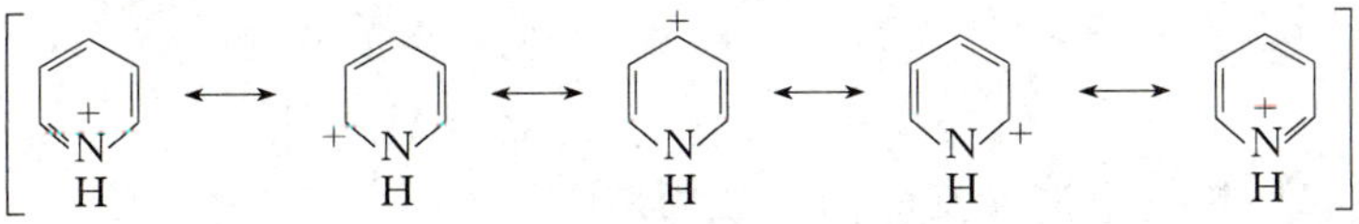

由于甲基是给电子取代基，甲基吡啶的碱性比吡啶强，2-，3-和 4-甲基吡啶的 pK_a 分别为 5.97，5.68 和 6.02。

一些吡啶盐是有机合成中有效的试剂：

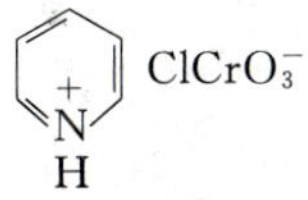

pyridinium chlorochromate
氧化剂
（Corey 试剂）

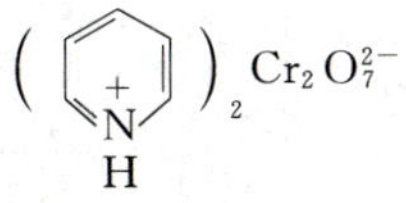

pyridinium dichromate
氧化剂
（Collins 试剂）

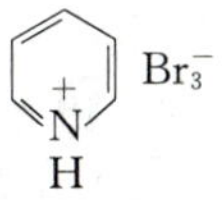

pyridinium hydroperbromide
溴化剂

pyridinium sulfonate
温和磺化剂

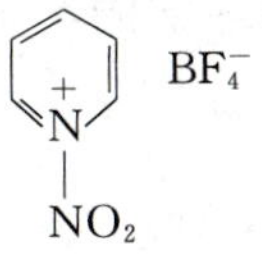

N-nitropyridinium tetrafluoroborate
温和硝化剂

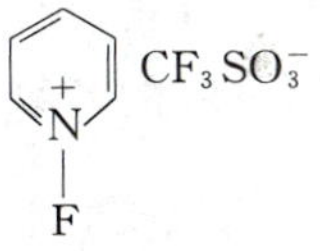

N-fluoropyridinium triflate
氟化剂

吡啶也是金属离子的良好配体。例如：

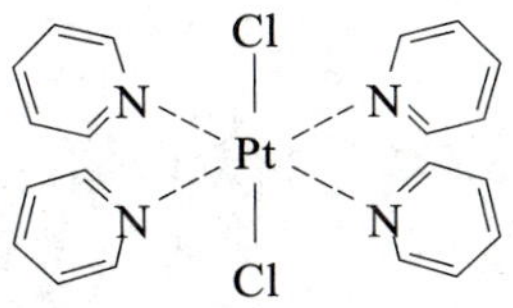

吡啶与酰氯、磺酰氯或酸酐迅速生成季铵盐，后者作为酰化剂比酰氯更有效，与卤离子相比，中性吡啶分子是更好的离去基团：

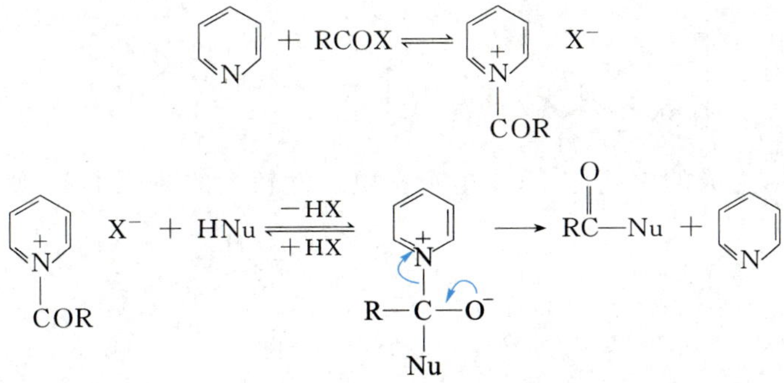

因此，在酰化反应中常用吡啶作溶剂。

吡啶与卤代烷或硫酸烷基酯生成季铵盐：

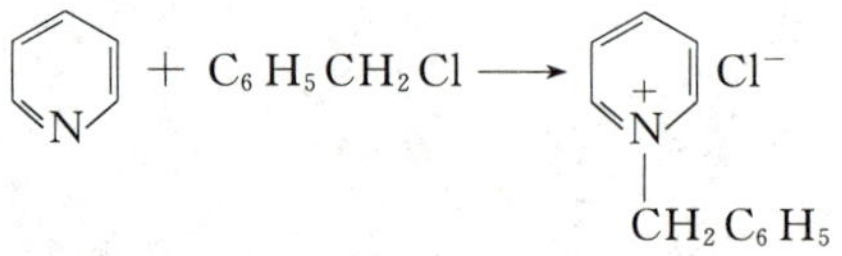

叔卤代烷与吡啶一起加热发生消除反应而生成烯烃。

16.1.3　碳原子上的亲电取代

吡啶是缺电子的芳环，碳原子上的亲电取代速率非常慢，并且只得到 3 位取代产物。例如：

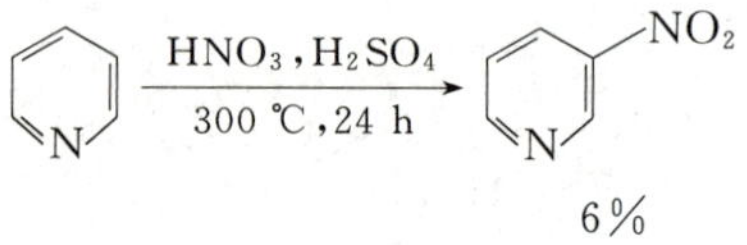

主要原因是，亲电试剂或反应混合物中的质子优先加在氮原子上生成吡啶季铵离子，而与季铵离子形成平衡的游离吡啶分子浓度极低，因此，亲核试剂无论是进攻带正电荷的季铵离子或浓度极低的游离吡啶分子，反应速率都很慢。吡啶环上的给电子取代基使亲电取代较易进行，但反应速率仍低于相对应的苯系化合物。例如：

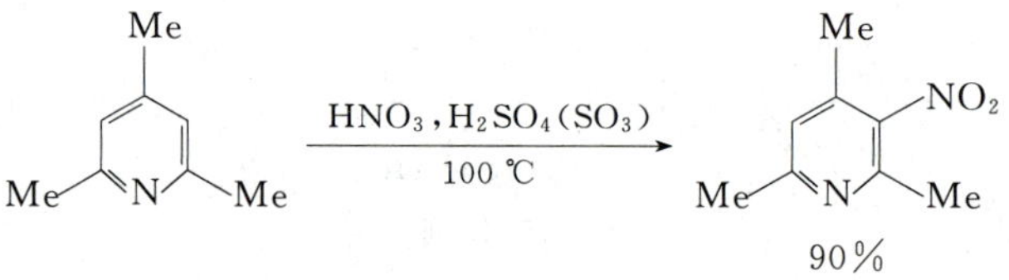

2,6－二叔丁基吡啶可以在液体 SO_2 中用 SO_3 磺化：

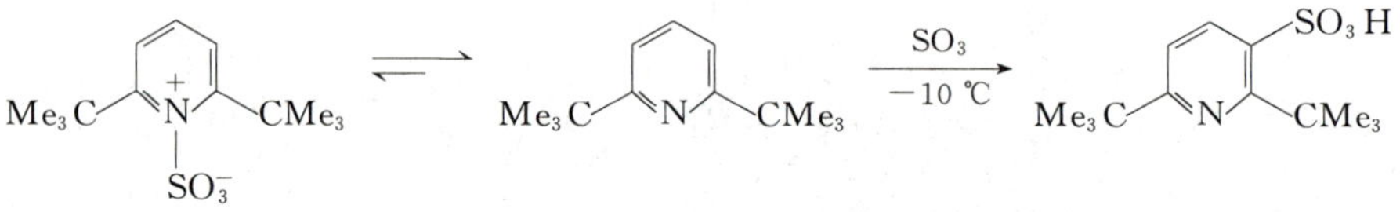

2,6－二叔丁基吡啶

可能是由于叔丁基的位阻作用使平衡偏向游离碱的一方，使反应速率加快。

亲电取代生成 3 位取代物的原因是，亲电试剂进攻 3 位时，生成的中间体最稳定：

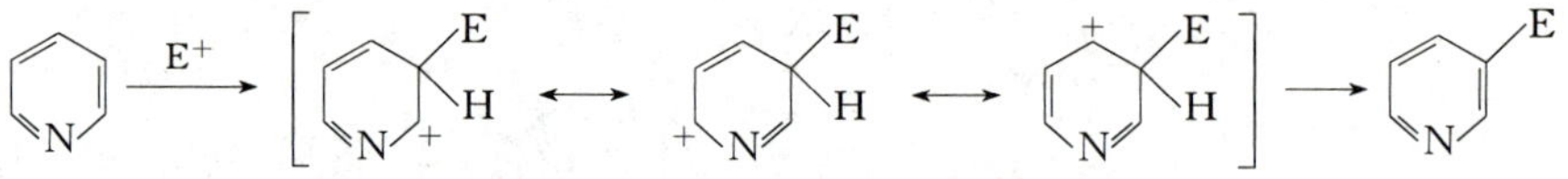

而进攻 2 位或 4 位时，生成的中间体中，正电荷在电负性较大的氮原子上，使其很不稳定：

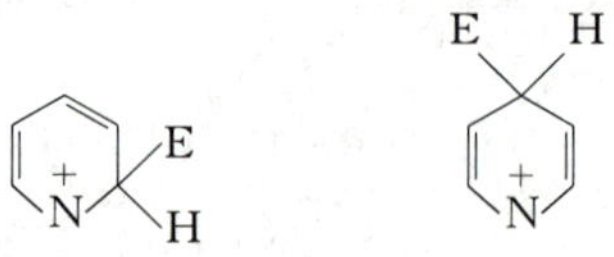

吡啶的亲电取代反应与硝基苯有相似的地方。

16.1.4　碳原子上的亲核取代

亲核取代是吡啶环特有的反应，苯系化合物没有类似反应。

吡啶与固体氨基钠一起加热生成 2-氨基吡啶，反应是通过加成-消除方式进行的：

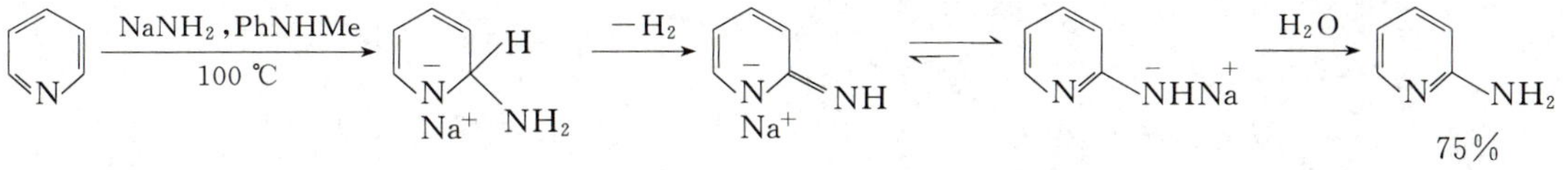

2-甲基吡啶在类似条件下反应，得到 6 位取代产物：

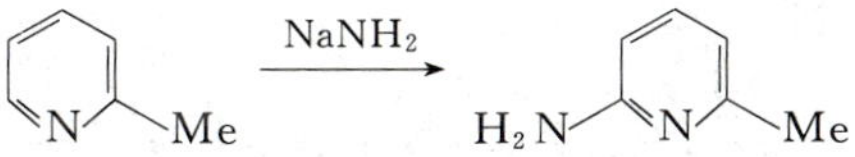

说明取代主要在氮原子的邻位进行。Chichibabin A E 本来想用氨基钠将 2-甲基吡啶中 6 位上的氢原子用钠取代，却意外地得到氨化产物，因此称为 Chichibabin 反应。

吡啶与烃基锂反应可以得到 2 位烃基化产物：

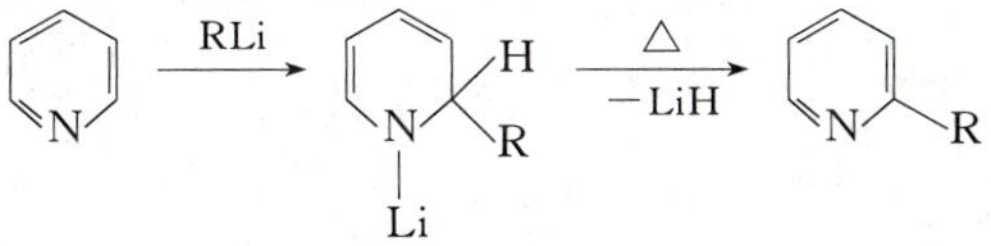

16.1.5　还原

吡啶环比苯环更容易还原，在室温和常压下用镍催化剂加氢即得到六氢吡啶，$LiAlH_4$ 使吡啶还原成 1，2-和 1，4-二氢吡啶的混合物，由于它们容易歧化成四氢吡啶和六氢吡啶，因此不能分离出纯粹的二氢吡啶。

从以上反应可见：吡啶与苯在结构上有相似的地方，但环上氮原子的存在使它的反应与苯有很大的差异。

16.1.6　羟基吡啶和氨基吡啶

2-羟基吡啶、4-羟基吡啶在溶液中与相应的吡啶酮(pyridone)形成动态平衡：

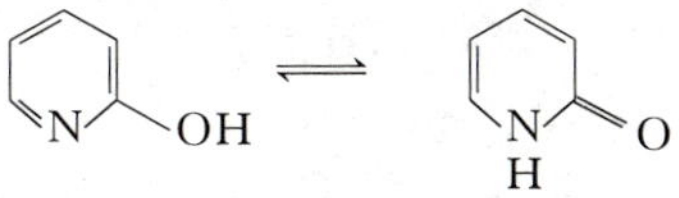

吡啶-2-酮

熔点：105～107 ℃

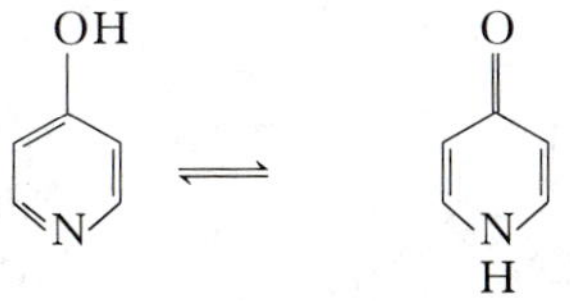

吡啶-4-酮

熔点：146～149 ℃

紫外光谱数据说明：在极性溶剂中平衡偏向酮式（在水溶液中酮式为 100%）；在气态及非极性溶剂中，平衡偏向左边；在固态下为酮式。

3-羟基吡啶在溶液中以两性离子的形式存在：

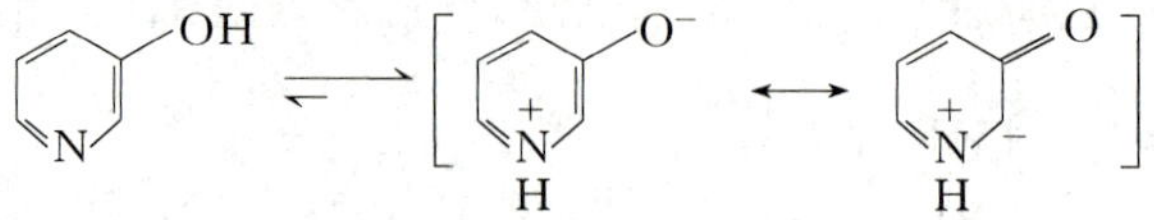

熔点：126～129 ℃

2-氨基吡啶和 4-氨基吡啶则是以氨基式存在，但它们的性质与 3-氨基吡啶有差异，后者与苯系胺相似：

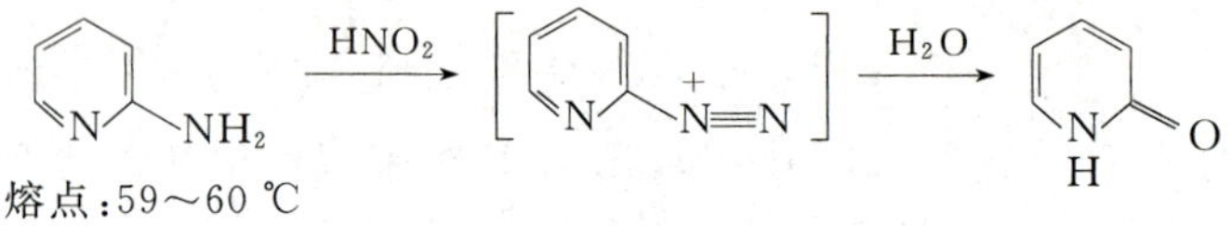

熔点：59～60 ℃

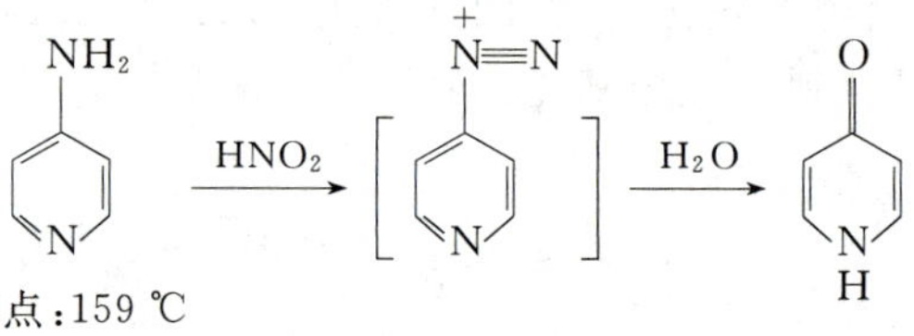

熔点：159 ℃

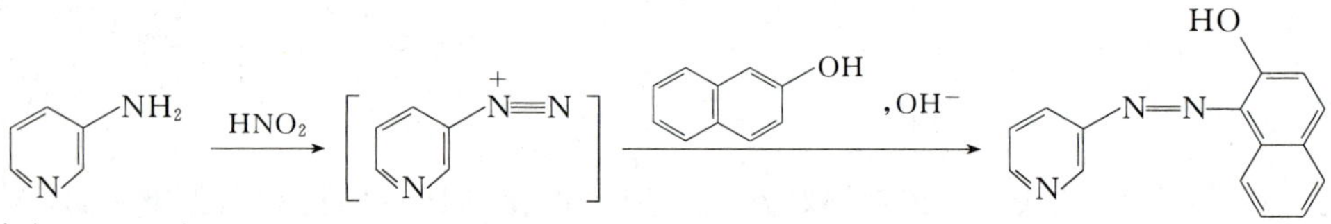

熔点：64～65 ℃

16.1.7 吡啶衍生物

吡啶衍生物中有的在生命过程中有重要作用。例如：

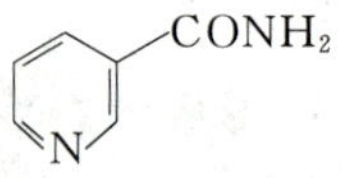

烟酰胺，维生素 B_3

nicotinamide

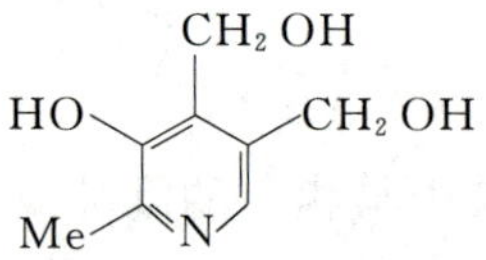

吡哆醇，维生素 B_6

pyridoxine

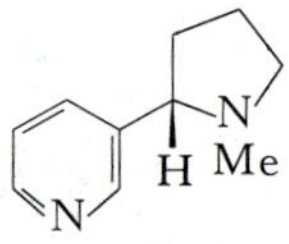

烟碱

nicotine

有的用作医药或农药。例如：

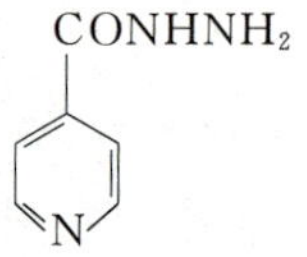

异烟肼，抗结核药

isoniazide

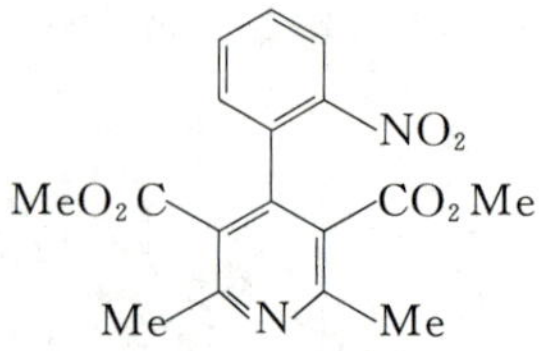

硝苯地平，抗心绞痛药

nifedipine

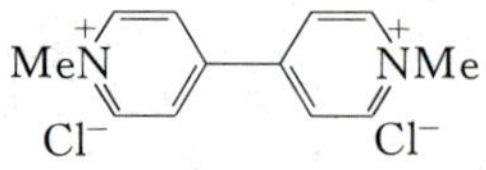

除草剂

paraquat

16.1.8　吡啶环的生成

合成吡啶环的方法很多，经典的方法是 Hantzsch (A) 合成法，就是用一种醛与 1,3-二羰基化合物和氨在醇溶液中缩合，一步生成 1,4-二氢吡啶，后者可以用硝酸等氧化成吡啶衍生物。例如：

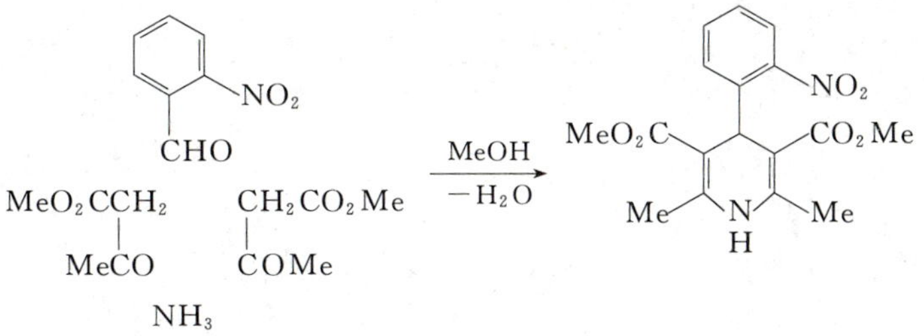

§ 16.2　喹啉和异喹啉

喹啉(quinoline)和异喹啉(isoquinoline)可以看作萘环中一个═CH—被═N—置换而生成的杂环。名称和编号方式如下：

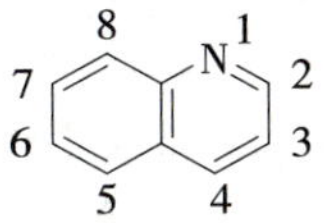

喹啉

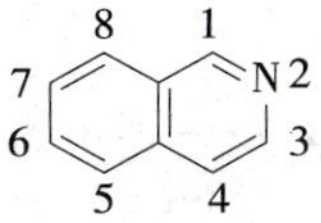

异喹啉

16.2.1　结构和物理性质

喹啉和异喹啉分子中所有的原子都在同一平面内，它们都是芳环，由于电负性较碳原子大的氮原子的导入，使键长、键角发生变化，两个环都不是正六边形。喹啉和异喹啉的偶极矩分别为 7.20×10^{-30} C·m 和 8.67×10^{-30} C·m。

喹啉为液体，沸点：238 ℃，难溶于冷水，易溶于热水，易溶于有机溶剂，能随水蒸气蒸馏出来。异喹啉为低熔点固体，熔点：26 ℃，沸点：243 ℃，微溶于水，易溶于有机溶剂。

由于氮原子的影响，喹啉和异喹啉分子中与氮原子相邻的或在氮原子对位的质子的化学位移都移向低场：

质子在环上的位置	1	2	3	4	5	6	7	8
δ_H(喹啉)		8.81	7.26	8.00	7.68	7.43	7.61	8.05
δ_H(异喹啉)	9.15		8.45	7.50	7.71	7.57	7.50	7.87

16.2.2　化学反应

喹啉和异喹啉的多数反应与吡啶相似。喹啉和异喹啉的碱性与吡啶相近，其 pK_a 分别为 4.94 和 5.40，氮原子上的亲电加成也与吡啶相似。

16.2.2.1 碳原子上的亲电取代

喹啉和异喹啉的亲电取代比吡啶容易进行，但取代基进入苯环。例如：

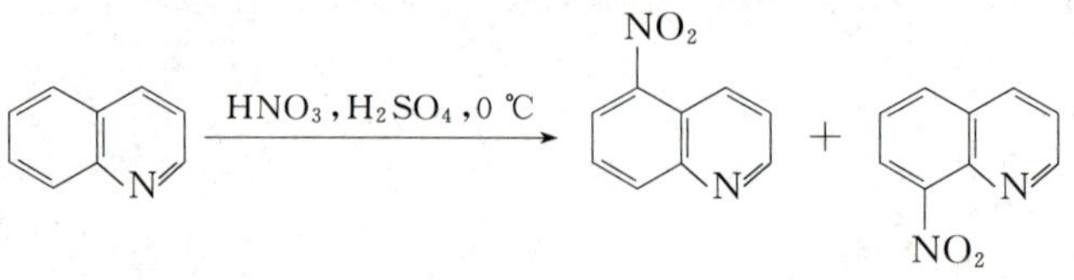

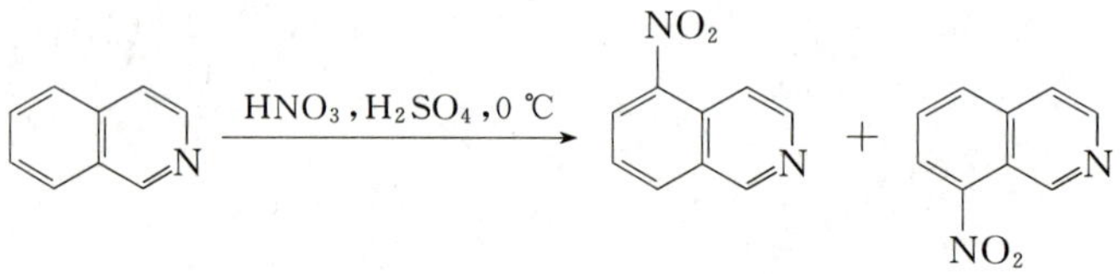

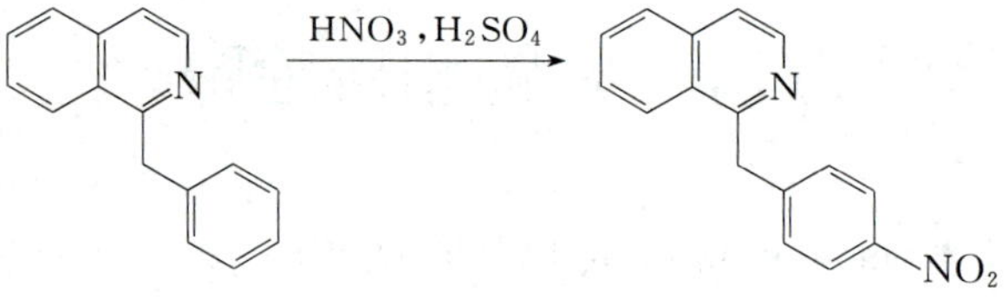

16.2.2.2 亲核加成

喹啉和异喹啉与吡啶的显著差异是更容易在 1,2 位加成。例如：

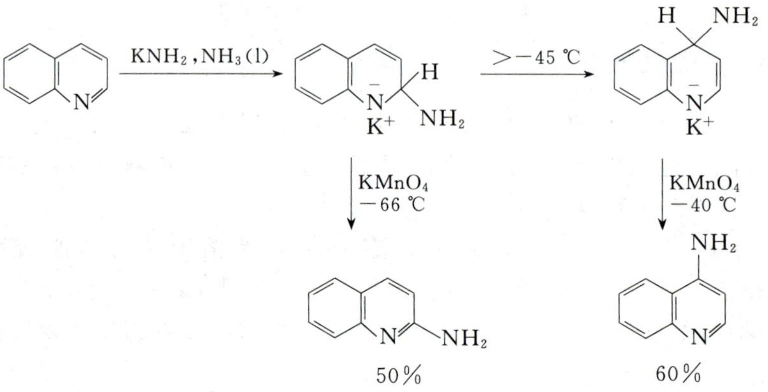

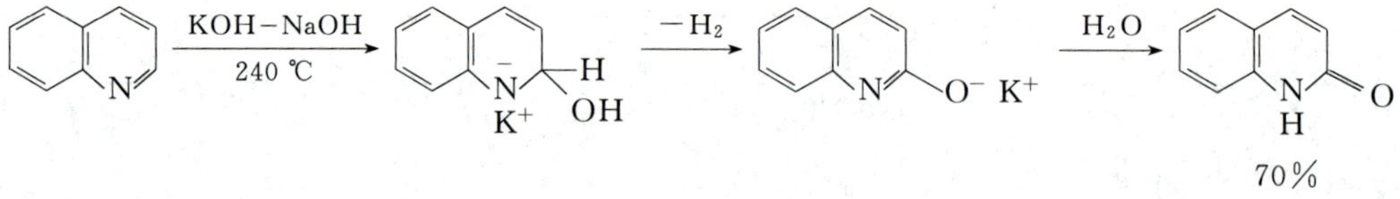

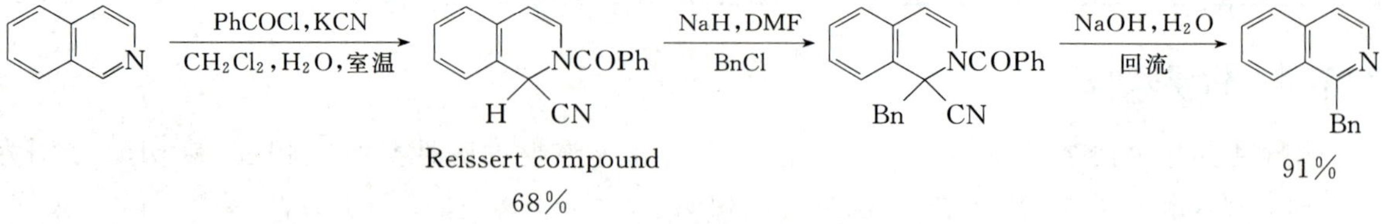

16.2.2.3　羟基化合物

2-羟基喹啉、4-羟基喹啉和1-羟基异喹啉都以羰基互变异构体喹啉酮(quinolone)和异喹啉酮(isoquinolinone)的形式存在，喹啉酮类化合物有抗菌作用：

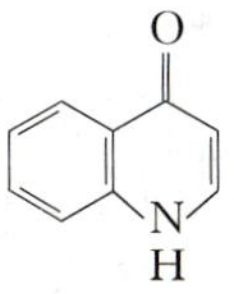

喹啉-4-酮

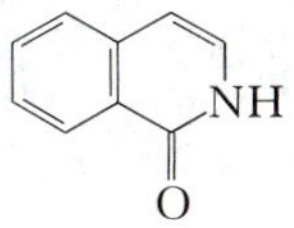

异喹啉-1-酮

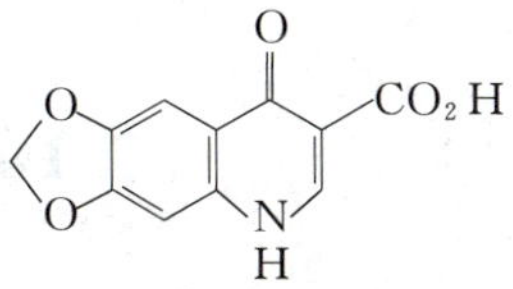

奥索利酸(oxolinic acid)
合成抗菌药

3-羟基异喹啉在无水乙醚中以羟基化合物的形式存在，而在水溶液中则以羰基互变异构体的形式存在：

3-羟基异喹啉(无色)　isoquinolin-3-ol　　异喹啉-3-酮(黄色)　2H-isoquinolinone

16.2.2.4　喹啉和异喹啉衍生物

许多生物碱和药物分子中含有喹啉环和异喹啉环。例如：

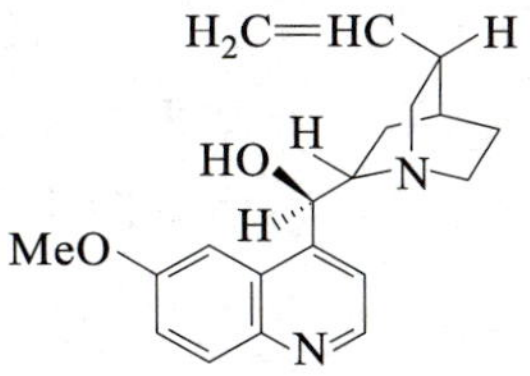

奎宁
quinine

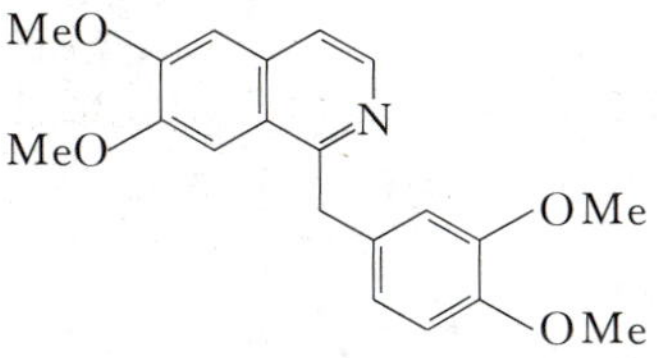

罂粟碱
papaverine

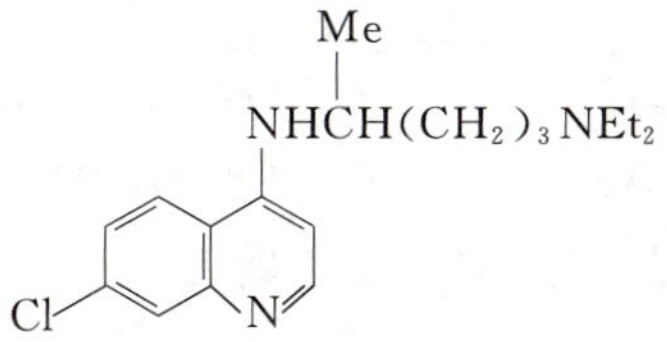

氯喹(抗疟药)
chloroquine

16.2.2.5　喹啉环和异喹啉环的合成

喹啉环和异喹啉环的合成方法中多数是以苯衍生物为原料构建与苯环稠合的吡啶环。例如，Skraup(Z H)合成法将苯胺、甘油与浓硫酸和硝基苯一起加热，一步得到喹啉。甘油在硫酸作用下先变成丙烯醛，丙烯醛与苯胺缩合生成二氢喹啉，后者被硝基苯氧化成喹啉：

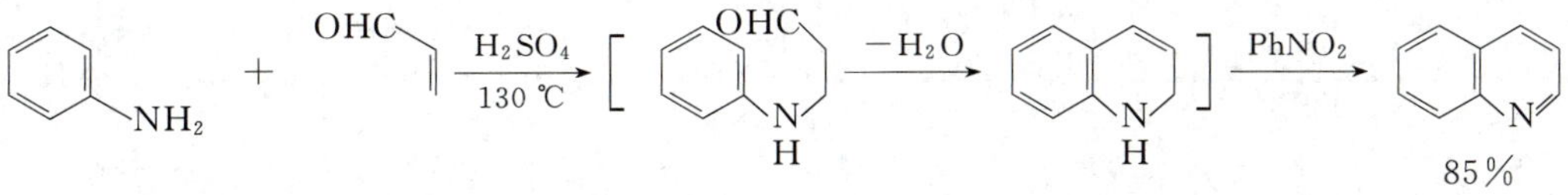

反应中放出大量的热，有时可能非常剧烈，因此，常加入硼酸、硫酸亚铁等使反应缓和进行。

Bischler (A)-Napieralski (B) 合成法则是以芳乙胺为原料构建稠合的吡啶环：

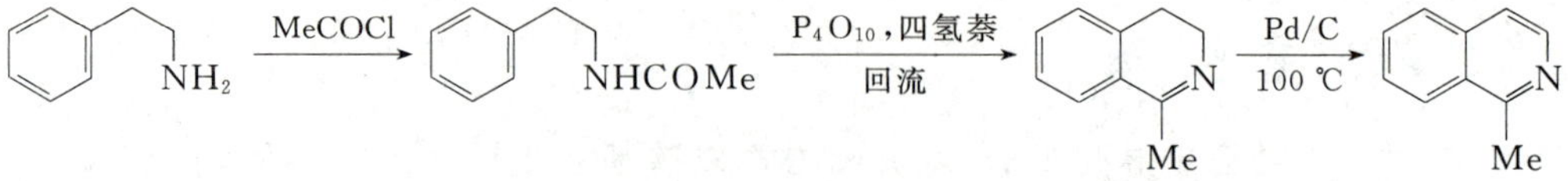

95% 83% 93%

§16.3 嘧 啶

苯环中两个═CH—单位被═N—置换生成的杂环称为二嗪(diazine),1,3-二嗪也叫作嘧啶(pyrimidine)。

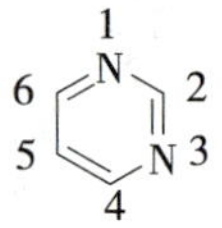

嘧啶为无色低熔点固体,熔点:20～22 ℃,沸点:123～124 ℃,能溶于水,也容易吸水。嘧啶的偶极矩为 7.0×10^{-30} C·m。嘧啶环上 2,4,6 位上质子的化学位移都移向低场:

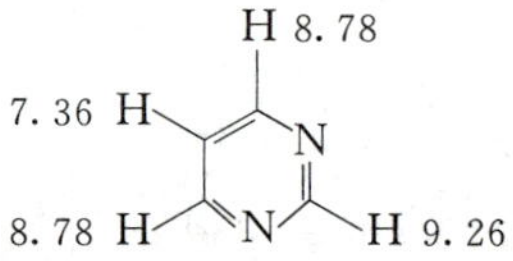

δ_H ($CDCl_3$)

嘧啶的碱性(pK_a=1.3)比吡啶弱,一般情况下只能与 1 mol 酸生成盐,第二个氮原子在非常强的酸性溶液中才能质子化[$pK_a(2)=-6.3$]。嘧啶容易与卤代烷生成季铵盐,但只能用活性非常高的三烷基𨦡盐使它转变为二季铵盐:

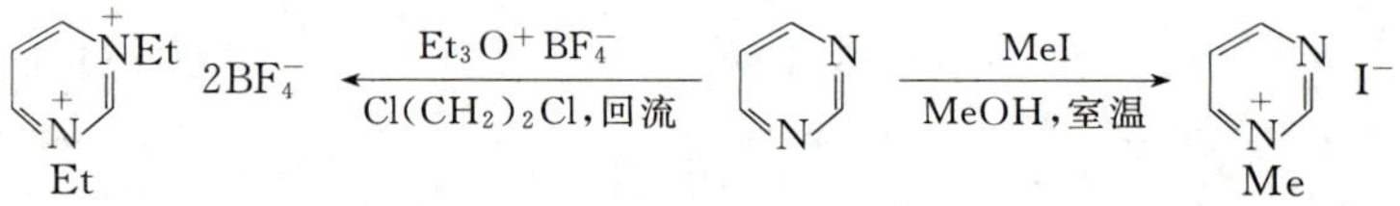

86% 85%

由于氮杂原子的影响,吡啶环碳原子上的亲电取代很难进行,增加一个氮杂原子,进一步增加碳原子上亲电取代的难度,还没有嘧啶或其简单烷基取代物能发生硝化反应的报道。亲核试剂都容易与嘧啶发生加成反应。例如:

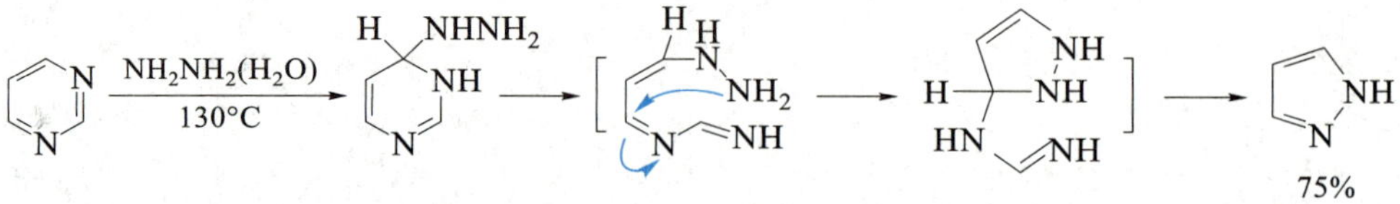

75%

嘧啶与氢氧化钠水溶液一起加热也会开环分解。

尿嘧啶(uracil)、胸腺嘧啶(thymine)和胞嘧啶(cytosine)是核酸(nucleic acid)的组成部分,

5-氟尿嘧啶可以干扰核酸的功能和合成,用作抗癌药:

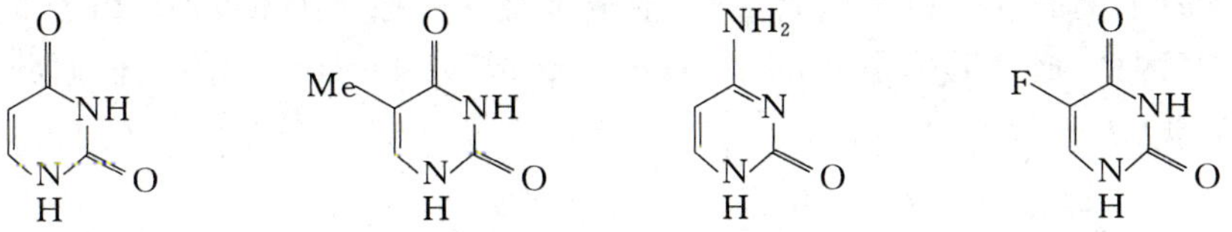

尿嘧啶　胸腺嘧啶　胞嘧啶　5-氟尿嘧啶

维生素 B_1(thiamine)分子中也含有嘧啶环:

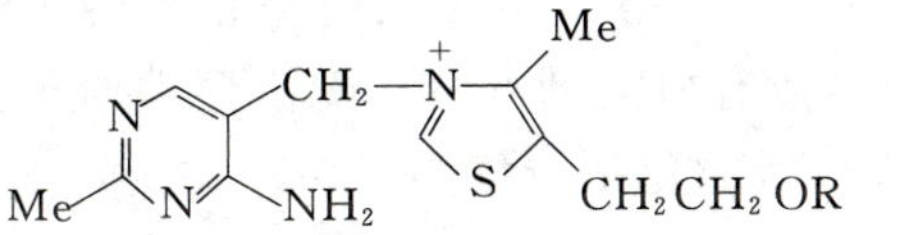

R=pyroprosphate

应用最广泛的合成嘧啶环的方法是用 N—C—N 骨架的化合物(如尿素)与丙二酸酯、1,3-二酮等反应。例如:

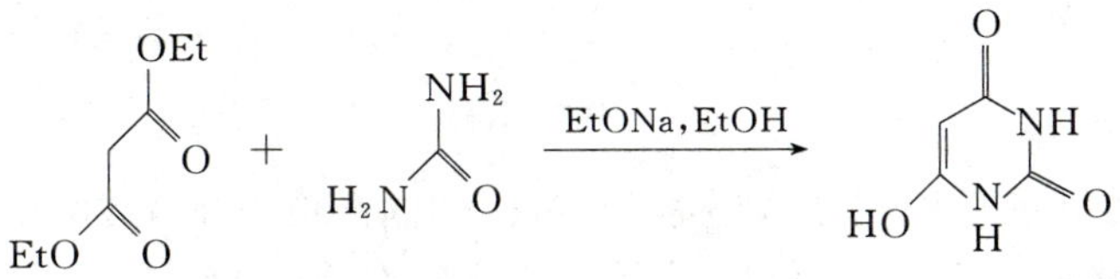

§ 16.4 吡　咯

吡咯(pyrrole)可以看作环戊二烯负离子中带负电荷的—$\overset{-}{C}$H—被—$\ddot{N}$H—置换而生成的杂环:

环戊二烯负离子　吡咯

16.4.1 结构和物理性质

吡咯分子中所有的原子在同一平面内,其键长、键角为

键长　键角

吡咯的共振式为

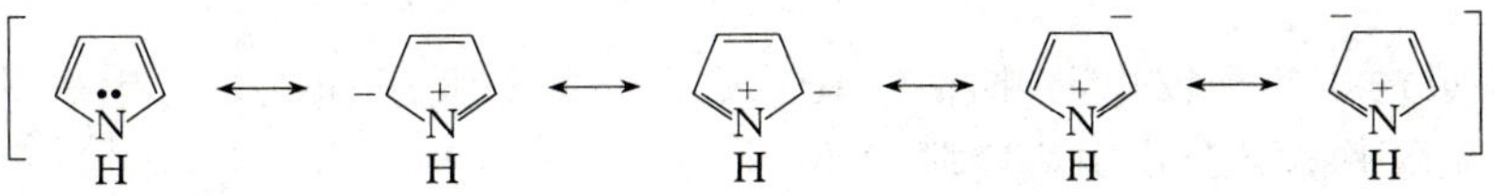

即环中氮杂原子上部分负电荷分布到碳原子上。吡咯的分子轨道模型认为：环上 4 个碳原子和 1 个 sp^2 杂化的氮原子上的 p 轨道在侧面重叠，形成围绕 5 个原子的 π 轨道，由于 6 个 π 电子分布在 5 个原子周围，因此，吡咯是富电子的杂环（π－excessive heterocycle）。根据分子轨道法计算出来的 π 电子密度为

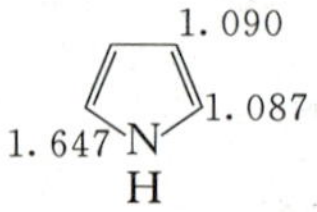

新蒸馏的吡咯为无色液体，沸点：130 ℃，在空气中颜色变深并逐渐变成树脂状物。吡咯有吸水性，在水中的溶解度约为 5％，能与多数有机溶剂混溶。吡咯环碳原子上质子的信号为多重峰，氮原子上的质子则为一宽峰，其中心位置的化学位移为

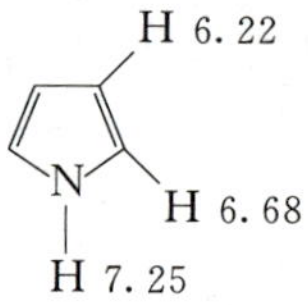

$\delta_H(CDCl_3)$

与苯分子中质子的化学位移相比，明显移向高场。吡咯的偶极矩用纯液体测定为 5.17×10^{-30} C·m，偶极矩的方向与四氢吡咯相反，说明氮原子上孤电子对的部分电荷向环上移动。

5.17×10^{-30} C·m　　　　5.24×10^{-30} C·m

16.4.2 化学反应

吡咯是富电子杂环，容易在碳原子上发生亲电取代反应，氮原子上氢原子又能被金属取代。

16.4.2.1 亲电取代

在强酸性溶液中，质子可以加在 2 位或 3 位：

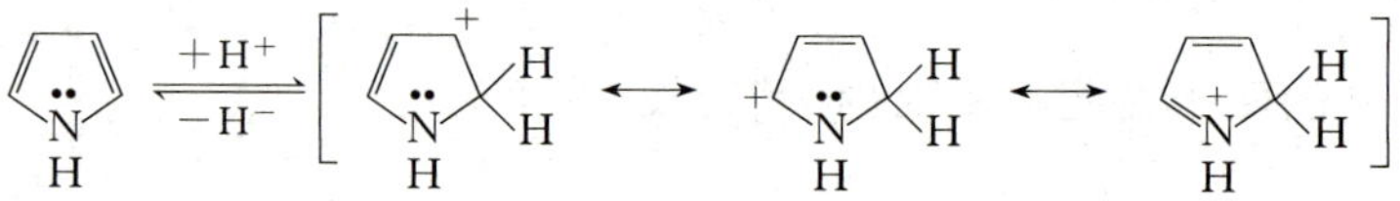

2*H*－pyrrolium cation

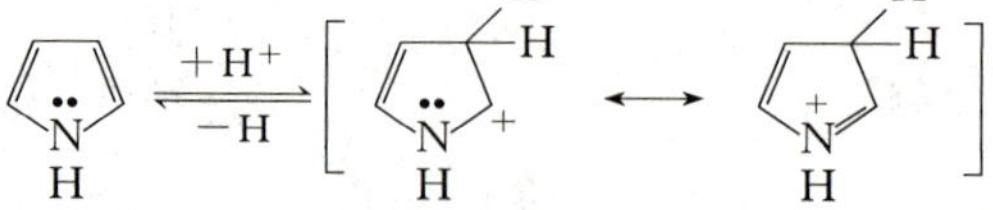

3*H*－pyrrolium cation

质子加在 2 位生成的正离子较稳定，据估计其 $pK_a=-3.8$；质子加在 3 位生成的正离子 $pK_a=-5.9$，因此，后者在平衡混合物中浓度非常小。

在强酸性溶液中吡咯容易聚合或开环，因此亲电取代不能在强酸性溶液中进行，主要产物为 2 位取代物。例如：

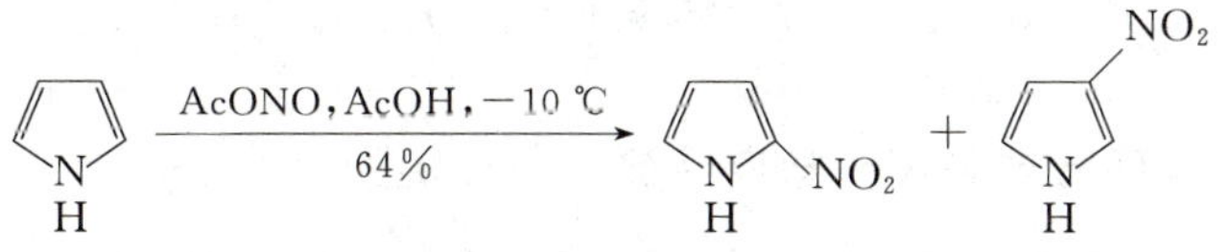

4 : 1

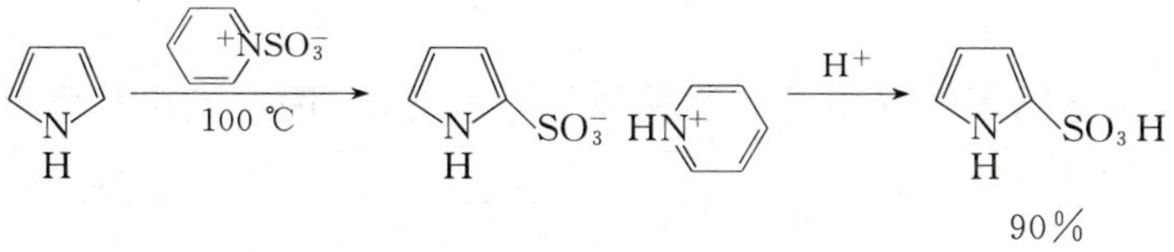

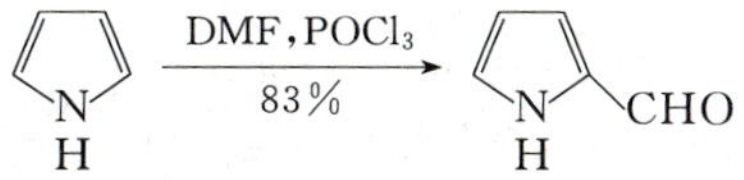

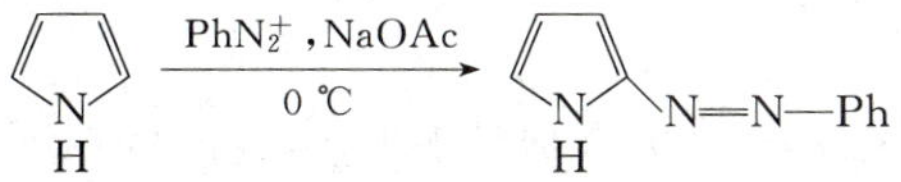

以上反应中 Vilsmeier (E) 甲酰化反应和偶联反应在苯系化合物中，只有苯酚类和胺类才能发生，由此可见，吡咯在容易发生亲电取代反应方面与苯胺或苯酚相似。

16.4.2.2 与碱性试剂的反应

吡咯氮原子上的氢原子有微弱酸性，$pK_a=17.5$，与醇相近(四氢吡咯的 pK_a 约为 34)，用强碱可以使它完全转化成钠盐或钾盐：

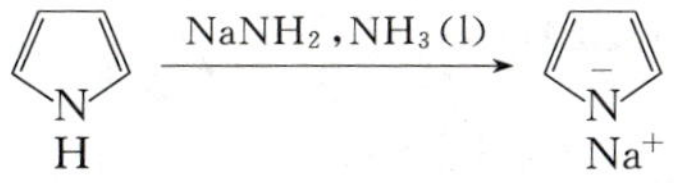

在惰性溶剂中用金属钠或钾也可以使吡咯转变成盐。

吡咯负离子(pyrrole anion)与烷基化试剂或酰基化试剂反应，生成 *N*－烷基吡咯或 *N*－酰基吡咯，在制备这些化合物时，不需要把吡咯完全变成盐，只要吡咯负离子达到一定浓度，烷基化或酰基化即可进行，因此，可以用较弱的碱。例如：

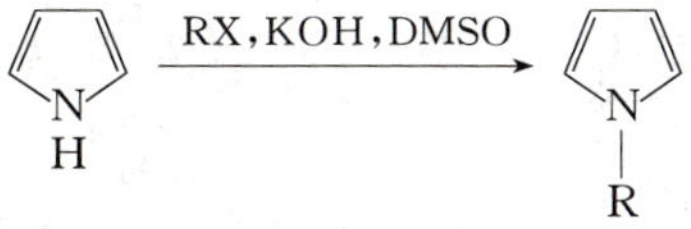

16.4.2.3 还原和氧化

吡咯是富电子杂环，不容易被 $LiAlH_4$，B_2H_6，Na 加 EtOH 等还原，在高压下催化加氢也不容易得到四氢吡咯。例如：

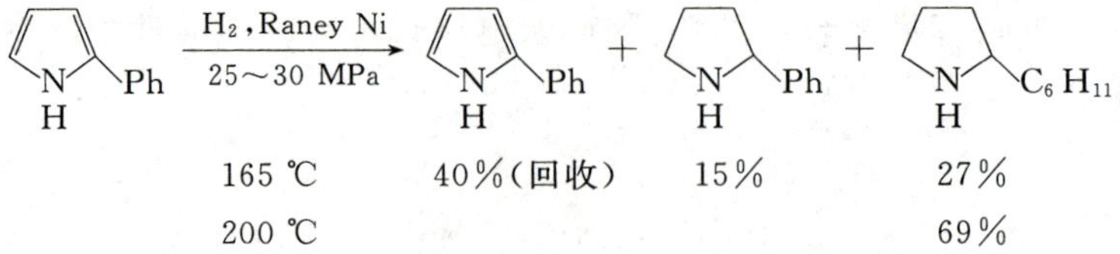

但在酸性溶液中(由于芳环已被破坏),却容易被还原。例如:

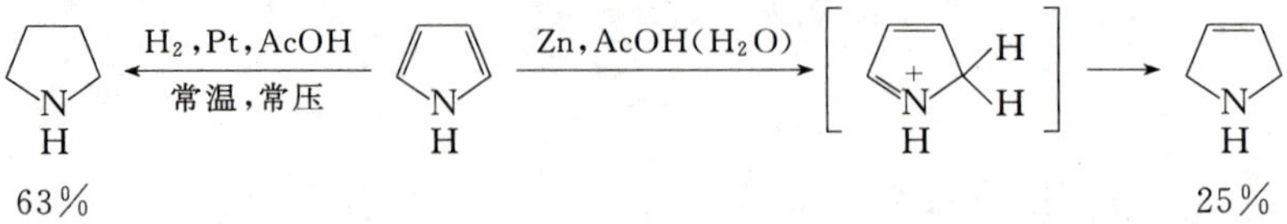

吡咯容易氧化,在光照下空气中的氧容易使其分解变质,用过氧化氢可以氧化成吡咯酮:

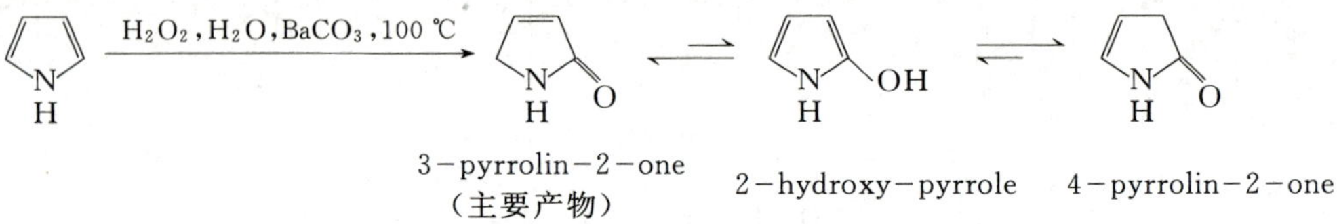

16.4.3 吡咯环的合成

合成吡咯环的方法很多,Knorr (L) 合成法是应用较广的一种。例如:

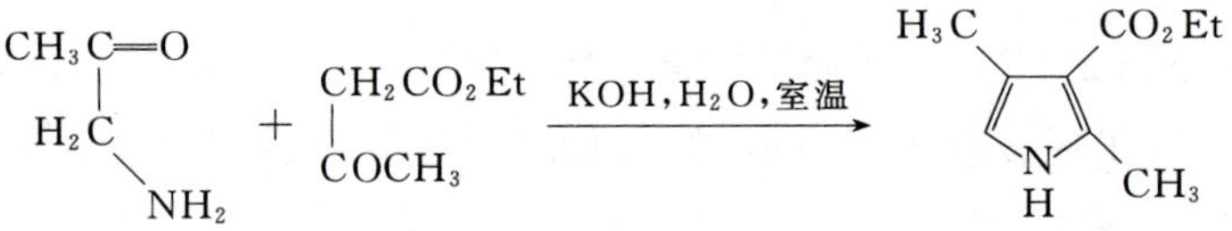

就是用 α-氨基酮与 β-二羰基化合物缩合,α-氨基酮容易自身缩合,因此,一般是在第二个反应物存在下就地生成:

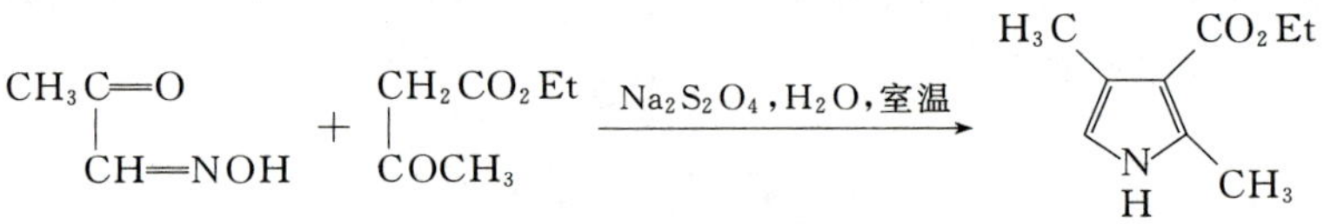

16.4.4 卟啉和可啉

卟啉(porphyrin)环中含有 4 个吡咯环,它们由 4 个次甲基连接组成一个有芳香性的大环:

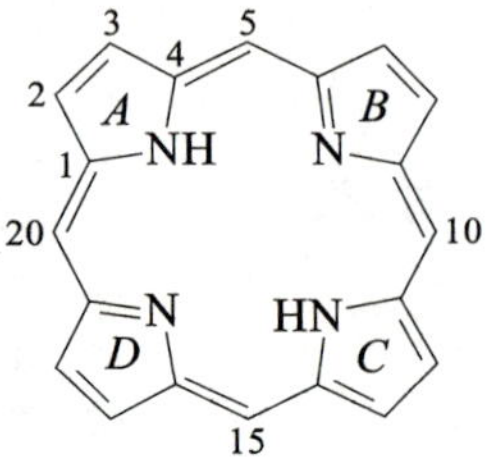

卟啉环

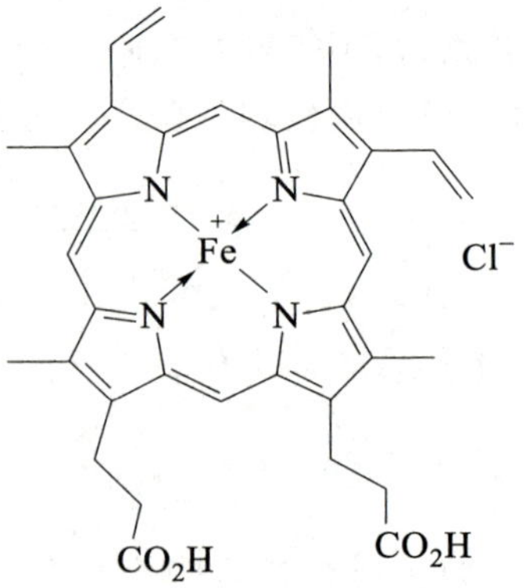

血红素

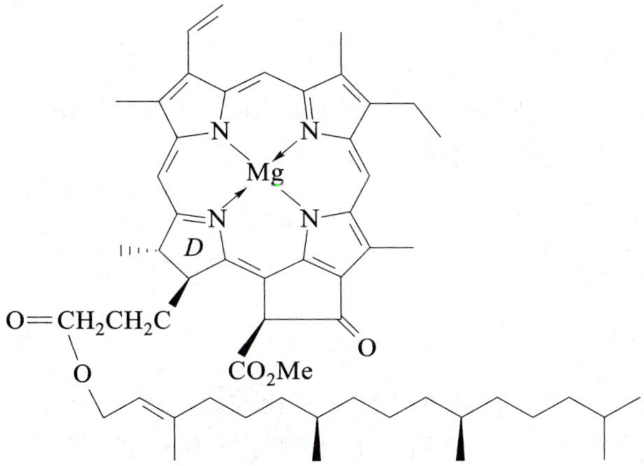

叶绿素 a

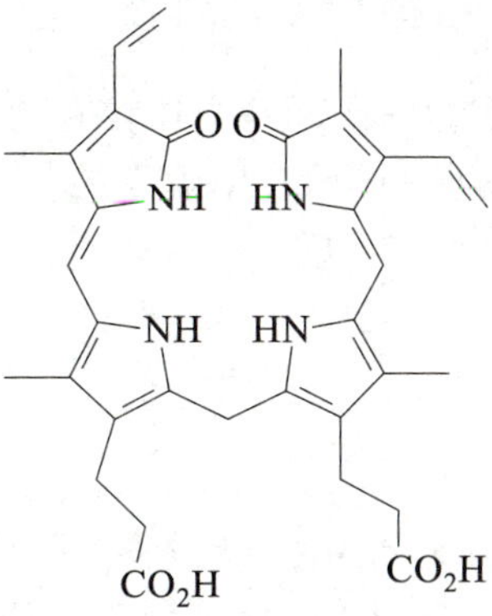

胆红素Ⅸa

卟啉环中四个氮原子位置适当，可以与许多金属离子形成螯合物。血红素分子中含有与卟啉环螯合的铁离子，它是血红蛋白中输送氧的组分。叶绿素 a 分子中 *D* 环为二氢吡咯环。胆汁色素是血红素的降解产物，其中之一为胆红素Ⅸa，与黄疸病引起的皮层黄色有关。

咕啉(corrin)环比卟啉环少一个碳原子，维生素 B_{12} 中含有可啉环。

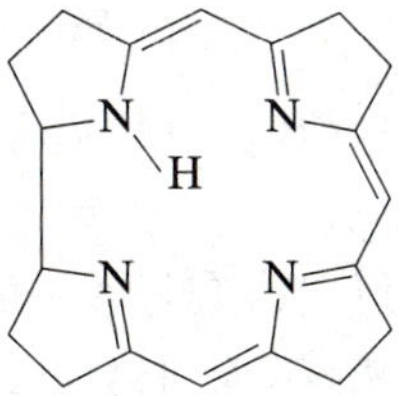

咕啉环

胆色素原(porphobilinogen)为吡咯衍生物，血红素、叶绿素和维生素 B_{12} 都是在生物体中以胆色素原为前体合成的。

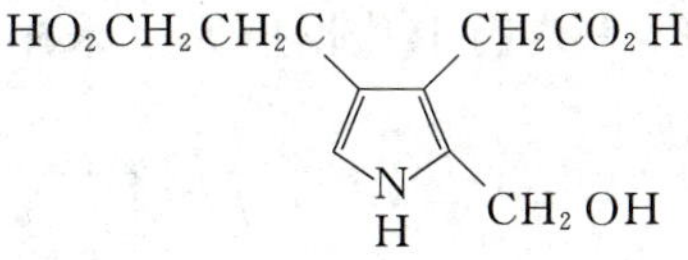

胆色素原

§ 16.5 吲　　哚

吲哚环是由吡咯环在 2,3 位与苯环稠合形成的：

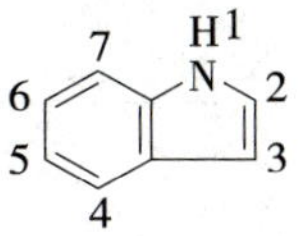

16.5.1 结构和物理性质

吲哚(1*H*－indole)中还含有约百万分之一的 3*H*－吲哚(3*H*－indole,indolenine),在溶液中新生成的 3*H*－吲哚在室温下约 100 s 内即异构化为吲哚:

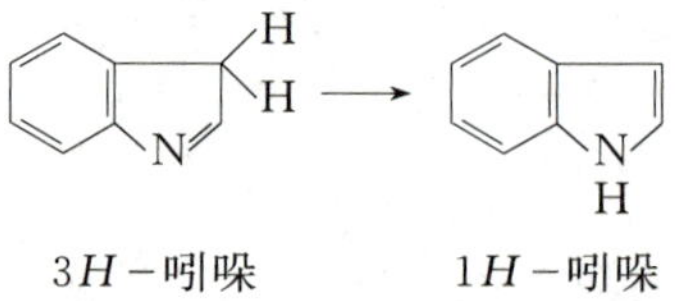

吲哚为无色晶体,熔点:52 ℃,沸点:253 ℃,在高度稀释下有花香。

吲哚分子中 1 位质子的化学位移为 10～12,3 位质子的化学位移为 6.46,其他质子的化学位移为 7.00～7.55。

16.5.2 化学反应

吲哚在强酸溶液中,在 3 位加一个质子,同时发生聚合:

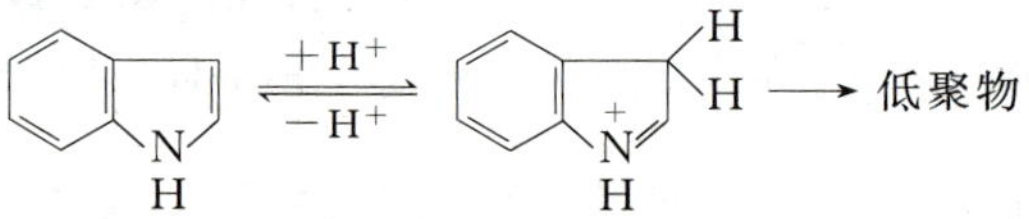

吲哚同吡咯一样,N—H 键有弱酸性($pK_a=16.97$),可以生成钠盐或钾盐,后者与烷基化试剂反应,生成 1－烷基化产物。

吲哚的亲电取代反应在吡咯环上进行,反应速率一般比吡咯慢,生成 3 位取代产物,因为取代基进攻 3 位生成的活性中间体仍保持苯环,而进攻 2 位则生成较不稳定的邻醌型中间体:

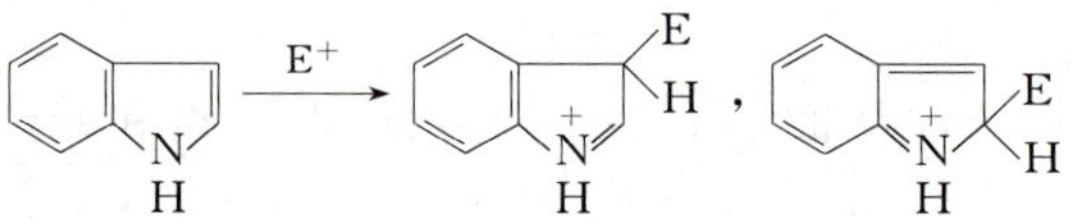

由于吲哚环对酸和氧化剂敏感,在进行取代反应时应采用适当的试剂和反应条件。例如:

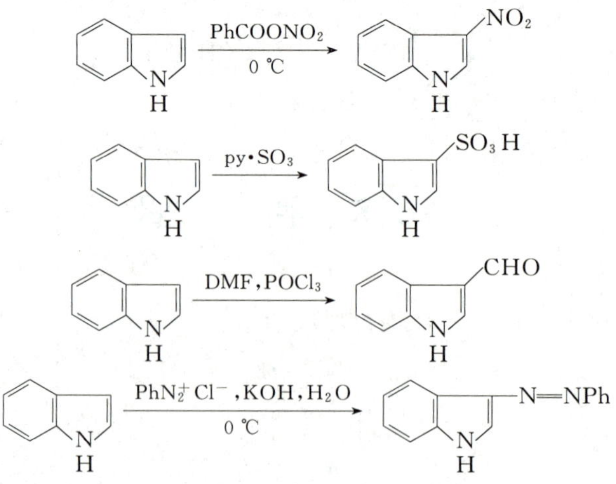

吲哚在高压下加氢生成2,3-二氢吲哚。吲哚容易被空气或其他氧化剂氧化，反应过程很复杂，常常导致吡咯环的开环。吲哚在自动氧化时先生成过氧化物和2*H*-吲哚-3-酮，再进一步氧化生成靛蓝(indigo)：

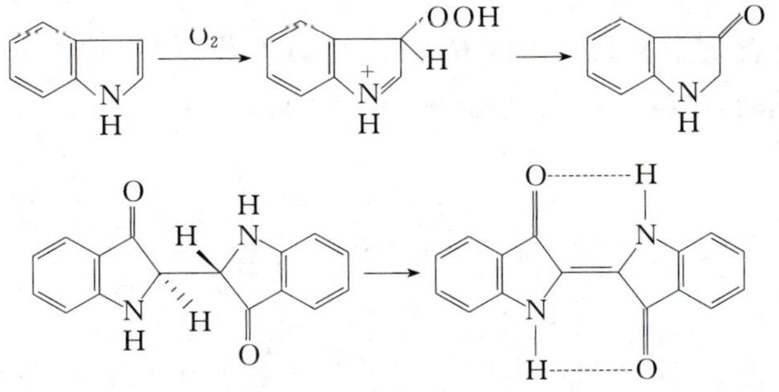

靛蓝

16.5.3 吲哚环的生成

Fischer (E) 合成法广泛用于吲哚衍生物的合成，是以芳基腙为原料，在酸性催化剂存在下加热。例如：

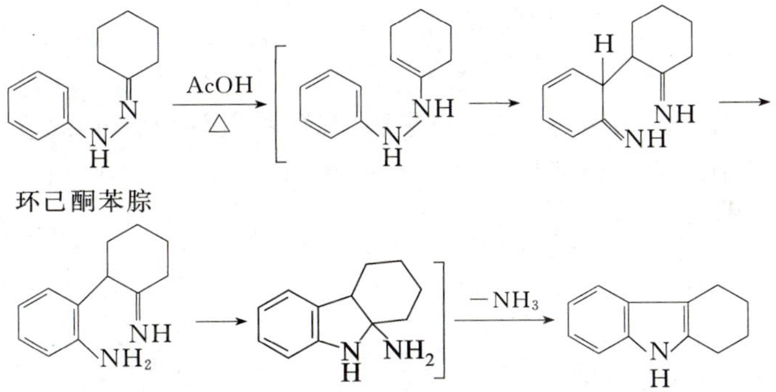

生成C—C键的一步为Cope重排，用^{15}N同位素标记的苯腙进行的实验证明：原料中与苯环直接相连的氮原子保留在生成的吲哚环中。

16.5.4 吲哚衍生物

吲哚最重要的衍生物是色氨酸，色氨酸是一种必需氨基酸，是大多数蛋白质的组成部分。以色氨酸为前体，经过生化过程，生成许许多多的代谢产物，包括多种生物碱。因此，吲哚可能是自然界中分布最广的杂环。

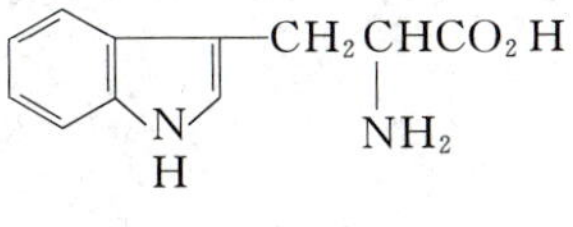

色氨酸

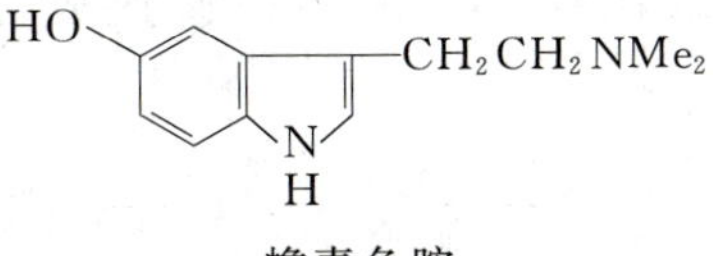

蟾毒色胺

(有升高血压作用)

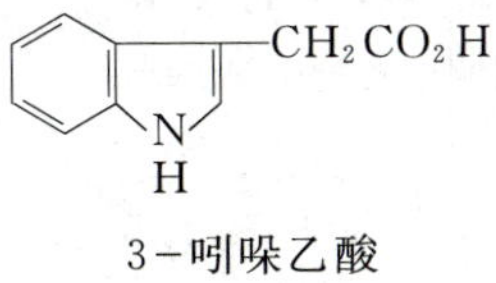

3-吲哚乙酸

(植物生长调节剂)

§ 16.6 咪唑和嘌呤

咪唑(imidazole)是含两个氮杂原子的五元环,可以看作吡咯分子中 3 位上的碳原子被吡啶型氮杂原子置换而生成的,结构上兼具吡咯和吡啶的特征。

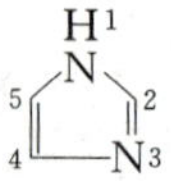

咪唑

嘌呤(purine)是一个嘧啶环在 4,5 位与一个咪唑环稠合生成的双环体系。嘌呤环上原子编号的方式较特殊,是 1884 年 Fischer E 提出的,一直沿用至今。

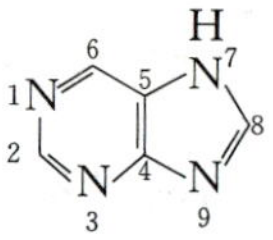

嘌呤

16.6.1 咪唑

组氨酸(histidine)分子中含有咪唑环,一些酶如胰凝乳蛋白酶(chymotrypsin)中含有组氨酸基,它们通过组氨酸基中的咪唑环催化蛋白质的水解。

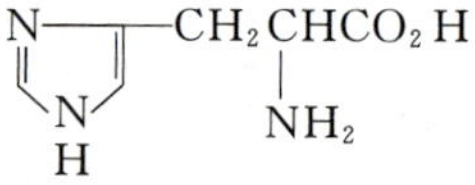

组氨酸

咪唑为无色晶体,熔点:90 ℃,沸点:256 ℃,能溶于水和其他质子溶剂。咪唑在晶体中通过分子间氢键缔合成线形结构:

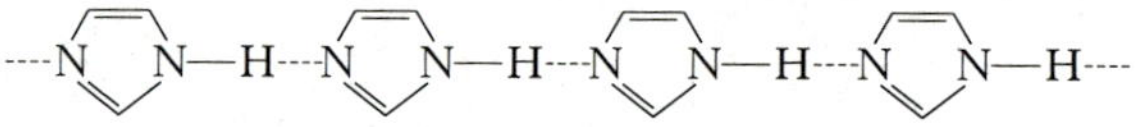

咪唑分子中吡咯型 N—H 结构使其具有弱酸性($pK_a=14.52$),而吡啶型氮杂原子又使它具有碱性($pK_a=7.00$)。由于咪唑是两性化合物,1 位上的质子可以迅速转移至 3 位,因此,4 位和 5 位是等同的,在核磁共振谱中,两个位置上的质子的化学位移都是 7.14(2 位质子的化学位移为 7.73)。咪唑的 4 位和 5 位取代物在溶液中迅速达成动态平衡,因此,4-甲基咪唑写作 4(5)-甲基咪唑:

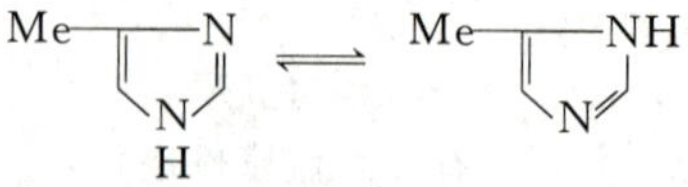

咪唑与卤代烷不加强碱也能反应，因为吡啶型氮杂原子提供了亲电进攻的位置，先生成季铵盐，再迅速脱去质子生成 1-烷基咪唑，后者可以继续与卤代烷反应，生成 1,3-二烷基咪唑季铵盐：

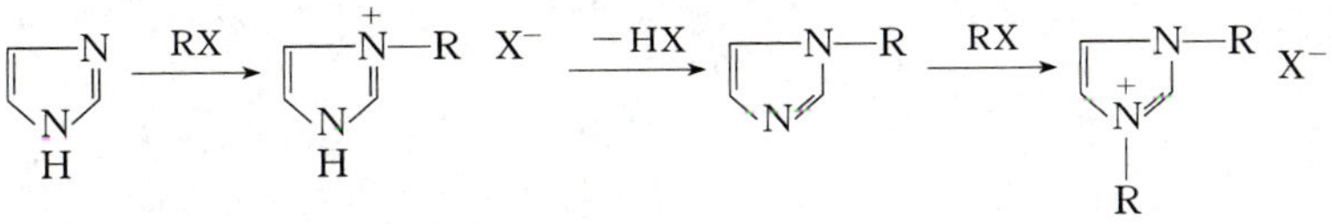

咪唑在无水溶剂中与酰氯生成 1-酰基咪唑：

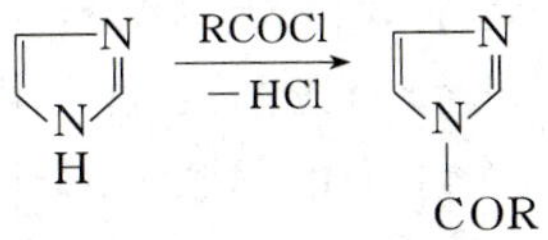

1-酰基咪唑与一般的 *N*,*N*-二烃基咪唑不同，氮原子上的一对电子是芳环上的 π 电子，不能与羰基共轭，而咪唑环是稳定的芳环，离去倾向大，因此，1-酰基咪唑的反应活性很高，容易将酰基转移到水、醇、酚或胺中：

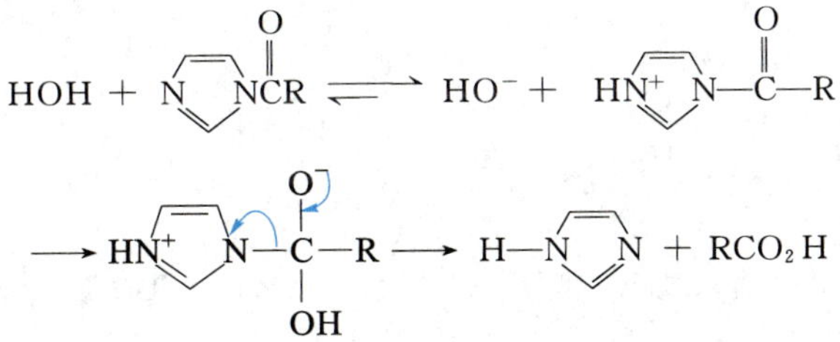

实验证明 4-甲基咪唑能催化对硝基苯酚乙酸酯的水解，反应的中间体是 1-乙酰基-4-甲基咪唑。由此推测酶对蛋白质中酰胺键水解的催化作用也是通过酶分子中组氨酸基上咪唑环的催化作用进行的。

16.6.2　嘌呤

嘌呤有两种互变异构体，在固体中以 7*H* 式为主，在溶液中 7*H* 式和 9*H* 式的浓度相等。

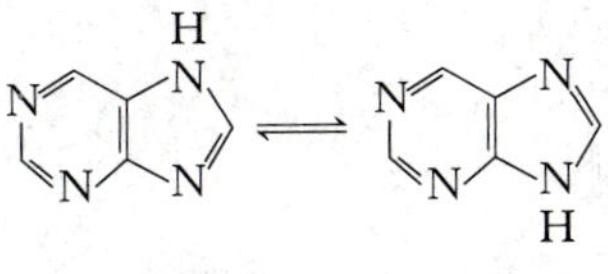

7*H*-嘌呤　　9*H*-嘌呤

嘌呤有弱碱性（pK_a=8.9），在酸性溶液中质子加在 1 位上。

许多嘌呤衍生物有生物活性。例如：

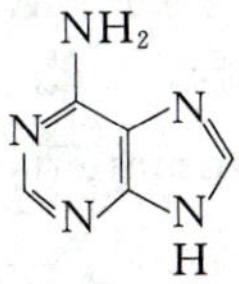

腺嘌呤　adenine

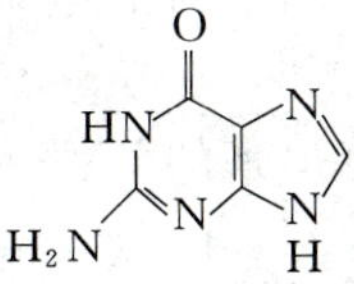

鸟嘌呤　quanine

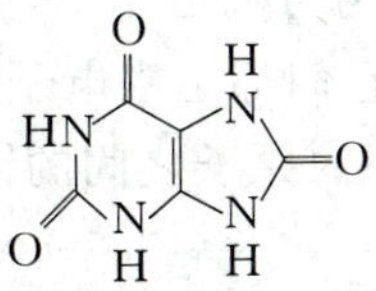

尿酸　uric acid

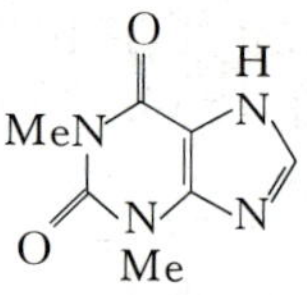

茶碱

theophyline

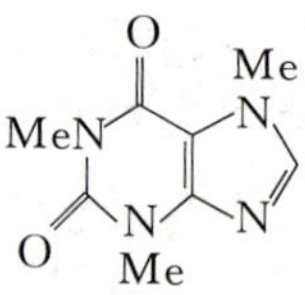

咖啡碱

caffeine

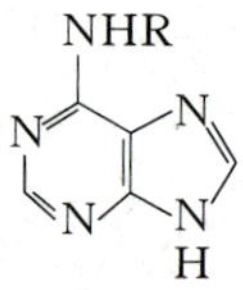

细胞分裂素

cytokinin

腺嘌呤和鸟嘌呤是核酸的组成部分，尿酸存在于人和哺乳动物的尿中，但含量很少。当代谢不正常时，尿中尿酸的含量增高，能引起痛风或产生结石。尿酸是鸟类和爬虫类尿中的主要成分，海岛上的鸟粪层中约含尿酸 25%，可作为尿酸的工业来源。细胞分裂素是一类植物生长调节剂，如玉米素(zeatin)存在于玉米中，分子中的 R 为—CH_2CH═$C(CH_3)CH_2OH$；合成的蔬菜保鲜剂中 R 为—CH_2Ph。

嘌呤衍生物也用作药物，如 6-巯基嘌呤(6-mercaptopurine)用于治疗癌症，DDI 用于艾滋(AIDS)病的治疗，等等。

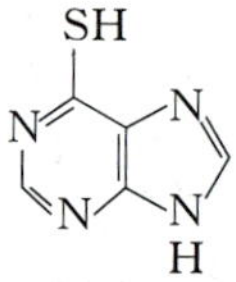

6-巯基嘌呤

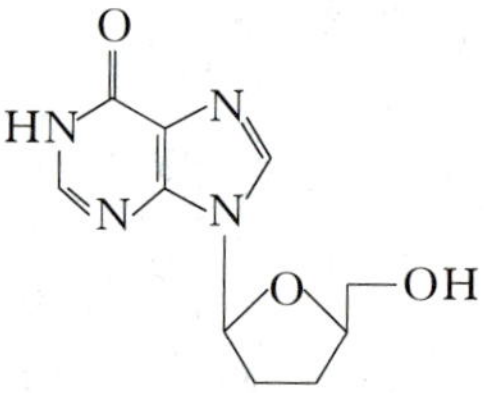

dideoxyinosine(DDI)

§16.7 呋喃和噻吩

呋喃(furan)和噻吩(thiophene)可以看作环戊二烯负离子中—$\bar{C}H$—分别被—$\ddot{\underset{..}{O}}$—或—$\ddot{\underset{..}{S}}$—置换而生成的五元杂环：

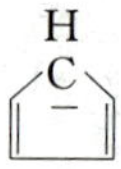

环戊二烯负离子

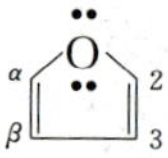

呋喃

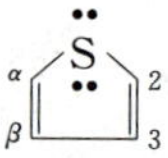

噻吩

16.7.1 结构和物理性质

呋喃、噻吩的结构与吡咯相似，杂原子上的一对 p 电子与碳原子的 p 电子在侧面重叠，组成 6 个电子的 π 轨道，它们都是富电子的芳环。

根据几种杂环环内原子之间的键长估算出来的芳香性指数(aromaticity indices)如下：

(苯)	吡啶	嘧啶	噻吩	咪唑	吡咯	呋喃
(100)	82	67	45	43	37	12

呋喃为无色液体，沸点：32 ℃，不溶于水，在空气中缓慢聚合，储存时要加入对苯二酚等抗氧化剂。噻吩为无色液体，沸点：84 ℃，不溶于水。

呋喃和噻吩环上质子的化学位移为

	呋喃(DMSO-d_6)	噻吩(CS_2)
$\delta_H(\alpha)$	7.29	7.18
(β)	6.24	6.99

16.7.2 亲电取代

噻吩对酸不像吡咯和呋喃那样敏感，如它可以用硫酸磺化，用混酸硝化：

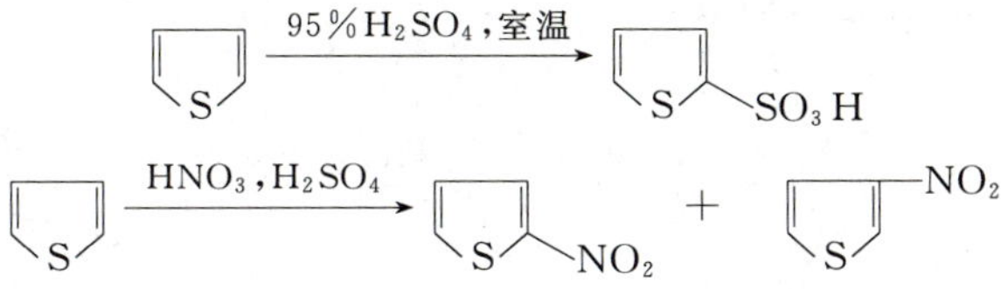

6.2 : 1

从煤焦油中分离出来的苯往往含有少量噻吩，由于两种化合物的沸点相近，不能用分馏的方法提纯。将含有噻吩的苯与硫酸一起摇动，噻吩磺化后溶于硫酸中，苯层分离后蒸馏，得到不含噻吩的苯，由此可见噻吩比苯更容易发生亲电取代反应。噻吩硝化时，不能有亚硝酸存在，否则反应会太猛烈。噻吩用溴进行溴化时生成多溴化物，但用 *N*-溴代琥珀酰亚胺(NBS)溴化可以得到一溴化物：

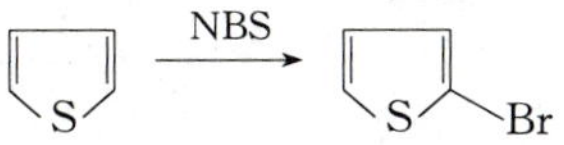

噻吩也可以发生 Vilsmeier 甲酰化反应：

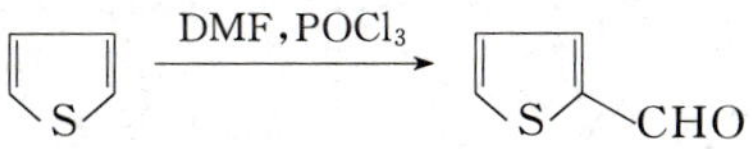

呋喃环的芳香性小，更像环二烯醚，它的亲电取代往往是通过加成-消除的方式进行的：

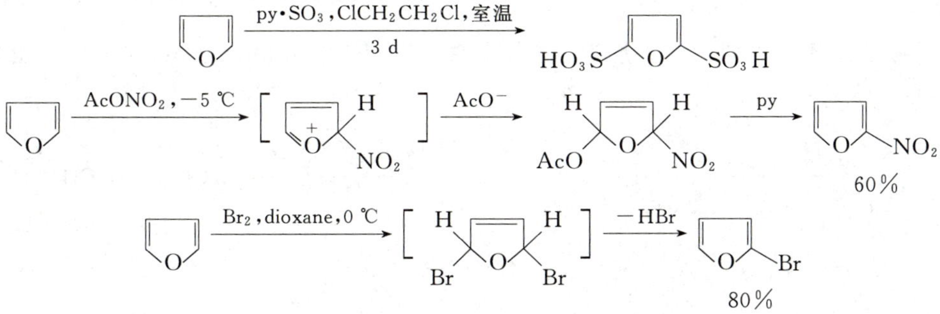

溴化反应的中间产物在低温下可以用核磁共振氢谱检验出来。如呋喃在甲醇中溴化，则得到醇解产物：

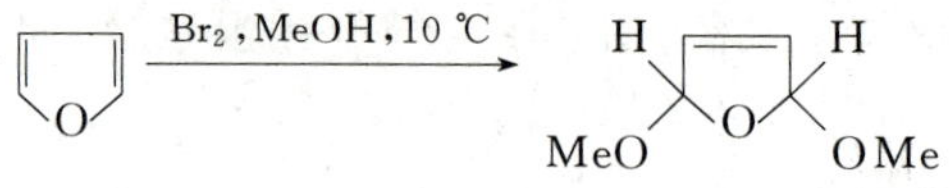

16.7.3 Diels-Alder 反应

呋喃环可以作为共轭二烯与亲二烯体加成：

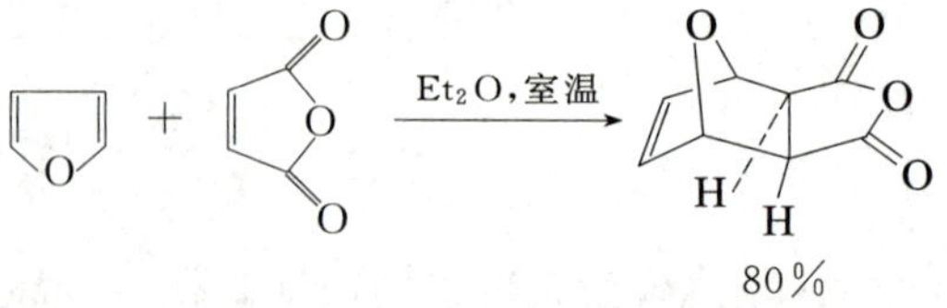

噻吩在加压下才能与亲二烯体加成：

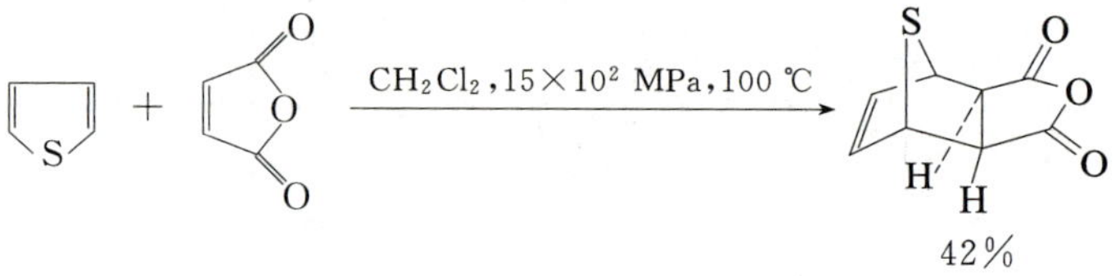

16.7.4 开环反应

呋喃在酸性溶液中容易开环生成1,4-二羰基化合物。例如：

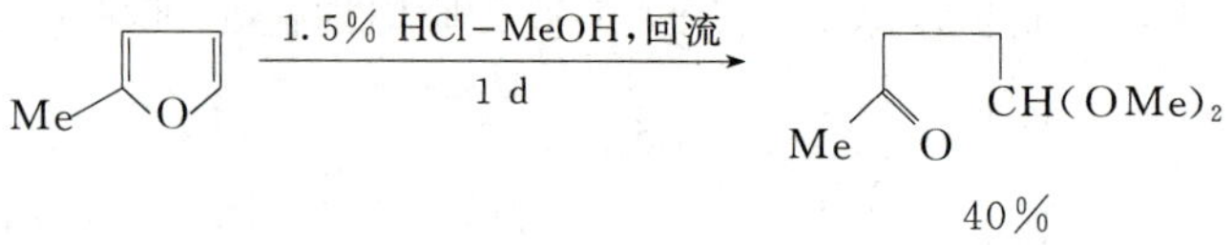

因此，可以利用呋喃环的取代反应构建所需要的碳架，再水解得到所需要的1,4-二羰基化合物。例如：

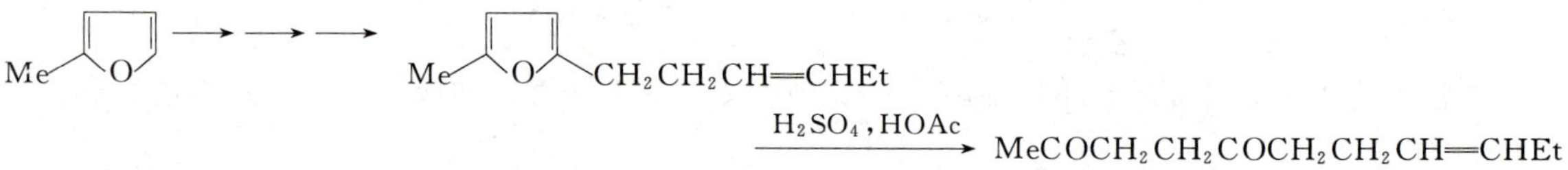

噻吩环可以在镍催化剂存在下加氢，脱去硫原子生成饱和开链化合物，这一性质也可以用于合成。例如：

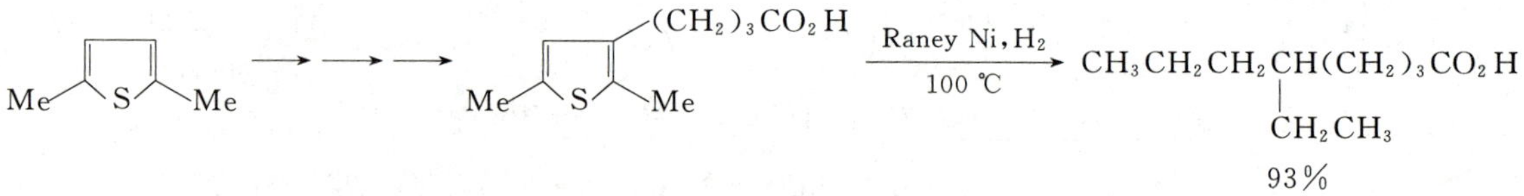

16.7.5 呋喃和噻吩的衍生物

糠醛是一种工业产品，由含聚戊糖的植物原料，如玉米芯、米糠、花生壳等用稀硫酸水解后，进行水蒸气蒸馏得到，为无色液体，沸点：162 ℃。在空气中变色，性质与苯甲醛相似。糠醛用强氧化剂氧化，生成富马酸。

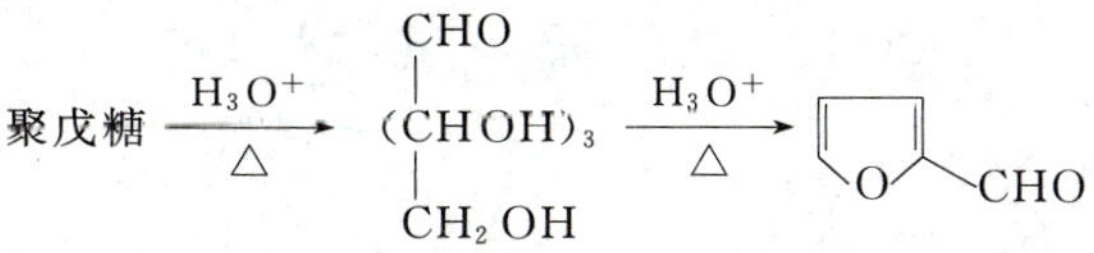

戊糖　　糠醛

环丁砜是一种非质子极性溶剂，工业上由丁-1,3-二烯与二氧化硫生产：

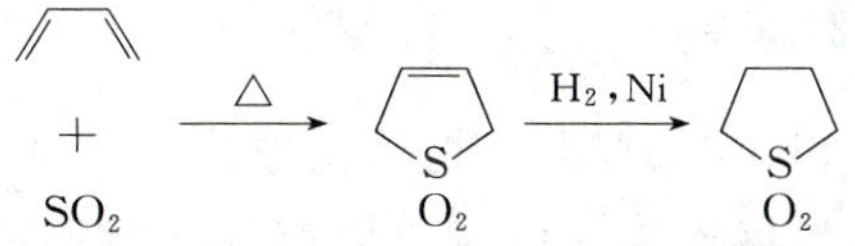

环丁砜

为无色液体，沸点：285 ℃，可用来从石油裂化气或芳烃中提取有害的含硫化合物。

生物素(维生素 H)含有四氢噻吩环，存在于酵母和蛋黄中，是微生物生长所必需的物质。

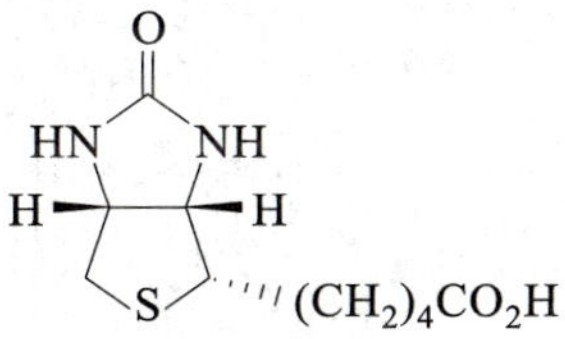

生物素

16.7.6　呋喃环和噻吩环的合成

呋喃环和噻吩环都可以由 1,4-二羰基化合物合成。例如：

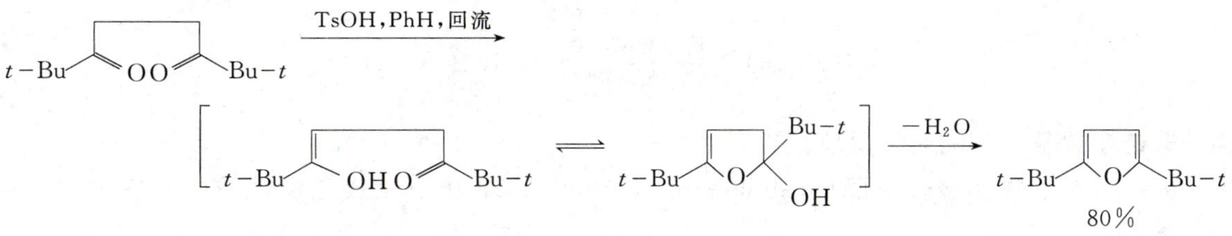

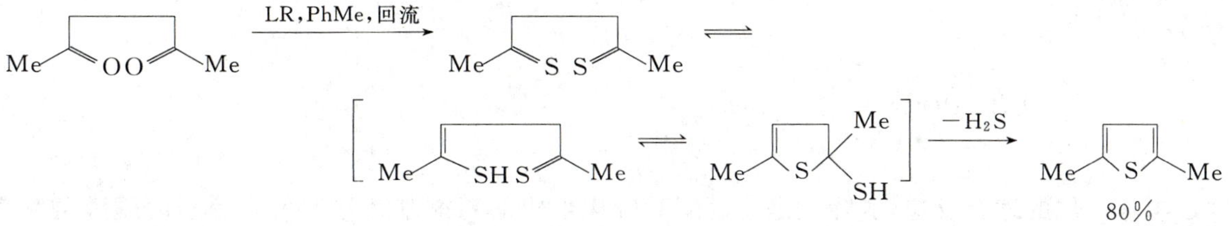

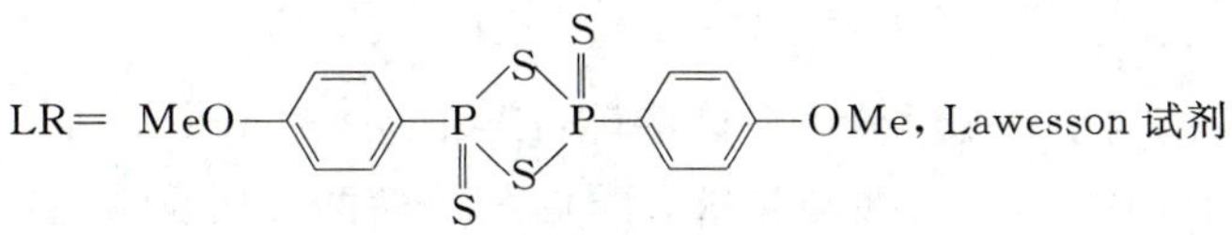

Lawesson (L) 试剂可以将羰基中的氧用硫置换，比无机试剂 P_2S_5 更有效。

§ 16.8　阅读材料

16.8.1　维生素 B_1

16.8.1.1　维生素 B_1 的功能

维生素 B_1 又称为硫胺素(thiamine)，在生物体内要先转变成硫胺焦磷酸酯(thiamine pyrophosphate，TPP)才能作为辅酶发挥作用。焦磷酸酯部分是辅酶的柄(handle)，通过它才能和相关的酶结合在一起。

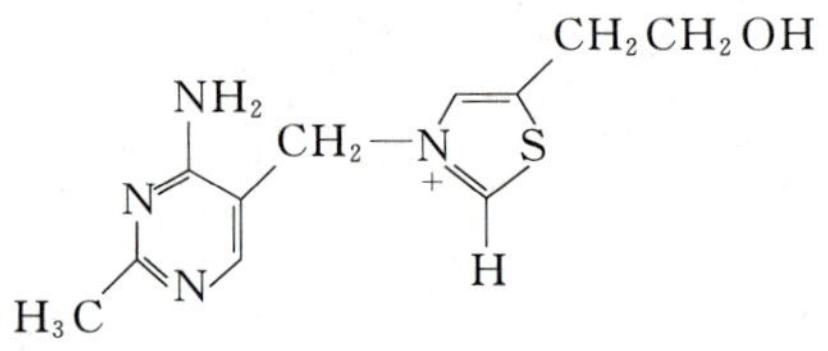

硫胺素

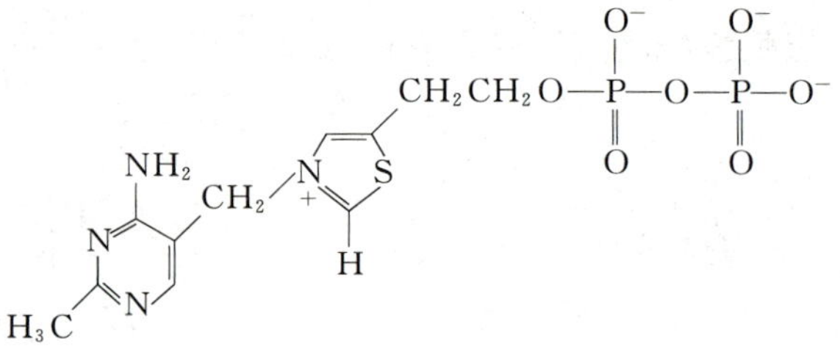

TPP

丙酮酸在丙酮酸脱羧酶(pyruvate decarboxylase)催化下脱羧生成乙醛的反应中，需要 TPP 参加。在这个反应中还需要 Mg^{2+}，可能是 TPP 通过 Mg^{2+} 与酶分子中的极性基团相连接。在 pH=8 时，TPP 和 Mg^{2+} 从酶中解离出来，在 pH<7 时，又与酶重新结合。

$$CH_3\overset{O}{\overset{\|}{C}}COO^- \xrightarrow[TPP, Mg^{2+}]{\text{丙酮酸脱羧酶}} CH_3\overset{O}{\overset{\|}{C}}H + CO_2$$

这是碳链在羰基 α 位的裂解反应。

丙酮酸在乙酰乳酸合成酶(acetolactate synthetase)催化下生成乙酰乳酸的反应中也需要 TPP 参加：

$$CH_3\overset{O}{\overset{\|}{C}}COO^- + CH_3\overset{O}{\overset{\|}{C}}COO^- \xrightarrow[TPP]{\text{乙酰乳酸合成酶}} CH_3\overset{O}{\overset{\|}{C}}-\underset{CH_3}{\overset{OH}{C}}-COO^- + CO_2$$

这是羰基 α 位的缩合反应，实际上是将丙酮酸脱羧生成的乙酰基转移到另一分子丙酮酸的酮羰基上。

D-核糖-5-磷酸酯与 D-核酮糖-5-磷酸酯(ribulose-5-phosphate)在转醛醇酶(transaldolase)催化下转变成甘油醛-3-磷酸酯和景天酮糖-7-磷酸酯的反应也需要 TPP：

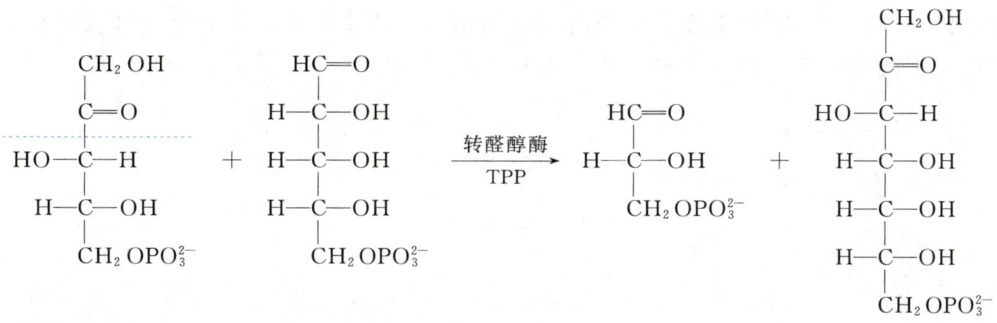

D-核酮糖-5-磷酸酯　D-核糖-5-磷酸酯　甘油醛-3-磷酸酯　景天酮糖-7-磷酸酯

这是 α-酮转移反应，是将一个酮糖(ketose)经 α-裂解后生成的酰基转移到另一个化合物的羰基上。

由此可见：TPP 是糖类代谢的合成与裂解反应中所必需的辅酶。当维生素 B_1 缺乏时，糖类的代谢受到阻碍，丙酮酸积累，使患者的血、尿和脑组织中丙酮酸含量上升，出现脚气病的症状。

维生素 B_1 主要存在于种子外皮及胚芽中，米糠、麦麸、黄豆、酵母、瘦肉等食物中含量最丰富。

16.8.1.2 硫胺素的作用机理

1935 年，Langenbeck W 提出：硫胺素对丙酮酸脱羧的催化作用是由于其分子中的氨基与丙酮酸中的羰基生成 Schiff 碱，后者容易脱羧：

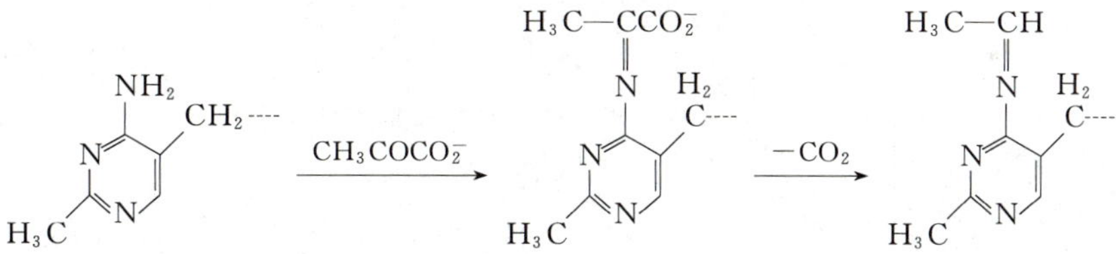

不过氨基嘧啶是一个弱碱，在水溶液中生理条件下是否能生成 Schiff 碱难以用实验证明。

1943 年，日本化学家 Wgai T 等注意到文献上关于吡啶季铵盐与醛的缩合反应：

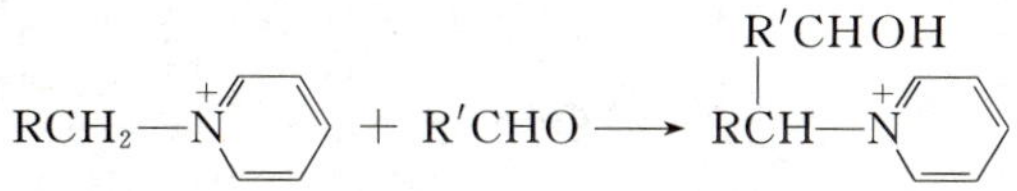

考虑到噻唑季铵盐的结构与吡啶季铵盐相似，可能会发生类似的反应。当他们将苯甲醛与 *N*-乙基噻唑季铵盐在乙醇溶液中与碱一起加热时，得到的产物却是苯偶姻(benzoin)：

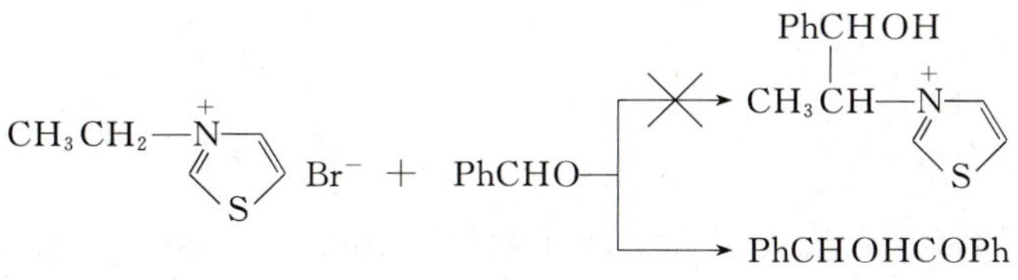

苯偶姻

用硫胺素代替 *N*－乙基噻唑季铵盐也得到同样的结果。说明硫胺素等噻唑季铵盐是苯偶姻缩合的催化剂。苯偶姻缩合一般是在氰负离子催化下进行的：

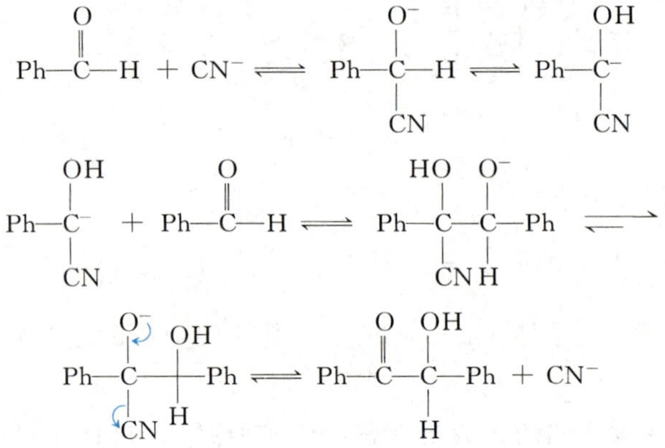

实际上是在氰负离子催化下将苯甲醛中的酰基转移到另一分子苯甲醛的羰基上。因此，酶和 TPP 催化的酰基转移反应的机理可能与苯偶姻缩合的机理相似。

1951 年，日本化学家 Mizuhara S 等发现：硫胺素在 pH＝8.4 的水溶液中及室温下可以催化丙酮酸的脱羧和丁－2,3－二酮和乙醛转变成 3－羟基丁－2－酮和乙酸盐的反应：

$$CH_3COCOO^- \longrightarrow CH_3CHO + CO_2$$

$$CH_3COCOCH_3 + CH_3CHO \longrightarrow CH_3COCHOHCH_3 + CH_3COO^-$$

但由硫胺素开环产物（硫醇）生成的二硫化物：

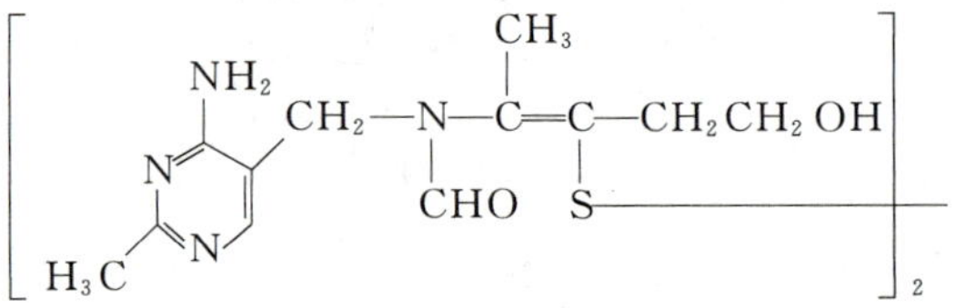

却没有催化作用，说明硫胺素的催化作用与噻唑环有关。

1958 年，Breslow R 将硫胺素分子中嘧啶环和噻唑环之间的甲叉基上的两个氢用氘取代：

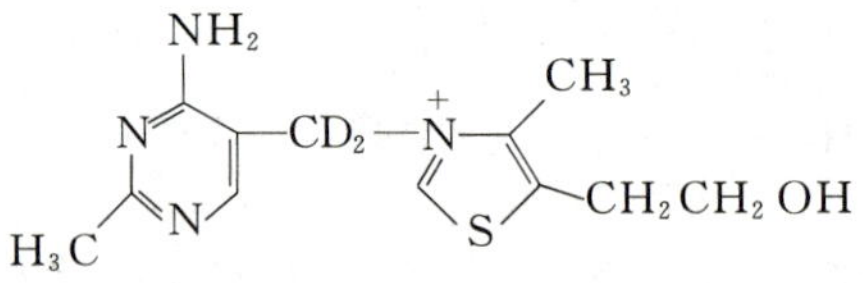

然后，用作催化剂使呋喃甲醛缩合：

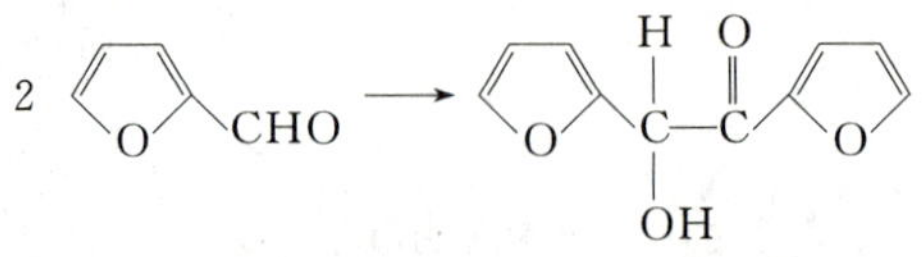

发现反应后催化剂中的氘并未流失。说明硫胺素的催化作用与这个甲叉基无关（不是通过甲叉基与底物中的羰基缩合）。因此，硫胺素的催化作用只能与噻唑环有关。

1949 年，Hammick 提出：2−吡啶甲酸容易脱羧与其中间产物（两性离子，zwitterion）的稳定性有关：

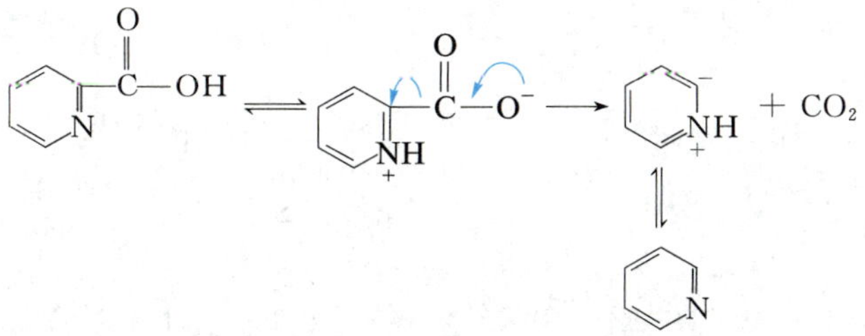

2−噻唑甲酸在喹啉溶液中室温下就能脱羧：

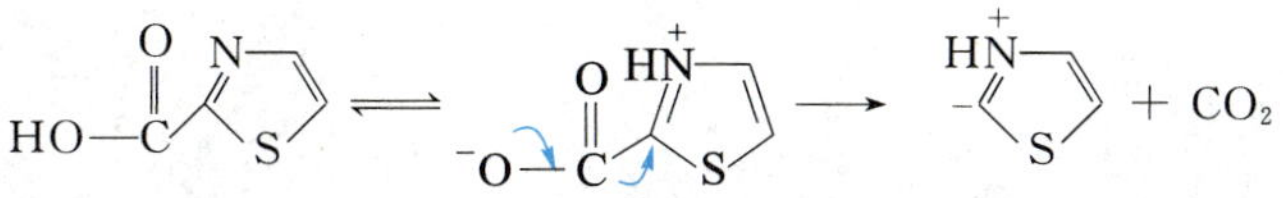

为了检验噻唑环生成的两性离子的稳定性，Breslow 将 3,4−二甲基噻唑季铵盐溶解在 D_2O 中，然后测定溶液的 ^1H NMR，发现在中性溶液中，约 20 min 后，2 位上的氢有一半已交换成氘（^1H NMR谱中最低的一个峰逐渐消失）。以硫胺素 2 位氢的 pK_a 估算为 12.6，与丙二酸二乙酯（pK_a=13）相近。

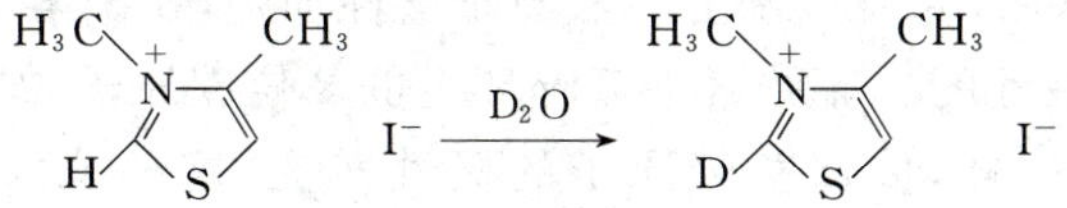

据此 Breslow 提出了在噻唑季铵盐催化下苯偶姻缩合的反应机理：

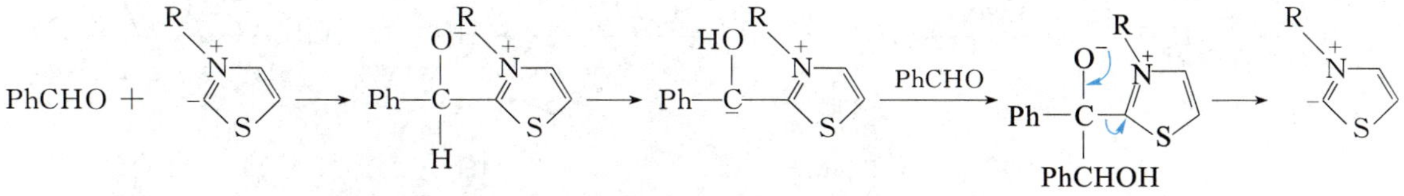

苯偶姻缩合以前一直用氰负离子作催化剂，自此以后，也可以用噻唑季铵盐作催化剂。氰负离子只能催化芳醛的缩合，而噻唑季铵盐还可以催化脂肪醛的缩合或芳醛和脂肪醛的混合缩合。

TPP 催化的反应机理与苯偶姻缩合相似，第一步都是在碱作用下生成噻唑两性离子，然后再与底物的羰基加成。

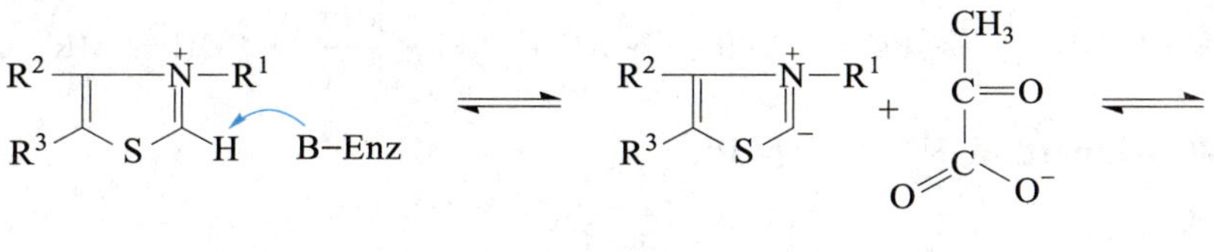

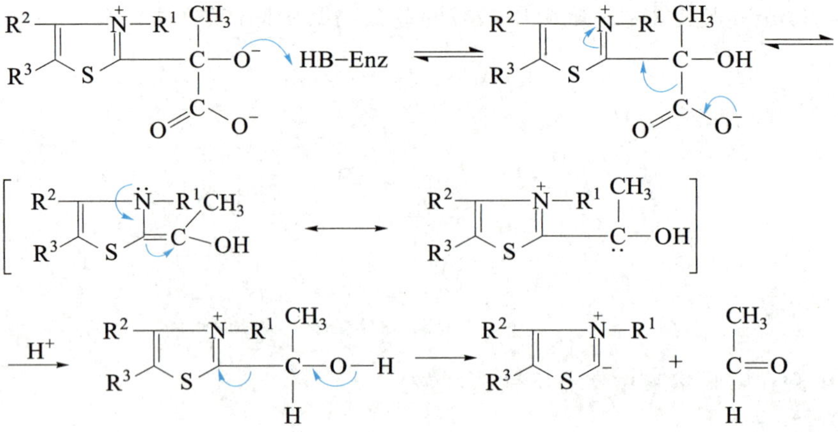

16.8.1.3 极反转

苯甲醛分子中的羰基原来是亲电的，因此，可以与带负电荷的氰离子加成。

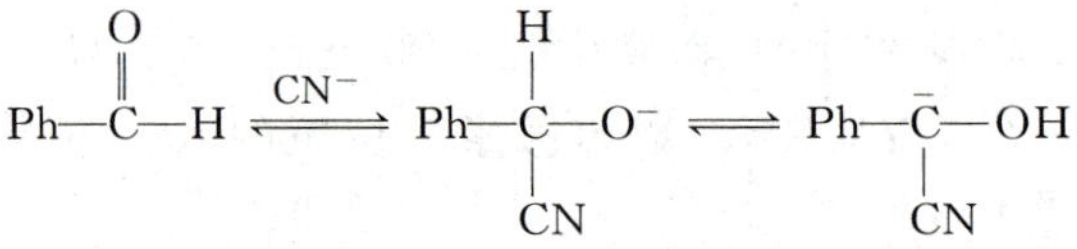

由于 CN^- 是吸电子基团，它使羰基上的氢原子酸性加强，在碱溶液中解离，使羰基碳原子上带负电荷，从而转变成亲核性的。硫胺素中噻唑环上的 2 位碳原子，结构上与 CN^- 相似，也是吸电子基团，因此能同 CN^- 一样，使羰基碳原子的极性转变，这种现象称为极反转(umpolung)。利用极反转可以设计新的合成方法。例如：

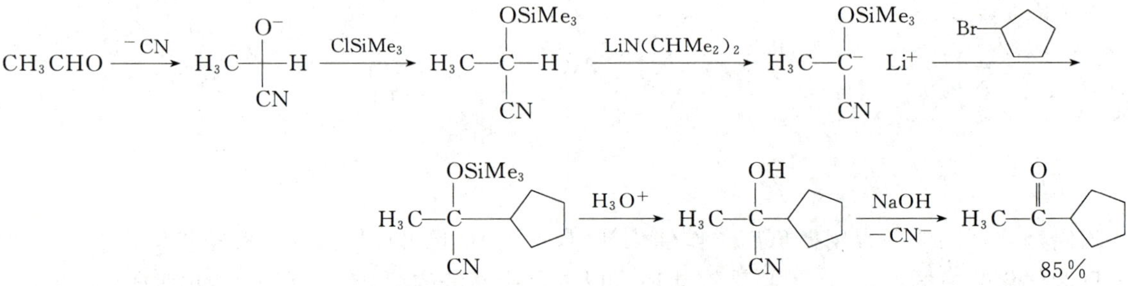

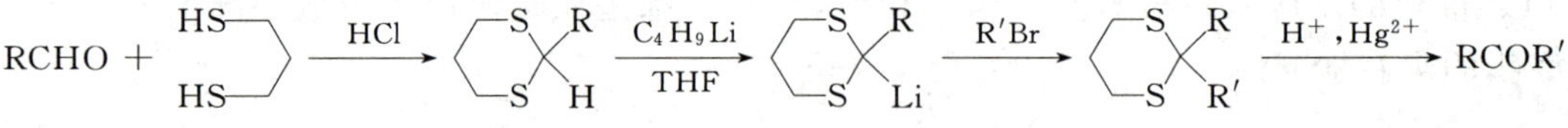

$$RCH_2Br \xrightarrow{PPh_3} RCH_2-\overset{+}{P}Ph_3 \longrightarrow R\overset{-}{C}H-\overset{+}{P}Ph_3 \xrightarrow{R'CHO} RCH=CHR'$$

将卤代烷转变为 Grignard 试剂也是极反转。

参考文献

16.8.2 氮杂环碳烯

1960 年,Wanzlick H W 由 1,3-二苯基-2-三氯甲基四氢咪唑加热,得到一个他认为是氮杂环碳烯(*N*-heterocyclic carbene,NHC)的化合物:

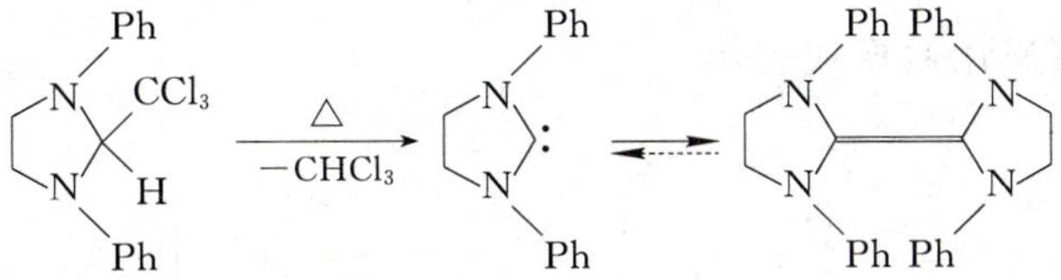

但是后来由相对分子质量测定和 Raman 光谱证明为二聚体。Wanzlick 认为:二聚体和碳烯之间存在着平衡。Wanzlick 随后进行了大量的工作:

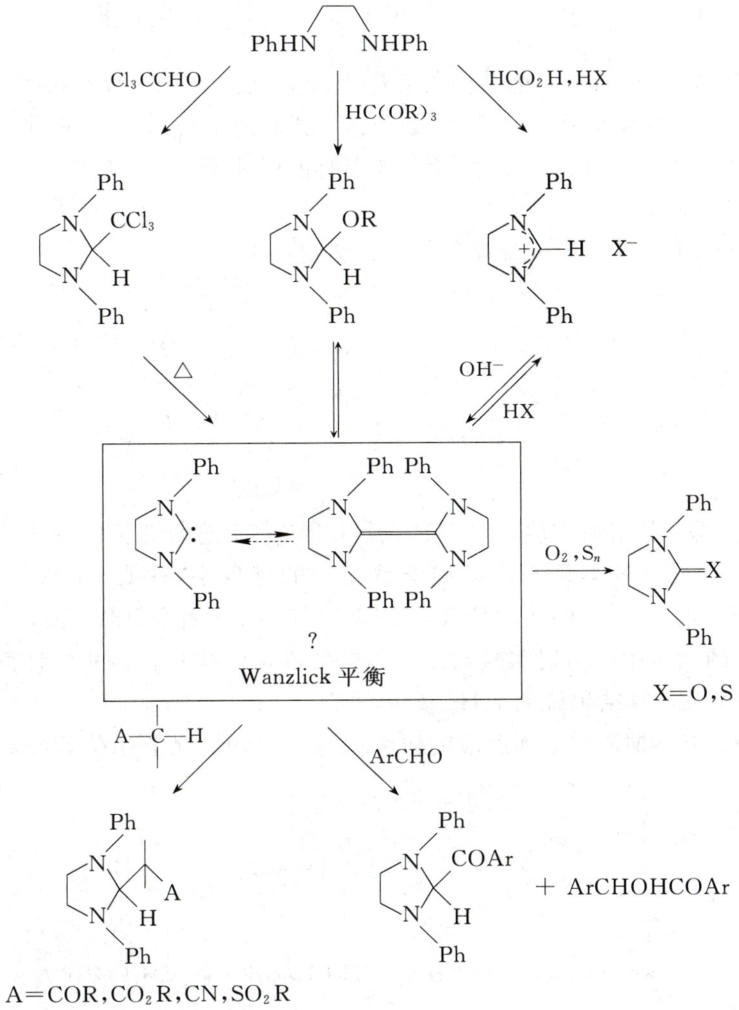

Wanzlick 还得到了不生成二聚体的氮杂环碳烯及其配合物:

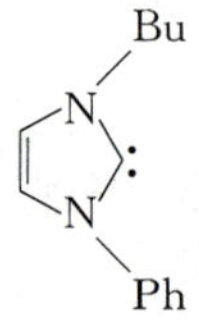

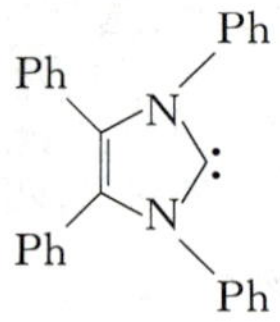

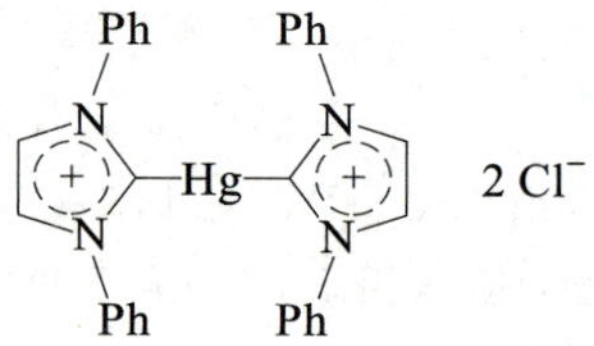

由于氮杂环碳烯也可以用共振式表示：

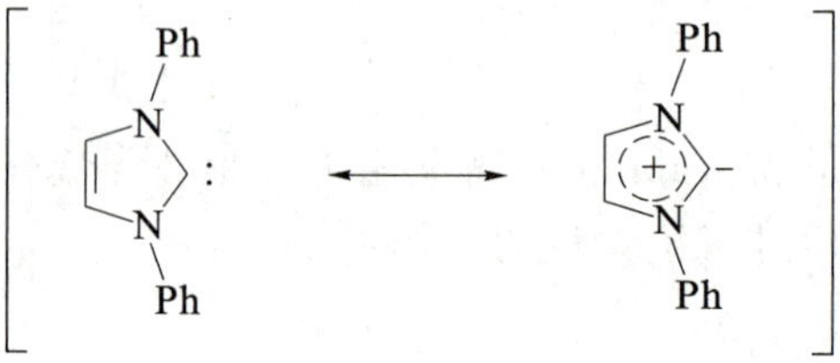

Breslow 关于噻唑衍生物的叶立德结构式又广为流传，加以 NHC 具有很强的亲核性（如与 Hg^{2+} 生成配合物），而一般的碳烯是亲电性的（如与碳-碳双键加成），所以 Wanzlick 的氮杂环碳烯结构及其二聚体之间的 Wanzlick 平衡并没有被当时的学术界接受（正是由于二聚体的生成 Wanzlick 未认为单体是碳烯）。

1991 年，Arduengo A J 首先制备了 NHC 晶体：

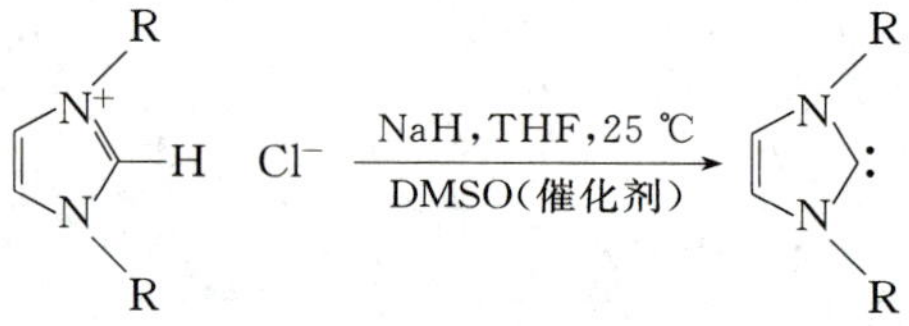

R＝1-adamantyl　　　　96％

随后进行的 X 射线单晶衍射实验显示 NHC 中 C(2)—N 键的键长比用作原料的咪唑季铵盐中的键长要长，而 N—C—N 键角则比咪唑季铵盐中的键角小，说明 C(2)—N 键基本上是 σ 键。NHC 的 ^{13}C NMR 谱中 C(2)的化学位移为 213.7～219.7。由全氘代 1,3,4,5-四甲基咪唑季铵盐制备的 NHC 的晶体中子衍射实验数据也与它的碳烯结构相符。从头计算分子轨道法（ab initio calculation MO）计算结果说明 NHC 为单线态。

^{1}H NMR 和 ^{13}C NMR 对下列反应的研究说明在有些情况下存在 Wanzlick 平衡：

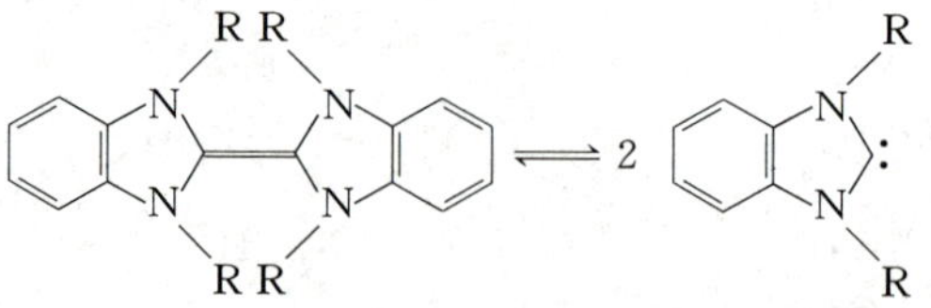

$R=-CH_3, -CH_2CH_3, -CH_2CH(CH_3)_2, -CH_2C(CH_3)_3$

当 $R=-CH_2CH(CH_3)_2$，在室温下平衡混合物中二聚体和单体的摩尔比为 1∶9；当 $R=-CH_3$ 和 $-CH_2CH_3$ 时，只有在温度超过 140 ℃时，二聚体才能裂解成单体；当 $R=-CH_2C(CH_3)_3$ 时，化合物以 NHC 的形式存在。

自此以后对 NHC 的研究迅速升温，这是由于 NHC 具有独特的性能，它本身可以作为催化剂，又容易与金属配位生成性能优良的催化剂。且 NHC 在结构上可变性强，又容易合成。

参考文献

制备 NHC 的主要条件：2 位碳原子周围有体积较大的取代基，反应混合物中没有亲电试剂（E^+）。

第十七章　糖　　类

糖类是自然界中分布最广的一类有机化合物。葡萄糖、果糖、蔗糖、淀粉、纤维素等都是糖类。它们的经验式都符合通式 $C_mH_{2n}O_n$，其中氢和氧的比例与水分子中氢和氧的比例相同：$C_mH_{2n}O_n = C_m(H_2O)_n$。以前由于不知道这些化合物的结构，把它们看作碳的水合物，称为碳水化合物(carbohydrate)。

糖类是光合作用的产物。植物中的叶绿素吸收太阳能后被活化，然后用这样得到的能量经过复杂的过程将从空气中吸收的二氧化碳还原成糖类，同时使水氧化，放出氧气。

$$x CO_2 + y H_2O + \text{太阳能} \xrightarrow{\text{叶绿素}} C_x(H_2O)_y + x O_2$$

糖类在植物或动物体内的代谢作用中氧化成二氧化碳和水，同时释出能量：

$$C_x(H_2O)_y + x O_2 \longrightarrow x CO_2 + y H_2O + \text{能量}$$

其中一部分变成热，大部分以别的形式储存在体内，为生命活动或体内所需要的各种化合物的生物合成提供能量。因此，糖类是储存太阳能的物质，是人类和动植物维持生命所不可缺少的一类化合物。

根据糖类的结构和性质可以把它们分作三类：

(1) 单糖(monosaccharide)　为多羟基醛、酮，不能水解成更简单的糖类。它们是结晶固体，能溶于水，大多数具有甜味。葡萄糖、果糖、阿拉伯糖等都是单糖。

(2) 低聚糖(oligosaccharide)　麦芽糖水解时生成两分子葡萄糖，蔗糖水解时生成一分子葡萄糖和一分子果糖。这种水解时生成两分子单糖的化合物叫作二糖；生成三分子单糖的，叫作三糖；水解时生成 2～8 分子单糖的化合物统称为低聚糖。

(3) 多糖(polysaccharide)　水解时生成的 8 个以上单糖分子的都叫作多糖。淀粉和纤维素都是多糖。多糖没有甜味，淀粉在人口中经过一段时间后有一点甜味，这是因为在酶的作用下，部分水解成低聚糖和葡萄糖。

§ 17.1　单糖的结构、构型和构象

单糖可以根据分子中所含碳原子的数目分为戊糖(pentose)、己糖(hexose)等。含有醛基的单糖称为醛糖(aldose)，含有酮基的单糖称为酮糖(ketose)。这两种分类方法常合并使用。例如：

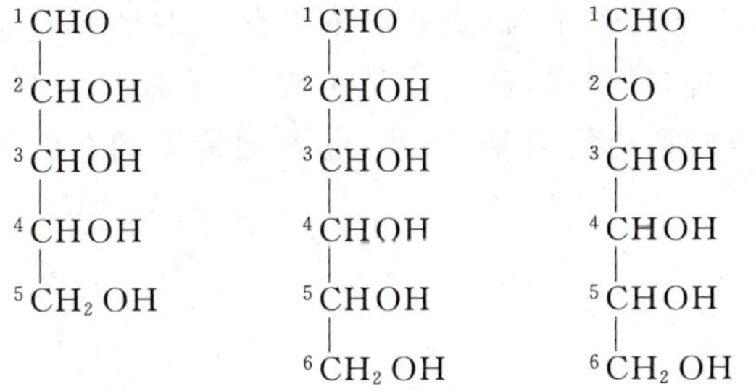

戊醛糖 aldopentose　　己醛糖 aldohexose　　己酮糖 ketohexose

葡萄糖是己醛糖，果糖是己酮糖，阿拉伯糖是戊醛糖。

书写糖类的结构时，一般将羰基写在上端，碳链的编号从醛基或靠近酮基的一端开始。

17.1.1 单糖的结构

最简单的单糖是甘油醛(glyceraldehyde)和二羟基丙酮(dihydroxyacetone)：

甘油醛　　二羟基丙酮

甘油醛分子中有一个不对称碳原子，它有两种对映异构体：

(R)-(+)-甘油醛　　(S)-(−)-甘油醛

D-(+)-甘油醛　　L-(−)-甘油醛

其他单糖都含有几个不对称碳原子。己醛糖分子中有四个不同的不对称碳原子，应当有 $2^4=16$ 种异构体，葡萄糖是其中的一种。

17.1.1.1 构型的表示方法

单糖的构型可以用投影式表示。例如，葡萄糖[($2R$,$3S$,$4R$,$5R$)-2,3,4,5,6-五羟基己醛]的构型可以表示为

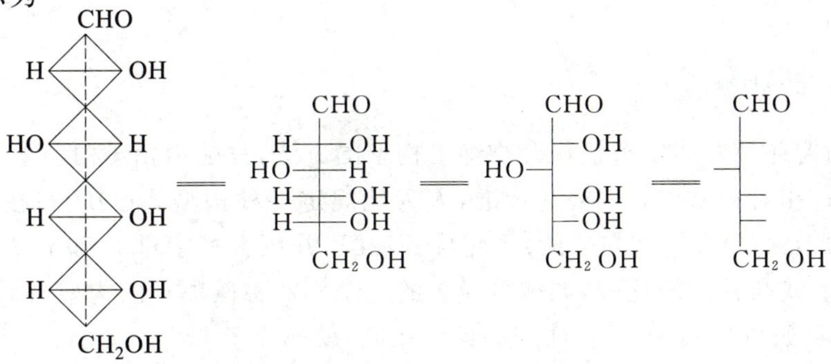

(1)　　(2)　　(3)　　(4)

为书写简便起见，不对称碳原子省去不写，直线和横线交叉的地方就是不对称碳原子如(2)式，不对称碳原子上的氢也可以省去如(3)式，甚至羟基也省去，只用一短横表示如(4)式。投影式不能离开纸平面翻转。例如，(4)式翻转后得到(5)式，它是葡萄糖的对映异构体：

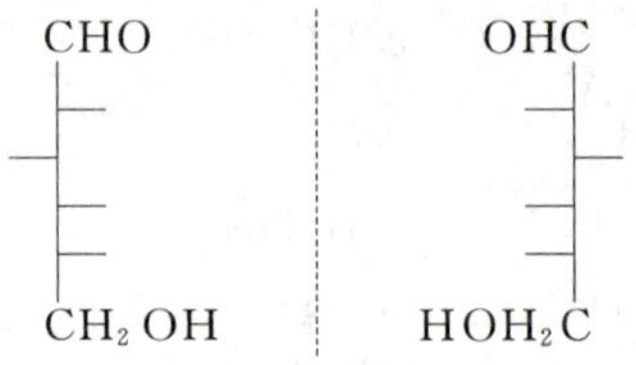

(4) (5)

羰基规定写在投影式的上端。例如，(6)式不是葡萄糖而是另一种单糖——古洛糖。

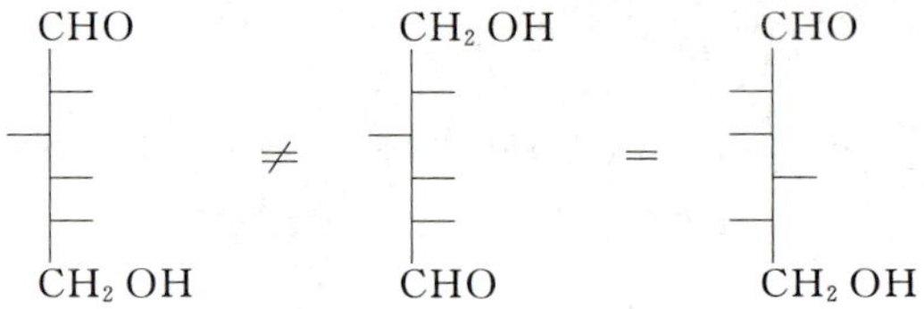

(4) 葡萄糖 (6) 古洛糖

另外一种是用楔形实线表示在纸平面前的原子团，用楔形虚线表示在纸平面后的原子团：

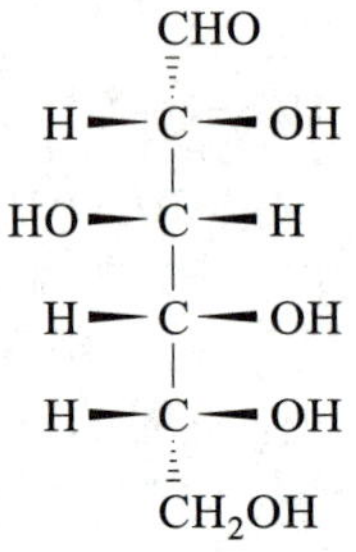

(7)

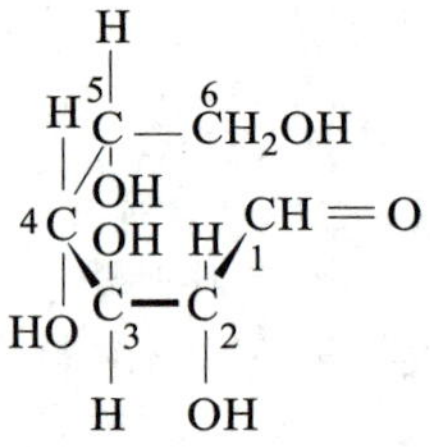

(8)

应当注意：碳链上的几个碳原子并不在一条直线上，这可从分子模型看出。把结构式横写更容易看出分子中各原子团之间的立体关系，如(8)式。在(7)式中强调了 H，OH，CHO，CH_2OH 等原子团的前后关系。

17.1.1.2 相对构型

在 20 世纪初期还没有测定有机化合物绝对构型的方法，只能用相对构型来表示各种化合物构型之间的关系。相对构型以甘油醛为标准，人为地规定一种构型式(OH 写在右边的)为右旋甘油醛，另一种构型式(OH 写在左边的)为左旋甘油醛，并用大写字母 D 和 L 表示这两种构型。将其他单糖的构型式与甘油醛比较，如编号最大的一个不对称碳原子的构型与 D-(+)-甘油醛相同，就属于 D 型；如与 L-(-)-甘油醛的构型相同，就属于 L 型。

自然界中存在的葡萄糖和果糖都是 D 型单糖。

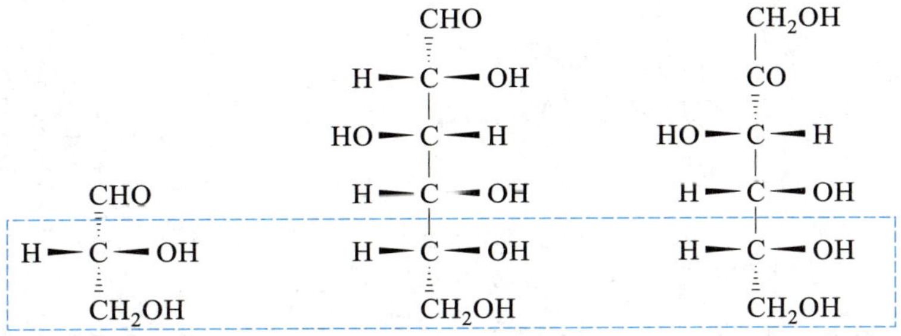

D-(+)-甘油醛　　D-(+)-葡萄糖　　D-(-)-果糖

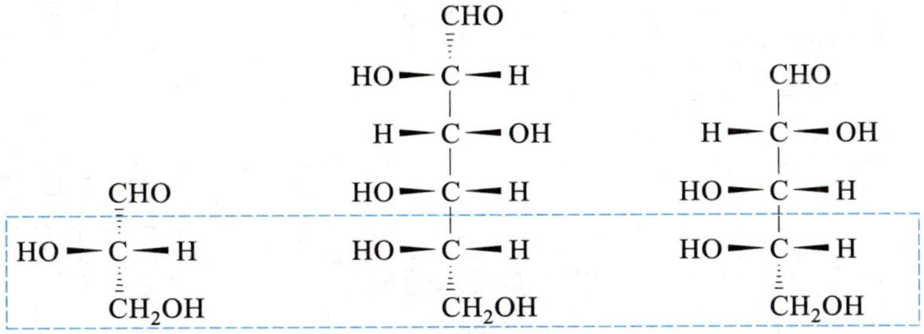

L-(-)-甘油醛　　L-(-)-葡萄糖　　L-(+)-阿拉伯糖

因此，己醛糖的 16 种异构体中，8 种为 D 型，8 种为 L 型。D 型己醛糖的对映异构体一定是 L 型。例如，D-(+)-葡萄糖的对映异构体是 L-(-)-葡萄糖。同样，己酮糖的 8 种异构体中 4 种为 D 型，4 种为 L 型。

20 世纪 50 年代以后，有了测定绝对构型的方法，证明单糖的绝对构型正好同原来任意规定的相对构型相符合。

D 型的丁醛糖、戊醛糖和己醛糖的构型和名称见图 17.1。

自然界存在的单糖绝大多数为 D 型，但阿拉伯糖常以 L 型存在。

17.1.2　单糖的环状结构

单糖的直链结构不能说明单糖的全部化学反应。

17.1.2.1　变旋和苷的生成

D-葡萄糖在不同条件下结晶，生成熔点为 146 ℃的 α 型（在 50 ℃以下从水溶液中结晶）和熔点为 150 ℃的 β 型（在 98 ℃以上从水溶液中结晶）两种晶体。α-葡萄糖配成的溶液，最初的比旋光度为 $+113°\cdot cm^2\cdot g^{-1}$，逐渐降低到 $+52.7°\cdot cm^2\cdot g^{-1}$；$\beta$-葡萄糖配成的溶液最初的比旋光度为 $+17.5°\cdot cm^2\cdot g^{-1}$，逐渐升高到 $+52.7°\cdot cm^2\cdot g^{-1}$，这种现象称为变旋。新配制的己糖溶液在放置时，其比旋光度都会逐渐变化，最后达到一个恒定数值。

根据开链结构式，D-葡萄糖分子中含有醛基，但与甲醇在酸催化下制备缩醛时，只能导入一个甲基，得到 D-葡萄糖甲苷，其比旋光度分别为 $+159°\cdot cm^2\cdot g^{-1}$ 和 $-34°\cdot cm^2\cdot g^{-1}$，它们的性质与缩醛相似。对碱稳定，在酸性溶液中水解成 D-葡萄糖和甲醇。

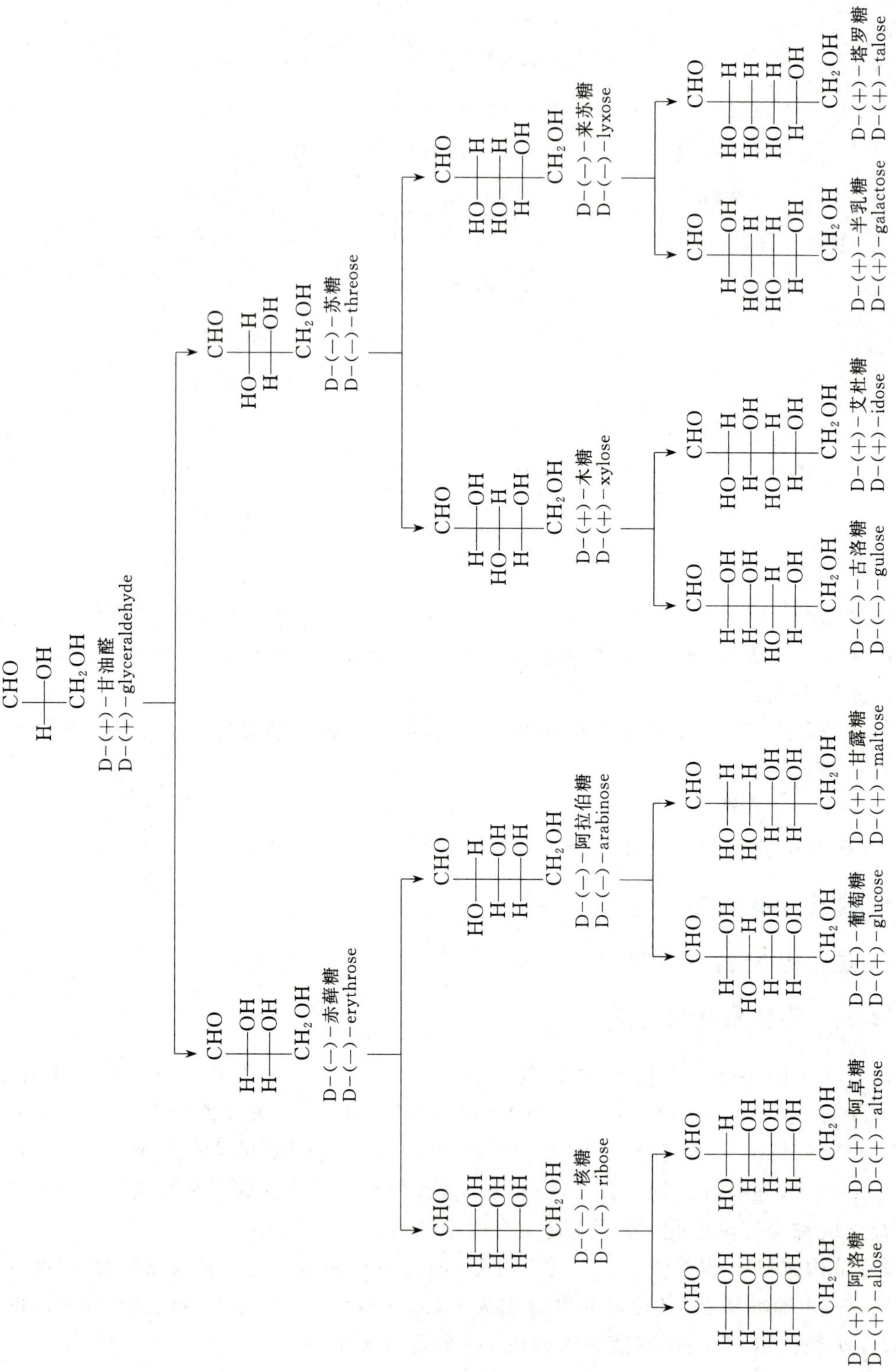

图 17.1 D 型醛糖的构型和名称

17.1.2.2　Haworth (W N) 式

4-或 5-羟基醛、酮主要以环状半缩醛的形式存在。例如：

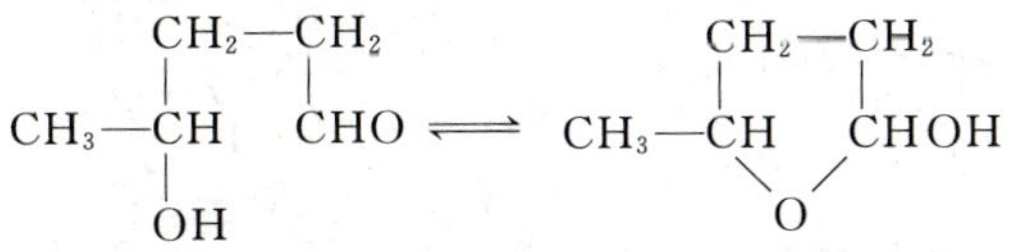

11%　　　　89%

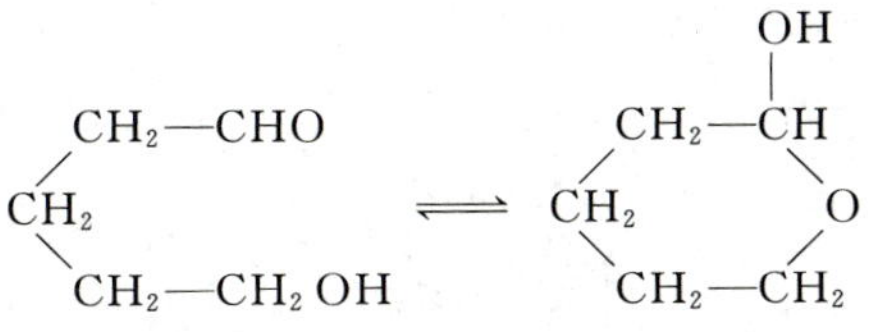

6%　　　　94%

如果单糖也具有环状半缩醛结构，在溶液中环状结构与开链结构之间形成动态平衡，变旋、苷的生成和其他一些实验现象就容易理解了。例如：

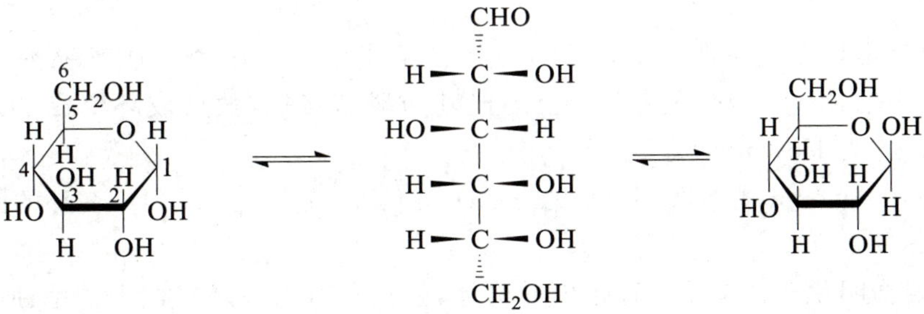

α-D-(+)-葡萄糖　　(7)　　β-D-(+)-葡萄糖

(9)　　　　(10)

环的生成使羰基碳原子成为不对称碳原子，因此，同一单糖有两种环状的非对映异构体，它们的差别在于链端一个不对称碳原子的构型不同，这两种非对映异构体互称为正位异构体（anomers），分别用 α 和 β 表示。例如，D-葡萄糖的两种正位异构体分别为 α-D-(+)-葡萄糖和 β-D-(+)-葡萄糖。

D-葡萄糖与甲醇生成的两种苷分别为 α-D-葡萄糖甲苷和 β-D-葡萄糖甲苷：

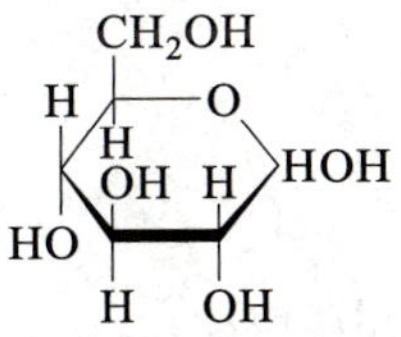

α-D-葡萄糖甲苷

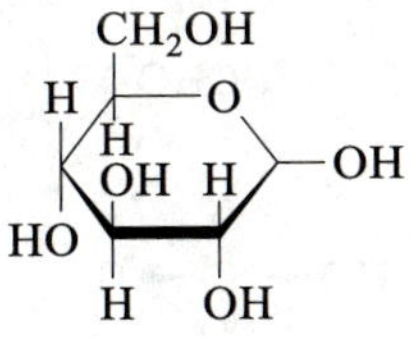

β-D-葡萄糖甲苷

问题 17.1　苷在酸性溶液中也有变旋现象，为什么？

开链结构式可以用下面的方法改写成环状结构。

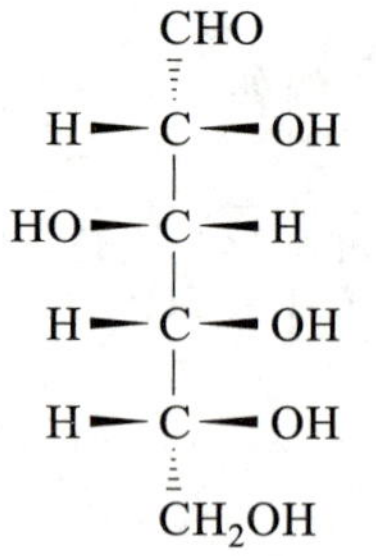

(7)

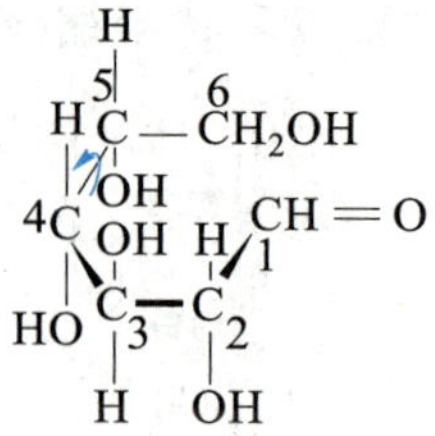

(8)

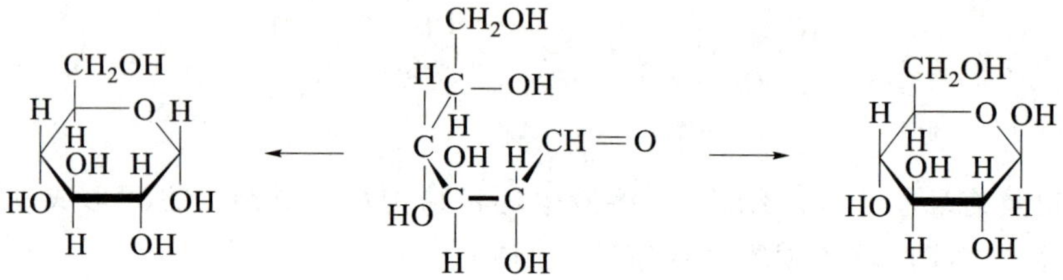

(9) (10)

六元环比七元环更容易形成，是 C(5) 上的羟基与羰基作用生成半缩醛，因此，必须以 C(4)—C(5) 键为轴，旋转 120°，使 C(5) 上的羟基与醛基接近，然后成环变成(9)式和(10)式。这种环状结构式称为 Haworth 式。

在己醛糖的 Haworth 式中，C(1) 上的—OH 与 C(5) 上的—CH_2OH 在环的同一边时为 β-正位异构体。

有时不需要指明化合物是哪一种正位异构体，就把羟基写在环平面上。手性碳原子上的 H 也可以省去：

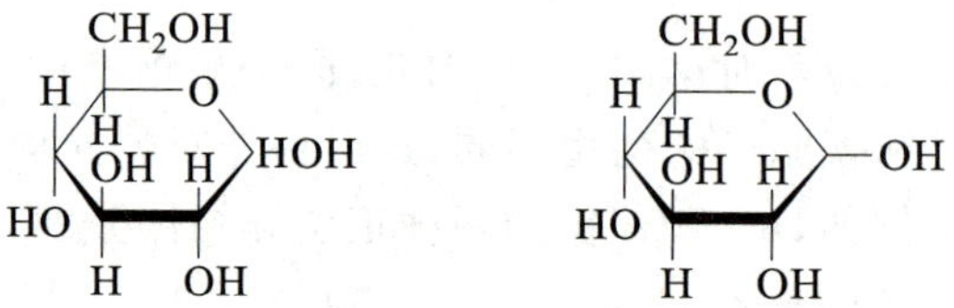

单糖分子中的半缩醛环并不都是六元环，也有五元环。例如：

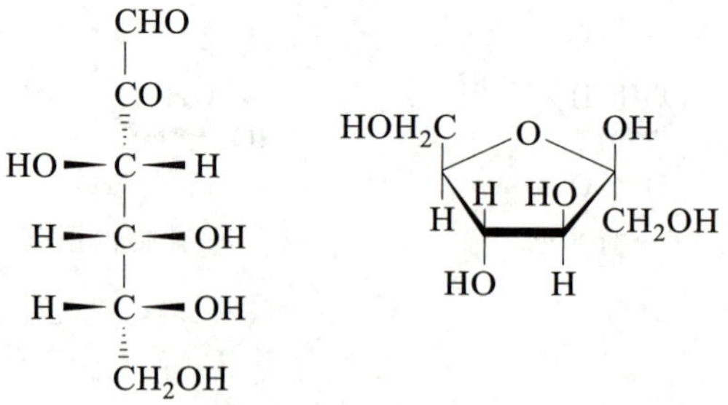

D-(－)-果糖 β-D-(－)-果糖

六元和五元的半缩醛环根据相应的含氧杂环的命名分别用吡喃和呋喃表示：

吡喃　　呋喃

例如，α-D-(+)-吡喃葡糖（萄字可以省去），β-D-(-)-呋喃果糖。在水溶液中 D-葡萄糖 36%为 α-吡喃型，64%为 β-吡喃型，α-和 β-呋喃型小于 1%。

问题 17.2　写出下列单糖的 Haworth 式：

(1) α-D-甘露糖（吡喃型）

(2) β-D-阿洛糖（吡喃型）

(3) α-D-艾杜糖（吡喃型）

17.1.3　单糖的构象

Haworth 式容易由开链结构改写，并能清楚地表示出环上各原子和原子团之间的相互关系，但吡喃环上的原子并不在同一平面内，而是与环己烷一样，具有椅型构象。β-D-葡萄糖的两种椅型构象为

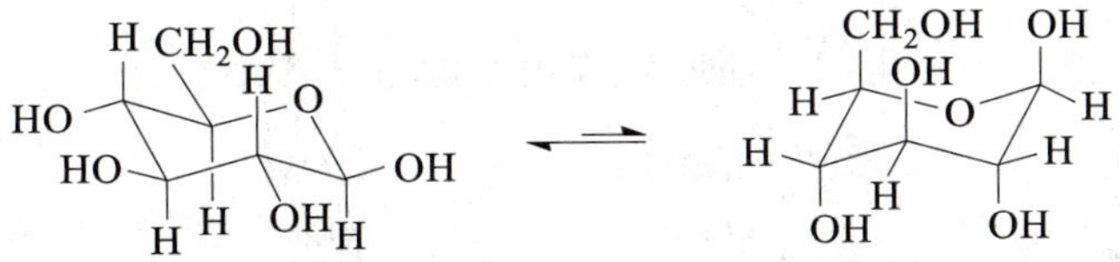

(11)　　(12)

在(11)式中所有体积大的取代基都在平伏键的位置，据计算，其能量比(12)式低 25 $kJ \cdot mol^{-1}$。晶体结构研究和其他研究方法说明 β-D-葡萄糖的构象为(11)式，即 CH_2OH 在平伏键的位置，已醛糖中只有葡萄糖具有这种稳定的构象。

其他 D-己醛糖的构象容易由葡萄糖的构象推出。例如，D-甘露糖与 D-葡萄糖的差别在于 C(2) 的构型不同，将 β-D-葡萄糖构型式中 C(2) 上的羟基写在直立键的位置，即得到 β-D-甘露糖的构象(13)式，用同样的方法，分别把 β-D-葡萄糖的构象式中 C(3) 和 C(4) 上的羟基放在直立键的位置，即得到 β-D-阿洛糖和 β-D-半乳糖的稳定构象(14)式和(15)式。在构象式中碳原子上的氢原子可以省去不写。

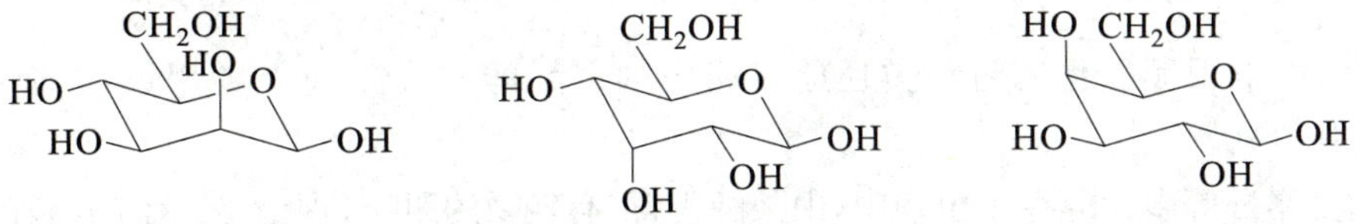

β-D-甘露糖 (13)　　β-D-阿洛糖 (14)　　β-D-半乳糖 (15)

在多数 D-己醛糖的稳定构象中，CH_2OH 都在平伏键的位置，而 α-D-艾杜糖的构象中，

CH_2OH 则在直立键的位置上：

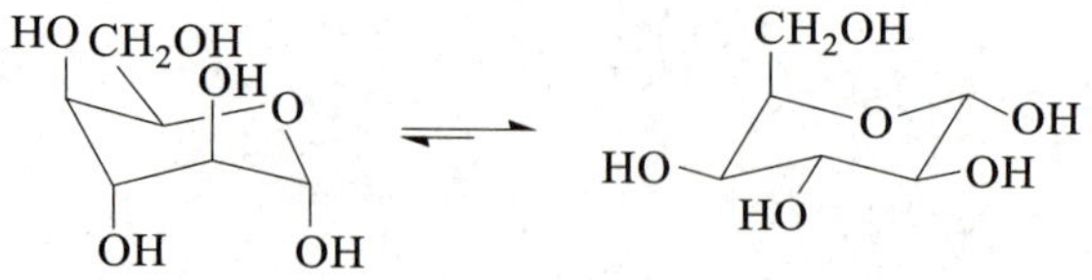

α－D－艾杜糖

在 D－艾杜糖的水溶液中，α－和 β－吡喃型分别占 31％和 37％，α－和 β－呋喃糖则各占 16％。

问题 17.3 在 D－阿洛糖的水溶液中 α－，β－吡喃型和 α－，β－呋喃型四种糖的比例分别为 18，70，5 和 7，在 D－塔罗糖的水溶液中，四种糖的比例分别为 40，29，20 和 11。试写出 D－阿洛糖和 D－塔罗糖的 α－和 β－吡喃型的构象式。

呋喃型的构象不像吡喃型那样简单，可以肯定的是，呋喃型中的五个原子不全在同一平面上。

§17.2 单糖的反应

17.2.1 还原

醛糖还原生成多元醇。D－葡萄糖还原生成山梨醇，L－古洛糖还原也生成山梨醇：

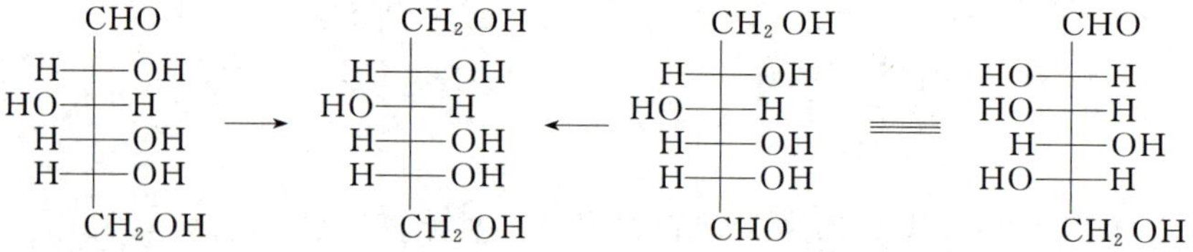

D－葡萄糖 山梨醇 L－古洛糖

D－甘露糖还原生成甘露醇，D－果糖还原生成甘露醇和山梨醇的混合物：

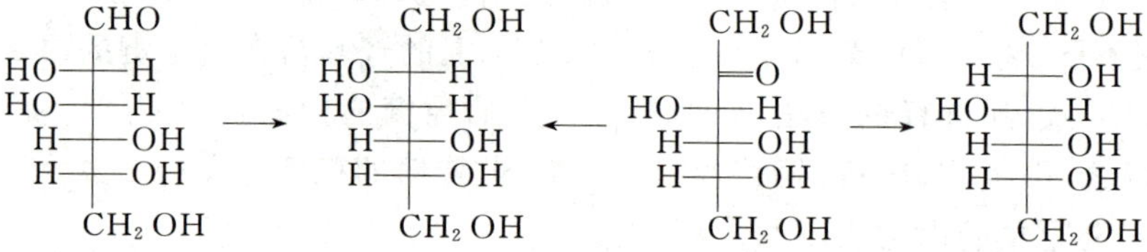

D－甘露糖 甘露醇 D－果糖 山梨醇

在实验室中常用硼氢化钠将糖类还原成相应的多元醇。在工业上则用镍作催化剂，在沸腾的乙醇溶液中加氢。

山梨醇、甘露醇等多元醇存在于植物中，山梨醇无毒，有轻微的甜味和吸湿性，用于化妆品和药物中。

问题 17.4 己醛糖中有哪几种糖的 D 型和 L 型还原生成同一种多元醇？

17.2.2　氧化

单糖用不同的试剂氧化生成氧化程度不同的产物。

17.2.2.1　Tollens 试剂和 Benedict 试剂

醛糖或酮糖与 Tollens(B C)试剂作用都产生银镜。Benedict(S R)试剂是由硫酸铜、柠檬酸和碳酸钠配制成的蓝色溶液。将醛糖或酮糖(或羟基醛、酮)与 Benedict 试剂一起加热时,溶液的蓝色消失,同时生成氧化亚铜的砖红色沉淀:

$$Cu^{2+} + \text{醛糖或酮糖} \longrightarrow \text{氧化产物} + Cu_2O\downarrow$$

将硫酸铜溶液与酒石酸钾钠加氢氧化钠配成的溶液在使用时混合就得到 Fehling 溶液,它的作用与 Benedict 试剂相同。

与 Tollens 试剂或 Benedict 试剂呈正反应的糖叫作还原糖(reducing sugars),呈负反应的叫做非还原糖。苷在碱性溶液中不能变成醛糖或酮糖,因此,它们对 Tollens 试剂或 Benedict 试剂呈负反应。

17.2.2.2　溴水

在 pH=5.0 时,溴水使已醛糖直接氧化成醛糖酸的内酯,反应机理尚不清楚,但 β-D-葡萄糖氧化的速率为 α-D-葡萄糖的 250 倍,说明反应是由试剂进攻 1 位上的—OH 开始进行的,在平伏键位置的—OH 比在直立键位置更容易发生反应,生成的 1,5-内酯慢慢水解成醛糖酸,后者的水溶液在蒸发时容易生成 1,4-内酯。

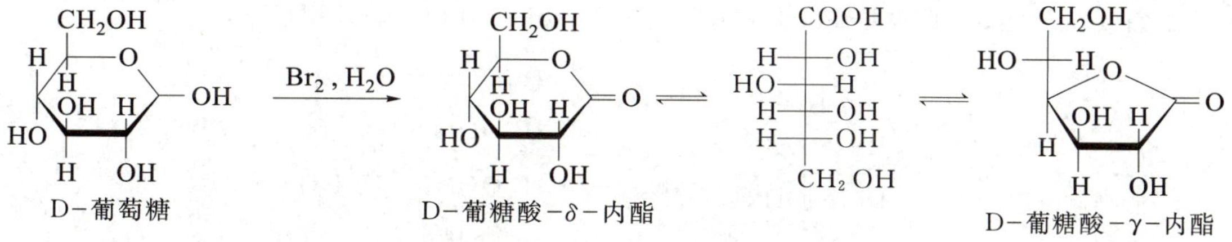

β-D-葡糖苷用臭氧氧化生成葡糖酸酯,α-异构体不活泼,不易氧化。

17.2.2.3　硝酸

稀硝酸的氧化作用比溴水强,能使醛糖氧化成糖二酸。例如:

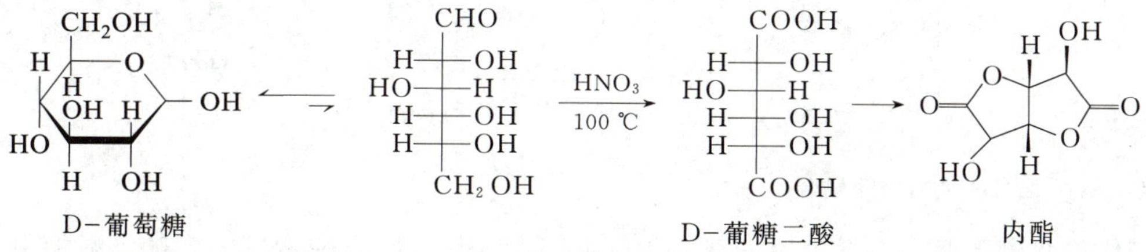

D-葡糖二酸是旋光性的。醛糖氧化生成的糖二酸是否有旋光性可用于糖类的构型测定。糖二

酸也容易生成内酯。

问题 17.5 写出 L-阿拉伯糖和 D-甘露糖用硝酸氧化生成的产物，并说明它们是否有旋光性。

问题 17.6 写出下列反应的产物：

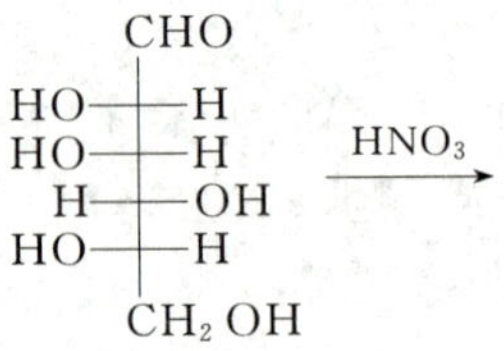

L-古洛糖

将它与 D-葡萄糖的氧化产物相比较，并说明是否有旋光性。

D-果糖用硝酸氧化，碳链在 C(1)—C(2) 之间断裂，生成 D-阿拉伯糖二酸。

17.2.2.4 高碘酸

糖类用高碘酸氧化时，碳链发生断裂：

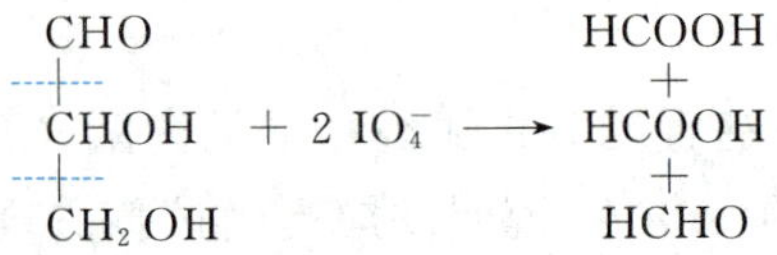

相邻两个碳原子上都带有羟基，或一个带有羟基，另一个带有羰基，碳-碳键都发生断裂。反应常是定量的，每一个 C—C 键消耗 1 mol 高碘酸。

D-葡萄糖氧化时，消耗 5 mol 高碘酸，生成 5 mol 甲酸和 1 mol 甲醛：

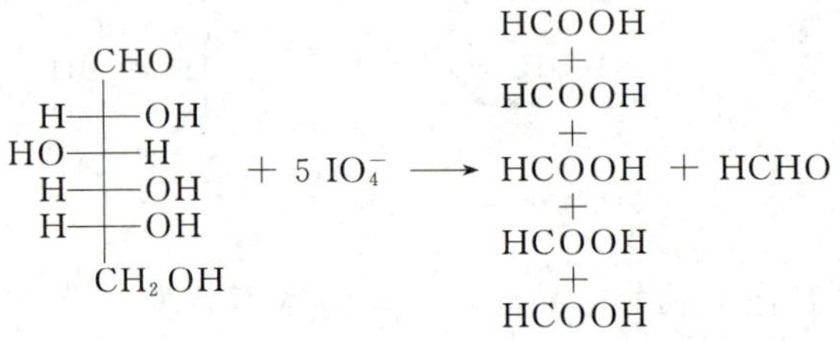

糖苷也可以用高碘酸氧化。例如，α-D-吡喃葡糖甲苷消耗 2 mol 高碘酸，同时生成 1 mol 甲酸：

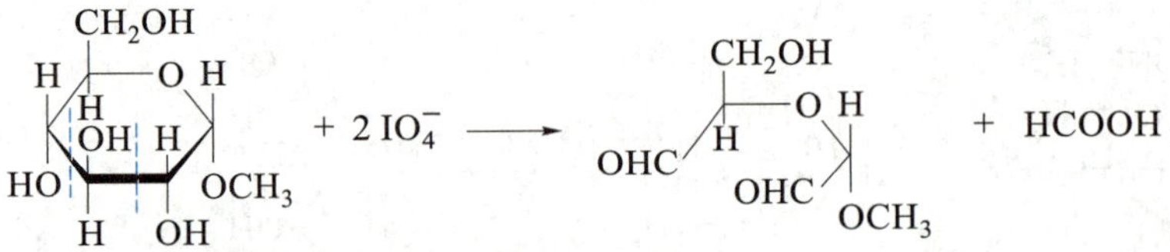

α-D-吡喃葡糖甲苷

在氧化产物中只剩下两个手性碳原子，C(1) 和 C(5)。因此，所有的 α-D-吡喃己醛糖甲苷都生成同一氧化产物，后者用溴水氧化后水解都生成 D-甘油酸。

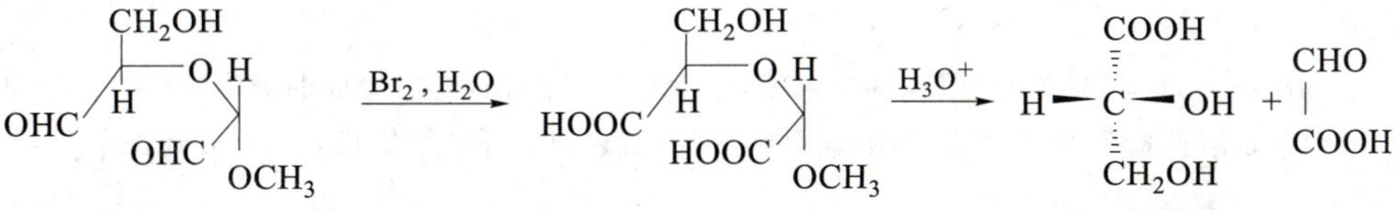

而呋喃型苷最初消耗 2 mol 高碘酸，但同时生成 1 mol 甲醛：

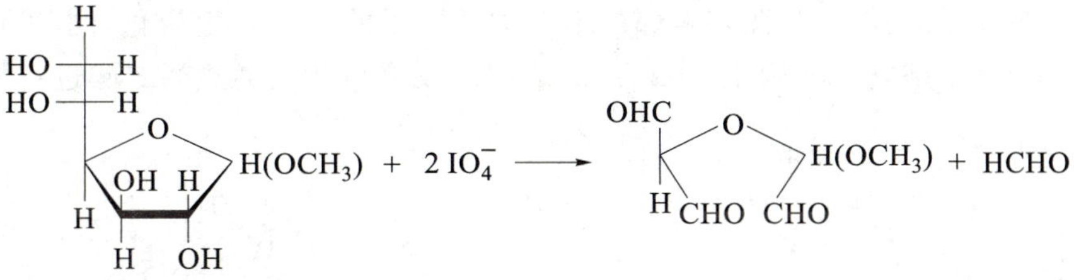

D－葡萄糖水溶液在 pH＝3.7 时用高碘酸氧化，生成的 2－*O*－甲酰基甘油醛是稳定的，因此，迅速消耗 3 mol 高碘酸，同时生成 2 mol 甲酸：

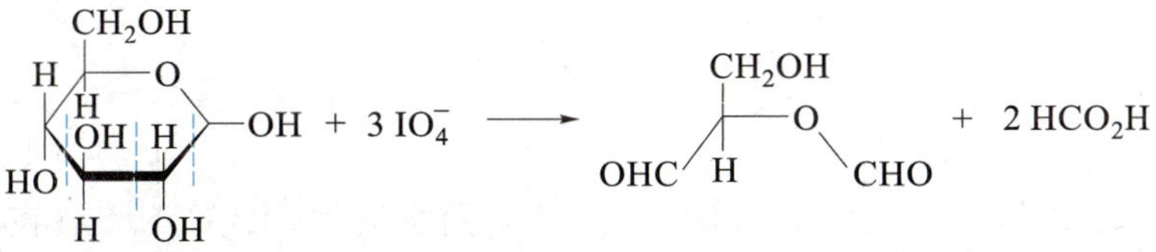

2－*O*－甲酰基甘油醛慢慢水解，生成甘油醛和 1 mol 甲酸，甘油醛再消耗 2 mol 高碘酸，生成 2 mol甲酸和 1 mol 甲醛。由此可知 D－葡萄糖在溶液中主要以吡喃型半缩醛结构存在。

17.2.3 脎的生成

单糖与苯肼作用生成脎(osazone)。醛糖生成脎后，C(2) 不再是不对称碳原子，而其余的不对称碳原子的构型则保持不变。

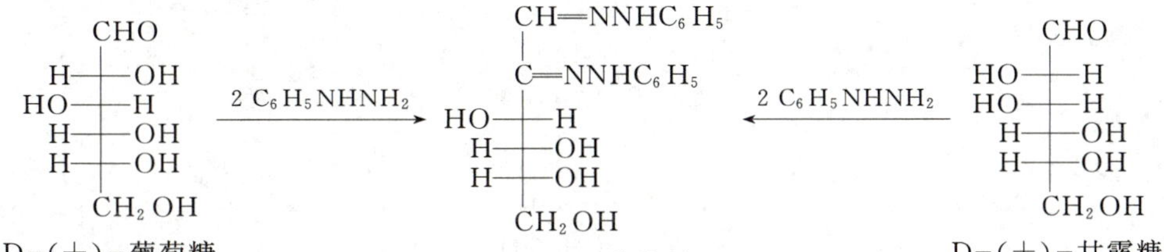

D－(＋)－葡萄糖与 D－(＋)－甘露糖都是己醛糖，它们生成同样的脎，说明它们分子中C(3)，C(4)，C(5) 的构型相同，只有 C(2) 的构型不同，只有一个碳原子构型不同的非对映体称为差向异构体(epimer)。

酮糖与苯肼的反应也在 C(1)，C(2) 上进行。D－(－)－果糖是一种己酮糖，它与苯肼作用生成 D－(＋)－葡糖脎。因此，果糖分子中 C(3)，C(4)，C(5) 的构型与 D－(＋)－葡萄糖相同。

糖脎都是不溶于水的黄色晶体，不同的糖脎晶形不同，在反应中生成的速率也不相同。因此，可以根据糖脎的晶形及生成所需要的时间来鉴定糖类。

问题 17.7 D-山梨糖、D-塔罗酮糖和 D-阿洛酮糖是三种 D-己酮糖，它们生成的糖脎，分别与 D-古洛糖脎、D-半乳糖脎和 D-阿洛糖脎的结构相同。试写出它们的开链结构式和 Haworth 式。

17.2.4 差向异构化

在弱碱性(如吡啶)条件下与羰基相邻的不对称碳原子的构型发生变化，同时发生醛糖与酮糖间的相互转化，这就是差向异构化(epimerization)。反应可能是通过烯二醇进行的：

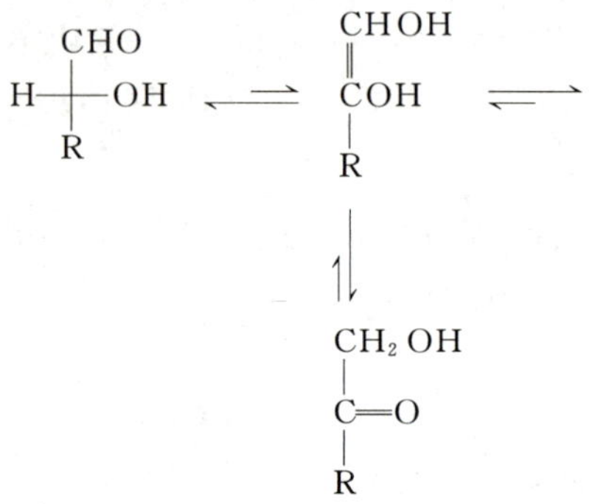

例如，D-葡萄糖在浓度为 8×10^{-3} mol·L^{-1}氢氧化钠溶液中，35 ℃下 4 昼夜后生成 D-果糖(28%)、D-甘露糖(3%)和 D-葡萄糖的混合物。

17.2.5 醛糖的递升和递降

将一个醛糖变为高一级的醛糖的过程叫作递升；变为低一级的醛糖的过程则叫作递降。

将醛糖与氢氰酸作用所得氰醇水解，生成的多羟基酸失水而成内酯，内酯用钠汞齐和水还原后，即得到高一级的醛糖。由于在反应过程中增加了一个不对称碳原子，所以得到两种异构体，其差别在于 C(2) 的构型不同。例如，由 D-(－)-阿拉伯糖递升，得到 D-(＋)-葡萄糖和 D-(＋)-甘露糖。

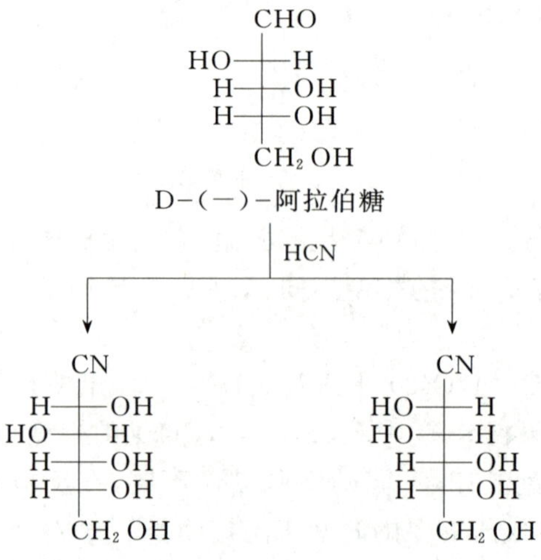

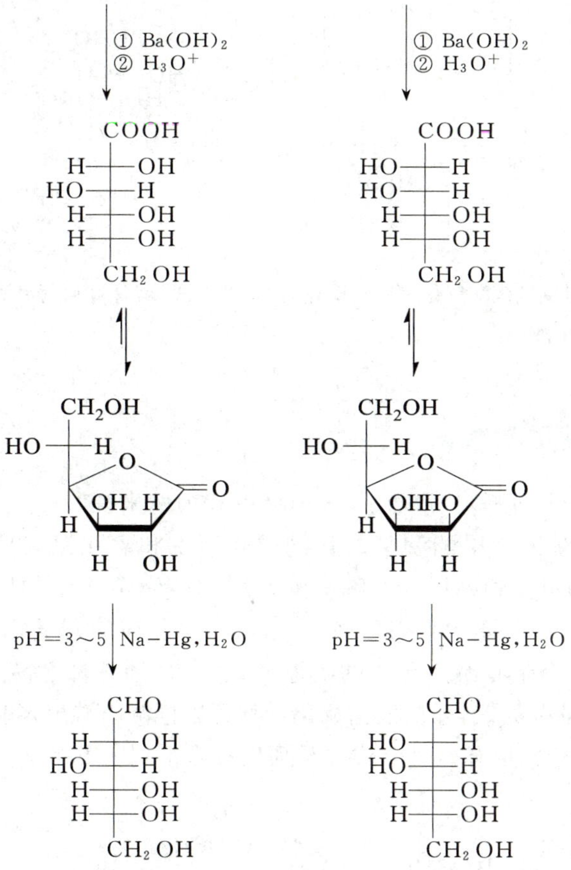

D-(+)-葡萄糖　　D-(+)-甘露糖

问题 17.8 D-(+)-甘油醛经递升后得到 D-(−)-赤藓糖和 D-(−)-苏糖，试写出有关的反应式。

问题 17.9 D-(−)-赤藓糖氧化得到的二酸没有旋光性，D-(−)-苏糖氧化得到的二酸有旋光性。试说明问题 17.8 中的产物哪一个是 D-(−)-赤藓糖，哪一个是 D-(−)-苏糖？

问题 17.10 D-(−)-苏糖经递升后得到 D-(+)-木糖和 D-(−)-来苏糖。D-(+)-木糖氧化生成的二酸没有旋光性，D-(−)-来苏糖氧化则生成有旋光性的二酸。试写出 D-(+)-木糖和 D-(−)-来苏糖的构型。

将 D-(+)-葡萄糖用电解法氧化，变成葡糖酸钙以后，再用过氧化氢及亚铁盐处理，可以去掉一个碳原子，变成低一级的戊醛糖 D-(−)-阿拉伯糖。

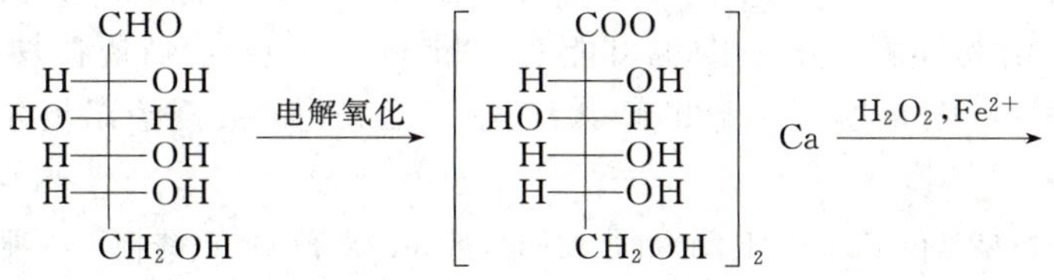

D-(+)-葡萄糖　　D 葡糖酸钙

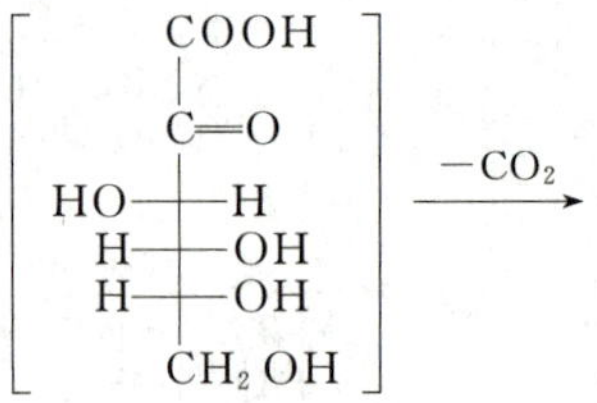

D-(−)-阿拉伯糖

问题 17.11 D-(+)-半乳糖经硝酸氧化后得到没有旋光性的二酸，经递降后得到 D-(−)-来苏糖。试写出 D-(+)-半乳糖的构型。

17.2.6 糖苷的甲基化及氧化

糖苷分子中环的大小的测定可以用 D-葡糖甲苷为例来说明。

将 D-葡糖甲苷用硫酸二甲酯和氢氧化钠或碘甲烷和氧化银处理，可以使其中的四个羟基变成甲氧基。生成的四甲基葡糖甲苷与稀盐酸作用，只有 C(1) 上的甲氧基被水解，得到四-*O*-甲基-D-葡萄糖。这是一个环状半缩醛，它在溶液中与相应的开链化合物形成平衡。在开链化合物中有一个醛基和一个带有游离羟基的碳原子，这两个地方都容易发生氧化反应。因此，用硝酸使四-*O*-甲基-D-葡萄糖氧化时，根据氧化产物可以推测出游离羟基所在的位置和环状半缩醛中环的大小。将 β-D-葡糖甲苷经过上述一系列反应后得到三甲氧基戊二酸和二甲氧基丁二酸：

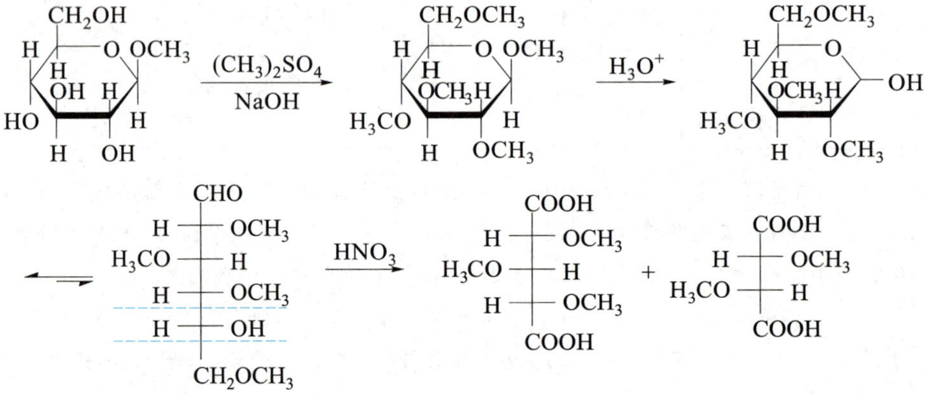

由此可以推出从四-*O*-甲基-D-葡萄糖的开链结构中游离羟基是在 C(5) 上，也就是说 β-D-葡糖甲苷含有吡喃型环。其他的实验事实(如 X 射线结构分析)证明，D-葡萄糖中也含有吡喃型环。其他己醛糖或苷一般也含有吡喃型环。

从 D-(+)-葡萄糖还可以得到第三种葡糖甲苷，即 γ-D-葡糖甲苷。用上述方法可以证明其中含有呋喃型环，由此推测在溶液中也可能有少量 D-(+)-呋喃葡萄糖存在。

英国化学家 Haworth 证明了单糖的环状结构，于 1937 年被授予诺贝尔化学奖。

问题 17.12 葡萄糖的构型是由 Fischer E 测定的，他同时推导出 8 种 D-己醛糖和 4 种戊醛糖之间的立体化学关系，因此 1902 年被授予诺贝尔化学奖。

己醛糖有 $2^4=16$ 种异构体，其中8种为D型，另外8种为其对映异构体。Fischer 当时假定（+）-葡萄糖为D型，因此，图17.1中所列出的8种D-己醛糖的结构式中有一种是葡萄糖。

(1) 葡糖二酸是有旋光性的，试划去8种构型式中能生成没有旋光性的几种糖二酸。

(2) 葡萄糖递降后得到(－)-阿拉伯糖，后者氧化时生成有旋光性的糖二酸。试划去图17.1中列出的D-戊醛糖中能生成没有旋光性的糖二酸的结构式以及由它们导出的D-己醛糖的结构式。

(3) (－)-阿拉伯糖递升后得到（+）-葡萄糖和（+）-甘露糖。这两种差向异构体氧化后得到有旋光性的糖二酸。试划去D-戊醛糖中不符合这一条件的化合物及由它导出的D-己醛糖。

(4) Fischer 发展了将单糖分子中端基官能团互换的实验方法。应用这种方法，将葡萄糖分子中的CHO换成 CH_2OH；将6位碳由 CH_2OH 变成CHO，由此得到一种新的己醛糖，并证明它不是葡萄糖本身。试划去剩下的构型式中不符合这一条件的一种。

§17.3 低 聚 糖

一种单糖分子与另一种单糖分子中的羟基失水生成苷键(glycosidic linkage)就得到二糖(disaccharides)，这一过程继续下去就得到三糖(trisaccharides)、四糖，以至于高相对分子质量的多糖(polysaccharides)。低聚糖(oligosaccharides)一般是指含2～8个单糖结构单元的化合物，其中最容易得到的是二糖。

天然二糖中最重要的是蔗糖(sucrose)、乳糖(lactose)和海藻糖(trehalose)；麦芽糖(maltose)和纤维二糖(cellobiose)是淀粉和纤维素在酶催化下的水解产物。

17.3.1 (+)-蔗糖

所有进行光合作用的植物中都含有蔗糖，甘蔗中含蔗糖16%～26%，甜菜中含蔗糖12%～15%，它们是工业上制取蔗糖的原料。世界上每年生产蔗糖达千万吨，是产量最大的一种有机化合物。

蔗糖水解时生成一分子D-(+)-葡萄糖和一分子D-(－)-果糖。蔗糖是右旋的，水解后生成的等物质的量葡萄糖和果糖的混合物则是左旋的。由于水解使旋光的方向发生了转变，一般把蔗糖的水解产物叫作转化糖，蜂蜜的主要组分即为转化糖。

$$\underset{\substack{\text{蔗糖}\\ [\alpha]_D^{20}=+66.5^\circ\cdot cm^2\cdot g^{-1}}}{C_{12}H_{22}O_{11}} + H_2O \longrightarrow \underbrace{\underset{\text{D-(+)-葡萄糖}}{C_6H_{12}O_6} + \underset{\text{D-(－)-果糖}}{C_6H_{12}O_6}}_{\text{转化糖}[\alpha]_D^{20}=-43.5^\circ\cdot cm^2\cdot g^{-1}}$$

蔗糖分子中葡萄糖单元中的1位碳原子和果糖单元中的2位碳原子之间形成苷键，因此是非还原糖，对于葡萄糖是 α-苷，对于果糖是 β-苷。

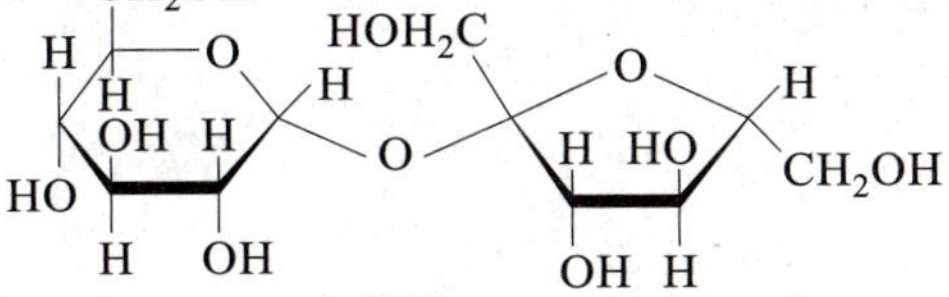

蔗糖

17.3.2　(+)-乳糖

(+)-乳糖存于人及哺乳动物的乳汁中,人乳中含乳糖 6%~7%,牛、羊乳中含乳糖 4%~5%,在工业上乳糖是由牛乳制干酪时所得的副产品。乳糖在乳酸杆菌作用下氧化成乳酸,牛乳变酸就是由于其中所含的乳糖变成了乳酸。

乳糖是半乳糖和葡萄糖 4 位羟基生成的 β-苷,是还原糖。

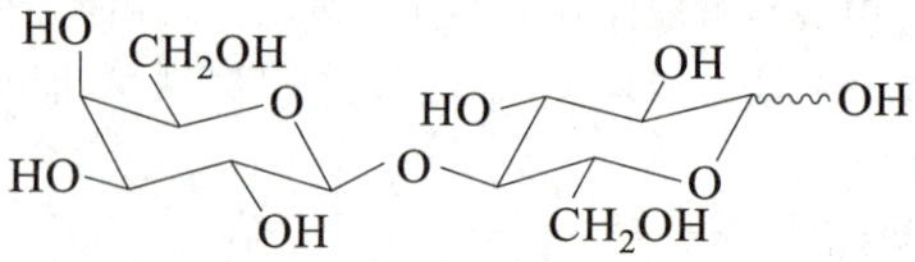

乳糖

17.3.3　(+)-麦芽糖

(+)-麦芽糖是淀粉在淀粉糖化酶作用下的部分水解产物。植物组织(如麦芽)中所含的麦芽糖也是淀粉水解的中间产物。麦芽中含有淀粉糖化酶,常常用它来使淀粉水解成麦芽糖,麦芽糖的名称就是这样来的。我国饴糖的主要组分就是麦芽糖。

麦芽糖是葡萄糖与另一分子葡萄糖 4 位上的羟基生成的 α-苷,是还原糖。

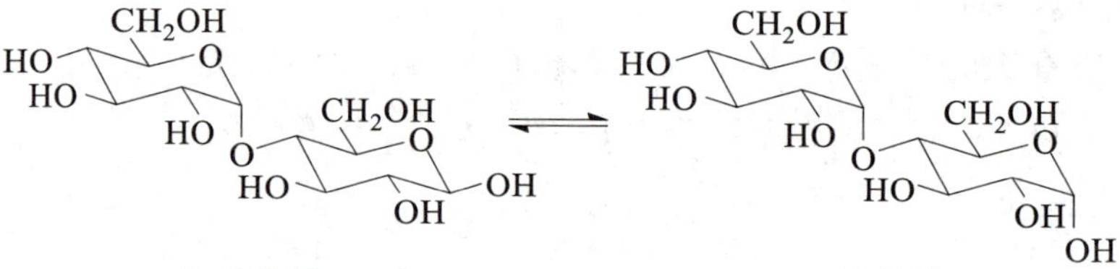

β-麦芽糖　　　　α-麦芽糖

问题 17.13　海藻糖广泛存在于真菌、酵母、地衣、海藻和昆虫体中。在昆虫的代谢过程中葡萄糖以海藻糖的形式储存起来,需要时再转化成葡萄糖。海藻糖是两分子葡萄糖都在 1 位形成的苷,并且都是 α-苷,都是吡喃型环。写出海藻糖的构象式。

问题 17.14　纤维二糖是纤维素的水解产物,是一种还原糖。它是由葡萄糖(吡喃型)和另一分子葡萄糖的 4 位羟基形成的 β-苷。写出纤维二糖的构象式。

问题 17.15　三糖以上的糖类,其结构常用简式表示。例如,广泛存在于植物中的棉籽糖(raffinose)是由甜菜生产蔗糖过程中的副产物,为非还原糖,其结构为

$$\alpha Gal_p(1\rightarrow 6)\alpha Glc_p(1\rightarrow 2)\beta Fru_f$$

Gal,Glc 和 Fru 分别表示半乳糖、葡萄糖和果糖,p 和 f 分别表示吡喃型和呋喃型,(1→6)表示前一个单元的 1 位与下一个单元的 6 位相连。如单糖为 L 型,还要在糖的简写前加 L,常见的单糖为 D 型,所以省去。试写出棉籽糖的构象式。

---

§ 17.4 多　　糖

糖类总量的 90%以上以多糖的形式存在。在植物体中多糖作为结构材料及营养储备，在动物体中则作为能量储备。此外，多糖在生物体中还有多种重要功能。

17.4.1 纤维素

纤维素（cellulose）是高等植物细胞壁的主要成分，也是多糖中最丰富的一类化合物，它占多年生植物质量的一半，一年生植物质量的三分之一左右。

纤维素是多个 β-D-吡喃型葡萄糖基以（1→4）位相连而组成的链状高分子化合物：

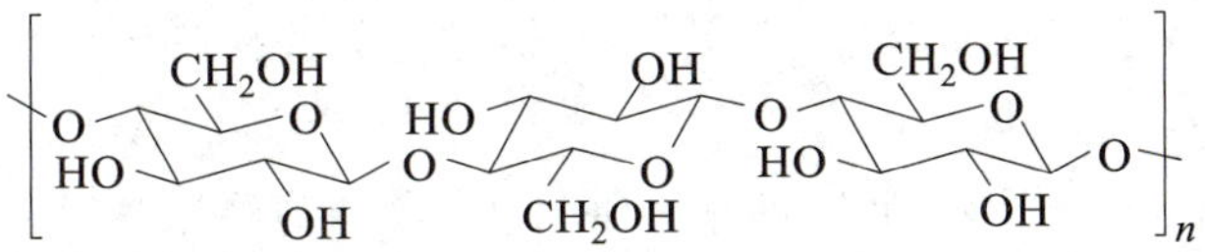

$n \approx 1000$

由于其结构单元的立体规整性和链状结构，纤维素分子在延伸很长的区域内呈晶形结构，形成纤维束。

食草动物的消化道中滋生着一些微生物，它们产生的纤维酶能使纤维素水解成葡萄糖，因此能以纤维素为食。

纤维素的主要工业来源是木材、棉花和亚麻。在木材中纤维素与木质素紧密结合在一起，通过制浆操作可以得到高质量的纤维素，用于造纸、生产人造丝和无纺布等。

纤维素分子中每个葡萄糖单元的 C(2)，C(3) 和 C(6) 上有三个羟基，它们可以被酯化或醚化。纤维素在 8.5%～12%氢氧化钠溶液中溶胀以后，用二硫化碳处理，得到纤维素黄原酸钠，即一部分 OH 转变为 $\mathrm{O{-}\underset{\underset{\displaystyle S}{\|}}{C}{-}SNa}$，纤维素黄原酸钠能溶于碱溶液中，将生成的溶液挤压入酸性介质中时，生成的黄原酸分解而重新变为纤维素，可制成人造丝纤维或赛璐玢（玻璃纸）。

纤维素中的羟基用乙酸、乙酐和硫酸的混合物酯化就得到纤维素乙酸酯，将它的丙酮溶液压入热空气中，使丙酮挥发，可以纺成丝或成型为各种塑料制品。纤维素用硝酸和硫酸的混合物处理，可以变成纤维素硝酸酯（即硝化纤维）用作炸药。

17.4.2 淀粉（starch）

淀粉是植物的主要能量储备，也是人类膳食中糖类的主要来源，因此具有重要的经济价值。在工业上从多种来源分离淀粉。植物的种子、果实、叶、块茎、球茎中都有不同含量的淀粉。谷物中淀粉的含量在 75%以上。

淀粉为粒状，在冷水中膨胀，干燥后又收缩为粒状，工业上利用这一性质来分离淀粉。

淀粉粒由直链淀粉（amylose）和支链淀粉（amylopectin）两部分组成，其相对含量与淀粉粒的来源有关。在大多数淀粉品种中直链淀粉的含量在 15%～35%。直链淀粉遇碘显紫色，支链淀粉则呈红色。将淀粉悬浮在水中，加入一种极性有机化合物，如百里酚（2-异丙基-5-甲基苯酚)，直链淀粉与其生成配合物而沉淀出来，可以同支链淀粉分开。直链淀粉是多个 α－D－吡喃型葡萄糖基以(1→4)苷键相连而形成的链状高分子化合物，葡萄糖基的数目为 200～2 200，支链淀粉在有的葡萄糖基的 6 位上连有支链：

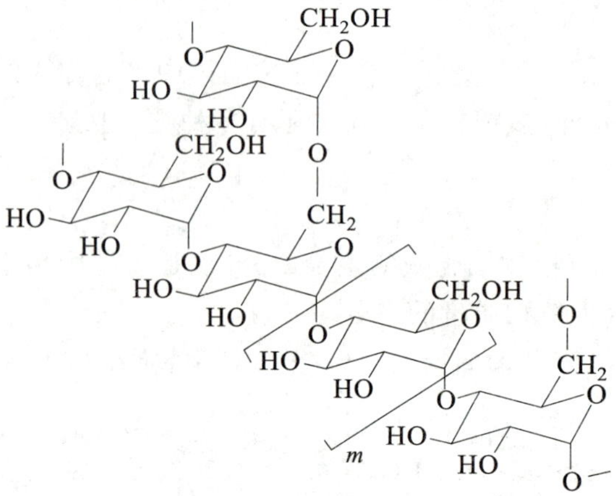

动物吃了淀粉以后，在体内 α－葡萄糖苷酶催化下，将淀粉水解成葡萄糖，为生命活动提供能源。多余的葡萄糖，则在体内的酶催化下转变为糖原(glycogen)。糖原的结构与支链淀粉相似，但支链更多、更短。糖原是动物体内的储备糖，存在于肝及肌肉中。营养良好的成人体中约有糖原 350 g。在运动中肌肉中的糖原转化成乳酸，同时释放能量。

17.4.3　甲壳质

甲壳动物和甲虫的外壳中含有甲壳质(chitin)，它是由 β－N－乙酰基－D－吡喃型葡糖胺(NAG)在(1→4)位以苷键连接生成的多糖。

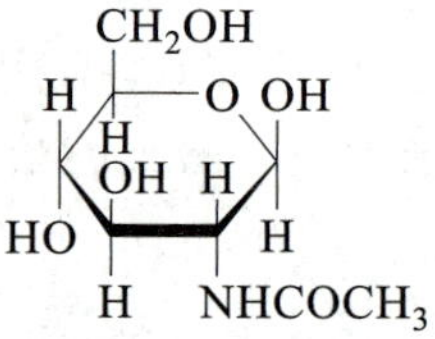

β－N－乙酰基－D－吡喃型葡糖胺

β－N－acetyl－D－glucosamine

§17.5　阅读材料

17.5.1　环糊精的来源和性质

环糊精(cyclodextrin，CD)是葡萄糖的环状聚合物：

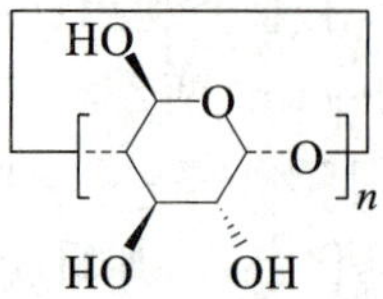

n＝6，α－环糊精，α－CD

n＝7，β－环糊精，β－CD

n＝8，γ－环糊精，γ－CD

是在芽孢杆菌属细菌消化淀粉过程中生成的，现已进行工业生产。

环糊精分子中有一个空腔，可以表示为

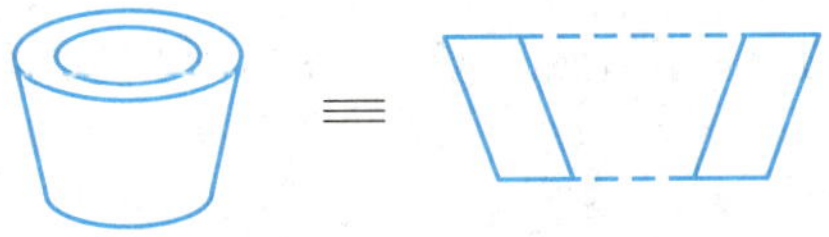

	空腔直径/pm	高/pm
α-CD	49.0～53.0	79±1
β-CD	60.0～65.0	79±1
γ-CD	75.0～83.0	79±1

空腔外部是亲水的羟基，在 α-环糊精分子中上沿有 12 个仲醇基伸出，下沿有 6 个伯醇基伸出，空腔内只有 C—H，C—C，C—O 等键，是疏水的。

α-和 β-环糊精在 1 g 水中的溶解度为 90 mg 和 16.4 mg(20 ℃)，不溶于甲醇、乙醇、丙酮、氯仿和四氢呋喃，在 DMF 中的溶解度较大，α-和 β-环糊精在 100 mL DMF 中的溶解度分别为 54 g 和 32 g(25 ℃)。

环糊精在结肠内被肠内细菌代谢逐步降解成麦芽糖、葡萄糖，最后转变成二氧化碳和水。

环糊精分子中的空腔能够容纳大小适当的疏水性分子，生成包合物(inclusion complex)。

香料和食品调味料中的芳香物质由于挥发性大，容易流失，加入环糊精使其与芳香物质形成包合物，可以延长它们的储存时间。食物(如羊肉、鱼肉)中的异味物质也可以被环糊精包合而得到掩蔽。由于环糊精的独特性能，已在日用化学品、医药、农业等方面得到广泛应用。

通过环糊精分子中羟基的反应，可以对环糊精的结构进行修饰，生成具有独特功能的环糊精衍生物。

17.5.2 酶的模拟

苯甲醚能与 α-环糊精生成包合物：

Breslow R 最初的设想：α-CD 与苯甲醚生成包合物后把苯环上的 o 位，m 位保护起来，只有 p 位暴露在外，如与试剂发生取代反应，则可能优先生成 p 位取代产物。于是进行了苯甲醚在水溶液中用 HOCl 作试剂的氯化反应，发现不加 α-CD 时，p 位和 o 位氯化产物之比为 60∶40；加入 0.01 mol·L^{-1} α-CD 后 p 位和 o 位氯化产物之比变成 96∶4，加入同样浓度的 β-CD，p 位和 o 位氯化产物之比为 80∶20。

实验证明：包合的苯甲醚与未包合的分子形成动态平衡，当 CD 的浓度为 0.01 mol·L^{-1} 时，对于 α-CD，有 72%的苯甲醚被包合，28%未包合；对于 β-CD，有 59%包合，41%未包合。未包合的苯甲醚同包合的苯甲醚都能被 HOCl 氯化。如果包合的苯甲醚氯化速率小于未包合的苯甲醚(包合的苯甲醚只有一个 p-H，而未包合的有一个 p-H 和两个 o-H)，所有的氯化产物将来自平衡状态下未包合的苯甲醚。但实际情况正好相反，有 0.01 mol·L^{-1} α-CD 存在时，氯化产物中只有 10%来源于未包合的 28%的苯甲醚。

改变 HOCl 和 α-CD 的浓度，测定它们对氯化反应速率的影响，仔细分析所得到的数据后说明：包合物不生成 o 位氯化产物，包合物对 p 位氯化有催化作用，而催化作用的强弱决定于 HOCl 的浓度。当 HOCl 的浓度为 $10^{-3}\ mol \cdot L^{-1}$ 时，α−CD 包合物的氯化速率比未包合的苯甲醚 p 位氯化速率快 53 倍；而 β−CD 包合物则快 11 倍。

由此得出结论：HOCl 首先将 Cl 转移至 CD 的羟基上，然后 CD 上的 ClO 使被包合的苯甲醚在 p 位氯化：

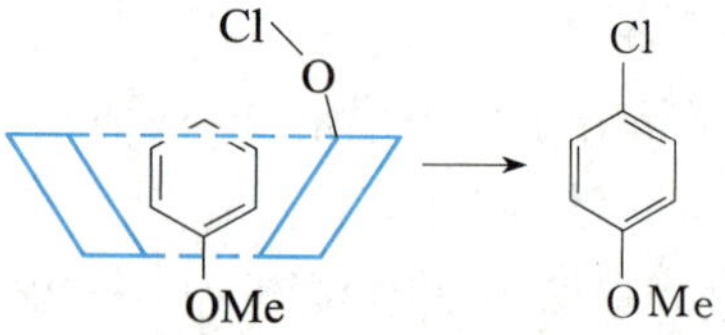

α−CD 包合物能将苯甲醚分子更紧密地包在它的空腔内，苯甲醚分子的自由运动比 β−CD 包合物弱，因此，对氯化的催化作用更强。

在酶催化的反应中，酶与底物结合生成复合物，并使底物中发生反应的部位与酶的活性中心紧密接触，这种邻近效应(proximity)和定向效位(orientation)使反应速率大幅提升。环糊精利用它的空腔与底物生成包合物，使底物中发生反应的部位与环糊精分子上沿或下沿的羟基接近，与酶反应中的邻近效应和定向效应非常相似。

参考文献

参考答案

第十八章 氨基酸、多肽、蛋白质和核酸

羧酸分子中烃基上的氢原子被氨基取代生成的化合物称为氨基酸，如氨基在羧基的 α 位，则称为 α－氨基酸。

α－氨基酸分子中的羧基与另一分子 α－氨基酸的氨基生成的酰胺称为肽(peptides)。例如，N－甘酰基甘氨酸是一种二肽(dipeptides)，谷半胱甘肽(glutathione)是一种三肽(tripeptides)。

$$H_2NCH_2\overset{O}{\overset{\|}{C}}NHCH_2\overset{O}{\overset{\|}{C}}-OH$$

N－甘酰基甘氨酸

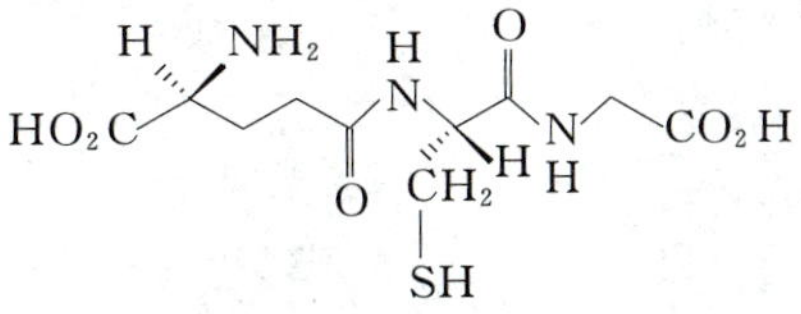

谷半胱甘肽

多肽(polypeptides)是多个 α－氨基酸分子用肽键连接而生成的化合物。

蛋白质是由多种 α－氨基酸用肽键连接起来的、相对分子质量很大的多肽。水解时生成 α－氨基酸的混合物。蛋白质是生物体内一切组织的基本组分。细胞内除水外，其余 80% 的物质为蛋白质。蛋白质在生命现象和生命过程中起着决定性的作用。蛋白质、糖类和脂肪是人类营养的三要素，是维持生命所不可缺少的物质。

在生物体内，肽链是在核糖体中合成的，肽链中各种 α－氨基酸的排列次序取决于核酸中的遗传密码。

§18.1 氨 基 酸

18.1.1 氨基酸的结构和命名

蛋白质水解生成的氨基酸中有 20 种与核酸中的遗传密码相对应，用于在核糖体中进行多肽合成，这 20 种氨基酸中有 19 种为 α－氨基酸，一种为亚氨基酸，其名称和缩写见表 18.1。

表 18.1 常见的氨基酸

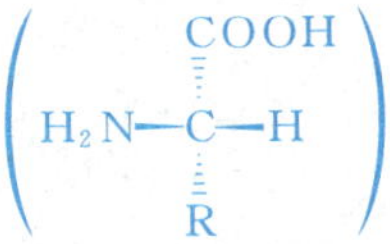

R 的结构	名 称	英文名称	缩 写
$-H$	甘氨酸	glycine	Gly (甘)
$-CH_3$	丙氨酸	alanine	Ala (丙)
$-CH(CH_3)_2$	* 缬氨酸	valine	Val (缬)

续表

R的结构	名　称	英文名称	缩　写
$-CH_2CH(CH_3)_2$	*亮氨酸	leucine	Leu　(亮)
$-CH(CH_3)CH_2CH_3$	*异亮氨酸	isoleucine	Ile　(异亮)
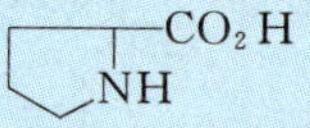（氨基酸的结构）	脯氨酸	proline	Pro　(脯)
$-CH_2C_6H_5$	*苯丙氨酸	phenylalanine	Phe　(苯丙)
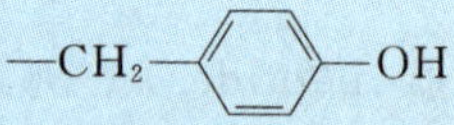	酪氨酸	tyrosine	Tyr　(酪)
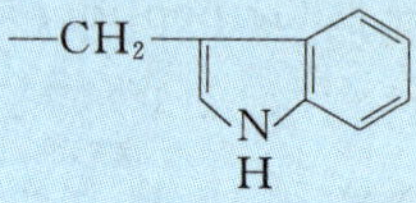	*色氨酸	tryptophan	Trp　(色)
$-CH_2OH$	丝氨酸	serine	Ser　(丝)
$-CH(OH)CH_3$	*苏氨酸	threonine	Thr　(苏)
$-CH_2CO_2H$	天冬氨酸	aspartic acid	Asp　(天冬)
$-CH_2CH_2CO_2H$	谷氨酸	glutamic	Glu　(谷)
$-CH_2CONH_2$	天冬酰胺	asparagine	Asn　(天冬-酰胺)
$-CH_2CH_2CONH_2$	谷氨酰胺	glutamine	Gln　(谷-NH_2)
$-CH_2SH$	半胱氨酸	cysteine	Cys　(半胱)
$-CH_2CH_2SCH_3$	蛋氨酸	methionine	Met　(蛋)
$-CH_2CH_2CH_2CH_2NH_2$	赖氨酸	lysine	Lys　(赖)
$-CH_2CH_2CH_2NHC(=NH)NH_2$	精氨酸	arginine	Arg　(精)
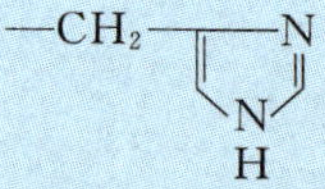	组氨酸	histidine	His　(组)

* 必需氨基酸。

在这些氨基酸中，除甘氨酸外，羧基的 α-碳原子都是不对称碳原子。用酸或酶使蛋白质水解得到的氨基酸，除甘氨酸外都是有旋光性的，并且都属于 L 型，它们与 L-甘油醛之间的关系为

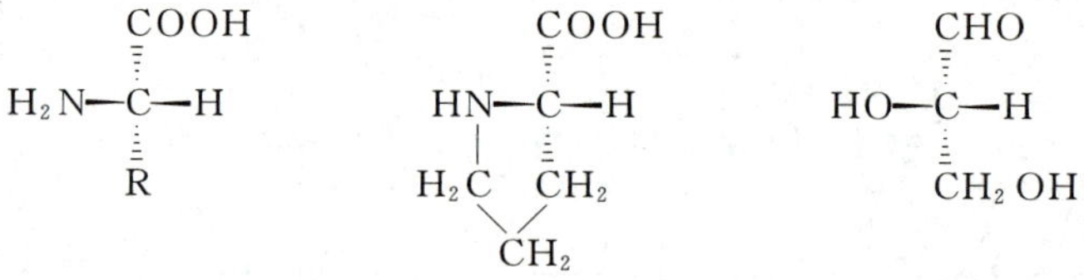

L-氨基酸　　L-脯氨酸　　L-甘油醛

问题 18.1　用 R 或 S 表示 L-丙氨酸、L-丝氨酸和 L-半胱氨酸的构型。

问题 18.2　写出下列反应中中间产物的构型。

(1) (－)－丝氨酸 $\xrightarrow[CH_3OH]{HCl}$ A($C_4H_{10}ClNO_3$) $\xrightarrow{PCl_5}$ B($C_4H_9Cl_2NO_2$) $\xrightarrow[②\ OH^-]{①\ H_3O^+,\triangle}$ C($C_3H_6ClNO_2$) $\xrightarrow{Na-Hg,H_2O}$ L－(＋)－丙氨酸

(2) 上题中的 B $\xrightarrow{OH^-}$ D($C_4H_8ClNO_2$) $\xrightarrow{NaSH}$ E($C_4H_9NO_2S$) $\xrightarrow[②\ OH^-]{①\ H_3O^+,\triangle}$ L－(－)－半胱氨酸

(3) L－(－)－天冬酰胺 $\xrightarrow{NaOH,Br_2}$ F($C_3H_8N_2O_2$) $\xleftarrow{NH_3}$ C

在苏氨酸和异亮氨酸中还有第二个不对称碳原子，这两种氨基酸的构型分别为

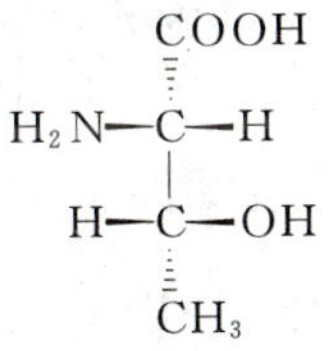

L－苏氨酸
(2S,3R)

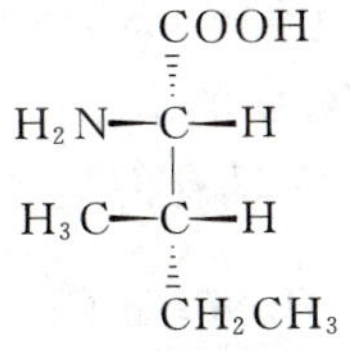

L－异亮氨酸
(2S,3R)

L 表示分子的相对构型，不代表旋光方向，表 18.1 中的 L 型 α－氨基酸有右旋的，也有左旋的。

R,S 表示每一个不对称碳原子的构型。含一个不对称碳原子的 α－氨基酸大多数为 S 型。

动物从食物中摄取的蛋白质经消化后变成氨基酸而被吸收，一部分用于合成自身的蛋白质，剩余的则转化为其他生物活性物质或消耗掉而释放能量。一些氨基酸是动物正常生长所不可缺少的物质，称为必需氨基酸。

蛋白质水解生成的氨基酸并不只限于表 18.1 所列出的 20 种，因为蛋白质在酶的作用下，其中的氨基酸基还可以发生各种反应，水解后就生成相应的非典型的氨基酸。例如：

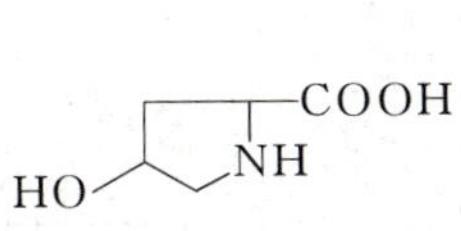

羟脯氨酸

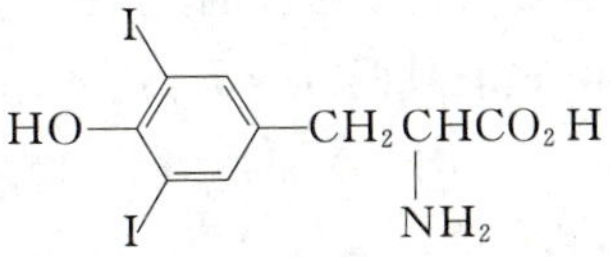

3,5－二碘酪氨酸

另外还有一些氨基酸不是蛋白质的水解产物，但有重要的生理作用。例如：

$H_2NCH_2CH_2CH_2CO_2H$

γ－氨基丁酸

$H_2NCH_2CH_2CO_2H$

β－丙氨酸

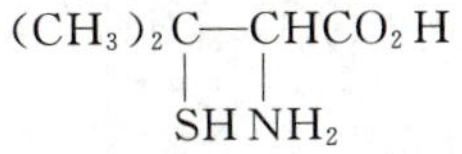

青霉胺

18.1.2　α－氨基酸的物理性质

α－氨基酸的熔点很高，并且多数在熔化时分解。例如，甘氨酸的熔点为 262 ℃(分解)，酪氨酸的熔点为 310 ℃(分解)，因此 α－氨基酸的熔点不是一种能用于鉴定的可靠的物理常数。与此

相反，α－氨基酸的 N－酰基化合物或酰胺熔点却较低。例如：

$C_6H_5CONHCH_2CO_2H$	$H_2NCH_2CONH_2$	$H_2NCH_2CO_2H$
马尿酸	甘酰胺	甘氨酸
熔点：190 ℃	熔点：67～68 ℃	熔点：262 ℃

α－氨基酸的偶极矩比相对分子质量相近的羧酸和胺要大得多。例如：

$H_2NCH_2CO_2H$	$CH_3CH_2CO_2H$	$CH_3CH_2CH_2CH_2NH_2$
甘氨酸	丙酸	丁胺
46.7×10^{-30} C·m	5.67×10^{-30} C·m	4.67×10^{-30} C·m

α－氨基酸不溶于乙醚等非质子溶剂，各种 α－氨基酸在水中的溶解度大小不一，但同一化合物在水中的溶解度都大于在乙醚中的溶解度。

α－氨基酸的物理性质说明它具有内盐结构，即为两性离子：

$$H_2NCH_2CO_2H \rightleftharpoons H_3\overset{+}{N}CH_2CO_2^-$$

18.1.3 α－氨基酸的酸碱性

α－氨基酸为两性化合物，能与酸或碱生成盐。例如：

$$H_3\overset{+}{N}CH_2CO_2^- + HCl \longrightarrow \underset{\text{甘氨酸盐酸盐}}{H_3\overset{+}{N}CH_2CO_2HCl^-}$$

$$H_3\overset{+}{N}CH_2CO_2^- + NaOH \longrightarrow \underset{\text{甘氨酸钠}}{H_2NCH_2CO_2^-Na^+}$$

甘氨酸盐酸盐的滴定曲线见图 18.1。

甘氨酸盐酸盐分子中，—COOH 和—$\overset{+}{N}H_3$ 上的氢原子都可以解离，是一种二元酸，因此，甘氨酸盐酸盐溶液用碱滴定时，得到两个 pK_a：$pK_{a1}=2.34$ 和 $pK_{a2}=9.60$。当开始加碱时，碱从 $H_3\overset{+}{N}CH_2CO_2H$ 中接受一个质子，由于羧酸(RCO_2H)的 pK_a 在 5 左右，而铵盐($R\overset{+}{N}H_3$)的 pK_a 在 9 左右，pK_{a1} 与羧酸的 pK_a 更接近，由此可知，碱首先从—CO_2H 上接受一个质子，然后再从—$\overset{+}{N}H_3$ 上接受另一个质子，甘氨酸盐酸盐的解离平衡可用下式表示：

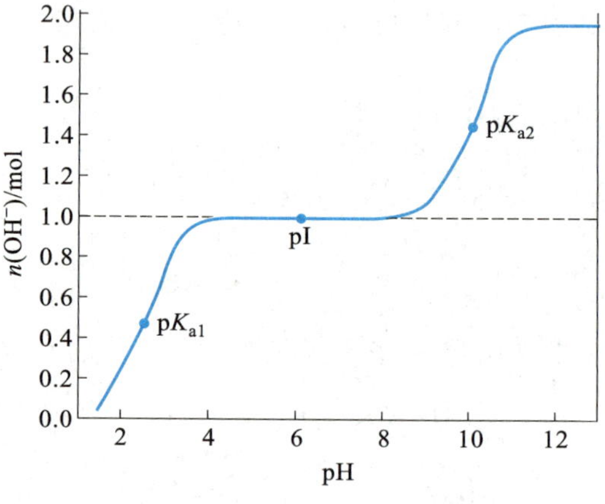

图 18.1 甘氨酸盐酸盐的滴定曲线

$$H_3\overset{+}{N}CH_2CO_2H \xrightleftharpoons{K_1} H^+ + H_3\overset{+}{N}CH_2CO_2^-$$

$$H_3\overset{+}{N}CH_2CO_2^- \xrightleftharpoons{K_2} H^+ + H_2NCH_2CO_2^-$$

$$K_1=\frac{[H^+][H_3\overset{+}{N}CH_2CO_2^-]}{[H_3\overset{+}{N}CH_2CO_2H]}$$

$$K_2=\frac{[H^+][H_2NCH_2CO_2^-]}{[H_3\overset{+}{N}CH_2CO_2^-]}$$

在滴定过程中，碱的物质的量逐渐增加，到 0.5 mol 时，$H_3\overset{+}{N}CH_2CO_2H$ 的一半被中和，这时，$[H_3\overset{+}{N}CH_2CO_2H]=[H_3\overset{+}{N}CH_2CO_2^-]$，溶液的 pH 正好等于 pK_1；碱的物质的量为 1.0 mol 时，溶液中甘氨酸两性离子的浓度$[H_3\overset{+}{N}CH_2CO_2^-]$达到极大值，由于分子的净电荷为零，故称为等电点(isoelectric point)。氨基酸在等电点的溶解度达到极小值，碱的物质的量继续增加，即从 $H_3\overset{+}{N}$—上接受质子，到 1.5 mol 时，$H_3\overset{+}{N}CH_2CO_2^-$ 的一半被中和，这时，$[H_3\overset{+}{N}CH_2CO_2^-]=[H_2NCH_2CO_2^-]$。溶液的 pH 正好等于 pK_2；到 2.0 mol 时，甘氨酸全部转变为它的共轭碱 $H_2NCH_2CO_2^-$。

α-氨基酸的溶解度和 pK 值见表 18.2。

表 18.2　α-氨基酸的溶解度和 pK 值

名　称	溶解度(25 ℃) / g·(100 mL H_2O)$^{-1}$	pK_1	pK_2	pK_3	pI
甘氨酸	25	2.34	9.60		5.97
丙氨酸	16.7	2.34	9.69		6.00
缬氨酸	8.9	2.32	9.62		5.96
亮氨酸	2.4	2.36	9.60		5.98
异亮氨酸	4.1	2.36	9.60		6.02
蛋氨酸	3.4	2.28	9.21		5.74
脯氨酸	162	1.99	10.60		6.30
苯丙氨酸	3.0	1.83	9.13		5.48
色氨酸	1.1	2.83	9.39		5.89
天冬酰胺	3.5	2.02	8.80		5.41
谷氨酰胺	3.7	2.17	9.13		5.65
丝氨酸	5.0	2.21	9.15		5.68
苏氨酸	很大	2.09	9.10		5.60
天冬氨酸	0.54	1.88	3.65	6.60	2.77
谷氨酸	0.86	2.19	4.25	9.67	3.22
酪氨酸	0.04	2.20	9.11	10.07	5.66
半胱氨酸	—	1.96	8.18	10.28	5.07
赖氨酸	很大	2.18	8.96	10.53	9.74
精氨酸	15	2.17	9.04	12.48	10.74
组氨酸	4.2	1.82	6.00	9.17	7.59

从表 18.2 可见，只含有一个氨基和一个羧基的氨基酸其 pK_1 和 pK_2 大致相同，其 pI 与 $(pK_1+pK_2)/2$ 相近，都略偏酸性。

在天冬氨酸和谷氨酸中，还有第二个羧基，其 pK 分别为

$pK_2=3.65$

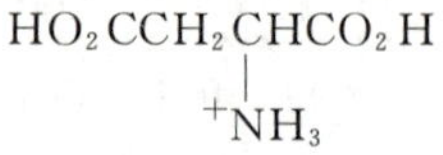

$pK_1=1.88$

$pK_3=6.60$

$pK_2=4.25$

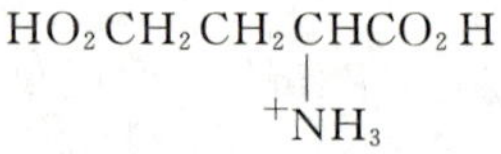

$pK_1=2.19$

$pK_3=9.67$

在赖氨酸中还有第二个氨基，离羧基较远的氨基可能碱性较强，其两性离子的结构可能为

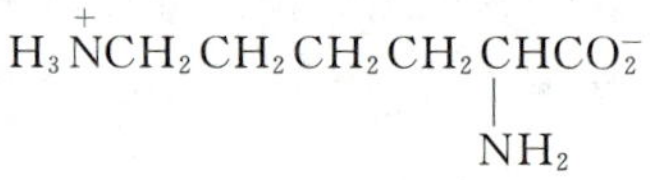

精氨酸含有强碱性的胍基（$pK_3=12.48$），其两性离子的结构应为

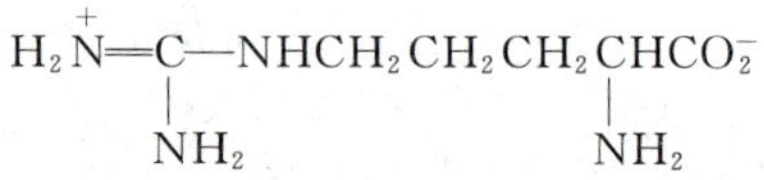

酪氨酸中酚羟基的 pK 为 10.07，半胱氨酸中巯基的 pK 为 10.28，组氨酸中咪唑环的 pK 为 6.00。

18.1.4 α－氨基酸的反应

α－氨基酸具有羧酸和胺的一般反应，如羧基可以酯化，氨基可以酰化。此外，α－氨基酸还容易氧化。

18.1.4.1 酯化

α－氨基酸可以用一般的方法酯化，如将氨基酸悬浮在甲醇或乙醇中，在无水氯化氢存在下回流，得到的是氨基酸酯的盐酸盐。例如：

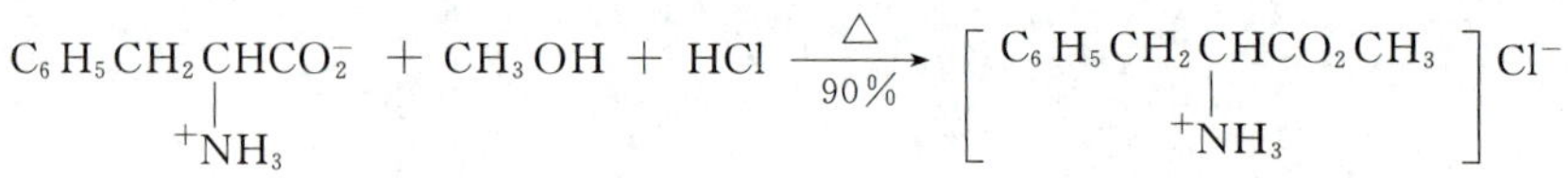

苯丙氨酸甲酯盐酸盐

制备氨基酸苄酯可以用苯磺酸作催化剂：

$$H_3\overset{+}{N}CH_2CO_2^- + C_6H_5CH_2OH + C_6H_5SO_3H \xrightarrow[90\%]{\triangle} [H_3\overset{+}{N}CH_2CO_2CH_2C_6H_5]C_6H_5SO_3^-$$

甘氨酸苄酯苯磺酸盐

18.1.4.2 酰化

氨基酸的酰化在碱性溶液中进行，这时氨基以游离的形式存在。例如：

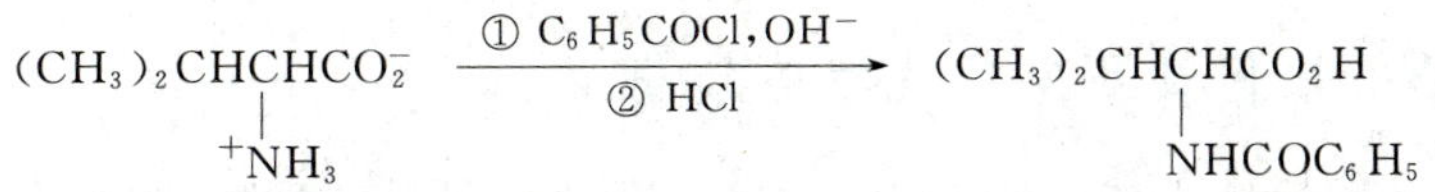

N－苯甲酰基缬氨酸

80%

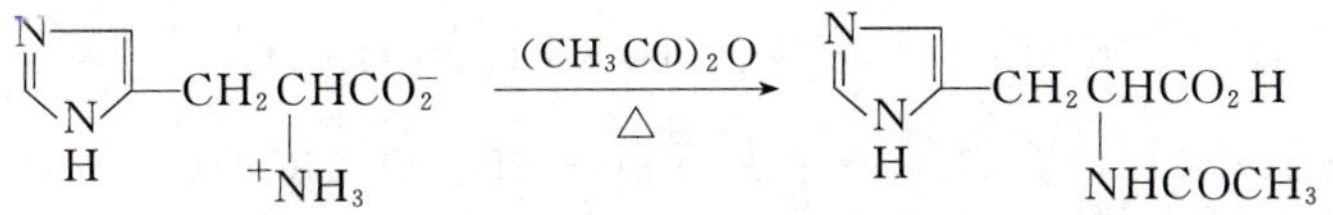

N－乙酰基组氨酸

80%

18.1.4.3　氧化脱氨

α－氨基酸的水溶液用水合茚三酮处理时呈紫色：

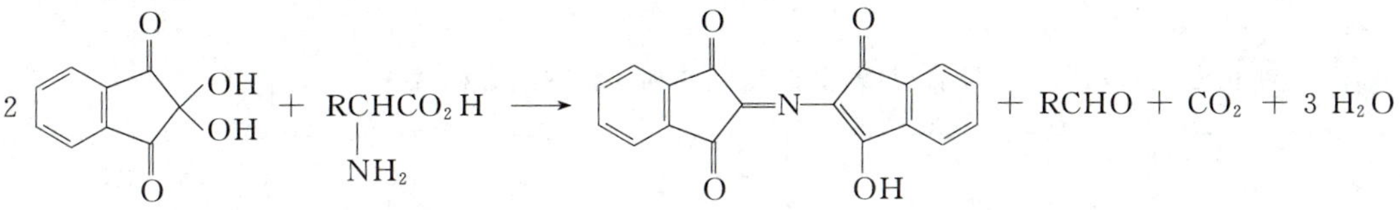

水合茚三酮　　　　　　　　紫色

在反应中 α－氨基酸氧化成醛，同时脱去氨基，称为氧化脱氨(oxidative deamination)。

α－氨基酸与水合茚三酮的反应可用于氨基酸的分析，生成的紫色溶液在 570 nm 有强吸收峰，其强度与参加反应的氨基酸的量成正比。

脯氨酸分子中只有亚氨基，与水合茚三酮反应时呈橙色，可以在其他波长(440 nm)进行分析。

18.1.5　α－氨基酸的合成

氨基酸可以用多种方法合成，本节只讨论几种一般性方法。

18.1.5.1　α－卤代酸的氨化

α－卤代酸与氨作用生成 α－氨基酸，由于 α－氨基酸中氨基的碱性较脂肪族伯胺弱，进一步烷基化的倾向较小，可以顺利地得到 α－氨基酸。例如：

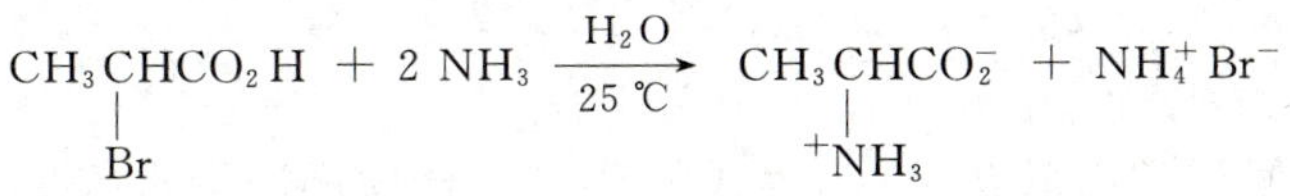

56%

用作原料的 α－卤代酸可由羧酸的卤化得到。

问题 18.3　写出由相应的羧酸合成缬氨酸、亮氨酸和苯丙氨酸的反应式。

18.1.5.2 *N*－取代氨基丙二酸酯的烃化

丙二酸酯与亚硝酸反应生成亚硝基丙二酸酯，后者立即重排成肟，肟在乙酸酐存在下催化加氢，生成乙酰氨基丙二酸酯：

$$CH_2(CO_2C_2H_5)_2 \xrightarrow{HNO_2} [\ O{=}N{-}CH(CO_2C_2H_5)_2\ ] \longrightarrow$$

$$HON{=}C(CO_2C_2H_5)_2 \xrightarrow{Ac_2O, H_2/Pt} \underset{\text{乙酰氨基丙二酸酯}}{CH_3CONHCH(CO_2C_2H_5)_2}$$

乙酰氨基丙二酸酯经烃化、水解和脱羧后得到氨基酸。例如：

$$CH_3CONHCH(CO_2C_2H_5)_2 \xrightarrow[\text{② } H_3O^+, \triangle]{\text{① } NaOC_2H_5, (CH_3)_2CHCH_2Br} (CH_3)_2CHCH_2\underset{\underset{+}{N}H_3}{\underset{|}{C}}HCO_2^-$$

总产率51%

问题 18.4 写出由乙酰氨基丙二酸酯合成缬氨酸、组氨酸和丝氨酸的方程式。

18.1.5.3 Strecker(A)合成

醛在氨存在下加氢氰酸生成 α－氨基腈，后者水解时生成 α－氨基酸。例如：

$$C_6H_5CH_2CHO \xrightarrow{NH_3, HCN} C_6H_5CH_2\underset{NH_2}{\underset{|}{C}}HCN \xrightarrow[\text{② } H_3O^+]{\text{① } NaOH, H_2O} C_6H_5CH_2\underset{\underset{+}{N}H_3}{\underset{|}{C}}HCO_2^-$$

74%

氨基酸的甲酯、乙酯和苄酯在肽的合成中用作中间体，苄酯的优点是生成肽后，苄基可以用催化氢解的方法除去。

在反应中可能是醛先与氨缩合，生成亚胺，后者再与氢氰酸发生加成反应：

$$RCHO + NH_3 \rightleftharpoons RCH{=}NH + H_2O$$

$$RCH{=}NH + HCN \longrightarrow R\underset{NH_2}{\underset{|}{C}}HCN$$

问题 18.5 写出用 Strecker 法合成酪氨酸的反应式。

也可以使醛与氢氰酸和碳酸铵反应，生成的环状化合物再进行水解。

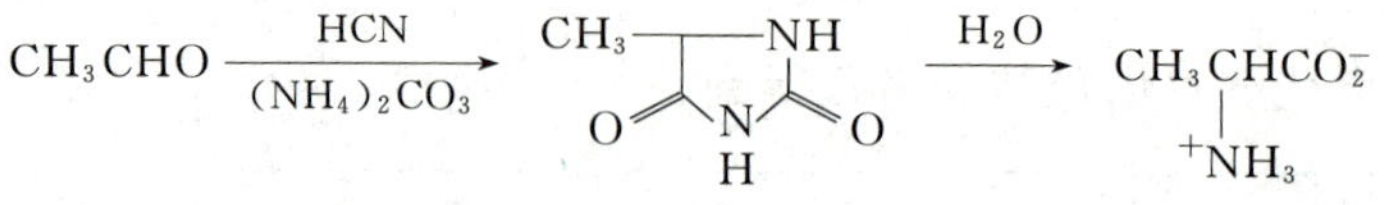

丙氨酸

问题 18.6　写出合成蛋氨酸的反应式：

$$CH_2{=}CHCHO \xrightarrow{CH_3SH} CH_3SCH_2CH_2CHO \longrightarrow \cdots$$

18.1.6　α－氨基酸的拆分

合成的 α－氨基酸为外消旋体，必须先进行拆分以得到有实际用途的 L 型异构体。

18.1.6.1　结晶法

一般是先将两性的 α－氨基酸酰化，然后，N－酰基－DL－氨基酸与一种旋光的碱生成互为非对映异构体的两种盐，选择适当的溶剂和条件，可以使一种盐结晶析出，重结晶达到旋光纯后再加酸分解以得到旋光的 N－酰基氨基酸。例如：

$$\text{DL－丙氨酸} \longrightarrow N\text{－苯甲酰基－DL－丙氨酸} \xrightarrow{\text{马钱子碱}}$$

$$N\text{－苯甲酰基－L－丙氨酸的马钱子碱盐晶体} \xrightarrow{H_3O^+}$$

$$N\text{－苯甲酰基－L－丙氨酸} \xrightarrow[\text{② } H_3O^+]{\text{① } OH^-,H_2O} \text{L－丙氨酸}$$

选择适当的酰基，得到的 N－酰基－L－丙氨酸可以直接用于多肽的合成。N－苄氧羰基－DL－氨基酸在多数情况下可以用（－）－麻黄碱拆分。

酪氨酸、色氨酸或谷氨酸不能用这样的方法拆分。

赖氨酸、组氨酸等碱性氨基酸可以用樟脑磺酸直接拆分而不需先进行酰化。

18.1.6.2　酶法

α－氨基酸的衍生物（N－酰基化产物或酯）在酶作用下只有 L－氨基酸衍生物被分解成游离的氨基酸，可以用溶剂提取法或离子交换色谱法把它分离出来。

常用的方法是将氨基酸转变成 N－乙酰基或 N－氯乙酰基衍生物，在酰基转移酶（由哺乳动物的肾中提取）的作用下，N－酰基－L－氨基酸变成游离的 L－氨基酸。

18.1.7　α－氨基酸的用途和工业生产

α－氨基酸在食品工业、饲料生产和医药工业中有多种用途。L－谷氨酸一钠盐（味精）大量用作调味剂。蛋白质的水解液有鲜味，早已用作调味剂，如在其中加入 L－谷氨酸钠、L－天冬氨酸钠、甘氨酸钠和 DL－丙氨酸钠等可以增强其鲜味。某些核苷酸，如肌苷酸（inosinic acid）和鸟苷酸（guanylic acid）对 L－谷氨酸钠和 L－天冬氨酸钠有增效作用，即增强其鲜味。

在植物蛋白中加入某些必需氨基酸能强化其营养效果。例如，在食用面粉和大米中加入 L－赖氨酸，在动物饲料中加入 L－赖氨酸和 DL－蛋氨酸。

用结晶氨基酸制备的输注液常用来补充外科手术前后患者的营养。一些氨基酸或其衍生物可用作药物。

在工业上由多种途径得到氨基酸。胱氨酸和半胱氨酸由头发或羽毛的水解产物中分离得到，脯氨酸则从明胶的水解液中分离得到。

L－赖氨酸、L－苏氨酸、L－亮氨酸、L－缬氨酸、L－脯氨酸、L－异亮氨酸、L－精氨酸、L－组氨酸、L－酪氨酸、L－苯丙氨酸、L－色氨酸等可以用发酵法生产，即用适当的微生物发酵。例如，含有糖蜜、醋酸、尿素和磷酸盐的液体用微生物发酵可以得到 50％的 L－谷氨酸。

一些氨基酸可以用酶法生产。例如，吲哚、丙酮酸和氨在色氨酸酶存在下反应，生成 L－色氨酸：

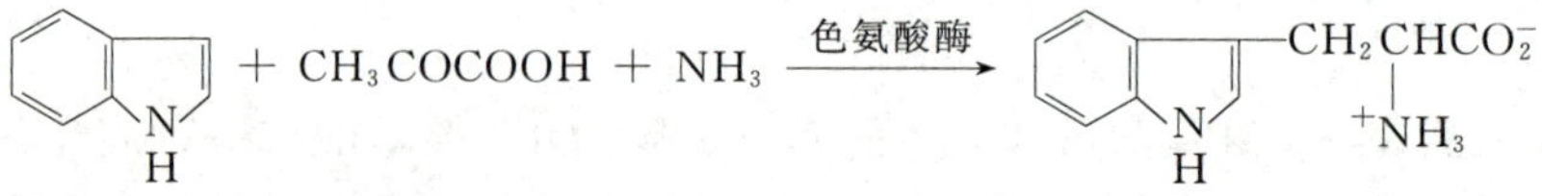

甘氨酸、丙氨酸、蛋氨酸等则仍用合成法生产。

§ 18.2　多　　肽

18.2.1　肽的结构和性质

肽存在于自然界中，并有重要的生理作用。例如，谷半胱甘肽存于大多数细胞中；舒缓激肽是一种九肽，存于血浆中，与血压的调节有关；催产素也是一种九肽，是脑下腺所分泌的一种激素，在分娩时能激发子宫的收缩。

多肽与蛋白质之间没有明显的界线，一种区分方法是以能透过一种天然渗析膜的定为多肽的上限，相当于相对分子质量 10 000 左右，约含 100 个氨基酸基的多肽。有时把含 50 个以上氨基酸基的多肽称为蛋白质。蛋白质是相对分子质量大的肽，部分水解时能生成多肽。

书写多肽的化学式，一般把有氨基的一端（N 端）写在左边，有羧基的一端（C 端）写在右边。多肽和氨基酸一样，也是两性离子。

$H_3\overset{+}{N}CH(CH_3)CONHCH_2CO_2^-$

丙氨酰甘氨酸，丙甘肽

Ala—Gly，丙－甘

$H_3\overset{+}{N}CH(CO_2^-)CH_2CH_2CONHCH(CH_2SH)CONHCH_2CO_2^-$

谷半胱甘肽

Glu—Cys—Gly，谷－半胱－甘

Arg—Pro—Pro—Gly—Phe—Ser—Pro—Phe—Arg

舒缓激肽（bradykinin）

Cys—Tyr—Ile—Gln—Asn—Cys—Pro—Leu—Gly—NH_2（两个 Cys 之间以 S—S 相连）

催产素（oxytocin）

在催产素分子中，C 端的羧基以酰胺的形式存在于 N 端和 6 位上。两个半胱氨酰基的两个 SH 基氧化成二硫化物，在分子中形成一个大环；含半胱氨酰基的多肽或蛋白质常有这种结构变化，或是在分子内形成环，或是把两条肽链用—S—S—键连在一起。

胰岛素是动物胰脏中分泌出来的一种激素，能降低血糖浓度。它是一种 51 肽，含有两个肽链。*A* 链由 21 个氨基酸单位组成，*B* 链由 30 个氨基酸单位组成，*A* 链和 *B* 链由—S—S—键连接起来，可用示意图表示如下：

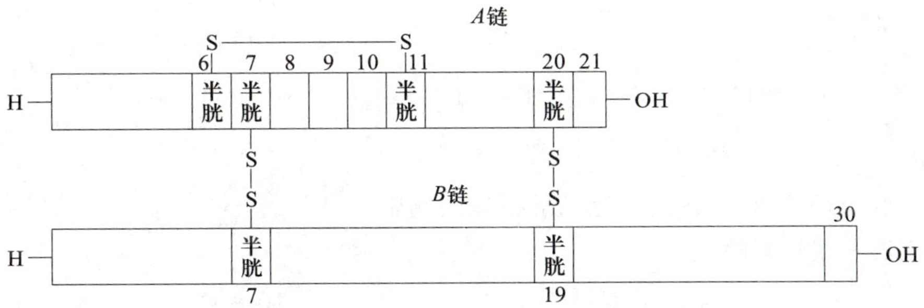

由于多肽也是两性离子，它们的性质同氨基酸有许多相似之处。例如，多肽也有等电点，在等电点时溶解度最小，氨基酸和多肽都可以用离子交换色谱法进行分离。

除结构与蛋白质相似的多肽以外，自然界中还存在许多非典型多肽，其中有的含有不同于蛋白质中的氨基酸或 D-氨基酸，有的具有环状结构。例如，短杆菌肽 S(gramicidin S，一种抗生素)为一种环肽：

D-Phe→L-Pro—L-Val—L-Orn—L-Leu

↑　　　　　　　　　　　　↓

L-Leu←L-Orn←L-Val—L-Pro—D-Phe

短杆菌肽S

$$\text{Orn} = H_2NCH_2CH_2CH_2\underset{\underset{^{+}NH_3}{|}}{C}HCO_2^-\text{，鸟氨酸}$$

箭头⟶表示前一个氨基酸的羧基与后一个氨基酸的氨基生成肽链。

非典型多肽主要由微生物提取，并有重要的生理活性，有的对动植物有毒性，有的可用作抗生素药物和抗病毒药物，有的与碱金属离子配位后能透过细胞膜，即为离子载体。

18.2.2 多肽和蛋白质的结构测定

天然多肽和蛋白质是由多种氨基酸组成的，测定多肽和蛋白质的结构首先要知道它由哪些氨基酸组成，以及这些氨基酸按照什么顺序连接而形成肽链。

18.2.2.1 氨基酸分析

多肽链之间由—S—S—桥连接或多肽链中—S—S—键连接而成的环，在测定其氨基酸组成之前要先使—S—S—键断裂。一种方法是用过量的硫醇处理，肽链上生成的 SH 用碘乙酸等试剂转变为硫醚，以免再氧化成二硫化物：

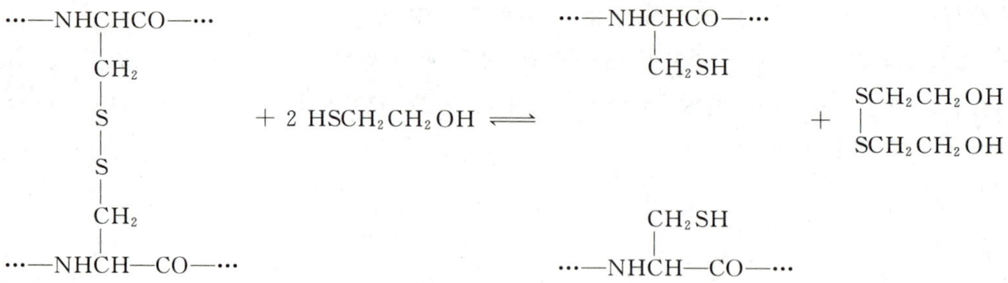

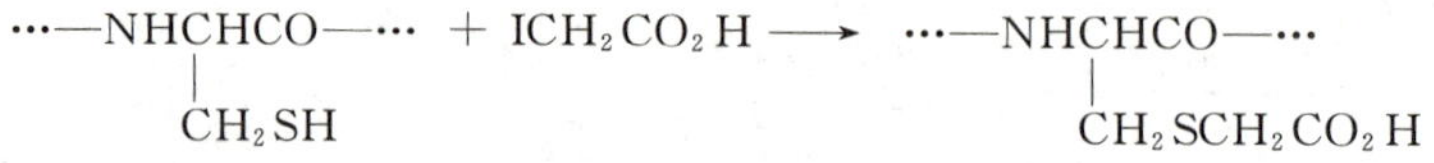

分开来的两个肽链经分离后，再进行氨基酸组成的测定。

另一种方法是用过氧酸氧化：

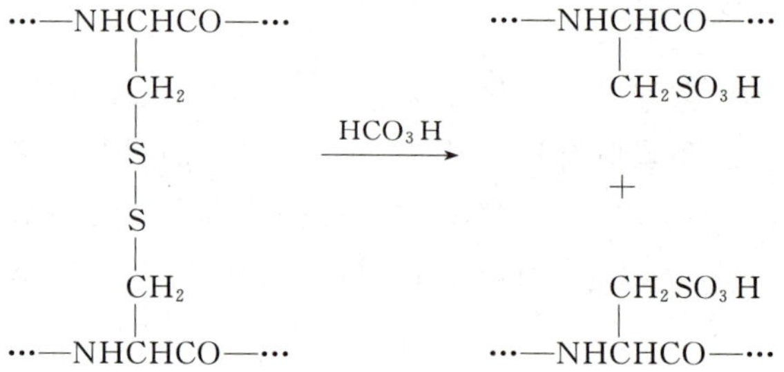

多肽与 6 mol·L^{-1}盐酸在 112 ℃加热 24～72 h 后完全水解成氨基酸(多肽中的半胱氨酸基水解后生成 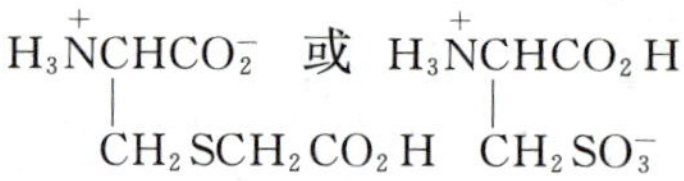)，然后再用离子交换色谱法测定氨基酸混合物的组成。

色谱柱中装有离子交换树脂，将氨基酸混合物吸附在柱上后，在严格控制的条件下，用不同 pH 的缓冲溶液洗脱，流出液经水合茚三酮显色后，用分光光度计检测，并自动记录，根据色谱图上峰的位置和面积确定氨基酸的品种和相对含量。现代的自动氨基酸分析仪可以测定 10^{-5}～10^{-7} g 多肽的组成。

多肽的相对分子质量用其他方法测定后可以计算出其中所含各种氨基酸基的数目。

18.2.2.2 N 端氨基酸的测定

多肽分子中 N 端氨基酸含有游离的氨基，可以作为亲核试剂参加反应。

2,4-二硝基氟苯(Sanger 试剂)在缓和的条件下，就可以与多肽 N 端的游离氨基作用，生成的取代多肽用酸水解后，N 端氨基酸生成黄色的 *N*-(2,4-二硝基苯基)氨基酸，容易与其他氨基酸分开，用色谱法与标准样品比较，即可鉴定 N 端是哪一种氨基酸。

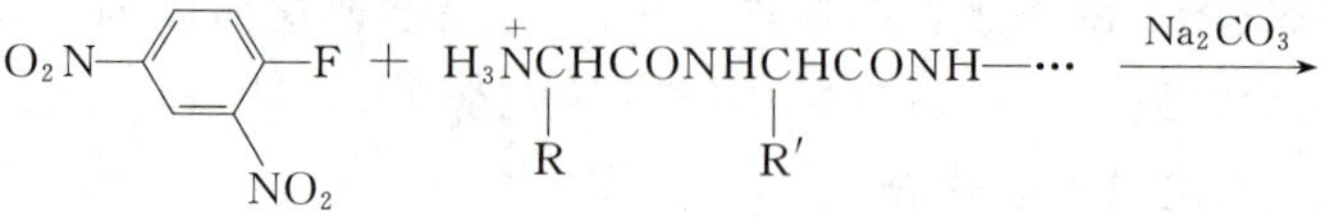

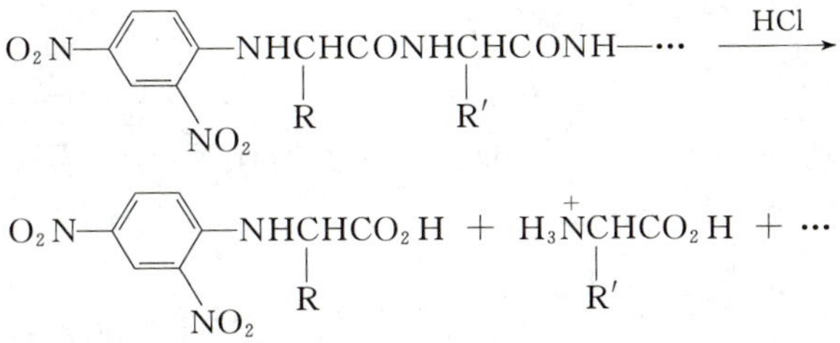

N-(2,4-二硝基苯基)氨基酸

丹酰氯(dansyl chloride)即5-二甲氨基萘-1-磺酰氯也能与多肽N端的游离氨基反应，生成的取代多肽水解后，得到能发荧光的N-丹酰氨基酸(丹酰氯本身不发荧光)，可以用纸色谱法或薄层色谱法鉴定，从而使所需多肽样品的用量减小。

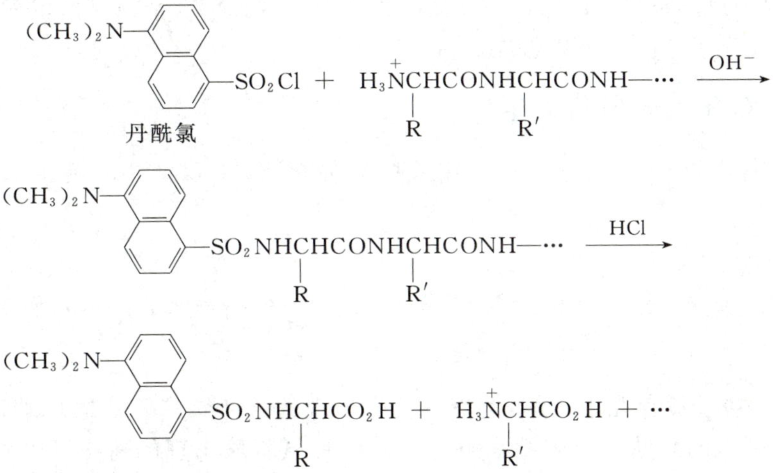

丹酰氯

N-丹酰氨基酸

18.2.2.3 Edman (D) 降解

异硫氰酸苯酯能与多肽N端氨基发生加成反应，生成苯胺甲硫酰基衍生物(PTC衍生物)：

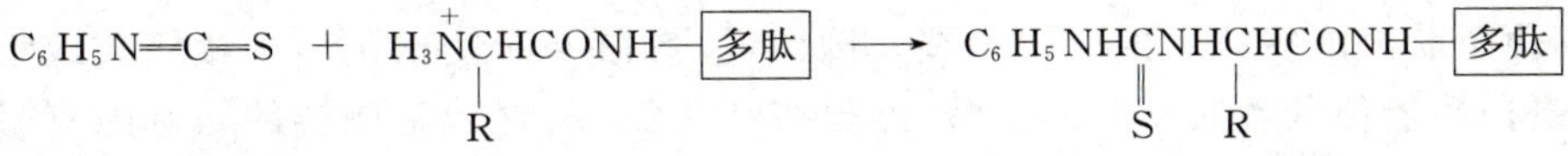

异硫氰酸苯酯 PTC衍生物

PTC衍生物在无水条件下用酸处理，N端氨基酸从肽链上断裂下来，生成取代二氢噻唑酮，后者在酸性条件下重排成乙内酰苯硫脲衍生物(PTH衍生物)，后者经分离后，用色谱法或质谱法与标准样品比较，可以测定多肽N端是哪一种氨基酸。

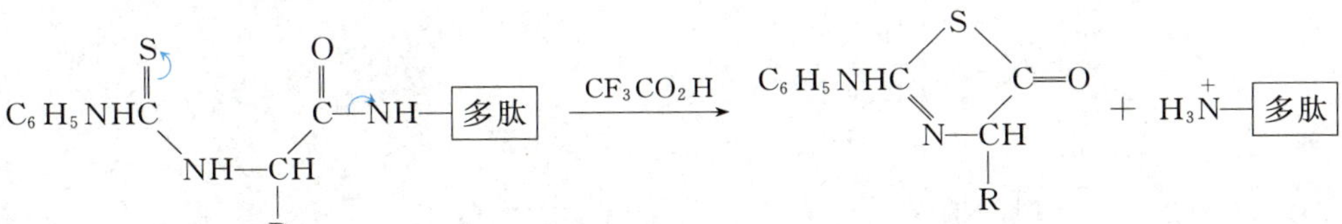

取代二氢噻唑酮

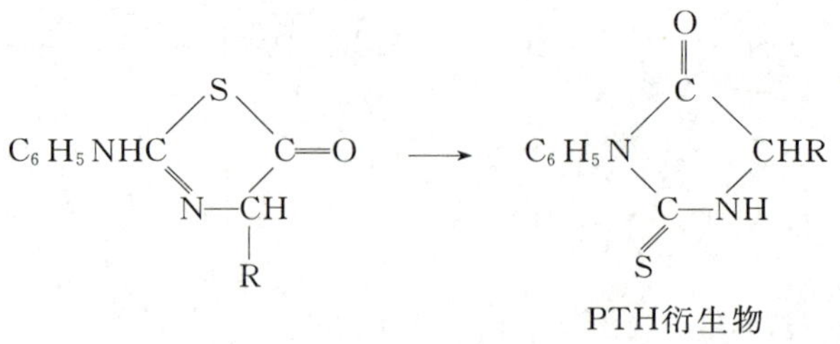

肽链中间的—NH—CO—键要在水存在下才能断裂，只有被苯胺甲硫酰基取代的N端氨基酸才能在无水条件下断裂下来，同时生成N端少一个氨基酸的多肽，后者经分离后，可以继续与异硫氰酸苯酯反应。重复这一循环，就可以测定多肽N端氨基酸排列顺序，这种方法称为Edman降解。

在计算机控制的自动化装置中，已可测定多肽链中N端前20个氨基酸的顺序，并曾用同一多肽样品测定N端前60个氨基酸的顺序。

18.2.2.4　C端氨基酸的测定

多肽可以在各种肽酶催化下水解。在羧肽酶催化下，多肽链中只有C端氨基酸能断裂下来。

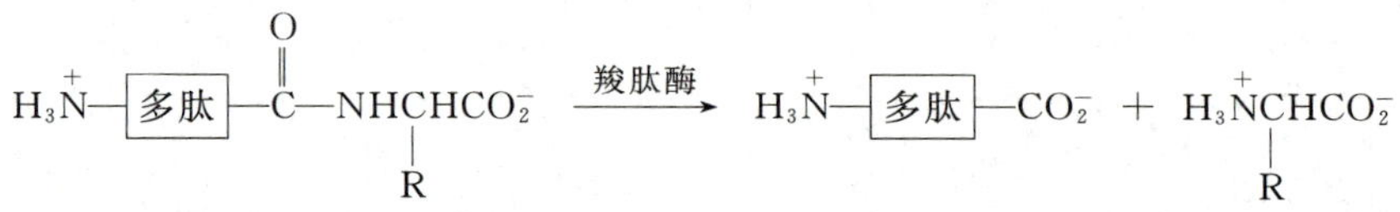

多肽在恒温和羧肽酶存在下水解，溶液中首先出现的游离氨基酸就是C端氨基酸。去掉一个C端氨基酸后剩下的多肽可以继续水解。根据各种氨基酸出现的速率可以测定C端前4个氨基酸的顺序。

18.2.2.5　多肽的选择性水解

多肽用6 mol·L^{-1}盐酸部分水解，肽链上所有的肽键都可能断裂，产物为游离氨基酸和链长较短的肽的复杂混合物。

在酶催化下肽链能在特定的位置断裂。例如，胰蛋白酶能使羰基属于赖氨酸或精氨酸的肽键水解；糜蛋白酶能使羰基属于苯丙氨酸、酪氨酸和色氨酸（含芳基侧链的氨基酸）的肽键水解；胃蛋白酶的选择性较差，能使羰基属于苯丙氨酸、酪氨酸、色氨酸、赖氨酸、精氨酸和谷氨酸的肽键水解。

溴化氰只能使肽链在羰基属于蛋氨酸的肽键断裂：

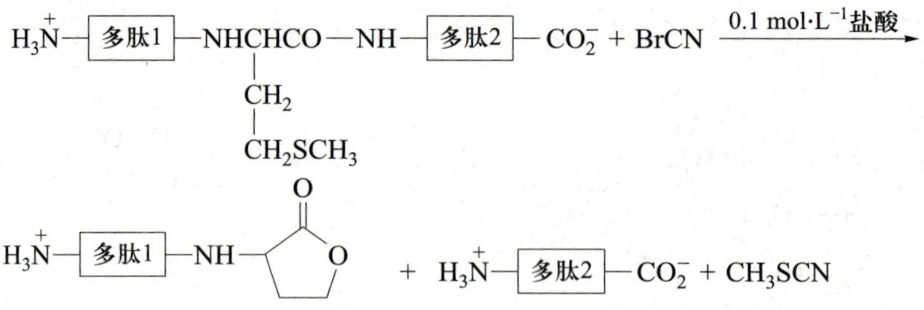

将以上方法适当结合使用，一般能测定出肽链中各氨基酸的排列顺序。

Sanger F 及其他工作者花了约 10 年时间于 1953 年首先测定出牛胰岛素的氨基酸顺序，于 1958 年获得诺贝尔化学奖。此后，有几百种多肽和蛋白质的氨基酸顺序被测定出来，其中包括含 333 个氨基酸单位的甘油醛-3-磷酸酯脱氢酶。近年来又发展了用质谱法测定多肽顺序的方法。

18.2.3　多肽和蛋白质的合成

用合成方法得到的多肽和蛋白质与天然产物比较，如物理性质和化学性质和生理活性相同，可以证明用上述方法测定的氨基酸顺序的正确。

两种氨基酸可以生成四种二肽。例如：

$$\text{天冬氨酸} + \text{苯丙氨酸} \xrightarrow{-H_2O} \text{天冬-天冬} + \text{苯丙-苯丙} + \text{天冬-苯丙} + \text{苯丙-天冬}$$

如要合成指定的二肽，如天冬-苯丙，必须把天冬氨酸中的氨基和苯丙氨酸中的羧基以及天冬氨酸中离氨基较远的羧基保护起来，使肽键只能在指定的羧基和氨基之间生成，其次羧基和氨基要先活化，使肽键能顺利生成，最后，在不影响生成的肽键的条件下，去掉保护基团。

由于天然多肽中除甘氨酸外，其他氨基酸都是旋光的，在以上操作中，任何一步发生外消旋化，都会给最后产物的分离提纯带来很大的困难，在肽链较长时更是这样。因此，有关反应都要在温和的条件下进行，并且每一步的产率要高，副产物要容易分离。随着多肽相对分子质量的增加，产物的分离、提纯和鉴定也越来越难。

18.2.3.1　氨基的保护

氨基可以用酰基保护，苄氧羰基($C_6H_5CH_2OCO—$)是常用的保护基。氨基酸与氯甲酸苄酯在碱性溶液中反应，即生成 *N*-苄氧羰基氨基酸。例如：

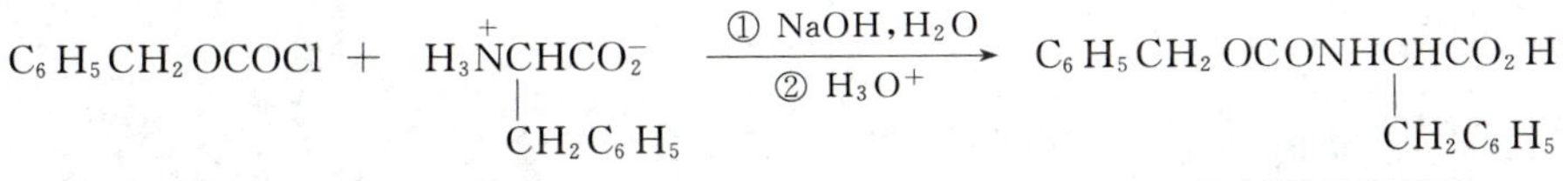

氯甲酸苄酯　　苯丙氨酸　　*N*-苄氧羰基氨基酸 82%～87%

苄氧羰基常简写作 Z(或 CBZ)。例如：

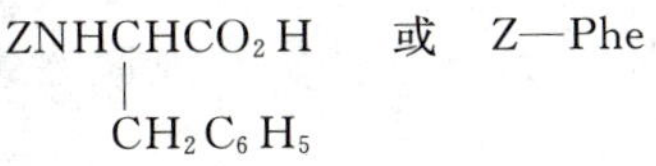

苄氧羰基可以用催化氢解的方法除去：

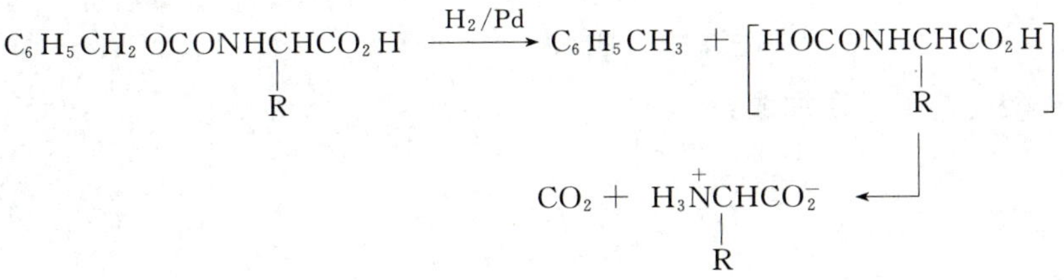

氢解使苄氧键断裂，生成的取代氨基甲酸脱羧而生成二氧化碳和氨基酸。

在生成肽键以后氢解，可以去掉保护基而肽键不受影响，副产物为甲苯及二氧化碳，容易从产物中分离除去。

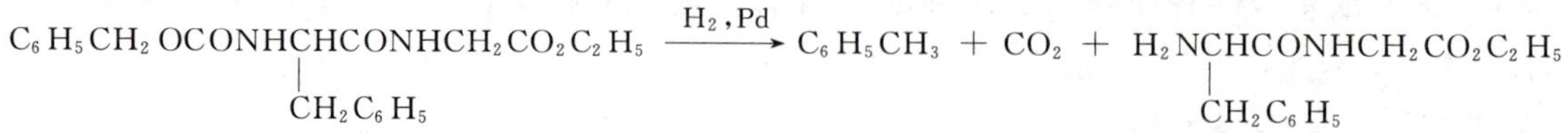

N–苄氧羰基苯丙氨酰甘氨酸乙酯　　苯丙氨酰甘氨酸乙酯 100%

另一个常用的氨基保护基团为叔丁氧羰基（简写作 BOC）：

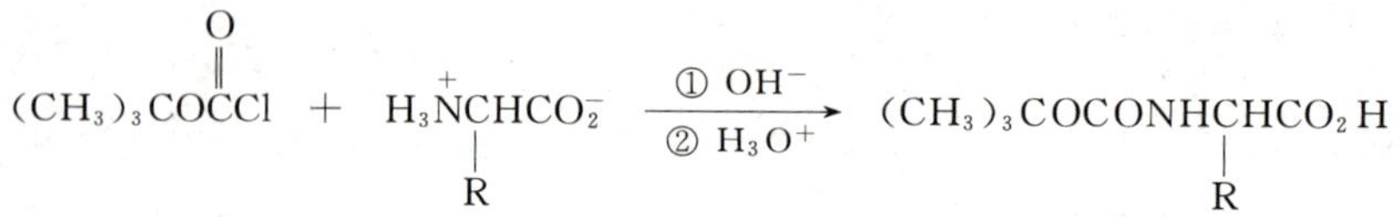

氯甲酸叔丁酯　　*N*–叔丁氧羰基氨基酸

18.2.3.2　羧基的保护

羧基的保护方法是转变为酯，常用的酯是苄酯或叔丁酯。苄酯可以用催化氢解的方法除去保护基。例如：

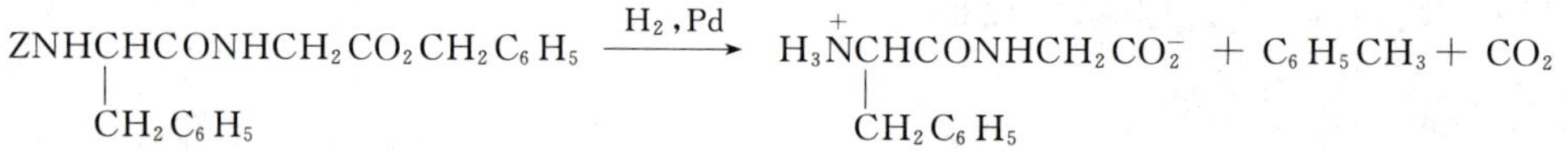

N–苄氧羰基苯丙氨酰甘氨酸苄酯　　苯丙氨酰甘氨酸 Phe—Gly 87%

叔丁酯在温和的酸性条件下即可水解。甲酯和乙酯也可用作保护基，但要在碱性条件下水解，因此，用途不广。

18.2.3.3　肽键的生成

要使适当保护的两个氨基酸之间形成肽键，需要加入一种偶联剂，其目的是使游离羧基活化，能够在温和的条件下与游离氨基反应而生成酰胺。常用的偶联剂为 *N*，*N*′–二环己基碳二亚胺（简写作 DCCI 或 DCC）。

等物质的量的羧酸、胺和 *N*，*N*′–二环己基碳二亚胺在氯仿溶液中立即生成酰胺和溶解度很小的 *N*，*N*′–二环己基脲：

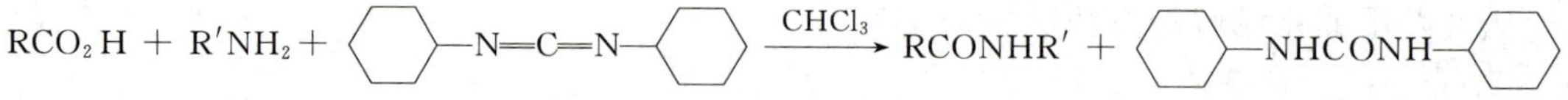

N，*N*′–二环己基碳二亚胺　　*N*，*N*′–二环己基脲

在反应中羧酸先与 DCCI 加成：

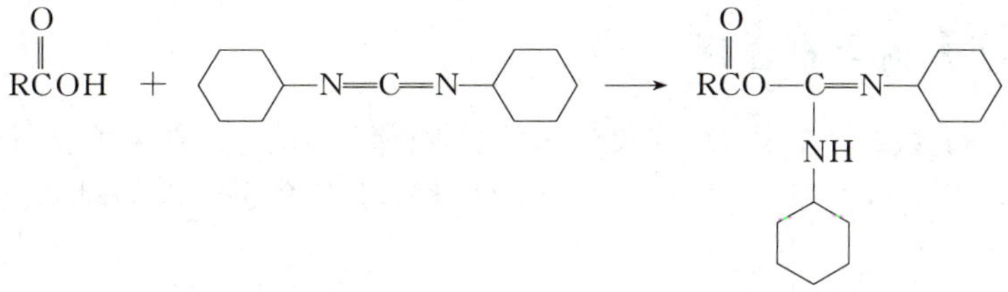

O－酰基异脲

生成的 O－酰基异脲是一种活化的羧酸衍生物，它同酰氯、酸酐一样，容易与胺发生亲核取代反应，生成酰胺和取代脲：

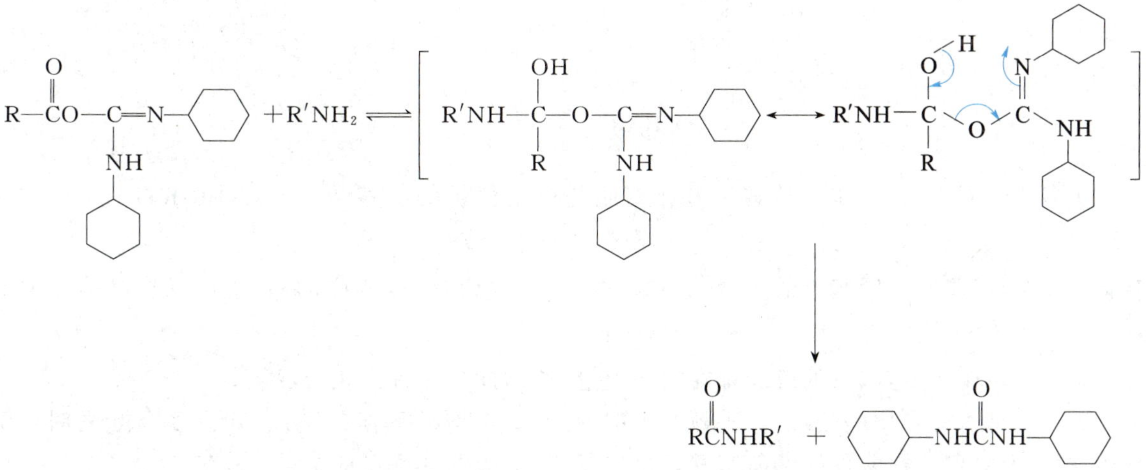

氨基保护和羧基保护的氨基酸不再是两性离子，能溶于有机溶剂，它们在 DCCI 存在下，立即偶联而生成肽键。例如：

$$\underset{\substack{|\\ CH_2C_6H_5}}{ZNHCHCO_2H} + H_2NCH_2CO_2C_2H_5 \xrightarrow[83\%]{DCCI,CHCl_3} \underset{\substack{|\\ CH_2C_6H_5}}{ZNHCHCONHCH_2CO_2C_2H_5}$$

Z－苯丙氨酸　　甘氨酸乙酯　　Z－苯丙氨酰甘氨酸乙酯

Z－Phe—Gly—OC_2H_5

去掉保护基后就得到二肽。

适当保护的氨基酸和二肽偶联，产物除去保护基后，得到三肽。两种适当保护的多肽偶联和除去保护基后，则得到相对分子质量更大的多肽。

合成长链多肽时，往往先合成几种较小的肽，然后依次进行偶联，最后去掉保护基，得到所需的多肽。例如，促肾上腺皮质激素（ACTH）是一个 39 肽，合成过程中是将肽链分成四段：1～10，11～16，17～24，25～39，先得到适当保护的较小的肽，提纯后，再将它们按照指定次序连接起来。

1965 年，我国化学家首先合成了具有生理活性的结晶牛胰岛素；1971 年，又完成了猪胰岛素晶体结构的测定，牛胰岛素和猪胰岛素都是 51 肽，在牛胰岛素中 A 链上 8，9，10 位为丙－丝－缬，而在猪胰岛素中则为苏－丝－异亮，其余位置完全相同。

18.2.3.4 多肽的固相合成

在多肽合成中，每生成一个肽键，都要经过官能团保护、偶联、去保护基等步骤，加上每一步产物的分离提纯，操作十分复杂和费时，为了简化操作，缩短合成所需的时间，已进行了多方面的探索。

1962 年，Merrifield B 将苯乙烯和 2%二乙烯基苯（交联剂）进行共聚，得到的珠状聚合物经氯甲基化，得到氯甲基化树脂，其中每 10 个苯基中约有一个含有氯甲基：

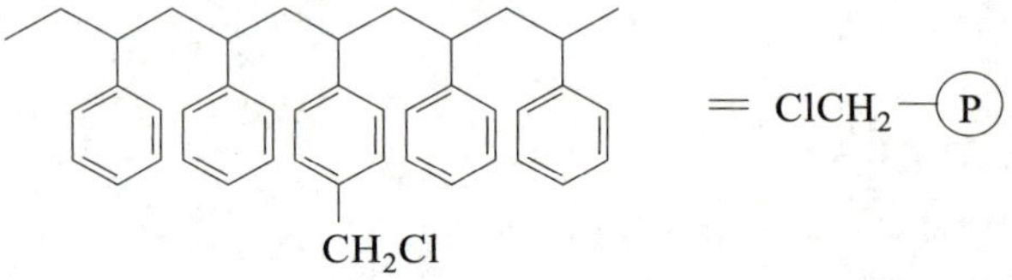

在多肽合成中，第一步是使氯甲基化树脂与氨基保护的氨基酸（ $BOCNH\underset{R}{CH}CO_2H$ ）在碱性溶液中反应，树脂中氯甲基上的氯被 $BOCNH\underset{R}{CH}CO_2^-$ 取代，生成相应的酯，这样就将氨基保护的氨基酸固定在树脂上，以下的反应都在树脂上进行，因此是一种固相合成法。

第二步是将树脂用酸处理，除去氨基上的保护基，反应后用溶剂洗涤，除去多余的试剂和副产物，树脂上只留下羧基保护的氨基酸，可以进行下一步的偶联反应。

第三步是用氨基保护的氨基酸（ $BOCNH\underset{R'}{CH}CO_2H$ ）和偶联剂 DCCI 处理，生成第一个肽键，用溶剂洗涤后留在树脂上的是氨基保护的二肽。

第四步是用酸处理，除去二肽氨基上的保护基，用溶剂洗涤后，留在树脂上的是具有游离氨基的二肽，可以继续进行偶联而生成三肽。

以上操作循环进行，到肽链达到预期的长度后，用溴化氢的三氟乙酸溶液处理，使多肽与树脂脱离。

1.

2.

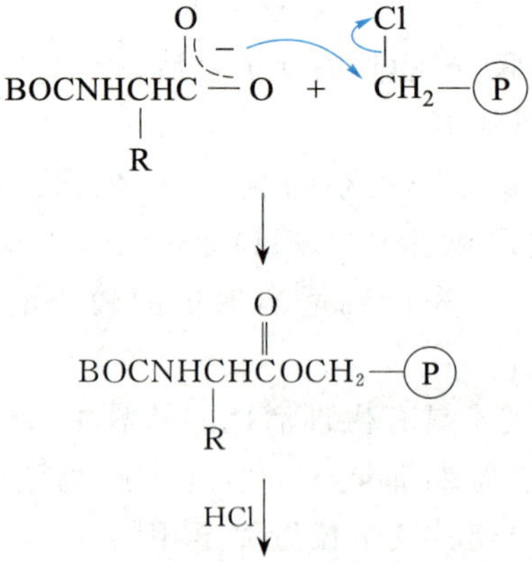

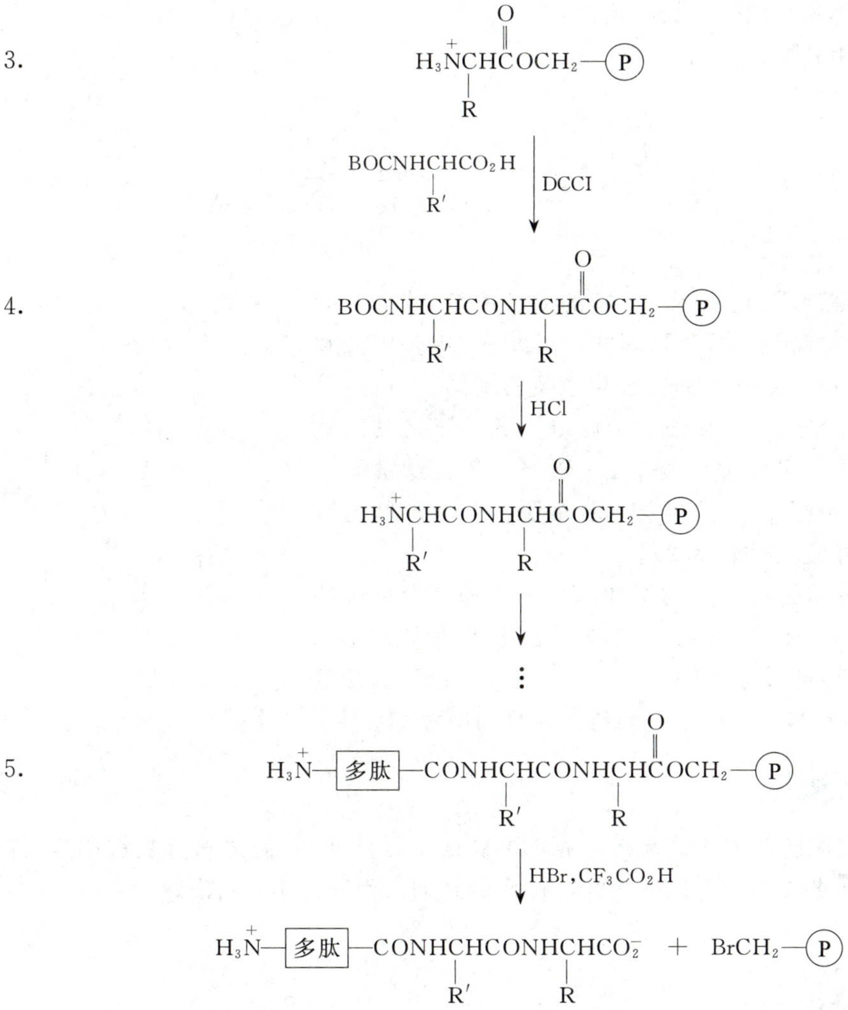

固相合成法的优点：可以用过量的试剂，使偶联反应更快和更有效地进行，多余的试剂、副产物和溶剂容易洗涤除去，只有产物留在树脂上，省去了重结晶或色谱，使操作简化，并可以实现自动化。

Merrifield 用 8 天时间合成了舒缓激肽（九肽），产率达 68%，1969 年 Merrifield 用自动化的多肽合成仪合成了核糖核酸酶（124 肽），369 个反应，11 391 步操作，只用了 6 个星期。

固相合成的缺点在于生成的多肽在最后一步完成后才进行提纯，即使每步反应的产率为 99%，也有 1%未发生反应，因此在得到的多肽中混有漏掉 1 个或多个氨基酸基的肽，给提纯工作带来很大的困难。Merrifield 合成核糖核酸酶只用了 6 星期，而提纯则用了 4 个月。目前，已有电脑控制的多肽合成仪商品，每步反应的产率在 99%以上，并已合成了上千种多肽。1984 年，Merrifield 获得诺贝尔化学奖。

18.2.4　多肽和蛋白质的二级结构

多肽和蛋白质中氨基酸的品种及其排列顺序称为它们的一级结构，多肽链中互相靠近的氨基酸基的构象关系则称为它们的二级结构。

酰胺的结构可以用共振式表示：

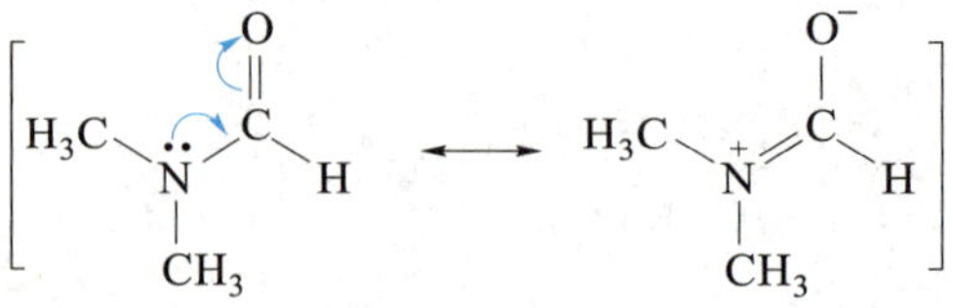

由于酰胺键有部分双键性质，它使 N—C 键的键长缩短，使分子的两部分围绕 N—C 键的旋转受到阻碍，因此，N，N－二甲基甲酰胺的质子核磁共振谱中，两个甲基上的质子化学位移不同。

根据晶体 X 射线分析，丙甘肽分子中肽键上的原子及其两端的两个 α－碳原子在同一平面上。两个 α－碳原子各在肽键的一边，即在反位。在多肽分子中，一个肽键所在的平面与相邻肽键所在的平面之间有一个角度（见图 18.2）。

肽键的双键性质使肽链有一定的刚性，而 α－碳原子上单键的自由旋转则使肽链有一定的柔顺性。由于多肽链上 R 基的大小和极性不同，其稳定构象应使各原子间斥力最小而吸引力最大，最重要的作用力是 C═O 和 NH 之间生成的氢键。常见的构象有三种。

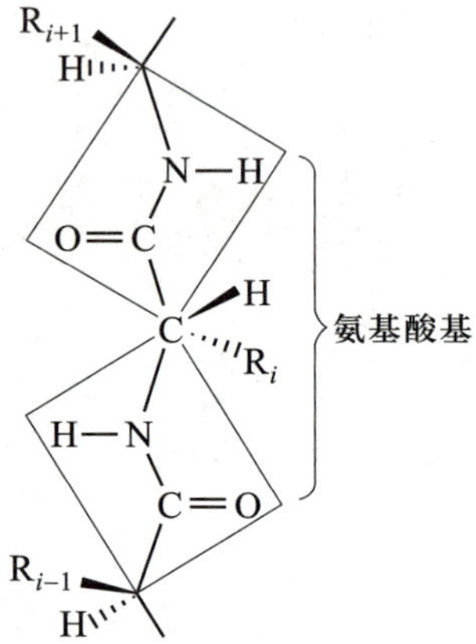

图 18.2　肽链中相邻两个肽键之间的关系

18.2.4.1　β 折叠片

β 折叠片的特点是肽链伸展成锯齿形。相邻的肽链平行排列，它们之间有氢键相连，许多肽链排列成与扇面相似的折叠片，氨基酸中的侧链 R 交替伸向面的上下，见图 18.3。

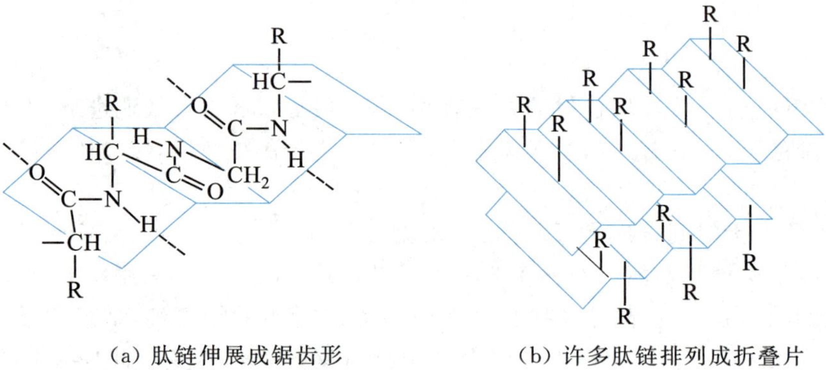

(a) 肽链伸展成锯齿形　　(b) 许多肽链排列成折叠片

图 18.3　β 折叠片

丝心蛋白（fibroin）是蚕丝的主要成分，其中 80％是甘－丝－甘－丙－甘－丙－链段的重复，差不多完全为 β 折叠片结构。

β 折叠片结构只有在 R 基体积较小时是稳定的，R 基体积增大，相邻肽链上的 R 之间的斥力增加，使肽链按其他方式排列。

18.2.4.2 α 螺旋

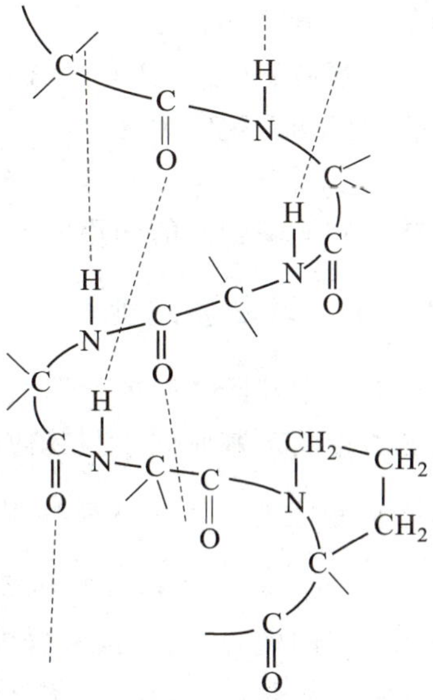

图 18.4 α 螺旋

在 α 螺旋中肽链排列成右螺旋(螺旋按顺时针的方向盘旋前进),在同一肽链的 C=O 和 NH 之间生成氢键,氨基酸侧链上的 R 基则指向螺旋外边,见图 18.4。

脯氨酸的环状结构,其亚氨基与其他氨基酸生成肽键时,两端的两个 α-碳原子处于顺位:

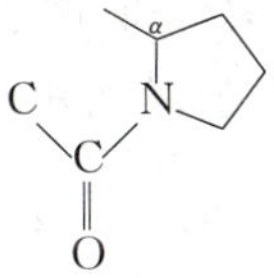

又由于氮上没有氢原子,不能形成氢键,因此,肽链上有脯氨酸基时,α 螺旋在此发生转折。

18.2.4.3 无规线团

α 螺旋的稳定性取决于多肽链上氨基酸侧链的性质和顺序。聚-L-赖氨酸在 pH=12 时,侧链上的氨基不带电荷,能生成 α 螺旋,而在 pH=7 时,侧链上的氨基接受质子转变成带正电荷的—$\overset{+}{N}H_3$,电荷间的排斥,使α 螺旋解体而以无规线团的形式存在,也就是说不再具有 α 螺旋或 β 折叠片的规整性。聚-L-谷氨酸在 pH=2 时以 α 螺旋存在,而在 pH=7 时,侧链上的羧基失去质子而成为负离子,负电荷之间的排斥使其成为无规线团。

大多数蛋白质不是单一地以某种二级结构存在。例如,有的区域为 α 螺旋,有的区域为无规线团。

18.2.5 多肽和蛋白质的三级结构

多肽链的折叠状况称为三级结构。多肽和蛋白质的三级结构是由晶体的 X 射线衍射确定的。一种蛋白质三级结构的确定往往是许多人多年工作的结果。Kendrew J C 和 Perutz M F 由于肌红蛋白和血红蛋白结构的测定获得 1962 年诺贝尔化学奖。

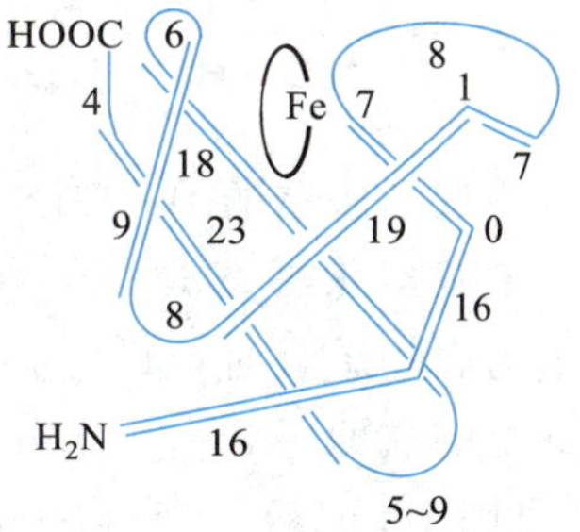

图 18.5 肌红蛋白结构示意图
双线表示 α 螺旋部分,Fe 表示血红素,数字表示各个链段中氨基酸的数目

肌红蛋白由 153 个氨基酸基组成,其中有 7 个区域为 α 螺旋,还含有一个辅基——血红素(见图 18.5),肽链的折叠正好形成一个由疏水侧链围成的套子,可以容纳一个血红素分子,并且有一个组氨酸基在附近,其咪唑环上的氮能与血红素中的亚铁配位,血红素分子中卟啉环上的两个—$CH_2CH_2CO_2H$ 侧链也能与套子中侧链上的官能团形成氢键。

蛋白质三级结构的测定对了解它的功能有重要意义。例如,在肌红蛋白中,血红素的亚铁原子有 6 个配位位置,其中 5 个与卟啉环和咪唑环上的氮配位,另外一个配位位置可以与氧分子配位,使肌红蛋白具有储存氧的功能,而血红素和多肽单独存在时都不能与氧结合。

胰蛋白酶(含有 245 个氨基酸)的三级结构也已测定出来,其中差不多没有 α 螺旋区,而有 β 折叠片区和无规线团区。

血红蛋白由 4 条肽链(α 链和 β 链各两条)和两分子血红素组成,它们不是由共价键而是由肽链上侧链基团间的作用力保持在一起。这种类型的结构称为蛋白质的四级结构。

18.2.6 蛋白质的变性

肽链中基团之间的作用力可以分为三类:第一是氢键;第二是疏水基团之间的作用力,如苯丙氨酸中的苯基倾向于与其他非极性侧链靠近,正如苯能溶于烃而不溶于水一样,但由于位阻也不能相距太近;第三是极性基团之间的作用,如带负电荷的—CO_2^- 与带正电荷的—$\overset{+}{N}H_3$ 或—C═$\overset{+}{N}H_2$ 之间有吸引力,而带同一电荷的基团之间有排斥力。在这些作用力的存在下肽链折叠成一定的构象,这种构象取决于肽链的氨基酸组成和排列顺序。

环境对肽链的构象也有影响。球蛋白主要存在于中性水溶液中,极性基团倾向于排在最外面,以水合状态存在,使蛋白质能溶于水。

蛋白质在加热、pH 发生变化或用有机溶剂处理时,由于基团之间的相互作用受到影响,蛋白质的高级结构被破坏,其性能也发生变化,如失去生理活性、水溶性减小,称为蛋白质的变性。如恢复原来的环境,蛋白质会慢慢恢复原来的结构,说明蛋白质的高级结构是在生理条件下最稳定的结构。

18.2.7 酶

许多天然蛋白质在生物反应中起催化作用,这就是酶,酶的催化效率和特异性都非常高。

在酶催化下发生反应的化合物称为底物。酶的催化作用分三步进行。第一步,底物在酶的活性部位上结合,生成酶-底物复合物,使底物与活性部位相结合的力与稳定多肽构象的力相同,即静电引力、氢键、非极性基团之间的作用力等,在活性部位内,还有起催化作用的基团,这些基团就是肽链上的氨基酸侧链。第二步是在酶-底物复合物内进行催化反应,生成酶-产物复合物。第三步是产物脱离活性部位,使酶能催化另一分子底物的反应:

$$\underset{\text{酶}}{E} + \underset{\text{底物}}{S} \rightleftharpoons \underset{\text{酶-底物复合物}}{E\cdot S} \rightleftharpoons \underset{\text{酶-产物复合物}}{E\cdot P} \rightleftharpoons \underset{\text{酶}}{E} + \underset{\text{产物}}{P}$$

可以用羧基多肽酶 A 对甘-酪肽(Gly—Tyr)中肽键水解的催化作用为例来说明。

羧基多肽酶 A 是一个含 Zn^{2+} 的 307 肽,它的功能是对肽链 C 端肽键的水解起催化作用。酶未与底物结合时,Zn^{2+} 与 69 位和 196 位两个组氨酸基中环上的氮原子,72 位上谷氨酸基侧链羧基上的氧原子和一个水分子中的氧原子配位,配位原子在锌原子周围的排列与四面体结构相近[见图 18.6(a)]。底物(Gly—Tyr)与酶结合时,Gly 基上的羰基氧原子代替水分子与锌配位,145 位精氨酸基中的胍基向活性中心移动 20 pm,与 Gly—Tyr 的 C 端羧基成盐,而 148 位酪氨酸基苯环上的羟基向活性中心移动 120 pm,与底物肽键上的 NH 形成氢键[见图 18.6(b)]。底物中肽键上的羰基与 Zn^{2+} 配位而被活化,容易接受亲核进攻。270 位谷氨酸基侧链上的羧基向活性中心移动 20 pm，对 Gly—Tyr 中的肽键羰基进行亲核进攻，使肽键断裂，Gly 部分与 270 位提供的羧基生成混酐，而 Tyr 部分从 148 位酪氨酸基中的羟基取得一个氢原子，变成氨基酸。在附近的水分子作用下混酐水解，生成 Gly—OH，最后，生成的水解产物与酶脱离，酶恢复原来的状态，可以对另一分子肽起催化作用。

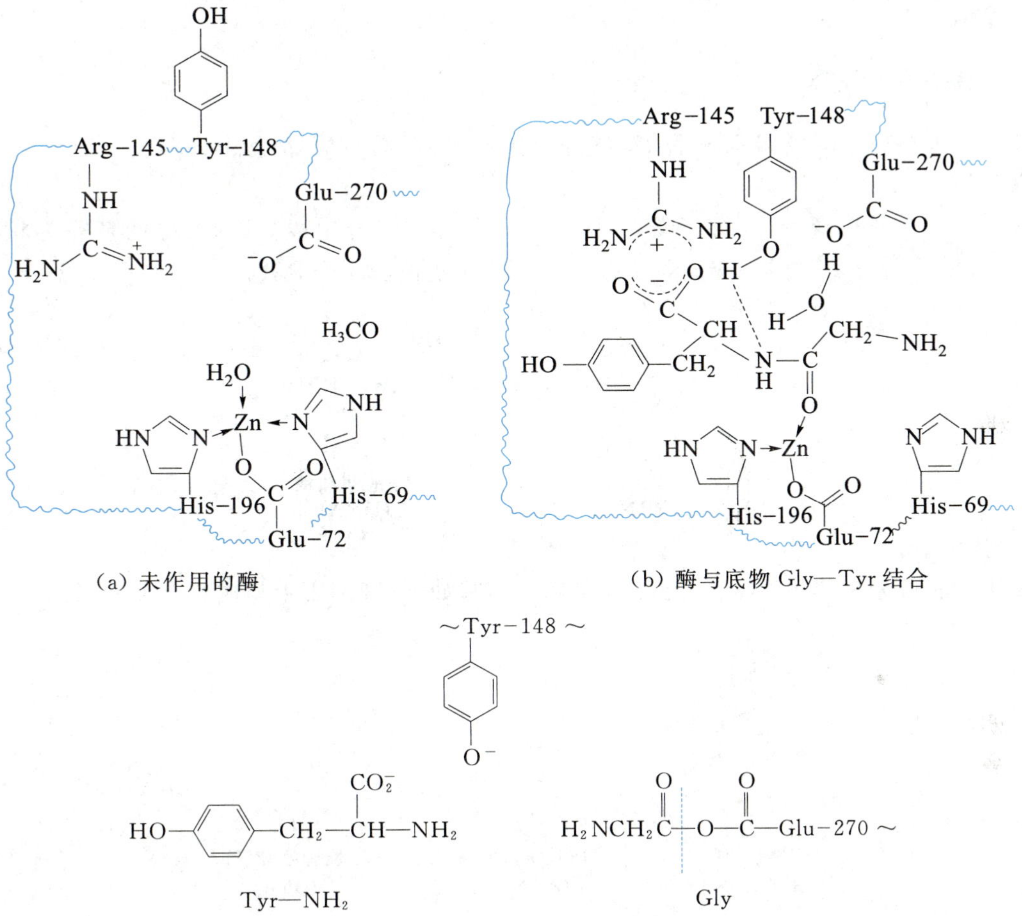

图 18.6 羧基多肽酶 A 催化作用示意图

活性部位是由于肽键的折叠，使有关的氨基酸基互相靠近而形成的，即与肽链的高级结构有关。

蛋白质侧链上的官能团所能催化的反应数目有限，主要是给予质子、接受质子、与羰基发生亲核反应等。在许多生物反应中，酶常与其他非蛋白质有机分子协同，完成催化反应，这种有机分子叫作辅酶(coenzyme)。例如，烟酸胺腺嘌呤二核苷酸磷酸(NADH)就是一种辅酶，它是一种还原剂，而 NAD^+ 则是一种氧化剂，它们同酶一起，对氧化还原反应起催化作用。

§18.3　核　　酸

核酸(nucleic acid)是存于细胞核中的生物高分子,对遗传信息的储存和蛋白质的合成起决定性的作用。

18.3.1　核酸的结构

核酸分为核糖核酸(RNA)和脱氧核糖核酸(DNA)两类,它们都是由许多核苷酸单位组成的生物高分子。

核苷酸由一分子磷酸、一分子糖类和一分子有机碱缩合生成。RNA 中的糖类为核糖,而 DNA 中的糖类则为 2-脱氧核糖,即核糖 2 位上的羟基被氢原子取代。

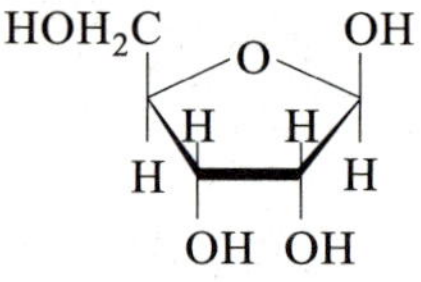

核糖
(RNA)

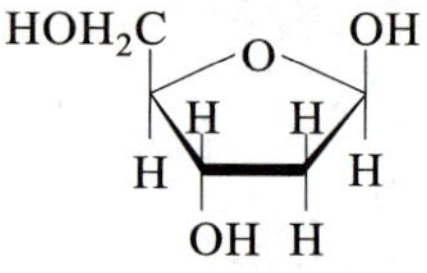

2-脱氧核糖
(DNA)

核酸中的碱为嘧啶和嘌呤衍生物,其名称和简写如下(圆圈表示与成苷有关的氢原子):

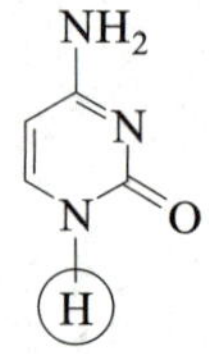

胞嘧啶(C)
(RNA,DNA)

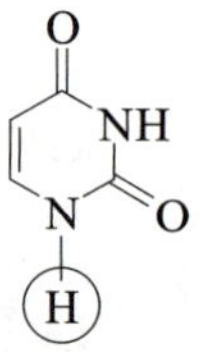

尿嘧啶(U)
(RNA)

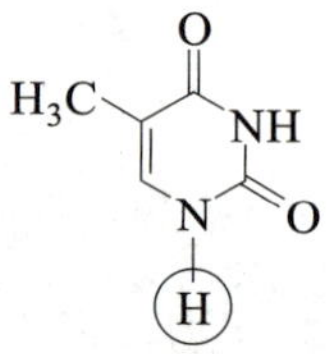

胸腺嘧啶(T)
(DNA)

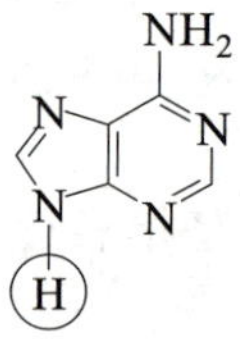

腺嘌呤(A)
(RNA,DNA)

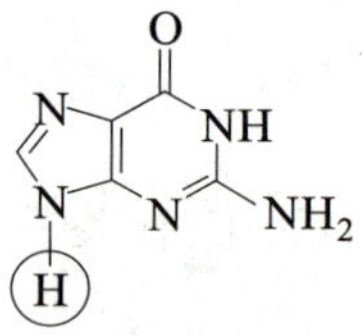

鸟嘌呤(G)
(RNA,DNA)

胞嘧啶、腺嘌呤和鸟嘌呤存在于 RNA 和 DNA 中,尿嘧啶只存在于 RNA 中,而胸腺嘧啶只存在于 DNA 中。

核糖或脱氧核糖与嘧啶碱或嘌呤碱生成的 β-苷称为核苷(nucleosides)。例如:

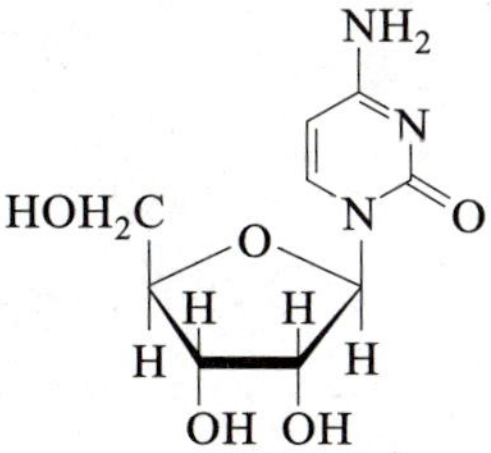

胞苷
cytidine

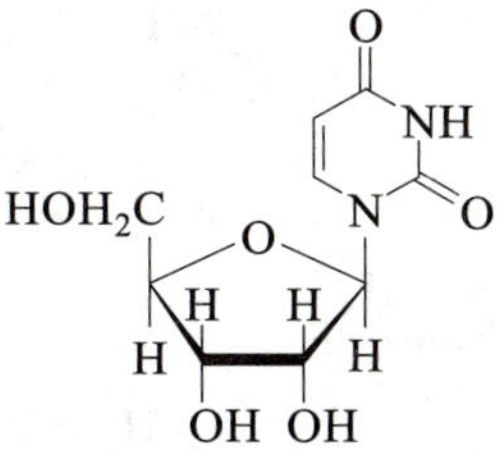

尿苷
uridine

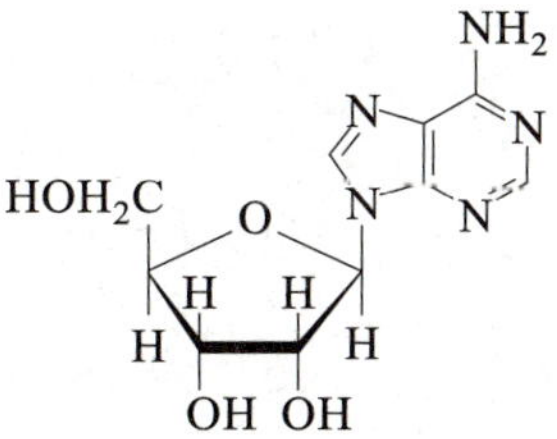

腺苷
adenosine

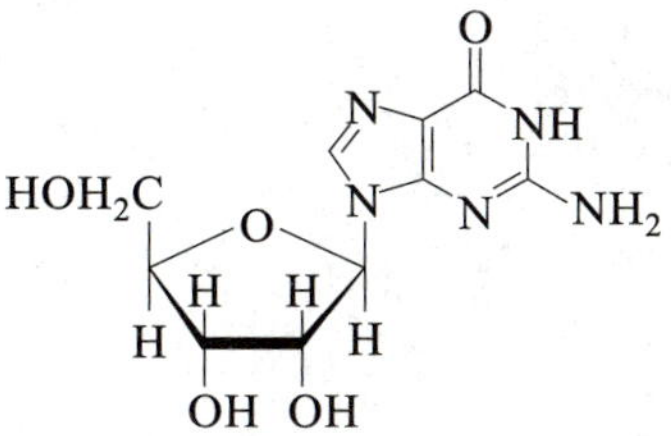

鸟苷
guanosine

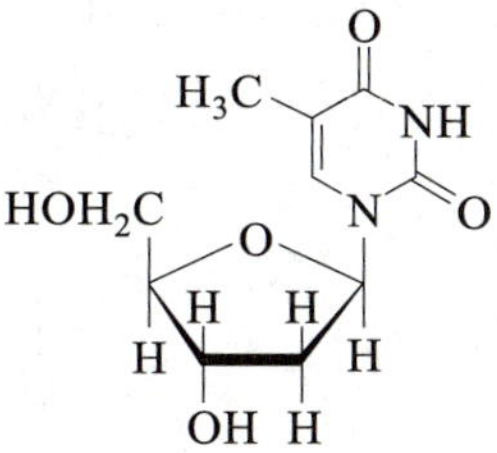

脱氧胸苷
2-deoxythymidine

核苷的磷酸酯称为核苷酸(nucleotides)。腺苷的 5′-磷酸酯称为 5′-腺苷-磷酸或腺苷酸(AMP)。核苷酸为二元酸。例如,腺苷酸的 pK_a 为 3.8 和 6.2,在中性水溶液中以二价负离子的形式存在。

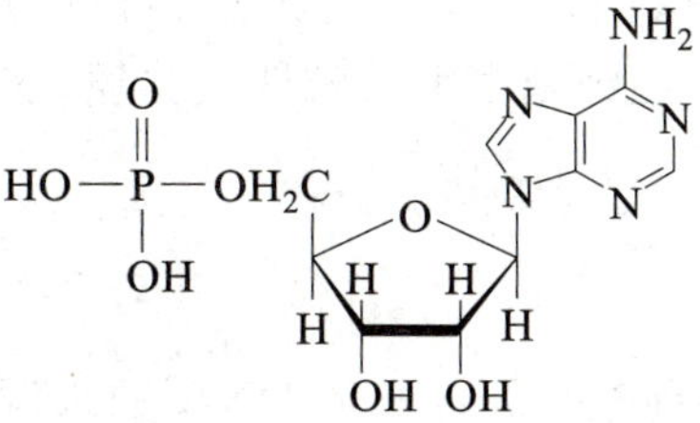

腺苷酸
5′-adenylic acid

核酸是由不同的核苷酸按一定顺序缩合而成的高分子化合物:

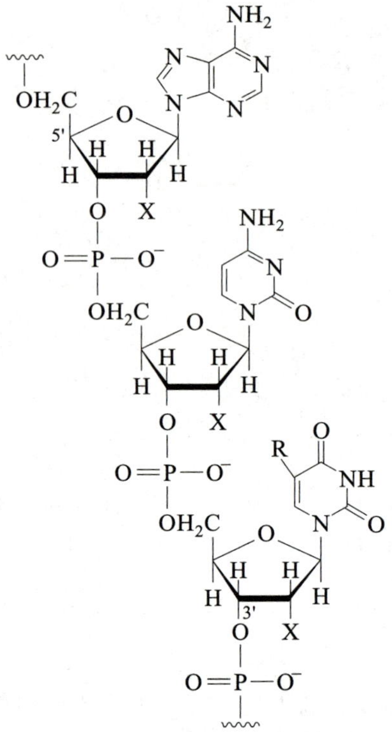

DNA,$X=H$,$R=CH_2$

RNA,$X=OH$,$R=H$

即在2-脱氧核酸苷(DNA)或核苷(RNA)的5′位和3′位以磷酸基相连。核酸有酸性,在中性水溶液中以多价负离子的形式存在,在细胞中则与碱性蛋白质、多元胺或碱土金属离子(如Mg^{2+})结合。

18.3.2 脱氧核糖核酸

分析DNA的组成时发现,四种碱基的含量随DNA的来源不同而有很大的差异,但所有的DNA都有一个共同点:嘌呤碱和嘧啶碱各占一半,并且嘌呤碱中的腺嘌呤(A)与嘧啶碱中的胸腺嘧啶(T)的含量常接近1∶1。Watson J D和Crick F H C认为:A和T及G和C在DNA链之间能以氢键缔合:

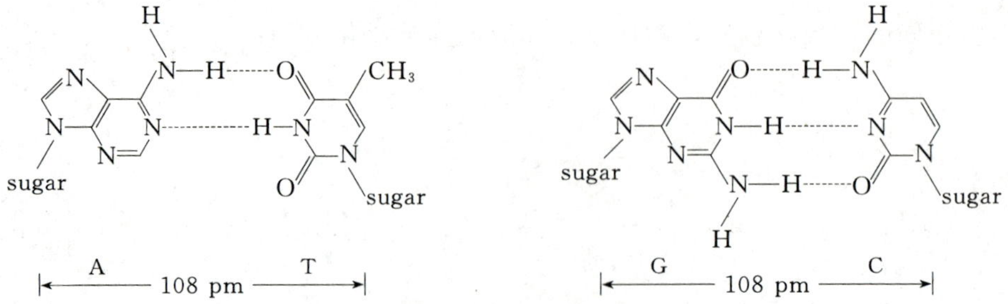

sugar=2-脱氧核糖

所以成对出现。DNA 的 X 射线数据说明它具有螺旋结构(Wilkins M H F)。在此基础上,Watson 和 Crick 提出了 DNA 的双螺旋结构模型,即两条 DNA 链从相反的方向围绕同一个轴盘绕,形成右旋的双螺旋,碱基在螺旋内,其平面与中心轴垂直,脱氧核糖基和磷酸基在螺旋外,见图 18.7。

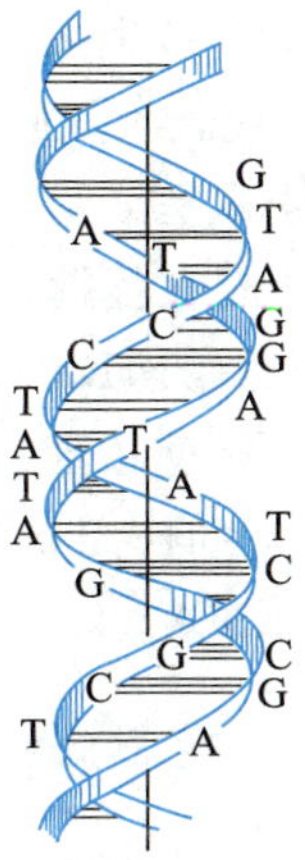

图 18.7　DNA 的双螺旋模型
两条带表示磷酸-糖链,横线表示两链的碱的氢键,垂直线为轴

DNA 两条链之间的空间恰好能容纳一个嘌呤碱和一个与它配对的嘧啶碱,如两个嘌呤碱互相配对,则体积太大无法容纳,一个嘧啶碱与另一个嘧啶碱配对,则由于两链之间距离太远,不能形成氢键。

Watson,Crick 和 Wilkins 被授予 1962 年诺贝尔生理学或医学奖。

DNA 具有按照自己的结构精确复制的功能。在复制过程中,双螺旋从一端解开,细胞中已经制造好了的核苷酸原件根据碱基的配对规律与每一条链上互补的核苷酸单位形成氢键,这些按照规定次序排列起来的核苷酸在酶的作用下逐个联结起来,最后一个新合成的单链与一个原有的单链结合在一起形成两个新的双螺旋(见图 18.8)。

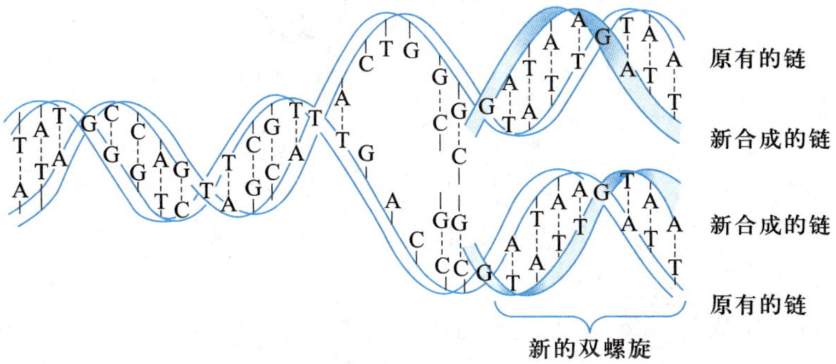

图 18.8　DNA 的复制

DNA 中四种碱基的排列次序代表遗传信息,通过 DNA 的复制,父母就把自己所有的 DNA 分子复制了一份传给子女。

18.3.3　核糖核酸

生物体内的蛋白质是按照 DNA 的分子结构来合成的,DNA 是蛋白质合成的模板。DNA 存在于细胞核中,而蛋白质却是在细胞质中进行合成的。因此,首先要按照 DNA 的结构转录一份副本,DNA 上的遗传信息转录在这个副本上,然后按照副本转移成蛋白质的"文字",这些工作都是由核糖核酸来完成的。

蛋白质合成的第一步是在细胞核中合成信息核糖核酸(mRNA),信息核糖核酸就是 DNA 的副本。DNA 的双螺旋结构先解开一部分,这一部分至少相当于一个基因(一个基因指导一种蛋白质的合成)。细胞中已经制造好的核糖核苷酸以其碱基与 DNA 暴露出来的链节上互补的碱基形成氢键,碱基配对的规律与 DNA 不同的地方在于用 U 代替 T。特殊的酶使这些按次序排列的核糖核苷酸逐个连接起来,形成 mRNA 的长链。解开的 DNA 链中只有一个能复制成副本 mRNA。

mRNA 链上按一定次序排列的碱基每三个组成一个遗传密码，每个密码代表一个氨基酸。例如，AAA 代表赖氨酸，GUA 代表缬氨酸，UUU 代表苯丙氨酸等。20 个氨基酸的密码都已确定。

核糖体是细胞质中的小颗粒，其中含有约 60%核糖体核糖核酸（rRNA）和 40%蛋白质。蛋白质的合成在核糖体上进行。在细胞核里合成的 mRNA 与 DNA 链分开后，移动到细胞质中，与核糖体中的 rRNA 结合。

转移核糖核酸（tRNA）含有 70～90 个核苷酸单位，它的相对分子质量比 mRNA 和 rRNA 小得多，它的作用是把特定的氨基酸带到 mRNA 上特定的位置上去，每一种氨基酸至少有一个特定的 tRNA。

18.3.4　蛋白质的生物合成

蛋白质的生物合成过程很复杂，本节只简要说明肽链增长的一步。

每一个氨基酸先要经过合成酶（synthetase）与特定的 tRNA 连接：

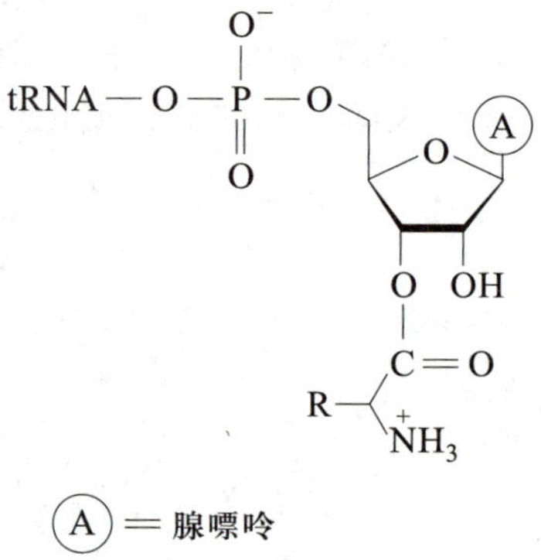

然后通过 tRNA 上的反密码与 mRNA 上的密码在预定的位置上配合，生成一个肽键，如图 18.9 所示。

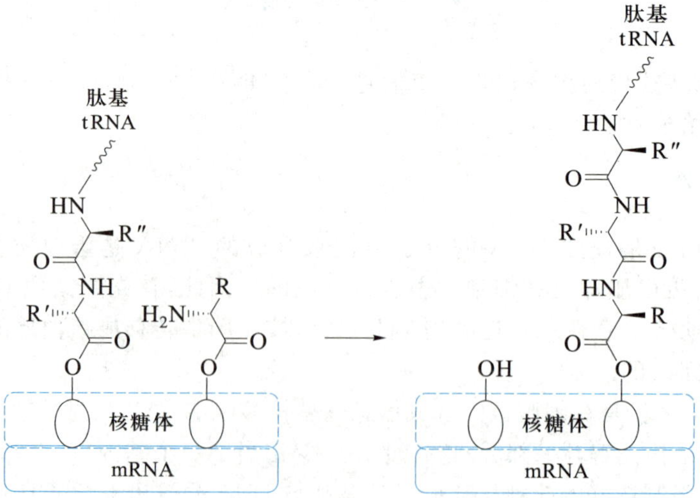

图 18.9　肽链的形成（示意图）

mRNA 上有指示蛋白质合成开始的密码和合成结束的密码。肽链合成的速率可以达到每秒 40 个氨基酸。

§ 18.4 阅读材料

胰岛素

胰岛是胰中的一些细胞群，不与胰液管相通，它们分泌的物质靠血液带走。胰岛含有 α，β 和 γ 三种分泌细胞，胰岛素(insulin)是 β 细胞分泌的一种激素。

1889 年，von Mering J 研究胰在脂类代谢中的作用时，根据 Minkowski O 的建议，将狗的胰切除，发现狗的尿量大增。Minkowski 注意到切除胰的狗的尿会招引蚂蚁，从尿中可以检测出糖类的存在，这些现象都与糖尿病患者的症状相似。Minkowski 继续将几条狗的胰切除，发现这些狗都迅速患了糖尿病，并在 10～30 天内死亡。

von Mering 和 Minkowski 的工作使人们注意到糖尿病和胰之间的关系。在以后 30 年中医生和生理学家陆续进行了许多研究。例如，将狗的胰管结扎，发现胰逐渐萎缩，但胰岛并不萎缩，狗也不患糖尿病。将切除的胰先用水煮，再用酒精提取，将提取液注射到切除胰的狗的身体中，可以使其尿中的含糖量不升高。甚至有人用胰提取液为糖尿病患者注射，发现病情缓解，但由于提取液中的杂质使患者发热，未能继续进行。多次有人想从胰中提取与糖尿病有关的激素都未成功。

Banting F 是加拿大的外科医生，他在 1920 年 10 月读到一篇综述性论文，其中提到胰的一种分泌物可能会缓解糖尿病的病情，等等，这激发了他的研究热情，为此他找到了加拿大 Toronto 大学的 Macleod J 教授。Macleod 不但为 Banting 提供了一间实验室和相关的设备，为他配备了一个生物化学专业的学生 Best C，还提供专业咨询。当时 Best 已掌握了微量化学分析方法，能够用不到 1 mL 的血样测定其中糖类的含量，这对他以后的工作起了很大的作用。Banting 和 Best 从 1921 年 5 月开始实验工作，先将狗的胰管结扎，待胰完全萎缩后进行切除，将胰捣碎后再用生理盐水提取，到 7 月底，得到 4 mL 提取液，给切除胰的狗注射后，血液中糖类的含量迅速从 0.20%降到 0.12%，第二次注射后，血糖继续维持低水平。这一结果使 Banting 和 Best 大受鼓舞，从 8 月到 11 月，他们夜以继日地工作，用不同的方法制取提取液，给切除胰的狗进行注射，还进行了激素的稳定性研究，发现它对碱和胰蛋白酶很敏感，因此推测激素可能是一种蛋白质。最后，根据 Macleod 的建议改用乙醇提取(结扎胰管后提取和用乙醇提取都是 Scott E 在 1908 年用过的方法)。在 1921 年圣诞节期间，Banting 和 Best 用他们得到的提取液互相注射，发现除了注射处发红外并没有不良反应。到 1922 年 1 月，他们开始为糖尿病患者注射提取液(他们采用文献已有的名称，把它叫作胰岛素)。第一次接受试验的是生命垂危的 12 岁男孩，第一次注射由于注射处刺激严重而不得不停下来。这时，在 Macleod 指导下的 Collip J 愿意协助进行胰岛素的提纯，他取得的重要突破是将含水乙醇提取液倒入几倍体积的无水乙醇中，将胰岛素沉淀出来，再由沉淀制备注射液。几天后用提纯后的注射液给男孩注射，取得了惊人的效果，男孩病愈出院，以后每天注射胰岛素又存活了几年，直到遇车祸身亡。但是 Collip 的提纯方法在规模放大时，产率减少，供应不上临床试验的需求，以致有患者开始注射后反应良好，后因药品未能及时供应而死亡。从 1922 年 5 月开始，由 Best 领导，开始在 Toronto 大学 Connaught 实验室进行胰岛素生产，对工艺进行了改进。为了使胰岛素能够尽快地进行规模生产以挽救更多的糖尿病患者的生命，又授权给美国 Indiapolis 市 Eli Lilly 公司生产胰岛素，当时 Eli Lilly 公司只有以 Walden G 为首的约 100 名工作人员，Walden 通过调节提取液的 pH 使胰岛素在它的等电点沉淀出来，从而与其他蛋白质杂质分开。这样 Eli Lilly 公司就能够在一年内生产出足够的纯粹胰岛素供给美国的糖尿病患者使用，挽救了许多人的生命。

1923 年，Banting 和 Macleod 被授予诺贝尔生理学或医学奖。Banting 认为 Best 的贡献未受到应有的重视，因此将他获得奖金的一半分给了 Best，Macleod 也将自己的一半奖金分给 Collip。

1926 年，Abel J 制备出胰岛素晶体。1953 年，Sanger F 经过 10 年研究，测定了牛胰岛素(bovine insulin)的氨基酸序列，并于 1958 年获得诺贝尔化学奖。

1965 年，我国科学工作者合成了牛胰岛素，主要途径是先合成牛胰岛素的 A 链(21 肽)和 B 链(30 肽)，再经过还原、氧化连接成牛胰岛素。还原是将 SH 基的保护基 SO_3^- 还原成 SH，然后在空气中氧化，在 A 链和 B 链间生成—S—S—桥。粗产物的生物活性只有天然产物的 1.2%～2.5%。这是因为 A 链和 B 链在指定位置生成—S—S—桥的概率不高。

在生物体内首先合成胰岛素原(proinsulin)，这是一个 84 肽，肽链的折叠方式使—S—S—桥在相连的胱氨酸基之间生成。胰岛素原经过酶的作用，切割去一部分生成胰岛素：

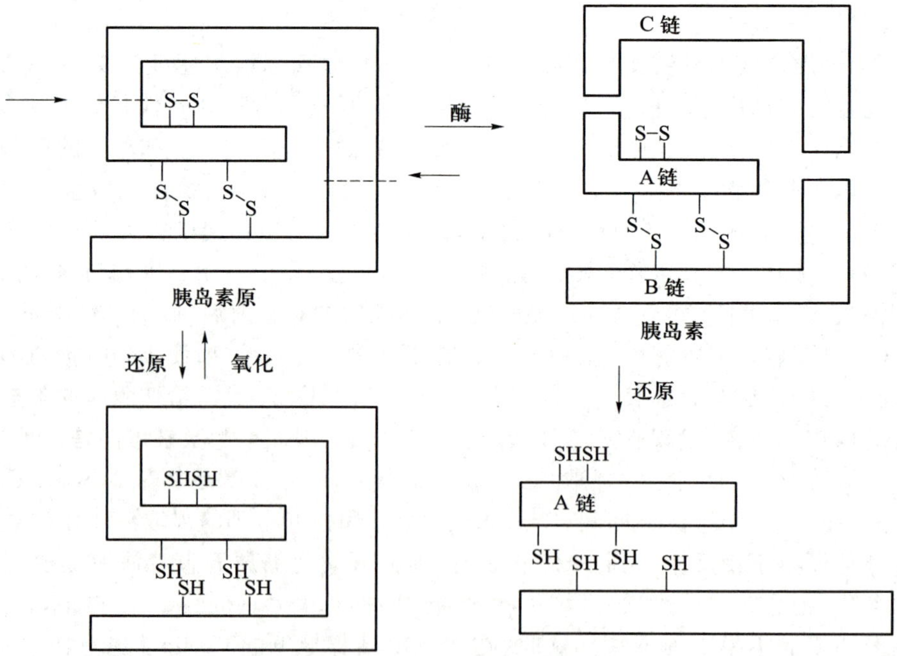

Sanger 发现胰岛素的氨基酸组成随物种不同而有细微差异，人胰岛素与猪胰岛素只有 B 链 COOH 一端的一个氨基酸不同，而与牛胰岛素则有 3 个氨基酸不同。用牛或猪的胰提取的胰岛

素在临床上有一些副作用。

医药工业中先是将猪胰岛素经过改造得到人胰岛素，然后又用基因工程的方法，把产生胰岛素的基因转移到大肠杆菌中，用发酵方法生产胰岛素。1996 年以后又出现了用基因工程生产的疗效更好的胰岛素类似物。

参考文献

参考答案

第十九章　类脂、萜类化合物和甾族化合物

§19.1　类　　脂

以前把天然产物中能溶于烃类溶剂而不溶于水的都叫作类脂(lipids)。多数生物化学家倾向于把水解时能生成脂肪酸的天然产物称为类脂，其中包括油脂、蜡、磷脂等。

19.1.1　脂肪酸

由天然产物水解得到的羧酸有几百种，但常见的并不多，有的酸含量虽然不多，但有重要的生理作用。

大多数脂肪酸为含偶数碳原子的直链羧酸，最常见的链长为 C(16)，C(18)，C(20) 和 C(22)。例如：

$CH_3(CH_2)_{10}CO_2H$ 月桂酸 lauric acid	$CH_3(CH_2)_{12}CO_2H$ 肉豆蔻酸 myristic acid
$CH_3(CH_2)_{14}CO_2H$ 软脂酸 palmitic acid	$CH_3(CH_2)_{16}CO_2H$ 硬脂酸 stearic acid
$CH_3(CH_2)_{18}CO_2H$ 花生酸 arachidic acid	$CH_3(CH_2)_{20}CO_2H$ 山萮酸 behenic acid

含一个烯键的不饱和脂肪酸中，构型常为顺式，但反式烯酸和炔酸也是存在的。例如：

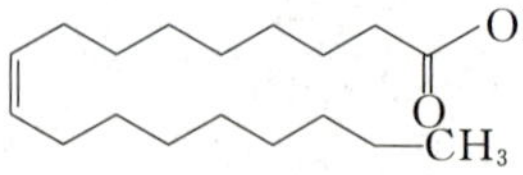

油酸
(*Z*)-十八碳-9-烯酸
oleic acid

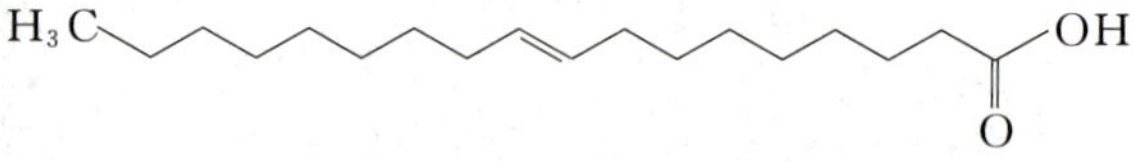

反油酸
(*E*)-十八碳-9-烯酸
elaidic acid

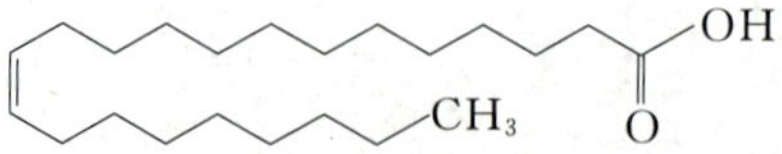

芥酸
(*Z*)-二十二碳-13-烯酸
erucic acid

最常见的多烯酸是含 2～6 个顺式烯键的酸，每两个双键之间都隔着一个饱和碳原子。例如：

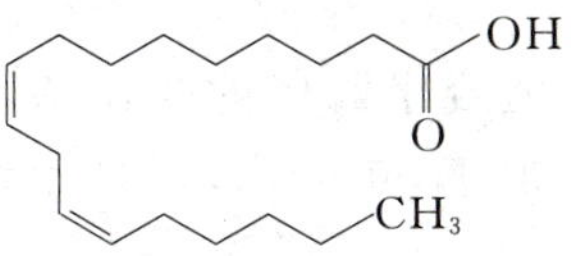

亚油酸

(9*Z*,12*Z*)-十八碳-9,12-二烯酸

linoleic acid

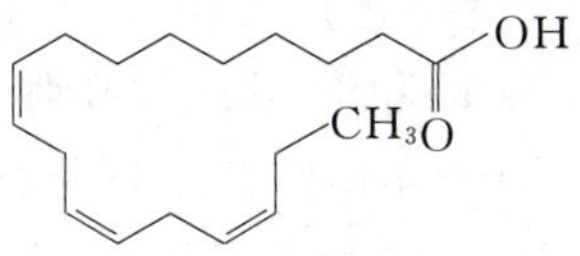

亚麻酸

(9*Z*,12*Z*,15*Z*)-十八碳-9,12,15-三烯酸

linolenic acid

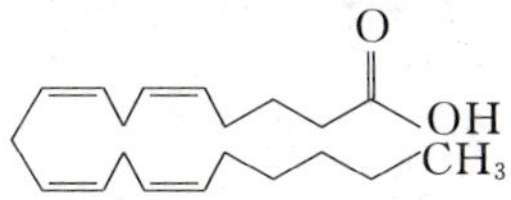

花生四烯酸

(5*Z*,8*Z*,11*Z*,14*Z*)-二十碳-5,8,11,14-四烯酸

arachidonic acid

含共轭双键的酸主要是含 2～4 个共轭烯键的 C_{18} 酸，如桐油中的 α-桐酸：

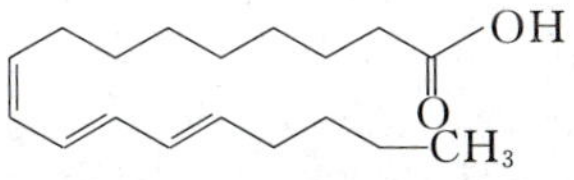

α-桐酸

(9*Z*,11*E*,13*E*)-十八碳-9,11,13-三烯酸

eleostearic acid

天然油脂中含有多种脂肪酸，但占主要地位的却只有几种。高等植物主要含软脂酸、油酸和亚油酸；而动物脂肪中则含有软脂酸、油酸和较多的硬脂酸，细菌体内常含有带支链和环丙烷环的酸。

工业上产量最大的 8 种脂肪酸为油酸、亚油酸、软脂酸、亚麻酸、硬脂酸、月桂酸、芥酸和肉豆蔻酸。

前列腺素(prostaglandins)是少量存在于动物组织中的 C_{20} 羧酸，它们都含有一个五元环，在 C(11) 和 C(15) 上含有羟基，E 系列的前列腺素在 C(9) 上有一个酮基，而在 F 系列中C(9) 上为羟基。例如：

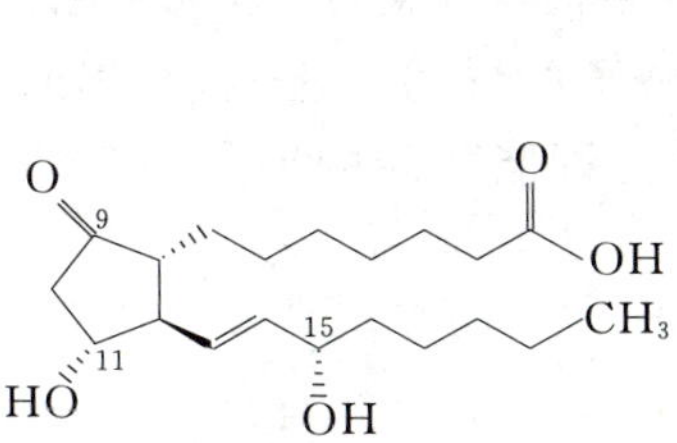

前列腺素 E_1，PGE_1

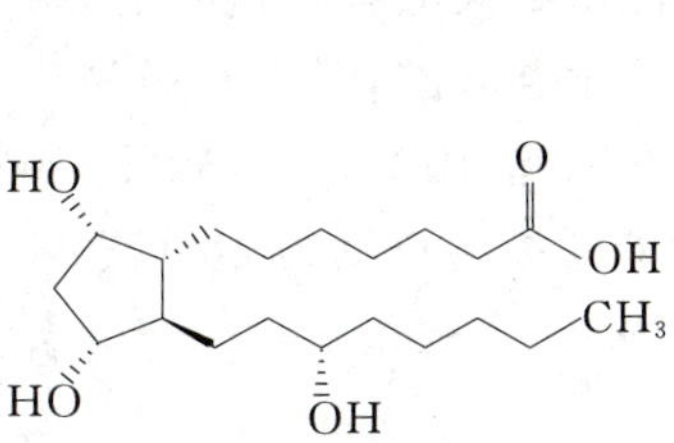

前列腺素 F_{1a}，PGF_{1a}

前列腺素在极低的浓度下就有很强的生理效应，可用作药物。绵羊的前列腺是提取前列腺素的方便原料。

前列腺素生物合成的前体可能是花生四烯酸，但哺乳动物是从亚油酸合成前列腺素的。亚油酸和花生四烯酸都是必需的脂肪酸。

19.1.2 油脂

油脂包括脂肪(fats)和油(oils),习惯上把室温下为固体或半固体的叫作脂,为液体的叫作油,但实际使用这两个名词时,并未严格区分。例如,在室温下,鱼脂为液体,而奶油则为固体。油脂同糖类和蛋白质一样,都是不可缺少的营养成分。

油脂是甘油和脂肪酸所生成的酯。甘油为三元醇,可以同三分子脂肪酸生成甘油三羧酸酯。甘油与同一种脂肪酸所生成的甘油三羧酸酯称为甘油同酸酯,与两种或三种脂肪酸所生成的甘油三羧酸酯,称为甘油混酸酯。天然油脂主要为甘油混酸酯。

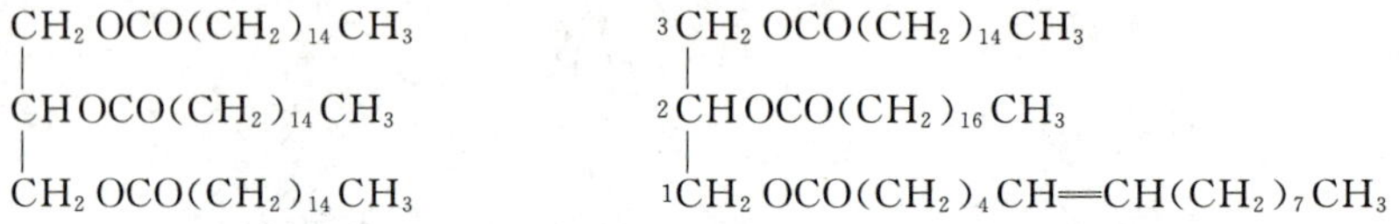

甘油同酸酯 甘油混酸酯

三-*O*-十六烷酰基甘油 1-*O*-油酰基-3-*O*-棕榈酰基-2-*O*-硬脂酰基甘油

甘油同两种不同的脂肪酸可以生成八种甘油三羧酸酯。以软脂酸和油酸为例,其结构为(P,O 分别表示两种酸的 RCO_2 基):

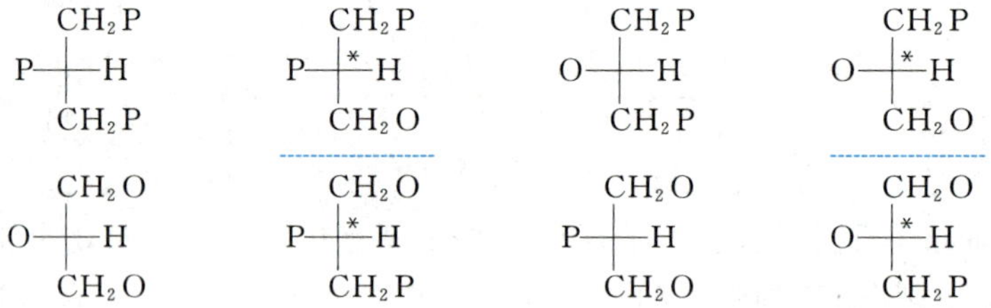

其中有四种组成两对对映异构体。如甘油同三种不同的脂肪酸生成甘油混酸酯,则可能有 27 种异构体,其中 18 种组成 9 对对映异构体。天然油脂中含多种脂肪酸,甘油三羧酸酯的可能异构体的数目很大。因此,油脂实际上是很复杂的混合物。

甘油二羧酸酯和甘油一羧酸酯主要存在于生物的代谢产物中。

甘油三羧酸酯中如羧酸都是饱和的,由于分子的形状较为规整,容易紧密排列而形成晶体;如羧酸中有一个是不饱和酸,烯键一般为顺式构型,分子的形状不规整,相邻的分子由于位阻而难以紧密地排列在一起,因此,熔点较低。例如,甘油三硬脂酸酯的熔点为 72 ℃,而甘油-2-油酸-1,3-二硬脂酸酯的熔点则为 43 ℃。

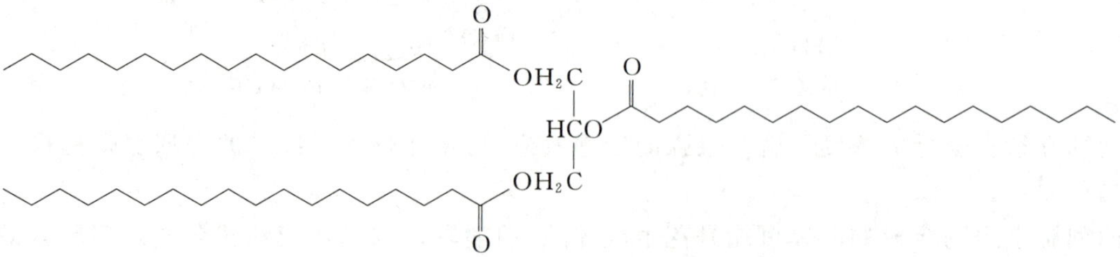

甘油-2-油酸-1,3-二硬脂酸酯

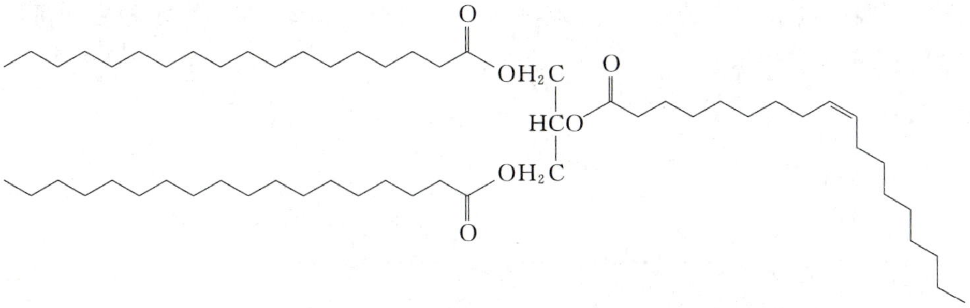

甘油-β-油酸-α,α′-二硬脂酸酯

油脂熔点与其脂肪酸的组成有关,在室温下为液体的油常含有较多的不饱和脂肪酸。工业上将油进行部分催化加氢以生产固体的人造奶油。

动物体内的脂肪细胞(adipocyte)能够合成和储存甘油三羧酸酯,作为能量储备。体内储存的糖类只能提供约一天的能量消耗,而正常的脂肪储备则可以满足 2 个月以上的能量消耗。

19.1.3　蜡

蜡(wax)是指长链脂肪酸和长链醇所生成的酯。植物的叶和果实表面都有一层蜡,其作用是减少植物体内水分的蒸发和防止外部水分的聚集。昆虫的外壳、兽类的毛和鸟的羽毛上也有蜡。

组成蜡的羧酸和醇多数含有 C_{16} 以上偶数碳原子的直链,醇一般为伯醇。

巴西棕榈叶表面的巴西棕榈蜡是 C_{24}～C_{28} 酸和 C_{32}～C_{34} 醇生成的酯的混合物;由蜂房制取的蜂蜡是 C_{26}～C_{28} 酸和 C_{30}～C_{32} 醇的酯;我国的虫蜡是 C_{26}～C_{30} 酸和 C_{26}～C_{30} 醇的酯;鲸蜡的主要成分为十六碳酸十六醇酯和十六碳酸-(9*Z*)-十八碳-9-烯-1-醇酯。

19.1.4　磷脂(phosphatide)

甘油和磷酸生成的酯称为甘油磷酸(GPA),后者与两分子脂肪酸生成磷脂酸(phosphatidic acid):

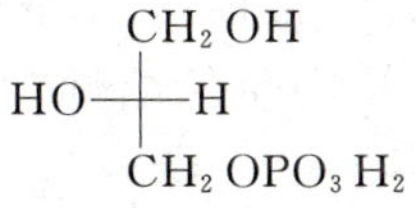

L-甘油磷酸(GPA)

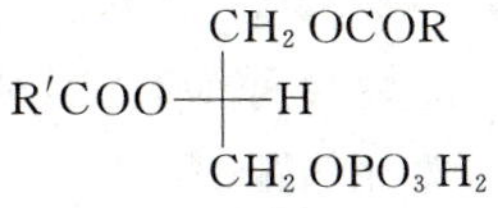

磷脂酸

磷脂酸与另一种醇,如乙醇胺、胆碱、丝氨酸、肌醇等生成的磷酸二酯称为磷脂。例如:

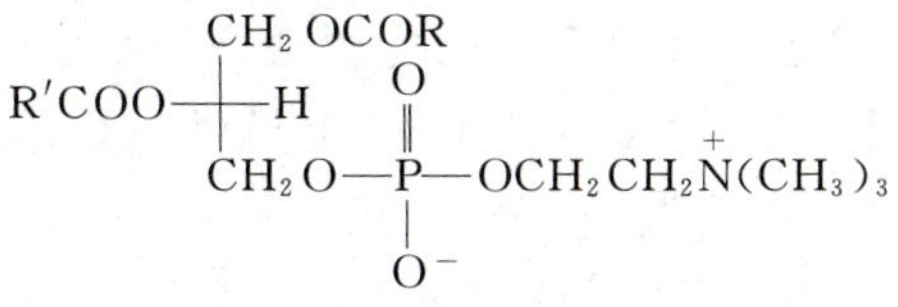

卵磷脂(PC)

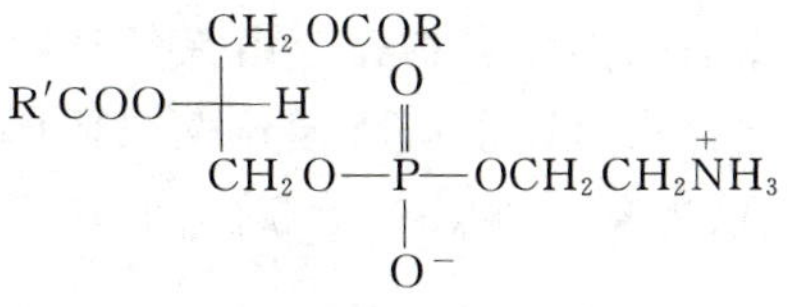

卵磷脂(PE)

磷脂广泛存在于植物和动物体中,并有重要的生理作用,磷脂酸盐则是生物合成的中间产物。

磷脂分子一端为疏水的长碳链，另一端则为亲水的极性基团，在两个水相之间可以形成类脂双层（lipid bilayer），见图 19.1。

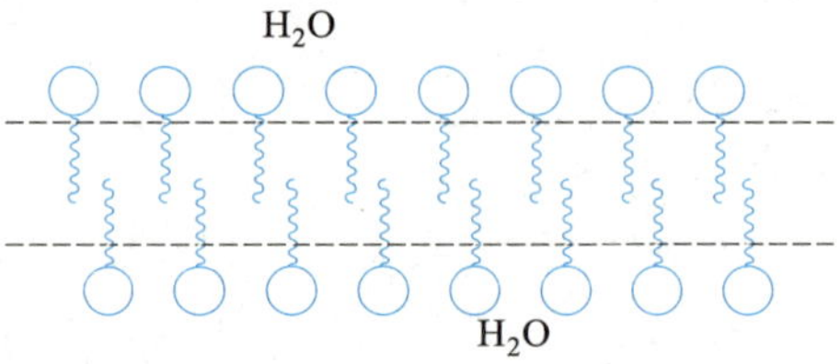

图 19.1　类脂双层示意图

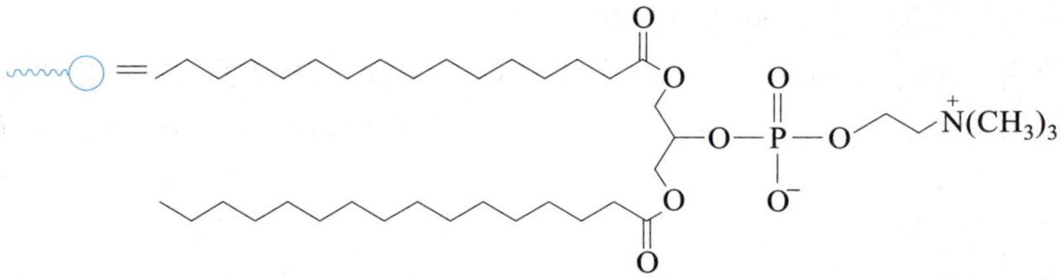

磷脂有极性的一端伸入水相，长链的一端则在双层内部交错配位，稳定地聚集在一起。非极性物质可以透过双层内部从一个水相迁移到另一个水相，而极性物质，特别是 K^+，Na^+，Ca^{2+} 等离子则不能透过双层。卵磷脂是细胞膜的主要成分。细胞膜的结构与图 19.1 相似，但中间有一些由蛋白质组成的小岛，金属离子在双层的一边与蛋白质配位，经过蛋白质而输送到另一边。

§ 19.2　萜类化合物

大多数萜类化合物（terpenoid）是由异戊二烯单位首尾相连而组成的。从香精油中分离出来的、由异戊二烯单位连接成的烯烃称为萜烯，萜类化合物则包括萜烯，其饱和或部分饱和的各种烃类以及它们的衍生物，如醇、醛、酮、酯等。

几乎所有植物都含有萜类化合物，在动物和真菌中也含有萜类化合物，而萜类化合物的主要工业来源是松节油和各种香精油。

萜类化合物，特别是一些含氧衍生物，由于有香气和对哺乳动物低毒性，是重要的香料和食用香料。以前萜类化合物完全由天然产物中提取，现在许多化合物已能由合成得到。

萜类化合物可以根据所含异戊二烯单位的数目分类，含 2，3，4，6，…个异戊二烯单位的分别称为单萜、倍半萜、二萜、三萜等，它们又可以按照碳架分为开链、单环、双环等。

19.2.1　开链单萜

月桂烯少量存在于香精油中，工业上由 β-蒎烯的热解得到，用作合成原料。

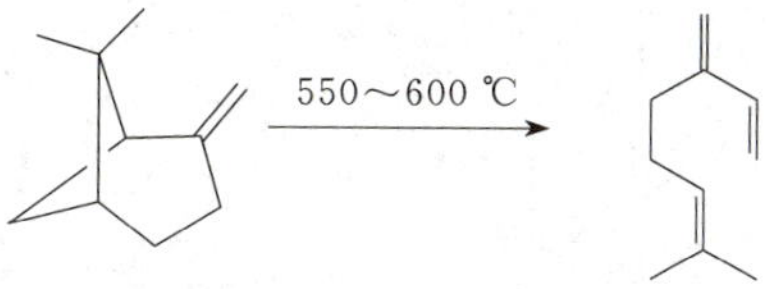

β-蒎烯 β-pinene　　月桂烯 myrcene

香叶醇与香茅醛和香茅醇都是香茅油的主要成分，可以由香茅油的分馏得到，香茅油中也含有少量橙花醇。香叶醇和橙花醇有玫瑰香气，用于香料工业中或作为合成中间体。

芳樟醇存在于沉香油（里哪油）中，天然的芳樟醇是旋光的，用作香料。工业生产的芳樟醇为外消旋体，用作合成原料。

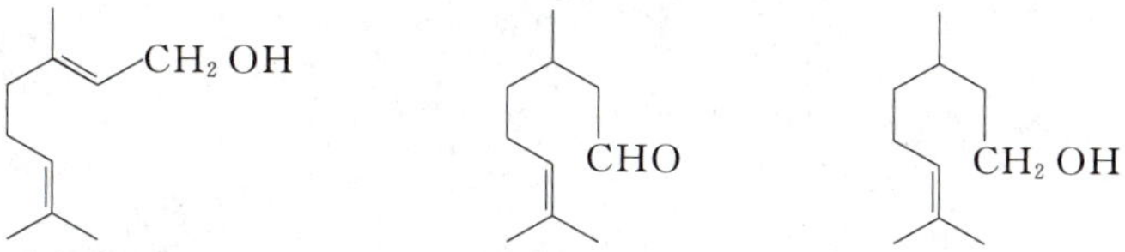

香叶醇（牻牛儿醇） geraneol　　香茅醛 citronellal　　香茅醇 citromellol

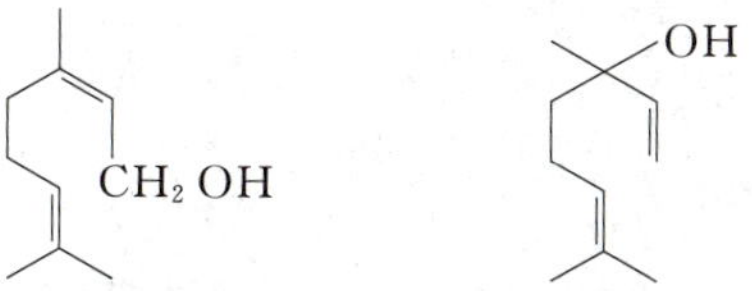

橙花醇 nerol　　芳樟醇（里哪醇） linalool

柠檬醛存在于柠檬草油中，有顺反异构体。反式为柠檬醛 a，又称香叶醛；顺式为柠檬醛 b，又称橙花醛。柠檬醛主要用作合成原料，少量高纯度产物用作香料。

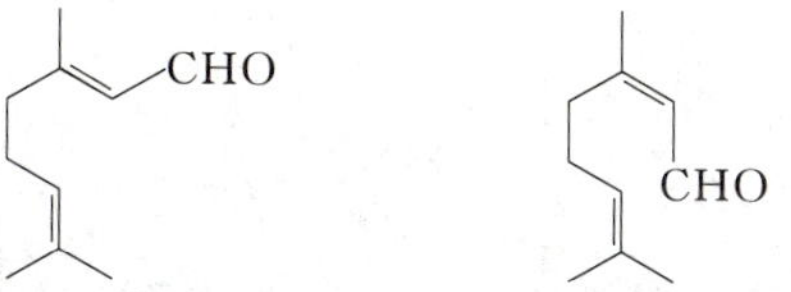

柠檬醛 a（香叶醛） citral a(geranial)　　柠檬醛 b（橙花醛） citral b(neral)

19.2.2 单环单萜

（+）-苧烯是生产橘子汁的副产物，（-）-苧烯少量存于香料油中，它的外消旋体可以由异戊二烯二聚得到，因此称为二戊烯。其他的单环单萜还有水芹烯、萜品烯等。

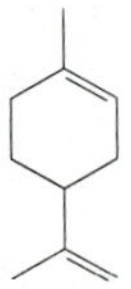

苧烯
limonene
dipentene

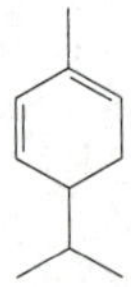

α－水芹烯
α－phellandrene

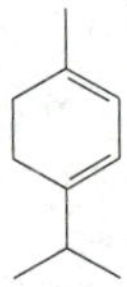

α－萜品烯
α－terpinene

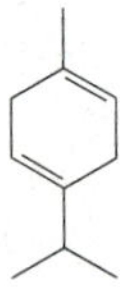

γ－萜品烯
γ－terpinene

(－)－薄荷醇存于薄荷油中，用作香料或药物。

(－)－薄荷醇
(－)－menthol

19.2.3　双环单萜

α－蒎烯和β－蒎烯是松节油的主要成分，在钯催化剂存在下，它们之间形成动态平衡。平衡混合物中，α－蒎烯和β－蒎烯的摩尔比为 95∶5：

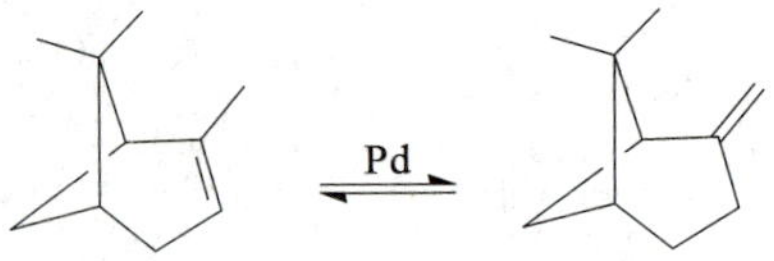

α–蒎烯　　β–蒎烯

α－蒎烯和β－蒎烯用作合成中间体。

莰烯存于多种香料油中，工业上将α－蒎烯在无水条件下用酸性催化剂处理，使其重排成莰烯，用作合成樟脑的原料。

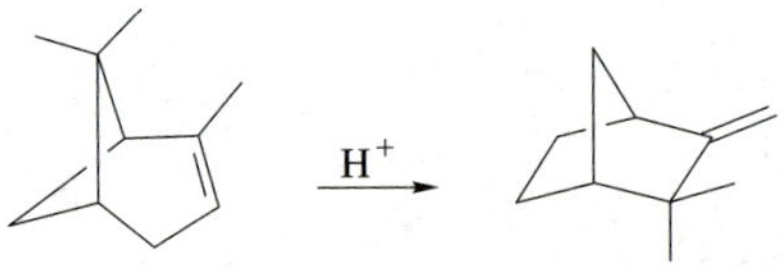

α–蒎烯　　莰烯 camphene

天然樟脑用樟树作原料，经水蒸气蒸馏、分馏和升华等操作得到，为右旋体，合成产物为外消旋体。樟脑用于医药工业中，也可用作增塑剂、驱虫剂。

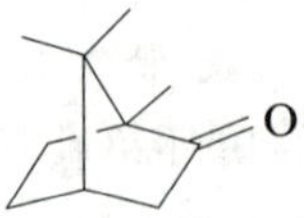

樟脑
camphor

19.2.4 倍半萜、二萜和三萜等

倍半萜的碳架由三个异戊二烯单位组成。例如：

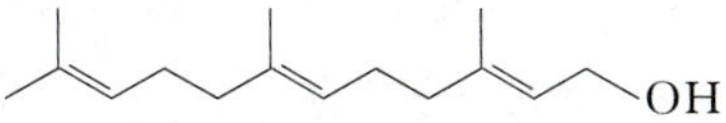

法呢醇(金合欢醇)
farnesol

二萜分子中含有 20 个碳原子。例如：

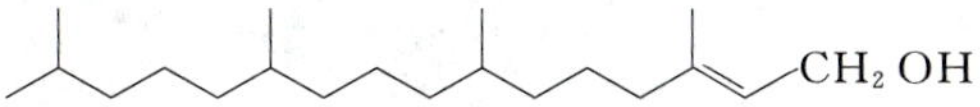

植醇(叶绿醇)
phytol

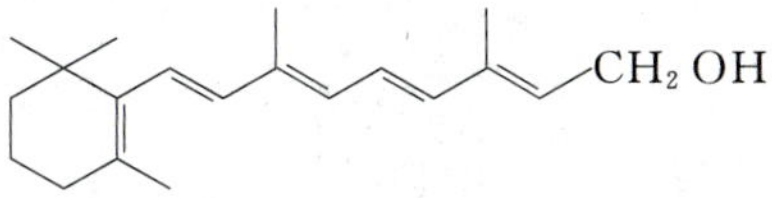

维生素 A_1

三萜分子中含有 30 个碳原子，存于动植物体内。角鲨烯大量存于鲨鱼的肝油中，橄榄油、米糠油中也有少量存在，它是甾族化合物生化合成的中间体。

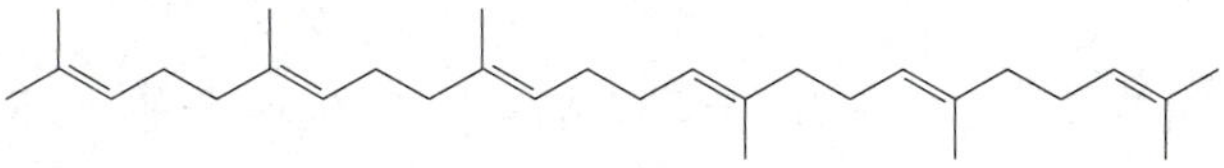

角鲨烯
squalene

类胡萝卜素是一类四萜(有的类胡萝卜素中碳原子数不是 40)，它们在植物、动物和海洋生物中分布甚广。据估计，每年在生物体内生成的类胡萝卜素约一亿吨。类胡萝卜素是一类天然色素，番茄红素使番茄和西瓜汁呈红色。β-胡萝卜素为黄色，存于胡萝卜、番茄汁中，它们分子中的双键均为反式构型。

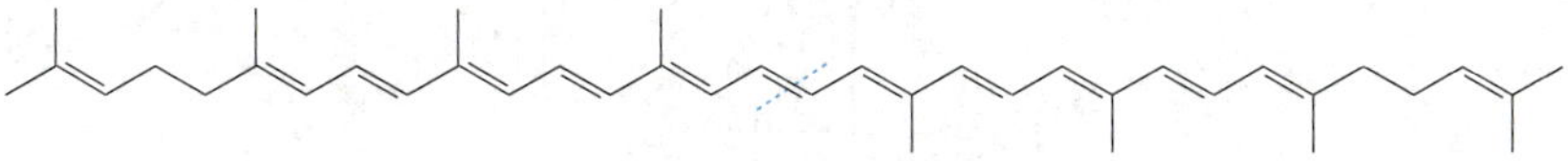

番茄红素
lycopene

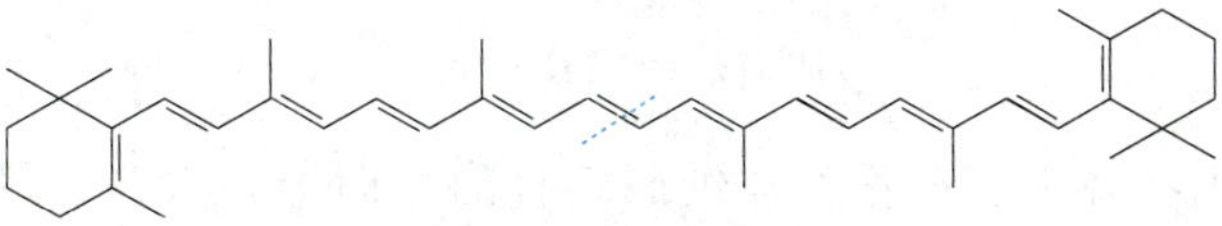

β-胡萝卜素
β-carotene

将 β-胡萝卜素分子从中间分成两半，再各加一分子水，就得到两分子维生素 A_1。β-胡萝卜素在动物和人体内酶的催化下能氧化成维生素 A_1，因此，是一种前维生素。

类胡萝卜素可作为食用色素或作为动物和家禽的饲料添加剂。

天然橡胶可以看作许多异戊二烯单位首尾相连生成的高聚物，它热解时可生成异戊二烯：

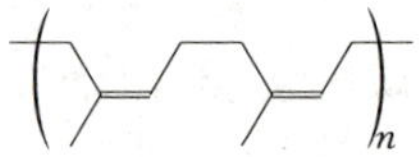

§19.3 甾族化合物

甾族化合物(steroid)广泛存在于动植物组织内，并在动植物生命活动中起着重要的作用。甾族化合物的分子中都含有氧化程度不同的 1,2-环戊烷并全氢菲母核，并且一般含有三个支链：

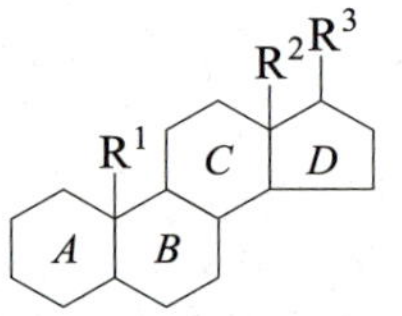

十氢化萘分子中两个环可以在顺位或反位稠合。甾族化合物中含有四个环，它们两两之间都可以在顺位或反位稠合。此外，环上有取代基时，还可以产生新的不对称碳原子。因此，甾族化合物的立体化学十分复杂。

存在于自然界中的甾族化合物，环 *B* 与环 *C* 都是在反位稠合的。环 *C* 和环 *D* 在大多数情况下也是在反位稠合的。环 *A* 和环 *B* 可以在顺位或反位稠合。

甾族化合物中，R^1、R^2 常为甲基，一般称为角甲基。表示甾族化合物的构型时，如用平面结构式表示，以 *A*，*B* 环之间的角甲基为标准，把它安排在环平面的前面，并用楔形实线与环相连，凡是与这个甲基在环平面同一边的，都用楔形实线与环相连，不在同一边的取代基则用楔形虚线与环相连。

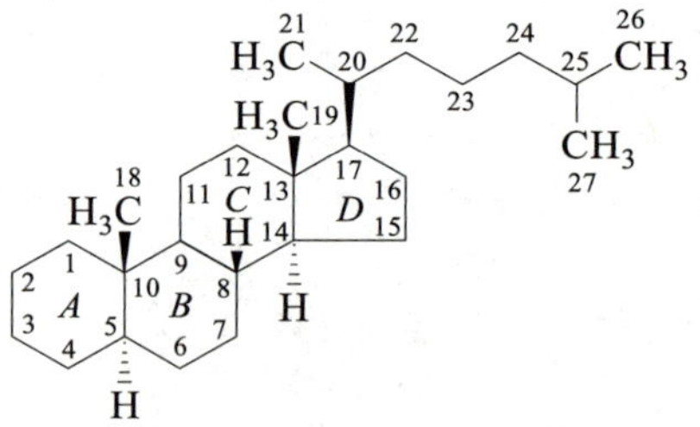

胆甾烷(*A*∶*B* 反式)

如用构象式表示，则把环平面安排在与纸面垂直的方向上，*A*∶*B* 环之间的角甲基放在环平面的上方：

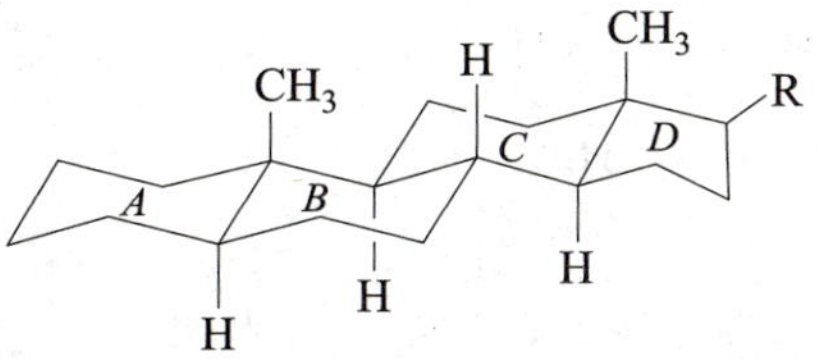

根据甾族化合物的存在形式和化学结构可以分为甾醇、胆汁酸、甾族激素、甾族生物碱等。

19.3.1 甾醇

甾醇为饱和或不饱和的仲醇，可以从类脂中不能皂化的部分分离出来。天然甾醇中的醇羟基都在 3 位上，并且与角甲基在环平面的同一边，这样的取代基通常用 β 表示（与角甲基不在同一边的取代基则用 α 表示）。

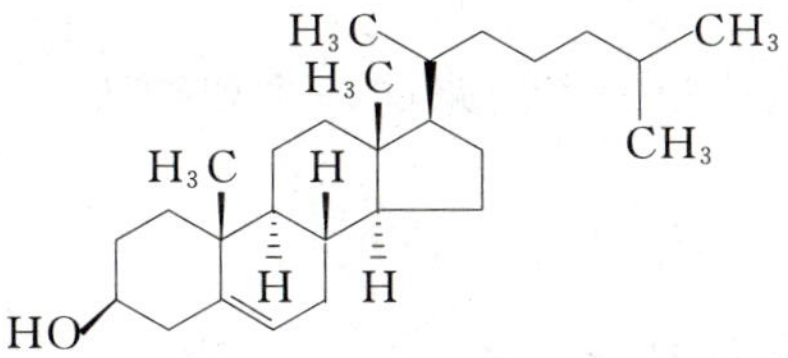

胆甾醇

cholesterol

胆甾醇存在于人及动物的血液中，而集中在脊髓及脑中，人体内发现的胆石几乎全由胆甾醇所组成，胆甾醇也存在于植物中。

胆甾醇在酶催化下氧化成 7－脱氢胆甾醇，它的 B 环中有共轭双键。7－脱氢胆甾醇存在于皮肤组织中，在日光照射下发生光化学反应，转变为维生素 D_3：

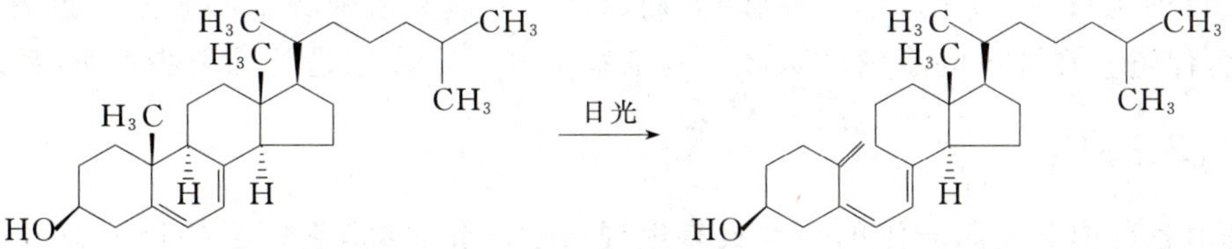

7－脱氢胆甾醇　　　　维生素D_3

维生素 D_3 是从小肠中吸收 Ca^{2+} 过程中的关键化合物。体内维生素 D_3 的浓度太低，会引起 Ca^{2+} 缺乏，不足以维持骨骼的正常生成而发生软骨病。

鱼类已经适应了不见阳光的环境，它们是通过别的途径积累维生素 D_3 的，因此鱼肝油是维生素 D_3 的良好来源。

麦角甾醇存在于酵母中，是青霉素生产中的一种副产品。麦角甾醇在紫外光照射下通过一系列中间产物，最后生成维生素 D_2：

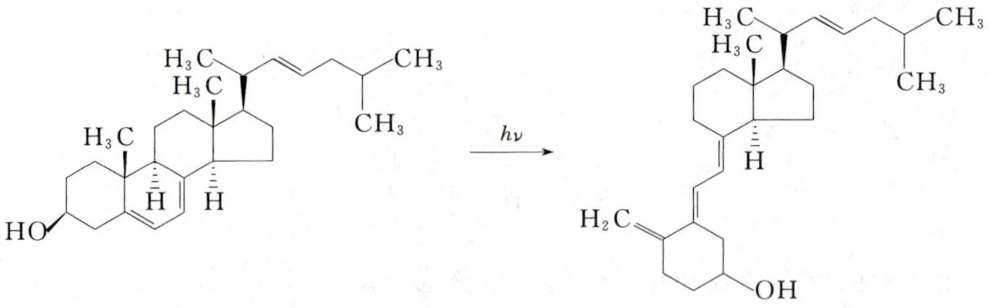

麦角甾醇　ergosterol　　　维生素 D_2

维生素 D_2 同维生素 D_3 一样，也能抗软骨病，因此，可以将麦角甾醇用紫外光照射后加入牛奶和其他食品中，以保证儿童能得到足够的维生素 D。

19.3.2　胆汁酸

胆汁酸是用水解的方法从胆汁中分离出来的一系列羧酸。从人和牛的胆汁中分离出来的胆汁酸主要为胆酸：

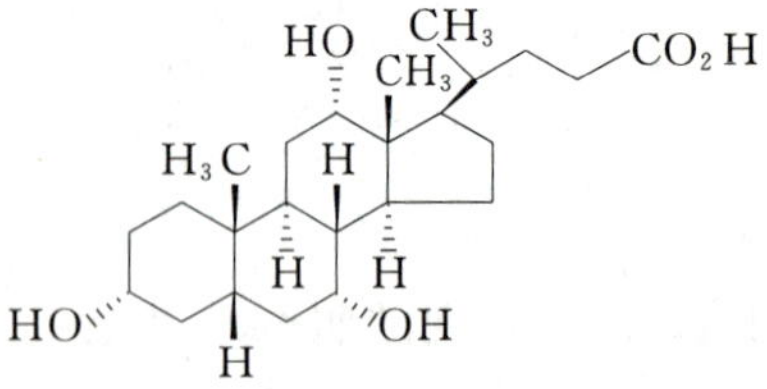

胆酸
cholic acid

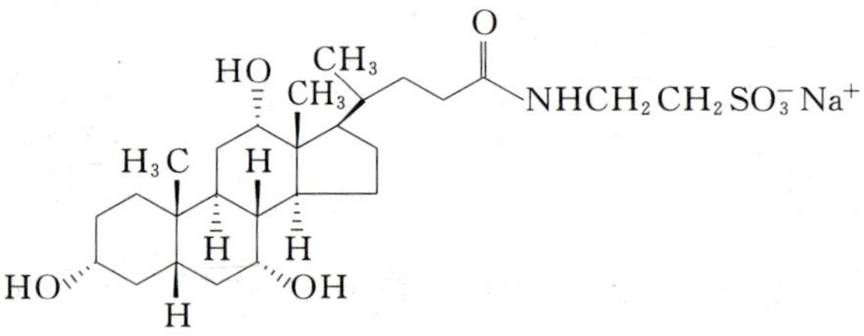

牛磺胆酸盐
sodium taurocholate

在胆汁中胆汁酸是以胆酸盐的形式存在的，即胆汁酸中的羧基与甘氨酸或牛磺酸（$H_2NCH_2CH_2SO_3H$）中的氨基形成酰胺键，而以后者的羧基或磺酸基形成盐。胆酸盐的作用是使脂肪乳化，促进它在肠中的水解和吸收。胆酸盐另外一个作用是帮助类脂在水溶液中的输送。

19.3.3　甾族激素

激素是由各种内分泌腺分泌的一类具有生理活性的化合物，它们直接进入血液或淋巴液中循环至体内不同组织或器官，能控制重要的生理过程，是维持正常代谢所必需的。激素可根据化学结构分为两大类：一类为含氮激素，包括胺、氨基酸、多肽及蛋白质；另一类为甾族化合物。甾族激素又包括性激素和皮质甾类。

性激素又分为雌性激素和雄性激素两类，是高等动物性腺的分泌物，与动物性的特征有关。

睾酮是睾丸分泌的一种雄性激素，有促进肌肉生长、声音变低沉等第二性征的作用，它是由胆甾醇生成的，并且是雌二醇生物合成的前体。雌二醇为卵巢的分泌物，对雌性第二性征的发育起主要作用。动物体内分泌的睾酮和雌二醇的量极少，为了进行科学研究，从 4 t 猪卵巢只提取到 0.012 g 雌二醇。

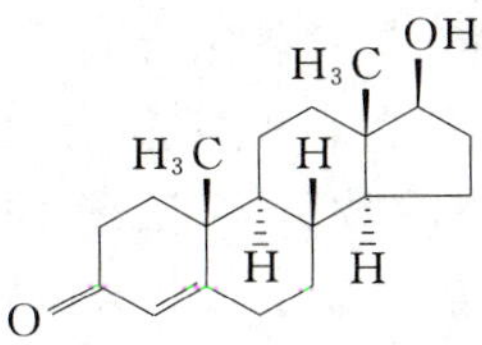

睾酮
testosterone

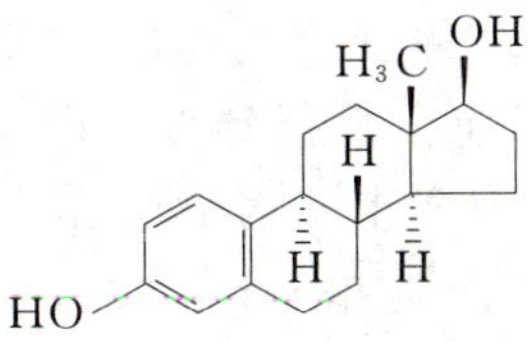

雌二醇
estradiol

孕酮是经另一生物合成途径由胆甾醇生成的一种雌性激素，它的一种功能是在月经期的某一阶段及妊娠中抑制排卵。炔诺酮则是一种合成的女用口服避孕药。

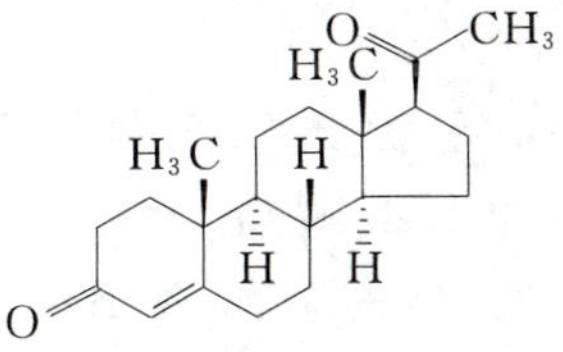

孕酮
progesterone

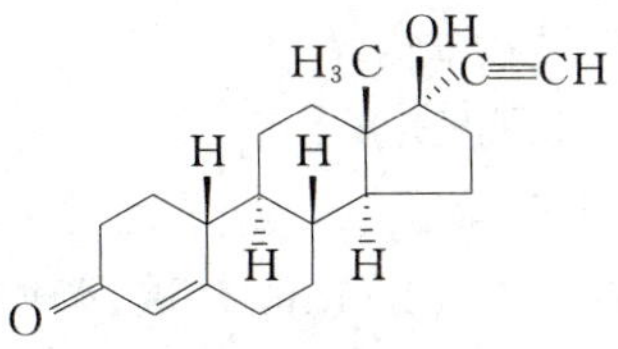

炔诺酮
norethindrone

皮质甾类(corticosteroid)是哺乳动物肾上腺皮质所分泌的一类物质，其中最丰富的一种是皮质醇。可的松常用来治疗风湿性关节炎。皮质醇的重要功能是维持体液的电解质平衡和控制糖类的代谢。

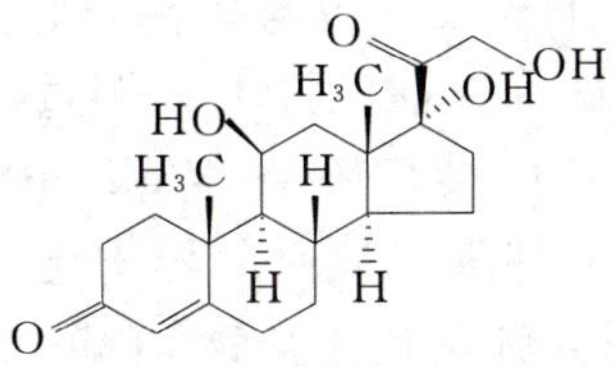

皮质醇
cortisol

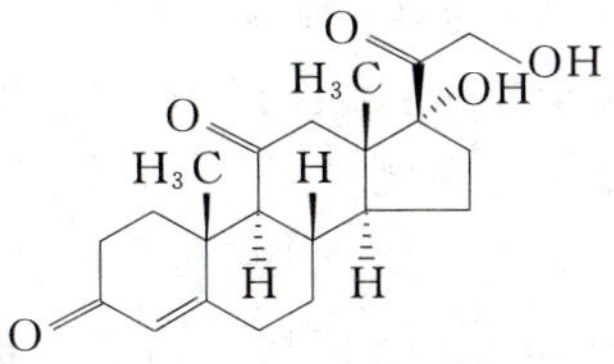

可的松
cortisone

§ 19.4　阅读材料

19.4.1　异戊二烯规律

异戊二烯规律(isoprene rule)是萜类化学中的重要规律，它的发展与萜类化学的发展密切相关，互相影响。现在已知的萜类化合物，已超过 22 000 种，它们之间的亲缘关系就是异戊二烯规律。

19.4.1.1　经验异戊二烯规律

一千多年前，人类已经从一些植物中提取香精油(essential oil)，用作香料、医药等。香精油是许多化合物组成的液体混合物，从中分离出纯粹的液态化合物是非常困难的，实际上在 1953 年气相色谱出现以前很少得到液态萜类的纯粹样品。萜类化合物的结构复杂，往往含有一个或几个碳环和一个或多个不对称碳原子，异构体的数目多，在光照、强酸等作用下容易发生重排，在没有现代的红外光谱、核磁共振谱、质谱等测试手段以前，只靠化学转变测定萜类化合物的结构是十分困难的。例如，樟脑的正确结构式是在 1893 年才确定的。在此以前，文献上报道的结构式在 30 种以上。因此，在 19 世纪后期和 20 世纪初期，萜类化学的发展非常缓慢。

1884 年，英国化学家 Tilden 首先指出单萜 $C_{10}H_{16}$ 可能是由两个 C_5H_8 结合成的［(C_5H_8)—(C_5H_8)］。这只能说是猜测，因为当时 Tilden 提到的 C_5H_8 的几种可能结构，其中包括现在的异戊二烯结构式。

差不多同时，Wallach O 开始香精油的研究，当时他在 Kekulé A 领导下工作，看到 Kekulé 的自用实验室里有几瓶放了 15 年未动的香精油，请求 Kekulé 允许他用这些样品进行研究，Kekulé 同意了，但是对 Wallach 能否取得成功没有信心，他的暗示 Wallach 误入歧途的语言和表情使 Wallach 终生难忘。

当时，关于萜类化合物的文献资料非常混乱，同一个化合物有许多不同的名称，有的化合物实际上是多个化合物的混合物，开展研究工作非常困难。［Ruzicka said，"In 1884 Wallach had plunged into work in a neglected garden so overrun with weeds that the useful plants could not thrive. Many good gardeners had already attempted to improve its conditions, but each had soon damaged his hands and the weeds had begun to flourish again with renewed vigour."］

Wallach 首先用简单的试剂，如 NOCl，Br_2，HCl，HBr，HI 等与香精油的各个馏分反应，得到固体衍生物，重结晶提纯后，比较它们的性质。这些试剂以前已经有人用过，但 Wallach 改进了实验方法，使其简便易行。例如，NOCl 在室温下为气体，使用不便，Wallach 改用乙醇的亚硝酸酯和乙酸的混合物。萜类化合物容易异构化，Wallach 仔细研究引起异构化的原因、实验条件和异构化的方向。经过 3 年辛勤的劳动，终于能够列出 8 种萜类化合物(单萜)，化学家只要根据一定的实验步骤操作，就可以得到，并且它们的反应和相互转变都是清楚的(以后又增加了 3 种)。1887 年，Wallach 根据实验结果总结出异戊二烯规律："萜类化合物由异戊二烯的碳架构成。"1894 年，在樟脑和蒎烯的结构确定以后，才加上"首尾相连"。

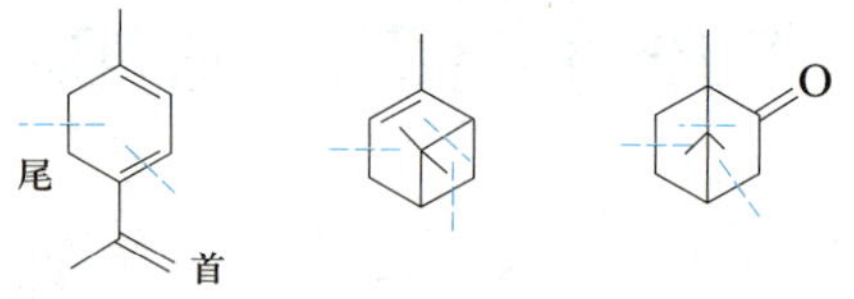

苧烯 蒎烯 樟脑

Wallach 于 1910 年被授予诺贝尔化学奖(为表彰他对脂环化合物的开创性研究工作)。他终生在实验室辛勤工作("He had begun as a busy bee, as such he ended.")。

Ruzicka 把这一时期的异戊二烯规律称为经验异戊二烯规律(empirical isoprene rule)，因为它只是根据有限的实验资料(一些单萜)总结出来的，也未用来指导新化合物的结构测定。

19.4.1.2　生源异戊二烯规律

Ruzicka 从 1920 年起开始研究倍半萜以上的萜类化合物。在此以前结构已测定的倍半萜有 α－白檀烯(α－santalene)和法呢醇(farnesol)：

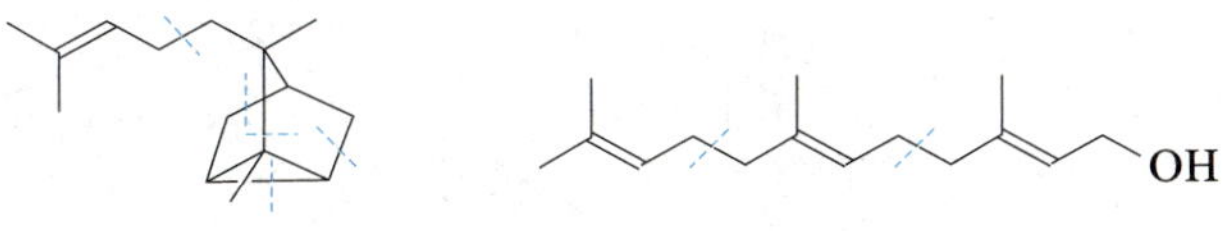

α－白檀烯　　法呢醇

它们的结构都符合异戊二烯规律。因此 Ruzicka 在结构测定中以异戊二烯规律为基础。他采用的实验方法是将萜类化合物与硫(以后用硒)一起加热，使其脱氢转变为芳香族化合物。因为倍半萜可生成的芳香族化合物为结晶固体，容易提纯及进行结构测定，也容易由已知结构的原料合成以确证其结构。例如：

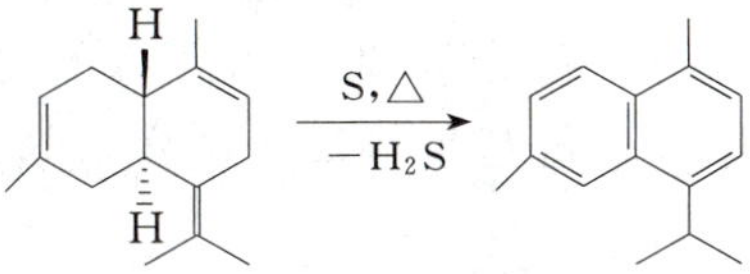

$C_{15}H_{22}$　　$C_{15}H_{18}$

杜松烯

β－cadinene

由烷基萘的结构可以推出倍半萜的碳架，剩下的问题就是测定烯键的位置。

有的倍半萜在脱氢芳构化时失去一个碳原子。例如：

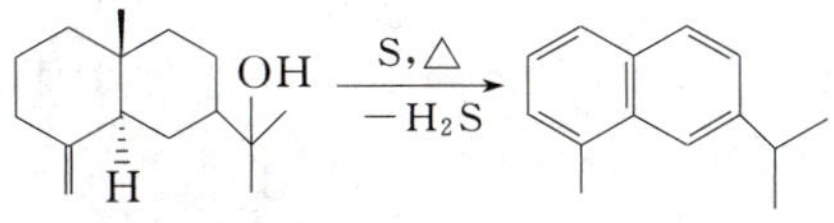

$C_{15}H_{26}O$　　$C_{14}H_{16}$

β－桉叶油醇

eudesmol

要确定这个碳原子在倍半萜分子中的位置就比较困难了。

Ruzicka 在 1923 年合成了法呢醇和橙花叔醇(nerolidol)，发现它们在酸催化下能生成单环倍半萜红没药烯(bisabolene)和结构未定的双环烃混合物，后者芳构化后生成 4－异丙基－1,6－二甲基萘：

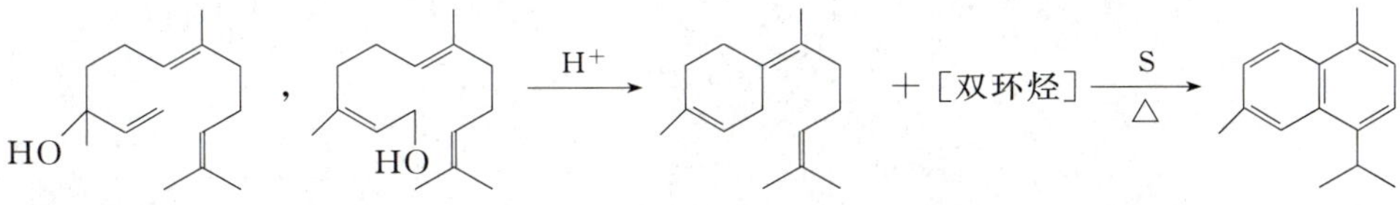

因此，Ruzicka 做出一个重要假设：在生物体内，法呢醇或橙花叔醇环化生成倍半萜：

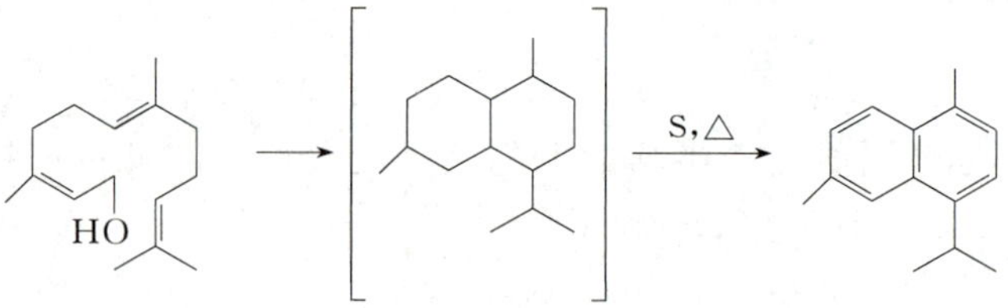

倍半萜的碳架

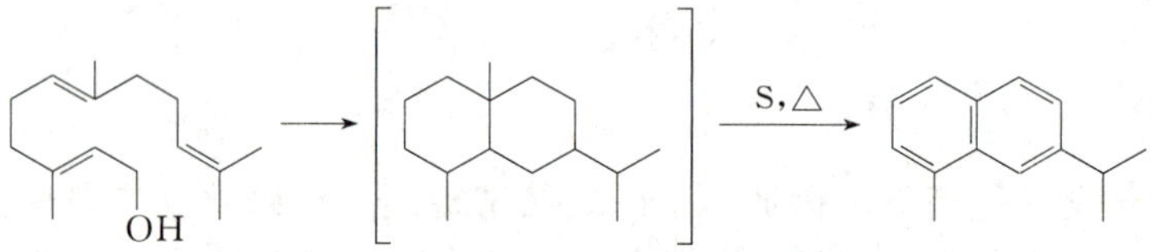

倍半萜的碳架

由此推测：在芳构化中失去的碳原子位于双环倍半萜分子中两个环中间的碳原子上，即从倍半萜的季碳原子上失去一个甲基。桉叶油醇的碳架就是这样推导出来的。

1937 年发现了第一个碳架结构不符合异戊二烯规律的倍半萜雅槛蓝酮（eremophilone）。Robinson R 假定：它是由另一个中间体经过重排反应转变来的：

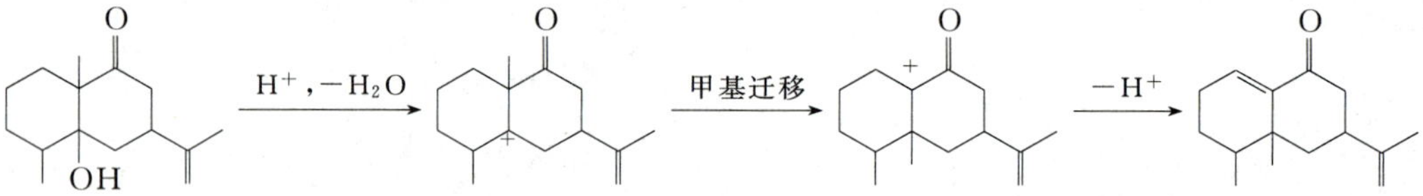

雅槛蓝酮

这就是说在萜类化合物生成过程中，碳正离子的重排可能是其碳架结构不符合异戊二烯规律的原因。

Ruzicka 进一步假定由法呢醇生成的碳正离子可以与分子中的烯键反应，生成大环化合物。例如：

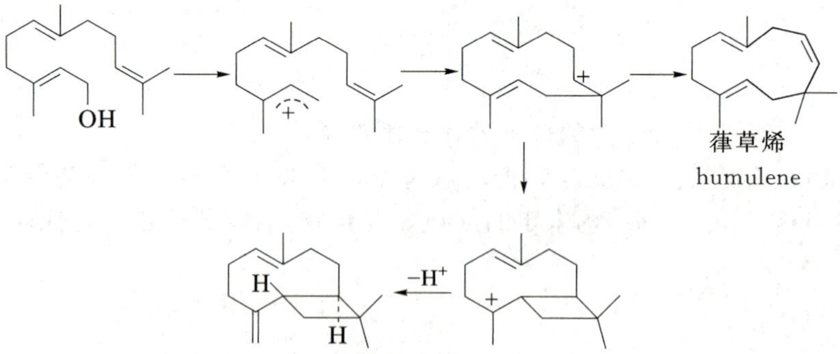

石竹烯
caryophyllene

而三环倍半萜 α－白檀烯和雪松醇（cedrol）则由法呢醇先成环生成红没药烯然后继续环化：

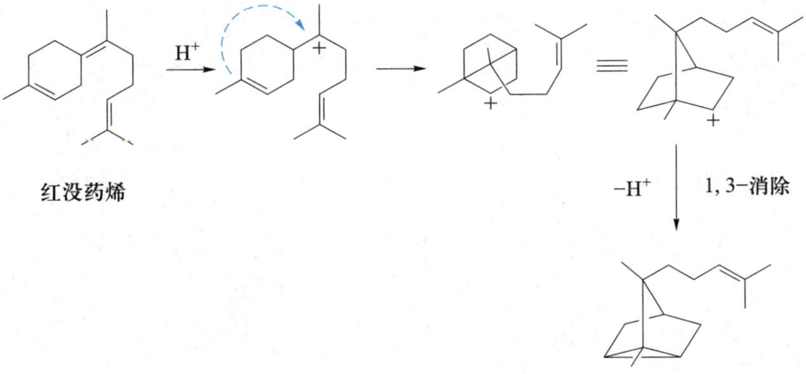

红没药烯

α−白檀烯

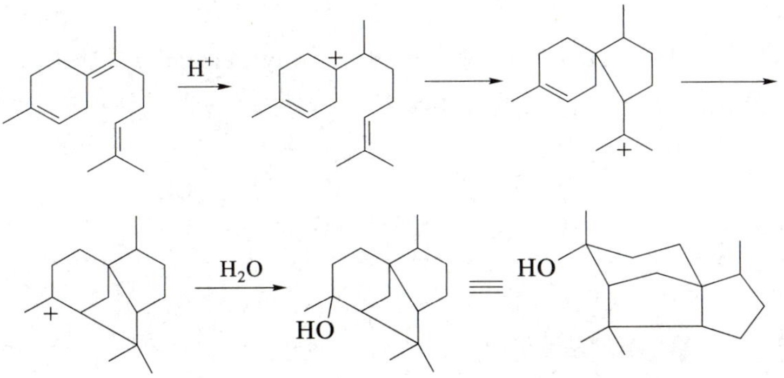

雪松醇

因此，Ruzicka 认为倍半萜是由法呢醇或橙花叔醇在生物体内的酶催化下经过环化、重排等反应生成的。

叶绿醇(phytol)是含有 20 个碳原子的醇，氧化时生成组成为 $C_{18}H_{36}O$ 的酮。1928 年，Fisher F G 假定叶绿醇的碳架结构符合异戊二烯规律，由此推测出它的结构，以后经降解实验，证明是正确的。

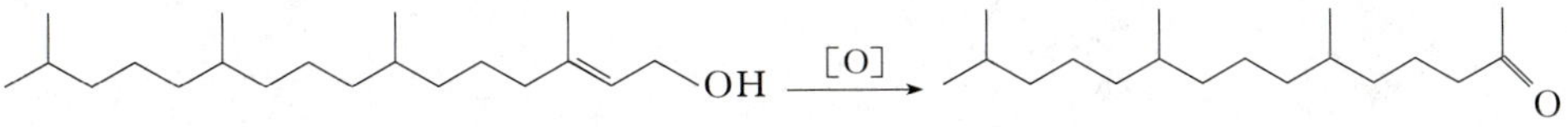

叶绿醇 $C_{20}H_{40}O$　　　　$C_{18}H_{36}O$

1931 年，Karrer P 在测定维生素 A 的结构时也应用了异戊二烯规律，后来由维生素 A 的十氢化物的全合成证明结构是正确的。

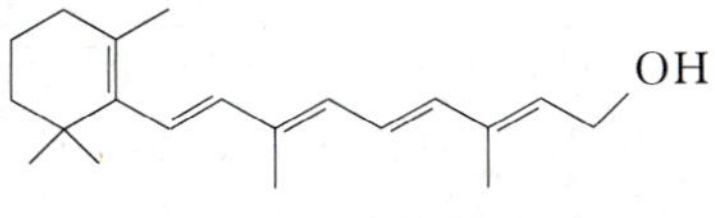

维生素 A_1

Ruzicka 测定了左旋松脂酸(laevopimaric acid)、枞酸(abietic acid)和右旋松脂酸(dextropimaric acid)的结构：

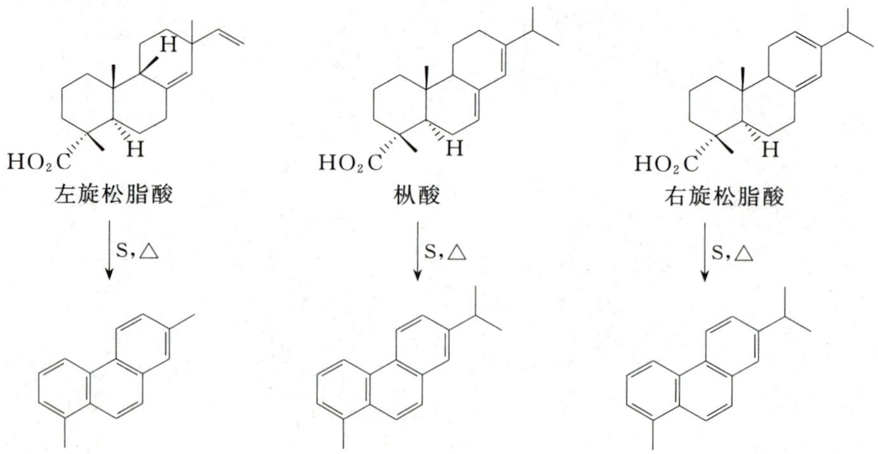

他认为这几个二萜都是由开链二萜、香叶基香叶醇(geranylgeraniol)或香叶基芳樟醇(geranyllinalool)在生物体内经环化、生物氧化及重排生成的：

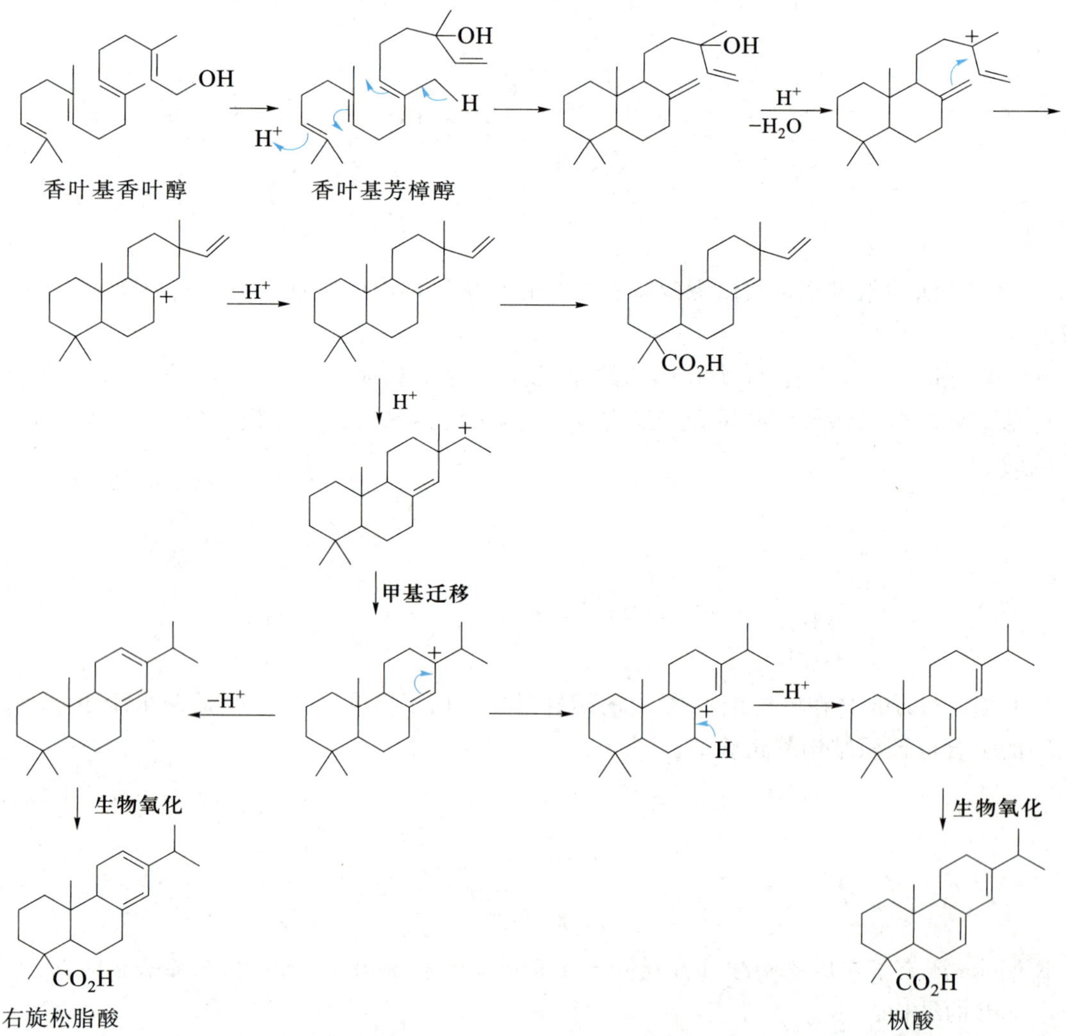

角鲨烯(squalene)是1916年从鲨鱼的肝油中提取出来的含有30个碳原子的化合物，其分子中含有2个首尾相连的法呢醇基，与经验异戊二烯规律不完全符合：

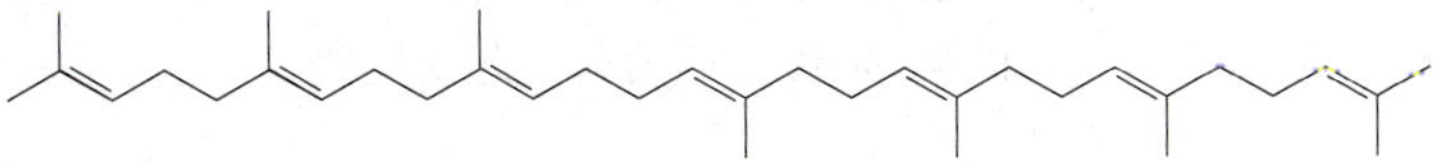

角鲨烯

胆甾醇是含27个碳原子的化合物，20世纪20年代生物化学家就推测角鲨烯是胆甾醇生物合成的前体，以后进行了大量实验工作来检验它是否正确。羊毛甾醇是含30个碳原子的三萜，1953年提出了生物体中由角鲨烯成环生成羊毛甾醇，再降解成胆甾醇的假设。以前Ruzicka已测定了一些三萜的结构，至此，他推测含五个碳环的三萜也是由角鲨烯在生物体内经过环化、重排等反应生成的：

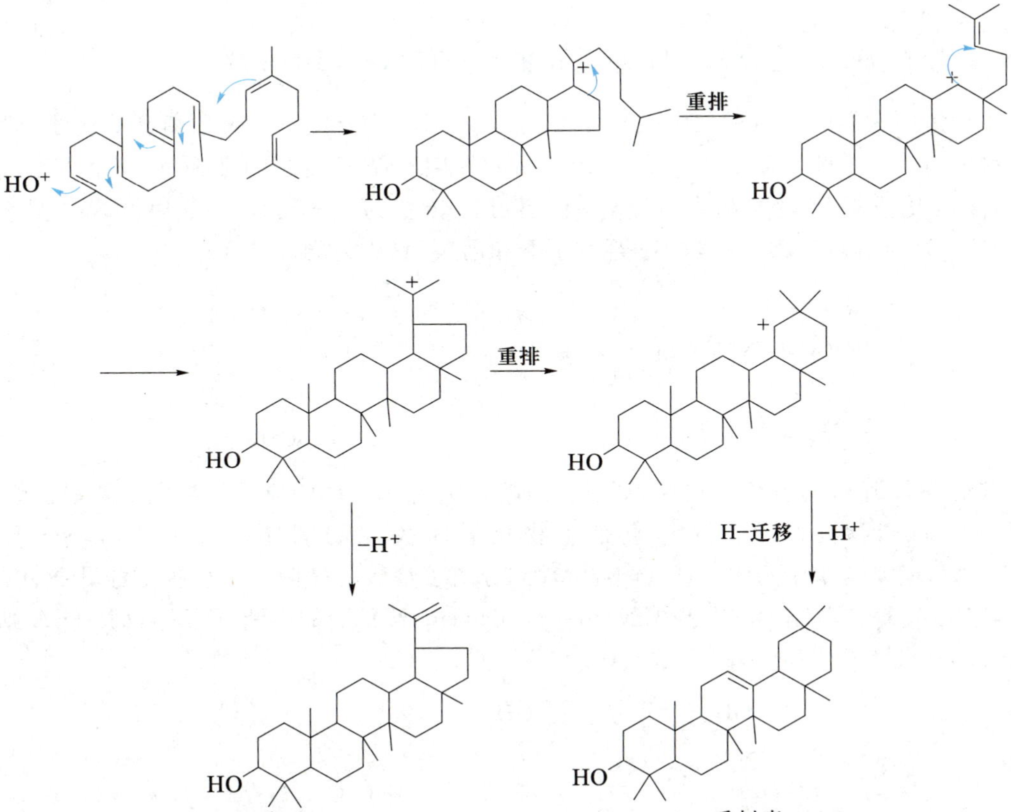

羽扁醇 lupol　　β-香树素 β-amyrin

根据这些工作，Ruzicka于1953年提出了生源异戊二烯规律(biogenic isoprene rule)：异戊二烯单位连接成香叶醇、法呢醇、香叶基香叶醇、角鲨烯和其他类似的开链化合物，这些前体经环化、重排等反应生成萜类化合物。

Ruzicka于1939年获得诺贝尔化学奖。

生源异戊二烯规律是根据许多萜类化合物的结构结合有机化学反应机理，综合总结出来的，它说明了数目众多的萜类化合物之间的亲缘关系。有的化合物分子中的碳原子数目不是 5 的倍数，例如，胆甾酸只含有 27 个碳原子，它是含有 30 个碳原子的羊毛甾醇的降解产物；齿孔酸(eburicoic acid)含有 31 个碳原子，它的前体也是角鲨烯，但在生物合成过程中经过一次甲基化，增加了一个碳原子。

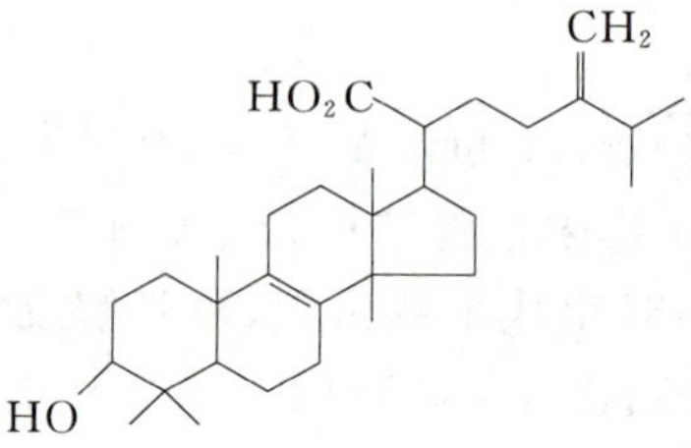

齿孔酸

19.4.1.3　3,5−二羟基−3−甲基戊酸途径(MVA pathway)

在生物体内脂类的代谢过程中生成乙酰辅酶 A($CH_3COSCoA$)，在葡萄糖的代谢过程中也生成乙酰辅酶 A。乙酰辅酶 A 或参加生物体内的柠檬酸循环；或作为脂肪酸、甾醇等的生物合成原料；或氧化成二氧化碳和水。此外，它还可以转变为 3−羟基−3−甲基戊二酰辅酶 A(HMGSCoA)，再分解成乙酰乙酸，3−羟基丁酸和丙酮(总称为酮体，ketone body)。

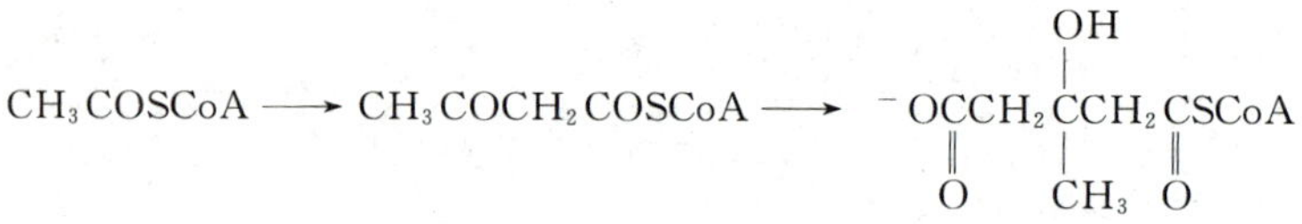

HMGSCoA

乙酰辅酶 A 通过角鲨烯再转变为胆甾醇，角鲨烯由含五个碳原子的异戊二烯单位组成，两者之间的中间产物是什么？这一直是生物化学家关注的问题。1952 年，Bloch K 认为 HMGSCoA可能是这个中间体。1956 年，发现和分离了嗜酸乳杆菌一个变种嗜酸乳酸杆菌的生长因子，它是 3,5−二羟基−3−甲基戊酸(mevalonic acid，MVA)的内酯(DVA)，而 MVA 则是 3−羟基−3−甲基戊二酸(HMG)的还原产物：

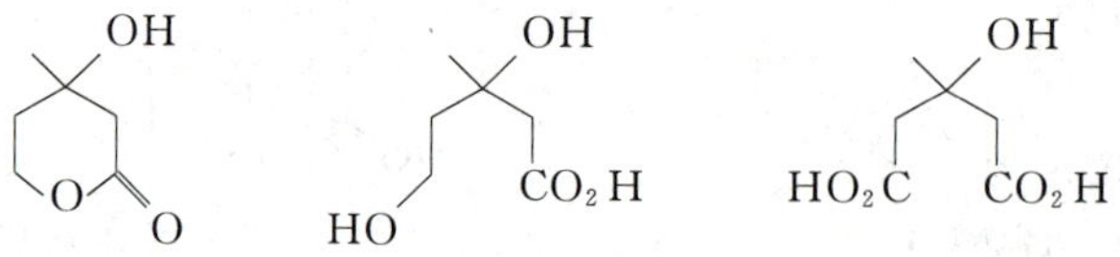

DVA　　　MVA　　　HMG

由于 MVA 在结构上与 HMG 的密切关系，1956 年 Tavormina P A 等研究了 DVA 对胆甾醇生物合成的影响。他们在酶(liver homogenase)催化下由[1−^{14}C]−CH_3CO_2Na 合成胆甾醇，发现加入 DVA 后，回收的胆甾醇中掺入的^{14}C 大幅度降低，即 DVA 能抑制由 CH_3CO_2Na 生成胆甾醇。在外消旋 DVA 的 2 位上用^{14}C 标记，然后进行试验，发现胆甾醇的生物合成中优先选择 DVA 作原料；再与 3 位甲基用^{14}C 标记的 HMG 比较，发现回收的胆甾醇中^{14}C 的掺入，HMG 只有 0.16%，而 DVA 则为 43.4%，如果在酶反应中只利用外消旋 DVA 中的某一种对映异构体，则 DVA 几乎全部用于胆甾醇的合成。

在这一重要线索的指引下，其他实验室进行了大量细致的工作，证明在角鲨烯和胆甾醇的生物合成中直接用(3*R*)-MVA 作前体，主要的证据有用[2-^{14}C]，[5-^{14}C]，[3-^{14}C]和[4-^{14}C]标记的 MVA 作原料得到的胆甾醇分子中标记原子的分布与理论相符，用^{14}C 标记的乙酸钠合成角鲨烯时，加入未标记的 MVA，从反应混合物中可以分离出^{14}C 标记的 MVA，说明 MVA 是由乙酸钠合成的。

19.4.1.4 生源异戊二烯规律的现代表述

实验证明：在酶反应中(3*R*)-MVA 先转变成焦磷酸酯，然后，脱羧失水，生成异戊烯醇焦磷酸酯(isopentyl diphosphate，IPP)，IPP 在酶催化下可以异构化成 3,3-二甲基烯丙醇焦磷酸酯(3,3-dimethylallyl diphosphate，DMAPP)：

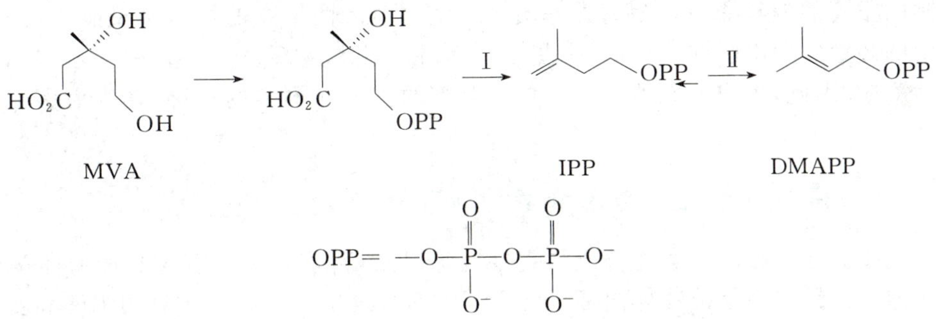

Ⅰ. 甲羟戊酸-5-焦磷酸脱羧酶

Ⅱ. IPP 异构酶

DMAPP 在酶催化下与 IPP 反应，生成香叶醇焦磷酸酯(geranyl diphosphate，GPP)，法呢醇焦磷酸酯(farnesyl diphosphate，FPP)，香叶基香叶醇二磷酸酯(geranylgeranyl diphosphate，GGPP)，FPP 在酶催化下还原偶联生成角鲨烯，GGPP 则偶联成八氢番茄红素(phytoene)，它们分别为单萜、倍半萜、二萜、三萜和类胡萝卜素(carotenoids)的前体。

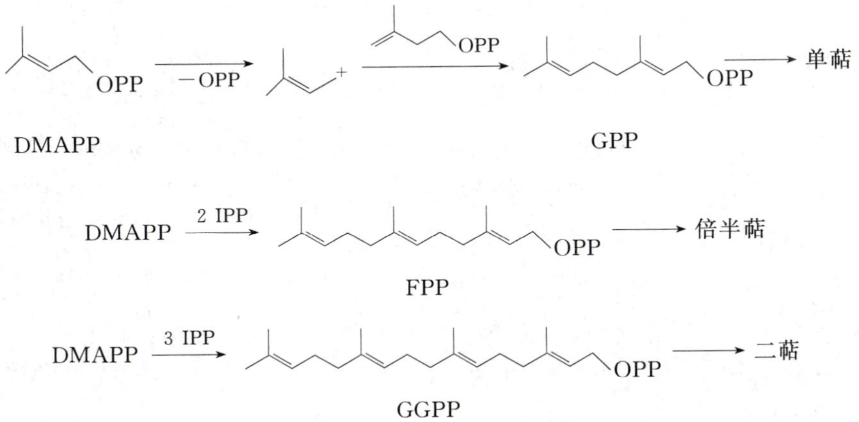

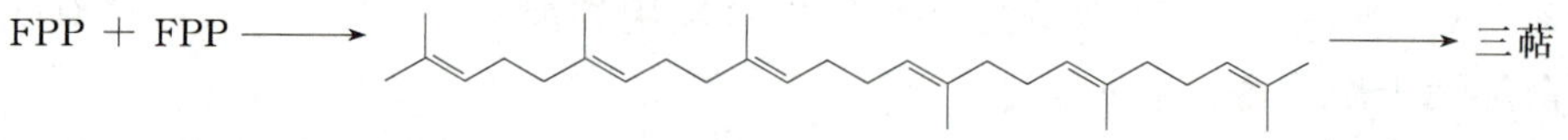

角鲨烯

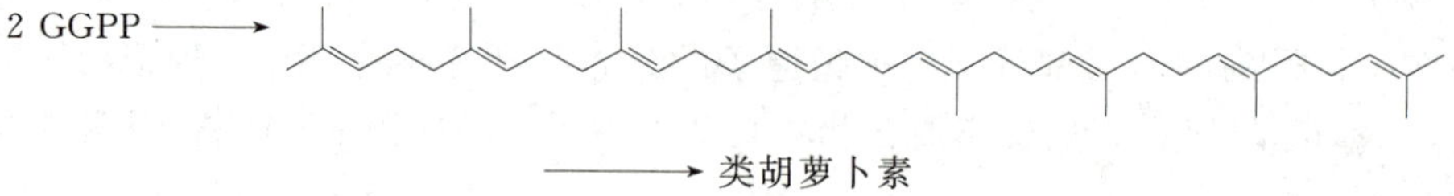

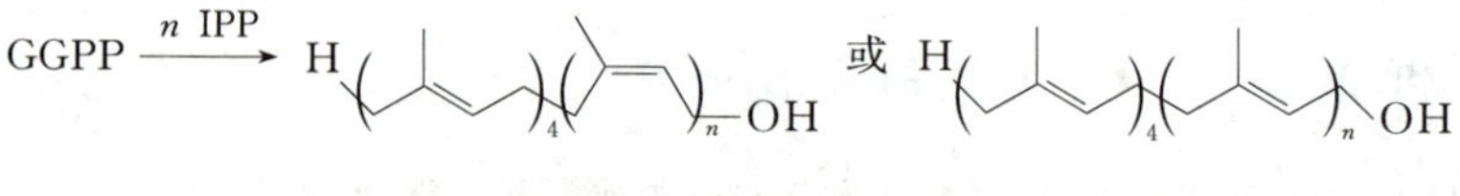

生橡胶　　　　硬橡胶

这就是生源异戊二烯规律的现代表述。在各种萜类前体的生成以及它们成环转变成萜类化合物的过程中，关键的反应是烯键的烃化(olefin alkylation)。在生物体内巧妙地利用了焦磷酸酯中离去倾向很高的焦磷酸根作为离去基团来产生化学活性很高的烯丙基型碳正离子，碳正离子与分子中的烯键发生串联加成反应，一步生成多环结构。成环、氢迁移、甲基迁移和重排都是立体特异性反应，因此，生成的天然产物为数目众多的立体异构中的一种，在绝大多数情况下为旋光异构体。

19.4.1.5　脱氧木酮糖磷酸酯途径(DXP pathway)

自从 MVA 被确定为甾醇生物合成的直接前体以后，普遍认为 MVA 是所有萜类化合物生物合成的前体。虽然在高等植物体内标记的 MVA 掺合到生成的萜类化合物中的程度很低或完全不掺合，也没有引起足够的重视，而是做出各种各样的解释。

1993 年发现：几种细菌能使用同位素标记的 $CH_3COSCoA$ 或 HMGSCoA 转变为 MVA，而同位素标记的 MVA，MVA－5－磷酸酯或 MVA－5－焦磷酸酯都能够转化成 IPP，由此证明生物合成为 $CH_3COSCoA$ 及 MVA 途径。但是对于细菌运动发酵单胞菌(Zygomonas mobilis)或大肠杆菌(*E.Coli.*)却检测不出这些中间体。后来用 ^{13}C 标记的葡萄糖、乙酸盐、丙酮酸盐等进行研究，才发现存在着另一条新的由丙酮酸盐和 D－甘油醛－3－磷酸酯通过 1－脱氧－D－木酮糖－5－磷酸酯转变为 IPP 的新途径：

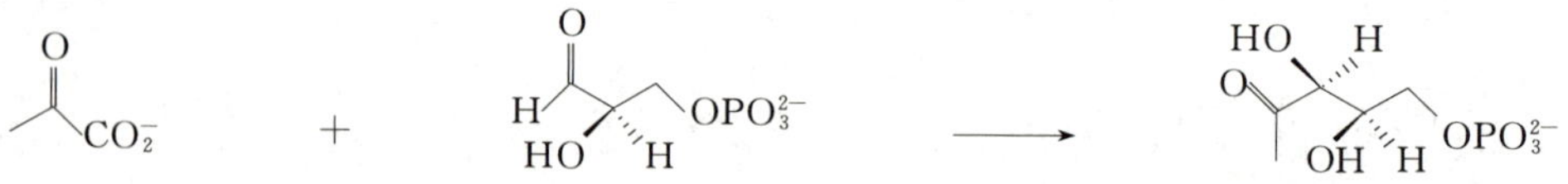

丙酮酸盐　pyruvate　　D－甘油醛－3－磷酸酯　D－glyceraldehyde 3－phosphate　　1－脱氧－D－木酮糖－5－磷酸酯　1－desoxy－D－xylulose 5－phosphate(deoxyxylulose phosphate DXP)

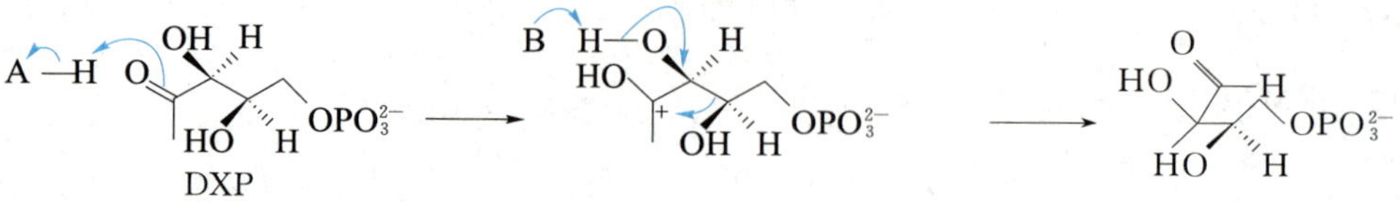

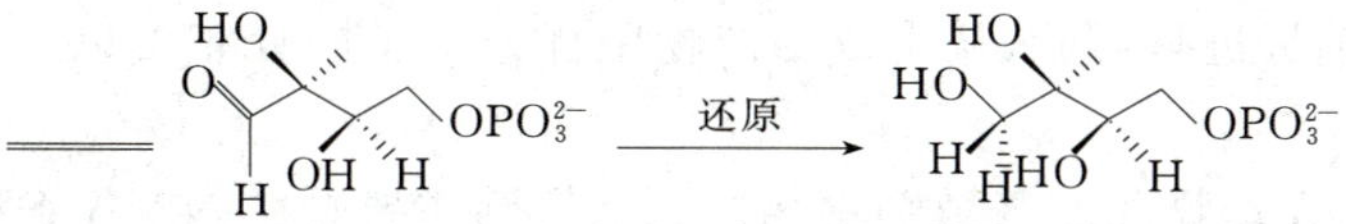

2-甲基-D-赤藓醇-4-磷酸酯
2-methyl-D-erythritol-
4-phosphate(MEP)

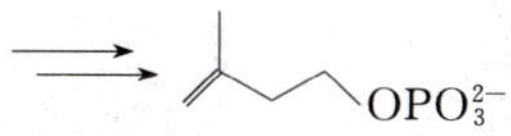

MVA 和 DXP 两条途径的中间体在生物体内都可以由葡萄糖的代谢生成，如用[1-^{13}C]-葡萄糖为原料由两条途径生成的 IPP 中标记原子的分布应为

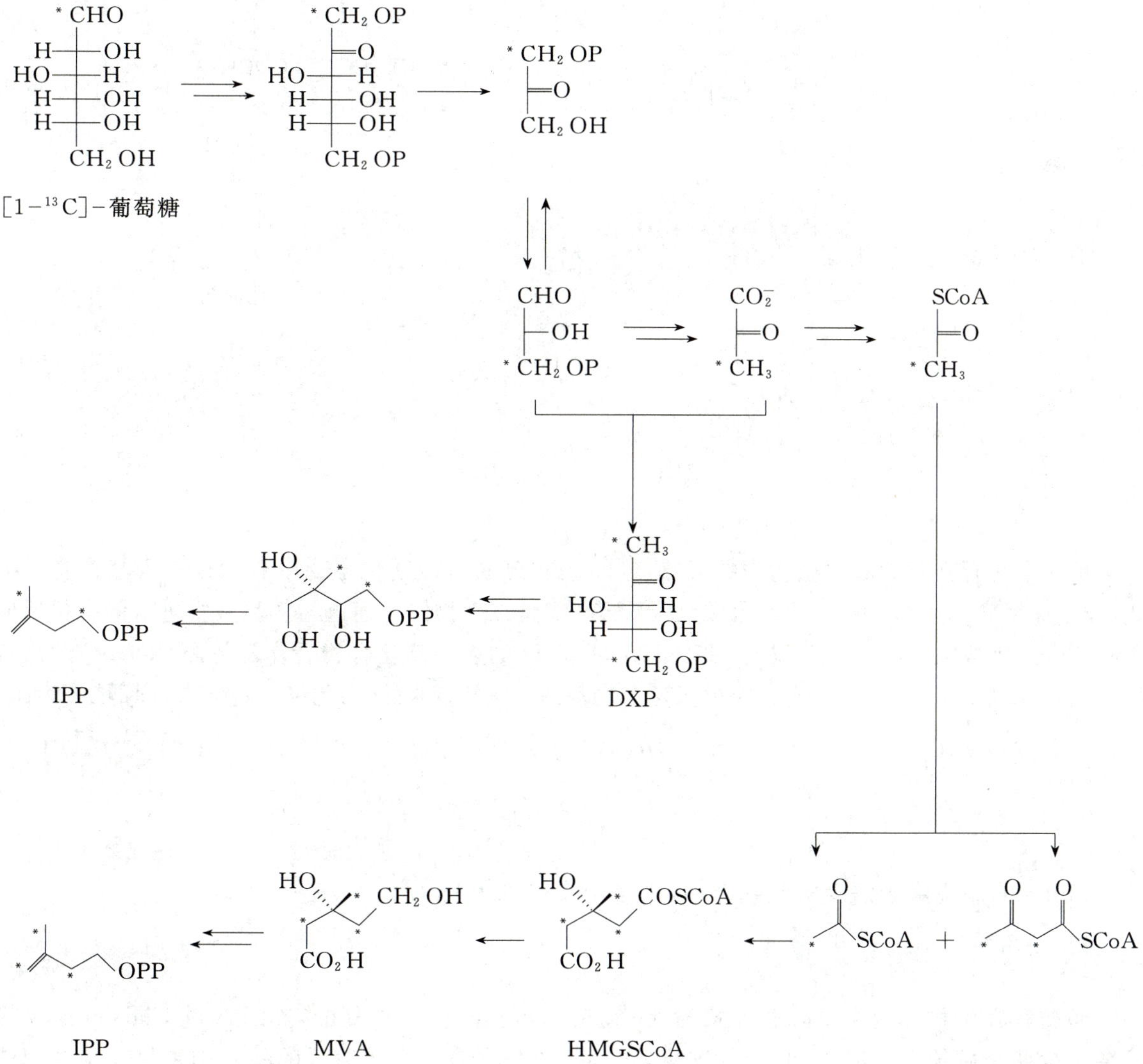

因此，用[1−^{13}C]−葡萄糖进行实验，从生成的产物中标记原子的分布可以推测它是由哪一条途径合成的。

根据现有的资料，在动物和高等植物中倍半萜和三萜主要是由 MVA 途径合成的，而单萜、二萜和四萜则是由 DXP 途径合成的。在细菌中，两种途径都存在。

参考文献

19.4.2 多酮或聚酮(polyketide)

19.4.2.1 多酮或聚酮的意义

1893 年，Collie J N 由 2,6−二甲基吡喃−4−酮得到庚−2,4,6−三酮，后者在稀酸溶液中生成地衣酚(orcinol)，在稀碱溶液中生成萘衍生物：

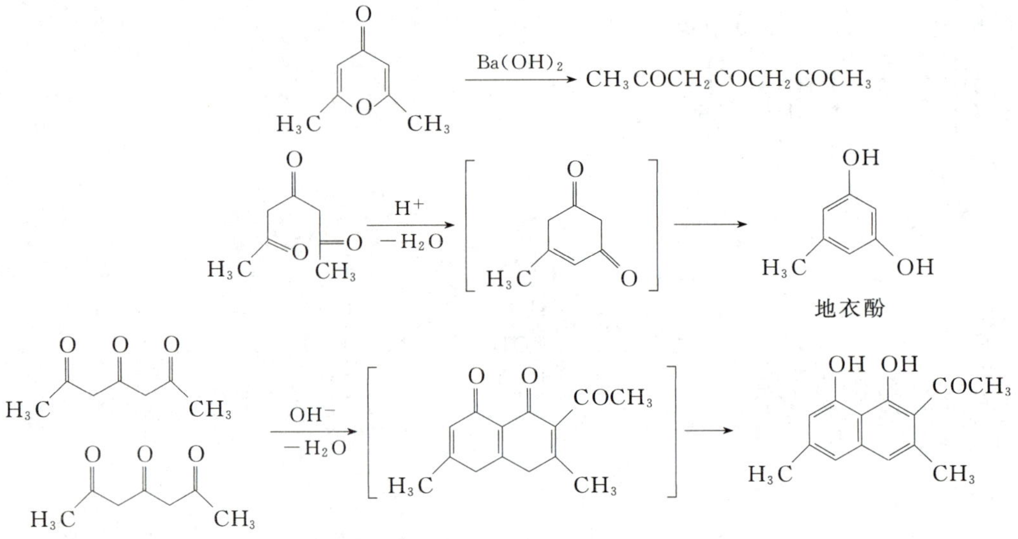

地衣酚是存在于地衣类植物中的天然产物，萘和蒽的多羟基化合物中有的也是天然产物。因此，经过深思熟虑后 Collie 于 1907 年提出：天然产物是在生物体中通过与实验室中进行的有机反应相同的方式生成的。Collie 把结构为 $H(CH_2CO)_nOH$ 的多羰基化合物看作乙烯酮(ketene)的聚合物，认为一些苯酚类、萘酚类和蒽酮类的天然产物都是由它转变来的，因此将它们统称为多酮或聚酮。

$H(CH_2CO)OH$　　$H(CH_2CO)_2OH$　　$H(CH_2CO)_3OH$　　$H(CH_2CO)_4OH$ $\xrightarrow{-CO_2}$ 地衣酚　　$H(CH_2CO)_nOH$ $\longrightarrow$ 多酮或聚酮

Collie 的假说由于缺少实验基础，几十年中未得到重视。

19.4.2.2 Birch 的假设

脂肪酸在生物体内主要降解方式为 β−氧化，即先生成 β−羰基酸，然后通过 Claisen 逆反应转变为少两个碳原子的酸，如此反复进行，直到生成只含有两个碳原子的酸。如果只写出中间体的化学结构，含偶数碳原子的脂肪酸的降解可表示如下：

$$CH_3(CH_2)_nCO_2H \longrightarrow CH_3(CH_2)_{n-2}COCH_2CO_2H \xrightarrow{-CH_3CO_2H} CH_3(CH_2)_{n-2}CO_2H \xrightarrow{-CH_3CO_2H} CH_3(CH_2)_{n-4}CO_2H \longrightarrow \cdots \longrightarrow CH_3CO_2H$$

在研究脂肪酸的生物合成时，很自然地考虑它们可能是 C_2 前体如 CH_3COOH 缩合生成的。1944 年，Rittenborg D 和 Bloch K 用 ^{14}C 标记的乙酸盐喂养小白鼠或培养酵母，都得到同位素标记的脂肪酸。不久以后这些同位素标记的乙酸盐经过生物转化也得到同位素标记的胆甾醇。

1953 年，Birch A J 在脂肪酸生物合成研究的启发下，假定乙酸也是多酮或聚酮类天然产物生物合成的前体。如果只写出中间产物的结构，可以看出，多酮或聚酮的生物合成可能与脂肪酸相似：

脂肪酸

$$CH_3COOH \xrightarrow{+C_2} CH_3COCH_2COOH \xrightarrow{\text{还原}} CH_3CH_2CH_2COOH \xrightarrow{+C_2} CH_3CH_2CH_2COCH_2COOH \xrightarrow{\text{还原}} CH_3CH_2CH_2CH_2CH_2COOH \xrightarrow{+C_2} CH_3(CH_2CH_2)_2COCH_2COOH \longrightarrow CH_3(CH_2CH_2)_3COOH \longrightarrow \cdots \longrightarrow CH_3(CH_2CH_2)_nCOOH$$

脂肪酸

多酮或聚酮

$$CH_3COOH \xrightarrow{+C_2} CH_3COCH_2COOH\ [H(CH_2CO)_2OH] \xrightarrow{+C_2} CH_3COCH_2COCH_2COOH\ [H(CH_2CO)_3OH] \xrightarrow{+C_2} CH_3COCH_2COCH_2COCH_2COOH\ [H(CH_2CO)_4OH] \longrightarrow \cdots \longrightarrow H(CH_2CO)_{n+1}OH$$

多酮或聚酮

在脂肪酸的生物合成中，碳链每延长一次，就要把一个羰基还原为 CH_2 后，再进行下一轮的链延长反应，如果碳链在延长的过程中不经过还原（如缺少相关的酶），就得到多酮或聚酮的前体，$H(CH_2CO)_nOH$。

灰黄霉素（griseofulvin）是 1939 年从灰黄霉素菌（penicillium griseofulvum）的菌丝中分离出来的抗真菌抗生素，用于头癣、体癣的治疗。Birch 用$[1-^{14}C]CH_3COONa$ 培养灰黄青霉菌，

得到[14]C标记的灰黄霉素，再进行化学降解，测定降解产物的放射性，用来推测标记原子所在的位置，其结果为

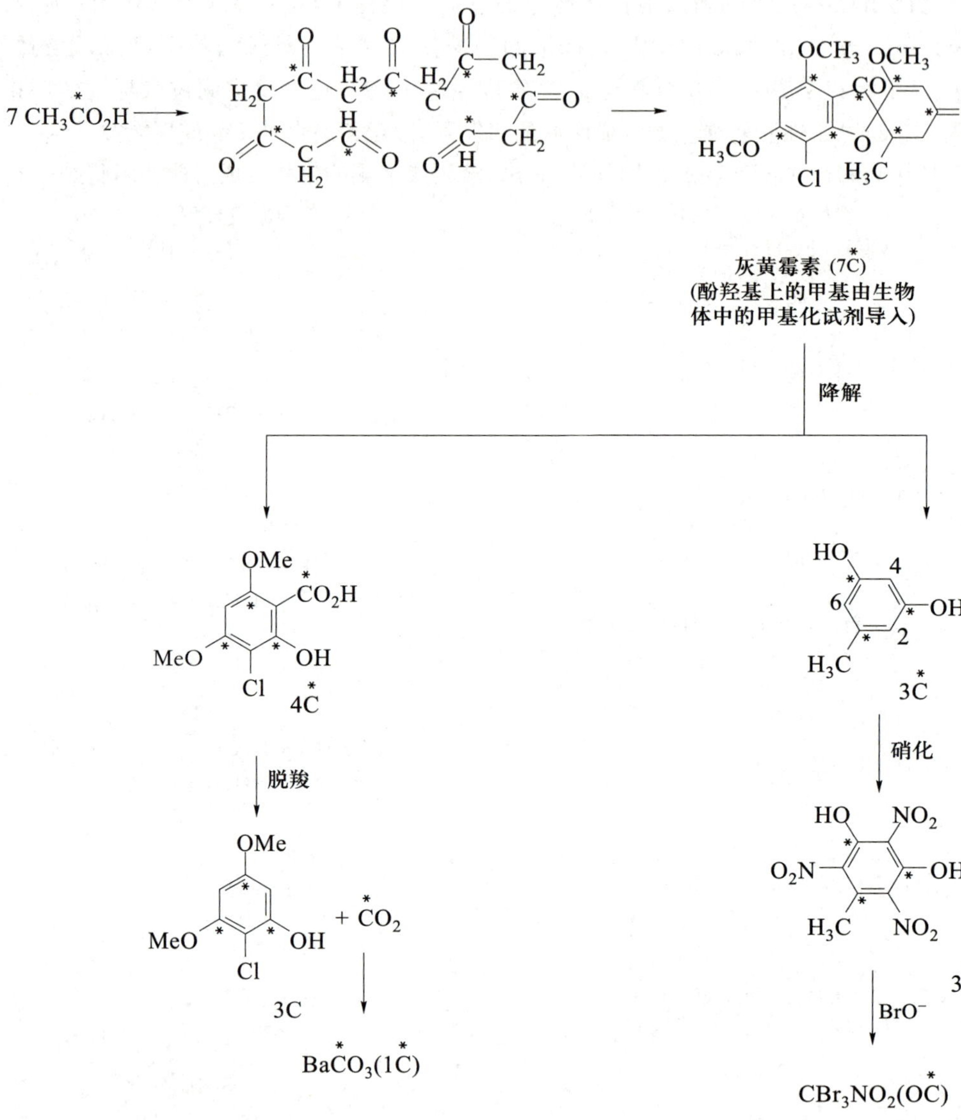

实验结果与理论推测相符合。

Birch的工作引起天然产物工作者的极大重视，以后用放射性同位素^{14}C标记的乙酸盐进行了多种生物合成实验，证明多酮或聚酮的种类很多，有无环化合物、芳香化合物，也有杂环化合物。这些化合物只是生物合成途径相似，在化学结构上不属于同一类，这也是多酮或聚酮和其他天然产物不同之处。

多酮或聚酮类天然产物具有抗菌、抗癌、杀灭真菌、杀灭寄生虫、免疫抑制、降低胆甾醇等多种功能，在医药工业中有重要意义。多酮或聚酮类天然产物及其半合成产物每年的销售价值在100亿美元以上，这类化合物的多学科综合研究显然非常值得重视。

第二十章 酸 和 碱

19 世纪末流行的是 Arrhenius(S)酸碱理论。酸是在水溶液中解离生成 H^+ 的化合物，而碱则是在水溶液中解离生成 OH^- 的化合物。实际上只有一种酸 H^+ 和一种碱 OH^-。

Arrhenius 酸碱理论偏重水溶液，而多数有机反应是在有机溶剂中进行的。能溶于苯的羧酸和胺在苯溶液中生成羧酸的铵盐，这是一个酸碱反应，但是羧酸显然没有解离成 H^+，也没有 OH^- 产生。因此，Arrhenius 酸碱理论是有局限性的。

20 世纪 20 年代差不多同时出现了 Brønsted 和 Lewis 酸碱理论。

§ 20.1 Brønsted 酸

1923 年，Brønsted J N 和 Lowry T M 各自独立提出了酸和碱的定义：酸是质子给予体(proton donor)，碱是质子受体(proton acceptor)。

$$\underset{\text{酸}}{HA} + \underset{\text{碱}}{B} \rightleftharpoons \underset{\text{共轭碱}}{A^-} + \underset{\text{共轭酸}}{BH^+}$$

大多数有机化合物含有氢原子，它们都可能是酸。质子与 O，N，S 或 C 相连的化合物分别为OH－酸，NH－酸，SH－酸或 CH－酸，后者称为碳氢酸(carbonic acid)。

Brønsted 酸和碱可能是中性分子或带有电荷：

酸	碱		共轭碱	共轭酸
CH_3CO_2H	$+ CH_3O^-$	$\rightleftharpoons$	$CH_3CO_2^-$	$+ CH_3OH$
OH－酸				OH－酸
H_3^+O	$+ CH_3NH_2$	$\rightleftharpoons$	H_2O	$+ CH_3\overset{+}{N}H_3$
				NH－酸
C_6H_5SH	$+ OH^-$	$\rightleftharpoons$	$C_6H_5S^-$	$+ H_2O$
SH－酸				

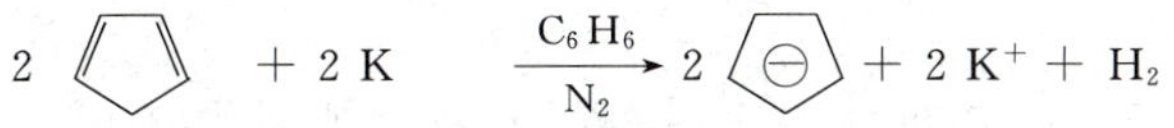

CH－酸

20.1.1 Brønsted 酸的强度

酸的强度(strength)一般在水溶液中测定。酸(HA)在水溶液中达成解离平衡：

$$HA + H_2O \rightleftharpoons H_3O^+ + A^-$$

平衡常数为

$$K_a \approx \frac{[H_3O^+][A^-]}{[HA]}$$

作为溶剂,水的浓度基本不变,因此把平衡中$[H_2O]$项合并在K_a中。由于方程式中用的是浓度而不是活度(activity),因此K_a是近似值,用于各种酸强度的比较却是适合的。由于结构不同的酸的酸度可以相差几个数量级,一般把K_a换算成$pK_a(=-\lg K_a)$。例如,乙酸在 25 ℃的K_a为1.79×10^{-5},$pK_a=4.76$,pK_a的数值越小,强度越大,苯酚的$pK_a=9.95$,它的酸性比乙酸弱。

水是溶剂,它能接受质子,是碱,又能给予质子,又是酸:

$$H_2O + H_2O \rightleftharpoons H_3O^+ + OH^-$$

水的$pK_a=15.74$,纯水在 25 ℃的浓度为 $55.4\ mol\cdot L^{-1}$。

$pK_a>16$的酸在水溶液中解离产生的H_3O^+的浓度比水自己解离产生的H_3O^+的浓度还要小,它们的强度不能在水溶液中测定,却可以在碱性比水更强的溶剂中测定。例如,在甲醇中可以测定$pK_a=14\sim20$的酸的强度,在 DMSO 中可以测定$pK_a=13\sim18$的酸的强度,在环己胺中可以测定$pK_a=18\sim32$的酸的强度。

酸性很强的酸在水溶液中完全解离,它们的强度表面上是一样的,如 HCl,HNO_3,$HClO_4$在水溶液中表面上强度相同,但下列平衡偏向右边,说明$HClO_4$的强度大于 HCl。

$$HClO_4 + Cl^- \rightleftharpoons HCl + ClO_4^-$$

酸性很强的酸可以在酸性比水更强的溶剂中测定pK_a。一些强酸的pK_a为

强酸	$HClO_4$	HI	HBr	HCl	$ArSO_3H$	HNO_3	HSO_4^-	HF
pK_a	−10	−10	−9	−7	−6.5	−1.4	1.99	3.17

含氧酸(oxy acids)的强度首先与其中心原子的电负性有关。例如,过氯酸($HClO_4$)比硝酸强,硫酸比磷酸强。其次与中心原子周围的氧原子数目有关。例如,HOCl<HOClO<$HOClO_2$<$HOClO_3$。

20.1.2 碱的强度

每一个酸(HA)在解离时都生成一个碱(A^-),称为它的共轭碱;每一个碱接受质子后都变成它的共轭酸。碱的强度一般用它的共轭酸的pK_a来表示,pK_a值越大,碱性越强;pK_a值越小,碱性越弱。例如,NH_4^+的$pK_a=9.24$,芳胺的共轭酸($ArNH_3^+$)的$pK_a=3\sim5$,它们的碱性比NH_3弱。酮分子中的羰基氧原子能接受质子,$R_2C{=}\overset{+}{O}H$的$pK_a=-7$,酮是一个很弱的碱。有机化合物中双键或芳环上的π电子可以接受质子,都有一定的碱性。表 20.1 列出一些碱的强度。

表 20.1　一些碱的强度

碱	pK_a(BH)	碱	pK_a(BH)
$HN{=}C(NH_2)_2$	13.6	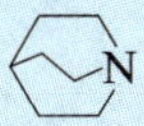	11.5
$(C_2H_5)_3N$	10.85	CH_3SOCH_3	−1.8
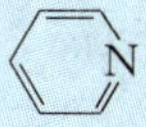	5.2	CH_3OH	−2.0
H_2NCONH_2	0.2	$C_2H_5OC_2H_5$	−5.1
CH_3CONH_2	0	CH_3CN	−10.1
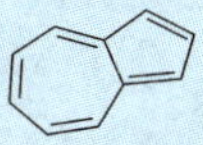 *	−1.7	$C_6H_5NO_2$	−11.3

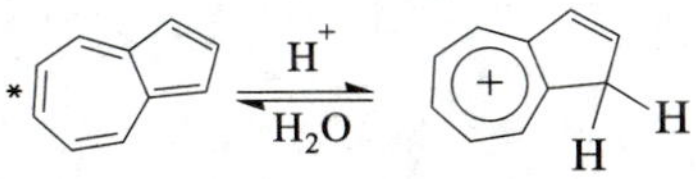

温度对酸碱的强度也有影响。例如，>50 ℃，碱性强度次序为 $BuOH>H_2O>Bu_2O$；1～50 ℃，$BuOH>Bu_2O>H_2O$；<1 ℃，$Bu_2O>BuOH>H_2O$。

中性分子解离成离子，离子是溶剂化的，因此体积相对缩减、压力增加，有利于中性分子的解离。例如，乙酸在 0.1 MPa 压力下，$pK_a=4.75$，相当于 0.42% 解离；在 1000 MPa 压力下，$pK_a=2.684$，相当于 4.45% 解离。

§ 20.2　有机化合物的酸性和碱性

醇和羧酸中含有羟基，它们的酸性是由于 O—H 键的解离而产生的，磺酸和膦酸是硫酸和磷酸的烃基取代物，它们的酸性也是由于 O—H 键的解离。胺和吡啶有碱性，是因为它们的氮原子上有未共用电子对，能接受质子。本节讨论影响这些有机化合物的酸性或碱性强度的因素。

20.2.1　场效应

取代基的 $-I$ 效应使开链羧酸的酸性增强：

RCH_2CO_2H	O_2N	Me_3N^+	NC	EtO_2S	MeCO	MeO	HO
pK_a	1.68	1.83	2.47	3.35	3.58	3.53	3.83

取代基的$+I$效应使开链羧酸的酸性减弱：

	CH_3CO_2H	$^-O_2CCH_2CO_2H$
pK_a	4.76	5.69

间位取代基的$-I$效应使苯甲酸的酸性增强：

m-R	H	O_2N	HO_2C	Cl	Br	OMe	OH
pK_a	4.20	3.45	3.46	3.83	3.81	4.09	4.08

间位取代基的$-I$效应也使苯酚的酸性增强：

m-R	H	O_2N	Cl	MeO
pK_a	9.95	8.39	9.02	9.65

间位取代基的$-I$效应使苯胺的碱性减弱：

m-R	H	O_2N	MeO	OH
$pK_a(Ar\overset{+}{N}H_3)$	4.62	2.45	4.20	4.17

甲基的场效应与它所连接的碳原子的价态有关，如为不饱和的碳原子或 3 价碳原子，场效应为$+I$；如为饱和碳原子，还不能肯定。

20.2.2 共振效应

一些取代基的共振效应见表 20.2。

表 20.2 一些取代基的共振效应

$+M$			$-M$		
减弱↓	O^-	SR	NO_2	CHO	减弱↓
	S^-	SH	CN	COR	
	$NR_2(NHR, NH_2)$	Br	CO_2H	SO_2R	
	NHCOR	I	CO_2R	SO_2OR	
	OR	Cl	$CONH_2$	NO	
	OH	F	CONHR	Ar	
	OCOR	R	$CONR_2$		
		Ar			

取代基只有当它与不饱和体系(重键或芳环)直接相连时才显示出共振效应。取代基的共振效应和它的场效应不能区别开来,因此常统称为电效应(electrical effects)。分子中电子云的分布是由结构决定的,取代基的电效应只不过是用来理解它的一种方便的方法。

20.2.2.1　共振效应对羧酸酸性的影响

取代基的$-M$效应使苯甲酸的酸性增强。一些对位取代苯甲酸的pK_a为

p-R	H	O_2N	Cl	Br	OMe	OH
pK_a	4.20	3.43	3.99	4.00	4.47	4.58

对硝基苯甲酸的酸性比间硝基苯甲酸强,除了硝基的$-I$效应外,它的共振效应使羧酸根上的负电荷分散,稳定性提高。因此,酸性更强:

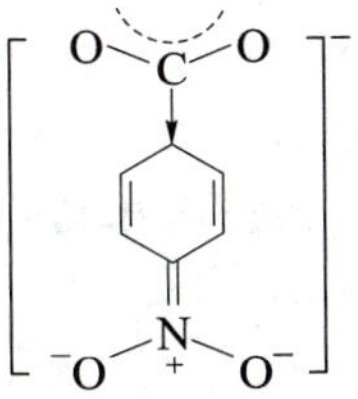

对氯、对溴、对甲氧基和对羟基苯甲酸的酸性比相应的间位异构体弱,这是由于取代基的场效应($-I$)与共振效应($+M$)方向相反。

一些邻位取代苯甲酸的pK_a为

o-R	H	O_2N	Cl	Br	OMe	OH
pK_a	4.20	2.17	2.94	2.85	4.09	2.98

邻位取代的苯甲酸比相应的对位异构体的酸性强,可能是由于取代基与羧基相邻,场效应更强。

20.2.2.2　共振效应对苯酚酸性的影响

一些对位取代苯酚的pK_a为

p-R	H	O_2N	Cl	OMe
pK_a	10.00	7.15	9.38	10.21

对硝基苯酚的酸性比间硝基苯酚强,是因为硝基的共振效应使苯氧基负离子上的负电荷分散,稳定性提高:

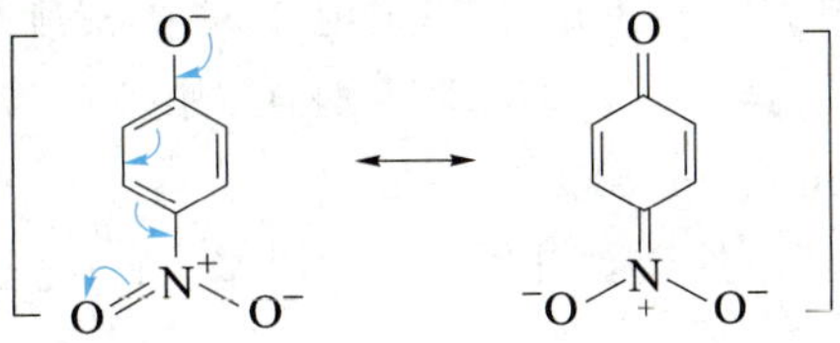

20.2.2.3 共振效应对苯胺碱性的影响

对硝基苯胺分子中硝基的 $-M$ 效应使氨基上的未共用电子对分散，接受质子的能力减弱。因此，对硝基苯胺的碱性比它的间位异构体弱：

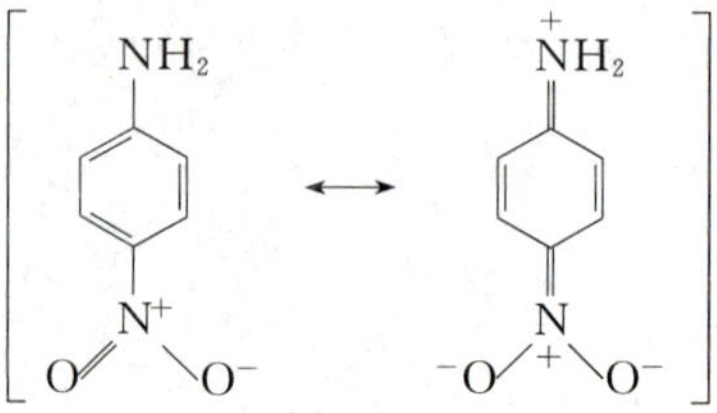

$pK_a = 0.98$

20.2.3 氢键

氢键的生成对酸碱性有非常显著的影响。

邻羟基苯甲酸根中的羟基能与羧酸根负离子生成分子内氢键，稳定性增加，因此，邻羟基苯甲酸的酸性很强：

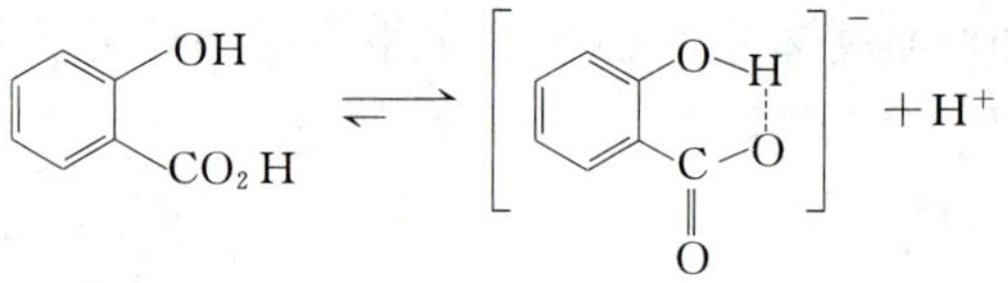

$pK_a = 2.98$

2,6－二羟基苯甲酸的酸性更强，$pK_a = 1.30$。

20.2.4 空间效应(steric effects)

N,N,N',N'－四乙基－2,7－二甲氧基萘－1,8－二胺的碱性特别强：

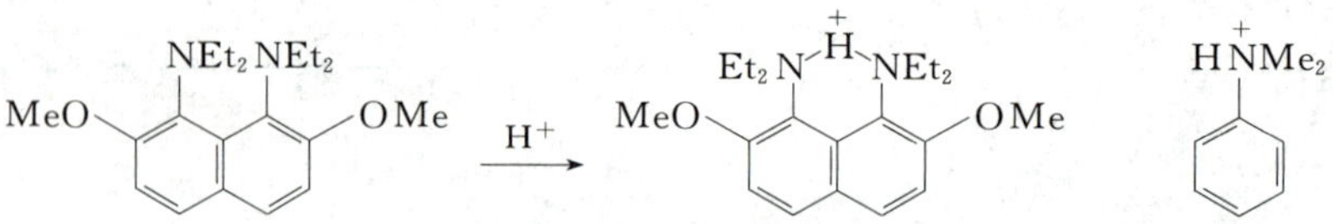

$pK_a = 16.3$　　$pK_a = 5.1$

它与一个质子结合后，加碱去质子的速率特别慢，甚至可以用紫外光谱法跟踪。这是因为两个氮原子之间的距离特别小，它们的 p 轨道上的未共用电子对互相排斥，产生张力。加一个质子后，生成氢键，使张力缓解，稳定性增强。所以，碱性特别强，并且不容易再失去质子，与海绵吸水相似，因此又称为质子海绵(proton sponge)。

3,5－二甲基－4－硝基苯酚(1)的酸性比 2,6－二甲基－4－硝基苯酚(2)弱：

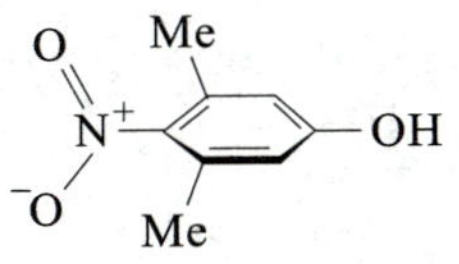

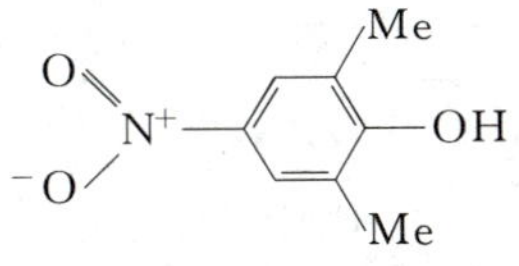

	(1)	(2)
pK_a	8.25	7.22

由于两个相邻甲基的位阻，硝基偏离苯环平面，共振效应减弱，因此，(1)的酸性比(2)弱。

2,4,6-三硝基苯胺由于三个硝基的影响，不再有碱性。*N*,*N*-二甲基-2,4,6-三硝基苯胺则有一定的碱性，也是由于位阻使二甲基氨基偏离苯环平面，硝基的共振效应减弱。

20.2.5 轨道的 s 成分

胺(R_3N)、吡啶()和腈(RC≡N)分子中氮原子未共用电子对分别在 sp^3, sp^2 和 sp 杂化轨道中，杂化轨道的 s 成分高，受原子核的束缚加强，接受质子的能力减弱。腈的共轭酸的 $pK_a=-11$，碱性极弱。

20.2.6 溶剂的影响

溶剂对酸的 pK_a 值的影响见表 20.3。

表 20.3 溶剂对酸的 pK_a 值的影响

酸	H_2O	MeOH	Me_2SO	DMF
$MeCO_2H$	4.8	9.5	12.6	13.5
$PhCO_2H$	4.2	9.3	11.1	12.2
$Ph\overset{+}{N}H_3$	4.6		3.2	4.2

中性分子解离成离子，溶剂化情况有显著改变，直接影响化合物的酸性。异构体的 pK_a 值的变化如果不是很显著，往往不能简单归结于结构因素。

§20.3 碳 氢 酸

碳原子的电负性(2.55)与氢原子(2.22)相近，C—H 键解离成碳负离子和质子的倾向很小，因此，碳氢酸(carbonic acid)的酸性一般很弱。碳氢酸的强度跨度很大，五氰基环戊二烯的 pK_a 约为−11，而乙烷的 pK_a 约为 50，要用多种方法测定，所得到的数值常有差异。

20.3.1 碳氢酸的强度

一些碳氢酸的 pK_a 近似值见表 20.4：

表 20.4 一些碳氢酸的 pK_a 近似值[p$K_a(H_2O)=15.74$]

HA	A^-	pK_a	HA	A^-	pK_a
$(NC)_3CH$	$(NC)_3C^-$	−5	$NC\overset{R}{C}H_2$	$NC\underset{-}{\overset{R}{C}}H$	25
NCH	NC^-	9.2	$HC\equiv CH$	$HC\equiv C^-$	25
$O_2N\overset{R}{C}H_2$	$O_2N\underset{-}{\overset{R}{C}}H$	10	$EtOCOCH_3$	$EtOCO\overset{-}{C}H_2$	25.6
$(NC)_2CH_2$	$(NC)_2\overset{-}{C}H$	11	Ar_3CH	Ar_3C^-	31.5
$MeCO\overset{CO_2R}{C}H_2$	$MeCO\underset{-}{\overset{CO_2R}{C}}H$	11	Ar_2CH_2	$Ar_2\overset{-}{C}H$	33.5
$(MeSO_2)_2CH_2$	$(MeSO_2)_2\overset{-}{C}H$	12.5	$PhCH_3$	$Ph\overset{-}{C}H_2$	40
$(EtO_2C)_2CH_2$	$(EtO_2C)_2\overset{-}{C}H$	13	$CH_2=CHCH_3$	$[CH_2\cdots CH\cdots CH_2]^-$	43
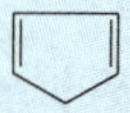	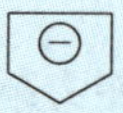	16	PhH	Ph^-	43
$OHC\overset{R}{C}H_2$	$OHC\underset{-}{\overset{R}{C}}H$	16	$CH_2=CH_2$	$CH_2=\overset{-}{C}H$	43
$RCO\overset{R}{C}H_2$	$RCO\underset{-}{\overset{R}{C}}H$	19～20	CH_4	$\overset{-}{C}H_3$	48
$ROCO\overset{R}{C}H_2$	$ROCO\underset{-}{\overset{R}{C}}H$	24.5	CH_3CH_3	$CH_3\overset{-}{C}H_2$	50
			Me_2CH_2	$Me_2\overset{-}{C}H$	51

气相中测定的一些碳氢酸的强度次序为

$$CH_3NO_2 > \text{环戊二烯} \geqslant CH_3COCH_3 > CH_3CN > CH_2Cl_2 > CH_3SOCH_3 >$$
$$HC\equiv CH \geqslant CH_2=CHCH_3 > PhCHMe_2 > PhCH_3 > (CH_3)_2CH_2 > C_6H_6 >$$
$$CH_2=CH_2 > (CH_3)_3CH > CH_4$$

20.3.2 碳负离子的稳定性

碳负离子是碳氢酸的共轭碱,也是一些反应的活性中间体。碳负离子在溶液中以离子对或溶剂化离子的形式存在。碳负离子越稳定,碳氢酸的酸性越强。影响碳负离子稳定性的结构因素有以下 4 种。

20.3.2.1 碳原子杂化轨道的 s 成分

带负电荷的碳原子杂化轨道的 s 成分高,电子云更靠近原子核,碳负离子也更稳定:

$$RC\equiv\overset{-}{C}(sp) > R_2C=\overset{-}{C}H(sp^2) \approx Ar^-(sp^2) > R_3C\overset{-}{C}H_2(sp^3)$$

20.3.2.2 芳香性

环戊二烯与金属钾反应生成环戊二烯钾，与溴化乙基镁反应生成溴化环戊二烯基镁：

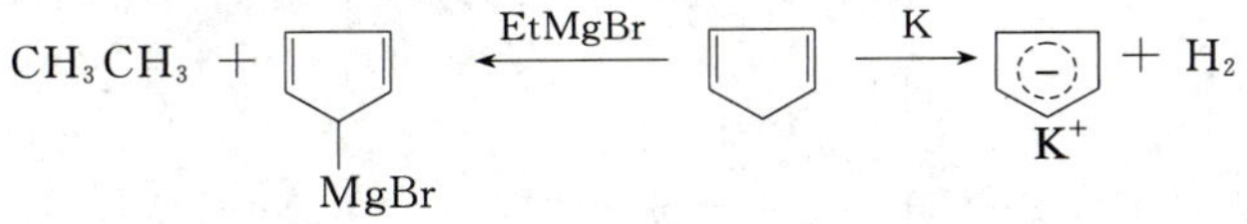

说明它有明显的酸性。3,5-二溴环戊烯与吡啶生成红棕色的内盐：

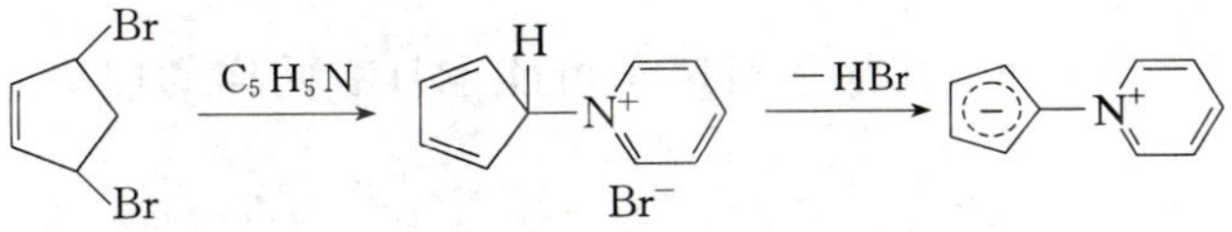

说明环戊二烯基碳负离子是很稳定的，负电荷与环内的 π 电子组成芳香六隅体(aromatic sextet)，使其稳定性大幅度提高。有些芳烃的酸性非常强。例如：

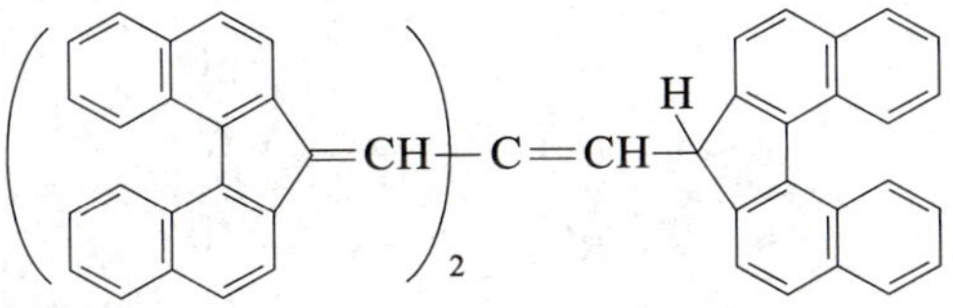

$pK_a<7.0$(DMSO)

环辛四烯能生成二钾盐：

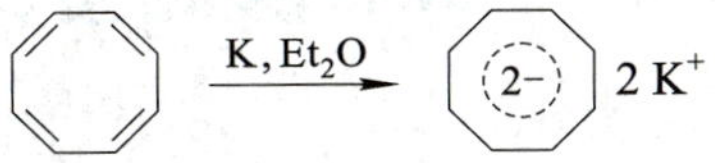

其中的碳负离子也是由于有芳香性(10 个 π 电子)而变得很稳定。

20.3.2.3 与碳-碳双键或芳环共轭

带负电荷的碳原子与碳-碳双键或芳环直接相连，负电荷分布到更多的碳原子上，使碳负离子的稳定性提高：

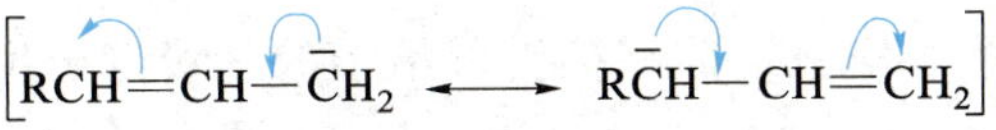

带负电荷的碳原子与 C=O 或 C=N 双键直接相连，负电荷主要集中在杂原子上：

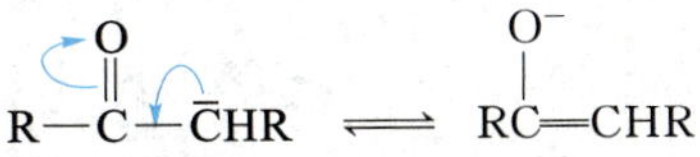

α 位上的取代基对碳负离子的稳定作用的次序为

$$NO_2 > RCO > COOR > SO_2 > CN \approx CONH_2 > X > H$$

20.3.2.4　邻近杂原子的影响

磷叶立德和硫叶立德中碳负离子的稳定性提高是由于带正电荷的杂原子的场效应或是碳原子上的 p 轨道与杂原子上的 d 轨道重叠，还是有争议的问题，氮叶立德中带正电荷的氮原子只可能有场效应：

$$Ph_3\overset{+}{P}—\overset{-}{C}H_2 \qquad R_2\overset{+}{S}—\overset{-}{C}H_2 \qquad R_3\overset{+}{N}—\overset{-}{C}H_2$$

20.3.3　碳负离子的构型

气相中甲基碳负离子为锥形，其他碳负离子可能也具有同样的构型：

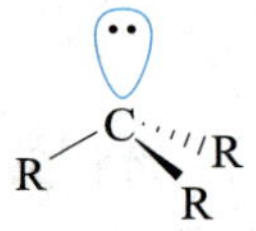

在反应中由不对称碳原子产生的碳负离子(如与 S 或 P 相连)，如

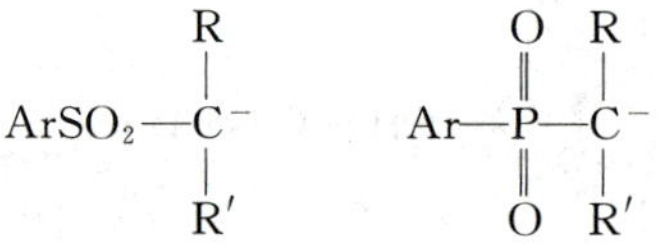

反应后能够保持其原有构型。

§ 20.4　Lewis 酸和硬、软酸

20.4.1　Lewis 酸

1923 年，Lewis G N 根据当时的电子理论提出了酸和碱的定义：能够接受一对电子的化合物称为酸，能够给予一对电子的化合物称为碱。酸和碱反应生成共价键：

$$A + :B \longrightarrow A—B$$

根据分子轨道模型，酸具有一个空轨道能够接受碱给予的一对电子生成共价键。例如，三氯化硼为 Lewis 酸：

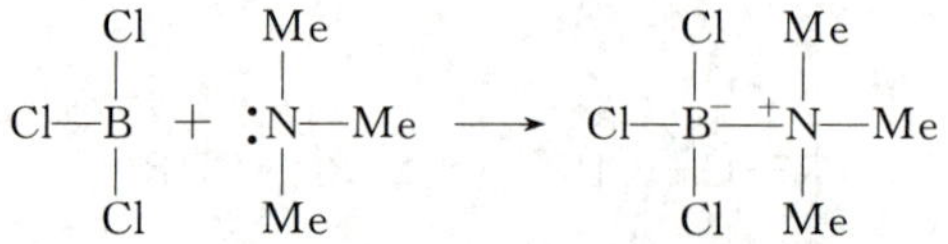

根据 Lewis 的观点，质子本身就是酸，而 Brønsted 酸则是能产生酸的化合物。金属离子，如 Al^{3+}，Fe^{2+}，Ag^{+} 等都是酸，$AlCl_3$，BF_3 也是酸，OH^- 是碱而 NaOH 是产生碱的化合物；有机化学中碳正离子是酸，而碳负离子、烯烃、芳烃都是碱。因此，Lewis 酸的范围比 Brønsted 酸广。

有机化学中，Brønsted 酸碱和 Lewis 酸碱的概念都在应用。醇、羧酸、磺酸、膦酸等有酸性是由于 O—H 键的解离，硫醇和硫酚有酸性是由于 S—H 键的解离，碳氢酸有酸性是由于 C—H 键的解离；胺和吡啶等化合物有碱性是由于氮原子能接受质子，这些化合物的酸碱性是采用 Brønsted 的定义。三烃基硼、三烃基铝有酸性是因为硼原子和铝原子上有空轨道能接受一对电子；醚、硫醚、三苯膦等有碱性，是因为杂原子上有未共用电子对，可以接受质子、金属离子等生成新的键，这是采用 Lewis 酸碱的定义。Lewis 酸能接受一对电子，因此有亲电性，是亲电试剂；Lewis 碱能给予一对电子，有亲核性，因此是亲核试剂。根据 Lewis 酸碱的定义，碳正离子是酸，而碳负离子是碱，亲核取代、亲电取代可以看作 Lewis 酸和 Lewis 碱的反应，亲电加成则是 Lewis 酸与 π 电子(Lewis 碱)的反应。因此 Lewis 酸和 Lewis 碱与有机反应有非常广泛的联系。

20.4.2　软硬酸碱

Lewis 酸概念的一个缺点是不能数量化，没有一个像 $\mathrm{p}K_a$ 一样的强弱尺度。

根据 Lewis 的学说，配位作用即金属和配体之间的作用，就是酸碱作用过程。氨、水和 F^- 对碱金属和碱土金属离子的配位作用很强，而对重金属和过渡金属离子，如 Hg^{2+}，Pt^{2+} 的配位作用很弱；三烃基膦、硫醚、硫化物和 I^- 对 Hg^{2+}，Pt^{2+} 等离子的配位作用很强，而对碱金属和碱土金属离子的配位作用则较弱。这就是说，以水为碱，Hg^{2+} 的酸性比 Mg^{2+} 弱；而以 H_2S 为碱，则 Hg^{2+} 的酸性比 Mg^{2+} 强。

1963 年，Pearson R G 提出了软硬酸碱(soft and hard acids and bases)的概念。

(1) 软碱　给予电子的原子电负性低，可极化性高，容易氧化，对价电子的束缚力弱。

(2) 硬碱　给予电子的原子电负性高，可极化性低，不容易氧化，对价电子的束缚力强。

(3) 软酸　接受电子的原子体积大，正电荷小(中性分子或正离子)，价电子层中有未共用电子对，电负性小，可极化性高。

(4) 硬酸　接受电子的原子体积小，正电荷大，价电子层中没有未共用电子对，电负性大，可极化性低。

一些软硬酸碱见表 20.5。

表 20.5　一些软硬酸碱

酸	碱
硬	
H^+，Li^+，Na^+，K^+，Mg^{2+}，Ca^{2+}	H_2O，OH^-，F^-，Cl^-，OAc^-
Al^{3+}，Cr^{2+}，Fe^{3+}	PO_4^{3-}，SO_4^{2-}，ClO_4^-，NO_3^-，CO_3^{2-}
BF_3，$B(OMe)_3$，$AlMe_3$	ROH，RO^-，R_2O
SO_3，$R\overset{+}{C}O$，CO_2	NH_3，RNH_2，NH_2NH_2
中间	
Fe^{2+}，Co^{2+}，Cu^{2+}，Zn^{2+}	$ArNH_2$，C_5H_5N
Me_3B，SO_2	N_3^-，Br^-，NO_2^-
R_3C^+，Ph^+	

续表

酸	碱
软	
Cu^+, Ag^+, Pd^{2+}, Hg^{2+}	R_2S, RSH, RS^-
BH_3, Br_2, I_2	I^-, CN^-, SCN^-
卡宾	R_3P, $(RO)_3P$, $CH_2{=}CH_2$, $C_6H_5^-$
	R^-, H^-

硬酸优先与硬碱反应，软酸优先与软碱反应，称为软硬酸碱规律(SHAB principle)。

20.4.3 软硬酸碱规律在有机反应中的应用

把亲核性和亲电性与软硬酸碱规律相联系，有助于对某些有机反应的理解。

1,2-二氯乙烷与甲醇钠反应生成氯乙烯，与苯硫酚钠反应则生成硫醚：

$$ClCH{=}CH_2 \xleftarrow{MeO^-} ClCH_2CH_2Cl \xrightarrow{PhS^-} PhSCH_2CH_2SPh$$

MeO^- 是硬碱优先进攻硬的 H—C 键上的氢原子，生成消除产物，而 PhS^- 是软碱，优先进攻较软的 C—Cl 键上的碳原子，生成取代产物。

硫氰酸根是两可亲核试剂(ambident nucleophile)，以软的一端进攻软的碘甲烷，以硬的一端进攻硬的酰氯：

$$RCON{=}C{=}S \xleftarrow{RCOCl} (N{\equiv}C{-}S)^- \xrightarrow{CH_3I} N{\equiv}C{-}SCH_3$$

酰基碳原子带部分正电荷，因此是硬酸。

烯醇负离子与较软的溴乙烷生成 *C*-烷基化产物，与硬的锌盐生成 *O*-烷基化产物：

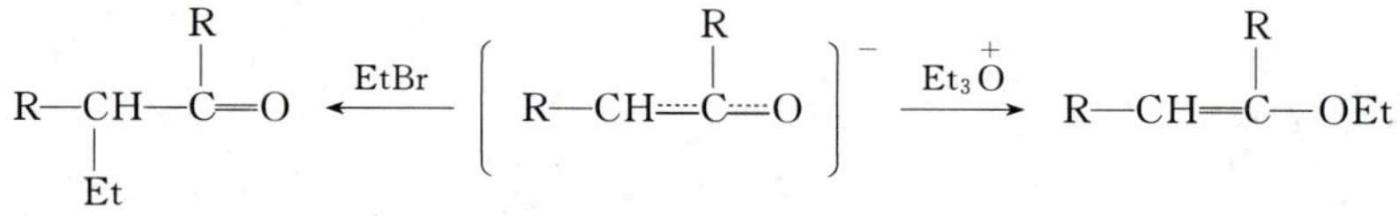

硫醇酯与烷氧负离子反应生成酯：

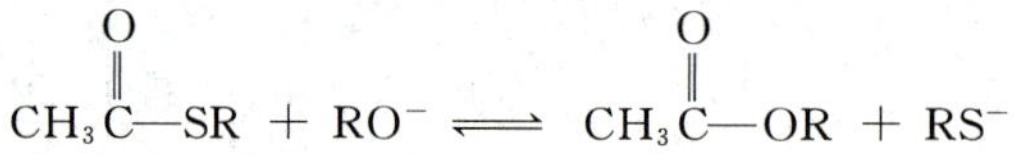

硬的碱(RO^-)进攻硬的酰基碳比软的碱(RS^-)进攻硬的酸更容易，因此平衡偏向右边。

碘甲烷与氰化钠反应生成乙腈，而在 Ag^+ 存在下则生成异腈：

$$N{\equiv}C^- + CH_3I \longrightarrow N{\equiv}C{-}CH_3 + I^-$$

$$\overset{-}{C}{\equiv}N + \overset{\delta+}{C}H_3{\cdots}I{\cdots}\overset{\delta+}{A}g \longrightarrow CNCH_3 + AgI$$

在 Ag^+ 存在下，甲基碳原子带部分正电荷，更容易与氰离子中较硬的一端发生反应。

软硬酸碱规律还可以用来理解反应速率的变化。例如，乙酰乙酸乙酯的烃化反应中，*C*-烃化速率和 *O*-烃化速率的变化为

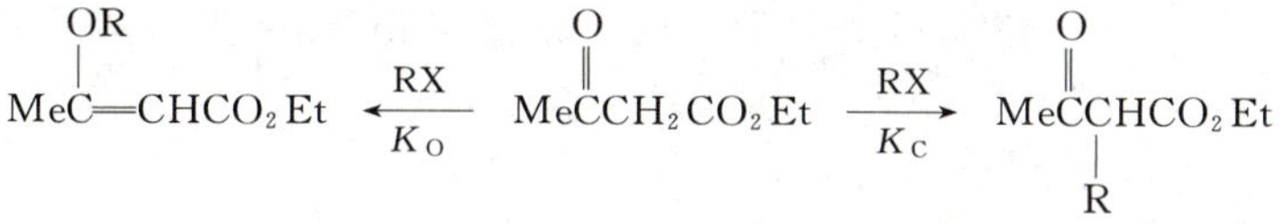

吸电子能力增强 →

X	I	Br	OTs	OSO_2Et	OSO_2CF_3
K_C/K_O	>100	60	6.6	4.8	3.7

X 的吸电子能力增强，$\overset{\delta+}{C}—\overset{\delta-}{X}$ 键碳原子上所带的正电荷增加，即酸的硬度增加，有利于硬的氧原子上的烃化。

20.4.4　超强酸

Brønsted 酸中最强的是 100% H_2SO_4，比它更强的酸称为超强酸(superacids)。超强的 Brønsted 酸有 $HClO_4$($pK_a=-10$)，$ClSO_3H$，HSO_3F，CF_3SO_3H，$H_2SO_4+SO_3$，$HF+SbF_5$，$HBr+AlBr_3$，$HCl+AlCl_3$ 等。

Lewis 酸中最强的是 $AlCl_3$，比它更强的称为超强酸，如 SbF_5。

把两种体系的超强酸混合起来，就得到共轭 Brønsted-Lewis 超强酸(conjugated Brønsted-Lewis superacids)。例如，HSO_3F+SbF_5(魔酸，magic acid)，还有其他超强酸体系，如 $HSO_3F:SbF_5:SO_3$，$C_nF_{2n+1}SO_3H:SbF_5$ 等。

Nafion-H 是一种聚合物超强酸的商品名：

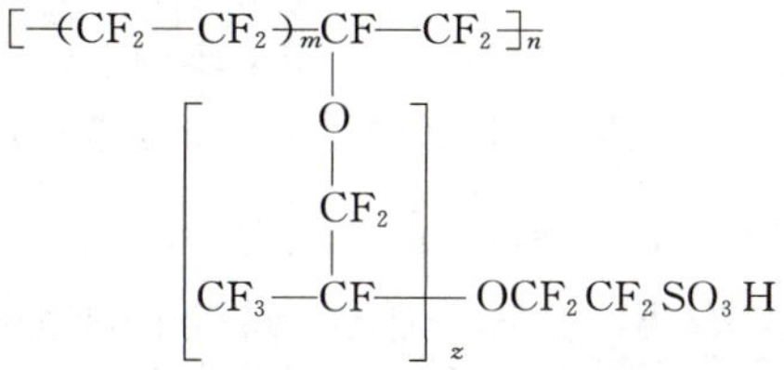

在超强酸中溶剂的亲核性极弱，可以得到寿命较长的碳正离子和其他正离子以进行结构和化学研究。Olah G A 在超强酸体系中，得到多种多样的碳正离子，并研究了它们的谱学性质，为表彰 Olah"在碳正离子及其在烃类化学反应的应用研究领域中做出的贡献"，1994 年被授予诺贝尔化学奖。

在超强酸中进行的实验，证明了桥头碳正离子的存在：

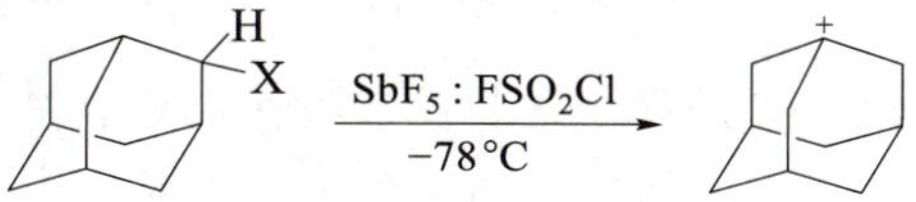

在 $HSO_3F:SbF_5:SO_3$ 中测定了$(CH_3)_2\overset{+}{C}H$ 的 ^1H NMR 谱，CH_3 的双峰在 $\delta=4.5$，而 $\overset{+}{C}H$ 的峰在 $\delta=9$ 左右；特别是得到了 5 配位的碳正离子 CH_5^+(methonium ion)：

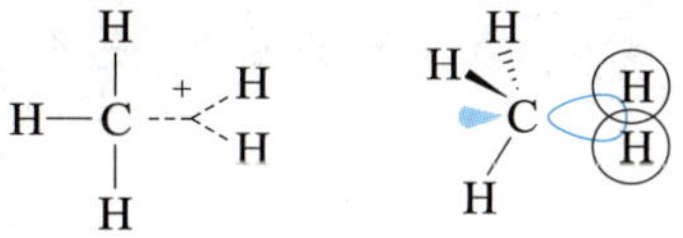

其中甲基上的一个 sp^3 杂化轨道与两个氢原子的 s 轨道互相重叠，形成三原子二电子键，即为最简单的非经典离子。

§20.5 酸碱催化

许多有机反应只有在酸或碱存在下才能进行。例如，缩醛的水解，只能在酸性溶液中进行；而丙酮和氢氰酸只有在碱存在下才能反应。在反应机理的研究中，酸、碱的催化作用是一个重要问题。

在纯水中加入 0.01 mL 浓盐酸(接近 0.0001 mol)，溶液的 pH 由 7 下降到 4，变化极大。在反应动力学研究中，为了测定溶液酸度对反应速率的影响，必须保持一定的 pH。常用的方法是在溶液中加入乙酸和乙酸钠(或其他缓冲剂)，配成缓冲溶液。这时，溶液的 pH 为

$$\mathrm{pH}=\mathrm{p}K_a+\lg([\mathrm{AcO^-}]/[\mathrm{AcOH}])$$

如乙酸和乙酸钠的物质的量相等，溶液的 pH 即与乙酸的 $\mathrm{p}K_a$ 相等。假定$[\mathrm{AcO^-}]=[\mathrm{AcOH}]=0.01\ \mathrm{mol\cdot L^{-1}}$，加入盐酸使$[\mathrm{AcOH}]$的浓度增加到 $0.0101\ \mathrm{mol\cdot L^{-1}}$，这时$[\mathrm{AcO^-}]$的浓度为 $0.0099\ \mathrm{mol\cdot L^{-1}}$，pH 的改变仅为 $\lg(99/101)=-0.01$，即基本不变。用其他缓冲体系(如酚和酚钠)可以使溶液的 pH 稳定在其他区域。

在缩醛的水解反应中，反应速率只与溶液的 pH，即 H_3O^+ 的浓度有关，而溶液中其他酸的浓度变化对反应速率没有影响：

$$\mathrm{MeCH(OEt)_2 + H_2O \xrightarrow{H^+} MeCH{=}O + 2\ EtOH}$$

$$\text{反应速率}=k[\mathrm{H_3O^+}][\mathrm{MeCH(OEt)_2}]$$

这种现象称为特酸催化(specific acid catalysis)。

特酸催化说明化合物质子化的第一步速率很快，迅速达成平衡，反应的第二步速率较慢，是决定反应速率的步骤。因此，缩醛水解的机理为

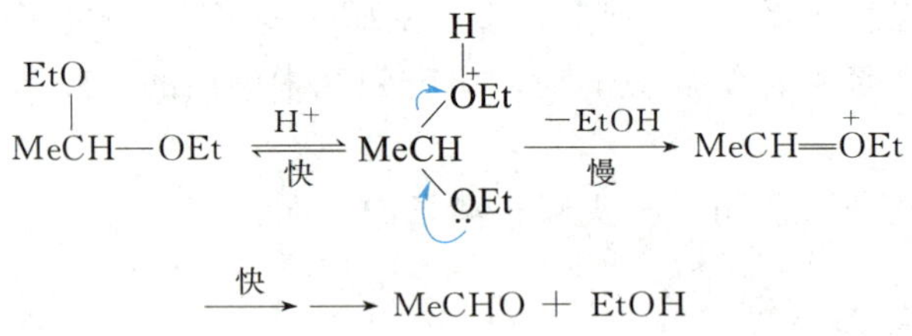

原乙酸酯在酸性溶液中的水解与缩醛不同，反应速率与溶液中所有的酸的浓度都有关系：

$$\mathrm{CH_3C(OEt)_3 + H_2O \xrightarrow{H^+} CH_3CO_2H + 3\ EtOH}$$

$$\text{反应速率}=\{k_1[\mathrm{H_2O}]+k_2[\mathrm{H_3O^+}]+k_3[m\text{-}\mathrm{NO_2C_6H_4OH}]\}[\mathrm{CH_3C(OEt)_3}]$$

其中间硝基苯酚是用来配制缓冲溶液的。实验得到的 k_1, k_2, k_3 分别为 $1\times10^{-7}\ \mathrm{mol^{-1}\cdot L\cdot s^{-1}}$，$2.1\times10^{4}\ \mathrm{mol^{-1}\cdot L\cdot s^{-1}}$ 和 $1.7\times10^{-3}\ \mathrm{mol^{-1}\cdot L\cdot s^{-1}}$。这种现象称为普酸催化(general acid catalysis)。

普酸催化说明化合物质子化的第一步速率慢，第二步速率快。第一步是决定反应速率的步骤：

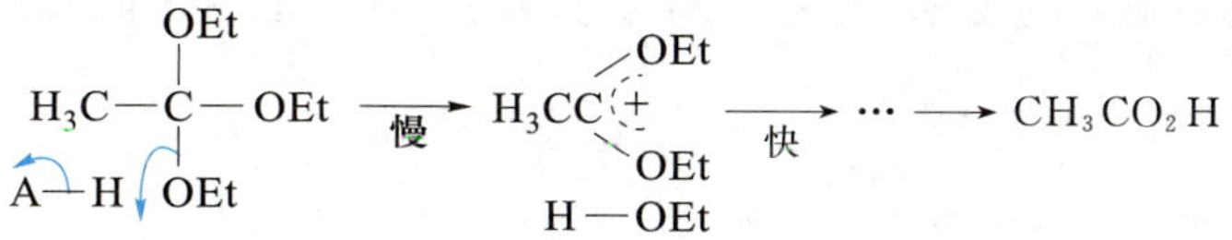

$HA = H_3O^+$ 或 $m-NO_2C_6H_4OH$

双丙酮醇(diacetone alcohol)转变为丙酮，是丙酮的羟醛缩合的逆反应，在碱催化下进行，反应速率只与反应混合物中氢氧离子的浓度$[OH^-]$有关，溶液中用作缓冲剂的苯氧负离子的浓度$[PhO^-]$对反应速率没有影响：

$$Me_2C(OH)CH_2COCH_3 \xrightarrow{OH^-} 2\ MeCOMe$$

$$\text{反应速率} = k[OH^-][\text{双丙酮醇}]$$

这种现象称为特碱催化(specific base catalysis)。

特碱催化说明碱从双丙酮醇夺取质子，生成后者的共轭碱并很快达成平衡，而共轭碱裂解成丙酮的一步速率较慢，是决定反应速率的步骤。反应机理为

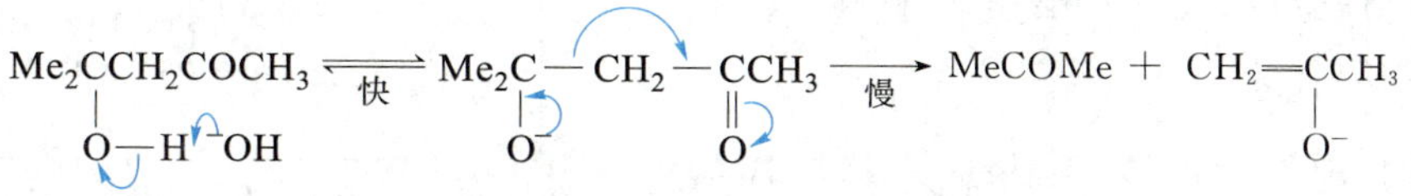

丙酮的溴化反应中，反应速率与氢氧离子的浓度和用作缓冲剂的乙酸根离子的浓度都有关系：

$$CH_3COCH_3 + Br_2 \longrightarrow BrCH_2COCH_3 + HBr$$

$$\text{反应速率} = \{k_1[OH^-] + k_2[AcO^-]\}[CH_3COCH_3]$$

这种现象称为普碱催化(general base catalysis)。说明由丙酮生成烯醇盐的一步速率较慢，是决定反应速率的步骤，烯醇盐迅速与溴反应生成溴丙酮：

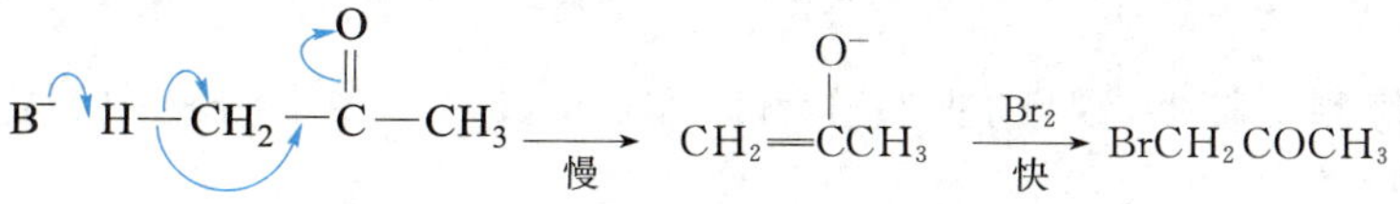

$B^- = OH^-$ 或 AcO^-

丙酮与羟胺反应生成的丙酮肟，在不同的酸度下测定反应速率，发现速率常数 k 先随溶液的 pH 的增加而加大，到 pH=4.5 时达到最大值，然后随 pH 的增加而减小。由此推测：反应是分两步进行的，酸使第一步的速率减慢而使第二步的速率加快。反应机理为

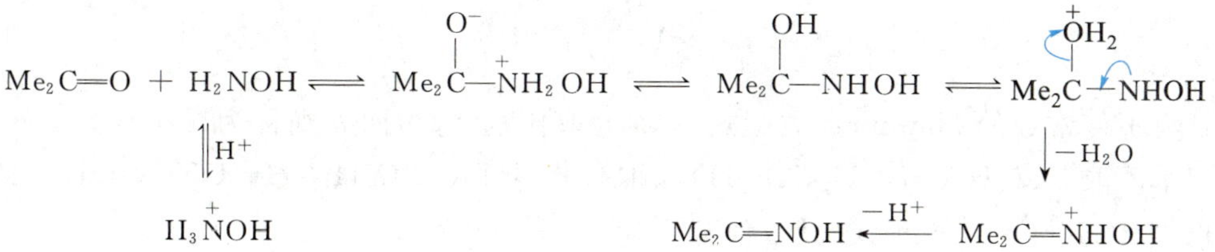

pH 在 4.5 以下时，大部分羟胺变成盐，只有没有质子化的部分与丙酮反应，因此，pH 小反应速率慢。第二步是反应中间体的脱水，羟基的离去倾向小，质子化后才能脱离。因此，pH 加大反应速率减慢。

§ 20.6 Hammett 方程式

20 世纪初，有机化学家开始重视有机化学反应的定量研究，测定了许多反应的平衡常数(K)或反应速率常数(k)，积累了大量的实验数据。

20 世纪二三十年代以后开始进行这些数据的相关性(correlation)研究，其目的在于揭示化合物的结构与其性能之间的定量关系。由此产生了许多经验方程式，Hammett 方程式就是其中应用范围较广的一种。

羧酸的解离平衡常数 K 是测定得比较多的。可以设想：取代苯甲酸苯环上取代基 X 对解离平衡的影响可能与它对取代苯乙酸解离平衡的影响相似。

将 $\lg\left(\frac{K_X}{K_0}\right)$(取代苯乙酸)与 $\lg\left(\frac{K'_X}{K'_0}\right)$(取代苯甲酸，25 ℃，水溶液)作图，得相应直线，由图 20.1 中可见，与大多数取代基相对应的点都在直线上，相关性良好。

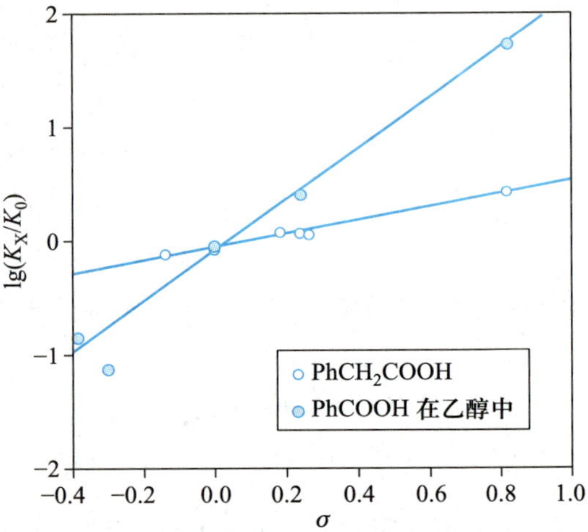

图 20.1 Hammett 图(苯乙酸和乙醇中苯甲酸的解离常数)

与图 20.1 中直线相应的方程式为

$$\lg\left(\frac{K_X}{K_H}\right)=\rho\lg\left(\frac{K'_X}{K'_0}\right)$$

取代苯甲酸的 K' 值测定较多，因此，把它作为标准(于 25 ℃，在水溶液中测定)，在水溶液中测定，定义一个新的常数 σ：

$$\sigma=\lg\left(\frac{K'_X}{K'_0}\right)\quad(取代苯甲酸)$$

这样就得到：

$$\lg\left(\frac{K_X}{K_H}\right)=\rho\sigma$$

这就是解离平衡常数的 Hammett 方程式，σ 称为取代基常数，而 ρ 则称为反应常数。

取代苯丙酸($XC_6H_4CH_2CH_2COOH$)和取代肉桂酸($XC_6H_4CH{=}CHCOOH$)的解离平衡常数也符合 Hammett 方程式，其 ρ 值分别为 0.21 和 0.47。

由于：

$$\lg K = -\Delta G^{\ominus}/(2.3\ RT)$$

$$\lg\left(\frac{K_X}{K_0}\right) = \lg K_X - \lg K_0 = \Delta\Delta G/(2.3\ RT) = \rho\sigma$$

因此 Hammett 方程式实际上表示吉布斯自由能的线性关系（linear Gibbs free energy relationship）。

将取代苯甲酸乙酯在碱性溶液中的水解速率常数 $\lg\left(\frac{k_X}{k_0}\right)$ 对取代苯甲酸的 $\lg\left(\frac{K'_X}{K'_0}\right)$ 作图，也得到一条直线，其斜率为 2.50，见图 20.2。

与图 20.2 中的直线相应的方程式为

$$\lg\left(\frac{k_X}{k_0}\right) = \rho\sigma$$

这就是反应速率的 Hammett 方程式。

$$\lg k = \lg(k_B T/h) - \Delta G^{\neq}/(2.3\ RT)$$

式中，k_B 为 Boltzmann 常数，h 为 Planck 常量。

$$\lg\left(\frac{k_X}{k_0}\right) = \lg k_X - \lg k_0 = \Delta\Delta G^{\neq}/(2.3\ RT)$$

因此反应速率常数的 Hammett 方程式也表示吉布斯自由能的线性关系。

从图 20.2 可以看出：吸电子取代基（NO_2，Cl，Br，I）的 σ 值为负，因此 σ 的数值表示取代基吸电子或给电子能力的强弱。Hammett 只研究了对位取代基和间位取代基的影响（其 σ 值分别用 σ_p 和 σ_m 表示），因为邻位取代基的影响除了电性以外，还有不易确定的位阻效应。方程式中的 σ 值表示某一反应对取代基电性变化的敏感度（susceptibility）。

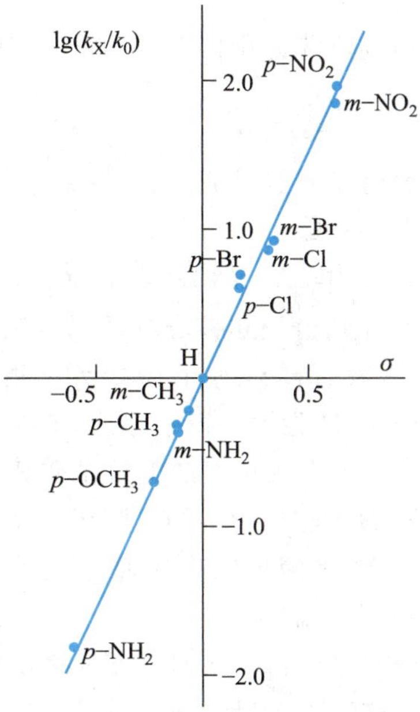

图 20.2　取代苯甲酸乙酯的碱性水解速率与取代苯甲酸的解离平衡常数的相关性

§ 20.7　阅读材料

20.7.1　长寿命的烷基碳正离子

烷基碳正离子是 S_N1，E1 等反应的中间体。它的存在已由化学动力学、立体化学及反应产物的组成等方面的研究工作所证实。由于烷基碳正离子很不稳定，在 20 世纪 60 年代以前一直未能用实验方法直接观测。烷基碳正离子的亲电性很强，非常容易与亲核的负离子或分子结合，生成稳定的中性化合物；或被亲核试剂夺去一个质子生成烯烃。因此只有在溶液中负离子或中性分子的亲核性非常弱，温度非常低时，它的寿命才比较长，可以用谱学方法直接观测。

20 世纪 50 年代初，Olah G A 在匈牙利布达佩斯科技大学的有机化学研究所工作。研究所的主要研究领域是糖苷化学，而 Olah 却对有机氟化合物感兴趣。合成有机氟化合物需要用 HF，BF_3 等腐蚀性很强的试剂，显然不能在一般实验室中进行。Olah 得到允许将实验楼顶层后面的露天阳台改装成一个小实验室，所需试剂也要自己合成。例如，从 CaF_2 和 H_2SO_4 合成 HF；由 HF 和 SO_3（由发烟硫酸得到）合成 HSO_3F；由 HSO_3F 和硼酸合成 BF_3 等。

Olah 先是合成一系列脂肪酸酰氟，研究它们在 BF_3 存在下与芳烃的 Friedel－Crafts 反应，又推广到烷基氟在 BF_3 存在下与芳烃的反应：

$$\mathrm{ArH + RCOF \xrightarrow{BF_3} ArCOR + HF}$$

$$\mathrm{ArH + RF \xrightarrow{BF_3} ArR + HF}$$

然后研究反应的中间产物 $\mathrm{Ar\overset{+}{C}{=}O \cdot {}^{-}BF_4}$ 和 $RF\cdot BF_3$，以及可能生成的碳正离子。

$$\mathrm{RF + BF_3 \rightleftharpoons \overset{\delta+}{R}{-}F{-}\overset{\delta-}{B}F_3 \rightleftharpoons R^+BF_4^-}$$

由于当时没有红外光谱仪，只能测定电导率。Olah 发现：R＝Me_2CH 或 Me_3C 时，溶液的电导率很高。

1957 年，Olah 移民到加拿大，在 Sarina 城（Ontario 省）Dow Chemical Company 工作，有条件用红外光谱仪和核磁共振谱仪进行研究，不过当时公司在 Sarina 城的实验室还没有核磁共振谱仪，要带着样品远行 100 mile（英里）[①]到公司在美国 Midland 的实验室里去测试。

Olah 试验了一系列金属、非金属氟化物（如 BF_3，PF_5，SbF_5 等）与 RF 的反应，发现 SbF_5 最容易与 RF 生成长寿命的烷基碳正离子，由于 RF 在 SbF_5（mp 7 ℃）中的溶液是黏稠的，要用溶剂稀释后才能进行 NMR 测定。溶剂的亲核性必须很低以免与碳正离子发生反应。首先用的是液态 SO_2，溶液可以冷却到－78 ℃进行研究，以后发现用 SO_2ClF 或 SO_2F_2 作溶剂，溶液可以冷却到更低的温度。

Olah 观测到：$(CH_3)_3CF$ 的 δ_H 为 1.5，由于 F 的自旋裂分为双峰（$J_{H,F}$＝20 Hz），溶于 SbF_5 后，δ_H 移到 4.3，为单峰。在 ^{13}C NMR 谱中，溶液中叔碳原子的化学位移向低场近移了约 300，为 335.2。这样大的位移只能用碳原子由 sp^3 杂化轨道转变为 sp^2 杂化轨道来说明。Olah 的工作在 20 世纪 60 年代初发表，以后又观测到烷基碳正离子的红外光谱、激光 Raman 光谱和光电子能谱。

一氟丙烷、一氟丁烷和一氟戊烷无论是哪一种异构体在超强酸中分别生成仲丙基、叔丁基和叔戊基碳正离子：

$$\mathrm{C_3H_7F + (SbF_5)_2 \longrightarrow Me_2CH^+ + Sb_2F_{11}^-}$$

$$\mathrm{C_4H_9F + (SbF_5)_2 \longrightarrow Me_3C^+ + Sb_2F_{11}^-}$$

$$\mathrm{C_5H_{11}F + (SbF_5)_2 \longrightarrow Et\overset{+}{C}Me_2 + Sb_2F_{11}^-}$$

可能生成仲丁基碳正离子或仲戊基碳正离子的氟代烷，在超强酸溶液中只有在非常低的温度下才能观测到仲烷基碳正离子，它们迅速重排成更稳定的叔烷基碳正离子。伯氟代烷只观测到重

① 1 mile（英里）＝1.609 344 km

排后生成的叔烷基碳正离子。

20.7.2 在超强酸中观测到的其他正离子

在超强酸中除烷基正离子外还可以观测到其他作为反应中间体生成的正离子。

1907 年，在酸碱理论的研究中即已提出溶液中可能有水合氢离子（hydronium ion，H_3O^+）存在，在超强酸 $HSO_3F:SbF_5$ 或 $HF:SbF_5$ 中，可以观测到 H_3O^+ 的 δ_H 为 11.0。甲醇、乙醇、丙醇、异丙醇、丁醇、异丁醇、己醇等在超强酸中都可以观测到 $R\overset{+}{O}H_2$ 的存在。

$$ROH \xrightarrow[213\ K]{HSO_3F:SbF_5,SO_2} R\overset{+}{O}H_2$$

例如，在甲醇的谱图中 $\overset{+}{O}H_2$ 的信号在 9.7，为四重峰，而 CH_3 的信号在 4.9，为三重峰。将溶液加热到 50 ℃信号仍保持不变，有时可以观测到分解缩合产物 $(CH_3)_3C^+$ 的信号。丙醇在超强酸中 278～298 K 下观测到叔丁基和叔己基碳正离子的信号：

$$CH_3CH_2CH_2\overset{+}{O}H_2 \xrightarrow[278\sim298\ K]{HSO_3F:SbF_5,SO_2} (CH_3)_3\overset{+}{C} + (CH_3)_2\overset{+}{C}CH(CH_3)_2 + H_3\overset{+}{O}$$

二甲醚（CH_3OCH_3）在超强酸 $HSO_3F:SbF_5-SO_2$ 中生成 $CH_3\underset{+}{\overset{H}{O}}CH_3$，$\overset{+}{O}H$ 的信号在 9.1 处为七重峰，CH_3 的信号在 4.5 处为双重峰。甲基仲丁基醚在超强酸溶液中，当温度升高到 －30 ℃时，出现 $CH_3\overset{+}{O}H_2$ 和 $(CH_3)_3C^+$ 的信号：

$$CH_3CH_2CH(CH_3)\underset{+}{\overset{H}{O}}CH_3 \longrightarrow CH_3\overset{+}{O}H_2 + (CH_3)_3\overset{+}{C}$$

醚分子中有一个叔烷基时，甚至在 －70 ℃下即迅速分解产生叔烷基的信号。

在超强酸中和低温下也可以用核磁共振谱观测到作为反应中间体生成的正离子反应中间体。例如：

$$RCH{=}O \xrightarrow{HSO_3F:SbF_5,SO_2} RCH{=}\overset{+}{O}H$$

$$R_2C{=}O \xrightarrow{HSO_3F:SbF_5,SO_2} R_2C{=}\overset{+}{O}H$$

$$RCH{=}CH_2 \xrightarrow[\text{或 } HF:SbF_5]{HSO_3F:SbF_5} R\overset{+}{C}HCH_3$$

羧酸在超强酸（$HSO_3F:SbF_5:SO_2$）中则可观测到 OH 的两个信号，是由 O—H 键的自由旋转受到阻碍产生的：

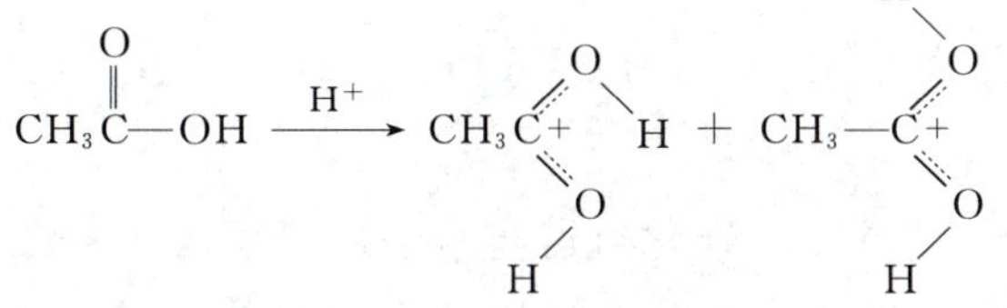

syn，*anti* 95%　　*syn*，*syn* 5%

当溶液加热到 20 ℃时，分解成酰基正离子和水合氢离子：

$$CH_3CO\overset{+}{O}H_2 \xrightarrow[H^+]{20\ ℃} CH_3\overset{+}{C}O + H_3\overset{+}{O}$$

羧酸酯在超强酸中也可以观察到 OH 的两个信号：

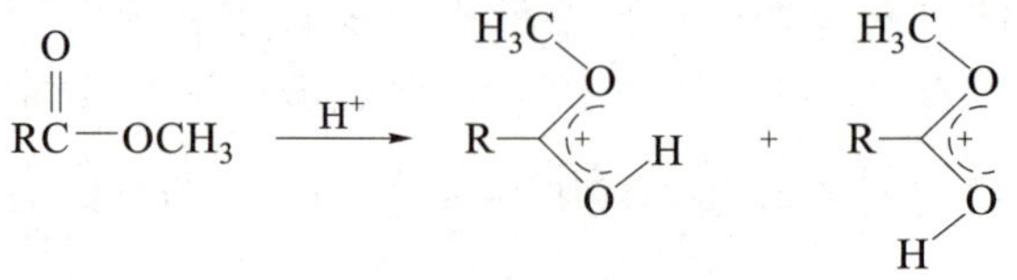

90%　　　10%

溶液加热到 20 ℃也分解成酰基正离子：

$$R-\overset{\overset{+}{O}H}{\overset{\|}{C}}-OCH_3 \xrightarrow[H^+]{20\ ℃} R\overset{+}{C}O + CH_3\overset{+}{O}H_2$$

烷基重氮离子 $R\overset{+}{N}_2$，是一些反应的中间体，由于它非常不稳定，它的存在是用电化学动力学研究推测出来的，在超强酸中则可以用核磁共振谱直接进行观察。

$$CF_3CH_2NH_2 + HNO_2 \xrightarrow[-60\ ℃]{HSO_3F} CF_3CH_2\overset{+}{N}_2 + H_2O$$

反应中亚硝酸的作用是提供亚硝基正离子(nitrosonium ion)，它的盐已经制备出来 $\overset{+}{N}\overset{-}{O}X$($X^- = BF_4^-, PF_6^-, SbF_6^-, FSO_3^-$)，并用^{13}C NMR，IR，X 射线衍射等方法鉴定。

$$RNH_2 + \overset{+}{N}O \longrightarrow R\overset{+}{N}_2 + H_2O$$

20.7.3　烷烃的质子化

在较高压力下，甲烷的质谱图中出现 CH_5^+，这是由甲烷分子和一个质子结合生成的：

$$CH_4 + H^+ \longrightarrow CH_5^+$$

在低温下，甲烷在超强酸中的溶解度非常小，即使生成 CH_5^+ 由于浓度极低，在 NMR 谱中也观测不出来。将超强酸 $HSO_3F : SbF_5$ 或 $HF : SbF_5$ 通甲烷后饱和冷至 −180 ℃，使其成为固体，然后测定光电子能谱，发现碳原子的 1 s 电子的结合能比甲烷小 1 eV，推测这就是 CH_5^+，理论计算也与其相符合。Olah 认为质子进攻 C—H 键上的电子对，在一个碳原子和两个氢原子之间生成三原子二电子键，也就是说生成非经典碳正离子：

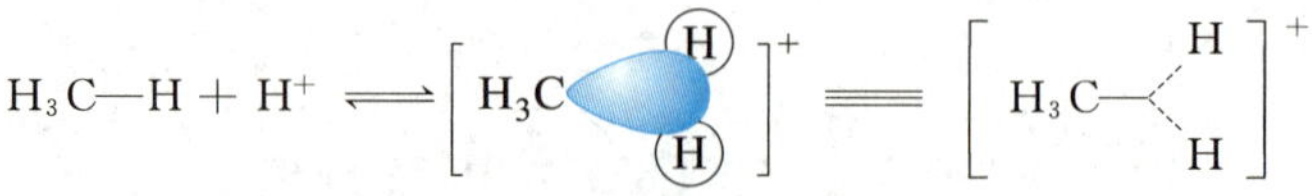

上式中的虚线表示碳原子上一个 sp^3 杂化轨道与两个氢原子的 1 s 轨道重叠生成的三原子二电子键，虚线的交汇点不代表一个原子。Olah 将这种 5 价的碳原子称为 methonium ion。用乙烷代替甲烷，则生成 ethonium ion，这时质子可以进攻 C—H 键或 C—C 键：

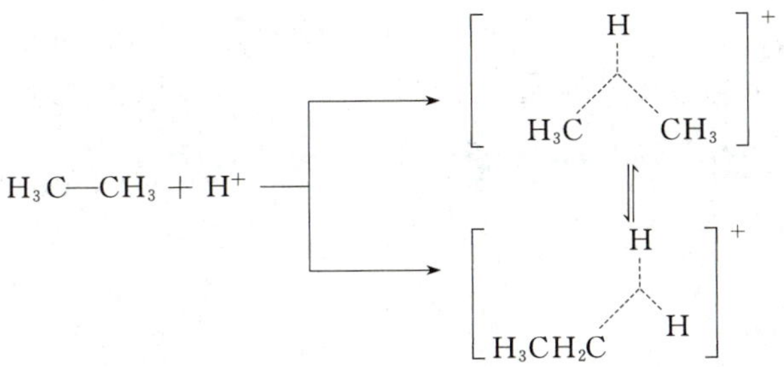

在超强酸($HSO_3F : SbF_5$)中可以用^1H NMR观测到H_3^+的信号,它的寿命相对比较长。

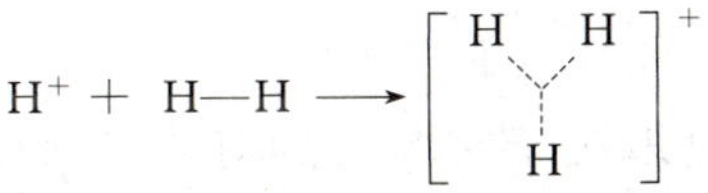

因此,这是最简单的非经典正离子。既然质子能够进攻H—H键,它进攻C—H键和C—C键也是有可能的。

更高级烷烃在超强酸中,质子更容易进攻C—C键:

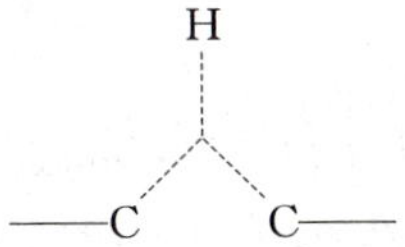

引发C—C键的断裂,即烷烃的裂解。

1966年,当Olah在凯斯西储大学(Case Western Reserve University)工作时,学生在实验室里庆祝圣诞节,一个德国的博士后Lukas J将留下的蜡烛碎屑放在超强酸$HSO_3F : SbF_5$中,发现它迅速溶解,Lukas随即测定了溶液的^1H NMR谱,他非常惊奇地发现:谱图显现很强的$(CH_3)_3\overset{+}{C}$峰。说明蜡烛中的长链烷烃在超强酸作用下发生裂解和重排,生成稳定的叔丁基碳正离子,因此在实验室里把$HSO_3F : SbF_5$戏称为魔酸(magic acid)。Olah培养的博士Svoboda J开了一家公司生产超强酸,就把magic acid作为$HSO_3F : SbF_5$的商品名,以后化学文献中也采用这一名称。

参考文献

第二十一章　立体化学

§21.1　分子的手性与对称性

分子与其镜像是否能互相重合取决于它本身的对称性，即是否缺少某些对称元素（symmetry elements），因此要对分子有无手性做出正确的判断，必须先了解对称元素的含义。

21.1.1　对称元素

21.1.1.1　对称轴

对称轴（axis of symmetry）的符号为 C_n，字母 n 表示轴的阶。水分子有一个二重轴 C_2，即∠HOH 的分角线，水分子围绕 C_2 轴转动 $2\pi/2$ 即 180°后，分子中每一个原子都与未转动前分子中的等价原子相重合，也就是说(1)和(2)是两个等价构型，去掉氢原子上的人为编号，彼此无法区别。

(1)　　(2)

有 n 重轴 C_n 的分子，绕轴转动一周，可以得到 n 个与原始构型无法区别的等价构型。

氨和氯甲烷有一个三重轴 C_3，环丁烷的平面构象有一个四重轴 C_4，线形分子有一个 C_∞ 轴：

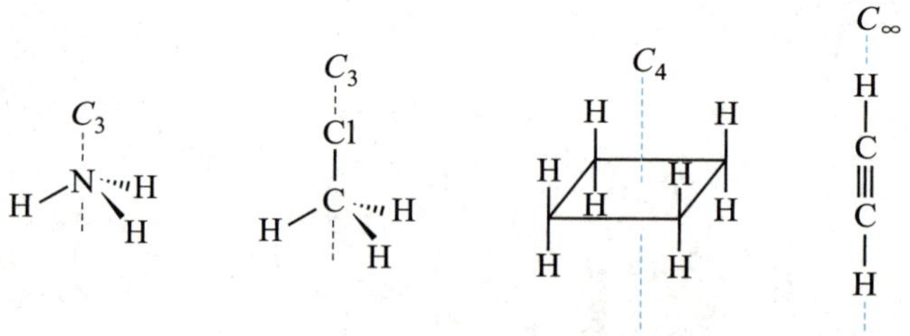

C_n 轴是一个对称元素，转动则是它的对称操作。每一个对称元素都有相应的对称操作，对称操作是根据对称元素规定的，而对称元素可以通过对称操作显示其存在。

任何一个分子或模型绕轴旋转 360°后都与原来的分子或模型相重合，因此所有分子都有 C_1 轴，C_1 操作相当于恒等操作（identity operation），用 E 或 I 表示。

问题 21.1　找出下列化合物的对称轴。

(1) $CHCl_3$　(2) 反－1,2－二甲基环丙烷
(3) 丁烷的反交叉式构象　(4) 环己烷的船型构象
(5) 反－1,4－二甲基环己烷的椅型构象

21.1.1.2　对称面

对称面(symmetry plane)的符号为 σ，其对称操作为反映，就是照镜子。分子中每个原子通过对称面的反映后得到的新的构型与原来的构型是等价的。有对称面的分子中不在对称面上的原子一定是成对的，在对称面的两边等距离处各有一个，如果某一种原子的数目为奇数，则其中至少有一个在对称面上。

二氯甲烷分子中碳原子和两个氯原子所在的平面是分子的对称面，由构型(3)经反映操作后，得到的构型(4)与(3)是等价的。同样，通过碳原子和两个氢原子的平面也是分子的对称面。如用透视式表示二氯甲烷的结构，纸面所在的平面就是分子的对称面：

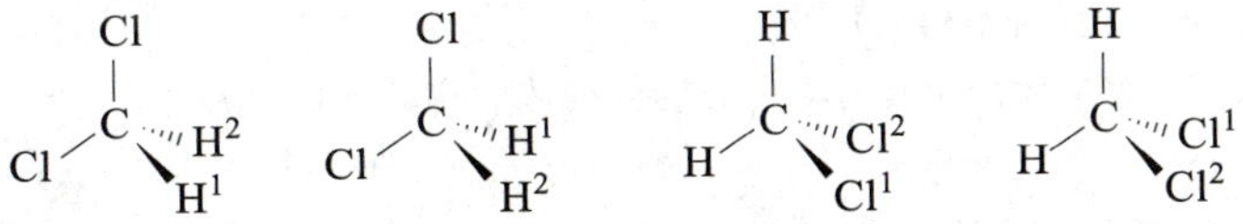
(3)　(4)　(5)　(6)

如果分子中有手性基团，经过反映操作后，基团的构型反转。例如：

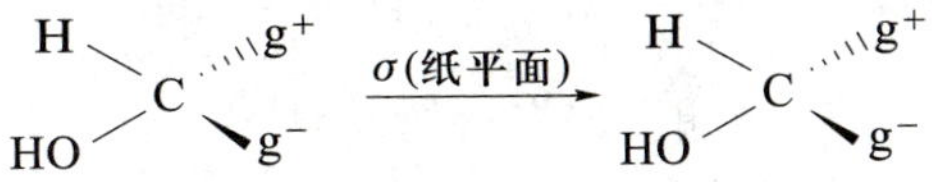

g=—CH(OH)CO_2H

平面形的分子，如水、硫化氢等，分子所在的平面也是分子的一个对称面。线形分子有无数个对称面。

以上的例子说明：对称面就是把分子切开成互为镜像的两半的平面。

问题 21.2　下列化合物各有几个对称面？

(1) H_2O　(2) NH_3
(3) 乙烷的重叠式构象　(4) 乙烷的交叉式构象
(5) 环丙烷　(6) 环丁烷的折叠式构象
(7) 环己烷的椅型构象　(8) 环己烷的船型构象

21.1.1.3　对称中心

对称中心(center of symmetry)的符号是 i，对称操作是反演，就是假定对称中心为直角坐标的原点，分子中某一原子的坐标为(x, y, z)，经过反演操作后，变成$(-x, -y, -z)$，每一个原子

都经过反演操作，得到的新构型为原来构型的等价构型。例如，环丁烷（平面构象）中碳环的中心点是对称中心，通过反演操作后，由构型(7)变成(8)，它们是等价构型。

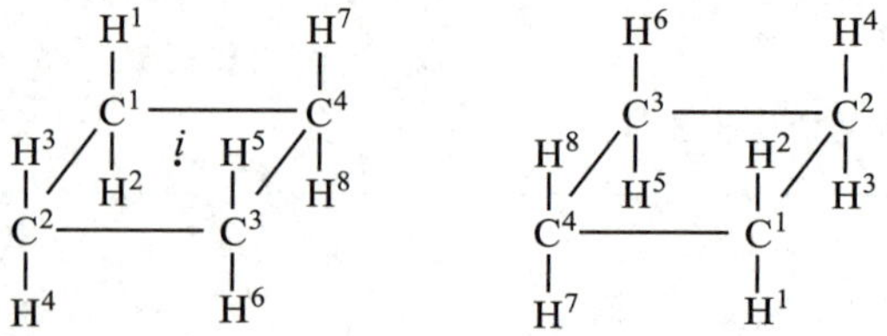

(7) (8)

如以 i 为原点建立直角坐标，使坐标为 (x,y,z) 的一点绕 z 轴旋转 180°，坐标变为 $(-x,-y,z)$，然后再对 xy 平面进行反映操作，则其坐标变为 $(-x,-y,-z)$。由此可见：反演操作等于先转动，后反映。先反映，后转动也得到同样的结果。一个分子只可能有一个对称中心。

问题 21.3 找出下列化合物的对称中心。

(1) 乙烷的交叉式构象

(2) 丁烷的反交叉式构象

(3) 反-1,4-二甲基环己烷（椅型构象）

(4) 写出 1,2,3,4,5,6-六氯环己烷有对称中心的异构体的构象式（椅型）

手性基团经过反演操作后，其构型反转。例如：

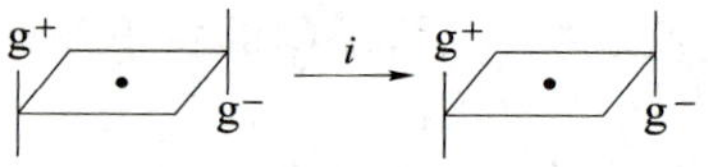

$g = —CH(CH_3)C_2H_5$

21.1.1.4 更迭对称轴

更迭对称轴(alternating axis of symmetry)的符号为 S_n，对称操作是先转动再反映，即将分子绕轴旋转 $360°/n$ 后再从与垂直于轴的平面反映，经过两次对称操作后，分子中的每一个原子都与未经过操作前分子中的对应原子相重合，即经过对称操作后分子的构型与原来的构型一致。例如，下列化合物有一个 S_4 轴：

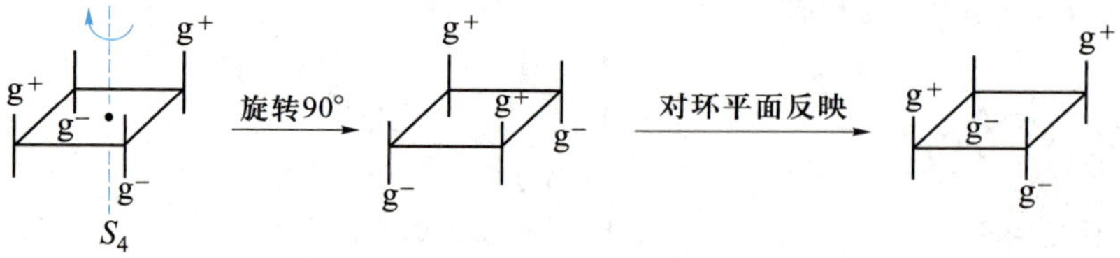

根据 S_n 轴的定义，对称面就是 S_1，对称中心就是 S_2。

问题 21.4 找出甲烷和环己烷椅型构象以及 $Cg^+g^+g^-g^-$ 分子中的更迭对称轴。

21.1.2 对称元素与手性

一个分子只有一个镜像，与镜子的位置无关。

以顺-1,2-二甲基环丙烷为例，构型(1)的镜像是构型(2)，构型(2)的左半是构型(1)的右半的镜像，构型(2)的右半是构型(1)的左半的镜像：

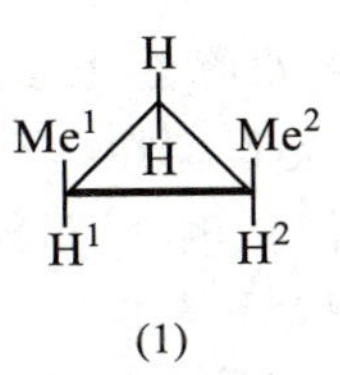

顺-1,2-二甲基环丙烷分子中有一个对称面，即通过 C(3)而与 C (1)—C (2)键垂直的平面。根据对称面的定义，经过反映操作后，构型(1)转变成能与其重合的等价构型(3)。构型(3)的左半是构型(1)的右半的镜像，而构型(3)的右半则是构型(1)的左半的镜像：

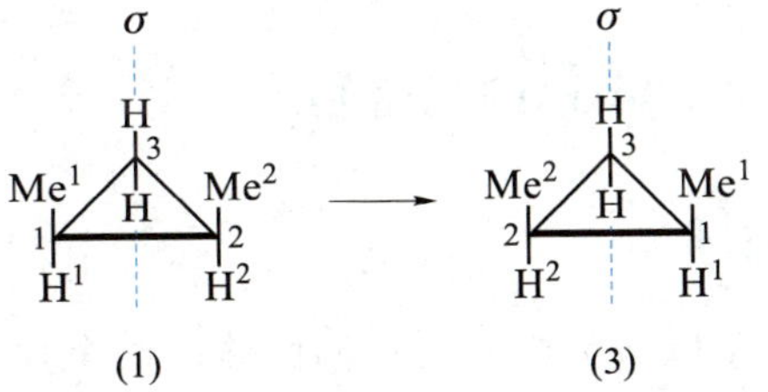

构型(3)就是构型(2)，即构型(1)的镜像。因此，当分子中有一个对称面时，经过对映操作后，得到原来构型的镜像，而根据对称面的定义，新的构型是原来构型的等价构型，它们能够互相重合，所以分子内有一个对称面时，能与其镜像相重合，分子是非手性的。反映操作等于在对称面的位置放一个双面镜，反映后得到原来构型的镜像，与镜子放在其他位置得出的镜像是等价的。

当分子中有对称中心时，根据定义，通过反演，先反映后转动 180°，或先转动 180°后反映所得到的构型与原来的构型等价，能够互相重合。以构型(4)为例，经反演后得到构型(5)；构型(4)转动 180°后得到构型(6)，构型(6)经反映操作后得到构型(5)；构型(4)经反映操作后得到构型(7)，构型(7)转动 180°后也得到构型(5)：

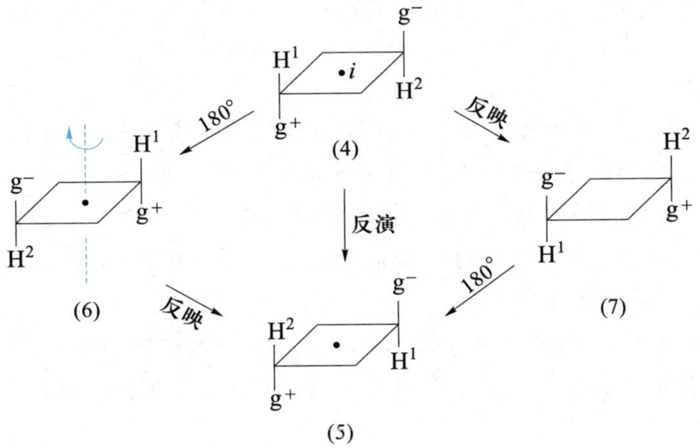

根据定义，构型(5)是构型(6)的镜像，而构型(6)是构型(4)旋转180°后的构型，分子中各原子的几何关系没有任何变化，构型(6)的镜像也就是构型(4)的镜像，相当于一个人转身后再照镜子，得到的镜像与不转身的镜像相同。根据定义，构型(4)与构型(5)能互相重合，也就是分子能与其镜像相重合。因此有对称中心的分子是非手性的。同理，构型(7)是构型(4)的镜像，构型(7)转动180°得到构型(5)，构型(5)也是构型(4)的镜像，构型(5)与构型(4)能重合，即分子能与其镜像相重合。

S_4 轴的情况与 S_2 轴相似，相当于转身90°后再照镜子，因此有 S_4 轴的分子也能与其镜像相重合。分子有 $S_n(n\geqslant4)$ 轴同时还可能有其他对称元素存在。

由此可见：只要分子中有 S_n 轴它就能与其镜像相重合，是非手性的。在一般情况下只要分子中没有对称面、对称中心以及 S_n 轴，就可以断定它有手性。

§21.2　手性化合物的各种类型

21.2.1　有手性中心(chiral center)的化合物

21.2.1.1　不对称碳原子

甲烷分子中四个氢原子位于以碳为中心的正四面体的四个顶点上。把甲烷中的碳原子放在立方体的中心，四个氢原子放在互不相邻的四个顶点上，最易判断其对称性(见图21.1)。

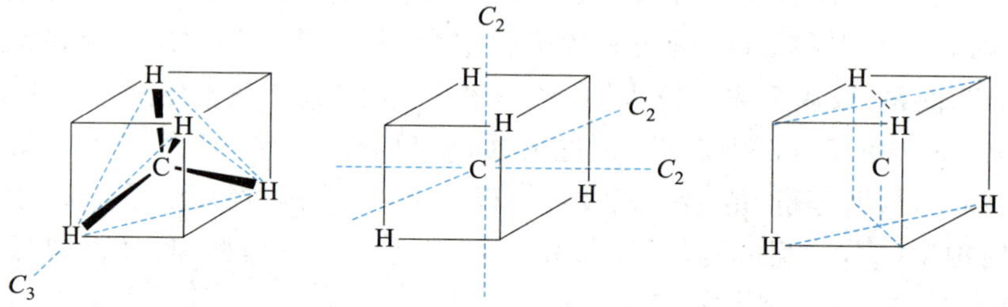

(a) C_3轴　　(b) C_2轴　　(c) 对称面

图21.1　甲烷分子的对称性

从图21.1可见：甲烷分子中每一个C—H键所在的直线都是分子的 C_3 轴，一共有4个 C_3 轴；通过碳原子而与立方体的边平行的直线是分子的 C_2 轴，一共有3个 C_2 轴；通过立方体相对的两个面上的两条对角线的平面是分子的对称面，一共有6个对称面。因此甲烷分子中对称元素的总数为：$4C_3+3C_2+6\sigma=13$，是对称性很高的分子。甲烷可以作为C(aaaa)型分子的代表。通过取代可以降低分子的对称性。

在C(aaab)型化合物中，只剩下一个 C_3 轴，即通过C—b键的直线，不再有 C_2 轴，只有通过b的面才是分子的对称面，因此，只剩下3个对称面(见图21.2)，对称元素的总数为 $1C_3+3\sigma=4$。

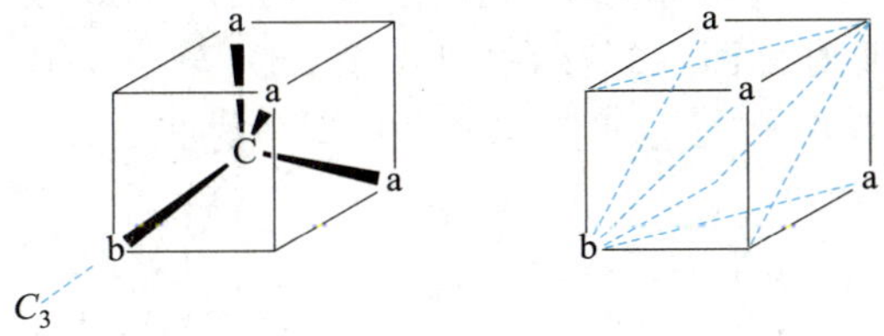

（a） C_3轴　　（b） 对称面

图 21.2　C(aaab)型化合物的对称性

在 C(aabb) 型分子中有一个 C_2 轴和两个对称面(见图 21.3)，对称元素的总数为 $1C_2+2\sigma=3$。

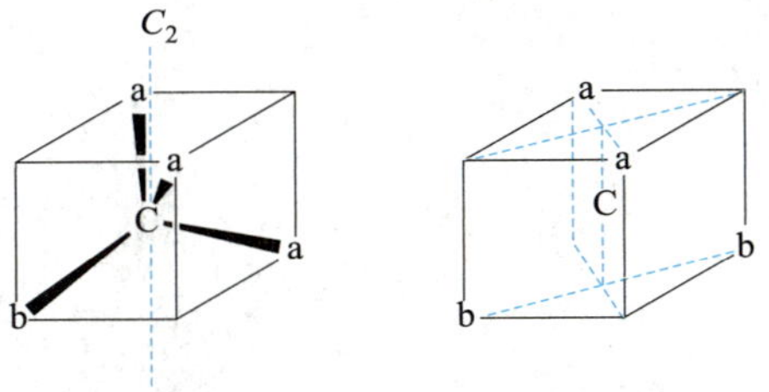

（a） C_2轴　　（b） 对称面

图 21.3　C(aabb)型化合物的对称性

在 C(aabc) 型化合物中，只有一个对称面(见图 21.4)，对称元素的数目为 1。

在 C(abcd) 型化合物中，不再有对称轴和对称面，所以把与 4 个互不相同的基团相连的碳原子称为不对称碳原子。

图 21.3 说明 C(aabb) 型分子中有一个 C_2 轴和两个对称面。如果将 a 和 b 都用桥连接起来，C_2 轴仍保持不变，但对称面不复存在(见图 21.5)，分子应有手性。

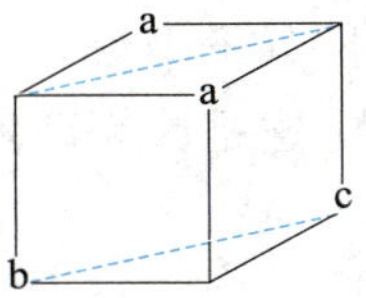

图 21.4　C(aabc)型化合物的对称性

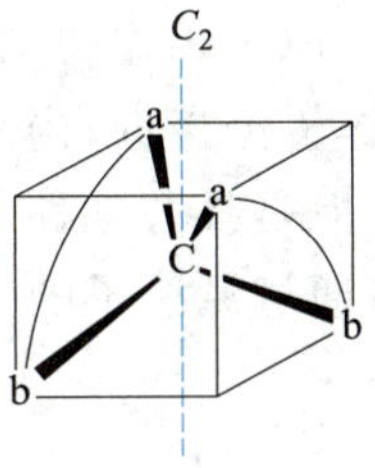

图 21.5　$\left(\begin{smallmatrix}b & & a\\ & C & \\ a & & b\end{smallmatrix}\right)$ 型化合物的对称性

下面的化合物的两种对映体已经得到，这个例子也说明手性分子中可以有对称轴。

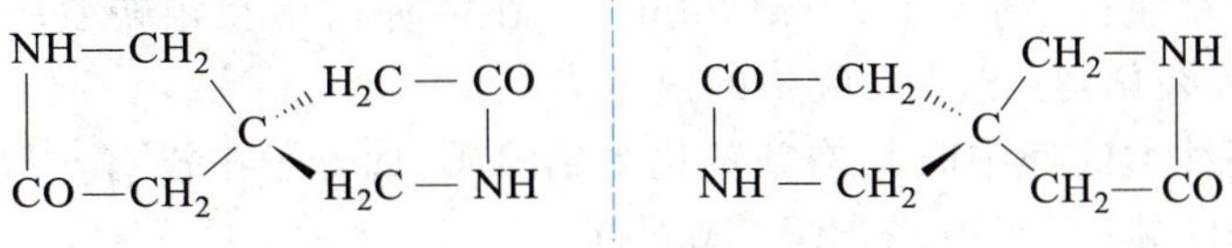

C(aaab) 型化合物有一个 C_3 轴和三个对称面，如果把三个 a 之间用不对称的桥（用→表示）连接起来，C_3 轴保持不变，而对称面不复存在（见图 21.6），分子是有手性的，这种类型的化合物也已合成出来。

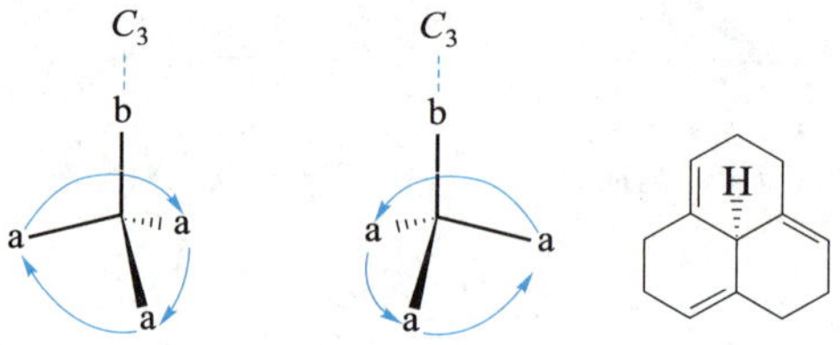

图 21.6 C(aaab)型化合物的对称性

问题 21.5 下列化合物有没有手性？

(1)

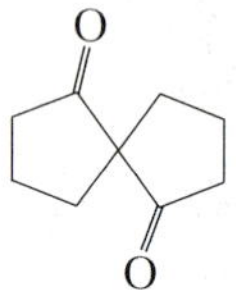

(2)

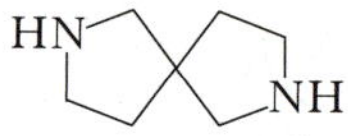

21.2.1.2 手性中心(chiral center)

四配位的氮化合物分子中，氮原子也具有四面体构型，适当取代后也可以使分子具有手性。下面的化合物都已拆分得到旋光异构体：

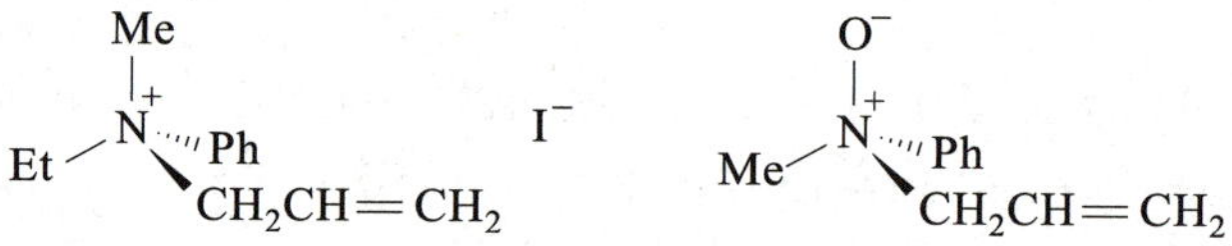

胺分子中与氮原子相连的三个原子和原子团与氮原子上孤电子对占据的 sp^3 杂化轨道在空间的排列与四面体构型接近，当氮原子上的三个取代基互不相同时，分子中没有对称面或对称中心，是手性分子。但是具备这种条件的胺却不能拆分成旋光异构体，这是因为两种构型之间的能垒很低，它们可以通过氮原子的杂化状态的变化而迅速互相转变：

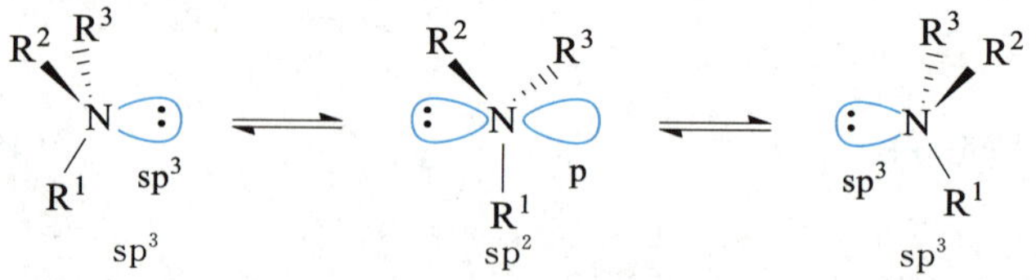

氨分子中两种构型之间的能垒为 25 kJ·mol^{-1}，在室温下每秒钟内约互相转变 2×10^{11} 次！二甲胺两种构型之间的能垒更低，约为 18.4 kJ·mol^{-1}。在两种构型互相转变的过程中，过渡态为平面构型，氮原子为 sp^2 杂化，与 S_N2 反应中的过渡态相似。

氮原子固定在刚性大的环中时其构型转化受到阻碍，如分子中没有对称面和对称中心，则有可能拆分成旋光的对映体。Tröger 碱即已成功拆分。

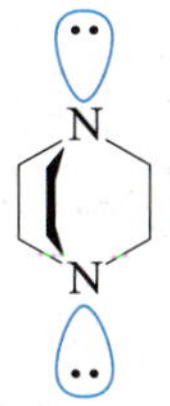

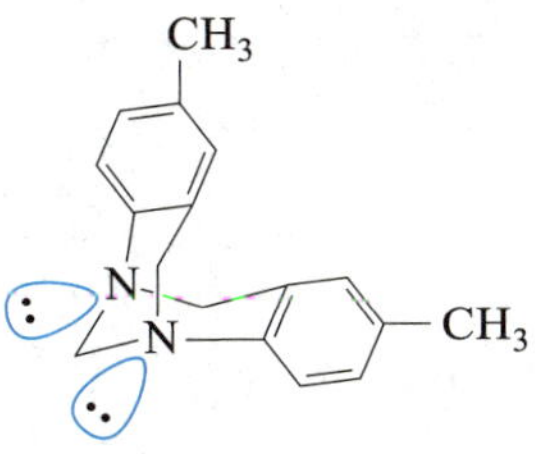

Tröger 碱

锍盐中如三个烃基互不相同，分子有手性，能拆分成两种对映体。例如：

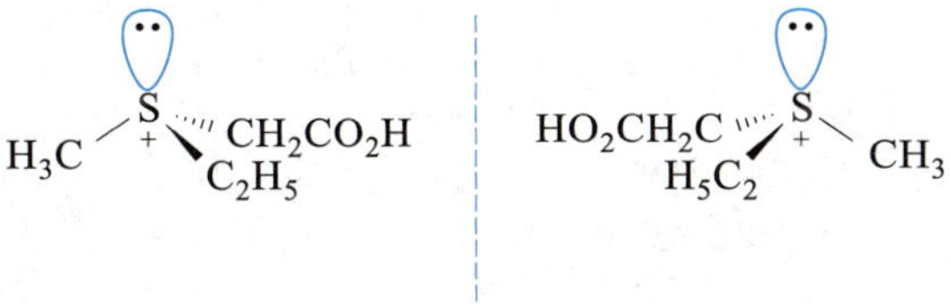

分子的结构与三价氮原子相似，但由于两种构型之间的能垒较高，在室温下不能互变。据计算：下面的化合物两种构型互变需要的活化能为 111.2 kJ·mol^{-1}：

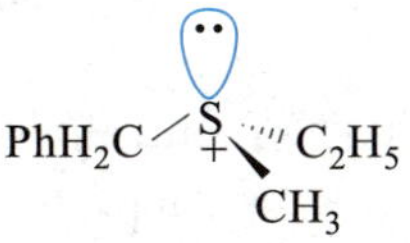

适当取代的四配位有机硅化合物和有机磷化合物也有手性。

不对称碳原子、上述手性分子中四配位或三配位的杂原子统称为手性中心。

21.2.2　有手性轴的化合物

21.2.2.1　丙二烯衍生物

丙二烯分子中三个碳原子排成一条直线，两端的$=CH_2$ 原子团位于互相垂直的两个平面上，可以把丙二烯分子放在一个长方体中考察其对称性。

从图 21.7 可以看出：通过 2 位碳原子而与长方体中相对的两个面垂直的直线是分子的 C_2 轴，通过每一个面的对角线并与该面相垂直的平面是分子的对称面。如果将 1 位和 3 位碳原子上的各一个取代基 a 都换成 b，分子将没有对称面，只有一个 C_2 轴（见图 21.8），分子应当有手性。

1878 年，van't Hoff 即已预言 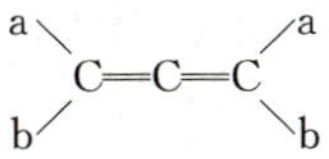 型化合物有对映异构现象，但直到 60 年后才由实验证明。第一个人工合成的旋光的丙二烯型化合物为 1,3-二-α-萘基-1,3-二苯基丙-1,2-二烯。

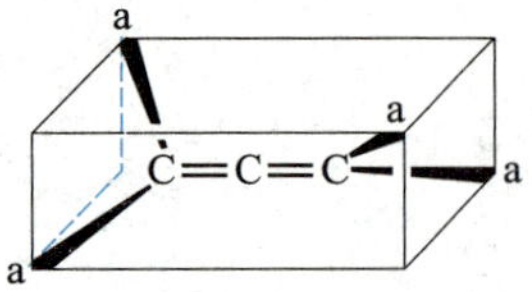

图 21.7　丙二烯(a=H)

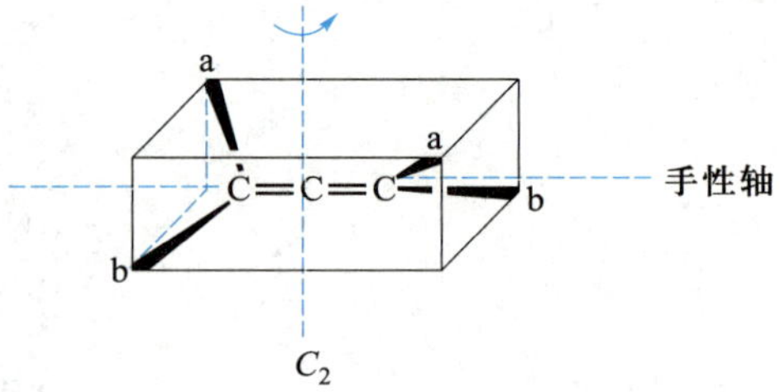

图 21.8 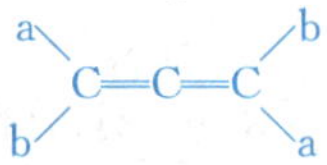 型化合物的对称性

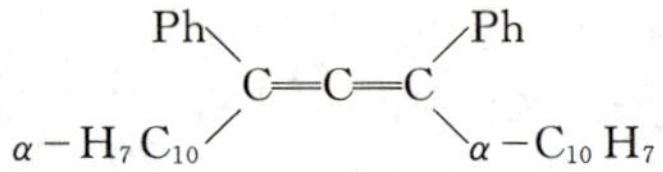

$[\alpha]_{5461}^{17}=+47.3°\cdot cm^2\cdot g^{-1}$

菌霉素(mycomycin)是一种抗生素,它是存在于自然界中的一种旋光的丙二烯型化合物:

$$HC\equiv C-C\equiv C-CH=C=CH-CH=CH-CH=CH-CH_2CO_2H$$

在 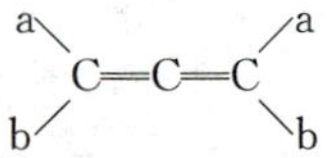 型化合物中,分子的手性是由于 a,b,a,b 四个原子团围绕 C—C—C 轴的非对称排列引起的,C—C—C 是分子的手性轴(chiral axis)。

手性轴相当于把手性中心拉长成一条直线,见图 21.9。

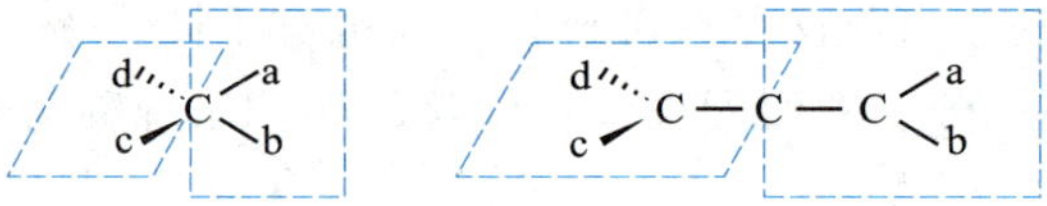

图 21.9　手性中心和手性轴

将丙二烯型手性化合物中的两个双键用环状结构代替也得到手性化合物,例如:

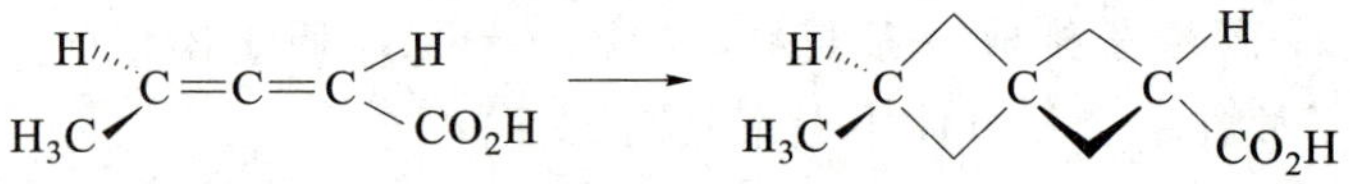

累积三烯烃分子中两端碳原子上的取代基在同一平面上,与乙烯相似。van't Hoff 曾经推测适当取代的累积三烯烃有顺反异构体,直到 20 世纪 50 年代才被实验所证实:

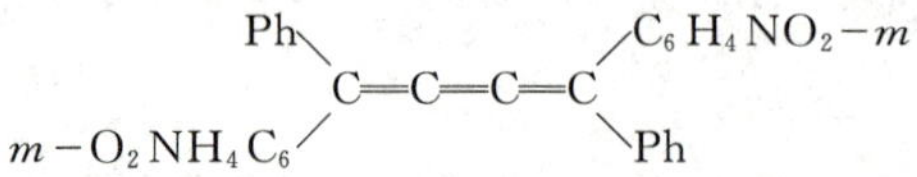

反式

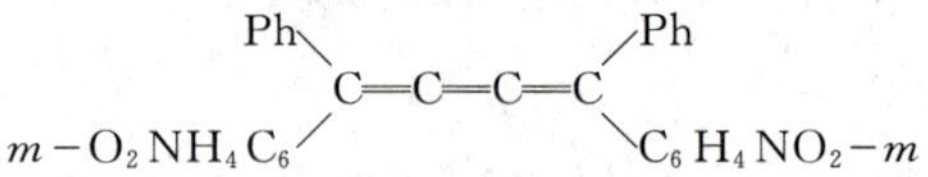

顺式

这两种顺反异构体的稳定性不高,在漫射日光照射下或加热到 100 ℃,它们迅速互变。

累积四烯烃的立体形象与丙二烯相似。旋光的累积四烯烃已在 1977 年合成出来:

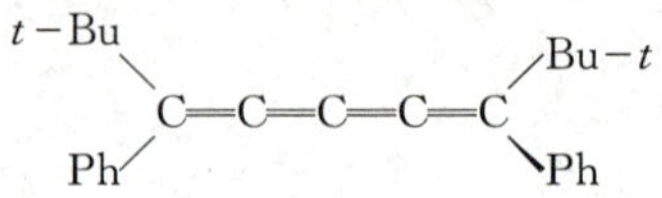

问题 21.6 判断下列化合物有无手性。

(1) 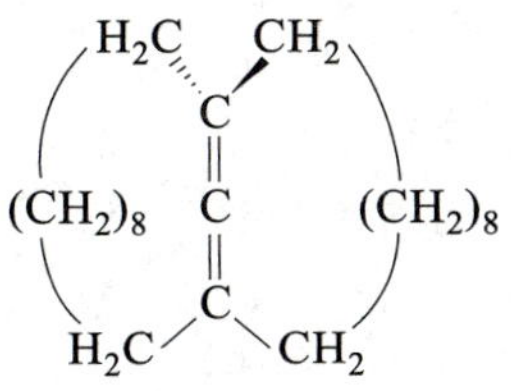

(2) 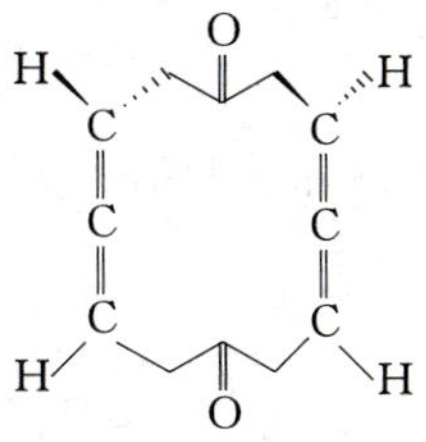

(3) 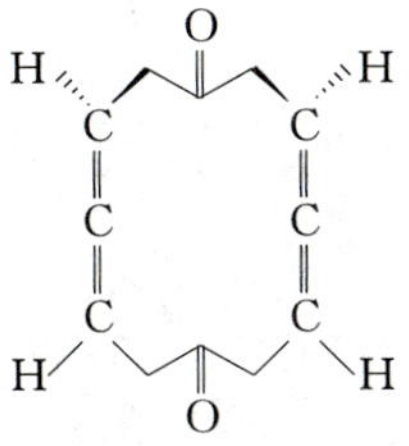

(4) 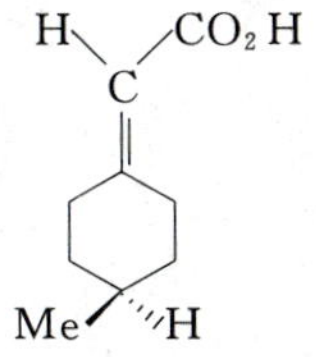

21.2.2.2 联苯衍生物

联苯分子中两个苯环以单键相连，如两个苯环在同一平面上，它们组成一个大的共轭体系，使分子的势能降低，但四个邻位氢原子之间的斥力，又使分子产生一定的张力。在晶体中平面形的联苯分子可以紧密地堆集，分子间的作用力大于四个氢原子之间的斥力，所以在晶体中，两个苯环共平面，而在溶液和气相中，两个苯环平面之间约成 45° 的角度。

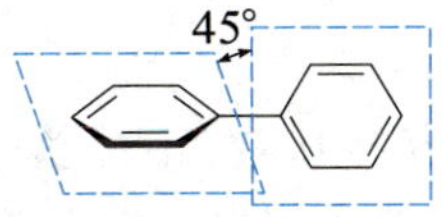

将联苯分子中邻位的氢原子用体积大的原子团取代，可以使两个苯环不能共平面，假定两个苯环所在的平面互相垂直，如果任何一个苯环所在的平面都不是分子的对称面，则整个分子既没有对称面，又没有对称中心，应当有手性。这类化合物中首先拆分成旋光的对映体的是 6,6′-二硝基-2,2′-联苯二甲酸：

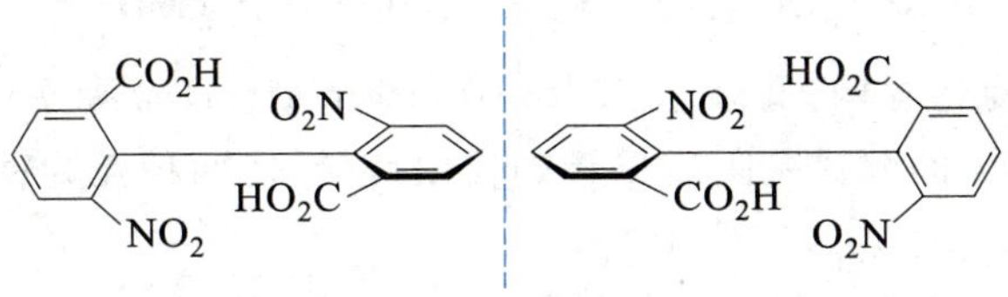

通过两个苯环之间的单键的直线是分子的手性轴。

如联苯分子中两个苯环各有一个取代基 a，分子的几种构象为

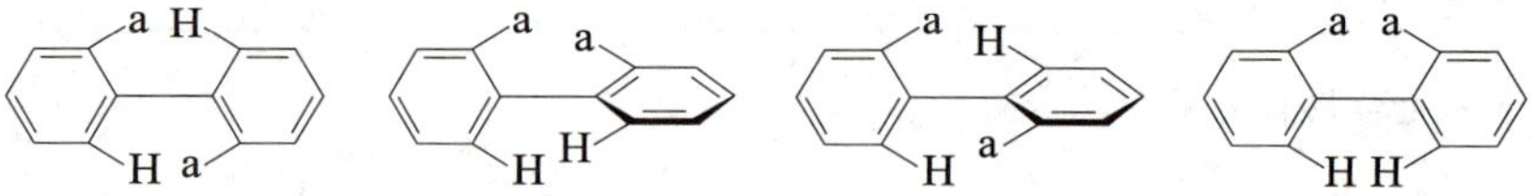

(1)　　(2)　　(3)　　(4)

构象(1),(2),(3)和(4)之间的能量关系见图 21.10。

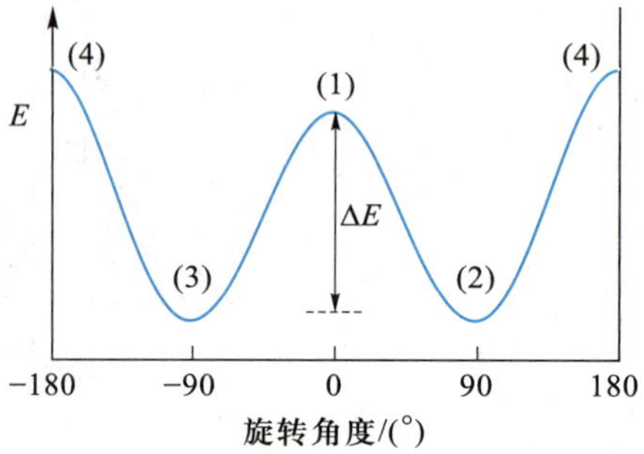

图 21.10 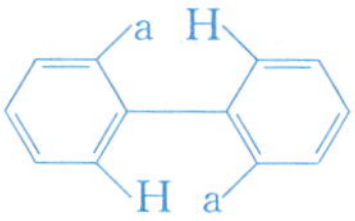 的能线图

构象(2)和(3)之间的最低能垒与取代基 a 的体积大小有关：

a	OCH_3	CH_3	$OCOCH_3$	$CH(CH_3)_2$
$\Delta E/(kJ\cdot mol^{-1})$	57.4	72.9	77.9	7 109.0

当 ΔE 比较小,构象(2)和(3)在室温下容易互变,不能拆分成旋光的对映体,它们代表分子的两种构象。当 ΔE 大到一定程度(84～96 $kJ\cdot mol^{-1}$)后,构象(2)和(3)在室温下不容易互变,有可能把它们拆分,得到两种旋光的对映体,这时构象(2)和(3)就代表两种对映体的构型。实验证明:当 a=SO_3H 时,可以拆分得到旋光的化合物,但在加热时迅速外消旋化,当 a=$C(CH_3)_3$ 时,拆分得到的旋光化合物其旋光性非常稳定,极难外消旋化。

根据旋光的联苯衍生物外消旋化的难易程度测定的取代基位阻大小顺序为

$$I > Br > CH_3 > Cl > NO_2 > CO_2H > OCH_3 > F$$

联苯衍生物的这种旋光异构,文献上称为 atropisomerism(希腊文中 a 意为没有,tropos 意为转动)。它是由于体积大的取代基阻碍单键的自由旋转,使两种互为镜像的非对称构象不能互变而产生的。

有两个邻位取代基的 1,1′-联萘也可以拆分为旋光的异构体。例如:

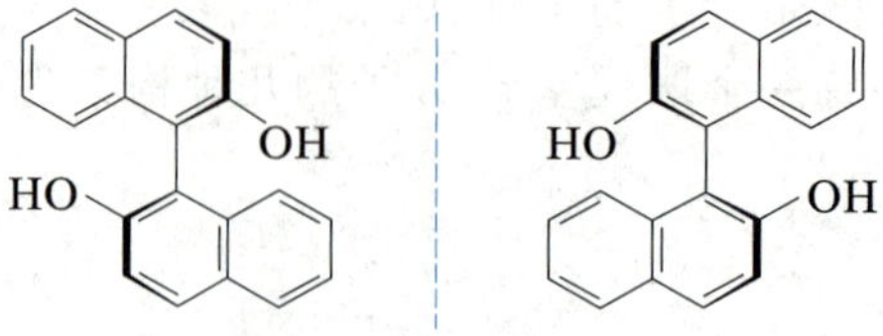

21.2.2.3　乙烷衍生物

将乙烷分子中两个碳原子上的两个氢原子分别用叔丁基和金刚烷基(Ad)取代，得到 3,4-二金刚烷基-2,2,5,5-四甲基己烷，它的 3 种构象都能分离出来：

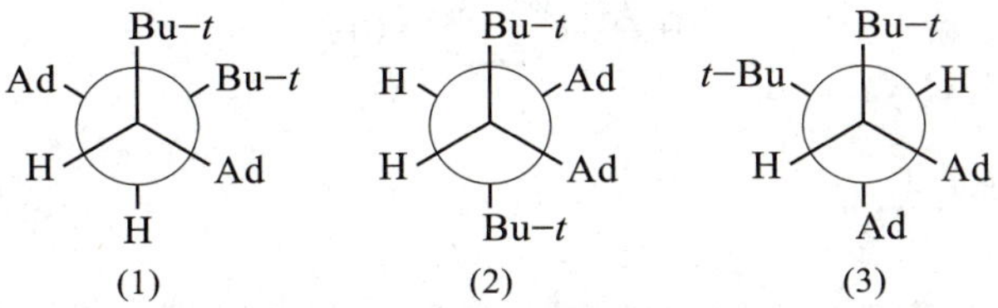

构象(1)和(2)的晶体都可以用手工法将它们的对映体分拣出来，重结晶后得到纯粹的旋光异构体。X 射线衍射研究证明：中间的 C—C 键，C—Bu-t 键和 C—Ad 键的键长分别为 162.1 pm，160.0 pm 和 162.9 pm，都比一般的单键长。中间的 C—C 键所在的直线是分子的手性轴。

21.2.3　有手性面的化合物

21.2.3.1　(E)-环烯烃

乙烯分子中所有的原子在同一平面内，它有 3 个互相垂直的对称面和对称中心，如果把反位的两个氢原子换成较短的碳桥，对称面和对称中心都不复存在，就成为手性分子：

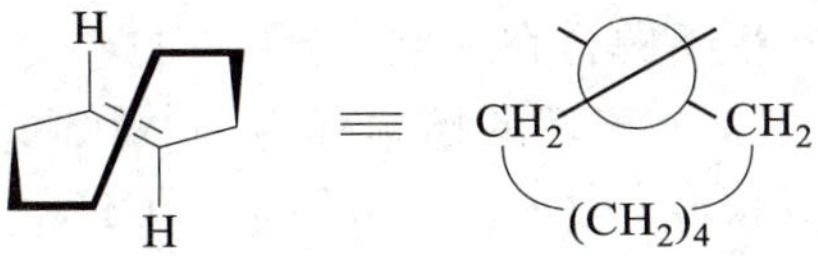

旋光的(E)-环辛烯已合成出来，分子的形状像一个篮子，烯键碳原子以及与它们直接相连的四个原子所在的平面称为手性面(chiral plane)，是篮子的底，碳桥则像提手。

21.2.3.2　cyclophanes

苯分子的对称性很高，如果先用取代基去掉与苯环所在平面相垂直的对称面，再加上碳桥使苯环平面不再是分子的对称面，就形成非对称分子，苯环所在平面成为手性面：

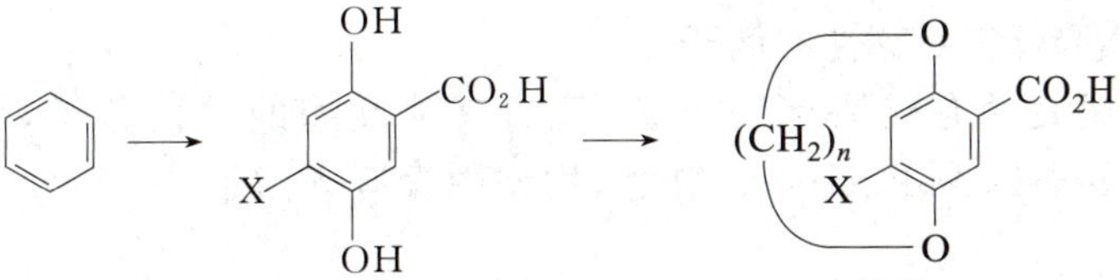

1,n-dioxa[n]paracyclophane

当 n=10，X=H 时可以得到旋光化合物；当 n=12，X=H 时得不到旋光化合物，因为桥太长，苯环可以翻转；n=12，X=Br 时可以得到旋光化合物，因为两个大的取代基阻碍了苯环的翻转。

[2,2]-paracyclophane 型化合物也已拆分得到旋光的异构体。

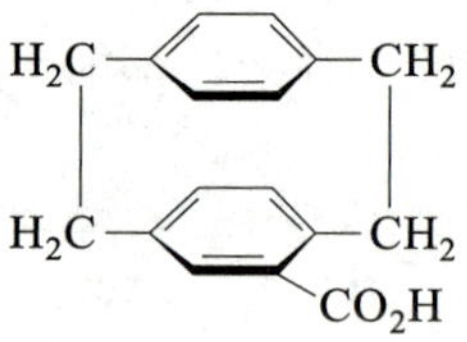

21.2.4 螺烯

菲的 3 个苯环在一个平面上，但 4,5 位上的氢原子距离很近，如把它们换成两个甲基后，由于甲基的体积较大，不能容纳在环所在的平面内，因此一个甲基在另一个的上面，这样就引起了环的扭曲，使整个分子像螺丝钉中的一圈，既没有对称面，也没有对称中心，因此有手性。下面的化合物已拆分得到旋光的异构体：

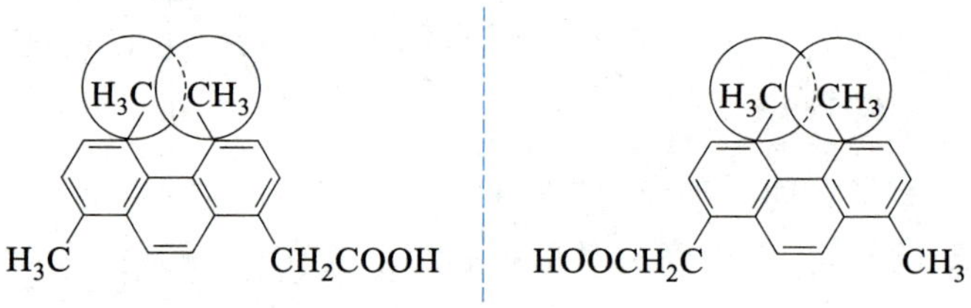

但很容易外消旋化。如果把两个菲环稠合在一起，分子中的 6 个苯环只能排列成螺旋形，因此这类化合物叫作螺烯(helicene)。含 6 个苯环的螺烯称为[6]螺烯([6]-helicene)，已拆分得到旋光的异构体，其比旋光度非常高：$[\alpha]_D^{24}=-3\ 640°\cdot cm^2\cdot g^{-1}$ ($CHCl_3$)，要加热到熔点(260 ℃)才能外消旋化。

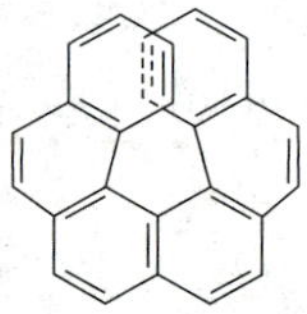

[13]螺烯和[14]螺烯都已合成出来，旋光的[13]螺烯的比旋光度$[\alpha]_D^{25}$ 高达 $9\ 620°\cdot cm^2\cdot g^{-1}$。X 射线衍射研究证实：[6]螺烯及高级螺烯的分子为螺旋形，实现了 Pasteur 关于螺旋扶梯的猜想。这是使分子扭曲变形而降低其对称性的例子。

以上是手性分子的几种有代表性的类型，还有其他类型的手性分子，如螺旋桨形和齿轮形分子(molecular propellers and gears)。总之，构型中没有 S_n 轴($n=1,2,4$)的分子就可能有手性。

§ 21.3　外消旋体的拆分

合成有手性的化合物时，在非手性条件下(原料、试剂、溶剂、催化剂等都没有手性)都得到外消旋体，因为对映体分子中各原子之间的距离相同，用非手性原料和试剂进行合成时，生成右旋体和左旋体的过渡状态能量相同，反应速率相同，反应产物、两种对映体的量也应当相同。要得到纯粹的对映体，必须对外消旋体进行拆分(resolution)。拆分有时还必须在工业规模下进行，如(*R*,*R*)-(+)-氯霉素的生产工艺中就有拆分工序。

21.3.1　用结晶的方法拆分

Pasteur 首先用结晶的方法拆分外消旋酒石酸钠铵。这种方法只适用于外消旋混合物(racemic mixture 或 conglomerate)，就是外消旋体的晶体由等物质的量的右旋体晶体和左旋体晶体组成。据估计有手性的有机化合物中外消旋体以外消旋混合物的形式结晶出来的只占 5%～10%，而绝大多数是以外消旋化合物(racemic compound)的形式结晶出来。例如，外消旋酒石酸，其熔点(206 ℃)远高于(+)-或(-)-酒石酸。在外消旋化合物晶体的晶胞中，两种对映体分子的数目相等，因此不能用结晶的方法分开。此外，即使是外消旋混合物也不一定呈半面晶体，用手工把两种晶体分开也很麻烦。不过不能低估这种方法的重要性，它的最大优点是不需要手性试剂。在确定手性化合物的构型时只要一个单晶就能进行 X 射线衍射研究，这种方法还是有优越性的。即使是手性化合物本身生成外消旋化合物，但它的衍生物却可能生成外消旋混合物。例如，外消旋酒石酸生成外消旋化合物，外消旋酒石酸钠铵生成外消旋混合物。改变温度也是一种选择，例如，外消旋酒石酸钠铵在 28 ℃以上生成外消旋化合物，而在 28 ℃以下生成外消旋混合物。

另外一种重要的方法是在外消旋体的饱和或过饱和溶液中加入一种纯对映体的晶种，使这种对映体优先结晶出来，这种方法称为优先结晶(preferential crystallization)。例如，在氯霉素的生产中用优先结晶法得到它的中间体：

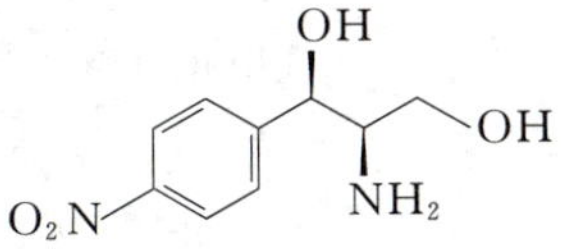

21.3.2　用化学方法拆分

化学拆分的原理是将外消旋体与一个旋光试剂反应，转变成两种非对映体；非对映体的物理性质(如溶解度)不同，用重结晶方法分开后，再转变成纯粹的对映体。Pasteur 首先用这种方法拆分外消旋酒石酸，即用一种旋光的碱(+)-cincotoxine 或(+)-quinotoxine 与酒石酸生成盐，重结晶提纯后再加酸分解，回收酒石酸：

(±)-酒石酸+(+)-cincotoxine ⇌ (-)-酒石酸·(+)-cincotoxine+(+)-酒石酸·(+)-cincotoxine
(留在母液中)

$$(\pm)\text{-酒石酸}+(+)\text{-quinotoxine} \rightleftharpoons (+)\text{-酒石酸}\cdot(+)\text{-quinotoxine}+\underset{\text{(留在母液中)}}{(-)\text{-酒石酸}\cdot(+)\text{-quinotoxine}}$$

手性有机化合物中大多数外消旋体是用这种方法拆分的。

酸可以用旋光的碱（如各种容易得到的生物碱）拆分；碱性的胺类可以用旋光的有机酸（如酒石酸）拆分；醇可以用旋光的酸[如(1*S*,4*R*)-(-)-ω-camphanic acid]酯化后拆分；醛、酮可以转变成缩醛、缩酮、Schiff 碱或腙后拆分[如用(2*R*,3*R*)-(+)-酒石酸二乙酯转变成缩醛]；其他类型的化合物，可以转变成配合物、包合物等以后拆分。

非对映体以前用分步结晶的方法分开，现在以共价结合的非对映体多用色谱法分开。例如，棉籽酚(gossypol)与 L-苯丙氨酸甲酯生成的 Schiff 碱可以用硅胶柱分开。

21.3.3　色谱法

在柱色谱中用手性物质作固定相可以直接将两种对映体分开。一种市售的手性填料是将纤维素醚负载在硅胶上（商品名：chiralcel）。

21.3.4　动力学拆分(kinetic resolution)

外消旋体与一个手性化合物等物质的量发生反应时，两种对映体发生反应的速率不同，如反应在完成之前停止，则反应速率快的一种对映体富集在产物中，反应速率慢的对映体富集在未作用的原料中：

$$(R,S)\text{-A} \xrightarrow[K_R>K_S]{\text{手性试剂}} \text{B} + (S)\text{-A}$$

$$\downarrow$$

$$(R)\text{-A}$$

例如：

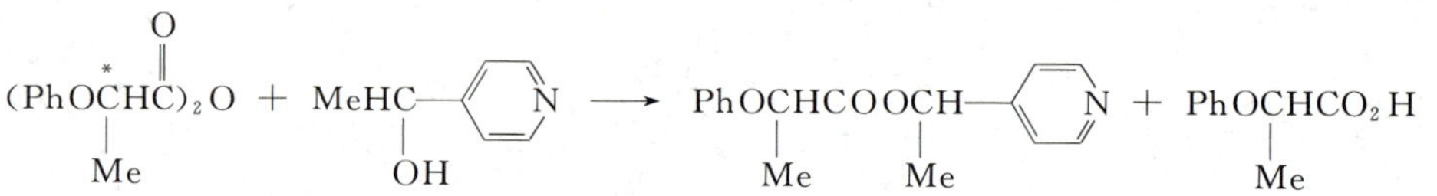

92%　(*R*,*S*)-酯　　(*S*)-，*ee*=84%

8%　(*S*,*S*)-酯

1858 年，Pasteur 在一家药铺里看见一瓶长了霉的外消旋酒石酸（葡萄酸）溶液，拿回来测量旋光性，发现是左旋的，经鉴定其中的细菌为灰氯霉菌(penicillum glaucum)，原来细菌优先消化右旋酒石酸，这是第一例动力学拆分。现在则用酶作催化剂来进行动力学拆分。例如：

$$\underset{(R,S)\text{-}}{CH_3(CH_2)_9CH(OH)CH_3} + AcOCH{=}CH_2 \xrightarrow{\text{猪胰脂酶}} \underset{(R)\text{-},\,ee=81\%}{CH_3(CH_2)_9CH(OAc)CH_3} + \underset{(S)\text{-},\,ee=92\%}{CH_3(CH_2)_9CH(OH)CH_3}$$

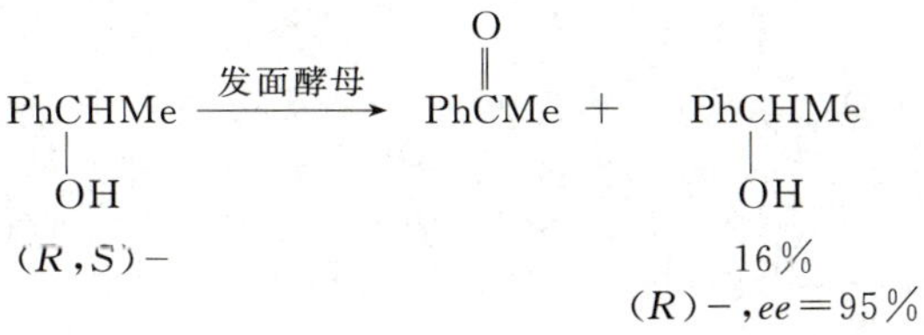

§ 21.4　顺 反 异 构

21.4.1　烯烃的顺反异构

根据烯烃的 π 键模型，反丁-2-烯分子如要围绕碳-碳双键旋转，会影响 p 轨道在侧面的重叠，旋转角度逐渐加大，p 轨道的重叠程度逐渐减小，分子的能量随着上升，旋转角度达到 90°时，两个 p 轨道互相垂直，π 键完全断裂，能量达到最高点，继续旋转，p 轨道的重叠程度逐渐增加，旋转到 180°，π 键完全形成，成为稳定的顺丁-2-烯分子，如图 21.11 所示。

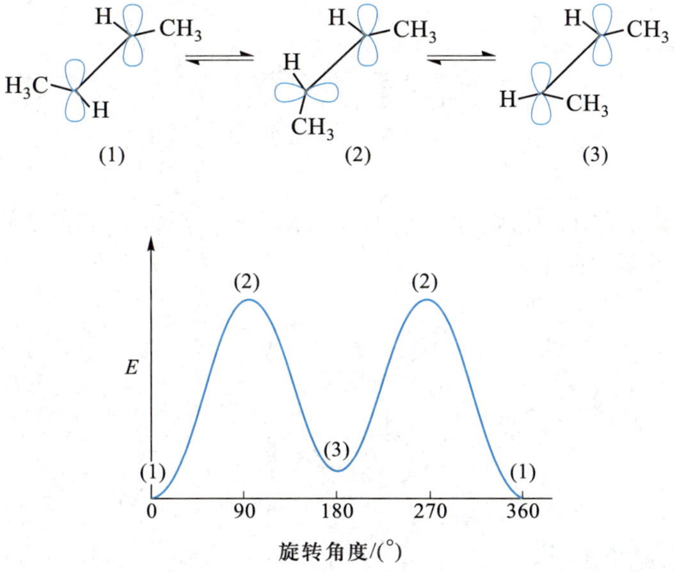

图 21.11　丁-2-烯分子围绕碳-碳双键的旋转

反丁-2-烯必须越过(259 ± 5) kJ·mol^{-1}的能垒，才能转变成顺丁-2-烯，约为丁烷分子中围绕 C(2)—C(3)键旋转的能垒的 10 倍。在室温下分子的热运动不可能提供这样大的能量，因此反和顺丁-2-烯在室温下不能互变，它们是两种构型不同的立体异构体，可以用各种物理方法分开。

双键碳原子上的取代基对碳-碳双键旋转的能垒高低有很大的影响。当双键的一端有强的给电子取代基，而另一端有强的接受电子的取代基时(capto-dative alkenes)，能垒特别低：

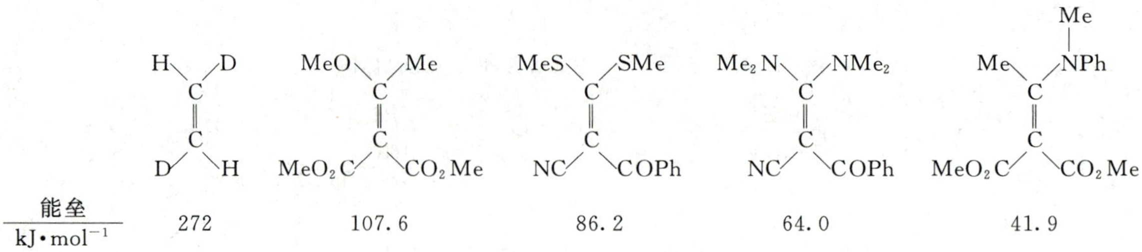

由于共振效应，C═C 键的双键性质降低，接近单键。

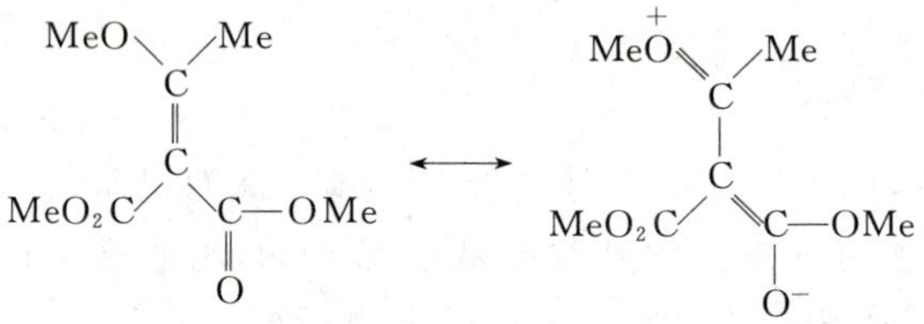

在下面的化合物中两个六元环之间为单键的结构比为双键的结构时更稳定：

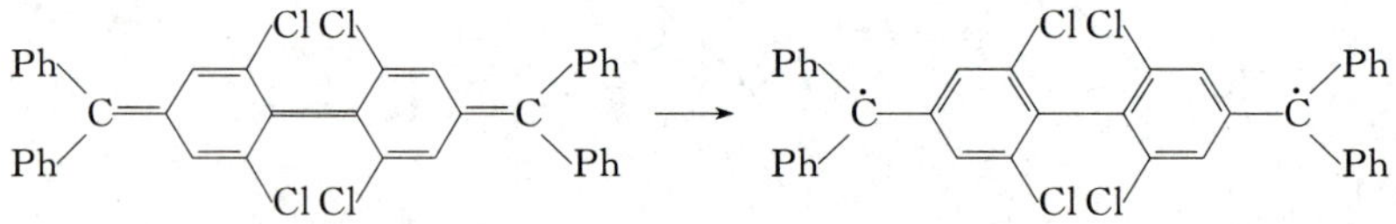

下面的化合物中由于位阻的影响，两个芴环不可能在同一平面上，它们之间的夹角为 41°～43°，分子中间的碳-碳双键是扭曲的。

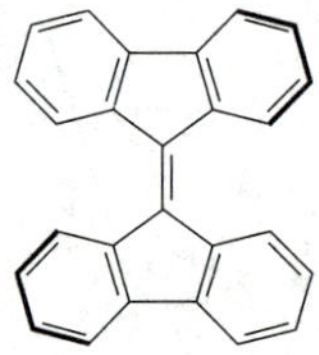

21.4.2 顺反异构体的性质

顺反异构体是非对映体，它们的物理性质一般不同。

21.4.2.1 偶极矩

1,2-二取代乙烯(XCH═CHY)分子中，X 和 Y 都是吸电子或给电子取代基时，顺式异构体具有较大的偶极矩，反式异构体的偶极矩很小或为零；如 X 为给电子取代基，Y 为吸电子取代基，则反式异构体的偶极矩大于顺式。例如：

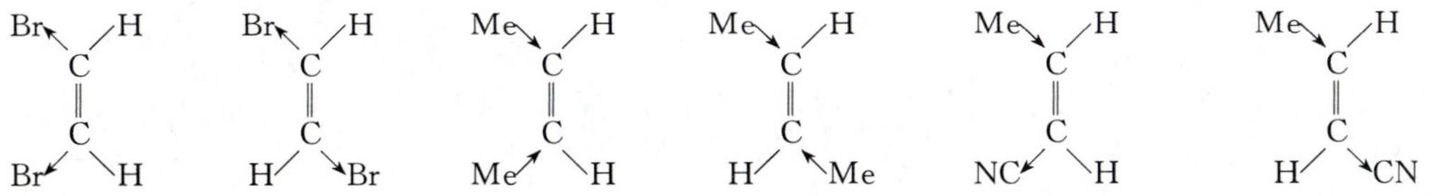

4.50×10^{-30} C·m　　0　　0.83×10^{-30} C·m　　0　　13.61×10^{-30} C·m　　15.11×10^{-30} C·m

环辛烯由于对称性的原因，反式的偶极矩大于顺式：

(Z)-环辛烯	(E)-环辛烯
1.43×10^{-30} C·m	2.73×10^{-30} C·m

21.4.2.2 密度、折射率、沸点和熔点

偶极矩大的化合物，密度、折射率和沸点都比较高。反式异构体的熔点往往比顺式异构体高，而溶解度则较小。

21.4.2.3 核磁共振谱

对于 RCH═CHR′型烯烃，$^{1}H-^{1}H$ 裂分常数 J 可以用于结构测定，顺式异构体的 J 值(4～12 Hz)小于反式异构体(12～19 Hz)。

21.4.3 顺反异构体的互变

转动能垒较低的顺反异构体可以直接加热，使顺式异构体转变为更稳定的反式异构体。例如，马来酸加热至 160 ℃，生成富马酸，一部分则脱水生成马来酸酐；如在封管中于 200 ℃下加热，以防止水的蒸发，则主要产物为富马酸。

顺反异构体的互变在催化剂的存在下更容易进行。例如，马来酸在催化量的 HCl 或 HBr 存在下在室温即转变为富马酸。马来酸二乙酯在微量碘存在下迅速转变为反式异构体。富马酸的水溶液在 40～50 ℃下用紫外光照射几小时后，即变成马来酸和富马酸的混合物，其中含马来酸 75%。

21.4.4 C═N 和 N═N 双键的顺反异构

肟 RR′C═NOH 的 $E-Z$ 转变能垒在 163 kJ·mol^{-1}以上，容易得到稳定的顺反异构体；偶氮化合物的 $E-Z$ 转变能垒较低：

	Me_2C═NPh	PhCH═NPh	PhN═NPh
能垒/(kJ·mol^{-1})	84.9	69.0	99.2

分离纯粹的顺反异构体较难。

由合成反应得到的偶氮苯为 E 型，熔点 68 ℃，在光照下转变成 Z 型，熔点 71 ℃。Z 型在晶体状态下不见光时是稳定的，在溶液中迅速转变成 E 型。

§21.5 前 手 性

21.5.1 同位配体和异位配体

分子中两个或两个以上配体(原子或原子团)分别观察时相同,而从它们在分子中的空间关系观察则可能不同。例如,在丙-1,3-二醇分子中与C(2)相连的两个氢原子,将它们分别用氘取代,得到的两个分子可以相重合,因此这两个氢原子是同位的(homotopic):

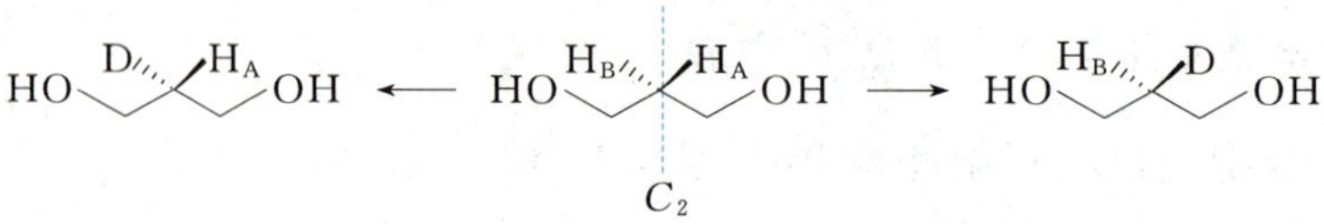

将分子围绕通过C(2)的二重轴旋转180°,可以使同位配体互换位置。

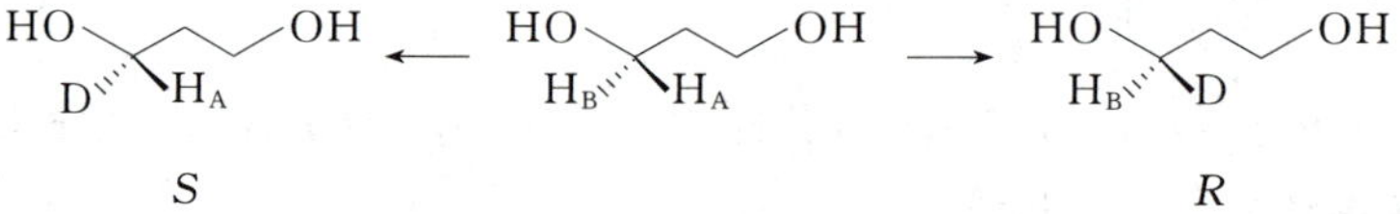

将C(1)[或C(3)]上的两个氢原子分别用氘取代,得到的两个分子不能互相重合,因此这两个氢原子是异位的(heterotopic);它们不能通过绕 C_2 轴旋转互换位置,但可以由对称面(即纸面)的反映互换位置,因此称为对映异位(enantiotopic)。从下式可见:

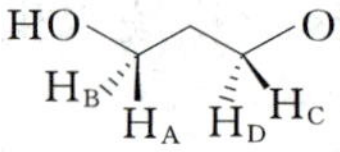

H_A,H_D 或 H_B,H_C 为同位配体,H_A,H_B 或 H_C,H_D 为对映异位配体。

将两个对映异位配体分别用另一个配体(不同于碳原子上原有的配体)取代,得到的是两种对映体,同时产生一个新的手性中心,因此丙-1,3-二醇中C(1)和C(3)称为前手性中心(prochiral centers)。

对映异位配体可以根据次序规则命名,即将某一配体用另一个次序较优的配体取代,同时不改变前手性中心上其他配体的排列次序,如新产生的手性中心为 *R* 构型则称为 pro-*R*,为 *S* 构型则称为 pro-*S*。例如:

配体也可以是一个原子团。例如:

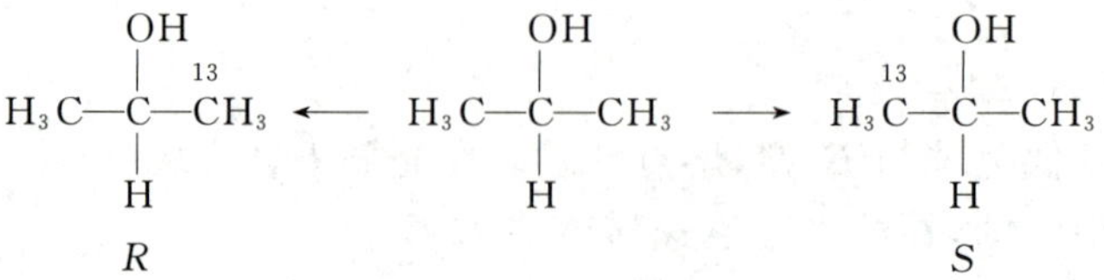

两个异位配体如不能由对称面的反映互换则称为非对映异位(diastereotopic),它们分别用另一个配体取代后,生成两种非对映体。例如:

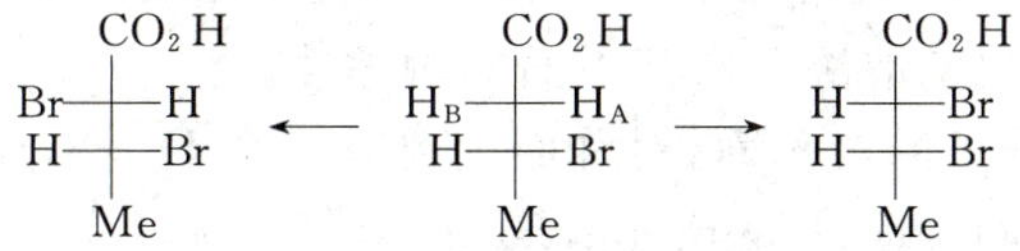

手性分子中没有对称面,因此其中的异位配体都是非对映异位配体。

21.5.2 异位配体的性质

分子中非对映异位配体的化学位移不同。例如:

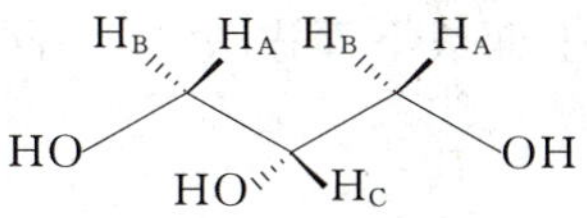

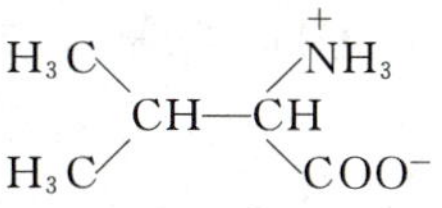

	H_A	H_B	H_C
δ_H	3.50	3.59	3.73

CH_3	δ_H	δ_C
	0.98,1.05	17.8,18.6

对映异位配体的化学位移相同。在 1-苄基顺-2,6-二甲基哌啶分子中苄基中 CH_2 的两个质子是对映异位配体,它们的化学位移相同,不产生自旋裂分,在 ^1H NMR 谱中为一单峰;而在 1-苄基反-2,6-二甲基哌啶分子中两个质子为非对映异位配体,化学位移不同,由于自旋裂分,在谱图中为四重峰。

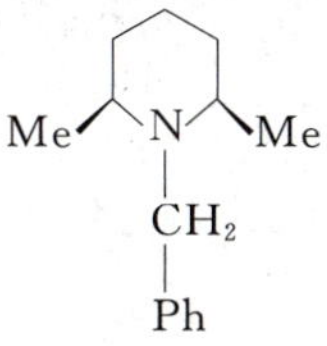

CH_2 单峰

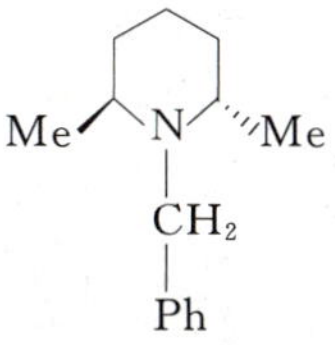

CH_2 四重峰

非对映异位配体与非手性试剂发生反应的速率不同。对映异位配体与非手性试剂发生反应的速率相同,产物为外消旋体;与手性试剂发生反应的速率不同,产物中一种对映体的量较多,即为对映富集(enantiomerically enriched)产物。如产物中较多的一种对映体的物质的量为[X],另一种对映体为[Y],则对映体过量(enantiomeric excess,*ee*)为

$$ee=\frac{X-Y}{X+Y}\times 100\%$$

ee 值的大小衡量反应对映选择性的高低。酶催化的反应对映选择性一般很高。例如:

$$H_2C{=}CHCH_2CH(CH_2OAc)_2 + H_2O \xrightarrow[\text{转化率 }34\%]{\text{猪胰脂酶}} H_2C{=}CHCH_2\underset{\displaystyle CH_2OH}{\underset{|}{C}H}CH_2OAc$$

(S),*ee*=95%

21.5.3 同位面和异位面

羰基及与它直接相连的两个原子在同一平面内，发生加成反应时，亲核试剂从羰基平面的上面或下面进攻，反应的立体化学取决于羰基平面的对称性。

甲醛所在的平面就是分子的对称面，对称面内还有一个 C_2 轴，通过转动操作，可以使上、下两面互换位置，这种面称为同位面(homotopic faces)。

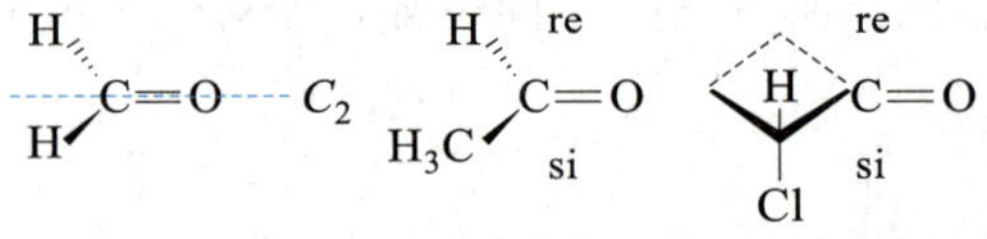

同位面　　对称面　　非对称面

甲醛用氘化锂铝($LiAlD_4$)还原，试剂从羰基平面的上面或下面进攻，得到同一化合物：

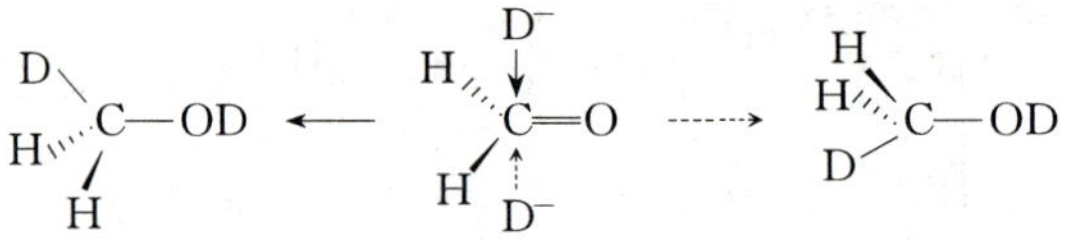

在乙醛分子中，羰基平面也是分子的对称面，但平面内没有 C_2 轴，上下两面不能互换。这种面称为对映面(enantiotopic faces)。按照次序规则，从上面看，与羰基碳相连的三个原子是按顺时针方向排列的；从下面看，则是反时针方向排列的。它们可以分别用 re(rectus)和 si(sinister)来表示。乙醛用氘化锂铝还原，试剂从 re 面进攻，产物的构型为 R，从 si 面进攻，则产物的构型为 S(但 re，si 与产物的 R，S 并没有直接的联系)。

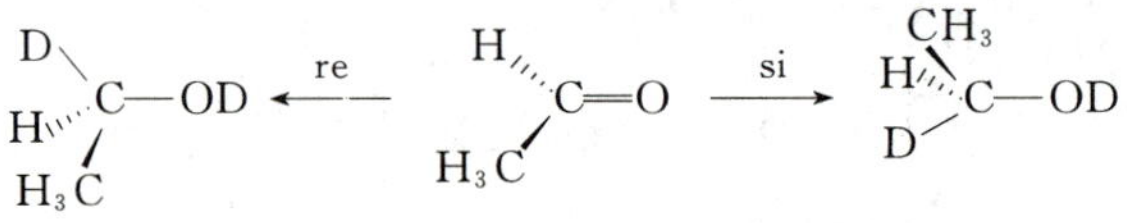

R　　S

由于从 re 面或 si 面进攻的机会相等，活化能也相同，因此 R 和 S 的物质的量相等，即得到外消旋体。

α-氯代环丁酮有一个不对称碳原子，羰基所在平面不是分子的对称面，这种面叫作非对映面(diastereotopic faces)。

4-甲基-4-叔丁基环己酮分子中虽然有一个对称面，但不是羰基所在的平面，而羰基加成的立体化学取决于羰基所在平面的对称性。因此 4-甲基-4-叔丁基环己酮分子中的面是非对映面。用氢化锂铝还原时，试剂从羰基平面的上面或下面进攻，所得产物的物质的量不相等。

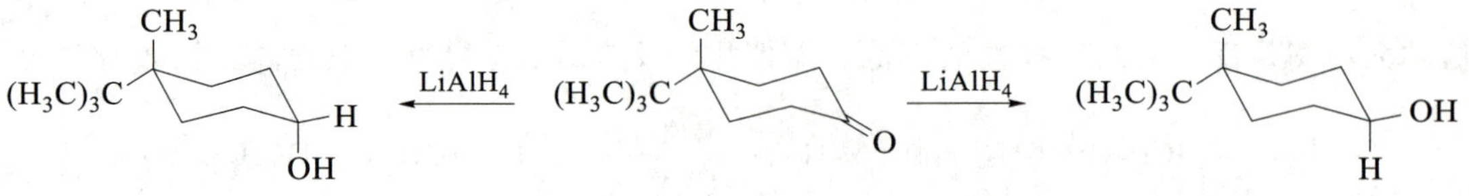

5%　　95%

21.5.4 立体选择性反应

有对映面的羰基化合物与非手性试剂加成生成外消旋体。与手性试剂加成则生成两种非对映体，其含量不相等。例如，苯甲醛用有手性的氘化物还原生成两种对映体，其含量不相等（中间产物为非对映体）：

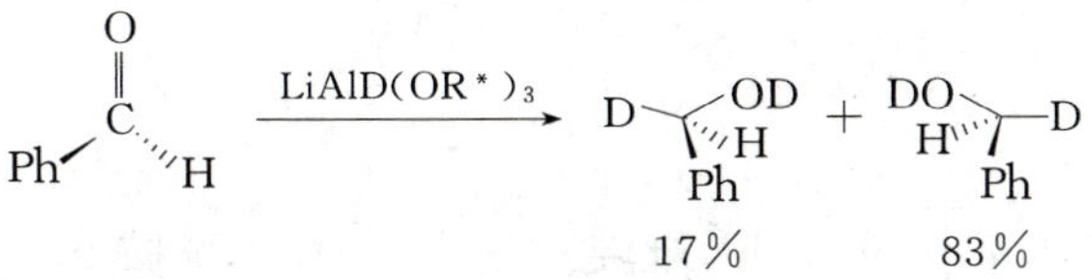

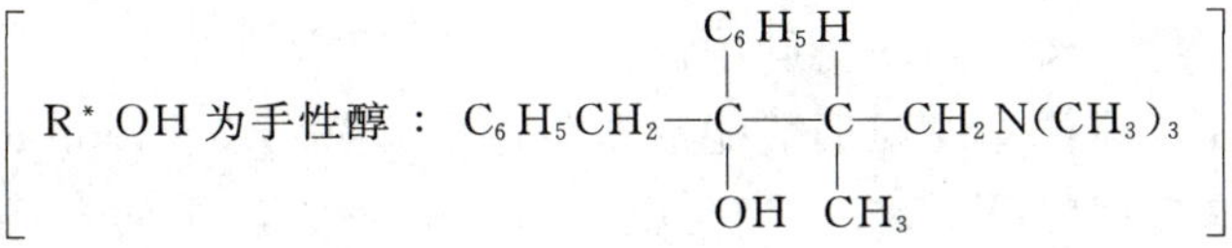

因此手性试剂对于 re 面和 si 面是有选择的，这种选择性叫作对映选择（enantioselective）。对映选择的基础是手性试剂从不同的面进攻时，两种过渡态之间的关系是非对映的，它们的能量不相等，因此两个反应的活化能不同，从而反应速率和产物的含量也不相等。

生物体中的酶对 re 面或 si 面有很强的识别能力。例如，用含烟酰胺的酶使氘代乙醛还原，得到旋光的(*S*)-氘代乙醇，产率是定量的；如先使酶与氘水进行同位素交换，然后用来还原乙醛，则得到(*R*)-氘代乙醇，产率也是定量的。

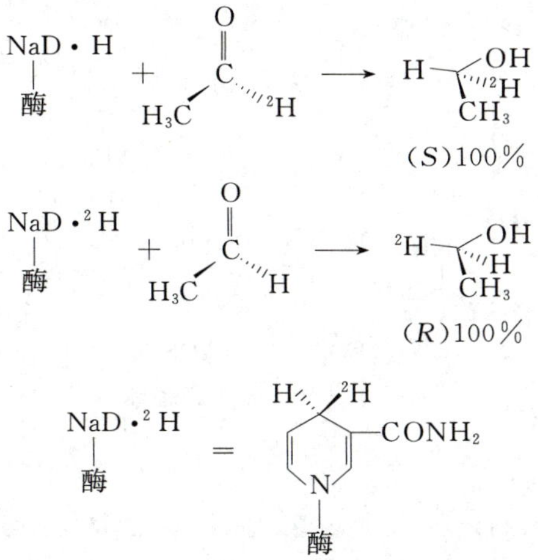

旋光的 2-甲基环戊酮与甲基锂加成后水解，试剂从环上甲基的反面进攻所得的产物产率达 90%：

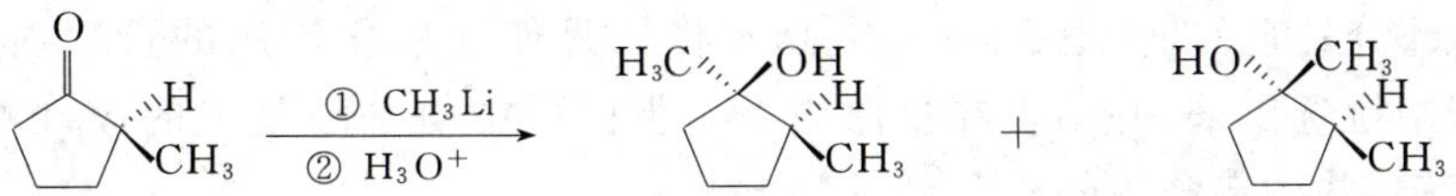

2-甲基环戊酮　　反-1,2-二甲基环戊醇 90%　　顺-1,2-二甲基环戊醇 10%

由于环上的甲基体积较大，对进攻试剂有阻碍作用，因此试剂易从背面进攻。这种立体选择性叫做非对映选择(diastereoselective)。

§21.6 阅读材料

21.6.1 维生素 PP

维生素 PP 包括烟酸(nicotinic acid，吡啶－3－甲酸)和烟酰胺(nicotinamide)。维生素 PP 存在于酵母、花生、豆类、谷类、肉类和动物肝中。

1937 年，Elvehjem C 等首先发现烟酸能治愈狗的黑舌病(blacktongue)，同年几个研究小组同时发现烟酸能治疗糙皮病(pellagra)。当时糙皮病是一种很严重的疾病，其症状为虚弱、消化不良、皮炎、腹泻、精神失常，直至死亡。据统计 1912—1916 年美国每年有 10 万人患糙皮病，死亡 1 万人。当时美国南部食用玉米较多，玉米蛋白中色氨酸含量低，而色氨酸在人体内能转变为烟酸。成人每天约需 7.5 mg 维生素 PP。

21.6.2 烟酰胺辅酶

烟酰胺辅酶在酶促氧化还原反应中起着重要作用，它的结构为

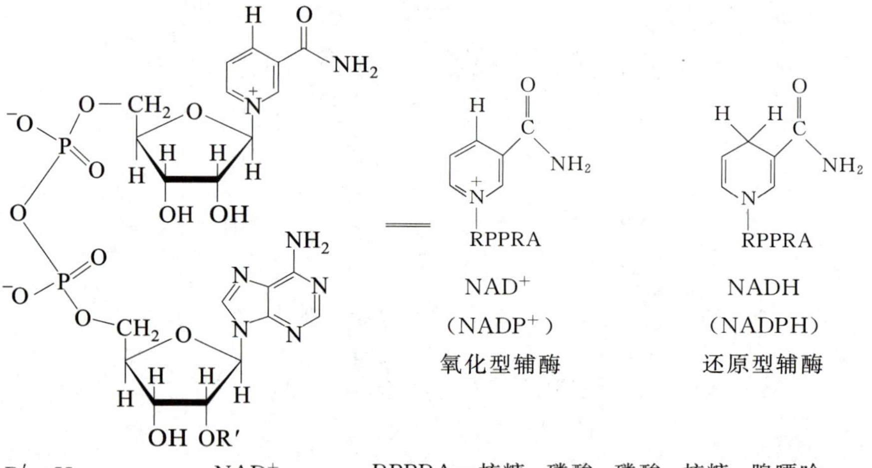

R′＝H　　NAD$^+$

R′ = $-\mathrm{P}(=\mathrm{O})(\mathrm{O}^-)-\mathrm{O}^-$　　NADP$^+$

RPPRA＝核糖－磷酸－磷酸－核糖－腺嘌呤
(ribose－phosphate－phosphate－ribose－adenine)

辅酶中的 RPPRA 部分是它的柄(把手，handle)，其作用是使起催化作用的蛋白质能识别辅酶，把它从众多的分子中挑选出来，并结合在蛋白质上。蛋白质中氨基酸基上的极性基团与辅酶中的极性基团生成氢键，并决定辅酶的构象和反应方式。

烟酰胺辅酶的主要作用是转移氢负离子。例如，乙醇脱氢酶在将乙醇脱氢转变为乙醛时，是

将乙醇和辅酶都结合在蛋白质上，并使辅酶中的烟酰胺部分正好在乙醇邻近，便于从乙醇分子中 α-碳原子上接受一个氢负离子，同时辅酶由氧化型变成还原型（NAD^+ 或 $NADP^+ \longrightarrow$ NADH 或 NADPH）：

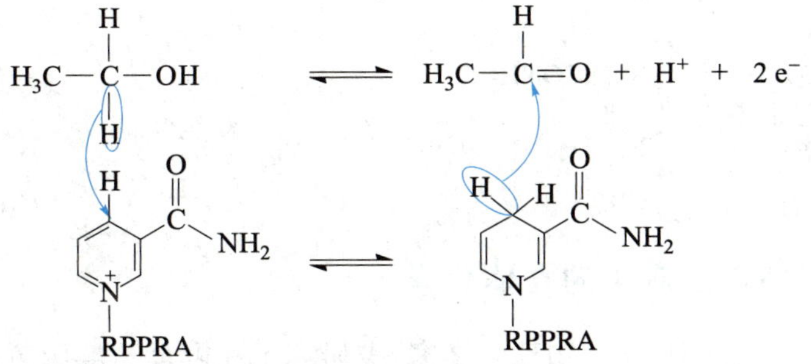

这个反应是可逆的，还原型辅酶可以将氢负离子转移到乙醛的羰基上，同时转变为氧化型辅酶。

辅酶单独存在时不能起转移氢负离子的作用，它只能辅助酶完成这一化学过程。

NAD^+（$NADP^+$）和 NADH（NADPH）的紫外光谱有显著的差异，NADH 中的二氢吡啶环为醌型结构，在 340 mm 处有强吸收峰（κ＝6 220 $L \cdot cm^{-1} \cdot mol^{-1}$）。

21.6.3 氢负离子转移的根据

烟酰胺生成的季铵盐能在 4 位加氰基负离子，然后再脱去氰基负离子：

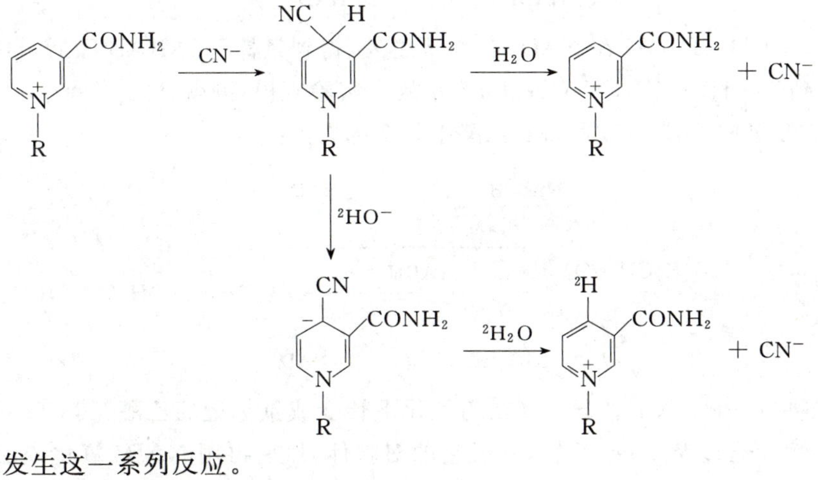

NAD^+ 也可以发生这一系列反应。

烟酰胺生成的季铵盐也能加亚硫酸根负离子：

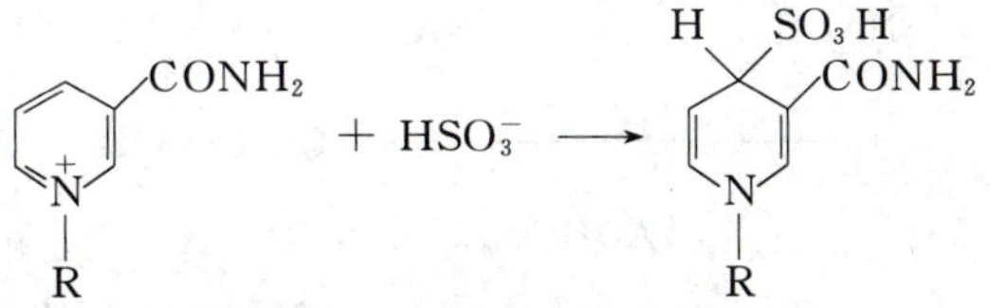

在酵母乙醇脱氢酶（YADH）催化下，用 NADH 可以将一系列对位取代的苯甲醛还原成相应的对位取代苯甲醇，测定每一个反应的速率常数，发现吸电子取代基使速率加快。如果先将

NADH 用^{2}H 标记，再用 NAD^{2}H 去进行对位取代苯甲醛的还原，测得同位素效应为 $k_H/k_{^2H}=3.6$，对所有的对位取代基，都接近这一数值。说明 NADH 分子中 C—H 键的断裂是决定还原反应速率的步骤。这些实验结果，都与 NADH 将一个负氢离子转移到醛羰基上的机理符合。

模型反应也说明二氢吡啶类化合物能转移氢负离子：

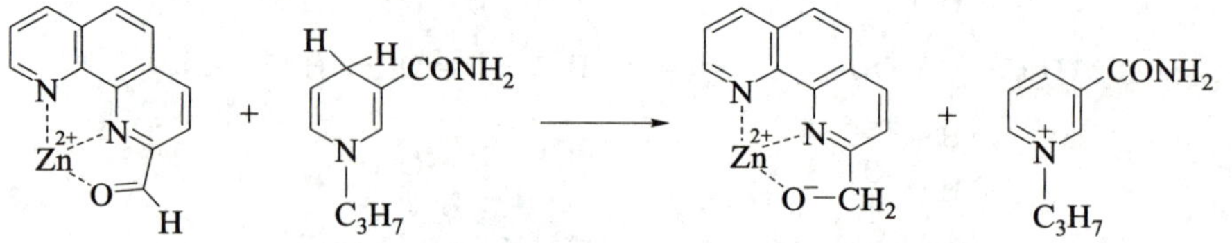

21.6.4　烟酰胺辅酶在反应中的立体化学

1953 年，Westheimer F H（原为物理化学家）等研究了在酵母乙醇脱氢酶（YADH）催化下，乙醇的氧化反应的立体化学。他们先在 YADH 催化下，用 NADH 使(1-^{2}H)-CH_3CH═O 还原成氘标记的乙醇(1-^{2}H)-CH_3CH_2OH，再将得到的有标记原子的乙醇在 YADH 催化下，用 NAD^+ 氧化成乙醛，发现所得到的乙醛中保留全部^{2}H。

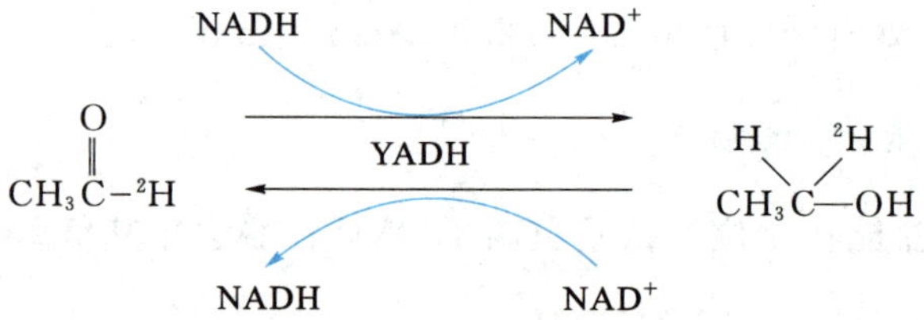

(1)

如果先将(1-^{2}H)-CH_3CH_2OH 在 NAD^+ 存在下脱氢，得到氘标记的 NAD^{2}H 后，再用它来进行上面的反应，先得到(1-^{2}H)-CH_3CH_2OH（1957 年放大实验规模，测得其$[\alpha]_D^{28}=-0.28°\cdot cm^2\cdot g^{-1}$），再用 NAD^+ 使它脱氢成乙醛，发现所得到乙醛中氘全部失去：

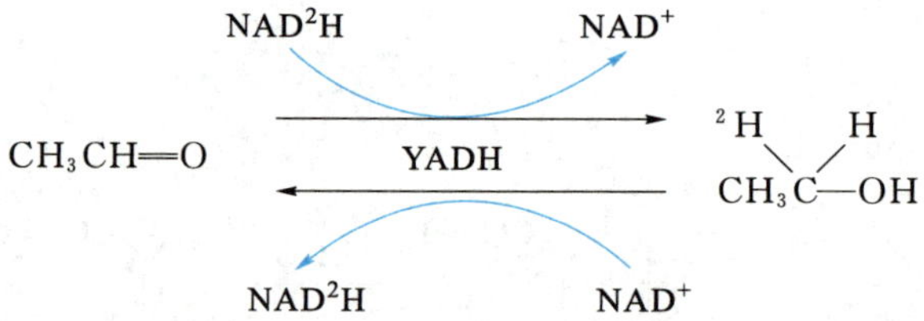

(2)

第三个实验：先将(1-^{2}H)-CH_3CH═O 在酶催化下转变成氘标记的乙醇，其 C(1)为不对称碳原子，化合物有手性。通过 Walden 反转，变成它的对映体，然后再用 NAD^+ 氧化成乙醛，结果发现所得乙醛中氘全部失去：

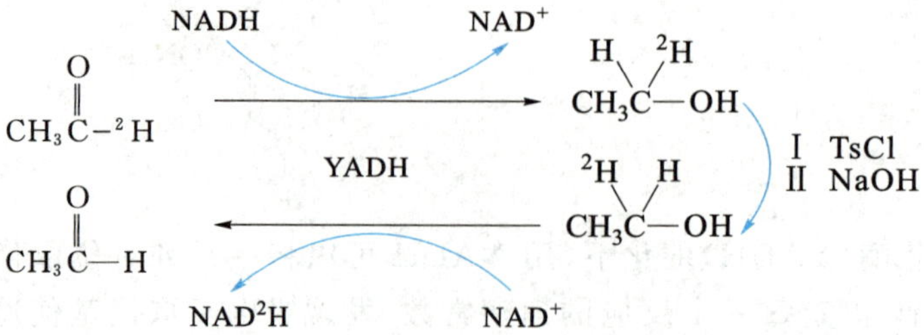

(3)

这三个实验明确无误地说明 NAD^+ 参与的酶促氧化还原反应是立体特异性的。

NAD^+ 中吡啶环有 re 面和 si 面，NADH 中二氢吡啶环中的 4 位碳原子是前手性中心：

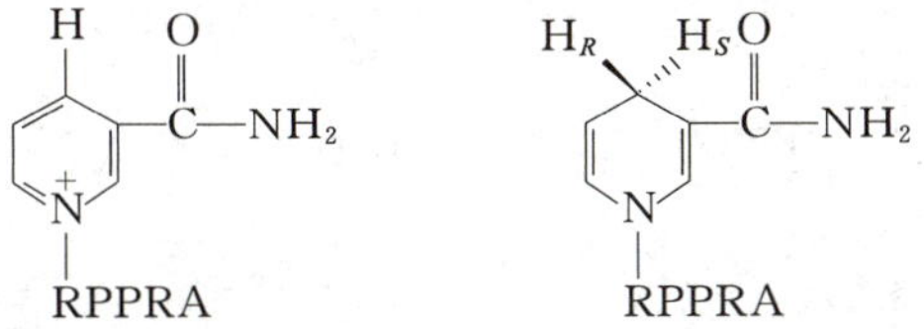

以后其他化学家对反应中辅酶部分的立体化学进行了仔细的研究，证明在 YADH 催化下 NAD^+ 是从 re 面接受氢负离子，而 NADH 是将 H_R 从乙醛的 re 面转移到羰基碳原子上。主要的证据：在 YADH 催化下，使 NAD^+ 转变成 NAD^2H，再将它降解得到一个氘原子标记的丁二酸，测定出它的绝对构型为 *R* 型：

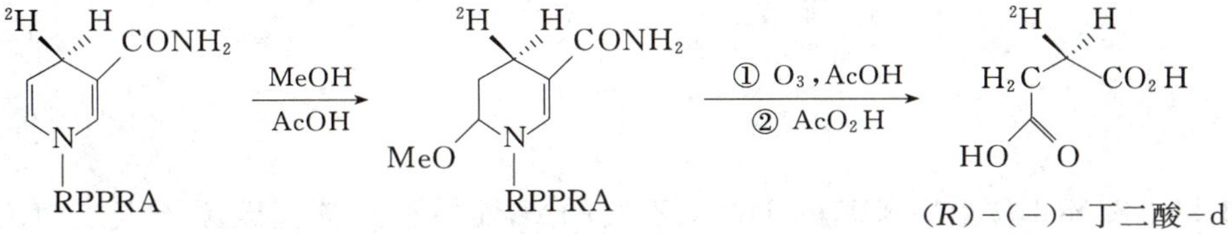

(*R*)-(-)-丁二酸-d

先制备出 $CH_3\overset{^2H}{\overset{|}{C}}HOH$ 的两种对映体，分别测定出它们的绝对构型，再在 YADH 催化下，用 NAD^2H 还原乙醛得到的产物比较，证明它的绝对构型。

因此 Westheimer 的实验可以用现在的立体化学表示方法重新书写：

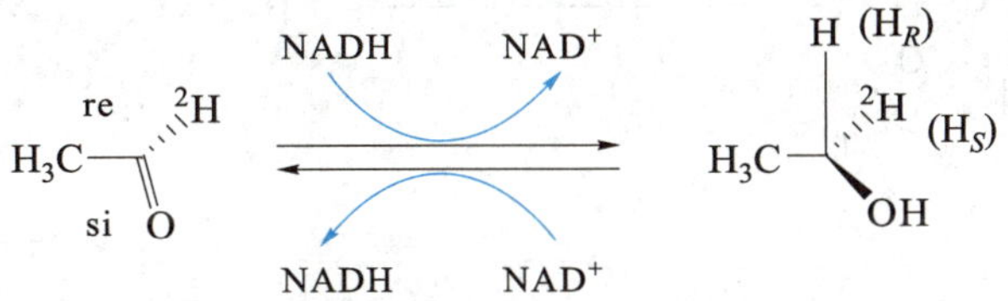

(1)

即 NAD^+ 立体特异性地将乙醇分子中前手性 C(1)上的 H_R 转移至 4 位碳原子上：

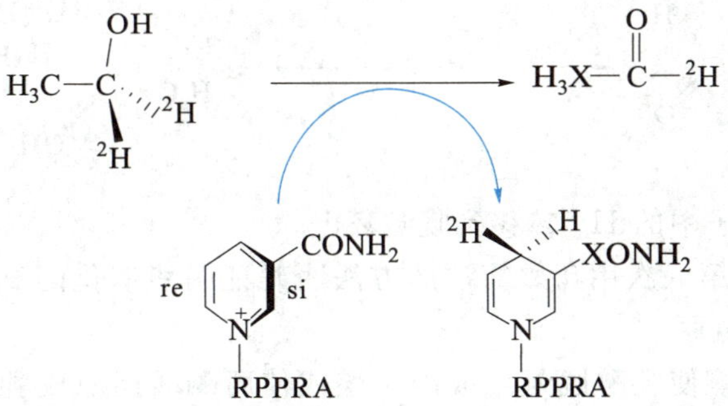

即 NAD^+ 中吡啶环从 re 面接受一个 ^2H 生成 NAD^2H：

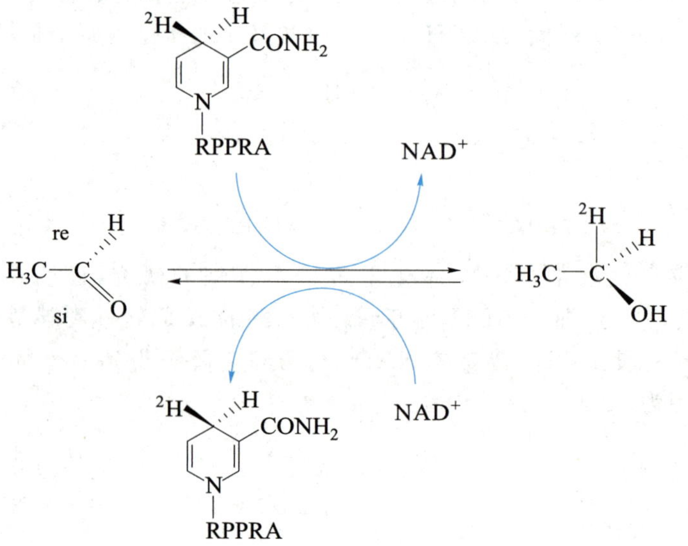

(2)

即 NAD^{2}H 将吡啶环 4 位上甲叉基的 H_R 从乙醛的 re 面转移至羰基碳原子上成为乙醇中甲叉基上的 H_R。

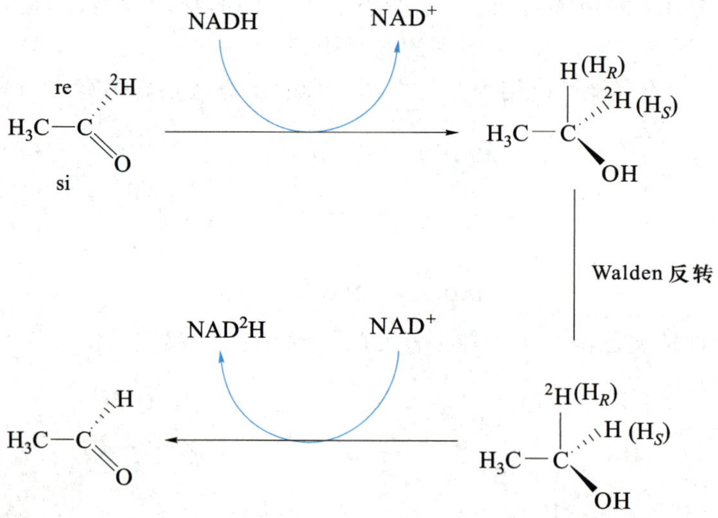

即 NAD$^+$ 只能将乙醇分子中的 H_R 转移到吡啶环上。

Westheimer 的实验第一次用巧妙简洁的方法明确证明酶催化的氧化还原反应中酶能够识别甲叉基上对映异位的氢原子。

乳酸脱氢酶(LDH)能使乳酸脱氢生成丙酮酸或使丙酮酸还原成乳酸。如果把下面两个反应串联起来：

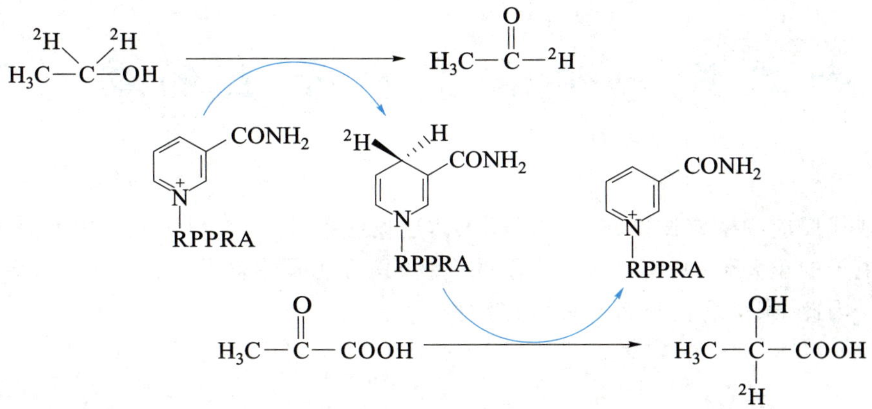

由于氘全部转移到乳酸中，因此 LDH 也使 NADH 中的 H_R 能转移到丙酮酸分子中的酮基碳原子上。

丙三醇-3-磷酸酯脱氢酶(GAPDH)则是立体特异性地使 NADH 中的 H_S 转移到底物的羰基碳原子上。

测定了 LDH、GAPDH 等酶与 NAD^+ 结合后的晶体结构，发现 NAD^+ 位于酶的肽链盘绕成的一个裂缝中，NAD^+ 上烟酰胺环分别以 si 面或 re 面与肽链接近而被屏蔽，留下另外一个前手性面(re 或 si)来接受受体中的氢负离子。由此推测，受体也是以一定的构象贴近酶的肽链，使甲叉基一个前手性氢原子被屏蔽，只有另一个前手性氢原子可以转移到 NAD^+ 暴露的前手性面上。

参考文献

参考答案

第二十二章　饱和碳原子上的亲核取代

在亲核取代反应中亲核试剂作为电子给予体进攻底物分子，它只可能是中性分子或负离子，不可能是缺电子的正离子；而作为接受电子的底物，只可能是中性分子或正离子，不可能是富电子的负离子。因此，亲核取代只有 4 种电荷类型：

$$R{-}I + OH^- \longrightarrow R{-}OH + I^-$$

$$R{-}I + NMe_3 \longrightarrow R{-}\overset{+}{N}Me_3 + I^-$$

$$R{-}\overset{+}{N}Me_3 + OH^- \longrightarrow R{-}OH + NMe_3$$

$$R{-}\overset{+}{N}Me_3 + H_2S \longrightarrow R{-}\overset{+}{S}H_2 + NMe_3$$

亲核取代所涵盖的反应比较多，作为官能团相互转变的方法，在有机合成中的应用范围广，对其机理的研究也最深入。

§22.1　S_N2 和 S_N1

20 世纪初，对取代反应的机理提出了三种推测（speculations）：① 取代试剂先与发生取代的化合物生成分子化合物，然后由此消除被取代的基团；② 取代基团的导入和被取代基团的消除互相依赖，是单一的同步过程；③ 被取代的化合物先解离生成碳正离子（carbonium ion），然后再与取代试剂结合。后面两种推测在 1927—1930 年间曾被用来说明多种反应的机理，1930 年以后，英国化学家 Ingold C K 和 Hughes E D 等，经过系统的研究，将它们发展成为普遍应用于亲核取代反应的机理：S_N2 和 S_N1。第一种推测后来发展成羧酸衍生物互变的机理。例如，酯的水解：

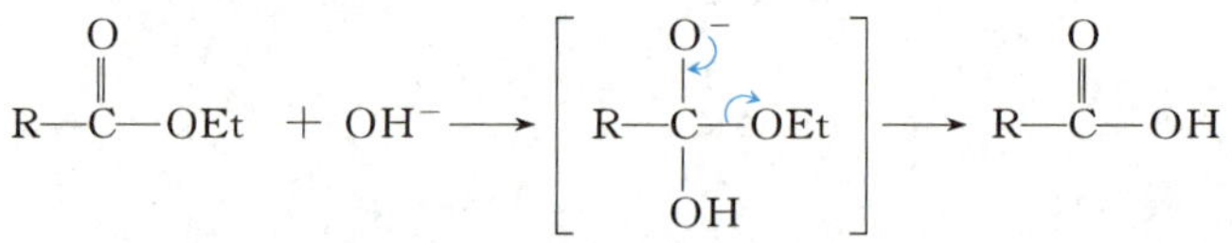

也就是酰基碳原子上的亲核取代，或 sp^2 杂化碳原子上的亲核取代。由于这类反应与羰基有关，将在羰基化合物的反应一章中讨论。

22.1.1　S_N2

1895 年，拉脱维亚化学家 Walden P 通过两步反应把一个旋光的化合物转变为它的对映异构体。例如：

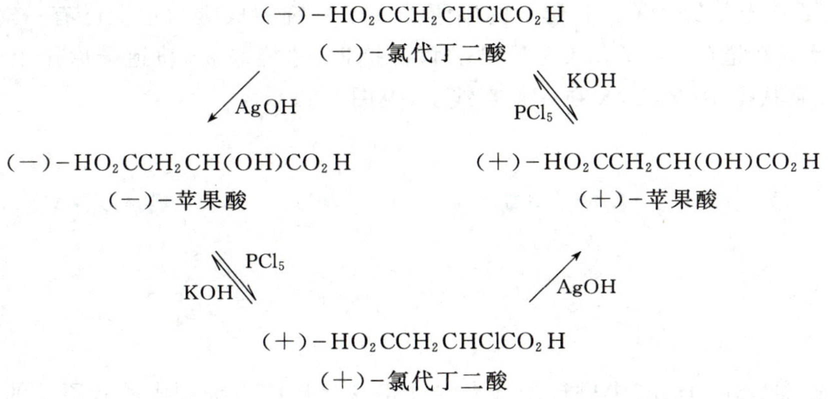

在两步反应中必然有一步不对称碳原子的构型保持不变，而在另一步中则发生构型反转，这种构型反转称为 Walden 反转(Walden inversion)。

1923 年以后，Phillips H 等通过以下一系列转变，确定构型反转发生在亲核取代的一步：

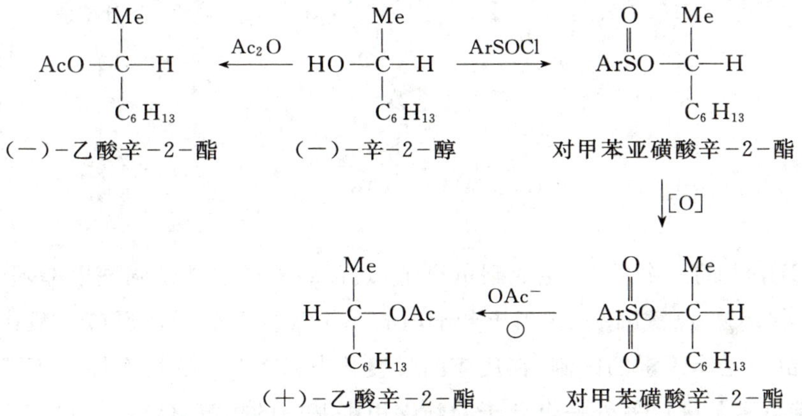

○ 表示构型反转

因为在其他各步反应中与不对称碳原子直接相连的键都保持不变。

Ingold和 Hughes 等进一步明确：在 S_N2 反应中构型发生反转。现在称为 S_N2 规律(S_N2 rule)。根据S_N2 规律可以确定各类化合物构型的相关性(correlation)。例如：

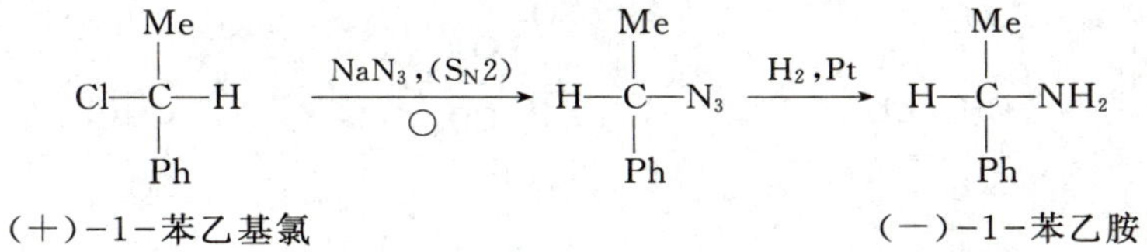

这就是说，如果知道(−)-1-苯乙基氯的绝对构型，把其中的氯换成氨基，就得到(−)-1-苯乙胺的绝对构型。

Ingold 和 Hughes 是根据 S_N2 反应中构型反转推测亲核试剂从离去基团的背面进攻。根据分子轨道模型，亲核试剂从背面进攻，是由 C—X 键的轨道方向所决定的。在所有的 S_N2 反应中，都发生构型反转。

亲核试剂 Y 将电子给予 C—X 键上的碳原子，C—X 键的成键轨道上已有一对电子，只能给予 C—X 键的反键轨道（σ^*），Y 从 C—X 键的背面接近，才能与 σ^* 轨道碳原子上的一瓣最大限度地重叠，在过渡状态中，Y，C，X 在一条直线上（见图 22.1）。

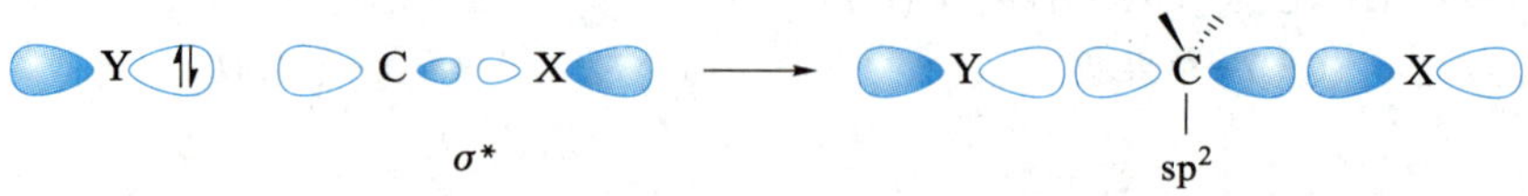

图 22.1　S_N2 反应的过渡状态

在回旋加速器（cyclotron）中进行的高真空气相 S_N2 反应也证明中心碳原子的构型反转。o-（对甲苯磺酰甲基）苯磺酸甲酯与碱反应，生成 o-（1-对甲苯磺酰乙基）苯磺酸盐：

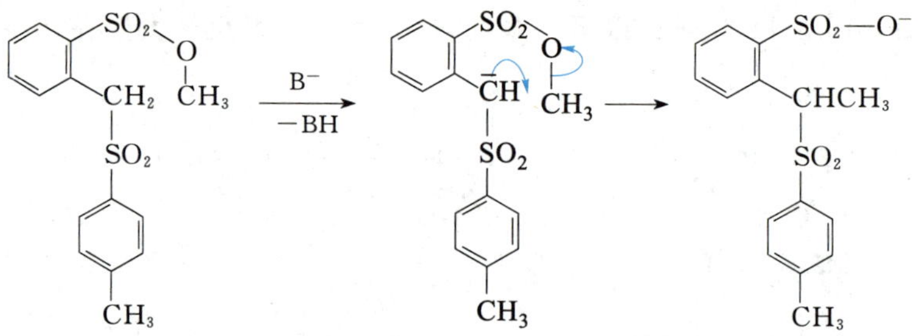

反应中碱夺去 CH_2 上的一个质子，生成碳负离子，碳负离子进攻邻位磺酸甲酯基中的甲基，生成新的 C—C 键，同时 C—O 键断裂，相当于分子内的 S_N2 反应。分子内反应一般比分子间的反应容易发生，但是由于立体因素的限制，在反应的过渡状态 C^-，C—O 三个原子不可能排列在同一直线上。只有碳负离子进攻另外一个分子的磺酸甲酯基中的甲基，C^-，C—O 三个原子才能排列在同一直线上。

检验反应是不是在分子间进行的方法是将两个甲基都用氘标记。从标记的原料得到相应的标记产物：

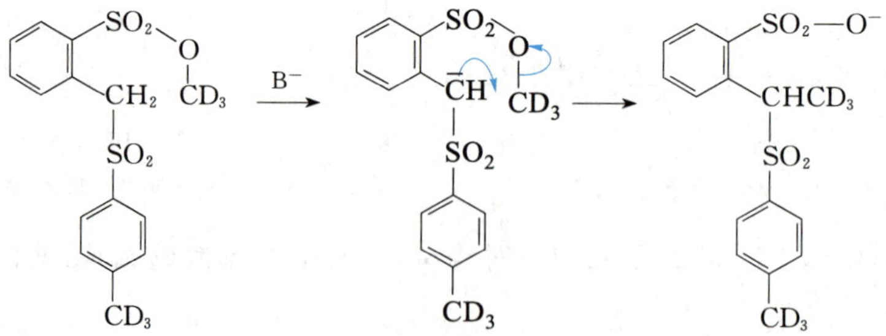

在交叉实验（crossover experiments）中，将等物质的量的未标记和标记的原料混合后再加碱反应，分析得到的产物中标记原子的分布，结果证明产物是 4 种化合物的等物质的量混合物。

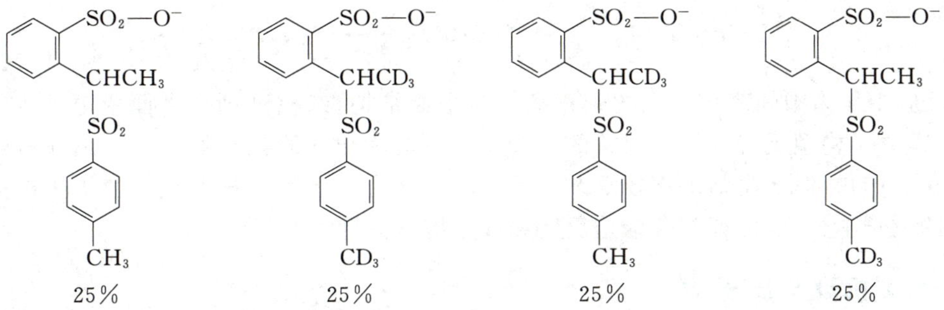

后两种产物只有反应在分子间进行才能得到，由于 4 种产物含量相等，由此推测，反应都是在两个分子间进行的：

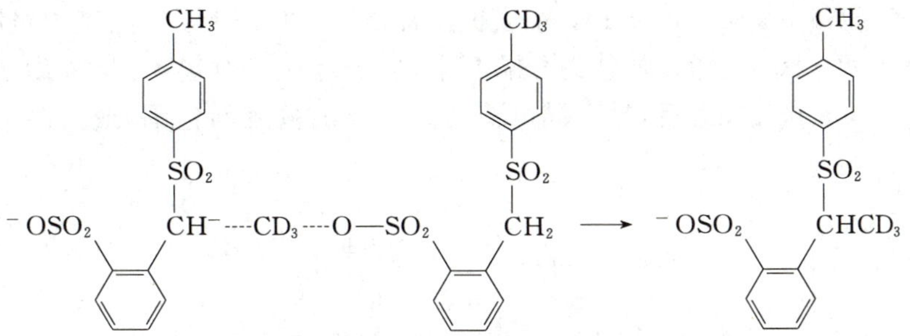

因此，在 S_N2 机理中，Y，C—X 三个原子排列在一条直线或近于一条直线时，反应最容易进行。

22.1.2　S_N1

S_N1 机理中，反应速率的决定步骤是碳正离子的生成，没有亲核试剂的参加。由于碳正离子的寿命很短，在一般条件下不能用实验方法检验出来，但是二(3,4－二甲氧苯基)甲醇的乙酸酯在极性溶剂中用光照射，C—O 键发生异裂，可以用紫外光谱检测到碳正离子的存在。

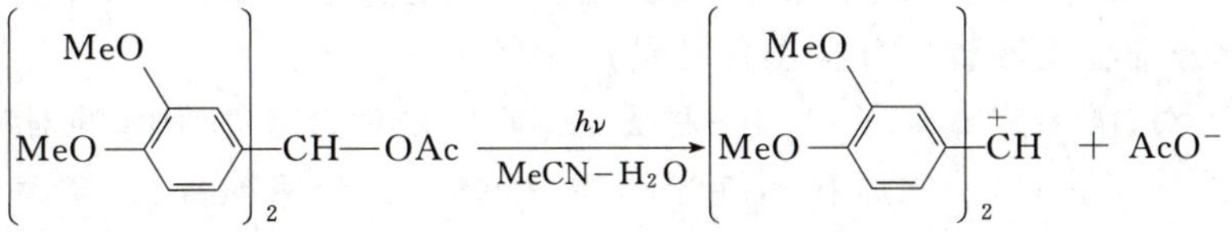

碳正离子为平面结构或近于平面结构。桥头碳原子不能形成平面结构，因此，桥头上的 S_N1 反应不能或极难进行。1－氯莰烷(1－chlorocamphane)在 80%乙醇溶液中与 30% KOH 溶液一起回流 21 h 也不能发生反应。

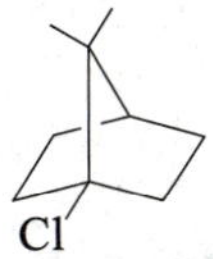

1－氯莰烷

二苯基氯甲烷在液态 SO_2 溶液中分别与各种浓度的 F^-、吡啶和三乙胺反应，虽然试剂的亲核性不同，其反应速率几乎是一样的，说明在决定反应速率的步骤中没有亲核试剂的参加。

$$Ph_2CHCl \xrightarrow[\text{慢}]{SO_2(l)} Ph_2\overset{+}{C}H\ \overset{-}{Cl} \xrightarrow[\text{快}]{Nu^-} Ph_2CHNu$$

S_N1 反应中作为中间产物生成的碳正离子为平面结构，亲核试剂从平面两边进攻的概率相等，即中心碳原子构型反转和构型保持的机会相等。有旋光性的化合物的 S_N1 反应应当得到完全外消旋化的产物，但实验结果比较复杂。反应动力学为一级的亲核取代反应中生成完全外消旋化产物的例子不少，但也有部分构型反转和部分构型保持的例子。

22.1.3　S_N1 机理与离子对

S_N1 反应中研究得最多的是溶剂解反应。为了解释溶剂解反应中化学动力学和立体化学之间的不协调，Winstein S 提出：底物分子在溶剂中解离，生成的碳正离子和相应的负离子紧密接触，成为紧密离子对(intimate ion pair)，周围是溶剂分子，使它们与其他离子对隔离开来，然后少数溶剂分子进入两个离子之间，把它们分隔开来，但仍组成一个离子对，称为溶剂分隔离子对(solvent separated ion pair)，最后，带不同电荷的离子分别被溶剂包围，成为溶剂化的碳正离子和负离子。

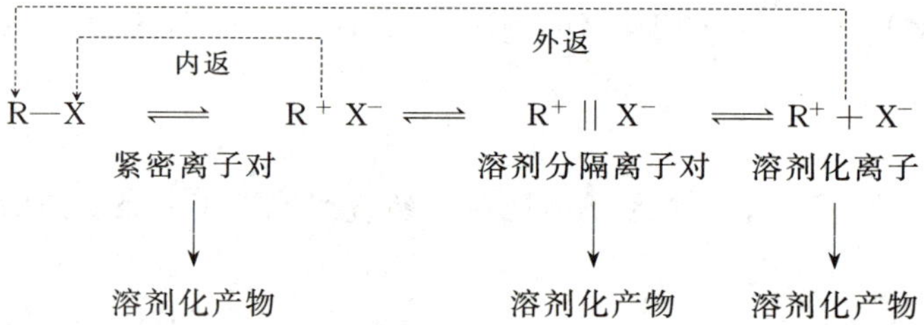

紧密离子对重新结合成共价化合物称为内返(internal return)，溶剂化的离子重新结合成共价化合物称为外返(external return)。紧密离子对、溶剂分隔离子对和溶剂化离子都可以同溶剂或亲核试剂结合生成产物。如碳正离子的寿命长，生成溶剂化离子后转变成产物，则为正常的 S_N1(完全外消旋化)；如碳正离子的寿命短，在紧密离子对或溶剂分隔离子对生成后即转变成产物，则可能得到部分构型反转或部分构型保持的产物。

检验紧密离子对、溶剂分隔离子对的一种方法，是研究对氯苯基苄醇的对硝基苯甲酸酯在90%含水丙酮中的反应速率，所用原料是旋光的酯，在对硝基苯甲酸部分，羰基上的氧用 ^{18}O 标记。在一定的时间间隔，取样测定回收的酯的旋光性，得到酯的外消旋化速率(k_{rac})；回收的酯中部分 ^{18}O 由羰基氧漂移到醇基氧上；因此，又可以求出 ^{18}O 的交换速率(k_{ex})：

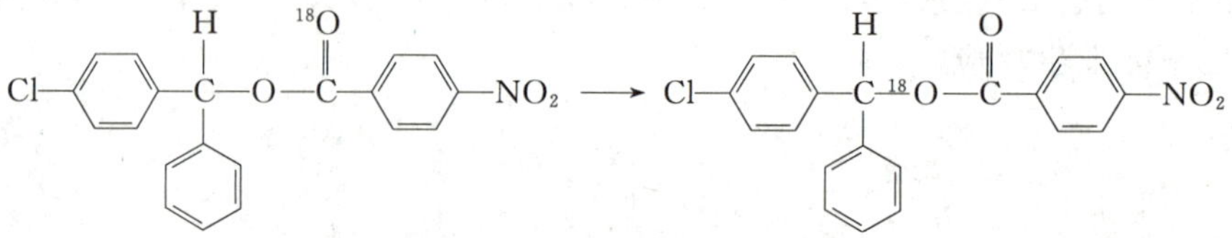

实验结果：在 100 ℃下，外消旋化和同位素交换都是一级反应，$k_{ex}/k_{rac}=2\sim3$，即外消旋化的速率比同位素交换的速率慢。另外两组实验：① 在反应混合物中加入用 ^{14}C 标记的对硝基苯甲酸($p-O_2NC_6H_4{}^{14}CO_2H$)，测定回收的酯中 ^{14}C 的含量，求得 ^{14}C 交换的速率，结果发现交换速率很慢；② 在反应混合物中加入叠氮酸钠(NaN_3)，发现 k_{ex} 不受影响，而外消旋化被抑制。如果酯解

离后，生成自由的 $p-ClC_6H_4\overset{+}{C}HC_6H_5$ 和 $p-O_2NC_6H_4\overset{O}{\overset{\|}{C}}O^-$，它们又重新结合成酯，外消旋化和 ^{18}O 交换的速率应当相等。由于碳正离子可以与外加的 $p-O_2NC_6H_4{}^{14}CO_2H$ 重新结合生成酯，^{18}O 交换的速率和 ^{14}C 交换的速率也应当相等；加入 NaN_3 只能夺取碳正离子，不会影响回收的酯外消旋化的速率。这些现象都可以用离子对来说明。

合理的解释：酯解离成紧密离子对，紧密离子对重新结合（内返）成酯时发生 ^{18}O 的交换，而外旋化可能发生在溶剂分隔离子对生成以后，因此，k_{rac} 小于 k_{ex}。N_3^- 是一个亲核性很强的试剂，它可以从背面进攻紧密离子对或溶剂分隔离子对，能够抑制外消旋化，但不能阻止紧密离子对的内返。酯与外加的 ^{14}C 标记的对硝基苯甲酸之间的同位素交换只能发生在溶剂化的离子生成以后，即由外返交换，速率自然比内返慢。

用离子对可以说明 S_N2 和 S_N1 的中间区域（borderline region）的立体化学表现。

应用立体化学、化学动力学和同位素标记等方法对 1-氯-1-苯乙烷的溶剂解进行了仔细的研究，分析了在三氟乙醇中溶剂解时离子对的去向。据估计，每 100 个 $Ph\overset{Cl}{\overset{|}{C}}HMe$ 分子解离成紧密离子对后，80 个内返生成构型保持的分子，7 个内返生成构型反转的分子，13 个变成溶剂分隔离子对：

$$RX \underset{80}{\rightleftharpoons} R^+X^- \overset{13}{\rightleftharpoons} R^+ \| X^- \rightleftharpoons R^+ + X^-$$

$$\updownarrows$$

$$XR \underset{7}{\rightleftharpoons} X^-R^+ \rightleftharpoons X^- \| R^+$$

RX，XR 表示构型相反的分子

说明即使在紧密离子对阶段也有少量外消旋化。

2-苯基丁-2-醇对硝基苯甲酸酯的亲核取代反应的产物为

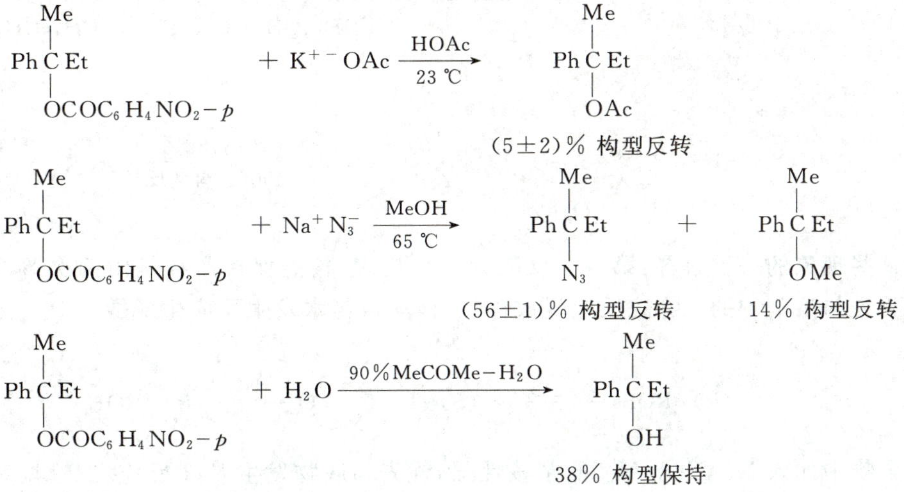

这是叔醇酯的亲核取代，叔碳正离子的稳定性较高，是反应的活性中间体。在第一个反应中，试剂的亲核性中等，反应几乎是在完全溶剂化离子对状态下进行的，少量构型反转产物是在其他离子对状态下试剂从反面进攻生成的。在第二个反应中，叠氮离子的亲核性强，在紧密离子对或溶剂分隔离子对状态下从反面进攻生成产物的比例增加。在第三个反应中，构型保持产物可能是在溶剂分隔离子对状态下，水分子从正面进攻生成的：

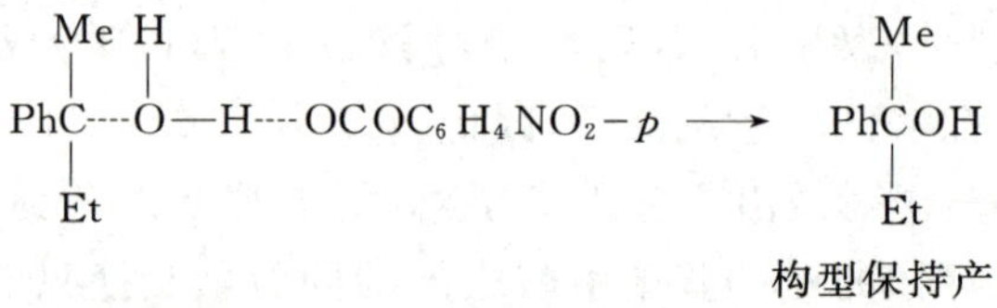

离子对的生成及其在亲核取代反应中的意义已得到多数有机化学家的认同，但是还有不同意见存在，需要进一步研究。

22.1.4　S_N1 + S_N2 混合机理

在亲核取代反应中含伯烷基的化合物一般为 S_N2 机理，含叔烷基的化合物一般为 S_N1 机理，含仲烷基的化合物的反应机理是争论最多的问题。

一种观点认为 S_N2 和 S_N1 是两种极限情况，它们之间还有中间区域；另一种意见认为没有中间区域，取代反应可能是一部分为 S_N2 机理，另一部分为 S_N1 机理。

在少数反应中生成 20%～50%构型保持产物，这类现象可以用离子对说明，不过也有另一种看法。

辛-2-醇对溴苯磺酸酯的亲核取代反应的实验结果为

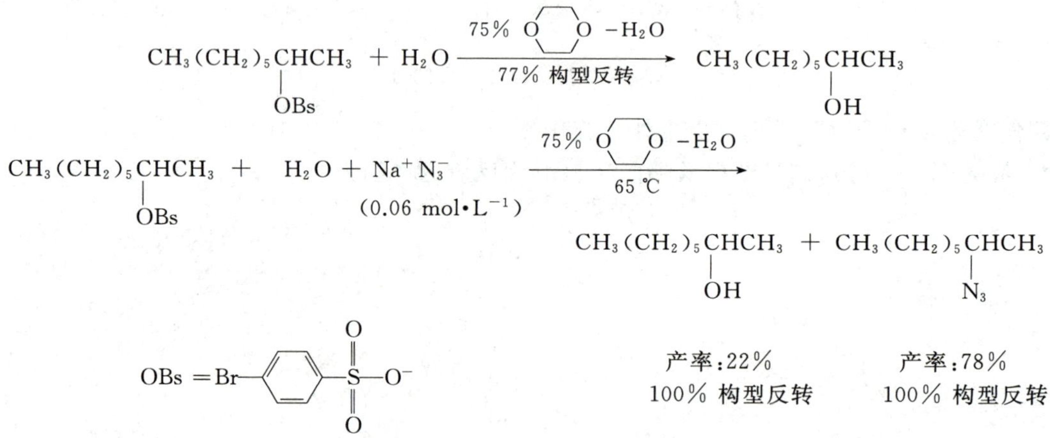

对这些现象的一种解释：第一个反应为 S_N2 机理，构型保持产物是由两次 S_N2 反应生成的，即化合物先与溶剂中的二噁烷反应生成鎓盐，鎓盐再与水发生反应生成醇：

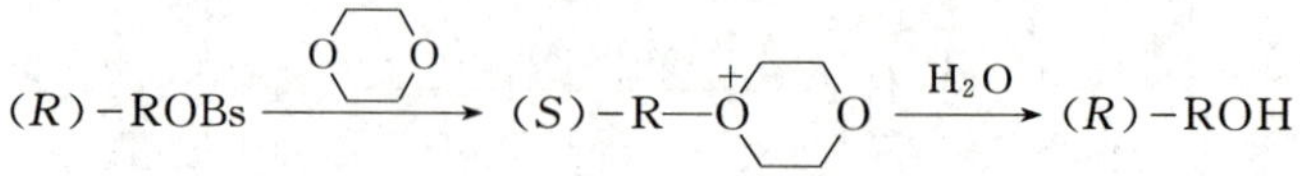

反应混合物中加入 N_3^-，由于 N_3^- 的亲核性强，优先与底物发生 S_N2 反应，二噁烷亲核性弱，不能

与 N_3^- 和 H_2O 竞争，因此，不生成构型保持的醇。

§ 22.2 邻基参与

发生亲核取代反应的化合物中含有本身有亲核性的取代基时，常常观察到取代反应的动力学和立体化学都受到强烈的影响。邻近的亲核性取代基对取代反应的介入称为邻基参与(neighboring group participation)。

22.2.1 含杂原子的取代基

顺－和反－2－乙酰氧基环己醇对甲苯磺酸酯在乙酸中溶剂解都得到反环己－1,2－二醇的二乙酸酯，但反式异构体溶剂解的速率约为顺式的 660 倍：

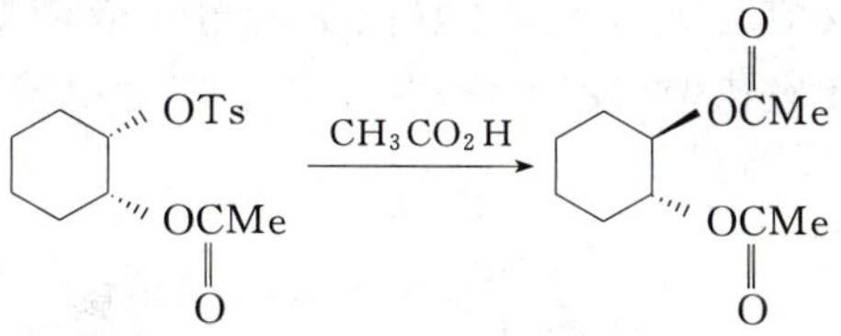

$k=2.9\times10^{-7}\ s^{-1}$(100 ℃)

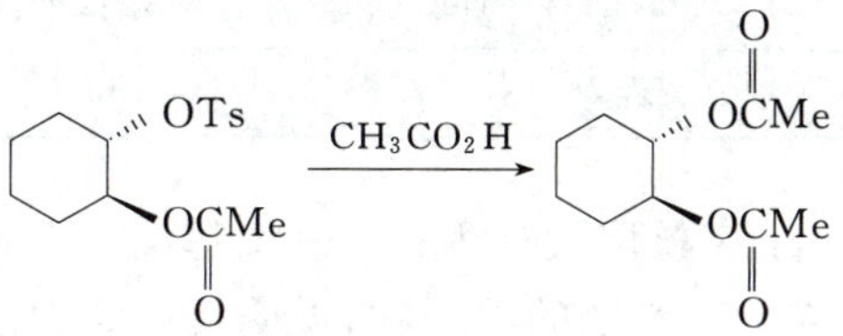

$k=1.9\times10^{-4}\ s^{-1}$(100 ℃)

由此推测：在反式异构体的取代反应中，2 位上的乙酰氧基参与了取代过程，即从背面进攻 1 位碳原子，取代对甲苯磺酸基，生成环状中间体(相当于分子内的 S_N2)，然后与乙酸迅速进行另一次 S_N2 反应，生成构型保持的环己二醇二乙酸酯：

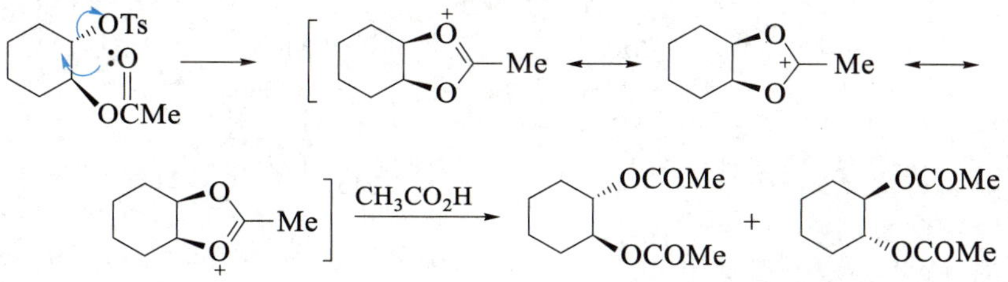

而顺式异构体中的乙酰氧基由于在对甲苯磺酸基的同一边，不能参与取代过程，因此为正常的分子间的取代反应，生成 1 位碳原子构型反转产物。邻基参与是分子内反应，因此反式异构体的溶剂解速率比顺式异构体快，这种现象称为邻助作用(anchimeric assistance)。反式异构体如在无水乙醇中加热，可以得到环状化合物：

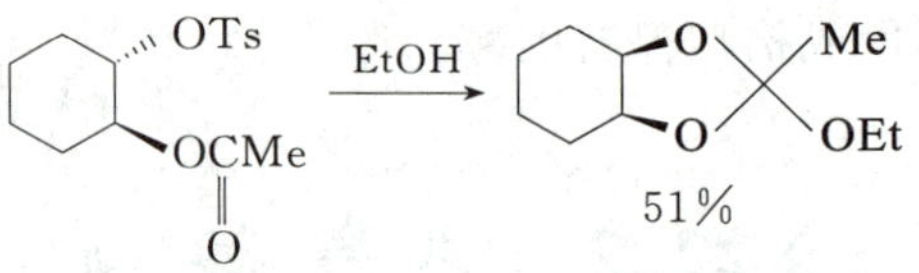

如果用光学纯的原料与乙酸反应，由于环状中间产物结构对称，乙酸进攻 1 位或 2 位碳原子的概率相等，因此，生成外消旋化的二乙酸酯。如先将 2 位上乙酰氧基中的羰基氧原子用^{18}O标记，将生成的二乙酸酯水解，得到的二醇中仍含有原料中 1/2 的^{18}O，也说明生成了环状中间体。

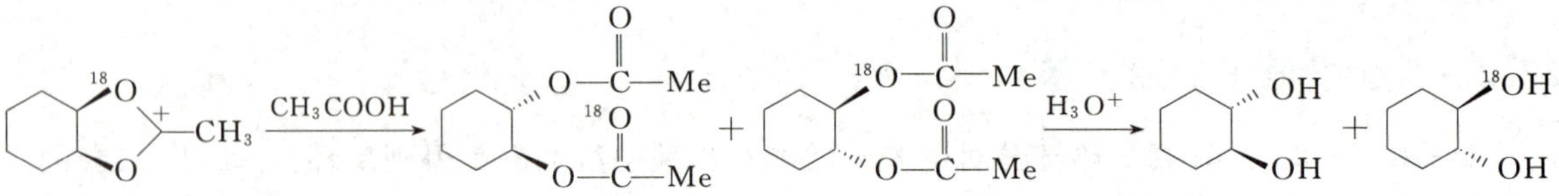

伯醇的磺酸酯与乙酸的反应为 S_N2 反应，取代基的电子效应对反应速率影响不大，但比较以下一系列化合物与乙酸的反应速率，发现 4－甲氧基丁醇对溴苯磺酸酯［$MeO(CH_2)_4OBs$］的反应速率特别快：

$$R—OBs \xrightarrow{AcOH} R—OAc + HOBs$$

R	$Me(CH_2)_3$	$MeOCH_2CH_2$	$MeO(CH_2)_3$	$MeO(CH_2)_4$	$MeO(CH_2)_5$	$MeO(CH_2)_6$
相对反应速率	1.00	0.28	0.63	657	123.0	1.2

由此推测：4 位上的甲氧基参与了亲核取代过程；4－甲氧基戊－1－醇对溴苯磺酸酯和 5－甲氧基戊－2－醇与乙酸反应，同样生成两种产物的混合物，说明反应是通过同一环状中间体进行的：

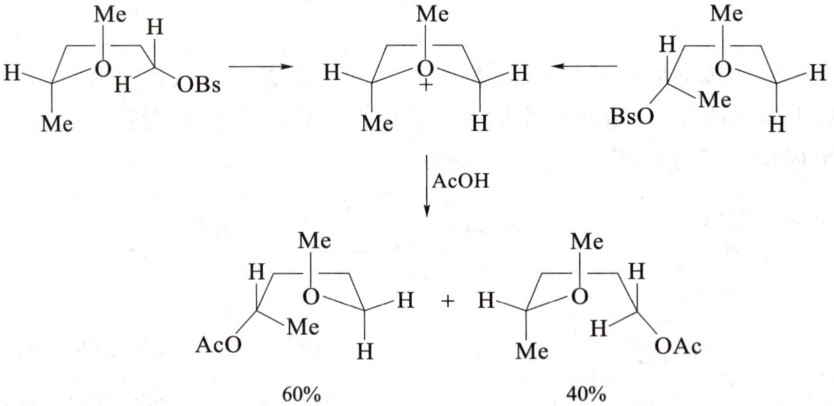

上面的例子说明：对于某一个邻基是否参与亲核取代过程与中间生成的环的大小有关，对于亲核性弱的甲氧基，生成五元、六元环时能有效参与。

反环戊－1，2－二醇的磺酸酯的溶剂解反应说明：当 $Ar = p-MeC_6H_4$ 时，OH 有邻基参与作用，而当 $Ar = p-NO_2C_6H_4$ 时，没有邻基参与作用。这是因为对硝基苯磺酸根是一个离去倾向很强的基团，不需要邻基协助。

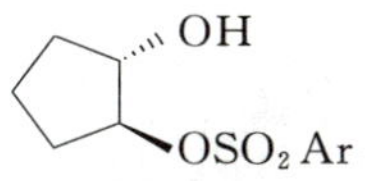

5-氯己-2-醇的对甲苯磺酸酯在乙酸中溶剂解为正常的 S_N2 反应，说明氯原子的亲核性很弱，不足以同外加的乙酸竞争，但将乙酸换成亲核性极弱的三氟乙酸，却能观察到邻基参与，说明邻基必须具有适当强的亲核性，在底物与外加的亲核试剂发生 S_N2 反应以前，取代离去基团，因此，有邻基参与的反应速率比没有邻基参与的同一反应的速率快。

比较重要的邻基参与基团有 $\overset{\overset{\displaystyle O}{\|}}{C}—O^-$，COOR，COAr，OCOR，OR，OH，$O^-$，$NH_2$，NHR，$NR_2$，NHCOR，SH，SR，$S^-$，I，Br，Cl 等。

利用邻基参与可以将 *S* 型氨基酸转变为 *R* 型氨基酸：

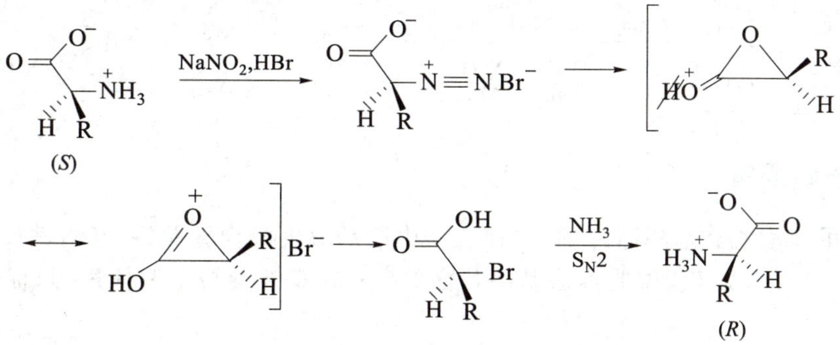

22.2.2 苯基

对 β-苯基在亲核取代反应中的邻位参与进行了充分的研究。将 2-苯基乙醇对甲苯磺酸酯分子中 1 位甲叉基上的两个氢用氘标记，然后与三氟乙酸反应，得到的产物为两种异构体的等物质的量混合物，说明苯基参与了取代过程：

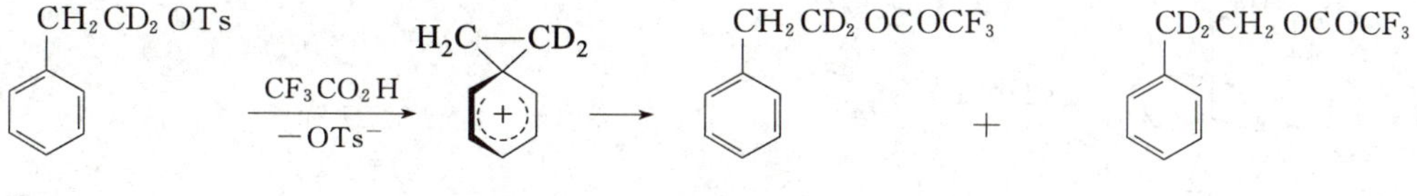

1 : 1

在超强酸中可以测定中间产物的 ^1H NMR 和 ^{13}C NMR 谱：

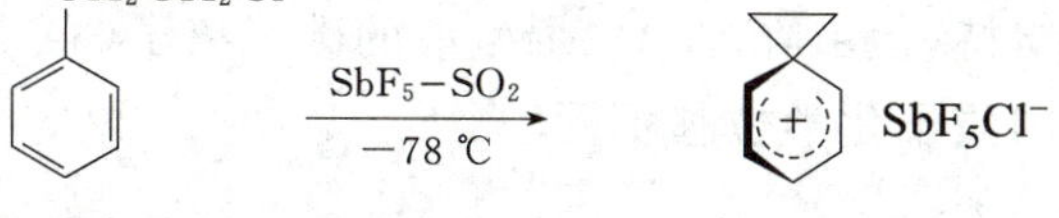

结果证明两个甲叉基是对称的。

将 2-苯基乙醇对甲苯磺酸酯的 2 位碳用同位素标记，然后在不同溶剂中进行溶剂解反应，结果说明：正常的溶剂解为 S_N2 反应，不发生苯基的重排，而 β-苯基参与的反应发生重排，这是两个独立进行的反应：

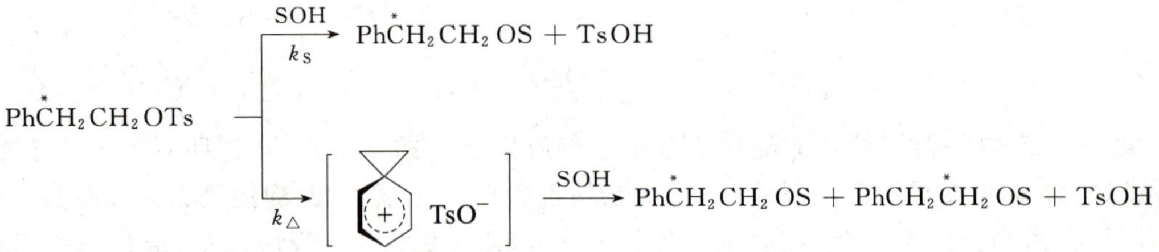

$k_{\triangle}/k_S$ 的比例与溶剂的亲核性有关，其次序为 EtOH(0.3%，重排)，$MeCO_2H$(5.5%)，10% H_2O+90% HCO_2H(40%)，HCO_2H(45%)，CF_3CO_2H(100%)。

L-*threo*-3-苯基丁-2-醇对甲苯磺酸酯与乙酸反应，生成构型保持产物(*threo*)。由于中间体中有对称面，因此，产物为外消旋体：

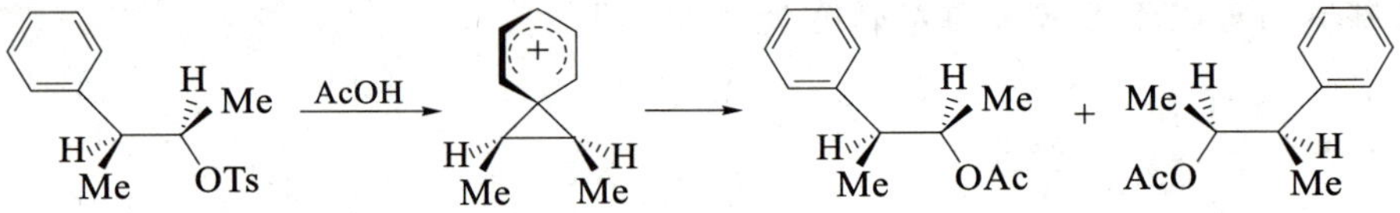

22.2.3 碳-碳双键

反-7-对甲苯磺酰氧基降冰片烯(1)在乙酸中溶剂解生成构型保持产物，其反应速率为相应的饱和化合物(2) 的 10^{11} 倍，说明离去基团背面的碳-碳双键参与了取代过程，促进了离去基团的脱离：

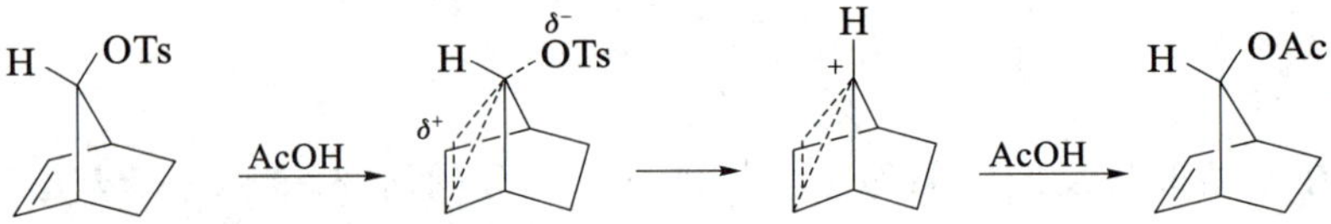

(1)

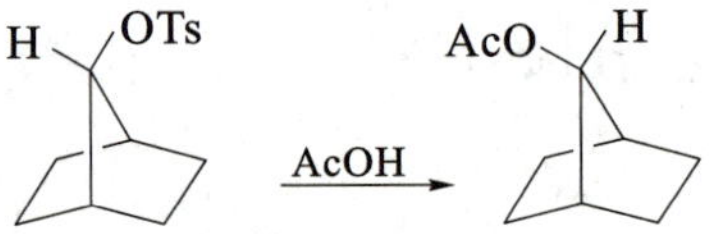

(2)

中间产物可能是五配位的碳正离子，即非经典离子(nonclassical ion)，其中 2,3,7 碳原子上的 p 轨道在侧面重叠，组成三中心二电子键(见图 22.2)。7 位碳原子上还有一个 H，是五配位。

虽然现在还没有实验支持，但由降冰片二烯生成的碳正离子(3) 是相当稳定的，^{1}H NMR 谱中 2,3 位的质子与 5,6 位的质子化学位移不同。

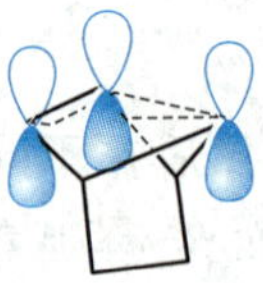

图 22.2 非经典离子

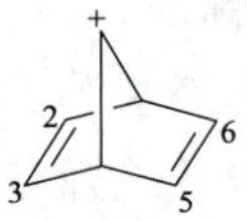

(3)

22.2.4 σ 键

旋光的 *exo*－降冰片对溴苯磺酸酯（*exo*－bornyl brosylate），在乙酸中溶剂解，生成消旋的 *exo*－降冰片乙酸酯。*endo*－降冰片对溴苯磺酸酯的乙酸解也生成 *exo*－降冰片乙酸酯。*exo*－异构体乙酸解的速率为 *endo*－异构体的 350 倍。

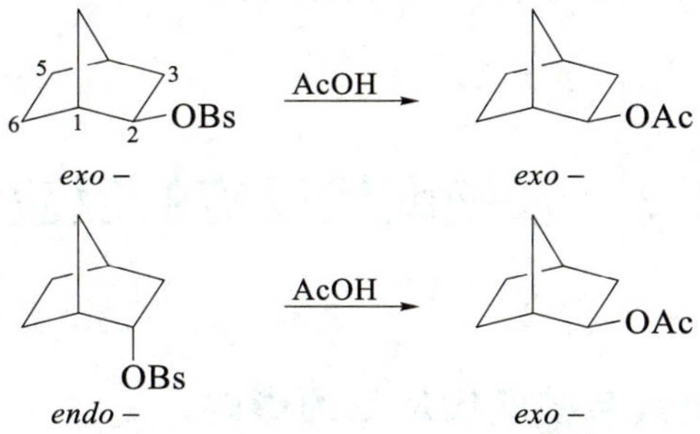

Winstein S 提出：*endo*－异构体的乙酸解是正常的取代反应，因为其反应速率与环己醇的对溴苯磺酸酯相近。*exo*－异构体乙酸解的速率快是由于 C(1)和 C(6)之间的 σ 键的参与，中间产物为非经典离子：

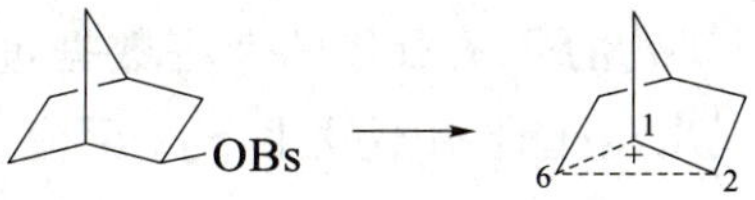

6 位碳原子上还有两个氢，是五配位，1,6－，6,2－之间的键是三原子二电子键。乙酸进攻 C(1)或 C(2)，生成溶剂解产物：

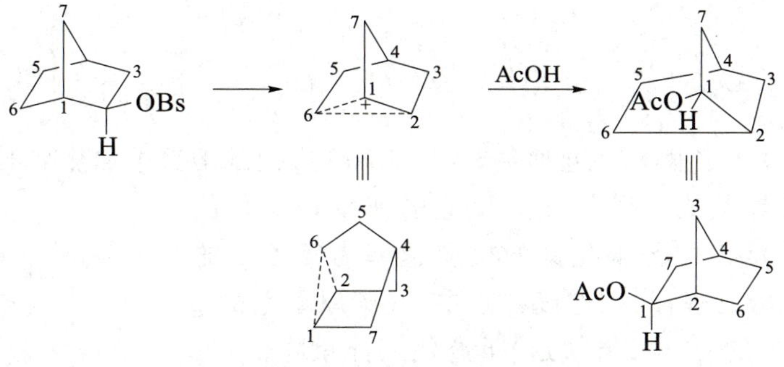

由于 4,5,6 三个碳原子和 C(1)—C(2)键的中点所在的平面为碳正离子的对称面，乙酸进攻 C(1)或 C(2)的概率相等，因此产物为外消旋体。

但是 Brown H 认为，反应的中间体为两种正常碳正离子的平衡混合物：

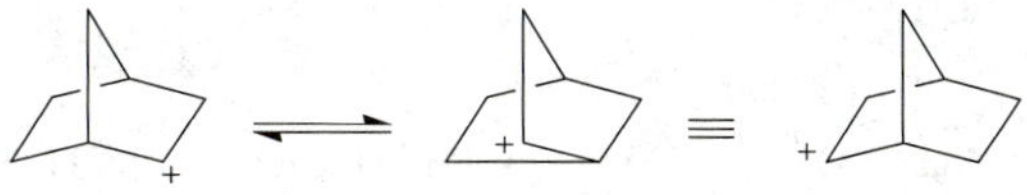

几十年来化学家设计了各种各样的实验方法来检验这两种观点究竟哪一种最合理，经历了激烈的争论，一段时间里曾认为 Brown 的观点与实验结果更符合。但是在 SbF_5-SO_2，$FSO_3H-SbF_5-SO_2$ 等超强酸中，-150 ℃下，进行碳正离子的 ^1H NMR，^{13}C NMR，激光Raman 光谱，X 射线电子光谱(X-ray electron spectroscopy)研究，在 77 K 甚至 5 K 下碳正离子在固态下的 ^{13}C NMR 谱研究，得到的结果都不能说明正常的碳正离子的存在，从头计算(ab initio calculations)的结果也指出非经典碳正离子相当于能量的低谷。现在非经典碳正离子的存在已经被多数化学家接受，虽然还有持不同意见的人。

§22.3　亲核取代反应的反应活性

22.3.1　化合物的结构对其亲核取代反应的影响

结构对反应活性(reactivity)的影响与反应机理有关，以下分别讨论结构对 S_N2 和 S_N1 反应的影响。

22.3.1.1　S_N2

对 RCH_2X 型化合物的 18 个系列的亲核取代的速率数据进行的统计分析说明：R 的位阻是决定反应速率的主要因素。$R_3C—X$ 型化合物不发生 S_N2 反应。离去基团在桥头碳原子上的化合物，如

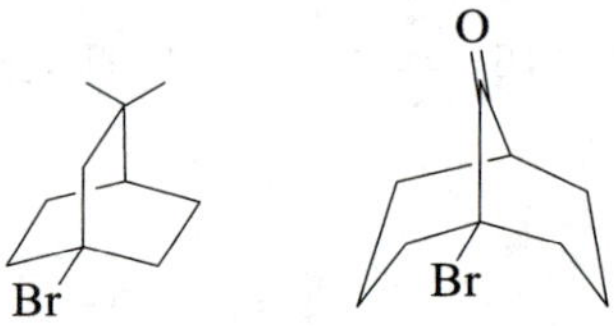

(1)　　(2)

不发生 S_N2 反应，(1) 与乙醇钠一起加热，(2) 与 NaI 在丙酮溶液中加热都不发生反应。

α-碳原子上的烯基或苯基使 S_N2 反应的速率加快。例如，烯丙基氯在丙酮溶液中与碘化钠的反应速率为氯乙烷的 33 倍。分子轨道模型的解释：在过渡状态中 α-碳原子上的 p 轨道与双键碳原子上的 π^*(反键轨道)重叠使其能量降低，见图 22.3。

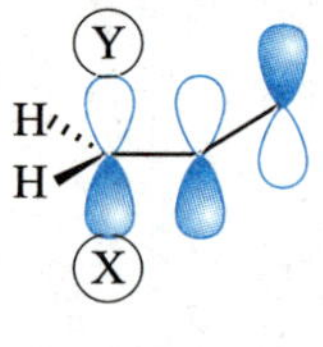

图 22.3　烯丙基氯的 S_N2 反应

在下面的两个反应中：

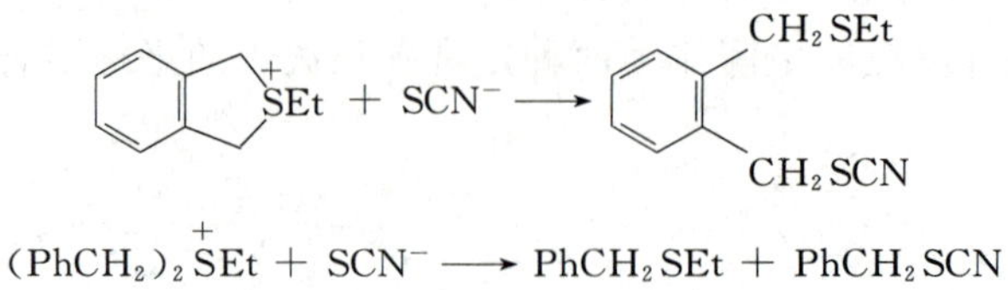

第二个反应的速率为第一个反应的 8000 倍。可能是在环硫化合物中，反应过程中 α－碳原子上的 p 轨道不能与苯环上的 π^* 轨道（在与纸平面垂直的方向上）有效重叠。

α－氯苯乙酮（$PhCOCH_2Cl$）在丙酮溶液中，75 ℃下与碘化钠的反应速率为 1－氯丁烷的 32000 倍，但 α－溴苯乙酮（$PhCOCH_2Br$）与三乙胺的反应速率仅为碘甲烷的 0.41。因此，羰基对 S_N2 反应的影响还待继续研究。

22.3.1.2　S_N1

S_N1 机理的活性中间体是碳正离子，能使碳正离子稳定性提高的因素都有利于 S_N1 反应的进行。

三苯氯甲烷在液体二氧化硫溶液中能解离成三苯甲基碳正离子和氯离子，SO_2 的亲核性极弱，与碳正离子不发生反应：

$$Ph_3C—Cl \rightleftharpoons Ph_3C^+ + Cl^-$$

苯环上给电子的取代基如 Me_2N，MeO 和 Me 使三苯甲基正离子的稳定性提高；而吸电子的取代基如 Cl，NO_2 则使三苯甲基正离子的稳定性降低。

二苯甲基碳正离子、苄基型碳正离子和烯丙型碳正离子与 SbF_6^- 生成的盐都可以在超强酸中得到。有的烯丙型碳正离子可以在浓硫酸中生成。例如：

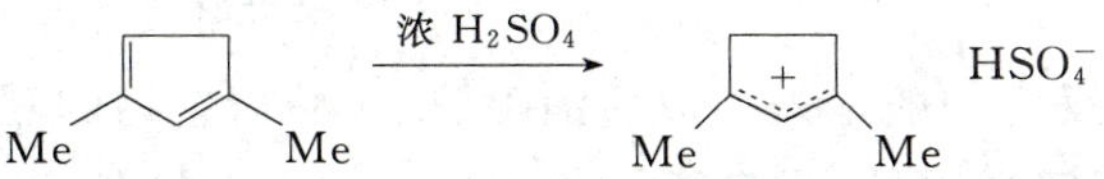

这些碳正离子都是由于 α－碳原子上的 p 轨道与苯环或烯键上的 π 轨道互相重叠，使正电荷分散，而稳定性提高。

化合物的 α－碳原子上连有烯基或苯基都使 S_N1 反应速率加快。例如：

$$ROTs + EtOH \xrightarrow{25\ ℃} ROEt + TsOH$$

R	Me_2CH	$CH_2{=}CHCH_2$	$PhCH_2$	Ph_2CH	Ph_3C
相对反应速率	0.69	8.6	100	$\approx 10^5$	$\approx 10^{10}$

环丙甲基型碳正离子比苄基型碳正离子更稳定。三环丙基甲醇在 96％硫酸中生成三环丙基甲基碳正离子：

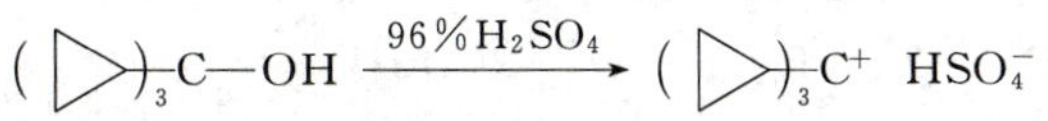

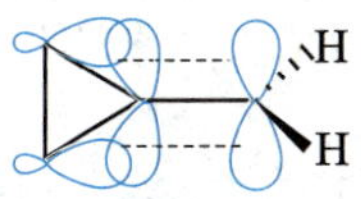

图 22.4　环丙甲基碳正离子

环丙烷环中的 C—C 键是由两个碳原子的 sp^3 杂化轨道成一个角度重叠形成的。在环丙甲基碳正离子中，环上的 σ 轨道可以与 α－碳原子上的 p 轨道重叠（见图 22.4），使碳正离子的稳定性提高。

α－碳原子上含有 O，N，S 等杂原子的取代基也使碳正离子的稳定性提高：

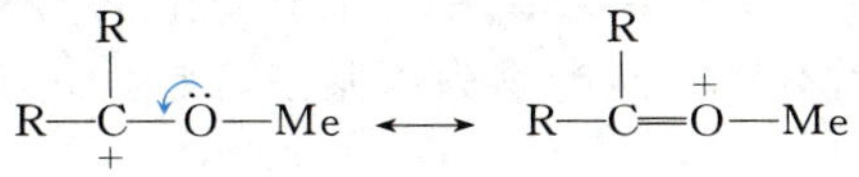

$MeOCH_2^+ SbF_6^-$ 可以在超强酸中制备。$ROCH_2X$,$RSCH_2X$,R_2NCH_2X 等化合物在 S_N1 反应中的活性都大于 $R_3C—X$。

正电荷在桥头碳原子上的碳正离子虽然不能达到平面构型,但仍可以在超强酸中生成。例如:

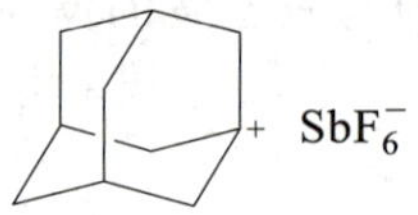

大环有利于 S_N1 反应的进行。例如,下面两个化合物的溶剂解反应,前一个很慢,后一个很快:

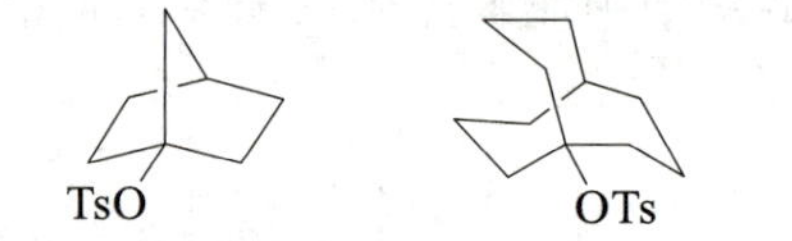

$k=4\times10^{-17}\ s^{-1}$　　　$k=3\times10^{-6}\ s^{-1}$

桥头碳原子由 4 配位变成碳正离子的 3 配位,如张力减小,有利于 S_N1 反应的进行。

酰基碳正离子的稳定性与叔丁基碳正离子相近,但由于共振效应,正电荷分散到氧原子上,

$$R-\overset{+}{C}=O \longleftrightarrow R-C\equiv\overset{+}{O}$$

亲电能力不强,RCOX 的反应一般是先加成后消除(见羧酸衍生物的互变)。

乙烯基碳正离子的稳定性很低,只在离子基团离去倾向极强时才发生溶剂解。例如:

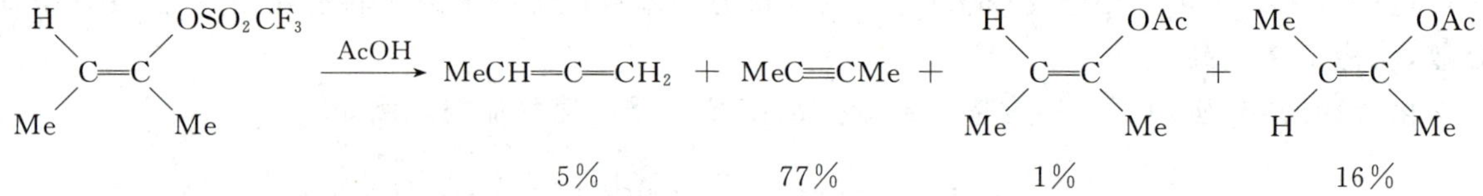

苯基碳正离子极不稳定,仅在重氮盐分解时生成:

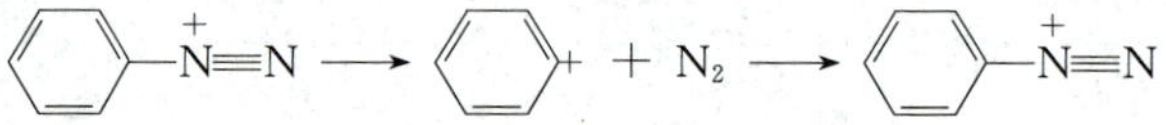

它的活性非常大,在一定条件下,甚至能与放出的 N_2 重新结合。

一些化合物在 S_N1 反应中的活性次序为

$$Ar_3C—X > Ar_2CH—X > RSCH_2X,ROCH_2X,R_2NCH_2—X > R_3C—X >$$
$$ArCH_2—X > CH_2=CH—CH_2—X > R_2CH—X > RCOCH_2—X$$

22.3.2　亲核试剂的影响

S_N1 反应决定速率的步骤中没有亲核试剂参加,试剂的亲核性对反应速率没有影响,但能决定反应的产物。例如,叔丁基溴在 55 ℃下,在 80%含水乙醇中或在 0.01 mol·L^{-1} NaOH 溶液中水解的速率都是 $1.01\times10^{-2}\ s^{-1}$;对甲苯磺酸苄酯在甲醇中溶剂解,产物为甲基苄基醚,在反应混合物中加入溴化钠,反应速率不变。但产物为苄基溴,因为 Br^- 的亲核性比 MeOH 强,优先与生成的苄基碳正离子结合。

S_N2 反应的过渡状态有亲核试剂参加，试剂的亲核性对反应有重要影响。

22.3.2.1 亲核指数

在甲醇溶液中 25 ℃下测定碘甲烷与各种亲核试剂的 S_N2 反应的速率常数 k_{nu} 并与碘甲烷与甲醇反应的速率常数比较，可以算出亲核试剂的亲核指数(nucleophilic constant)，n_{MeI}。

$$n_{MeI} = \lg\ (k_{nu}/k_{MeOH})$$

一些试剂的亲核指数为

	MeOH	NO_3^-	F^-	$MeCO_2^-$	Cl^-	Me_2S	NH_3	N_3^-	PhO^-
n	0.0	1.5	2.7	4.3	4.4	5.3	5.5	5.8	5.8
	Br^-	MeO^-	HO^-	Et_3N	CN^-	I^-	NO_2^-	PhS^-	
n	5.8	6.3	6.5	6.7	6.7	7.4	7.8	9.9	

用相似的方法得到的 S_N2 反应中试剂的亲核性次序(质子溶剂)为 $RS^- > ArS^- > I^- > CN^- > OH^- > N_3^- > Br^- > ArO^- > Cl^- >$ 吡啶 $> AcO^- > H_2O$。

以上数据是在特定条件下(底物、溶剂)得到的，有一定的局限性。

22.3.2.2 亲核性和碱性

一种试剂作为亲核试剂是指提供电子给碳原子，亲核性表示它对反应速率的影响，是动力学问题；而作为碱是提供电子给质子，碱性表示它对平衡位置的影响，是热力学问题。因此，一个试剂的碱性强，它的亲核性不一定同样强。例如，N_3^-，PhO^- 和 Br^- 的亲核指数都是 5.8，而它们的共轭酸的 pK_a 却分别为 4.74，9.87 和 −7.7。不过进攻原子相同的一系列试剂，它们的亲核性的大小次序与碱性大小是平行的，如 $MeO^- > PhO^- > AcO^- > NO_3^-$，进攻原子在周期表中位于同一周期，亲核性的次序也与碱性平行。例如，一些试剂的亲核性次序为 $NH_2^- > RO^- > OH^- > R_2NH > ArO^- > NH_3 >$ 吡啶 $> F^- > H_2O > ClO_4^-$；$R_3C^- > R_2N^- > RO^- > F^-$。试剂如果是带负电荷的离子，它的亲核性一定比其共轭酸强。例如，$OH^- > H_2O$，$NH_2^- > NH_3$，$RO^- > ROH$，$RS^- > RSH$。

22.3.2.3 溶剂对亲核性的影响

卤离子的亲核指数分别为 F^-，2.7；Cl^-，4.4；Br^-，5.8；I^-，7.4；而它们的共轭酸的 pK_a 分别为 HF，3.45；HCl，−5.7；HBr，−7.7；HI，−10.7，即亲核性次序正好与碱性相反。主要原因是在溶液中它们被溶剂分子包围，特别是在质子溶剂中更能生成氢键。例如：

HOH
HOH┈F^-┈HOH
HOH

F^- 和 Cl^- 体积小电荷集中，溶剂化作用强，Br^- 和 I^- 体积大，电荷分散，溶剂化作用弱；在亲核进攻中必须先破坏溶剂层，才能达到过渡状态，所需能量反映到活化能中，使活化能升高，反应速率变慢，特别是在质子溶剂中，由于能生成氢键差别就更显著。因此，亲核性次序为 $I^- > Br^- > Cl^- > F^-$。在 DMF 溶液中溶剂化作用弱，亲核性次序为 $Cl^- > Br^- > I^-$。

但溶剂化并不是影响亲核性的唯一因素，亲核原子的电负性大，可极化性(polarizability)小，也使它不容易提供电子，亲核性减小。从这两个因素考虑其亲核性次序应为 $I^- > Br^- > Cl^- > F^-$。因此，亲核性是多种因素的综合表现。

对于中性分子溶剂化并不重要，但碱性更强的 Et_3N($n=6.7$)，其亲核性却比碱性较弱的 Et_3P($n=8.7$)小，而 P 的电负性较小，可极化性较大，说明进攻原子的电负性和可极化性也是影响亲核性的必须考虑的因素。

利用回旋加速器可以在气相中研究 S_N2 反应，在没有溶剂干扰的条件下，一些试剂的亲核性次序为 $OH^- > F^- \sim MeO^- > MeS^- \gg Cl^- > CN^- > Br^-$(与 MeCl 的反应)。在气相中还可以研究加入水分子对反应速率的影响。例如：

$$MeBr + OH^-(H_2O)_n \longrightarrow MeOH + Br^-$$

n	0	1	2	3
相对反应速率	1.0	0.63	0.002	0.000 2

22.3.2.4 离子的缔合

在溶液中正、负离子常缔合成离子对或更大的聚集体，离子越自由，其亲核性越强。例如，在丙酮溶液中测定 S_N2 反应的速率，试剂为 Li^+X^- 时，相对速率为 Cl^-，1；Br^-，5.7；I^-，6.2；如用离子缔合程度较小的 n-$Bu_4N^+X^-$ 作试剂，相对速率为 Cl^-，68；Br^-，18；I^-，3.7。在苯溶液中用卤代烷使丁基丙二酸乙酯钠(n-$Bu\bar{C}(CO_2Et)_2Na^+$)烷基化，如加入能与 Na^+ 配位的乙二醇二甲醚，使碳负离子更自由，反应速率大幅度提高。在溴乙烷与 $PhCO\bar{C}HEtM^+$ 的反应中不同金属离子的速率次序为 $K^+ > Na^+ > Li^+$，可能是由于钾盐的缔合程度较小。

22.3.2.5 试剂的体积

t-BuO^- 的碱性比 OH^- 和 EtO^- 强，但亲核性却比它们弱，可能是由于它的体积大，阻碍了它与底物中心碳原子的接近。

22.3.2.6 离去基团

在 S_N2 反应中亲核试剂的进攻和离去基团的脱离是协同进行的，它们互相影响。因此，亲核性没有绝对的大小次序。经验规律是根据软硬酸碱的原理，亲核试剂和离去基团都是硬性的或都是软性的，反应速率较快；一个是硬性的，另一个是软性的，速率较慢。不过离去基团的影响没有以上的几种因素大。

22.3.3 离去基团的影响

在亲核取代反应中离去基团 X 被亲核试剂 Y 取代，X 的离去倾向的变化对 S_N2 和 S_N1 反应速率都有影响:在 S_N1 反应中离去基团的离去是决定反应速率的步骤,而在 S_N2 反应中,离去基团是在亲核试剂的协助下离去,因此,离去倾向的变化对 S_N1 反应速率影响更大。例如,溴代烷用 80%含水乙醇水解,将溴换成离去倾向更大的 OTs 基,反应速率的变化为

$$R—X + H_2O \longrightarrow R—OH + HX$$

R	Me	Et	*i*-Pr	*t*-Bu
k_{OTs}/k_{Br}	11	10	40	4 000

含叔丁基的底物反应速率的变化特别大,说明反应机理(S_N1)与其他几种化合物(S_N2)不同。

含 1-苯乙基的底物 [PhCH(Et)—X]在 75 ℃下,80%含水乙醇中溶剂解的相对反应速率为

$$PhCH(Et)—X + H_2O \longrightarrow PhCH(Et)—OH + HX$$

X	CF_3SO_3	p-$NO_2C_6H_4SO_3$	p-$MeC_6H_4SO_3$	$MeSO_3$	CF_3CO_2	p-$O_2NC_6H_4CO_2$
相对反应速率	1.4×10^8	4.4×10^5	3.7×10^4	3.0×10^4	2.1	5.5×10^{-6}
X	$MeCO_2$	I	Br	Cl	F	
相对反应速率	1.4×10^{-6}	91	14	1.0	9×10^{-6}	

离去基团带着一对电子离开,它的离去倾向与它的吸引电子的能力有关。离去基团的大小次序一般与它们的共轭酸的酸性强弱次序相平行。以氧原子与碳原子相连的离去基团的离去倾向基本上与它们的共轭酸的强弱次序平行。卤素的离去倾向次序为 I>Br>Cl≫F,与 HX 酸性强弱次序平行。氟代烃溶剂解的速率特别慢,可能与 C—F 键的键能特别高有关。

一些常见的离去基团的离去倾向次序为

$$—N_2^+ > —OTs > —I > —Br > —Cl > —F > —OCOR$$

$—\overset{+}{N}\equiv N$ 的离去倾向特别大,可能是由于离去后变成稳定性很高的氮分子。

醇是常用的合成原料,通过亲核取代将羟基转变为其他官能团。在酸性溶液中,羟基接受质子,离去基团变为水分子,它的共轭酸 H_3O^+ 的 pK_a 为 −1.74,因此,是一个更好的离去基团。—OR 接受质子后变成$—\overset{H}{\underset{+}{O}}R$,也是一个更好的离去基团($R—\overset{H}{\underset{+}{O}}R$,$pK_a=-3.5$)。

醇也可以先转变为磺酸酯,把羟基转变为离去倾向更大的 $R—SO_3$,然后再进行亲核取代。合成工作中常用的磺酸酯为对甲苯磺酸酯和甲磺酸酯(methylates,$ROSO_2Me$,简写作 ROMs)。三氟甲磺酸基($—OSO_2CF_3$,—OTf)的离去倾向特别大,常用于反应机理研究工作中。

22.3.4 溶剂的影响

有机反应大多数在均匀的液相(homogeneous liquid phase)中进行,常常要使用溶剂。溶剂虽然不在化学反应式中出现,但在反应进行中却起着关键性的作用。溶剂使固态的反应物溶解,使其分子脱离晶格的约束,自由运动,互相碰撞而发生反应。有的反应,如 S_N1 反应,在气相中很难发生,而在溶液中却容易进行。溶剂从多个方面对反应物发生影响,因此反应在不同溶剂中

进行时，其速率差别很大。

22.3.4.1　常用的溶剂

有机反应中常用的溶剂有两种类型：

(1) 质子溶剂(protic solvents)　其中含有能给予质子的官能团，如水、甲醇、乙醇、叔丁醇、乙酸、三氟乙酸等。它们能与负离子，特别是 HO^-，RO^-，F^- 等负电荷比较集中的负离子生成氢键。负离子作为亲核试剂是电子给予体，氢键的生成束缚了它们的 p 电子对，使其亲核性降低。

(2) 非质子溶剂(aprotic solvents)　其中不含有能生成氢键的质子。又可分为两类：① 介电常数较小的，如己烷、二氯甲烷、苯、乙醚、氯仿等，称为非极性溶剂(nonpolar solvents)。许多离子化合物不溶于非极性溶剂。由于非极性溶剂的溶剂化能力弱，能溶解的离子化合物在溶液中容易形成离子对，甚至聚集成更大的簇。由于正离子的束缚，负离子的亲核性大幅度降低。② 非质子极性溶剂(polar aprotic solvents)介电常数比较大，溶剂化能力强，这一类溶剂有吡啶、丙酮、六甲基磷酰胺[$PO(NMe_2)_3$，HMPA]、硝基甲烷、*N*，*N*－二甲基甲酰胺、乙腈、二甲亚砜等。许多金属盐能溶于非质子极性溶剂中，特别是 DMF，DMSO 等溶剂对 Na^+，K^+ 等金属离子的配位能力强，对负离子配位能力弱，使负离子相对自由，亲核性增强。二甲氧基乙烷(dimethoxyethane，DME)的介电常数与乙醚相近，但由于其特殊的立体结构能与 Na^+ 配位，用作溶剂，能使某些反应的速率加快。

22.3.4.2　溶剂对 S_N1 反应的影响

S_N1 反应中决定反应速率的步骤是化合物分子的解离，溶剂的解离能力(dissociating power)对反应速率起着关键性的作用。由于影响解离能力的除介电常数外还有别的因素，因此 S_N1 反应中溶剂解离能力的大小是由某一特定反应在不同溶剂中的相对速率得到的。其次序为

$$CF_3CO_2H > HCO_2H > H_2O > AcOH > MeOH > EtOH > Me_2SO >$$
$$MeCN > DMF > \text{吡啶} > MeCOMe > AcOEt > THF > Et_2O$$

22.3.4.3　溶剂对 S_N2 反应的影响

溶剂对 S_N2 反应的影响与反应的电荷类型有关。例如：

$$Cl^- + MeI \xrightarrow{25\ ^\circ C} \left[\overset{\delta^-}{Cl}\text{---}Me\text{---}\overset{\delta^-}{I} \right] \longrightarrow Cl\text{—}Me + I^-$$

溶剂	MeOH	$HC(=O)NH_2$	$HC(=O)NHMe$	$HC(=O)NMe_2$
相对反应速率	1	12.5	45.5	1.2×10^6

将质子溶剂改变成非质子极性溶剂(DMF)，反应速率大幅度提高。这是因为质子溶剂使 Cl^- 溶剂化，还生成氢键，使其亲核性降低，DMF 对负离子的溶剂化作用小，在 DMF 溶液中 Cl^- 的反应活性提高；DMF 对过渡状态仍有溶剂化作用，这使过渡态的能量降低，两个因素都有利于反应的

进行。这种类型的取代反应在合成中应用最广。

【注】

对于 S_N1 机理，特别是对离子对在 S_N1 机理中的作用。一些学者有不同的看法。例如，Dale J(见 J Chem Educ，1998，75：1482-1485.)认为：水或乙醇可以同无机正离子生成溶剂化的正离子，而在溶剂化反应中，它们既是溶剂又是亲核试剂，它们能够进攻碳正离子生成溶剂化产物，如果它们也能与碳正离子生成溶剂化离子，那么是什么力量阻止它们停下来不去与碳正离子生成稳定的共价键？

"My basic criticism of the concept of solvated intermediate cations is that one is asking nucleophilic solvent molecules (like water or alcohols) to play two incompatible roles. On the one hand, solvent molecules are expected to approach the charge of reactive carbocations and stop at a distance presumably corresponding to that of solvated inorganic cations where covalent bond formation is impossible. On the other hand, the same solvent molecules are also asked to behave as a nucleophile and proceed the tiny remaining distance and form a stable chemical band. What could stop them in the first place?"

§ 22.4 相转移催化

在有机反应中，特别是在亲核取代反应中，常常要用无机负离子作试剂与有机化合物反应。为了使无机盐溶解，要用水或醇作溶剂，这些溶剂使负离子溶剂化，即溶剂分子把离子包围起来。有机化合物要与负离子发生反应，必须克服溶剂分子的阻碍，因此，溶剂化使负离子的反应活性降低，与有机化合物发生反应的速率减慢。非极性溶剂溶剂化作用小，但又不能使无机盐溶解。

解决这个矛盾的一种方法是采用 DMF，DMSO 等非质子极性溶剂来进行反应。它们的分子中存在着偶极：

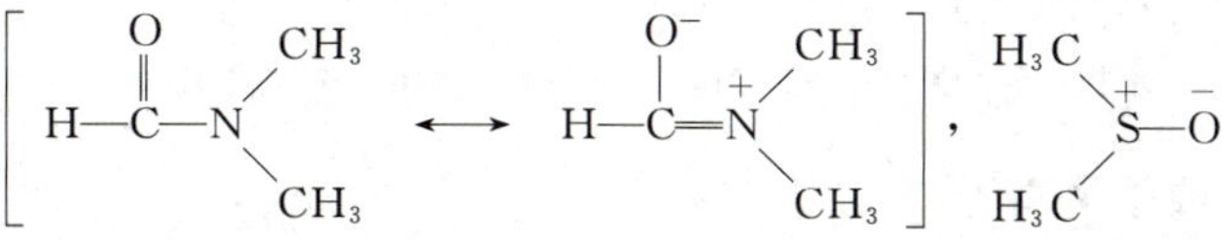

偶极带正电荷的一端被甲基包围，而带负电荷的一端则裸露在外，它们能够把无机盐中的正离子紧紧包围住，由于甲基的阻碍，它们对负离子的溶剂化作用很小，在这类溶剂中，负离子的反应活性很高。有机化合物和一些无机盐在 DMF 和 DMSO 等溶剂中的溶解度又比较大，因此用它们作溶剂时，亲核取代反应的速率很快。不过这类溶剂成本较高，又不易回收，大量使用有困难。它们的沸点较高，给产物的分离也带来一些困难。

另外一种方法是用极性小的有机溶剂，如二氯甲烷来溶解有机化合物，用水来溶解无机盐，这两种溶液形成两相。在水相中加入季铵盐或季鏻盐($R_4P^+X^-$)。季铵盐或季鏻盐中烃基要选择适当，使它们的正离子具有较大的体积。季铵盐或季鏻盐中的正离子与无机盐中的负离子生成离子对 $R_4N^+Nu^-$ 或 $R_4P^+Nu^-$，它们能溶解于有机溶剂，这样就可以把负离子 Nu^- 从水相转移到有机相。在有机相中,溶剂的极性小,溶剂分子与负离子之间的作用很小。由于正离子的体积大,在离子对中正离子与负离子之间的距离也大,相互作用相对减小。负离子可以看作裸露的,它们的反应活性大,与有机化合物发生反应的速率很快。反应后由有机化合物中脱离下来的负离子可以由季铵或季鏻离子带回水相。季铵盐或季鏻盐的用量在反应物的 $x=5\%$ 以下,它们的作用是在两相之间转移负离子,因此叫作相转移催化剂,这种方法称为相转移催化(phase transfer catalysis)。

相转移催化在有机合成中有广泛用途。例如,1-氯辛烷与氰化钠的水溶液一起回流两星期也得不到取代产物,加少量季鏻盐($[CH_3(CH_2)_3]_3\overset{+}{P}(CH_2)_{13}CH_3\overset{-}{Br}$)后,反应可在短时间内完成,产率很高:

$$CH_3(CH_2)_7Cl + NaCN \xrightarrow[\text{回流},1.8\ h]{\text{季鏻盐}\ x=1.3\%} \underset{99\%}{CH_3(CH_2)_7CN} + NaCl$$

季铵盐的热稳定性不高,如果把一个烷基换成酰基,如 $CH_3(CH_2)_n\overset{O}{\overset{\|}{C}}\overset{+}{N}Et_3\overset{-}{Cl}$ ($n=8\sim14$),可以提高热稳定性,使反应在较高温度下进行。

冠醚可以把无机盐中的金属离子包围起来,配位后的盐在有机溶剂中的溶解度增加,因此也可用作相转移催化剂。它的优点是可以用于有机化合物的溶液和固体无机盐的反应,即液-固相转移催化。缺点是成本较高,有一定的毒性。

$$CH_3(CH_2)_7Br + KF \xrightarrow{C_6H_6,18\text{-冠-}6} \underset{92\%}{CH_3(CH_2)_7F} + KBr$$

一般认为在相转移催化反应中负离子的交换在水相中进行:

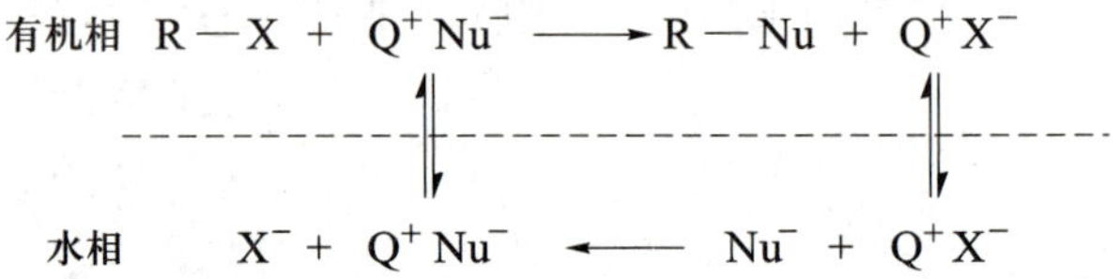

其中 Q^+ 表示季铵离子或季鏻离子。

在 U 形管的底部加入溴化钠的水溶液,将有机溶剂加入两臂 A 和 B 中,如在 A 中加入在水中有一定溶解度的相转移催化剂,如溴化四丙铵,同时在 A 和 B 中进行搅拌,一段时间后,可以在 B 中检验出溴化四丙铵。如在 A 中加入在水中溶解度很小的溴化四辛基铵,则搅拌后在 B 中检验不出它的存在,而在下面的反应中,它却是有效的相转移催化剂:

$$n\text{-}C_8H_{17}OSO_2CH_3 + KBr \xrightarrow[Q^+Br^-]{C_6H_5Cl/H_2O} n\text{-}C_8H_{17}Br + CH_3SO_3K$$

说明在后一种情况下,相转移催化剂未进入水相,负离子的交换是在两相的界面间进行的。

相转移催化的应用范围很广,并非只限于亲核取代。由于水是最便宜的溶剂,将溶于有机溶剂中的化合物转移到水相中进行反应的催化剂也有报道。

第二十三章　消除反应

分子失去两个原子或原子团，又没有其他原子或原子团来取代它们，这类反应称为消除反应（elimination reactions）。消除反应有多种类型：

1,1-消除或称 α-消除

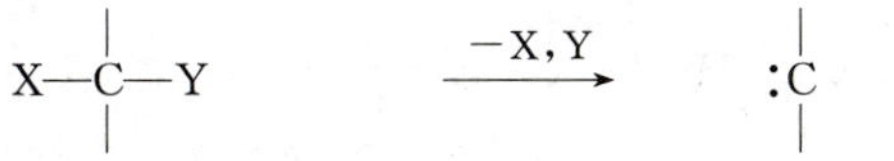

1,2-消除或称 β-消除

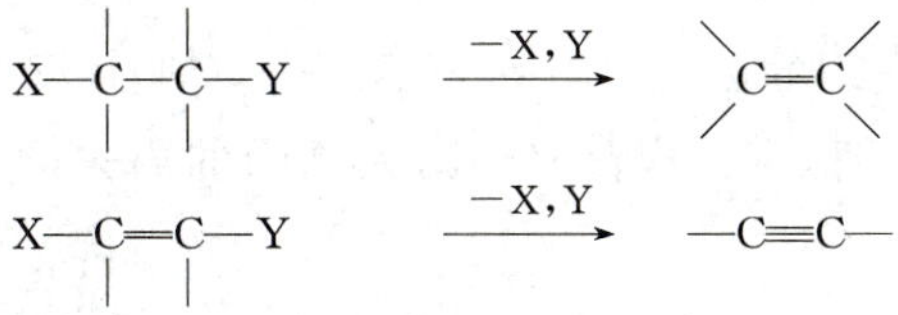

1,3-消除或称 γ-消除

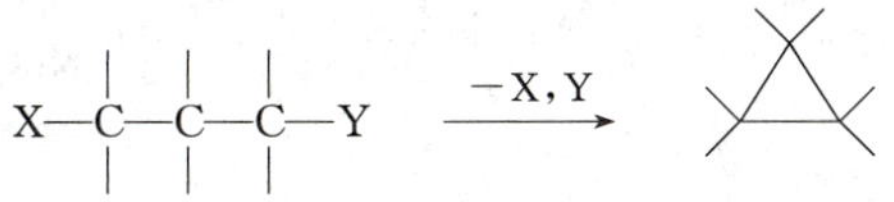

本章主要讨论 β-消除反应。生成烯键的 β-消除反应可以在溶液中或气相中进行，在溶液中进行的为离子型反应，在气相中进行的为周环反应或自由基反应。

§ 23.1　E1，E2 和 E1cB

在溶液中进行的 β-消除反应，绝大多数是消除 α 位上的离去基团和 β 位上的一个质子：

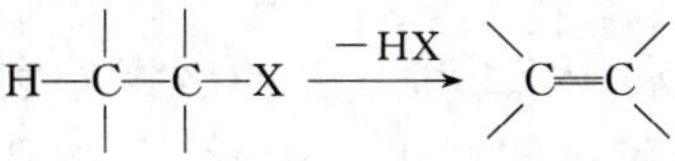

根据 H—C 键和 C—X 键断裂的顺序可以分为三种情况：E1，E1cB 和 E2。

23.1.1　E1，单分子消除

E1，单分子消除（unimolecular elimination）为两步过程，第一步是离去基团带着一对电子离去，底物成为碳正离子，第二步是碱或溶剂从碳正离子 β 位夺取一个质子，生成烯键，第一步速率较慢，是决定反应速率的步骤。碳正离子也是 S_N1 反应的中间体，因此，常与 E1 反应竞争。E1 机理中 C—X 键断裂在前，H—C(β) 键断裂在后：

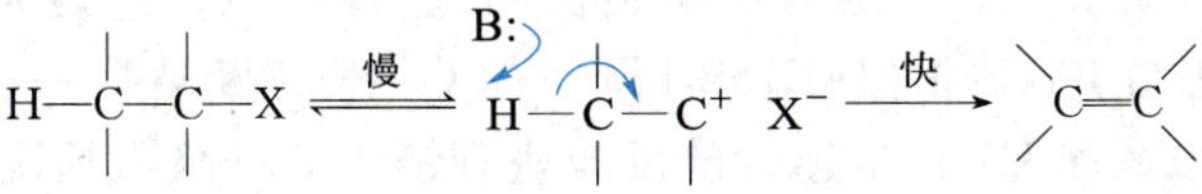

促进 E1 机理的因素：① α-碳原子上有烷基或芳基，它们使生成的碳正离子的稳定性提高，伯卤代烷的消除机理一般不是 E1；② 有能使碳正离子的稳定性提高的极性质子溶剂，如 H_2O，ROH，HCO_2H 等；③ β-碳原子上有烷基取代（不利于 S_N1）；④ X 的离去倾向大。

23.1.2 E1cB

E1cB(unimolecular elimination from the conjugate base)为两步过程，第一步是 β-碳原子上的质子在碱进攻下离去，在 β 位生成碳负离子，第二步是离去基团带着一对电子离去，形成烯键。E1cB 机理中 C(β)—H 键断裂在前，C—X 键断裂在后。

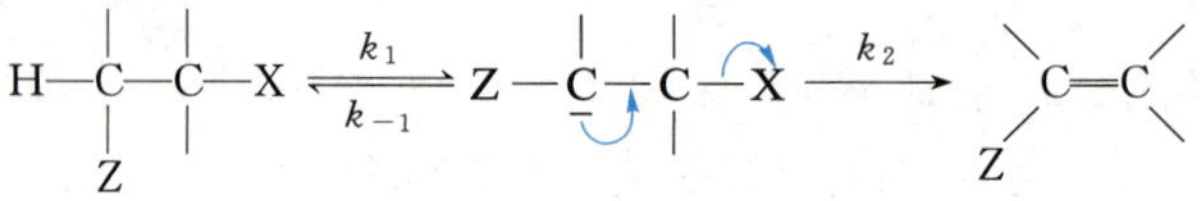

促进 E1cB 机理的因素：① β-碳原子上有吸电子取代基，使 β-氢原子酸性增强，β-碳原子上形成的碳负离子稳定性提高；② 离去基团的离去倾向小。例如：

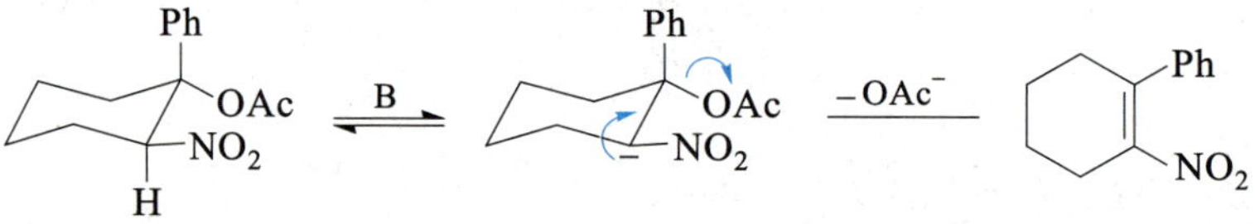

23.1.3 E2，双分子消除

E2，双分子消除为一步过程。碱从 β-碳原子上夺取质子，离去基团带着一对电子离去是协同进行的，在过渡状态中五个原子或原子团在同一平面上，随后在 α-碳原子和 β-碳原子上生成 π 键。

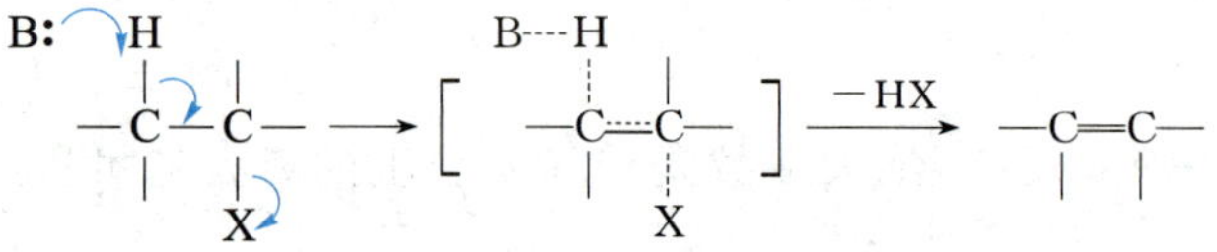

在 E2 反应中不发生重排。有利于 E2 和 S_N2 的因素差别较大，在多数例子中，选择适当的条件可以使与 E2 竞争的 S_N2 反应尽可能减少。因此，在合成工作中尽可能使消除反应在有利于 E2 机理的条件下进行，可以减少副产物的生成。

23.1.4 同位素效应

E2 反应的 $k_H/k_D=2\sim8$；对于 E1cB 反应，当 $k_2 \gg k_{-1}$，即第一步是决定消除反应速率的步骤时，$k_H/k_D=2\sim8$；对于 E1 和其他的 E1cB 反应，$k_H/k_D \approx 1.0$。

23.1.5 E1，E2 和 E1cB 之间的关系

在 E2 反应中 H—C 键和 C—X 键的断裂是协同进行的，但不一定是同步进行的，如 H—C 键断裂早一些，过渡状态与 E1cB 相似(E1cB like)；如 C—X 键断裂早一些，过渡状态与 E1 相似(E1 like)。因此，E1cB，E2 和 E1 只是连续的反应机理链中 3 种极限情况，如图 23.1 所示。

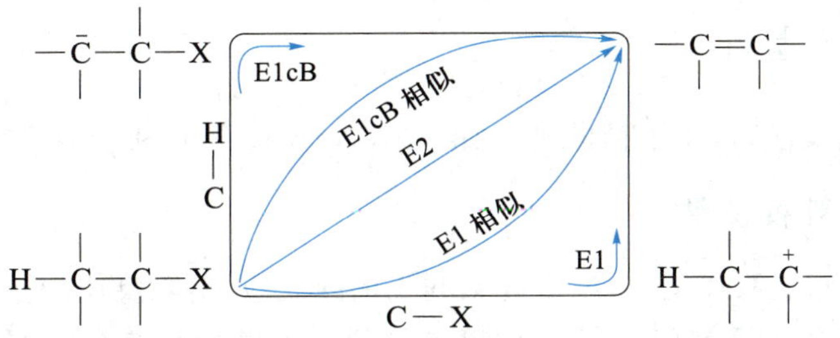

图 23.1　E1cB,E2 和 E1

23.1.5.1　化合物的结构

E1 反应的中间产物为碳正离子,能提高碳正离子稳定性的结构因素和不利于 E1cB 的结构因素都使消除机理移向 E1 一端,其中有 α-烷基和 α-芳基,β-烷基(使 β-氢原子酸性降低)。E1cB 反应的中间体为碳负离子,能提高 β 位上碳负离子稳定性的因素使消除机理移向 E1cB 一端,其中有 β 位上的芳基和吸电子取代基。

23.1.5.2　碱性试剂

E1 中溶剂起着碱的作用,加碱使消除机理移向 E2,浓的强碱使消除机理移向 E1cB;在极性质子溶剂中加弱碱有利于 E2。

23.1.5.3　离去基团

离去倾向大的基团有利于 E1 和 E2;离去倾向小,特别是带正电荷的基团(使 β-氢原子的酸性增强)有利于 E1cB;离去倾向特别大的基团使消除机理移向 E1 一端。

23.1.5.4　溶剂

极性大的溶剂有利于生成离子中间体的 E1 和 E1cB;加入冠醚能使消除机理由 E1 向 E2 移动。

23.1.6　消除反应和取代反应的竞争

消除反应常与取代反应同时发生,影响反应产物中消除、取代比的因素如下。

23.1.6.1　化合物的结构

能与生成的烯键形成共轭体系的吸电子取代基(CF_3,NO_2,SO_2Ar,CN,C═O,CO_2Et 等)都有利于消除反应,特别是 β 位上的吸电子取代基使 β-氢原子的酸性增强,使消除反应容易进行。

α-碳原子和 β-碳原子上的烷基数目多,使烯烃的稳定性提高,生成烯键后(sp^3 杂化转变为 sp^2 杂化)烷基之间的排斥力减小,也对消除反应有利。

23.1.6.2　碱性试剂

强碱有利于消除反应;亲核性强的试剂,有利于取代反应。

23.1.6.3　离去基团

OTs 有利于取代反应，带正电荷的基团如 $\overset{+}{N}Me_3$，$\overset{+}{S}Me_2$ 等有利于消除反应。

23.1.6.4　溶剂和温度

极性大的溶剂有利于取代反应，温度高有利于消除反应（消除反应的活化能较高）。

利用消除反应制备烯烃常用卤代烷和醇为原料。由卤代烷制备烯烃，效果较好的试剂是 *t*－BuOK/DMSO，喹啉和位阻大的叔胺。例如：

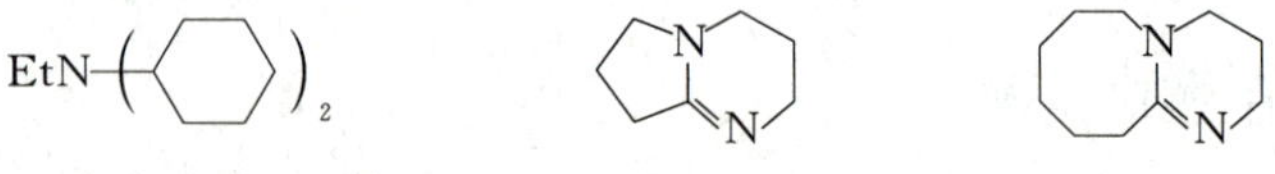

Hünig碱　　DBN　　DBU

由醇制备烯烃的一种可供选择的方法是先转变成对甲苯磺酸酯，然后在非质子极性溶剂（如 DMSO）中加热。

§ 23.2　β－消除反应的区域选择性

23.2.1　Zaitsev 规律和 Hofmann 规律

卤代烷在消除反应中可能生成两种以上的烯烃时，主要产物为双键上烷基取代基最多的烯烃，称为 Zaitsev（A M）规律，这种烯烃也称为 Zaitsev 产物。

消除反应中离去基团为带正电荷的 $\overset{+}{N}R_3$ 或 $\overset{+}{S}R_2$ 时，主要产物为双键上烷基取代基最少的烯烃，称为 Hofmann（A W）规律，这种烯烃也称为 Hofmann 产物。例如：

$$CH_3CH_2CH_2\overset{+}{N}(Me)_2CH_2CH_3\ \ OH^- \xrightarrow[-H_2O]{\triangle} CH_3CH_2CH_2NMe_2 + H_2C{=}CH_2$$

$$CH_3CH_2C(Me)(\overset{+}{S}Me_2)CH_3 + {}^-OEt \xrightarrow{E2} \underset{14\%}{H_3CCH{=}C(Me)CH_3} + \underset{86\%}{CH_3CH_2C(Me){=}CH_2}$$

23.2.2　E1 反应的区域选择性

在 E1 反应中离去基团先脱离 α－碳原子，生成的碳正离子再脱去质子生成烯烃，Zaitsev 产物较稳定，生成的速率快，因此成为主要产物。离去基团是 Br 或 $\overset{+}{S}Me_2$ 都符合 Zaitsev 规律。例如：

$$Me_2CHCH(\overset{+}{S}Me_2)Me \xrightarrow{E1} \underset{91\%}{Me_2C{=}CHMe} + \underset{9\%}{Me_2CHCH{=}CH_2}$$

醇在酸性溶液中脱水生成烯烃，Zaitsev 产物所占的比例高于相应卤代烷的 E1 消除。这是因为在酸性溶液中烯烃加质子生成碳正离子，碳正离子脱去质子是一个平衡反应，平衡偏向于稳定性高的烯烃，即为平衡控制反应。例如：

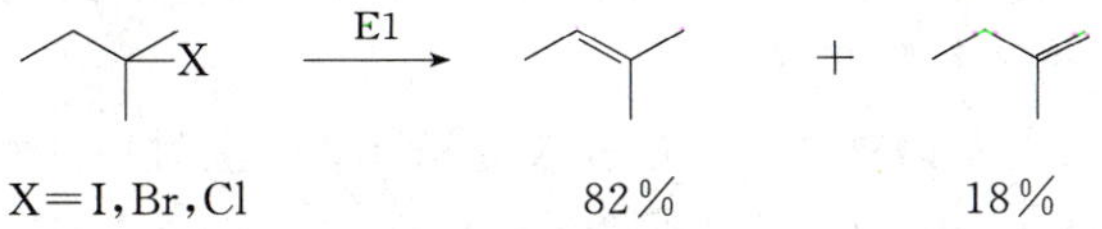

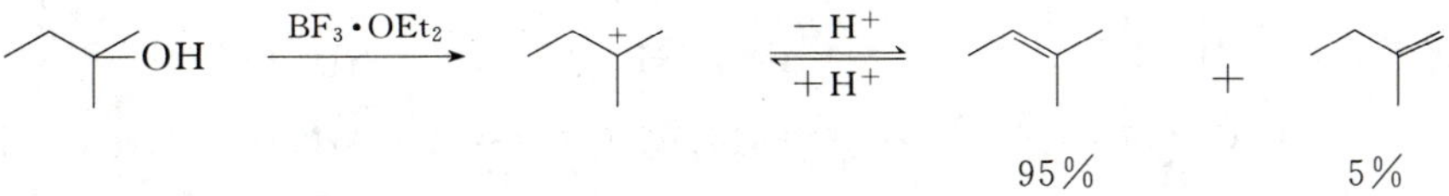

有时还可能生成异构化产物。例如：

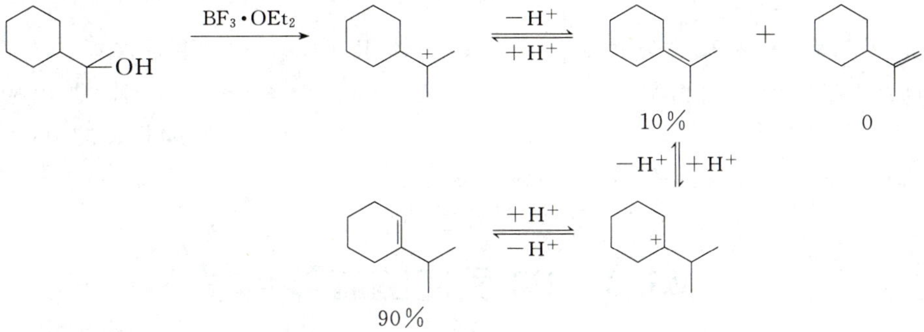

23.2.3　E2 反应的区域选择性

在 E2 反应中离去基团的离去倾向、碱的强度和体积大小对区域选择性都有影响。例如：

$$CH_3CH_2CH_2CH_2\underset{\displaystyle X}{\underset{|}{C}}HCH_3 \xrightarrow{B} CH_3CH_2CH_2CH_2CH{=}CH_2 + CH_3CH_2CH_2CH{=}CHCH_3$$

X=I	MeO⁻/MeOH	19%	81%
Cl	MeO⁻/MeOH	33%	67%
F	MeO⁻/MeOH	69%	31%
OTs	MeO⁻/MeOH	33%	67%
I	*t*-BuO⁻/*t*-BuOH	78%	22%
Cl	*t*-BuO⁻/*t*-BuOH	91%	9%
F	*t*-BuO⁻/*t*-BuOH	97%	3%
OTs	*t*-BuO⁻/*t*-BuOH	83%	17%

用同样的碱，离去基团是离去倾向小的 F，生成的 Hofmann 产物多；同一个氟化物，用体积大的碱，Hofmann 产物的比例更高；离去倾向大的碘，用体积大的碱也主要生成 Hofmann 产物。

离去基团体积大小对消除方向也有影响。例如：

$$CH_3CH_2CH_2\underset{\displaystyle X}{\underset{|}{C}}HCH_3 \xrightarrow{B} CH_3CH_2CH_2CH{=}CH_2$$

当 X 的体积增大时，Hofmann 产物的比例也增加：Br，31%；I，30%；OTs，48%；$\overset{+}{S}Me_2$，87%；SO_2Me，89%；$\overset{+}{N}Me_3$，98%。

在另一组实验中，用 $XC_6H_4O^-$ 作碱，使其体积大小不变，改变 X 使其碱性强弱不同，结果发现：碱性强有助于 Hofmann 产物的生成。

在 E2 反应的过渡状态中有碱参加，优先进攻 β-碳原子上哪一个氢原子与氢原子的酸性和位阻有关。例如，在含有 3-甲基-2-丁基的化合物中：

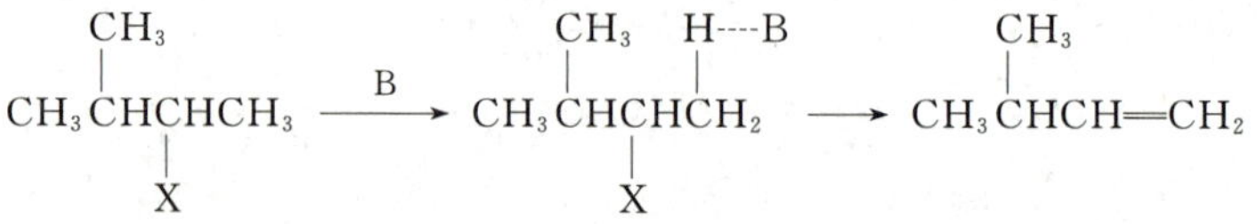

1 位碳原子上的氢原子的酸性比 3 位碳原子上的氢原子强，碱进攻 1 位碳原子上的氢原子所受的位阻也比较小，特别是在离去基团和进攻的碱的体积都比较大时更是这样。当 X 为 $\overset{+}{N}Me_3$ 时，离去倾向小，在反应的过渡状态中 C—H 键断裂的程度大于 C—X 键，即反应机理为类 E1cB，这类反应主要生成 Hofmann 产物。反之，在过渡状态中，C—X 键断裂的程度大于 C—H 键，即反应机理为类 E1 时，主要生成 Zaitsev 产物。

§ 23.3 E2 反应的立体化学

23.3.1 顺(syn)式消除和反(anti)式消除

在 E2 反应中，H—C 键和 C—Br 键的断裂和 π 键的生成是同时进行的，随着反应的进行，α-和 β-碳原子逐渐由 sp^3 杂化转变为 sp^2 杂化，而与卤素和 β-氢原子相连的 sp^3 杂化则转变为 p 轨道，并在侧面重叠，生成 π 键。两个 p 轨道的轴互相平行时才能有效地重叠。因此，只有 H—C—C—X 四个原子在同一平面上，才能在过渡状态中部分生成 π 键。能满足这一几何要求的只有顺叠和反叠两种构象：

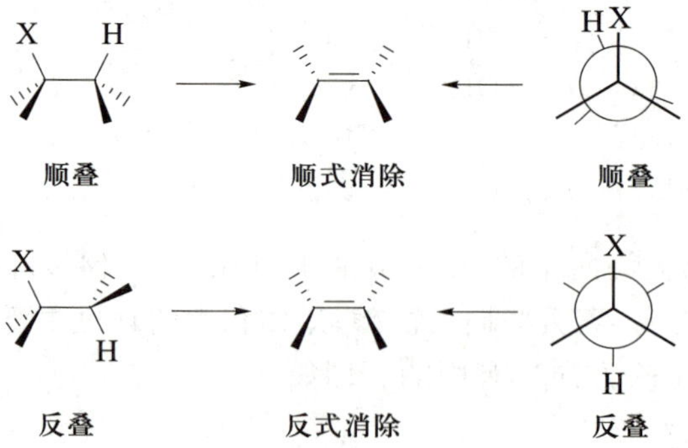

23.3.2　开链化合物的 E2 反应

1-氯-1,2-二苯基丙烷分子中有两个不同的不对称碳原子，有两对对映异构体，苏式和赤式，它们在 E2 反应中分别生成(*E*)-甲基二苯乙烯和(*Z*)-甲基二苯乙烯，前一个反应的速率较快：

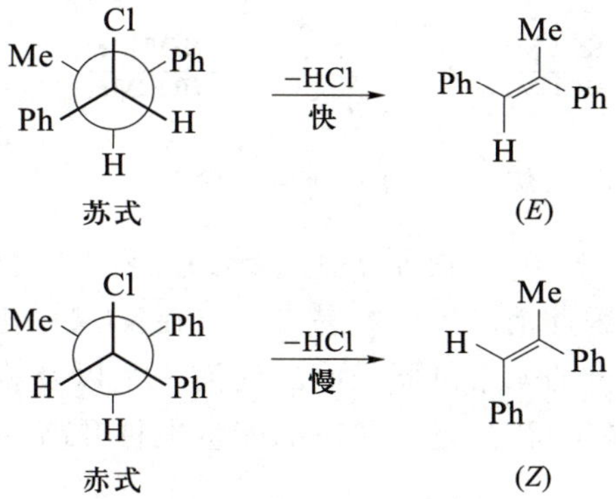

说明反应为反式消除，在发生反应的构象中，赤式由于两个体积大的苯基相邻，过渡态的能量较高，反应速率也较苏式慢。

用氘标记的底物进行的研究，证明顺式消除也是存在的。例如，将 5 位取代的癸烷衍生物中 6 位上的一个氢用氘取代，由于有两个不同的不对称碳原子，共有 4 种对映异构体，组成两个外消旋体，苏式和赤式。以苏式为例：

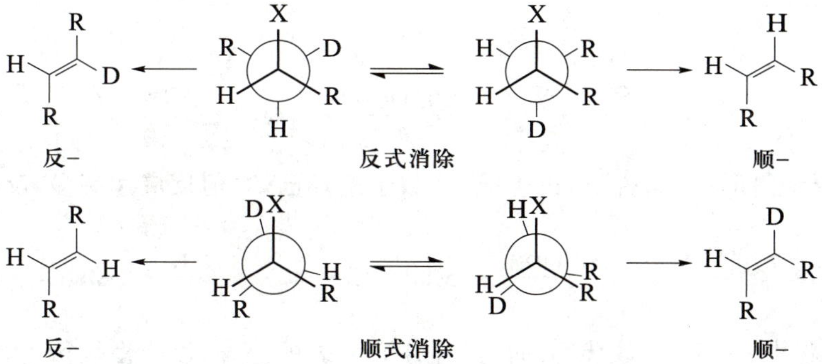

由反式消除得到的反式烯烃中含有氘，而顺式烯烃中则不含氘，由顺式消除得到的反式烯烃中不含氘，而顺式烯烃中则含有氘。将顺式和反式烯烃分开，再分别测定其中氘的含量，就可以标出 E2 反应中反式消除和顺式消除所占的份额。实验证明：当离去基团的离去倾向大，如 Br 或 OTs，一般为反式消除；当离去基团的离去倾向小，如 F 或 $\overset{+}{N}Me_3$，则以顺式消除为主。其他因素如碱的强度和体积，溶剂的极性都有影响，但从现有的实验材料还不能归纳出广泛适用的规律。

E2 反应中同时生成顺式和反式烯烃时，当离去基团为卤原子时，主要产物为反式烯烃，当离去基团体积较大，如 OTs，则顺式烯烃所占的份额增加。

23.3.3 碳环化合物的 E2 反应

当离去基团与环己烷相连时，E2 反应强烈倾向于反式消除。

顺－1－溴－4－叔丁基环己烷和反－1－溴－4－叔丁基环己烷在消除反应中生成同一产物 4－叔丁基环己烯，但前者的反应速率为后者的 500 倍。

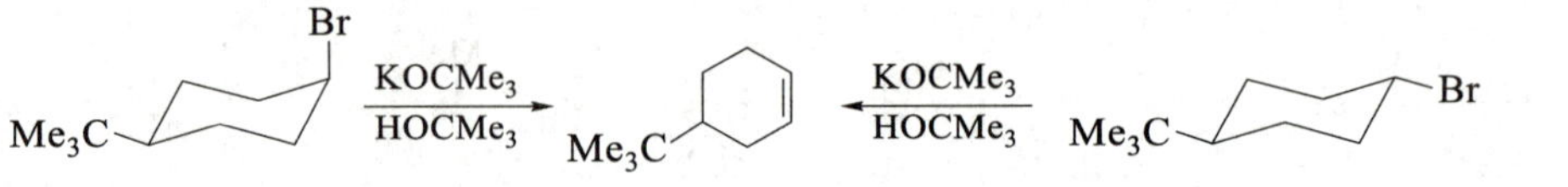

顺－1－溴－4－叔丁基环己烷　　4－叔丁基环己烯　　反－1－溴－4－叔丁基环己烷

在顺－1－溴叔丁基环己烷分子中，溴原子在 *a* 键的位置上，它与 2，6 位上的 *a*－氢原子及相应的碳原子已在同一平面上，因此消除反应容易进行。在反－1－溴叔丁基环己烷分子中，溴原子在 *e* 键的位置上，它与 2，6 位上的 4 个氢原子中的任何一个以及相应的碳原子都不在同一平面上，要达到共平面的要求，环必须扭曲，过渡状态的能量也将升高，因此，反应速率较慢。

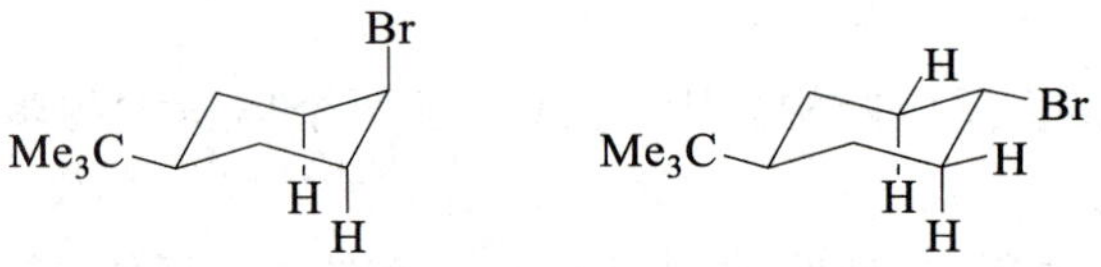

顺－1－溴－4－叔丁基环己烷　反－1－溴－4－叔丁基环己烷

顺－4－叔丁基环己醇的对甲苯磺酸酯在强碱存在下容易发生 E2 消除反应，生成 4－叔丁基环己烯：

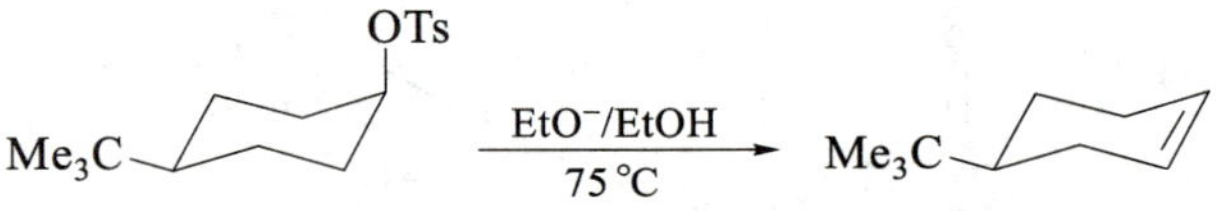

相应的反式异构体在同样的条件下，也生成 4－叔丁基环己烯，但反应速率慢，反应机理为 E1：

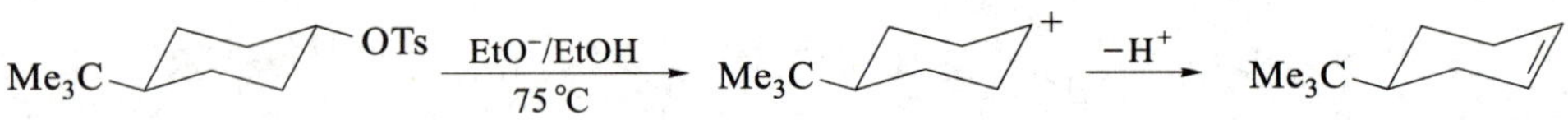

在甾族化合物中 α－和 β－取代物的性质往往有显著的差异，以胆甾烷衍生物为例：

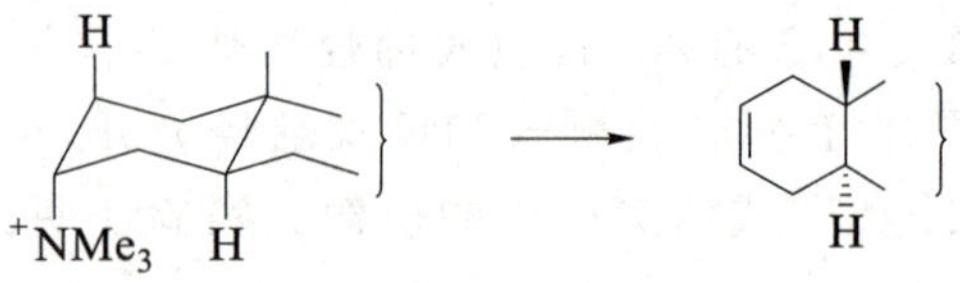

α－

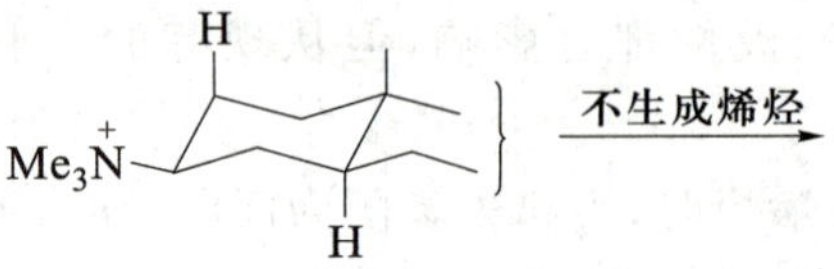

β－

在后一个反应中，由于 $Me_3\overset{+}{N}$ 不可能通过环的翻转而处于 α 键的位置，所以不生成烯烃。

在降冰片烷(norbornane)衍生物中，由于立体因素不可能达到反叠构象，为顺式消除：

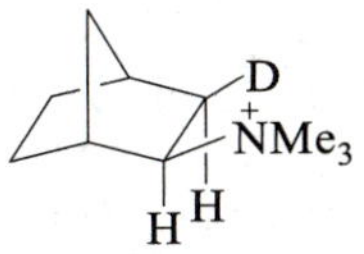

§ 23.4　1,2-二溴化物和 1,2-二醇的消除反应

23.4.1　1,2-二溴化物

(±)-1,2-二溴-1,2-二苯基乙烷在 I^- 作用下生成顺二苯乙烯，而 meso-异构在同样条件下生成反二苯乙烯：

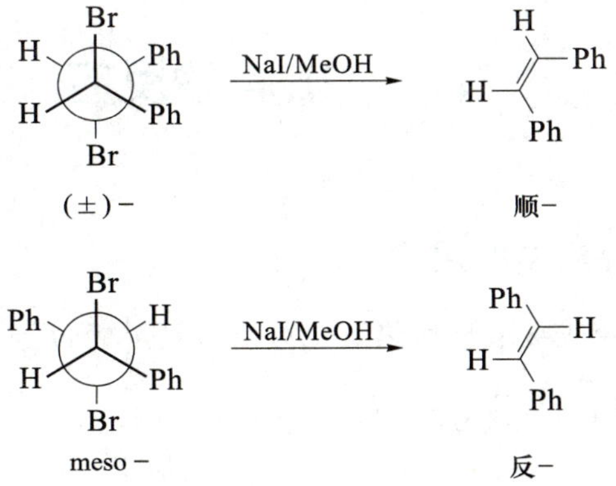

说明是反式消除，反应可能是通过环状中间体进行的(亲电加成的逆反应)：

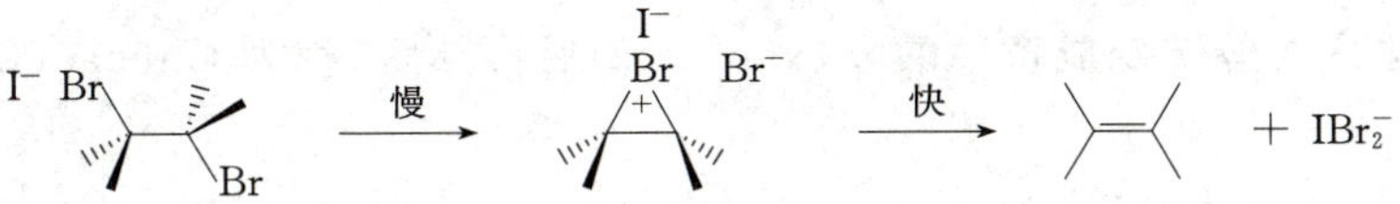

用[82]Br 标记的 1,1,2-三溴环己烷在 I^- 作用下脱去溴，证明是 100% 反式消除，而用 Zn/EtOH 还原，则为 89% 反式消除和 11% 顺式消除：

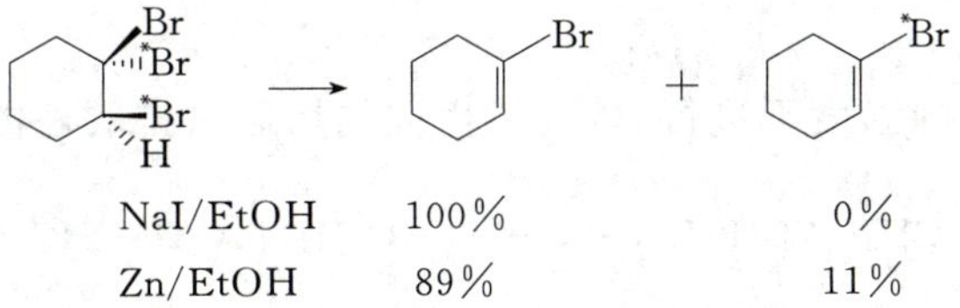

用锌脱溴时，中间产物为有机锌化合物：

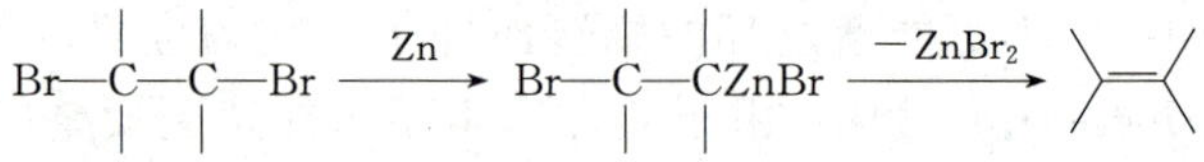

可能是 C—Br 键断裂生成有机锌化合物时构型发生变化。

23.4.2　1,2-二醇

1,2-二醇先转变成硫代碳酸酯(thiocarbonates)后再与亚磷酸酯一起加热,即生成烯烃:

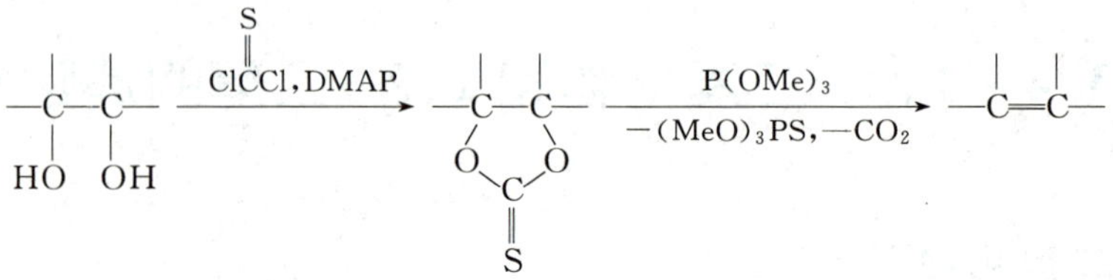

利用这个反应可以制备一些不容易得到的顺式烯烃,如顺-1,4-二苯基丁-2-烯($PhCH_2CH{=}CHCH_2Ph$)。

§ 23.5　热消除反应

23.5.1　热消除反应在合成中的用途

β 位上有氢原子的醇转变成羧酸酯后热解也可以得到烯烃,反应一般在气相中进行。例如:

$$CH_3CH_2CH_2CH_2OCOCH_3 \xrightarrow{500\ ℃} \underset{\approx 100\%}{CH_3CH_2CH{=}CH_2} + CH_3CO_2H$$

反应中不发生重排,烯烃的产率高,后处理方便,是由醇制备烯烃的好方法。如醇分子中碳原子数在 10 以上,最好将醇与乙酸酐一起进行热解。

另外一种方法是将醇转变成黄原酸酯(xanthate)后再热解,称为 Chugaev(L A)反应:

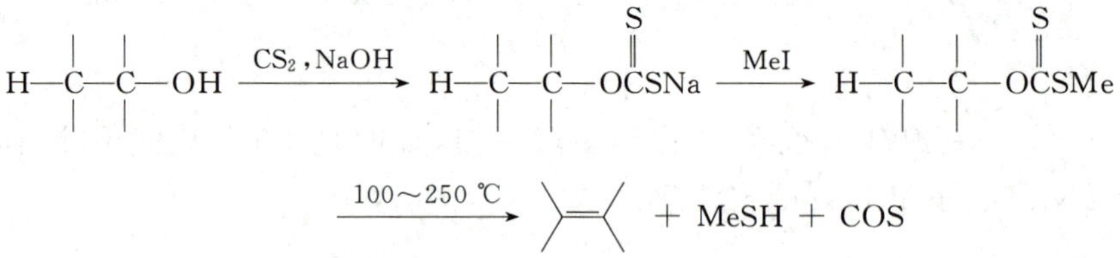

反应的特点是可以在较低的温度下进行,减少了生成的烯烃重排的可能性。例如:

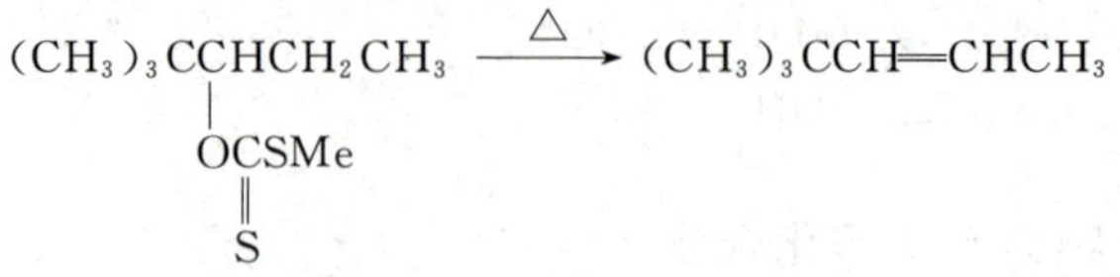

胺除了转变成季铵碱后发生消除反应生成烯烃外，还可以转变成氧化胺后热解，称为 Cope (A C)反应：

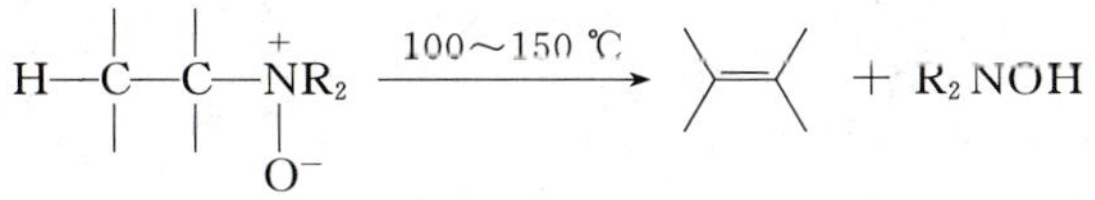

例如：

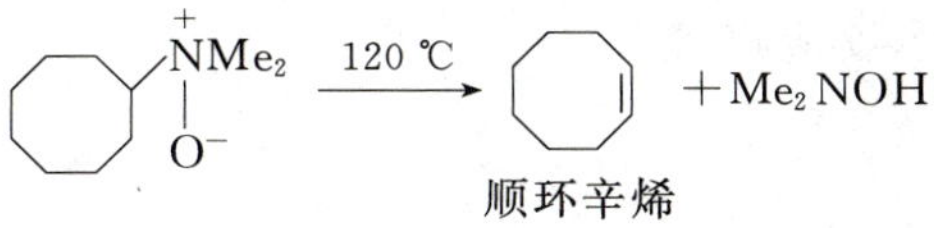

反应的特点是反应温度较低，副反应少，生成的烯烃不重排。如用无水 DMSO 或 THF 作溶剂甚至可以在室温下反应。

23.5.2　反应机理

热消除为一级反应，加入自由基抑制剂对反应速率没有影响，说明它不是自由基反应，同位素标记实验证明反应是顺式消除。例如：

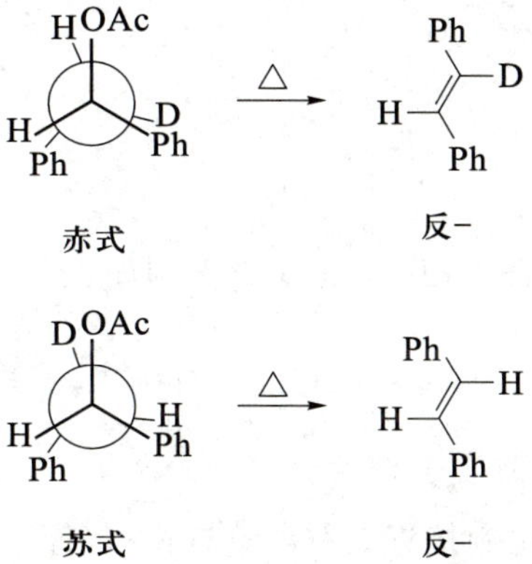

在环己烷衍生物的热消除反应中，脱去的 β-氢原子处于顺位。例如，在胆甾烷衍生物中：

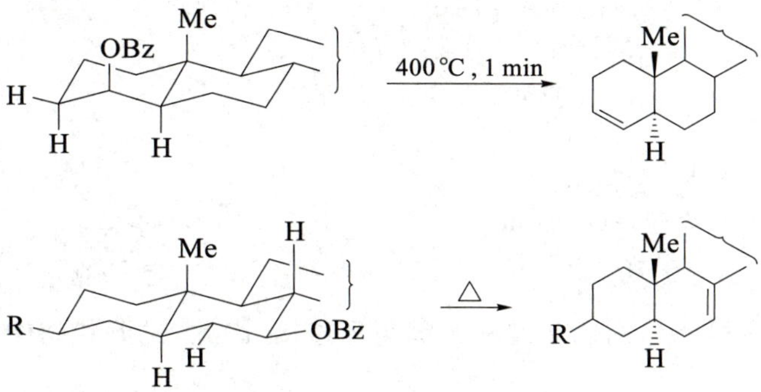

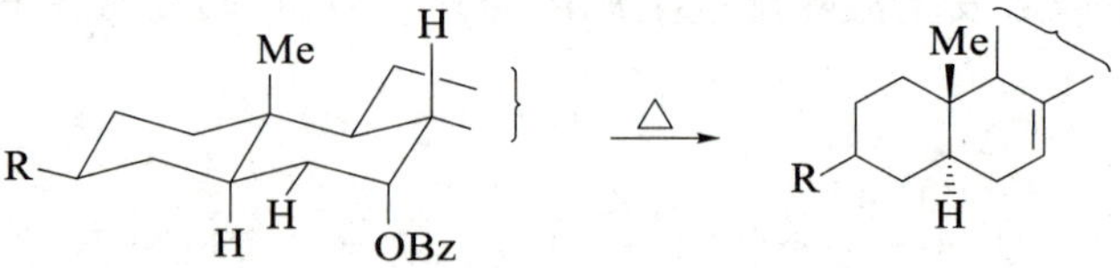

在 Cope 反应中，将生成双键的两个碳原子用^{14}C标记，反应速率的同位素效应说明：在过渡状态中 C—H 键和 C—N 键的断裂程度都比较大。由此推测热消除反应是通过环状过渡态进行的顺式消除，Ingold C K 用 Ei 表示反应机理。

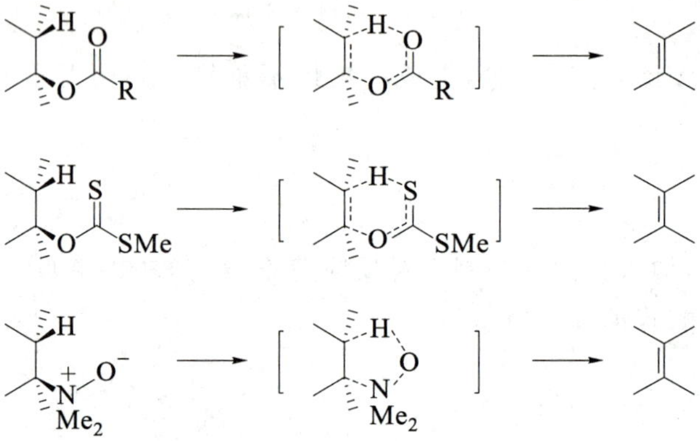

23.5.3　区域选择性

开链化合物的热消除反应符合 Hofmann 规律。例如：

$$\underset{\displaystyle |\atop OAc}{CH_3CH_2CHCH_3} \xrightarrow{\triangle} \underset{55\%\sim62\%}{CH_3CH_2CH{=}CH_2} + \underset{38\%\sim45\%}{CH_3CH{=}CHCH_3}$$

Hofmann 产物和 Zaitsev 产物的比例接近 3∶2，即与 β-氢原子的数目有关。

在环己烷衍生物中离去基团与顺位的 β-氢原子一起离去。例如：

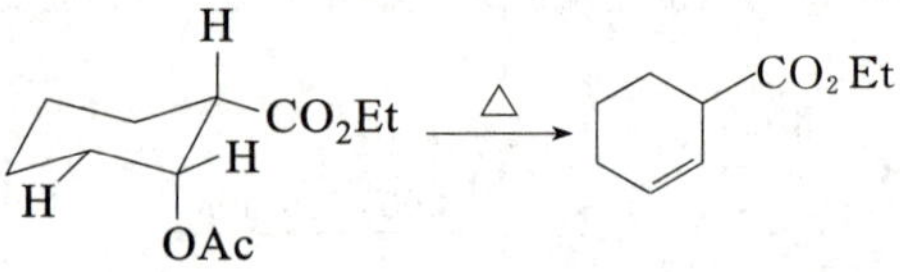

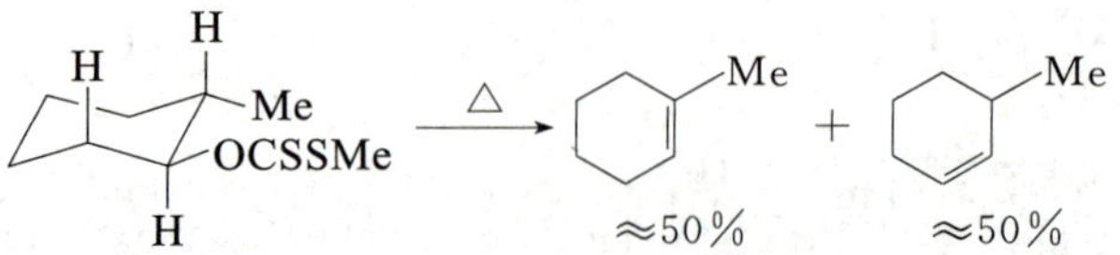

由于顺位的两个基团只可能分别以 e 键和 a 键与环连接，因此，过渡状态中的几个原子不一定在同一平面内。

§ 23.6　α－消除反应

一氯甲烷、二氯甲烷、三氯甲烷和四氯化碳与弱碱（如六氢吡啶）发生反应的相对反应速率为

	CH_3Cl	$\gg$ CH_2Cl_2	$>$ $CHCl_3$	$\gg$ CCl_4
相对反应速率	87	4	1.0	0.01

即一氯甲烷最快，分子中增加一个氯原子，反应速率大幅度下降。而与强碱（如在含水的二噁烷溶液中与氢氧化钠反应）的反应速率次序却完全不同，以三氯甲烷为最快：

	CH_3Cl	$>$ CH_2Cl_2	$\ll$ $CHCl_3$
相对反应速率	0.0013	0.0002	1.0

根据这些实验事实推测：两种反应的机理可能不同，前一个反应的速率大小次序与 S_N2 反应相符。在 S_N2 反应中，氯原子带着一对电子离去，转变为负离子，氯原子是吸引电子的取代基，底物中氯原子的数目增加，使离去基团不容易脱离，因此，反应速率随氯原子数目的增加而减慢。后一个反应的特点：三氯甲烷发生反应的速率最快。三氯甲烷分子中有三个吸引电子的氯原子，只有一个氢原子，氯原子的场效应使氢原子的酸性增强（$pK_a=25$），容易接受氢氧离子的进攻，反应机理可能为

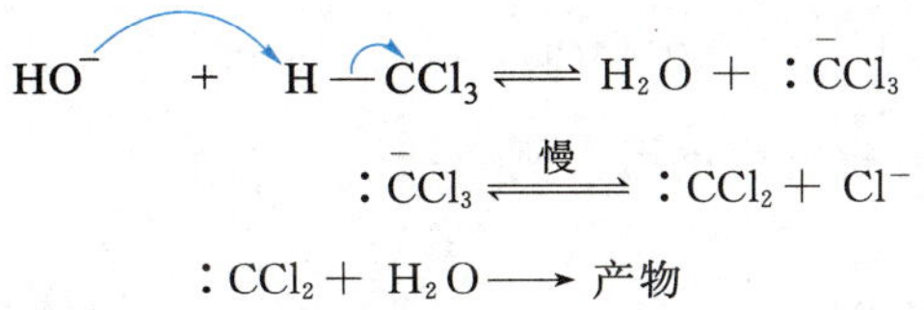

反应中先生成三氯甲基碳负离子，它脱去一个氯离子，转变为二氯卡宾，二氯卡宾与水反应，生成最后产物。这也是一种消除氯化氢的反应，但氯和氢都出自同一个碳原子，即为 α－消除。

三氯甲烷在碱存在下能与 D_2O 发生同位素交换反应。三氯甲烷在强碱溶液中水解，如溶液中有 Br^- 或 I^-，从回收的原料中可以分离出溴二氯甲烷或碘二氯甲烷。这些实验事实，都可以用以上机理说明：

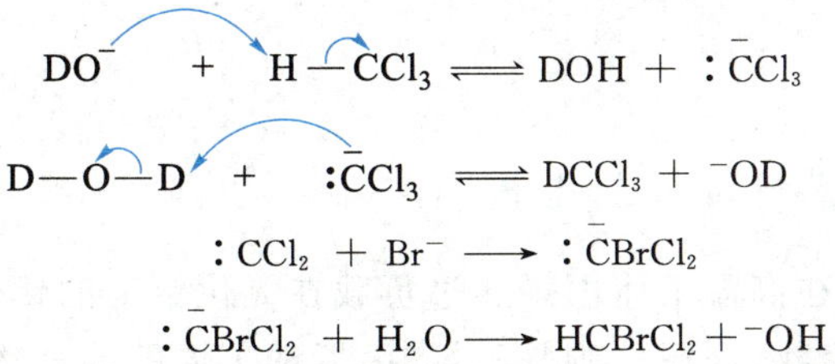

三卤甲烷的 α－消除，是产生二卤卡宾的重要方法，如在非水溶液中反应，生成的二卤卡宾就可以被烯烃截留。例如：

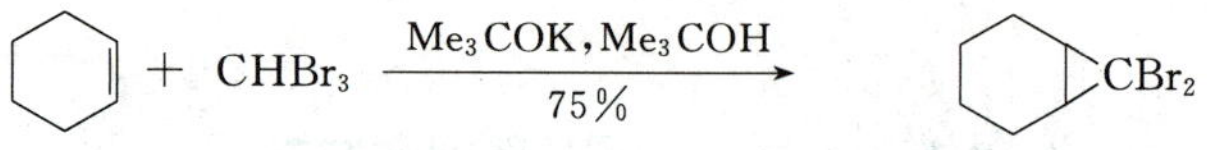

环己烯　三溴甲烷　7,7-二溴二环[4.1.0]庚烷

三氯乙酸钠在乙二醇二甲醚溶液中加热，脱羧而产生二氯卡宾：

$$Cl_3CCO_2Na \xrightarrow{\triangle} :CCl_2 + NaCl + CO_2$$

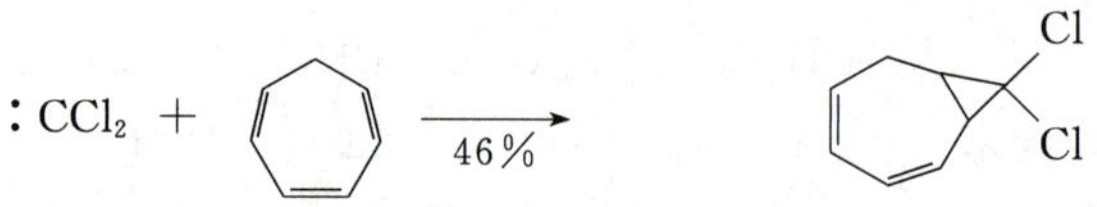

环庚三烯　8,8-二氯二环[5.1.0]辛-2,4-二烯

这个方法的优点是在中性溶液中产生二氯卡宾。

§ 23.7 阅读材料

23.7.1 烯烃的置换反应

置换的意思是交换位置[metathesis 源出希腊语，meta(change) thesis(position)]，置换反应的通式为

$$AB + CD \longrightarrow AC + BD$$

应用于烯烃是指碳-碳双键的断裂和重组。例如：

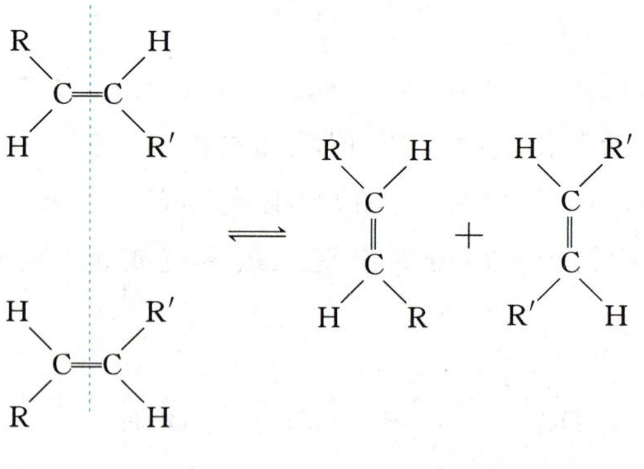

23.7.1.1 烯烃的置换反应的发现

1956 年，Eluterio H S 在高温下将丙烯通过负载在氧化铝上的钼催化剂，得到的产物不是聚丙烯而是丙烯和乙烯的共聚物，而尾气则是乙烯、丙烯和丁烯的混合物。用环戊烯代替丙烯也得到一种聚合物。

1960 年，Peters E F 发现：将负载在氧化铝上的钼催化剂用三异丁基铝处理后，用作催化剂

可以将丙烯转变为乙烯和丁烯。

1967 年，Calderon N 等说明了这些反应的本质，即烯烃分子中的一个双键碳原子连同它上面的取代基与另一分子烯烃中的双键碳原子（连同它上面的取代基）交换位置，也就是烯键的断裂和重组：

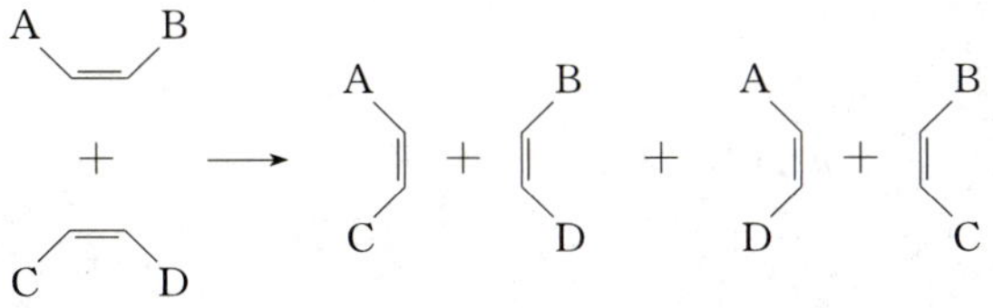

例如：

$$\begin{matrix} H_3CHC{=}CH_2 \\ + \\ H_3CHC{=}CH_2\end{matrix} \longrightarrow \begin{matrix}CHCH_3\\ \| \\ CHCH_3\end{matrix} + \begin{matrix}CH_2\\ \| \\ CH_2\end{matrix}$$

把这一类反应称为烯烃的置换反应（olefin meta thesis），并用丁烯和氘代丁烯在均相催化剂存在下的置换反应进行了验证。

Calderon 的论文发表后使有机化学家感到惊奇、困惑和兴趣。1960 年，发现了降冰片烯（norbornene）的聚合：

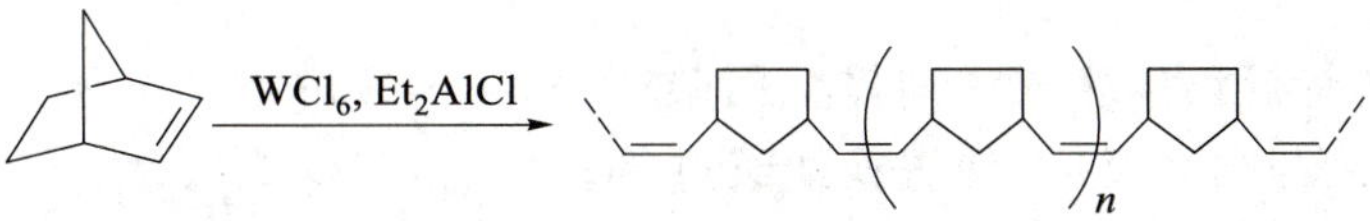

这样的反应怎能使人不感到惊奇！困惑的是碳－碳双键是很强的键，怎么会完全断裂成两半，换个位置又重新连成双键？感兴趣的是反应机理值得研究。

23.7.1.2　烯烃的置换反应的机理

1968 年，Calderon 提出：在烯烃的置换反应中催化剂中的金属 M 与两分子烯烃结合，生成环丁烷的金属配合物，然后再分解为两分子烯烃：

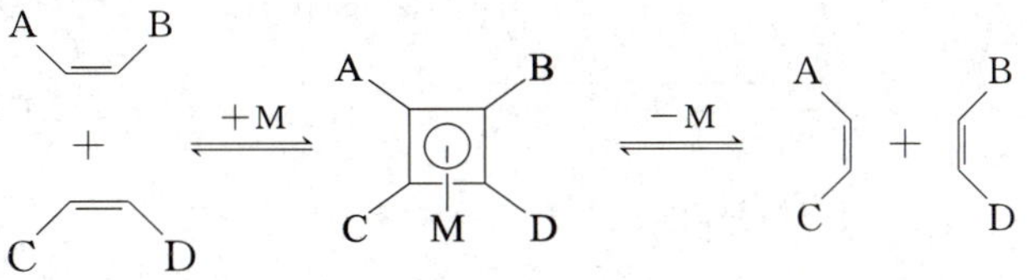

不过，从反应产物中没有分离出环丁烷衍生物，环丁烷衍生物在催化剂存在下也不能转变为烯烃。此外，还提出了其他假说，但都不能说明问题。1971 年，Chauvin Y 和 Herisson J－H 提出：烯烃的置换反应是由金属卡宾（metal carbene，即卡宾的金属配合物）引发的。

引发：

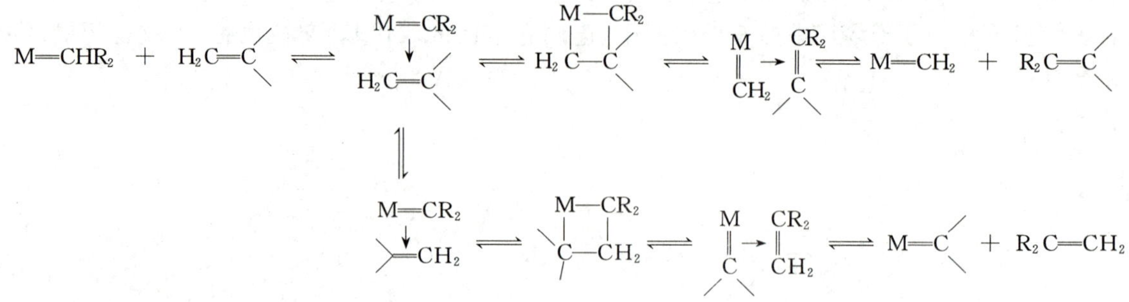

传递：

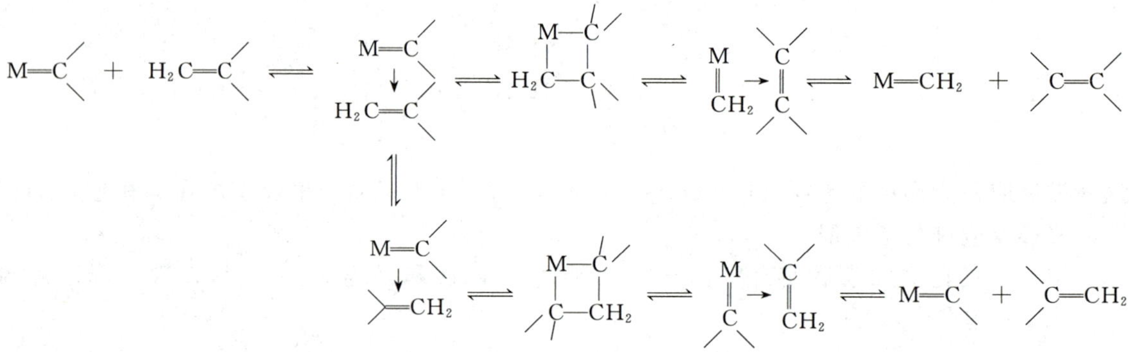

即金属卡宾与一分子烯烃反应生成中间体金属杂环丁烷，再裂解成一分子新的烯烃和一种新的金属卡宾，后者再继续与烯烃反应，使置换继续进行。

Chauvin 和 Herisson 使环戊烯和戊-2-烯发生烯烃置换反应，得到 C(9)，C(10)，C(11)三种二烯烃，其比例为 1∶2∶1，与他们提出的机理相符合：

$$H_3CH_2CHC{=}CHCH_3 + M \longrightarrow H_3CH_2CHC{=}M + H_3CHC{=}M$$

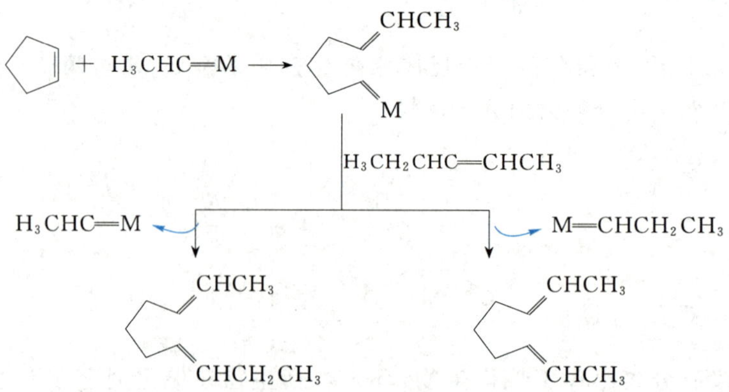

2(C-10)　　1(C-9)

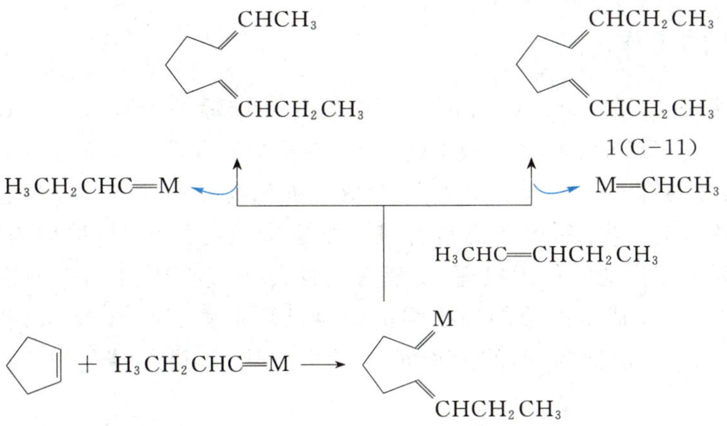

Chauvin 提出的机理逐渐被化学家所接受，1974 年以后制备和鉴定金属卡宾成为研究的焦点。

23.7.2 Schrock 的工作

从 19 世纪中叶到 20 世纪，化学家都认为烷基金属化合物是不稳定的，Wilkinson G 首先合成了稳定的烷基金属化合物，并提出：有 β-氢原子的烷基金属化合物容易发生 β-消除反应，因此是不稳定的，以后陆续合成了一些烷基中不含 β-氢原子的烷基金属化合物，如烷基为 CH_3，$PhCH_2$，Me_3CCH_2，Me_3SiCH_2 等的金属化合物。20 世纪 70 年代初，Schrock 试图合成 $Ta(CH_2CMe_3)_5$，但得到的却是金属卡宾 $R_3Ta{=}CH_2CMe_3$ （$R=CH_2CMe_3$）。Schrock 把这样的化合物称为亚烷基金属化合物（metal-alkylidene）。Schrock 合成了许多亚烷基金属配合物（metal-alkylidene complexs），其中金属为钽（Ta）或铌（Nb），测定了它们的晶体结构和 ^{13}C NMR 谱。但是这些配合物都不能催化烯烃置换反应。1980 年，Schrock 在麻省理工学院的研究小组终于取得突破，合成了配合物(1)，它能够催化顺戊-2-烯的烯烃置换反应。关键在于配体中有烷氧基。Schrock 又继续合成 Mo 和 W 亚烷基衍生物，经过系统的研究，合成了对烯烃置换反应催化性能最好的配合物(2)，1997 年又同 Hoveyda A 一起合成了能催化对映选择性烯烃置换反应的手性催化剂(3)。

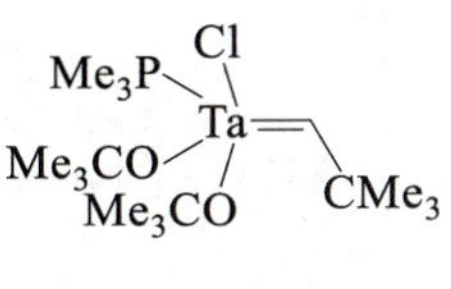

(1)

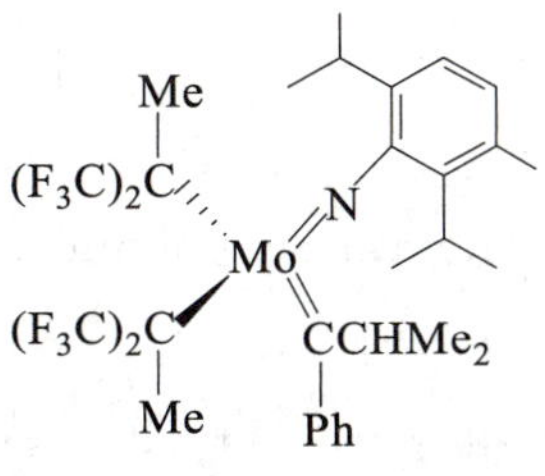

(2)

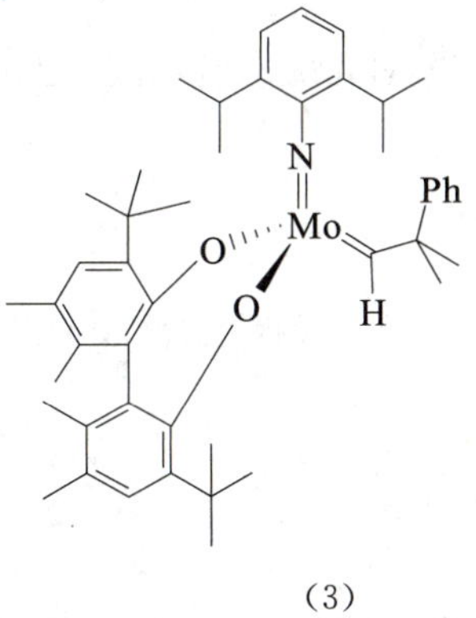

(3)

23.7.3 Grubbs 的工作

Grubbs 注意到 1965 年 Natta G 曾用 $RuCl_3$ 催化环戊烯的开环聚合。1988 年，Grubbs 用 $RuCl_3$ 或$[Ru(H_2O)_6](OTS)_2$ 在水溶液中使 7－氧杂降冰片烯聚合。Grubbs 于 1992 年合成了能使环烯烃开环聚合的钌卡宾(4)，于 1995 年合成了催化剂(5)。由于(5)在空气中稳定，对许多官能团有兼容性，并有商品出售，现在仍是有机化学家常用的催化剂，被称为第一代 Grubbs 催化剂。Grubbs 研究了催化剂的作用机理，发现它先脱去一分子 Ph_3P 才转变为有催化活性的中间体，因此将一个 Ph_3P 换成给电子能力很强的含氮杂环卡宾（*N*－heterocyclic carbene，NHC）得到催化剂(6)，它的催化活性为(5)的 100 倍，称为第二代 Grubbs 催化剂，现已有商品出售。

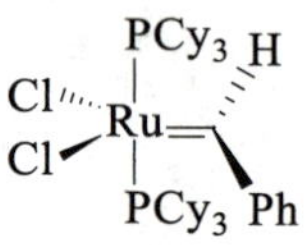

(4)

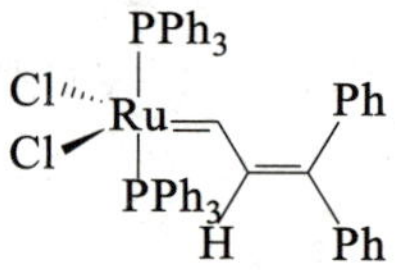

(5)

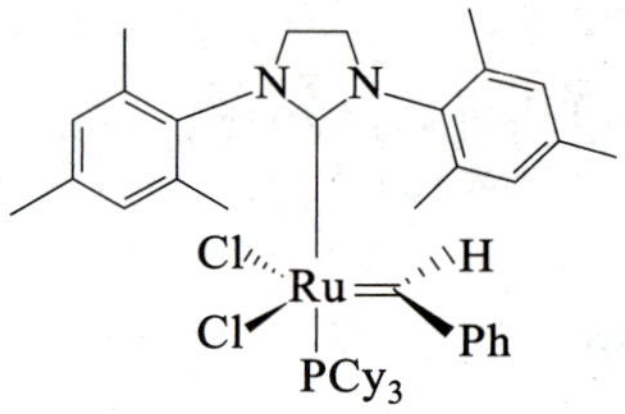

(6)

Cy＝环己基

Grubbs 也合成了手性钌催化剂。

其他化学家也合成了许多很好的催化剂，还合成了一些负载在载体上的烯烃置换催化剂。

Schrock 和 Grubbs 的钌催化剂各有长处，Grubbs 催化剂不受醇、酰胺、醛和羧酸的影响，不需要苛刻的实验条件，使用方便，是常用的催化剂，甚至可以在有机化学基础教学实验中使用，而 Schrock 的钼催化剂则要求在无水条件下使用，使催化活性更高。

23.7.4 烯烃的置换反应的应用范围

烯烃的置换反应有下面几种类型。

交叉置换(cross metathesis，CM)：

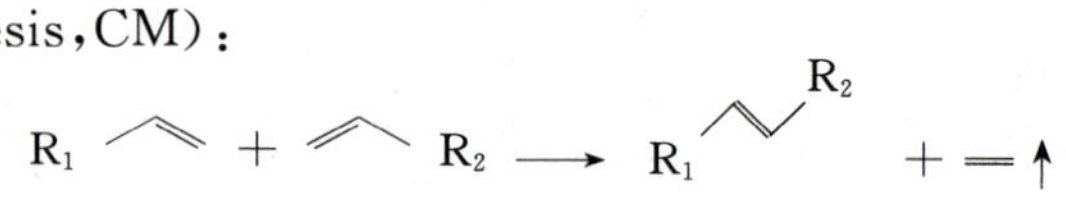

闭环置换(ring closing metathesis，RCM)：

开链二烯烃的置换聚合(acyclic diene metathesis polymerization，ADMEP)：

烯炔置换(enyne metathesis，EYM)：

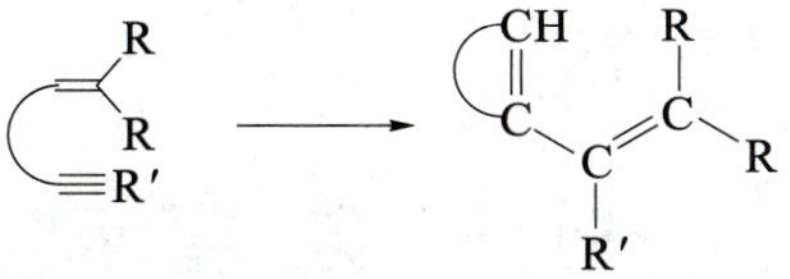

开环交叉置换(ring-opening cross metathesis,ROCM):

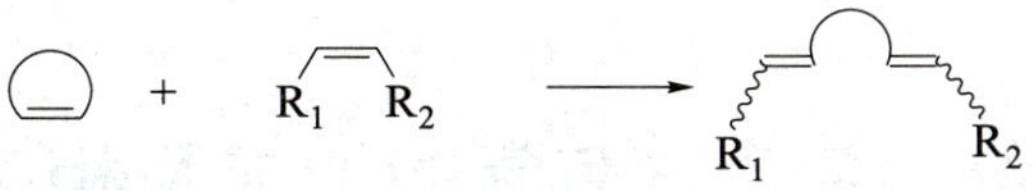

烯烃置换反应现已广泛应用于天然产物和其他结构复杂的有机分子的合成。应用烯烃置换反应可以使合成路线缩短。

烯烃置换反应在工业上也有广泛的用途。例如,已经用交叉置换由丙烯生产乙烯和丁-2-烯或在需要时由乙烯和丁-2-烯生产丙烯;也用来生产己-1-烯和 3,3-二甲基丁-1-烯,由降冰片烯生产聚合物,等等。工业上应用烯烃置换成本更低、更清洁环保、更有效。

2005 年,Chauvin,Grubbs 和 Schrock 被授予诺贝尔化学奖。

参考文献

第二十四章　碳—碳重键的加成反应

§24.1　烯烃与卤素的加成及相关反应

24.1.1　烯烃与溴的反应

24.1.1.1　烯烃与金属盐的反应

1827 年，丹麦化学家 Zeise W C 首先发现了乙烯与 Pt(Ⅱ) 生成的配合物 $K[Pt(C_2H_4)Cl_3]\cdot H_2O$，以后称为 Zeise 盐(Zeise's salt)，它现在的制法是将乙烯气体通入 K_2PtCl_4 和 $SnCl_2$(用作催化剂)的水溶液中：

$$CH_2{=}CH_2 + K_2PtCl_4 \xrightarrow[H_2O]{SnCl_2} K[Pt(C_2H_4)Cl_3]\cdot H_2O + KCl$$

Zeise 盐的结构已由单晶 X 射线衍射法确证：

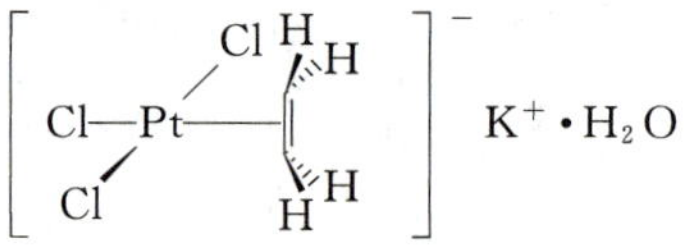

即烯烃中的 π 电子与金属原子结合生成的 π 配合物。分子轨道的表示方法是烯烃中的 π 轨道与金属原子中的空轨道重叠(见图 24.1)。

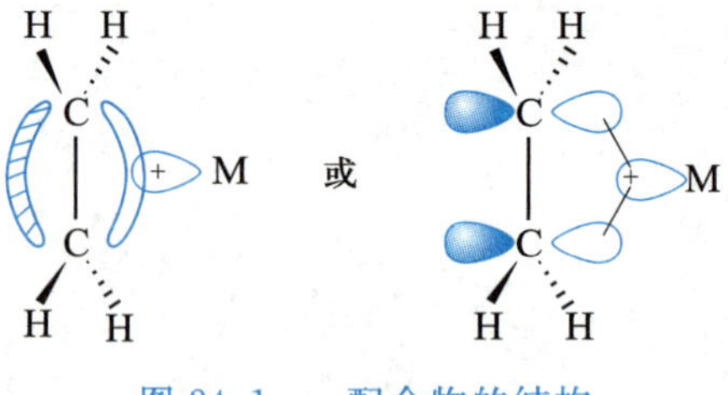

图 24.1　π 配合物的结构

由 Pt(Ⅱ)，Rh(Ⅱ)，Ir(Ⅰ)，Cu(Ⅰ)和 Ag(Ⅰ)与烯烃反应也得到了相似的 π 配合物。由环辛-1,5-二烯得到的 π 配合物为中性分子，烯烃中的两个 π 键占据了 Pd 的两个配位位置：

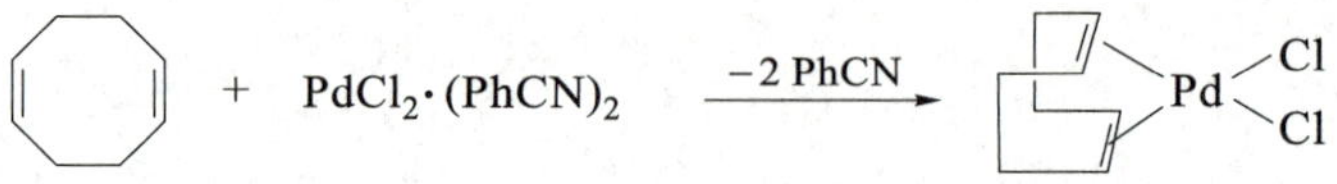

四氰基乙烯[$(NC)_2C═C(CN)_2$]与金属生成的 π 配合物的晶体结构研究说明：分子中碳原子上的键角已接近 sp^3 杂化，可以认为生成了含金属的环(metallacycle)：

侧面配位　　　　metallacycle

由此可见：烯烃中的 π 电子使烯烃容易接受亲电试剂的进攻。

24.1.1.2　烯烃溴化反应的机理

烯烃中双键上的取代基对加溴反应的速率有显著的影响，一些烯烃发生反应的相对速率为

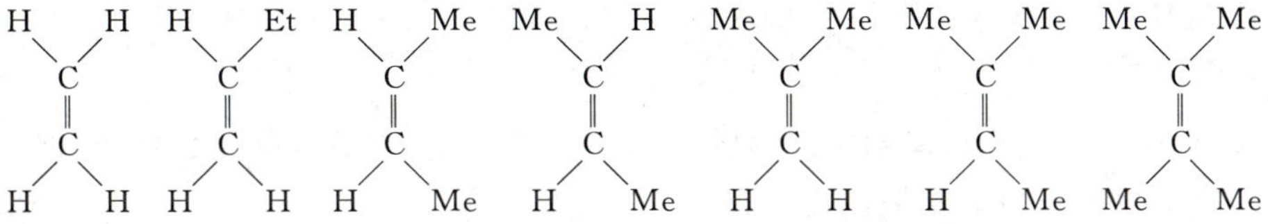

相对反应速率(MeOH)	0.01	1.00	27	17.5	57	1380	19000
相对反应速率(CCl_4)	0.0045	1.00	173	159	109		

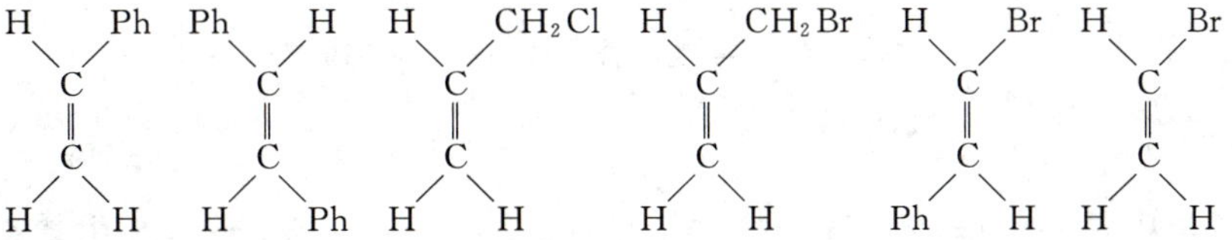

相对反应速率(HOAc)	很快	18	1.6	1.0	0.11	0.0011

即给电子的取代基使反应速率加快，吸电子的取代基使反应速率减慢。$F_2C═CF_2$ 和$(NC)_2C═C(CN)_2$ 与溴不发生加成反应。说明烯烃与溴的反应为亲电加成。

烯烃与溴的加成，其反应动力学很复杂，并与溶剂有关，从质子溶剂到非质子溶剂，变化很大，其反应速率由三项组成：

$$反应速率=k_1[烯烃][Br_2]+k_2[烯烃][Br_2]^2+k_3[烯烃][Br_2][Br^-]$$

在甲醇中 Br^- 的浓度很大时，以第一项为主，即为二级反应；在非质子极性溶剂中以第二项为主，即为三级反应。说明反应机理是复杂的。

在加溴反应中的两个溴原子如果从双键所在平面的同一边加在碳原子上，称为顺式(syn)加成，如从两边加在碳原子上则称为反式(anti)加成。以环己烯为例：

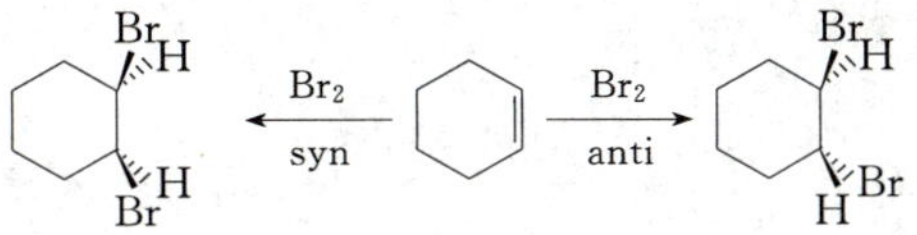

meso　　　　(±)

一些烯烃加溴反应中，两种加成方式所得的产物的比例为

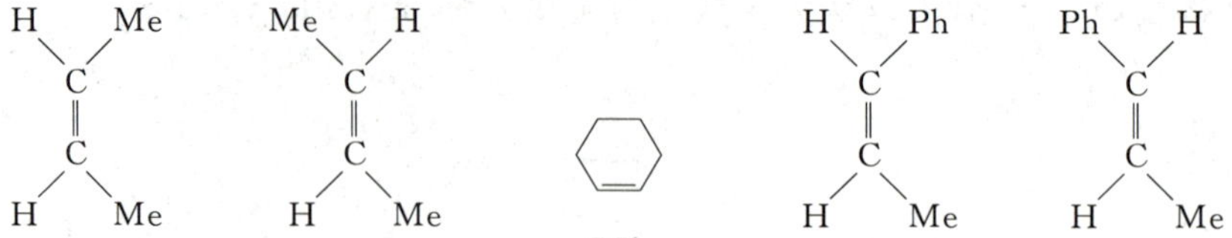

溶剂	HOAc	HOAc	CCl_4	CCl_4	CCl_4
anti∶syn	>100∶1	>100∶1	很大	83∶17	88∶12

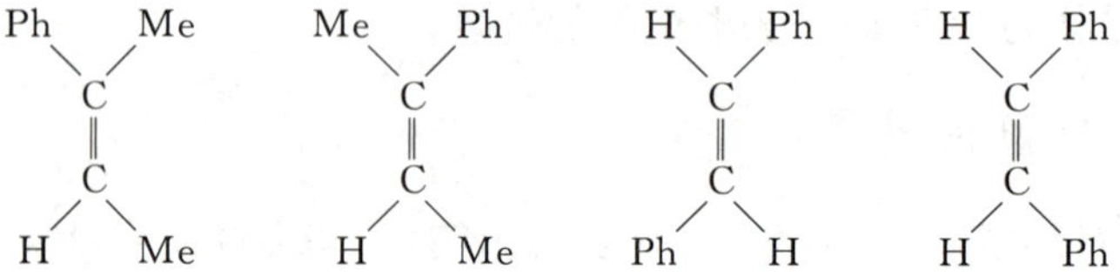

溶剂	HOAc	HOAc	CCl_4	$MeNO_2$
anti∶syn	68∶32	63∶37	>10∶1	1∶9

因此，烯烃与溴的加成，有的是立体特异性的反式加成，有的也是反式加成，但立体选择性较低一些，在较少的例子中主要是顺式加成。

加溴反应的机理：烯烃与溴反应，首先生成 π 配合物，π 配合物转变为 σ 配合物（即环状溴鎓离子）和 Br^- 的离子对，最后再结合成邻二溴化物：

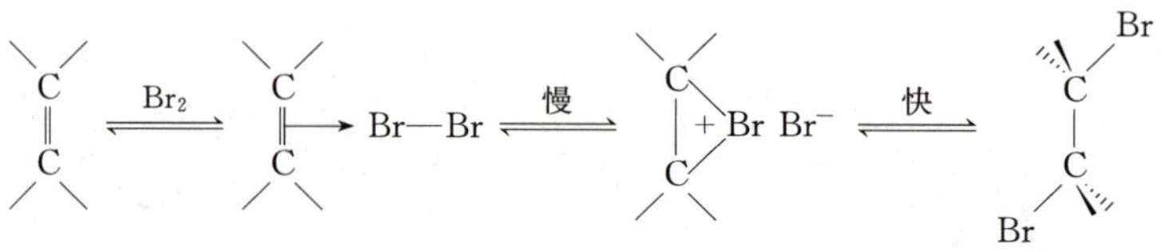

π 配合物是一种电子转移配合物（charge transfer complex），是由烯键的 π 轨道与 Br—Br 键的反键轨道重叠生成的（每一个轨道只能容纳一对电子，π 轨道不能与 Br—Br 键的成键轨道重叠），π 配合物的生成在有些例子中已由光谱研究证明。在位阻很大的烯烃与溴的反应中，也有证据说明：烯烃和邻二溴化合物之间存在上述平衡。以下主要说明环状溴鎓离子结构的实验依据。

二芳基碘盐（$Ar\overset{+}{I}ArX^-$）在 1894 年就已经合成出来，相应的高价溴化合物和氯化合物也在 20 世纪 50 年代制备出来，但稳定性比碘盐低。20 世纪 30 年代，为了说明烯烃加溴反应的立体化学，假定中间产物为环状溴鎓离子，Br^- 从反面进攻，因此生成反式加成产物。有力的证据是在 20 世纪 60 年代以后出现的，即在超强酸中进行 NMR 研究：

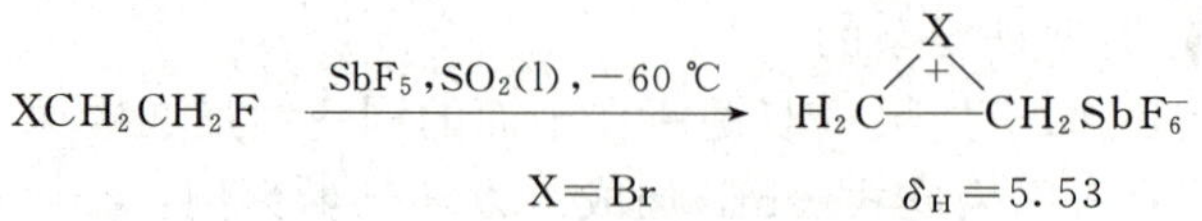

X=Br　　$\delta_H=5.53$

X=I　　$\delta_H=5.77$

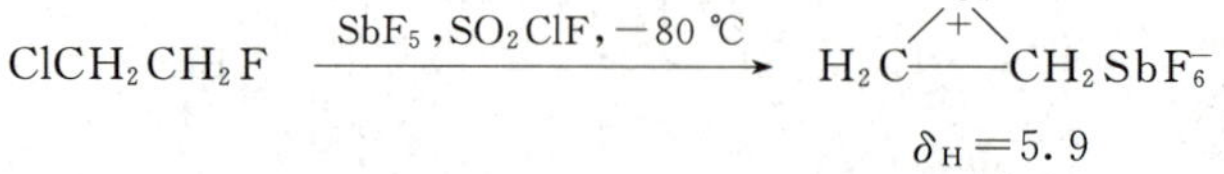

$\delta_H=5.9$

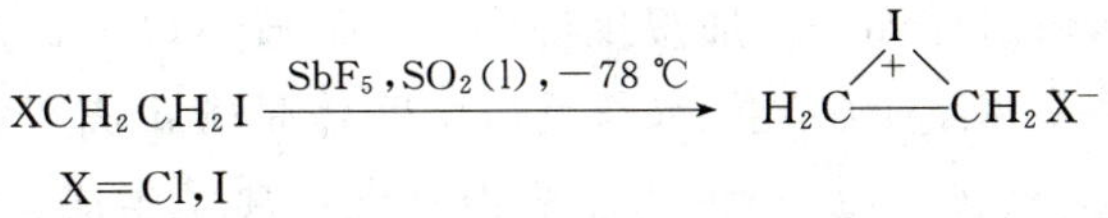

乙烯生成的鎓离子中，四个质子的化学位移相同，说明结构是对称的，最后一个反应说明碘比氯更容易生成鎓离子。

1985 年测定了下面的化合物的晶体结构，进一步证实了环状溴鎓离子的存在：

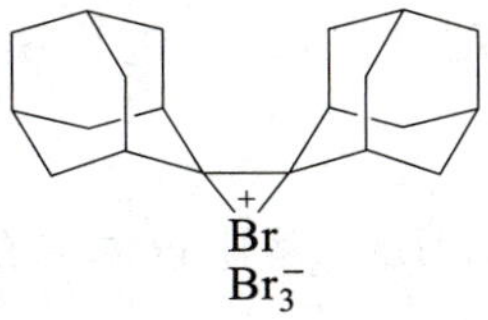

当双键的一端有苯基等给电子取代基时，生成碳正离子的可能性增加，如果碳正离子是反应的中间体，(*Z*)-和(*E*)-1-苯丙烯加溴应当生成同样的产物：

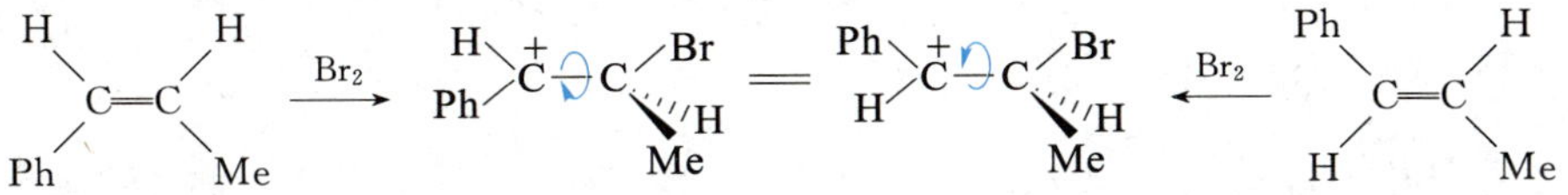

但实验结果是，两种异构体加溴，主产物都是各自的反式加成产物。由此推测：反应的中间产物仍是环状溴鎓离子，但它的结构不对称，有苯基的一端，C—Br 键较弱，可以通过碳正离子部分改变其构型，结果使反应的立体选择性降低：

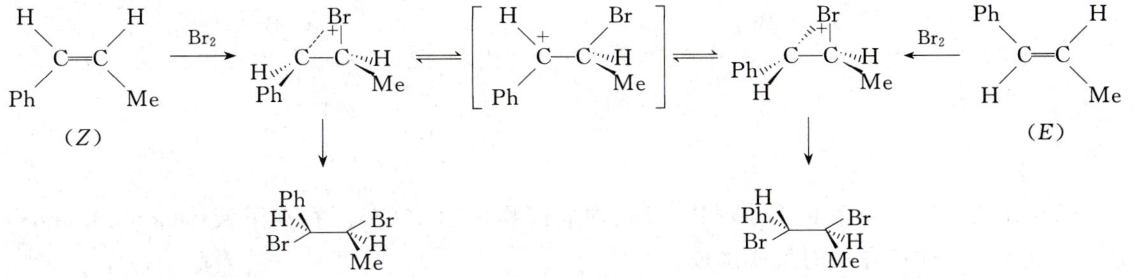

(*Z*)-异构体	83%	17%	
	12%	88%	(*E*)-异构体

溶剂的极性加大，有助于碳正离子的生成，如果碳正离子的寿命很短，生成后立即与紧密离子对中的 Br^- 结合，则主要得到顺式加成产物；碳正离子的 C—C 键旋转后再与 Br^- 结合，或与另一面的 Br^- 结合，也可以生成反式加成产物：

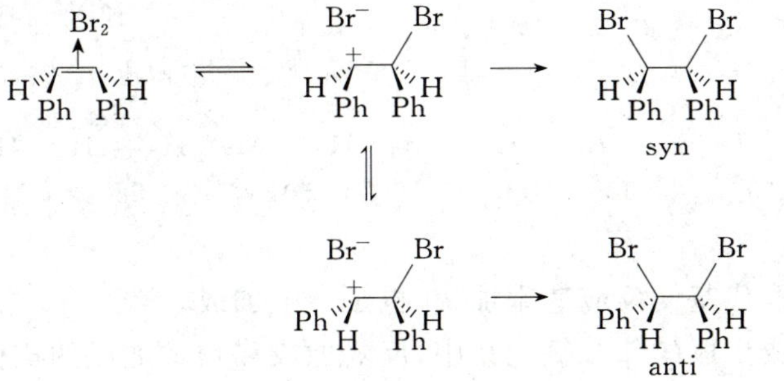

p-$NO_2C_6H_4CH$═CHC_6H_4Me-p 加溴反应中，与 $C_6H_4NO_2$-p 连接的碳原子的 ^{14}C 同位素效应远大于与 C_6H_4Me-p 相连的碳原子，与反应中间体是碳正离子相符合。

有的烯烃在加溴时生成重排产物，也说明反应中有碳正离子生成：

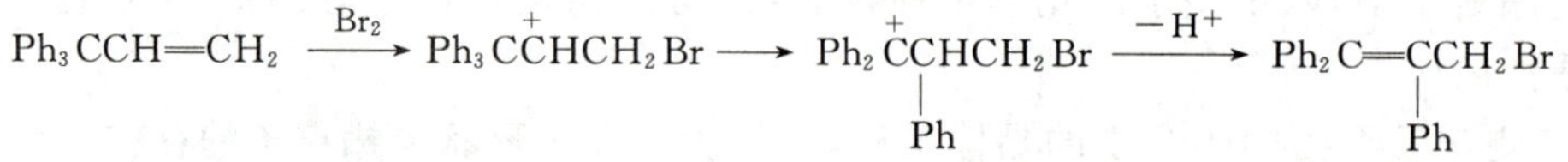

溴的浓度升高，溶液中 Br_3^- 的浓度升高，Br_3^- 进攻溴鎓离子，使动力学速率公式中出现有 $[Br_2]^2$ 的一项。

吡啶氢溴酸盐与溴生成的 $C_5H_5\overset{+}{N}HBr_3^-$ 是比较温和的溴化剂，用于烯烃的溴化，立体选择性较高。例如：

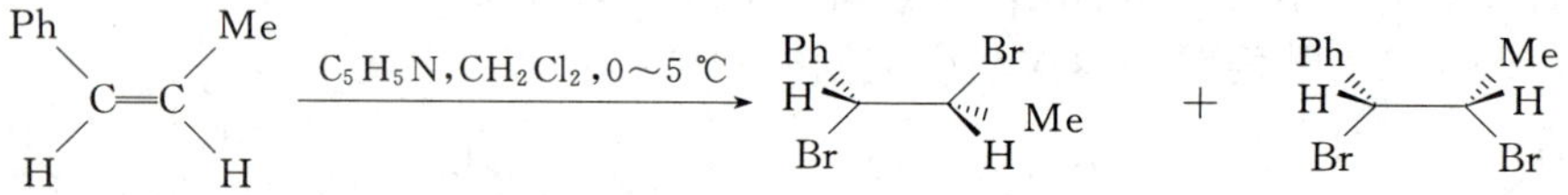

	anti	syn
Br_2	74.5%	25.5%
$C_5H_5\overset{+}{N}HBr_3^-$	100%	

用于不共轭的二烯烃的溴化也有一定的选择性：

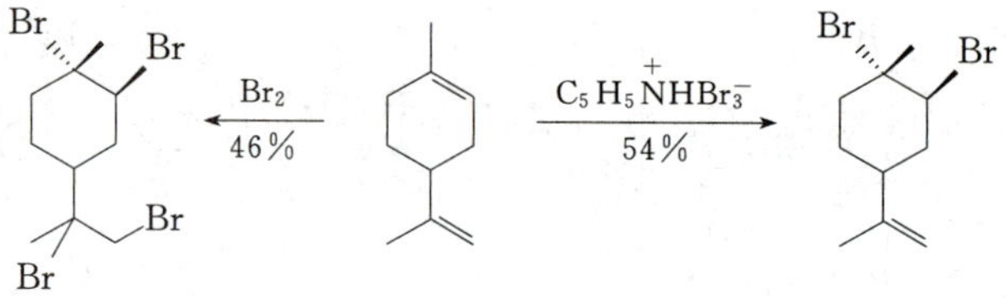

烯烃在乙腈溶液中用 $CuBr_2$ 溴化，反式加成产物可达 100%。在离子液体(ionic liquids)中烯烃的溴化是立体特异性的反式加成。

烯烃与溴的加成在光照下则是自由基反应。

24.1.2　烯烃与氯的反应

一些烯烃与氯加成的相对反应速率为

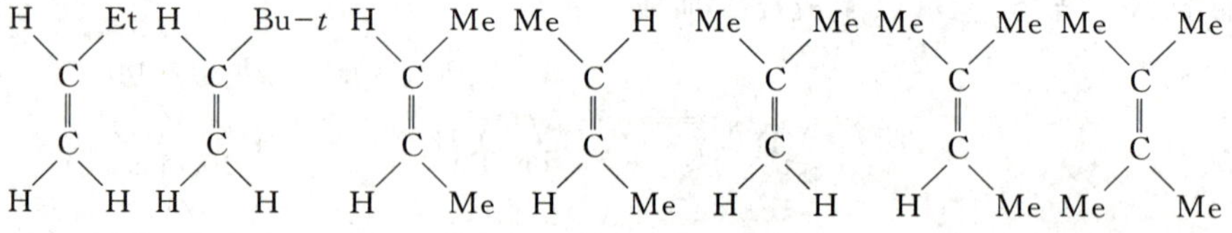

相对反应速率（过量烯烃）	1.00	1.15	63	50	58	11000	430000

说明双键上给电子的取代基使反应速率加快，也是亲电加成。

一些烯烃与氯加成生成的邻二氯化物中，反式加成和顺式加成的比例为

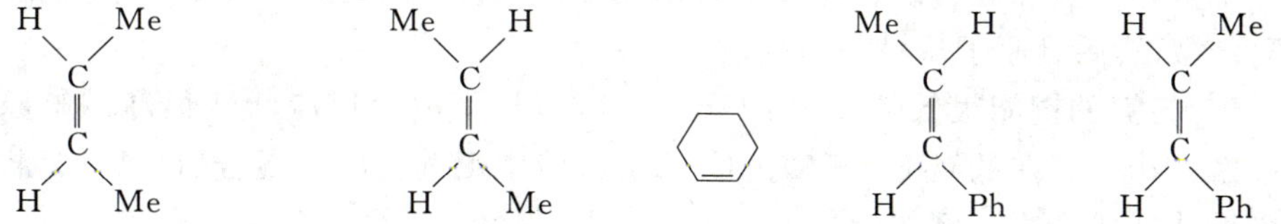

溶剂	无	HOAc	无	HOAc	无	CCl_4	HOAc	CCl_4	HOAc
anti∶syn	>100∶1	>100∶1	>100∶1	>100∶1	>100∶1	45∶55	41∶59	32∶68	22∶78

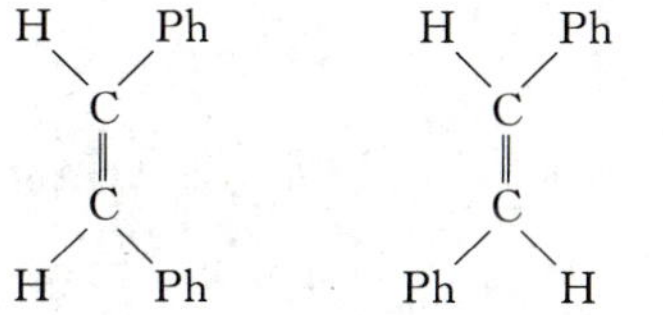

溶剂	$ClCH_2CH_2Cl$	$ClCH_2CH_2Cl$
anti∶syn	92∶8	65∶35

说明烯烃键上有苯基时，立体选择性降低。

乙烯与氯的 π 配合物已经鉴定，其中 π 键与氯之间的作用较弱。

(*Z*)-和(*E*)-丁-2-烯、2-甲基丙烯与氯的反应速率几乎相等，如果反应是通过碳正离子进行的，2-甲基丙烯的反应速率应当更快，因为生成的叔碳正离子比仲碳正离子更稳定：

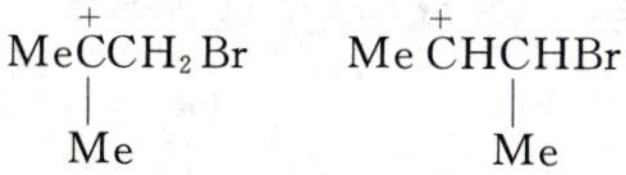

说明反应的中间体可能是环状氯鎓离子。由于环状氯鎓离子的稳定性比溴鎓离子小，C—Cl 键更弱，碳正离子在氯化反应中的贡献增加，苯基取代的烯烃氯化反应的立体选择性比溴化反应低。氯化反应中发生重排和消除的例子也更多一些。例如：

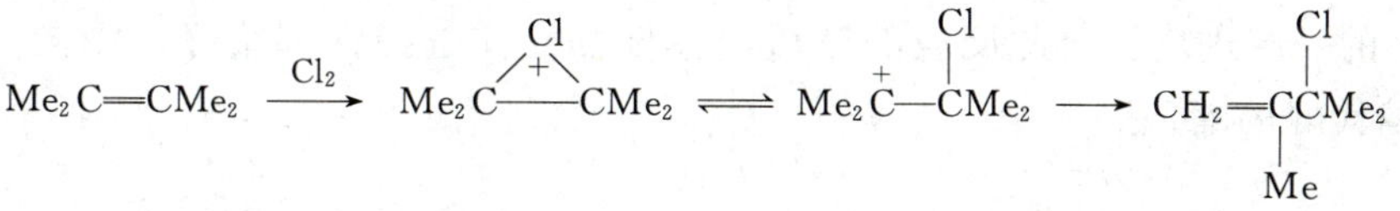

Acenaphthylene 与氯生成顺式加成产物，可能是由于环的张力大，与氯的反应速率快，生成的离子对迅速结合：

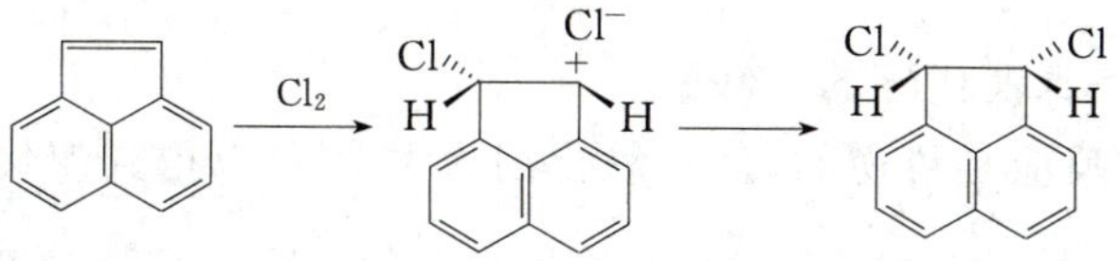

烯烃用 $SbCl_5$ 和 $MoCl_5$ 氯化，主要生成顺式加成产物，用 $Et_4N^+Cl_3^-$ 氯化剂生成反式加成产物。

24.1.3 烯烃与碘和氟的反应

烯烃与碘和氟的加成反应机理研究得很少。烯烃与碘的加成在 I^- 的存在下是可逆的，平衡偏向烯烃一边。烯烃与碘容易发生自由基加成反应，生成反式加成产物，可能是烯烃与碘先生成 π 配合物，然后碘原子从另一面进攻。

F—F 键的键能很低（157.6 $kJ \cdot mol^{-1}$），容易解离为反应活性很高的氟原子，与烯烃反应生成裂解产物。但在低温下，$CFCl_3-CHCl_3$ 溶液中氟气与氮气混合（1% F_2）后再与烯烃反应，可以得到顺式加成产物。例如：

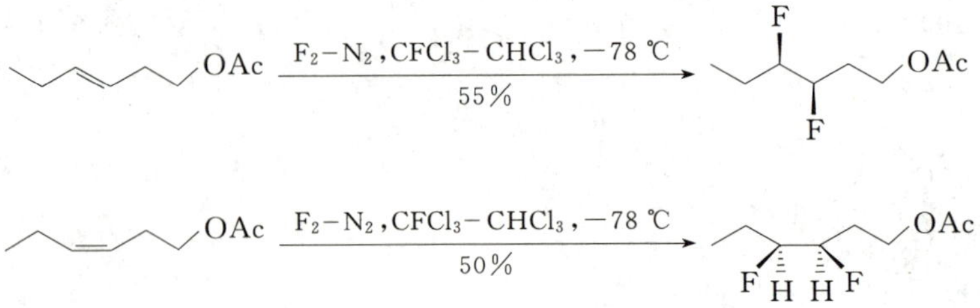

可能是生成的碳正离子与 F^- 离子对，立即迅速结合，生成二氟化物。在超强酸溶液中进行的 NMR 研究和理论计算都排除了生成环状鎓离子的可能性。

24.1.4　卤代醇、卤代醇酯等的合成

乙烯在水溶液中与氯反应，除了二氯乙烷外，还生成氯乙醇，相当于乙烯与次氯酸加成。选择适当的试剂可以避免生成二卤代烷。

烯烃在含水的 DMSO 溶液中与 NBS 反应，生成溴代醇。例如：

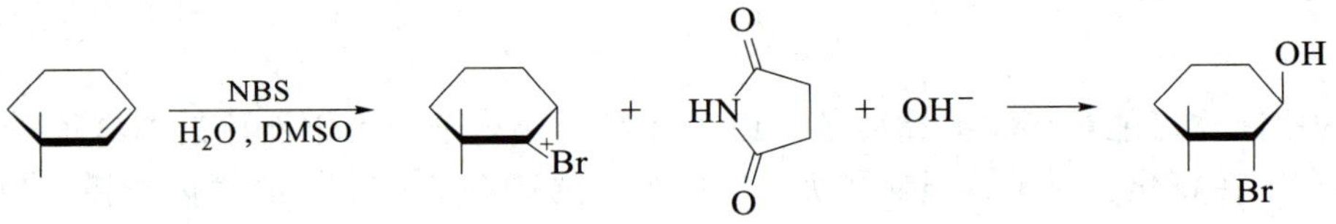

反应的第一步是生成溴鎓离子，第二步是亲核试剂进攻，相当于 S_N2 反应，由于两个甲基的阻碍，OH^- 从位阻小的一端进攻。因此反应的区域选择性和立体选择性都很好。用同样的方法可以制备溴代醚、溴代醇的酯：

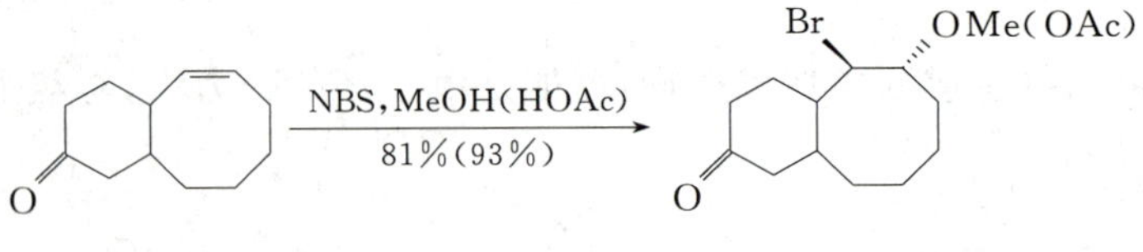

如用 HOAc 作溶剂，则得到溴代醇的乙酸酯。

烯烃与 I_2+H_2O 的反应是可逆的，加入氧化剂除去 I^- 可以得到碘代醇：

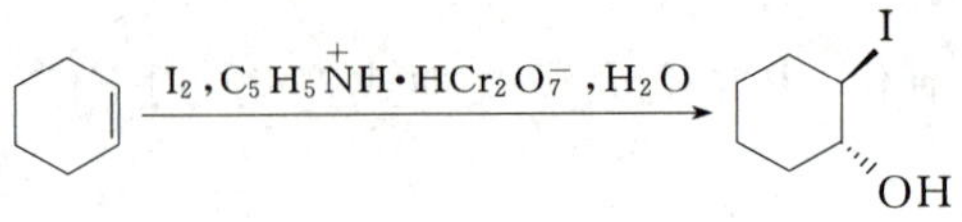

酰基次卤酸（$\text{R}\overset{\text{O}}{\overset{\|}{\text{C}}}\text{OX}$）可以由过氧酸产生：

$$m-\mathrm{ClC_6H_4\overset{\overset{\displaystyle O}{\|}}{C}OOH} + \mathrm{KBr} \xrightarrow{18-冠-6,\ \mathrm{CH_2Cl_2}} m-\mathrm{ClC_6H_4\overset{\overset{\displaystyle O}{\|}}{C}OBr} + \mathrm{KOH}$$

烯烃与酰基次卤酸反应，生成卤代醇的酯：

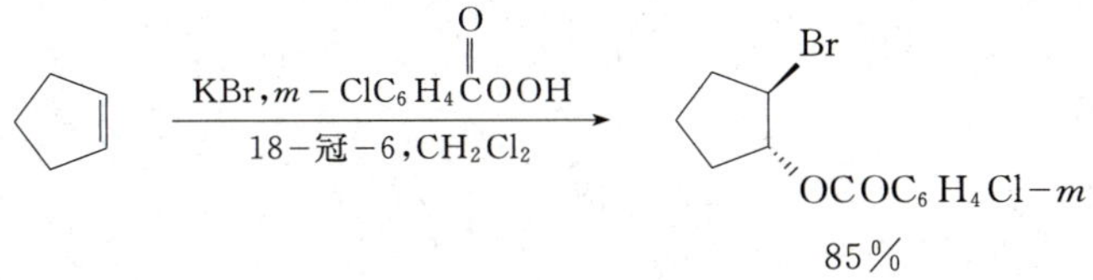

碘与烯烃不生成二碘化物，但可以利用碘生成环状离子，使它与其他亲核试剂反应。例如：

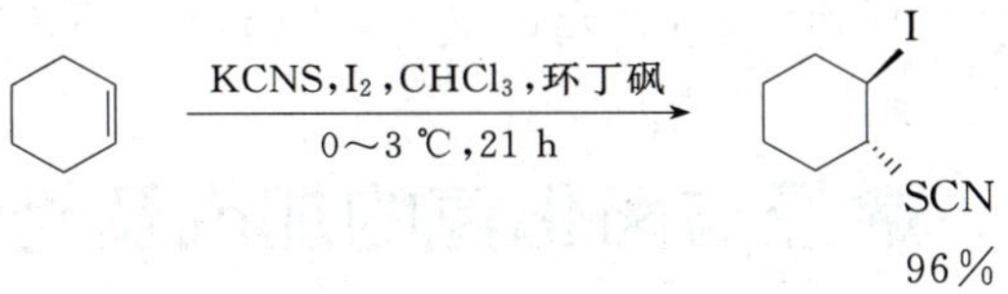

如果烯烃分子内在适当的位置有 OH，CO_2H 等官能团，利用这种方法可以得到环醚或内酯。例如：

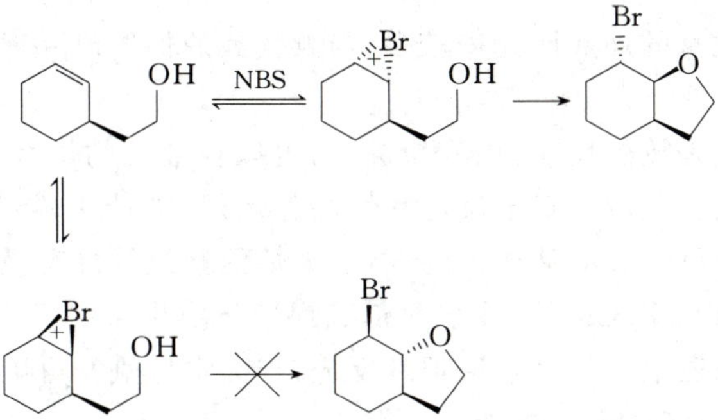

由于五元环只能与环己烷环在顺位稠合，只有溴在 CH_2CH_2OH 反面的 σ 配合物才能在侧链上 OH 的进攻下成环。利用碘的 σ 配合物可以从不饱和酸合成内酯：

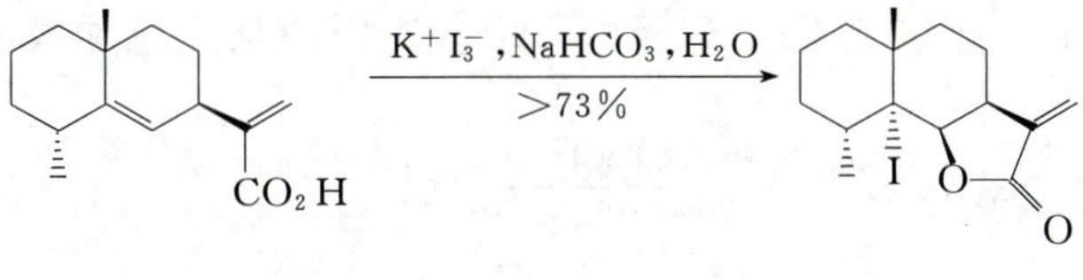

这种成环反应也可以用溴来完成：

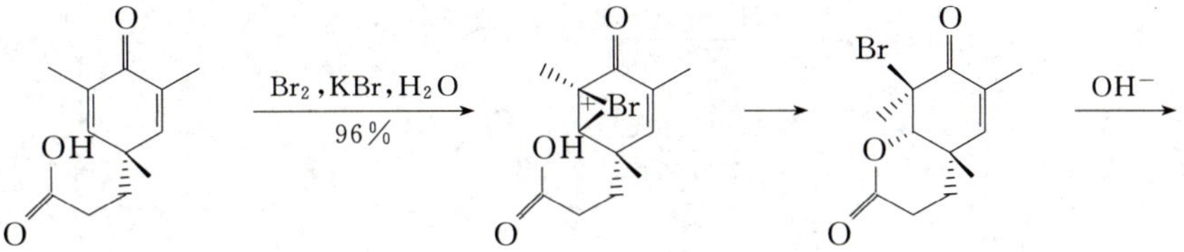

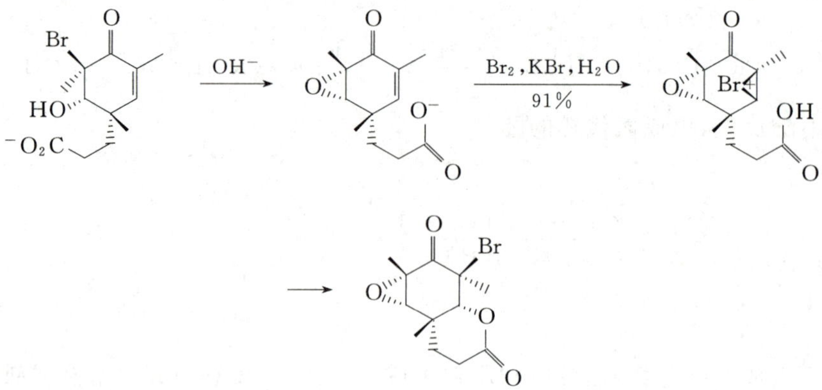

由于 COO^- 在分子内处于有利位置，优先进攻生成内酯而不是生成二溴化合物。

§24.2 烯烃与卤化氢的加成及相关反应

24.2.1 烯烃与卤化氢的加成

烯烃与溴化氢和氯化氢的加成研究得较多，与碘化氢的加成研究得较少，与氟化氢的加成研究得更少。

烯烃与溴化氢的加成是放热反应，很容易进行，可以在液态的烯烃中反应，也可以在惰性溶剂，如水、乙酸等质子溶剂中反应。对于反应活性高的烯烃（如能生成叔氯代烷的烯烃），通入氯化氢气体，即可发生加成反应，反应活性低的烯烃（如烯丙基氯等含有吸电子取代基的烯烃）则要加入 Lewis 酸（$AlCl_3$，$FeCl_3$，$ZnCl_2$ 等）作催化剂。烯烃与碘化氢的反应在水和乙酸中用浓的氢碘酸作试剂进行。烯烃与氢氟酸的水溶液很难反应，与无水氢氟酸可以迅速发生加成反应，但需要特殊的设备，并需采取一定的安全措施。

24.2.1.1 区域选择性

在没有过氧化物存在，排除自由基反应的条件下，烯烃与卤化氢的加成产物符合 Markovnikov 规律。双键碳原子上有卤素或 CF_3 等吸电子取代基时应当注意加成的方向：

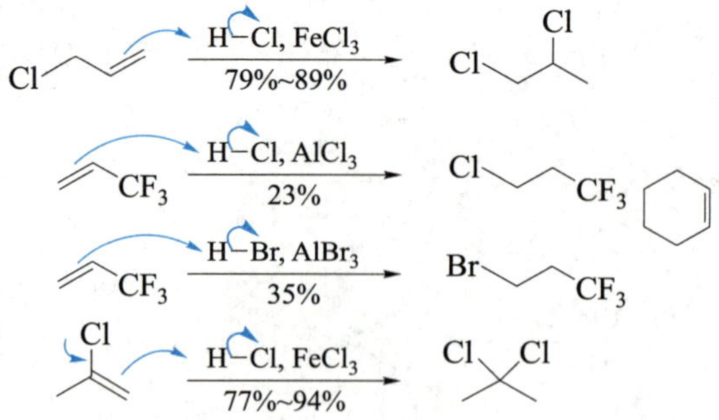

24.2.1.2　立体化学

溴化氢和氯化氢与环己烯、1,2－二甲基环己烯、环戊烯、(*Z*)－丁－2－烯、(*E*)－丁－2－烯、己－3－烯等生成反式加成产物，与甲基戊烯主要生成反式加成产物，与苊(acenaphthylene)、茚、(*Z*)－1－苯基丙烯、(*E*)－1－苯基丙烯在非极性溶剂中生成顺式加成产物。

降冰片烯(norbornene)与 DBr 反应生成 *exo*－加成产物，并且一半产物是由桥联的降冰片碳正离子生成的：

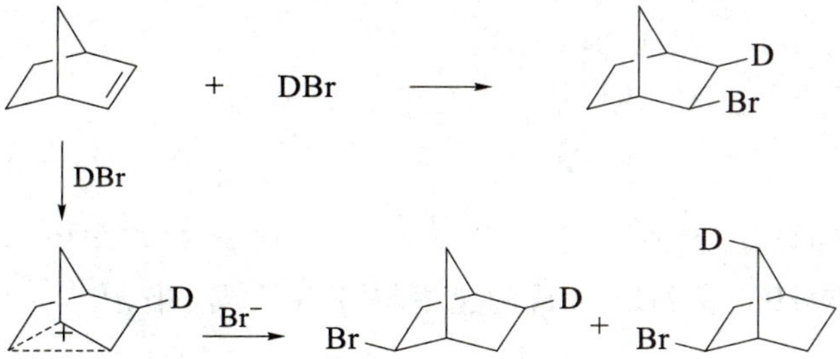

与 DCl 反应也得到相似的结果：

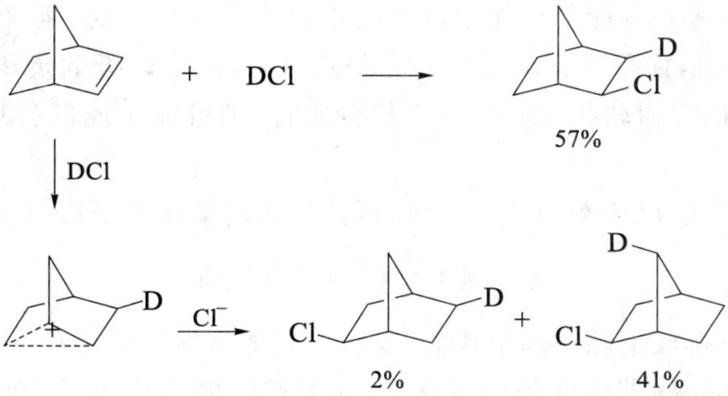

降冰片二烯与 HCl，HBr 和 HF 加成都有重排产物生成：

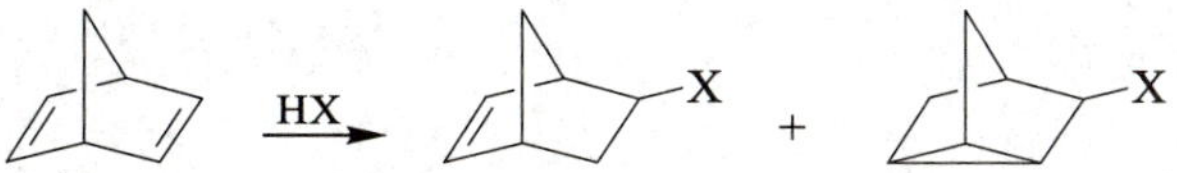

HF(总产率 10%)	87%	13%
HCl(72%)	>80%	<20%
HBr(56%)	>70%	<30%

溶剂和反应温度对加成产物的立体化学也有影响。例如：

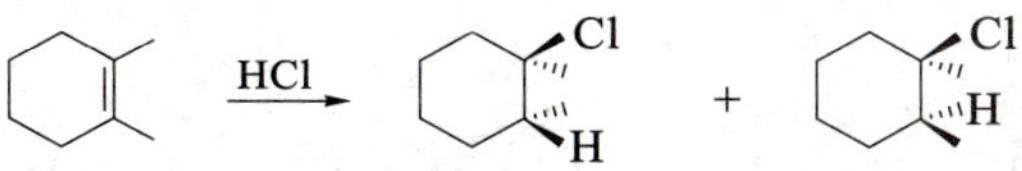

CH_2Cl_2，－78 ℃	88%	12%
Et_2O，0 ℃	5%	95%

24.2.1.3 反应机理

综合以上实验事实提出的反应机理：烯烃与 HX 生成 π 配合物，然后 HX 或 X^- 由反面进攻生成反式加成产物：

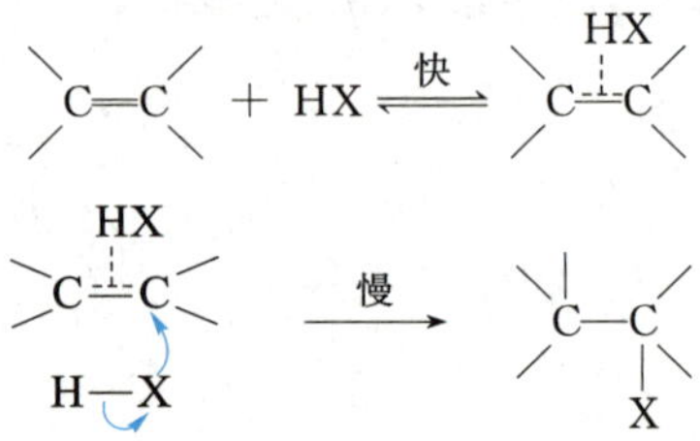

后一步与环状溴鎓离子的反应相似。

1-甲基环戊烷等与 HCl 或 HBr 加成的速率与$[HX]^2$ 成正比：

$$反应速率=k[烯烃][HX]^2$$

正是在这些反应中主要生成反式加成产物。

当双键碳原子上有苯基等能使可能生成的碳正离子更加稳定时，烯烃与 HX 反应生成碳正离子和 X^- 组成的离子对，如果碳正离子的寿命很短，它与还在附近的负离子迅速结合生成顺式加成产物；如碳正离子的寿命较长，C—C 键有机会旋转，则可能生成部分反式加成产物，使立体选择性降低。

苯乙烯与氯化氢加成，反应动力学为二级，可能是通过碳正离子进行的。

$$反应速率=k[烯烃][HCl]$$

在加成反应中有重排或消除产物生成时，反应中间体可能是碳正离子。

烯烃与氢卤酸在相转移催化的条件下反应，加成产物的产率接近 100%。将卤化氢负载在硅胶等载体上，由于载体表面对 H—X 的极化作用，能够将质子加到双键上，然后卤素负离子迅速转移给碳正离子，可以使顺式加成产物占绝对优势。

24.2.2 烯烃的水合及相关反应

24.2.2.1 烯烃的水合

烯烃在强酸催化下与水的加成反应称为水合(hydration)。烯烃水合的速率与其结构有关：

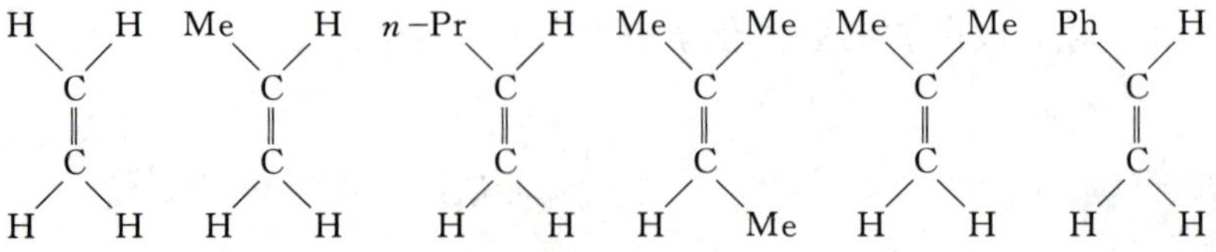

相对反应速率	1	1.6×10^7	3.0×10^7	1.5×10^{12}	2.5×10^{12}	1.6×10^9

$H_2SO_4+H_2O$

给电子的取代基，如烷基，使水合速率加快。(*Z*)-烯烃加水的速率比 *E*-异构体快。但(*E*)-环辛烯水合的速率比 *Z*-异构体快 2500 倍，可能是因为 *E*-异构体的张力较大。

烯烃的水合产物符合 Markovnikov 规律。

水合反应的立体化学研究得很少。1,2-二甲基环己烯加水，顺式和反式加成产物差不多相等，说明反应没有立体选择性。

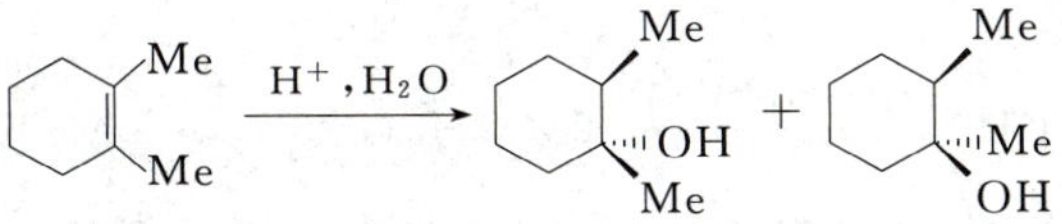

水合反应中可能发生重排反应。例如：

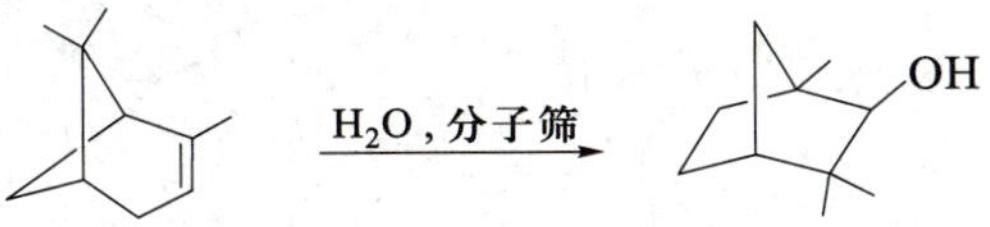

综合现有的实验事实得到的结论：水合反应是通过碳正离子进行的：

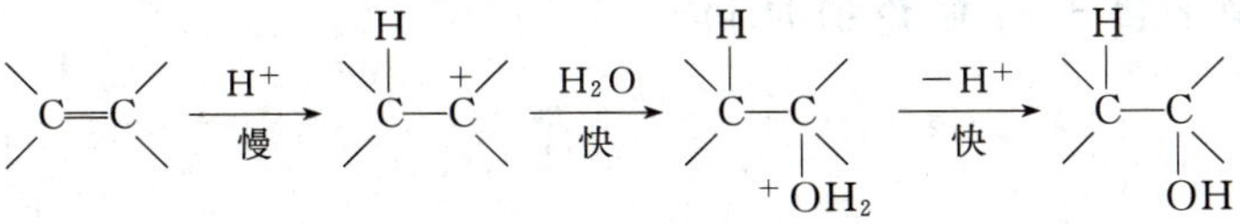

测定了水合反应的同位素效应：$k_{H_2O}/k_{D_2O}=2\sim4$，说明双键的质子化是决定反应速率的步骤。

在工业上由烯烃生产醇常用固体催化剂，如杂多酸、Nafion-H、离子交换树脂等。

烯烃在强酸催化下还可以与过氧化氢、醇、羧酸等发生加成反应：

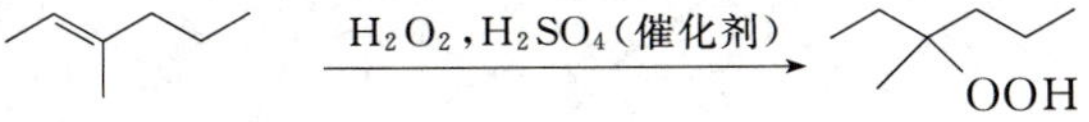

$$Me_2C{=}CH_2 + MeOH \xrightarrow{HBF_4} Me_3COMe$$

$$Me_2C{=}CH_2 + MeCO_2H \xrightarrow{HBF_4} Me_3COCOMe$$

反应也可以在分子内进行。例如：

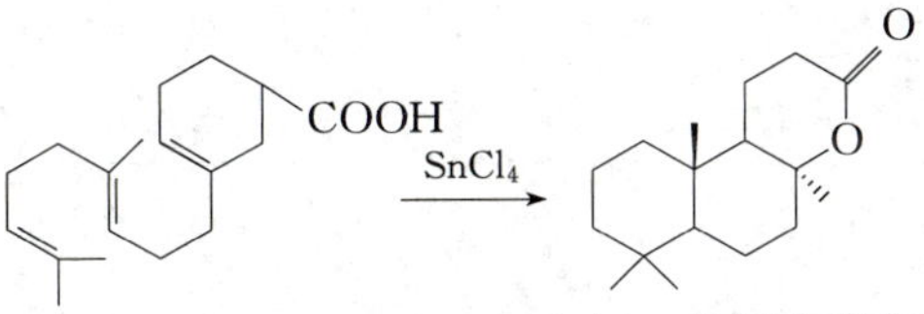

(±)-龙涎香精内酯

24.2.2.2　Ritter 反应

烯烃在强酸催化下与腈反应生成酰胺，称为 Ritter (J J) 反应：

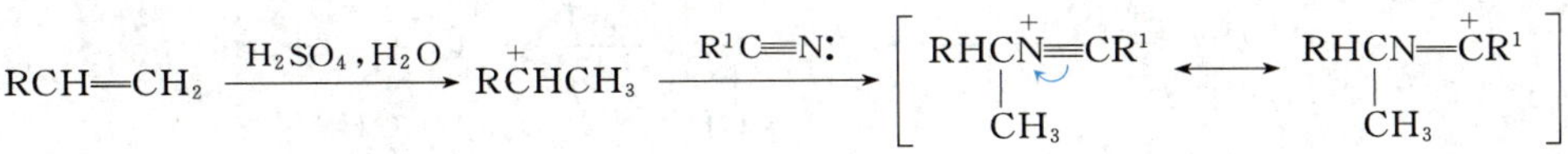

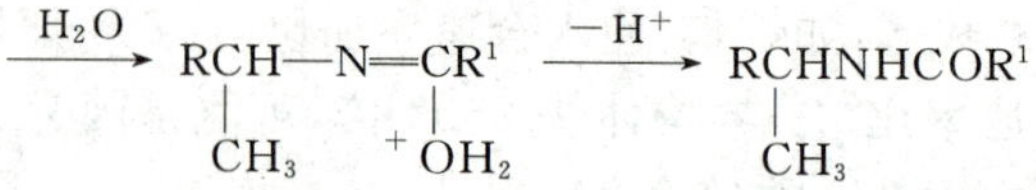

常用硫酸作催化剂，乙酸、二丁醚、氯化烷烃等作溶剂，反应条件一般很温和。酰胺水解后得到胺，因此，这是将烯烃转变为胺的方便方法。能够生成稳定的碳正离子的醇可以用来代替烯烃。例如：

$$Me_3COH \xrightarrow{H_2SO_4, MeCN} Me_3CNHCOMe \xrightarrow{H_2O} Me_3CNH_2$$

氰基中氮原子上有未共用电子对，亲核性较弱，但能与碳正离子反应。

Ritter 反应可用于结构复杂的杂环化合物的合成。例如：

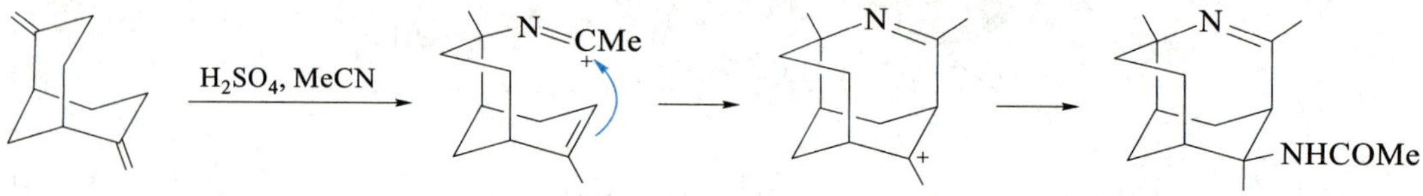

24.2.2.3　碳正离子与烯烃的反应

烯烃在强酸存在下，如果反应混合物中没有其他亲核试剂，则生成的碳正离子能与烯烃本身加成。例如：

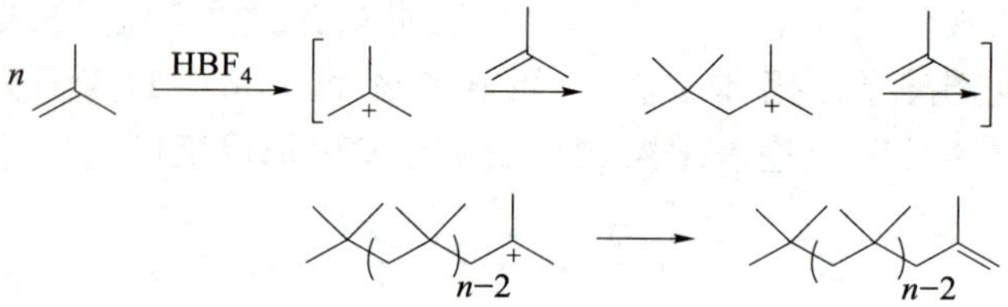

从适当的二烯烃可以合成环烯烃：

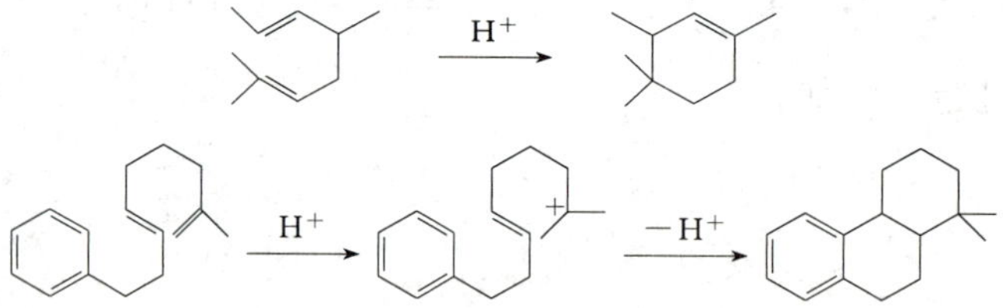

24.2.3　羟汞化反应

烯烃与乙酸汞在含水的 THF 中加成，生成 β-羟基有机汞化合物，随即用 $NaBH_4$ 还原去汞即得到醇：

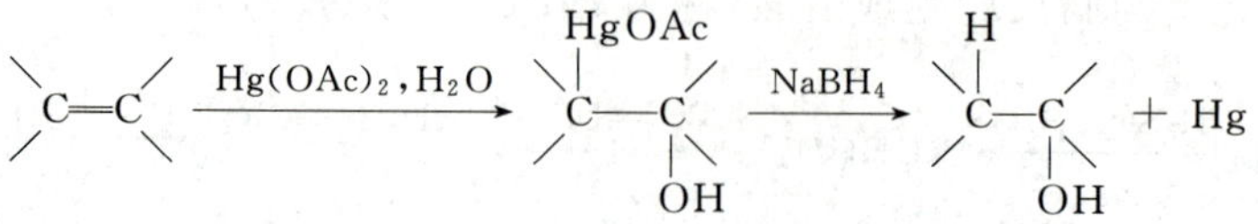

反应的第一步称为羟汞化(oxymercuration)，第二步称为去汞(demercuration)。第一步反应在10 min 内完成，第二步在 1 h 内完成，总产率在 90%以上。用于醇的制备，两步反应可在同一容器内完成。β-羟基有机汞化合物是稳定的化合物，可以分离鉴定。例如：

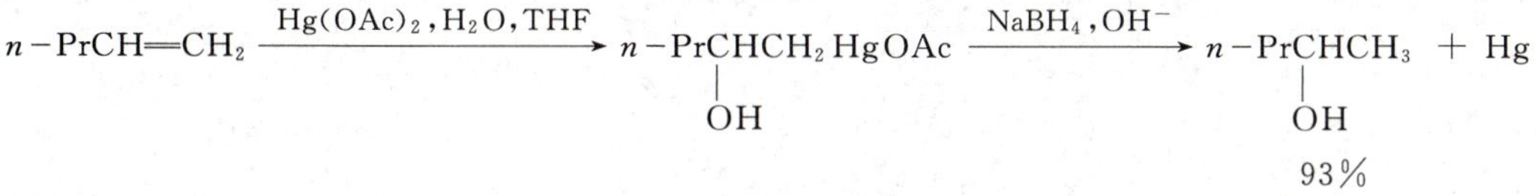

这是烯烃的间接水合法，应用范围广，操作简便，产率高，是实验室中合成醇的有价值的方法，其缺点是汞毒性大，不适于大量操作。

烯烃羟汞化的相对反应速率顺序为 $R_2C{=}CH_2 > RCH{=}CH_2 > (Z)$-$RCH{=}CHR > (E)$-$RCH{=}CHR$。只有某些芳基取代的烯烃、四取代烯烃或位阻很大的烯烃不发生反应。给电子的取代基使反应速率加快，而吸电子的取代基则使反应速率减慢。

羟汞化反应的区域选择性很高，产物结构符合 Markovnikov 规律，羟基加在含氢原子较少的双键碳原子上。例如：

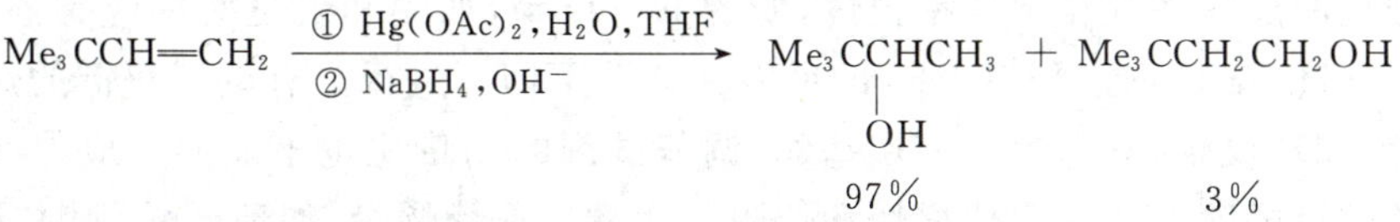

羟汞化一般为反式加成：

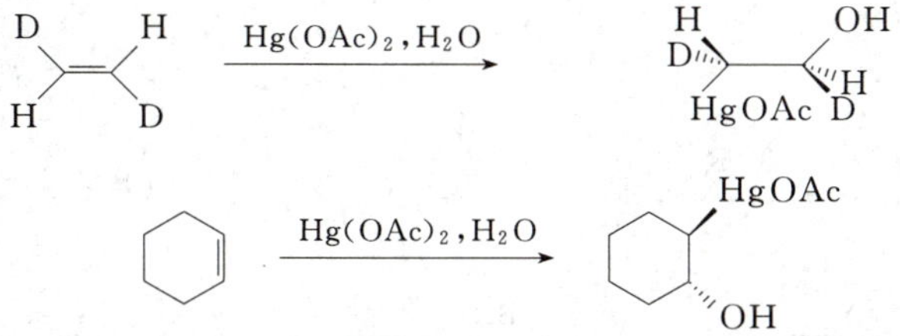

但(E)-环辛烯生成顺式加成产物。

羟汞化反应的机理与溴化相似：烯烃与汞盐生成环状的汞鎓离子(mercurinium ion)，然后亲核试剂从另一面进攻：

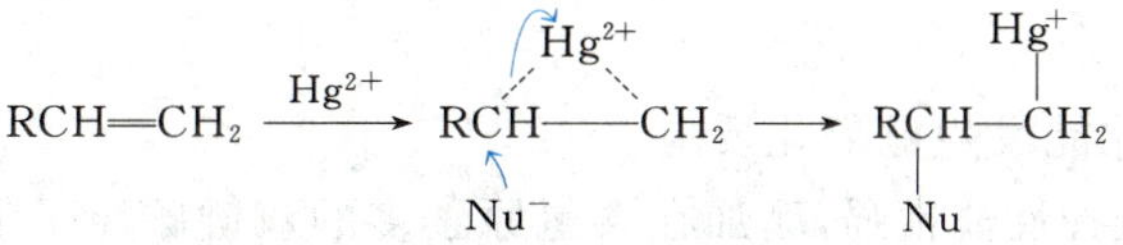

烯烃的汞化如在醇或羧酸中进行，还原后可以得到醚或酯：

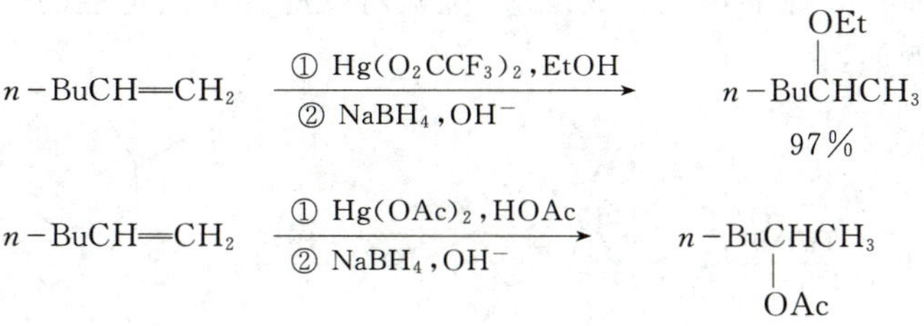

如反应中的亲核试剂为腈，则生成酰胺。例如：

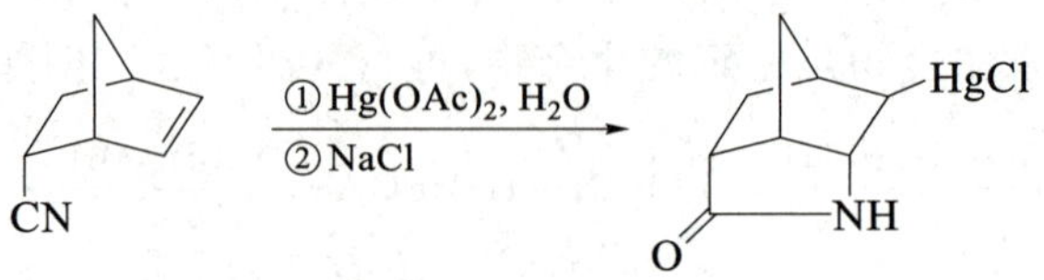

§24.3　烯烃的硼氢化反应

Brown H C 在 1959 年发现了硼氢化反应。这是一个非常有价值的新反应，应用范围广，可用于多类有机化合物的合成，因此他在 1979 年与 Wittig G 共同获得诺贝尔化学奖。

24.3.1　区域选择性和立体选择性

烯烃与硼烷的反应在气相下速率很慢，弱的 Lewis 碱，如醚和硫醚对反应有催化作用，烯烃在醚溶液中与 $THF\cdot BH_3$ 或 $Me_2S\cdot BH_3$ 的反应在 0 ℃下即可进行。有链端双键的烯烃和位阻小的二取代烯烃，如环戊烯，立即生成三烷基硼，调节试剂的用量比也不能使反应停在生成一烷基硼烷和二烷基硼烷的阶段。三取代烯烃和位阻较大的二取代烯烃，如环己烯，则主要生成二烷基硼烷，调节试剂用量比和反应温度，可以选择性地得到二烷基硼烷。四取代烯烃在生成一烷基硼烷后，继续反应的速率很慢：

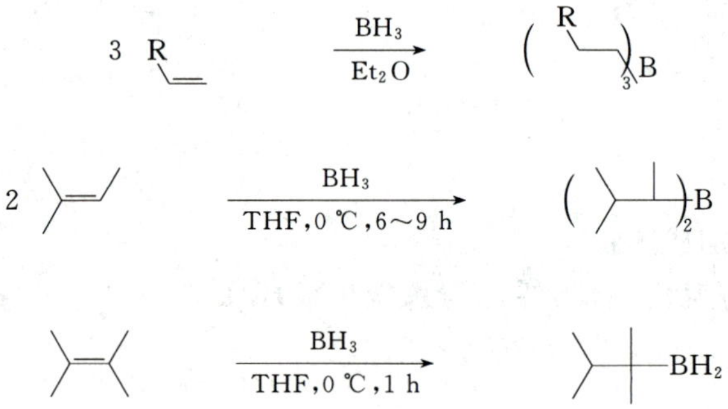

位阻大的烯烃在高压下才能发生硼氢化反应。

硼氢化反应的区域选择性非常强，硼加在含氢原子多的双键碳原子上，从上面的例子推测，位阻是决定性的因素，硼加在烯键上位阻小的一端。不对称的链间烯键常生成两种异构体的混合物。

硼氢化反应是立体特异性的顺式加成反应，位阻对反应起着决定性的影响，反应总是在烯键位阻小的一面进行。例如：

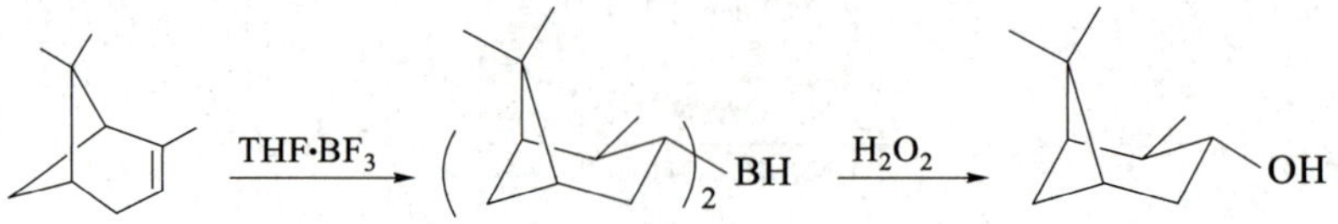

由位阻大的烯烃制备的二烃基硼烷含有体积很大的烃基，可以用于其他烯烃的硼氢化，加大反应的选择性。常用的有以下几种：

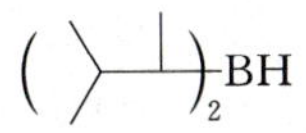

二(3-甲基-2-丁基)硼烷

disiamylborane

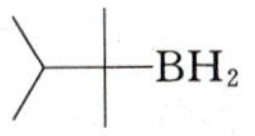

1,1,2-三甲基丙基硼烷

thexylborane

9-硼双环[3.3.1]壬烷

9-BBN

降冰片烯用 9-BBN 进行硼氢化和氧化，外型醇的产率达到 99.5%，如 7 位上有两个甲基，反应后，内型醇的产率达到 97%：

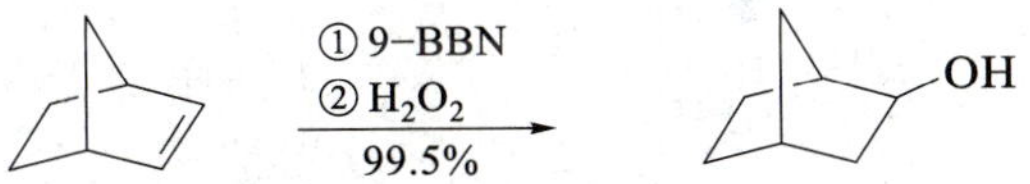

2-*exo*-降冰片烷醇

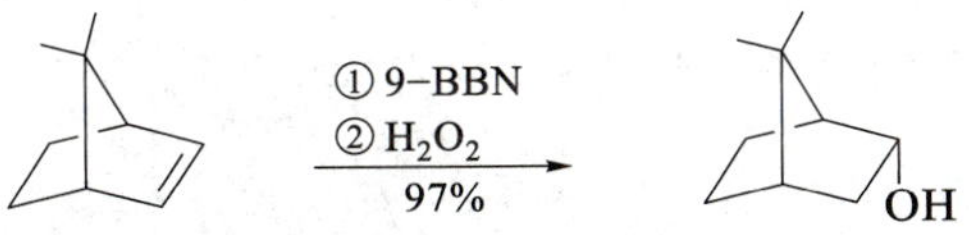

2-*endo*-二甲基降冰片烷醇

α-蒎烯、降冰片烯等双环化合物在离子反应中碳架非常容易重排，但在硼氢化反应中从未检查到重排产物，充分说明硼氢化是与离子加成反应不同的一类新反应。

开链烯烃也可以用 9-BBN 作试剂提高反应的区域选择性：

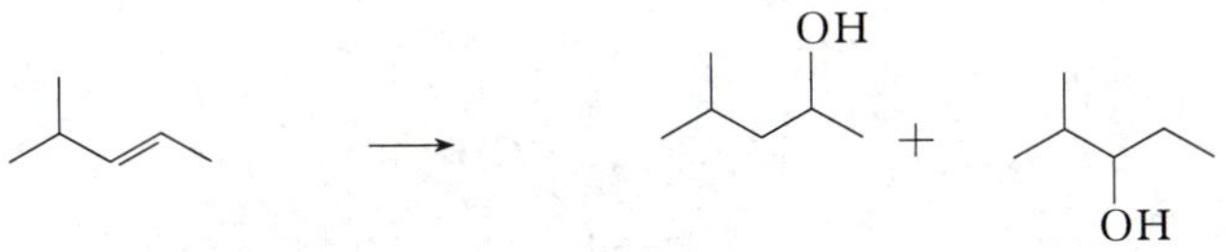

$THF \cdot BH_3$，H_2O_2	57%	43%
9-BBN，H_2O_2	99.8%	0.2%

用有手性的烷基硼烷作硼氢化试剂，可以进行对映选择性硼氢化。例如：

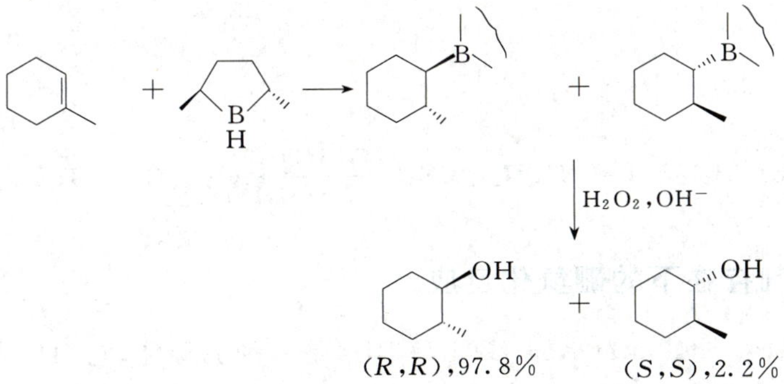

(*R*,*R*)，97.8%　　(*S*,*S*)，2.2%

ee=95.6%

24.3.2　反应机理

根据现有的实验事实，推测硼氢化可能是通过环状过渡态进行的一步反应：

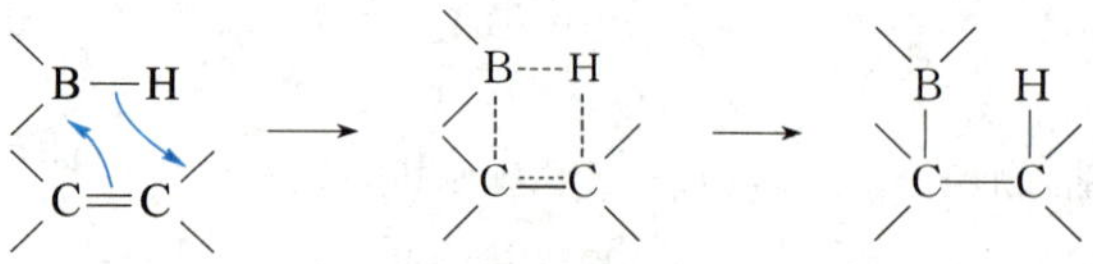

另一种观点是硼烷与烯键先生成 σ 配合物，然后立即转变成加成产物（见图 24.2）：

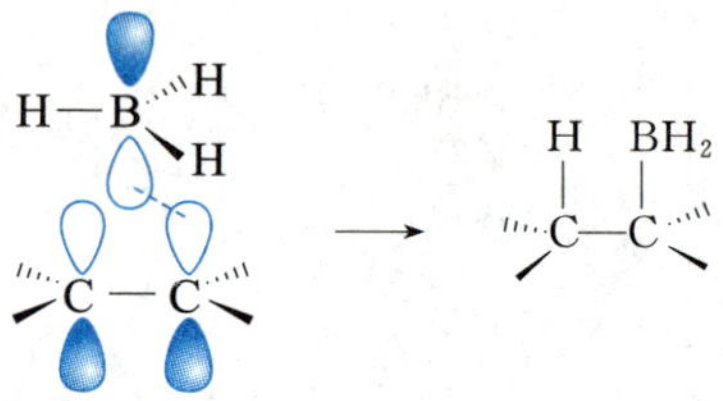

图 24.2　硼氢化反应

σ 配合物中两个碳原子和一个硼原子之间为三中心二电子键。

24.3.3　三烃基硼的反应

三烃基硼是有机合成中非常有用的中间体，其中的硼原子可以用 OH，X，NH_2 等取代，其中最重要的是用过氧化氢氧化转变为醇。用作硼氢化原料的烯烃中可以含有 OH，OR，NH_2，SMe，CO_2R 等多种官能团。

硼氢化反应是可逆的，在较高温度下，三烃基硼可以通过一系列消除加成而异构化：

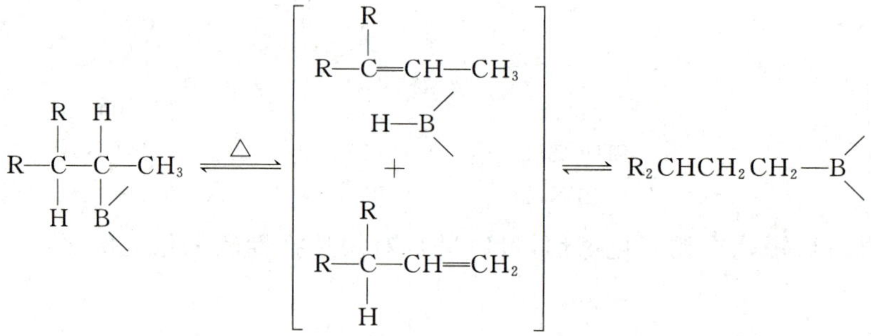

例如：

$$CH_3(CH_2)_{13}CH{=}CH(CH_2)_{13}CH_3 \xrightarrow[\text{② 80 ℃, 14 h}]{\text{① THF·BH}_3} [CH_3(CH_2)_{29}]_3B$$

24.3.4　在催化剂存在下的硼氢化反应

邻苯二酚硼烷（catecholborane，$o-C_6H_4O_2BH$）是一种硼酸酯，它的反应活性低，与烯烃不容易发生硼氢化反应，但在 Rh（Ⅰ）等催化剂存在下，反应却容易进行。如果催化剂中有手性配体，可以进行对映选择性的硼氢化反应。

此外，在催化剂存在下烯烃中的双键可以在较温和的条件下移至链端：

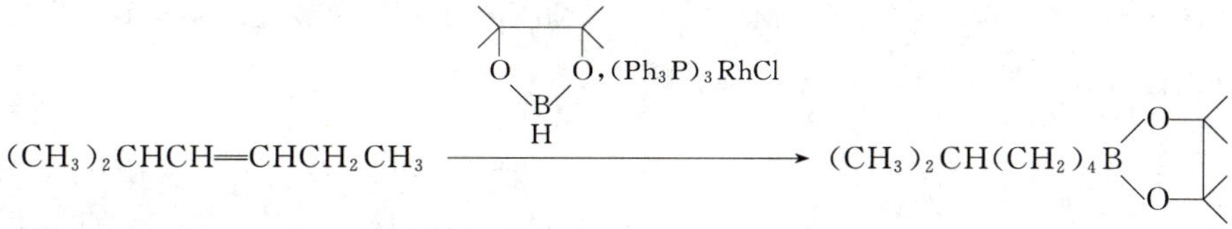

这一类反应研究发展得较快。

§ 24.4　烯烃与卡宾及卡宾体的加成

24.4.1　卡宾

卡宾(carbenes)是一类寿命很短(1 s 以下)的活性中间体，其母体为亚甲基(methylene，$:CH_2$)。亚甲基中的一对电子可以是配对的，也可以是不配对的，在光谱学中前者叫作单线态(singlet)，后者叫作三线态(triplet)。最常见的卡宾为亚甲基和二氯卡宾(dichlorocarbene，$:CCl_2$)。

一种结构特殊的卡宾在室温下是稳定的，并由 X 射线晶体分析证实了它的结构：

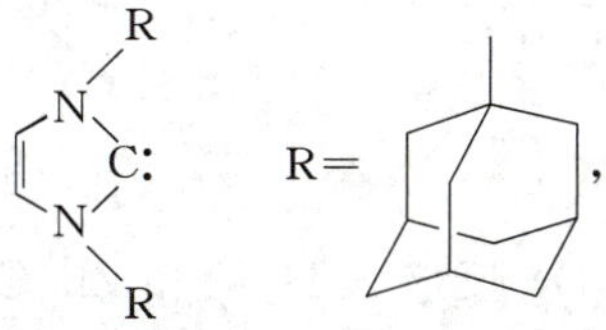

，　熔点：240～241 ℃

卡宾可以在多种反应中产生，由于它是寿命很短的活性中间体，确定它的存在比较困难。有的化合物，如 α-卤代的有机金属化合物 R_2CXM，在它们与其他化合物的反应中表面上看是有卡宾参加，但还有疑问或实际上没有生成卡宾，只不过是将卡宾转移到其他分子中，称为卡宾体(carbenoids)。

在有机合成中卡宾最重要的一种反应就是与碳-碳双键加成。单线态的卡宾与烯烃的反应为立体特异性的顺式加成：

这是通过环状过渡态进行的环加成反应(cycloaddition)，是一步反应。三线态的卡宾，两个电子的自旋相同，与烯烃反应时只能先生成一个 C—C 键，剩下的两个电子自旋相同，不能成键，只有在与其他分子碰撞，一个电子的自旋反转后才能成键，这时 C—C 单键可能转动，可能生成反式加成产物，因此没有立体选择性：

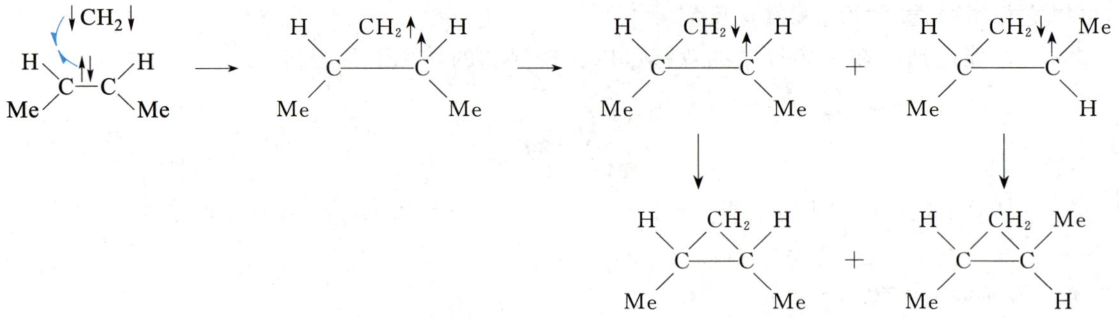

本节仅讨论只生成顺式加成产物的反应。

卡宾的另一种反应是插入(insertion),即插入 C—H 键之间。例如:

$$CH_3CH_2CH_3 \xrightarrow{:CH_2} CH_3CH_2CH_2CH_3 + CH_3CH(CH_3)CH_3$$

24.4.2 Simmons-Smith 反应

二碘甲烷在锌-铜偶(在锌粉和 3%盐酸的混合物中,加入 2%硫酸铜溶液,在锌粉表面沉积少量的铜,从而使锌粉活化)存在下能与烯烃中的双键加成,生成环丙烷类化合物。例如:

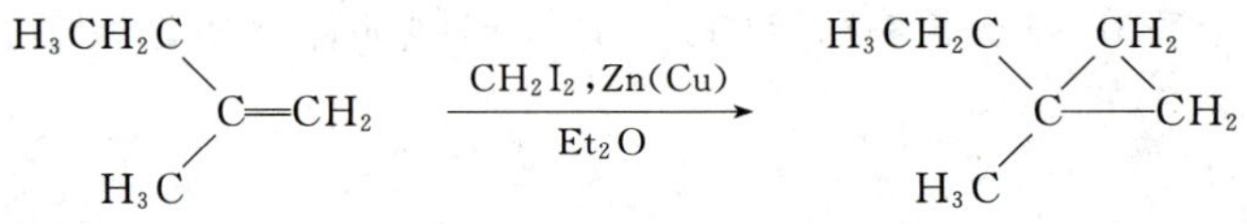

79%

这个反应称为 Simmons (H E)-Smith (R D) 反应,CH_2I_2 和 Zn(Cu) 则称为 Simmons-Smith 试剂,能将一个亚甲基转移到烯键上,但在反应中并未产生游离的卡宾。

Simmons-Smith 反应是立体特异性的顺式加成反应,烯烃的构型保持不变:

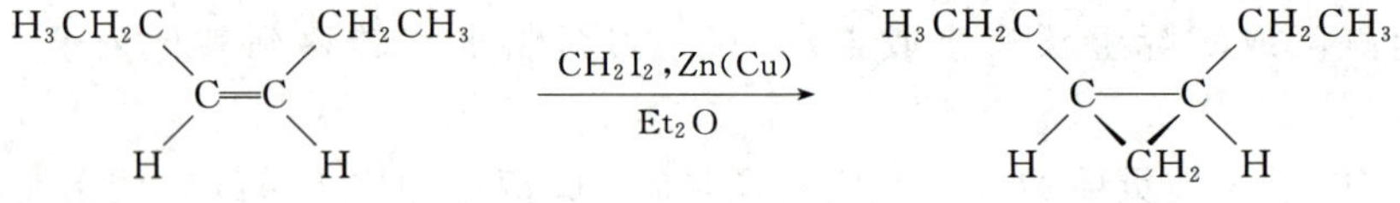

34%

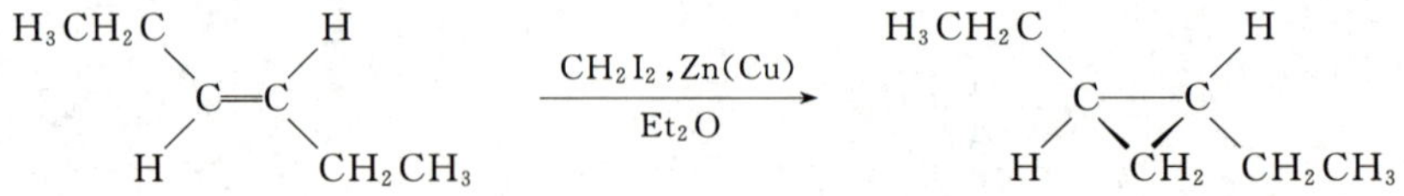

15%

在 Simmons-Smith 反应中,二碘甲烷先与锌粉生成有机锌化合物,然后再将亚甲基转移到烯键上,两个新的 σ 键的生成和 π 键的断裂可能是协同进行的:

$$CH_2I_2 + Zn \xrightarrow{Et_2O} ICH_2ZnI$$

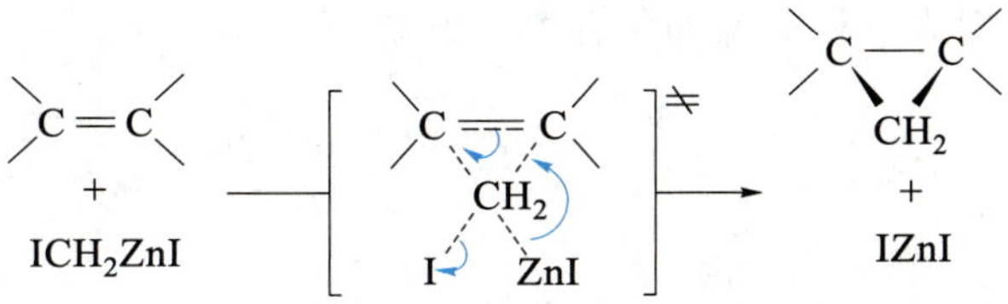

Simmons-Smith 反应的产率较低，但能使烯键一步变成三元环，仍不失为一种有用的合成方法。

24.4.3 二卤卡宾与烯烃的反应

二卤卡宾可以由多种反应产生：

$$CHCl_3 \xrightarrow{t-BuOK} :CCl_2 + KCl + t-BuOH$$

$$BrCCl_3 \xrightarrow{n-BuLi} :CCl_2 + LiCl + n-BuBr$$

$$Cl_3CCO_2Na \xrightarrow{\triangle} :CCl_2 + NaCl + CO_2$$

$$PhHgCX_2Y \xrightarrow{\triangle} :CX_2 + PhHgY$$

$$X, Y = Cl, Br$$

在合成工作中最常用的方法是在相转移催化条件下由氯仿与 NaOH 水溶液反应产生：

$$HCCl_3 + NaOH \rightleftharpoons \overset{+-}{Na\,CCl_3} + H_2O$$

$$\overset{+-}{Na\,CCl_3} + \overset{+-}{R_4N\,Cl} \rightleftharpoons \overset{+-}{R_4N\,CCl_3} + NaCl$$

$$\overset{+-}{R_4N\,CCl_3} \rightleftharpoons :CCl_2 + \overset{+-}{R_4N\,Cl}$$

二氯卡宾与烯键的加成如图 24.3 所示。

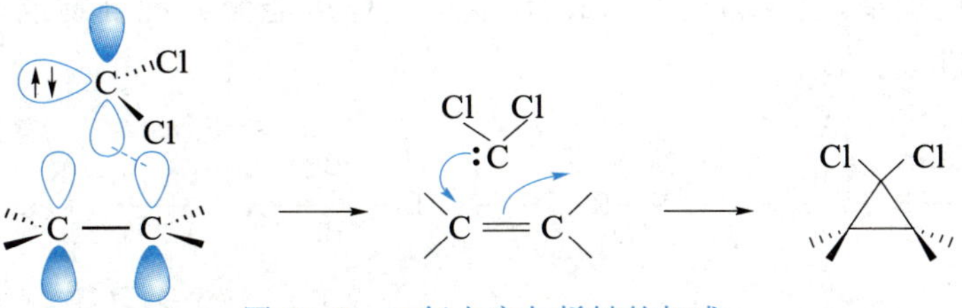

图 24.3 二氯卡宾与烯键的加成

二氯卡宾与烯烃和硼烷的加成相似，是立体特异性的顺式加成反应，产物为 1,1-二氯环丙烷的衍生物：

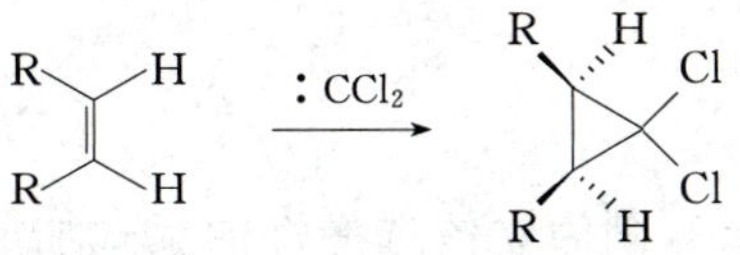

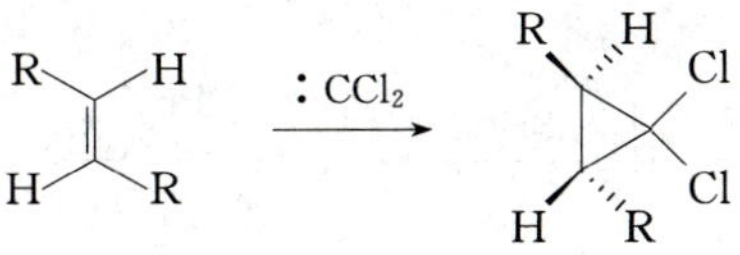

1,1-二卤环丙烷可以转变为多种类型的化合物。例如：

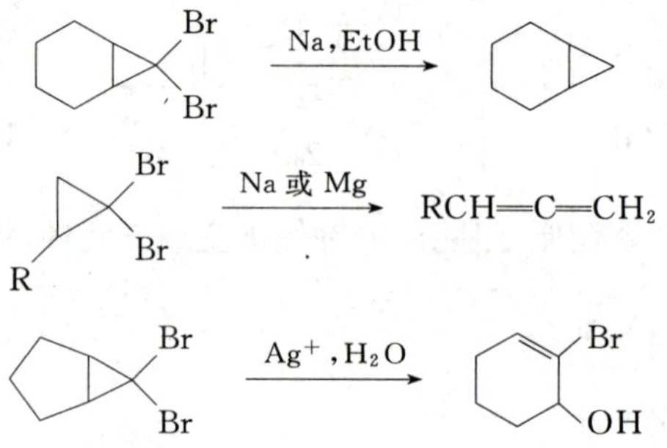

§ 24.5 炔烃的加成反应

炔烃的加成反应与烯烃相似，但反应机理方面的研究还不充分。

24.5.1 炔烃与卤素的加成反应

炔烃在乙酸溶液中与溴或氯加成的速率比相应的烯烃慢：$k_{烯}/k_{炔}$ 为 $10^2 \sim 10^5$，因此同时含有炔键和烯键的化合物，可以选择性地使烯键加溴：

$$CH_2{=}CH{-}C{\equiv}CH \xrightarrow{Br_2} CH_2Br{-}CHBr{-}C{\equiv}CH$$

炔烃与溴的反应，动力学公式比较复杂，炔烃的结构和反应条件都有影响。

烷基取代的炔烃加溴，主要为反式加成，反应中间体可能为 π 配合物或环状溴鎓离子，亲核试剂从溴的另一面进攻：

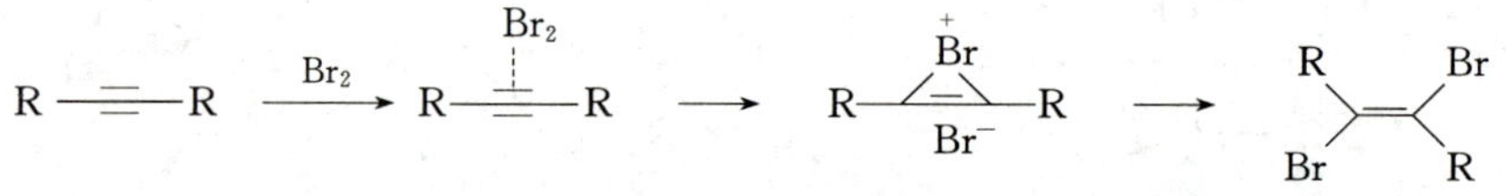

炔烃与溴生成 π 配合物已有实验证明。

芳基取代的炔烃加溴，反应没有立体选择性，可能是通过乙烯型碳正离子进行的：

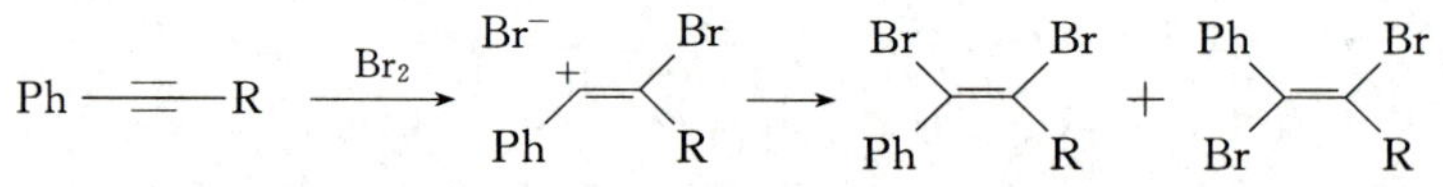

如果在反应混合物中加入大量 Br^-，则为立体选择性的反式加成：

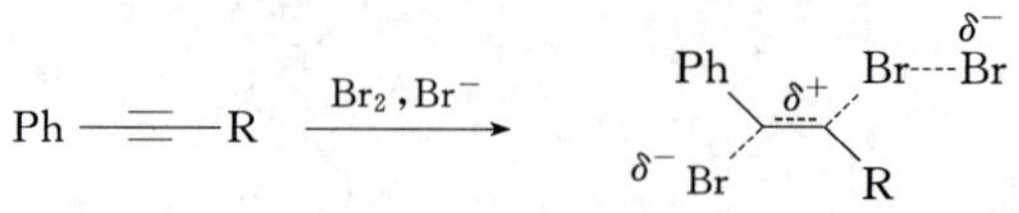

一烷基取代乙炔加氯生成顺式加成产物，反应可能是通过乙烯型碳正离子进行的。乙烯型碳正离子稳定性比 RCH_2^+ 还低，可能迅速与 Cl^- 结合生成顺式加成产物：

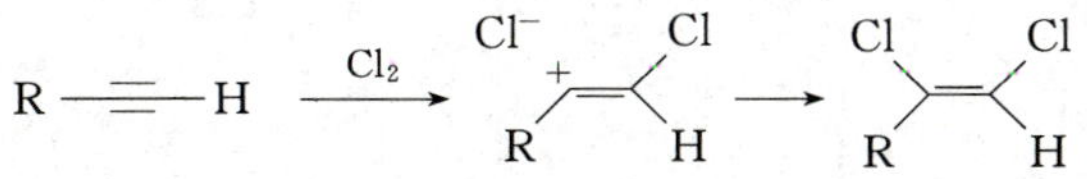

二烷基取代乙炔与氯生成反式加成产物，反应可能是通过 π 配合物或环状氯鎓离子进行的。

炔烃与碘生成 1,2-二碘烯烃，为反式加成产物。

24.5.2　炔烃与卤化氢的反应

己-3-炔与氯化氢反应生成反式加成产物，

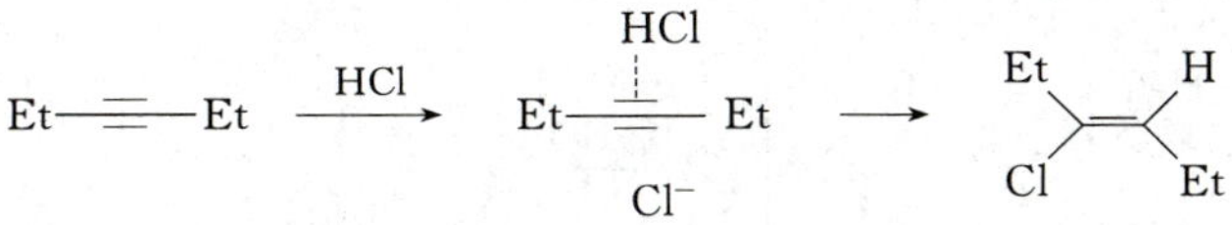

1-苯丙炔加氯化氢主要生成顺式加成产物：

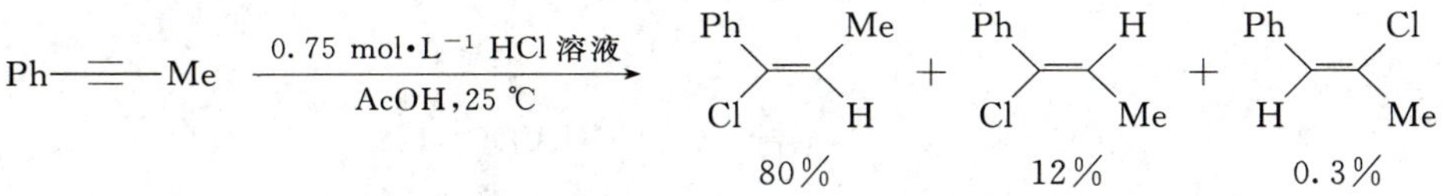

反应可能是通过乙烯型碳正离子进行的。

如将 1-苯丙炔与吸附有 HI，HBr 或 HCl 的硅胶或 Al_2O_3 发生反应，开始生成顺式加成产物，但过量的试剂使加成产物迅速异构化成热力学稳定性更大的反式加成产物。

丙炔在 Hg(Ⅱ) 催化下与 HCl 或 HBr 反应，都生成反式加成产物。

24.5.3　炔烃的水合

炔烃在强酸如硫酸中加水生成醛或酮。Hg(Ⅱ) 离子对反应有催化作用。用 Hg(Ⅱ) 盐浸渍过的 Nafion-H 是一类新的催化剂：

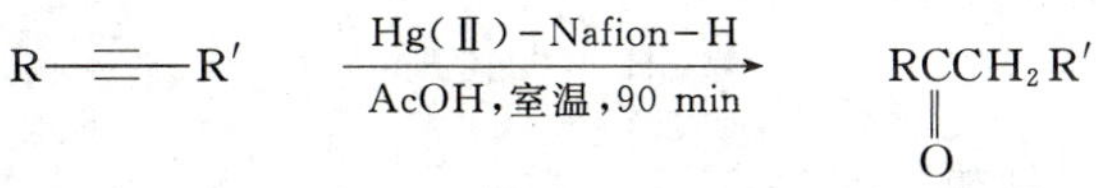

R=H，Me，n-Pr，n-Bu，Ph
R′=H，Ph　　65%～94%

其他金属离子，如 Cu^{2+}，Pd^{2+}，Ni^{2+}，Rh^{2+} 也有催化作用。

炔烃在光催化加水时，可以检测到反应的中间产物烯醇：

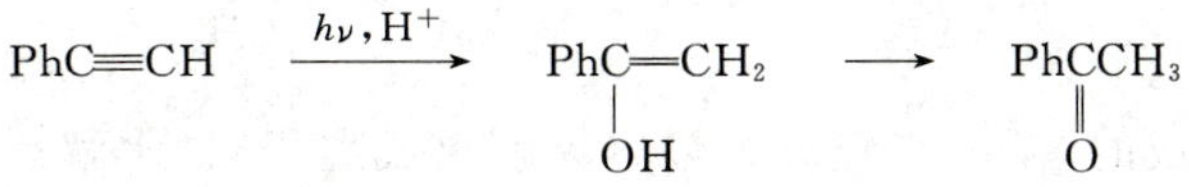

在 Hg(Ⅱ) 盐催化下，炔烃也容易与醇或羧酸加成。例如：

$$\mathrm{R{-}{\equiv}{-}H} \xrightarrow[52\%\sim84\%]{\mathrm{HgCl_2}(\text{催化剂}),\mathrm{MeOH,Et_3N}} \mathrm{RCOCH_3}$$

24.5.4　其他加成反应

炔烃的硼氢化可以停留在生成含烯键产物的一步：

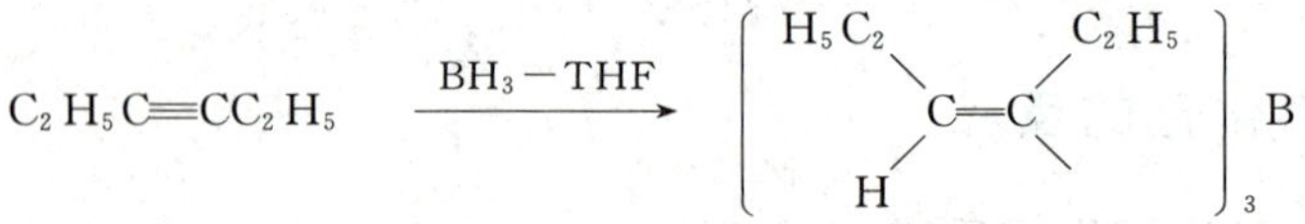

硼氢化产物用酸处理生成顺式烯烃，氧化则生成酮或醛：

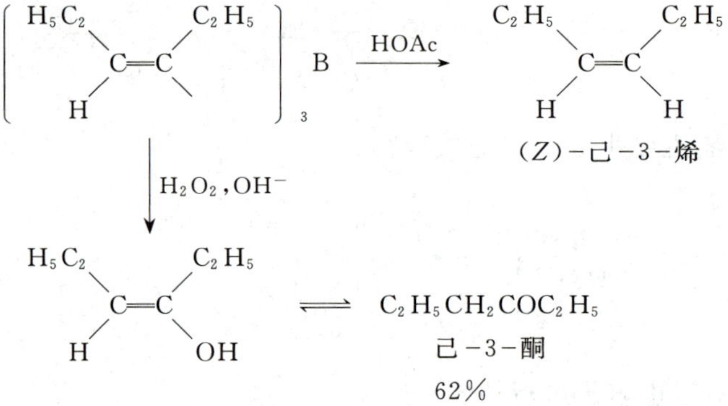

采用位阻大的二取代硼烷作试剂，可以使三键在链端的炔烃生成一烃基硼烷，产物经氧化水解后，得到醛。例如：

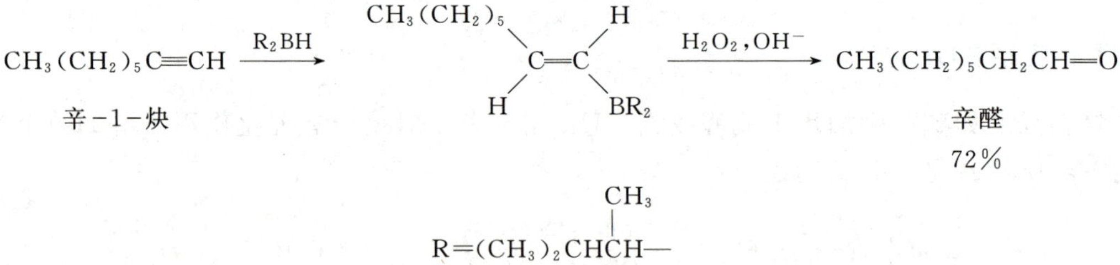

而由炔烃的直接水合只能得到酮。

炔烃与二氯卡宾加成的速率比烯烃慢，可以使同时含有炔键和烯键的化合物中的烯键选择加成：

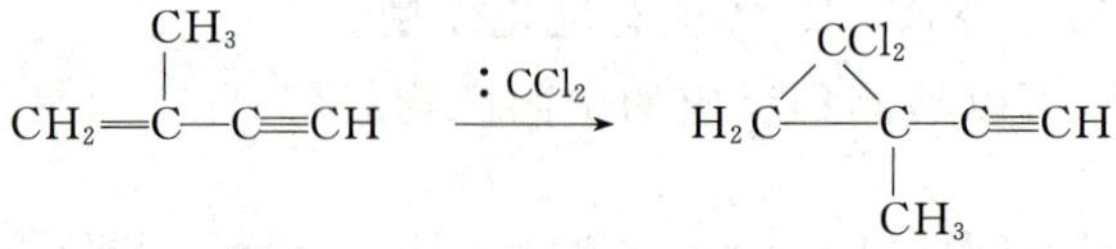

炔烃与二氯卡宾加成生成的 3,3-二氯环丙烯容易解离成离子对，水解后生成环丙烯酮：

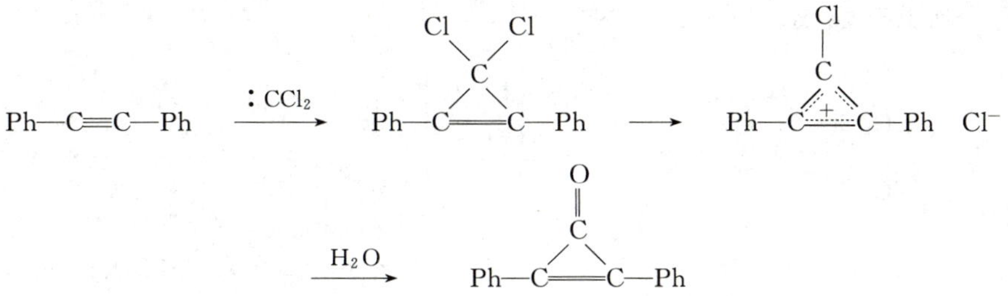

生成的碳正离子是含 2 个 π 电子的芳环。

§ 24.6　烯键的亲核加成

烯键上有强的吸电子取代基时，能接受亲核试剂的进攻，生成加成产物。常见的吸电子取代基有 CHO，COR，COOR，$CONH_2$，CN，NO_2，SOR，SO_2R，CF_3 等。

1887 年，Michael A 在乙醇钠的乙醇溶液中加入丙二酸二乙酯，丙二酸二乙酯钠随即沉淀出来，加入肉桂酸酯后，沉淀逐渐溶解，反应产物经酸化，水解，脱羧后，得到 3-苯基戊二酸：

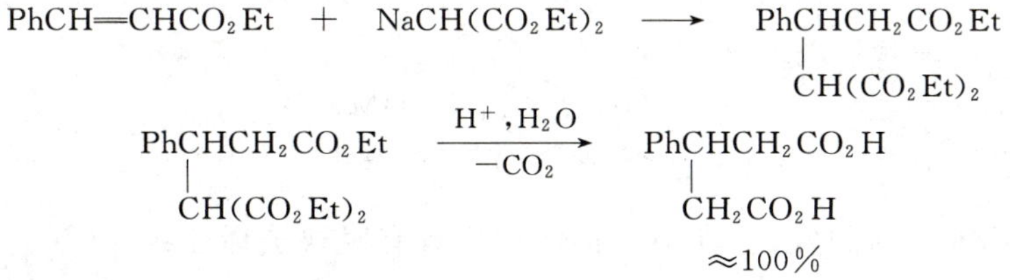

反应机理为 α,β-不饱和羰基化合物的共轭加成：

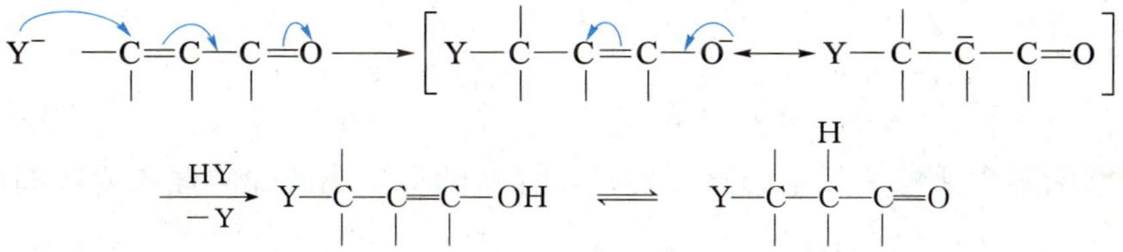

加成步骤产生一个新的碳负离子，它从原料（如丙二酸酯）夺取质子后，又重新生成亲核试剂，使反应继续进行。因此，只需要加催化量的碱就能引发反应。由于丙二酸酯等所含的活性甲叉基被两个吸电子取代基活化，酸性较强，用较弱的碱，如哌啶、三乙胺等就可以引发加成。如果用化学计量的碱，又产生一个新的稳定的碳负离子，可以继续进行烃化等反应。例如：

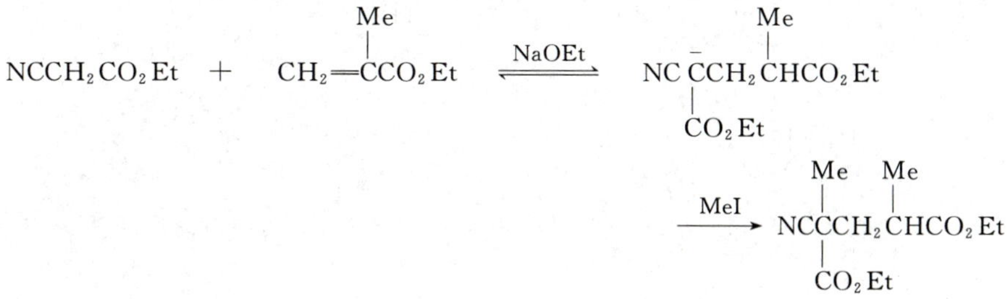

还可以再进行一次共轭加成。例如：

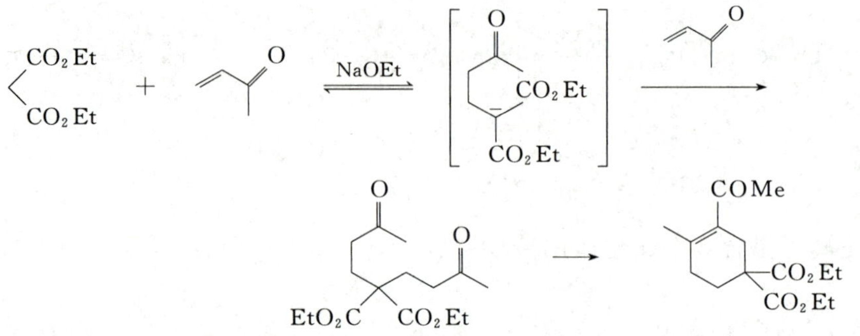

生成的多官能团化合物可以继续发生羟醛缩合、Claisen 缩合等反应，生成多种多样的碳环化合物。

1937 年以后，由 Robinson R 发展起来的成环反应（Robinson annelation），成为合成碳环化合物的有效方法。例如：

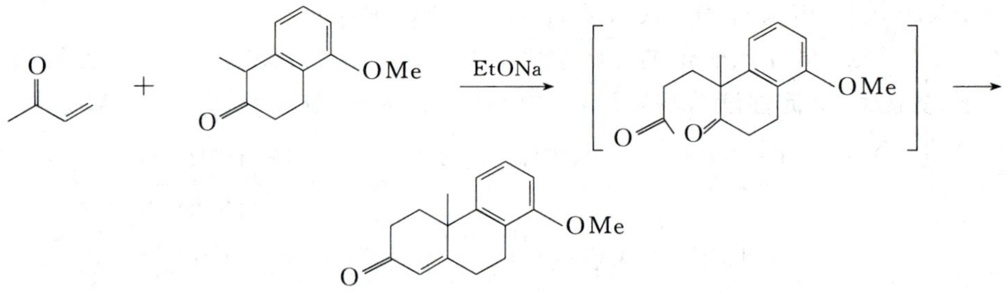

Michael 加成不断有新的发展，其中包括使加成具有对映选择性：

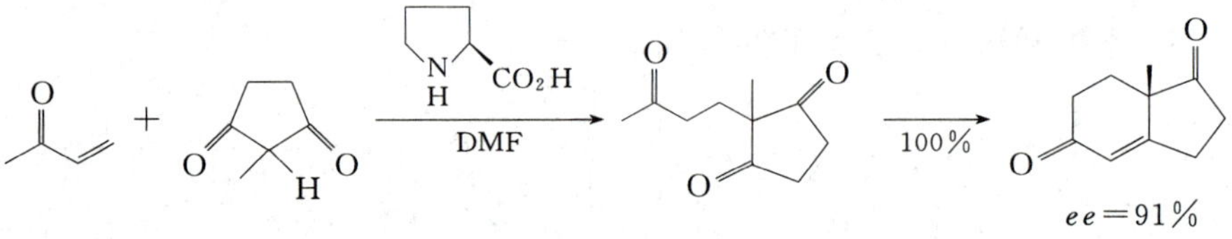

除了丙二酸酯等含活性甲叉基的化合物外，由酮、酯等生成的烯醇锂或烯胺都可以用作亲核试剂。例如：

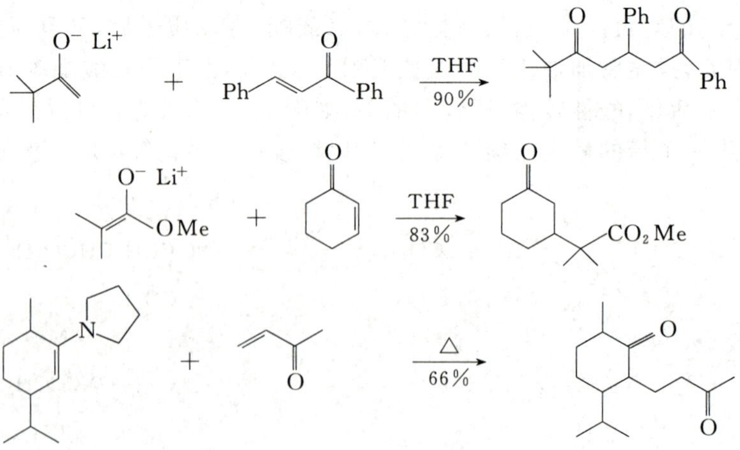

二烃基铜锂与 α,β-不饱和羰基化合物的加成反应可能是通过有机铜化合物的 π 配合物进行的：

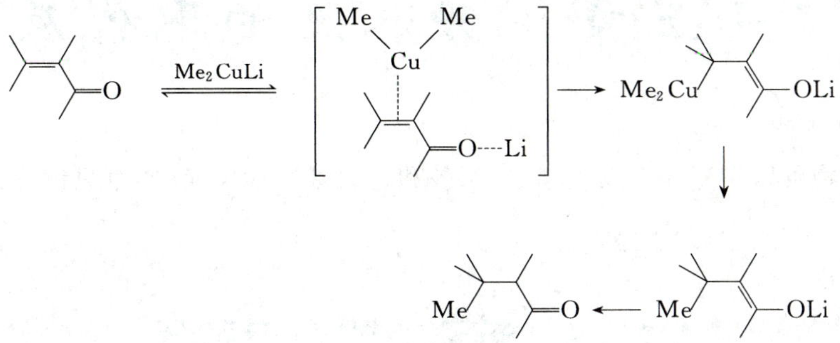

第二十五章　芳环上的取代反应

芳香族化合物可以在芳环上发生亲电、亲核和自由基取代反应，本章只讨论芳环上的亲电和亲核取代反应。

§ 25.1　芳环上的亲电取代

芳香族化合物可以发生多种亲电取代反应，由于这类反应在合成上有广泛的用途，对于它们的机理进行了比较全面的研究。大多数亲电取代反应是按照同一机理进行的，即亲电试剂进攻芳环，生成 σ 配合物，然后离去基团变成正离子离开，离去基团在多数情况下为质子：

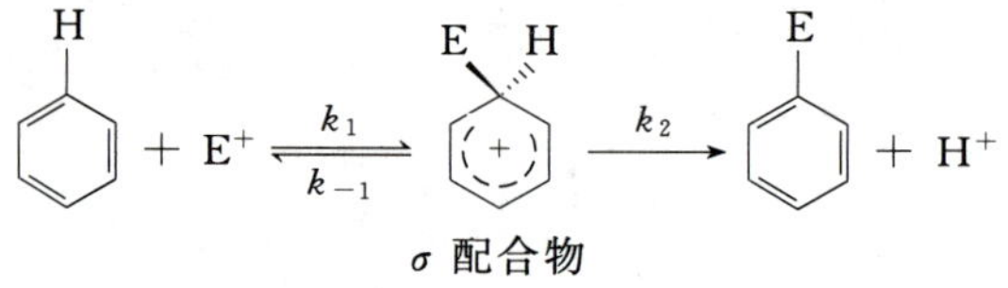

第二步的反应速率常比第一步快($k_2 > k_1, k_{-1}$)，因此 σ 配合物的生成是决定反应速率的步骤，这种机理文献上也称为 $Ar-S_E$。

25.1.1　σ 配合物

σ 配合物又称为 Wheland 配合物或芳基正离子。有的 σ 配合物可以分离鉴定。例如，1,3,5-三甲基苯与 EtF 和 BF_3 在低温下反应，生成熔点为 -15 ℃的固体，加热后分解成乙基化产物：

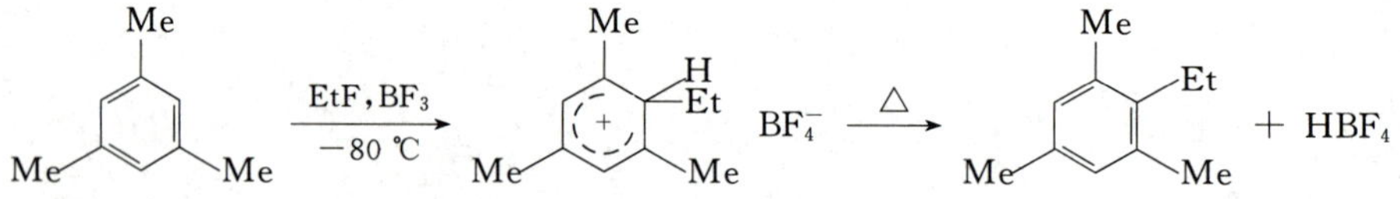

有的 σ 配合物可以用 NMR 谱检测出来。例如，苯在超强酸($HF-SbF_5-SO_2ClF-SO_2F_2$)中，-134 ℃下生成的 σ 配合物的 ^{13}C NMR 的化学位移为 C(3)，178.1；C(1)，C(5)，186.6；C(2)，C(4)，136.9；C(6)，52.2。说明正电荷主要分布在 1,3,5 位碳原子上(这种 σ 配合物的酸性很强，$pK_a < -10$)。

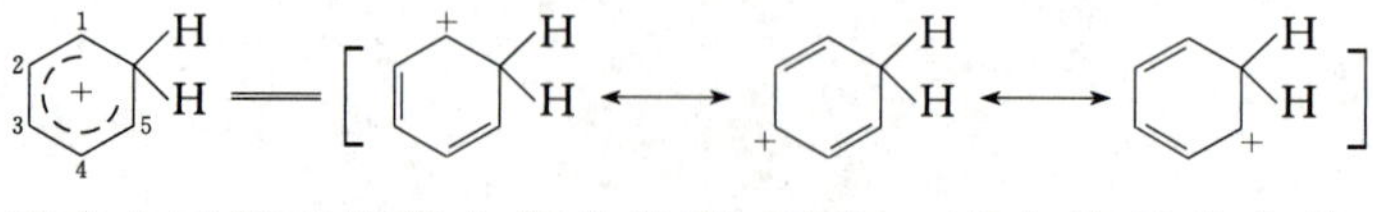

在以上例子中，反应介质的亲核能力都非常弱，因此，σ 配合物是稳定的，在一般亲电取代的实验条件下，σ 配合物的寿命很短，用光谱法检测不出来。

在有的反应中由反应产物可以推测 σ 配合物的存在。例如，在下列反应中生成的螺环化合物可能是由 σ 配合物发生分子内反应生成的：

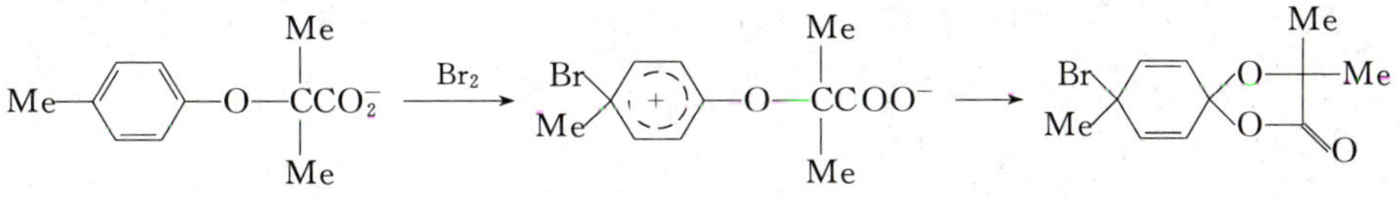

25.1.2　本位进攻

亲电试剂除了进攻苯环上没有取代基的碳原子外，还可以进攻已经有取代基的碳原子，这种方式称为本位进攻(ipso attack)。对硝化反应中的本位进攻研究得较多。

NO_2^+ 本位进攻生成的 σ 配合物可以发生几种反应：

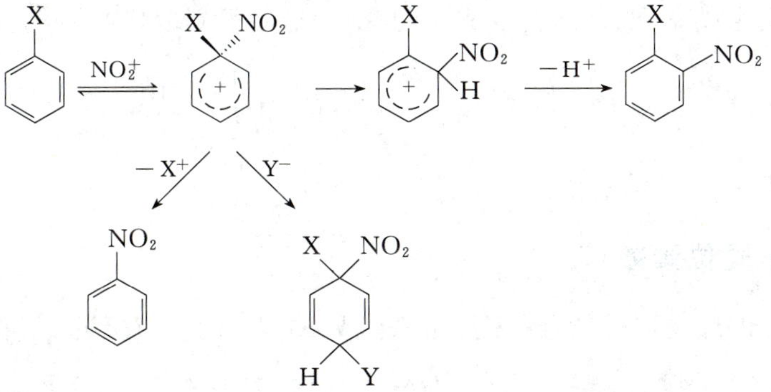

第一种是硝基重排至邻位，生成邻位硝化产物；第二种是原有的取代基成为离去基团，被硝基取代；第三种是 σ 配合物与溶液中的亲核试剂结合。例如，4－异丙基－1－甲基苯在乙酸酐中硝化生成 4 种产物：

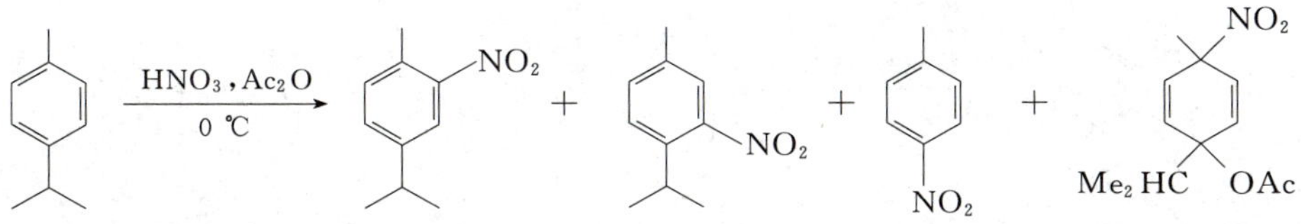

其中前两种可能是由邻位进攻和本位进攻生成的，后两种肯定是由本位进攻生成的：

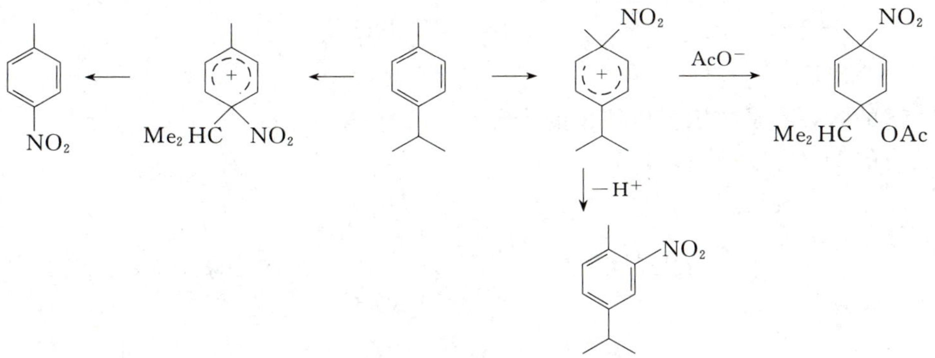

以上反应也说明芳环上除了氢原子可以被亲核试剂取代外，其他取代基也可以被取代。例如：

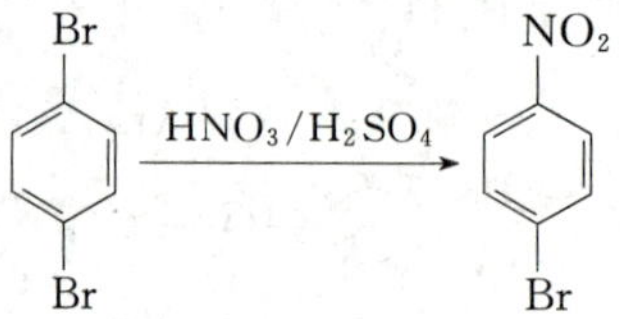

25.1.3 π 配合物

芳环上的 π 电子同烯键上的 π 电子一样，也可以与亲电试剂，如 Br_2，I_2，Ag^+，HCl 等生成 π 配合物，它们的性质不同于 σ 配合物。例如，苯与 HCl 生成的 π 配合物没有颜色，也不导电，苯与 DCl 生成的 π 配合物分解后，回收的苯不含氘；而苯与 HCl 和 $AlCl_3$ 生成的 σ 配合物有颜色，导电，苯与 DCl 和 $AlCl_3$ 生成的 σ 配合物分解后回收的苯中含有氘。因此，有人提出：在芳环的亲电取代反应中先生成 π 配合物，再变成 σ 配合物，最后得到取代产物：

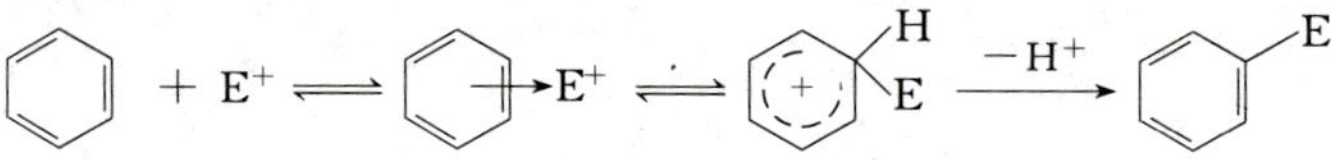

不过这个问题还需要进一步研究。

25.1.4 动力学同位素效应

用氘或氚标记的底物进行亲电取代，k_H/k_D 或 k_H/k_T 的数值接近 1。例如：

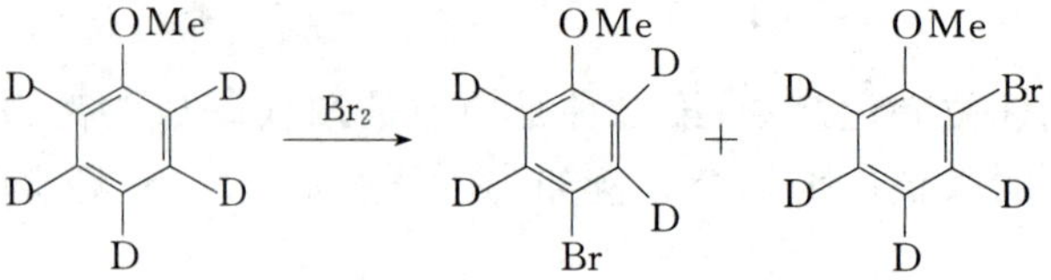

$k_H/k_D=1$

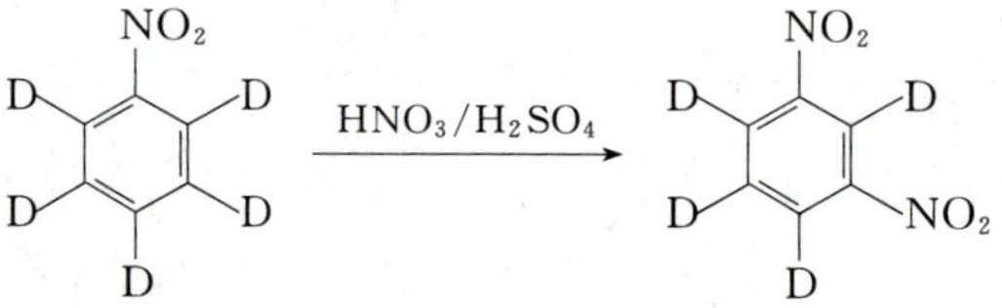

$k_H/k_D=1.05$

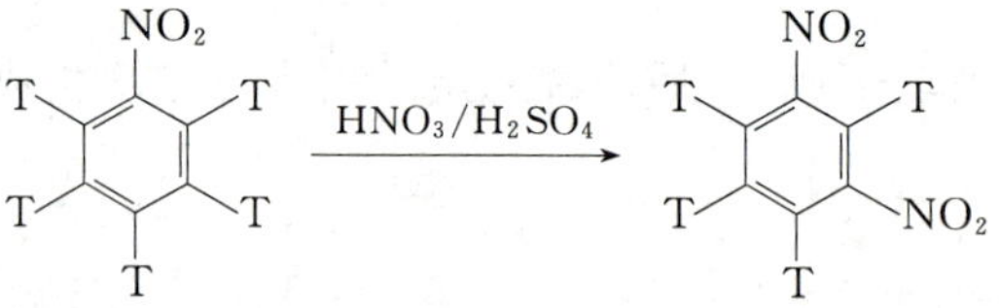

$k_H/k_T<1\sim2$

说明 C—H 键的断裂不是决定反应速率的步骤。

有些反应的 k_H/k_D 大于 1。例如：

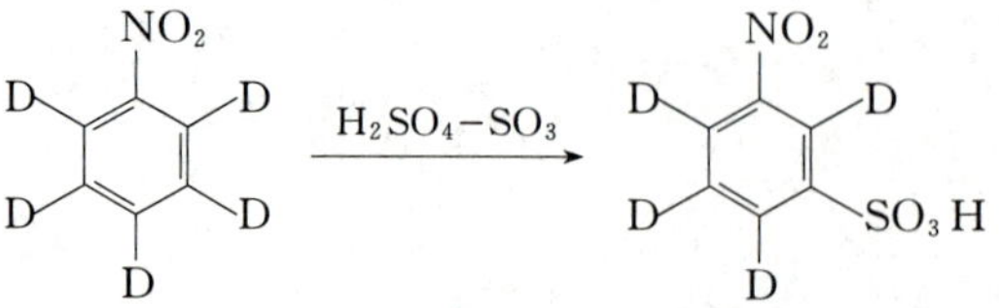

$k_H/k_D=1.6\sim1.7$

这是因为磺化是可逆反应，k_2 接近 k_{-1} 或小于 k_{-1}。

在 1,3,5-三叔丁基苯的溴化反应中，$k_H/k_D=3.6$，这是由于在 σ 配合物中 Br 和 H 分别位于环平面的前后，失去 H^+ 变成产物时，迫使体积大的溴原子挤在两个邻位叔丁基之间，位阻使 k_2 变小，成为决定反应速率的步骤：

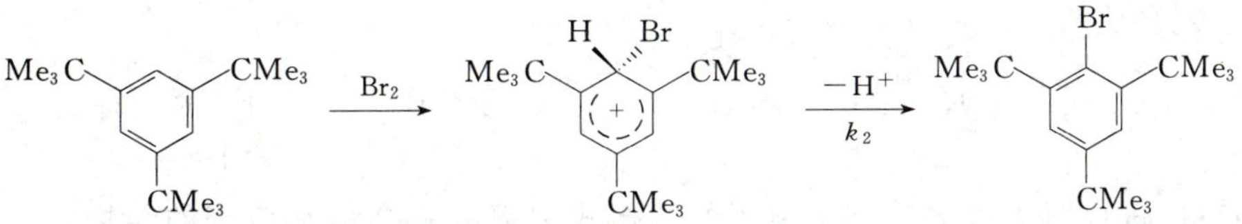

25.1.5　定位规律

亲电取代反应中取代基的定位首先根据取代基是电子给予体或电子受体推测它们是使芳环活化或钝化，再根据取代基的电效应（场效应及共振效应）推测主要产物为邻、对位或间位取代。

三氟甲基是电子受体，它的场效应为 $-I$，亲电取代中生成的三种芳基正离子的共振式为

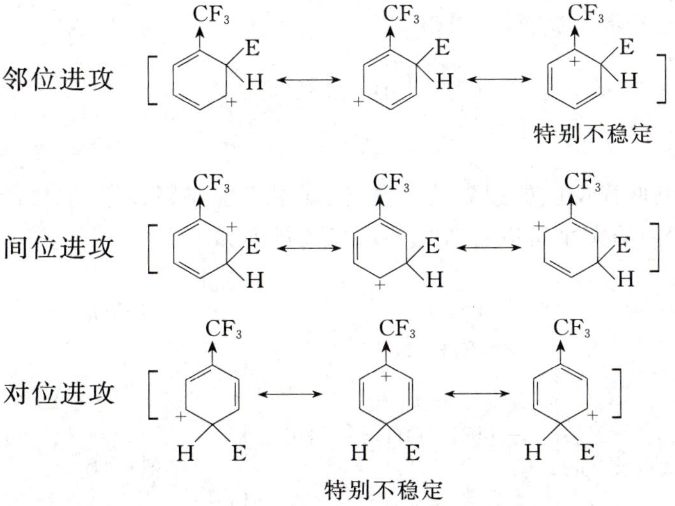

三种芳基正离子的共振结构中，邻、对位进攻都有一个特别不稳定的结构式（电子受体与带正电荷的碳原子直接相连），它们的能量较高，而间位进攻所产生的芳基正离子相对较为稳定。因此生成邻、对位取代产物的速率较生成间位取代产物的速率更慢。

氨基是电子给体（给电子取代基），它使芳环活化，它的场效应为 $-I$，共振效应为 $+M$，前者较弱而后者很强，它的定位作用应根据共振效应推测。在取代反应中生成的三种芳基正离子的共振式为

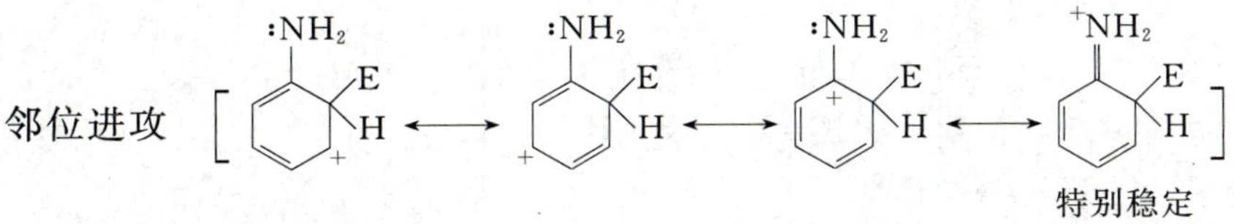

间位进攻

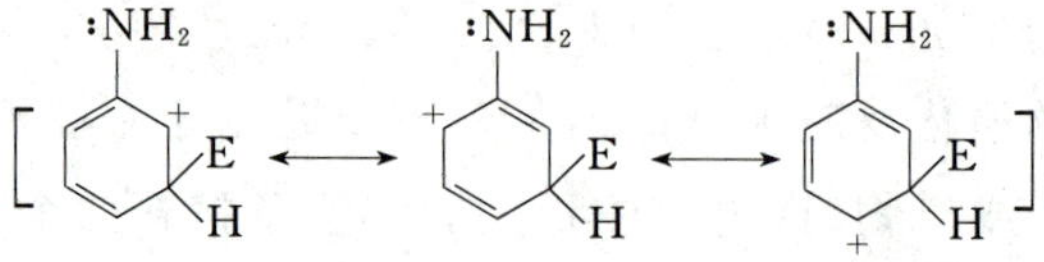

对位进攻

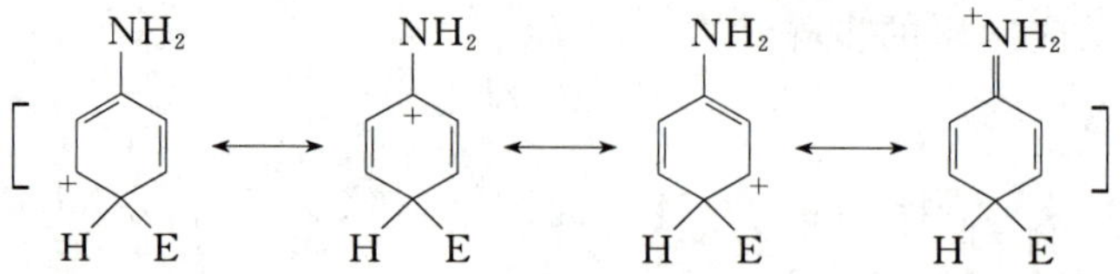

特别稳定

邻位进攻和对位进攻所生成的芳基正离子的共振式中都有一个特别稳定的结构式，它们的能量较间位进攻所生成的芳基正离子低，因此取代反应中生成邻、对位异构体的速率较生成间位异构体的速率快。

卤素原子是电子受体（吸电子取代基），它们使芳环钝化，它们的场效应为 $-I$，共振效应为 $+M$，但前者强于后者。$-I$ 效应使它们成为电子受体，而共振效应则使亲电试剂进攻邻、对位生成的芳基正离子比进攻间位生成的芳基正离子更稳定，因为前者的共振式中都有一个特别稳定的结构：

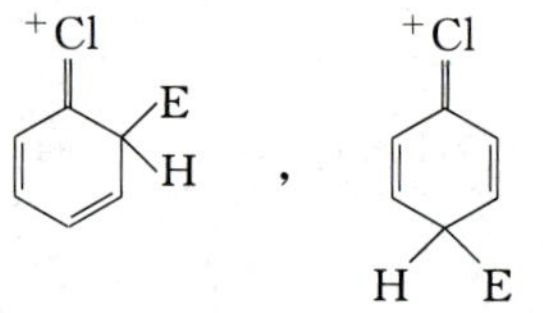

因此，卤素虽然使亲电取代反应的速率比苯慢，但却主要生成邻、对位取代产物。

按照给予电子能力的大小可以将常见的取代基排列如下：

	取代基	效应
给电子 ↑	$—O^-$	$+M,+I$
	$—NR_2$，$—NH_2$ $—OR$，$—OH$，$—NHC(=O)R$ $—OC(=O)OR$，$—SR$ $—Ph$	$+M,-I$
	$—R$，$—C(=O)O^-$	$+I$
	$—H$	
吸电子 ↓	$—Cl$，$—Br$	$-I,+M$
	$—\overset{+}{N}R_3$，$—\overset{+}{N}H_3$ $—C(=O)R$，$—C(=O)NH_2$ $—C≡N$，$—SO_3H$ $—NO_2$	$-M,-I$

25.1.6 分速率系数

一元取代苯(C_6H_5R)分子中苯环上某一特定位置与苯分子中一个位置相比较,发生取代反应的相对速率,称为这一位置的分速率系数(partial rate factor),分速率系数用 f_o,f_m,f_p 表示。

一取代苯发生取代反应生成一取代产物的总速率常数为

$$k_{C_6H_5R}=2k_{o-R}+2k_{m-R}+k_{p-R}$$

由于有两个邻位和两个间位,所以在邻位和间位的速率常数前面加上因子 2。

苯发生同一取代反应的速率常数为

$$k_{C_6H_6}=6k_H,\qquad k_H=\frac{1}{6}k_{C_6H_6}$$

k_H 为苯分子中一个位置发生取代反应的速率常数。

一取代苯发生取代反应后,生成的三种一取代产物的比例与每一个位置的速率常数有关,即

$$x_{邻位产物}=\frac{2\times k_{o-R}}{k_{C_6H_5R}}\times 100\% \tag{1}$$

$$x_{间位产物}=\frac{2\times k_{m-R}}{k_{C_6H_5R}}\times 100\% \tag{2}$$

$$x_{对位产物}=\frac{k_{p-R}}{k_{C_6H_5R}}\times 100\% \tag{3}$$

分速率常数为

$$f_o=\frac{k_{o-R}}{k_H},f_m=\frac{k_{m-R}}{k_H},f_p=\frac{k_{p-R}}{k_H}$$

由式(1)求出 k_{o-R},再除以 k_H 得

$$k_{o-R}=\frac{k_{C_6H_5R}}{2}\times\left(\frac{x_{邻位产物}}{100\%}\right)$$

$$f_o=\frac{k_{o-R}}{k_H}=\left(\frac{6\times k_{C_6H_5R}}{2\times k_{C_6H_6}}\right)\left(\frac{x_{邻位产物}}{100\%}\right) \tag{4}$$

用同样的方法算出 f_m 和 f_p:

$$f_m=\frac{k_{m-R}}{k_H}=\left(\frac{6\times k_{C_6H_5R}}{2\times k_{C_6H_6}}\right)\left(\frac{x_{间位产物}}{100\%}\right) \tag{5}$$

$$f_p=\frac{k_{p-R}}{k_H}=\left(\frac{6\times k_{C_6H_5R}}{k_{C_6H_6}}\right)\left(\frac{x_{对位产物}}{100\%}\right) \tag{6}$$

分速率系数可以用竞争法测定。例如,将等物质的量的甲苯和苯与少量硝酸在乙酸酐溶液中,30 ℃下反应,生成的产物用色谱法分析,所得硝基苯与硝基甲苯的摩尔比为 1∶27,硝基甲苯中邻、间和对位异构体分别占 58.1%,3.7%和 38.2%。

生成的硝基甲苯与硝基苯的物质的量同甲苯和苯发生硝化反应的速率有关,即

$$\frac{27}{1}=\frac{k_{C_6H_5R}}{k_{C_6H_6}}$$

代入式(4),式(5)和式(6)中得到甲苯分子中各个位置在硝化反应中的分速率系数:

$$f_o=\left(\frac{6\times27}{2\times1}\right)\left(\frac{58.1}{100}\right)=47$$

$$f_m=\left(\frac{6\times27}{2\times1}\right)\left(\frac{3.7}{100}\right)=3$$

$$f_p=\left(\frac{6\times27}{1}\right)\left(\frac{38.2}{100}\right)=62$$

一取代苯分子中某一位置的分速率系数大于1,说明其反应活性大于苯,小于1说明其反应活性小于苯。甲苯分子中邻、间和对位的分速率系数都大于1,表示甲基使苯环活化,邻、对位的分速率系数远大于间位,说明甲基使邻、对位活化的作用大于间位。

一些化合物在硝化反应中的分速率系数为

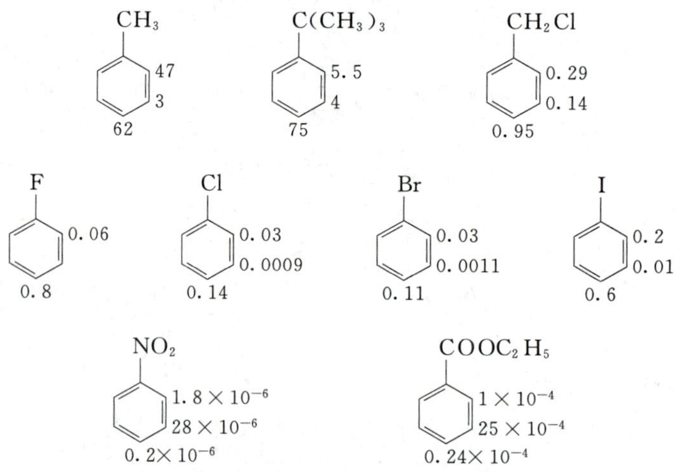

一些化合物在氯化反应(Cl_2,HOAc,25 ℃)中的分速率系数为

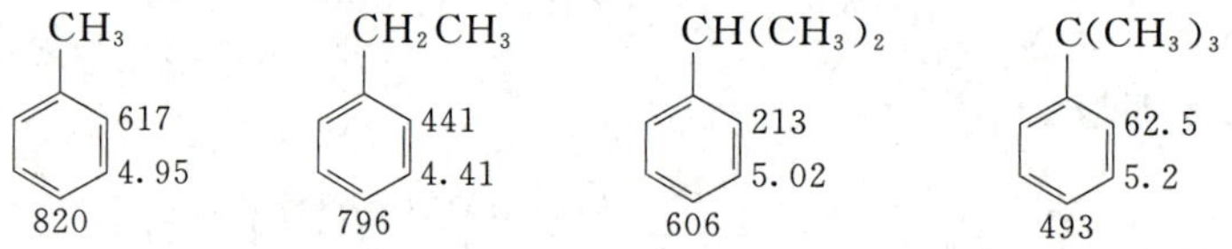

一些化合物在溴化反应中的分速率系数为

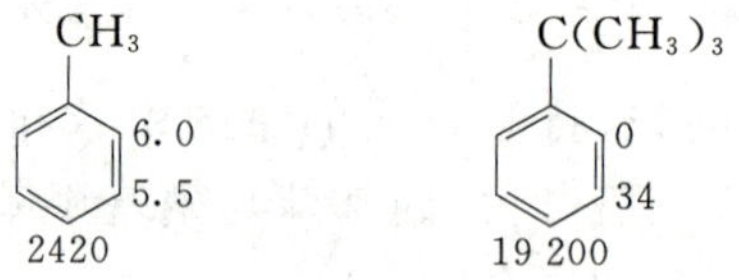

一些化合物在磺化反应(84% H_2SO_4,25 ℃)中的分速率系数为

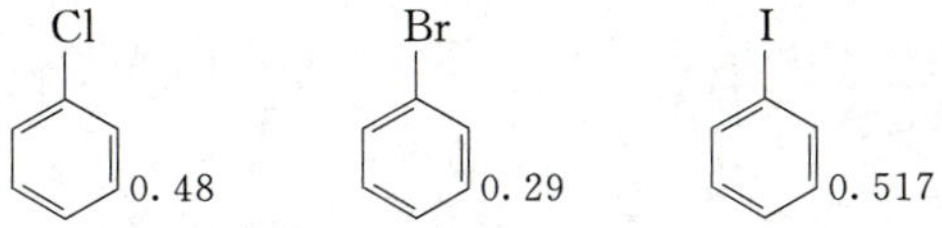

甲苯在甲基化反应(CH_3Br，$AlBr_3$，29 ℃)中的分速率系数为

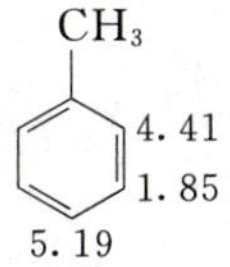

由此可见：一取代苯分子中邻、间、对位的反应活性与试剂的活性及体积都有关系，定位规律只具有定性意义。

由于本位进攻也可以生成邻硝基取代产物，因此，邻位的分速率系数有时并不等于亲电试剂直接进攻邻位的速率。

§ 25.2　亲电取代在有机合成中的应用

25.2.1　硝化反应

硝化反应的应用范围很广，芳环上有活化和钝化取代基的化合物都可以硝化。导入一个硝基以后芳环的反应活性显著降低，选择适当的反应条件容易将反应控制在一硝化的阶段，改变试剂和反应温度也可以得到二硝基化合物，甚至三硝基化合物。多硝基化合物容易爆炸，硝化又是一个强的放热反应，升高反应温度必须注意安全。

稀硝酸是一个硝化能力很弱的硝化剂，只能用于高度活化的芳环的硝化：

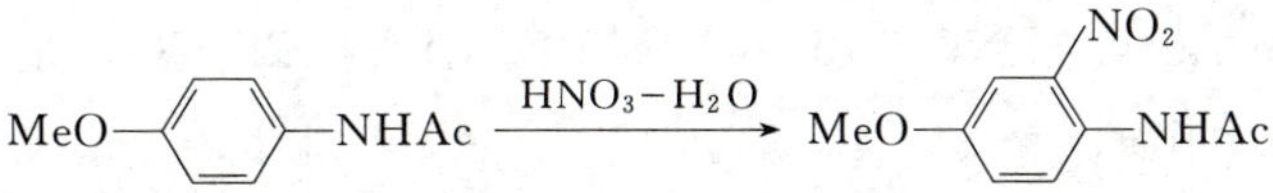

浓硝酸可以通过自催化作用产生 NO_2^+：

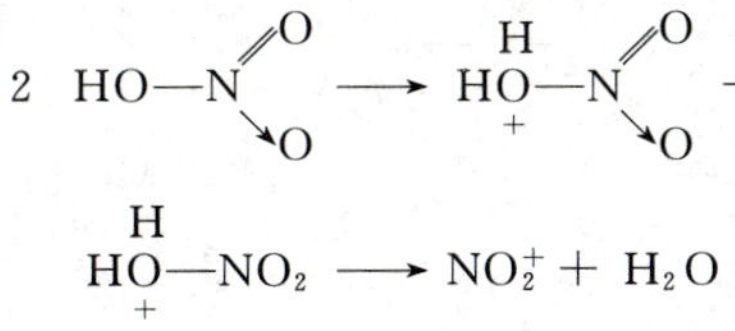

是硝化能力中等的硝化剂：

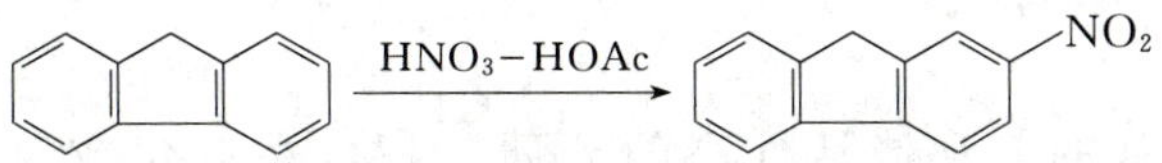

浓硝酸和浓硫酸的混合物产生的 NO_2^+ 浓度高，是硝化能力强的硝化剂：

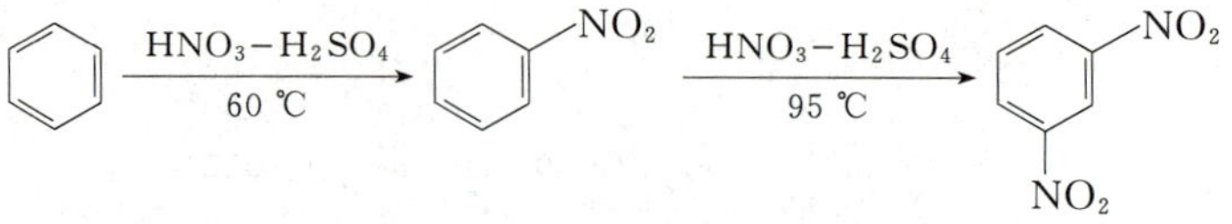

发烟硝酸和浓硫酸的硝化能力更强：

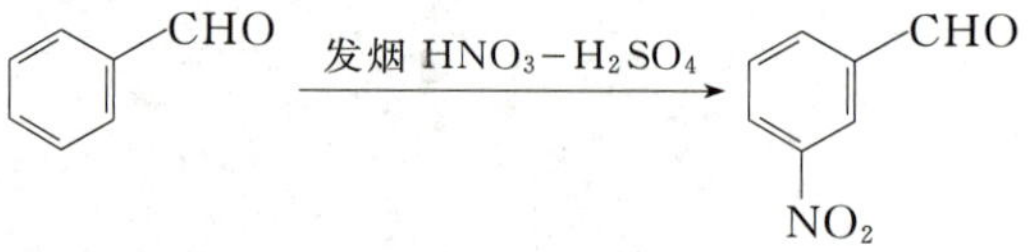

在工业上用混酸作硝化剂会产生大量废酸，造成环境污染。采用固体酸性催化剂，如酸性白土、高酸性的 Nafion（全氟化离子交换树脂的商品名）和硝酸作硝化剂是一种值得注意的方法。

烷基苯用硝酸盐浸渍的蒙脱土硝化，对位选择性很高。镧系元素的盐可以用作硝化反应的催化剂。例如，苯、甲苯和萘在 $Yb(O_3SCF_3)_3$ 存在下可以用化学计量的稀硝酸硝化，避免使用过量的强酸。

氮的氧化物也可以用作硝化剂，如 NO_2-O_2，NO_2-O_3。

硝酸溶于乙酸酐中生成乙酸和硝酸的混酸酐：

$$HNO_3 + Ac_2O \longrightarrow AcONO_2 + AcOH$$

用作硝化剂可以避免酚类或胺类被硝酸氧化，在有的例子中邻位异构体的产率较高：

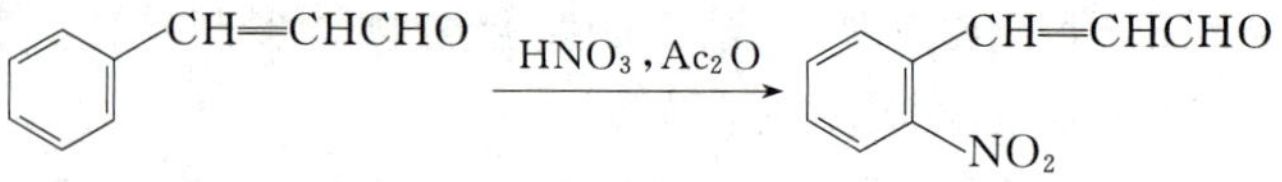

36%～46%

硝酰盐（nitronium salts）如 $NO_2^+ BF_4^-$，$NO_2^+ PF_6^-$，$NO_2^+ CF_3CO_2^-$ 是亲电能力很强的硝化剂，可以在低温下进行硝化：

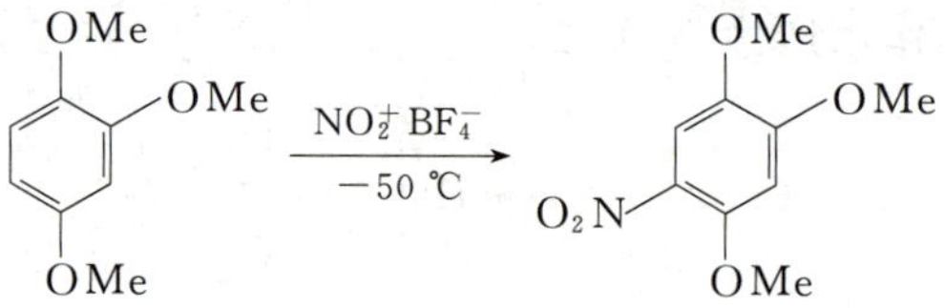

81%

反应机理与一般的硝化反应不同，NO_2^+ 与底物生成配合物的一步是决定反应速率的步骤。

25.2.2　卤化

环上有给电子取代基的芳环或活性高的芳环，如萘，在溴化或氯化时可以不加催化剂。例如：

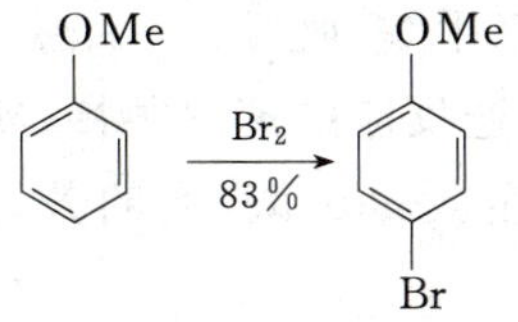

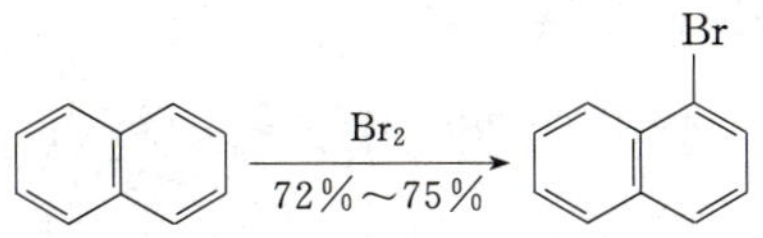

苯环上没有给电子取代基或有吸电子取代基时，溴化或氯化都只能在 Lewis 酸（$FeBr_3$，$AlCl_3$ 等）催化下进行。

酚或芳胺的溴化或氯化容易得到多取代产物，如用 NBS 或 NCS 作试剂，则可以得到单取代产物：

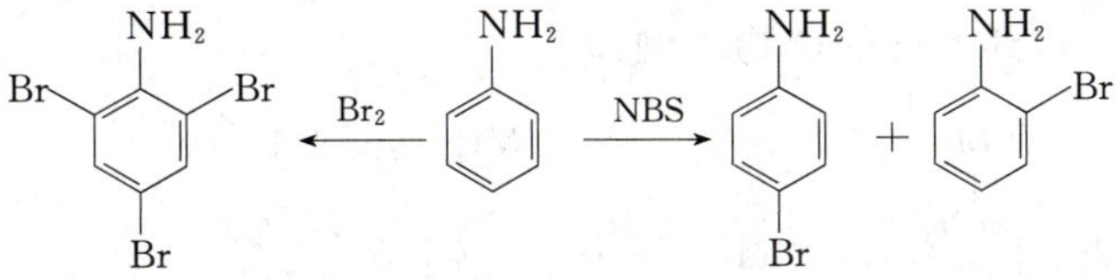

苯乙酮与溴反应，如果只加入催化量的 $AlCl_3$，得到甲基溴化产物；如用过量的 $AlCl_3$，则得到环上溴化产物，这时发生反应的是苯乙酮与 $AlCl_3$ 生成的配合物：

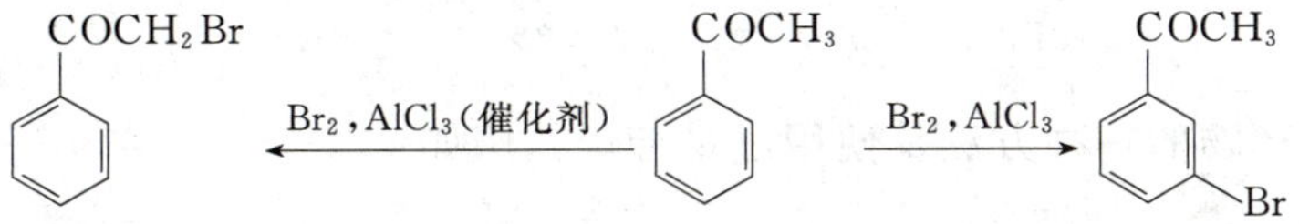

碘的亲电进攻能力最弱，只能使酚、芳胺等活性大的芳环碘化。例如：

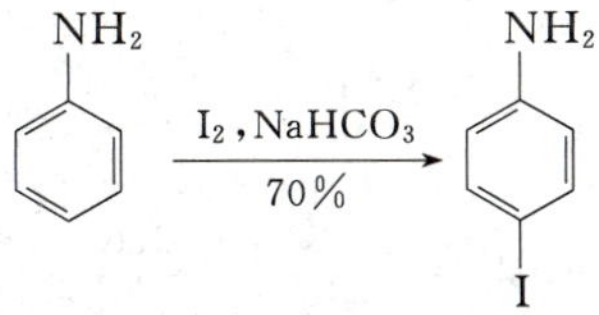

其他芳环的碘化，要在一种氧化剂（如 HNO_3，HIO_3 等）存在下才能进行，其作用可能是将碘氧化成更强的亲电试剂，可能是 I^+。例如：

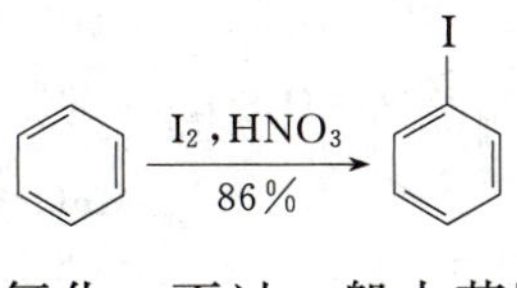

芳环可以用 $(CF_3SO_2)_2NF$ 进行氟化。不过一般由芳胺经重氮化后用 Schiemann 反应合成氟化物。

25.2.3　磺化

磺化的基本试剂是 SO_3，它与 H_2O，HCl，HF 等结合生成的硫酸、焦硫酸、氯磺酸、氟磺酸等是磺化能力不同的磺化剂；SO_3 与硝基甲烷、吡啶、二噁烷生成的加合物则是缓和的磺化剂。

磺化是可逆反应，不过在低温下，逆反应的速率很慢，实际上是向生成磺酸的方向进行。

工业上用硫酸作磺化剂，往往产生大量废酸，有的芳烃，如萘，已经采用在氯代烷中用 SO_3 磺化的方法。

用氯磺酸磺化可以得到磺酸或磺酰氯：

$$ArH + ClSO_3H \longrightarrow ArSO_2Cl$$

25.2.4　Friedel-Crafts 烃化

Friedel-Crafts 烃化反应的催化剂是 Lewis 酸，常用的有 $AlCl_3$（活性最强），$FeCl_3$，$ZnCl_2$，BF_3，H_2SO_4，H_3PO_4 等，卤代烃、烯烃、醇都可以用作烃化剂。

在烃化反应中，容易生成多烃基化产物，烃基可能重排，生成的烃化产物也会重排，因此，在不同的反应条件下可以得到不同的产物。例如：

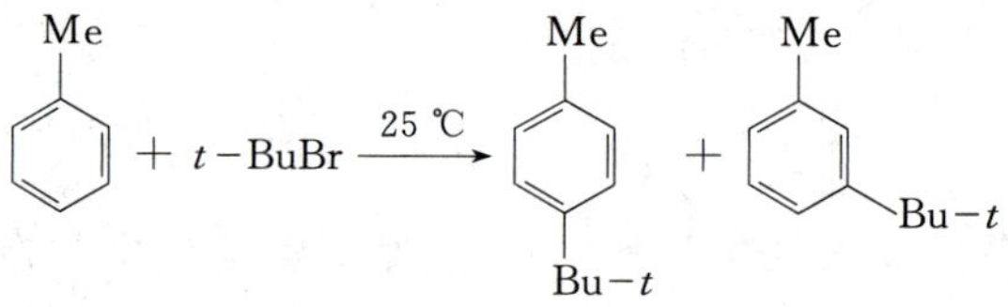

$AgClO_4$，5 min	94.4%	5.6%
$AgBF_4$，15 min	38.2%	61.8%

避免生成多烃基化产物的一种方法是使用过量芳烃。例如：

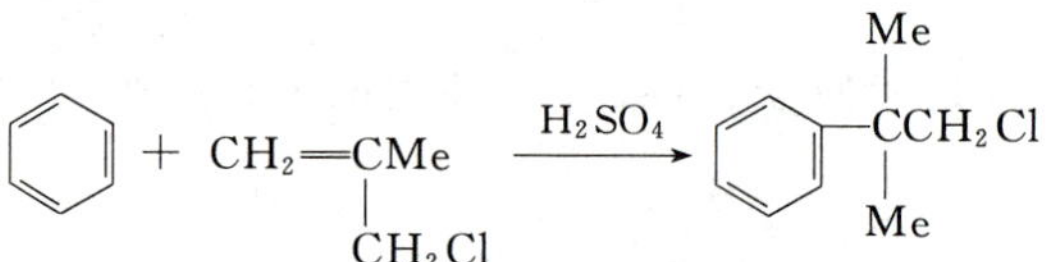

70%～73%

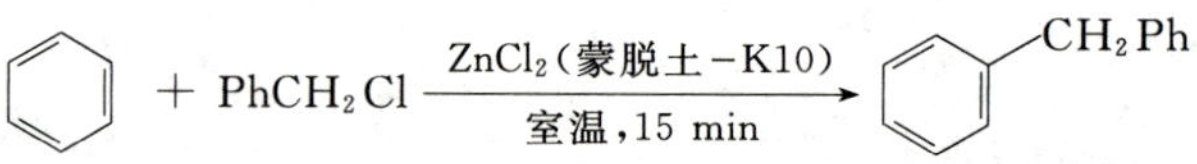

分子内烃化可以得到单一的成环产物。例如：

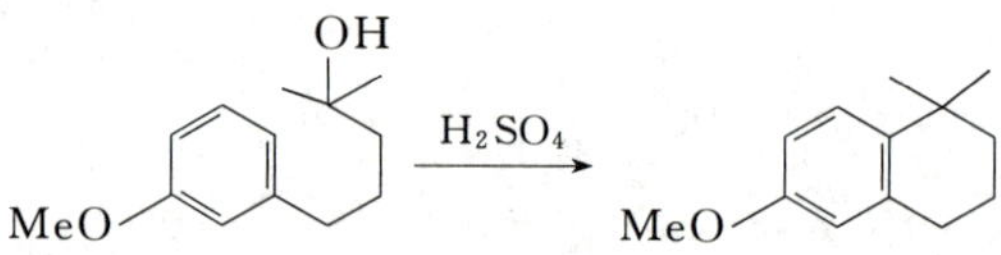

多卤代烷用作烃化剂生成多环芳烃：

但 1,4-二氯丁烷生成环化产物：

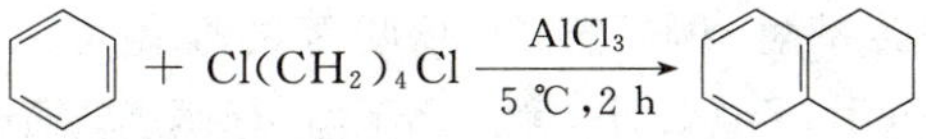

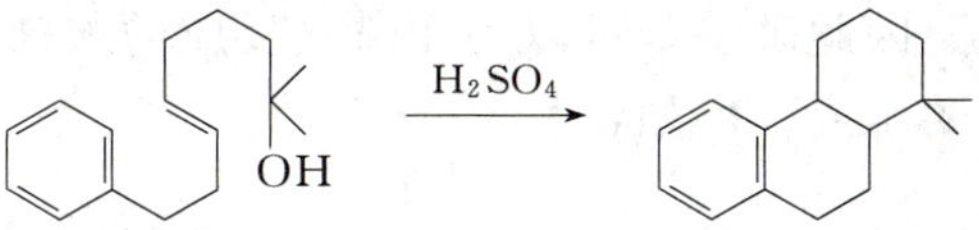

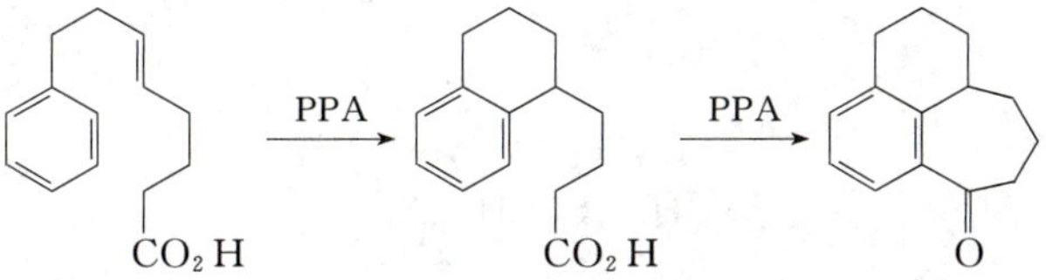

PPA＝多聚磷酸(poly phosphoric acid)

在催化剂作用下烷基苯可以进行转移烃化(transalkylation)。在工业上用这种方法由甲苯得到苯和混合二甲苯：

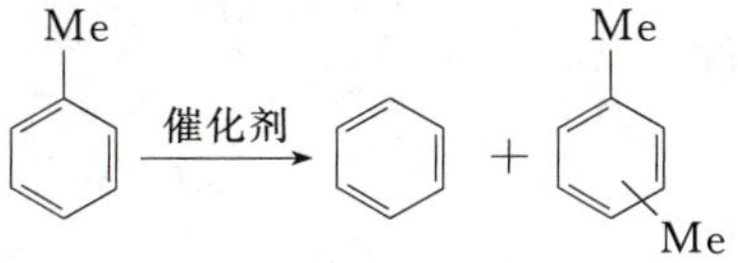

25.2.5　Friedel－Crafts 酰化

Friedel－Crafts 酰化是合成芳基酮最重要的方法，常用的催化剂是 $AlCl_3$。酰基离子的盐如 $MeCO^+SbF_6^-$ 已经合成出来，用它来进行酰化反应，不需要再加催化剂，但酰化能力较弱。因此用 $AlCl_3$ 等催化的酰化反应中进攻试剂可能是酰基正离子的配合物：

甲苯的酰化主要生成对位产物：

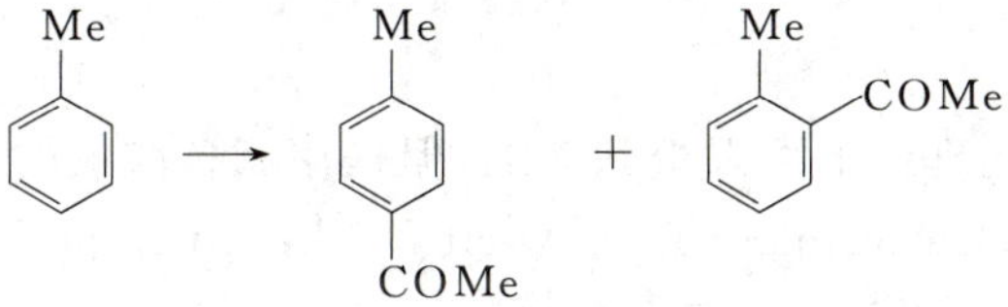

$MeCOCl/AlCl_3$　　$o : p$　　0.012

$Me\overset{+}{C}OSbF_6^-$　　$o : p$　　0.014

可能是由于试剂的体积大阻碍了邻位产物的生成。

常用的酰化剂为酰氯，酸酐也可以用作酰化剂，但要增加催化剂的用量(2 mol 以上)：

$$(RCO)_2O + 2\ AlCl_3 \longrightarrow RCOClAlCl_3 + RCOOAlCl_2$$

羧酸可以直接用作酰化剂，如用 $AlCl_3$ 作催化剂，要用 3 mol 以上，因此常用 HF、硫酸、甲磺酸、聚磷酸等作催化剂。

反应活性很高的芳环，如芳基醚、稠环芳烃、噻吩等的酰化可以只用少量催化剂，甚至不加催化剂，这时常用的催化剂为 $FeCl_3$，$ZnCl_2$，I_2 等。芳环上有硝基、磺酸基时（除非另有强给电子取代基存在），不发生酰化反应。因此硝基苯可以用作酰化反应的溶剂。

分子内的酰化可用于环的生成。例如：

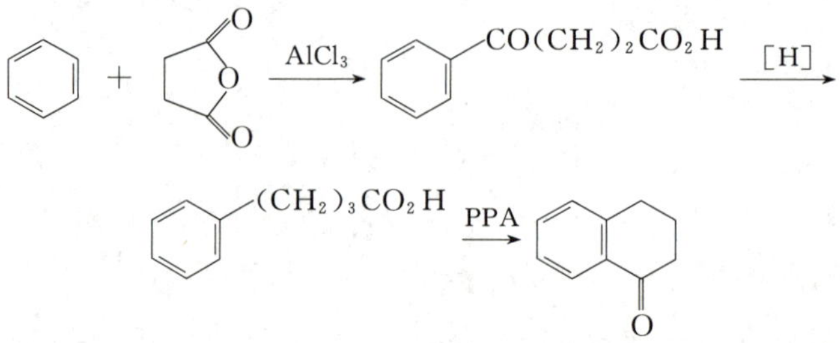

第一步生成的酮必须还原，否则不能进行酰化，如环上有强活化基团，则可以进行连续酰化。例如：

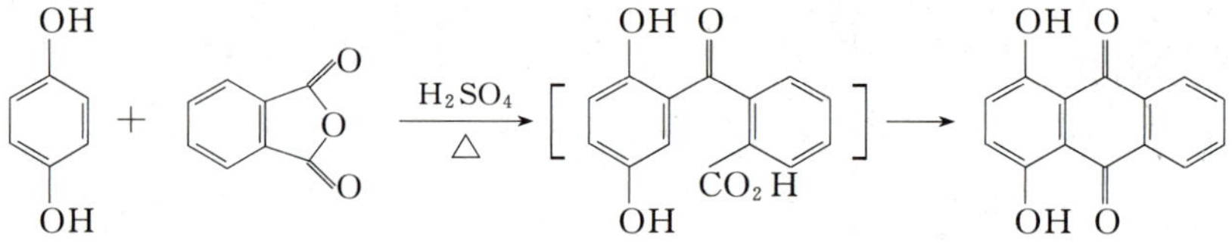

酰化反应中溶剂往往会影响产物的组成，可以用过量的芳烃作溶剂，其他溶剂有 CS_2，$MeNO_2$，$PhNO_2$ 等。

对酰化反应中的催化剂研究得很多，发现了一系列可溶性催化剂，三氟甲磺酸（triflic acid，TfOH）和它的各种盐，如三氟甲磺酸铋，$Bi(OTf)_3$。酸酐或酰氯与三氟甲磺酸反应生成混酸酐，它直接使芳环酰化，不需要加其他催化剂：

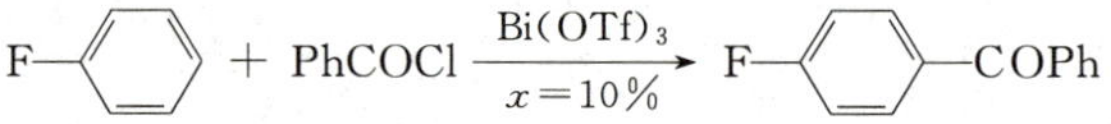

在工业上则发展了一系列固体催化剂，如各种类型的分子筛。

25.2.6 甲酰化反应

用甲酸的酰氯作酰化剂理论上可以得到芳醛，但是用制备酰氯的方法从甲酸得不到酰氯，只得到 CO 和 HCl。1897 年，Gattermann L 和 Koch J C 用 $AlCl_3$ 和 CH_2Cl_2 作催化剂，将 CO 和 HCl 气体通入反应混合物中，得到了芳醛。例如：

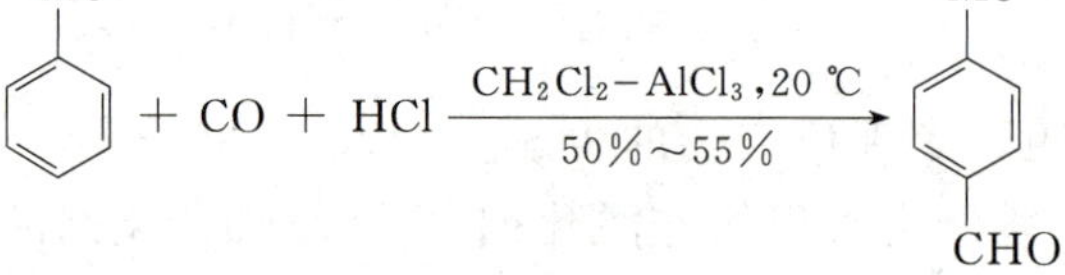

在反应中要加少量氯化亚铜，因为它能与 CO 配位。在这样的实验条件下，苯不发生反应，因此可以用作溶剂。若用 $AlBr_3$ 代替 $AlCl_3$，苯也可以甲酰化（formylation）。CO 和 HCl 可以由甲酸与氯磺酸加热产生：

$$HCO_2H + ClSO_3H \longrightarrow CO + HCl + H_2SO_4$$

1960 年，Olah G A 合成了甲酰氟(沸点：−29 ℃)，它在 BF_3 催化下也可以使芳烃甲酰化。

1907 年，Gattermann 用 HCN(甲酸的酰胺)作酰化剂，在 $AlCl_3$ 和 HCl 催化下使芳烃酰化，也得到芳醛，但产率不高。HCN 有剧毒，使用不便，后来改用 $Zn(CN)_2$ 和 HCl 代替，用于酚和酚醚的甲酰化，得到了较高的产率。例如：

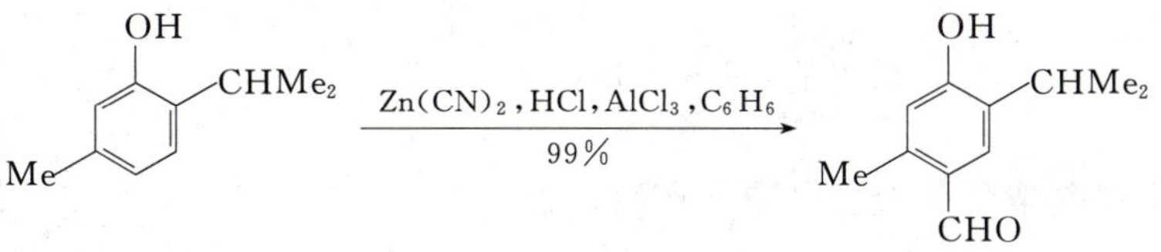

反应的中间体认为是

$$HCN + HCl + AlCl_3 \longrightarrow ClCH{=}N{-}CH{=}NH\cdot AlCl_3$$

但反应机理还不十分清楚。

1915 年，Hoesch K 将 Gattermann 反应推广，用腈代替 HCN 来制备芳基酮。例如：

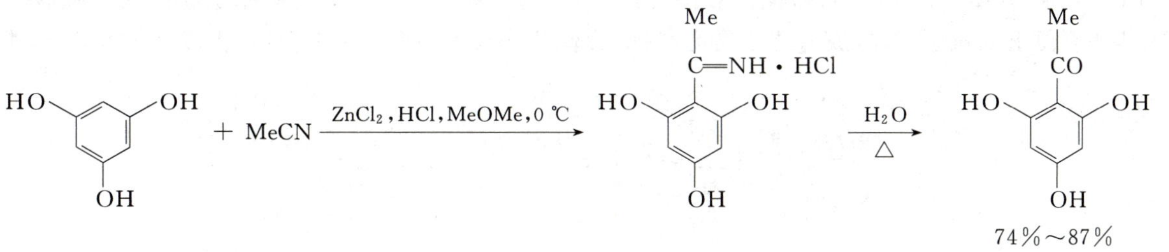

Hoesch 反应一般是用多元酚制备芳基酮。

Vilsmeier (E) 反应或 Vilsmeier−Haack (J R) 反应则是用 *N*,*N*−二烃基甲酰胺(DMF)作甲酰化剂，$POCl_3$ 作催化剂进行甲酰化。例如：

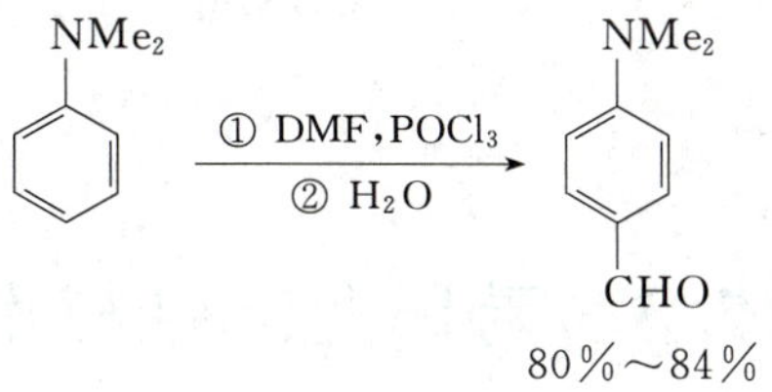

亲电试剂是 DMF 与 $POCl_3$ 生成的盐：

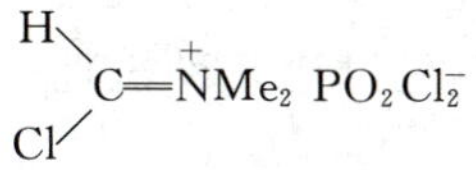

由于其亲电进攻能力弱，只能用于酚、酚醚、芳胺等的甲酰化，1,3,5−三甲苯等高度活化的芳烃也可以发生反应。

25.2.7　芳基重氮盐的偶联反应

芳基重氮离子也是一种亲电试剂，由于它自身的稳定性太差，只能进攻高度活化的芳环，如

酚和 N,N－二取代芳胺。

25.2.8 邻位取代

1939 年，Gilman H 发现苯甲醚与烷基锂反应生成邻位金属化产物：

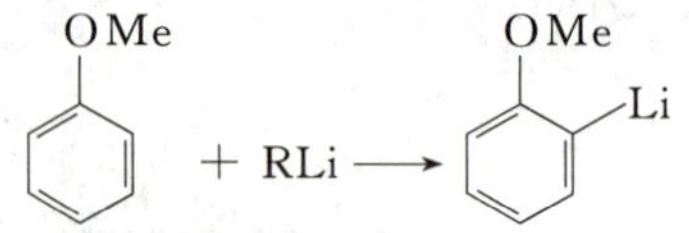

锂原子容易被亲电试剂取代生成各种取代产物。例如：

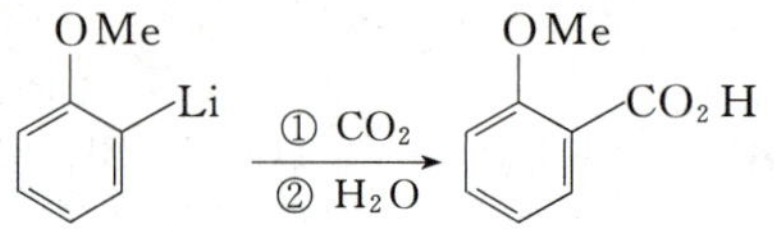

以后陆续发现了一系列金属化定向基团（directed metallation group，DMG），如 $CONEt_2$，OCO-NEt_2，NHCOOBu－t 等，它们都有一个氧原子或氮原子，能与烷基锂中的锂原子配位，引导烷基夺取芳环邻位上的氢原子，生成邻位金属化产物，后者继续与各种亲电试剂反应，生成邻位取代产物：

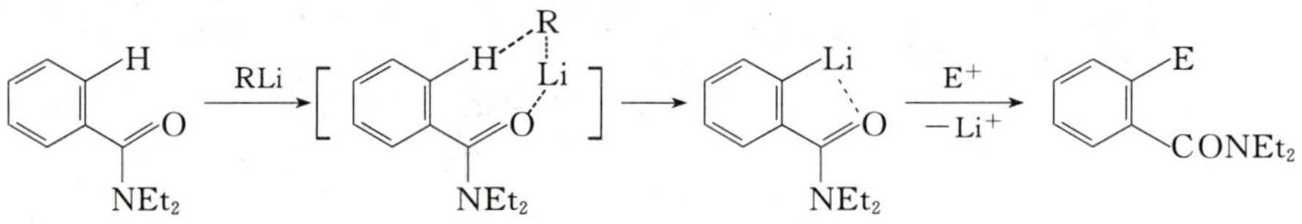

例如：

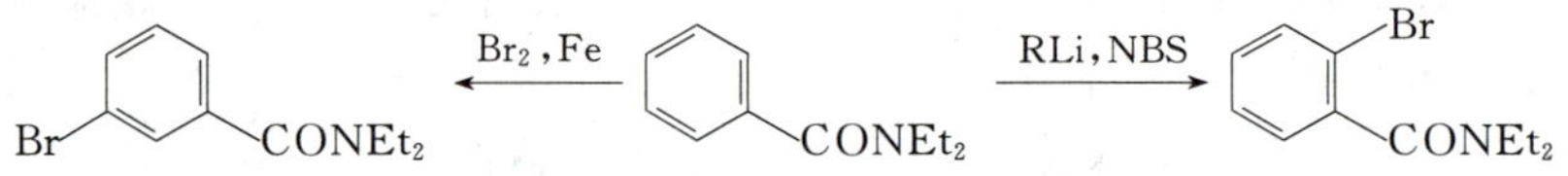

这类反应近年来有很大发展。

§25.3 芳环上的亲核取代

许多化合物是由芳环上的取代基被亲核试剂取代生成的，芳环上亲核取代的反应机理比较多，有些反应的机理还不十分清楚，本节只讨论几种机理。

25.3.1 加成－消除机理（S_NAr）

芳环上的吸电子取代基使环上的电子云密度降低，硝基是强的吸电子取代基，它使苯环上的亲电取代反应难于进行，但硝基邻位或对位上的氯原子容易被亲核试剂取代。

氯苯与浓氢氧化钠溶液在常压下回流几天也不发生反应，要在压力下加热到 300 ℃以上才能转变成酚钠。邻硝基氯苯和对硝基氯苯与氢氧化钠溶液一起加热则可以水解成硝基苯酚：

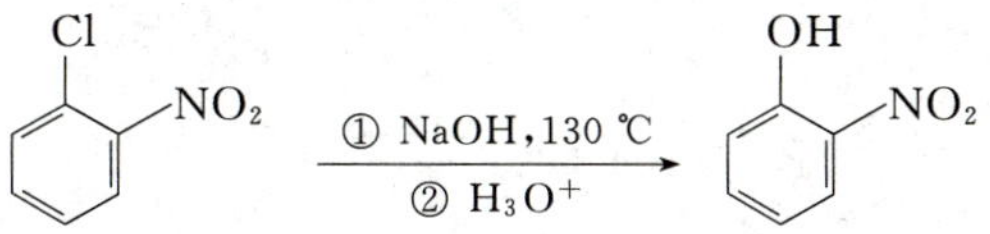

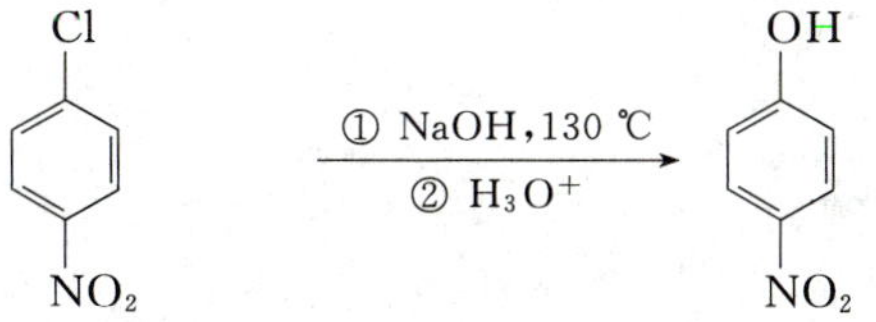

97.5%

邻、对位上硝基数目的增加，使水解反应更容易进行。2,4-二硝基氯苯与碳酸钠的水溶液在水浴上加热即可水解：

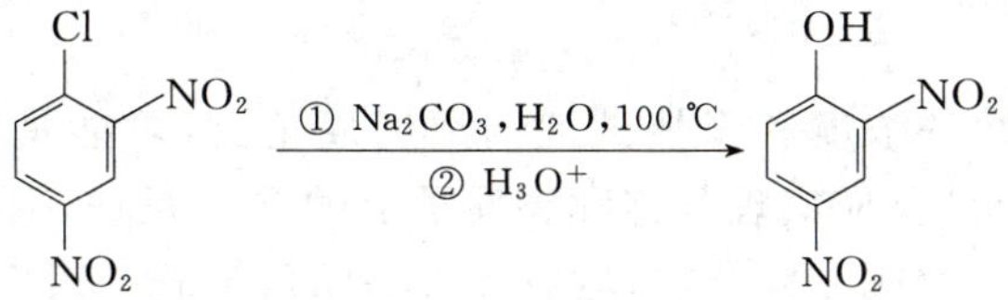

90%

2,4,6-三硝基氯苯的水解像酰氯一样容易。

硝基氯苯与其他亲核试剂也容易发生反应：

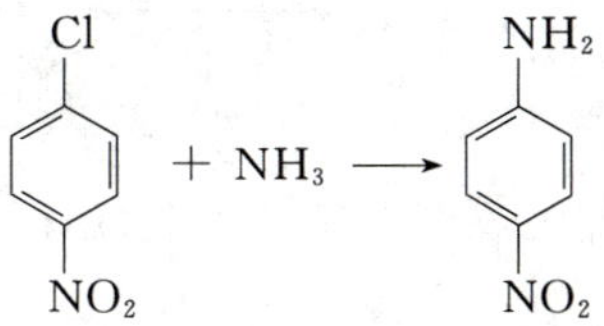

95%

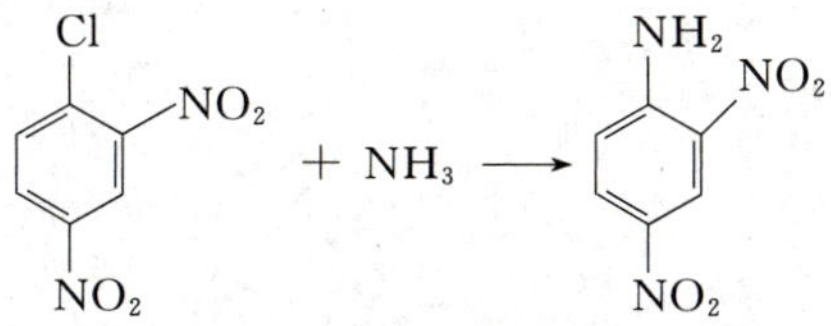

68%～76%

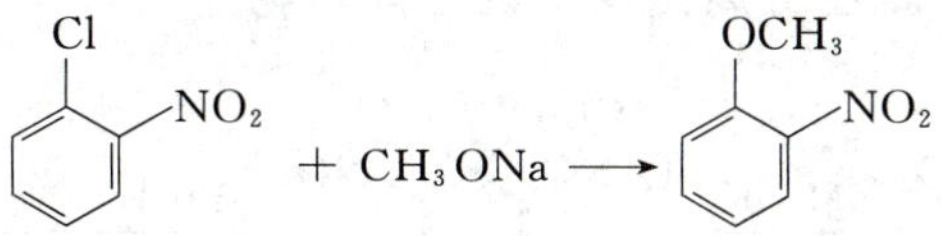

88%

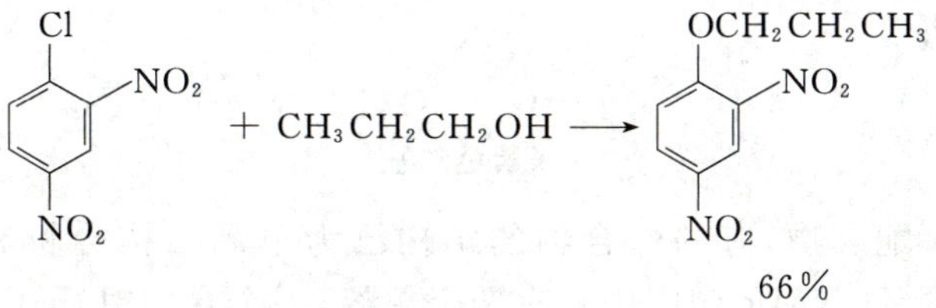

66%

氟代烷不容易发生 S_N2 反应，但对硝基氟苯中的氟却容易被亲核试剂取代：

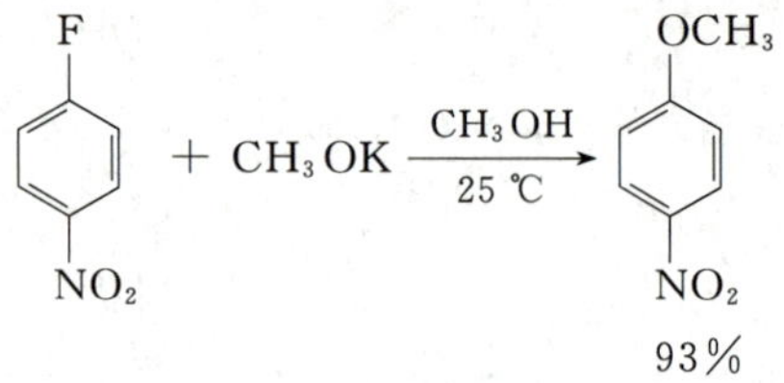

离去基团也不限于卤原子。例如：

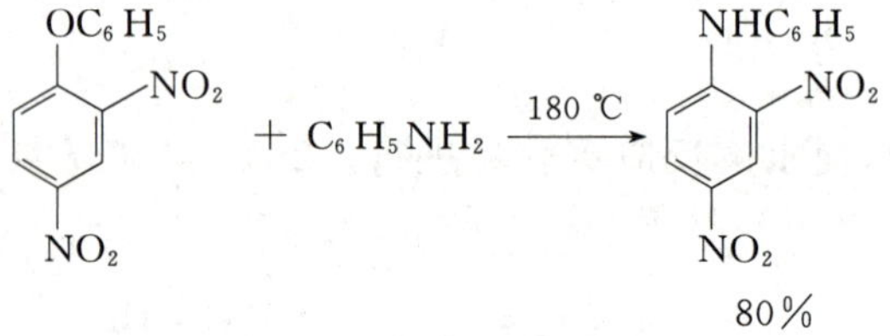

这类反应的速率与底物的浓度和亲核试剂的浓度成正比，可能是双分子反应，与 S_N2 反应相似，是芳环上的 S_N2 反应。反应机理与饱和碳原子上的 S_N2 反应不同之处在于它是分步进行的。底物先与亲核试剂加成生成加成产物，然后离去基团再带着一对电子离开，即为加成-消除机理，也称为 S_NAr。

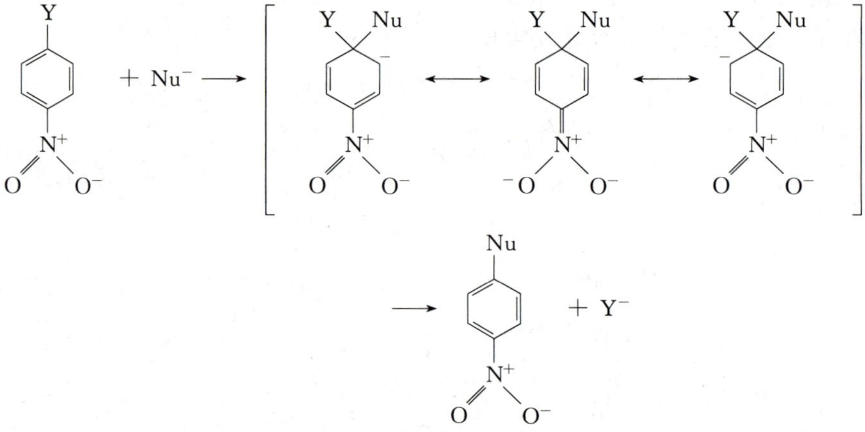

1902 年，Meisenheimer J 就已分离出反应的中间产物：

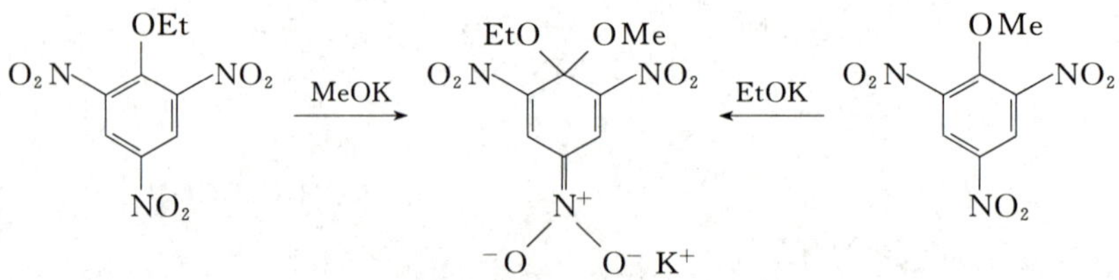

深紫色的盐

因此称为 Meisenheimer 配合物，有的配合物的结构已为单晶结构分析和 ^1H NMR 谱所证实。例如，在下面的配合物的 ^1H NMR 谱图中只有两个单峰，一个是甲基质子的信号，一个是苯环质子的信号，说明两个甲基是等同的。

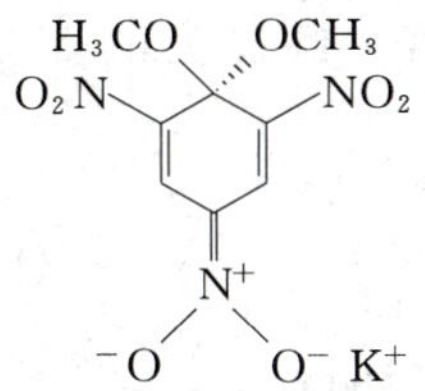

Meisenheimer 配合物的稳定性，取决于硝基与苯环之间的共轭效应，亲核试剂进攻苯环，使苯环带负电荷，硝基能够通过共振效应使电荷分散。如硝基在离去基团的间位，则没有活化作用。

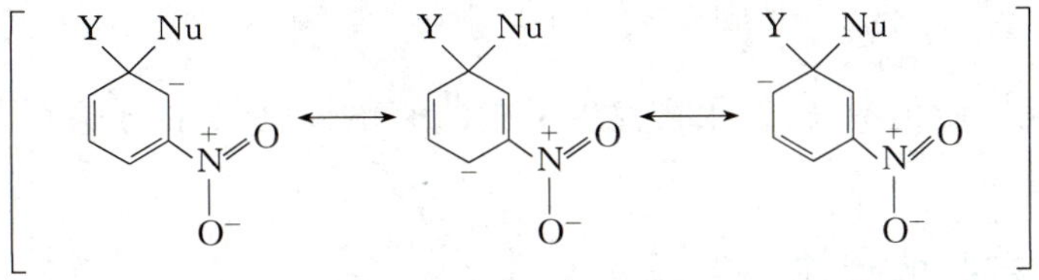

五氟硝基苯与氨反应，只有邻位和对位上的氟原子能被氨取代：

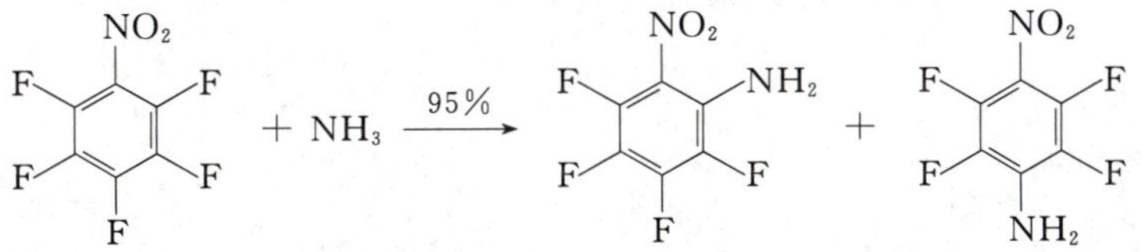

在 5-氯-2-硝基-1,3-二甲苯和 3-氯-6-硝基-1,2,4,5-四甲苯分子中，硝基与两个邻位甲基不能容纳在同一平面内，由于硝基偏离苯环平面，不能与苯环有效地共轭，这两个化合物的反应活性与氯苯相近。

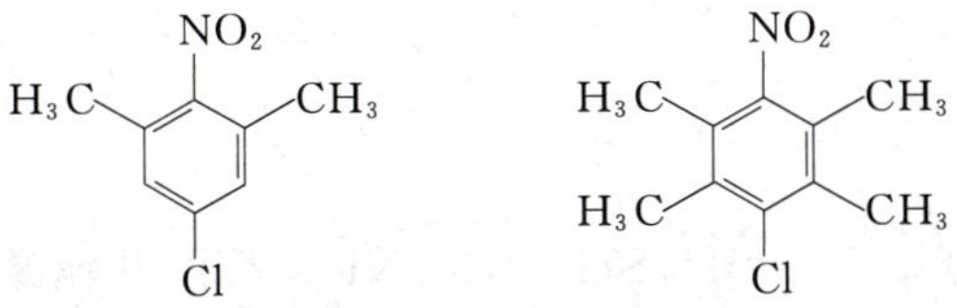

在 2,5-二硝基-1,3-二甲苯与氨的反应中，5 位硝基是亲核取代反应的活化基团，而偏离苯环平面的 2 位硝基则被氨基取代：

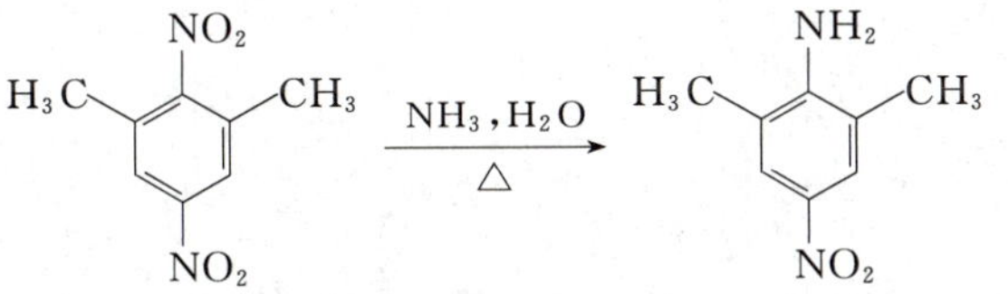

在多数情况下，加成是决定反应速率的步骤，因此，离去基团的性质对反应速率的影响较小。例如，在下面的反应中，离去基团分别为 Cl，Br，I，SOC_6H_5 和 $SO_2C_6H_5$ 时，反应速率的差别不大：

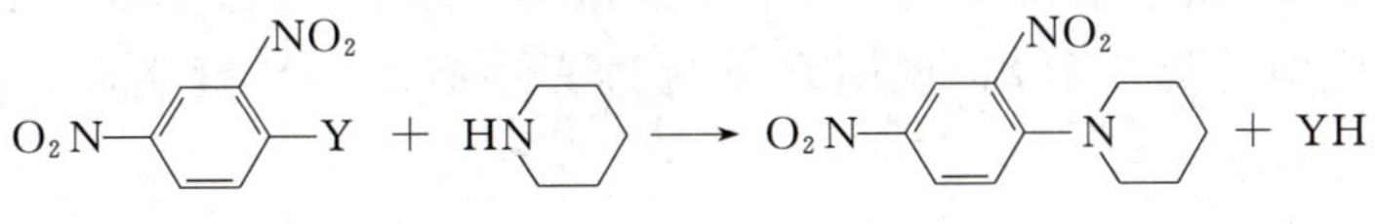

如果消除是决定反应速率的步骤，则离去倾向大的 Y，反应速率特别快。下面反应的相对速率为

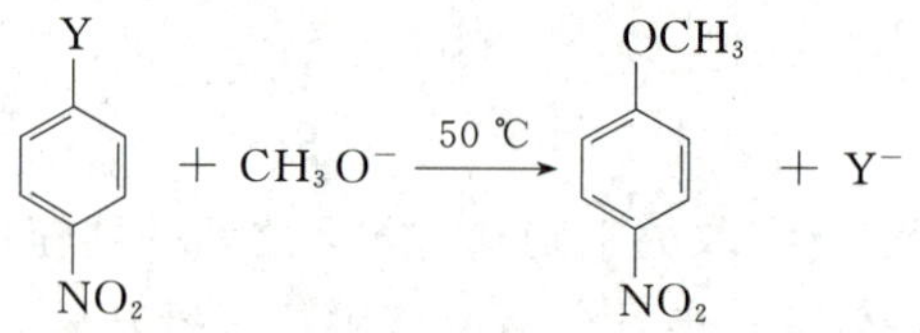

Y	F ≫	Cl >	Br >	I
相对反应速率	3.2	1	0.74	0.38

当 Y=Cl,Br,I 时，速率变化不大，氟化物发生反应的速率较快，是由于它的场效应特别强，能使中间产物的稳定性增加。

25.3.2 与 S_NAr 有关的反应

Smiles 重排是分子内的亲核取代反应。例如：

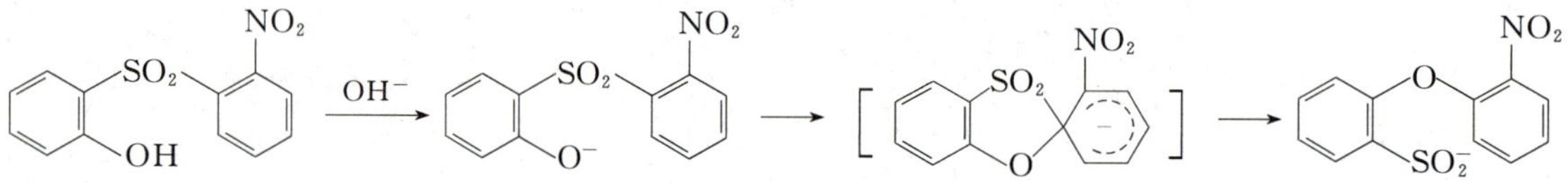

其通式为

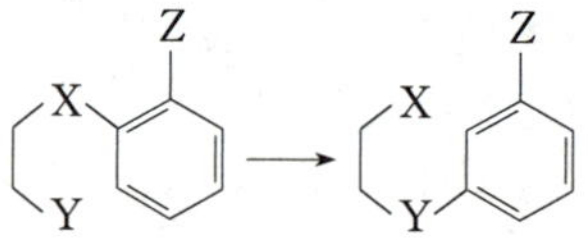

其中 X 为 S,SO,SO_2O,COO；Y 为 OH,SH,NH_2,NHR 等的共轭碱。

芳香族硝基化合物与氰离子反应，生成羧酸，羧基在原来硝基的邻位，而绝不在间位或对位(von Richter 重排)：

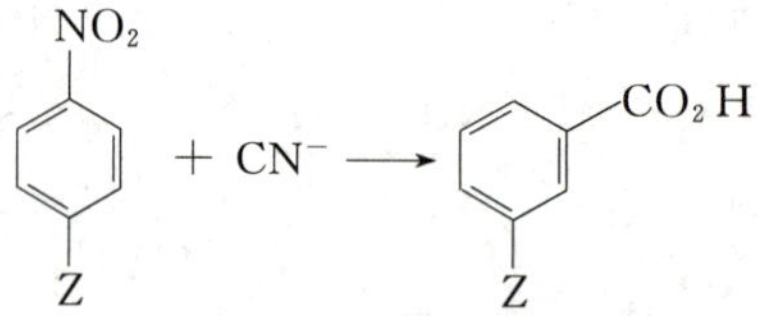

最初认为这是 S_NAr 机理的一个特例：CN^- 进攻硝基的邻位，硝基成为 NO_2^- 离去，生成的腈在反应所用的条件下水解成羧酸。后来发现腈不可能是反应的中间产物，因为 2-硝基萘发生反应后生成 1-萘甲酸，而 1-萘甲腈在反应条件下不能水解成羧酸，并且 NO_2^- 也不是反应的主要产物。后来发现在反应中有氮气放出，说明在反应过程中有 N—N 键生成。由此提出了下面的机理：

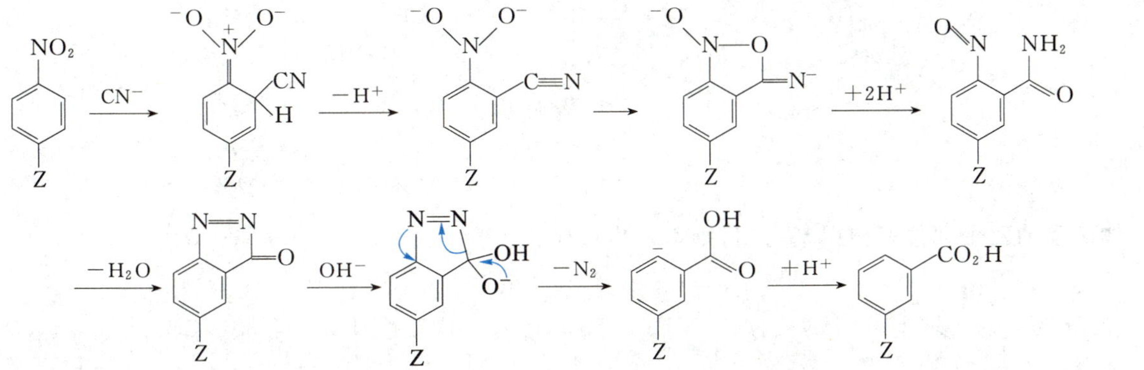

在反应过程中有取代的邻亚硝基苯甲酰胺生成，这是一个稳定的化合物。用其他方法合成它后，在重排条件下，也得到了相应的羧酸。最后，在 $H_2^{18}O$ 溶液中进行重排反应，经检验，生成的羧酸中有一半的氧来自溶剂，与上述机理相符合。

25.3.3　消除－加成机理

卤代芳烃在液氨中与氨基钠或氨基锂反应，卤原子被氨基取代，生成芳胺，在有的反应中氨基在卤原子原来的位置上。例如：

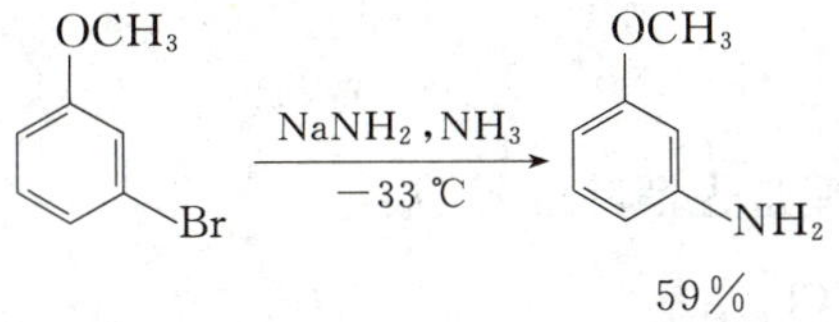

有的反应中氨基在卤原子原来位置的邻位上：

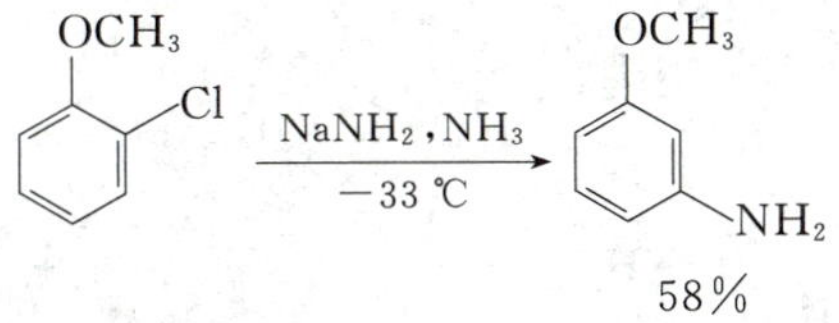

而在另一些反应中，得到以上两种类型的产物的混合物：

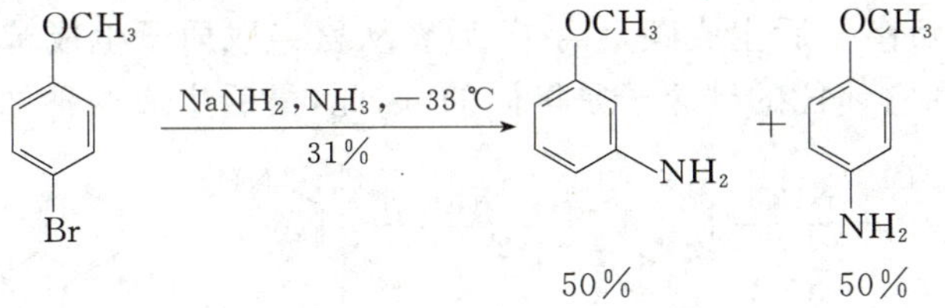

邻、间和对溴甲苯生成的取代产物都是混合物。例如：

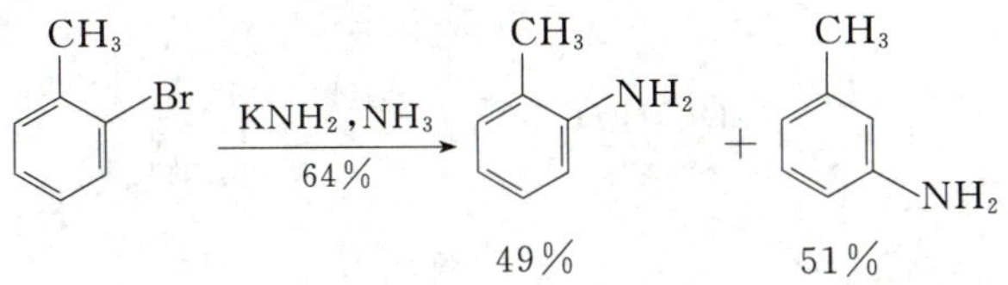

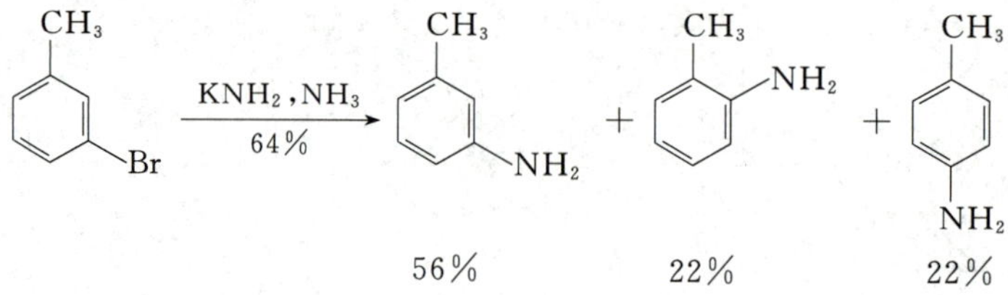

如卤素的两个邻位都被甲基占据，则不发生反应：

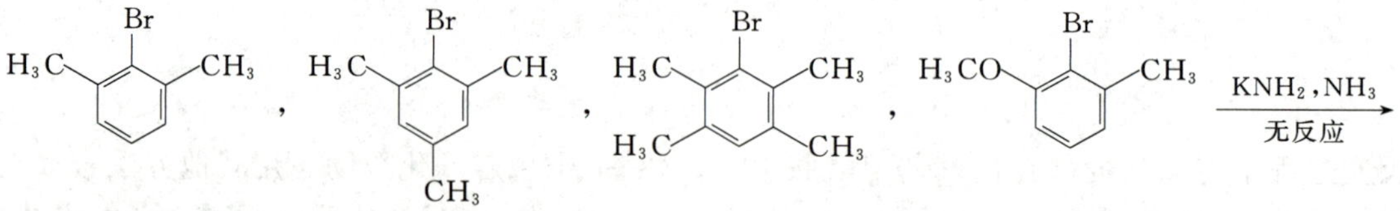

这些实验事实长期没有合理的解释。

1953 年，Roberts J D 将氯苯分子中氯原子所在的碳原子用 ^{14}C 标记，得到($1-{}^{14}C$)氯苯，后者在液氨中与氨基钾反应，生成($1-{}^{14}C$)苯胺和($2-{}^{14}C$)苯胺的混合物：

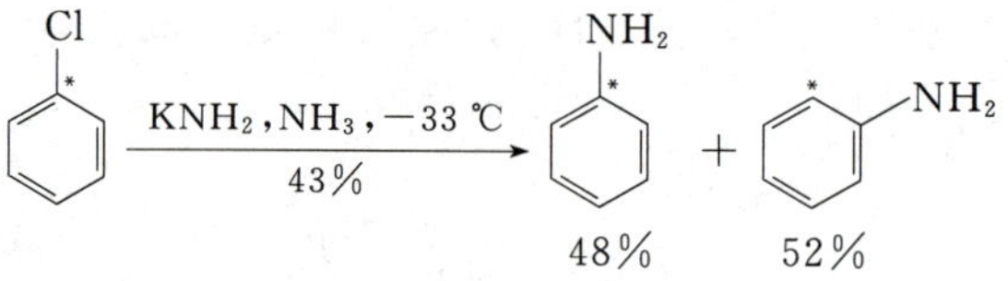

能说明以上实验事实的反应机理是先消除后加成：

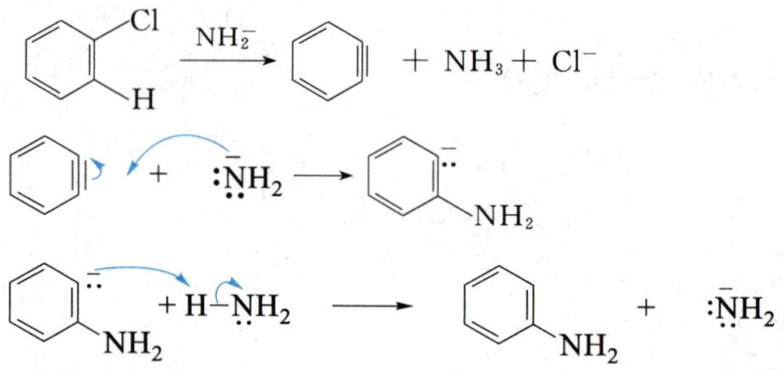

氨基负离子是一个强碱，它进攻卤原子邻位上的氢原子，消除氯化氢后生成反应活性中间体苯炔(benzyne)，苯炔加氨基负离子后生成碳负离子，后者从氨夺取质子生成苯胺。($1-{}^{14}C$)氯苯生成苯炔后，标记的碳原子和它邻位的碳原子是等同的，因此，最后生成两种加成产物，其产率相等。

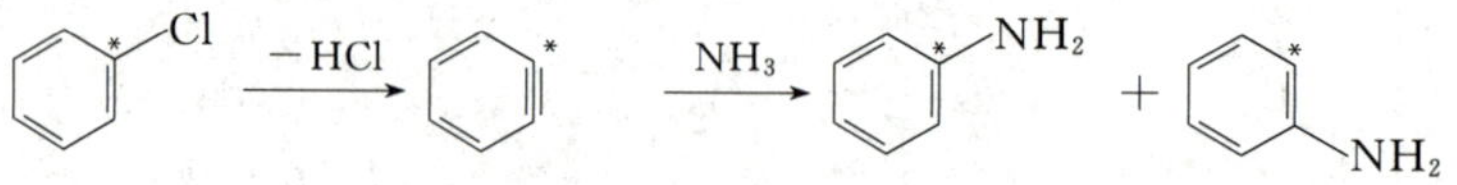

($1-{}^{14}C$)氯苯与氢氧化钠水溶液在较高温度下反应，也生成($1-{}^{14}C$)苯酚和($2-{}^{14}C$)苯酚的混合物：

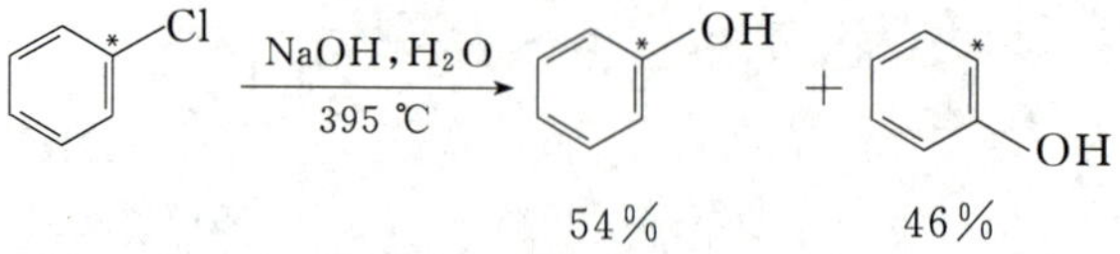

以上实验事实说明苯炔可能是反应中的活性中间体。以后发现：苯炔还可以由其他途径生成，并且可以用适当的试剂截留。例如，2-氟溴苯在蒽存在下用金属锂或镁处理，得到的产物相当于苯炔与蒽的 Diels-Alder 反应产物：

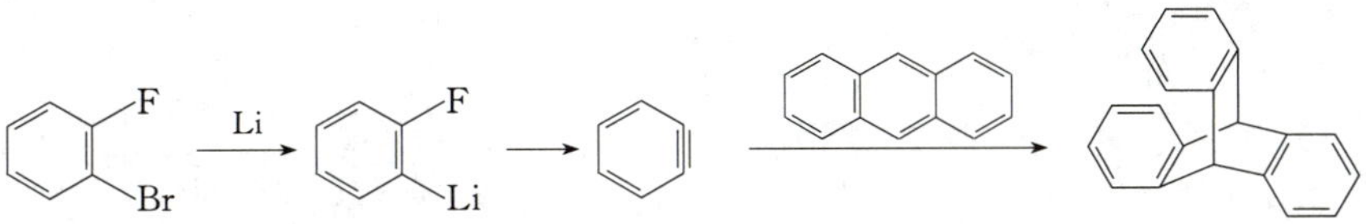

实验测定的苯炔的生成热为(491 ± 20) $kJ\cdot mol^{-1}$，说明它非常不稳定，因此，在一般的实验条件下检测不出来，但可以在 8 K 下，包在固体氩的晶格中，用红外光谱检测。根据理论计算，苯炔中 C(1)—C(2) 的键长较短，而∠C(1)C(2)C(3)和∠C(6)C(1)C(2)则大于 120°。

苯炔的结构可以用下面几种方法表示：

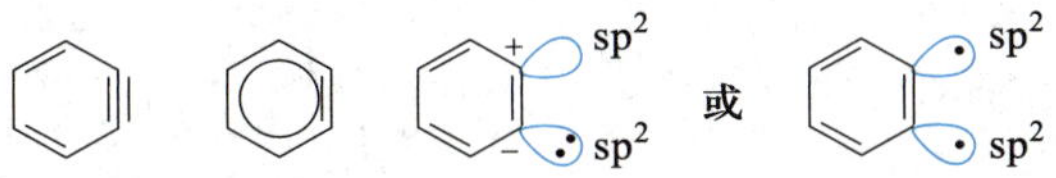

后面两个式子说明：苯炔中炔的三个键由两个 sp^2 杂化轨道在侧面重叠生成，因为重叠度很小，苯炔不同于一般炔烃，由于它的反应在许多方面与活泼的炔烃相似而称为苯炔。

产生苯炔最方便的方法是邻氨基苯甲酸的重氮化：

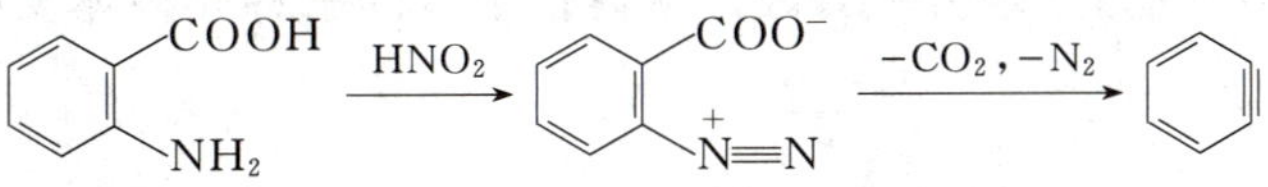

在消除-加成机理中卤代苯分子中苯环上其他取代基对消除和加成步骤都有影响。

邻氯三氟甲苯在氨基钠作用下只能在一个方向上消除氯化氢：

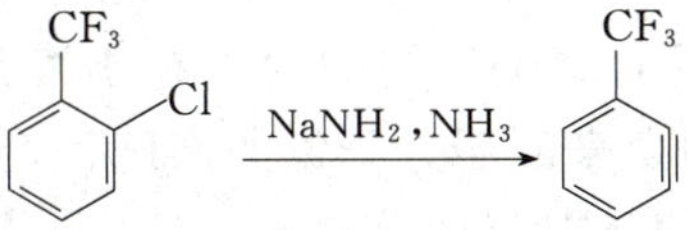

生成的 3-(三氟甲基)苯炔加氨基负离子可能生成两种碳负离子：

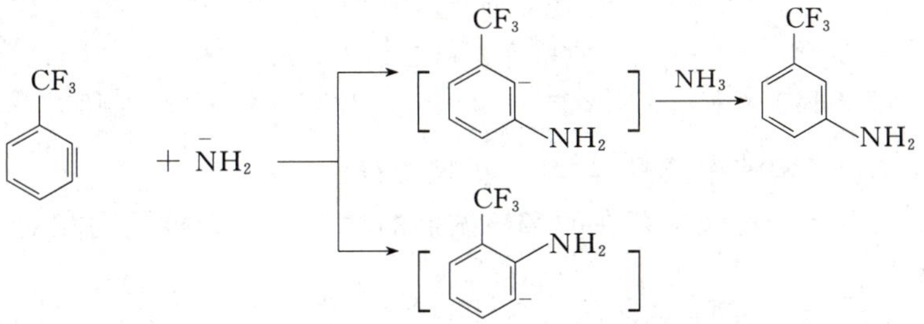

负电荷在三氟甲基邻位的碳负离子，由于三氟甲基的强烈吸电子作用使负电荷分散，比负电荷在三氟甲基间位的碳负离子稳定，因此加成只在一个方向上进行，生成间(三氟甲基)苯胺。

间氯(三氟甲基)苯分子中，2 位上的氢原子在强烈吸引电子的三氟甲基的影响下，酸性比远离三氟甲基的 4 位氢原子强，因此，在消除步骤中，氨基负离子只夺取 2 位上的氢原子，生成 3-(三氟甲基)苯炔，最后产物也是间(三氟甲基)苯胺：

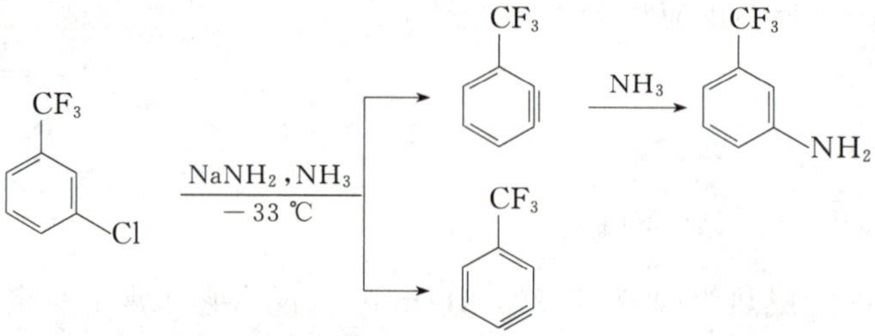

对氯(三氟甲基)苯在消除步骤只能生成 4-(三氟甲基)苯炔，由于三氟甲基距离较远，对加成步骤的影响很小，因此生成两种可能的加成产物的混合物，其含量接近相等。

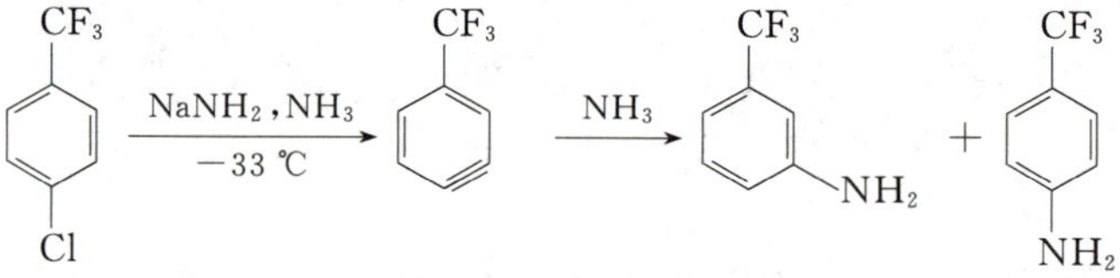

在消除-加成机理中甲氧基的影响表现在氧原子吸引电子的能力上，因此氯代苯甲醚与氨基钠的反应产物与氯代(三氟甲基)苯相似。

在消除-加成机理中甲基的影响很小，因此从溴代甲苯的三种异构体反应都得到混合物。

25.3.4　S_N1 机理

重氮盐分解的速率只与重氮正离子的浓度成正比，不受溶液中其他亲核试剂的影响。例如，在芳基重氮盐溶液中负离子为 Cl^-，Br^-，NO_3^- 或 HSO_4^-，其分解速率相同。如果在溶液中加入大量 Cl^-，则反应产物为氯代芳烃，但不影响反应速率，因此重氮盐水溶液的热分解是一种 S_N1 反应，它与一般的饱和碳原子上的 S_N1 反应不同的地方在于溶剂对反应速率影响很小，即溶剂不参加反应的过渡状态，反应的推动力来源于分子氮的高度稳定性。

一些取代苯基重氮盐的热分解的相对反应速率为

$$YC_6H_4\overset{+}{N}_2Cl^- \xrightarrow[H_2O,29\ ℃]{\triangle} YC_6H_4^+ + N_2 + Cl^-$$

Y	p-NO_2 <	m-Cl <	H <	m-CH_3 <	m-OH
相对反应速率	1/240	1/24	1	4.5	12

即吸引电子的取代基使分解速率减慢，与 S_N1 机理相符合。

分解产物的组成决定于溶液中存在的亲核试剂的种类及其亲核性的相对强弱，几种亲核试剂竞争芳基碳正离子：

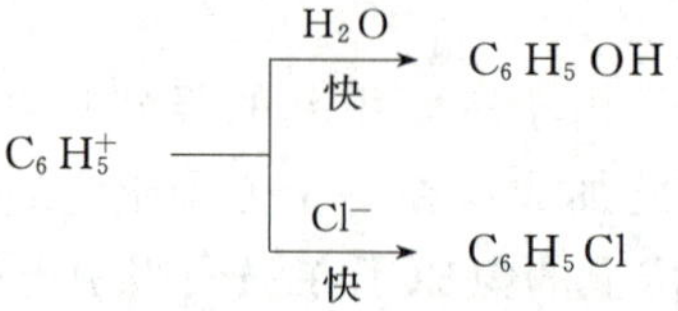

同饱和碳原子上的 S_N1 反应一样，这是决定产物组成的步骤。

用同位素标记的重氮盐 $Ar-{}^{15}\overset{+}{N}\equiv N$ 进行实验，部分分解后回收的原料中含有 $Ar\overset{+}{N}\equiv{}^{15}N$，说明反应的第一步是可逆的：

$$Ar-\overset{+}{N}\equiv N \xrightleftharpoons{\text{慢}} N_2 + Ar^+ \xrightarrow{Nu^-} Ar-Nu$$

由于芳基正离子比烷基正离子更不稳定，芳环上的 S_N1 反应很少见。

25.3.5　$S_{RN}1$ 机理

卤代芳烃在液氨溶液中光照射下与亲核试剂的反应，如

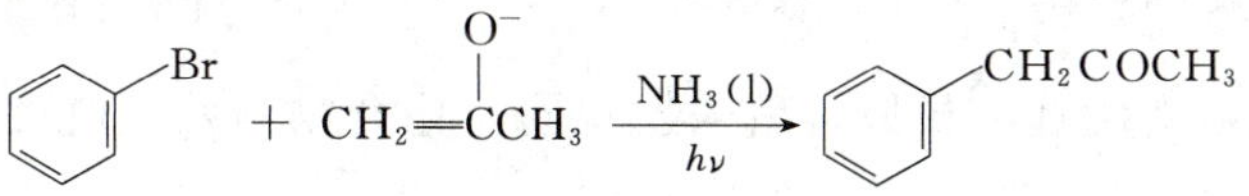

86%

是一种自由基链反应：

链引发

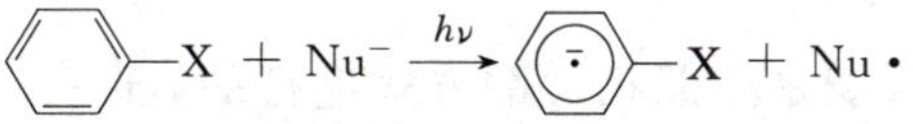

链增长

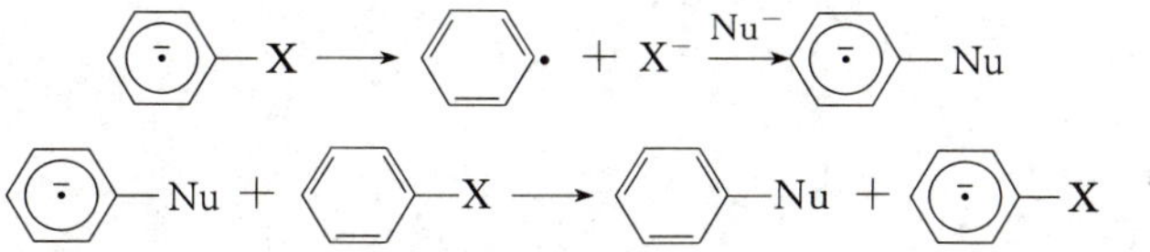

反应的特点：加入自由基捕获剂能减慢或阻止反应的进行，芳环上取代基的影响很小，芳环上有甲氧基或苯甲酰基都能进行反应；除了光照外，强还原剂或电解也能引发反应。这类反应在合成上的意义：芳环上不需要活化基团；可采用的亲核试剂较多，其中包括含氮、硫、磷的化合物；也适用于杂环化合物。

25.3.6　S_N(ANRORC) 机理

2-氯吡啶和 3-氯吡啶在液氨溶液中与氨基钾反应，分别生成 2-氨基吡啶及 3-氨基吡啶和 4-氨基吡啶，反应机理与苯系化合物相似：

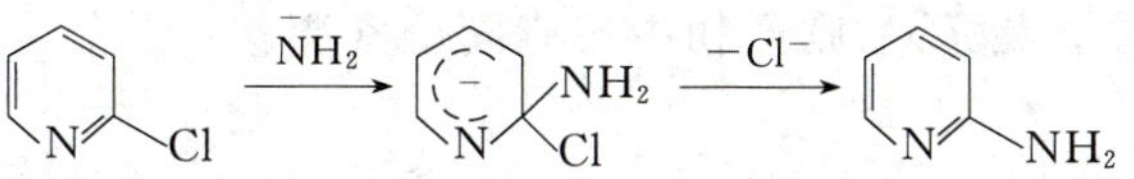

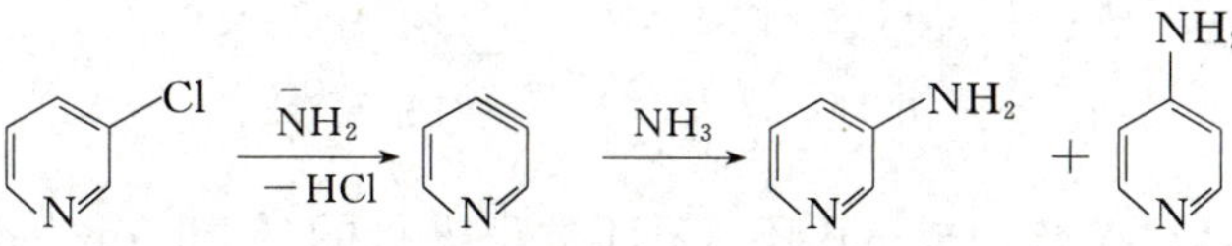

5-溴-4-苯基嘧啶在液氨中与氨基钾反应，生成 4-氨基-6-苯基嘧啶，但没有 5-氨基-4-苯

基嘧啶生成：

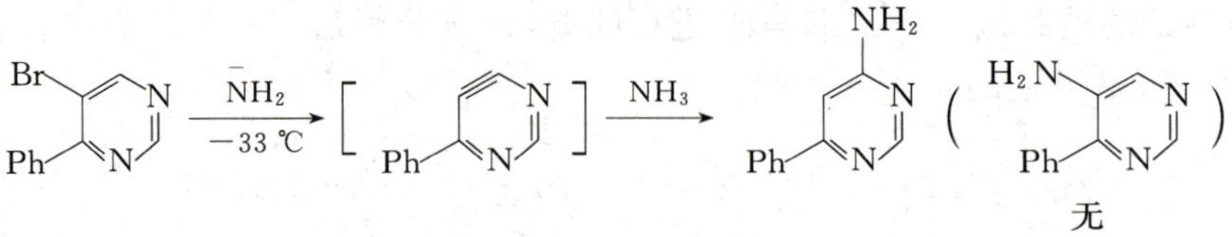

4-溴-6-苯基嘧啶在同样条件下也得到4-氨基-6-苯基嘧啶：

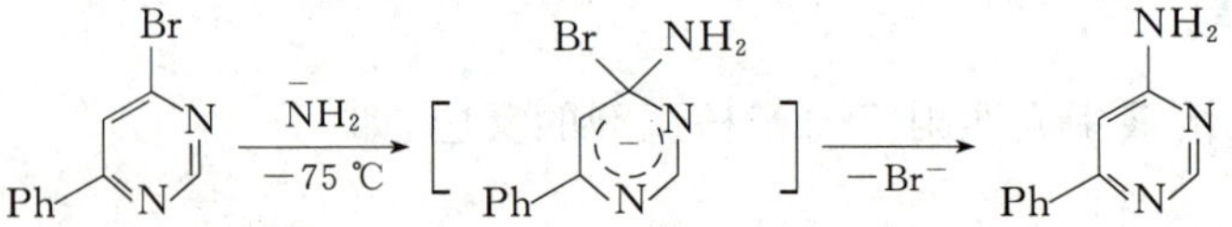

原来以为反应机理与2-氯代吡啶相似。后来发现同一化合物与六氢吡啶锂反应生成开环产物：

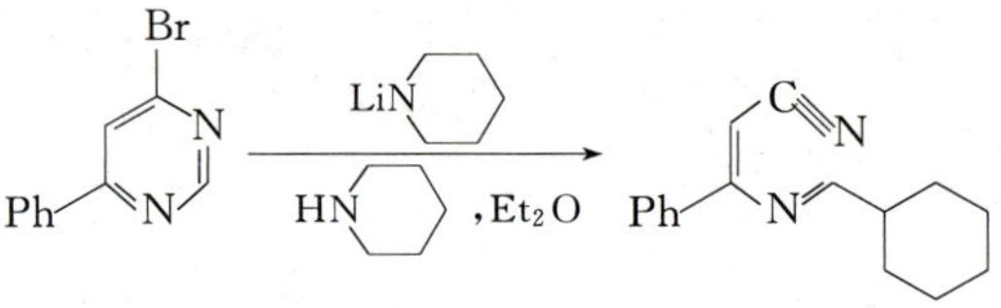

由此推测与氨基钾的反应也可能是按照相似的方式进行的，即

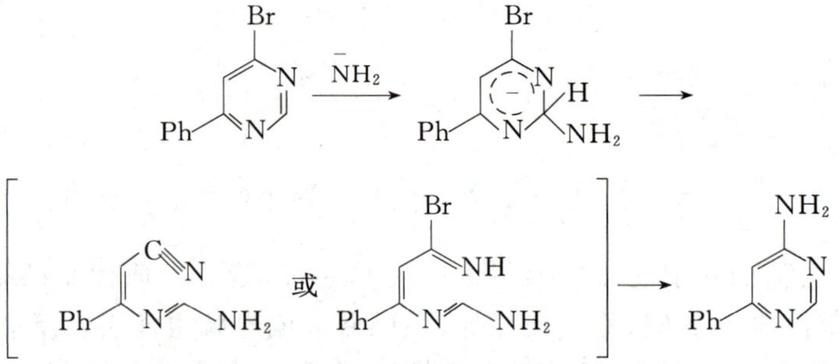

如将原料中的两个N原子用同位素标记，结果发现同位素有漂移，即产物中三个N原子都有所标记的同位素：

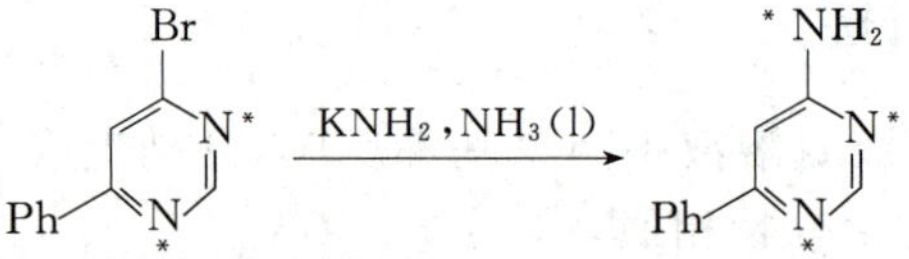

如果只将3位氮原子用同位素标记，则产物中没有同位素漂移：

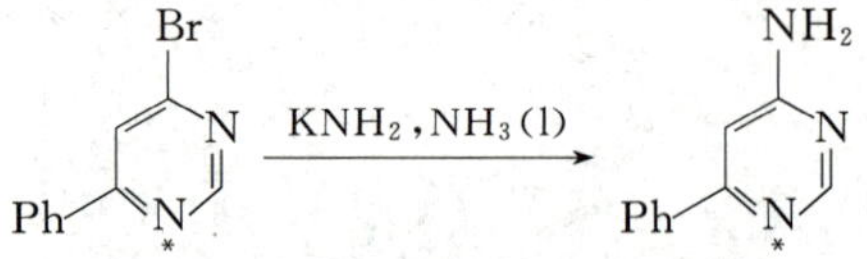

由此得出结论，反应是经过亲核加成-开环-闭环过程进行的(addition—nucleophile ring opening—ring closing)或简称 S_N(ANRORC)。

§ 25.4 阅读材料

25.4.1 苯炔

1927 年，Backmann W E 和 Clarke H T 研究了氯苯在沸腾状态下与金属钠的反应，得到的产物为苯和联苯，副产物为 *o*－二苯基苯、*o*，*o*′－二苯基联苯、9，10－苯并菲（9，10－benzophenanthrene），以及微量的 *p*－二苯基苯。他们认为反应的中间产物有苯基和亚苯基：

$$—C_6H_5 + C_6H_5— \longrightarrow \rangle C_6H_4 + C_6H_6$$

苯基　　　　亚苯基

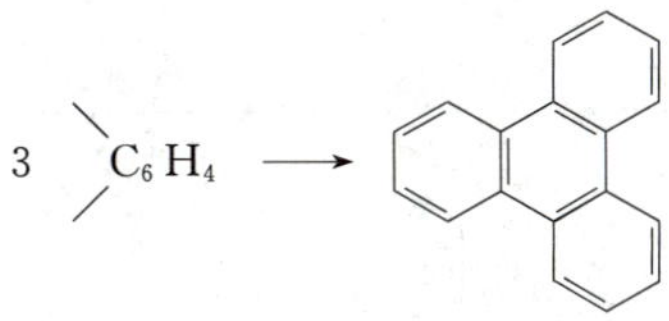

9，10－苯并菲

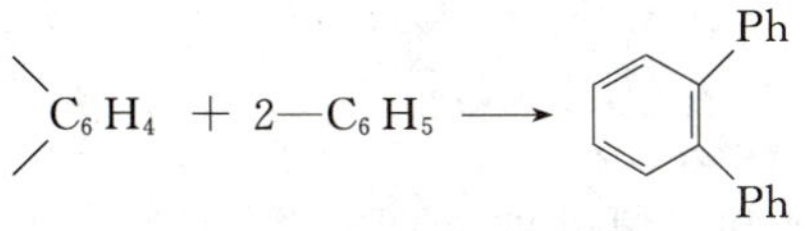

他们用了游离的亚苯基（free phenylene）一词，说明指的是自由基。

1942 年，Wittig 用一卤代苯与苯基锂反应得到联苯。氟苯的反应速率最快，氟离子的离去倾向最小，如果氟直接被取代，其反应速率应当最慢，由此推测反应是先消除后加成：

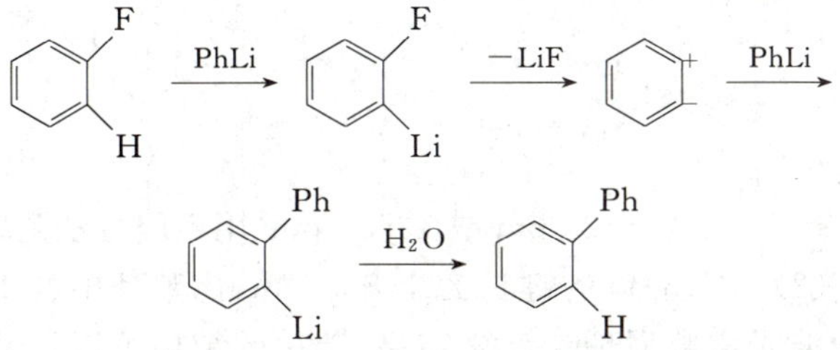

根据原料的性质，Wittig 认为中间体亚苯基为两性离子。

1953 年，Roberts J D 将 1 位用 ^{14}C 标记的氯苯与氨基钾在液氨中反应得到苯胺：

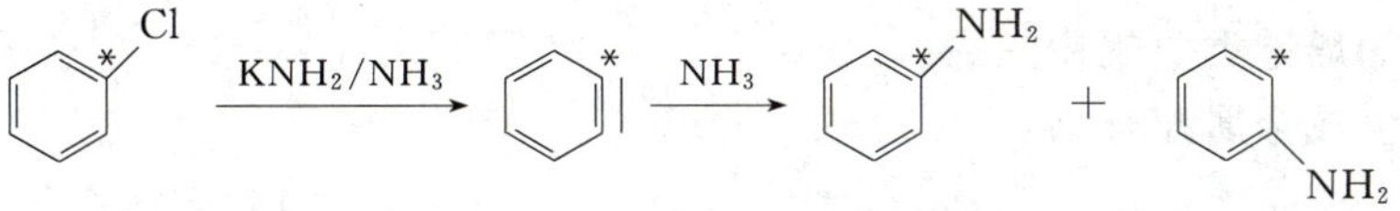

1 : 1

从反应产物推测，中间体应当具有中性的对称结构，即苯炔。

1954 年，Huisgen R 认为苯炔中两个邻位碳原子上的 sp^2 杂化轨道在苯环平面上重叠生成很弱的 π 键：

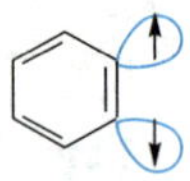

也有人用各种共振式来表示苯炔的结构：

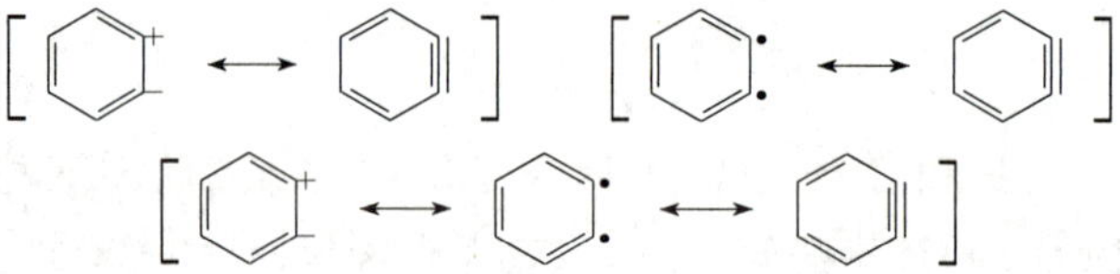

以后的研究工作则是探索能在合成条件下产生苯炔的化合物，重要的发现有邻氨基苯甲酸的重氮盐，它在有机溶剂中 40～60 ℃下分解产生苯炔；1-氨基苯并三唑在室温下用四乙酸铅氧化产生苯炔：

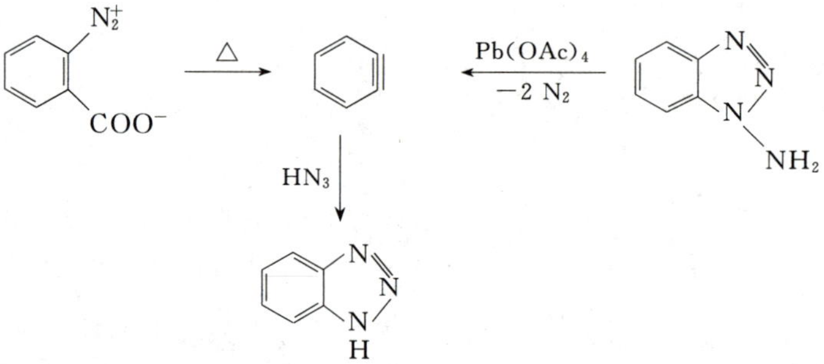

而苯炔与叠氮酸反应则是合成苯并三氮唑的方便方法。

邻苯二甲酸酐或邻苯二甲酰过氧化物在气相下或氩的晶格中光解，则可以用来研究苯炔的 IR、MS 等谱学性质，测定一些重要的数据：

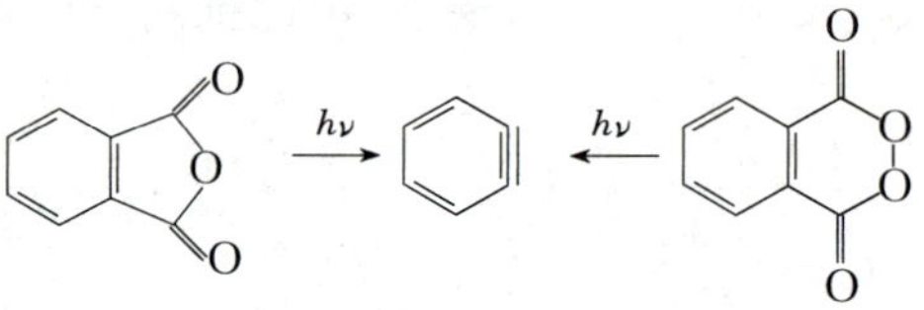

苯炔中 C(1)—C(2)键的键长为(124±2) pm 或 125.5 pm(用不同方法测定)，在乙炔(120.3 pm)和乙烯(132.2 pm)之间；C(2)—C(3)键的键长为 138.3 pm，比苯环中的 139.1 pm 略短。

根据 NMR、IR 和微波光谱数据理论计算结果，苯炔的结构可以用共振式表示：

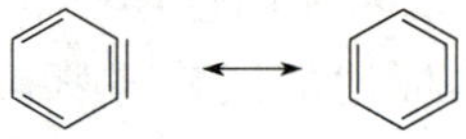

四个碳原子之间的烯键类似累积三烯。

苯炔还可以生成金属配合物：

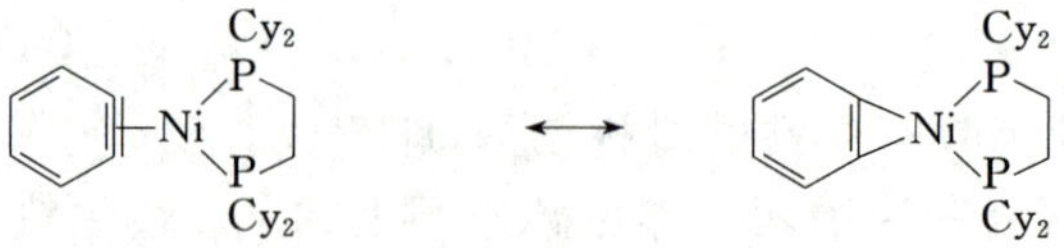

Cy=cycloalkyl

配合物的 X 射线单晶衍射得出的 C(1)—C(2)键键长为 133～136 pm，其他 C—C 键的键长则为 138～140 pm。

参考文献

25.4.2 烯二炔类抗生素

25.4.2.1 Bergman 成环反应

苯炔又称为 1,2-脱氢苯，苯炔的存在已由众多实验证明，由此联想到 1,4-脱氢苯是否可以作为反应的中间体存在？

1,2-脱氢苯　　1,4-脱氢苯

为了探索可能存在的 1,4-脱氢苯，1972 年 Bergman R G 制备了用氘标记的顺己-3-烯-1,5-二炔(1)和反己-3-烯-1,5-二炔(2)。

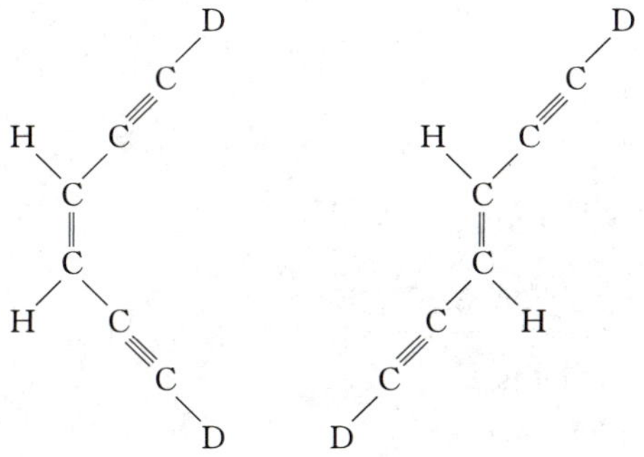

(1)　　(2)

Bergman 发现，(1)在气相中于 200 ℃下加热 5 min 后，迅速转变成(3)(用^{1}H NMR 谱测定)：

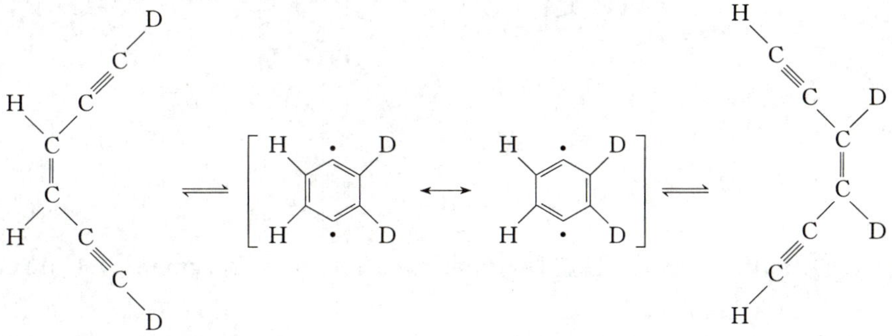

(1)　　(4)　　(3)

而反式异构体在同样的条件下却不发生反应。

将(1)(未用同位素标记)溶解在 2,6,10,14-四甲基十五烷中(浓度 0.01 mol·L^{-1})，然后加热，则(1)消失，同时定量地生成苯；(1)与四氯化碳一起在气相中加热，生成对二氯苯；(1)与甲醇一起在气相中加热则得到苄醇。由此推测:(1)在加热时异构化成(2)的反应中,活性中间体为1,4-脱氢苯(4)。

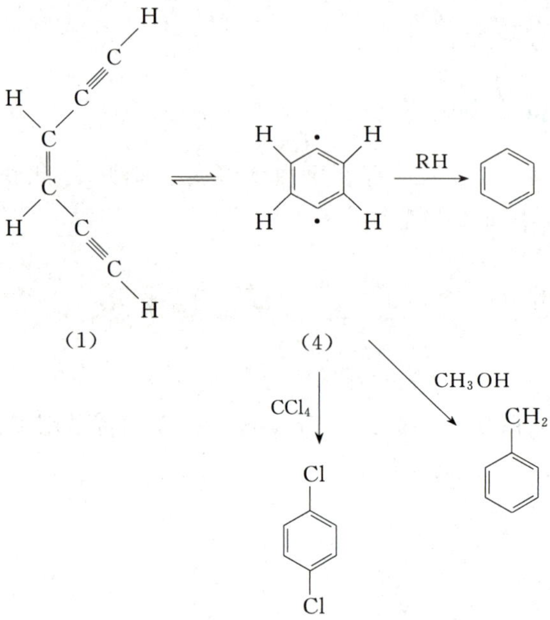

Masamune S 等曾报道下面的反应:

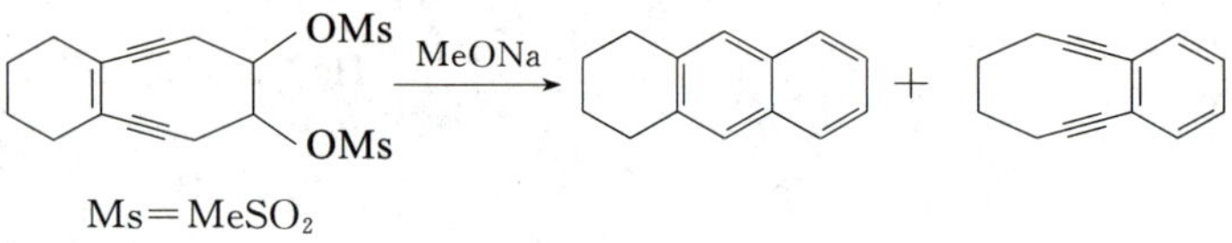

Bergman 认为:反应的过程为

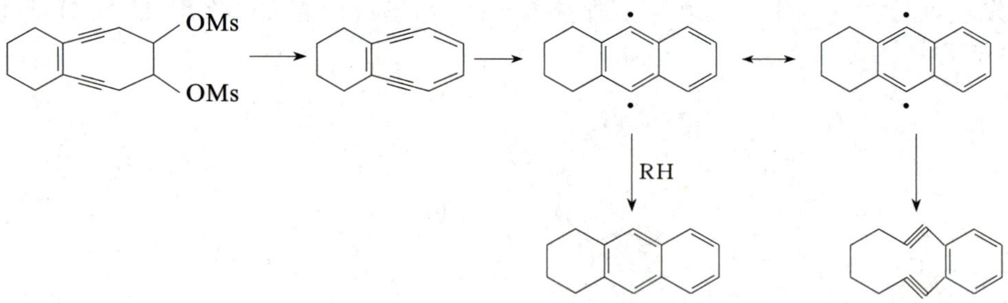

这是环内烯二炔的 Bergman 成环反应(Bergman cyclization 或 Bergman cycloaromatization)的例子。

共轭三烯能发生电环化反应:

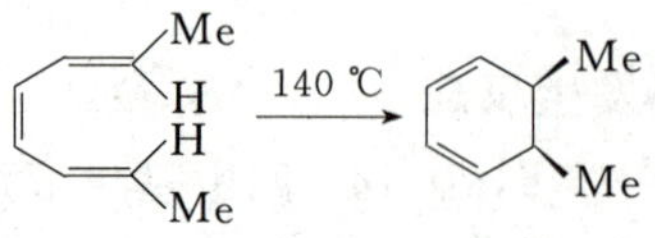

共轭烯二炔如果也能发生这样的电环化反应，应生成累积二烯：

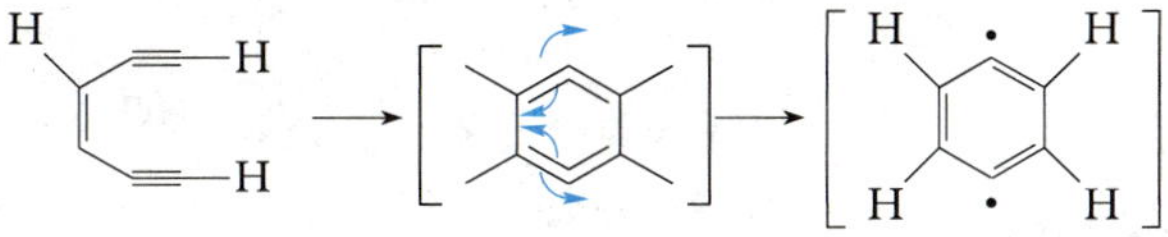

由于张力太大，六元环内生成累积二烯的概率极小，生成1,4-去氢苯的概率更大。由此可以理解 Bergman 为什么选择顺己-3-烯-1,5-二炔的反应来验证1,4-脱氢苯的存在。

25.4.2.2 烯二炔类抗生素

1985年以后，陆续发现了一系列有抗癌作用的抗生素，它们的分子中都具有含烯二炔结构单位的大环，因此称为烯二炔抗癌抗生素(enediyne antitumor antibiotics)。它们的作用方式都是嵌入 DNA 双螺旋的浅沟(minor grove)，经硫醇或 DAPDH 还原后产生自由基，然后从 DNA 的核糖部分夺取氢原子，使 DNA 链断裂。卡奇霉素(calicheamicin)γ_1^I 就是烯二炔类抗生素中的一种。

20世纪80年代中叶，Lederle Laboratories 公司的一位化学家在旅游途中从美国 Texas 州的公路边捡到一块石灰石，带回公司检验后发现石块中生活着一种细菌，属于棘孢小单孢菌(Micromonospora echinospora)的 chaliche 亚种。将细菌在实验室里培养，从细菌的代谢产物中筛选有生物活性的物质，由此发现了一类抗癌的抗生素卡奇霉素，其中活性最强的一种为卡奇霉素 γ_1^I。I 是指分子中含有碘原子，是在细菌培养液中加入 NaI 而引进的。

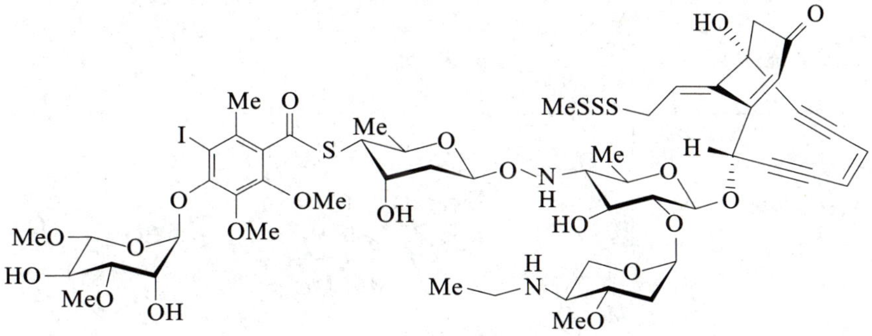

卡奇霉素 γ_1^I

卡奇霉素 γ_1^I 分子中含有烯二炔结构的大环是产生药效的关键部位，相当于武器的弹头，—SSSMe相当于激发武器的扳机，低聚糖部分则可以识别 DNA 双螺旋中富含 C 和 T 的序列，如 TCCT，CTCT，TTTT 等，它与 DNA 结合后，大环部分嵌入 DNA 的碱基对之间。理论计算说明：大环中 c，d 两点之间的距离约为 33.5 pm，相距较远，烯二炔还不能发生电环化反应。在—SSSMe部分受到亲核试剂(如蛋白质中的半胱氨酸基上的—S$^-$)进攻时，发生共轭加成反应，使 c，d 两点之间的距离减小(据计算，约为 31.6 pm)，发生 Bergman 成环反应，产生双自由基，后者从 DNA 的核糖部分夺取质子，使 DNA 链断裂，导致细胞死亡。

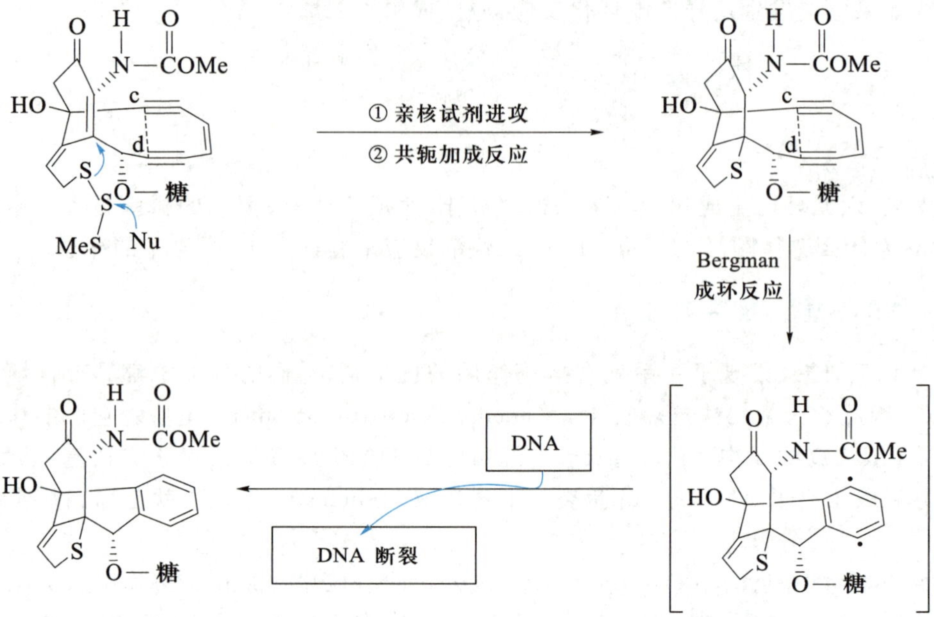

卡奇霉素 γ_1^I 的毒性太大，不能用于临床，Wyeth Laboratories 公司将修饰过的卡奇霉素分子通过一个短链(linker)连接在一种蛋白质上，这是对特定癌细胞有识别作用的抗体(antibody)，并且能进入癌细胞，生产出的药物以 Mylotary 的商品名出售，这是一类以癌细胞为靶点的分子武器。

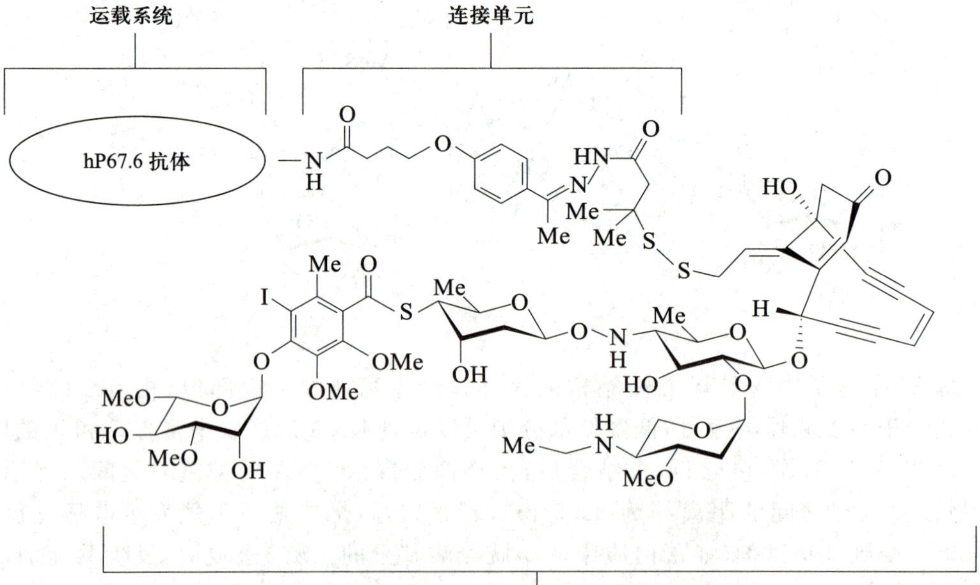

经过修饰的卡奇霉素 γ_1^{I}(弹头)

参考文献

第二十六章 羰基的亲核加成

§26.1 醛和酮的亲核加成

26.1.1 醛和酮与金属氢化物配合物的反应

硼氢化钠在醇溶液中与醛、酮的反应是不可逆的，可以用来比较各种醛、酮中羰基的化学活性，一些醛、酮在异丙醇中，0 ℃下与硼氢化钠反应的相对反应速率为

醛、酮	PhCHO	PhCOPh	PhCOMe	MeCOMe	环己酮
相对反应速率	很快	1	1	7.6	80

醛发生反应的速率比酮快得多，主要原因是酮羰基两侧有两个烃基，试剂进攻时位阻更大。一个分子中同时有醛基和酮基，用限量的试剂在较低的温度下反应，可以优先使醛基还原。例如：

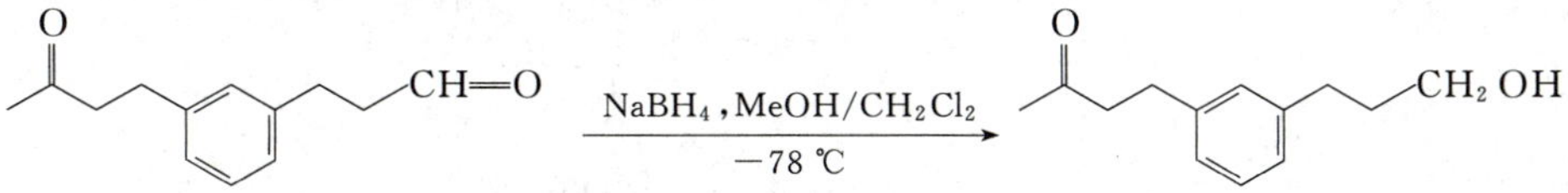

26.1.1.1 非对映选择性

双环[2. 2. 1]庚-2-酮与硼氢化钠或氢化锂铝反应，试剂从内(endo)侧进攻，受环上氢原子的阻碍(位阻较大)，不容易接近羰基碳原子，而从位阻较小的外(exo)侧进攻则比较容易，因此主要生成羟基在内侧的产物。如在桥上加两个甲基，则外侧的位阻更大，试剂优先从内侧进攻，主要生成羟基在外侧的产物：

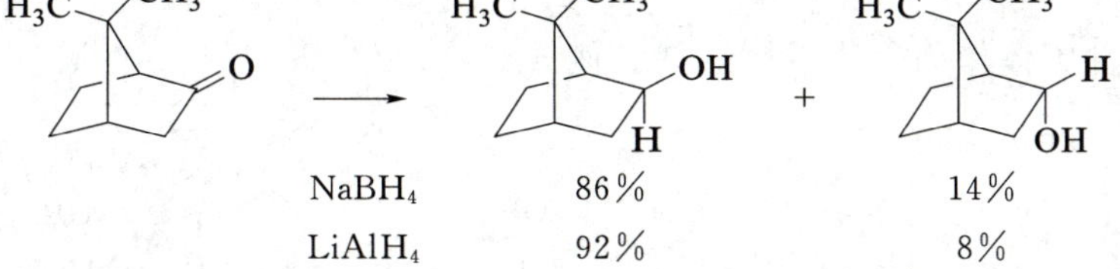

无环酮的 α 位为手性碳原子时，试剂从两个非对映面进攻生成的产物产量不相等。例如：

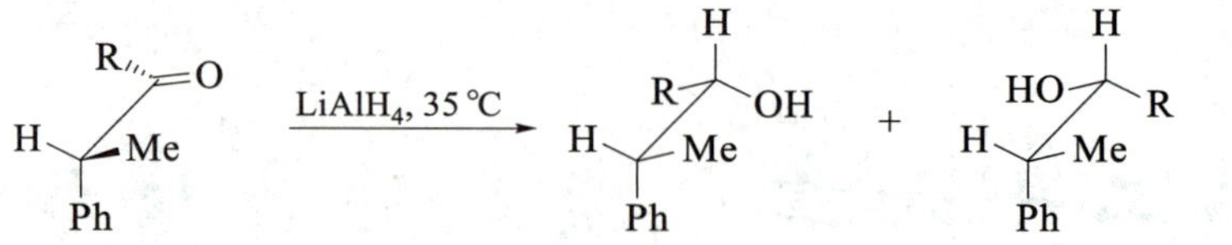

外消旋体或纯对映异构体　　Cram 产物　　anti-Cram 产物

	Cram 产物	anti-Cram 产物
R=Me	74%	26%
t-Bu	98%	2%

Cram D J 根据许多实验结果总结出经验规律(Cram 规律):在生成占优势的产物的过渡态下,试剂从 α-碳原子上最大的基团的反位(anti)进攻,可以用 Newman 式表示如下:

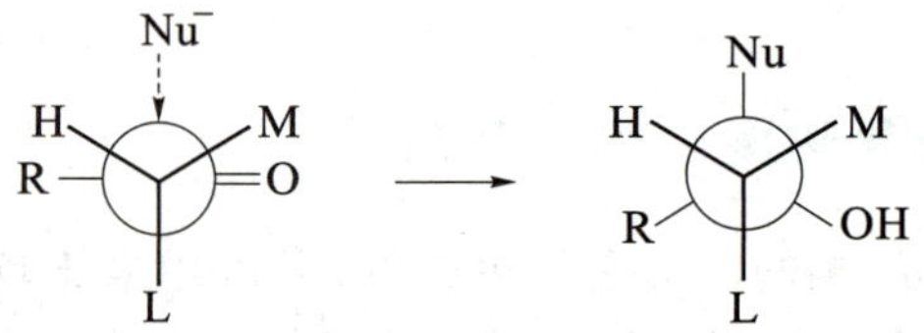

L(大),M(中)　　主要产物(Cram 产物)

应当注意的是,过渡态的构象并不等于底物的最稳定构象。

当 α-碳原子上一个取代基为 OR 或 NR_2 时,占优势的产物生成的过渡态为

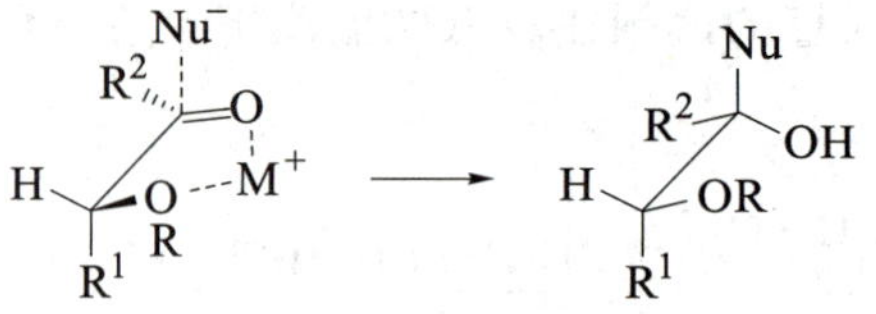

Cram产物

例如:

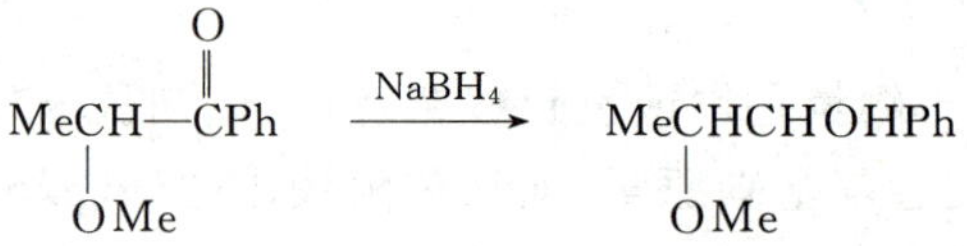

Cram产物,73%

26.1.1.2 对映选择性

$LiAlH_4$ 与手性配体作用生成手性试剂。例如:

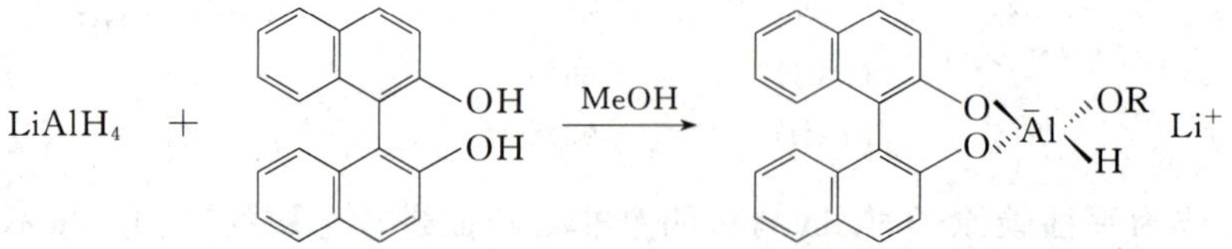

(S)-BINAL　　(S)-BINAL-H

用(S)－BINAL－H 与酮反应，得到两种对映异构体，其中一种占优势。例如：

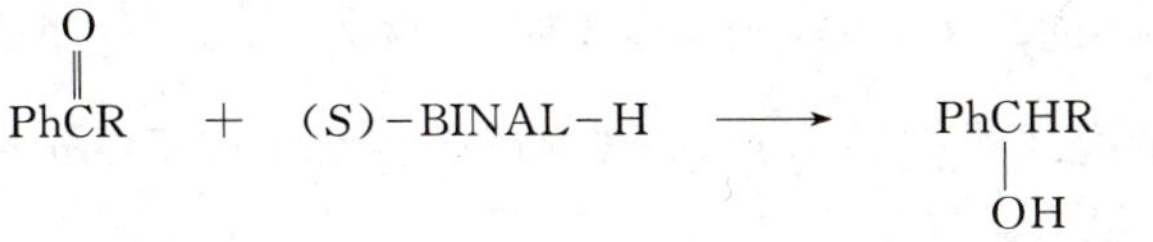

R＝Et	(*S*)－98％
Bu	(*S*)－100％

现在已经发展了一系列有手性的金属氢化物，有的已有商品供应。

26.1.2　醛、酮与 Grignard 试剂或有机锂化合物的反应

有机合成中常用的有机金属化合物为 Grignard 试剂和有机锂化合物，这两类试剂的应用范围有一定的差别。Grignard 试剂中烷基的体积比较大，并且 *β* 位上有氢原子时，它可以将 *β*－氢原子转移到底物的羰基碳原子上，生成还原产物；含新戊基的 Grignard 试剂则是从酮基的 *α* 位上夺取一个氢原子变成新戊烷和酮的烯醇盐，水解后得到原来的酮。例如：

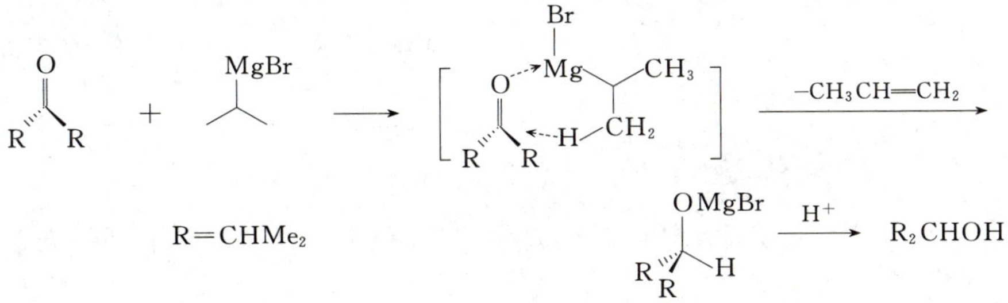

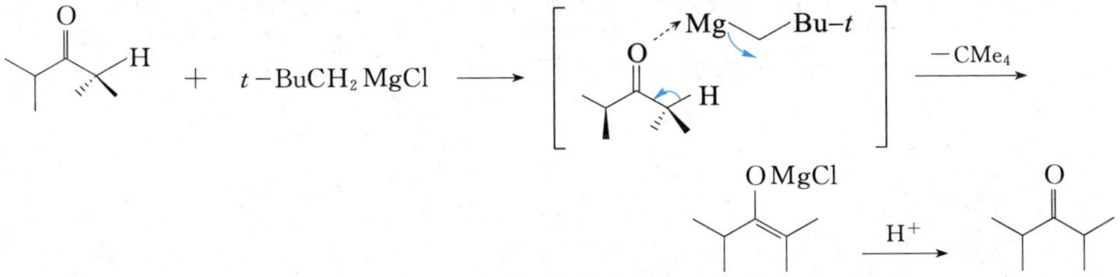

如用相应的有机锂化合物则可以得到叔醇。

4－叔丁基环己酮与普通的 Grignard 试剂发生反应，没有非对映选择性，但将 RMgX 中的卤素换成磺酸根，则有较好的非对映选择性：

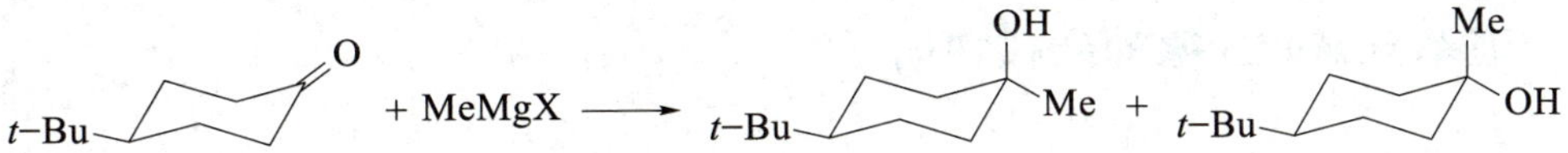

X		
X＝Br	49％	51％
OTf	73％	27％
OTs	85％	15％
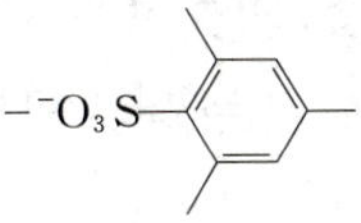	90％	10％

含磺酸根的有机镁试剂又称 Reetz−Grignard 试剂，可由有机锂化合物制备。例如：

$$\text{MeLi} + \text{Mg(OTs)}_2 \longrightarrow \text{MeMgOTs} + \text{LiOTs}$$

α 位有手性碳原子的醛或酮与 Grignard 试剂反应主要生成 Cram 产物。例如：

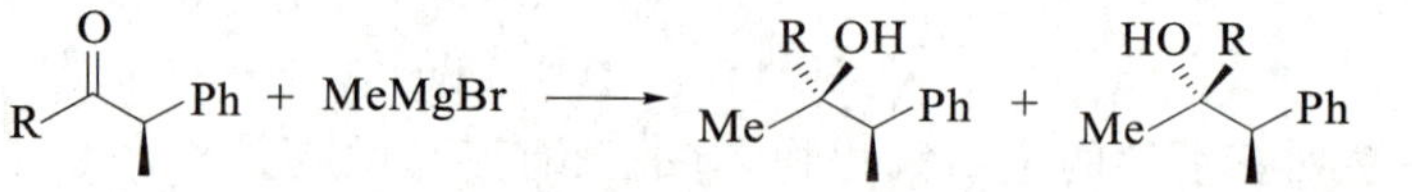

	Cram 产物	anti−Cram 产物
R=Et	86%	14%
i−Pr	90%	10%
t−Bu	96%	4%

	Cram 产物	anti−Cram 产物
X=Br	70%	30%
OTs	92%	8%
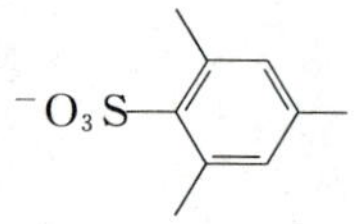	94%	6%

醛、酮与有机金属化合物的对映选择性加成通常用有机锌试剂进行。例如：

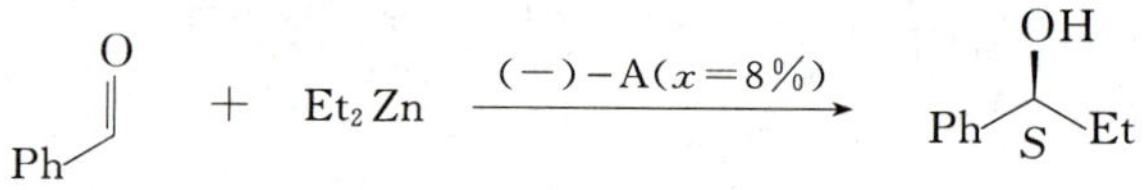

ee=95%

(−)−A 为手性辅助剂(chiral auxiliary)：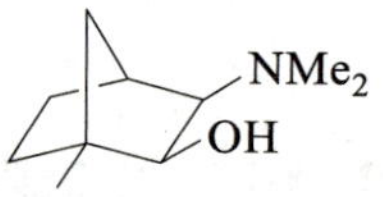

这个反应的优点：(−)−A 的 *ee* 值仅为 15%，产物的 *ee* 值竟可以达到 95%。这种现象称为手性放大(chiral amplification)。

26.1.3 醛基与磷叶立德的亲核加成

26.1.3.1 叶立德

三苯基膦(Ph_3P：)的结构与叔胺相似，磷原子上也有孤电子对，也能与卤代烷反应生成镂盐，后者与强碱反应，被夺去一个质子，生成的内盐，叫作叶立德(ylide，yl 指 P—C 结构，lide 表示两个原子之间有离子键)，由鏻盐(phosphonium salts)生成的叶立德就叫作磷叶立德(phosphonium ylide)或 P−叶立德(P−ylide)：

$$Ph_3P\!: + CH_3Br \longrightarrow Ph_3\overset{+}{P}CH_3\ Br^-$$

$$Ph_3\overset{+}{P}CH_3\ Br^- + PhLi \longrightarrow Ph{-}H + Ph_3\overset{+}{P}{-}\overset{-}{C}H_2$$

叶立德中的 $\overset{+}{P}{-}\overset{-}{C}$ 键也具有双键性质，用共振式表示为

$$\underset{\text{ylide}}{Ph_3\overset{+}{P}{-}\overset{-}{C}H_2} \longleftrightarrow \underset{\text{ylene}}{Ph_3P{=}CH_2}$$

磷与氮不同之处在于磷是第三周期元素，最外层电子可以达到 18。P-叶立德的结构已由 X 射线衍射法证实。

其他元素的鎓盐也可以生成叶立德：

$$Ph_2\overset{+}{S}CHMe_2\ I^- + n\text{-}BuLi \longrightarrow [Ph_2\overset{+}{S}{-}\overset{-}{C}Me_2 \longleftrightarrow Ph_2S{=}CMe_2]$$

硫叶立德(sulfonium ylide)

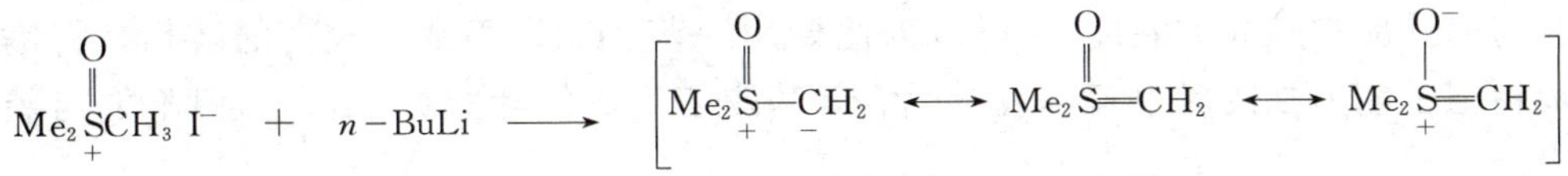

氧化硫叶立德(sulfoxonium ylide)

叶立德是有机合成中非常重要的一类试剂。

26.1.3.2 Wittig 反应

在乙醚溶液中现场制备鎓盐，通入氮气保护，加入 PhLi，再加入二苯甲酮，在室温下放几小时，就有氧化三苯基膦和溴化锂沉淀出来，从过滤后的溶液中可以分离出 1,1-二苯乙烯。最初认为这是叶立德中带负电荷的碳原子与羰基的加成反应，生成的内盐转变成含磷和氧的四元环(oxaphosphaetane，-etan 表示四元环)，再消除氧化三苯基膦生成烯烃：

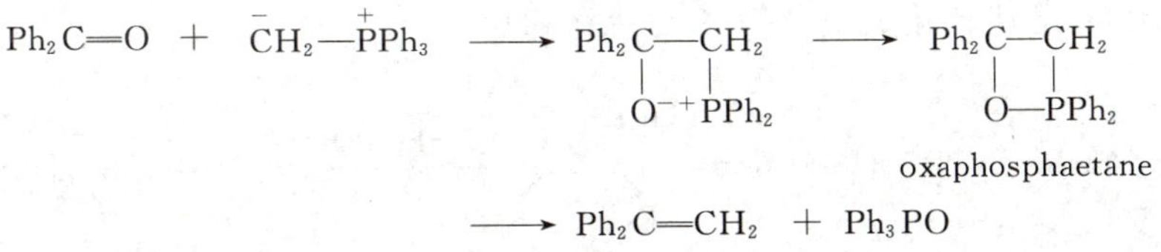

Vedejs E 等认为：这是通过环状过渡态进行的协同反应，即 C—C 键的断裂和 P—O 键的生成协同进行的环加成反应。在低温下用 NMR 法可以检测出 oxaphosphaetane 的存在，而内盐只能在特殊条件下检测出来。

这个反应具有广泛的用途，羰基化合物可以是脂肪族、脂环族和芳香族醛、酮，其中烃基上可以有双键、三键、OH、OR、NR_2 等官能团；P-叶立德的碳原子上可以有烃基或含有某些官能团的烃基；反应条件温和；特别重要的是生成的烯烃中，碳-碳双键的位置是确定无疑的。例如：

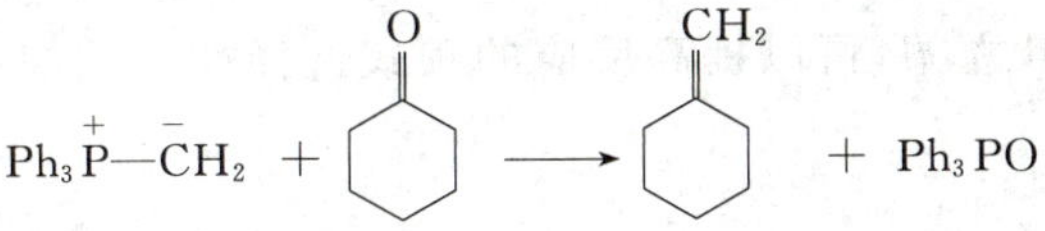

环外双键是不容易形成的，在一般的消除反应中得到的烯烃，其双键在环内。甚至可以使这个反

应在分子内进行，合成双键在碳桥上的桥环烃。Wittig G 由于在 Wittig 反应等方面的贡献于 1979 年获得诺贝尔化学奖。

由鏻盐生成叶立德的反应中：

$$Ph_3\overset{+}{P}—CH_2R\ X^- + B \longrightarrow Ph_3\overset{+}{P}—\overset{-}{C}HR$$

当 R 为 CO_2R'等吸电子取代基时，CH_2 上 H 的酸性增强，用 NaOH 水溶液就可以将鏻盐变成叶立德，吸电子取代基也使生成的叶立德稳定(stabilized ylides)，因此先制备叶立德再用来与羰基化合物反应；当 R 为芳基，CH_2 上的 H 酸性较强，可以用 NaOEt 或 NaOH 使鏻盐转变成半稳定化叶立德(semi-stabilized ylides)，但仍需现场制备，立即使用；R 为烷基时，CH_2 上 H 的酸性最弱，需要用强碱，如 n-BuLi，CH_3SCH_2Na，$NaNH_2$，t-BuOK 等，将鏻盐转变为未稳定化叶立德(nonstablized ylides)并立即用于反应中。未稳定化的叶立德对水和氧敏感(水解成 Ph_3PO 和 RCH_3，氧化成 Ph_3PO 和 RCH═O)，因此要在无水溶剂和氮气保护下反应。稳定化的叶立德与羰基化合物的反应在较高的温度下进行，因此要用甲苯、THF 等沸点较高的溶剂。将鏻盐中的苯基换成给电子能力强的对甲苯基或对甲氧苯基能使生成的叶立德更稳定，但不能与羰基化合物反应。

在 Wittig 反应中生成的烯烃如双键在链中间：

$$Ph_3\overset{+}{P}—\overset{-}{C}HR + R'CH═O \longrightarrow R'CH═CHR'$$

未稳定化的叶立德生成 90%以上的顺式烯烃，半稳定化的叶立德生成顺式烯烃和反式烯烃的混合物，稳定化的叶立德生成 90%以上的反式烯烃。

对 $Ph_3\overset{+}{P}—\overset{-}{C}HR$ 与醛的反应进行了深入的研究，发现未稳定化叶立德与脂肪醛(甲醛除外)通过环加成生成顺式 oxaphosphaetane 这一步是可逆的，顺式 oxaphosphaetane 可以转变为反式 oxaphosphaetane，这一步是不可逆的，转变的机理还没有完全确定。由于 P═O 键是非常稳定的，oxaphosphaetane 迅速转化成氧化三苯基膦和烯烃：

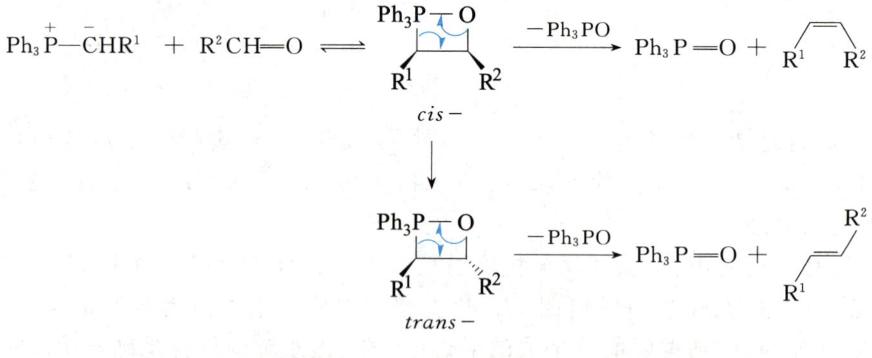

在叶立德的制备中作为副产物生成的锂盐对顺式 oxaphosphaetane 转变为反式有催化作用，在不生成锂盐的条件下制备叶立德，可以提高反应的顺式选择性。例如：

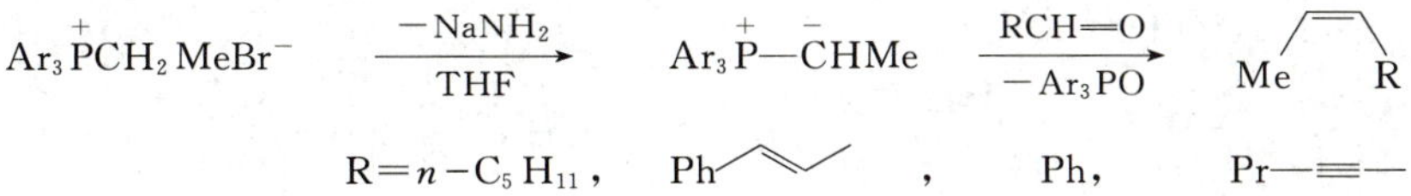

cis−olefin	Ar=Ph，	96%	90%	92%	84%
	Ar=*o*−MeC_6H_4	98%	97%	96%	95%

将三苯基膦换成三邻甲苯基膦可以进一步提高顺式选择性。

在另一方面，Schlosser M 用一种非常巧妙的操作方法使 Wittig 反应的产物主要为反式烯烃。他用溴苯与锂反应的方法制备苯基锂：

$$PhBr + 2\,Li \longrightarrow PhLi + LiBr$$

将苯基锂的溶液（含有 LiBr）加入𬭸盐中制备叶立德，这时又产生 LiBr：

$$Ph_3\overset{+}{P}CH_2R'Br^- + PhLi \longrightarrow Ph_3\overset{+}{P}\text{—}\overset{-}{C}HR' + LiBr$$

加入醛，由环加成反应生成的 oxaphosphaetane 在过量 LiBr 存在下迅速转变成锂化内盐（lithiobetaines）：

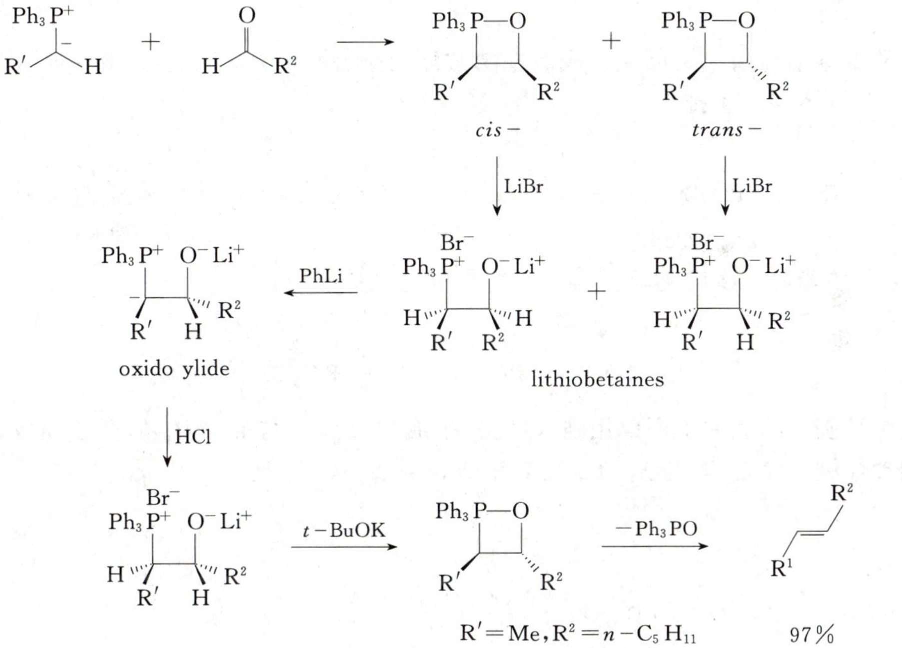

$R'=Me, R^2=n-C_5H_{11}$　97%

$R^2=Ph$　99%

这时再加入 PhLi 溶液使锂化内盐转换为叶立德，这一步反应同𬭸盐制备叶立德相似，也是用强碱夺去𬭸盐的 α−H，生成的叶立德中还含有一个带负电荷的氧，因此称为 oxide ylide，它没有顺、反之分。然后加入 HCl 使 oxide ylide 变回锂化内盐。由于顺式锂化内盐中两个烷基互相排斥，不稳定，因此 oxide ylide 夺取氢只生成稳定的锂化内盐。再加入强碱 t−BuOK 将锂化内盐转变为反式 oxaphosphaetane，分解后就得到反式烯烃。

在以上反应中，生成 oxide ylide 以后，如果不加 HCl，而加甲醛，则得到有 $HOCH_2$ 的烯烃：

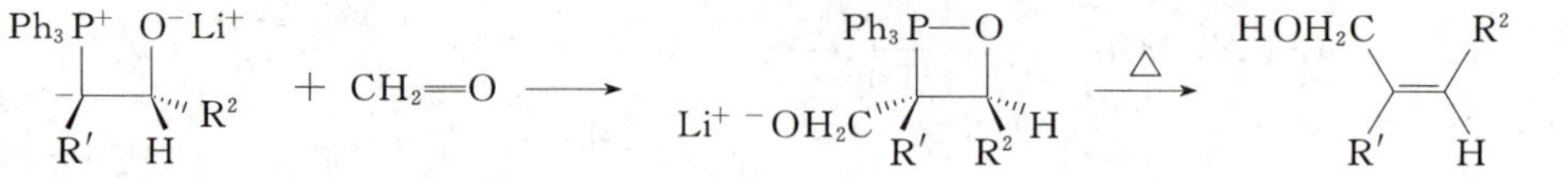

有的天然产物中含有顺式双键(如一些昆虫信息素),有的天然产物中含有反式双键,都可用 Wittig 反应合成。例如:

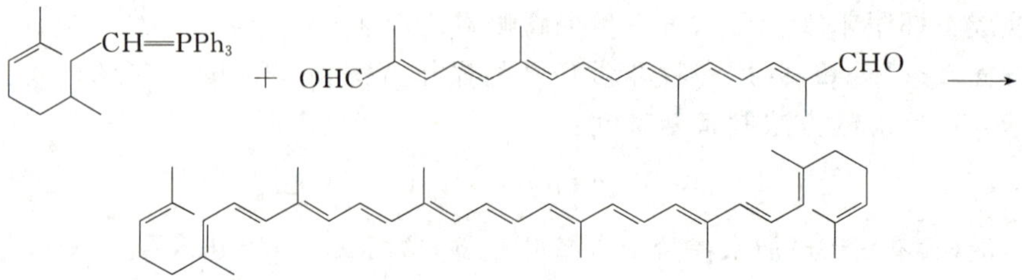

番茄红素(lycopene)

用 Wittig 反应合成番茄红素,一次可以得到 25 g 产物。

26.1.4 Horner-Emmons 反应(又称为 Wadsworth-Emmons 反应或 Wittig-Horner 反应)

亚磷酸烷基酯与卤代烷反应生成烷基膦酸酯,称为 Arbuzov 反应(Arbuzov A E 于 1906 年发现,又称为 Arbuzov 重排):

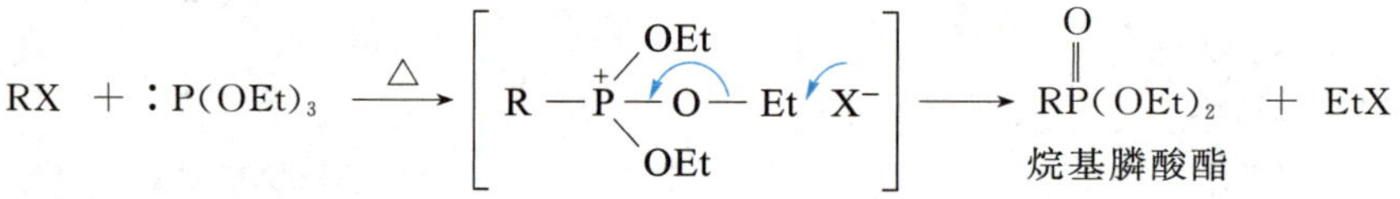

如用 α-卤代酸酯代替卤代烷,则得到 α-烷氧羰基甲膦酸酯:

$$\mathrm{RO\overset{O}{\overset{\|}{C}}CH_2X + :P(OEt)_3 \xrightarrow{\triangle} RO\overset{O}{\overset{\|}{C}}CH_2\overset{O}{\overset{\|}{P}}(OEt)_2}$$

其中活性甲叉基上的氢原子可以用强碱夺去,生成的负离子与醛、酮中的羰基加成,中间产物分解后得到含烯键的化合物,与 Wittig 反应相似。例如:

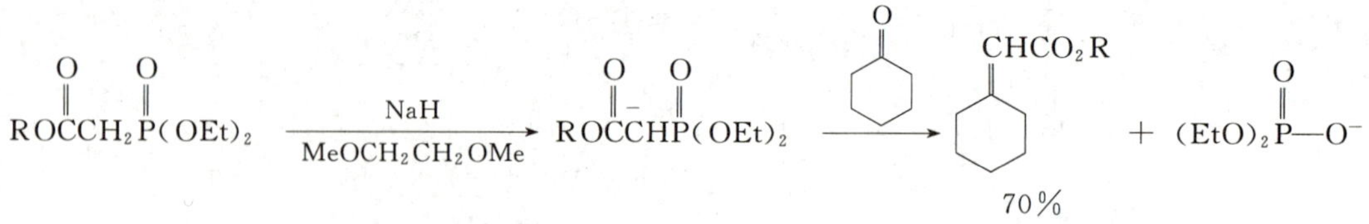

§ 26.2 羧酸衍生物与亲核试剂的反应

羧酸衍生物与亲核试剂的反应,根据原料和最终产物的结构判断,是 sp^2 杂化的碳原子上的亲核取代(S_N),由于多数反应的机理是亲核试剂先进攻羰基,生成四面体结构的中间体,所以放在本章讨论。

26.2.1　羧酸酯的水解

羧酸衍生物的水解反应中研究得最充分的是羧酸酯的水解。没有特殊结构的酯，水解机理为 $B_{Ac}2$ 或 $A_{Ac}2$。在碱性水解中，试剂是亲核性强的 OH^-，最后产物为羧酸盐，由于羧酸根离子的特殊稳定性，推动平衡向右移动，整个反应过程是不可逆的。在酸性水解中，进攻试剂是水分子，水是一个较弱的亲核试剂，需要加酸催化，提高羰基的极化程度，反应才能进行。酸性水解是一个平衡反应，平衡位置取决于底物和亲核试剂的相对浓度，水过量，使平衡向生成酸的方向移动，是酯的水解；醇过量或不断除去水，使平衡向生成酯的方向移动，则是酯化。酯的水解或羧酸的酯化是通过四面体中间体进行的酰基碳原子（sp^2 杂化碳原子）上的亲核取代，它与 S_N2 或 S_N1 不同之处是先加成，后消除。

羧酸酯（$\mathrm{R\overset{\overset{O}{\|}}{C}OR'}$）中烃基 R，R′结构的改变，可以改变酯的水解反应的机理。

若 R 的位阻很大，完全阻止了亲核试剂对羰基的进攻，这样就不能生成四面体中间体，水解反应只能按照其他机理进行。

2,4,6-三甲基苯甲酸甲酯不容易水解，2,4,6-三甲基苯甲酸也不容易酯化，但将 2,4,6-三甲基苯甲酸甲酯溶解在浓硫酸中，然后倒在冰上，却可以得到相应的酸，将 2,4,6-三甲基苯甲酸溶解在浓硫酸中，然后倒入冷却的甲醇中，也可以得到相应的酯。反应机理可能为

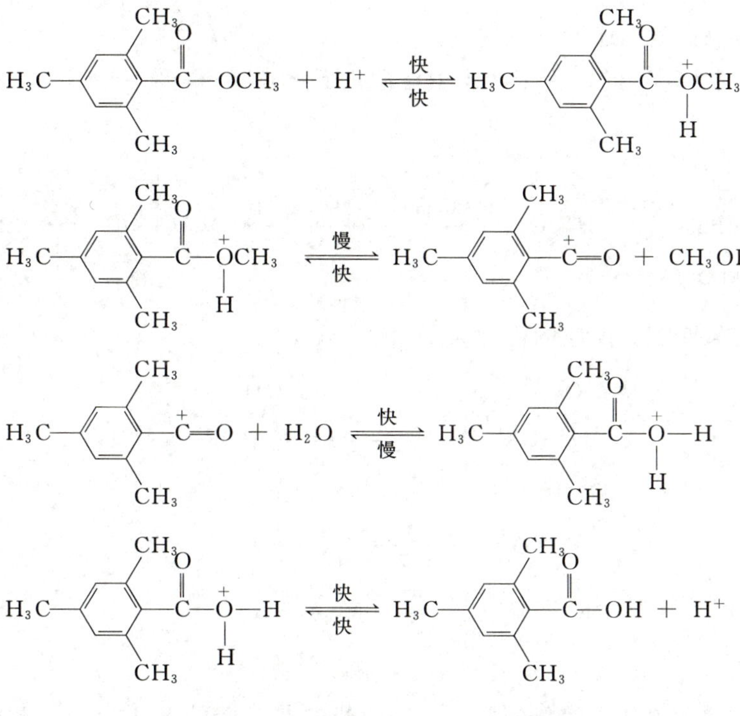

2,4,6-三甲基苯甲酸甲酯先在甲氧基的氧原子上接受质子，然后通过单分子解离，生成 2,4,6-三甲基苯甲酰离子和甲醇，前者立即与水结合，转变为 2,4,6-三甲基苯甲酸。解离生成酰基正离子是反应速率的决定步骤，因此这种机理称为 $A_{Ac}1$，即酸性单分子酰氧断裂或酰基碳原子上的 S_N1。

在 $A_{Ac}1$ 反应中，质子化在烷氧基氧原子而不是羰基氧原子上进行。如质子化在羰基氧原子上进行，由于两个邻位甲基的阻碍，生成的中间体的构象如式(1)所示：

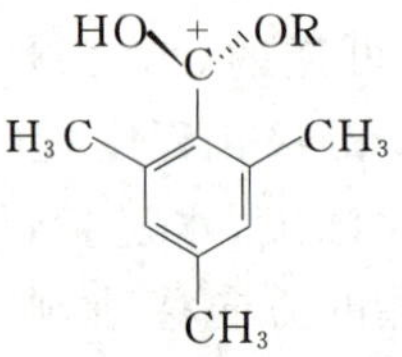

(1)

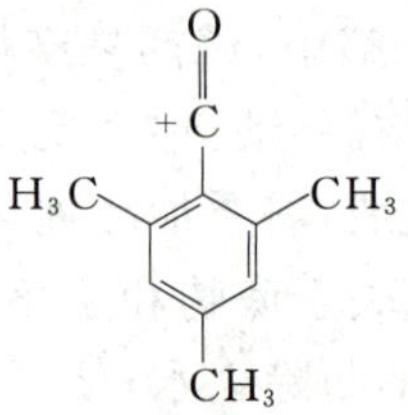

(2)

即碳正离子和与其直接相连的原子所在的平面与苯环平面垂直，亲核试剂从碳正离子所在平面的左边或右边进攻都会受到邻位甲基的阻碍，使反应不能进行。当质子化在烷氧基氧原子上进行时，生成的中间产物可以解离成酰基正离子，其构象如式(2)所示。亲核试剂从羰基所在平面(即苯环所在的平面)上方或下方进攻，都不会受到邻位甲基的阻碍。在酸性溶液中，两种质子化方式都存在，即一种方式不水解，而另一种方式则导致水解反应的发生。3,4,5-三甲基苯甲酸和 2,4,6-三甲基苯乙酸的结构与 2,4,6-三甲基苯甲酸相近，但都能在一般条件下酯化，说明位阻大是促使反应按照 $A_{Ac}1$ 机理进行的主要原因。

酚或伯醇的乙酸酯在浓硫酸(>90%)中的水解也是按照 $A_{Ac}1$ 机理进行的，而在稀硫酸中的水解机理仍为 $A_{Ac}2$。

与 $A_{Ac}1$ 相对应的 $B_{Ac}1$ 还没有发现过。

三苯甲醇的乙酸酯在用 ^{18}O 标记的水中酸催化下水解时，得到 ^{18}O 变丰的三苯甲醇和 ^{18}O 丰度正常的乙酸：

$$\underset{\text{乙酸三苯甲醇酯}}{CH_3\overset{O}{\overset{\|}{C}}OCPh_3} + H_2{}^{18}O \xrightarrow[\text{二噁烷}-H_2O]{0.03\ mol\cdot L^{-1}\ CH_3CO_2H} \underset{\text{乙酸}}{CH_3\overset{O}{\overset{\|}{C}}OH} + \underset{\text{三苯甲醇}}{H^{18}OCPh_3}$$

说明水解反应为烷氧断裂。反应的机理为

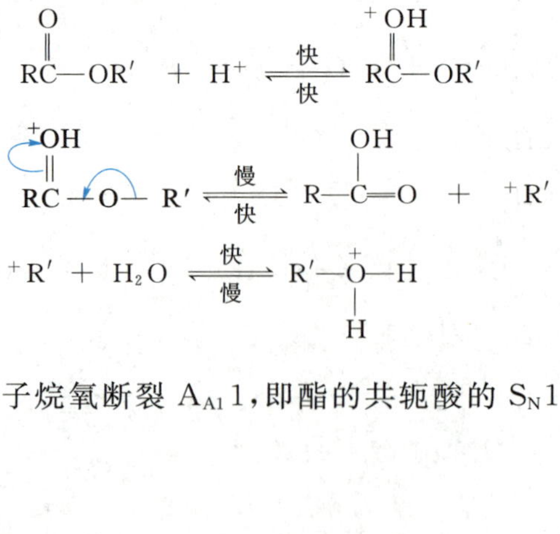

这种反应机理称为酸性单分子烷氧断裂 $A_{Al}1$，即酯的共轭酸的 S_N1 反应。酯分子中 R′为叔烷

基、烯丙基、苄基等容易生成稳定碳正离子的取代基时，在酸性溶液中的水解可能为 $A_{Al}1$ 机理。

羧酸与叔醇生成的酯的 $A_{Al}1$ 水解在合成中的用途：在无水溶剂中用对甲苯磺酸或三氟乙酸催化，叔烷基转变成烯烃离去，直接得到无水的羧酸，在这种实验条件下其他酯基不能水解，可以使水解反应选择性地进行。

与 $A_{Al}1$ 相对应的 $B_{Al}1$ 机理只能在中性溶液或碱性非常弱的溶液中发生，这时进攻试剂是亲核性很弱的水分子，与酰基加成的速率很慢，而 O—R′键解离的速率相对较快：

$$\mathrm{R\overset{\overset{O}{\|}}{C}—O—R'} \xrightleftharpoons{\text{慢}} \mathrm{R\overset{\overset{O}{\|}}{C}—O^-} + \mathrm{R'^+}$$

$$\mathrm{R'^+} + \mathrm{H_2O} \underset{\text{慢}}{\overset{\text{快}}{\rightleftharpoons}} \mathrm{R'—\overset{+}{O}H_2}$$

$$\mathrm{R'—\overset{+}{O}H_2} + \mathrm{R\overset{\overset{O}{\|}}{C}—O^-} \xrightarrow{\text{快}} \mathrm{R'OH} + \mathrm{R\overset{\overset{O}{\|}}{C}—OH}$$

三氟乙酸叔戊酯的水解可能是按照 $B_{Al}1$ 机理进行的。反应实际上是叔碳原子上的 S_N1 反应，$CF_3CO_2^-$ 是离去倾向较大的基团。

酯的水解的另外两种机理 $B_{Al}2$ 和 $A_{Al}2$ 都很少见，因为亲核试剂更容易进攻酰基而不是烷基。β-内酯在中性溶液中的水解可能是按照 $B_{Al}2$ 机理进行的：

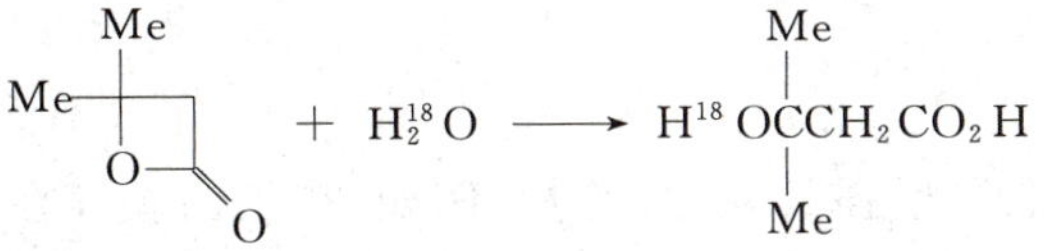

反应的推动力可能是四元环的张力，水解后张力解除。2,4,6-三叔丁基苯甲酸甲酯在含水甲醇中用稀碱（0.0011 mol·L^{-1} NaOH）水解也可能是按照 $B_{Al}2$ 机理进行的，因为酰基被苯环上两个邻位叔丁基完全屏蔽，并且反应产物中有甲醚存在，即

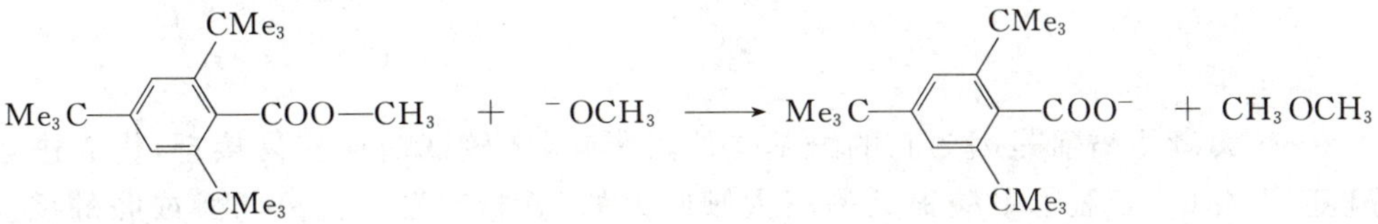

综上所述，酯的水解最常见的机理为 $B_{Ac}2$，$A_{Ac}2$ 和 $A_{Al}1$。酯、酰氯、酸酐与水、醇、酸、胺的反应机理研究得较少，在多数情况下可能也是通过生成四面体中间体进行的。

26.2.2　羧酸及其衍生物的活化

酰化反应是有机合成中经常用到的反应，羧酸及其衍生物都可以用作酰化剂。羧酸本身的酰化能力很弱，只能在少数情况下直接用作酰化剂。例如，在酸性催化剂存在下使醇酰化变成酯或在强酸存在下使亲核性极弱的芳环酰化：

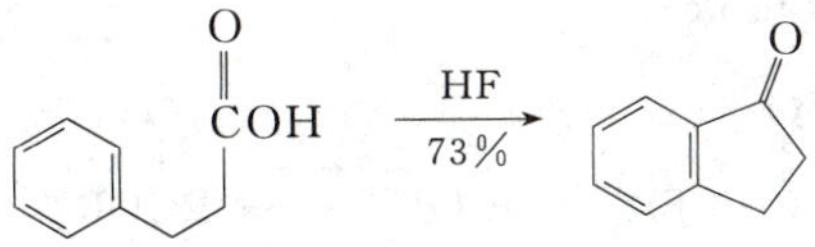

在其他情况下，如使醇类或胺类酰化，要将羧酸转变成酰化能力更强的衍生物，如酰氯、酸酐等。

26.2.2.1　酰氯

将羧酸转变为酰氯，常用 $SOCl_2$ 或草酰氯作试剂，其优点在于副产物都是气体，容易除去。如羧酸分子中有对酸敏感的基团，可以用 Ph_3P 和 CCl_4 作试剂：

$$RCO_2H + Ph_3P + CCl_4 \longrightarrow RCOCl + Ph_3PO + CHCl_3$$

或与高沸点酰氯通过交换反应制备。例如：

$$PhCOCl + CH_2{=}CHCO_2H \rightleftharpoons PhCO_2H + CH_2{=}CHCOCl$$

酰氯是很强的酰化剂，使醇或胺酰化，只需加入适当的缚酸剂，一般用三乙胺或吡啶。吡啶还不只是起缚酸剂的作用，它与酰氯生成酰基吡啶鎓盐(acyl pyridinium chloride)：

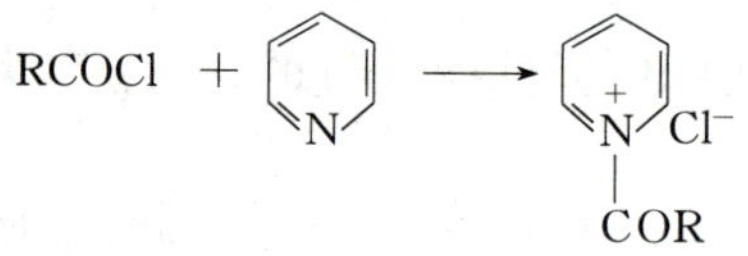

带正电荷的吡啶环增强酰基的亲电性，它的反应活性高于酰氯。

26.2.2.2　酸酐

羧酸可以通过转变成混酐增强其酰化能力。例如，在三乙胺存在下与 2,4,6-三氯苯甲酰氯反应：

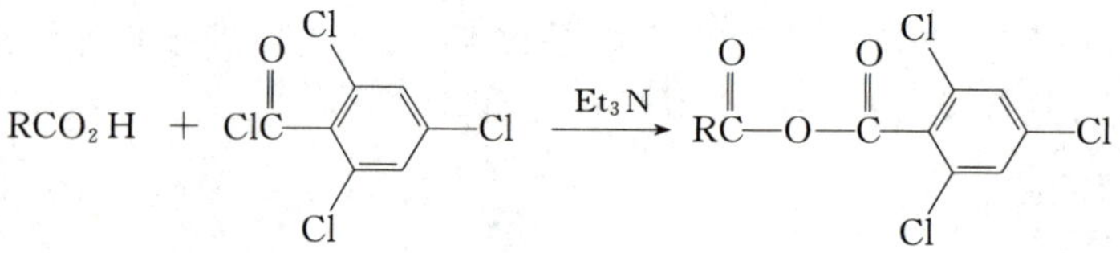

选择 2,4,6-三氯苯甲酰氯是因为它的酰基受位阻影响，亲核试剂不容易接近，优先进攻混酐中另一个酰基，2,4,6-三氯苯甲酸根又是离去倾向大的基团，有助于混酐与醇或胺的反应。其他选择有氯甲酸酯和三氟乙酰氯：

$$RCO_2H + ClCOR' \xrightarrow{Et_3N} R{-}C(=O){-}O{-}C(=O){-}OR'$$

$$RCO_2H + ClCCF_3 \xrightarrow{Et_3N} R{-}C(=O){-}O{-}C(=O){-}CF_3$$

前者是因为碳酸酯中羰基亲电性较弱，后者是因为三氟乙酸根是离去倾向很大的基团，醇或胺进攻混酐中另一个酰基，反应速率更快：

$$R{-}C(=O){-}O{-}C(=O){-}CF_3 + R'OH \longrightarrow RC(=O)OR' + HOC(=O)CF_3$$

此外，还可以用对甲苯磺酰氯或磷酸的酰氯[$\mathrm{Cl\overset{O}{\overset{\|}{P}}(OR)_2}$]。例如：

$$\mathrm{RCO_2H + Cl\overset{O}{\overset{\|}{P}}(OR)_2 \xrightarrow{Et_3N} R\overset{O}{\overset{\|}{C}}{-}O{-}\overset{O}{\overset{\|}{P}}(OR)_2}$$

用混酐使醇或胺酰化，加入 4－二甲氨基吡啶(4－dimethylaminopyridine，DMAP)作催化剂，可以使酰化反应更容易进行：

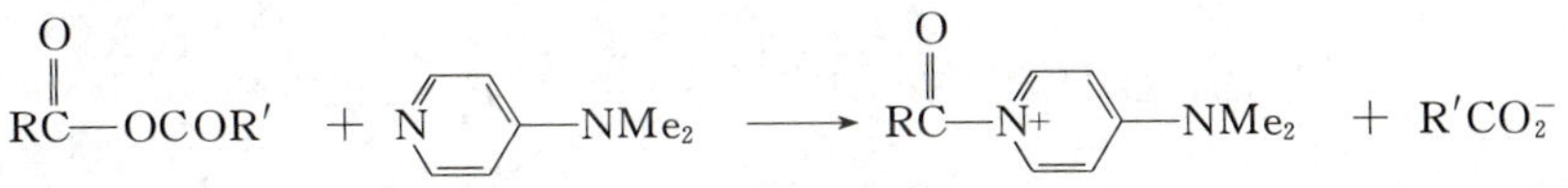

因为 4－二甲氨基吡啶的离去倾向比吡啶更大。叔醇用混酐酰化，加入 $x=5\%\sim20\%$ 的 DMAP 可以使反应速率提高 10^4 倍。

26.2.2.3　其他羧酸衍生物

羧酸除了可以先转变成可以分离的酰氯或混酐提高其酰化能力外，还可以在反应中现场生成酰化能力很强的衍生物。

羰基二咪唑(carbonyldiimidazole)与羧酸生成酰基咪唑：

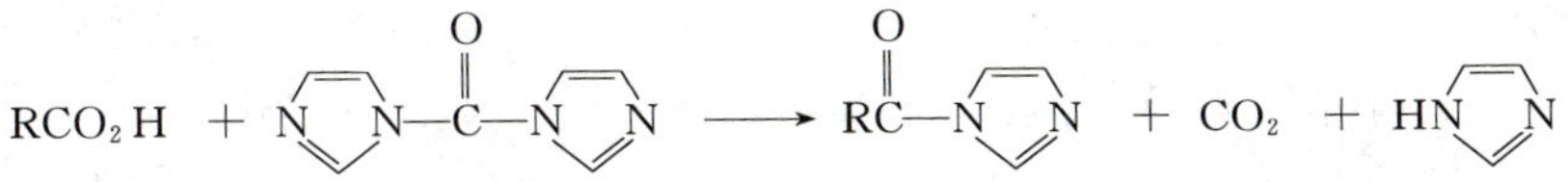

酰基咪唑可以分离出来。它虽然是一个酰胺，但是氮原子上的孤电子对是芳香六隅体(aromatic sextet)的一部分，不能与羰基组成共轭体系，而咪唑环又是一个离去倾向很大的基团，特别是在质子化以后。因此它的酰化能力很强，与醇一起加热生成酯，与胺在室温下即生成酰胺，特别适用于对酸敏感的化合物的酰化：

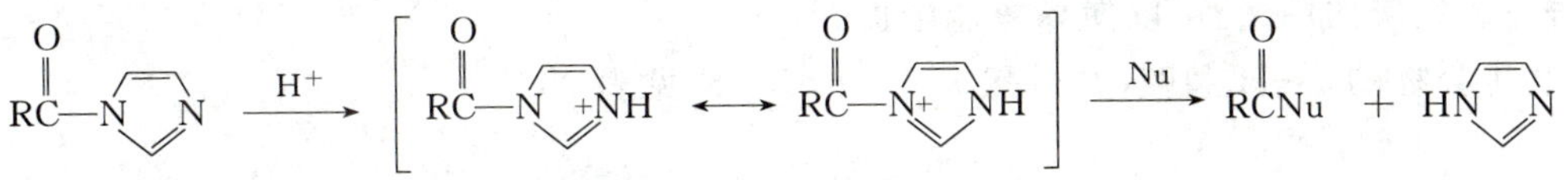

加入三氟乙酸甲酯，使 N 甲基化，其酰化能力进一步提高：

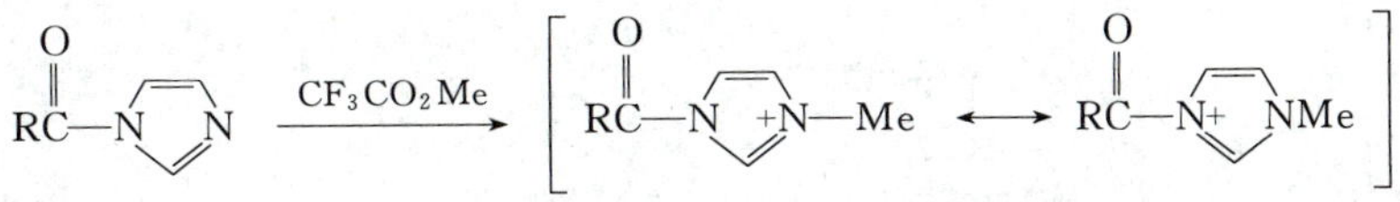

酰基咪唑不需要预先制备，可以在反应中现场生成。

二环己基碳二亚胺(dicyclohexylcarbodiimide，DCC)也常用来使羧酸现场转变为活性很强的酰化剂，*O*－酰基异脲(*O*－acyl isourea)：

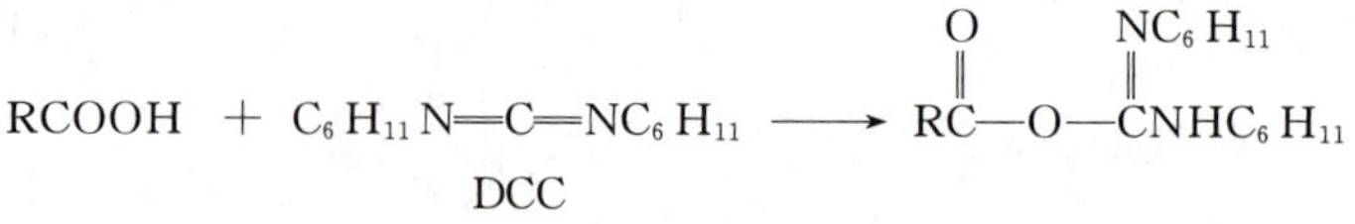

异脲基是一个离去倾向很大的基团，因为它离去后生成很稳定的脲(取代尿素)：

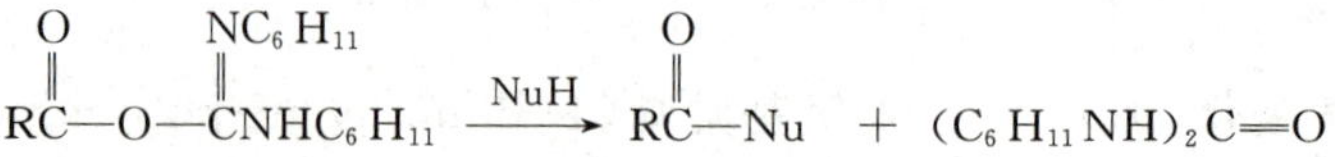

如在反应中再加入 DMAP 作催化剂，其酰化能力更强，在室温下就可以使醇酰化。例如：

$$Ph_2CHCO_2H + EtOH \xrightarrow{DCC, DMAP} Ph_2CHCO_2Et$$

§ 26.3 烯醇盐的反应

26.3.1 烯醇盐

醛、酮和羧酸酯等化合物中的 α-H 在羰基影响下酸性增强，在强度适当的碱存在下，去质子而变成负离子，由于羰基氧原子的电负性大，负电荷定域在氧原子上，因此反应的产物称为烯醇盐(enolates)：

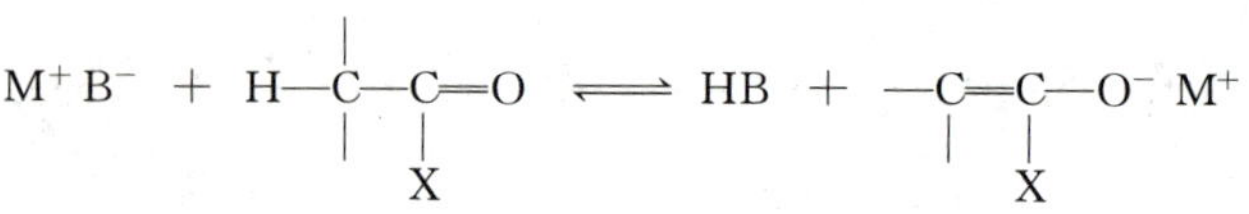

X=H, R, OR

$M^+ = Li^+, Na^+, K^+$

烯醇盐的生成是一个平衡反应，平衡位置取决于底物和 HB 的酸性。如果 HB 的 pK_a 比底物的高得多，用很强的碱，并且是用等物质的量，可以使反应移向右边，即将底物完全变成烯醇盐；如 HB 的 pK_a 比底物的低 1,2 或 3，用等物质的量的碱，只有 10%，1%或 0.1%的底物转变成烯醇盐；加大碱的用量，可以使烯醇盐增加。

一些化合物的 α-H 和碱(共轭酸 HB)的 pK_a 值见表 26.1。

表 26.1 一些化合物的 α-H 和碱的 pK_a 值

化 合 物	pK_a	B^-	pK_a(HB)
$CH_3C\underline{H}_2NO_2$	8.6	$PhCO_2^-$	4.2
$CH_3COC\underline{H}_2COCH_3$	9	PhO^-	9.9
$PhCOC\underline{H}_2COCH_3$	9.6	Et_3N	10.7
CH_3NO_2	10.2	Et_2NH	11
$CH_3COC\underline{H}_2CO_2Et$	10.7	MeO^-	15.5
$CH_3COC(CH_3)\underline{H}CO_2Et$	11	HO^-	15.7
$C\underline{H}_2(CO_2Et)_2$	12.7	EtO^-	15.9
$EtC\underline{H}(CO_2Et)_2$	15	t-BuO$^-$	19
$PhCOCH_3$	15.8	NH_2^-	35

续表

化 合 物	pK_a	B^-	pK_a(HB)
CH_3COCH_3	20	$CH_3SOCH_2^-$	35
Ph_3CH	33	Et_2N^-	36

注：在 DMSO 中测定的数值与此不同。

要使醛、酮、酯等完全转变成烯醇盐，必须使用非质子溶剂，因为质子溶剂也能去质子，而与 α-H 竞争。常用的非质子溶剂有乙醚、THF、1,2-二甲氧基乙烷(DME)等。NH_2^-，$CH_3SOCH_2^-$(DMSO 的共轭碱，又称为 dmsy 负离子)，Ph_3C^- 能使醛、酮完全转变成烯醇盐，二异丙基氨基锂(lithium diisopropylamide，LDA)是有机合成中广泛使用的强碱，它的亲核性小，体积大，副反应的概率降低。二(三甲硅基)胺[$(Me_3Si)_2NH$]的 Li，Na 或 K 盐中的六甲基二硅铵离子(hexamethyldisilamide，HMDS)也是常用的强碱。

烯醇盐即使在溶液中也是以聚集物(aggregates)的形式存在的。例如：

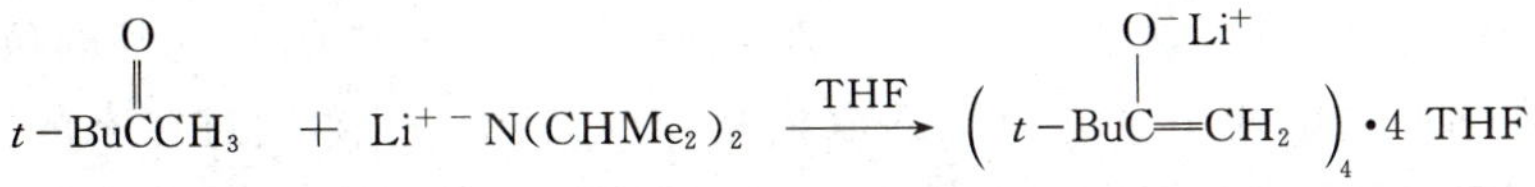

生成的烯醇盐聚集物的结构已用 X 射线衍射法测定，其中的四个氧原子和四个锂原子相间排列，形成立方体，每个锂原子上还配位一个四氢呋喃(THF)分子：

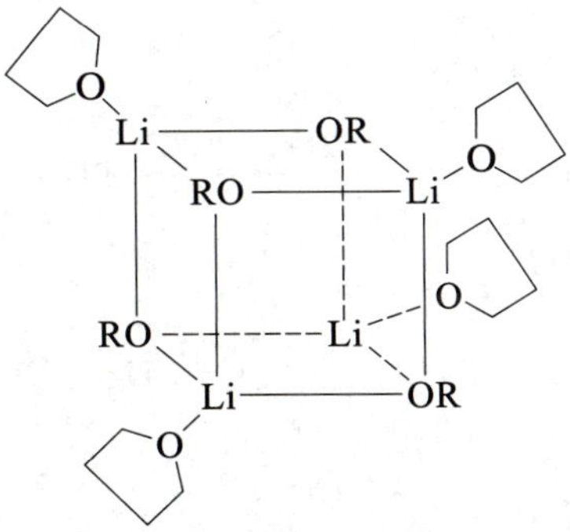

烯醇盐的聚集程度对它的反应性能有影响，而聚集程度又与金属离子的性质和溶剂有关。

26.3.1.1 烯醇盐生成中的区域选择性

不对称的酮有两种不同的 α-H，可以生成两种不同的烯醇盐。例如，2-苯基环己酮可能生成双键在 1,6 位的烯醇盐或双键在 1,2 位的烯醇盐，后者双键与苯基共轭，热力学稳定性较高：

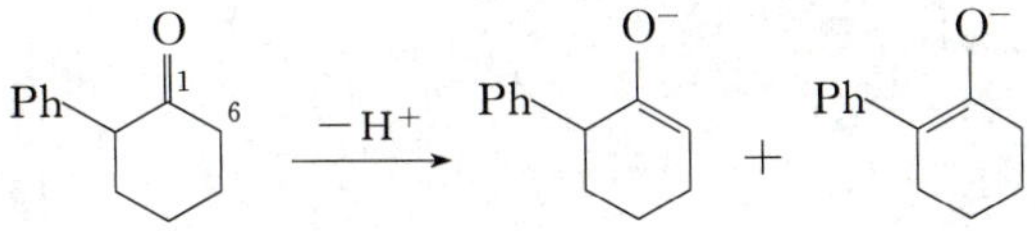

如在－70 ℃的低温下，用过量的强碱 LDA 去氢，反应速率快，是不可逆的，结果只得到双键在1,6位之间的烯醇盐。如果在室温下，酮略过量，使生成的烯醇盐与酮之间不断进行质子交换，则得到平衡混合物，其中几乎全是双键在 1,2 位之间的烯醇盐。

生成两种烯醇盐的过渡态可能为

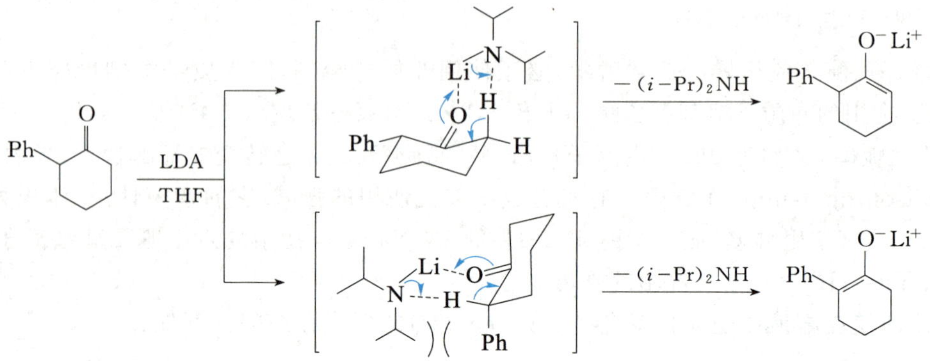

生成双键在 1,2 位之间的烯醇盐的过渡态中，苯基与 LDA 分子中的异丙基的位置相当于环己烷椅型构象中，在环同一边的两个直立键上的取代基，它们互相排斥，使过渡态的能量上升，活化能升高，反应速率减慢；而生成双键在 1,6 位之间的烯醇盐的过渡态中，体积大的苯基和异丙基，远离反应中心，过渡态的能量相对较低，活化能较低，反应速率较快，因此在低温下主要生成反应速率快的双键在 1,6 位之间的烯醇盐。

一些不对称酮在不同实验条件下生成的两种烯醇盐的比例如下（括号中为热力学控制条件下的比例）：

$$CH_3CH_2CH_2\overset{O}{\overset{\|}{C}}CH_3 \xrightarrow{LDA,THF,-78\ ℃} CH_3CH_2CH_2\overset{O^-}{\overset{|}{C}}{=}CH_2$$

≈100%

$$CH_3(CH_2)_3CH_2\overset{O}{\overset{\|}{C}}CH_3 \longrightarrow CH_3(CH_2)_3CH_2\overset{O^-}{\overset{|}{C}}{=}CH_2 + CH_3(CH_2)_3CH{=}\overset{O^-}{\overset{|}{C}}CH_3$$

LDA，THF，－78 ℃	74%	26%
KH，THF，20 ℃	(46%	54%)

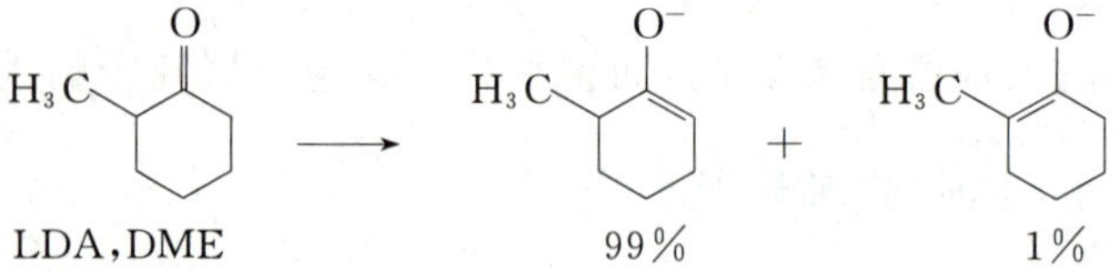

LDA，DME	99%	1%
Et_3N，DMF	(78%	22%)

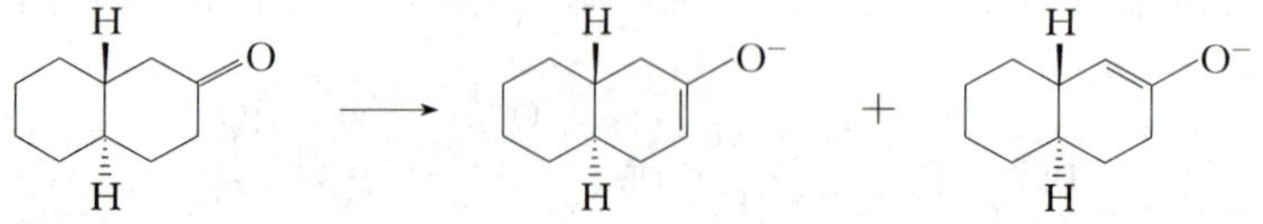

Ph_3CLi，DME	87%	13%
Ph_3CLi，DME，酮过量	(53%	47%)

从以上例子可见：从未取代的 α－碳原子上去质子，其速率较快；而从有烷基（或有 β－烷基）取代的 α－碳原子上去质子，其速率较慢。可能是烷基的位阻作用使过渡态能量升高，而烯醇盐中双键在有烷基取代的 α－碳原子一边时热力学稳定性较高（双键碳原子上烷基取代基多的烯烃较稳定）。

在烯醇盐的生成中，保证动力学控制的最佳条件是使去质子迅速、定量、不可逆地进行，实验中选用非常强的碱、非质子溶剂和低温，金属离子选 Li^+ 较好，因为它与氧原子间的配位能力强，可以降低质子交换的速率，碱分子中负离子的体积大也有帮助。

26.3.1.2　烯醇盐生成中的立体选择性

烯醇盐中有碳－碳双键，可能有 E 和 Z 两种构型。例如：

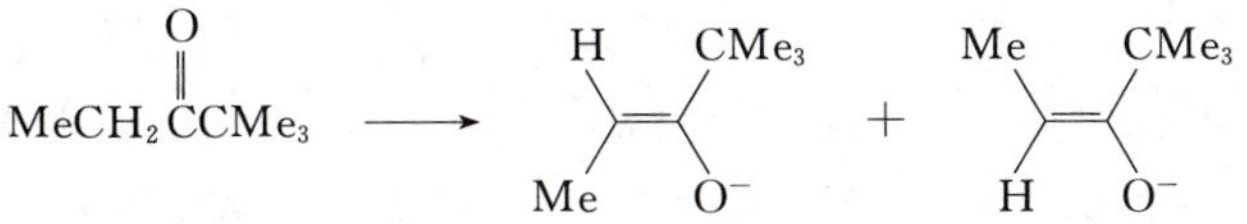

羰基化合物的结构、生成烯醇盐的反应条件如碱的结构、溶剂的性质，甚至添加剂对 E 和 Z 的比例都有影响。例如：

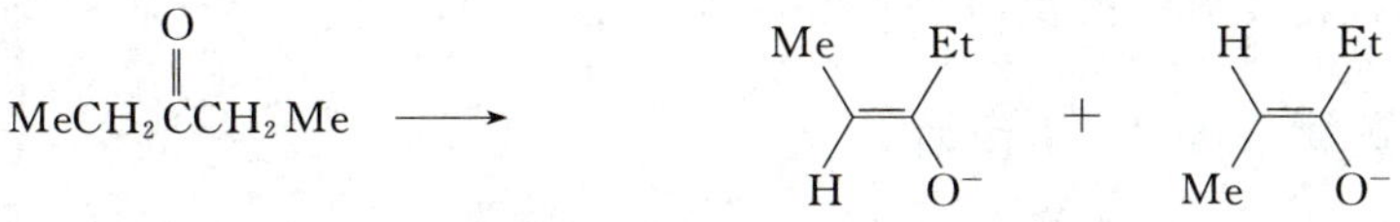

	E	:	Z
LDA	3.3		1
LiTMP	5		1
LiTMP＋LiBr	50		1

TMP ＝ 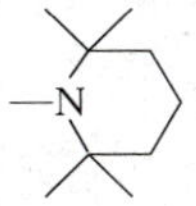

，2，2，6，6－tetramethylpiperidine

在个别例子中，曾经用环状过渡态中张力不同来说明为什么只生成某一种构型的烯醇盐。由于影响烯醇盐生成的因素较多，对 E 和 Z 的比例变化的原因还不十分清楚。

26.3.1.3　烯醇盐的两可亲核性

烯醇负离子是两可亲核试剂（ambident nucleophile）：

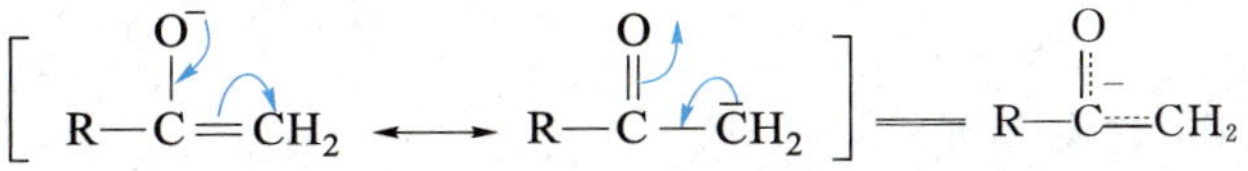

它可在氧原子或碳原子上发生亲核取代反应。

由于硅对氧的亲和力很强（键能：Si—O，452 $kJ\cdot mol^{-1}$，Si—C，318 $kJ\cdot mol^{-1}$），有机硅试剂与烯醇盐的反应完全在氧原子上进行：

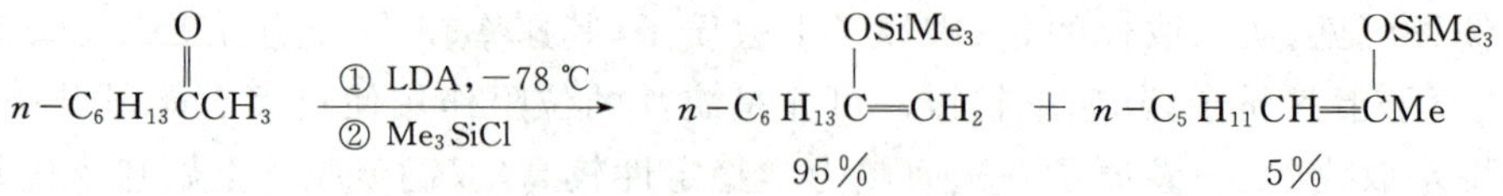

在生成烯醇盐的反应混合物中加入 Me_3SiCl，烯醇负离子立即被硅截留生成稳定的硅醚，不同结构的硅醚的比例，可以反映反应混合物中两种或几种烯醇盐的组成。如果只生成一种烯醇盐，可以得到高纯度的相应的硅醚；如果生成两种烯醇盐，把它们转变成硅醚后可以分离提纯。

硅醚也可以直接从相应的酮得到。例如：

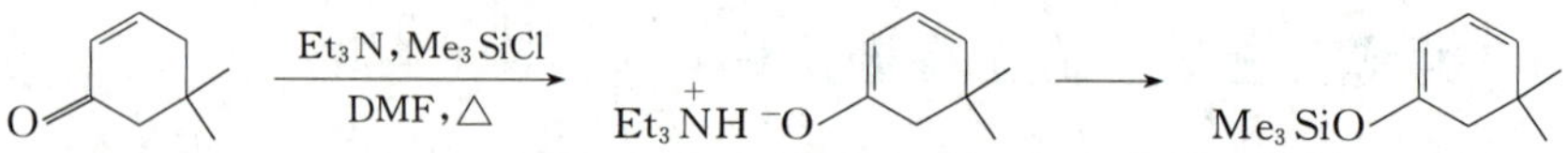

这是热力学控制产物。如用 LDA 制备烯醇盐，则得到动力学控制产物：

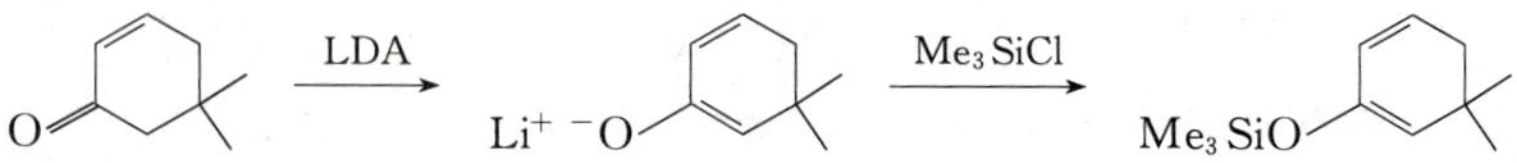

$(EtO)_2P(=O)Cl$，$(Me_2N)_2P(=O)Cl$ 等磷试剂与烯醇盐的反应也在氧原子上进行（键能：P—O，约 335 kJ·mol^{-1}，P—C，264 kJ·mol^{-1}）。

烯醇盐与醛、酮、酯和酰胺的反应基本在碳原子上进行，是生成碳－碳单键的重要方法。

26.3.1.4　生成烯醇盐的其他方法

α,β－不饱和酮与二甲基铜锂发生加成反应，得到烯醇锂与甲基铜的配合物：

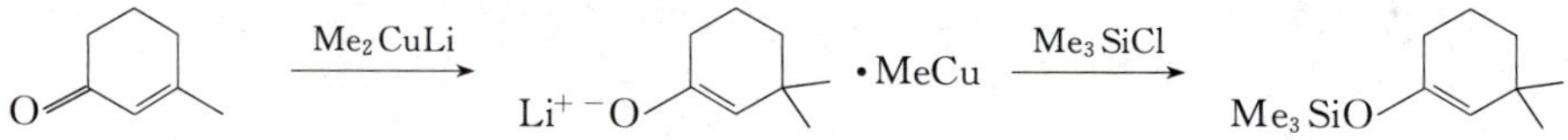

α,β－不饱和酮在液氨溶液中用金属锂还原，也生成烯醇盐。例如：

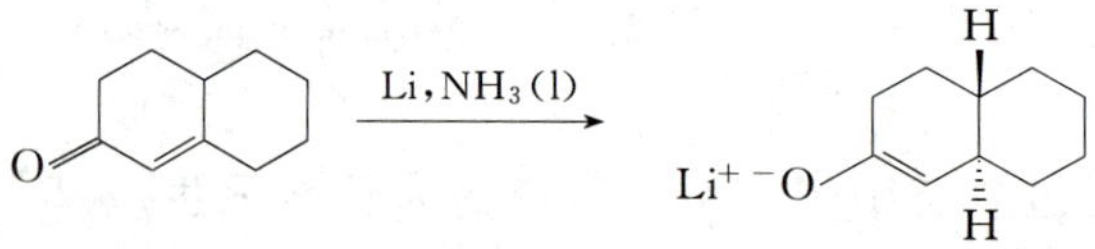

相应的饱和酮与 LDA 反应只能得到另一种烯醇盐：

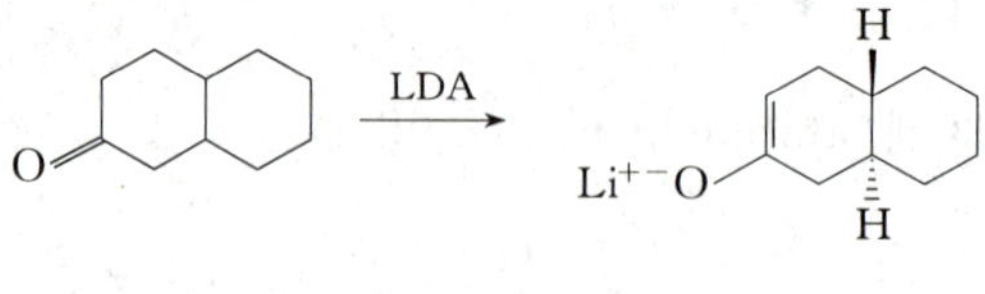

26.3.1.5　双负离子的生成

羧酸或羧酸盐与强碱反应，可以生成双负离子（dianion）：

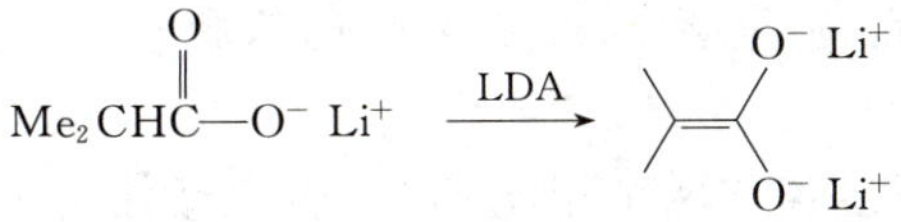

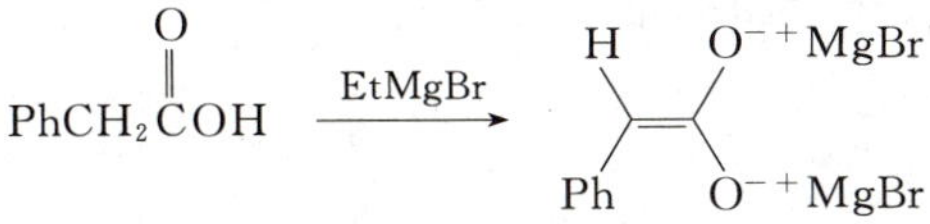

1,3-二羰基化合物与 RLi, NaH, $NaNH_2$ 等强碱反应也能生成双负离子：

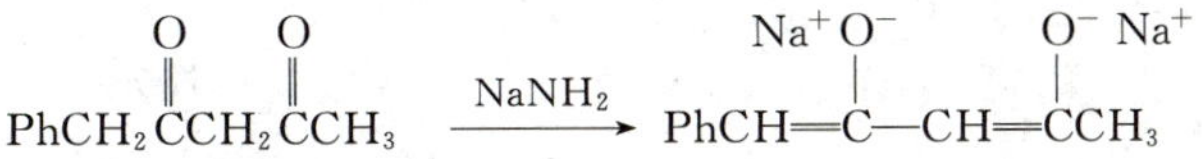

26.3.2　烯醇盐与羰基化合物的反应

烯醇盐与羰基化合物的反应基本上在碳原子上进行，生成新的碳-碳键。

26.3.2.1　甲基酮的烯醇盐与芳醛的反应

甲基酮与芳醛缩合生成 α,β-不饱和酮（Claisen-Schmidt 缩合）。例如：

$$\mathrm{PhCHO} + \mathrm{CH_3COCH_3} \xrightarrow[\text{室温},2\sim3\ \mathrm{d}]{10\%\ \mathrm{NaOH-H_2O},0\ ^\circ\mathrm{C}} \underset{65\%\sim78\%}{\mathrm{PhCH{=}CHCOCH_3}}$$

甲乙酮与苯甲醛在碱催化下反应，缩合在甲基上进行，而在酸催化下，则在亚甲基上进行：

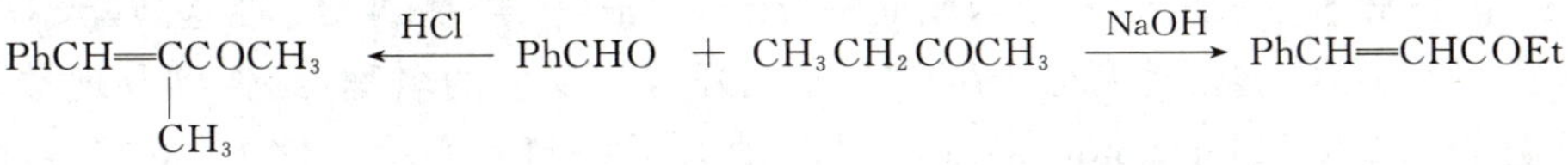

α,β-不饱和酮是由 β-羟基酮脱水生成的，用其他方法制备相应的羟基酮，然后分别用碱和酸处理，得到下面的结果：

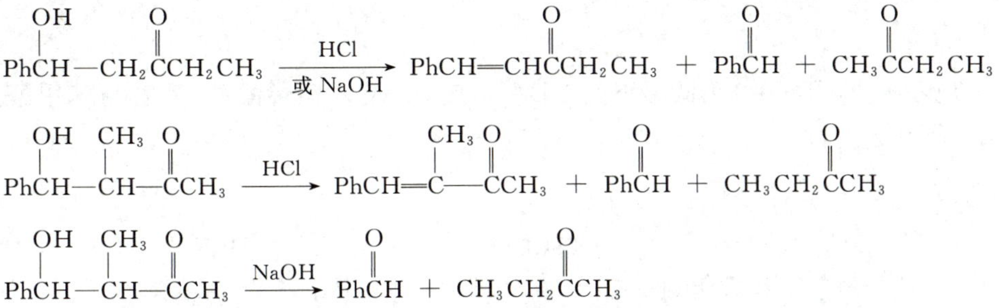

说明在碱性溶液中支链的羟基酮脱水的速率比通过逆反应生成醛和酮的速率慢，因此在碱催化的缩合反应中，虽然生成了直链和支链的羟基酮，但只有前者脱水生成 α,β-不饱和酮，后者又重新分解为原料；而在酸性催化下，两种羟基酮都能迅速脱水转变成 α,β-不饱和酮。但由于在酸性溶液中，酮先转变成烯醇，然后再与醛加成，双键在链中间的烯醇，双键上烷基多，比较稳定，生

成的速率快，生成后立即与醛反应，得到的羟基酮又迅速脱水，因此只得到有支链的 α,β-不饱和酮。

苯甲醛与丙酮在酸催化下迅速与两个甲基缩合，而在碱催化下丙酮中只有一个甲基参与缩合，并且反应要几天才能完成，与上面的推论相符合。

$$\mathrm{PhCHO + CH_3COCH_3 \xrightarrow{HCl,0\ ^\circ C} PhCH{=}CHCOCH{=}CHPh}$$

芳醛与甲基酮缩合生成(E)-α,β-不饱和酮，可能是在过渡状态中 Ar 和 COR 两个取代基在反交叉的位置时位阻较小：

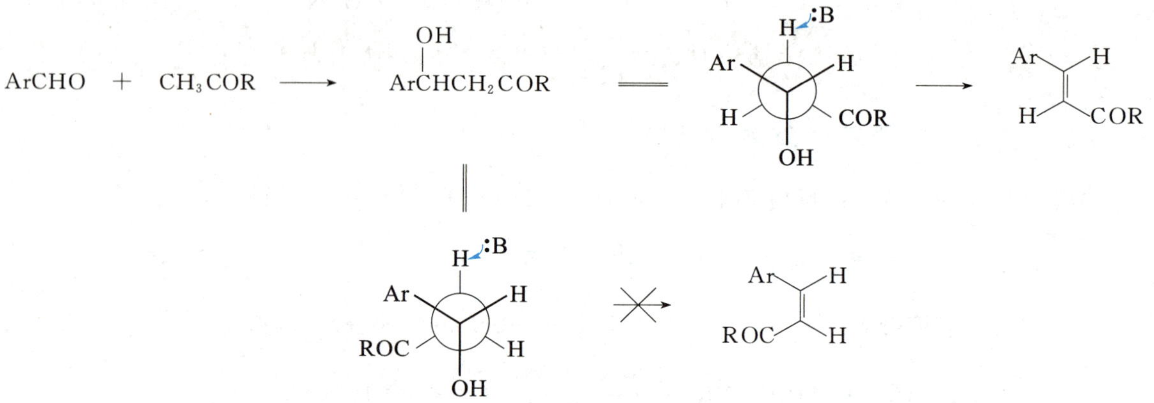

26.3.2.2 定向羟醛缩合

酮、羧酸酯、酰胺等生成的烯醇盐与脂肪醛缩合，生成 β-羟基酮、β-羟基酸酯、β-羟基酰胺的反应统称为羟醛缩合，这是将两分子醛缩合成羟醛这一反应的名称，延伸到其他羰基化合物。定向羟醛缩合(directed aldol condensation)是在动力学控制的实验条件下，将酮、羧酸酯、酰胺等在低温下完全转变为某一结构的烯醇盐，然后加入脂肪醛，由于烯醇盐的亲核性极强，缩合反应迅速进行，随后加酸中和，分离反应产物。在生成烯醇盐和随后与醛加成的过程中都保持动力学控制，以期得到指定构型的产物。

乙基叔丁基酮(EtC(=O)Bu-t)在低温下与 LDA 反应，生成 Z 型烯醇盐，后者与苯甲醛反应生成顺(syn)式加成产物：

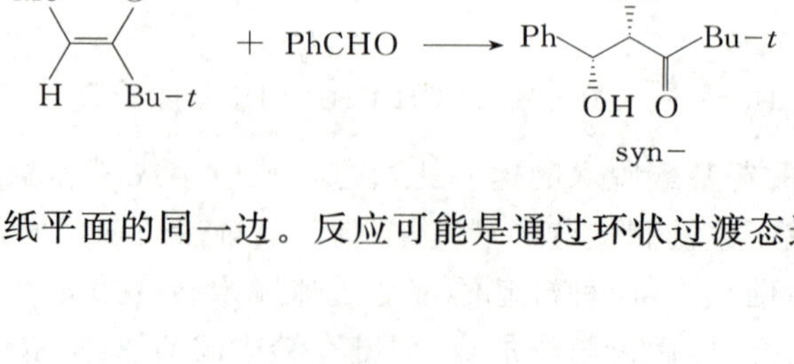

syn-

syn 表示 Me 和 OH 都在纸平面的同一边。反应可能是通过环状过渡态进行的：

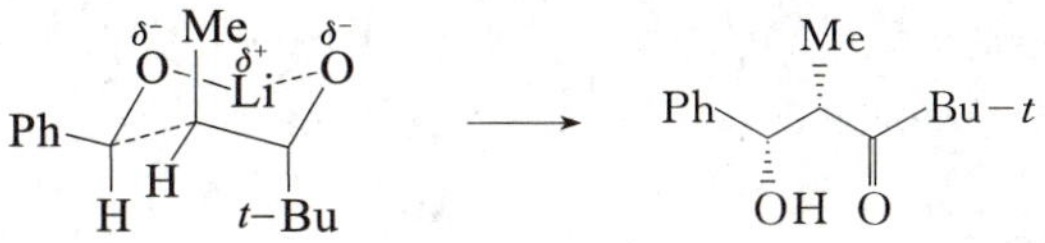

syn－(外消旋体)

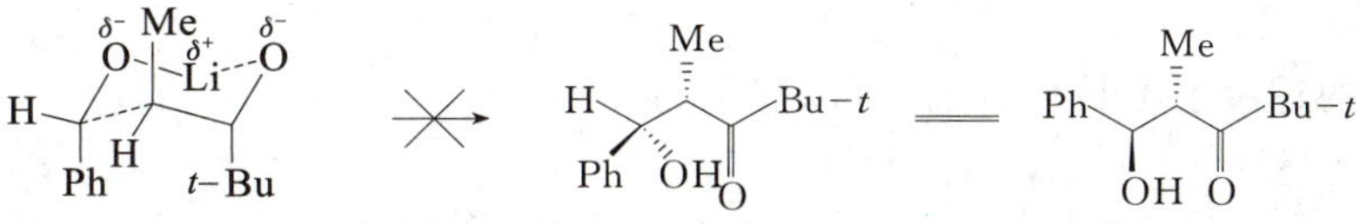

anti－(外消旋体)

生成 syn 的过渡状态中两个体积大的取代基 Ph 和 t－Bu 相距较远，张力小，活化能较低，反应速率较快；而生成 anti 的过渡状态中两个体积大的取代基的位置相当于环己烷椅型构象中同一边的直立键，张力大，活化能高，反应速率慢，在动力学控制的条件下，只生成 syn 异构体。

如上式中的 t－Bu 为 i－Pr，则生成的烯醇锂为 E 和 Z 的混合物(40∶60)，与 PhCHO 反应后，得到 anti 式和 syn 式的混合物，其比例为 18∶82。(Z)－烯醇锂与 PhCHO 反应的两种过渡态与上式相同，(E)－烯醇锂与 PhCHO 反应的两种过渡态为

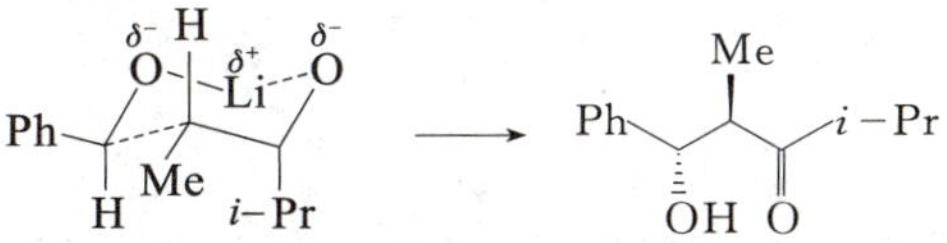

anti－

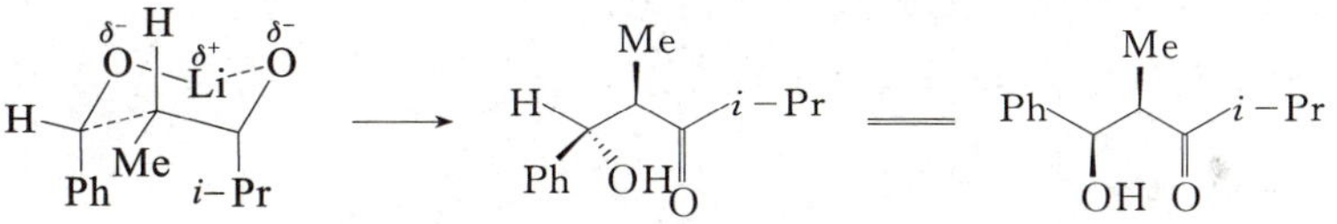

syn－

由于 i－Pr 的体积较小，反应的立体选择性降低，(Z)－烯醇锂生成 syn 和 anti 两种异构体，前者占优势，(E)－烯醇锂生成 anti 和 syn 两种异构体，前者占优势。因此，烯醇锂中 E/Z 比为 40∶60，而产物中 anti/syn 比为 18∶82，并不相同。

酯的烯醇锂与醛反应，立体选择性很低，但 2,6－二甲基苯酚(DMP)和 4－甲基－2,6－二叔丁基苯酚(BHT)生成酯，由于 OR 的体积很大，立体选择性较高。

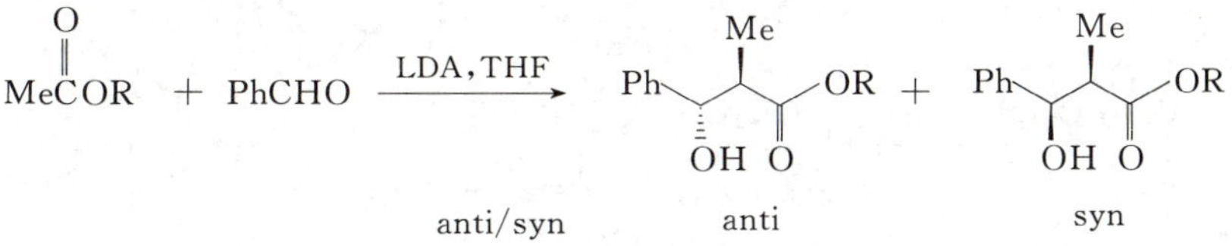

	anti/syn
R＝Me	55∶45
R＝DMP	88∶12
R＝BHT	＞98∶2

烯醇的三甲基硅醚是稳定的化合物，可以得到纯粹的 Z 型或 E 型，但它们不能直接与醛反应。Mukaiyama T 等发现，选用 Lewis 酸，如 BF_3 使醛活化，缩合反应就可以进行：

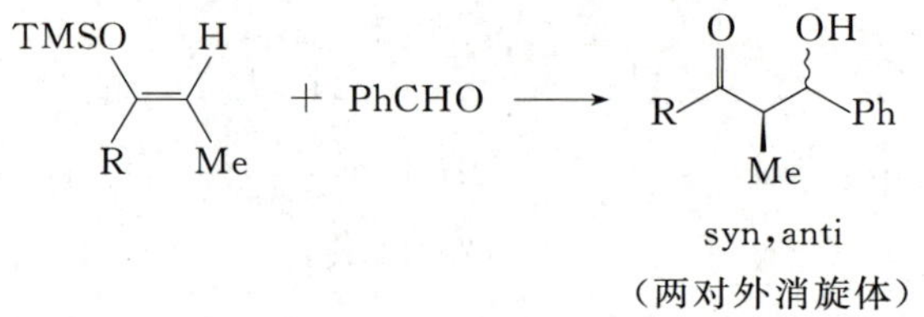

Mukaiyama 反应的过渡态不是环状的，可以表示为

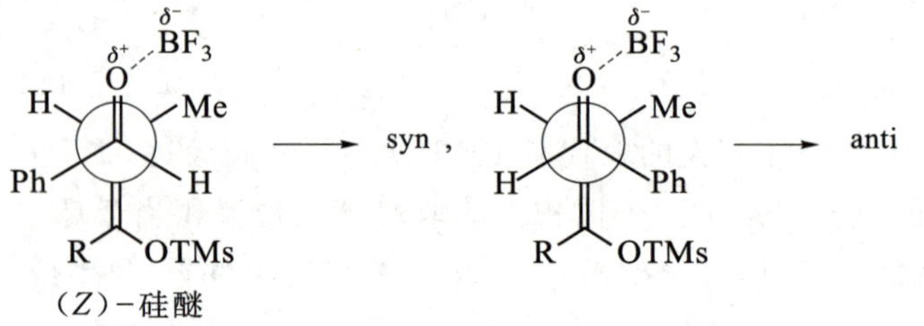

在生成 anti 缩合物的过渡态中，两个体积大的取代基 Ph 和 t-Bu 相距较远，张力小，活化能低，反应速率快，因此产物以 anti 为主。

26.3.2.3　烯醇盐的酰化

Claisen 缩合是酯生成的烯醇盐与酯的反应，实际上是用烯醇盐作亲核试剂，在酰基碳原子上进行的亲核取代反应，为方便起见放在本章讨论。

分子内的 Claisen 缩合称为 Dickmann 缩合：

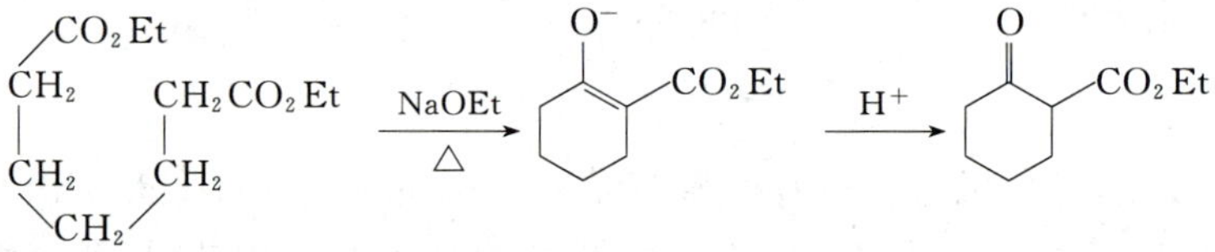

Dickmann 缩合主要用来合成含五元环和六元环的化合物。

2-甲基庚二酸二乙酯发生缩合反应，生成的产物说明：α 位没有取代基的酯基转变成烯醇盐，然后与另一个酯基反应：

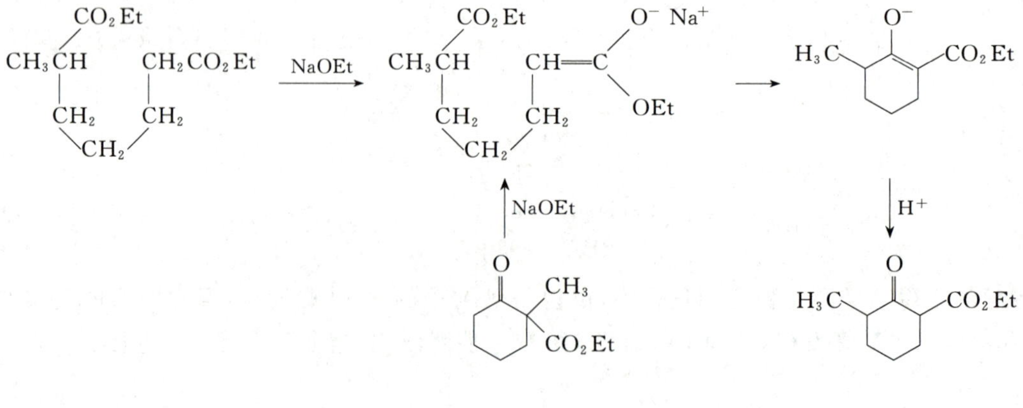

如果用其他方法合成按照另外一种缩合方式可能生成的酮酸酯，然后再与 NaOEt 一起加热，仍得到第一次得到的酮酸酯，说明缩合反应是可逆的。

两种不同的羧酸酯的缩合称为交错 Claisen 缩合。交错 Claisen 缩合要成功进行，首先要选择适当的原料，一种是生成烯醇盐的酯，另一种是没有 α - 氢原子，不能生成烯醇盐，而羰基反应活性更高的酯，如草酸酯、甲酸酯或碳酸酯。其次要控制实验条件，即将不能烯醇化的酯与计算量（不是催化量）的碱混合，然后滴加能生成烯醇盐的酯，以保证后者能转变成烯醇盐后，与过量的不能烯醇化的酯反应，最大限度地减少与自身反应的可能性。例如：

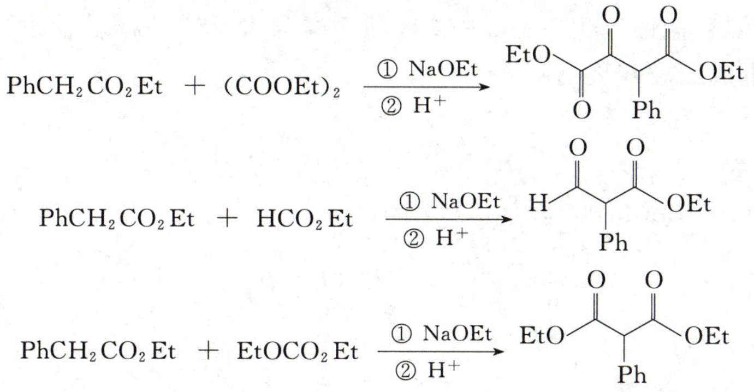

酮生成的烯醇盐也可以用酯酰化。例如：

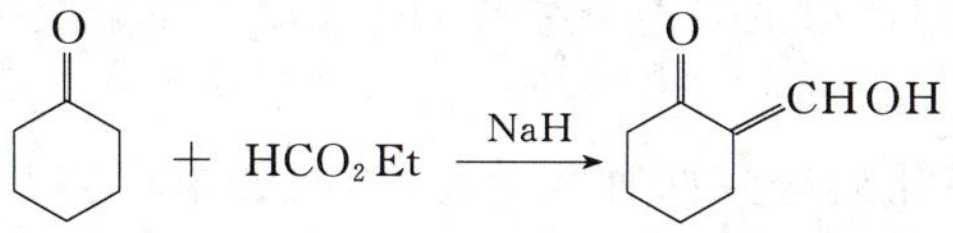

70%～74%

$$CH_3COCH_3 + CH_3(CH_2)_4CO_2Et \xrightarrow{NaH} CH_3COCH_2CO(CH_2)_4CH_3$$

54%～65%

26.3.2.4　烯醇盐的烃基化

烯醇盐的烃基化实际上是用烯醇盐作亲核试剂，与烃基化剂的 S_N2 反应，它在合成上有广泛的用途。

在有机化学发展中，最先开发的烯醇盐的烃基化反应是乙酰乙酸乙酯和丙二酸二乙酯的烃基化，因为它们的活性甲叉基上的氢原子酸性较强，可以用容易得到的乙醇钠转变成烯醇盐。乙酰乙酸乙酯和丙二酸酯合成法，主要用于甲基酮和羧酸的合成，都要经过烃基化、水解、脱羧等步骤才能得到最终产物，实际上相当于使 CH_3COCH_3 或 CH_3CO_2Et 烃基化，为了增强 α - 氢原子的酸性才导入一个 CO_2Et，最后又把它去掉。后来出现了更强的碱可以直接使酮、酯、酰胺等脱去 α - 质子，接着进行烃基化，既减少了操作步骤，又达到了节约原子的目的，在一定程度上可以取代早期采用的乙酰乙酸乙酯和丙二酸酯合成法。

乙酰乙酸用丁基锂去质子可以得到双负离子，烃基化后加酸处理，立即脱羧转变成酮：

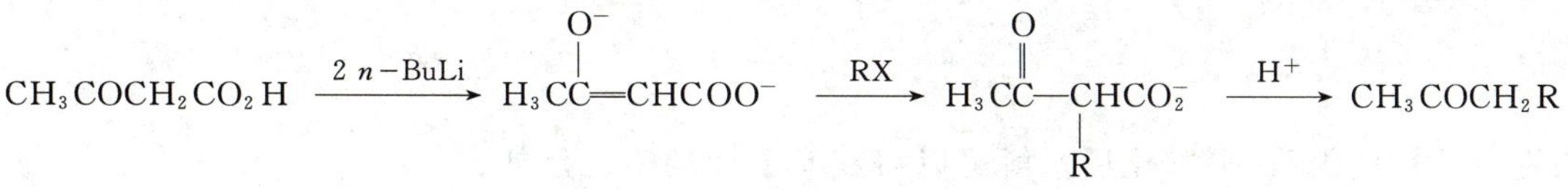

丙二酸一酯也可以用这种方法烃基化，经过后处理脱羧直接得到羧酸。

在酮的烯醇盐的烃基化中除了 *C*－烃基化外，还有 *O*－烃基化的可能。为了尽量减少 *O*－烃基化，对烃基化剂和溶剂必须适当选择。烯醇盐的烃基化，是烃基化剂与烯醇盐的 S_N2 反应，根据 S_N2 反应的规律，可以选用含有离去倾向大的溴或碘的溴代烷或碘代烷作烃基化剂。常用的溶剂为 THF 或 DME，因为它们的极性较小，烯醇盐特别是锂盐以聚集物的形式存在，烯醇盐中的氧与 Li^+ 及溶剂配位，而碳却暴露在外，有利于 *C*－烃基化的进行。

对酮烯醇盐的烃基化研究较多。在酮的直接烃基化反应中常见的副反应是生成二烃基化产物。例如，环己酮的烯醇盐烃基化后的 *α*－烃基环己酮与未反应的烯醇盐发生质子交换，生成的烯醇盐与烃基化剂生成二烃基环己酮：

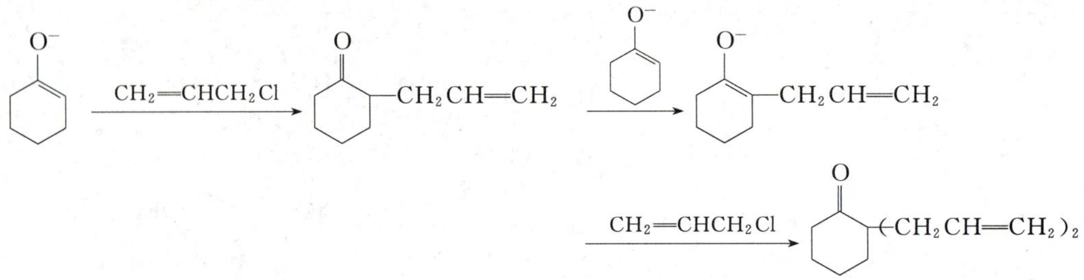

减少副反应的一种方法是将烯醇盐滴加到过量的烃基化剂中，降低发生质子交换的概率，但仍不能完全避免副产物的生成。

不对称的酮能生成两种烯醇盐，烃基化后得到两种烃基化产物，如果再加上二烃基化的副产物，有时使产物的分离提纯发生困难。

用其他方法产生的烯醇盐也可以用于烃基化，有时可以制备一些难以用其他方法得到的化合物。例如：

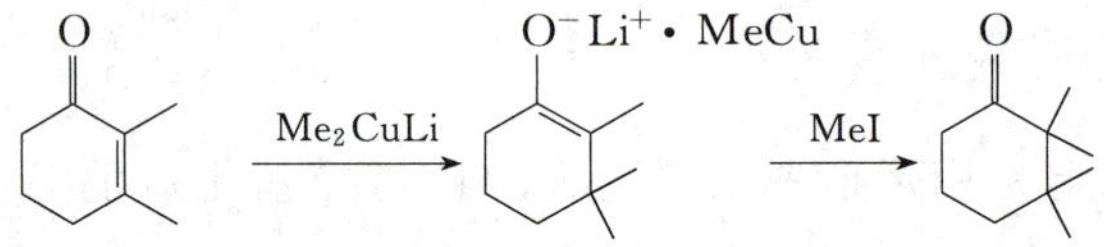

酯和酰胺也可以直接烃基化。例如：

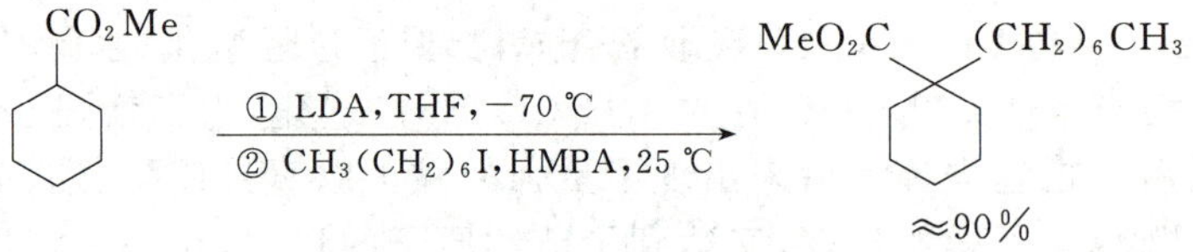

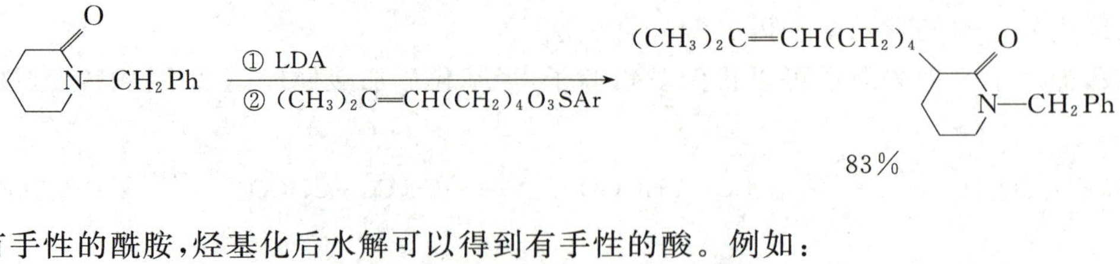

如果用有手性的酰胺，烃基化后水解可以得到有手性的酸。例如：

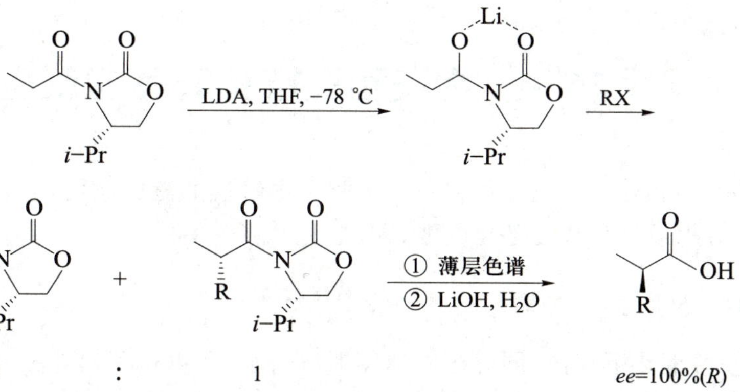

醛由于容易发生羟醛缩合反应，直接烃基化的研究较少，但也有报道。例如：

$$(CH_3)_2CHCHO \xrightarrow[\text{② } (CH_3)_2C{=}CHCH_2Br]{\text{① KH, THF}} (CH_3)_2C(CHO)CH_2CH{=}C(CH_3)_2 \quad 88\%$$

羧酸的双负离子也可用于烃基化：

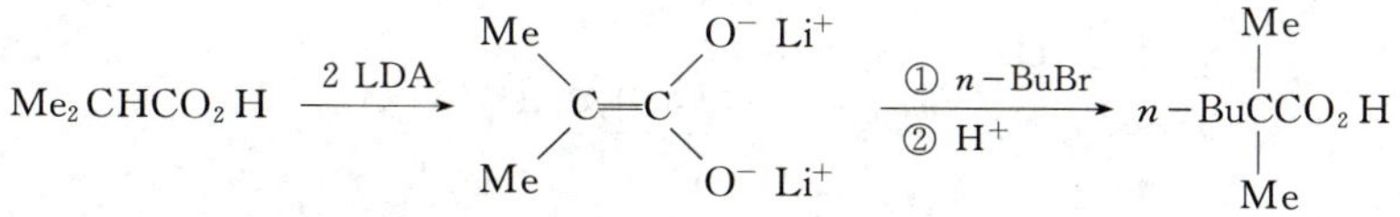

乙酰乙酸乙酯的双负离子的烃基化在碱性最强的碳原子上发生：

$$CH_3COCH_2COCH_3 \xrightarrow[\text{② RLi}]{\text{① NaH}} CH_2{=}C(O^-)CH{=}C(O^-)OCH_3 \xrightarrow[\text{② } H^+,\,H_2O]{\text{① EtBr}} EtCH_2COCH_2CO_2CH_3 \quad 84\%$$

烯醇盐的烃基化也可以在分子内进行，但必须满足 S_N2 反应的空间要求，即进攻原子、中心碳原子和离去原子排列成直线。例如：

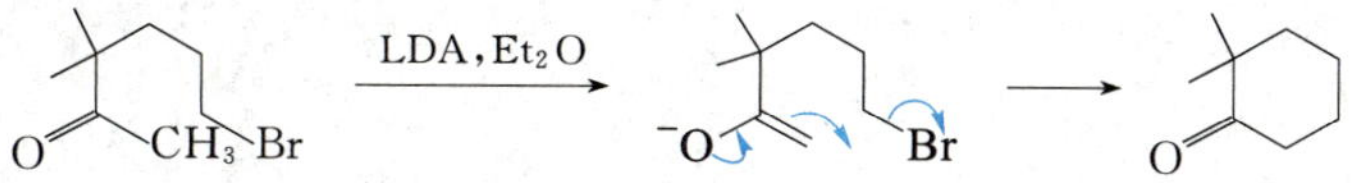

但不能生成五元碳环：

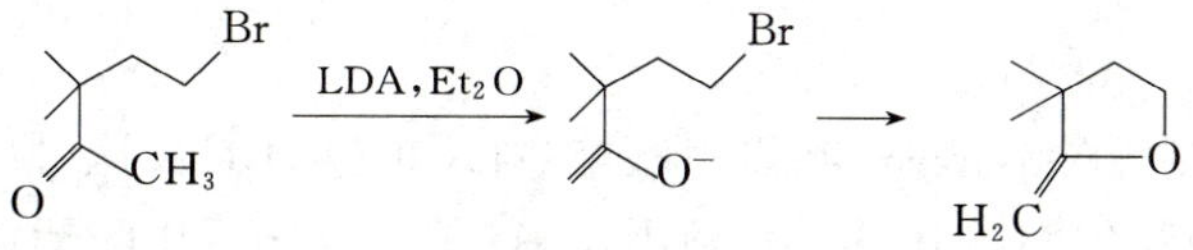

因为生成的烯醇盐不能满足 S_N2 反应的空间要求：

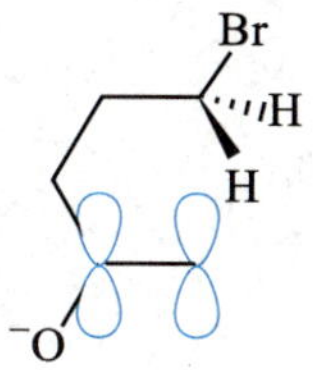

§ 26.4 烯胺和亚胺负离子的反应

烯胺(enamine)和亚胺负离子可以看作烯醇和烯醇盐的氮类似物，它们也可以进行酰化和烃基化，产物水解后生成酰化或烃基化的醛、酮。

26.4.1 烯胺

酮与仲胺在酸催化下加热，同时用共沸蒸馏法去水，可以得到烯胺：

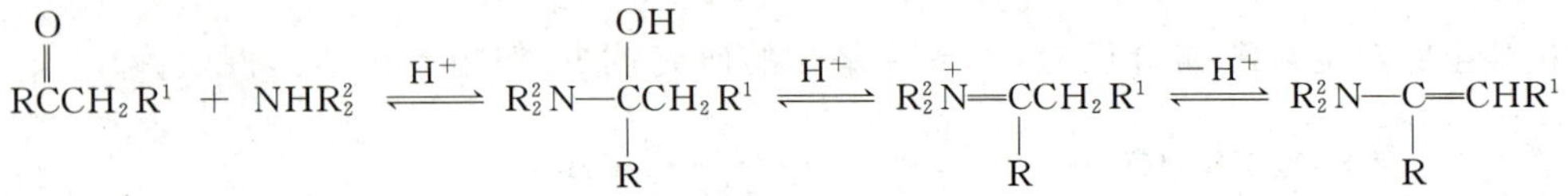

常用的仲胺为四氢吡咯、六氢吡啶和吗啡啉。

2-甲基环己酮主要在未取代的 α-碳原子上生成烯胺：

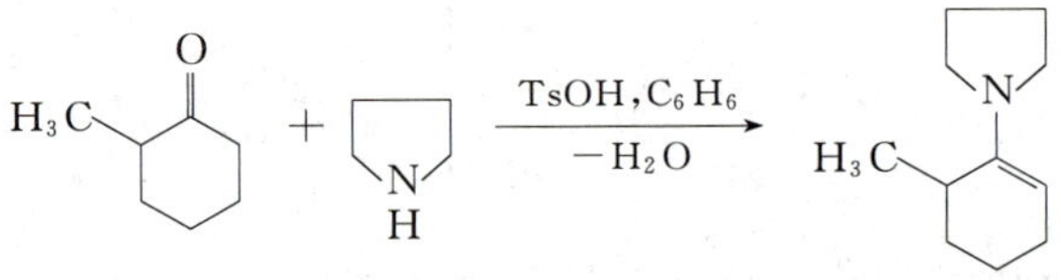

将酮和胺混合，再加入 $TiCl_4$，迅速生成烯胺。

烯胺是烯醇的类似物，它的 β-碳原子也是亲核中心：

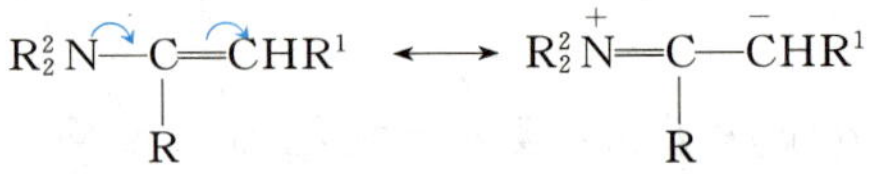

烯胺可以用酰氯或酸酐酰化，产物水解后得到 β-二酮。例如：

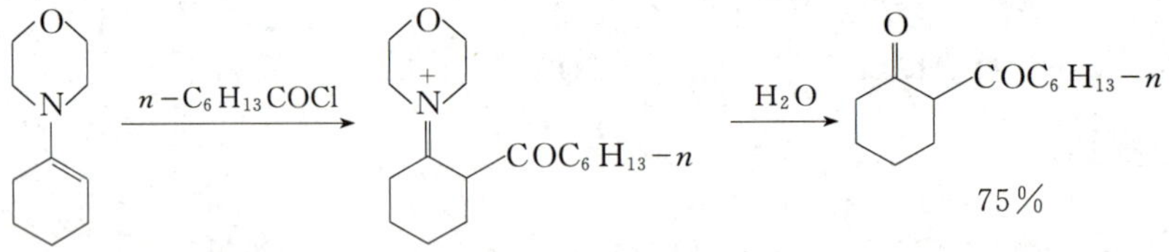

如与甲酸的混酐反应，则可导入醛基，与氯甲酸酯(如 ClCOOEt)反应，则得到 β-酮酸酯。

烯胺与活性高的烃基化剂，如碘甲烷、烯丙基氯、苄氯、α-卤代酸酯、α-卤代醚、α-卤代酮等反应，生成烃基化产物，水解后生成 α-烃基化的醛或酮。例如：

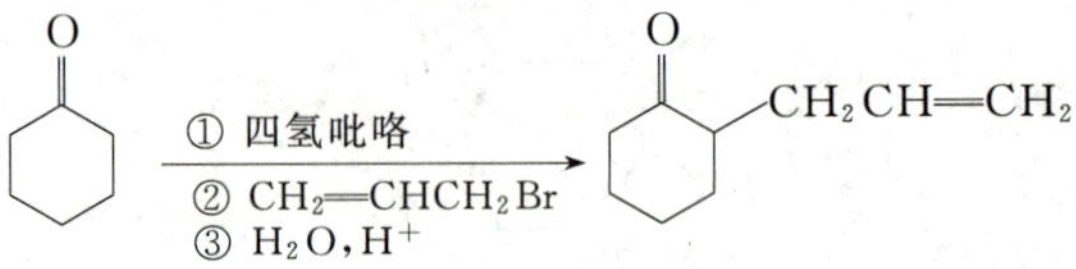

26.4.2 亚胺

醛或酮与伯胺反应，生成亚胺(imines)，有 β-氢原子的亚胺用 Grignard 试剂或 LDA 处理，脱去一个 β-质子，转变成亚胺负离子(imine anions，metalloenamines)，亚胺负离子是烯醇盐的类似物，它的亲核性比烯醇盐更强，容易进行烃基化反应，产物水解后得到 α-烃基化的羰基化合物。例如：

$$\mathrm{Me_2CHCH{=}O} \xrightarrow{t\text{-}\mathrm{BuNH_2}} \mathrm{Me_2CHCH{=}NBu}\text{-}t \xrightarrow{\mathrm{EtMgBr}} \mathrm{Me_2C{=}CH{-}N(MgBr)(Bu}\text{-}t)$$

$$\xrightarrow{\mathrm{PhCH_2Cl}} \mathrm{Me_2C(CH_2Ph)CH{=}NBu}\text{-}t \xrightarrow{\mathrm{H^+,H_2O}} \underset{80\%}{\mathrm{Me_2C(CH_2Ph)CH{=}O}}$$

用这种方法使醛烃基化比直接烃基化更好，可以避免醛在碱性试剂作用下发生羟醛缩合。另外一个优点是用手性胺生成亚胺后烃基化可以得到有手性的化合物。例如：

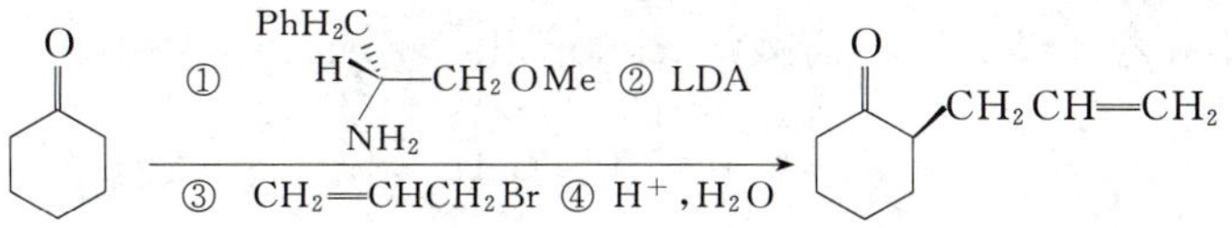

80%(ee>99%)

26.4.3 Mannich 反应

苯乙酮、低聚甲醛和二甲胺盐酸盐及少量盐酸在乙醇溶液中回流，反应混合物冷却后结晶出来的化合物为3-二甲氨基苯丙酮的盐酸盐：

$$\mathrm{PhCOCH_3} + \mathrm{CH_2{=}O} + \mathrm{Me_2\overset{+}{N}H_2Cl^-} \longrightarrow \underset{63\%}{\mathrm{PhCOCH_2CH_2\overset{+}{N}HMe_2Cl^-}}$$

其游离碱称为 Mannich(C)碱，这一反应称为 Mannich 反应。

Mannich 碱的盐酸盐在水蒸气蒸馏的条件下分解成乙烯基酮：

$$\mathrm{PhCOCH_2CH_2\overset{+}{N}HMe_2Cl^-} \xrightarrow{\triangle} \underset{\approx 100\%}{\mathrm{PhCOCH{=}CH_2}} + \mathrm{Me_2\overset{+}{N}H_2Cl^-}$$

Mannich 反应的应用范围很广，有 α-氢原子的醛、酮、羧酸、羧酸酯、脂肪族硝基化合物和邻位没有取代基的酚都可以与仲胺和甲醛生成 Mannich 碱。Mannich 反应可以在各种 pH 下进行，其反应机理还不十分清楚，在中性和酸性溶液中，可能是烯醇与甲醛亚胺盐之间的加成反应：

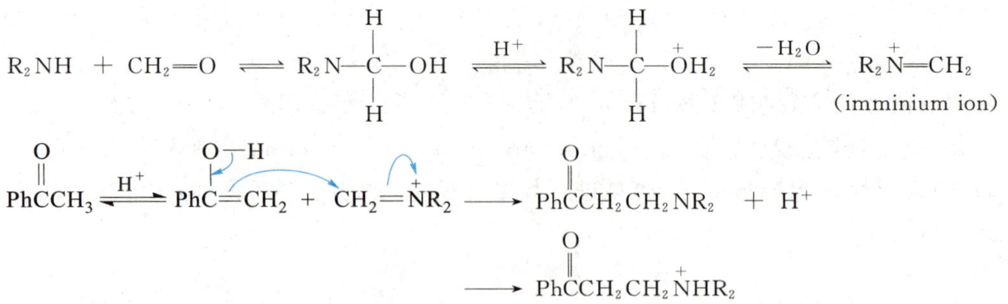

1917 年，Robinson R 将丁二醛、甲胺和 3-氧亚基戊二酸钙的溶液在 pH 5～7 下放置几天，得到 40%的托品酮(tropinone)：

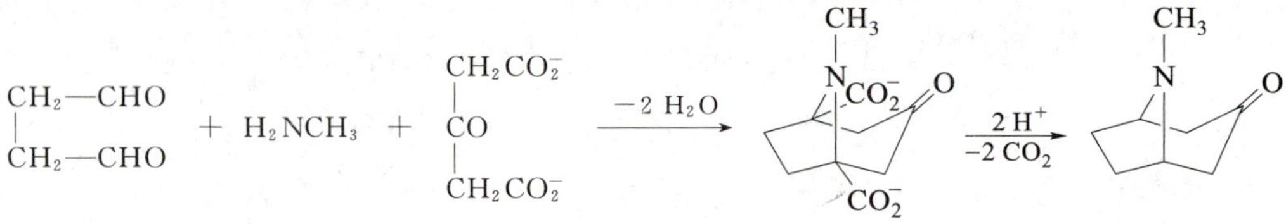

托品酮

后来把 pH 调到 5，产率上升到 90%。Robinson 的工作成功地模仿了在生理环境下(pH 及温度)实现的生物合成反应。以后证明 Mannich 反应在植物体内某些生物碱的生物合成中起着关键的作用。用类似方法还合成了假石榴碱(pseudopelletierine)：

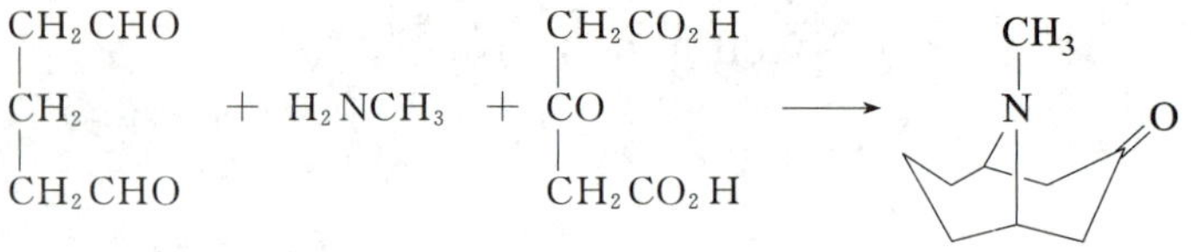

假石榴碱

26.4.4 Knoevenagel 反应

乙酰乙酸乙酯在二乙胺催化下与对氯苯甲醛缩合生成 α,β-不饱和化合物：

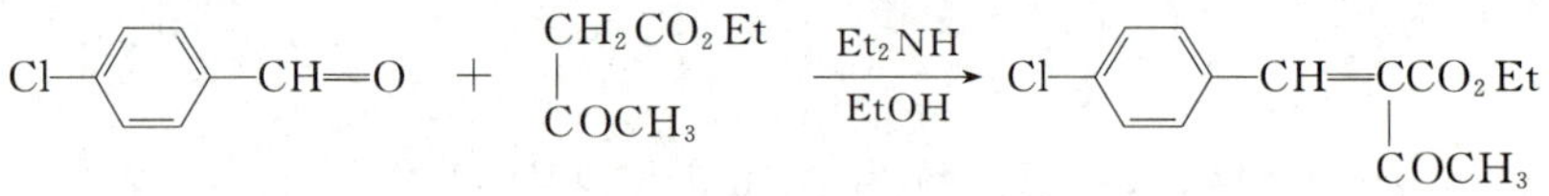

86%

ZCH_2Z' 或 $ZCHRZ'$ 型化合物，其中 Z，Z′ 为 CHO，COR，CO_2H，CO_2R，CN，NO_2，SOR，SO_2R 等都可以与醛或酮缩合。如含活性甲叉基的化合物为丙二酸，生成的产物在反应中脱羧，得到 α,β-不饱和酸。例如：

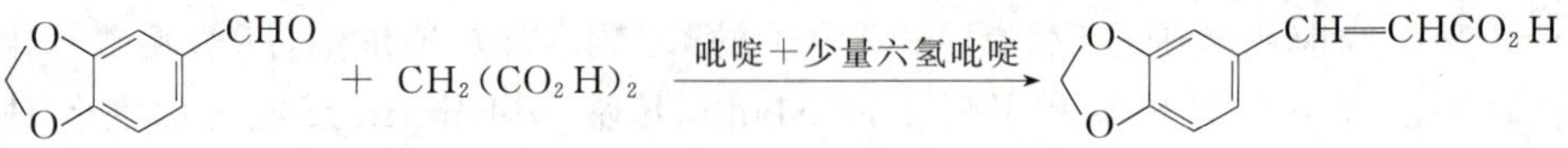

85%～90%

这一反应称为 Knoevenagel(E)反应。

Knoevenagel 反应的特点是反应条件温和，应用范围广。近年来经过改进可以用来合成多种类型的化合物，其中包括烯烃、α-羟基酮等。

Knoevenagel 反应中采用的催化剂也很多，其中包括 LiBr，SmI_2，沸石等，反应机理还不清楚，不过在弱碱催化下的反应可能是烯醇盐与羰基的亲核加成：

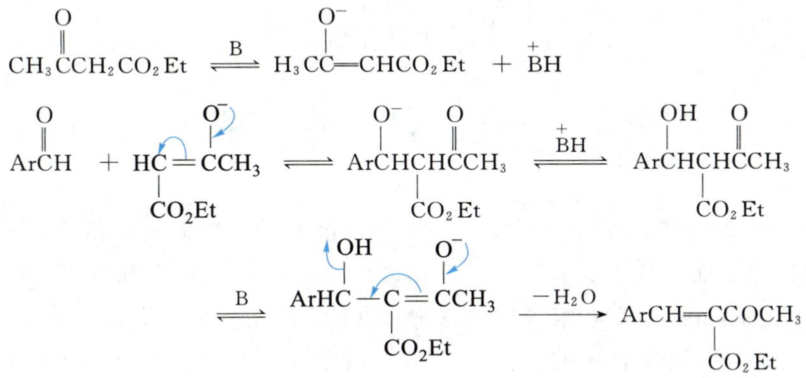

与 Claisen-Schmidt 反应有相似的地方。另一种看法认为：醛先与胺反应生成亚胺型化合物，然后与烯醇盐反应。

第二十七章　自由基反应

§27.1　自　由　基

含有一个或一个以上未配对电子的化合物，称为自由基。根据这个定义，NO，NO_2 和 Na，Cl 等原子都是自由基，而空气中的氧则是双自由基(diradicals，简称双基)。简单的烷基自由基，如 $CH_3\cdot$，反应活性非常高，它们在溶液中的寿命很短，但是冻结在其他分子的晶格中，却可以保存相当长的时间，并可以测量它们的光谱。甲基自由基在甲醇的晶格中，77 K 下，其半衰期为 10～15 min。自由基的寿命不但与其固有的稳定性有关，还受它产生条件的影响。有的自由基虽然稳定性不高，但是在产生它的特殊条件下寿命相当长，一般称为持久自由基(persistent radicals)。稳定自由基(stable radicals)是指固有的稳定性高的自由基。首先发现的稳定自由基是三苯甲基(triphenylmethyl，trityl radical)。

27.1.1　三苯甲基

在有机化学发展过程中，最初认为基团同原子一样，是可以独立存在的。有了测定相对分子质量的方法以后，才知道以前所说的基团，如 CH_3，CH_3CH_2，CN 等，实际上是它们的二聚体：CH_3CH_3，$CH_3CH_2CH_2CH_3$，$(CN)_2$ 等。到了 19 世纪末，一般认为基团不能独立存在。

1900 年，Gomberg M 在合成了四苯甲烷以后，计划合成六苯乙烷，他在苯溶液中使三苯氯甲烷与分子银(很细的银粉)作用，得到一个熔点为 185 ℃的白色晶体，它在有机溶剂中的溶解度很小，最初认为这是六苯乙烷。但元素分析数据与计算值不符，碳和氢的含量加起来只有 94%。经多次仔细分析，仍然得到同样的结果。用三苯溴甲烷代替三苯氯甲烷进行合成或将产物从不同的溶剂中重结晶，产物的碳氢含量仍无改变。在元素分析中，氧的含量一般不直接测定，是从 100%中减去其他元素的百分数推算出来的。一个化合物所有元素的百分数加起来不足 100%，一种可能就是含有氧。如果熔点为 185 ℃的化合物含有氧，根据元素分析数据计算，它可能是 $(C_6H_5)_3COOC(C_6H_5)_3$。氧只能从试剂或空气中来。Gomberg 用仔细提纯过的银粉、汞或锌粉作试剂，仍得到熔点为 185 ℃的化合物。后来在二氧化碳气流中进行反应和后处理，才得到一个熔点为 145～147 ℃的白色晶体，元素分析数据与六苯乙烷相符合，但具有一般烃类所没有的特殊性质，它的苯溶液呈黄色，与空气作用得到熔点为 185 ℃的含氧化合物，后者也可以由三苯氯甲烷与过氧化钠得到：

$$2\ (C_6H_5)_3CCl + 2\ Ag \longrightarrow (C_6H_5)_3C{-}C(C_6H_5)_3 + 2\ AgCl$$

$$2\ (C_6H_5)_3CCl + Na_2O_2 \longrightarrow (C_6H_5)_3COOC(C_6H_5)_3 + 2\ NaCl$$

与氯、溴或碘作用，则分别得到三苯氯甲烷、三苯溴甲烷和三苯碘甲烷，用凝固点降低法测定出来的相对分子质量为 477(六苯乙烷的相对分子质量为 486)。由此得出结论：熔点 145～147 ℃的固体是六苯乙烷，它在溶液中有小部分解离成三苯甲基，溶液的颜色和特殊反应都是由三苯甲基所引起的：

$$(C_6H_5)_3C-C(C_6H_5)_3 \rightleftharpoons 2\,(C_6H_5)_3C\cdot$$

$$(C_6H_5)_3COOC(C_6H_5)_3 \xleftarrow{O_2} 2\,(C_6H_5)_3C\cdot \xrightarrow{Cl_2} 2\,(C_6H_5)_3CCl$$

Gomberg 的实验证明基团可以独立存在，这种基团称为自由基。但所谓六苯乙烷，后来证明具有醌式结构，即一个三苯甲基连接在另一个的苯环的对位上：

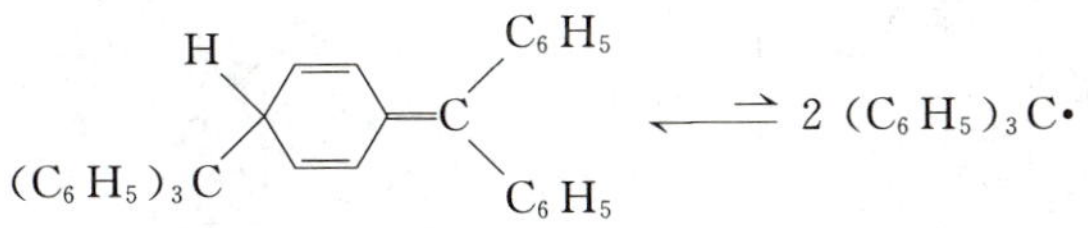

以前认为三苯甲基由于它的未配对电子通过共振分散到三个苯环中去，所以稳定性提高，能够以自由基的形式存在：

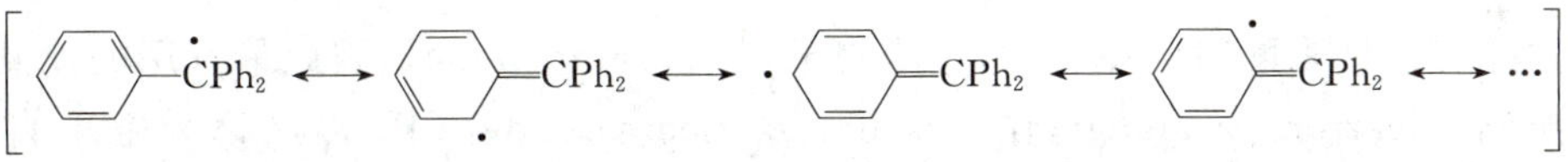

以后的研究说明：三苯甲基中的三个苯基由于邻位氢原子的互相排斥，不能排列在同一平面上，而是呈三叶螺旋桨形，主要是位阻的影响，使两个三苯甲基互相连接生成的碳－碳键变弱，在溶液中部分解离成三苯甲基(在室温下苯溶液中只有约 2%解离)。

下面两个含氧化合物已经合成出来：

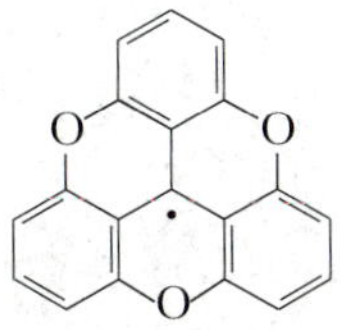

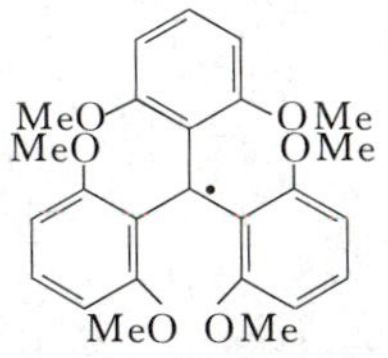

在前一个化合物中三个苯环在同一平面内，共振所起的稳定作用最大，如果解离成自由基取决于共振对自由基的稳定作用，则它的解离程度应当最大，但是它在固态下主要以二聚体的形式存在，在溶液中解离程度也很小；在后一个化合物中邻位取代基互相排斥，三个苯环排成螺旋桨形，共振所引起的稳定作用甚至比三苯甲基还小，但是它在固态下也没有二聚的迹象。可见使三苯甲基生成的主要因素是位阻阻碍了它的二聚。

1932 年，Koelsch C F 合成了一个新的自由基：

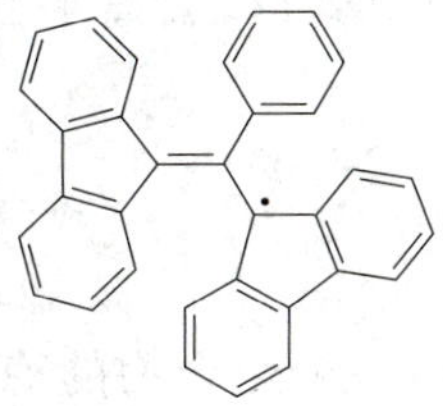

它在固态下为深绿色，在沸腾的苯溶液中通氧 6 h，仍能回收未反应的自由基。由于它对氧的相对稳定性，Koelsch 在向美国化学会会志投稿时，审稿人认为它的性质不像自由基(the properties … could not be those of a radical)而被退稿。后来对它的量子化学计算，以及对它与金属反应的热力学研究，都说明它是特别稳定的自由基，顺磁共振谱研究也说明它是自由基。因此，到1957 年才照原稿发表(见 J Am Chem Soc，1957(79)：4439—4441)。1971 年报道的全氯三苯甲基，在固态下是稳定的，可以加热到 300 ℃，在溶液中有氧存在时也是稳定的。1985 年报道的galvinoxyl 和 1962 年报道的二叔丁基氧化氮也是对氧稳定的自由基。因此，是否与氧反应不是判断自由基的标准。

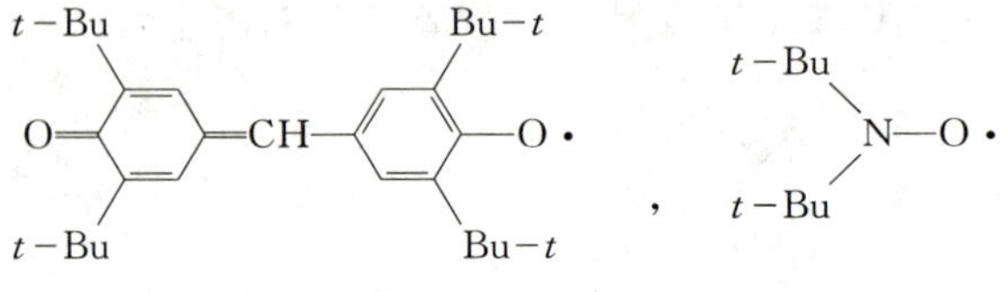

galvinoxyl

27.1.2 自由基的检测

自由基都有一个未配对的电子，电子有顺磁性(paramagnetic)，因此最有用的检测方法是电子顺磁共振谱(electron paramagnetic resonance spectroscopy，EPR)，又称为电子自旋共振谱(electron spin resonance spectroscopy，ESR)。其原理与核磁共振谱相似。

反应中作为中间体生成的寿命很短的自由基，可以用亚硝基化合物截留，再用 ESR 检测生成的稳定的自由基，由 ESR 谱推测原来的自由基的结构。

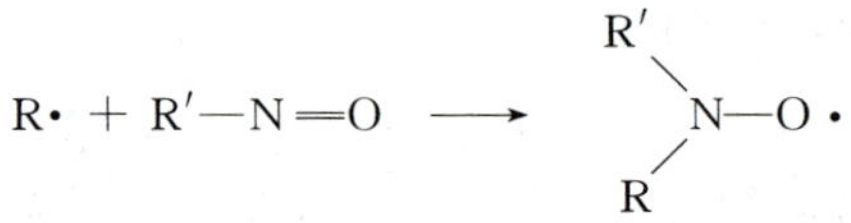

27.1.3 自由基的构型

根据 ESR 和其他物理方法推测，自由基的构型可能为刚性角锥形、迅速翻转角锥形或平面形：

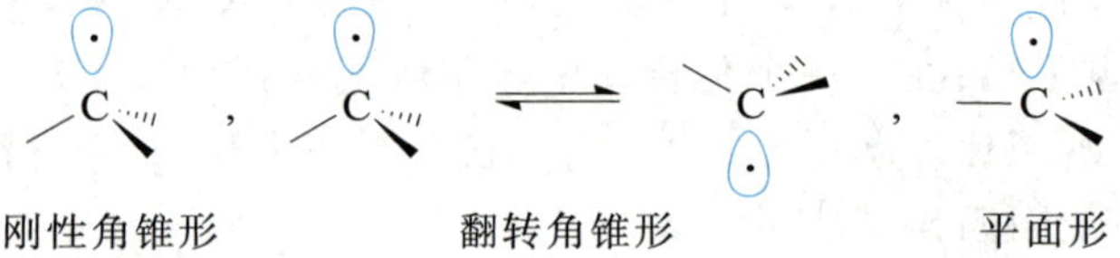

甲基的构型可能为平面形或高度很低的角锥形，偏离平面约 5°。叔丁基为角锥形构型，其他烷基一般也都为角锥形构型。

27.1.4 自由基的稳定性

化学中的稳定性是一个相对的概念，一个化合物的稳定性往往是指它与一个标准化合物的差别。化合物中 R—H 键的键解离能(bond dissociation energy)：

$$\mathrm{R{-}H} \longrightarrow \mathrm{R\cdot} + \mathrm{\cdot H}$$

可以用来衡量自由基的相对稳定性。键解离能(D)越大，生成的自由基稳定性越低。根据键解离能可以将一些自由基按相对稳定性次序排列如下：

	D(R—H)/(kJ·mol^{-1})		D(R—H)/(kJ·mol^{-1})
Ph·	464	$Cl_3C\cdot$	401
$CF_3\cdot$	446	$Me_2CH\cdot$	401
$CH_2{=}CH\cdot$	444	$Me_3C\cdot$	401
 ·	444	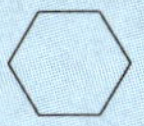 ·	400
Me·	438		
Et·	419	$PhCH_2\cdot$	368
$Me_3CCH_2\cdot$	418	HCO·	364
i-Pr·	417	$CH_2{=}CHCH_2\cdot$	361

在自由基取代反应中优先生成烷基自由基，只有在特殊情况下才生成烯基自由基和芳基自由基，还没有出现炔基自由基的例子。

未配对电子在杂原子上的自由基稳定性很高，甚至在其他部分发生反应对未配对电子也没有影响：

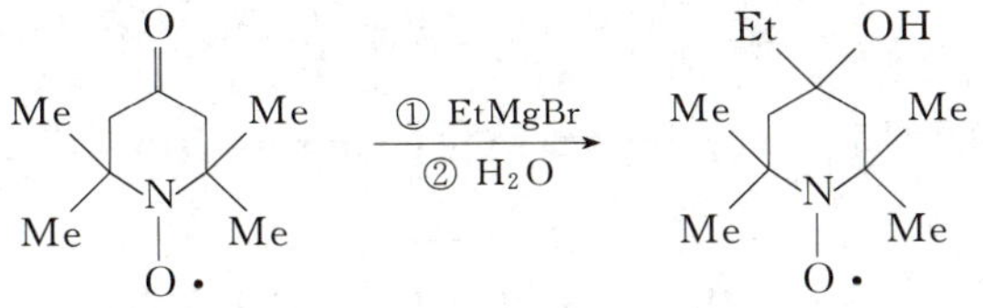

27.1.5 自由基的来源

有机化学反应中用作引发剂的自由基常由分子的热解(thermal cleavage)或光解(photochemical cleavage)产生。例如：

$$\mathrm{CH_3C(O)OOC(O)CH_3} \xrightarrow{80\sim100\ ^\circ\mathrm{C}} 2\ \mathrm{CH_3C(O)O\cdot} \longrightarrow \mathrm{CH_3\cdot} + \mathrm{CO_2}$$

$$\mathrm{PhC(O)OOC(O)Ph} \xrightarrow{80\sim100\ ^\circ\mathrm{C}} 2\ \mathrm{PhC(O)O\cdot} \longrightarrow \mathrm{Ph\cdot} + \mathrm{CO_2}$$

$$\mathrm{Me_2C(CN){-}N{=}N{-}C(CN)Me_2} \xrightarrow{80\sim100\ ^\circ\mathrm{C}} 2\ \mathrm{Me_2\dot{C}CN} + \mathrm{N_2}$$

$$t\text{-BuOOBu-}t \xrightarrow{h\nu} 2\ t\text{-BuO}\cdot$$

氢过氧化物(hydroperoxides)与过渡金属离子反应也能产生自由基：

$$t\text{-BuOOH} + M^{2+} \longrightarrow t\text{-BuO}\cdot + {}^{-}OH + M^{3+}$$

27.1.6　自由基的反应

自由基链反应中链增长过程最常见的形式有以下几种：

夺取另一个原子(常为氢原子)或基团：

$$R\cdot + R'—H \longrightarrow R—H + R'\cdot$$

加在碳-碳双键或芳环上：

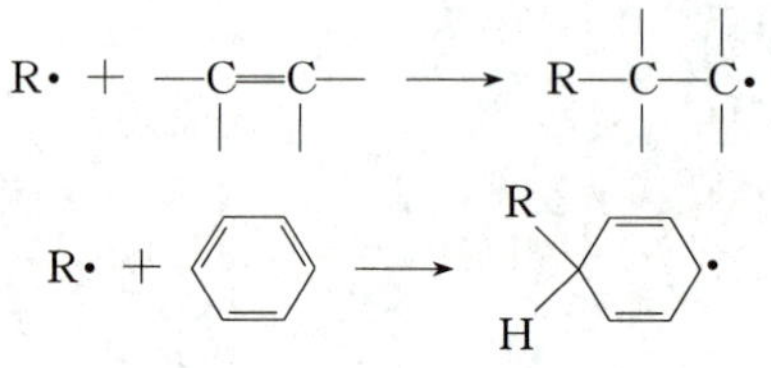

分解：

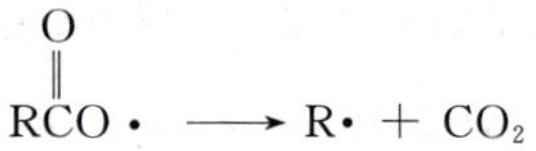

重排：

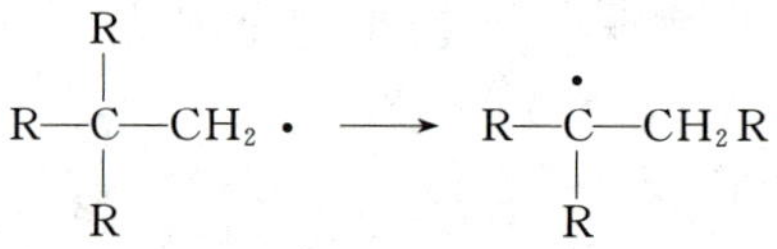

链终止过程为自由基的偶联(coupling)或歧化(disproportionation)：

$$R\cdot + R'\cdot \longrightarrow R—R'$$

$$2\ CH_3CH_2\cdot \longrightarrow CH_3CH_3 + CH_2{=}CH_2$$

27.1.7　自由基离子(radical ions)

最重要的自由基负离子有半醌(semiquinones)、羰自由基(ketyls)和芳烃还原中产生的自由基负离子：

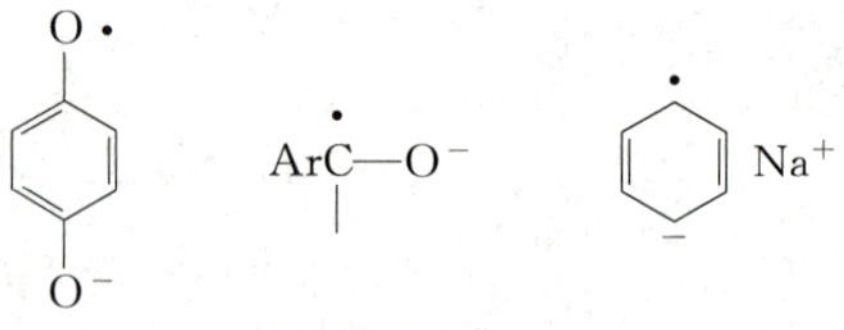

半醌　　羰自由基

典型的自由基正离子为 N-烷基亚胺自由基正离子。例如：

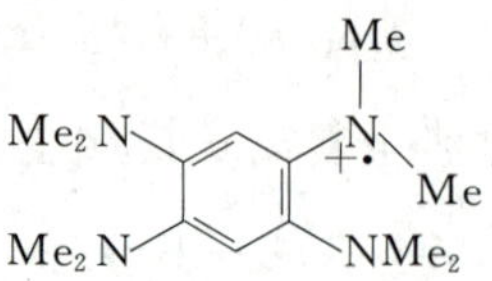

§ 27.2 自由基取代反应

27.2.1 烃的卤化

27.2.1.1 烷烃的氯化和溴化

烷烃的氯化为自由基链反应。烷烃分子中不同类型的氢原子的反应活性次序为叔氢原子＞仲氢原子＞伯氢原子。三种氢原子在 300 ℃下的活性比为 4.4∶3.3∶1,温度升高,活性比接近 1∶1∶1。用其他氯化剂可以提高氯化的选择性。例如,磺酰氯(SO_2Cl_2)在二苯甲酰基过氧化物引发下氯化反应的机理为

$$(PhCOO)_2 \longrightarrow 2\ Ph\cdot + 2\ CO_2$$
$$Ph\cdot + SO_2Cl_2 \longrightarrow PhCl + \cdot SO_2Cl$$
$$R—H + \cdot SO_2Cl \longrightarrow R\cdot + SO_2 + HCl$$
$$R\cdot + SO_2Cl_2 \longrightarrow R—Cl + \cdot SO_2Cl$$
$$\cdots\cdots$$

2,3-二甲基丁烷氯化时,2 位氯化产物与 1 位氯化产物之比为 12∶0。

在烷烃的溴化反应中,反应链比氯化短,选择性比氯化高,三种氢原子的相对反应活性比为 1 600∶82∶1,在特殊的结构条件下可以用于制备。例如:

$$Me_2CHCH_2CH_2CH_3 \xrightarrow{Br_2,h\nu} Me_2C(Br)CH_2CH_2CH_3 \quad 90\%$$

27.2.1.2 烯烃的氯化和溴化

烯烃在自由基反应的条件下发生卤化反应,卤原子较易取代双键相邻的碳原子上的氢原子生成烯丙式卤代烃,称为烯丙式卤化(allylic halogenation)。

丙烯在 210 ℃下进行气相氯化,烯丙基氯的产率为 25%,温度上升到 400 ℃,产率提高到 96%。可能是在高温下氯与双键的加成反应是可逆的,而取代反应则是不可逆的。工业上生产烯丙基氯是将丙烯与干燥的氯气以 4∶1 的比例混合,在 500～510 ℃反应,氯化在几秒钟内完成。

烯烃与溴反应更容易生成加成产物而不是烯丙式溴化。Wohl-Ziegler 溴化是用 *N*-溴代丁二酰亚胺(NBS)作溴化剂,在非极性溶剂如 CCl_4 中加引发剂[常用偶氮双异丁腈(AIBN)]进行,在这种条件下只得到烯丙式溴化产物。例如:

$$PhCH═CHCH_3 \xrightarrow{NBS} PhCH═CHCH_2Br \quad 75\%$$

反应对引发剂和阻聚剂很敏感,没有引发剂存在时溴化不能进行,从烯丙位夺氢的证明是溴原子,反应机理为

$$Br\cdot + R-H \longrightarrow R\cdot + HBr$$

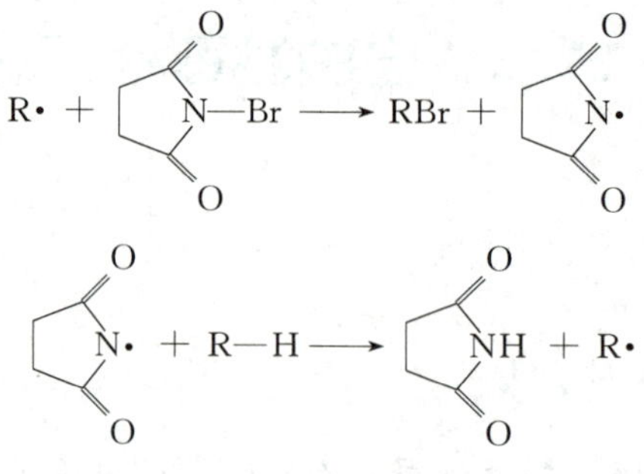

……

NBS 的作用是提供稳定的低浓度的溴，如果直接用溴化试剂，保持非常低的浓度，并且除去反应中生成的 HBr，其选择性与 NBS 相同。用其他 *N*－溴酰胺也得到相同的结果。

溴不与双键加成的原因是加成为可逆反应：

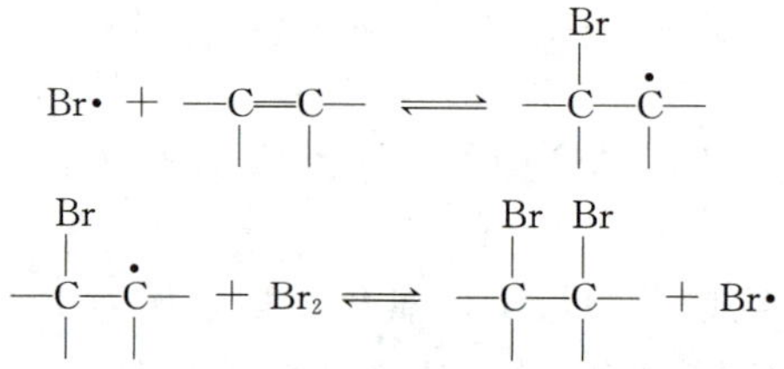

先加一个溴原子，生成的自由基再从另一个溴分子夺取一个溴原子，如果溴的浓度很低，溴得不到适时补充，反应就向反方向进行，恢复原来的双键。加成反应的速率与溴的浓度的平方成正比，浓度降低，反应速率大幅度下降，以致不能进行。

烯烃中如果有两种 α－氢原子，溴化优先在仲氢原子上进行：

$$CH_3(CH_2)_3CH{=}CHCH_3 \xrightarrow{NBS} CH_3(CH_2)_2\underset{\displaystyle Br}{\underset{|}{C}H}CH{=}CHCH_3$$

58%～64%

用 *N*－氯代丁二酰亚胺(NCS)也可以进行烯丙式氯化。

27.2.2 自动氧化

有机化合物在液态和较低温度下与分子氧的反应称为自动氧化(autooxidation)。自动氧化在自然界中非常普遍，干性油(如桐油)的硬化，油脂的腐败，塑料、橡胶等材料的老化，大多数有机化合物在长期储存中逐渐分解，都是由自动氧化引起的。

自动氧化是自由基链反应，光、偶然产生的自由基和微量金属离子都可以引发自动氧化，反应机理一般为

$$In\cdot + R-H \longrightarrow In-H + R\cdot$$

$$R\cdot + O_2 \longrightarrow R-O-O\cdot$$

$$R-O-O\cdot + R-H \longrightarrow R-O-O-H + R\cdot$$

……

由于分子氧以双自由基的形式存在，它与自由基的结合，速率非常快，因此自动氧化的难易取决于链增长过程中烃基过氧自由基从有机化合物中夺取氢原子的速率。富电子的有机化合物，或从某一位置上失去氢原子后生成稳定自由基的化合物，特别容易发生自动氧化。叔碳原子、烯丙基碳原子和苄基碳原子上的氢原子都容易被 R—OO· 自由基夺取，由于选择性较高，有时甚至可以用于制备。例如：

$$\mathrm{Me_3CH} \xrightarrow{O_2} \mathrm{Me_3COOH}$$

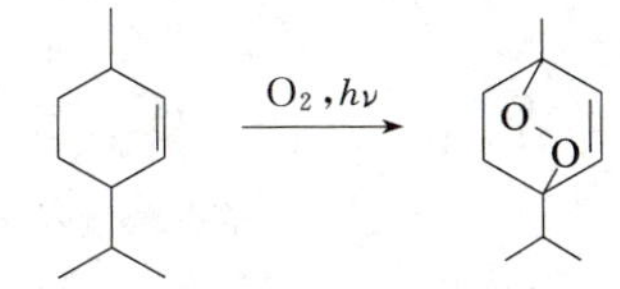

α－terpene　　　ascaridol

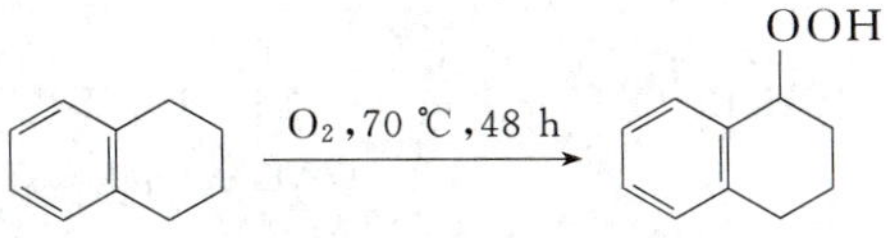

44%～57%

苯甲醛容易被空气氧化成苯甲酸，特别是在微量铁存在下或见光时更易氧化。苯甲醛用空气冷凝管蒸馏，让热的液体从接受器的器壁流下，从与空气接触的液膜中可以看到苯甲酸晶体。因此苯甲醛应保存在装满的棕色瓶中。苯甲醛自动氧化的机理为

$$\mathrm{In\cdot} + \mathrm{PhCHO} \longrightarrow \mathrm{InH} + \mathrm{Ph\overset{O}{\overset{\|}{C}}\cdot}$$

$$\mathrm{Ph\overset{O}{\overset{\|}{C}}\cdot} + \mathrm{O_2} \longrightarrow \mathrm{Ph\overset{O}{\overset{\|}{C}}{-}OO\cdot}$$

$$\mathrm{Ph\overset{O}{\overset{\|}{C}}{-}OO\cdot} + \mathrm{PhCHO} \longrightarrow \mathrm{Ph\overset{O}{\overset{\|}{C}}OOH} + \mathrm{Ph\overset{O}{\overset{\|}{C}}\cdot}$$

$$\mathrm{Ph\overset{O}{\overset{\|}{C}}OOH} + \mathrm{PhCHO} \longrightarrow 2\ \mathrm{PhCOOH}$$

亚油酸酯分子中有两个碳－碳双键，它们中间相隔一个甲叉基，亚麻酸酯中含有两个这样的甲叉基，花生四烯酸(arachidonic acid)酯中则含有三个这样的甲叉基。油脂与空气接触由于这种甲叉基上的自动氧化作用而酸败。在植物中由于维生素 E 的存在，它的抗氧化作用能防止自动氧化。提取的植物油或动物油中不含维生素 E，必须加入抗氧化剂，如 4－甲基－2,6－二叔丁基酚(BHT)以防止自动氧化。生物体中的自动氧化，则能造成伤害。维生素 E 能捕集自由基，阻断反应链，在生物体内有重要作用。

§ 27.3　自由基加成反应

27.3.1　加溴化氢

在早期的化学文献中对含末端双键的烯烃与溴化氢的加成反应有许多互相矛盾的报道，有

的得到符合 Markovnikov 规律的加成产物，有的得到反 Markovnikov 规律的加成产物：

$$RCH{=}CH_2 + HBr \longrightarrow R\underset{\underset{Br}{|}}{C}HCH_3 \text{ 或 } RCH_2CH_2Br$$

20 世纪 30 年代，美国化学家 Kharasch M S 等对烯丙基溴与溴化氢的加成反应进行了深入的研究。他们发现：使用新提纯的原料、试剂和溶剂，在完全隔绝空气的条件下，反应要几昼夜才能完成，产物符合 Markovnikov 规律：

$$CH_2{=}CHCH_2Br + HBr \longrightarrow \underset{\text{符合Markovnikov规律产物}}{CH_3CHBrCH_2Br}$$

如果反应在空气存在下进行，则生成 1,3－二溴丙烷，即反 Markovnikov 规律产物：

$$CH_2{=}CHCH_2Br + HBr \xrightarrow{O_2} \underset{\text{反Markovnikov规律产物}}{BrCH_2CH_2CH_2Br}$$

进一步的研究表明：反 Markovnikov 规律产物是在过氧化物的催化下生成的。烯烃（包括烯丙基溴）暴露在空气中时能生成过氧化物，储存时期较长的烯烃样品能使硫氢化亚铁氧化，产生硫氢化铁所特有的粉红色。

在反应混合物中加入痕量的有机过氧化物，能使加成反应在几小时内完成，并且产物为 1,3－二溴丙烷；反之，加入能截获自由基的对苯二酚、二苯胺等化合物，加成反应进行得很慢，并且产物为 1,2－二溴丙烷。过氧化物对其他烯烃与溴化氢的加成也有同样的作用，即在过氧化物存在下，反应速率快，生成反 Markovnikov 规律产物，这种现象称为过氧化物效应（peroxide effect）。

$$CH_2{=}CHCH_2CH_3 + HBr \xrightarrow{\text{无过氧化物}} \underset{90\%}{CH_3\underset{\underset{Br}{|}}{C}HCH_2CH_3}$$

$$CH_2{=}CHCH_2CH_3 + HBr \xrightarrow{\text{过氧化物}} \underset{95\%}{BrCH_2CH_2CH_2CH_3}$$

烯烃与氯化氢和碘化氢主要生成符合 Markovnikov 规律的产物，只有与溴化氢在有过氧化物存在或光照下才生成反 Markovnikov 规律的产物。

Kharasch 等认为：烯烃与溴化氢加成生成两类产物，是由于反应机理不同，在没有过氧化物存在时，反应为离子型亲电加成，而在过氧化物存在下，为自由基反应。

原在烯烃中的过氧化物或外加的引发剂从溴化氢夺取氢原子而产生溴原子：

$$In + H{-}Br \longrightarrow InH + \cdot Br$$

溴原子加在烯烃的碳－碳双键上，生成烷基自由基：

$$Br\cdot + CH_3CH_2CH{=}CH_2 \longrightarrow CH_3CH_2\dot{C}HCH_2Br$$

$$Br\cdot + CH_3CH_2CH{=}CH_2 \not\longrightarrow CH_3CH_2\underset{\underset{Br}{|}}{C}HCH_2\cdot$$

由于自由基的稳定性次序为 $R_3C\cdot > R_2CH\cdot > RCH_2\cdot$，所以溴原子总是加在含氢原子较多的碳原子上，生成较稳定的自由基。烷基自由基从溴化氢夺取一个氢原子，产生一个新的溴原子：

$$CH_3CH_2\dot{C}HCH_2Br + HBr \longrightarrow CH_3CH_2CH_2CH_2Br + Br\cdot$$

这两个反应是自由基链反应中的链增长步骤，可以循环进行到溴原子或烷基自由基失活为止。每一个过氧化物分子裂解，在生成的自由基引发下，就可以生成千百个溴代烷分子，因此反应速率很快。

烯烃与溴化氢的离子型亲电加成反应是先加氢生成较稳定的碳正离子，而在自由基反应中，则是先加溴，生成较稳定的自由基，因此产生不同的区域选择性。

烯烃加溴化氢的自由基链反应中，链增长步骤是放热的，因此，反应链可以迅速增长：

$$RCH{=}CH_2 + Br\cdot \longrightarrow R\dot{C}HCH_2Br \qquad \Delta H^{\ominus} = -37.7\ kJ\cdot mol^{-1}$$

$$R\dot{C}HCH_2Br + HBr \longrightarrow RCH_2CH_2Br + Br\cdot \qquad \Delta H^{\ominus} = -29.3\ kJ\cdot mol^{-1}$$

如果把溴换成碘或氯，链增长步骤的两个反应中有一个是吸热的：

$$RCH{=}CH_2 + I\cdot \longrightarrow R\dot{C}HCH_2I \qquad \Delta H^{\ominus} = +20.9\ kJ\cdot mol^{-1}$$

$$R\dot{C}HCH_2I + HI \longrightarrow RCH_2CH_2I + I\cdot \qquad \Delta H^{\ominus} = -100.5\ kJ\cdot mol^{-1}$$

$$RCH{=}CH_2 + Cl\cdot \longrightarrow R\dot{C}HCH_2Cl \qquad \Delta H^{\ominus} = -92.1\ kJ\cdot mol^{-1}$$

$$R\dot{C}HCH_2Cl + HCl \longrightarrow RCH_2CH_2Cl + Cl\cdot \qquad \Delta H^{\ominus} = +33.5\ kJ\cdot mol^{-1}$$

吸热反应活化能高，速率慢，使反应链不能增长。烷基自由基从 HCl 夺取氢原子的一步由于是吸热的，反应速率不够快，不能与烷基自由基和烯键的加成反应竞争：

$$R\dot{C}HCH_2Cl \xrightarrow{RCH{=}CH_2} R\dot{C}HCH_2(\overset{\overset{\textstyle R}{|}}{C}HCH_2)_nCl \longrightarrow \cdots$$

结果生成烯烃的低聚物。

烯烃与溴化氢的自由基加成反应可用于合成。例如：

$$CH_3CH{=}C(CH_3)_2 \xrightarrow{HBr} CH_3\underset{\underset{\textstyle Br}{|}}{C}HCH(CH_3)_2$$

55%

$$CH_2{=}CHCH_2C(CH_3)_2COCH_3 \xrightarrow{HBr} BrCH_2CH_2CH_2C(CH_3)_2COCH_3$$

76%

27.3.2 多卤甲烷与烯烃的加成

多卤甲烷与烯烃的自由基加成是研究较早的反应，可以用过氧化物或光引发。

$$In\cdot + CBr_4 \longrightarrow InBr + \cdot CBr_3$$

$$\cdot CBr_3 + CH_2{=}CHR \longrightarrow Br_3CCH_2\dot{C}HR$$

$$Br_3CCH_2\dot{C}HR + CBr_4 \longrightarrow Br_3CCH_2\underset{\substack{|\\ Br}}{C}HR + \cdot CBr_3$$

1∶1 加成反应顺利进行的关键是 $Br_3CCH_2\dot{C}HR$ 自由基从 CBr_4 夺取溴原子的速率应当比它与烯烃加成的速率快，否则会生成聚合物。例如：

$$CBrCl_3 + CH_3CH_2CH{=}CH_2 \xrightarrow[\triangle]{(PhCOO)_2} CH_3CH_2\underset{\substack{|\\ Br}}{C}HCH_2CCl_3 \quad 43\%$$

$$CBrCl_3 + Et_2C{=}CH_2 \xrightarrow{h\nu} Et_2\underset{\substack{|\\ Br}}{C}CH_2CCl_3 \quad 91\%$$

由醛生成的酰基自由基也可以与双键加成：

$$In\cdot + R\overset{\substack{O\\ \|}}{C}H \longrightarrow InH + R\overset{\substack{O\\ \|}}{C}\cdot$$

$$R\overset{\substack{O\\ \|}}{C}\cdot + CH_2{=}CHR' \longrightarrow R\overset{\substack{O\\ \|}}{C}CH_2\dot{C}HR'$$

$$R\overset{\substack{O\\ \|}}{C}CH_2\dot{C}HR' + R\overset{\substack{O\\ \|}}{C}H \longrightarrow R\overset{\substack{O\\ \|}}{C}CH_2CH_2R' + R\overset{\substack{O\\ \|}}{C}\cdot$$

例如：

$$CH_3CHO + n\text{-}C_6H_{13}CH{=}CH_2 \xrightarrow[\triangle]{(PhCOO)_2} n\text{-}C_6H_{13}CH_2CH_2COCH_3 \quad 64\%$$

27.3.3　成环反应

在自由基链反应中作为中间体生成的烃基自由基如在适当位置有碳－碳双键，则可能发生分子内的自由基加成反应，形成碳环。这类反应中常用卤代烃作为自由基的来源，用三烷基锡烷(trialkylstannane，R_3SnH)作为夺取卤原子的试剂，AIBN 作为引发剂：

$$In\cdot + Bu_3SnH \longrightarrow InH + Bu_3Sn\cdot$$

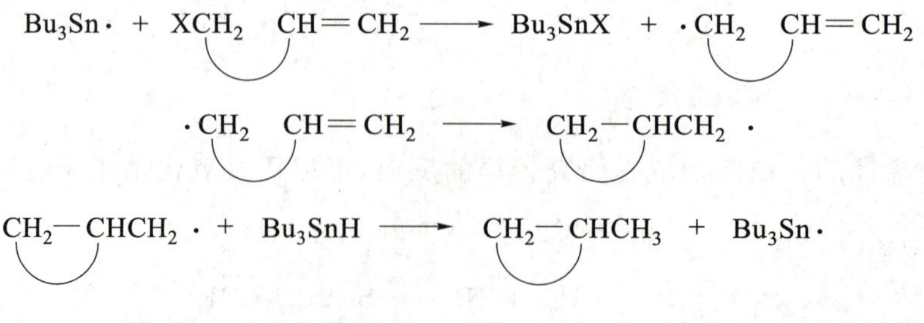

例如：

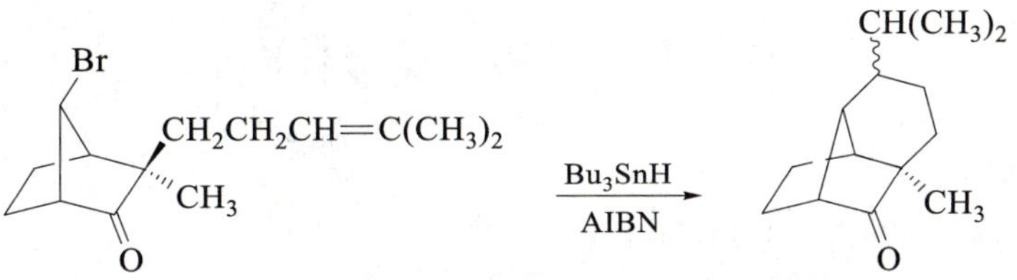

82%

三烷基锡烷可以用毒性较小的硅化合物[$(Me_3Si)_3SiH$]代替。

也可以用醇作为自由基的来源，不过要先将它转变为含硫的衍生物：

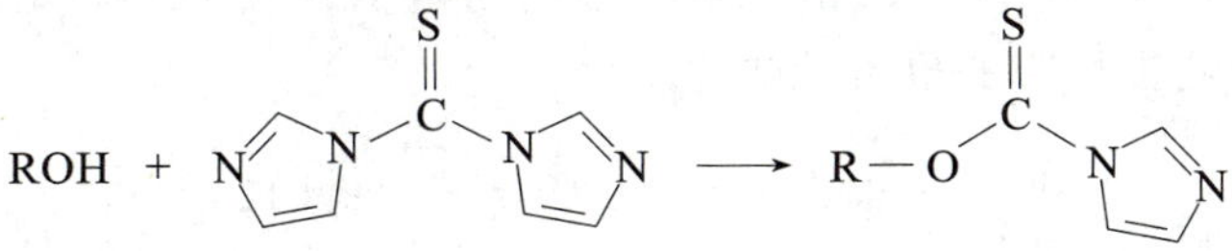

自由基中间体生成的过程为

$$In\cdot + (Me_3Si)_3SiH \longrightarrow In—H + (Me_3Si)_3Si\cdot$$

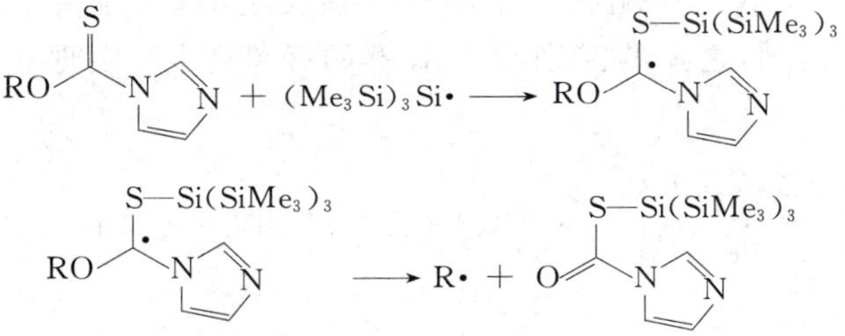

例如：

如将反应混合物滴加到 $(Me_3Si)_3SiH$ 溶液中，则作为中间体生成的自由基夺取试剂中的氢原子，结果等于去掉用作原料的醇中的官能团(defunctionalization)：

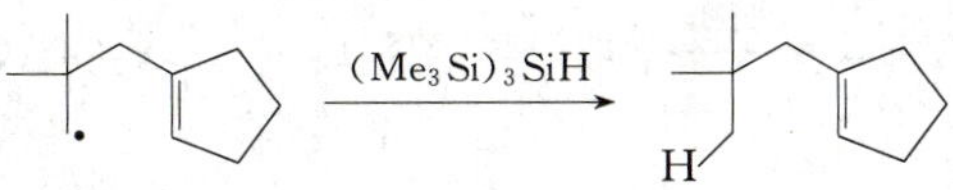

这类成环反应近年来研究得较多。

如果用作原料的卤代烷中不含双键，生成的自由基可以与加入的不饱和化合物加成。例如：

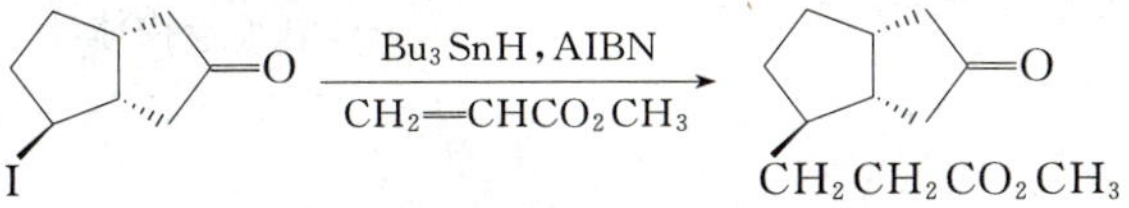

55%

§27.4　阅读材料

27.4.1　过氧化物效应(peroxide effect)

Kharasch M S 在 20 世纪 20 年代研究了不对称二烃基汞与 HCl 的反应：

$$R—Hg—R' + HCl \longrightarrow R—H + R'—Hg—Cl + R'—H + R—Hg—Cl$$

测定了反应中生成的 R—H 和 R′—H 的比例。他认为电负性较大的烃基更容易从二烃基汞分子中裂解下来，由此推测出烃基的电负性顺序：

$$Ph— > CH_3— > CH_3CH_2— > PhCH_2—$$

在此基础上 Kharasch 发展了烯烃中碳-碳双键的极性(polaring)概念。他认为双键上第二对电子(即现在的 π 电子，当时量子化学尚未出现)的位置相对固定，并取决于双键碳原子两端取代基的电负性。当双键两端碳原子的电负性接近时，可能存在两个处于亚稳态的电子异构体(electromer)，它们之间的区别在于双键的极性不同，表现在与 HX 加成时产物的不同：

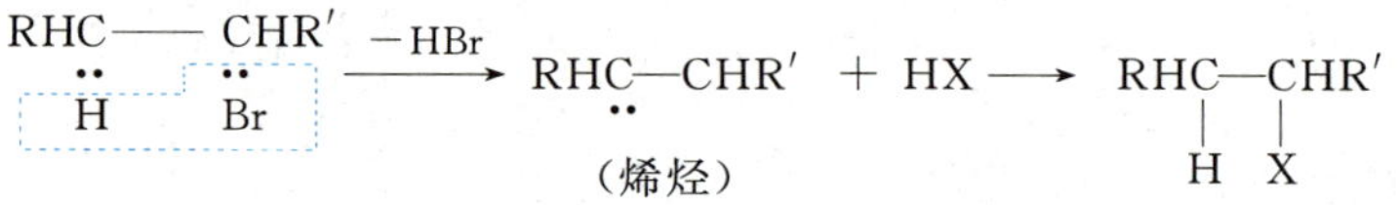

(表示双键上第二对电子更接近 R 一端)

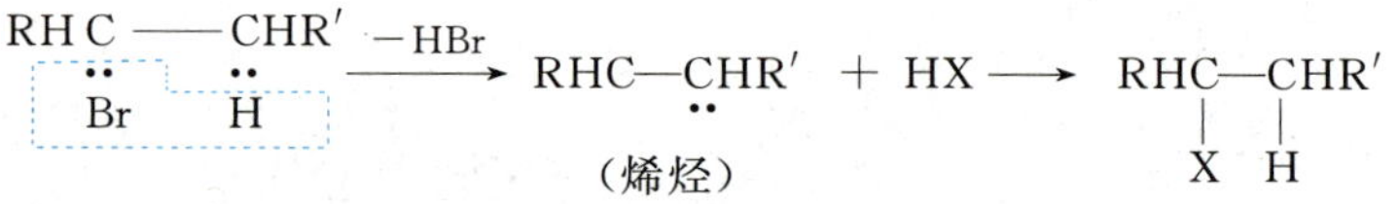

(表示双键上第二对电子更接近 R′一端)

当时有的文献报道的实验事实似乎与 Kharasch 的理论符合。例如，1929 年有人报道：由 2-溴戊烷脱溴化氢生成的戊-2-烯与 HBr 加成生成 85%～95%的 2-溴戊烷：

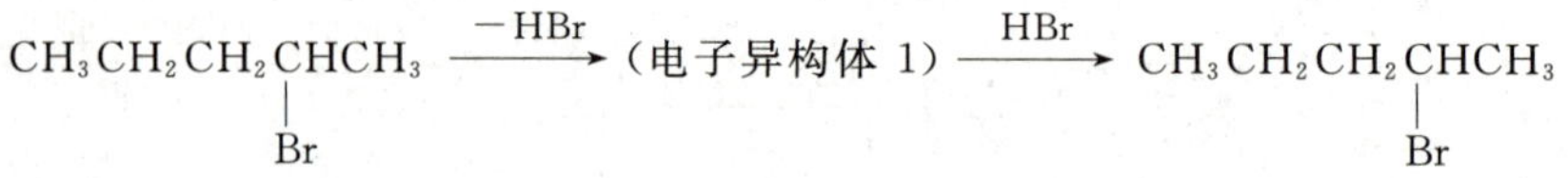

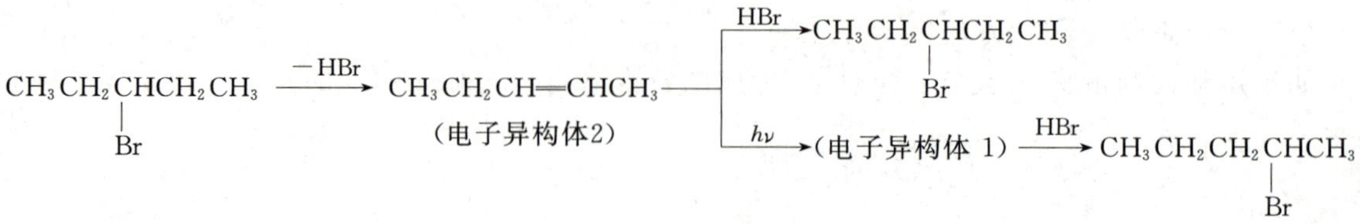

而由 3-溴戊烷脱溴化氢生成的戊-2-烯与溴化氢在 CCl_4 中加成则生成 99%的 3-溴戊烷，这种

戊-2-烯用紫外光照射后，其紫外发射光谱似乎有所改变，在与溴化氢加成时生成85%的2-溴戊烷。这些实验结果似乎说明戊-2-烯有两种电子异构体，并且用光照射后可以将一种电子异构体转变成另一种。

1929年9月，Kharasch的研究生Mayo F R开始进行论文工作，他的研究内容是制备烯丙基溴的电子异构体。从1870年开始就有关于烯丙基溴与氢溴酸的加成反应的报道，有的说主要产物是1,2-二溴丙烷，有的说主要产物是1,3-二溴丙烷，更多的是得到两种产物的混合物，对不同加成产物的生成也有一些解释，但究竟在什么实验条件下生成某一种产物却没有一致的看法。

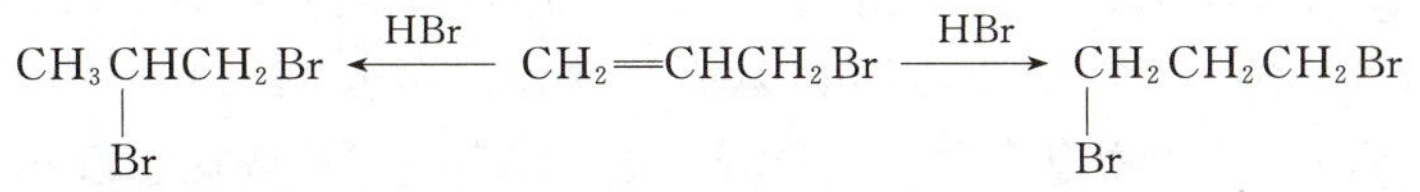

Kharasch当时的想法：烯丙基溴有两种电子异构体，加溴化氢后生成两种加成产物的多少取决于原料中两种电子异构体的含量。

Mayo的第一次实验是将他几天前蒸馏过的烯丙基溴中的一部分与5倍体积的乙酸混合，用白炽灯照射过夜，第二天用水洗去乙酸，干燥，蒸馏后与无水溴化氢在−78 ℃下一起封入耐压玻璃管中。另一份未处理的烯丙基溴同样与溴化氢一起封入封管中，下午把两支封管一起放在两冰桶中过夜（放在冰桶中冷却是想延缓光照生成的不稳定的电子异构体的异构化）。第三天早晨将两个封管打开，分析加成产物的组成。结果是未处理的样品生成的加成产物主要是1,3-二溴丙烷，而光照后的样品主要生成1,2-二溴丙烷。实验结果似乎说明烯丙基溴在光照下转变成另一种电子异构体，与原来的设想相符合。为慎重起见，对实验进行了重复，发现越重复，问题越多。首先是光照所起的作用似乎不大，其次是光照后的样品生成的加成产物虽然都是以1,2-二溴丙烷为主，但组成起伏大，显然还有不可预测的因素在起作用。于是不得不把烯丙基溴的加成问题暂时放弃，转而研究戊-2-烯的电子异构体，但结果发现从2-溴戊烷或3-溴戊烷经消除反应合成的戊-2-烯经过仔细的分馏后，物理性质完全相同，化学反应也没有差别。因此，实验未能证明戊-2-烯有两种电子异构体存在。

这样，Mayo又回过头来研究烯丙基溴与溴化氢的加成反应，不过现在的目标是研究实验条件对加成反应的影响。Mayo在大约一个学年的时间里，每周平均进行10批次实验。变动的参数包括烯丙基溴的预处理方法、试剂的浓度、溶剂的温度和光照等。但几百次实验中，两种加成产物的组成变化毫无规律。

在Mayo的实验中，加成在封管中进行，在低温下封闭，打开封管前要冷却，产物先要用N,N'-二甲基苯胺除去未反应的烯丙基溴，洗涤、干燥后蒸馏，再测定产物的折射率以确定其组成，事先要测定纯粹的1,2-二溴丙烷和1,3-二溴丙烷各种组成的折射率，以便与产物进行比较。加成反应的时间由3天到15天，因此实验工作量是非常大的。

到1931年春，在检验过想得出的各种实验条件后，决定彻底除去反应混合物中的空气和水，实验结果立即改善。例如，将严格干燥过的烯丙基溴加氢溴酸混合，冷却至−78 ℃，抽去管子中的气体后再封闭，反应后，每次都得到80%以上的1,2-二溴丙烷；如反应混合物中含有未干燥过的空气，则得到85%以上的1,3-二溴丙烷，至于究竟是空气或是水起决定作用，当时认为是水，因为在一些实验中用未干燥的原料或加水后抽去管子中的气体再封闭，反应后得到 1,3-二溴丙烷。这样 Mayo 的工作量和实验结果达到了学位论文的要求，于 1931 年 8 月通过了答辩。在学位论文中写的是，使烯丙基溴与氢溴酸生成非正常的加成产物(1,3-二溴丙烷)的因素是水。在这以后，Mayo 得到 Eli Lilly 公司的资助，作为博士后继续在 Kharasch 的实验室工作。他的第一个任务就是重新核对加水后生成非正常加成产物的实验。结果发现：结论有问题，因为实验中使用的烯丙基溴存放过一段时间，而烯丙基溴对氧非常敏感。随后的实验也证明水对加成方向没有影响。以后根据 Kharasch 在橡胶添加剂研究中的经验，进行了在反应混合物中加入过氧化物或抗氧化剂，烯丙基溴的自动氧化等试验。经过约 500 次试验，终于确定了烯丙基溴与溴化氢加成中的过氧化物效应。论文初稿在 1932 年春天写成，但是 Kharasch 为慎重起见，又让另一个研究生 McNab M C 研究了溴乙烯和丙烯与氢溴酸的加成反应，进一步证明了过氧化物效应是生成非正常加成产物的原因。最后三篇论文一起于 1933 年在 J Am Chem Soc 上发表。在这些论文中只报道了实验结果，提出了过氧化物效应，并未涉及反应机理。以后 Kharasch 的研究生又研究了过氧化物效应对其他烯烃的加成反应的影响。到 1937 年才提出烯烃与氢溴酸在过氧化物存在下的自由基反应机理。同时，英国的 Hey D H 和 Waters W A 也提出了这一反应机理。

参考文献

27.4.2 醛甾酮和 Barton 反应

27.4.2.1 醛甾酮

肾上腺皮质(adrenal cortex)能分泌多种激素。1930 年以后，肾上腺皮质的提取液开始用于临床治疗。1936 年，Reichstein T 从肾上腺皮质提取液中分离出第一个结晶化合物，肾上腺甾酮(adrenosterone)，并证明它是甾族化合物。以后陆续从肾上腺皮质中分离出几十种化合物，如皮质酮(corticosterone)、可的松(cortisone)等。

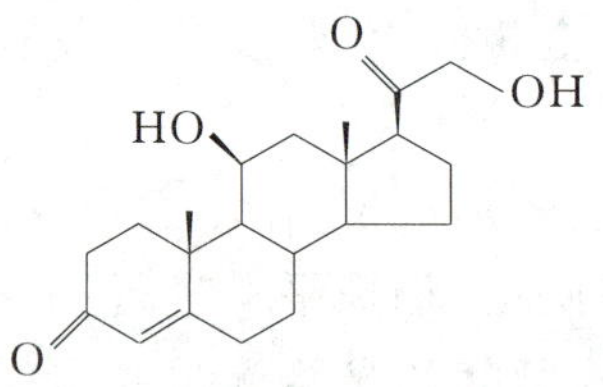

皮质酮

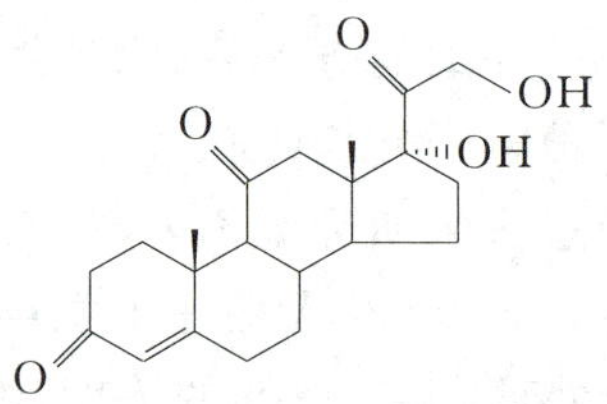

可的松

1948 年，Tait J 和 Sinmpson S 在试验一种商品名为 Eucortone 的肾上腺皮质提取液对切除肾上腺的动物体内水、盐平衡的作用时，应用了 Na 和 K 的放射性同位素标记以及新出现的纸色谱技术，从 Eucortone 中分离出生物活性特别高的部分，又经过几年研究于 1953 年得到一种新的激素，醛甾酮(aldosterone)，在 Reichstein F 和 Wettestein A 的协作下，于 1954 年测定了它的结构：

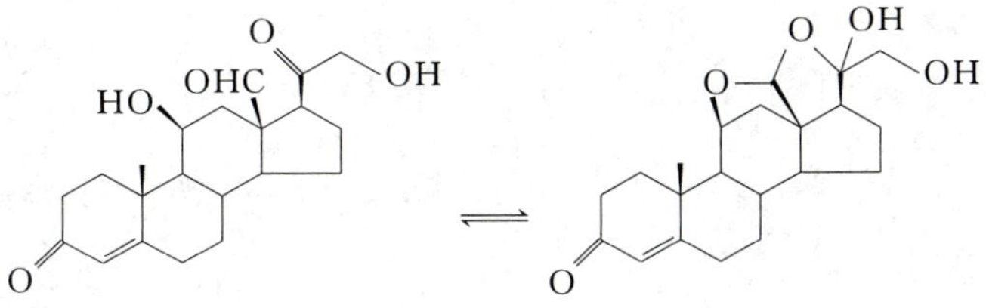

醛甾酮

这是最后发现的一种肾上腺皮质激素，它的作用是促进肾远曲小管和集合管对 Na^+ 的主动重吸收，同时促进 K^+ 和 H^+ 的排出，即有留 Na^+ 排 K^+ 作用。

27.4.2.2 Barton 反应

醛甾酮有特殊的生理活性，而从天然产物中提取只能得到毫克级的纯品。迫切需要用合成方法得到更大量的样品以进行生物试验。但是将 18－甲基转变成醛基在合成上是一个难题，虽然进行了大量研究，到 20 世纪 60 年代，仍未取得显著进展。

Barton D H R 注意到 Steacie E W R 的工作：

$$R—O—NO \xrightarrow{\text{热解}} RO\cdot + \cdot NO$$

认为：由醇的亚硝酸酯产生的烷氧自由基可以从邻近的 C—H 键上夺氢，生成烷基自由基，而烷基自由基与 NO 结合生成亚硝基化合物在文献上已有许多报道。亚硝基化合物容易异构化成肟，肟再水解就可以得到醛。亚硝酸酯的热解在高温下进行，对甾族化合物这样结构复杂、相对分子质量较大的化合物显然不适用，不过类似的反应可能在光照下进行。这些想法可以总结为

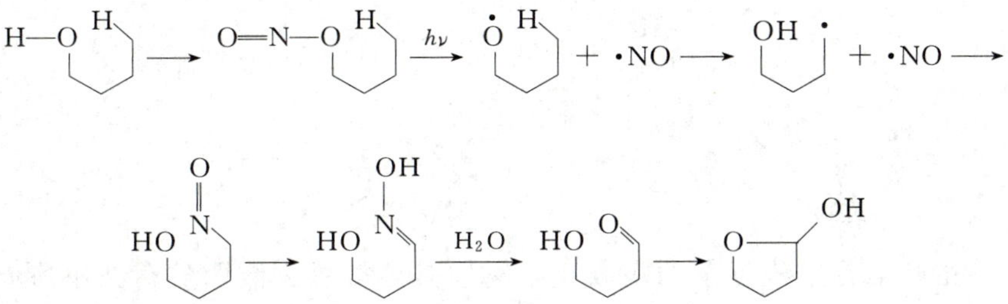

因此 Barton 用皮质酮的乙酸酯作原料，在几周内就得到了醛甾酮的乙酸酯，几步反应的总产率为 15%。

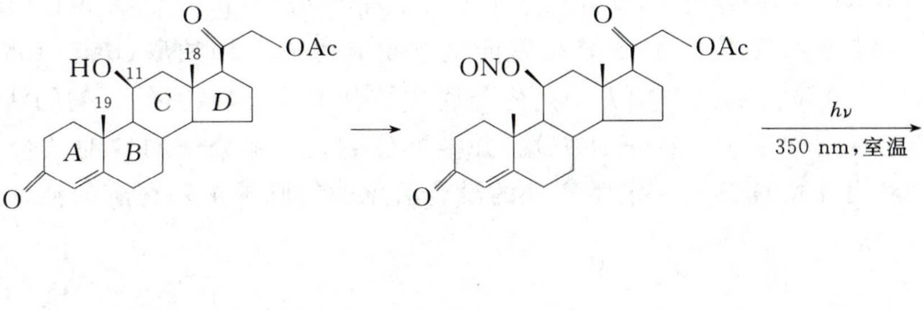

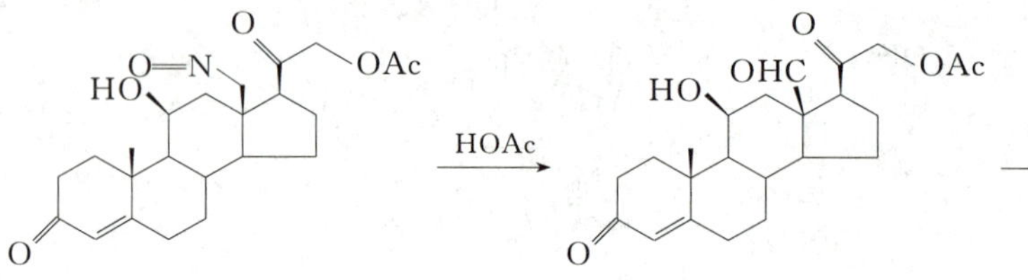

醛甾酮乙酸酯

醛甾酮乙酸酯的生理作用与醛甾酮相同，但更容易操作和保存。用上述方法很快就得到 60 g 醛甾酮乙酸酯，满足了生理实验的需要。

在以上反应中，光解生成的烷氧自由基可以从 *C* 环和 *D* 环之间的 18－甲基夺氢，也可以从 *A* 环和 *B* 环之间的 19－甲基上夺氢，如在 *A* 环的 C(4)—C(5)之间再导入一个烯键，使 19－甲基离 11 位的羟基更远一些，则烷氧基只有从 18－甲基上夺氢。

在亚硝酸酯的一次光解反应中，Barton 偶然发现：在有氧存在时，光解产物为硝酸酯：

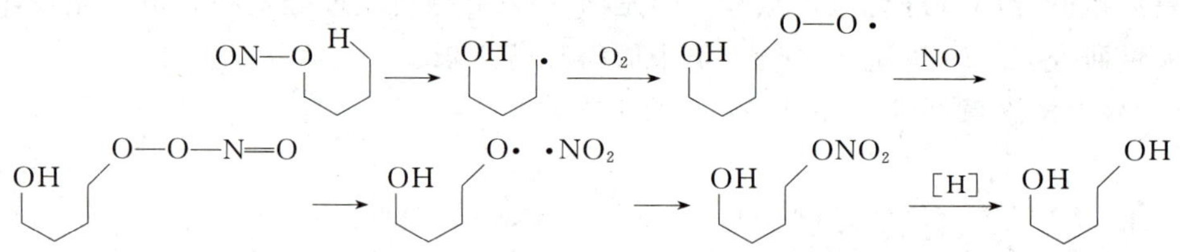

硝酸酯容易还原成醇，应用这一系列反应可以合成一些有生理活性的甾族化合物。例如：

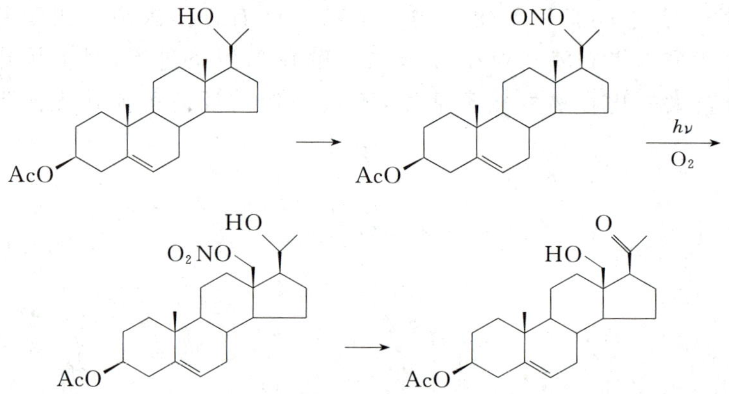

Barton 反应的特点是结构复杂的甾族化合物中其他敏感官能团的存在不影响光解反应的进行。

参考文献

27.4.3　远程官能化(remote functionalization)

在生物体内油酸是由硬脂酸在脂肪酰－CoA 去饱和酶(fatty acyl-CoA desaturase)催化下脱氢生成的，顺式双键在 9,10 位。软脂酸在酶催化下脱氢生成棕榈油酸(palmitoleic acid)，其中顺式双键也是在 9,10 位。酶的作用方式是先与底物结合生成配合物，然后酶的活性中心使底物在特定位置发生反应。其特点：① 识别链端，并把握住它；② 酶分子的辅助结合点将底物中的碳链锁定；③ 底物分子中离链端一定距离处的没有活化的氢原子正好在酶的活性中心处，这样，只有固定位置处的氢原子被氧化脱去，而邻近的同样的氢原子却不受影响。Breslow R 用图 27.1 的漫画，形象化地表示出去饱和酶的作用方式。

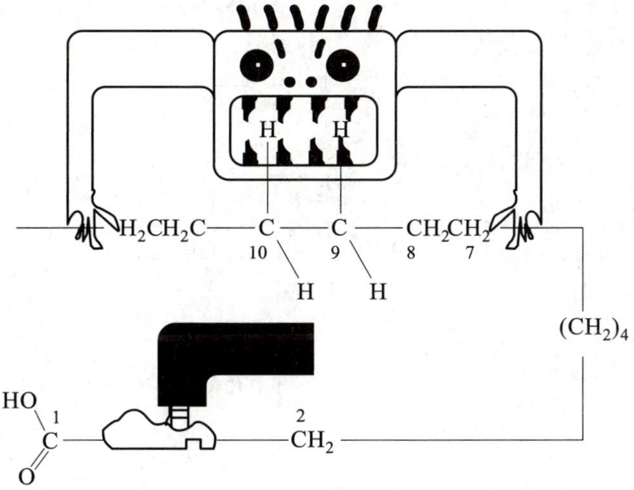

图 27.1 去饱和酶的作用方式

(引自 Chem Soc Rev，1972，1:555)

为了模拟去饱和酶的作用，Breslow 选择了具有刚性结构的底物 3α－胆甾烷醇。采用二苯甲酮模拟酶的活性中心，在它的 4 位连接一个羧酸键，用羧基与胆甾烷醇的羟基生成酯：

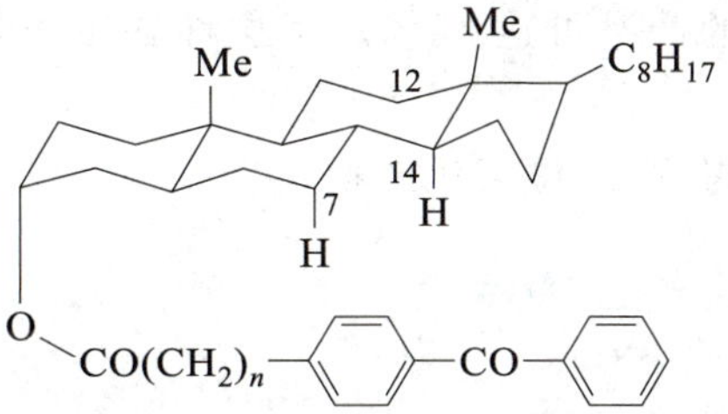

(1) $n=2$

(2) $n=1$

从分子模型看出：当 $n=0$ 时，甾醇环与苯环形成 V 形结合，二苯甲酮中的 CO 远离甾醇环上的氢，当甾醇环与二苯甲酮之间有柔顺的碳链时，两者形成 U 形结合，CO 能与环上的直立式氢原子接近。当 $n=2$ 时，由于碳链未能固定（缺少图 27.1 中的两只手），CO 可在 7 位、14 位、12 位氢原子所在的弧线上转动，因此这 3 个位置可能被官能化。在实验中，$n=1$ 时效果最好。

将(2)的溶液用光照射时，C═O 上的 π 电子被激发，生成三线态，它从甾醇环上夺取 1 个氢原子，同时在甾醇环上生成自由基，如果再从甾醇环上新生成的自由基的相邻位置上再夺取 1 个氢原子，则在甾醇环上形成碳－碳双键，两个自由基也可以互相连接生成新的碳－碳单键：

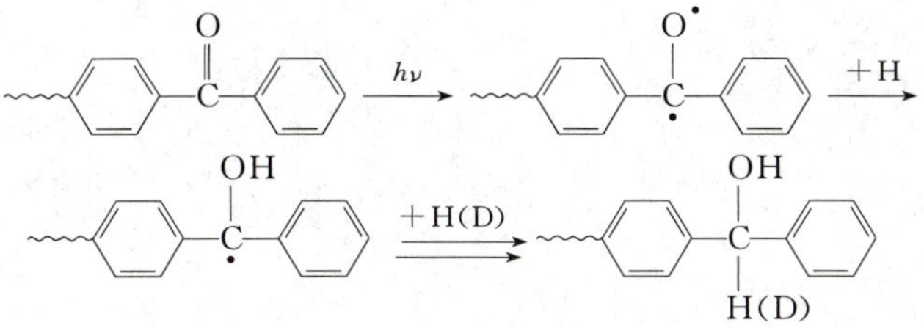

实验结果是

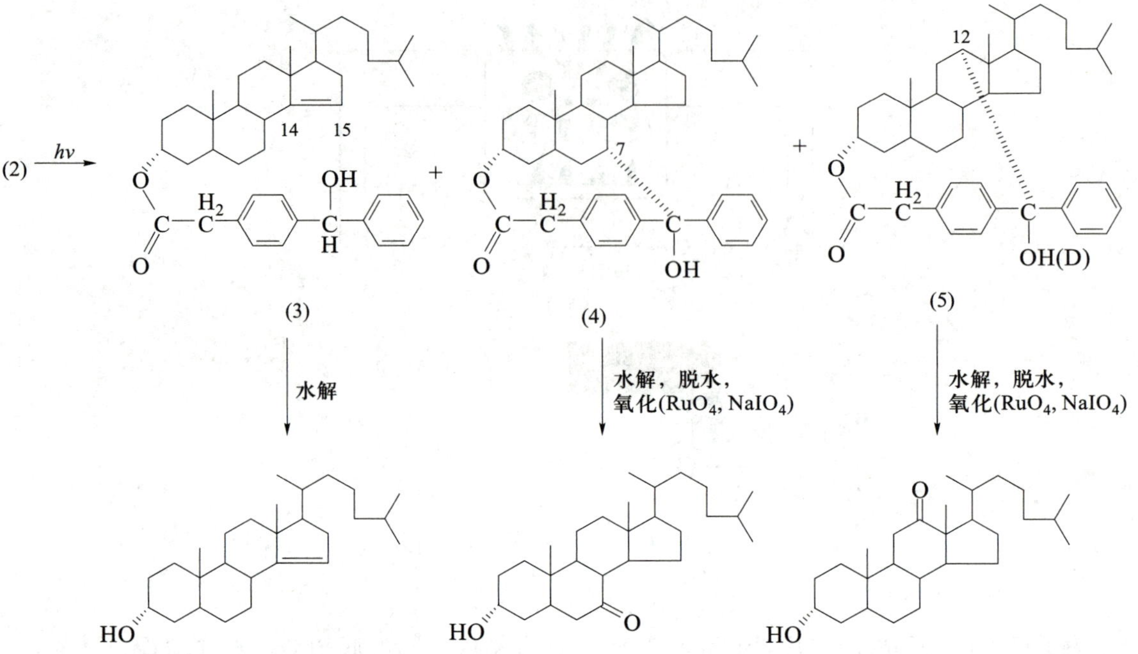

如果将甾醇中C(15)上的氢原子用氘标记，则氘转移到二苯甲酮的羰基上，说明第二个氢原子是从15位夺取的。(3)的产率可达55%。用这种方法来制备(3)，一次可得到几克纯品。

参考文献

用这一原理进行氯化反应可以得到14位氯化产物。

27.4.4 酚类的氧化偶联和吗啡的生物合成

27.4.4.1 酚类的氧化偶联

1925年，Pummerer P用$K_3Fe(CN)_6$使对甲苯酚氧化，得到一个酮(Pummerer酮)，并认为它是由两个自由基结合生成的：

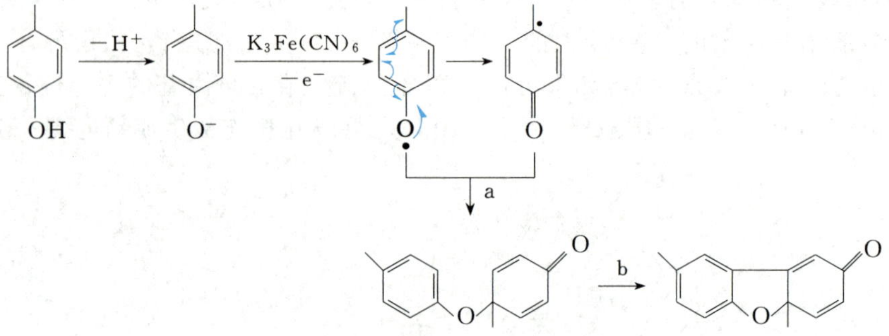

25%
Pummerer酮

20 世纪 30 年代，Robinson R 根据 Pummerer 酮生成的方式推测了吗啡碱的生物合成过程。1952 年左右，Barton D H R 认识到酚类偶联反应在生物合成中的重要性，仔细研究了 Pummerer 的论文，认为两个自由基按照另一种方式偶联更合理（在 Pummerer 所提出的结构中两个苯环在羟基的 *o*，*m* 位相连，步骤 b 也难于理解）：

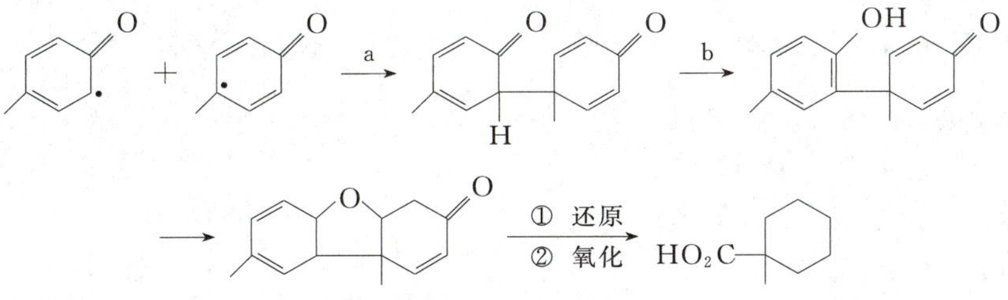

Pummerer酮

1955 年，Barton 将 Pummerer 酮降解，得到 1－甲基环己基甲酸，从而证明文献上 Pummerer 酮的结构是错误的，两个对甲苯酚自由基的两个苯环以 *o*，*p* 位相连生成 C—C 键（步骤 b 相当于 Michael 加成）。

地衣酸（usnic acid）广泛存在于地衣类植物中，根据 Pummerer 酮生成的原理，Barton 由 2，4，6－三羟基－3－甲基苯乙酮合成了地衣酸：

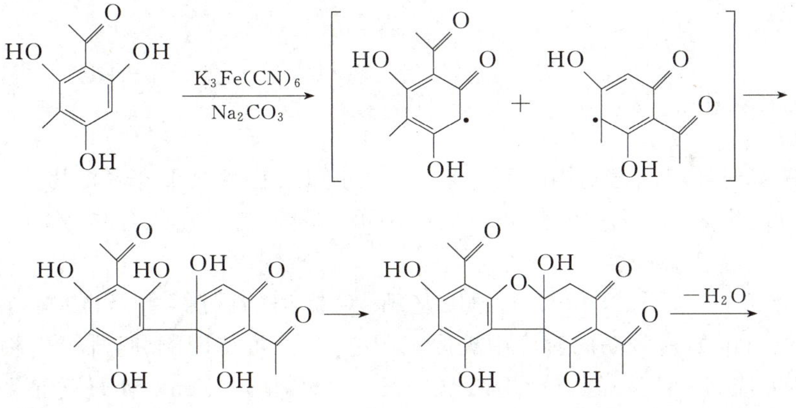

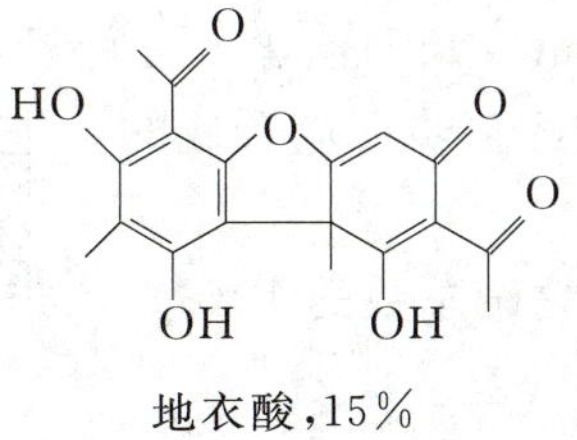
地衣酸，15％

1966 年经生物实验证明，地衣酸在生物体中是依照这种方式合成的。

27.4.4.2　吗啡的生物合成

Robinson 在推测吗啡（morphine）生物合成的过程时，以 Pummerer 的论文为基础，即两个苯环在 *o*，*m* 位偶联，既然 Pummerer 酮的结构有误，Robinson 的推测也是不正确的。

Barton 在 1957 年推测吗啡生物合成的过程为

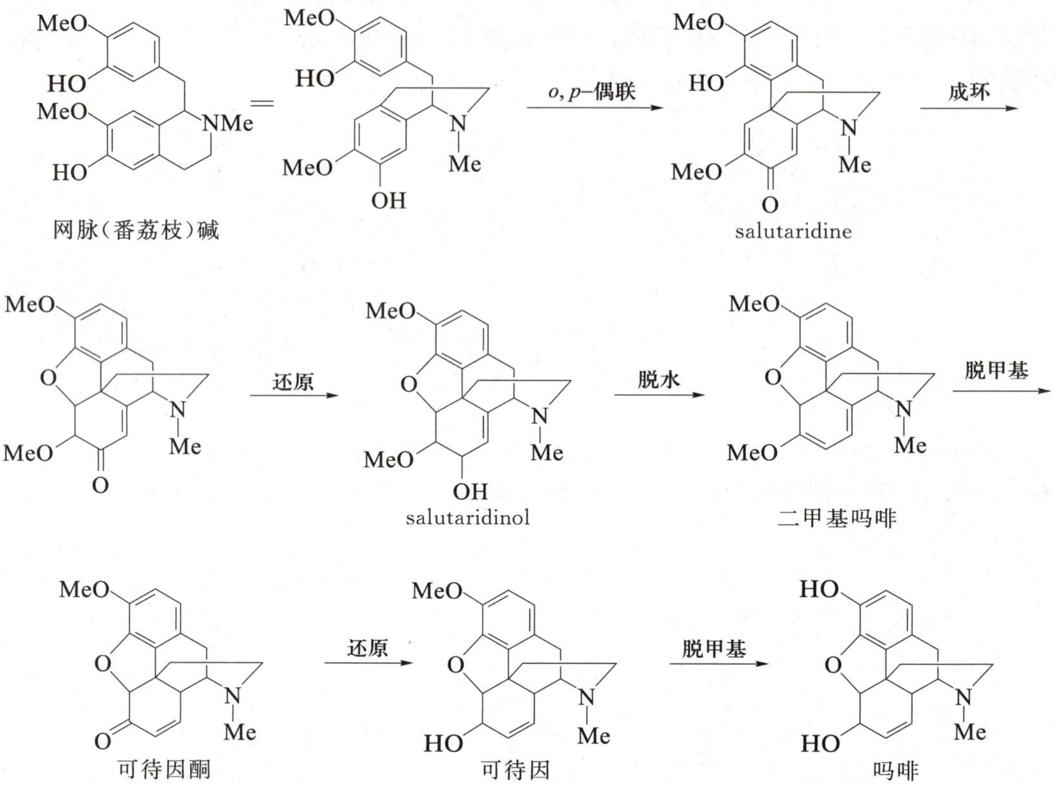

网脉(番荔枝)碱当时还未从植物中分离出来,以后才知道它存在于许多植物中。salutaridine 后来也从植物中分离出来,二甲基吗啡、可待因酮和可待因则是已知化合物,都可以从罂粟类植物中分离出来。

Barton 等合成了分子中 N 和 O 上的甲基用^{14}C 标记的网脉(番荔枝)碱,用它来培养罂粟(papaver somniferum),从收获的鸦片中提取二甲基吗啡、可待因酮、吗啡等生物碱,证明它们的分子中在 *N*–Me 或 *O*–Me 位置有^{14}C 标记(1963—1967 年)。Zenk M H 等证明:在植物中网脉(番荔枝)碱等生物碱是在含 Fe 的酶细胞色素 P–450(cytochrome P450)催化下进行氧化偶联的(1989—1990 年)。现在知道吗啡在植物体中是由两分子酪氨酸经多步反应合成的,Barton 预测的由网脉(番荔枝)碱到吗啡的各步是正确的。

生物合成过程中含有酚类氧化偶联这一步的生物碱约占生物碱总数的 10%。

参考文献

第二十八章 重排反应

有机化学的多数反应中碳架保持不变。在重排反应中碳架发生变化，一个原子团从一个原子迁移到另一个原子上。大多数重排为1,2-迁移(1,2-shifts)，其通式为

1,2-迁移常为反应中的一步。如反应中产生一个缺电子中心，即碳正离子、卡宾或氮宾，邻近原子上的一个基团带着一对电子迁移过来，这种迁移称为亲核重排(nucleophilic rearrangement)；如反应中产生一个富电子中心，如碳负离子或带负电荷的杂原子，邻近原子上的一个基团不带电子对迁移过来，则称为亲电重排(electrophilic rearrangement)；如反应中产生自由基，邻近原子上一个原子团带着一个未配对电子迁移过来，则称为自由基重排(free radical rearrangement)。

本章所讨论的重排反应，都是分子内反应。在一些重排反应中，离去基团的脱离和邻近原子上基团的迁移是协同进行的，实际上并未生成卡宾或氮宾，因此本章按迁移中A,B两端的原子分类。

§28.1 烃基由碳原子迁移到碳原子上

28.1.1 频哪醇重排

1860年，Fittig R将频哪醇(pinacol)与30%硫酸一起加热，得到脱水产物，并命名为频哪酮(pinacolone)，其结构到1873年才确定为3,3-二甲基丁-2-酮(频哪酮)：

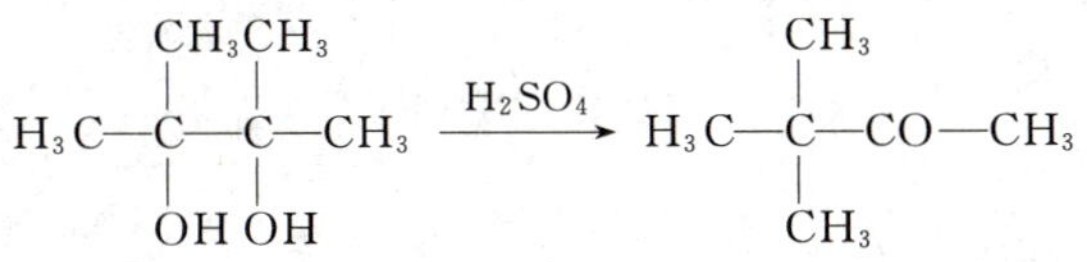

反应中一个甲基迁移到邻近的碳原子上。以后将1,2-二醇在酸催化下转变为醛或酮的反应统称为频哪醇重排(pinacol or pinacol-pinacolone rearrangement)。

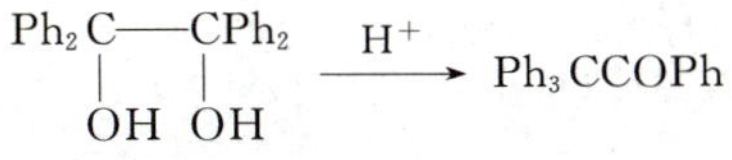

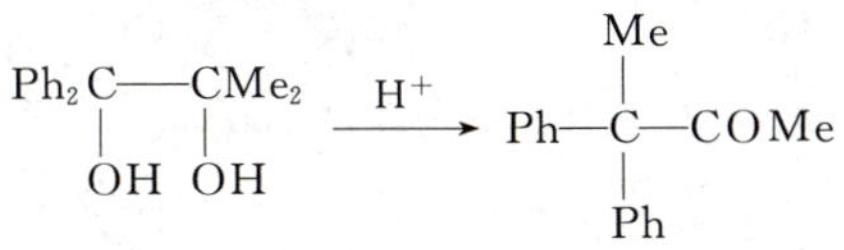

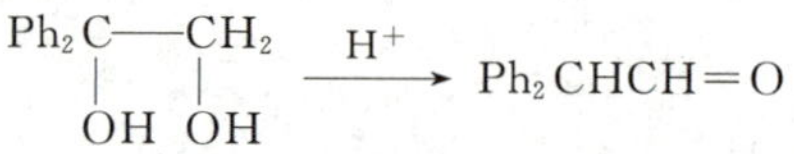

迁移的可以是烃基也可以是氢原子，研究得最多的是三取代或四取代1,2-二醇重排。在频哪醇重排中使用过的酸性催化剂很多，但常用的是25%硫酸，有时用冷的浓硫酸可以得到更高的产率。催化剂的选择是很重要的。例如，将频哪醇与催化量的HBr一起缓慢蒸馏，得到2,3-二甲基丁-1,3-二烯。烯烃常是频哪醇重排的副产物。

对于频哪醇重排的研究工作一百多年来一直在进行，但对它的反应机理仍不是很清楚。比较一致的认识是，重排是分子内反应，即迁移的基团从未离开分子的束缚；重排的第一步是生成碳正离子，然后烃基带着一对电子迁移到缺电子的碳原子上：

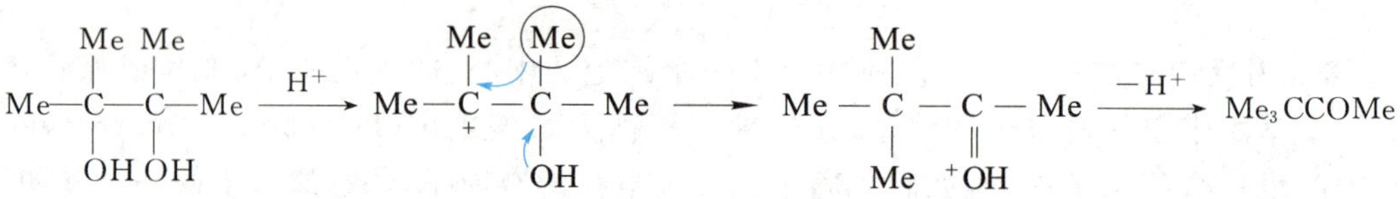

既然生成的是比较稳定的叔碳正离子，为什么还会引发重排？可能是重排后生成的新的正离子上碳原子和氧原子都具有8电子的满层结构，稳定性更高。

究竟是哪一个羟基离去？哪一个基团迁移重排？一般是能生成最稳定的碳正离子的羟基优先离去，其次在重排过程中，稳定正电荷能力强的基团优先迁移。例如：

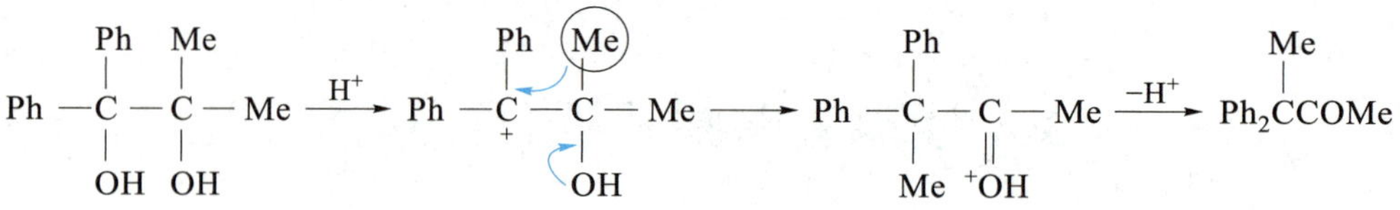

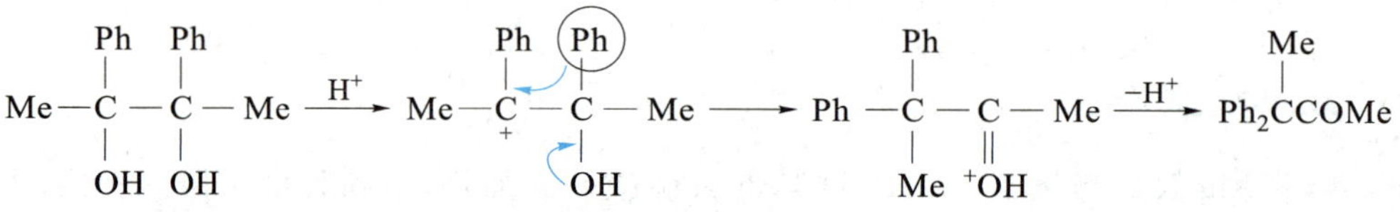

有时同一二醇在表面上相似的条件下重排，得到的产物却不相同。例如：

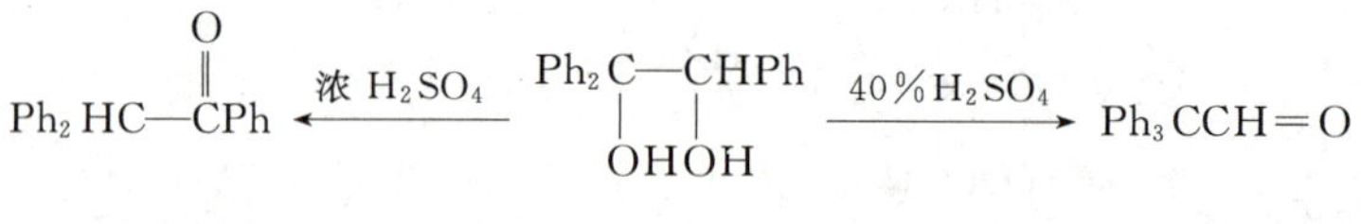

在强酸中醛可以转变成酮：

$$Ph_3CCH{=}O \xrightarrow{\text{浓 } H_2SO_4} Ph_2CHCOPh$$

酮羰基的位置也会发生变化。例如：

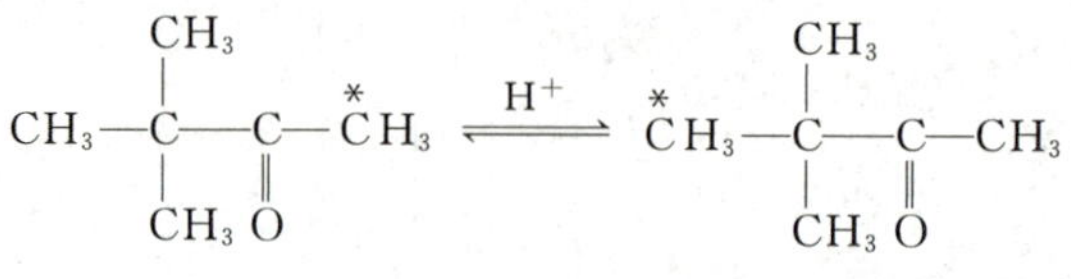

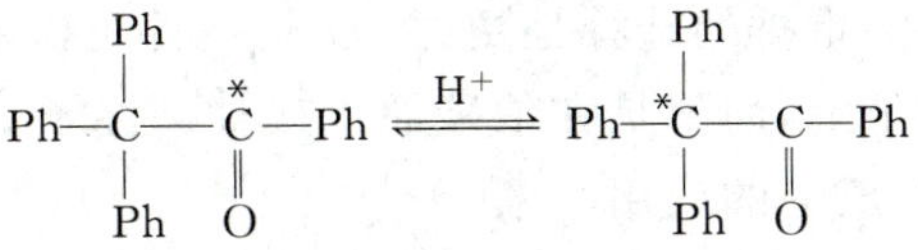

*C 同位素标记的碳

这又涉及另一类重排反应。因此，频哪醇重排的机理还不是很清楚。

采用其他更缓和的催化剂（如 $BF_3 \cdot Et_2O$）引发频哪醇重排，也找出了一些规律，但对大多数用硫酸引发的重排不一定适用。

频哪醇重排可用于环的扩大、缩小和螺环化合物的合成：

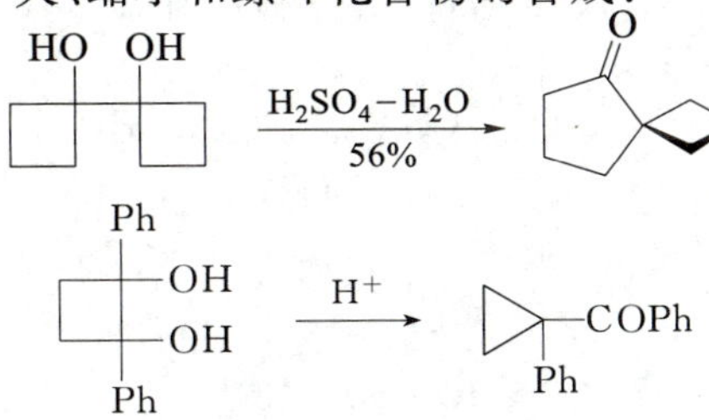

频哪醇重排所用的原料可以由醛或酮的双分子还原得到：

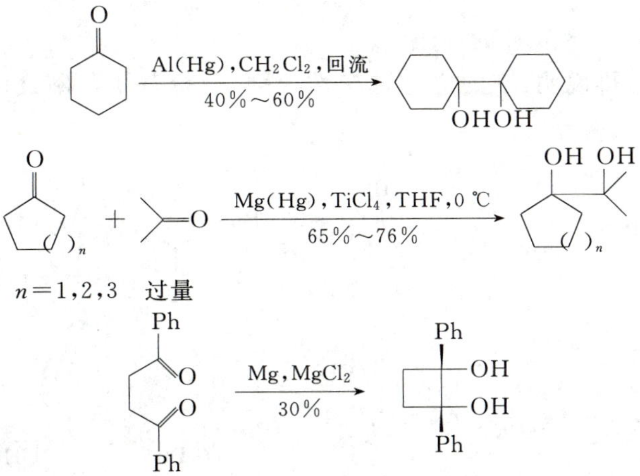

28.1.2　半频哪醇重排

半频哪醇重排（semipinacol rearrangement）是指 α－碳原子上有杂原子取代基（如卤素、氨基、—SR、—Se 等）的醇的重排反应。例如：

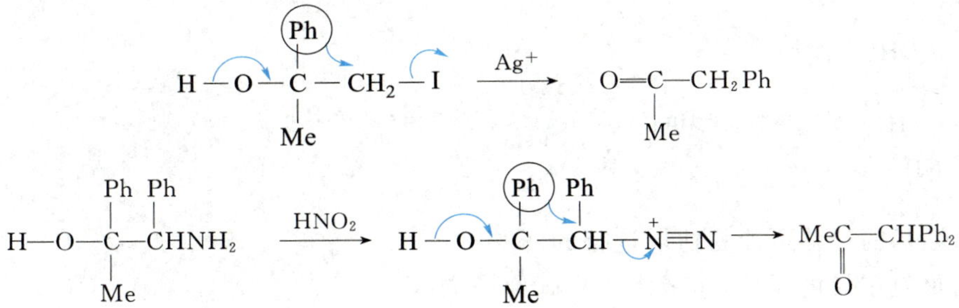

与频哪醇重排相比较，半频哪醇重排的选择性更强，反应条件更温和。在上面的例子中，如果是频哪醇重排，可能是在叔碳原子上，而不是在伯碳原子或仲碳原子上生成碳正离子。对于半频哪醇重排的研究主要侧重于在合成上的应用。

氨基醇的重排称为 Tiffenau (M)－Demyanov (N)重排，可用于环的扩大。例如：

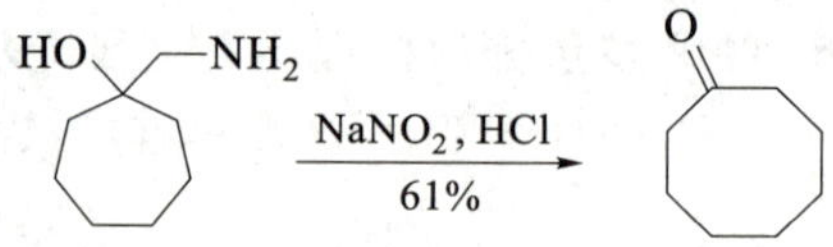

用作原料的氨基醇可以由环酮与 HCN 或 CH_3NO_2 发生加成反应，再还原得到：

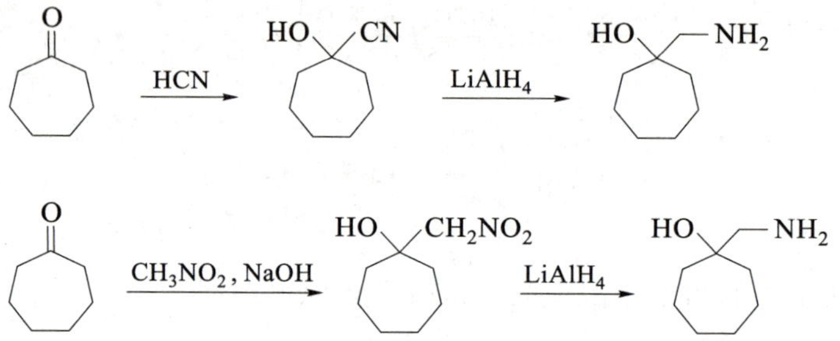

用这种方法可以合成含 5～8 元环的环酮。

2－氨基环己醇的重排说明：它的立体选择性很强，重排基团与断裂的 C—N 键常处于反叠位置：

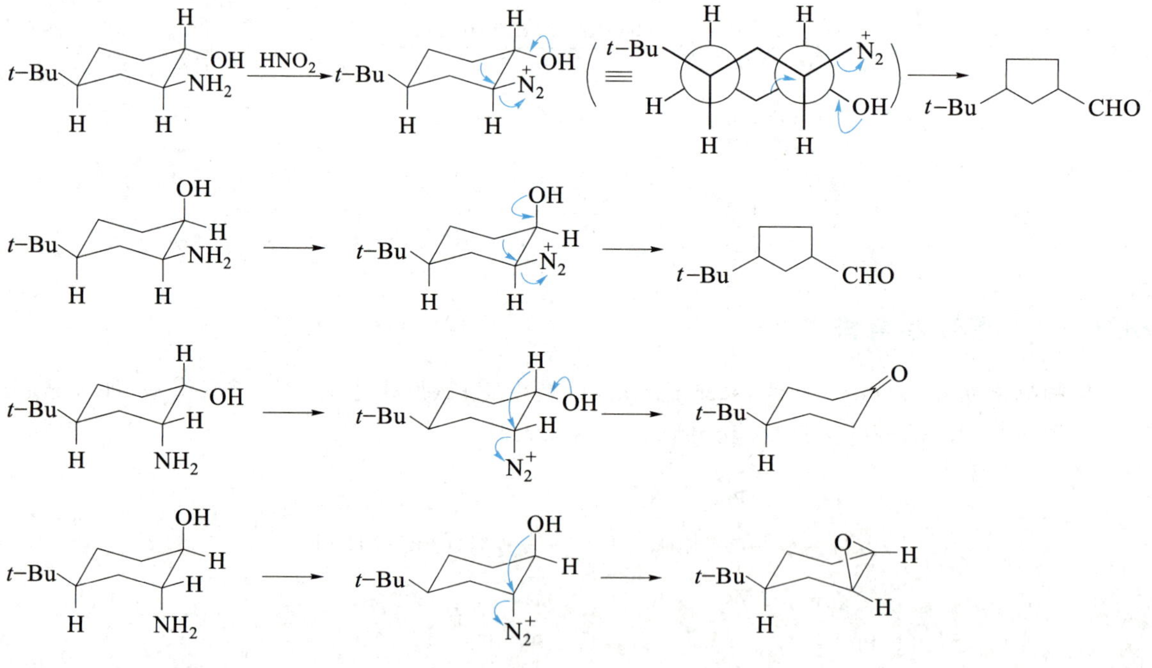

N_2 的离去和烃基的迁移可能是协同进行的。

醛、酮与重氮甲烷的反应，生成多一个碳原子的酮：

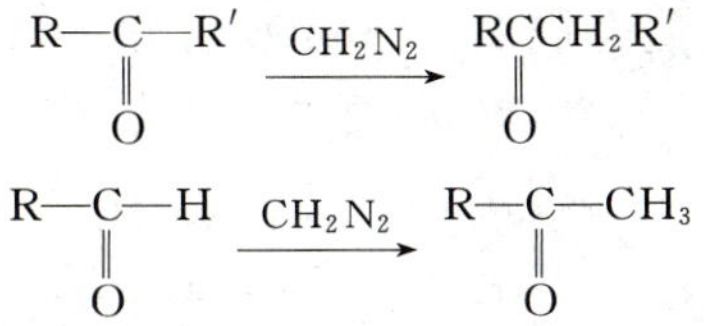

等于在 C—C 键或 C—H 键中间插入一个甲叉基,反应机理与氨基醇的重排相似:

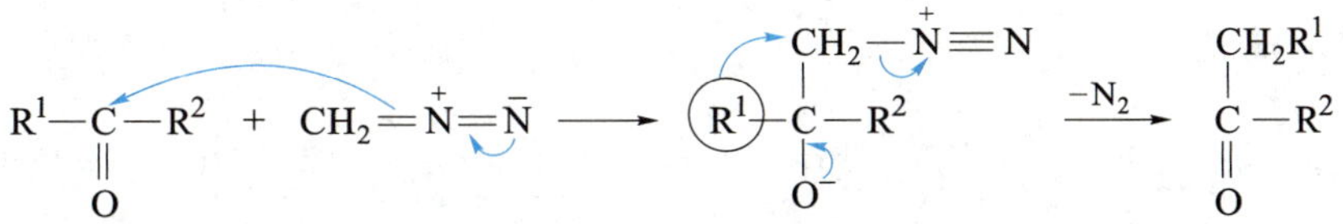

内盐

中间产物内盐有时可以分离出来。应用这个反应进行环酮的扩环,产率较好。例如:

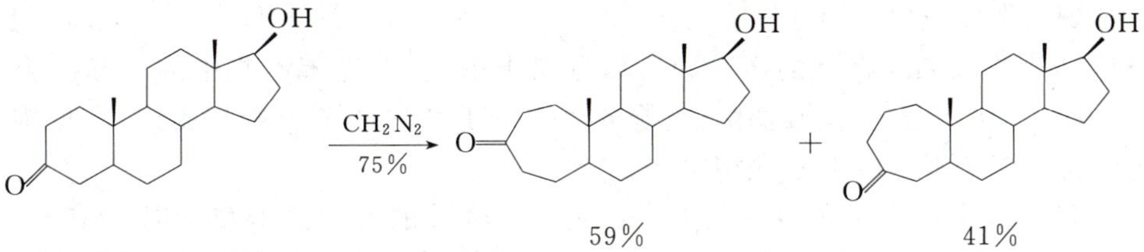

用重氮乙酸酯代替重氮甲烷,可以得到 β-酮酸酯:

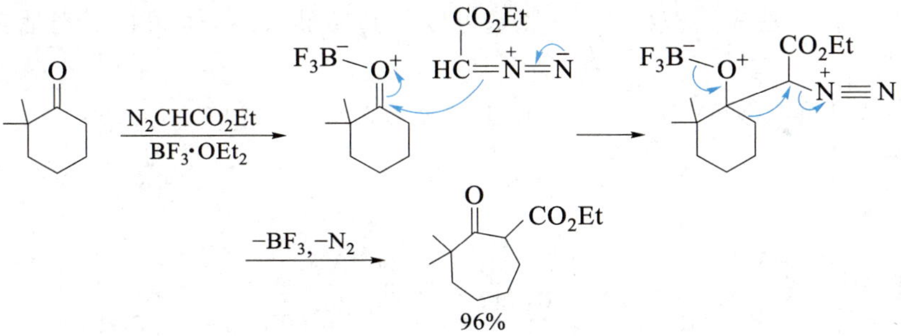

28.1.3　Wolff 重排

1902—1912 年,Wolff L 研究了 α-重氮酮的反应,他发现:重氮苯乙酮与氧化银和水一起加热生成苯乙酸,如在溶液中加入氨水,则得到苯乙酰胺,反应中苯基由羰基碳原子迁移到甲叉基碳原子上:

$$\mathrm{PhCOCHN_2} \xrightarrow[\triangle]{\mathrm{Ag_2O,H_2O}} \mathrm{PhCH_2CO_2H + N_2}$$

$$\mathrm{PhCOCHN_2} \xrightarrow[\triangle]{\mathrm{Ag_2O,NH_4OH}} \mathrm{PhCH_2CONH_2 + N_2}$$

以后一直没有出现合成 α-重氮酮的其他更方便的方法。1915 年,有人曾经将重氮甲烷溶液加到酰氯中,但只得到 α-氯代酮,没有得到预期的重氮酮。Arnt F 和 Eistert B 认识到合成失败的原因是反应中放出的 HCl 使生成的重氮酮分解。他们将操作方法改变为将酰氯慢慢滴加到两倍量的重氮甲烷中,使作为副产物生成的 HCl 被过量的重氮甲烷分解,就得到高产率的重氮酮,再经过重排，从而发展了一种由酰氯合成高一级羧酸的方法，称为 Arnt－Eistert 合成法（Arnt－Eistert synthesis），其中重排的一步称为 Wolff 重排。

$$RCOCl + CH_2N_2 \longrightarrow RCOCHN_2 + HCl$$
$$RCOCHN_2 + HCl \longrightarrow RCOCH_2Cl + N_2$$
$$CH_2N_2 + HCl \longrightarrow CH_3Cl + N_2$$
$$RCOCHN_2 \xrightarrow{H_2O} RCH_2CO_2H$$

Wolff 重排的机理为

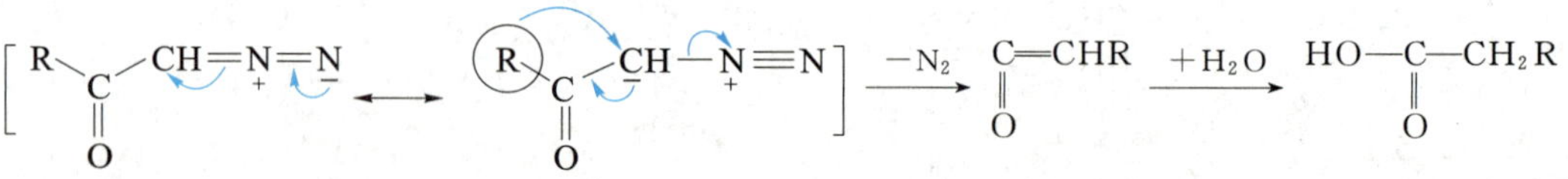

即重氮酮失去氮生成酰基卡宾，然后烃基带着一对价电子迁移到只有 6 个电子的卡宾碳原子上，生成烯酮，烯酮与水反应生成羧酸。

Wolff 重排生成的烯酮在有的实验中可以分离出来，将重氮苯乙酮中的羰基碳原子用同位素标记，重排后标记的碳原子在羧基中，重排的烃基以手性碳原子与羰基相连时，重排后构型保持不变，这些实验事实都与以上机理相符合。

Wolff 重排可以在加热或光照下发生。在光照下生成的三线态卡宾可以在 10～15 K 下冻结在 Ar 的晶格中，并测定其光谱。但在热反应中却不容易生成高能量的卡宾，氮的脱去和烃基的迁移可能是同步进行的。重排过程中金属催化剂的作用还不十分清楚。

Arnt－Eistert 合成法应用范围很广，烃基可以是脂肪族烃基，也可以是芳香族烃基，还可以含有多种官能团。

重氮酮还可以用重氮基转移（diazo transfer）的方法合成。例如：

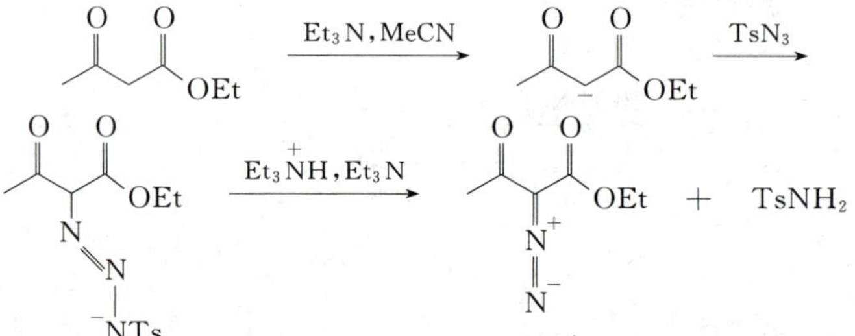

84%

应用 Wolff 重排可以合成一些结构特殊的化合物。例如：

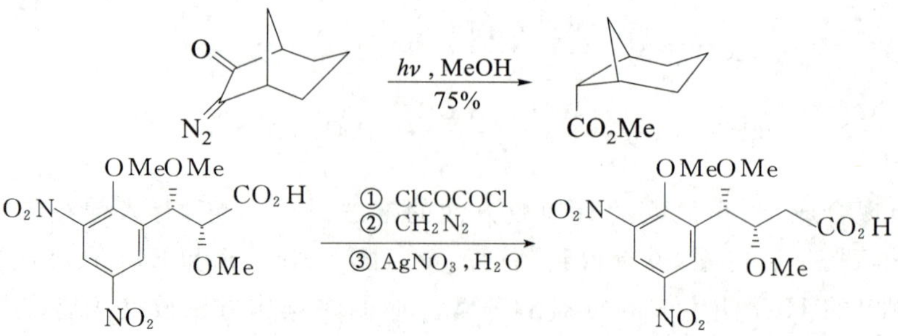

70%

28.1.4　二苯乙醇酸重排

1838 年，Liebig J 将二苯乙二酮与过量的氢氧化钠溶液一起加热，得到了二苯乙醇酸：

$$\text{PhCOCOPh} \xrightarrow[\triangle]{\text{OH}^-} \text{Ph}_2\text{C(OH)CO}_2^-$$

反应中一个苯基迁移到相邻的碳原子上，这是最早发现的分子重排反应，脂肪族 1,2－二酮、α－醛酮都可以发生重排：

$$\text{OCHCHO} \xrightarrow{\text{OH}^-} \text{HOCH}_2\text{CO}_2^-$$

$$\text{CH}_3\text{COCOCO}_2\text{Bu-}t \xrightarrow{\text{OH}^-} \text{CH}_3\text{C(OH)(CO}_2\text{Bu-}t\text{)CO}_2^-$$

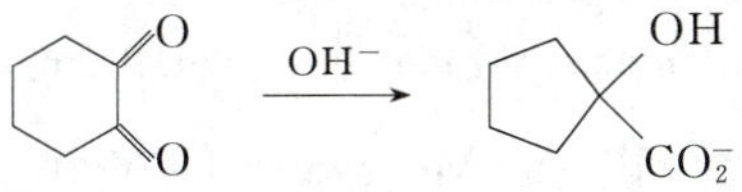

如用醇钠或醇钾作碱性试剂，则得到二苯乙醇酸酯：

$$\text{PhCOCOPh} \xrightarrow[\triangle]{t\text{-BuOK, C}_6\text{H}_6} \text{Ph}_2\text{C(OH)CO}_2\text{Bu-}t$$

甲醇钠会使二苯乙二酮还原成安息香。

1928 年，Ingold C K 提出的重排机理为

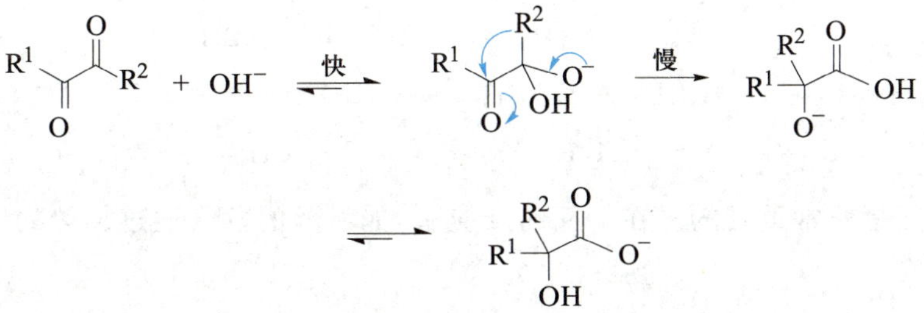

R^1，R^2 以手性碳原子与羰基相连，重排后的构型保持，说明重排基团是带着一对价电子迁移的。用同位素 ^{14}C 标记两个羰基中的一个，重排后研究标记原子是在 C—OH 上还是在 CO_2^- 上，结果说明：OH^- 进攻亲电性较强的羰基。

甾体二酮的重排说明了重排的立体选择性：

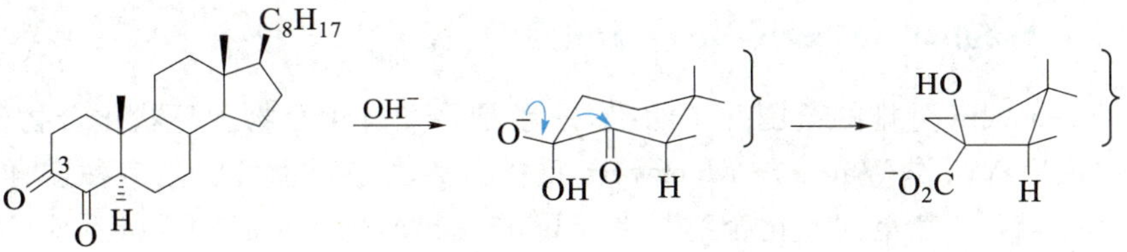

将 3 位碳原子用^{14}C标记，证明羧基来自 3 位碳原子。

28.1.5　Wagner－Meerwein 重排

1899 年，Wagner G 发现：在萜类的反应中环系发生变化。例如：

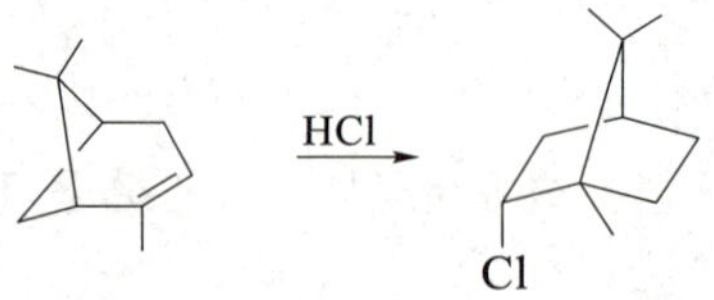

α－蒎烯　　　　内－2－氯莰烷

α－pinene　　　　*endo*－bornyl chloride

莰烯　　　　camphene　　　　外－2－氯莰烷

camphene　　　　hydrochloride　　　　*exo*－bornyl chloride

原来认为 Wagner 重排只存在于萜类化合物中。Meerwein H 在 20 世纪一二十年代认识到这种重排反应在有机化学中是相当普遍的，不仅限于双环化合物。Meerwein 和较后的 Whitmore F C 发展了重排的理论说明，即在酸性条件下生成缺电子中心——碳正离子，从而引发了邻近的碳原子上烃基的迁移。例如：

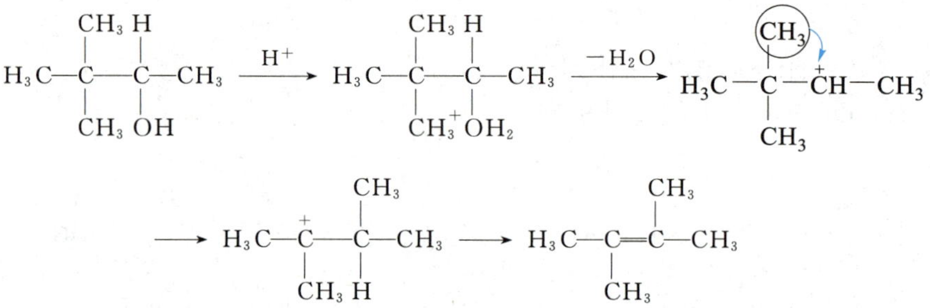

酸性催化剂的作用是非常重要的。在上面的反应中，如将醇的蒸气通过加热的中性氧化铝，则得到正常的脱水产物：

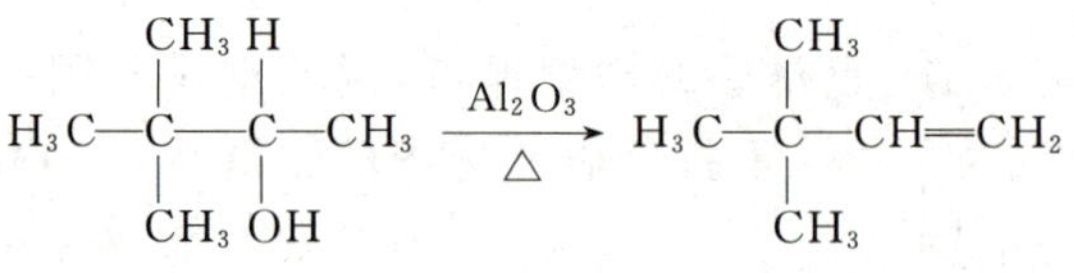

这样的开链化合物的重排反应，又称为逆频哪醇重排（retropinacol rearrangement）。

28.1.5.1　Wagner－Meerwein 重排的定义

Wagner－Meerwein 重排的范围并不明确，一般是将开链化合物和环状化合物（包括单环、双环等）中的类似反应都叫作 Wagner－Meerwein 重排。离去基团也可以是多种多样的，包括脂肪族重氮化合物中的 N_2。甚至饱和化合物与 Lewis 酸一起加热而引起的重排反应（也是先生成碳正离子)也包括在内。例如：

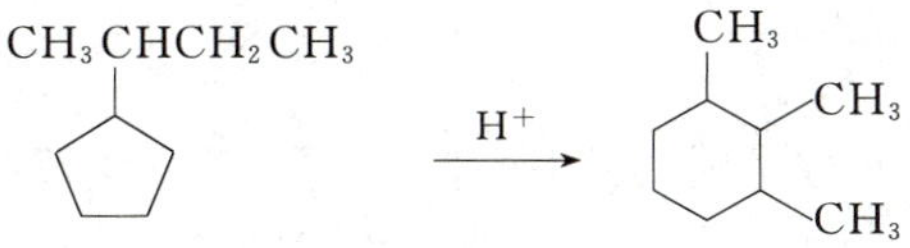

萜类化合物中烃基的迁移叫作 Nametkin (H S)重排，以区别于桥链的迁移：

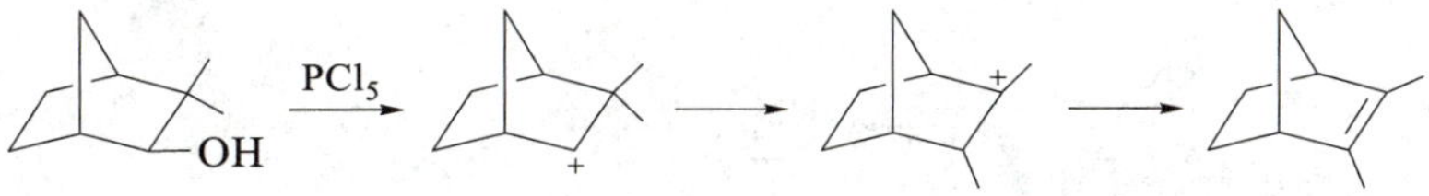

现在也包括在 Wagner–Meerwein 重排中。

28.1.5.2　Wagner–Meerwein 重排的立体化学

Wagner–Meerwein 重排有时显示出立体特异性，最突出的例子是 3–β–friedelanol 在酸性催化剂下脱水转变成 13(18)–oleanene，中间经过 7 次 1,2–重排：

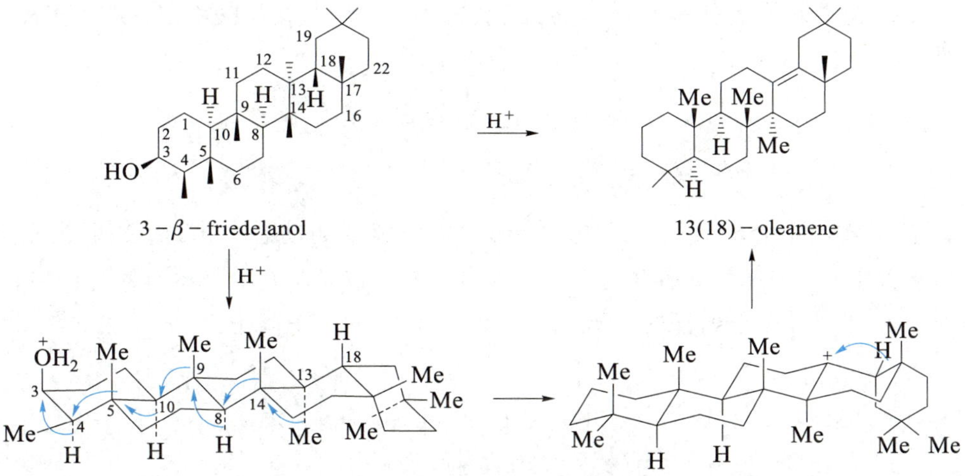

H^- 从 4 迁移到 3；Me 从 5 迁移到 4；H^- 从 10 迁移至 5；Me 从 9 迁移至 10；H^- 从 8 迁移到 9；Me 从 14 迁移至 8；Me 从 13 迁移至 14；在 13 位留下一个正电荷，从 18 位脱去质子，在 13 和 18 之间生成双键。所有这些迁移都是立体特异性的，上面的基团迁移到另一个碳原子的上面，下面的迁移到另一个碳原子的下面。迁移基团和离去基团处于反叠位置，这些迁移运动可能是协同进行的。

28.1.5.3　Wagner–Meerwein 重排的机理

1901 年发现的 3,3–二甲基丁–2–醇在酸催化下的脱水是典型的 Wagner–Meerwein 重排，Meerwein 和 Whitmore 建议的反应机理为

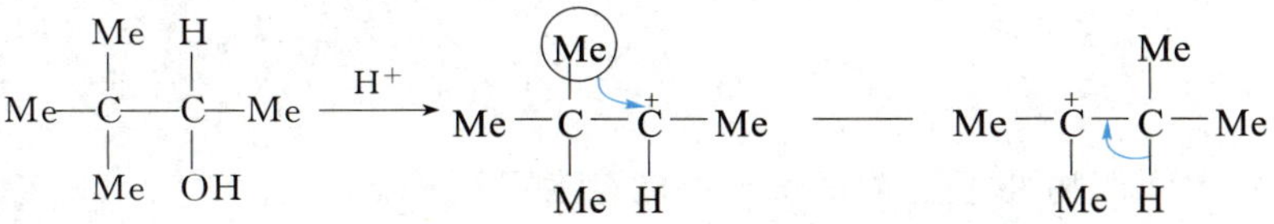

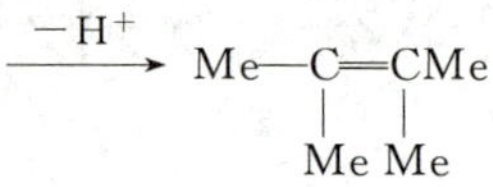

随着研究的深入，产生了一些新的问题，如离去基团的脱离和烃基的迁移是不是协同进行的。在有立体特异性的重排反应中可能是这样。争论最多的问题是中间产物碳正离子的性质。1,2-重排的通式为

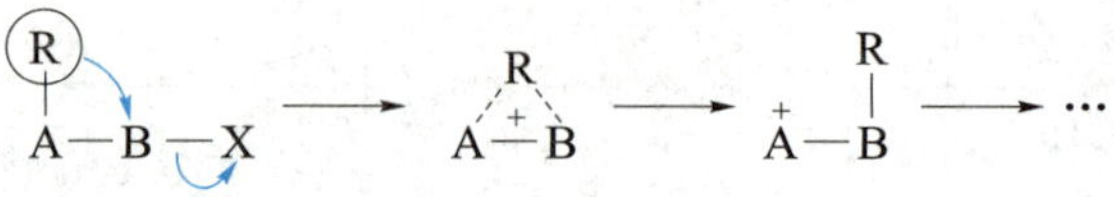

当迁移的烃基为芳基，实验证明有桥键的离子是可能的：

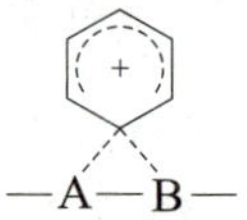

但当迁移的基团是烷基或氢负离子时，问题就比较复杂。例如，在超酸中制备的碳正离子：

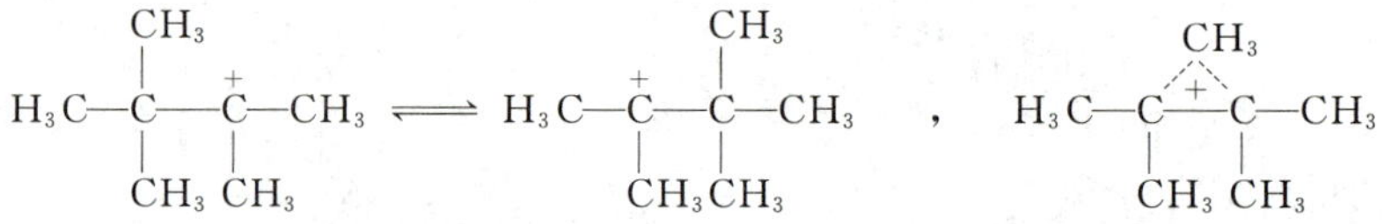

^{1}H NMR、^{13}C NMR 和 Raman 光谱说明它是两种碳正离子的动态平衡，而 X 射线光电子能谱(ESCA)又说明其中有甲基桥。仲丁基碳正离子的 NMR 谱说明它的结构是对称的，可能是 H^- 迅速迁移而产生的两种碳正离子的平衡，也可能是有氢桥的碳正离子：

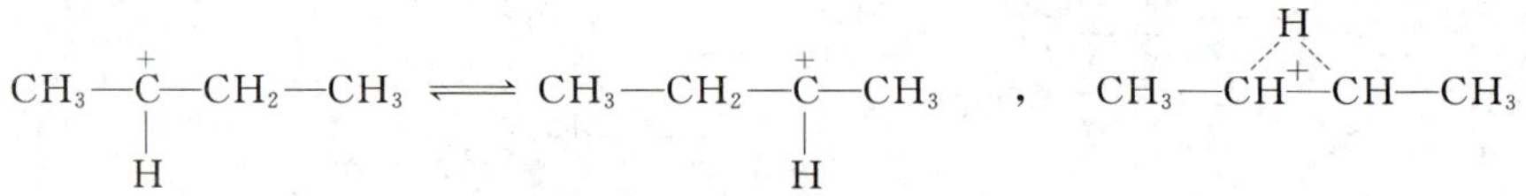

理论计算说明有氢桥的结构是最稳定的，但与经典的仲丁基碳正离子的能量差很小($10.5\ kJ\cdot mol^{-1}$)。

用同位素标记的仲丁醇对甲苯磺酸酯在三氟乙酸中进行溶剂解反应，得到的产物有同位素漂移：

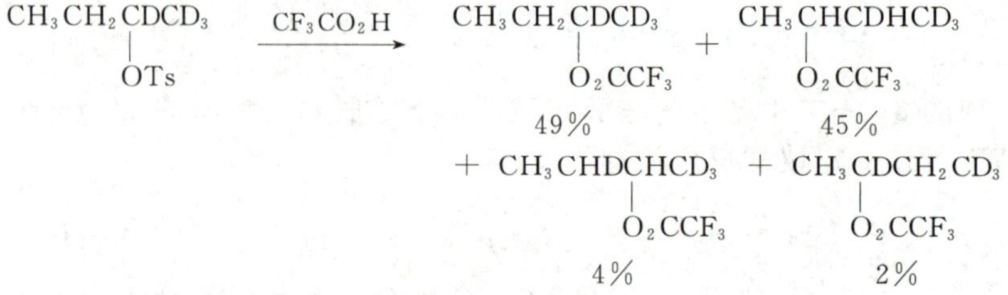

由此推测：反应的中间产物仲丁基碳正离子可能存在下列平衡：

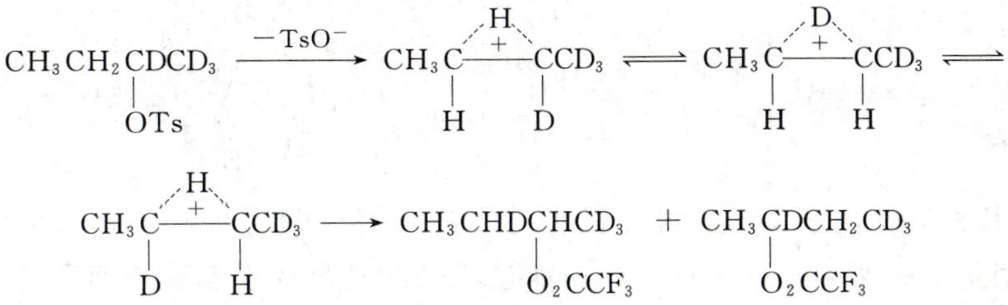

1903 年，Demyanov D 发现：环丙甲胺与亚硝酸反应，生成环丙甲醇与环丁醇的混合物；环丁胺与亚硝酸反应也得到同样的产物：

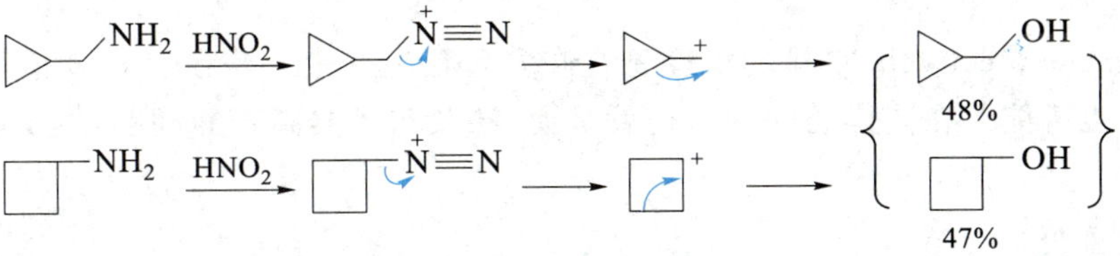

脂肪族也有类似的重排反应：

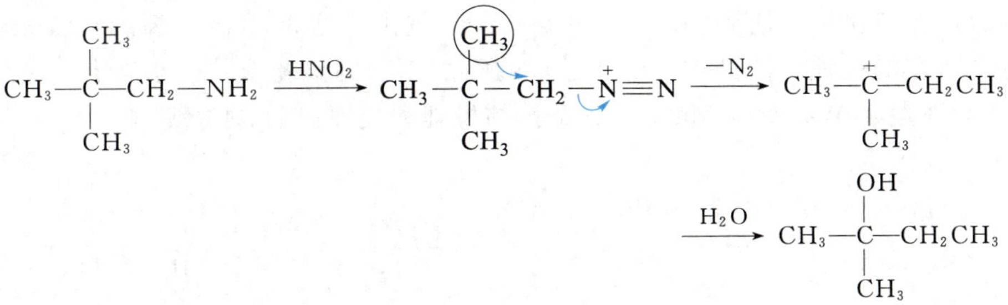

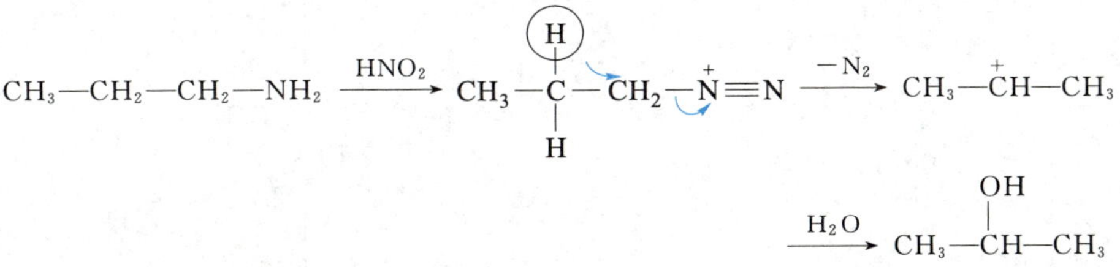

Demyanov 重排也可以归入 Wagner－Meerwein 重排中。

1959 年，Roberts J D 用同位素标记法研究 Demyanov 重排的机理，发现同位素漂移到其他碳原子上，如果反应中间体是经典的碳正离子，不能说明实验结果，因此认为中间生成的碳正离子是两种能量相同的正离子的平衡混合物：

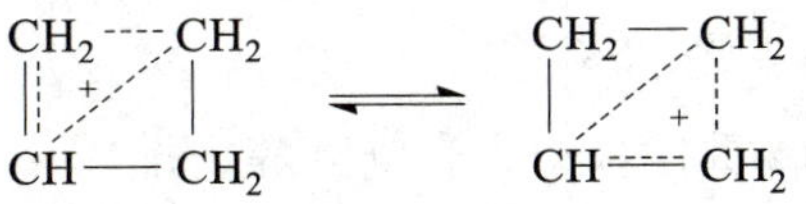

以后在超强酸中产生这种碳正离子，NMR 说明其中三个 CH_2 是等同的，由此推测，存在下面的平衡：

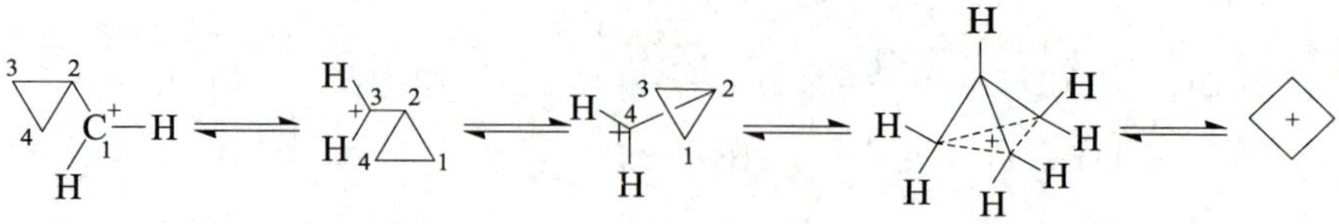

理论计算说明：几种碳正离子都位于能量的低谷，能量最低的是非经典离子，但它与环丙甲基碳正离子的能量相差很小（1.09 $kJ \cdot mol^{-1}$），而能量较高的则是环丁基碳正离子。

至于降冰片基碳正离子（norbornyl cation）的结构，更是争论了几十年的问题：

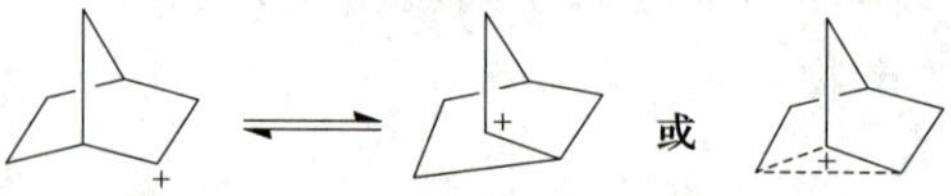

总之，Wagner－Meerwein 重排的机理还有许多问题尚待进一步研究。其他重排反应，如先生成碳正离子，也可能存在同样的问题。也就是说，涉及非经典离子的问题，用实验方法确证，困难较大。

28.1.5.4 Wagner－Meerwein 重排在合成中的应用

Wagner－Meerwein 重排首先是在萜类的反应中发现的，它在萜类化学中起着重要作用。利用萜类作为合成原料自然要遇到 Wagner－Meerwein 重排。例如，(＋)－樟脑－10－磺酸是对映异构体拆分中常用的一种手性试剂，19 世纪末就已由樟脑的磺化合成。但为什么在 10 位发生磺化，只有在弄清楚了 Wagner－Meerwein 重排的机理和规律以后，才能理解：

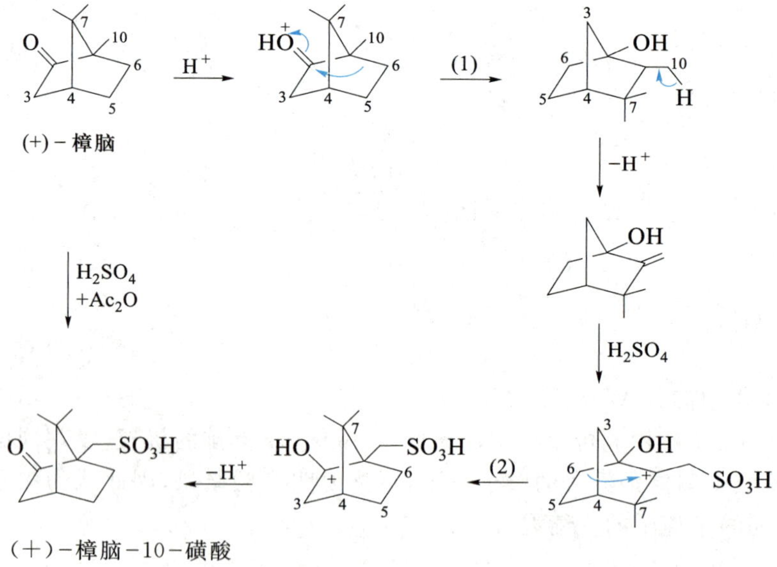

$[\alpha]=21^{\circ} \cdot cm^2 \cdot g^{-1}$（1899年数据）

上式中(1)为 Wagner－Meerwein 重排，(2)为半频哪醇重排。

Wagner－Meerwein 重排常用在一些结构复杂的化合物的合成中某一关键步骤。例如：

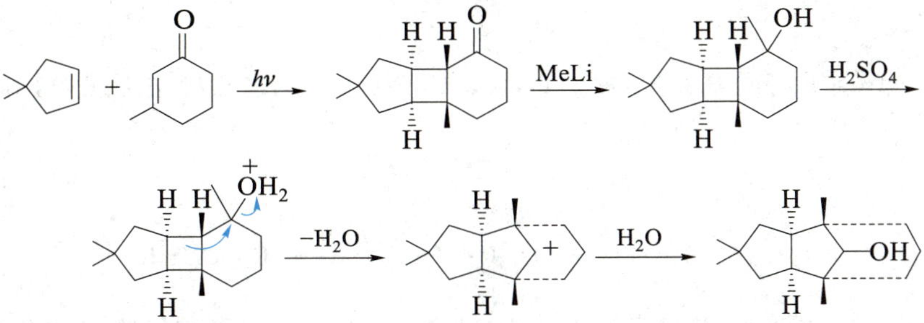

isocomene

所有 C_{10} 三环环烷烃在 $AlCl_3$ 等 Lewis 酸作用下都转变成金刚烷，超过 10 个碳原子的三环环烷烃则转变成烷基取代的金刚烷。例如：

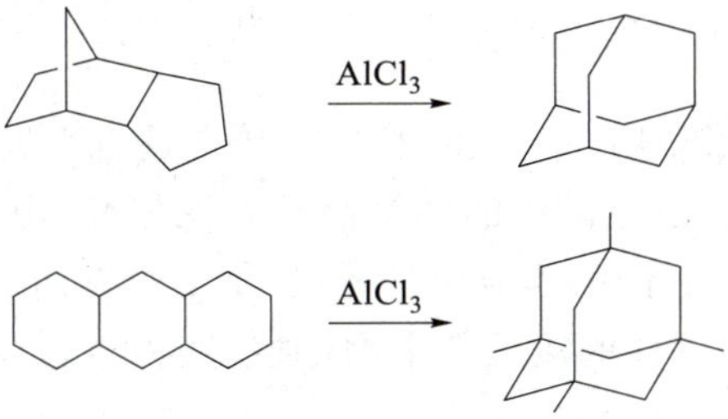

14 个碳原子以上的多环环烷烃在同样的条件下转变为二金刚烷或取代二金刚烷。这类反应称为 Schleyer (P V R) adamantization(金刚烷化)，这一系列热力学最稳定的异构体 C_nH_m 则称为 stabilomer。反应肯定是通过一系列的 1,2-重排进行的，达到平衡时，生成最稳定的异构体。将金刚烷分子中的 2 位碳原子用 ^{14}C 标记，用 $AlCl_3$ 处理后发现 ^{14}C 漂移到所有碳原子上，说明 1,2-重排的存在。

§ 28.2　烃基由碳原子迁移到杂原子上

28.2.1　Hofmann 重排、Lossen 重排、Curtius 重排和 Schmidt 重排

1882 年，Hofmann A W 在乙酰胺和溴的溶液中加入 KOH 溶液，得到甲胺，同时证明反应的中间体为 *N*-溴乙酰胺和异氰酸甲酯，试剂实际上为次溴酸盐：

$$R\overset{O}{\overset{\|}{C}}NH_2 \xrightarrow{OBr^-} R\overset{O}{\overset{\|}{C}}NHBr \xrightarrow{-HBr} O{=}C{=}NR \xrightarrow{H_2O} RNH_2 + CO_2$$

1872 年，Lossen W 将异羟肟酸酯($R\overset{O}{\overset{\|}{C}}NHOCOR'$)在碱催化下加热或直接加热，得到异氰酸酯：

$$R{-}\overset{O}{\overset{\|}{C}}NHOCOR' \xrightarrow[-HOCOR']{OH^-} O{=}C{=}NR$$

1894 年，Curtius T 将酰基叠氮（acyl azide，$\mathrm{R\overset{O}{\overset{\|}{C}}N_3}$）在无水乙醇中加热，得到 N－烃基氨基甲酸乙酯：

$$\mathrm{R{-}\overset{O}{\overset{\|}{C}}{-}N_3 \xrightarrow{-N_2} O{=}C{=}NR \xrightarrow{EtOH} EtO\overset{O}{\overset{\|}{C}}NHR}$$

1923 年，Schmidt K F 将羧酸溶解于苯中，于 40 ℃下滴加叠氮酸（$\mathrm{HN_3}$）的苯溶液，得到胺的硫酸盐：

$$\mathrm{R\overset{O}{\overset{\|}{C}}OH + HN_3 \xrightarrow[-N_2,\,-H_2O]{H_2SO_4} O{=}C{=}NR \xrightarrow{H_2O,\,H_2SO_4} RNH_3^+\,HSO_4^-}$$

这几种重排反应都是从羧酸或羧酸衍生物开始，通过重排反应最后得到比原来的羧酸少一个碳原子的胺，即羧酸的降解。反应的中间产物都是异氰酸酯，由于实验条件的不同，最后产物为胺、N－烃基氨基甲酸酯等。它们的反应机理相同，都是烃基由羰基碳原子迁移到氮原子上。

1946 年，Kenyon J 等用有手性的羧酸衍生物，通过四种重排反应得到手性碳原子构型保持的胺：

$$\begin{array}{l}
(+)\text{-}\mathrm{RCO_2H} \longrightarrow \mathrm{RCONH_2} \longrightarrow (\text{Hofmann 重排}) \longrightarrow (-)\text{-}\mathrm{RNH_2}\,(95.8\%)\\
\qquad\qquad\quad \longrightarrow \mathrm{RCONHOCOPh} \longrightarrow (\text{Lossen 重排}) \longrightarrow (-)\text{-}\mathrm{RNH_2}\,(99.2\%)\\
\qquad\qquad\quad \longrightarrow \mathrm{RCON_3} \longrightarrow (\text{Curtius 重排}) \longrightarrow (-)\text{-}\mathrm{RNH_2}\,(99.3\%)\\
\qquad\qquad\quad \longrightarrow \mathrm{RCON_3} \longrightarrow (\text{Schmidt 重排}) \longrightarrow (-)\text{-}\mathrm{RNH_2}\,(99.6\%)\\
\qquad\qquad\quad \mathrm{R{=}Ph\overset{|}{C}HMe}
\end{array}$$

说明烃基都是带着一对价电子迁移到缺电子的氮原子上，此前和此后的实验也得到同一结论。

这些重排反应的化学动力学为一级反应，在反应过程中也不能检测出自由基等活性中间体，因此 R 的迁移与 Br，OCOR，$\mathrm{N_2}$ 等基团的离去是协同进行的：

Hofmann 重排：

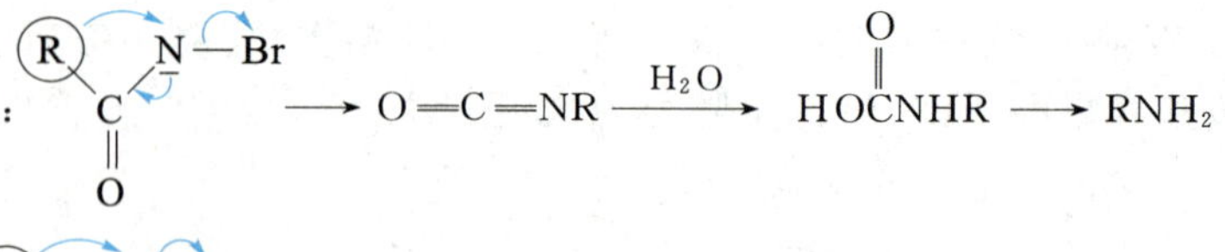

Lossen 重排：

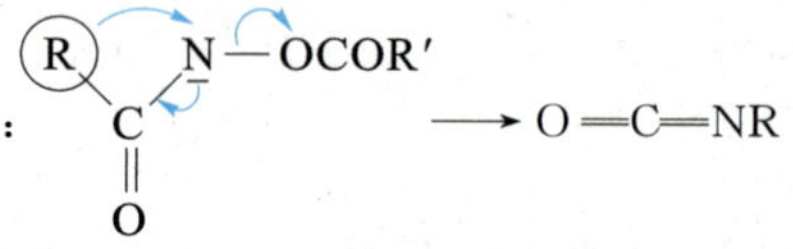

Curtius 重排：

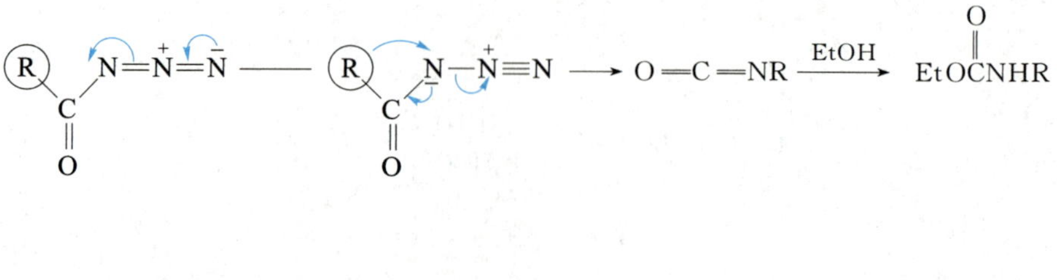

Schmidt 重排：

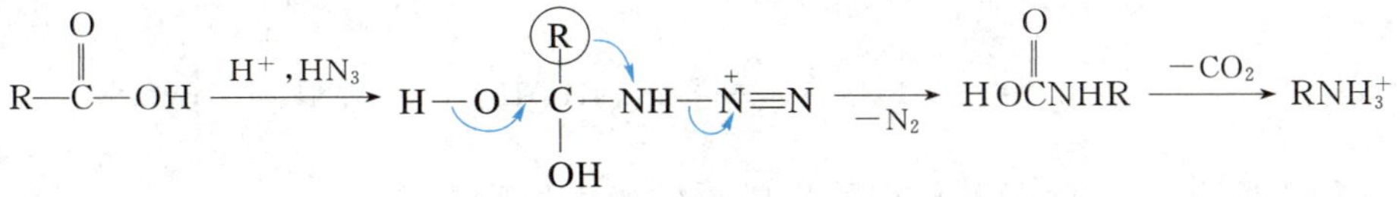

28.2.1.1　Hofmann 重排

应用 Hofmann 重排可以合成脂肪族、芳香族和杂环的胺，如用次氯酸钠作试剂，还可以进行大量产物的合成。

由取代丙二酸一酰胺可以合成氨基酸：

$$t\text{-BuCH}_2\underset{\displaystyle\text{CO}_2\text{H}}{\text{CH}}\text{CONH}_2 \xrightarrow{\text{BrO}^-} t\text{-BuCH}_2\underset{\displaystyle\text{CO}_2\text{H}}{\text{CH}}\text{NH}_2 \quad \approx 100\%$$

长链脂肪酸的酰胺在水溶液中不溶解，操作不便，可以用甲醇作溶剂，甲醇钠和溴作试剂，产物为取代氨基甲酸甲酯：

$$\text{RCONH}_2 \xrightarrow[\text{MeOH}]{\text{Br}_2\text{, NaOMe}} \text{RNHCO}_2\text{Me}$$

如用相转移催化法可以得到未水解的异氰酸酯：

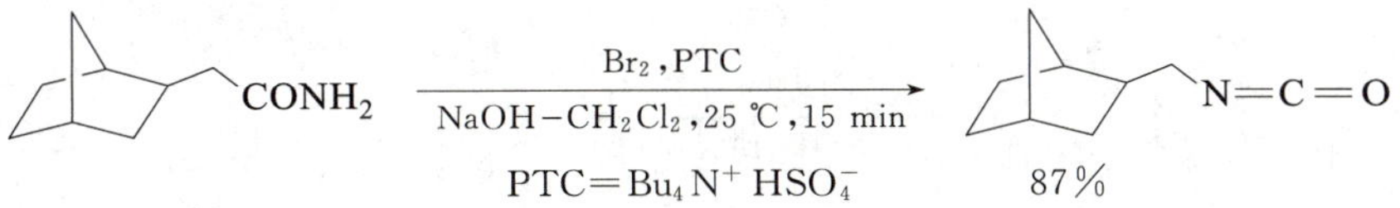

对强碱敏感的化合物可以用氧化剂来消除 NH_2 上的氢原子。例如：

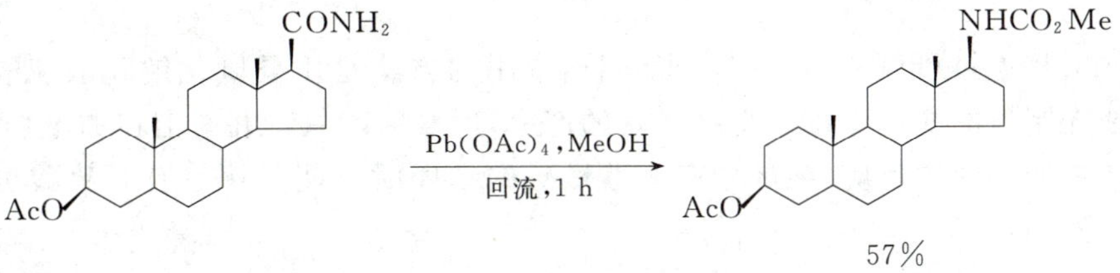

28.2.1.2　Lossen 重排

由于原料不容易合成，Lossen 重排的应用受到一定的限制。芳酰氯与羟胺-*O*-硫酸一起加热，可以一步得到胺：

$$\text{Ar}\overset{\displaystyle\text{O}}{\overset{\|}{\text{C}}}\text{Cl} + \text{H}_2\text{NOSO}_2\text{OH} \longrightarrow [\text{Ar}\overset{\displaystyle\text{O}}{\overset{\|}{\text{C}}}\text{—NHOSO}_2\text{OH}] \longrightarrow \text{ArNH}_3^+$$

芳香族羧酸与羟胺在聚磷酸中加热，可以一步得到芳胺：

$$\mathrm{Ar\overset{O}{\overset{\|}{C}}OH \xrightarrow[PPA]{NH_2OH} [Ar\overset{O}{\overset{\|}{C}}NHOH] \longrightarrow ArNH_3^+}$$

中间产物为羟肟酸，它在聚磷酸作用下生成磷酸衍生物后重排。

28.2.1.3 Curtius 重排

酰基叠氮可以由羧酸酯经过两步反应合成：

$$\mathrm{PhCH_2CO_2Et \xrightarrow[EtOH]{NH_2NH_2} PhCH_2CONHNH_2 \xrightarrow[EtOEt]{NaNO_2, HCl, 0\ ^\circ C} PhCH_2CON_3}$$

$$\mathrm{\xrightarrow[\triangle]{EtOH} PhCH_2NHCO_2Et \xrightarrow[AcOH]{HCl} \underset{\approx 80\%}{PhCH_2NH_3^+Cl^-}}$$

或由酰氯与叠氮化钠合成：

$$\mathrm{R\overset{O}{\overset{\|}{C}}Cl \xrightarrow{NaN_3, Bu_4N^+Cl^-, CH_2Cl_2-H_2O} R{-}\overset{O}{\overset{\|}{C}}{-}N_3 \xrightarrow{F_3CCO_2H, CH_2Cl_2}}$$

$$\mathrm{RNHCOOCOCF_3 \xrightarrow{K_2CO_3, MeOH-H_2O} RNH_2}$$

比较方便的方法是将羧酸与 $(PhO)_2PON_3$ (diphenyl phosphorazidate) 和 Et_3N 一起加热回流：

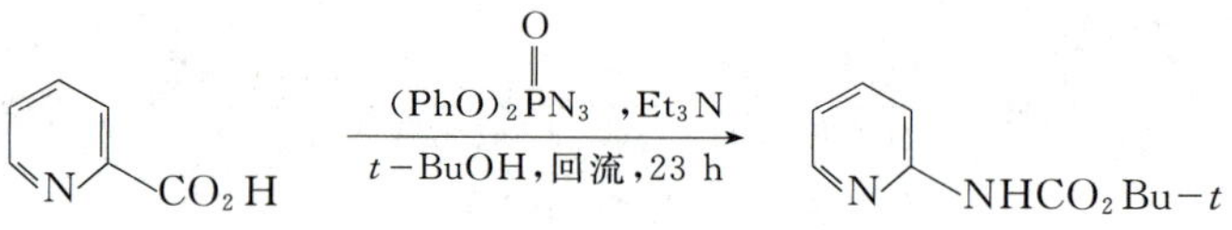

73%

28.2.1.4 Schmidt 重排

应用 Schmidt 重排可以从羧酸一步得到胺，常用的方法是用叠氮化钠和浓硫酸作试剂。有时用硫酸和预先制备的叠氮酸可以得到较好的产率，但叠氮酸有毒并有潜在的爆炸性，必须注意安全。由于在强酸溶液中反应，羧酸中有对酸敏感的基团时不能采用。有时硫酸也会使羧酸中的苯环磺化。例如：

$$\mathrm{Ph(CH_2)_2CO_2H \xrightarrow{NaN_3, 浓\ H_2SO_4} \underset{70\%\sim 90\%}{Ph(CH_2)_2NH_2}}$$

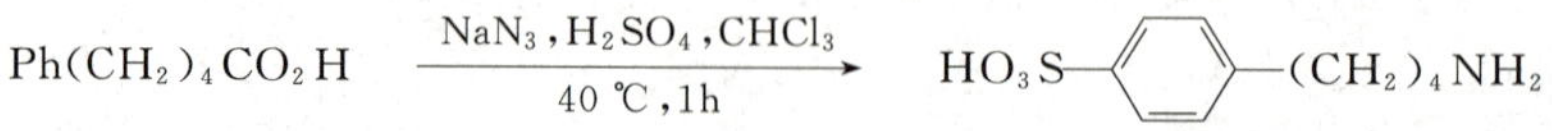

80%

除了硫酸以外，还可以使用聚磷酸和三氟乙酸－三氟乙酸酐的混合物。常用的溶剂为氯仿、1,2－二氯乙烷和苯。

28.2.2　Beckmann 重排

1886 年，Beckmann E 将二苯甲酮肟与 PCl_5 在乙醚溶液中一起加热，得到苯甲酰苯胺：

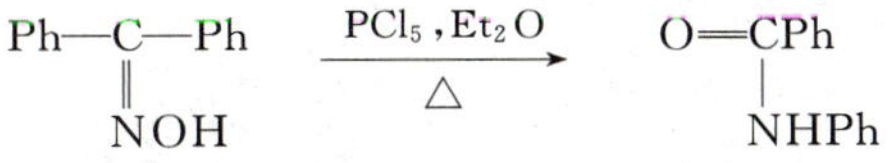

即一个苯基由羰基碳原子迁移到氮原子上。

1891 年，Hantzsch A 发现：不对称酮的肟在 Beckmann 重排中哪一个烃基迁移到氮原子上取决于酮肟的构型，并假定：与羟基在C═N 键同一边的烃基发生迁移。以后，Beckmann 重排就被用于酮肟构型的测定。1921 年，Meisenheimer J 用其他方法确定了二苯乙二酮两种单肟 α 和 β 的构型，然后进行 Beckmann 重排，证明是在C═N 双键上与羟基处于反位的烃基发生迁移：

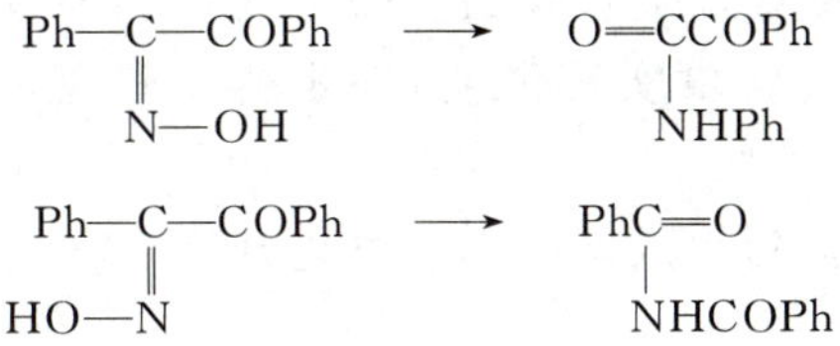

因此，在 1891—1921 年间文献上利用 Beckmann 重排测定的酮肟的构型都是错误的。(Eliel E L, Wilen S H. Stereochemistry of Organic Compounds. New York: John Wiley & Sons, 1994: 562.)

由于试剂会引起酮肟的异构化，因此应用 Beckmann 重排来确定酮肟的构型，必须特别注意。例如：

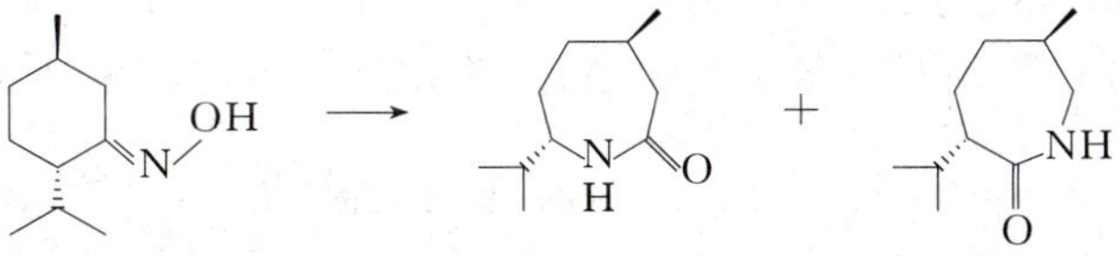

$POCl_3$，吡啶	98%	2%
20% $H_2SO_4-H_2O$	43%	57%
HCl，Et_2O	5%	95%

Beckmann 重排的机理为

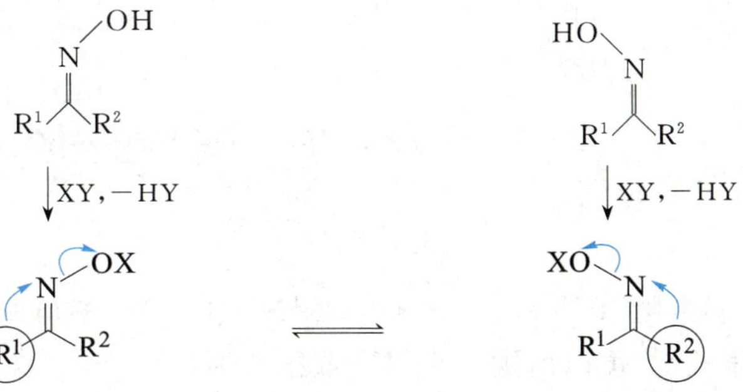

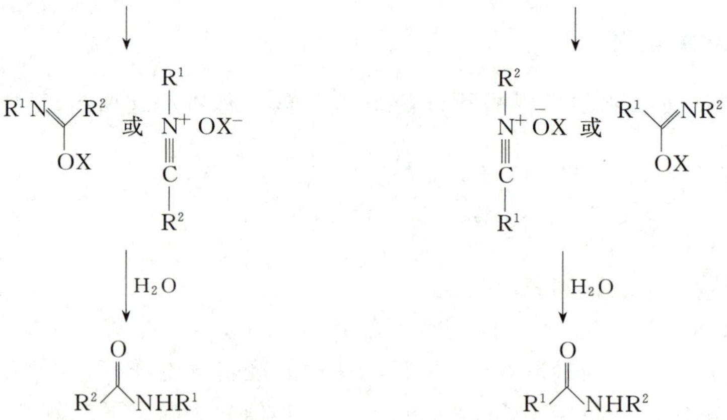

Beckmann 重排中所用的试剂有 PCl_5，$SOCl_2$，浓硫酸，甲酸，$POCl_3$，聚磷酸，HCl－HOAc－Ac_2O 等，它们的作用是将 OH 转变成离去倾向大的基团。迁移的烃基如以手性碳原子与羰基相连，重排后，构型保持不变。许多实验事实都说明：在重排中烃基的迁移和 OX 的离去是协同进行的。

苯乙酮肟经 Beckmann 重排后生成苯胺的乙酰化合物，因此，用这种方法可以将芳环上的乙酰基转变为氨基。

环酮的 Beckmann 重排得到扩环产物：

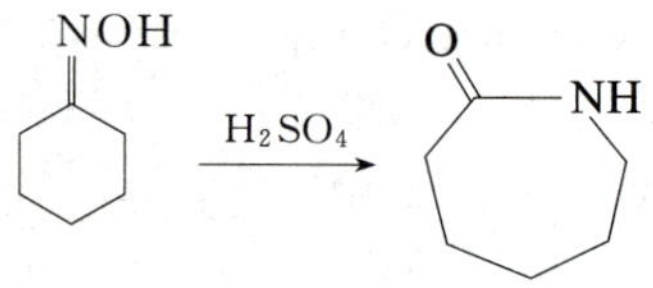

工业上用这种方法合成己内酰胺。多环化合物也可以用 Beckmann 反应开环。

如果先将酮肟中的 OH 用对甲苯磺酰氯酰化，重排反应可以在碱性条件下进行：

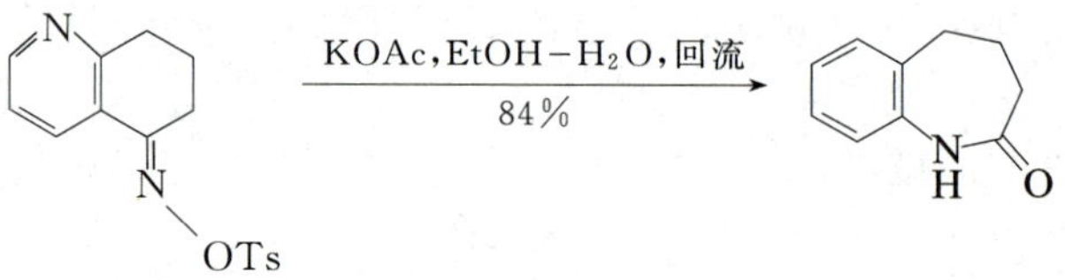

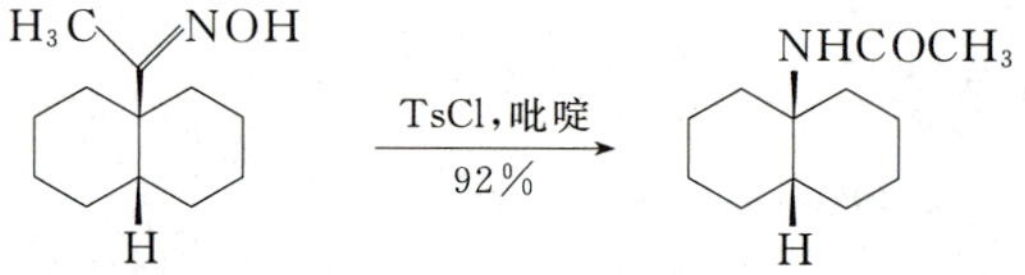

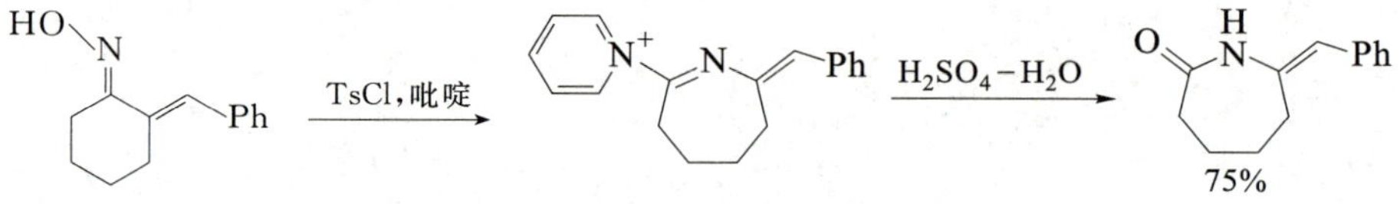

在最后一个反应中，中间产物$[R^2\overset{+}{N}{\equiv}C{-}R^1 \longleftrightarrow R^2N{=}\overset{+}{C}{-}R^1]$被吡啶截留。

用 H_2NOSO_3H 作试剂，可以由酮一步得到重排产物：

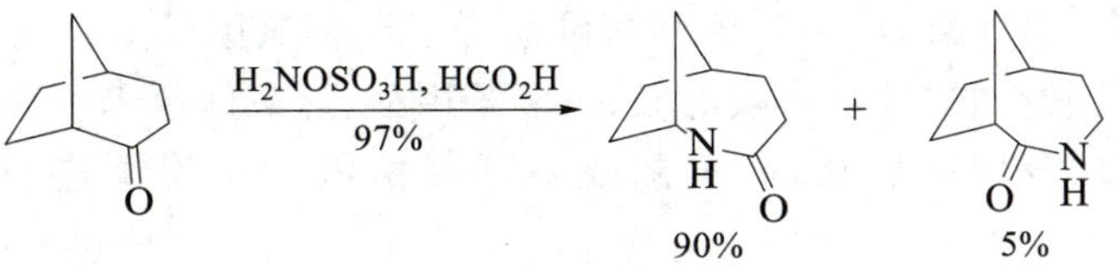

近年来，Beckmann 重排方面的工作，侧重于探索它在合成上的应用。例如，有些环酮的肟在 Beckmann 重排的条件下得到裂解产物，称为非正常重排(abnormal rearrangement)：

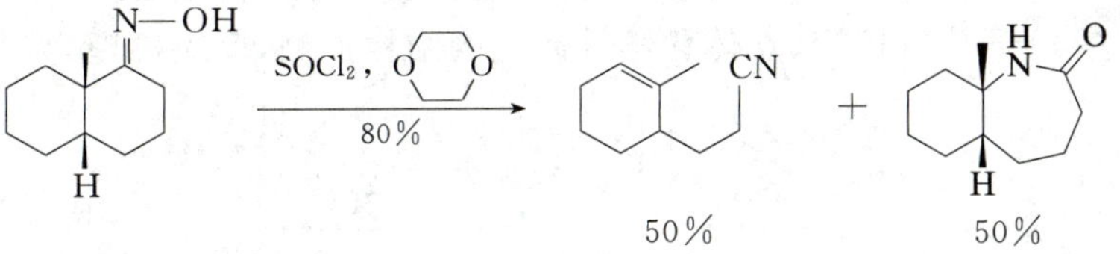

用其他的方法不容易得到这种结构的腈。酮肟的 α 位有杂原子取代基，也可能产生新的结果。例如：

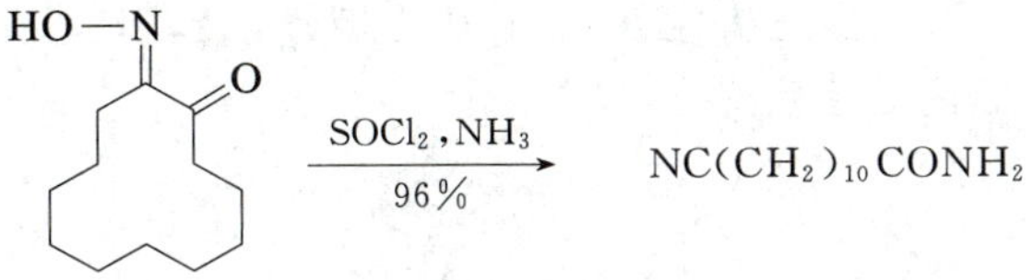

酮与叠氮酸在酸催化下也发生类似 Beckmann 重排的反应：

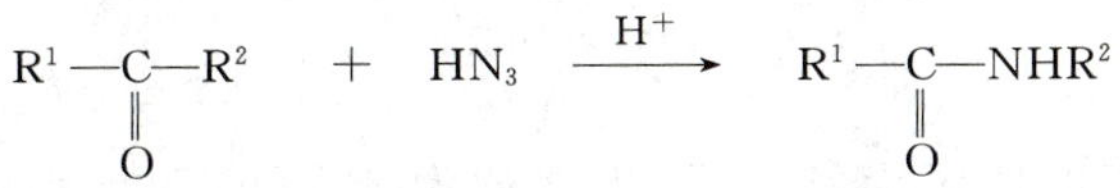

其反应机理与 Schmidt 重排相似：

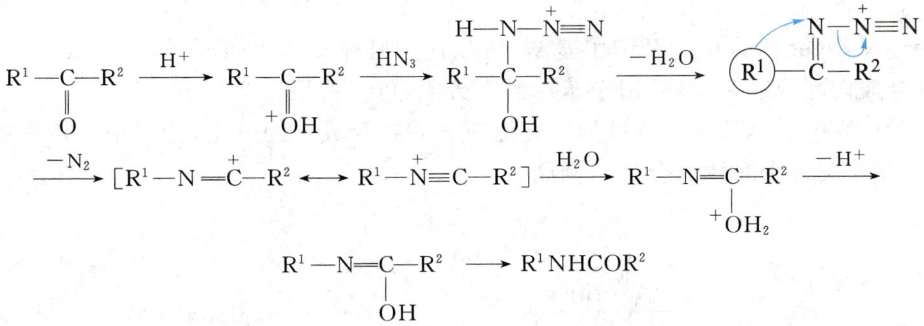

28.2.3　Baeyer-Villiger 重排

1900 年，Baeyer A 和 Villiger V 发现：樟脑用过一硫酸($HOOSO_3H$，又称 Caro 酸)氧化，生成环状内酯：

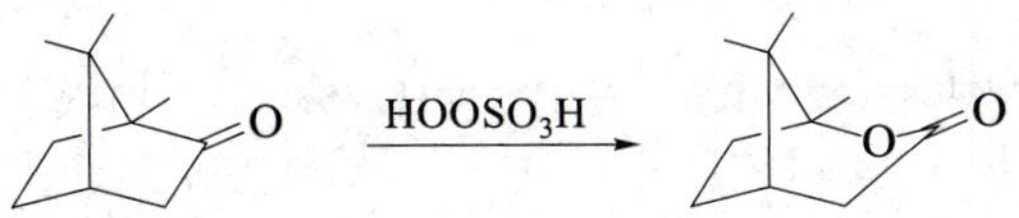

反应中羰基一侧的碳-碳键断裂，一个烃基从碳原子迁移到氧原子上。在以后的研究工作中多采用有机过氧酸，如过氧乙酸、过氧三氟乙酸、过氧苯甲酸、过氧间氯苯甲酸等。过氧间氯苯甲酸有 85%的市售产品，是常用的氧化剂，一般在氯代烃溶液中室温下进行反应，加 Na_2HPO_4，NaOAc 等作缓冲剂。

在 Baeyer-Villiger 重排中脂烃基重排的次序为叔烷基>仲烷基>伯烷基>甲基；烯丙基、烯烃基>伯烷基；苯基>烷基。不过，影响重排的因素还有构象、位阻，甚至试剂，这一次序有可能改变。迁移的烃基如以手性碳原子与羰基相连，重排后构型保持不变。

根据化学动力学、同位素标记、立体化学等研究的结构推测，反应机理为

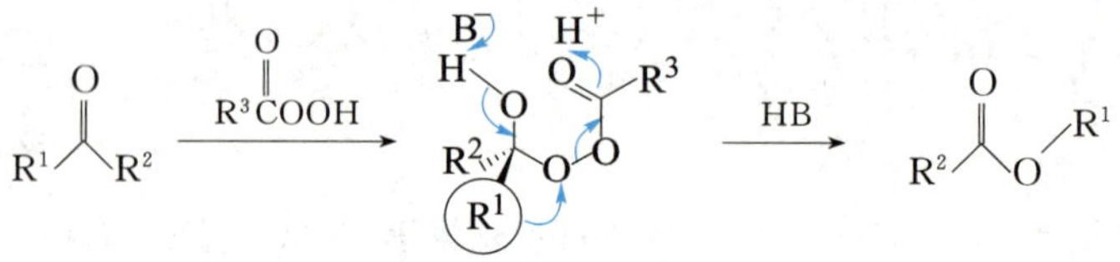

催化剂的作用是 H^+ 加在过氧酸的羰基氧原子上，促进 O—O 键的断裂，而 B^- 则是除去底物中 H—O 键的断裂引发重排。第二步是决定反应速率的步骤，烃基迁移时断裂的 C—C 键与过氧酸中的 O—O 键在同一平面内处于反叠位：

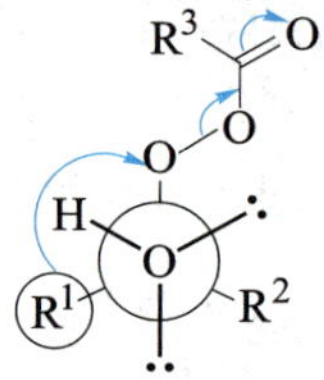

在 Newman 投影式中上面的原子为氧原子，下面的为碳原子，两点表示氧原子上的孤电子对。在一般情况下，烃基的迁移和过氧酸中羧酸根的离去是协同进行的，但个别例子中也有分步进行的现象。

Baeyer-Villiger 重排用于开链甲基酮，可以使碳链缩短两个碳原子，转变成相应的醇；用于环酮，可以合成内酯或顺利开环；用于苯乙酮类芳酮，可以将酮转变为酚。

近年来对 Baeyer-Villiger 重排的研究侧重于它在合成中的应用，特别是在结构复杂的化合物的合成中用于关键中间体的合成。例如：

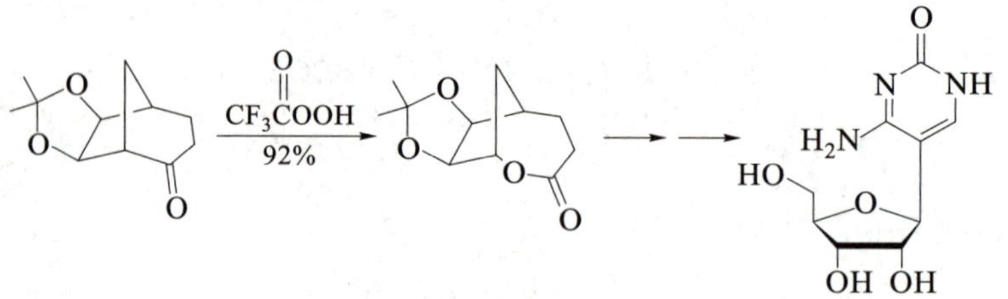

氢过氧化物在酸催化下的重排，其反应机理与 Baeyer-Villiger 重排相似：

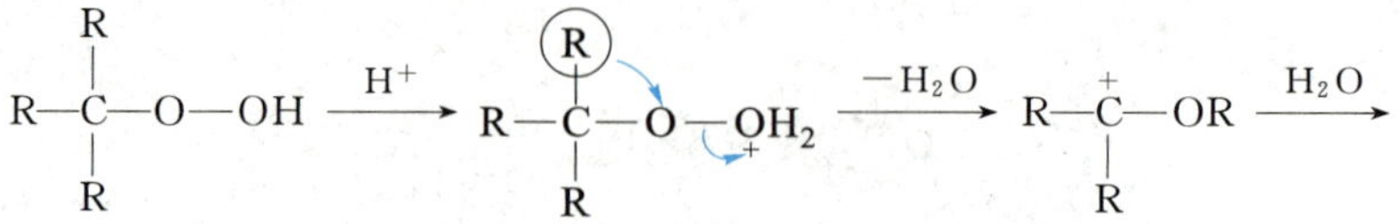

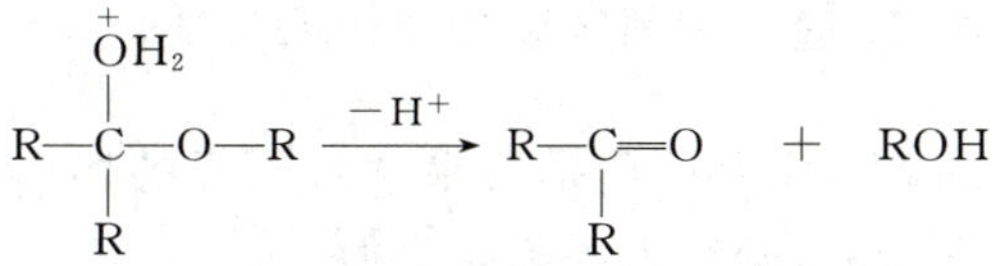

在工业上用这种方法合成苯酚和丙酮：

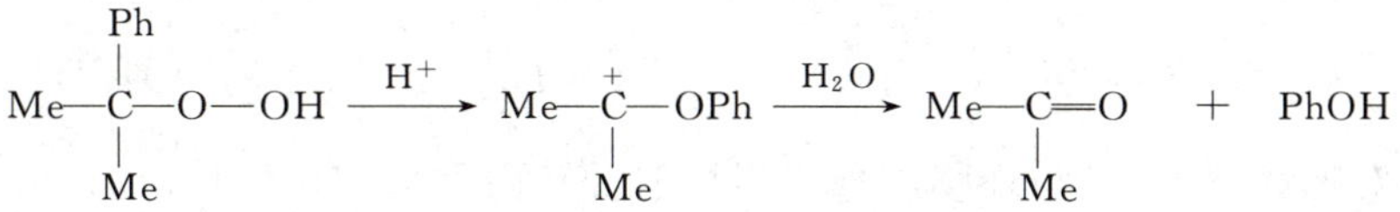

§ 28.3 烃基由杂原子迁移到碳原子上

28.3.1 Stevens 重排

1928 年，Stevens T S 发现：季铵盐在水溶液中生成季铵碱后，一个烃基从氮原子迁移到另一个烃基中的碳原子上，生成叔胺：

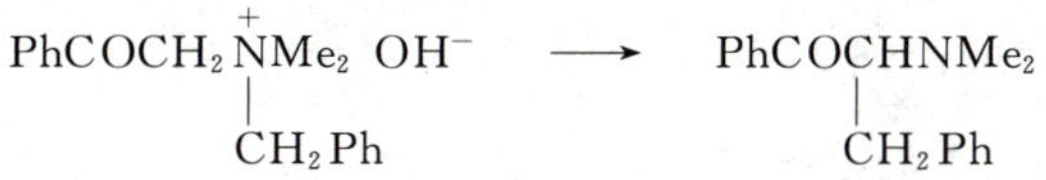

发生迁移的烃基有烯丙基、苄基、二苯甲基、苯甲酰甲基等。两种季铵碱同时发生重排，没有发现一种季铵离子中的烃基迁移到另一种季铵离子中的交叉产物，因此是分子内的反应。20 世纪 50 年代初提出的反应机理为

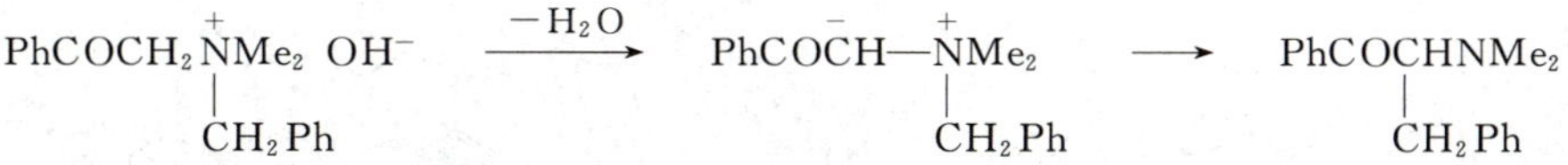

因此这是叶立德的重排反应，重排的苄基假定为苄基碳正离子。

以后对 Stevens 重排的机理进行了深入的研究，争论也很多。交叉实验和 ^{14}C 标记证明为分子内反应，作为中间产物生成的叶立德在有的例子中可以分离出来。争论的焦点在于重排是如何发生的。

在上面的例子中，如将苄基换成取代苄基，比较重排的难易，得到的顺序为 $p-NO_2>p-X>p-Me>p-MeO$，由于吸电子的硝基使碳负离子稳定，因此认为迁移的是苄基碳负离子，机理为

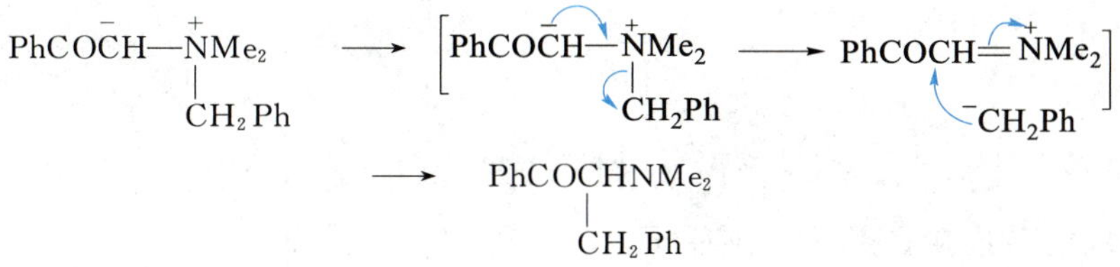

正离子和负离子同在溶剂笼中，未逸出溶剂笼以前即已重新结合。

如果将苄基换成有手性的 MeCHPh，重排后手性碳原子的构型保持不变，因此认为苄基碳负离子的生成和迁移是协同进行的，始终未脱离叶立德：

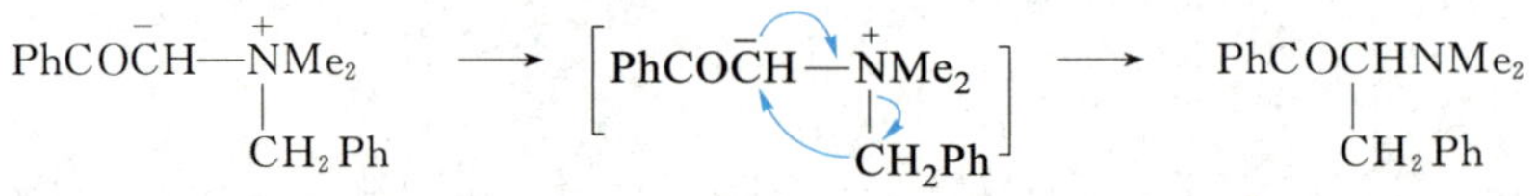

但是，根据轨道对称性守恒原理，迁移基团应当构型反转而不是构型保持。

后来根据核磁共振中 CIDNP 谱发现反应中有自由基生成，因此认为反应机理是

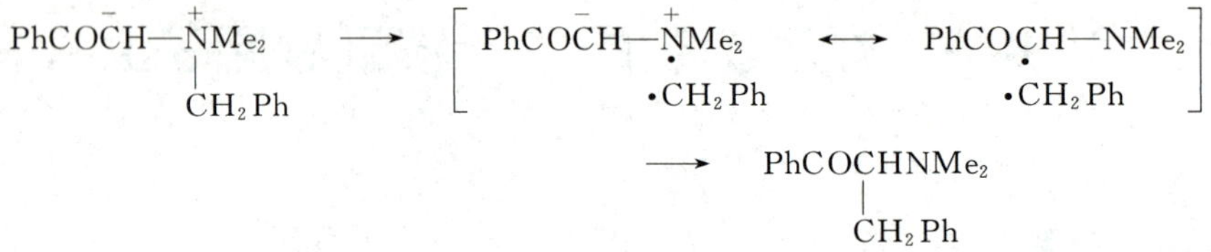

两个自由基生成后同在溶剂笼中，在逸出前即迅速重新结合。在实验中也发现过迁移基团 R 的偶联产物 R—R。

Stevens 重排的应用范围很广，硫叶立德也可以发生重排。因此近年来研究工作很多，可以用于特殊结构的化合物的合成。例如：

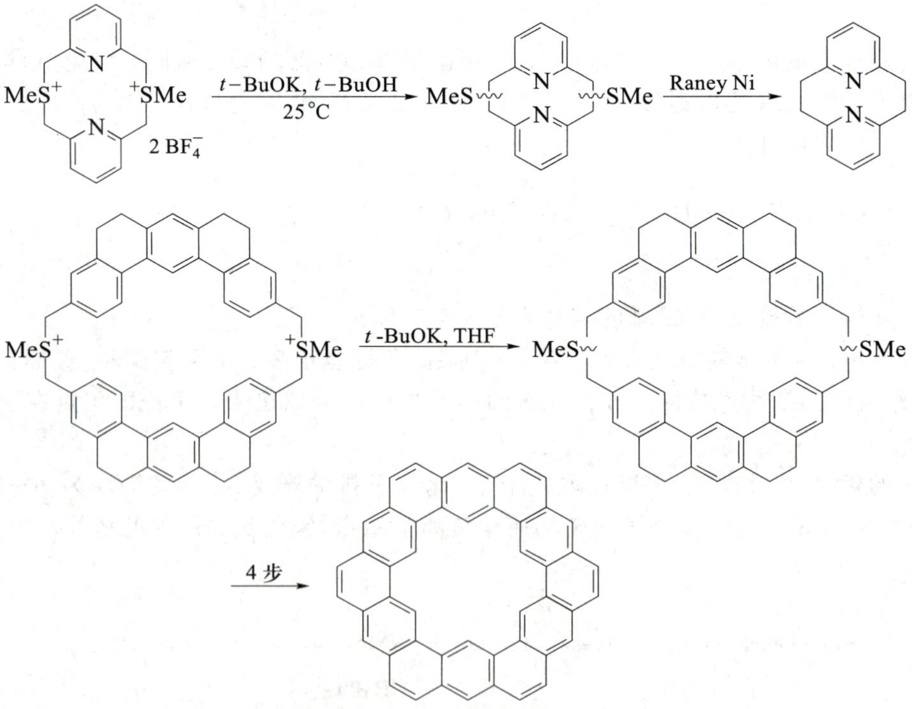

Kekuléene

～SMe 表示不确定 S 连接在哪一个碳原子上。

Sommelet(M)－Hauser(C R)重排与 Stevens 重排相似：

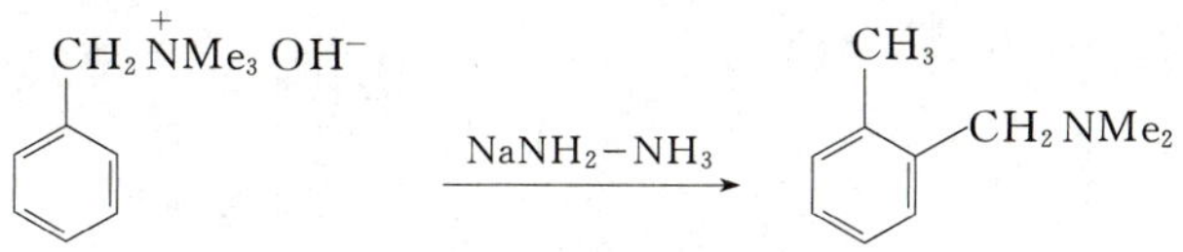

其机理可能为

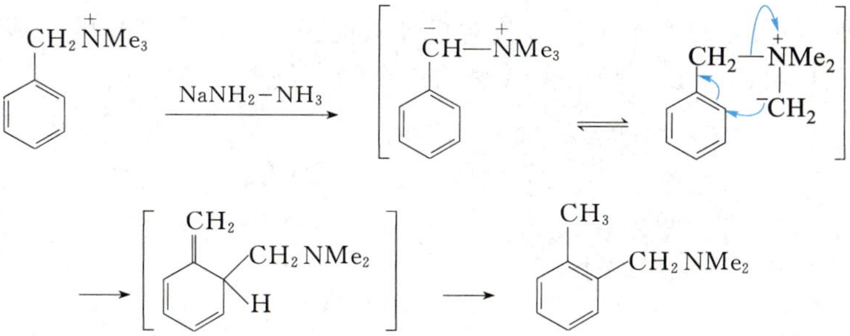

如将上式中的苯基换成 2,4,6－三甲苯基，则中间产物可以分离出来：

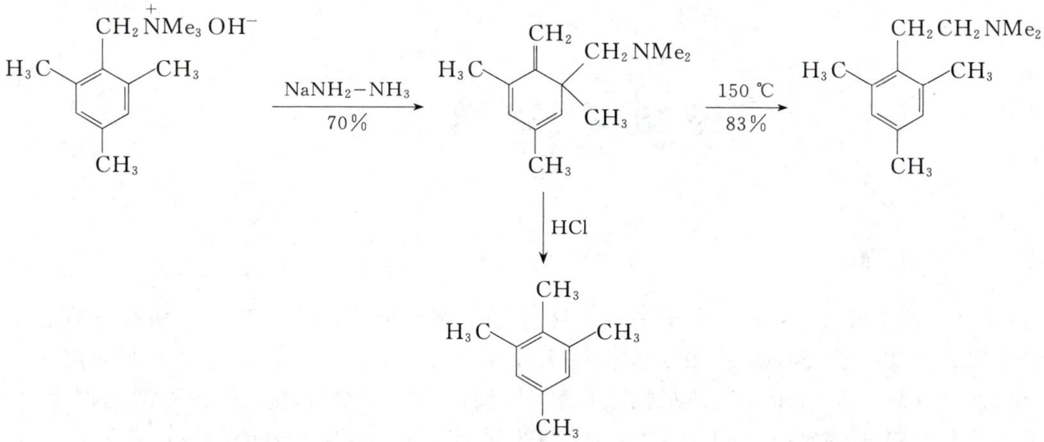

有时，同时生成 Stevens 重排产物：

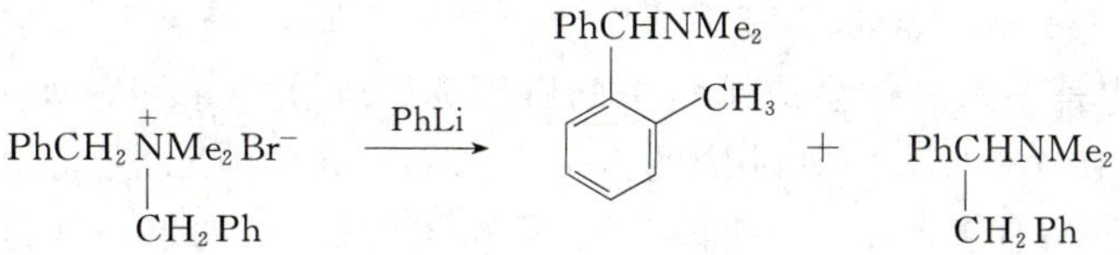

28.3.2　Wittig 重排

1942 年，Wittig G 发现：醚与苯基锂反应生成锂化醚，异构化而生成醇锂：

$$PhCH_2OR \xrightarrow{PhLi} PhCH(Li)OR \longrightarrow PhCH(R)OLi$$

以后的研究发现，这是一个应用范围比较广的反应，重排的基团可以是脂烃基、芳烃基或烯丙基。

Wittig 重排与 Stevens 重排很相似，反应机理也相似：

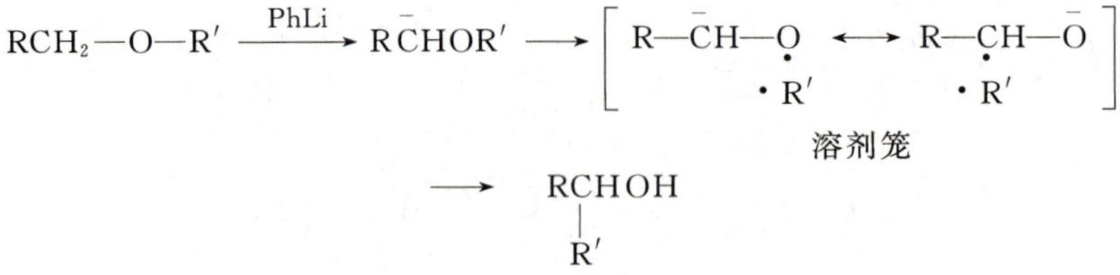

但许多问题尚待研究，在有的例子中自由基对机理只能说明一部分产物的生成。

利用 Wittig 重排可以合成一些结构特殊的化合物。例如：

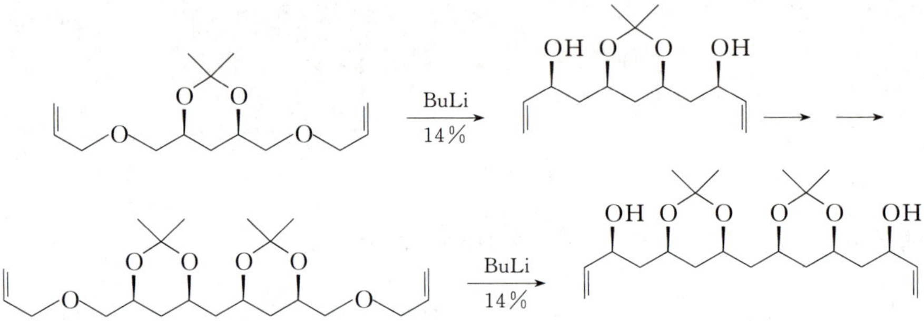

§ 28.4 阅 读 材 料

28.4.1 S_N1 机理

Ingold C K 和 Hughes E R 提出的饱和碳原子上亲核取代反应机理在有机化学理论的发展中起了重要的作用。但 S_N1 机理由于亲核试剂往往就是溶剂，动力学研究只证明为准一级反应(pseudo first order reaction)，产物则构型反转、构型保持或完全外消旋化各种情况都有，理论解释也不一致并且越来越复杂。因此对 S_N1 机理的质疑不断出现。Streitwieser A 在 1962 年出版的“Solvolytic Displacement Reactions”(McGraw-Hill, New York)书中甚至专门有一章讨论“Inadequacies of the S_N1-mechanism”。

关键问题：反应中是不是真的生成了自由的碳正离子。在 Wagner-Meerwein 重排中反应中间体也是碳正离子。在 28.1.5.2 中讨论的 3-β-friedelanol 在酸性催化剂下脱水转变成 13(18)-oleanene 的过程中，有多次 1,2-迁移，经过 7 次构型反转，如果中间体是自由的碳正离子，很难令人信服。

在下面的两个例子中，两种异构体在反应中生成同一个碳正离子，如果碳正离子是自由的，应当得到一样的产物，结果却得到不同的产物：

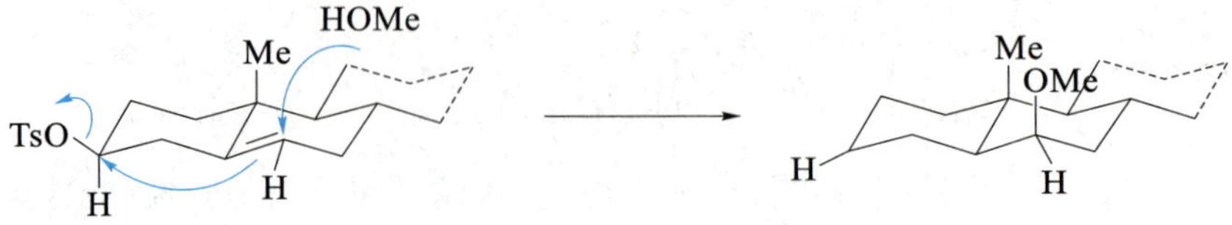

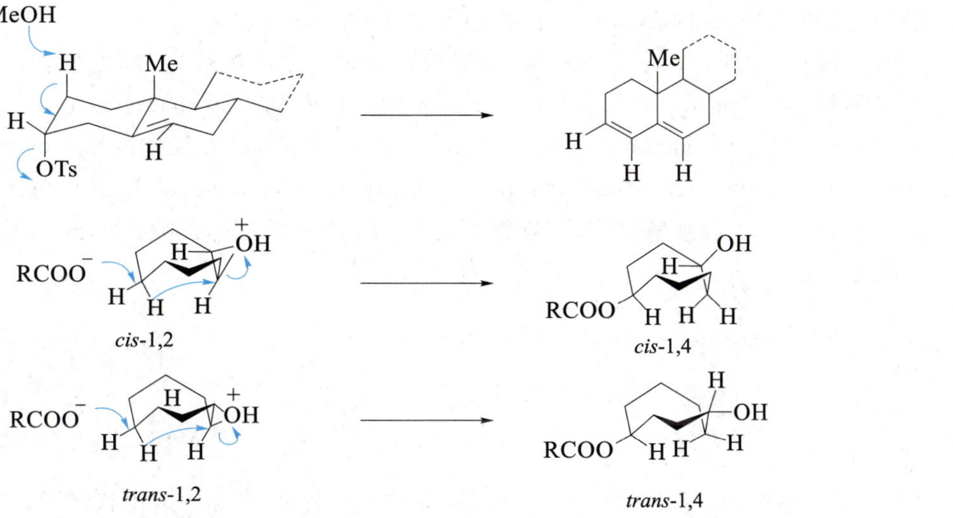

1,2-氨基醇通过重氮离子脱氮,生成碳正离子是无疑的,两种异构体应当生成同一个自由碳正离子,但产物却不相同:

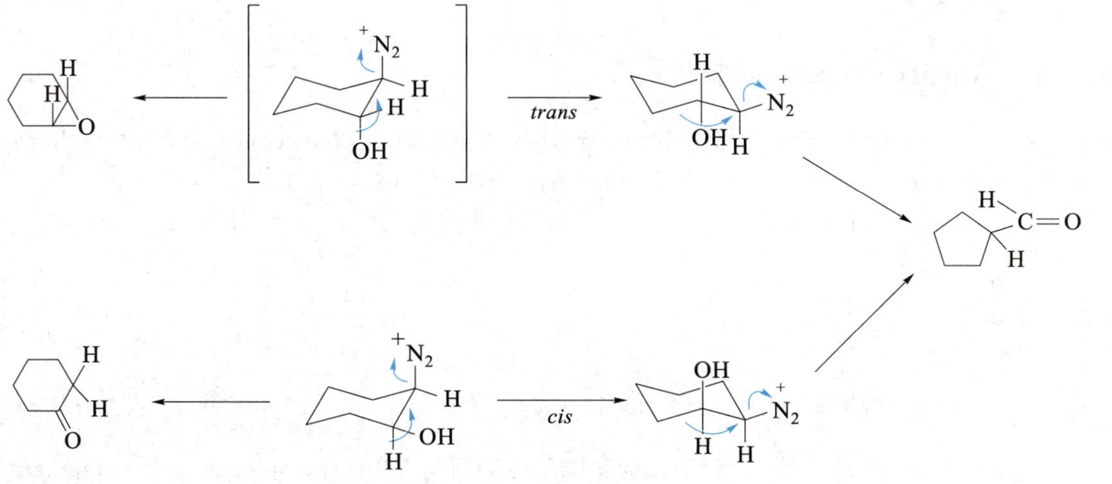

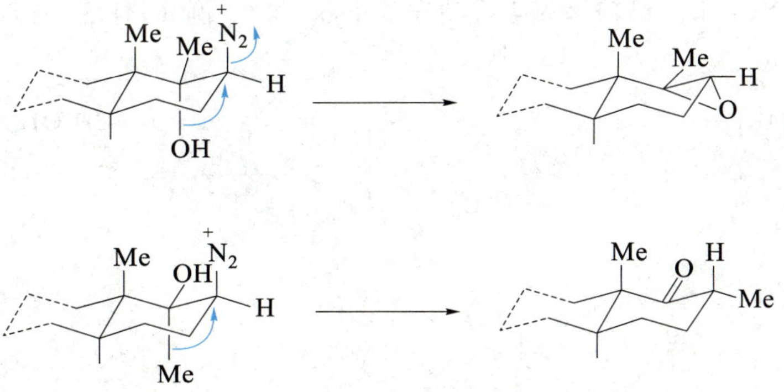

这些反应都是在 S_N1 的条件下进行的，但是立体化学却像 S_N2。

因此有人认为：S_N1 同 S_N2 一样，都是亲核试剂从背面进攻，不同之处在于键的生成和断裂时间顺序不同[“The difference between the S_N1 and S_N2 mechanisms is in the timing of the steps. In the S_N1 mechanism, first X leaves, then Y attacks. In the S_N2 case, the two things happen simultaneously.” March’s Advanced Organic Chemistry.5th ed.p400]。

在 $(CH_3)_3CBr$ 的水解反应中，在溶剂化作用下，C—Br 键逐渐伸长，最后断裂生成平面的叔丁基碳正离子：

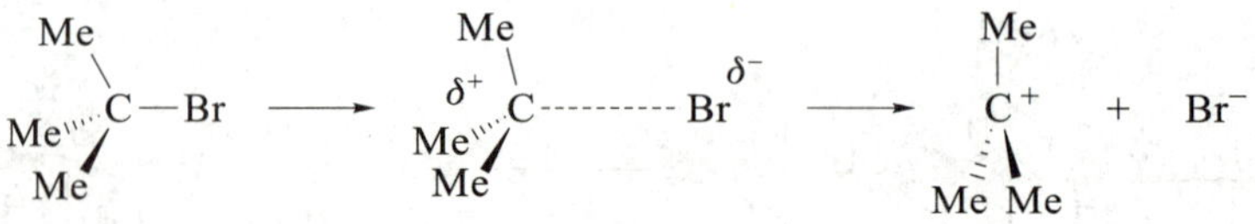

在这一过程中，中心碳原子由 sp^3 杂化逐渐变成 sp^2 杂化，在 sp^3 杂化状态下，三个甲基能阻碍亲核试剂从背面接近，但是，当 C—Br 键伸长到一定程度后，中心碳原子接近 sp^2 杂化，由于三个甲基向右偏转，它们对亲核试剂的阻碍将越来越小，亲核试剂在 C—Br 键未完全断裂之前，有可能从背面进攻，使离去基团更快脱离，不一定要等到离去基团完全脱离后才进攻。

参考文献

28.4.2 Wagner-Meerwein 重排

1899 年，Wagner G 发现：樟脑(camphor)还原生成的冰片(borneol)和异冰片(isoborneol)在脱水时生成莰烯(camphene)，这是 Wagner 重排的典型反应。

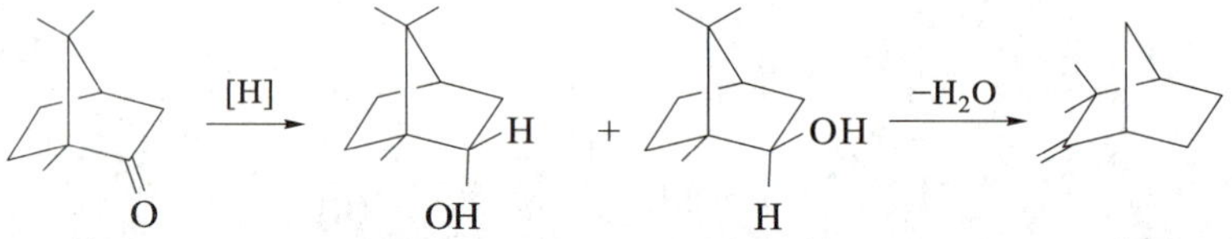

樟脑 冰片 异冰片 莰烯

Wagner 同时指出这一反应与频哪醇重排及逆频哪醇重排(retropinacol rearrangement)有密切联系。

最早提出的频哪醇重排的机理是先生成稳定的中间产物。例如，环丙烷衍生物，然后再转变成频哪酮：

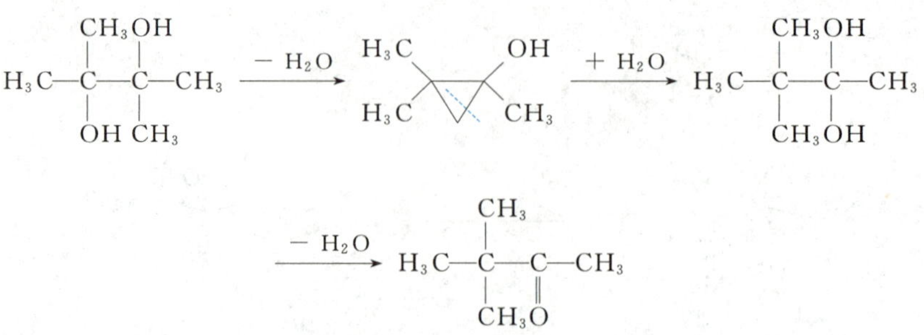

最早提出的 Wagner 重排的机理则也是先生成含有三元环的三环烯(tricyclene)：

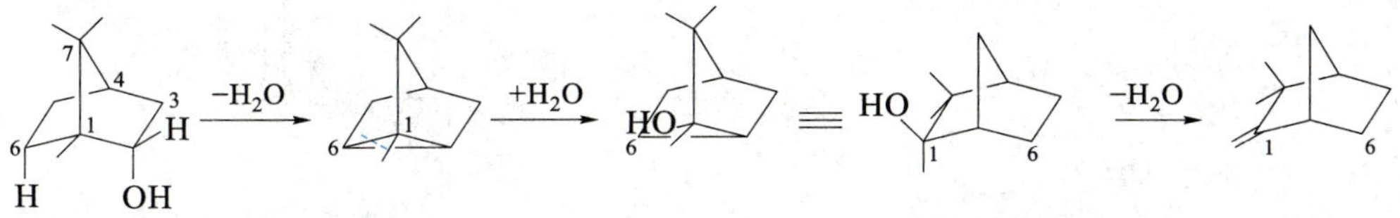

冰片　　三环烯　　莰烯水合物　　莰烯

对于频哪醇重排的机理进行了相当多的争论，最后否定了生成稳定的中间产物的假设。例如，合成了相应的环丙烷化合物，发现它们在酸催化条件下发生反应的速率要比频哪醇重排慢，并且生成其他产物。

1907 年，Tiffeneau M 提出：重排反应的中间产物可能是不稳定的，其中碳原子的价与稳定的化合物不同。在逆频哪醇重排中，是从同一个碳原子上消除氢和羟基，生成二价的碳原子，然后引发甲基的重排：

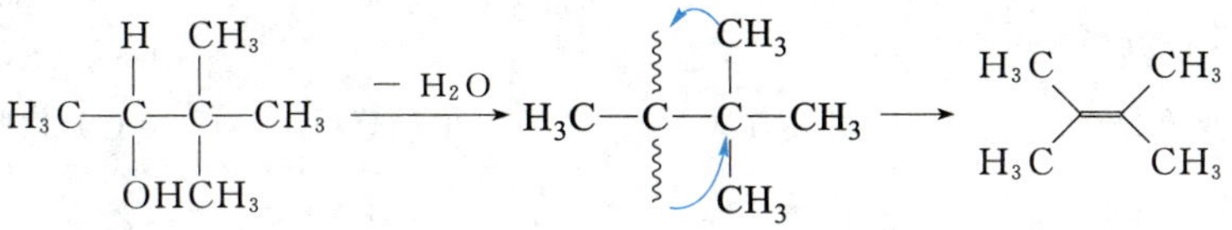

~~~~ 表示游离的价

Meerwein H 在 1910 年研究了碳环化合物的逆频哪醇重排：

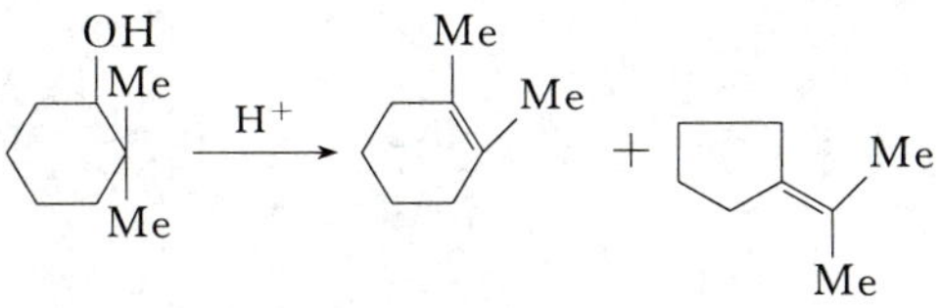

反应的两个重排产物显然不能由同一个含三元环的中间体生成，因此 Meerwein 认为：冰片重排生成莰烯的中间产物也不可能是三环烯，因为三环烯分子是对称的[通过 C(1)，C(4)，C(7) 的平面是分子的对称面]，从它生成的产物应该是没有旋光性，而由旋光的冰片经重排生成的莰烯是旋光的。Meerwein 采纳了 Tiffeneau 的观点，提出了 Wagner 重排的机理：

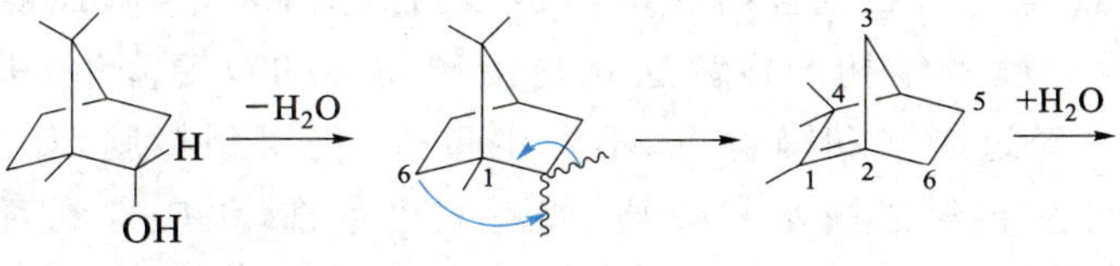

冰片

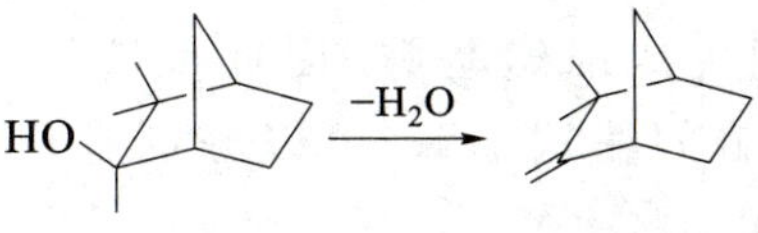

莰烯水合物　　莰烯
~~~~

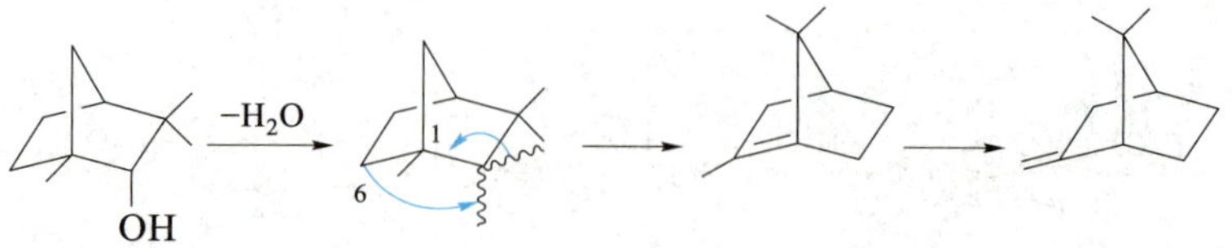

葑醇,小茴香醇
fenchol

葑烯,小茴香烯
fenchene

作为中间产物生成的桥头烯烃,根据 Bredt 规则是不稳定的。

1918 年,Ruzicka L 精心设计进行了下面的一系列反应:

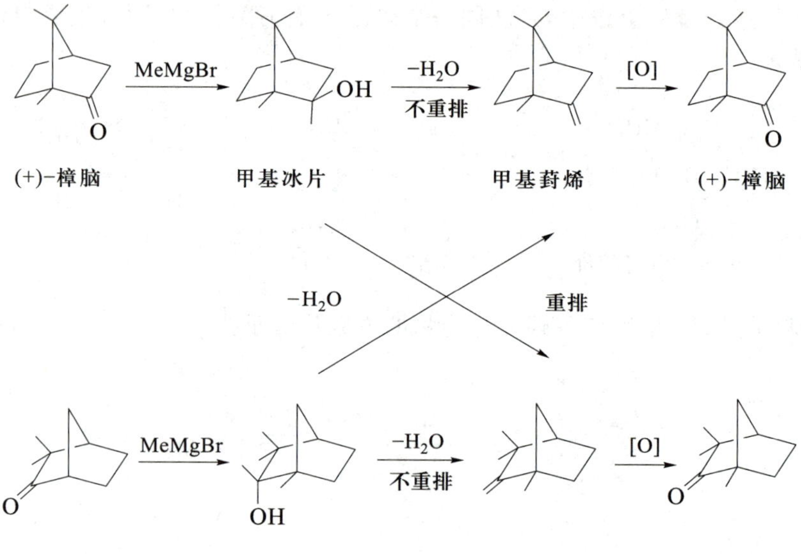

Ruzicka 的设想是把羟基所在的碳原子上的氢原子换成甲基,使化合物脱水时羟基不能从同一个碳原子上得到氢原子,这样就不能形成二价碳原子,如果重排仍能进行,那就不是经过二价碳原子进行的。当时测定一个新化合物的结构是很困难的,因此,Ruzicka 设计了一种非常巧妙的方法,避免了新化合物的结构测定。这就是使产物中的双键降解,去掉一个碳原子而变成酮。樟脑甲基化后,经过脱水和降解,如不发生重排,仍得到樟脑,如发生重排,则应得到葑酮;同样葑酮甲基化后再经过脱水和降解,如不发生重排,仍应得到葑酮,如发生重排,则应得到樟脑。实验结果发现:由樟脑或葑酮(fenchone)出发,经过甲基化、脱水和氧化,最后都得到樟脑和葑酮的混合物。樟脑能与氨基脲 $NH_2CONHNH_2$ 生成缩氨基脲(semicarbazone),而葑酮由于位阻大,不能生成缩氨基脲,因此反应混合物用氨基脲处理后进行水蒸气蒸馏,将葑酮蒸出,而留下樟脑的缩氨基脲,可以分别进行定量测定。由此证明在两种情况下都发生重排。

如果重排按照 Meerwein 提出的机理进行,则要消除 CH_3OH 和重新加上 CH_3OH:

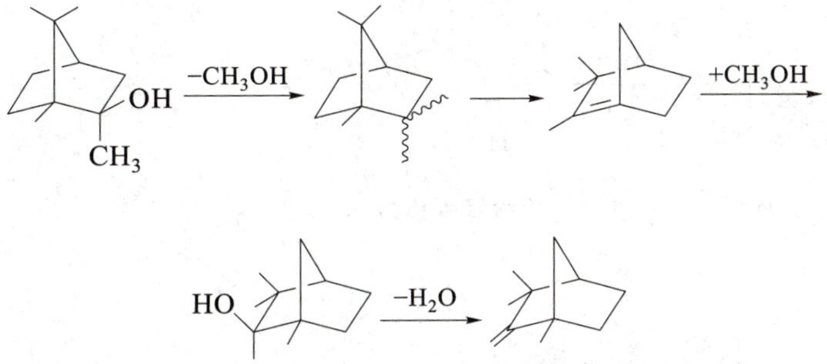

这显然是不可能的。因此，Ruzicka 否定了 Meerwein 的机理，仍然坚持三环烯机理。但是对由旋光的冰片为何生成旋光的莰烯，Ruzicka 做了一些不正确的解释。说明在 20 世纪初期有机化学家对于立体化学的基本原理并不是都很清楚。

1920 年，Meerwein 通过自己的实验工作否定了自己提出的含有二价碳原子的中间体机理，同时进一步否定了中间体为三环烯的机理：

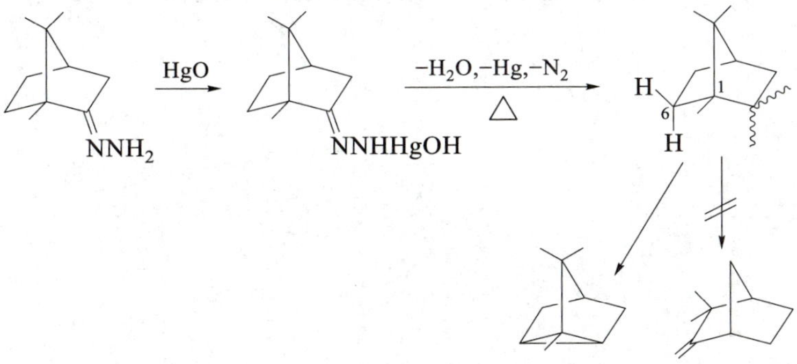

樟脑的腙与氧化汞一起加热，得到的不是莰烯而是三环烯，而三环烯与 33%硫酸一起加热数小时却不发生反应。而冰片正是在这样的条件下转变成莰烯的（三环烯可能是由卡宾插入 6 位的 C—H 键生成的）。

1922 年，Meerwein 发现：莰烯氢氯化物（camphene hydrochloride）重排成异冰片基氯（isobornyl chloride）在动力学上为一级反应，其反应速率与溶剂的极性有关，顺序为

$SO_2 > MeNO_2 > MeCN > PhNO_2 > PhCN > PhOMe > PhBr > EtBr > PhCl > C_6H_6 >$ 石油醚 $>$ 乙醚

HCl 以及 $HgCl_2$，$FeCl_3$，$SbCl_3$，$SnCl_4$，$SbCl_5$ 等 Lewis 酸使反应速率大幅增加，而 PCl_3 和 $SiCl_4$ 等没有配位能力的氯化物却没有催化作用，这与三苯氯甲烷在溶剂中解离为三苯甲基碳正离子的情况相似：

$$Ph_3CCl \longrightarrow Ph_3C^+ + Cl^-$$

$$Ph_3CCl \xrightarrow{FeCl_3} Ph_3C^+ + FeCl_4^-$$

因此 Meerwein 提出：Wagner 重排是通过碳正离子进行的：

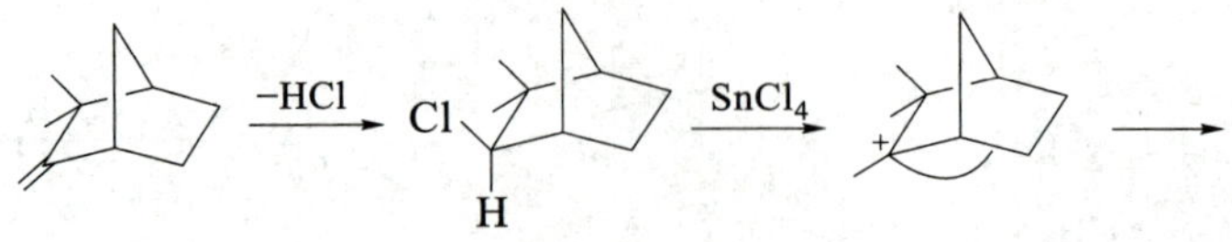

莰烯　　莰烯氢氯化物

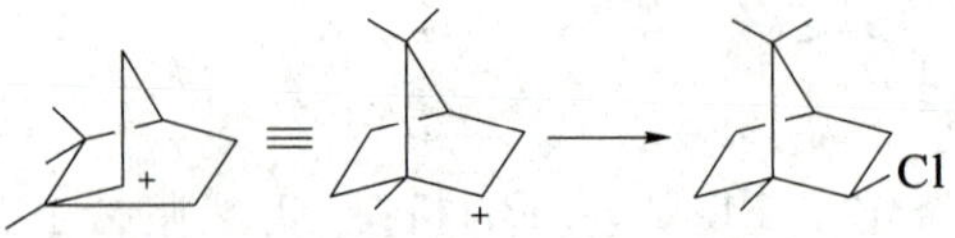

异冰片基氯

$Ph_3CCl \longrightarrow Ph_3C^+\ Cl^-$

由于 Meerwein 在 Wagner 重排的机理研究中的重要贡献，现在称这一反应为 Wagner－Meerwein 重排。重排反应的中间体为碳正离子的概念也被推广到其他一些反应。

参考文献

第二十九章　周环反应

顺-3,4-二甲基环丁烯在加热时生成(2Z,4E)-己-2,4-二烯：

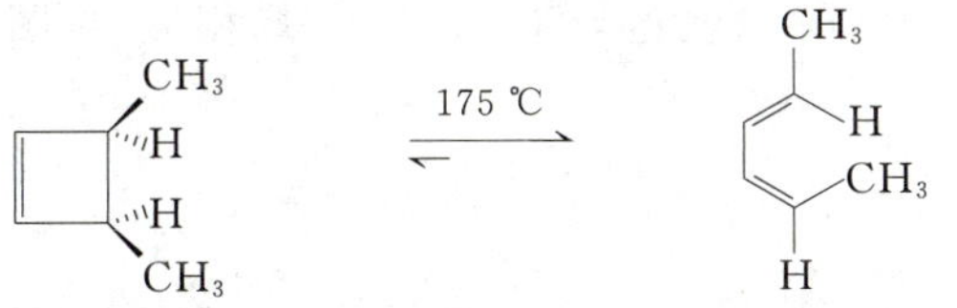

顺-3,4-二甲基环丁烯　　(2Z,4E)-己-2,4-二烯

这是一个立体取向性极高的反应，产物中(2Z,4E)-己-2,4-二烯的纯度达 99.995%。顺-3,4-二苯基环丁烯加热时也生成(1Z,3E)-1,4-二苯基丁-1,3-二烯：

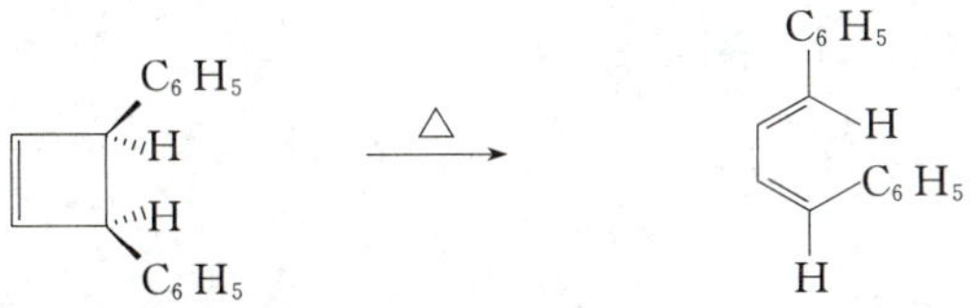

顺-3,4-二苯基环丁烯　　(1Z,3E)-1,4-二苯基丁-1,3-二烯

立体选择性达 99%。顺-3,4-二甲氧羰基环丁烯加热时得到的唯一产物也是(Z,E)-异构体：

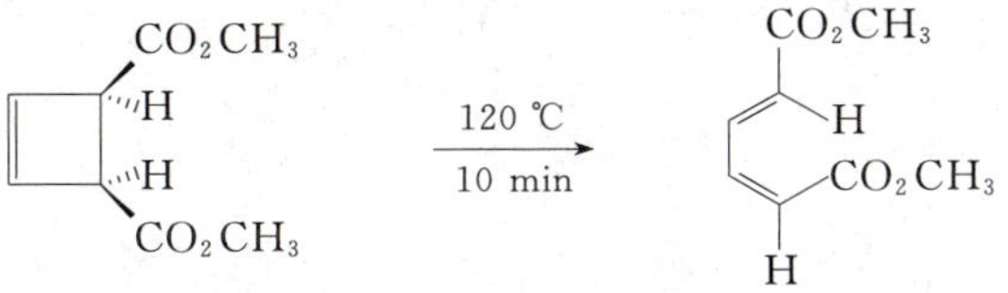

顺-3,4-二甲氧羰基环丁烯　　(Z,E)-己二烯二酸二甲酯

在热反应中为什么不生成更稳定的(E,E)-异构体？为什么尽管 3,4 位上的取代基体积和电性各不相同，但反应的立体化学却完全相同？这些问题显然不能用取代基的立体效应或极性效应来说明。1965 年，Woodward R B 和 Hoffmann R 提出协同反应中轨道对称性守恒原则，并根据这一原则预测协同反应能否进行及其立体化学特征，也就是说，在有些反应中起关键作用的是轨道对称性。Woodward 和 Hoffmann 的工作是近代有机化学中重大成果之一。为此，Hoffmann 和福井谦一(Fukui K，前线轨道学说的开拓者)共同获得了 1981 年诺贝尔化学奖。

§29.1　电环化反应

在线形共轭体系的两端，由两个 π 电子生成一个新的 σ 键或其逆反应都称为电环化反应(electrocyclic reactions)，顺-3,4-二甲基环丁烯的开环就是电环化反应。电环化反应的立体化

学与共轭体系中 π 电子的数目有关。

29.1.1　含 4 个 π 电子的体系

电环化反应是可逆的，根据微观可逆性原则正反应和逆反应所经过的途径是相同的。下面分析的是己-2,4-二烯的成环反应，因为它比较容易理解，分析的结果也适用于开环反应。

在电环化反应中二烯烃分子中的一个 π 键变成环烯烃分子中的 σ 键。因此，必须考虑 π 轨道的对称性。己-2,4-二烯分子的 π 轨道与丁-1,3-二烯相似，见图 29.1，图中蓝色的一瓣表示它的位相与另一瓣不同。

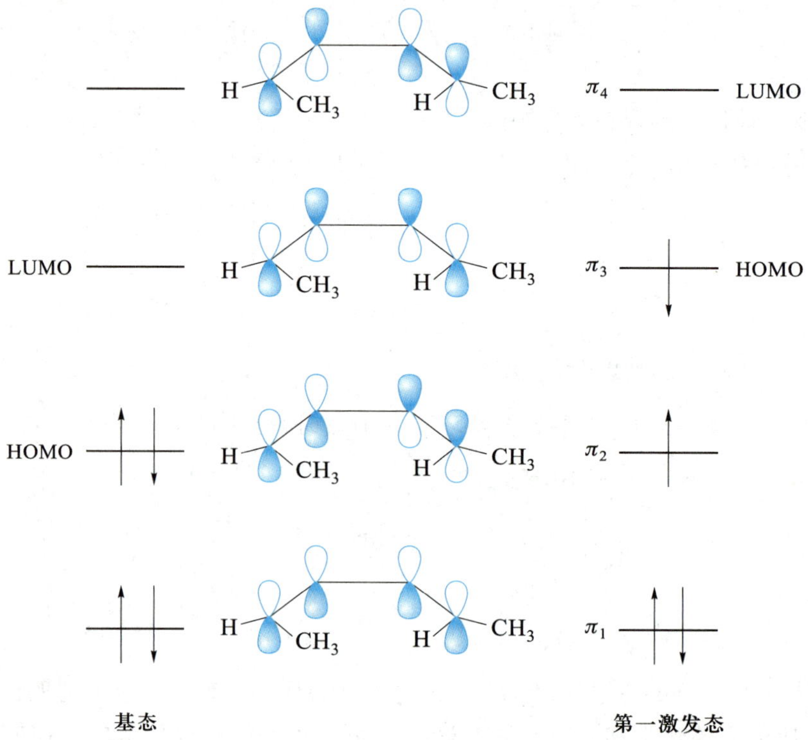

图 29.1　(2*Z*,4*E*)-己-2,4-二烯的 π 轨道

热反应只与分子的基态有关，在基态下四个 π 电子占据 π_1、π_2 两个能级最低的轨道。在反应中起关键作用的是最高已占轨道(HOMO)π_2，正如原子在反应中起关键作用的是能级最高的价电子一样。

己-2,4-二烯要变成 3,4-二甲基环丁烯，必须在碳原子 2,5 之间生成 σ 键，这就要求己-2,4-二烯分子的两端分别围绕 C(2)—C(3)键和 C(4)—C(5) 键旋转，同时 C(2),C(5) 上的 p 轨道逐渐变成 sp^3 杂化轨道，互相重叠生成 σ 键。C(2)—C(3)键和 C(4)—C(5)键的旋转有两种可能的方式：一种是顺旋(conrotatory)，就是向同一方向旋转；另一种是对旋(disrotatory)，就是分别向不同方向旋转(见图 29.2)。

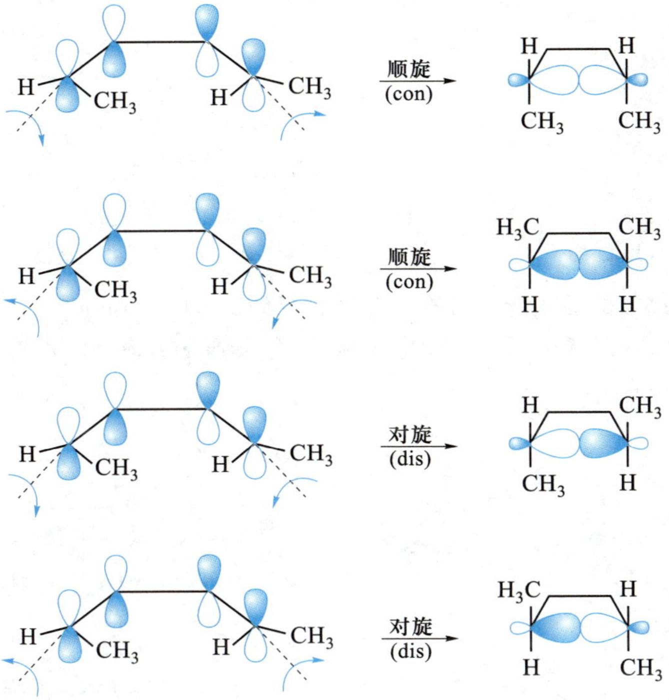

图 29.2 (2Z,4E)-己-2,4-二烯加热变成顺-3,4-二甲环丁烯

所谓轨道对称性守恒是指协同反应中从原料到产物轨道的对称性保持不变。根据对称性守恒原则,己-2,4-二烯分子中 C(2)和 C(5)上的 p 轨道变成 3,4-二甲基环丁烯分子中的 sp^3 杂化轨道,其对称性仍保持不变,p 轨道位相为(+)的一瓣,仍变成 sp^3 杂化轨道位相为(+)的一瓣。从图 29.2 可以看出:在顺旋时,C(2)上 p 轨道或 sp^3 杂化轨道的一瓣始终接近 C(5)上 p 轨道或 sp^3 杂化轨道位相相同的一瓣,它们可以重叠成键,p 轨道逐渐转变为 sp^3 杂化轨道,重叠程度逐渐增加,最后生成 σ 键,π 键开始断裂,σ 键也开始生成,这使反应的活化能降低,使原料能顺利地变成产物。因此顺旋是轨道对称性允许(allowed)的途径。在对旋时,C(2)上 p 轨道或 sp^3 杂化轨道的一瓣始终接近 C(5)上 p 轨道或 sp^3 杂化轨道位相相反的一瓣。不能重叠成键,因此对旋是轨道对称性禁阻(forbidden)的途径。(2Z,4E)-己-2,4-二烯顺旋成环应当得到顺-3,4-二甲基环丁烯,顺-3,4-二甲基环丁烯顺旋开环应当得到(2Z,4E)-己-2,4-二烯。

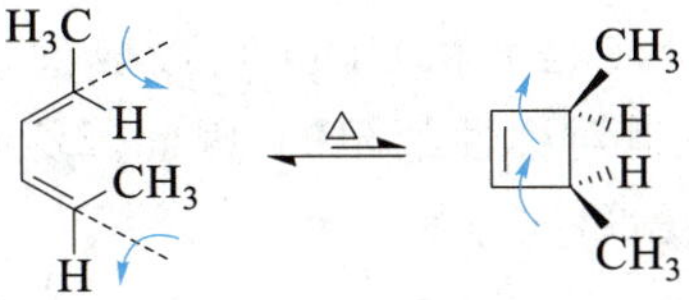

由于电环化反应的立体化学主要取决于轨道对称性,取代基的电性是次要的,因此顺-3,4-二苯基环丁烯和顺-3,4-二甲氧羰基环丁烯在加热时也是顺旋开环。

顺-3,4-二甲基-3,4-二苯基环丁烯在 25 ℃下开环生成(2Z,4E)-2,5-二苯基己-2,4-二烯而不是更稳定的(E,E)-异构体:

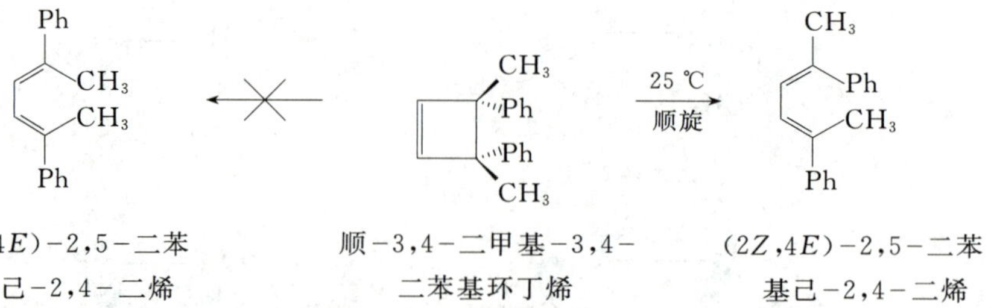

据估算，对称性禁阻途径的活化能比对称性允许途径约高 64 kJ·mol^{-1}。

在光照下，己-2,4-二烯分子中一个电子从 π_2 激发到 π_3^*，最高已占轨道为 π_3^*，两种可能的旋转方向如图 29.3 所示。

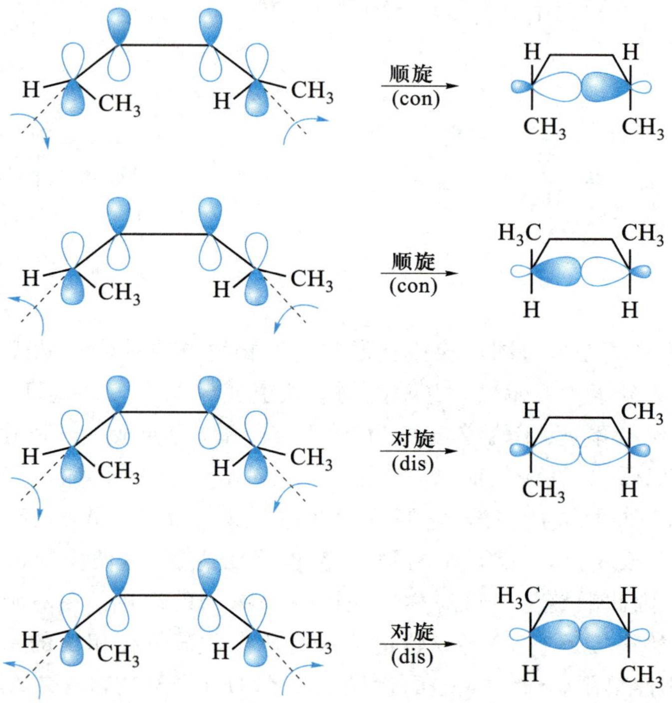

图 29.3 (2Z,4E)-己-2,4-二烯在光照下变成反-3,4-二甲环丁烯

从图 29.3 可以看出：在对旋时，C(2) 和 C(5) 可以成键，是轨道对称性允许的；在顺旋时，C(2) 和 C(5) 之间不能成键，是轨道对称性禁阻的，因此(2Z,4E)-己-2,4-二烯在光照下应对旋生成反-3,4-二甲环丁烯，与实验事实一致。

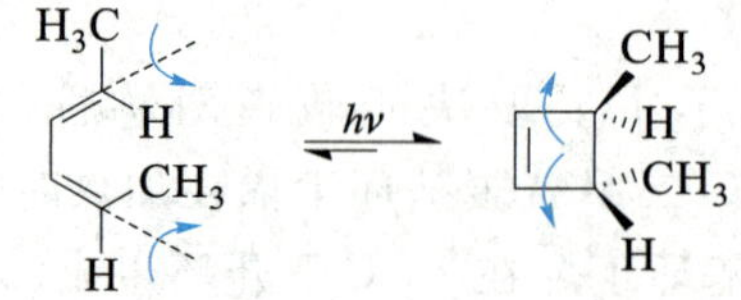

以上关于己-2,4-二烯的电环化反应的实验结果可总结如下：

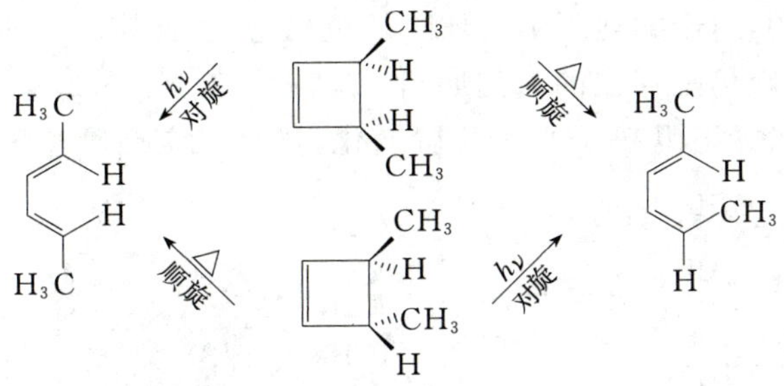

问题 29.1 写出下列反应的产物或中间产物。

(1)

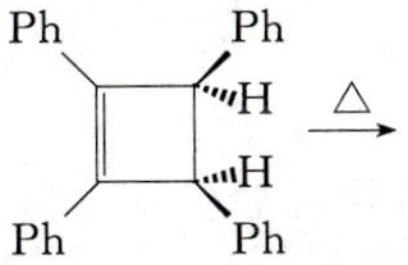

(2)

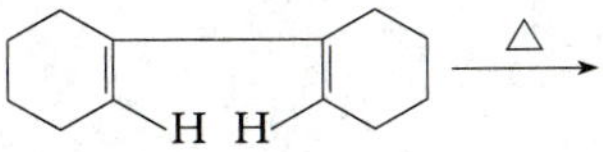

(3)

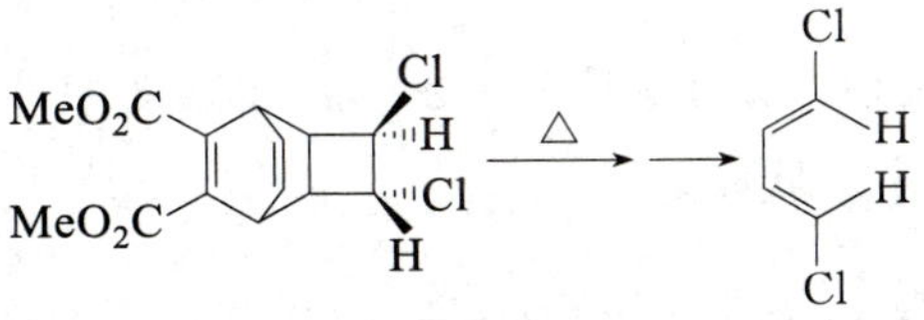

(4)

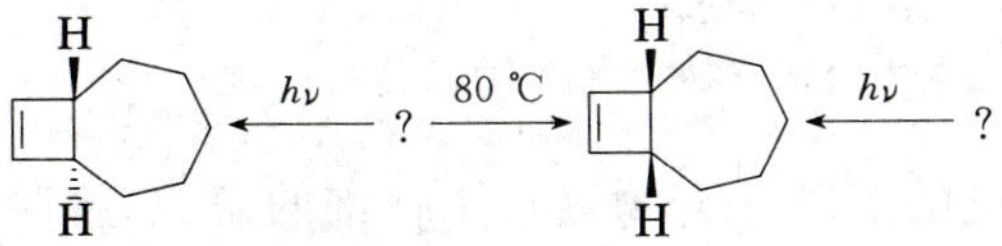

反-3,4-二甲基环丁烯加热时,(2E,4E)-己-2,4-二烯的产率在98%以上:

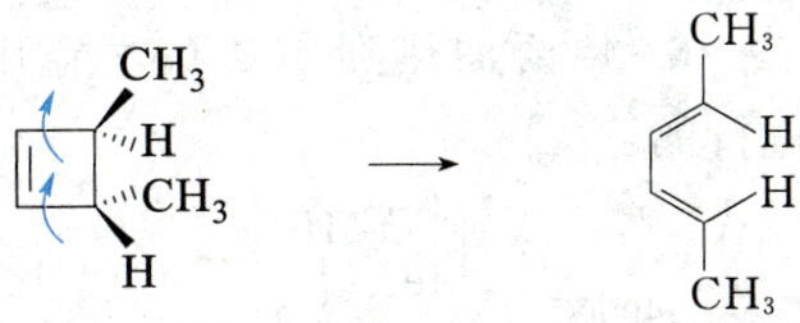

反-3,4-二甲基环丁烯　　(2E,4E)-己-2,4-二烯

显然是由于(2E,4E)-己-2,4-二烯比(2Z,4Z)-己-2,4-二烯更稳定,所以在两种顺旋方式中顺时针旋转的一种占压倒优势。当环丁烯3,4位上的取代基的体积与氢原子接近,即为D时,两种顺旋方式的概率相近:

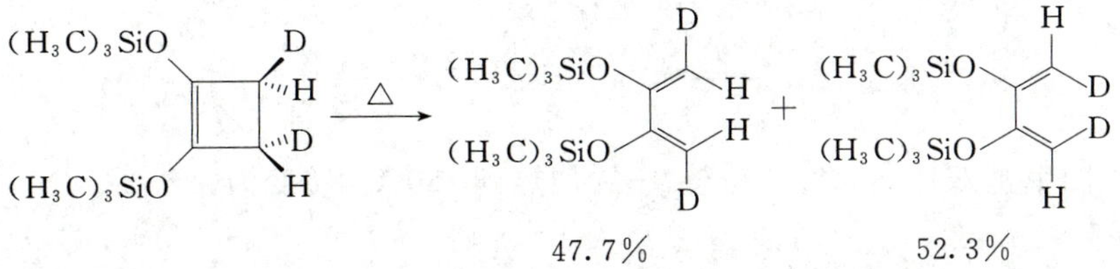

电环化反应是可逆的，由于共轭二烯比环丁烯更稳定，因此实验中观察到的常是环丁烯的开环，但共轭二烯的成环反应仍是存在的。例如，将 2,5-二苯基己-2,4-二烯中的一个甲基用氘标记，加热后，可以检测出标记甲基 CD_3 的位置变化，显然反应是通过环丁烯进行的：

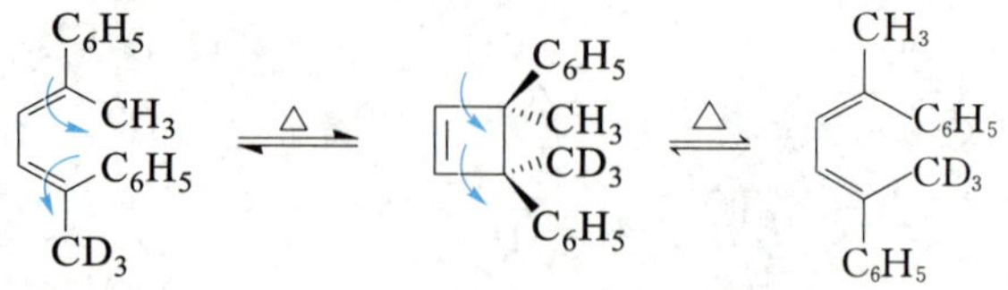

对称性禁阻的反应不是不能进行，而是指在一般情况下，比对称性允许的途径需要更高的活化能。对于中性分子还存在另一种可能性，即按照非协同反应的途径进行，如生成自由基或两性离子。活化能的顺序究竟是对称性允许<对称性禁阻<非协同反应，还是对称性允许<非协同反应<对称性禁阻，取决于取代基的性质。

在环丁烯的 3,4 位加一个碳桥，顺旋开环会产生有环内反式双键的环烷烃：

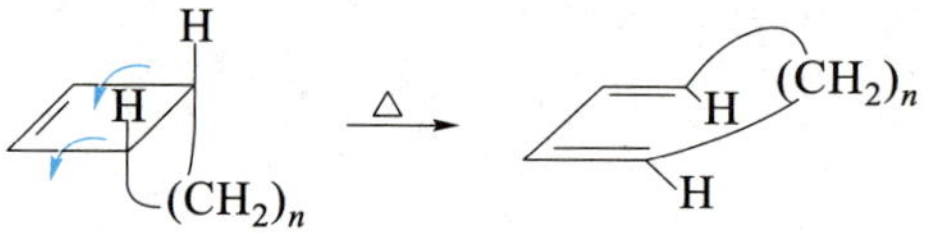

当 $n=1$ 时，由于环的张力很大，双环化合物（双环［2. 1. 0］戊-2-烯）在溶液中即迅速转变为更稳定的环戊二烯及其他产物，其半衰期只有 2 h 左右：

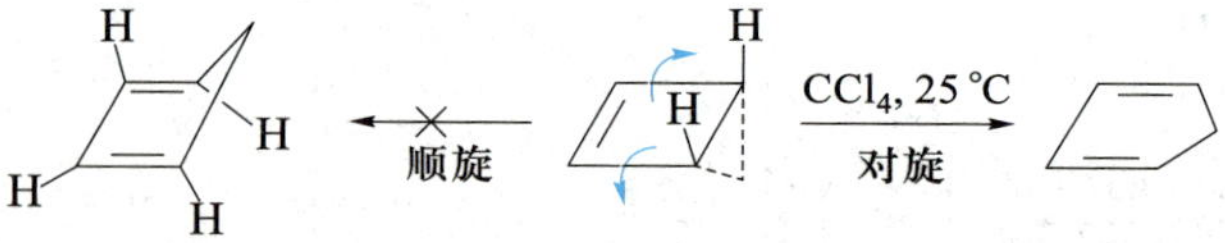

对这个反应，用甲基取代的双环化合物及 ^{14}C 标记的双环化合物进行了仔细的研究，排除了其他可能的机理，反应可能是通过对旋开环的方式进行的，理论计算也支持这一结论。因此，在双环［2. 1. 0］戊-2-烯的开环反应中，活化能的大小次序为轨道对称性禁阻<轨道对称性允许，其原因是环内有反式双键的五元环张力太大，以至于不能存在。

6,7-二甲基双环［3. 2. 0］庚-6-烯要加热到 400 ℃才能开环生成 2,3-二甲基环庚-1,3-二烯，反应是通过生成自由基进行的：

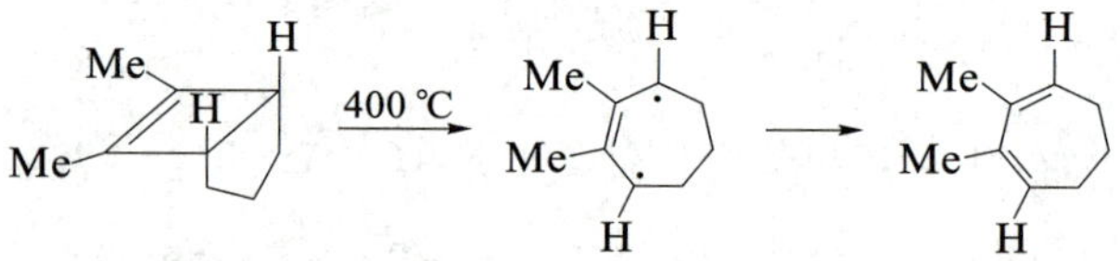

双环［4. 2. 0］辛-7-烯在加热时与(1Z,3E)-环辛-1,3-二烯形成动态平衡，在 250 ℃下只得到(1Z,3Z)-环辛-1,3-二烯，是由(Z,E)-异构体通过 1,5-氢迁移生成的：

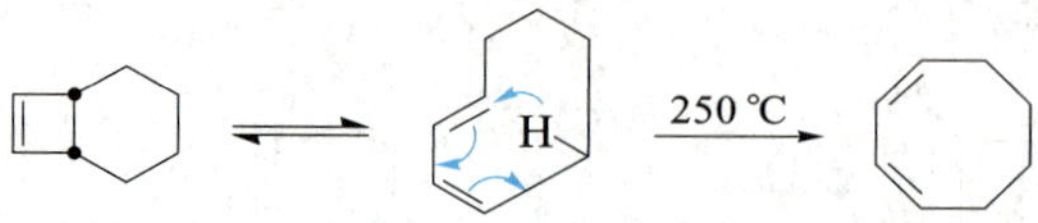

1,8,9,10-四甲基双环［6. 2. 0］癸-9-烯加热到 180 ℃，转变为(1Z,3E)-1,2,3,4-四甲基环癸-1,3-二烯：

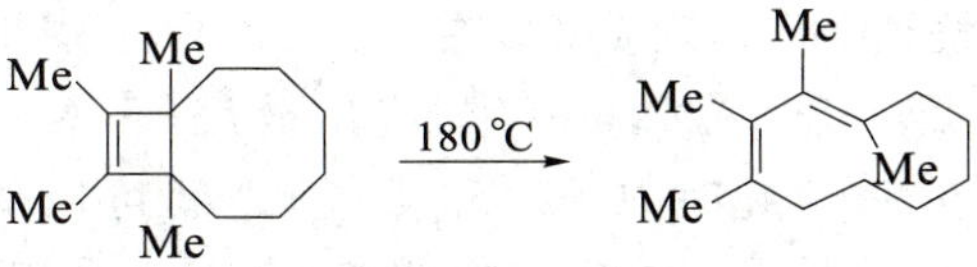

后面两个反应都是由对称性允许的途径进行的。

1,2,4－三叔丁基苯在光照下生成 1,2,4－三叔丁基双环［2. 2. 0］己－2,5－二烯(取代的 Dewar 苯)：

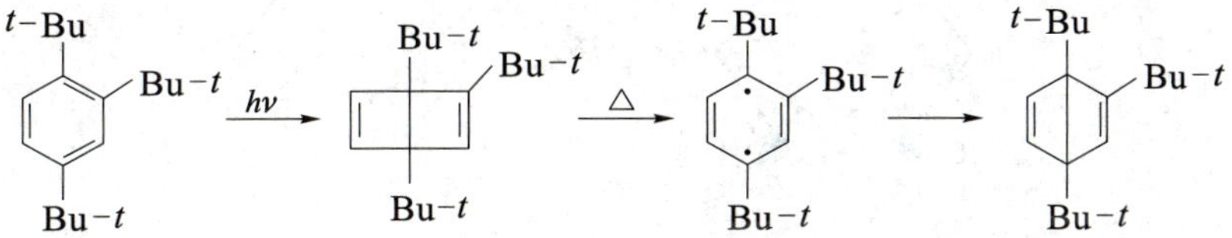

Dewar 苯的结构是不稳定的，能够得到它的原因：它由热反应变回 1,2,4－三叔丁基苯是对称性禁阻的，要在比较高的温度下才能实现，而它的生成中所用的光的波长又不能激发它的开环反应(波长不在它的吸收带范围内)。

29.1.2　含 6 个 π 电子的体系

辛－2,4,6－三烯的 π 轨道如图 29.4 所示。

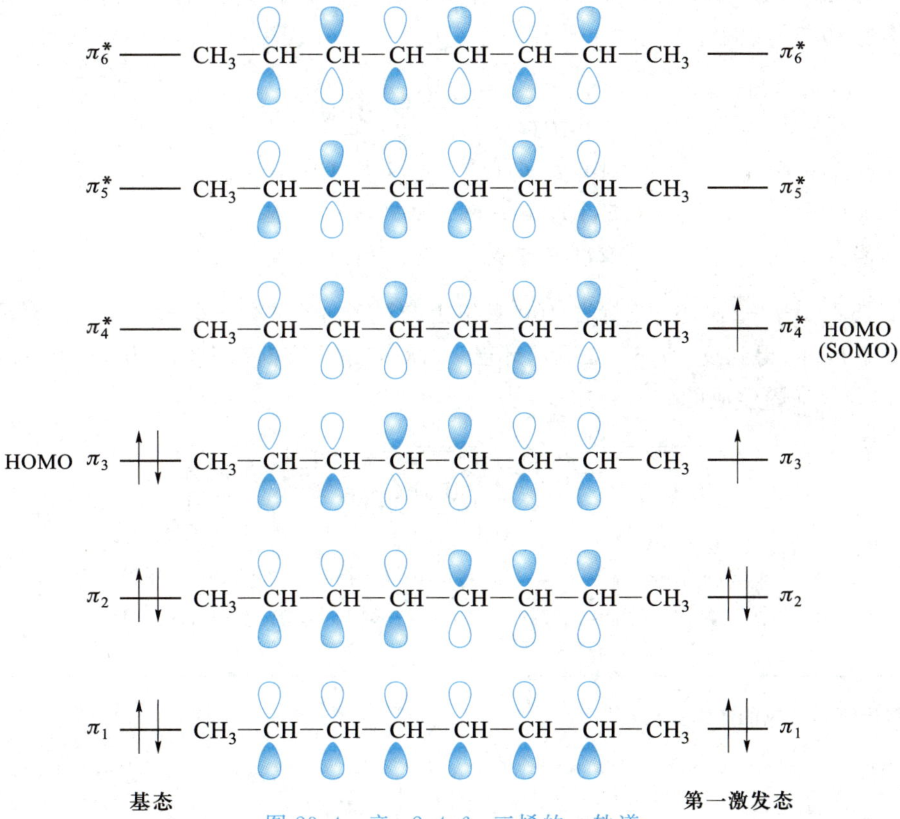

图 29.4　辛－2,4,6－三烯的 π 轨道

(SOMO 表示轨道中只有一个电子)

在热反应中，最高已占轨道为 π_3，对旋时，在 C(2) 和 C(7) 之间可以成键，是轨道对称性允许的途径。从 (2*E*,4*Z*,6*Z*)－辛－2,4,6－三烯应生成反－5,6－二甲基环己－1,3－二烯；在光反应中，最高已占轨道为 π_4^*，顺旋时，C(2) 和 C(7) 之间可以成键，是轨道对称性允许的途径。从 (2*E*,4*Z*,6*Z*)－辛－2,4,6－三烯应生成顺－5,6－二甲基环己－1,3－二烯（见图 29.5）。

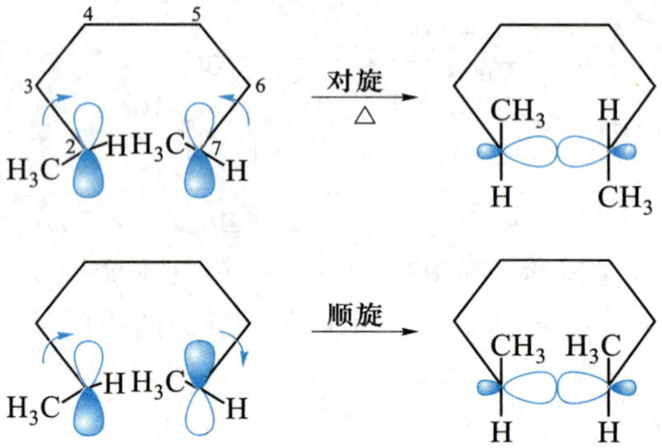

图 29.5　(2*E*,4*Z*,6*Z*)－辛－2,4,6－三烯的环化反应

实验证明，(2*E*,4*Z*,6*E*)－辛－2,4,6－三烯在 140 ℃下成环，得到的顺－5,6－二甲基环己－1,3－二烯纯度在 99.5% 以上。

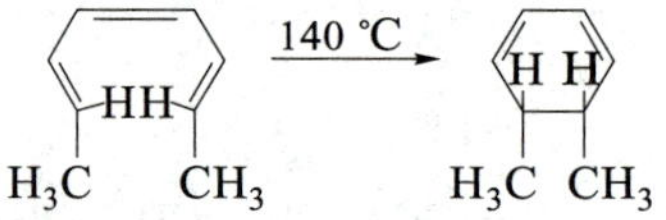

(2*E*,4*Z*,6*E*)－辛－2,4,6－三烯　　顺－5,6－二甲基环己－1,3－二烯

(2*E*,4*Z*,6*Z*)－辛－2,4,6－三烯在 100 ℃以上与 (2*Z*,4*Z*,6*Z*)－辛－2,4,6－三烯形成动态平衡，在 175 ℃下成环，得到反－5,6－二甲基环己－1,3－二烯，根据动力学分析，产物是从 (2*E*,4*Z*,6*Z*)－辛－2,4,6－三烯生成的。

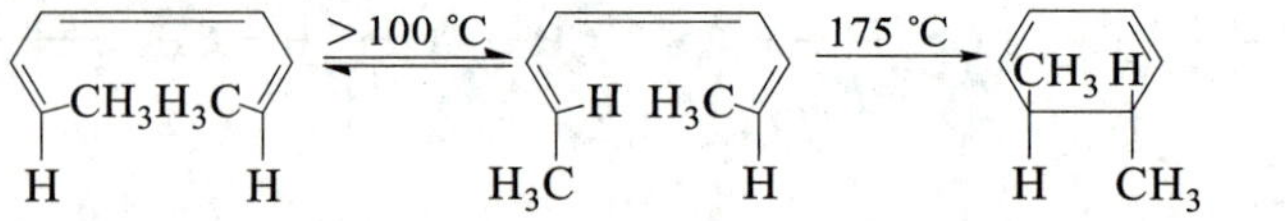

(2*Z*,4*Z*,6*Z*)－辛－2,4,6－三烯　　(2*E*,4*Z*,6*Z*)－辛－2,4,6－三烯　　反－5,6－二甲基环己－1,3－二烯

问题 29.2　写出下列反应的产物。

(1) 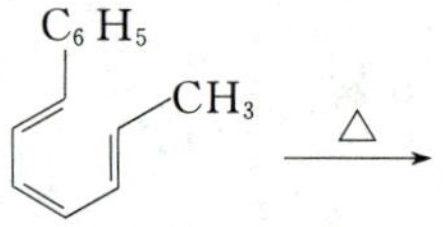

(2) 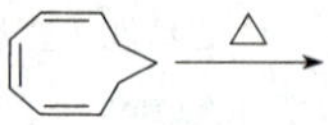

(3) 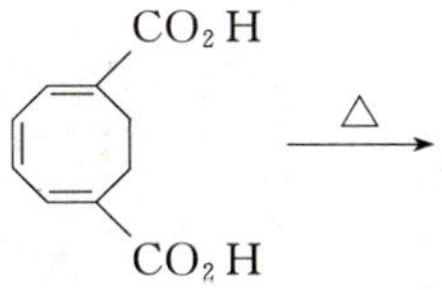

(4) 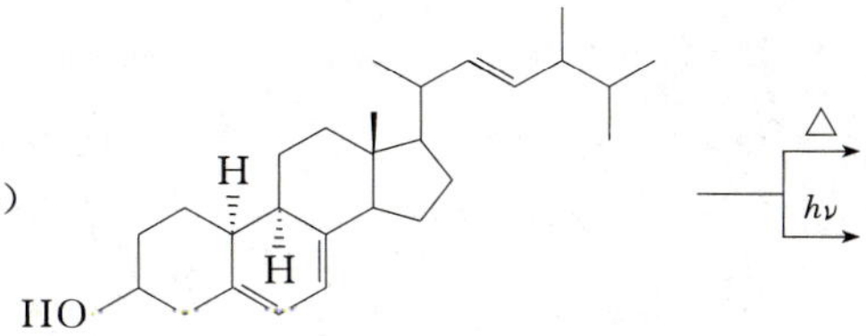

29.1.3　电环化反应的选择规律

共轭体系中 π 电子的数目不同，电环化反应的选择规律也不相同，这是它们的最高已占轨道的对称性决定的。

含 4 个或 $4m$ 个 π 电子的共轭体系，其最高已占轨道和最低未占轨道两端的位相分别为

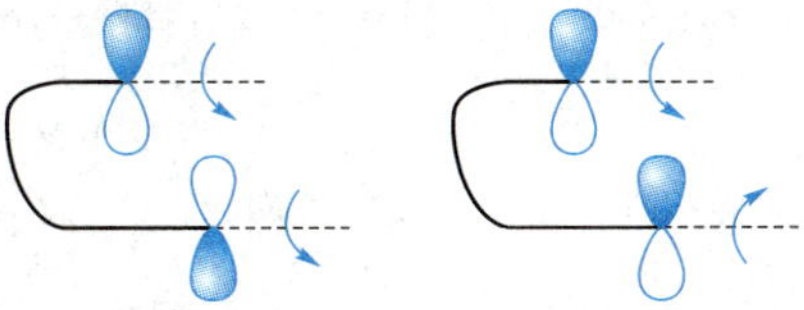

HOMO　　　LUMO

热反应：顺旋　　光反应：对旋

含 6 个或 $4m+2$ 个 π 电子的共轭体系，其最高已占轨道和最低未占轨道两端的位相为

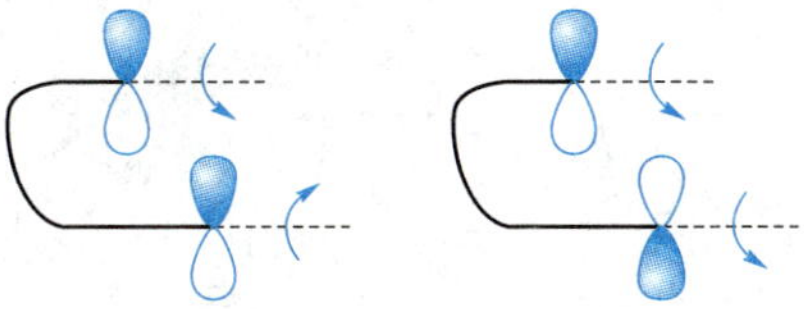

HOMO　　　LUMO

热反应：对旋　　光反应：顺旋

因此电环化反应的选择规律可以归纳如下：

反应	π 电子数	热反应	光反应
	4	顺旋	对旋
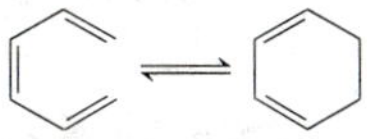	6	对旋	顺旋
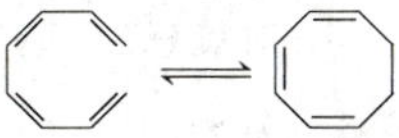	8	顺旋	对旋

问题 29.3　写出下列反应的产物或中间产物。（提示：共轭体系中一个或几个碳原子被杂原子置换，也同样发生电环化或开环反应。）

(1) 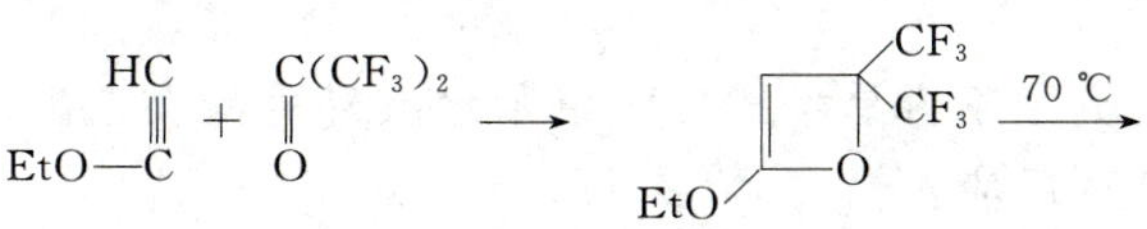

(2) 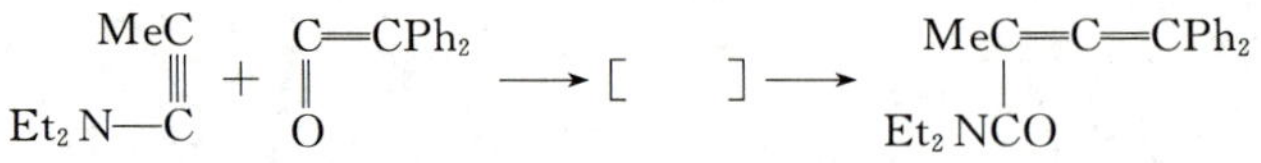

(3) 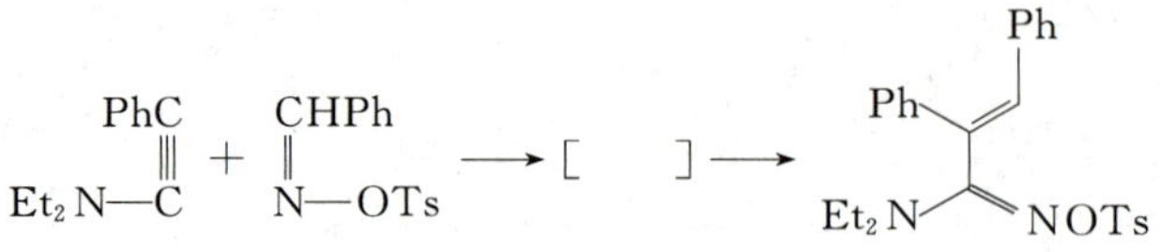

(4) 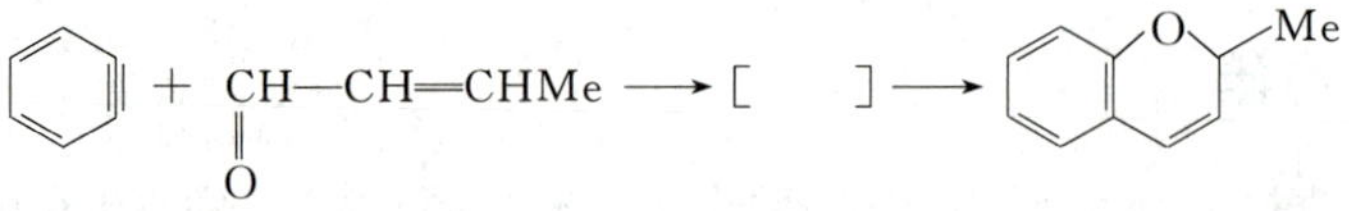

(5) 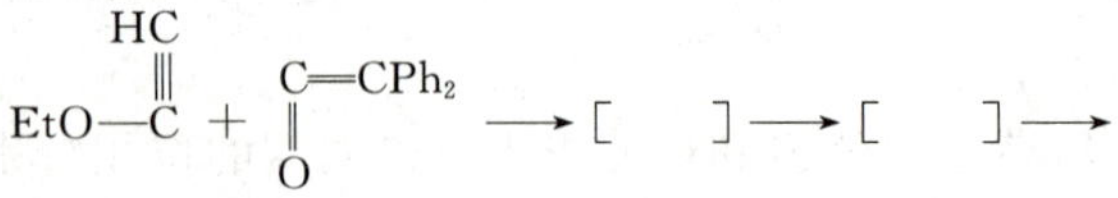

(6) 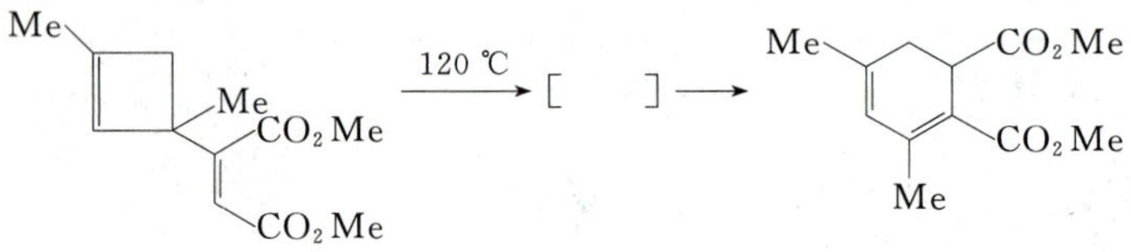

(7) 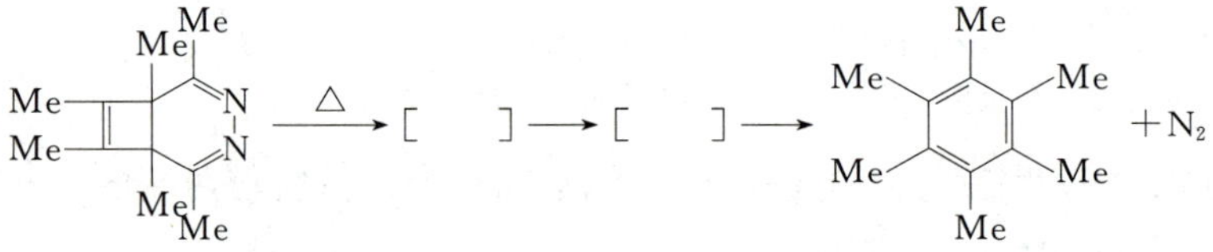

(8) 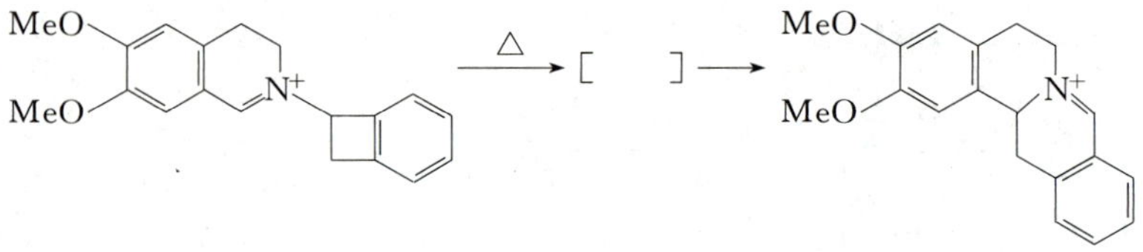

29.1.4　带电荷的共轭体系

Woodward-Hoffmann 轨道对称性守恒规律也适用于带电荷的共轭体系，选择性为

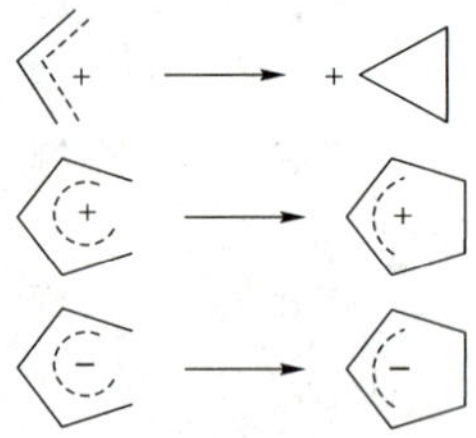

	$4m+2$ $(m=0)$	对旋(热反应)
	$4m$ $(m=1)$	顺旋(热反应) 对旋(光反应)
	$4m+2$ $(m=1)$	对旋(热反应)

以后都被实验所证实。

29.1.4.1　环丙基碳正离子－烯丙基碳正离子

由于三元环的张力很大，环丙基碳正离子不容易生成。对甲苯磺酸环丙酯在乙酸中的溶剂解要加热到 180 ℃才能进行，同时发生开环反应：

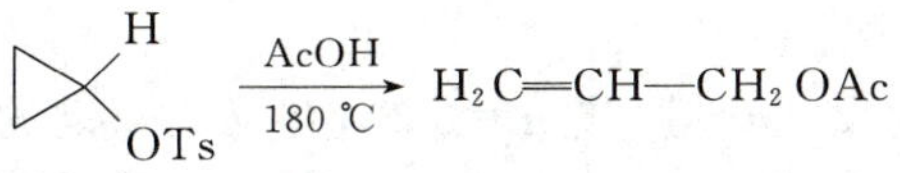

根据动力学实验数据推测，离去基团的离去和开环可能是协同进行的。C(2)—C(3)单键起着邻基参与的作用，促进离去基团的离去，据估算，如果没有邻基参与，溶剂解的速率还要降低约 10^{12} 倍。

cis−2−*cis*−3−二甲基环丙醇对甲苯磺酸酯和 *trans*−2−*trans*−3−二甲基环丙醇对甲苯磺酸酯在乙酸溶液中溶剂解的相对反应速率为

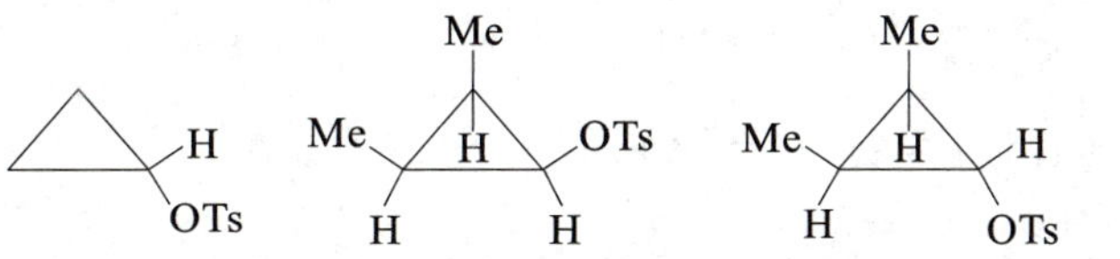

相对反应速率	1	2.2	38 000 (100 ℃)
	1	4	18 000 (150 ℃)

根据 Woodward−Hoffmann 轨道对称性守恒规律，三元环应为对旋开环。由于 2,3 位两个甲基的影响，应优先向外旋转，当离去基团在甲基的另一边时，C(2)—C(3)键开始断裂时，电子云聚集在环平面的上方，对反位上的离去基团起着邻基参与的作用，因此反位异构体的溶剂解速率比顺位异构体快得多(见图 29.6)。

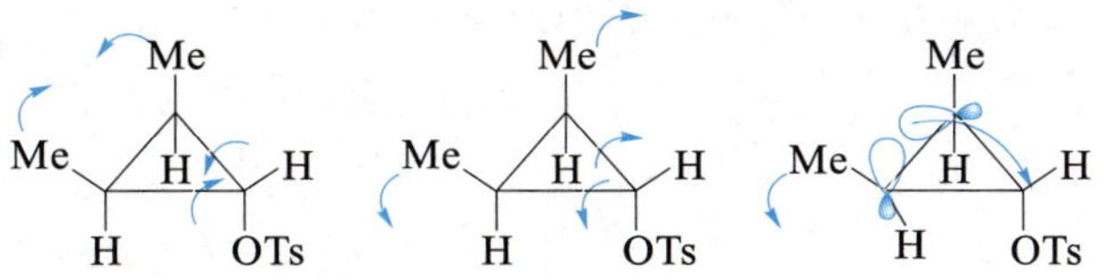

图 29.6 三元环的对旋开环

双环化合物在乙酸中的溶剂解相对反应速率为

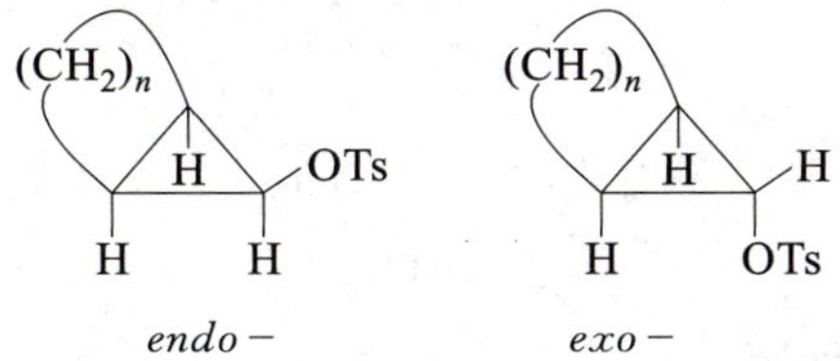

		endo−	*exo*−
相对反应速率	$n=3$	25 000	≪0.01(对甲苯磺酸环丙基酯=1)
	5	3.1	2 500
	6	3.5	10 000

exo−8−溴双环 [5. 1. 0] 辛烷水解后得到反式环辛烯醇：

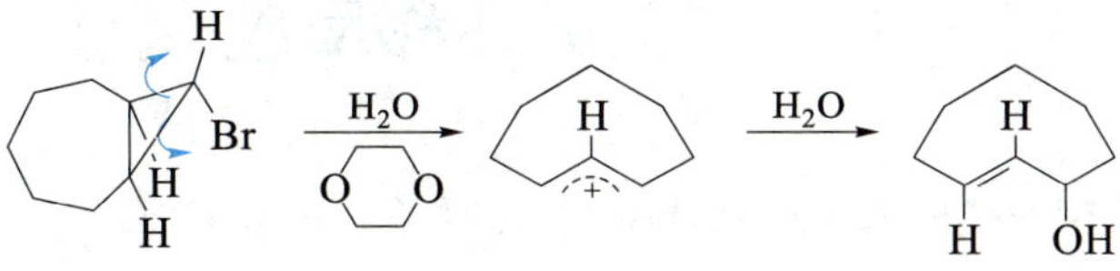

endo-异构体则生成顺式环辛烯醇。

由于向外对旋会生成环内反式双键，当 $n=3$ 时，有反式双键的环己烯能量极高，因此，*exo*-异构体溶剂解的速率极慢，*endo*-异构体的溶剂解可能是通过向内对旋的方式进行的。

29.1.4.2 Nazarov 反应

1940—1950 年，Nazarov I N 深入研究了二烯炔在酸催化下的反应。例如：

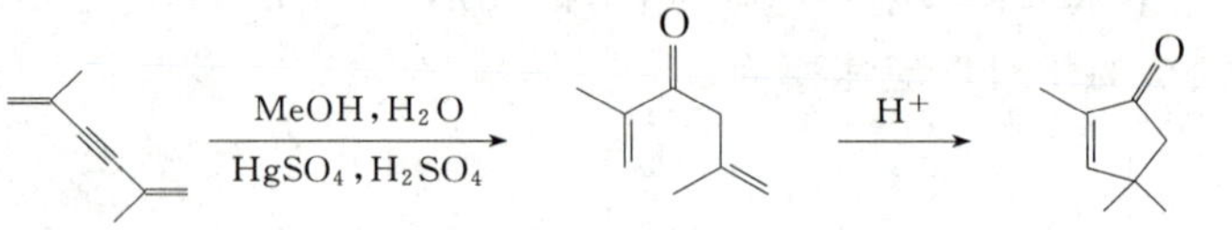

以后才知道实际发生成环反应的是二乙烯基酮：

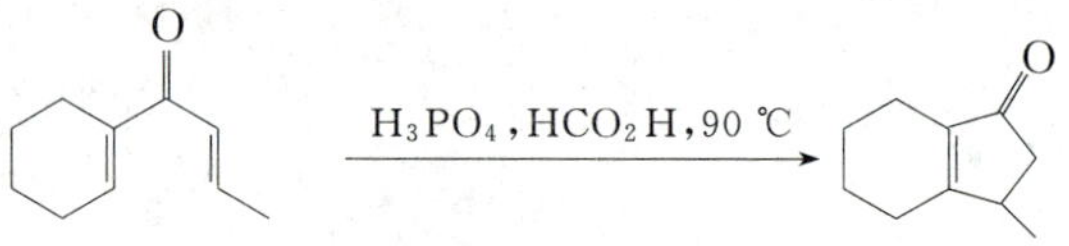

并且认识到这是戊二烯碳正离子的电环化反应：

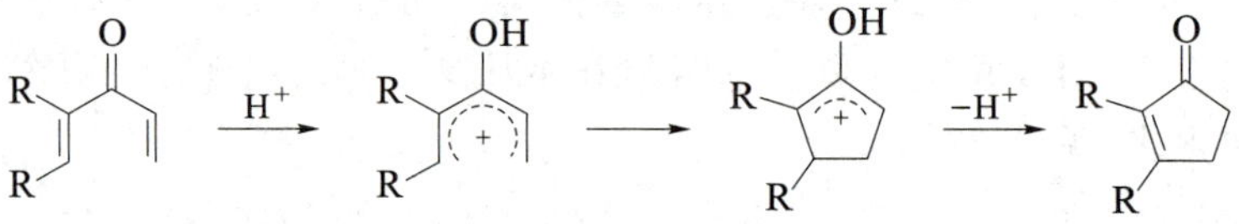

立体化学研究证明热反应为顺旋成环，光反应为对旋成环：

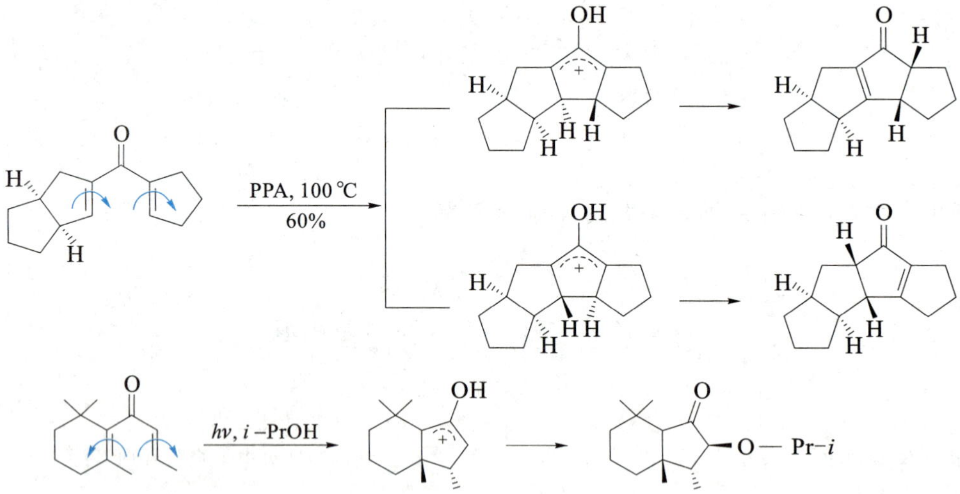

对于 Nazarov 反应在合成中的应用研究得较多。

§ 29.2 σ 迁移反应

用氘标记的戊二烯在加热时，C(5) 上的一个氢原子迁移到 C(1) 上，π 键也随着移动：

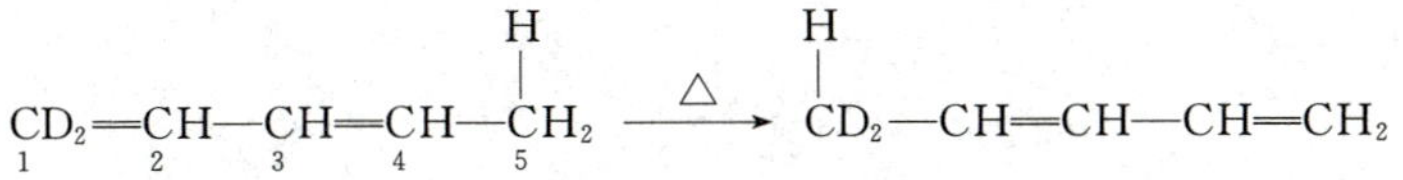

在反应中一个 σ 键迁移到新的位置，因此叫作 σ 迁移(sigmatropic rearrangements)。

碳-碳键或碳-氧键也可以发生 σ 迁移。例如：

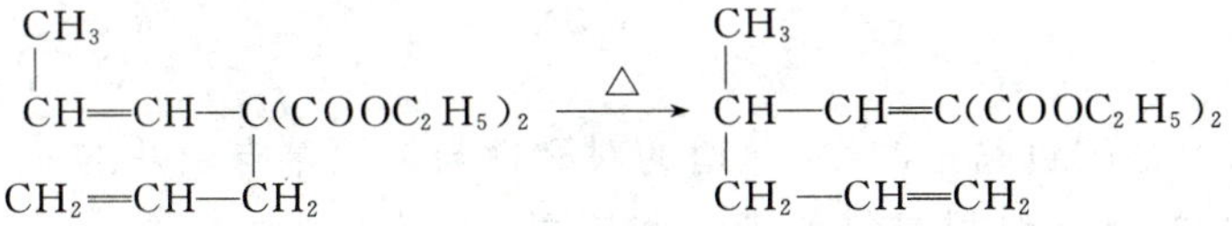

Cope 重排

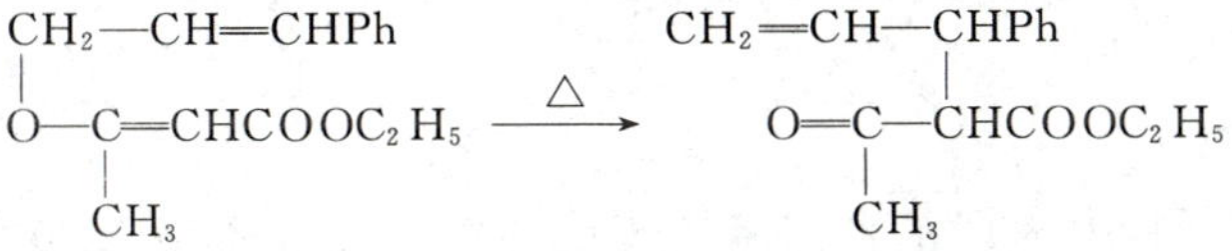

Claisen 重排

这些反应都是协同反应，旧的 σ 键的断裂与新的 σ 键的生成和 π 键的移动是协同进行的。

σ 迁移的系统命名法如下式所示：

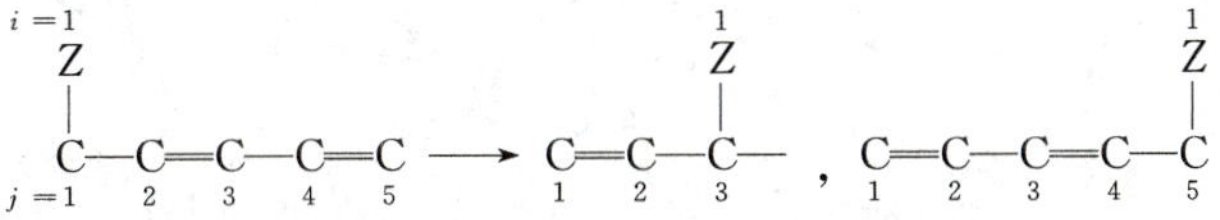

[1,3]迁移　　[1,5]迁移

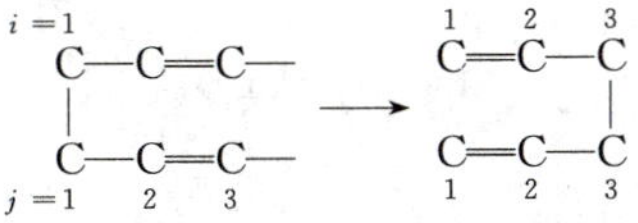

[3,3]迁移

方括号的数字[i,j]表示迁移后 σ 键所联结的两个原子的位置，i,j 的编号分别从作用物中以 σ 键联结的两个原子开始进行。

29.2.1　氢原子参加的[1,j]迁移

前面已经提到：戊二烯在加热时发生 σ 迁移反应，一个氢原子从 C(5)迁移到 C(1)。假定 C—H 键断裂后生成一个氢原子和一个含五个碳原子的自由基，自由基的最高已占轨道中，C(5)和C(1)的 p 轨道在同一边的一瓣位相相同，氢原子的 1s 轨道可以与 C(1)上的 p 轨道重叠，当氢原子与 C(5)间的键开始断裂时，它与 C(1)之间的键就开始生成，因此[1,5]迁移是轨道对称性允许的(见图 29.7)。C(5)和 C(3)上 p 轨道在同一边的一瓣位相相反，氢原子的 1s 轨道不能同时与 C(1) 和 C(3) 上的 p 轨道在同一边重叠。氢原子的 1s 轨道虽然与 C(3) 上的 p 轨道在反面的一瓣位相相同可以重叠，但由于空间阻碍，这样的过渡状态活化能很大，不利于协同反应的进行。因此，[1,3]迁移是轨道对称性禁阻的。假定丙烯分子中 C(3) 上的一个 C—H 键断裂生成一个氢原子和一个烯丙基自由基，根据烯丙基自由基的最高已占轨道分析，也得到相同的结论(见图 29.8)。目前为止，氢原子的[1,3]迁移还未发现。

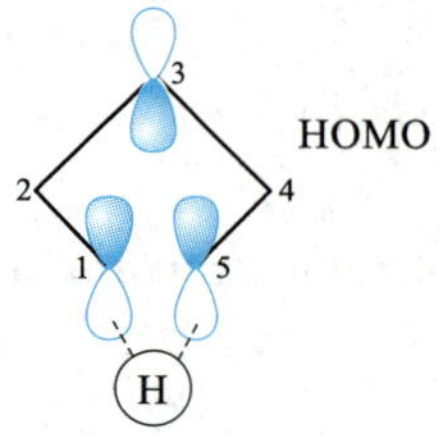

图 29.7　氢原子参加的[1,5]迁移

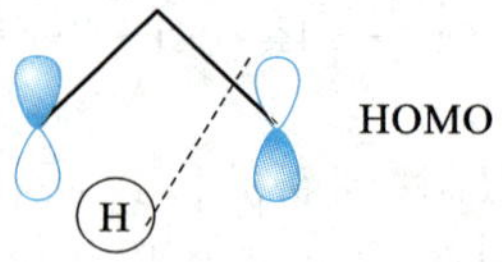

图 29.8　氢原子参加的[1,3]迁移

烯丙基碳正离子和烯丙基碳负离子的 π_2 轨道的对称性与烯丙基自由基的 π_2 轨道对称性相同，因此假定迁移的是 H^+ 或 H^-，结果与氢原子迁移相同。

29.2.2　碳原子的[1,*j*]迁移

碳原子的迁移与氢原子不同，因为烃基自由基中未配对电子在 p 轨道上，p 轨道有位相相反的两瓣，在热反应中，[1,3]迁移同面是对称性允许的，迁移后，碳原子的构型反转；而[1,5]迁移同面也是对称性允许的，但碳原子的构型保持不变(见图 29.9)。

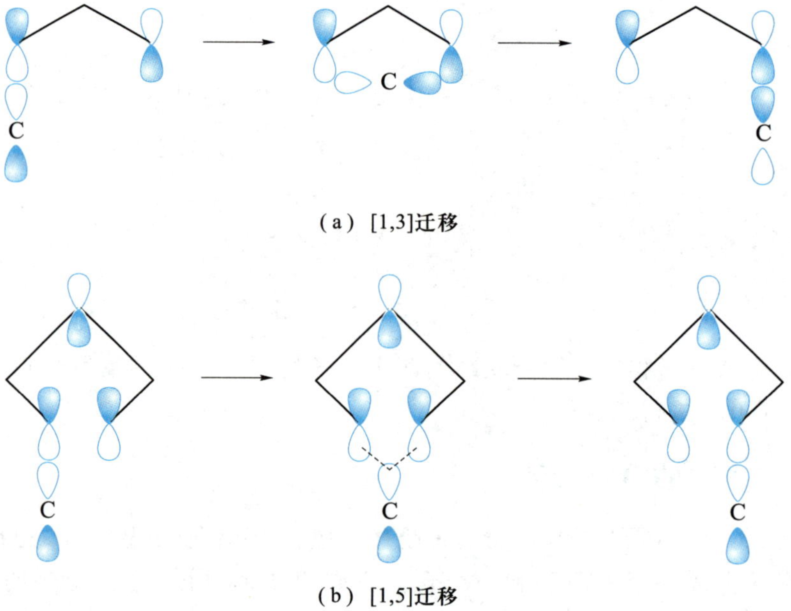

图 29.9　碳原子的[1,*j*]迁移，热反应，同面

实验结果与理论预测完全符合。例如：

[1,3]迁移，构型反转：

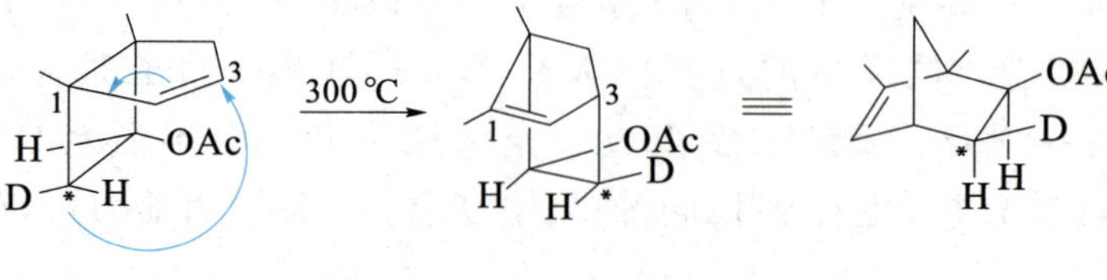

[1,5]迁移,构型保持:

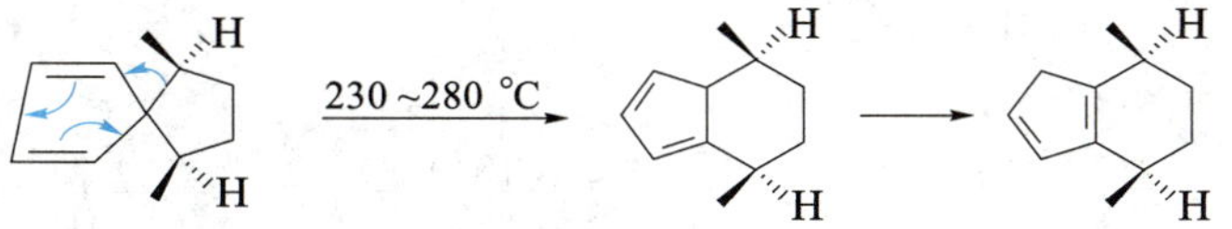

甲亚基环己二烯是甲苯的异构体,但仍能分离出来,可能是因为氢原子的同面[1,3]迁移是对称性禁阻的。

29.2.3　[1,2]迁移

Woodward 和 Hoffmann 根据轨道对称性原理推导:碳正离子中的 1,2-重排是对称性允许的,碳原子的构型保持不变。以后的理论计算推测:重排可能是经过非经典离子或 π 配合物进行的。

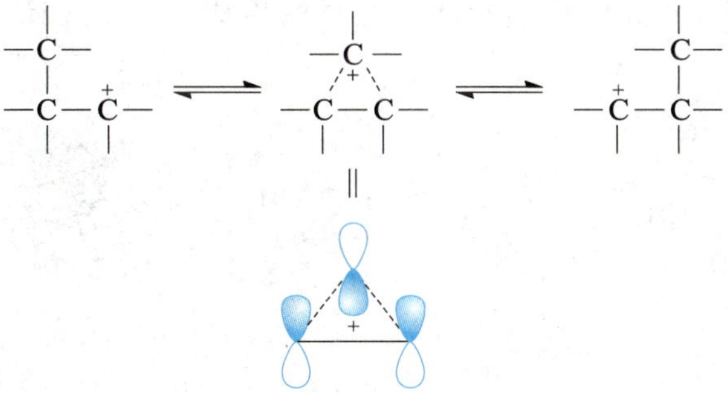

3个原子,1对电子

29.2.4　[3,3]迁移

最简单的[3,3]迁移为

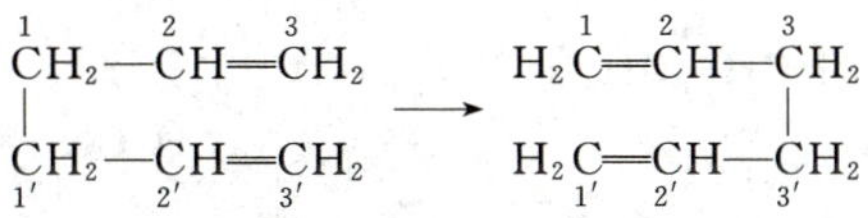

假定 σ 键断裂,生成两个烯丙基自由基,其最高已占轨道中,3,3′两个碳原子上的 p 轨道最靠近的一瓣位相相同,可以重叠。在碳原子 1 和 1′之间的键开始断裂时,3,3′之间就开始成键(见图 29.10)。这样的过渡状态是轨道对称性允许的,空间条件也是可能的。[3,3]迁移是例证最多的 σ 迁移反应。

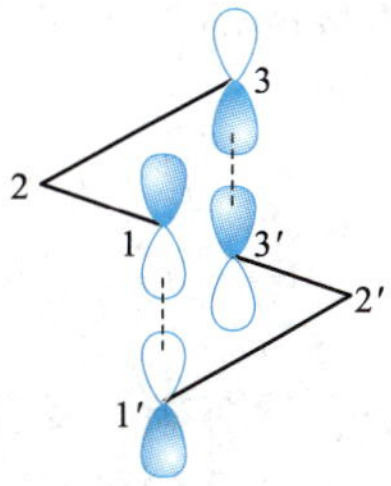

图 29.10　[3,3]迁移

3,4-二甲基己-1,5-二烯分子中有两个不对称碳原子,它的内消旋体发生 Cope 重排反应后生成(2*Z*,6*E*)-辛-2,6-二烯(99.7%),只有少量(0.3%)副产物(2E,6E)-辛-2,6-二烯。说明反应的过渡状态为椅型：

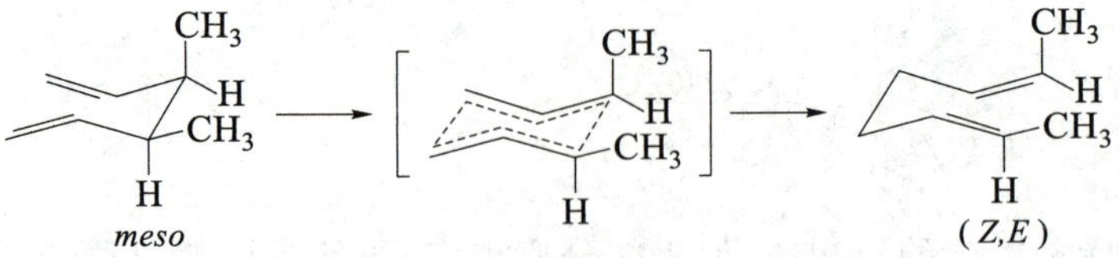

如过渡状态为船型,应生成(2E,6E)-或(2Z,6Z)-辛-2,6-二烯。

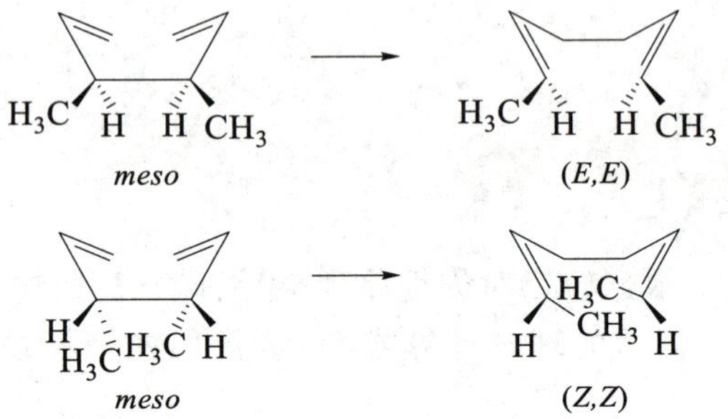

3,4-二甲基己-1,5-二烯的外消旋体在加热时生成90%的(2E,6E)-辛-2,6-二烯和10%的(2Z,6Z)-辛-2,6-二烯：

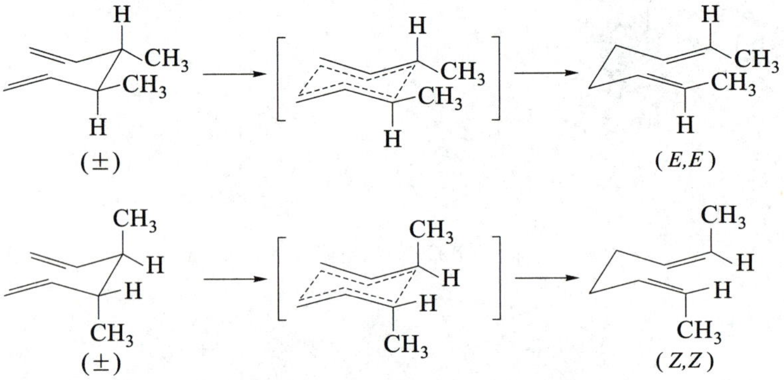

苯酚的烯丙醚在加热时,烯丙基迁移到邻位碳原子上(Claisen 重排)：

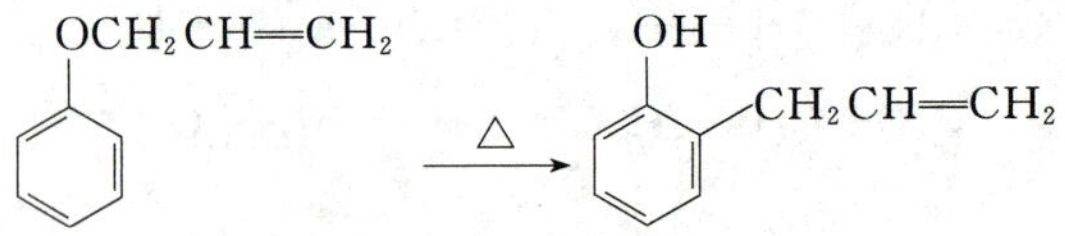

乙烯醇的烯丙醚也可以发生 Claisen 重排反应：

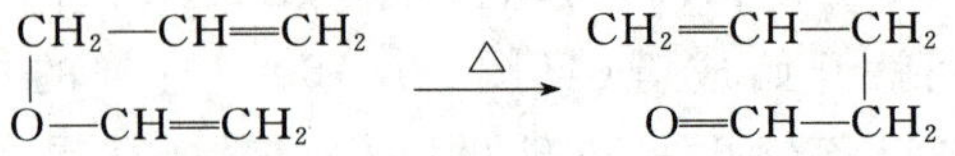

这是一种有碳-氧键参加的[3,3]迁移反应。

在酚醚的重排反应中,如两个邻位都被占据,则烯丙基迁移到对位上：

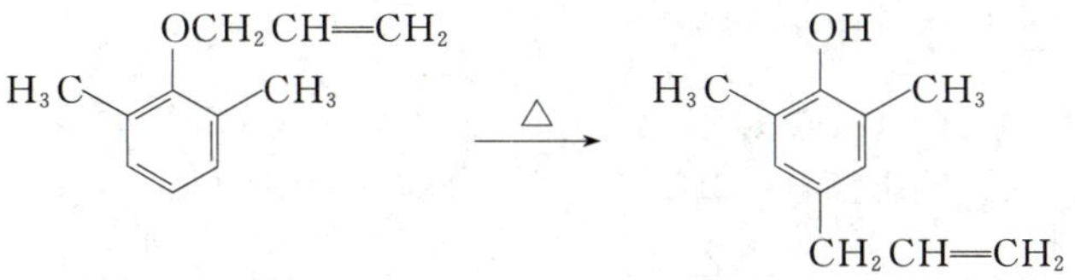

2,6-二甲基苯酚烯丙醚　　　　4-烯丙基-2,6-二甲基苯酚

如烯丙基的 γ-碳原子上有一个氢原子被烷基取代,从产物的结构推测:重排后烯丙基以 γ-碳原子与苯环的邻位相连:

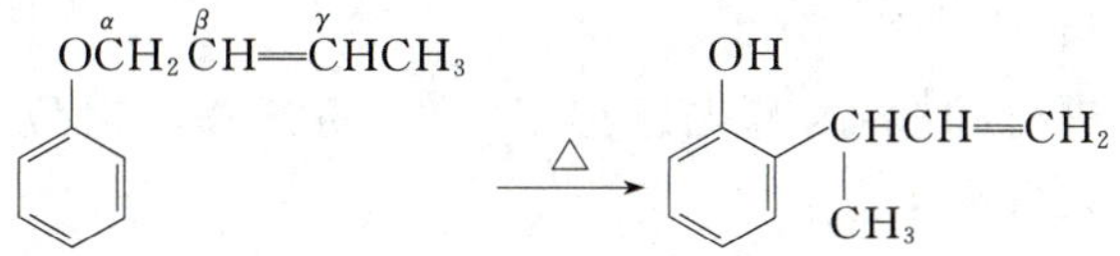

如烯丙基迁移至对位,则烯丙基以 α-碳原子与苯环的对位相连:

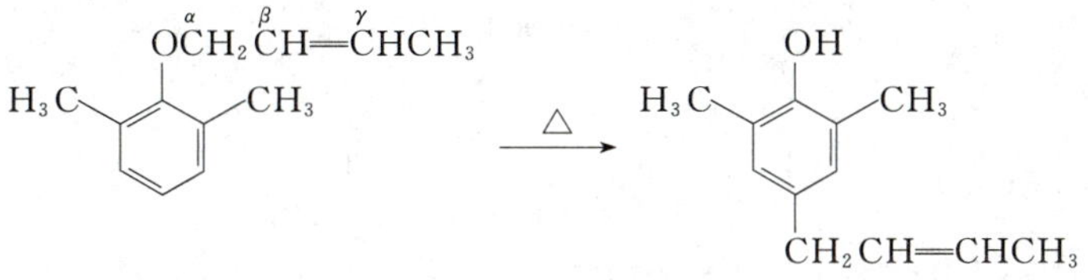

将芳醚中烯丙基上的 α-碳原子用同位素标记,然后进行重排,也得到同样的结论。

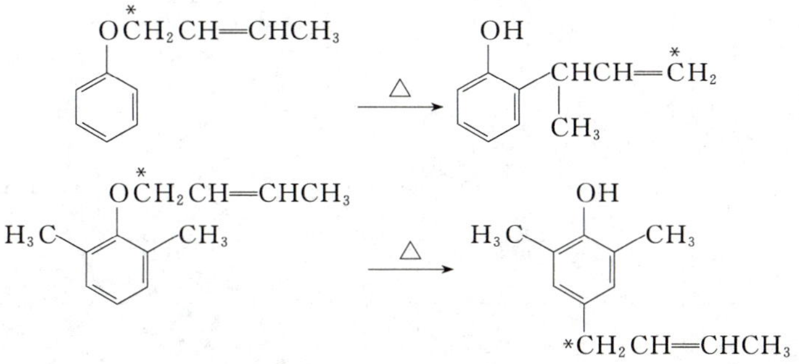

$*C = {}^{14}C$

将两种重排速率相等的化合物:

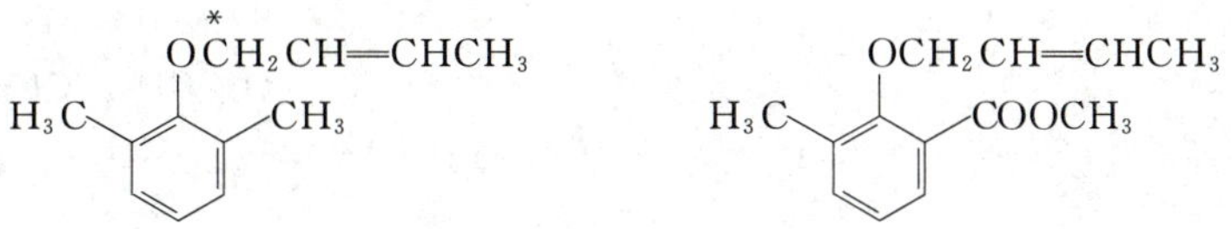

混合后加热,从产物中分离出

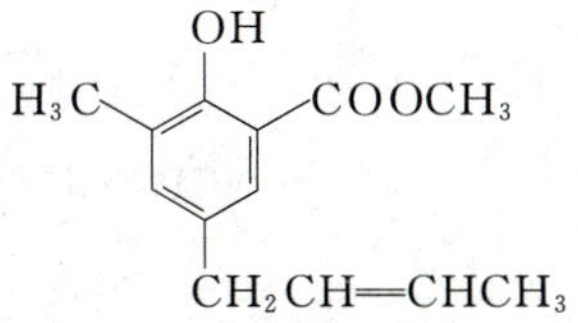

后,发现它不含变丰的 ^{14}C,说明烯丙基在重排过程中未脱离原料分子。如用同位素标记的 2,6-二烯丙基苯酚的烯丙醚作原料,重排产物

中羟基对位上的烯丙基也含有一定量的^{14}C。

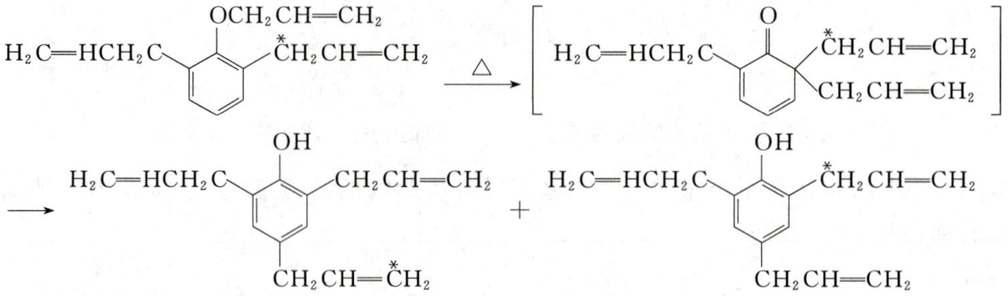

说明对位重排可能是分步进行的，烯丙基先迁移至邻位，再迁移至对位。第二步相当于 Cope 重排。反应的中间体可加马来酸酐截获：

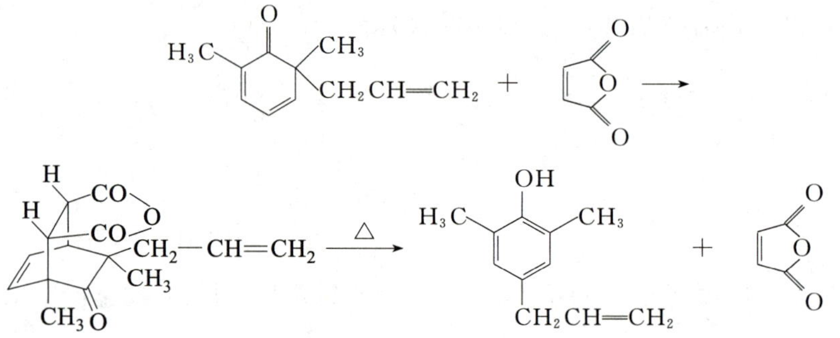

也可以用合成法得到：

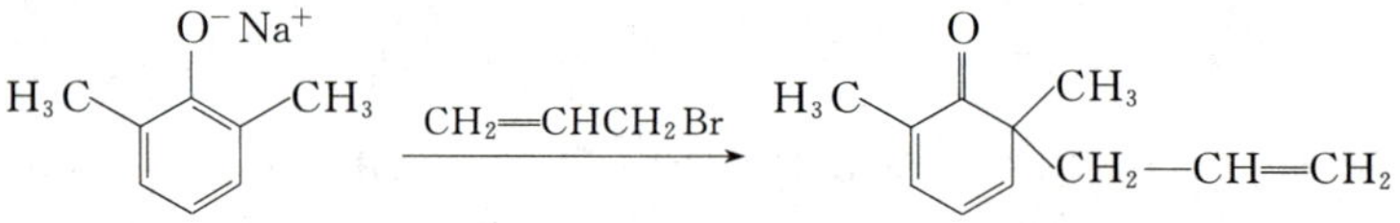

60%

问题 29.4　写出下列反应的产物：

(1) 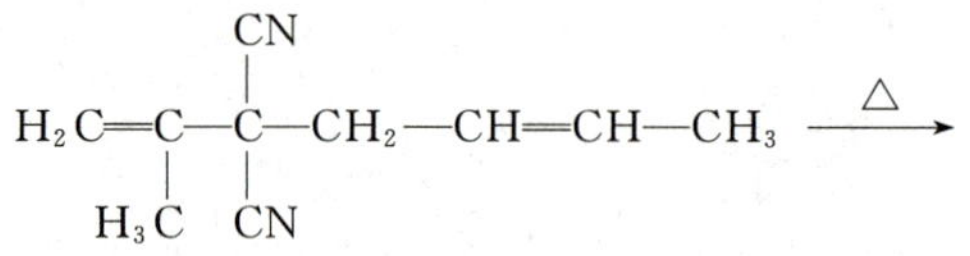

(2) 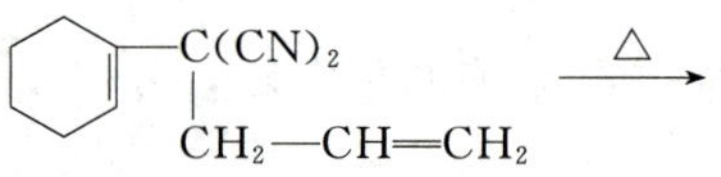

(3) 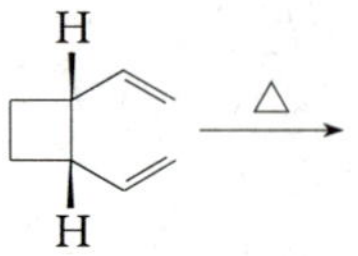

(4) 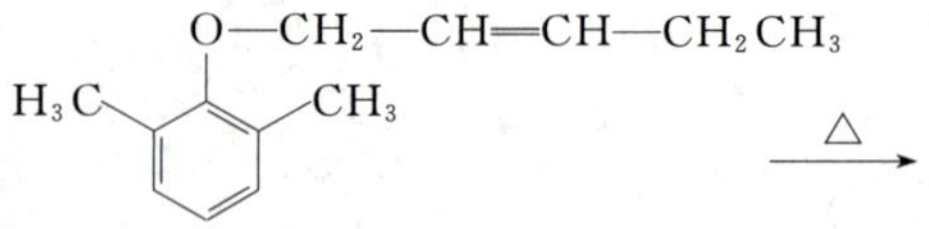

(5) 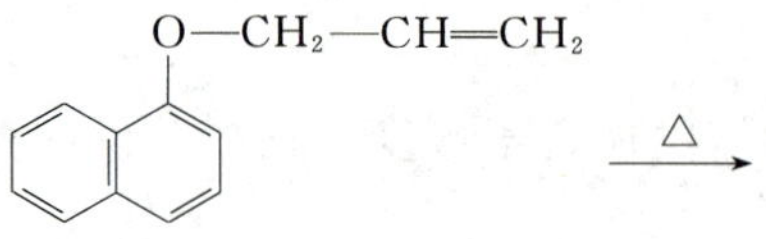

(6) 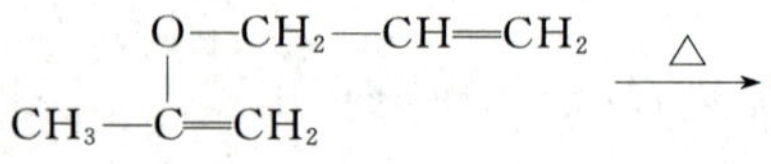

29.2.5 [3,3]迁移在合成中的应用

1940 年，Cope A C 发现 1,5-二烯在加热时重排成它的异构体，这一反应称为 Cope 重排：

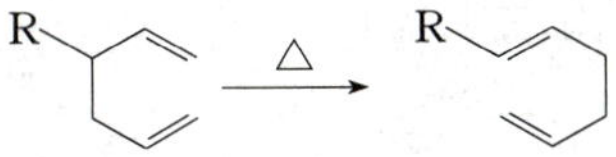

以后的研究说明：Cope 重排是一系列重排反应的原型，在有机合成中有广泛的用途。

Cope 重排是构建新的 C—C 键的有效方法，重排生成的 1,5-二烯，两个双键的位置确定，完全可以预测，不但可以用于开链 1,5-二烯，还可以用于环状二烯，以及构建七元环以上的中级环等。例如：

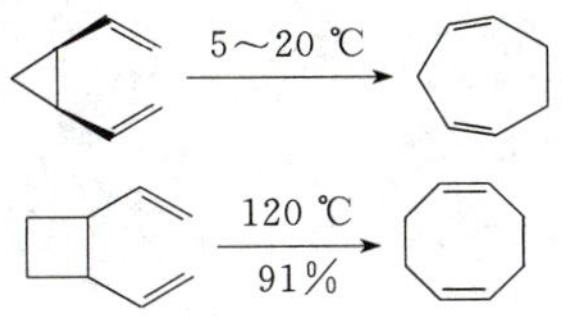

Cope 重排是立体特异性反应。例如，*threo*-(2*Z*,6*Z*)-4,5-二甲基辛-2,6-二烯重排后生成 *threo*-(2*E*,6*E*)-4,5-二甲基辛-2,6-二烯：

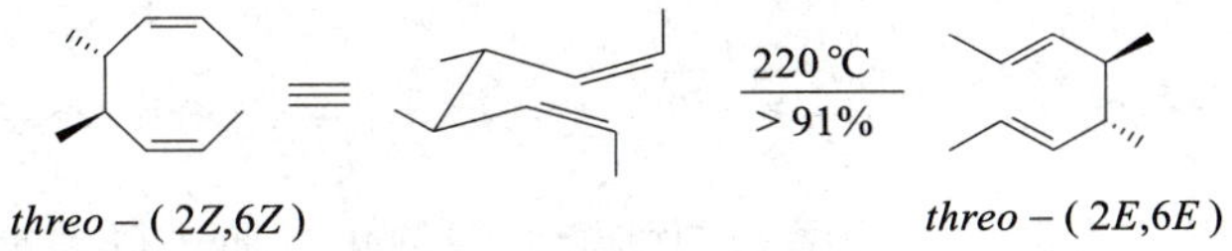

原来的两个手性中心消失，生成两个新的手性中心，其构型正好相反，两个 *Z*,*Z* 型双键转变成新的 *E*,*E* 型双键，这种手性转移(transfer of chirality)是少见的，并且不需要用其他手性试剂或催化剂，在有机合成中有重要意义。

1,5-二烯在适当的位置上有羟基，重排后生成醛或酮。例如：

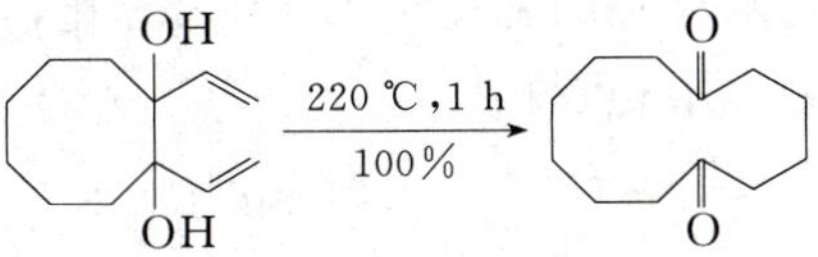

在 Cope 重排中有催化剂存在时，常常能使反应温度大幅度降低。例如：

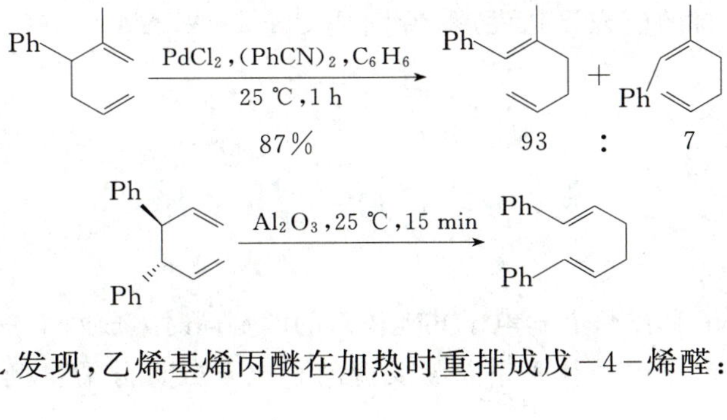

1912 年，Claisen L 发现，乙烯基烯丙醚在加热时重排成戊-4-烯醛：

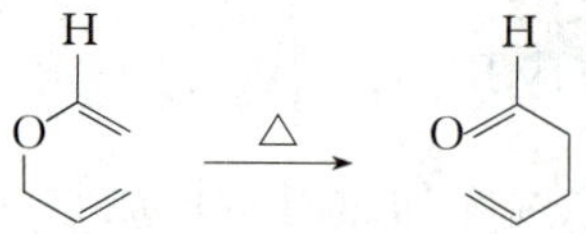

苯酚的烯丙基醚加热时重排成邻烯丙基苯酚：

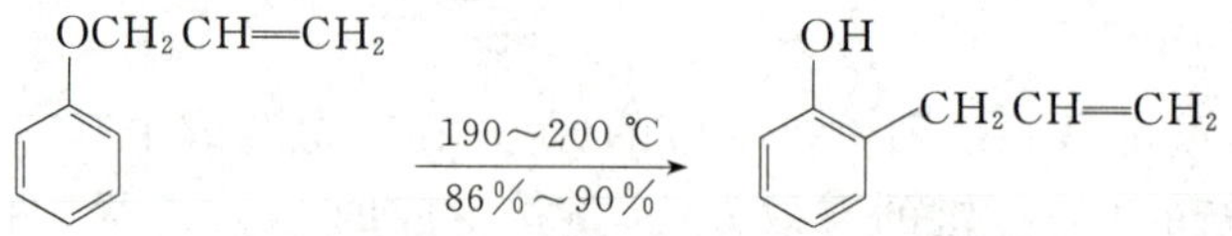

以后的研究工作大多集中在乙烯基烯丙基醚化合物的重排上。

1940 年，Carroll M F 将 β−酮酸酯与烯丙基醇在碱催化下加热直接得到 Cope 重排产物：

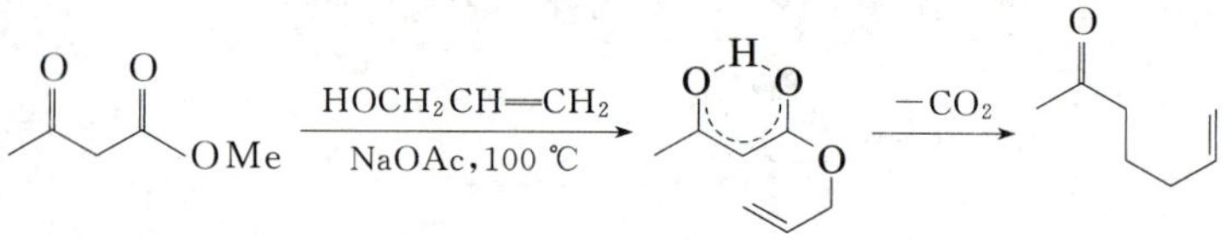

1964 年，Eschenmoser A 将烯丙基型醇与酰胺缩醛(amide acetal)一起加热得到重排产物：

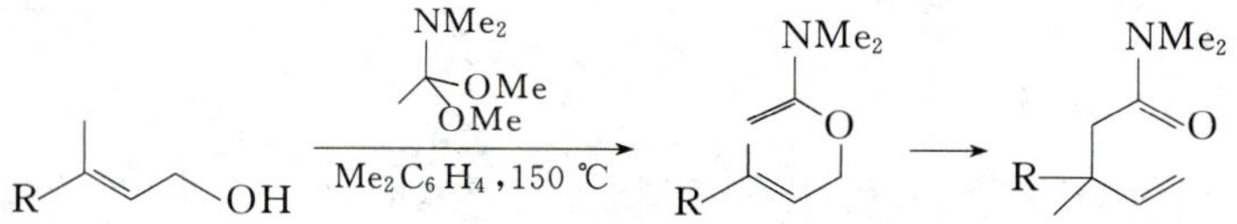

1970 年，Johnson W S 将烯丙基型醇与原酸酯在酸催化下加热得到重排产物：

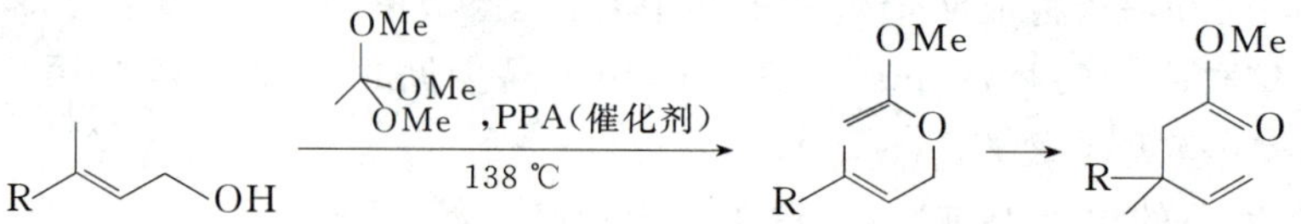

1972 年，Ireland R E 将烯丙基型醇的酯先用 LDA 烯醇化，再与三甲基氯硅烷反应，得到的乙烯酮硅醚在较低温度下即发生 Cope 重排：

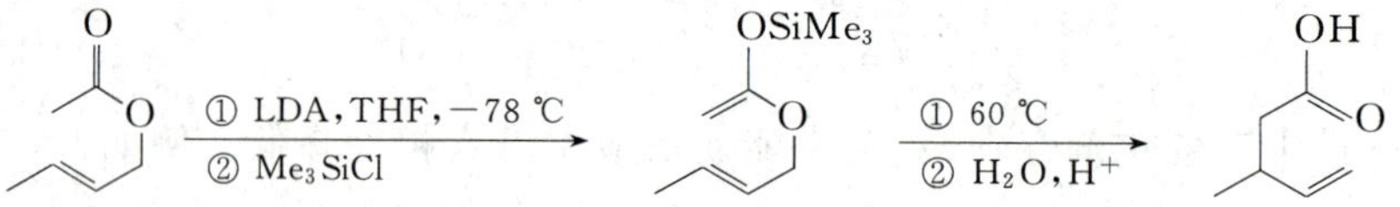

在此以后，对 Claisen 重排的研究迅猛发展，特别是 Claisen−Ireland 重排，已在许多天然产物的合成中得到广泛应用。

§ 29.3　环　加　成

环加成(cycloaddition)是在两个 π 电子共轭体系的两端同时生成两个 σ 键而闭合成环的反应。

环加成可以根据两个 π 电子体系中参与反应的 π 电子数目分类。例如，由两分子乙烯生成环丁烷为[2+2]环加成，由一分子乙烯和一分子丁二烯生成环己烯为[2+4]环加成。

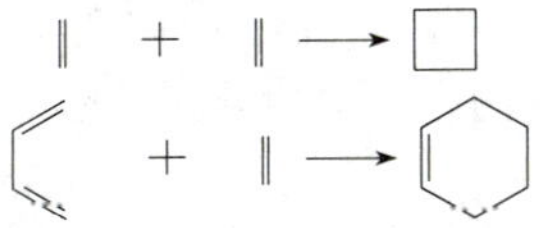

[2+2]环加成

[2+4]环加成

环加成的逆反应称为裂环反应(cycloreversion)。

29.3.1 [2+4]环加成

29.3.1.1 [2+4]环加成的轨道对称性

在环加成反应中，由两个分子中的 4 个 π 电子生成两个 σ 键，成键要求两个轨道重叠，一个轨道只能容纳两个电子，只能由一个分子的已占轨道与另一个分子的未占轨道重叠。

最简单的[2+4]环加成是丁-1,3-二烯与乙烯的加成反应，这是一个热反应，假定丁二烯分子与乙烯分子面对面互相接近，丁二烯的最高已占轨道 π_2 与乙烯的最低未占轨道或丁二烯的最低未占轨道与乙烯的最高已占轨道都可以重叠成键(见图 29.11)。因此，[2+4]环加成对于热反应是轨道对称性允许的。

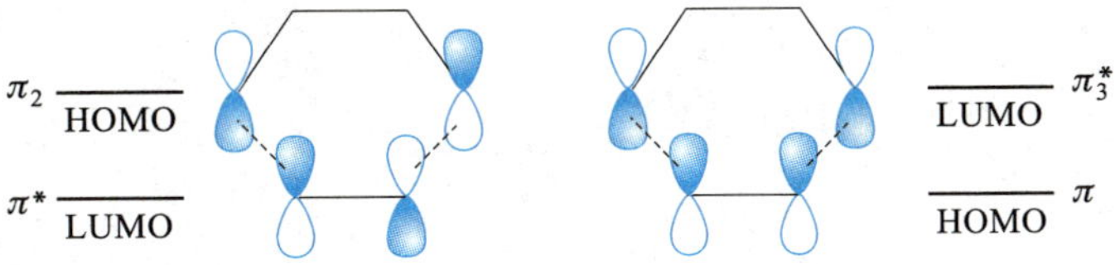

图 29.11 [2+4]环加成反应(热反应)

29.3.1.2 Diels-Alder 反应

由于 Diels-Alder 反应的重要性，对它的理论研究及合成应用研究都比较多。

Diels-Alder 反应的速率与双烯及亲双烯体中取代基的性质有关。亲双烯体中有吸电子取代基(EWG)时，反应的速率加快，吸电子取代基的数目增加时，反应速率更是大幅度加快。例如，环戊二烯与氰基取代的乙烯发生环加成反应的相对速率为

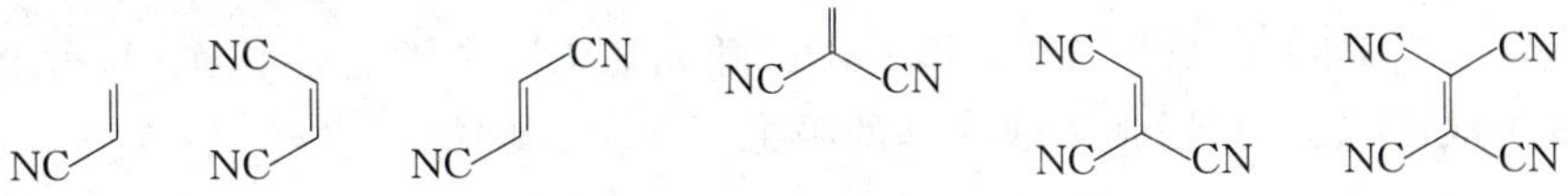

相对反应速率	1	81	91	4.55×10^4	4.80×10^6	4.30×10^7

双烯分子中有给电子取代基(ERG)时，环加成反应的速率加快。例如：

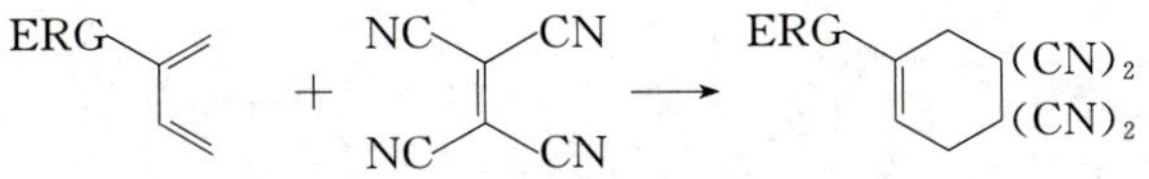

ERG	H	Me	Ph	OMe
相对反应速率	1	44	191	1720

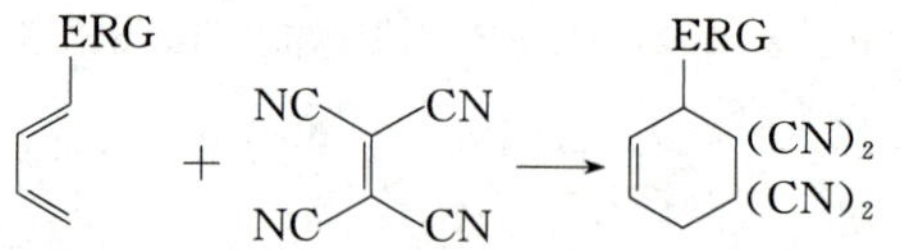

ERG	H	Me	Ph	OMe
相对反应速率	1	104	386	5.09×10^4

双烯分子中 1 位上的取代基在顺位时，由于位阻，环加成的反应速率降低。例如：

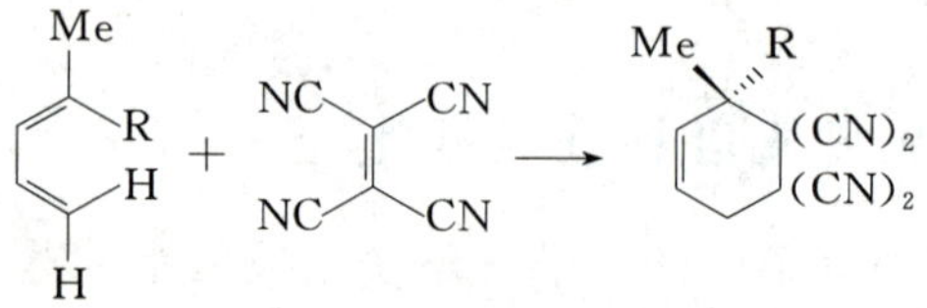

R	H	Me
相对反应速率	1	10^{-3}

环戊二烯由于环的生成，碳桥不影响它与亲双烯体的接近，发生环加成反应的速率比丁-1,3-二烯快得多。

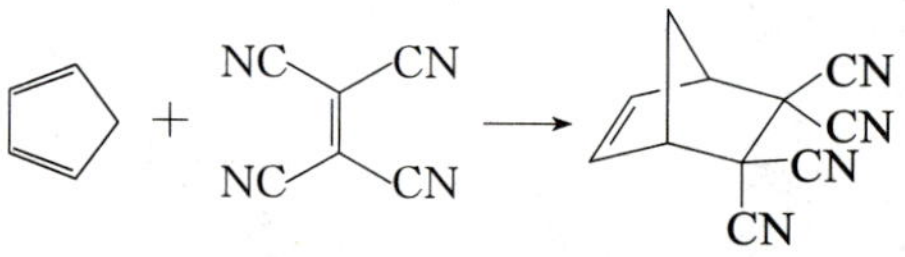

相对反应速率 2.1×10^6

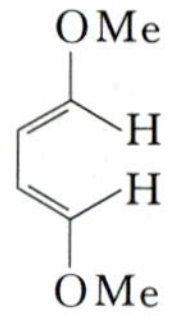

4.98×10^4

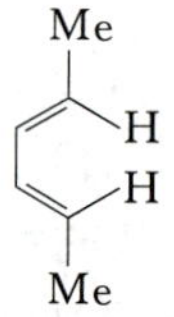

1.66×10^3

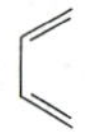

1

在这一类 Diels-Alder 反应中，Lewis 酸如 $AlCl_3$ 常常有催化作用，可能是由于与亲双烯体中吸电子取代基配位，增强了取代基的吸电子能力。例如：

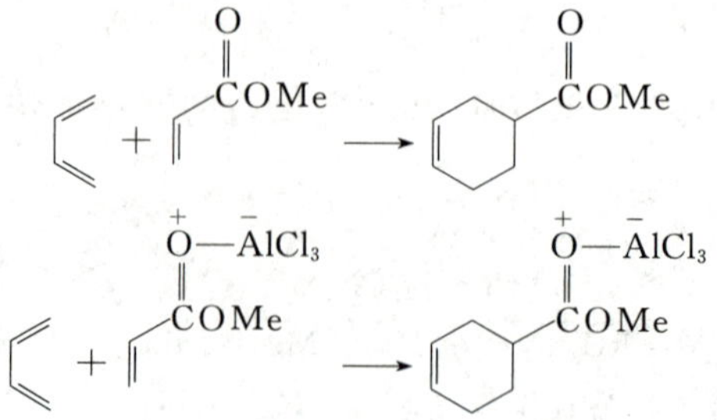

后一个反应的速率为前一反应的 1.24×10^5 倍。

有吸电子取代基的双烯，容易与有给电子取代基的亲双烯体加成，取代基给电子的能力越强，反应速率越快。这种类型的 Diels－Alder 反应的实例较少，称为电子需求反转(inverse electron demand)的反应。

如双烯和亲双烯体分子中各有一个取代基，发生环加成反应后生成两种异构体。例如：

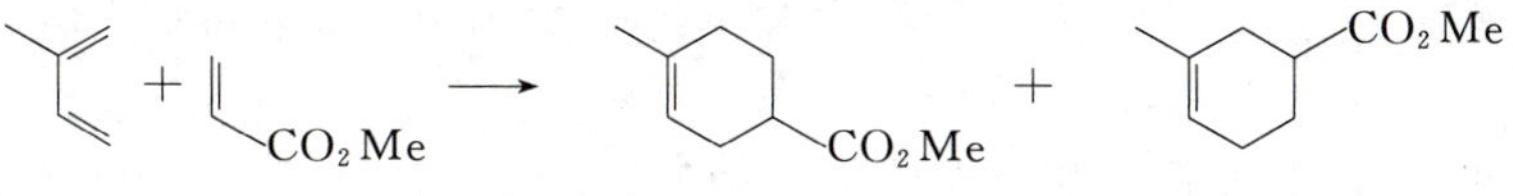

	p		*m*
25 ℃，41 d	70	:	30
10～20 ℃，$x(AlCl_3)=1\%$，3 h	95	:	5

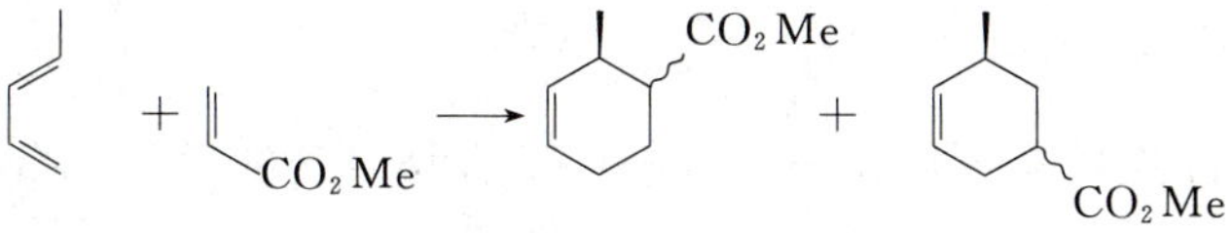

	o		*m*
25 ℃，70 d	90	:	10
10～20 ℃，$x(AlCl_3)=1\%$，3 h	98	:	2

产物的结构相当于苯衍生物的对、邻和间位异构体，主要产物为对位和邻位异构体。

环戊二烯与丙烯酸酯等发生环加成反应生成两种立体异构体：

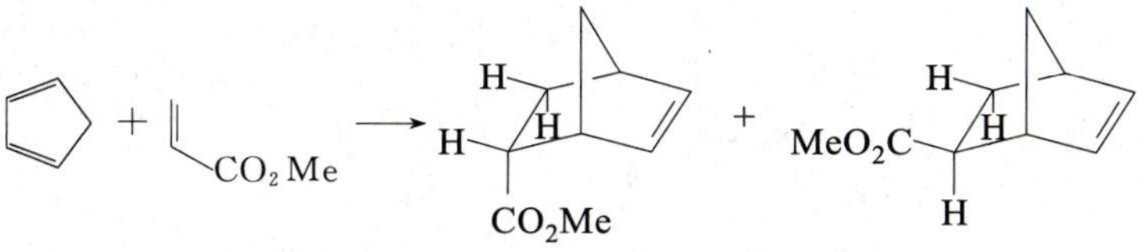

30 ℃，7.5 h	78	:	22
30 ℃，$x(AlCl_3)=1\%$，30 min	95	:	5

如果把双环体系看作屋顶，酯基在屋顶下面的异构体称为内型(*endo*)产物，酯基在屋顶外的异构体称为外型(*exo*)产物。主产物一般为内型，但在有的例子中，内型和外型产物的产量相近。

含有—NO_2，—SO_2Ph 和—$\overset{+}{P}Ph_3$ 等取代基的亲双烯体与双烯发生加成反应后可以把它们转变为其他取代基或氢原子：

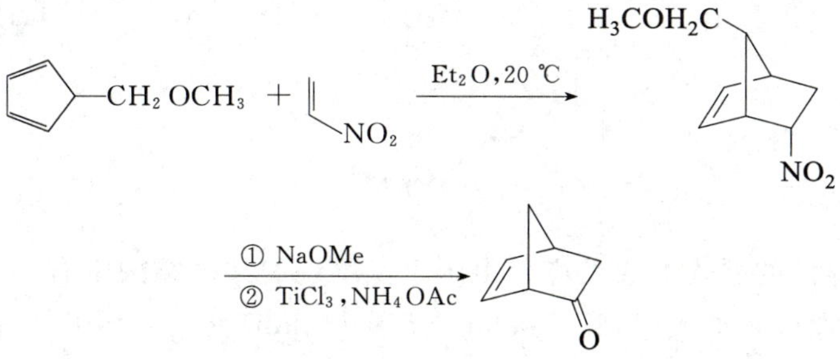

56%

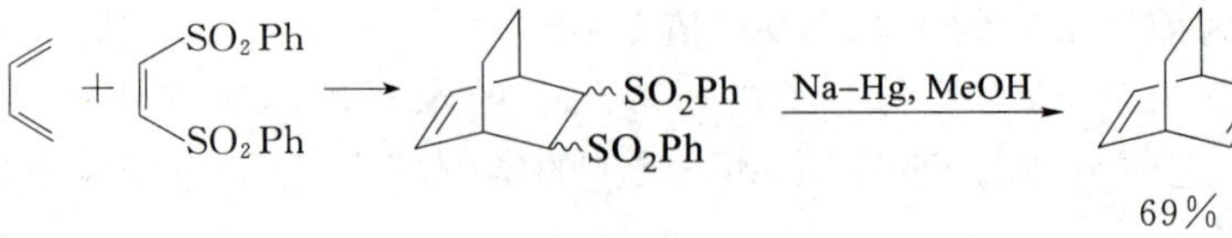

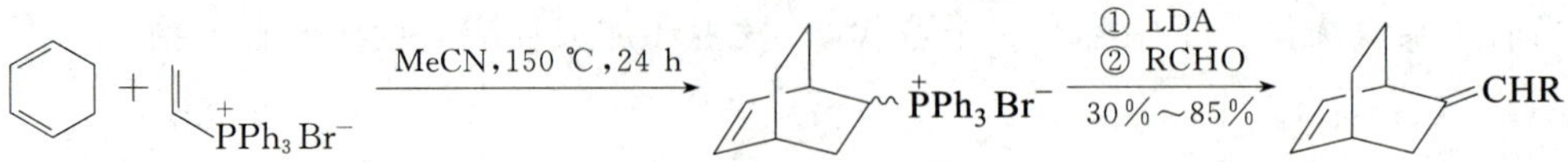

利用双烯中的三甲硅氧基可以导入羰基。例如：

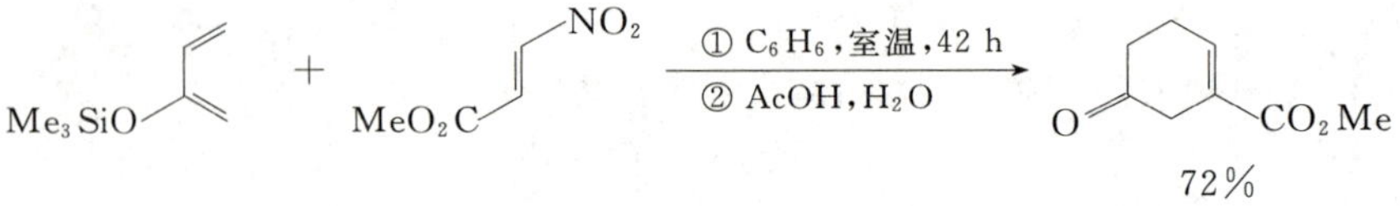

Diels-Alder 反应的逆反应可以用来合成一些不容易得到的烯类化合物。例如：

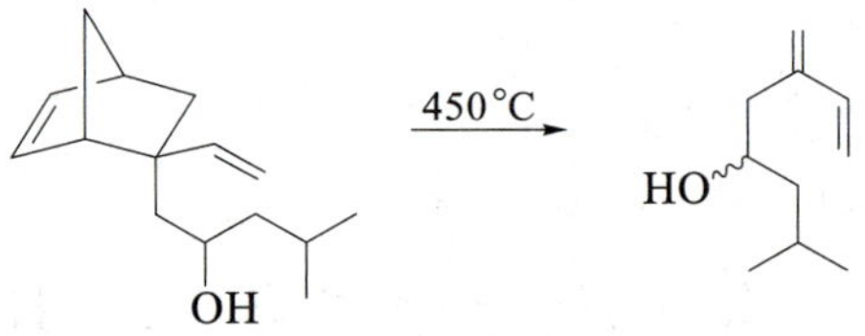

烯丙基碳正离子 LUMO 的轨道对称性与烯烃的 LUMO 相同，因此也可用作亲双烯体。例如：

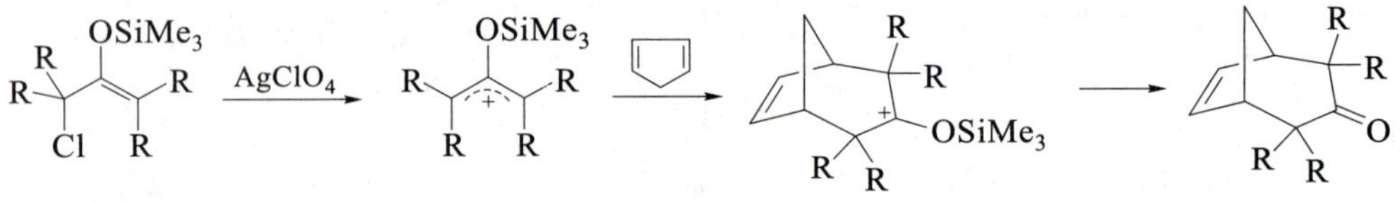

29.3.1.3 1,3-偶极环加成反应

重氮甲烷与含烯键的化合物反应生成五元杂环。例如：

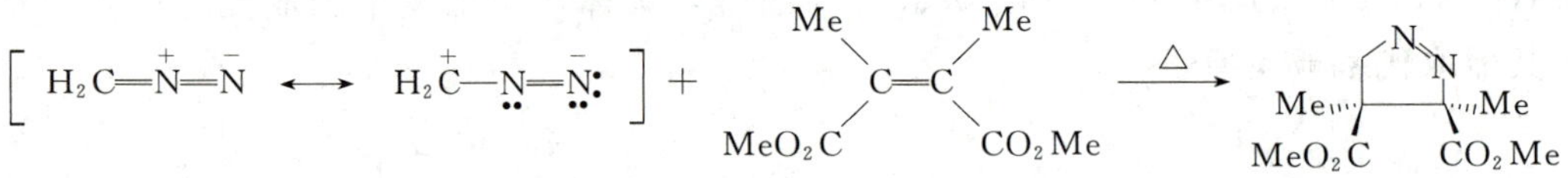

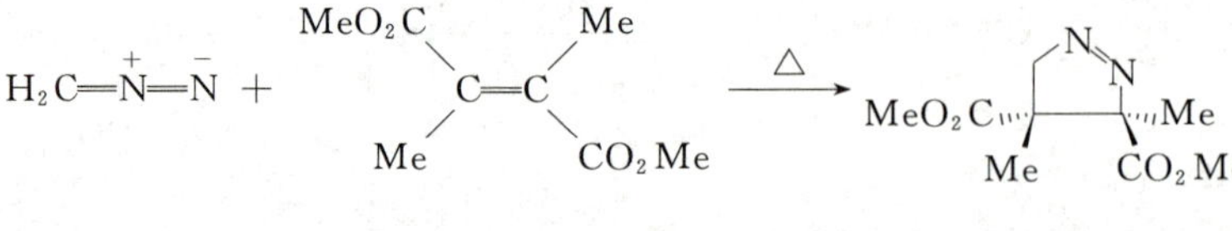

这是一类有立体特异性的顺式加成反应。由于重氮甲烷的共振结构中有一个为 1,3-偶极，因此这类反应称为 1,3-偶极环加成(1,3-dipolar cycloaddition)反应。与 1,3-偶极化合物进行环加成反应的烯烃又称为亲偶极体(dipolarophiles)。

许多化合物能够发生 1,3-偶极环加成反应,以下是常见的几类化合物:

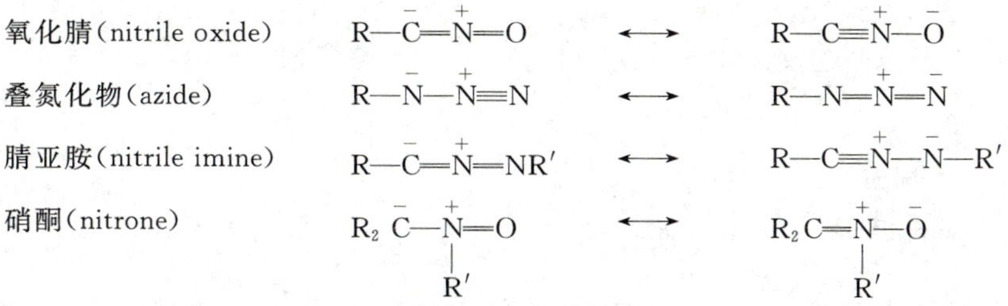

因此 1,3-偶极环加成反应在杂环化合物的合成中有广泛的用途。

重氮甲烷的分子轨道如图 29.12 所示。由图 29.12 可见:重氮甲烷的 HOMO 与乙烯的 LUMO 或重氮甲烷的 LUMO 与乙烯的HOMO,轨道的对称性相同,它们面对面接近时,可以互相重叠。因此热反应是轨道对称性允许的。

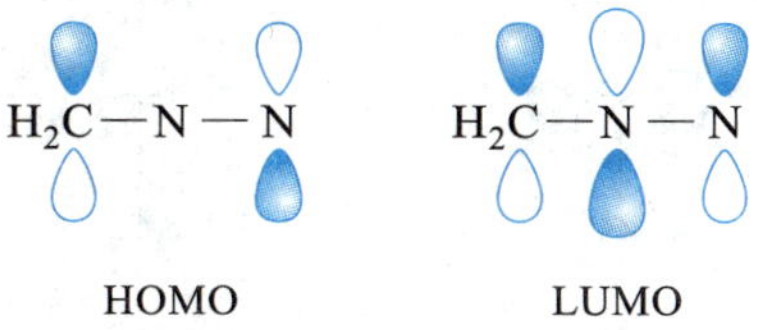

图 29.12 重氮甲烷的分子轨道

29.3.2 [2+2]环加成

29.3.2.1 [2+2]环加成的理论分析

假定两个乙烯分子面对面互相接近。在热反应中最高已占轨道为 π 轨道,另一个乙烯分子的最低未占轨道为 π^* 轨道,它们的位相不同,因此是轨道对称性禁阻的。在光反应中一个处于激发态的乙烯分子的最高已占轨道为 π^* 轨道,另一个处于基态的乙烯分子的最低未占轨道也是 π^* 轨道,它们的位相相同,可以重叠成键,因此是轨道对称性允许的(见图 29.13)。

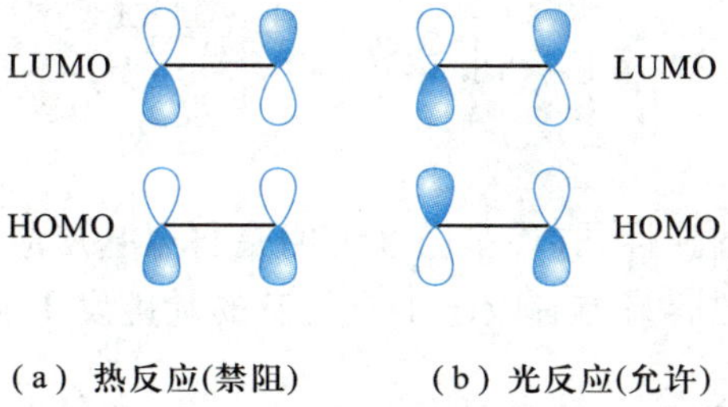

图 29.13 [2+2]环加成

其他烯烃的轨道对称性与乙烯相同,因此[2+2] 环加成在面对面的情况下,热反应是禁阻的,光反应是允许的。

如果两个分子照另一种方式互相接近：

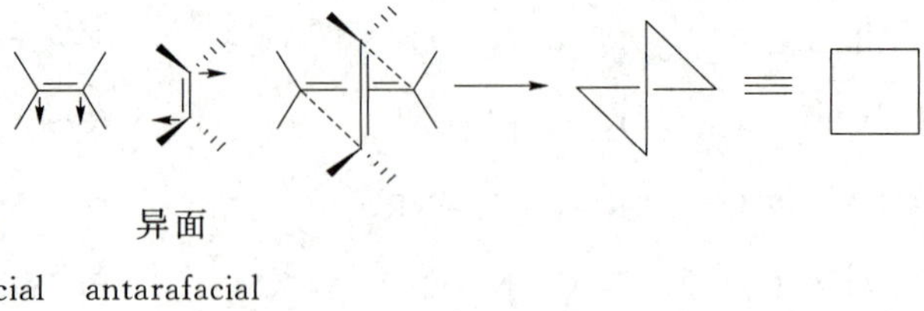

那么，热反应是轨道对称性允许的。这种环加成方式称为 $[_{\pi}2_s+_{\pi}2_a]$ 环加成，即一个 π 轨道在同一面，而另一个 π 轨道在相反的两个面互相重叠成键，如图 29.14 所示。而图 29.13 所表示的轨道重叠方式则称为 $[_{\pi}2_s+_{\pi}2_s]$ 环加成。

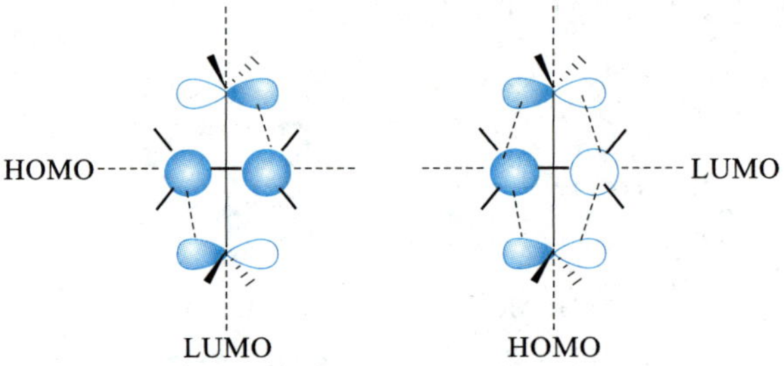

图 29.14 [2+2]环加成(异面)

29.3.2.2 [2+2] 环加成在合成中的应用

[2+2] 环加成是合成四元环的重要方法。简单的烯烃在加热时不能生成环丁烷衍生物，而丙烯腈、苯乙烯、多氟代乙烯等在加热时容易生成环丁烷衍生物。例如：

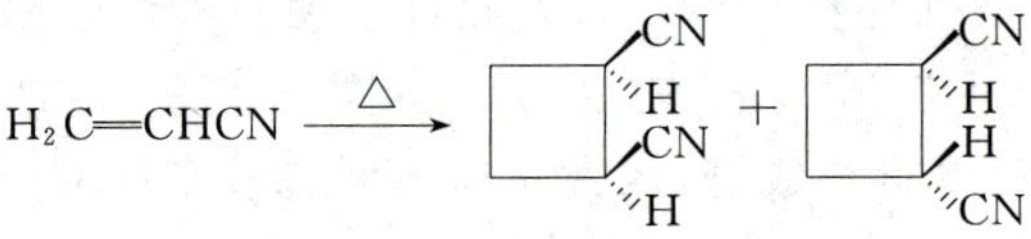

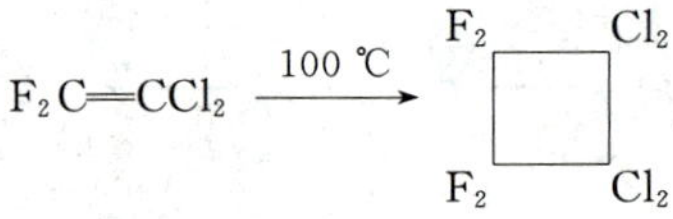

这些反应的特点是没有立体选择性，有许多已经证明是自由基反应。

有给电子取代基的烯键也容易与有吸电子取代基的烯键发生环加成反应。例如：

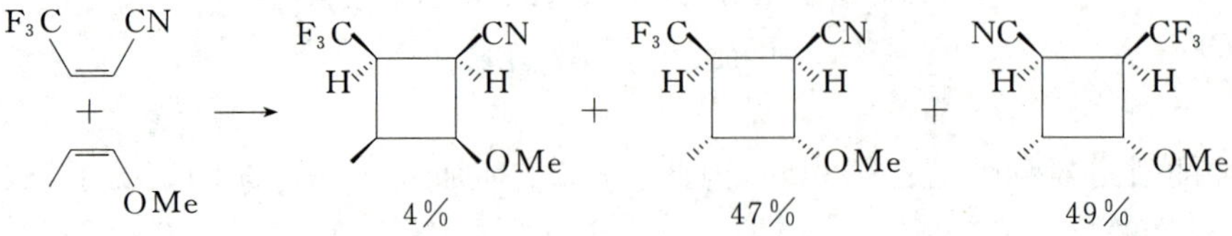

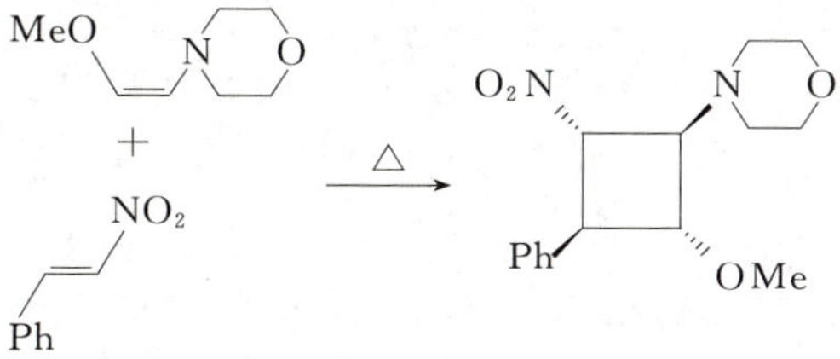

有的反应的中间体可能是两性离子。

烯烃的光反应很容易进行。肉桂酸的晶体在光照下生成古柯邻二酸(truxinic acid)和古柯间二酸(truxillic acid):

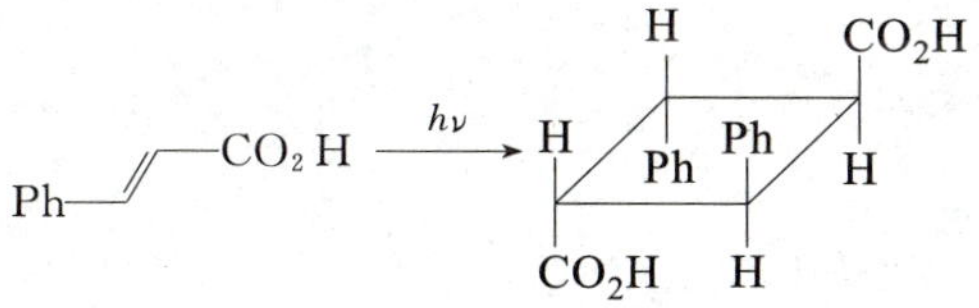

α型　　α-古柯间二酸

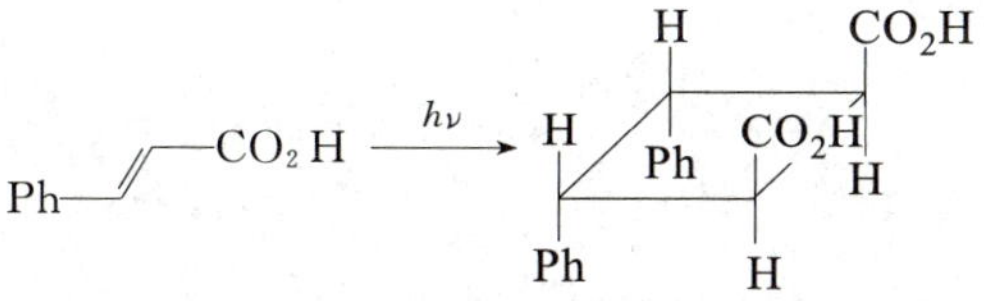

β型　　β-古柯邻二酸

肉桂酸是同质多晶化合物,其中 γ 型不能二聚。

其他 [2+2] 光环加成反应在有机合成中也很有用。例如:

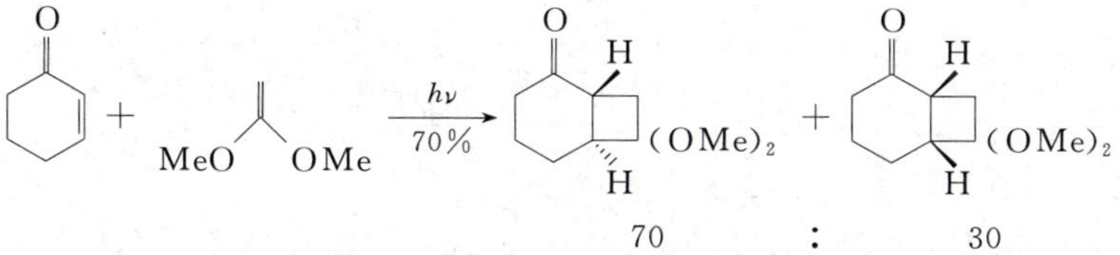

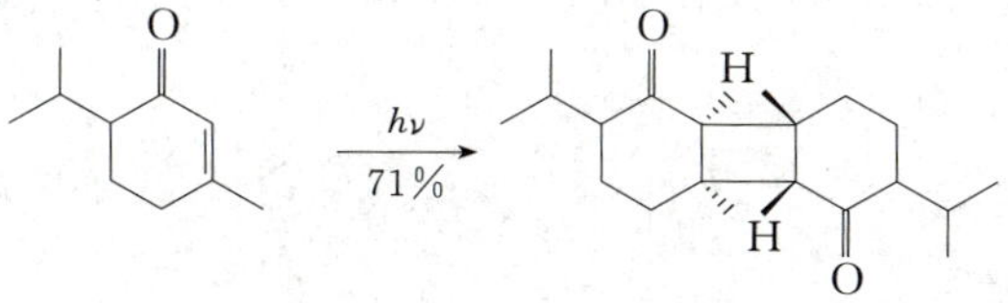

不过这些反应不一定是协同反应。

乙烯酮与烯烃的反应是 $[{}_{\pi}2_s+{}_{\pi}2_a]$ 环加成的代表。乙烯酮为直线形分子,位阻小,亲电性强,可能是容易发生反应的主要原因。乙烯酮不稳定,常在反应中原位产生。例如:

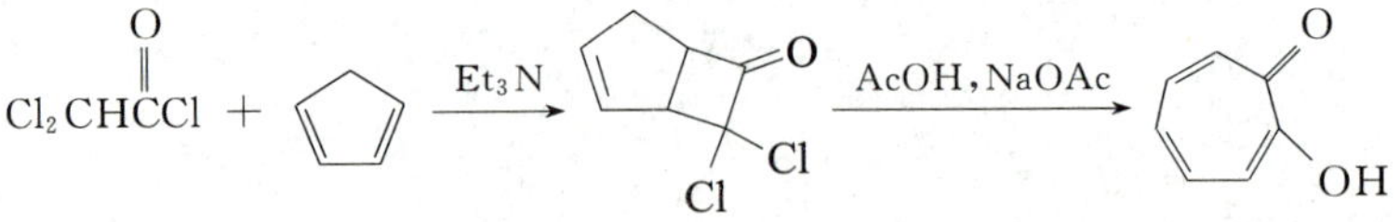

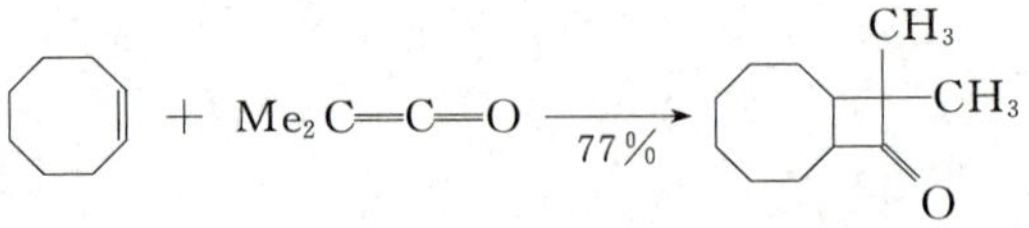

§ 29.4 阅读材料

29.4.1 轨道对称性守恒

1958 年，Vogel E 报道：环丁烯顺−3,4−二甲酸二甲酯加热时开环生成(2*Z*,4*E*)−己−2,4−二烯二酸二甲酯：

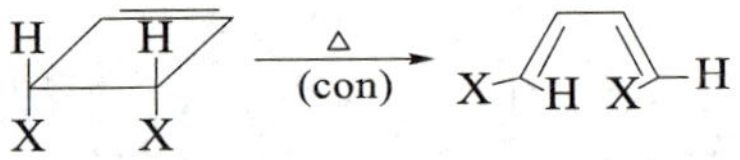

1959 年，Criegee R 和 Noll K 报道：顺−和反−1,2,3,4−四甲基环丁烯加热时，分别生成(2*Z*,4*E*)−3,4−二甲基己−2,4−二烯和(2*E*,4*E*)−3,4−二甲基己−2,4−二烯：

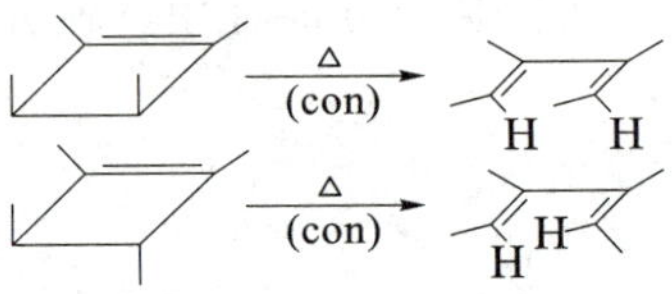

Vogel E 和 Marvell E 由(2*E*,4*Z*,6*E*)−辛−2,4,6−三烯和(2*Z*,4*Z*,6*E*)−辛−2,4,6−三烯分别加热成环得到顺−5,6−二甲基环己−1,3−二烯和反−5,6−二甲基环己−1,3−二烯：

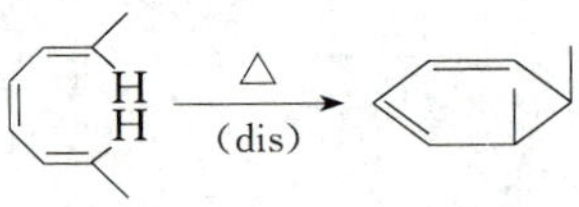

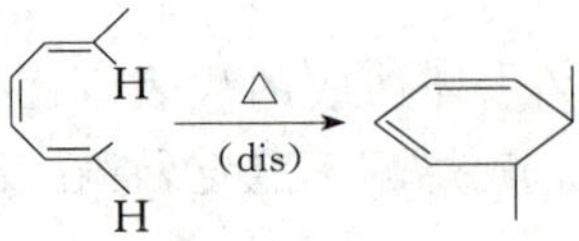

1962 年，Fonken G J 报道了在光照下的平衡反应：

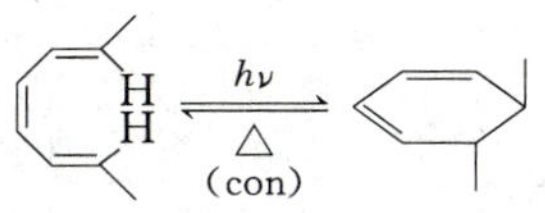

1961 年，Havinga E 和 Schlatmann J L M A 报道了前钙化醇在加热和光照下的成环反应：

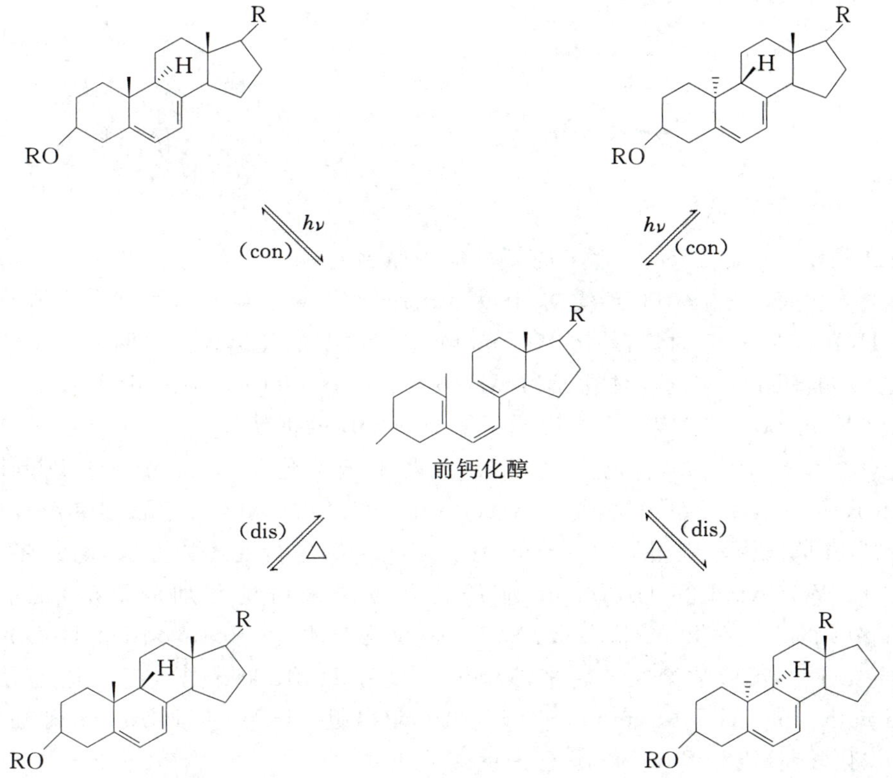

以上这些反应的立体选择性都非常高，为什么同一个化合物在加热反应和光照反应中的立体选择性不同呢？含两个烯键和含三个烯键的共轭烯烃发生反应的立体选择性为什么也不相同？这些问题使有机化学家百思不得其解。Havinga 和 Schlatmann 也考虑了几种解释，仍不能找到一个确定的说法。最后在他们的论文中提到了理论化学家 Oosterhoff L J 的意见："As Prof. Oosterhoff pointed out another factor that possibly contributes to the stereochemical difference between the thermal and photo－induced ring closure may be found in the symmetry characteristics of the highest occupied π－orbital of the conjugated hexatriene system. In the photo excited state this highest occupied orbital is antisymmetric with regard to the plane that is perpendicular to the bond 6,7 making syn approach less favourable."

哈佛大学教授 Woodward R B 一直从事结构复杂的天然产物的全合成，对于有机化学文献惊人的熟悉，又有分子轨道理论方面的知识。他在合成维生素 B_{12} 的中间体时，也遇到过上述问题：

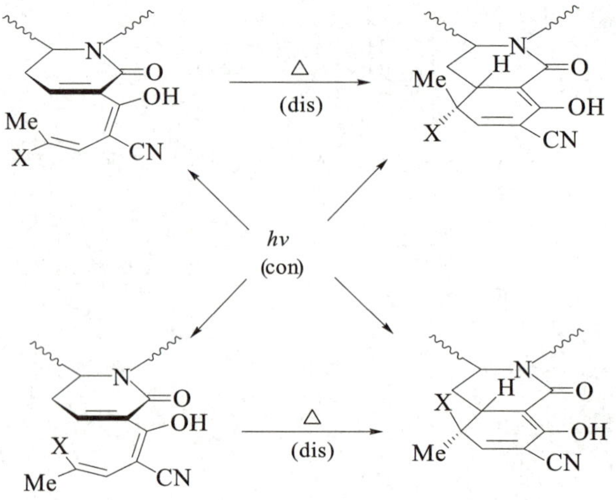

在 Oosterhoff 的观点的启发下，产生了周环反应中轨道对称性守恒的思想。Hoffmann R 是一个年轻的理论化学家，20 世纪 60 年代初，作为 Junior Fellow 在哈佛大学工作，Woodward 把自己的想法与 Hoffmann 一起讨论，并请 Hoffmann 进行必要的理论计算。两人在 1964 年年底寄出第一篇论文："电环化反应的立体化学"(Stereochemistry of Electrocyclic Reactions)，于 1965 年在 J. Am. Chem. Soc.上发表。文中说明了 Oosterhoff 的贡献。

Woodward 和 Hoffmann 的论文发表以后，两个理论化学家 Longuet－Higgins H C 和 Abrahamson E W 发表了一篇论文，指出 Woodward 和 Hoffmann 只考虑 HOMO，没有考虑其他轨道的缺点，并提出用轨道相关图(correlation diagram)进行处理的方法，论文在发表以前寄给 Woodward，Woodward 和 Hoffmann 应用这种方法来讨论环加成反应，他们的论文和 Longet－Higgins 的论文在 J. Am. Chem. Soc.上一起发表，以后 Woodward 和 Hoffmann 又发表了第三篇讨论 σ 迁移反应的论文。后来，Woodward 和 Hoffmann 把他们的观点写成一本书："The Conservation of Orbital Symmetry"，于 1970 年出版。1981 年 Hoffmann 和福井谦一一起被授予诺贝尔化学奖(当时 Woodward 已去世)。

轨道对称性守恒规律是 Hückel 分子轨道理论的光辉发展，它是有机合成经验丰富的有机化学家和一批理论化学家共同努力完成的。Oosterhoff 作为理论化学家敏锐地看出了解决周环反应机理问题的关键，但是又觉得这样处理问题过于简化。Woodward 长期从事合成工作又关心有机化学理论问题，积累了有机化学中尚待解决的一些难题，一旦发现新的思路，有能力把它从一类反应推广到其他反应，终于总结出了轨道对称性守恒规律，说明将复杂的问题简化处理，有可能凸显出重要的规律。

参考文献

29.4.2　价互变异构

环庚三烯(cyclohepta－1,3,5－triene)分子中共轭双键两端的碳原子由于在环内而靠得很近，因此比链状共轭三烯更容易发生电环化反应，生成二环[4.1.0]庚－2,4－二烯。反应是可逆的，100 ℃下的平衡常数约为 3×10^{-3}，即平衡偏向左边。

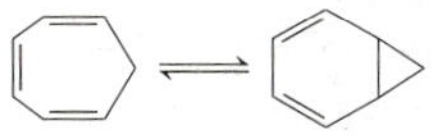

反应的活化能很低(约 29 kJ·mol^{-1}),即使在 −85 ℃下仍有环化反应,所以不能得到纯粹的环庚三烯(可以用 NMR 检测出来)。

环庚三烯和二环[4.1.0]庚-2,4-二烯之间的互变没有原子的迁移,只有价电子的重新组合,因此这种反应称为价互变异构(valence tautomerism)。

当环庚三烯中甲叉基上的两个氢原子分别被 CN 和 CF_3 两个吸电子取代基取代时,平衡偏向双环化合物一边。

另一类有价互变异构的化合物为瞬烯(bullvalene)等,它们通过 Cope 重排互变:

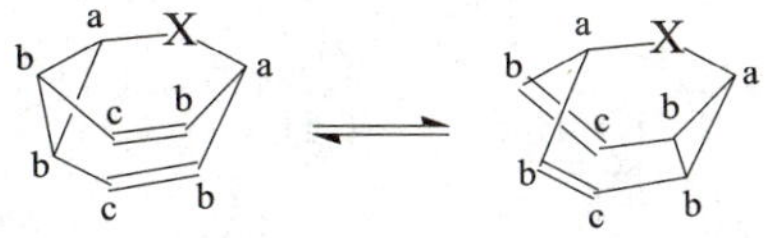

X=CH_2,barbaralene

X=无,直接以单键相连,半瞬烯(semibullvalene)

X=—CH=CH—,瞬烯

这类化合物的特点:平衡两边的化合物具有相同结构。

NMR 谱显示:barbaralene 即使在室温下也发生价互变异构,谱图上只有 4 种类型的质子或碳原子的信号(a,b,c 和 X 处的甲叉基),在 −110 ℃下价互变异构冻结,谱图与单一的化合物相符。半瞬烯即使在 −110 ℃下也存在互变异构。这两个化合物都只有两种互变异构体。而瞬烯则是在 120 万个互变异构体之间的互变:

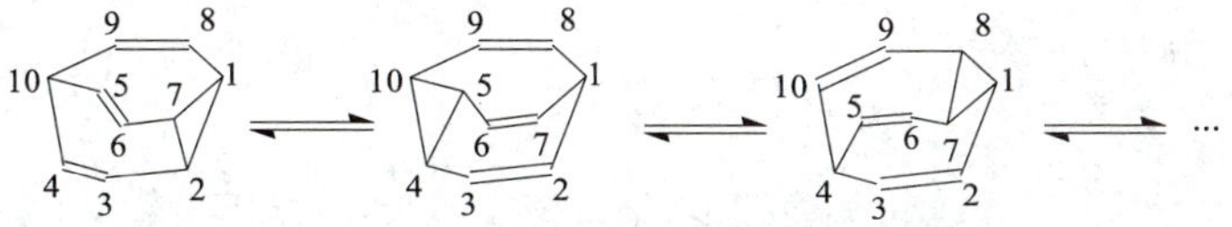

瞬烯的^{1}H NMR 谱图在 10 ℃下只有 4.22 处的单峰,说明各种价互变异构体在不停地互相转变。在 −25 ℃下有两组峰,其面积比为 6∶4(双键碳原子上的质子∶叔碳原子上的质子),相当于单一化合物的结构,说明互变被冻结。

参考答案

第三十章　氧化和还原

在无机化学中，失去电子或氧化值（oxidation number）增加称为氧化，获得电子或氧化值减少称为还原。绝大多数有机化合物为共价化合物，反应中电子的得失不明显，氧化值变化在应用中也有困难。例如，在甲烷、乙烷、丙烷和丁烷分子中，各原子的氧化值及分子中碳原子的平均氧化值分别为

	$\overset{+4\,-1}{\mathrm{CH_4}}$	$\overset{+3}{\mathrm{C}}\mathrm{H_3}\overset{+3}{\mathrm{C}}\mathrm{H_3}$	$\overset{+3}{\mathrm{C}}\mathrm{H_3}\overset{+2}{\mathrm{C}}\mathrm{H_2}\overset{+3}{\mathrm{C}}\mathrm{H_3}$	$\overset{+3}{\mathrm{C}}\mathrm{H_3}\overset{+2}{\mathrm{C}}\mathrm{H_2}\overset{+2}{\mathrm{C}}\mathrm{H_2}\overset{+3}{\mathrm{C}}\mathrm{H_3}$
C 的平均氧化值	+4	+3	+2.67	+2.5

但在有机化学中普遍认为烷烃处于同一氧化态。因此，一般是根据经验指定各类化合物的氧化态，将它们按次序排列，低的在前，高的在后，如表 30.1 所示。左边的化合物转变为右边的某一类化合物称为氧化，反之则称为还原。这种方法只适用于单个碳原子或相邻两个碳原子。例如，一般认为 CH_3Cl 和 $ClCH_2CH_2CH_2Cl$ 处于同一氧化态，而 CH_2Cl_2 或 $ClCH_2CH_2Cl$ 处于高一级的氧化态。

表 30.1　各类化合物的氧化态

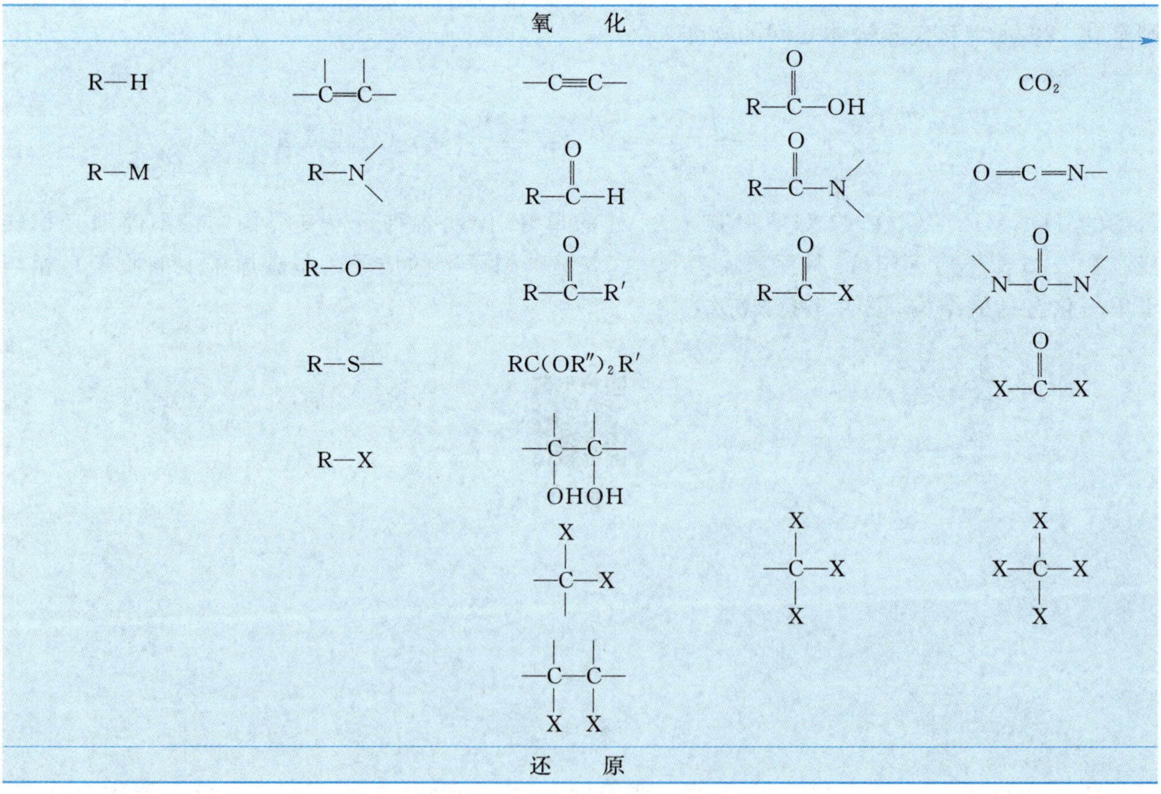

对于含氮、硫等杂原子的化合物也有相似的氧化态次序。例如，RNH_2，R—NO，R—NO_2；RSH(RSR′)，RSOR′，RSO_2R'，RSO_3H 等。

§ 30.1　被活化的 C—H 键的氧化

有机化合物中与—OH，—OR，—NR_2，—CH═CH_2，—C≡CH，—Ar，—CO—等直接相连的 C—H 键，受取代基的影响，比分子中其他 C—H 键更容易氧化，可以在适当的条件下优先氧化，生成可以预测其结构的化合物。

30.1.1　醇的氧化

30.1.1.1　用 Cr(Ⅵ) 氧化

醇的氧化是有机合成中的一个重要课题，研究得最多。常用的氧化剂是六价铬，Cr(Ⅵ)。实际使用的是三氧化铬、重铬酸钠或重铬酸钾。三氧化铬的氧化能力与溶剂的性质和溶液的 pH 有关，它在一些溶剂中的氧化电位为

溶剂	CH_3CN	HOAc	Ac_2O	MeCOMe	H_2O	DMF	DMSO	吡啶
氧化电位/mV	1 632	1 533	1 361	1 095	875	845	541	541

三氧化铬在酸性溶液中的氧化能力比在碱性溶液中强。

三氧化铬或重铬酸钠的酸性溶液常用来使仲醇氧化成酮：

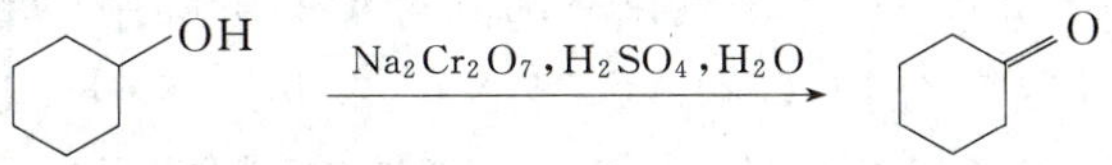

伯醇除了生成醛外，还容易继续氧化生成羧酸：

$$RCH{=}O \xrightarrow{H_2O} RCH(OH)_2 \xrightarrow{H_2Cr_2O_4} RCOOH$$

还可能生成酯：

$$RCH{=}O \underset{}{\overset{RCH_2OH}{\rightleftharpoons}} \underset{\displaystyle OH}{RCH}OCH_2R \xrightarrow{H_2Cr_2O_4} \underset{\displaystyle \overset{\|}{O}}{RC}OCH_2R$$

例如：

$$n\text{-}C_3H_7CH_2OH \xrightarrow[47\%]{Na_2Cr_2O_7,H_2SO_4,H_2O} n\text{-}C_3H_7\overset{\displaystyle O}{\overset{\|}{C}}OCH_2C_3H_7\text{-}n$$

Cr(Ⅵ) 酸性溶液氧化法的一个重要改进是采用 Jones (E R H) 试剂。这是将三氧化铬 (2.67 mol) 溶于稀硫酸 (230 mL H_2SO_4 + 400 mL H_2O) 中，加水至总体为 1 L，按 CrO_3 中的 O

计算，浓度为 8 $mol \cdot L^{-1}$。将醇溶于丙酮中，在一定温度下滴加 Jones 试剂，到反应混合物呈橙色，并持续一定时间为止。分出上层的有机相并进行后处理。仲醇氧化成酮：

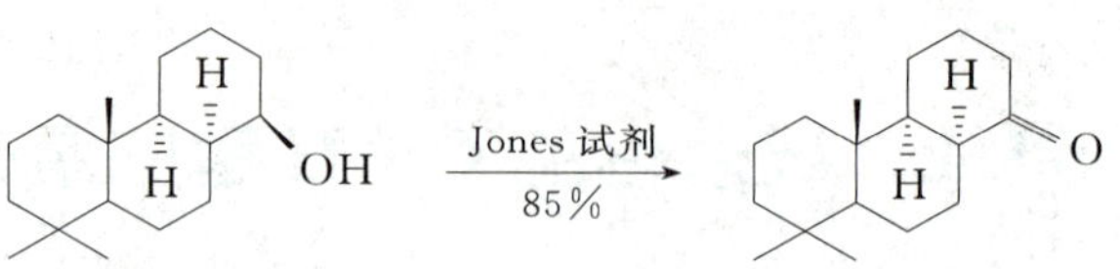

伯醇则氧化成羧酸：

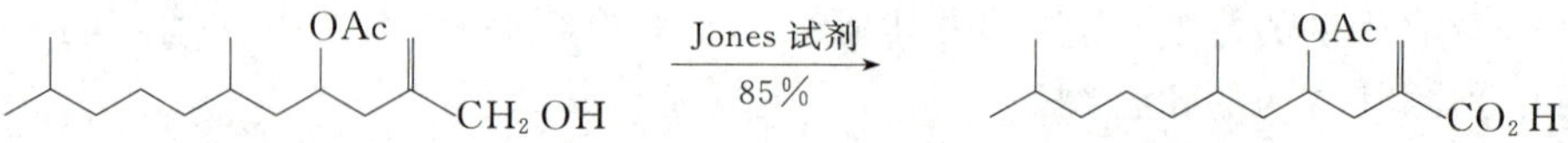

另一种改进方法是将醇溶解于一个与水不混溶的溶剂（如苯、二氯甲烷、乙醚等）中，再与氧化剂的酸性水溶液一起搅拌。氧化生成的羰基化合物在有机溶剂的保护下，不再继续氧化或发生其他反应，可以达到很高的产率：

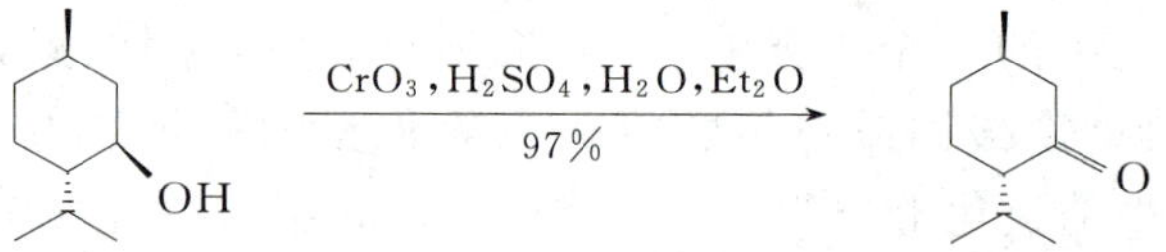

加入相转移催化剂并降低反应温度（−5～0 ℃），甚至可以从伯醇制备醛。例如：

$$THPOCH_2(CH_2)_6CH_2OH \xrightarrow[83\%]{} THPOCH_2(CH_2)_6CHO$$

THP=
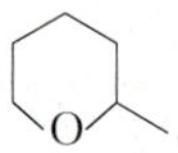

Sarett L H 首先在 15～20 ℃下将三氧化铬加到过量的吡啶中（如将吡啶加到三氧化铬中，反应混合物会着火）制得吡啶配合物：$CrO_3(C_5H_5N)_2$，又称为 Sarett 试剂。Sarett 用试剂的吡啶溶液将甾体醇氧化成酮，取得很好的效果，但后处理比较困难。

Collins J C 将制备的 $CrO_3(C_5H_5N)_2$ 在 CH_2Cl_2 溶液中使醇氧化，反应完成后，将有机相从胶状的无机物上倾倒出来就可以进行后处理。氧化反应在室温下几十分钟内即可完成，羰基化合物的产率比较高。例如：

$$PhCH{=}CHCH_2OH \xrightarrow[96\%]{CrO_3(C_5H_5N)_2,\ CH_2Cl_2} PhCH{=}CHCHO$$

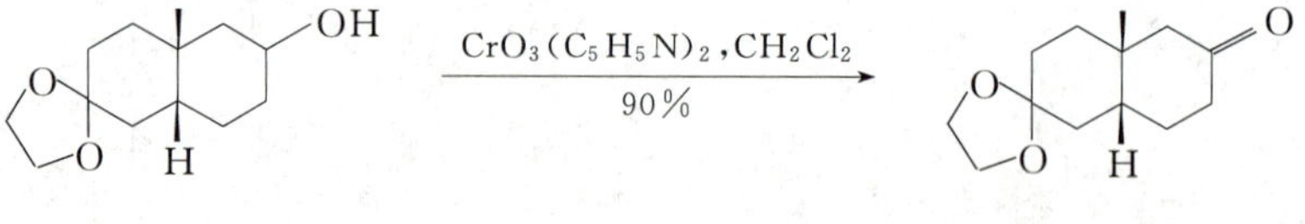

三氧化铬的吡啶配合物有吸湿性，又能着火，不便于保存，因此又开发了其他配合物。将三氧化铬溶解在最少量的水中，再加入吡啶，就得到重铬酸吡啶盐 $(C_5H_5\overset{+}{N}H)_2Cr_2O_7^{2-}$ (pyridinium dichromate，PDC)，为亮橙色固体，熔点：144～146 ℃，很稳定，容易保存。氧化反应在 DMF 中进行：

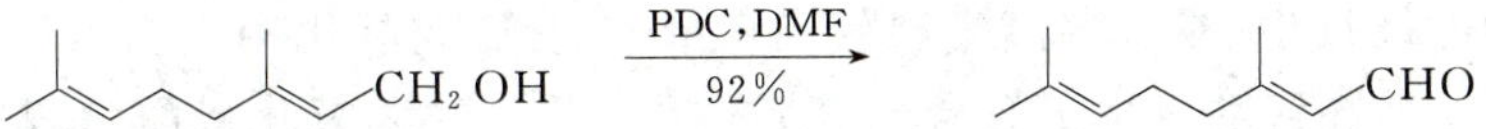

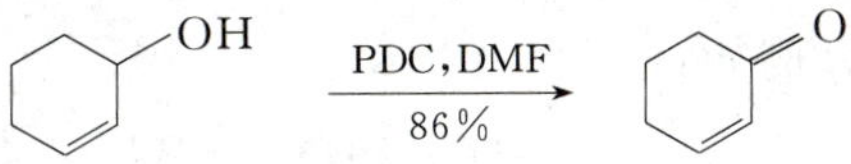

如用过量的试剂，伯醇可以氧化成羧酸：

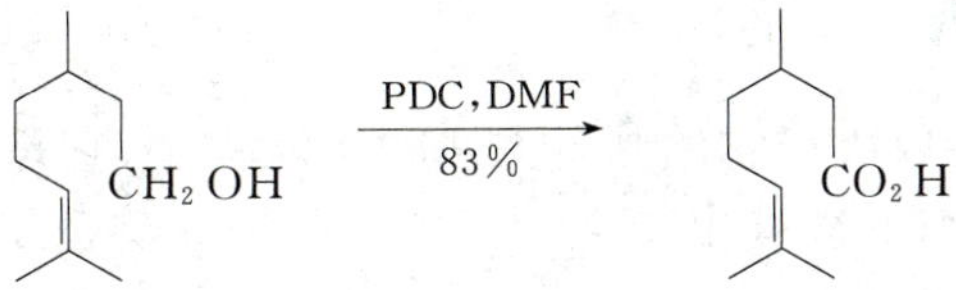

将三氧化铬溶解在 6 mol·L^{-1}盐酸中，再加入吡啶就得到氯铬酸吡啶盐($C_5H_5\overset{+}{N}H\ ClCrO_3^-$，pyridinium chloromate，PCC)，为稳定的橙黄色固体，可长期保存。将醇溶解于 CH_2Cl_2 中，将 PCC 悬浮在溶液中进行氧化。

$$\underset{(Z)-}{THPOCH_2CH{=}CHCH_2OH}\xrightarrow[81\%]{PCC,CH_2Cl_2}\underset{(Z)-}{THPOCH_2CH{=}CHCHO}$$

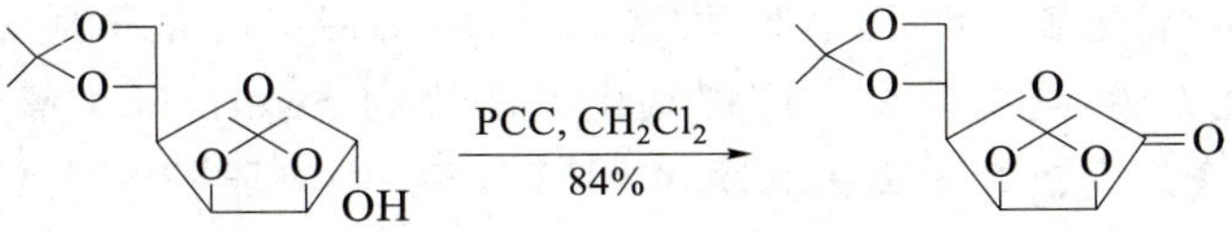

PCC 有强酸性(0.01 mol·L^{-1}溶液，pH=1.75)，可用于氧化环化：

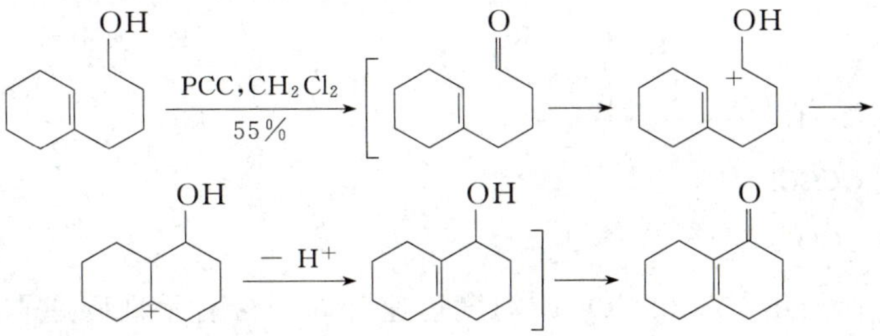

烯丙式叔醇则发生羰基的移位：

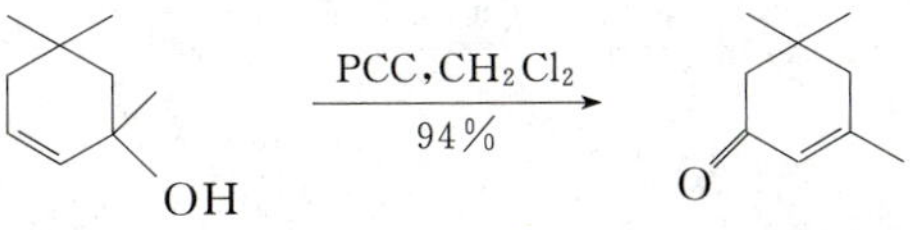

为了适应不同的要求还发展了其他试剂，如 $C_5H_5\overset{+}{N}HFCrO_3^-$，$CrO_3$(3,5-二甲基吡唑)等，或将Cr(Ⅵ)负载在有机聚合物或硅胶上。

30.1.1.2　用 Mn(Ⅶ) 氧化

高锰酸钾以水溶液的形式使用，将有机化合物溶解于 CH_2Cl_2 中，用相转移催化剂将 MnO_4^-

转移至有机相中进行氧化；或是将高锰酸钾负载在分子筛或氧化铝上在 CH_2Cl_2 等溶剂中进行无水条件下的氧化。高锰酸钾的氧化能力强，选择性低。仲醇氧化成酮，伯醇氧化成酸，分子中如有碳－碳双键也同时被氧化。例如：

$$PhCH{=\!=}CHCH_2OH \xrightarrow[72\%]{KMnO_4, HOAc, CH_2Cl_2} PhCOOH$$

30.1.1.3　用 Mn(Ⅳ) 氧化

活性二氧化锰的氧化性取决于它的制备方法和干燥程度，它是一种温和的氧化剂，用于烯丙式醇及苄醇的氧化，饱和醇则不被氧化。

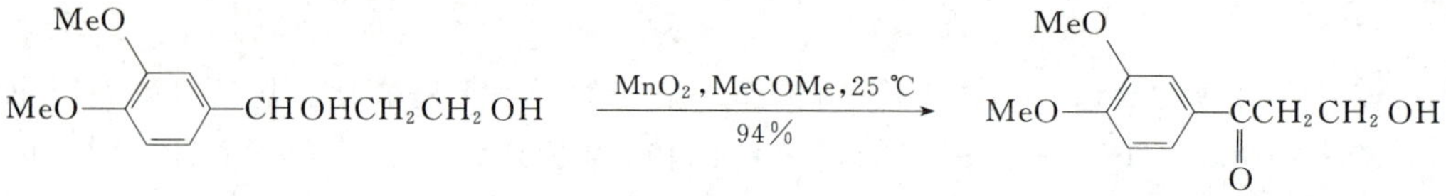

30.1.1.4　用二甲亚砜(DMSO)氧化

二甲亚砜是选择性很好的一类氧化剂，可将经过活化的醇氧化为羰基，活化醇的常见试剂有乙酸酐、三氟乙酸酐、三氧化硫、DCC、NCS、草酰氯等，用得最多的是草酰氯，它的优点是副产物为 CO 及 CO_2，后处理方便，副反应少。这种氧化方法称为 Swern (D) 氧化法。活化剂的作用是将醇分子中的羟基修饰成较好的离去基团，接受 DMSO 中氧原子的进攻，生成的锍盐在碱(常用 Et_3N)作用下，与硫相连的甲基脱去质子，转变成叶立德，叶立德经过分子内的协同反应，消除甲硫醚，生成醛或酮。用 ^{16}O 标记的 DMSO 生成含 ^{16}O 的酮，说明氧原子来自 DMSO。

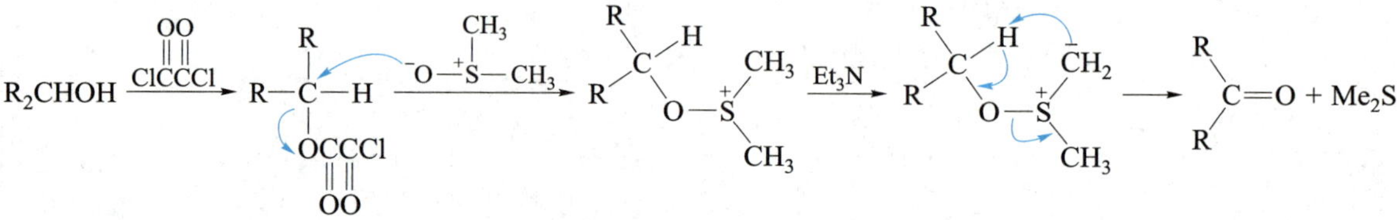

反应在 -60 ℃下进行，放出 CO 和 CO_2 时温度迅速升高。含有手性碳原子和敏感保护基的醇可以用 Swern 法氧化：

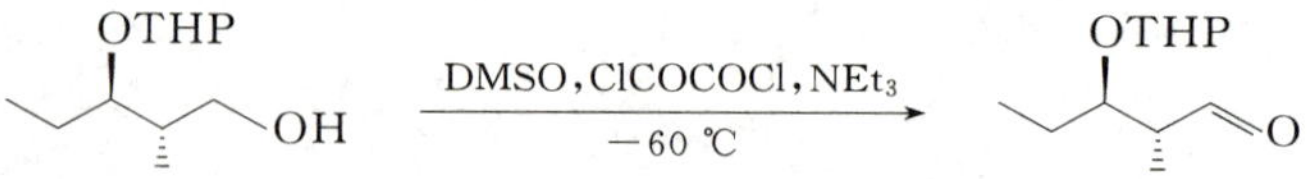

30.1.2　醚和胺的氧化

醚可以用多种氧化剂氧化成酯或内酯。例如：

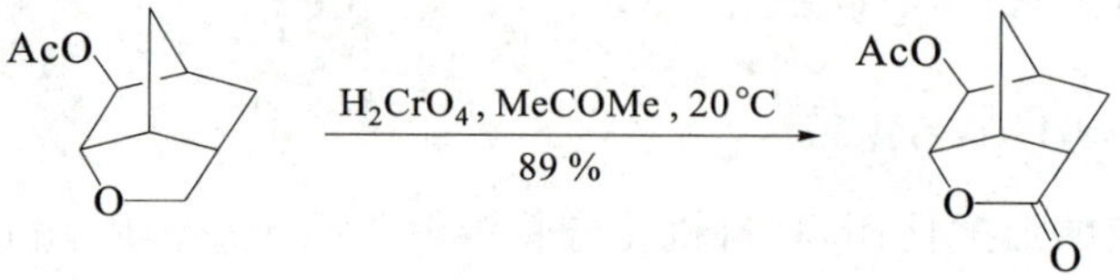

胺可以氧化成酰胺。例如：

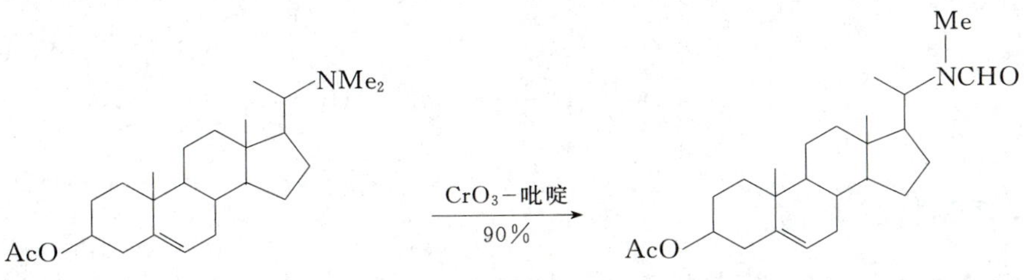

30.1.3 卤代烃的氧化

烯丙式卤代烃或苄基式卤代烃或 α－卤代酮可以直接用 DMSO 氧化成醛或酮，反应过程与 Swern 氧化类似：

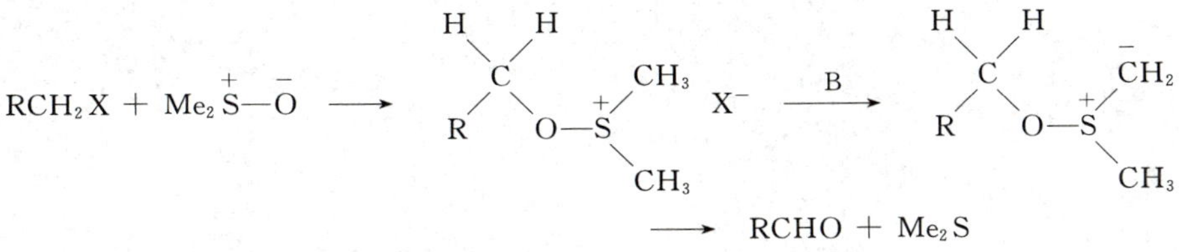

例如：

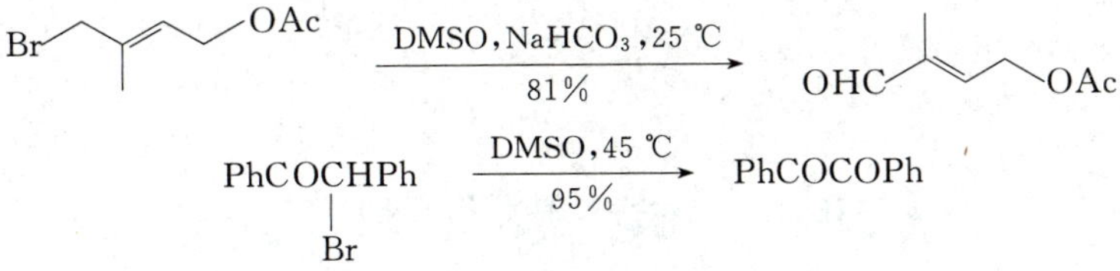

30.1.4 烯丙位上甲叉基的氧化

烯丙位上的甲叉基可以用 Cr(Ⅵ) 或二氧化硒氧化：

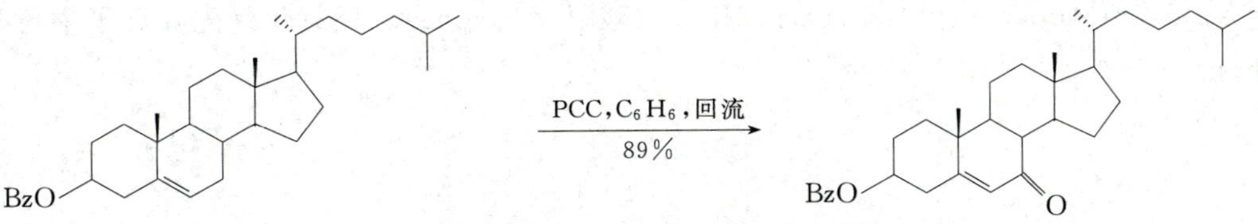

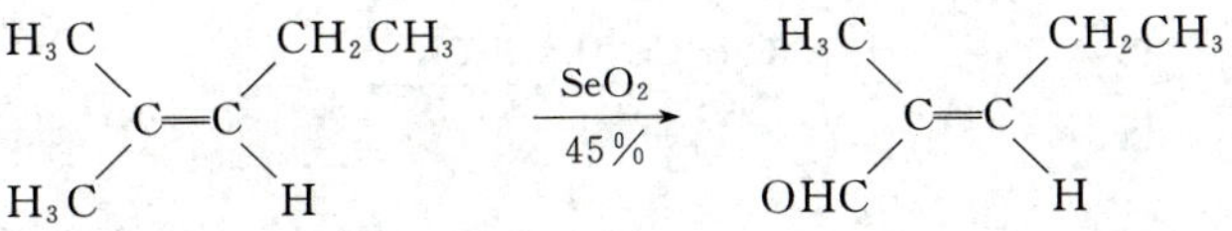

酮基 α 位上的甲叉基也可以用二氧化硒氧化：

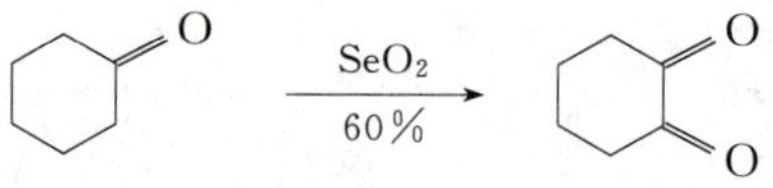

$$PhCOCH_3 \xrightarrow[69\%]{SeO_2} PhCOCHO$$

30.1.5 芳烃侧链的氧化

芳烃中苄基上的 C—H 键容易被氧化。例如：

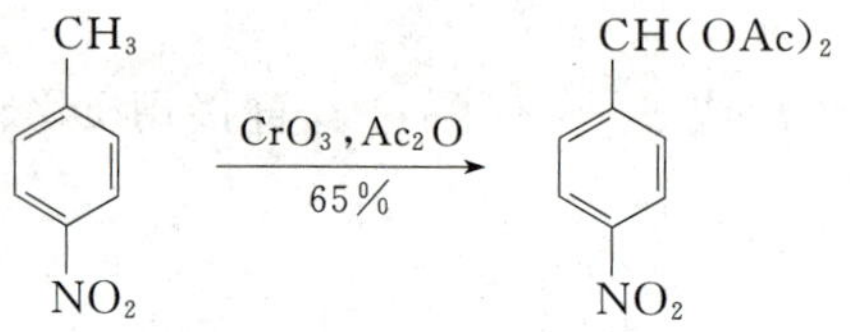

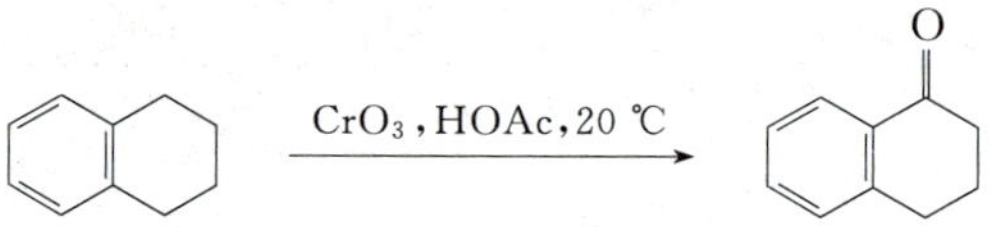

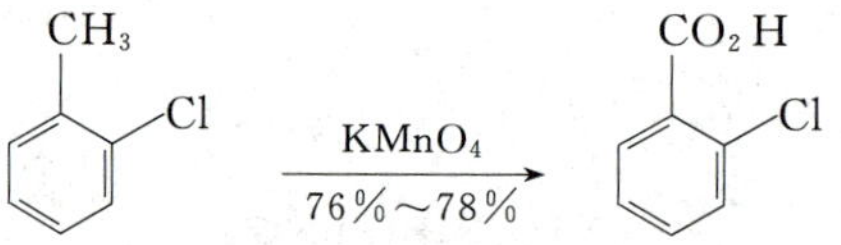

§30.2 碳-碳双键的氧化

30.2.1 氧化成环氧化物

烯烃用过氧酸氧化，生成环氧化合物，比较安全的过氧酸是单过氧邻苯二甲酸的镁盐（magnesium salt of monoperoxyphthalic acid）和过硫酸氢钾（oxone）。环氧化优先在分子中位阻小的一面进行：

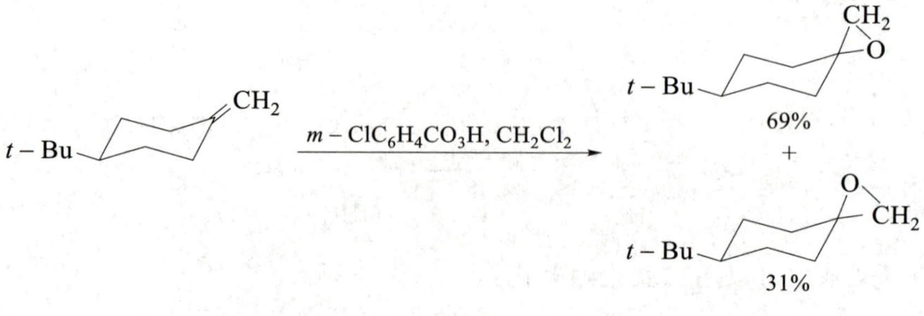

羟基对环氧化反应有定向作用，使环氧化在离羟基近的一面进行：

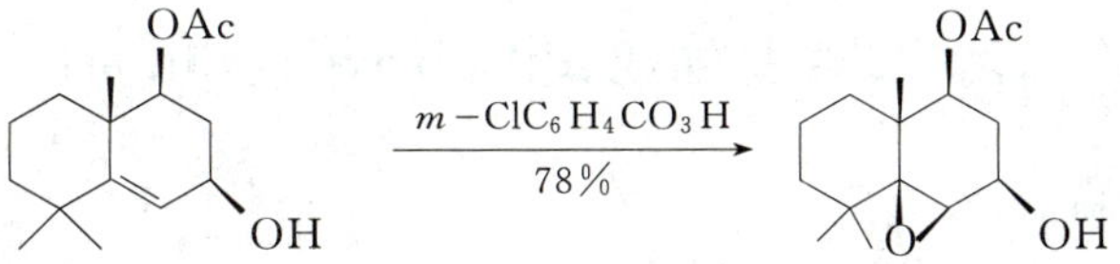

双键碳原子上的吸电子取代基使环氧化难于进行，需要用反应活性高的过氧三氟乙酸进行环氧化；也可以在碱性溶液中用过氧化氢环氧化，反应机理为亲核共轭加成：

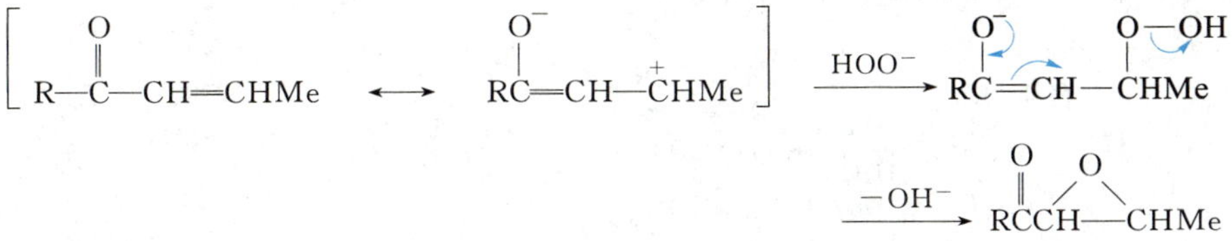

30.2.2　Sharpless 环氧化

Sharpless K B 发现：烯丙式醇在有手性的酒石酸酯存在下用叔丁基过氧化氢和钛酸异丙酯环氧化，对映选择性很高；用（+）或（−）-酒石酸酯，主要产物分别为两种对映环氧化物中的一种：

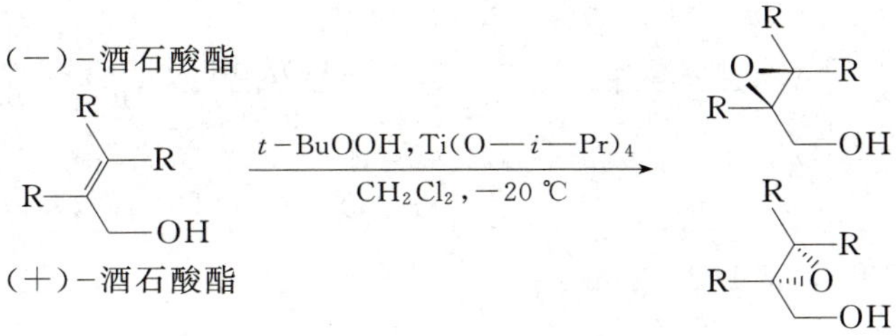

例如：

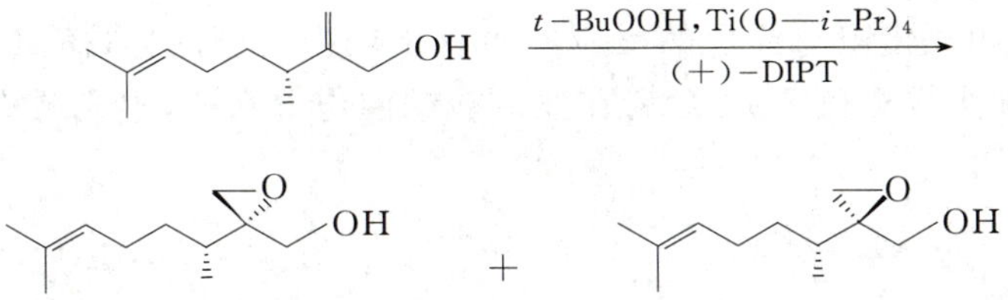

94　：　4

DIPT＝酒石酸二异丙酯

在反应中钛酸酯中钛的配位数为 6，烯丙式醇、叔丁基过氧化氢和酒石酸酯中的羟基都与钛原子配位，在酒石酸酯的引导下形成手性环境，使试剂优先从某一个对映面进攻双键，从而表现出对映选择性。

Sharpless 环氧化在结构复杂的有机化合物的合成中有重要用途，近年来有大量的研究结果报道。Sharpless 于 2001 年被授予诺贝尔化学奖。

30.2.3 氧化成 1,2-二醇(二羟基加成,dihydroxy addition)

30.2.3.1 顺式加成

在相转移催化剂(氯化苄基三乙铵)存在下将烯烃的二氯甲烷溶液于 0～3 ℃用高锰酸钾的水溶液氧化,可以得到 Mn(Ⅴ)环状二酯的深棕色溶液,如水相为碱性,二酯水解成 1,2-二醇;如为酸性则得到碳-碳键断裂的产物——醛:

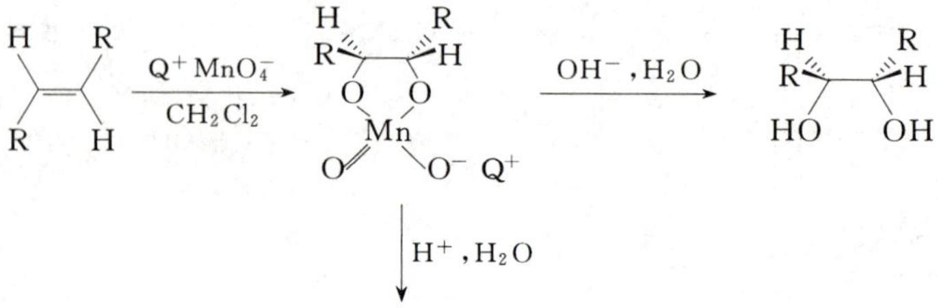

$Q^+ = PhCH_2\overset{+}{N}Et_3$

用这种方法制备 1,2-二醇产率不高,但成本低,可用于较大量的制备,仍是制备某些二醇或二醛(环烯烃为原料)的简便方法。例如:

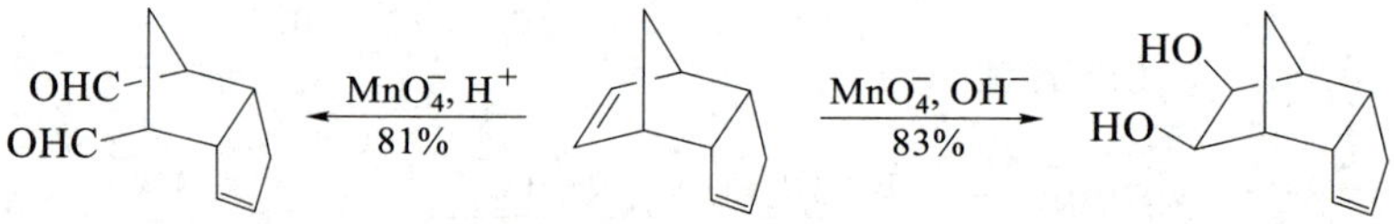

exo-*cis*

炔烃用高锰酸钾氧化生成 1,2-二酮:

$$PhC{\equiv}CCH_2CH_2CH_3 \xrightarrow[81\%]{KMnO_4,R_4N^+,CH_2Cl_2} PhCOCOCH_2CH_2CH_3$$

研究得更多的是四氧化锇与烯烃的反应。四氧化锇为无色晶体(熔点:40 ℃),它的乙醚溶液与环己烯反应,立即生成黑色沉淀,后者在亚硫酸钠催化下水解,生成顺式二醇:

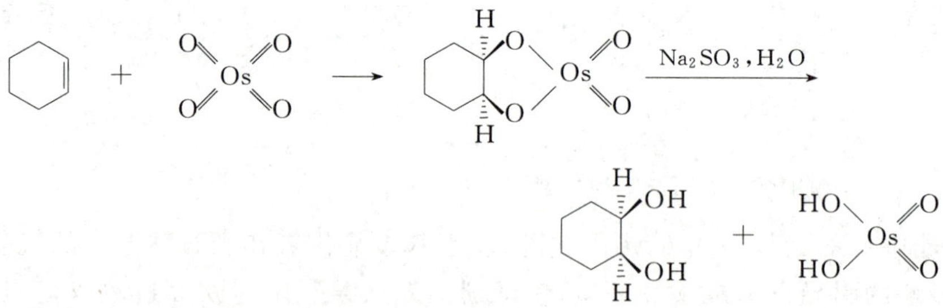

这是一种立体特异性的顺式加成,反应机理为 6 个 π 电子的[2+3]环加成:

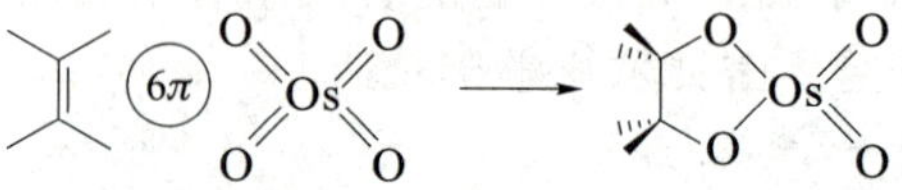

四氧化锇(相对分子质量 254.2)价格昂贵,又有毒性,因此只有在烯烃非常贵,又是小量操作时,才采用化学计量反应。一般是用催化量的四氧化锇,另外加一个氧化剂,把 Os(Ⅵ) 重新氧化成 Os(Ⅷ)。氯酸盐、过氧化氢、叔丁基过氧化氢、*N*-甲基吗啡啉-*N*-氧化物(*N*-methylmorpholine-*N*-oxide,NMO),都可以用作氧化剂。例如:

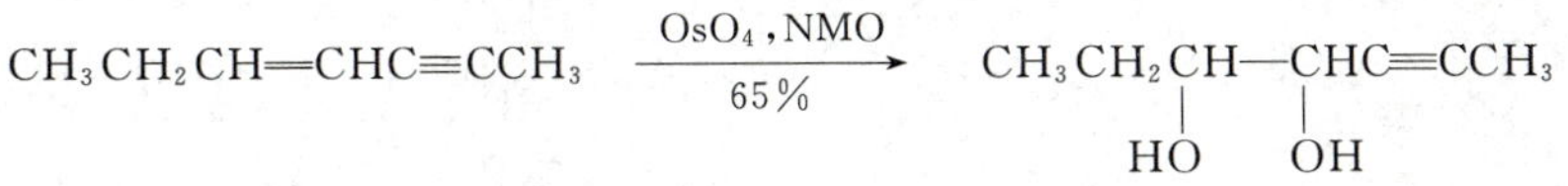

Os 的配位数为 6,四氧化锇中还有两个配位位置可以与胺分子中的氮配位,如用手性胺,生成的手性配合物在手性环境下与碳-碳双键加成,反应产物为有手性的二醇,选择适当的原料,可以达到很高的 *ee* 值。例如:

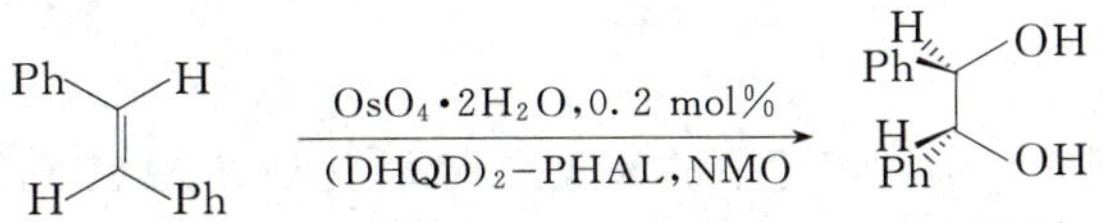

ee=99%

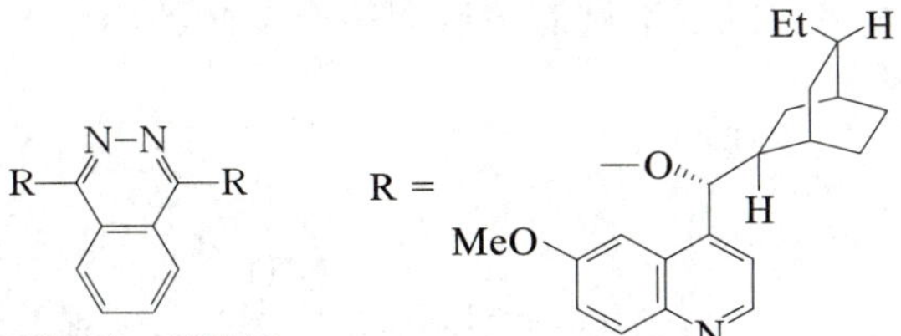

(DHQD)₂-PHAL

市场上已有预先配好的手性催化剂出售。

30.2.3.2 反式加成

将烯烃用 1∶2(摩尔比)的碘和苯甲酸银处理,生成 1,2-二醇的二苯甲酸酯,水解后得到 1,2-二醇,立体化学为反式加成。烯烃先与碘生成三元环的碘鎓离子,与苯甲酸根反应后,转变成 1-苯甲酰氧-2-碘化合物;苯甲酰氧基的邻基参与,使碘负离子离去,生成环状中间体,苯甲酸根再从背面进攻,生成 1,2-二醇的二苯甲酸酯。例如:

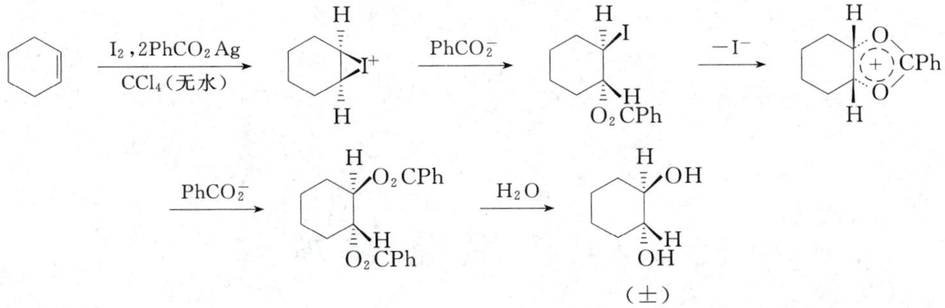

(±)

如果在含水的乙酸中将烯烃用 1∶1(摩尔比)的碘和乙酸银处理,则得到的产物主要为顺式加成,反应机理为

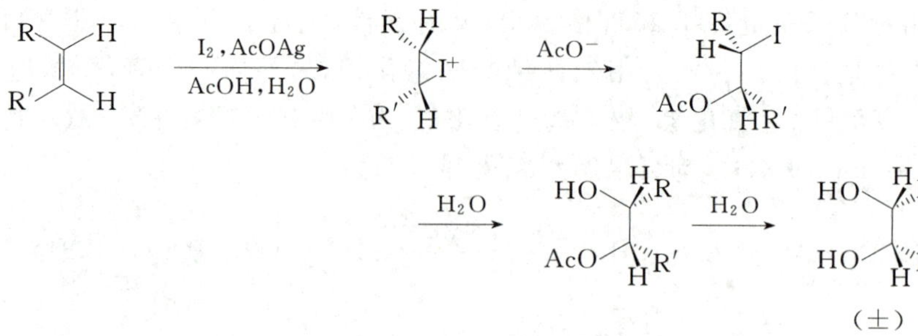

由于水的存在，酯基中的羰基与水缔合，阻止了邻基参与，取代碘的是水分子，即为正常的 S_N2 反应。油酸用前一种方法得到 *threo*-9，10-二羟基十八碳酸，用后一种方法主要得到 *erythro*-9，10-二羟基十八碳酸（都是外消旋体）。

30.2.4 Wacker 氧化

在 $PdCl_2$ 和 $CuCl_2$ 催化下，用空气中的氧使乙烯氧化成乙醛已成为大规模的工业生成方法（Wacker process）。在此以后进行了大规模的理论研究，发展了由烯烃合成羰基化合物（包括合成天然产物的中间体）的方法。以下举例简单说明这个反应的巨大潜力：

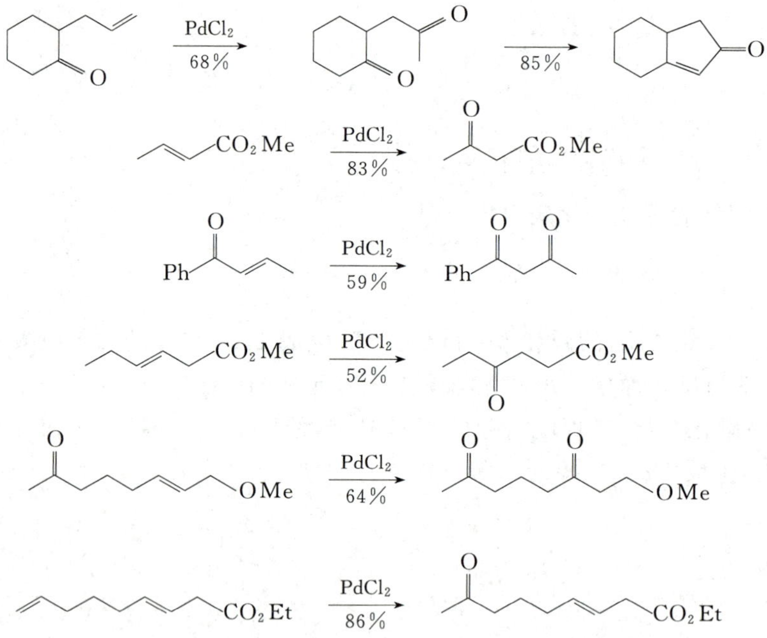

§30.3 氧化裂解

用氧化剂使分子中的碳-碳键断裂，生成相对分子质量更小的化合物称为氧化裂解（oxidative cleavage）。选择适当的试剂及反应条件可以得到合成上有用的产物。

30.3.1　用臭氧裂解

烯键与臭氧的反应为[2+3]环加成：

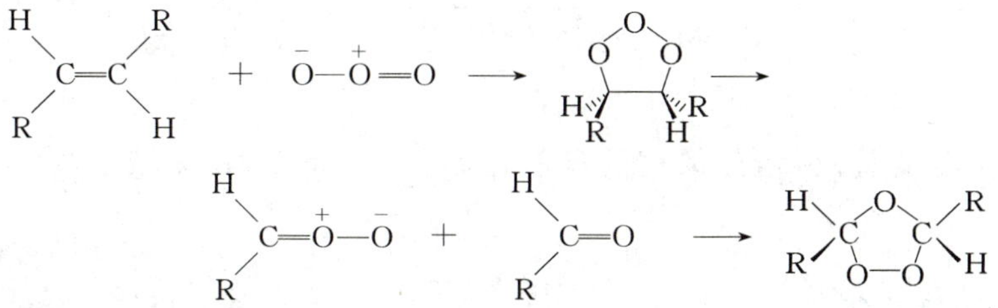

生成的 1,2,3-三氧杂环戊烷(1,2,3-trioxolane)不稳定，立即裂解和重组生成 1,2,4-三氧杂环戊烷。这一过程是采用低温反应和多种谱学方法研究出来的。

臭氧化的最后产物，取决于后处理方法。

臭氧化是将烯烃溶解在甲醇、二氯甲烷、四氯化碳、乙酸乙酯、烷烃、水等溶剂中，然后在较低温度下通入臭氧。如在臭氧化完成后加入还原剂，如 $NaBH_4$，则产物为醇。例如：

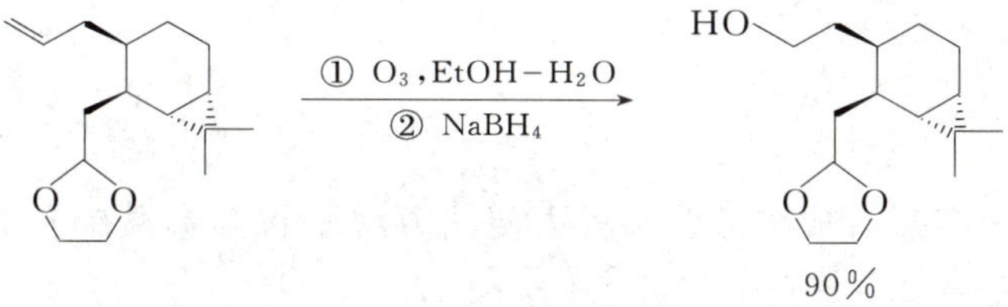

在后处理时加入一个温和的还原剂，只除去 1,2,4-三氧杂环戊烷水解时生成的过氧化氢，则产物为醛(或酮)。常用的还原剂为二甲硫醚(DMS)，它的缺点是沸点(37 ℃)低，有臭气，此外还可以用硫脲、三苯基膦等。例如：

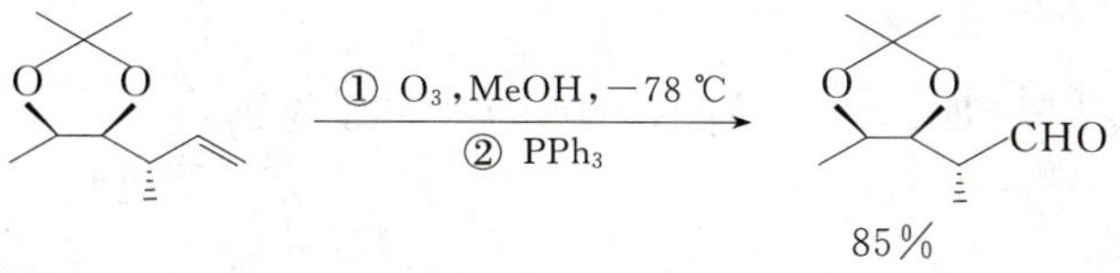

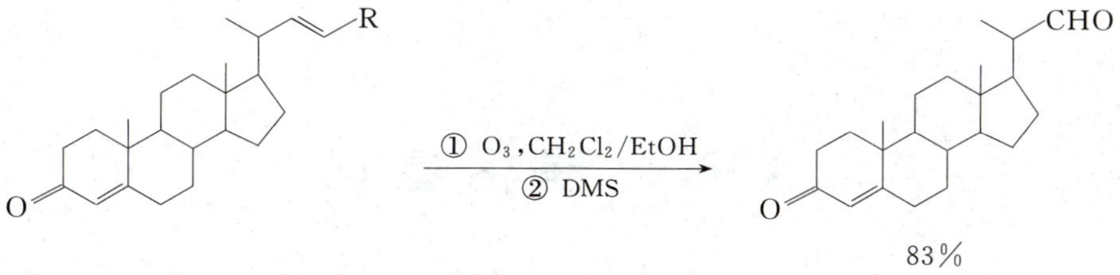

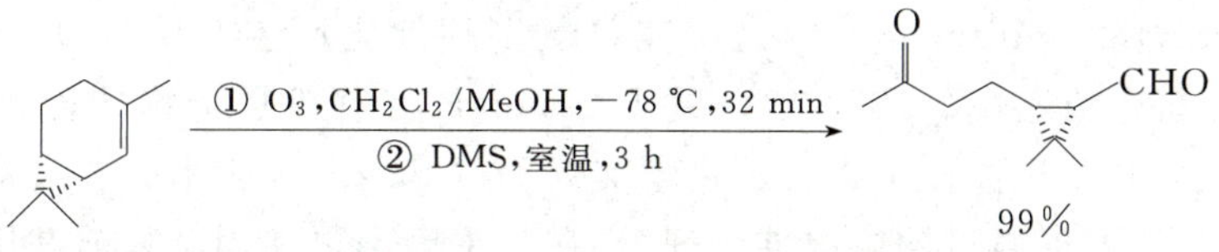

在臭氧化完成后，加入 H_2O_2 或其他氧化剂，则产物为羧酸。例如：

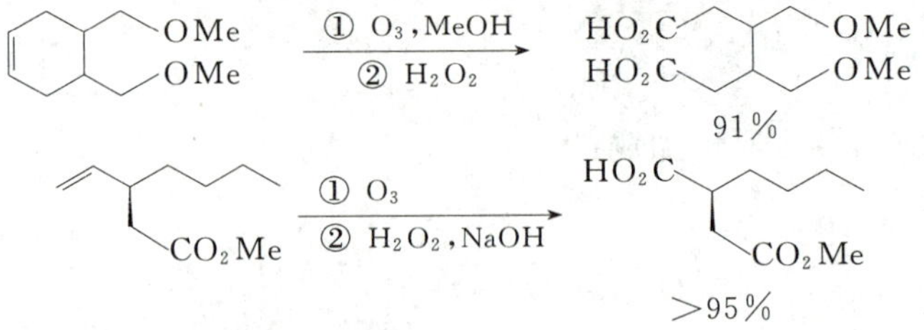

由于臭氧发生器的普及，通过烯键的臭氧化制备醇、醛、酮和羧酸也成为一种方便的合成方法。

30.3.2 用 Mn(Ⅶ) 裂解

用高锰酸钾在水溶液中使烯键裂解，由于生成的醛至少有一部分变为水合物[$RCH(OH)_2$]，很容易继续氧化成羧酸。如果用相转移催化的方法进行氧化，使氧化产物留在有机溶剂中，则可以得到醛。例如：

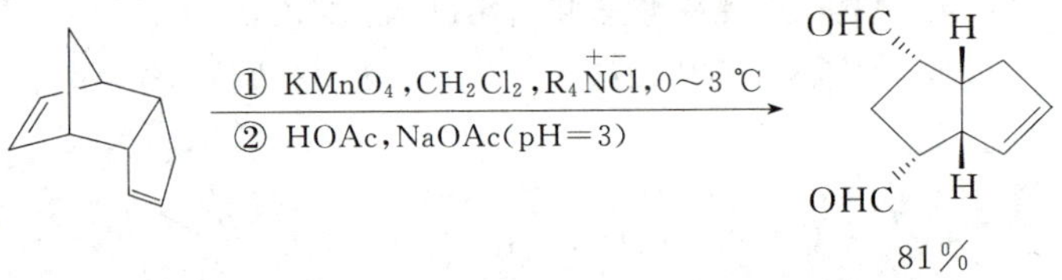

烯键容易被高锰酸钾裂解成羧酸。一种方便的方法是将高锰酸钾负载在硅胶上，然后与烯烃的 CH_2Cl_2 或苯溶液一起在室温下搅拌。例如：

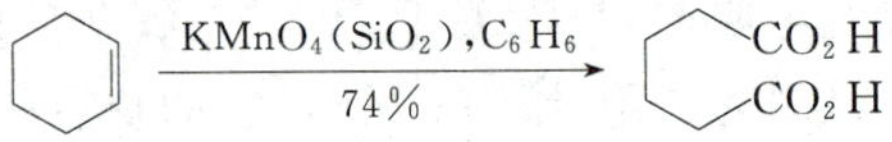

30.3.3 用 Os(Ⅷ) 裂解

烯烃用四氧化锇氧化时，如加入高碘酸钠，则产物为醛或酮：

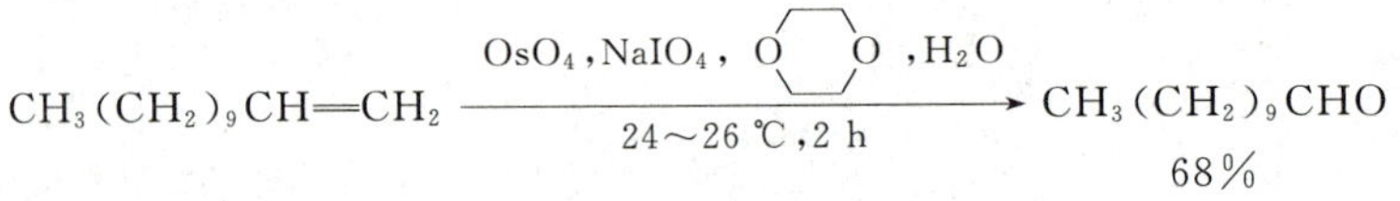

§30.4 催化氢化

催化氢化(catalytic hydrogenation)是研究得最多的催化反应。1874 年即已发现乙炔和乙烯在铂黑存在下加氢生成乙烷。1897 年以后 Sabatier P 将有机化合物的氢化发展成为用途广泛的还原方法，他于 1912 年被授予诺贝尔化学奖。不过 Sabatier 所用的方法是将氢和有机化合物的蒸气在 100～300 ℃下通过铜或镍催化剂，现在几乎已不再使用。目前常用的氢化催化剂为 Pt，Pd，Rh，Ru 和 Ni，制备好的催化剂和反应装置都可以方便地买到。1960 年以后发展了均相催化氢化(homogeneous catalytic hydrogenation)，最常用的均相催化剂是 Wilkinson 催化剂，$RhCl(PPh_3)_3$。

30.4.1　多相催化氢化(heterogeneous catalytic hydrogenation)

30.4.1.1　烯烃

在大多数情况下催化氢化是烯键加氢的最优选择，反应迅速而干净(副产物少，产物容易分离)。烯键加氢的速率与烯键上取代基的数目和性质有关，链端烯键最容易加氢，其他烯键加氢的速率次序为$RCH{=}CH_2 > R_2C{=}CH_2 > RCH{=}CHR > R_2C{=}CHR > R_2C{=}CR_2$。氢化产物以顺式加成为主。例如：

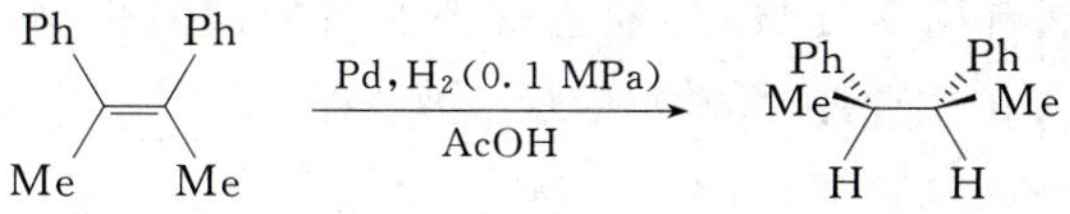

meso, 98%

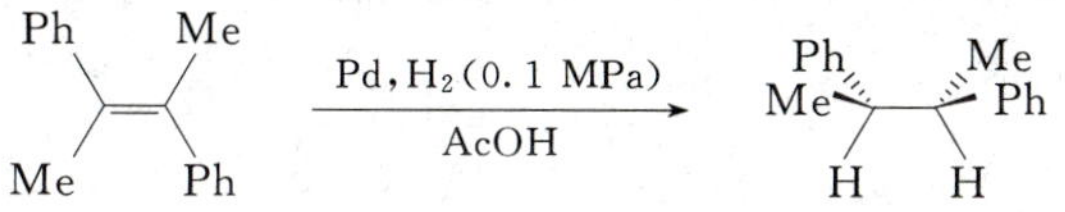

(±), 98%

反式氢化产物可能是烯烃在催化剂表面的异构化引起的：

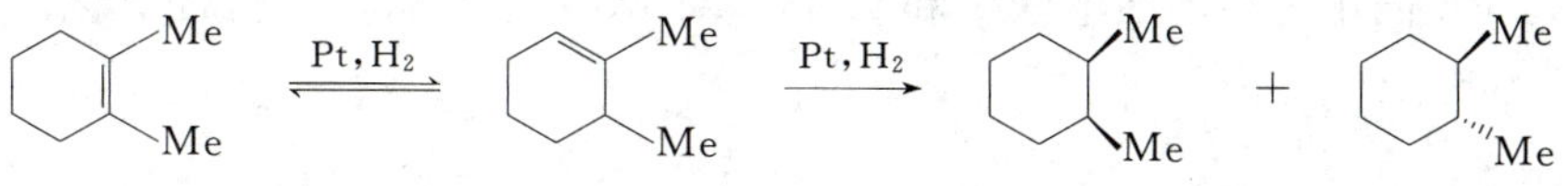

70%～85%　　　15%～30%

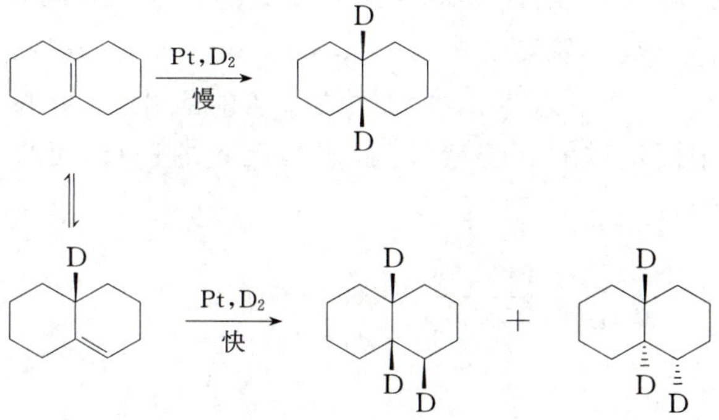

加入叔胺、三苯基膦或 CO 可以有效地抑制异构化。

降冰片烯催化氢化生成外型产物：

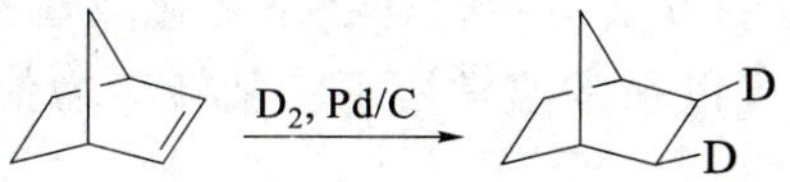

烯烃可能是以位阻小的一面吸附在催化剂表面，也从这一面加氢。极性基团能影响烯烃的吸附。例如：

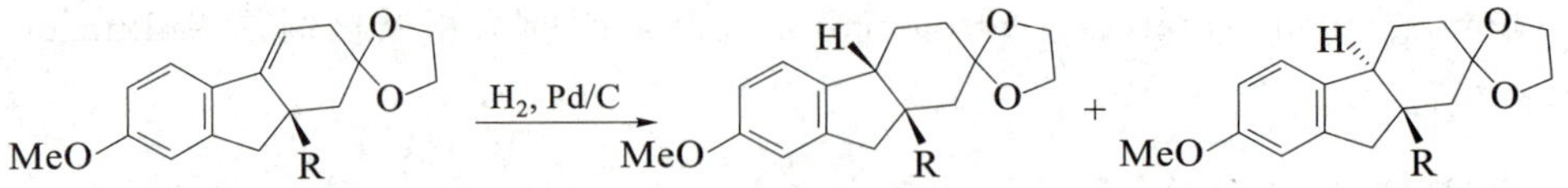

R=CH_2OH	94%	6%
R=CO_2Me	15%	85%

羟基可能吸附在催化剂表面，使加氢在羟基所在的一面进行。

30.4.1.2　炔烃

炔烃在催化氢化时可以顺利地得到烷烃，不过在合成工作中更有意义的是局部氢化生成烯烃。用 Ni 或 Pd 催化剂，炔烃加一分子氢后反应速率减慢，可以得到烯烃。常用的催化剂为 Lindlar 催化剂，其他催化剂有用 $NaBH_4$ 还原乙酸镍制备的镍催化剂，钯炭、负载在 $BaSO_4$ 上的钯催化剂等。炔烃的催化氢化主要生成顺式烯烃。例如：

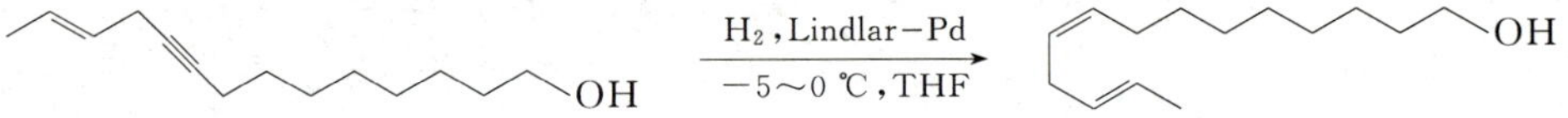

96%，98.1%（纯度）

30.4.1.3　芳烃

芳烃的催化氢化要破坏共轭体系，因此活化能很高，一般要在较高压力下进行。负载在 Al_2O_3 上的 5% Rh 催化剂在乙酸溶液中和 0.3～0.4 MPa 下才可以使芳烃氢化。

30.4.1.4　羰基化合物

醛、酮容易通过催化氢化转变为醇，不过常用其他方法还原成醇。羧酸和酯在高温高压下加氢成醇。酰氯可以用 Rosenmund 催化剂加氢转变为醛。Rosenmund K W 发现，负载在 $BaSO_4$ 上的钯催化剂可以有效地抑制醛的氢化而不致阻止高活性的酰氯的氢化，因此将氢气通入含有催化剂和酰氯的溶液，放出的气体用标定过的碱溶液吸收，监测反应的进行，可以高产率地制备醛。例如：

$$\text{PhCOCl} \xrightarrow[\text{C}_6\text{H}_4\text{Me}_2\text{，回流}]{\text{H}_2\text{，5\% Pd(BaSO}_4\text{)}} \underset{97\%}{\text{PhCHO}} + \text{HCl}$$

30.4.1.5　腈

腈容易氢化生成伯胺，由于伯胺能与用作原料的腈反应，因此随着反应条件的不同，产物可能是仲胺，甚至叔胺。抑制副反应的方法是在氨存在下氢化或在乙酸或乙酸酐中氢化（伯胺转变为酰胺）。用 Raney 镍作催化剂，可以在常温常压下将腈转变为伯胺。

30.4.1.6　硝基化合物

硝基苯在铁催化剂存在下加氢在工业上用来生产苯胺。

30.4.1.7 氢解

在催化氢化时有些官能团被氢取代，称为氢解(hydrogenolysis)。氢解最重要的用途是用来除去苄基或烯丙基上的官能团。例如：

$$PhCH_2OR \xrightarrow{H_2,Pd} PhCH_3 + ROH$$

在多肽合成中常用氢解除去氨基上的保护基：

$$PhCH_2O\overset{O}{\overset{\|}{C}}NHR \xrightarrow{H_2,Pd} PhCH_3 + HO\overset{O}{\overset{\|}{C}}NHR \longrightarrow CO_2 + H_2NR$$

30.4.1.8 转移氢化

转移氢化是一种不用氢气的特殊氢化方法。将被氢化的化合物与催化剂和氢的给予体(hydrogen donor)在溶液中一起加热，氢给予体中的氢在催化剂存在下转移到被氢化的化合物中。用作氢给予体的化合物有肼、甲酸、三乙胺甲酸盐、环己烯、十氢化萘等。转移氢化(transfer hydrogenation)的顺位选择性一般高于用氢气氢化。芳香族硝基化合物在室温下即可以用转移氢化的方法转变为胺，分子中同时存在的羧基、酯基、酰氨基、卤素、氰基等则不受影响。

$$ArNO_2 \xrightarrow{HCO_2NH_4,10\%\ Pd/C,室温} ArNH_2$$

30.4.1.9 离子氢化

离子氢化(ionic hydrogenation)是一种新发展起来的氢化方法。它是在强酸中将烯烃转变成碳正离子使烯烃活化，然后由反应体系中的氢给予体把氢转移到碳正离子上。氢给予体可以是被催化剂活化的氢或能给予氢负离子的化合物，如 Et_3SiH。离子氢化要求被氢化的化合物能生成稳定的碳正离子。它的特点是一般不容易氢化的烯烃，如四取代烯烃，反而更容易氢化，一些能使催化剂中毒的杂质对它没有影响。因此在燃料油的加工和煤的液化中有重要意义。

Ipatieff V N 于 1948 年首先观察到的离子氢化反应为

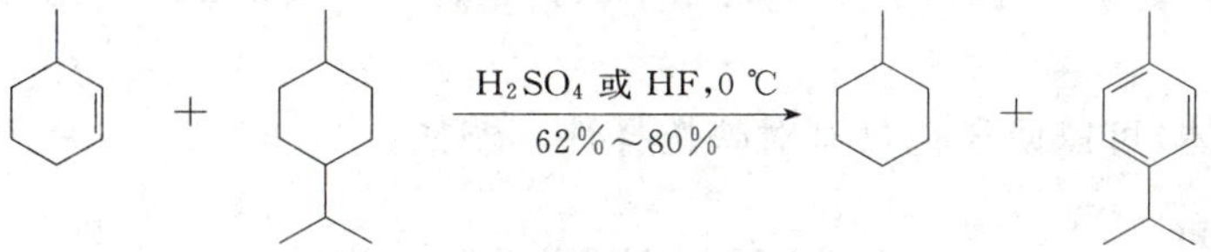

1-甲基环己烯与 1,4-二氢萘在三氟乙酸中加热，生成甲基环己烷和萘，说明三取代烯烃比二取代烯烃更容易氢化。

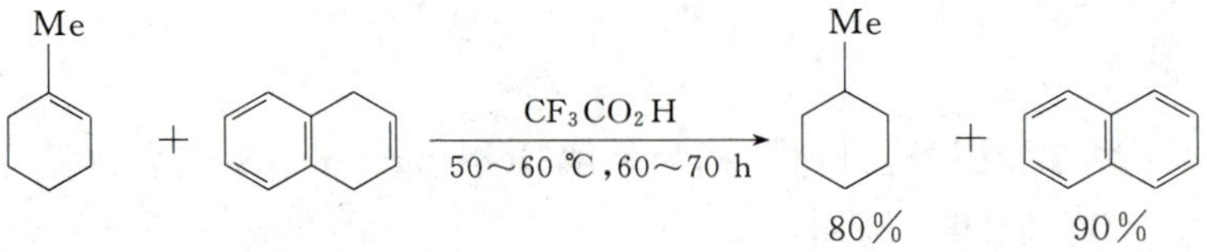

以上两个反应中都没有加催化剂。

30.4.2 均相催化氢化

均相催化氢化反应中所用的催化剂能够溶于有机溶剂。以 Wilkinson 催化剂为例，膦配体的作用是与金属盐形成稳定、可溶的配合物和调节中心金属的反应活性。均相催化氢化一般能在缓和的条件(常温、常压)下进行。催化剂选择性地催化碳－碳双键的氢化，分子中可以有其他可还原的官能团，并且不发生氢解、异构化等副反应。选择适当的催化剂和反应条件可以使氢化反应具有高度的选择性。它的缺点是反应后产物的分离比较困难，催化剂也不容易回收。解决的方法是将催化剂负载在金属氧化物、有机高分子或分子筛上。

均相催化氢化的机理最初是由 Wilkinson 提出的：

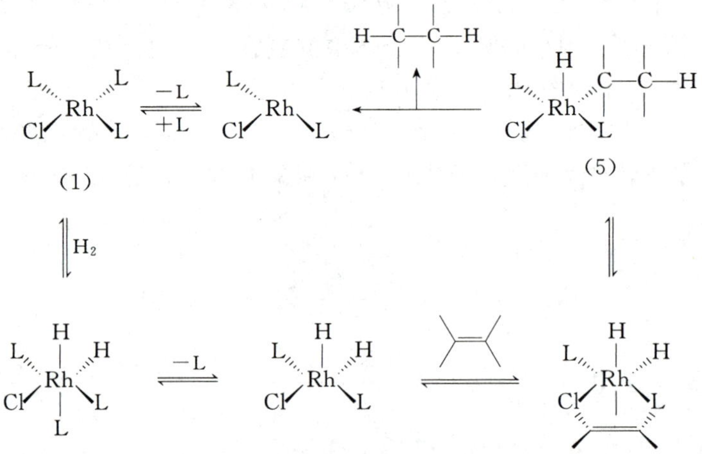

L＝PPh$_3$

Rh(4d^{8}5s^1)可以为 1 价或 3 价，外层可以容纳 18 个电子，有空缺的配位位置。RhCl(PPh$_3$)$_3$(1)为 1 价，加氢后(2)为 3 价，烯键置换 H 对位的配体生成 π 配合物(4)，使双键处在适于顺式加成的位置，关键的一步是双键插入顺位的 Rh—H 键，生成 σ 配合物(5)，(5)迅速发生还原消除，生成 1 价的 Rh 配合物和烷烃，在这一步中碳原子的构型保持不变，因此氢化为立体特异性的顺式加成。

用手性的膦配体，可以使氢化具有对映选择性。例如：

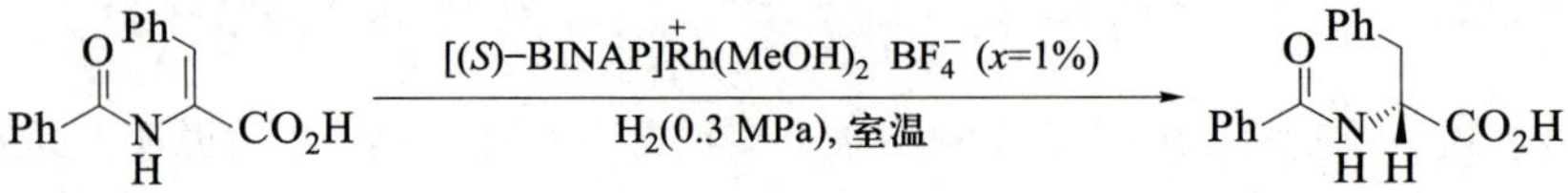

ee=100%

$[(S)\text{-}BINAP]\overset{+}{Rh}(MeOH)_2\ BF_4^-$ =

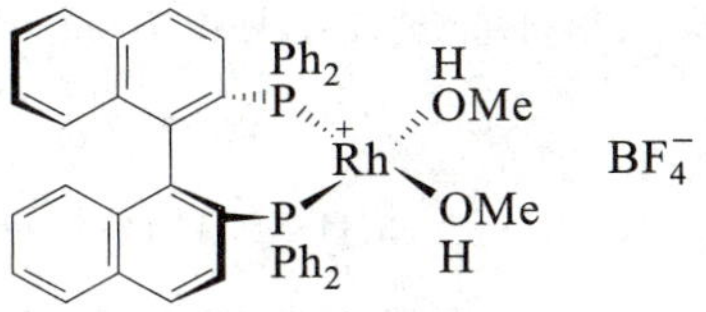

§ 30.5　用金属氢化物及其配合物还原

30.5.1　金属氢化物及其配合物

金属氢化物及其配合物作还原剂是在催化氢化出现 50 年后发展起来的最重要的一种还原方法($LiAlH_4$ 是在 1947 年发现的)。它们的用途很广，品种很多，现在已经有还原能力和选择性不同的多种商品出售。

常用的金属氢化物的配合物为 $LiAlH_4$ 和 $NaBH_4$，此外，$Ca(BH_4)_2$ 和 Bu_4NBH_4 也有商品。将 $LiAlH_4$ 分子中一个或几个氢负离子用烷氧基置换，所得到试剂，如 $LiAlH(O\text{—}Bu\text{-}t)_3$，$LiAlH_2(O\text{—}CH_2CH_2OMe)_2$ 等在有机溶剂中，特别是低温下，溶解度更大，对有些反应选择性更好。将氢负离子换成吸电子的 CN，如 $NaBH_3CN$，Bu_4NBH_3CN 则使还原能力降低，只能还原亚胺离子(iminium ion)。将氢负离子换成烷基，如 $LiBH(s\text{-}Bu)_3$，$LiBH[\text{—}CH(Me)CHMe_2]_3$，则能加大试剂的体积，使它的立体选择性更好。硼烷和氢化铝(alane)的配合物，$Et_3N\cdot BH_3$，$Me_3N\cdot BH_3$，$THF\cdot BH_3$，$EtNMe_2\cdot AlH_3$ 以及 $BH[CH(Me)CHMe_2]_2$ (disiamyl borane)，$AlH(CH_2CHMe_2)_2$(DIBAL-H)等也有商品，它们的特点是分子中有一个空的 p 轨道，可以与底物配位，然后从分子内转移氢负离子：

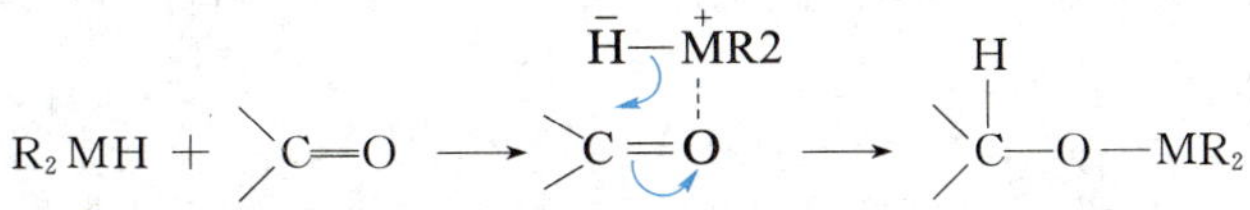

第四主族元素的氢化物如 R_3SiH，R_3SnH 也可以用作还原剂。

30.5.2　羰基化合物的还原

羰基化合物中最难还原的是羧酸，它可以用 $LiAlH_4$ 还原成醇：

$$RC(=O)OH \xrightarrow{LiAlH_4} RCH_2OH$$

羧酸酯、酰胺和腈可以用 $LiAlH_4$ 还原成醇或胺：

$$RC(=O)OR' \xrightarrow{LiAlH_4} RCH_2OH + R'OH$$

$$RC(=O)NH_2 \xrightarrow{LiAlH_4} RCH_2NH_2$$

$$RC\equiv N \xrightarrow{LiAlH_4} RCH_2NH_2$$

孤立的碳-碳双键不能被 $LiAlH_4$ 还原，但 α,β-不饱和羧酸用 $LiAlH_4$ 可以还原为饱和醇：

$$RCH{=}CH\overset{O}{\overset{\|}{C}}OH \xrightarrow{LiAlH_4} RCH_2CH_2CH_2OH$$

羧酸和羧酸酯要还原成醛则比较难，因为醛基更容易还原。一种方法是降低反应温度。氢化二异丁基铝在 70 ℃下使羧酸或羧酸酯还原成醇，但在低温下却可以得到醛。例如：

$$n\text{-}C_5H_{11}\overset{O}{\overset{\|}{C}}OH \xrightarrow[-75\ ℃]{AlH(i\text{-}Bu)_2} \underset{70\%}{n\text{-}C_5H_{11}CH{=}O}$$

温度上升到 -60 ℃，产率降低到 30%。用 $NaAlH_2(OCH_2CH_2OMe)_2$ 在低温下也可以将酯还原成醛，它在低温下的溶解度较高。

氢化铝锂使腈还原为伯胺，降低反应温度可以得到醛。例如：

$$PhC{\equiv}N \xrightarrow[92\%]{LiAlH_4,0\ ℃} PhCH{=}O$$

但用于脂肪腈，醛的产率很低，用 $LiAlH(OEt)_3$ 在乙醚中还原，从芳腈和脂肪腈都可以得到醛。

硼氢化钠的还原能力比氢化铝锂弱，在 0 ℃下，将 $NaBH_4$ 溶液慢慢加到苯甲腈溶液中可以得到 70%的苯甲醛，如把苯甲腈溶液滴加到 $NaBH_4$ 溶液中则得到 92%的苄胺。

$NaBH_3CN$ 的还原能力很弱，只能还原亚胺盐，因此可以用于胺的还原烃化：

$$R_2C{=}O + R'NH_2 \overset{H^+}{\rightleftharpoons} R_2C{=}\overset{+}{N}HR' \xrightarrow{NaBH_3CN} R_2CHNHR'$$

$NaBH(OAc)_3$ 也有同样的作用：

$$\underset{^{+}NH_3}{\underset{|}{PhCHCO_2Me}} + n\text{-}C_5H_{11}CHO \xrightarrow[79\%]{NaBH(OAc)_3} \underset{NHC_6H_{13}\text{-}n}{\underset{|}{PhCHCO_2Me}}$$

30.5.3 其他化合物的还原

环氧化合物用 $LiAlH_4$ 等还原生成醇，试剂从位阻小的一端进攻。

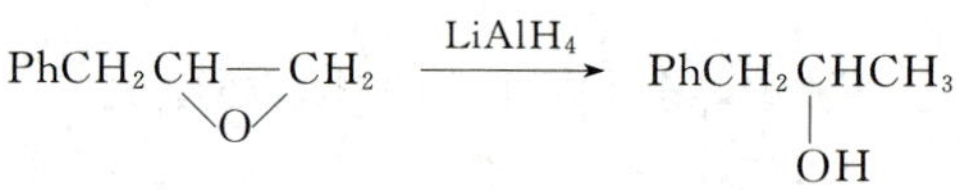

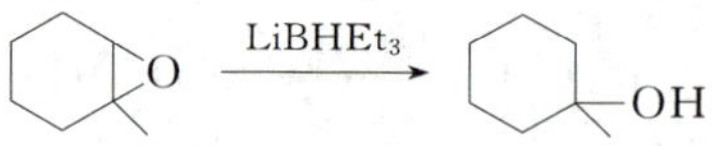

由光学纯的 α-羟基环氧化物可以得到旋光的二醇：

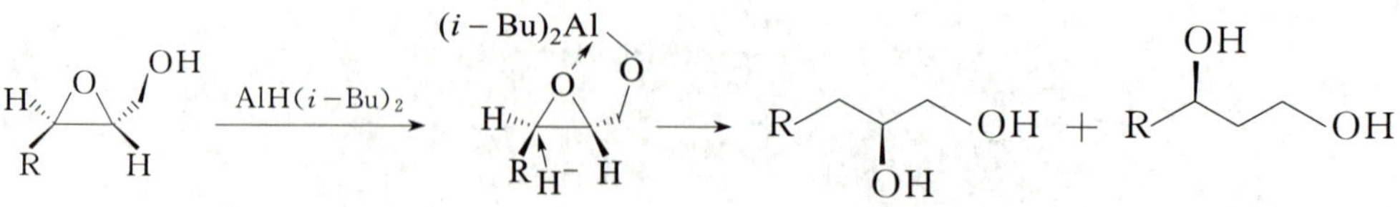

93　：　7

卤代烷和磺酸酯可以被 $LiBHEt_3$ 或 $LiAlH_4$ 等还原为烃：

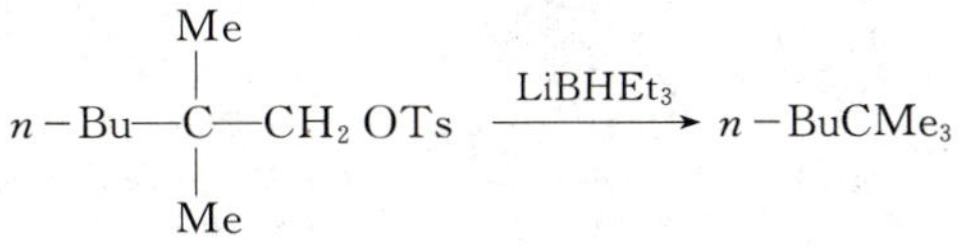

§ 30.6　用金属在酸性或碱性溶液中还原

有机化合物用金属在酸性或碱性溶液中还原是使用了一个多世纪的合成方法。金属-醇或金属汞齐-水体系常用来将醛、酮还原成醇，肟和亚胺还原成胺。金属氢化物及其配合物出现后，用金属还原的方法逐渐被取代，但由于还原反应的机理不同，用途不尽一致，在有些情况下仍有优势。

30.6.1　羰基化合物的还原

羰基化合物与活性金属反应，从金属接受一个电子生成羰自由基(ketyl racidal)，羰自由基可以从溶剂中接受质子或歧化后从溶剂接受质子生成醇；也可以二聚后再从溶剂接受质子生成频哪醇型的 1,2-二醇。根据羰基化合物的结构，选择适当的金属和反应条件，可以得到醇或 1,2-二醇。

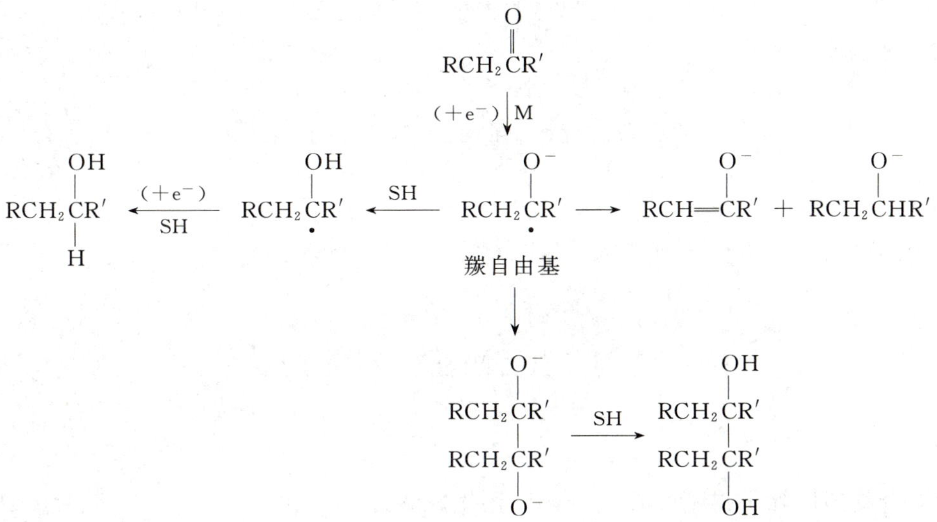

位阻很大的酮也可以用金属还原成醇。例如：

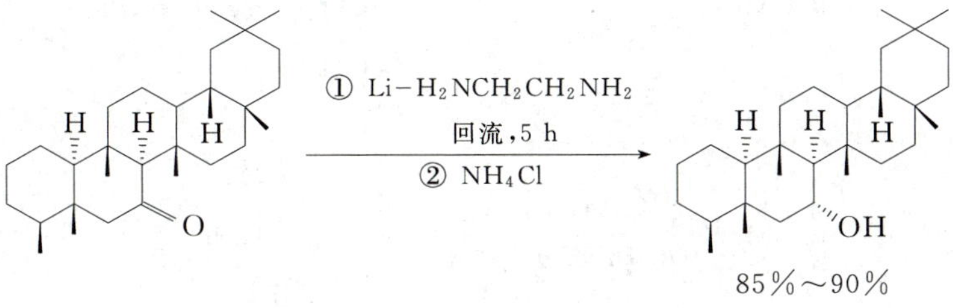

α,β-不饱和酮用金属还原生成饱和酮的烯醇盐，后处理后得到饱和酮：

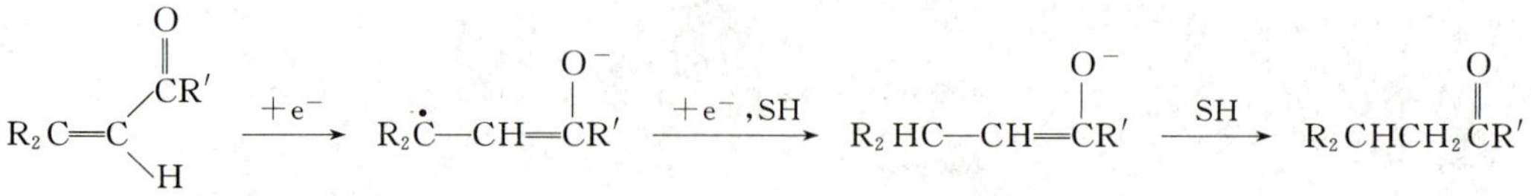

30.6.2　羰基化合物的双分子还原

30.6.2.1　酮的双分子还原

酮在没有质子给予体的条件下与金属反应，生成双分子还原(bimolecular reduction)产物，常用的金属为 Mg 或Mg-Hg。例如：

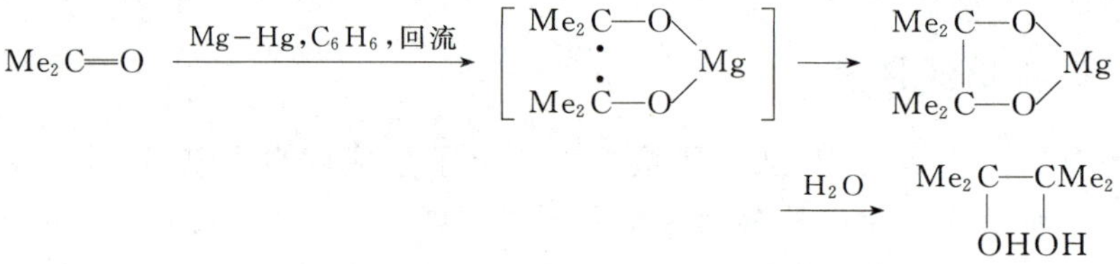

更有效的试剂是用 Mg-Hg 还原 $TiCl_4$ 所生成的低价钛混合物：

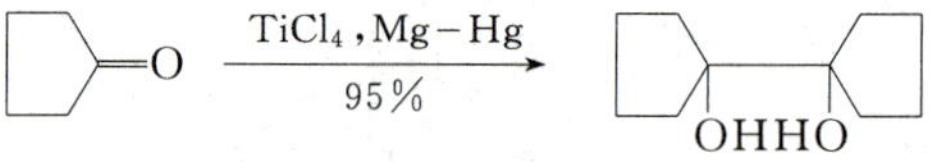

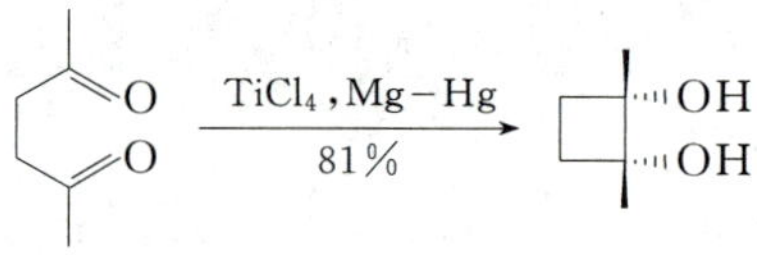

两种不同的酮还可以生成混合还原产物：

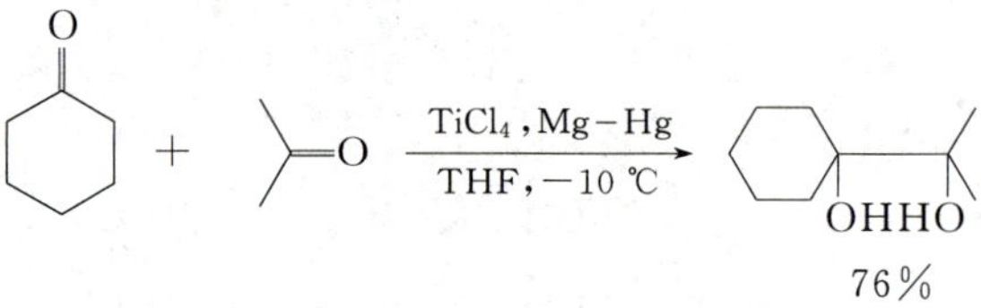

酮用低价钛混合物还原除了得到 1,2-二醇外，还生成烯烃：

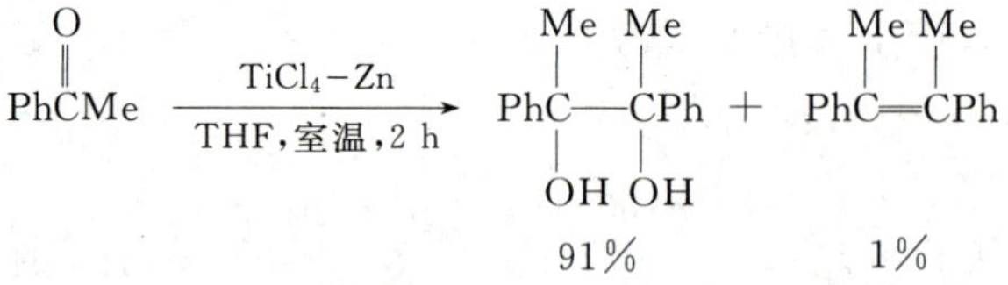

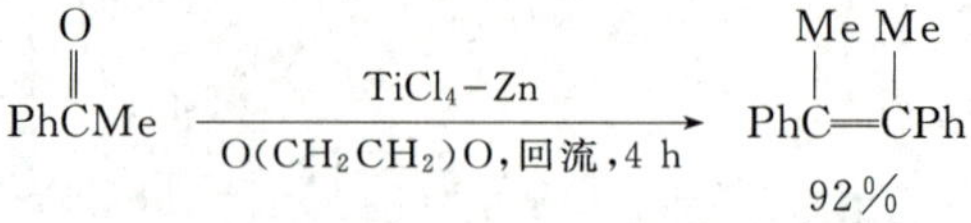

McMurry J E 发展了由醛、酮还原合成烯烃的方法，称为 McMurry 反应，可以用来合成结构特殊的四取代烯烃和大环烯烃(3～16 和 22 元环)。例如：

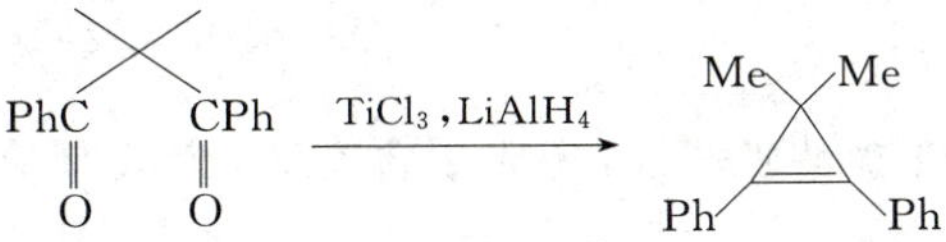

二碘化钐(SmI_2)也可以用来使醛、酮还原偶联：

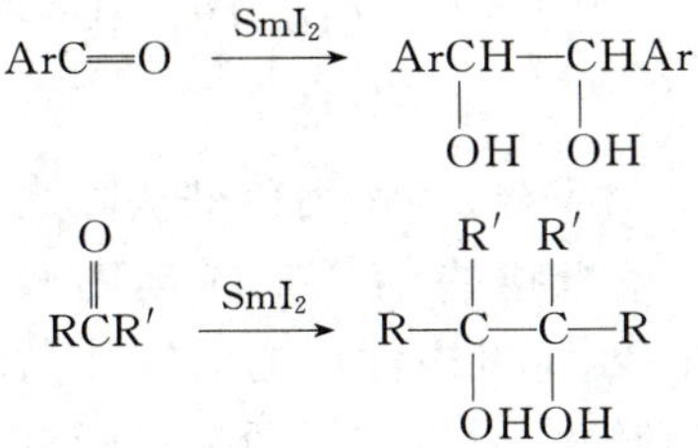

30.6.2.2　酯的双分子还原

羧酸酯在乙醚、苯或二甲苯溶液中与金属钠一起回流，经过后处理得到双分子还原产物——α-羟基酮，又称为偶姻(acyloin)：

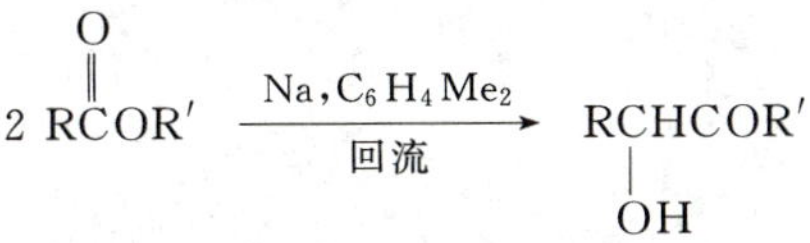

反应机理还不十分清楚，可能与醛、酮的双分子还原相似：

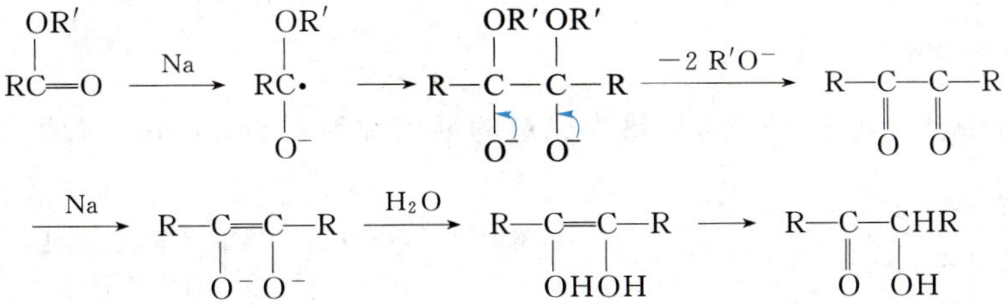

在缩合反应中常生成少量二酮，当 R 为叔丁基时，二酮(t-BuC(=O)—C(=O)Bu-t)为主要产物。在三氯硅烷存在下进行偶姻缩合(acyloin condensation)产物为二硅醚，Me_3SiO(RC=CR)$OSiMe_3$，水解后得到偶姻。用这种方法可以提高偶姻的产率。应用偶姻缩合可以由二元羧酸酯合成 10～20 元环的大环偶姻。例如：

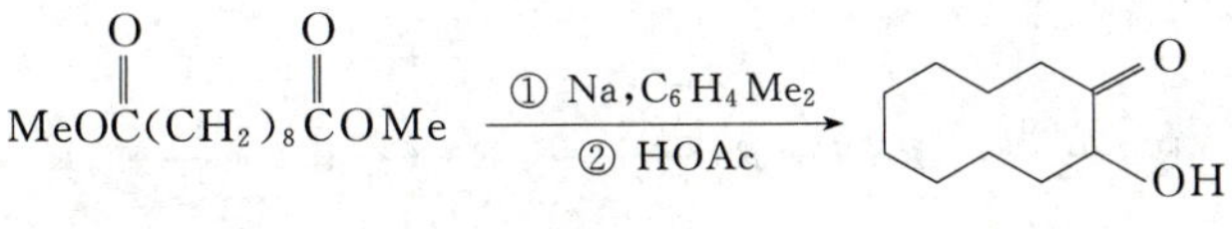

70%

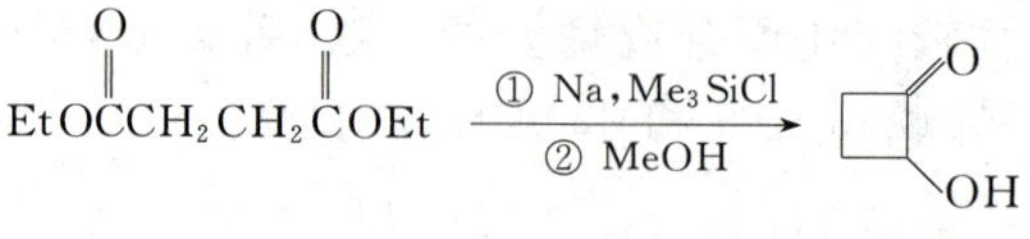

85%

1960 年，Wasserman E 通过偶姻缩合，合成了含有 34 个碳原子的环烷烃：

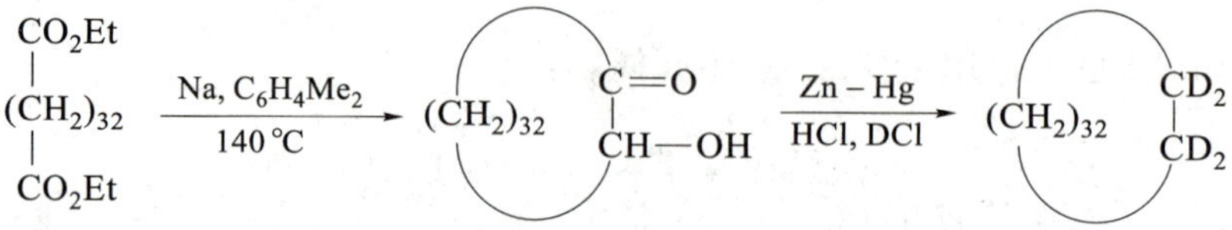

然后在大环烷烃存在下重新进行偶姻缩合，产物用色谱法除去大环环烷烃，得到 67%的偶姻，再用色谱法提纯，得到的偶姻的红外光谱中有 C—D 键的吸收峰（2 105 cm^{-1}，2 160 cm^{-1}，2 200 cm^{-1}），氧化水解后除去二元酸，少量中性产物的红外光谱中有 C—D 键的吸收峰，说明二元酸酯插在环烷烃的环中，发生偶姻缩合后生成了两个环套在一起的索烃（catenane）：

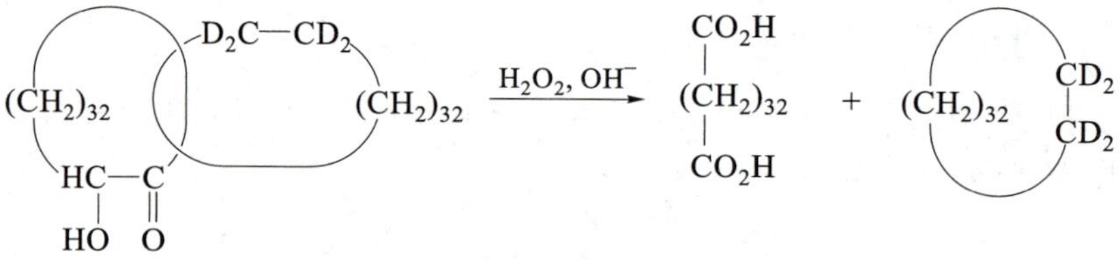

索烃

索烃现在已经成为超分子化学（supramolecular chemistry）中的一个研究领域，目前已经合成出五个环套在一起的索烃。

30.6.3 Clemmensen 还原

将醛、酮与锌汞齐和浓盐酸一起加热生成烃的反应称为 Clemmensen (E Ch) 还原。例如：

$$PhC(=O)CH_2CH_2CO_2H \xrightarrow[\triangle]{Zn-Hg,浓\ HCl,PhMe} PhCH_2CH_2CH_2CO_2H \quad 83\%\sim90\%$$

用锌粉和乙酸酐，或锌粉和用 HCl 饱和的乙醚作试剂可以使还原反应在缓和的条件下（0 ℃，1～2 h）进行，底物分子中的—CN，AcO—，PhO—和 ROCO—等基团不受影响。

Clemmensen 还原的反应机理尚不十分清楚，可能是在金属表面进行的：

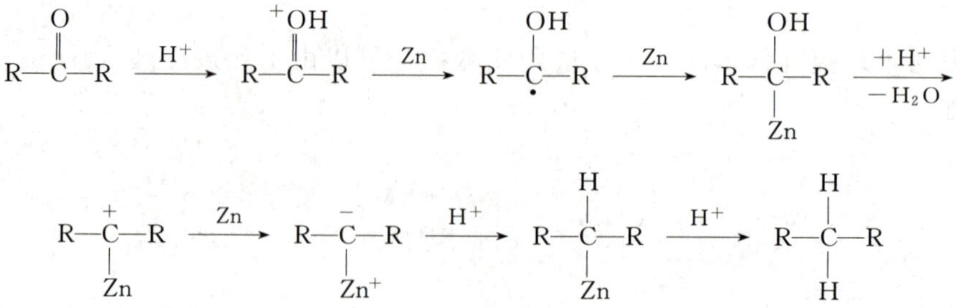

醇不是反应的中间产物，因为醇在反应条件下不能还原为烃。

30.6.4　Birch 还原

芳香族化合物中的芳环在液氨和醇（EtOH，t-BuOH）的混合溶剂中用碱金属（Li，Na，K）还原成部分氢化产物，称为 Birch（A J）还原。例如：

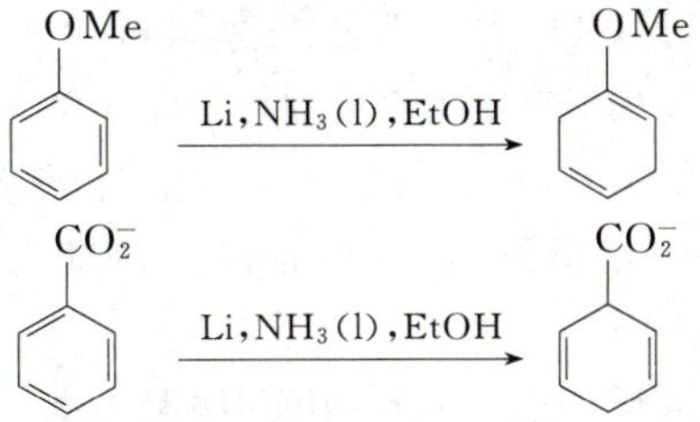

液氨可以用相对分子质量低的胺代替。

还原产物的结构与环上取代基的性质有关，给电子取代基在邻位氢化，吸电子取代基则在对位氢化。

Birch 还原中的还原剂为溶剂化的电子：

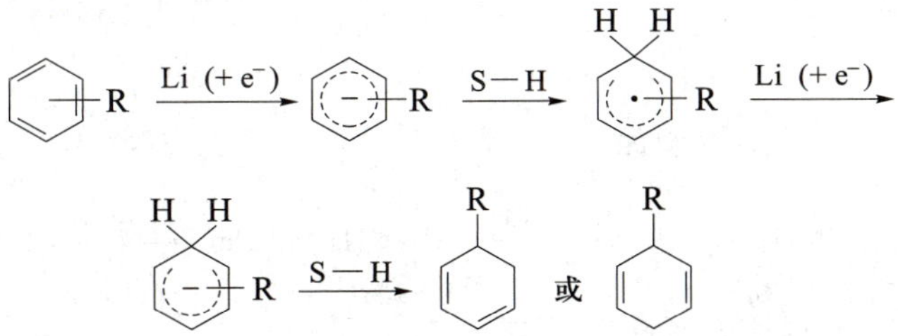

Birch 还原能将芳环转变成脂环，经过随后的官能团转变，可以由芳香族化合物合成各种脂环族化合物，相当于两类化合物之间的桥梁。例如：

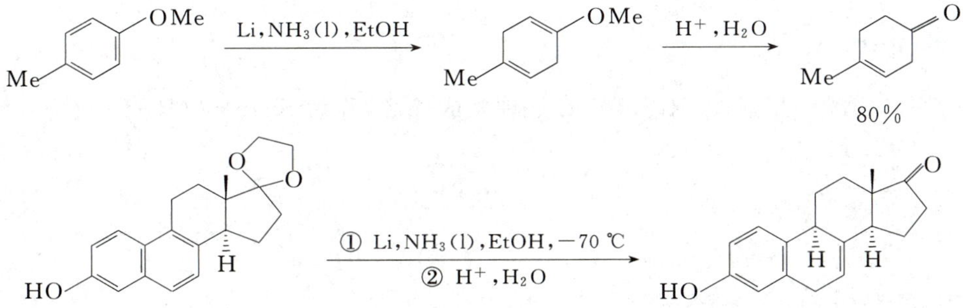

§30.7　其他还原方法

30.7.1　Wolff-Kishner-黄鸣龙还原法

将醛、酮与肼反应使它变成腙，然后将腙与乙醇钠及无水乙醇在封管或高压釜中加热到

180 ℃左右，即放出氮气而生成烃：

$$\mathrm{{>}C{=}O \xrightarrow{NH_2NH_2} {>}C{=}NNH_2 \xrightarrow{NaOEt} {>}CH_2 + N_2}$$

这种方法称为 Wolff (L)－Kishner (N M)还原法。

我国化学家黄鸣龙改进了这个方法，将醛、酮、氢氧化钠、肼的水溶液和一种高沸点的水溶性溶剂[如二缩乙二醇，$(HOCH_2CH_2)_2O$，或三缩乙二醇，$(HOCH_2CH_2OCH_2)_2$]一起加热，使醛、酮变成腙，然后将水和过量的肼蒸出，待温度达到腙开始分解的温度(195～200 ℃)时，再回流3～5 h，使反应完成。这样就可在常压下进行反应，反应时间大为缩短(由 50～100 h 缩短到3～5 h)，还可以使用更便宜的肼的水溶液，产率也很高。例如：

$$\mathrm{C_6H_5\overset{O}{\overset{\|}{C}}CH_2CH_3 \xrightarrow[\triangle]{NH_2NH_2,\,NaOH,\,(HOCH_2CH_2)_2O} \underset{82\%}{C_6H_5CH_2CH_2CH_3}}$$

反应的机理可能为

$$\mathrm{R_2C{=}NNH_2 \underset{}{\overset{OH^-}{\rightleftharpoons}} R_2CH{-}N{=}NH \xrightarrow[-H_2O]{OH^-} R_2CH{-}N{=}N^- \xrightarrow[-N_2]{}}$$

$$\mathrm{R_2\bar{C}H \xrightarrow{H_2O} R_2CH_2 + OH^-}$$

以后又出现了许多改进方法。例如：

$$\mathrm{Ph_2C{=}NNH_2 \xrightarrow[25\ ℃,\,8\ h]{\mathit{t}\text{-}BuOK,\,DMSO} \underset{89\%}{Ph_2CH_2} + \underset{11\%}{Ph_2C{=}NN{=}CPh_2}}$$

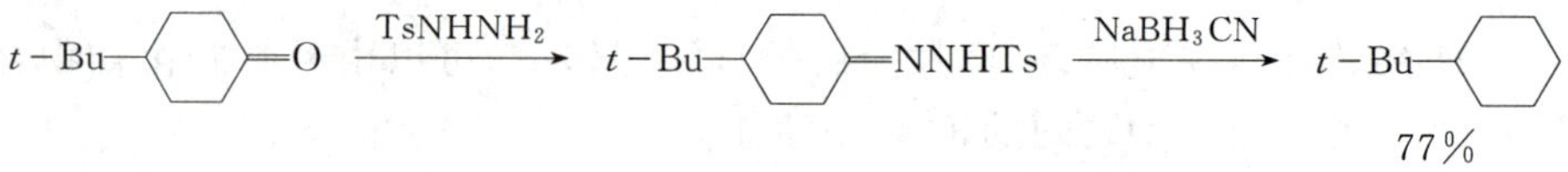

30.7.2　Shapiro 反应

酮的对甲苯磺酰腙用强碱(RLi，LDA)处理生成烯烃，称为 Shapiro (R H) 反应：

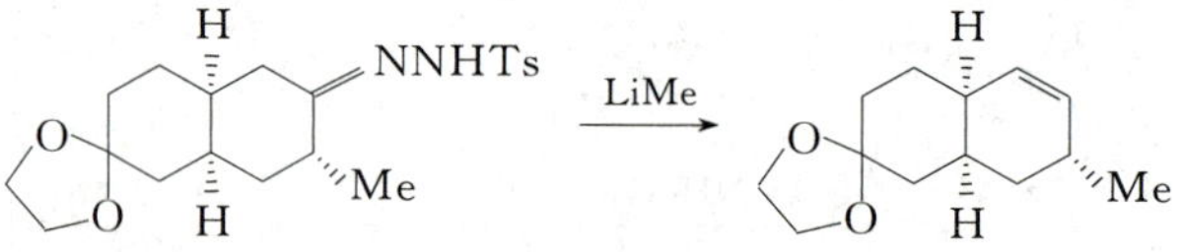

反应的机理可能为

$$\mathrm{R\overset{NNHTs}{\overset{\|}{C}}CH_2R' \xrightarrow{2\ LiMe} R\overset{N-\bar{N}TsLi^+}{\overset{\|}{C}}\underset{\underset{Li}{|}}{C}HR' \longrightarrow R\overset{N=\bar{N}Li^+}{\overset{|}{C}}{=}CHR' \longrightarrow R\overset{Li}{\overset{|}{C}}{=}CHR' \xrightarrow{H^+} RCH{=}CHR'}$$

30.7.3　Cannizzaro 反应

没有 α－氢原子的醛在浓碱溶液中，一分子氧化成羧酸，另一分子还原成伯醇，称为 Cannizzaro (S) 反应。例如：

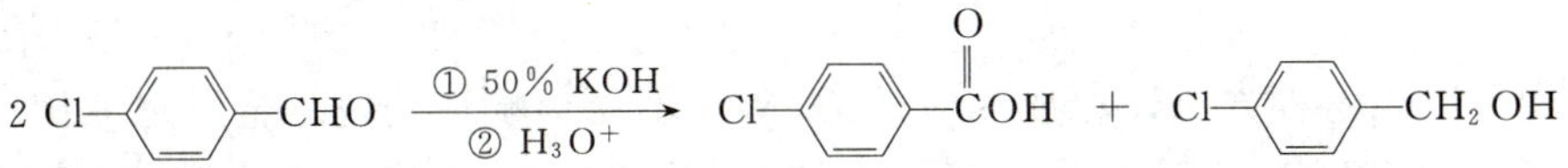

两种不同的醛可以发生交错 Cannizzaro 反应。如用甲醛和芳醛作原料，由于甲醛容易氧化，得到的产物是芳醇和甲酸。例如：

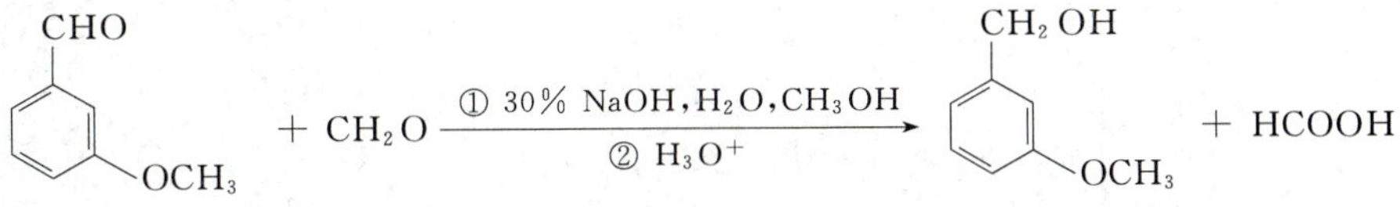

85%～90%

Cannizzaro 反应的机理可能为

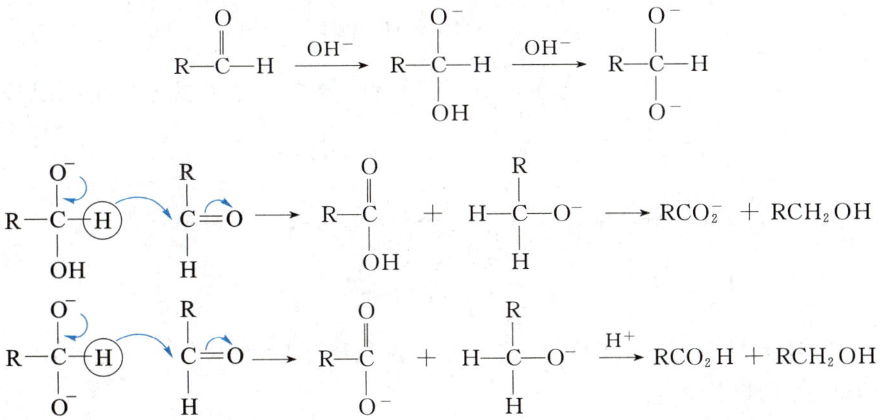

在氧原子上负电荷的推动下，氢负离子转移到另一分子的羰基上。在 D_2O 中进行反应，得到的醇在 CH_2 上不含 D，说明氢原子来自另一分子醛。

类似的反应：

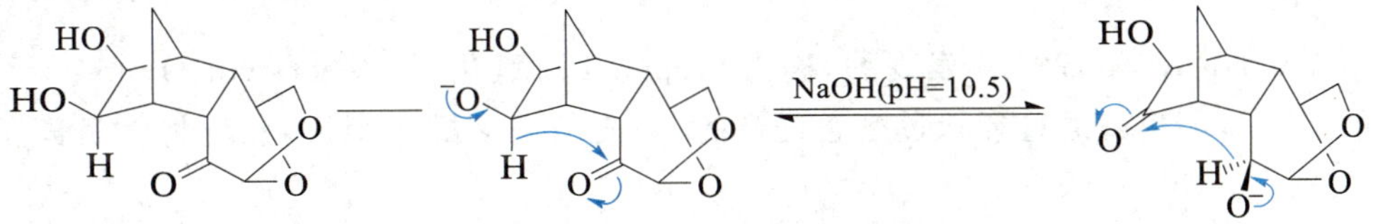

这是在带负电荷的氧原子推动下分子内氢负离子的转移，并具有立体特异性。

30.7.4　Meerwein－Ponndorf－Verley 还原

醛、酮与异丙醇铝在异丙醇溶液中一起加热还原成醇，同时生成丙酮的反应称为 Meerwein (H)－Ponndorf (W)－Verley (A) 还原。这是一个平衡反应，蒸出生成的丙酮可以使平衡移向生成还原产物的一边。这是两个羰基化合物之间的氢负离子的平衡转移，因此，不影响其他官能团。例如，α,β－不饱和醛可以还原成不饱和醇：

$$MeCH{=\!=}CHCHO \xrightarrow[\text{蒸馏}]{Al(O-i-Pr)_3,\ i-PrOH} MeCH{=\!=}CHCH_2OH \quad 85\%\sim 90\%$$

对硝基苯乙酮可以用这种方法还原成相应的醇，硝基不受影响。其他醇金属也有催化作用，但醇铝的效果较好，它在醇和烃类溶剂中的溶解度较大，碱性较弱，不容易引发羰基化合物之间的缩合反应。

反应可能是经过环状过渡态进行的：

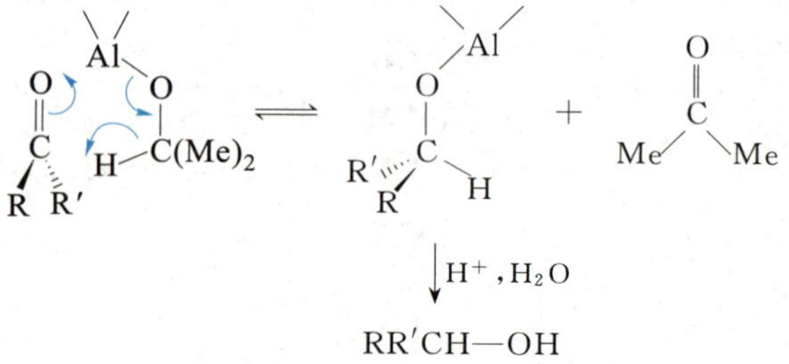

以后的研究发现：在贵金属催化剂存在下，用过量的异丙醇也可以将酮还原成醇：

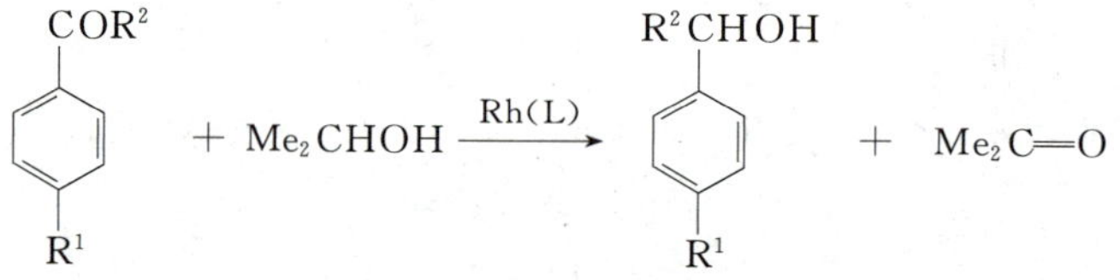

如配体 L 有手性，还原反应有中等的对映选择性。氢负离子给予体也不一定要用异丙醇，甲酸、环己烯、二氢呋喃等可以代替它。

醇在叔丁醇铝存在下与过量丙酮一起加热，可以将醇氧化成醛或酮。例如：

$$CH_3CH(OH)CH{=\!=}CHCH{=\!=}C(CH_3)CH{=\!=}CH_2 \xrightarrow[Me_2CO,\ C_6H_6]{Al(O-t-Bu)_3} CH_3C(=O)CH{=\!=}CHCH{=\!=}C(CH_3)CH{=\!=}CH_2 \quad 80\%$$

这是 Oppenauer R V 在 1937 年发现的，称为 Oppenauer 氧化，是 Meerwein－Ponndorf－Verley 还原的逆反应，可能也是通过环状过渡态进行的，醇先与叔丁醇铝交换，然后将氢负离子转移给丙酮：

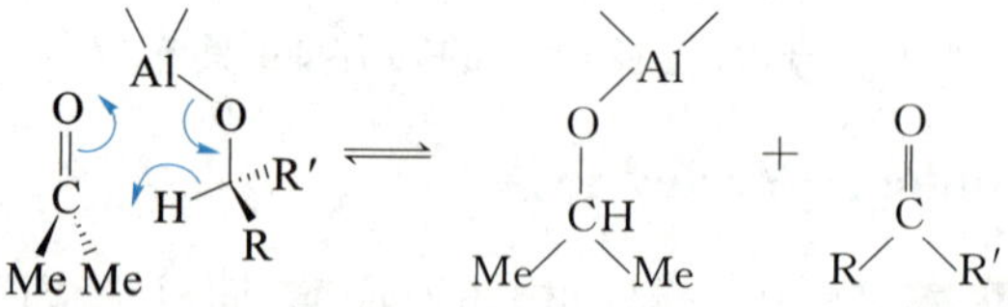

30.7.5　Tishchenko 反应

将醛在少量醇铝存在下放置，可以得到酯，称为 Tishchenko (V) 反应。例如：

$$\mathrm{MeCH{=}O} \xrightarrow[\text{室温}]{\mathrm{Al(O{-}}i\mathrm{{-}Pr)_3}} \mathrm{MeC({=}O){-}OCH_2Me}$$

90%～95%

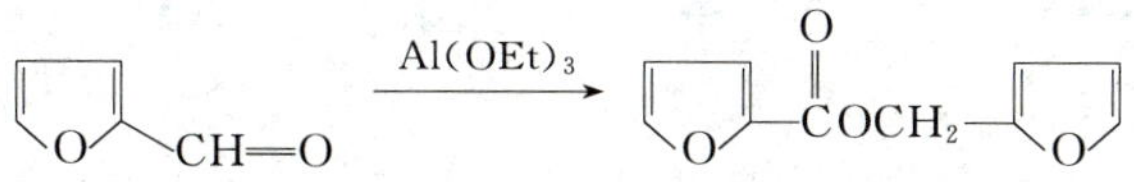

78%

醇钠也有催化作用：

$$\mathrm{PhCH{=}O} \xrightarrow{\mathrm{EtONa}} \mathrm{PhC({=}O){-}OCH_2Ph}$$

93%

反应机理还不十分清楚。以上一系列反应都涉及氢负离子的转移，它们之间的内在联系也是有待研究的问题。

第三十一章 芳 香 性

§31.1 Hückel 规 律

1865 年，Kekulé F A 首先提出苯的结构式。1866 年，Erlenmeyer E 发现，苯在组成上虽然是高度不饱和的，但不像烯烃那样发生加成反应，而是容易发生取代反应。苯的这种特性就被称为芳香性(aromaticity)。1925 年，Armit J W 和 Robinson R 注意到环内有 8 个电子的环辛四烯的反应与典型的烯烃相似，不具有与苯相似的芳香性，由此认识到苯环中 6 电子组的特殊重要性。他们认为苯环中 6 个电子形成稳定的组合，即芳香 6 电子组(芳香六隅，aromatic sixtet)。如果苯发生加成反应，其中的 6 电子组就要被拆散，因此苯容易发生取代反应。他们首先用一个圆圈来表示苯环中稳定的 6 电子组：

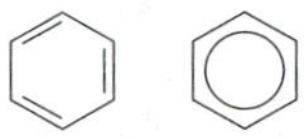

1931 年，Hückel E 首先用量子化学计算来说明为什么 6 个电子组成稳定的芳香 6 电子组。

苯分子中有 12 个原子核和 42 个电子，对这样复杂的体系进行量子化学计算非常困难。因此 Hückel 采用了简化的方法，将 π 电子与 σ 电子分开考虑，近似地把苯的化学性质看作主要与 π 电子有关，只计算 π 轨道的能级。Hückel 发展的方法称为 Hückel 分子轨道法(HMO)。

Hückel 假定：环丁二烯(C_4H_4)、苯(C_6H_6)和环辛四烯(C_8H_8)分子中的碳原子都在同一平面内，形成正四边形、正六边形和正八边形的环，由此用 HMO 方法计算得到的能级如图 31.1 所示。

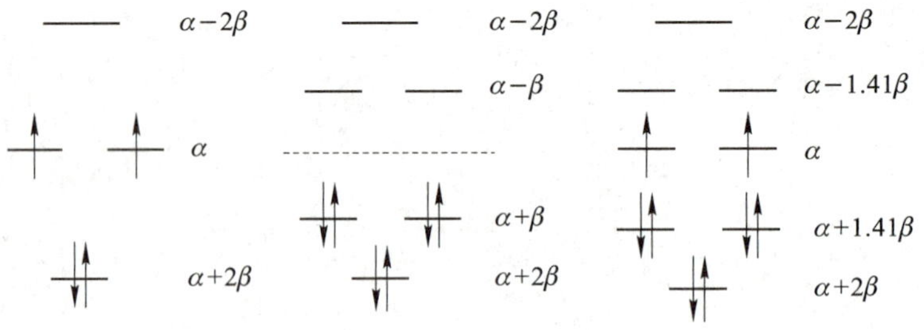

图 31.1 单环共轭多烯烃的 HMO 能级

从图 31.1 可见：含 $4n$(n＝整数)个 π 电子的环丁二烯(n＝1)和环辛四烯(n＝2)各有两个非键分子轨道(nonbonding molecular orbital，NBMO)，它们各有两个 π 电子要进入两个非键分子轨道中，而这两个非键分子轨道都没有填满电子；在含 $4n+2$ 个 π 电子的苯分子中，三个成键轨道都填满了电子，成为稳定的体系，其他含 $4n+2$ 个 π 电子的环多烯烃中所有的 π 电子也都在成键轨道中，因此这些化合物也应具有与苯相似的芳香性。

具有平面结构的单环多烯烃分子中 π 电子的数目为 $4n+2$ 时具有芳香性，这就是芳香性的 Hückel 规律。

Hückel 规律说明了芳香 6 电子组为什么是稳定的组合。在 Hückel 规律的理论指导下发现了许多新的具有芳香性的化合物，对理论有机化学的发展起了一定的促进作用。

§ 31.2　判断芳香性的标准

常见的判断芳香性的标准有以下几种：

31.2.1　能量标准

芳香性的一个重要表现是热力学稳定性。在第八章已经提到：将苯的氢化热同参比体系环己三烯比较，计算出苯的共振能为 150 kJ·mol^{-1}，用以表示苯的特殊稳定性。参比体系不同，计算出的共振能往往有较大的差异。例如，环己三烯分子中 C—C 单键的长度与 C—C 双键不同，苯分子中所有的 C—C 键长度都是一样的，并且比一般的碳－碳单键短而比一般的碳－碳双键长。如果将环己三烯分子中单键的长度压缩而把双键拉长，使其键长与苯一致，用这样的分子作为参比标准，则苯的共振能应为 264 kJ·mol^{-1}。虽然 $4n+2$ 个 π 电子的共轭作用对分子体系稳定性的贡献最大，但张力和其他因素也有影响。例如，在含 10 个以上碳原子的单环共轭多烯烃中就不能不考虑环的张力，这些因素对稳定性的贡献又很难清楚划分，有时其他因素的影响甚至可以抵消环状共轭的影响，在这种情况下仅用能量标准很难去判断一个化合物是否具有芳香性。

31.2.2　几何标准——键长的平均化

环状共轭所引起的键长平均化是芳香性的几何标准。测定键长可以为分子中电子的离域程度提供重要的信息。苯分子中碳－碳键的键长是完全平均化的，而在其他芳烃中，键长的平均化却不是这样一目了然。例如：

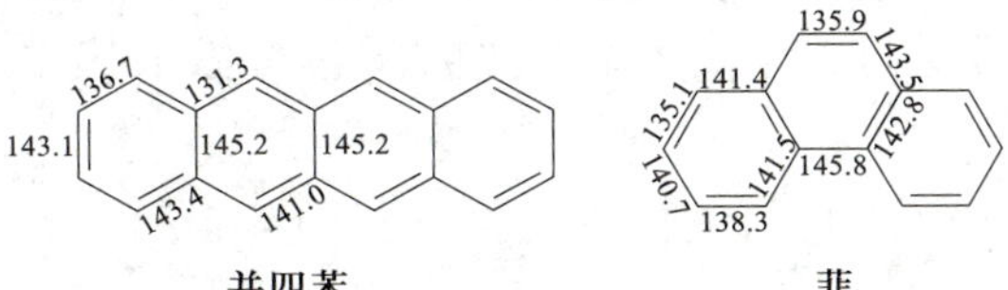

并四苯　　单位：pm　　菲

无环化合物中 π 电子的共轭也会引起键长的平均化。例如：

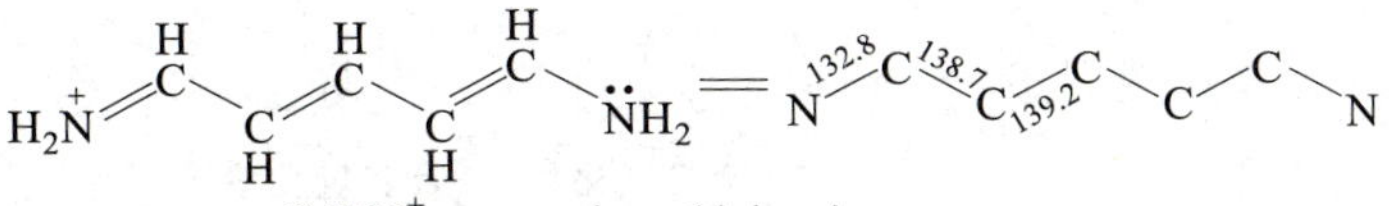

$C_5H_9N_2^+$　　polymethinium ion

单位：pm

因此键长的变化不能作为判断芳香性的唯一标准。

31.2.3 ^{1}H NMR 化学位移

^{1}H NMR 化学位移是表征芳香性的最常用的标准。Polple J A 指出：苯环质子(δ_H=7.26)与乙烯质子(δ_H=5.25)相比，化学位移相差约 2，这可能是在外磁场作用下诱导产生的分子内环流的表现，即有芳香性的化合物显示反磁性的环流(diatropic ring current)。

有的化合物分子中没有质子，但其他性质表现出它应当具有芳香性。例如，富勒烯和方酸(squaric acid)，但这种化合物毕竟是极个别的。

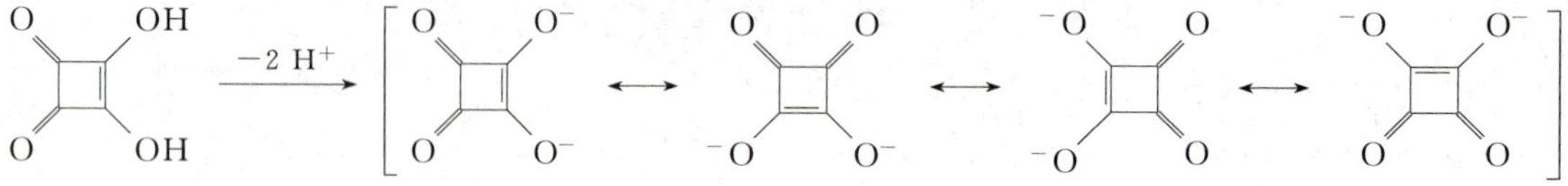

方酸，pK_{a1}=1.5，pK_{a2}=3.5

不过环流并不是一个可以用物理方法观测的性质，^{13}C NMR 谱也观察不到环流效应。

31.2.4 化学反应性

苯容易发生亲电取代反应而不容易发生加成反应，这也是芳香性的一个标志。不过并不是具有芳香性的化合物都不容易发生加成反应，蒽和菲就容易发生加成反应，富勒烯容易发生加成反应，而不可能发生取代反应。

§ 31.3 含 4n+2 个 π 电子的轮烯

全共轭的单环多烯烃称为轮烯(annulene)，苯就是[6]轮烯。为了研究 Hückel 规律的应用范围，合成了环的大小不同的多种轮烯。本节讨论含 4n+2 个 π 电子的轮烯。

31.3.1 [10]轮烯

十元环相当大，环内可能存在反式双键。环癸-1,3,5,7,9-五烯有几种异构体。从顺二氢化萘在−80 ℃下的光照产物中可以分离出全顺式的环癸五烯(1)及其仅含一个反式双键的异构体(2)：

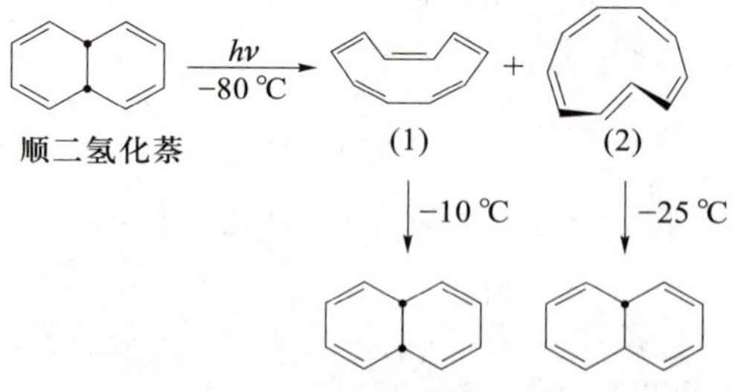

它们只能在低温下存在，温度升高又重排成二氢化萘。^{1}H NMR 和 ^{13}C NMR 研究说明：(1)和(2)都不是平面形分子，其质子化学位移都与一般的烯烃相近。

含两个环内反式双键的环癸五烯(3)，由于两个环内氢原子之间的非键斥力太大，还没有合成出来。为了减少张力，合成了 1,6-甲叉基[10]轮烯(1,6-methano[10]annulene)(4)，即用一个甲叉基取代 1,6 位的氢原子：

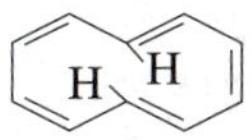

(3)
[10]轮烯

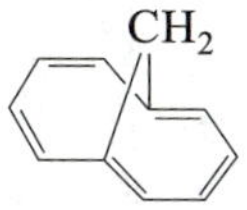

(4)
1,6-甲叉基[10]轮烯

(4)的 ^{1}H NMR 谱图中，环外质子的化学位移 δ_H＝6.9～7.3，甲叉基桥上的质子化学位移 δ_H＝－0.5，即显示抗磁性环流。X 射线研究说明：环上碳原子偏离同一平面的程度不大，碳－碳键的长短交替(键长在 137～142 pm)，与萘相似。环外氢原子也可以发生亲电取代反应。可见在化合物(4)中，环上碳原子的 p 轨道仍可以重叠形成 10-电子环(10-electron loop)，使分子具有一定程度的芳香性。因此分子小幅度的偏离平面结构，并不妨碍芳香性的显示。

31.3.2　[14]轮烯

[14] 轮烯(5)为结晶固体，X 射线晶体分析说明：四个环内氢原子相互间的非键斥力使环不在同一平面内，碳－碳键的键长在 135～141 pm，但不像大多数烯烃中那样长短交替。^{1}H NMR 谱图中，环外质子化学位移 δ_H＝7.6，环内质子化学位移 δ_H＝0.10(－60 ℃)，显示抗磁性环流。

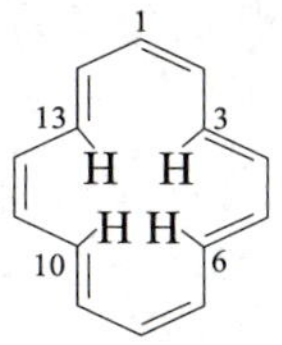

(5)
[14]轮烯

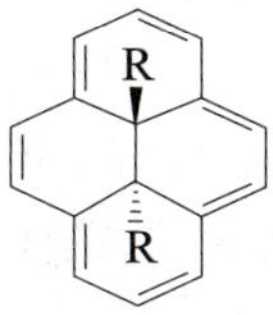

(6a：R＝Me，6b：R＝Et)
反-15,16-二烷基二氢芘

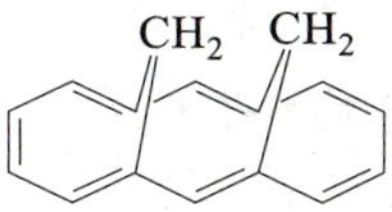

(7)
顺-1,6,8,13-双甲叉基[14]轮烯

为了避免环内氢原子所产生的张力，合成了含桥键的化合物(6)和(7)，(6b)的 X 射线晶体分析说明：环周围碳－碳键的键长为 139～140 pm，环周围碳原子近似地在同一平面内，碳原子偏离平面的最大值仅为 23 pm。(6a)环周围质子的化学位移为 δ_H＝8.14～8.67，CH_3 上的质子的化学位移为 δ_H＝－4.25，显示抗磁性环流。(6a) 和(6b)都能发生一般的芳环亲电取代反应。(7)可以看作与蒽相关，其 X 射线晶体分析说明：环上碳－碳键的键长在 136.8～141.8 pm，环上质子的化学位移为 δ_H＝7.9 或 7.4，甲叉基桥上的质子化学位移为 δ_H＝－1.2 和 0.9，即显示抗磁性环流。

31.3.3　[18]轮烯

[18]轮烯(8)分子中环内空间相当大，足以容纳六个环内氢原子而不致产生太大的非键排斥力，它的 X 射线晶体分析说明：环具有接近平面的结构，外圈六个碳－碳键的键长约为 142 pm，内圈十二个碳－碳键的键长约为 138 pm。^{1}H NMR 谱中，环外质子的化学位移约为 9，

环内质子的化学位移约为−3，显示抗磁性环流。[18]轮烯是最稳定的大环轮烯，可以在减压下蒸馏。

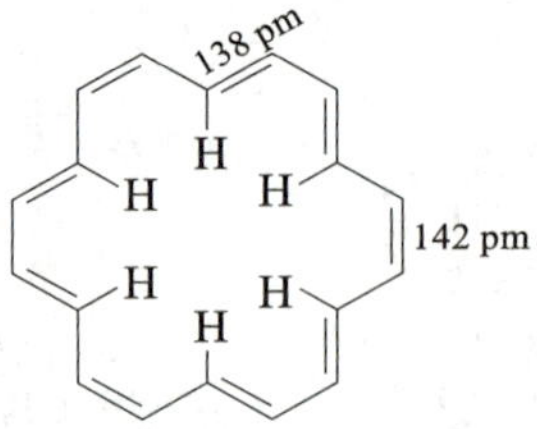

(8)

[18]轮烯

[22]轮烯也已合成出来，^{1}H NMR 谱也显示抗磁性环流。

§ 31.4　含 4*n* 个 *π* 电子的轮烯

31.4.1　环丁二烯

环丁二烯是最小的环共轭多烯，为了探索它是否具有与苯相似的性质，从 20 世纪初就开始研究它的合成方法，但由于它极不稳定，在 20 世纪 70 年代才确证其存在。

大量的实验研究和理论计算说明，环丁二烯的性质和苯完全相反，由此产生了反芳香性(antiaromaticity)的概念。

将 α−吡喃酮溶解在液氩中，冷却到更低的温度(35 K 以下)，这时氩凝结成固体，有机分子包在氩的晶格中，用光照射后，α−吡喃酮分解为环丁二烯(9)和二氧化碳：

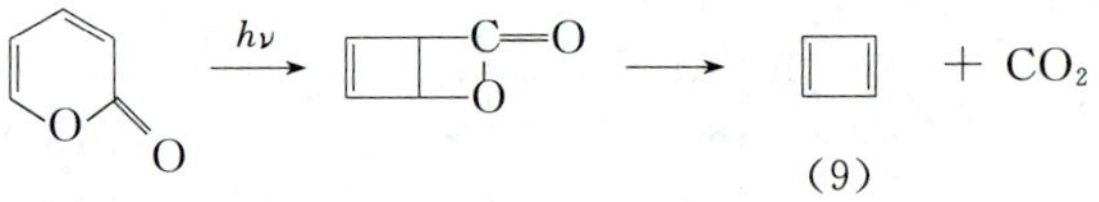

(9)

α−吡喃酮　　　　　　　　　环丁二烯

由于环丁二烯分子固定在氩的笼状晶格中，彼此隔开，其他分子又不能进入晶格，这样就能在低温下研究其光谱性质。当温度升高，晶体软化，环丁二烯分子通过扩散相遇，立即二聚：

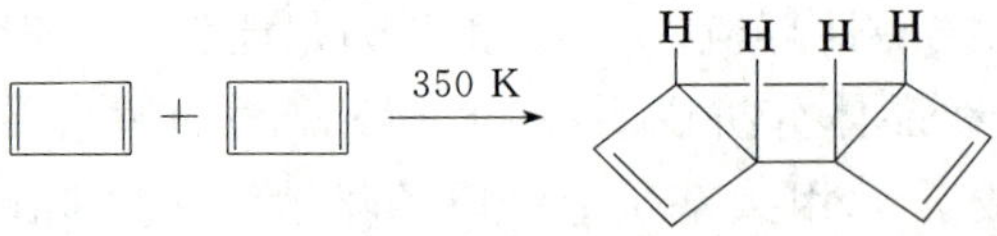

环丁二烯在低温下的红外光谱研究说明它的构型为长方形而不是正方形。更高级的分子轨道计算也说明长方形构型的能量最低。

Hückel 假定环丁二烯为正方形结构，计算出来的分子轨道有两个简并的非键轨道，其中各容纳一个电子，这样环丁二烯应该为自由基，但环丁二烯实际上为长方形构型，没有简并轨道，其最高已占轨道(HOMO)与最低未占轨道(LUMO)距离非常近，既容易发生亲核反应或亲电反应，又容易发生自由基反应。

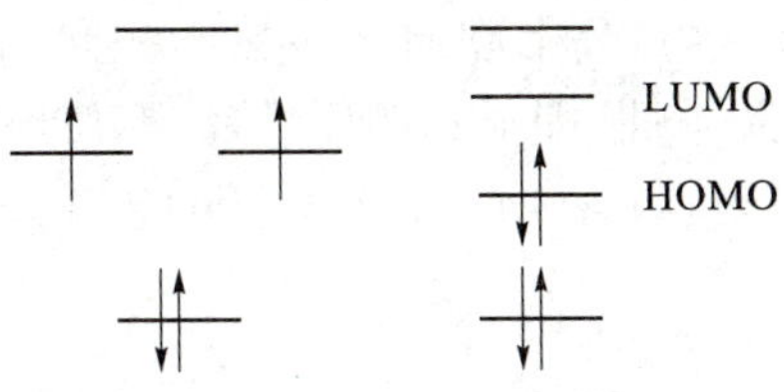

正方形构型　　长方形构型

即使根据 Hückel 的计算也可以看出环丁二烯比丁-1,3-二烯更不稳定。因为丁-1,3-二烯分子中 4 个 π 电子都在成键轨道上,而环丁二烯只有两个 π 电子在成键轨道上。最新测定的环丁二烯的生成热为(477±46) $kJ\cdot mol^{-1}$,由此计算出环丁二烯比共轭链烃更不稳定的程度为 364 $kJ\cdot mol^{-1}$,其中 134 $kJ\cdot mol^{-1}$是由于环的张力而引起的,另外 230 $kJ\cdot mol^{-1}$则归于反芳香性。环丁二烯中的 4 电子组使分子更不稳定,正好与苯分子中的 6 电子组相反。

反芳香性的另一个表现是键长的长短交替,根据环丁二烯的红外光谱计算出来的键长为

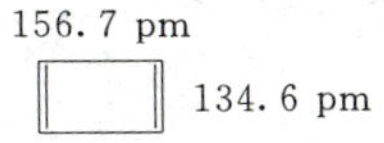

四叔丁基环丁二烯中每个环碳原子上都有一个体积较大的叔丁基,使分子不能二聚。其晶体的 X 射线研究也证明碳环具有长方形构型。

根据计算,反芳香性使分子显示出顺磁性环流(paramagnetic ring current),表现在 ^1H NMR 谱中环上质子的化学位移向高场移动。三叔丁基环丁二烯在室温下寿命较长,可以测定它的 ^1H NMR 谱,环上质子的化学位移为 5.33,与环戊二烯分子中双键上的质子(δ_H=6.42)相比移向高场。

31.4.2　[8]轮烯

[8]轮烯即环辛-1,3,5,7-四烯(10),为淡黄色液体。电子衍射及 X 射线研究说明环上碳原子不在同一平面内,它的化学反应与链状烯烃相似,既没有芳香性也没有反芳香性。

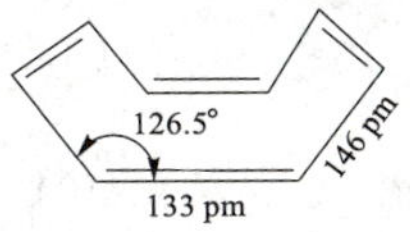

(10)

[8]轮烯

31.4.3　[12]轮烯

[12]轮烯(11)已经合成出来,但不稳定。在-50 ℃即重排成双环烃:

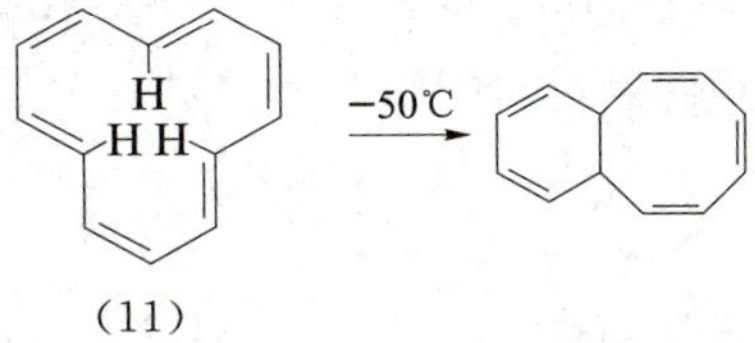

(11)

[12]轮烯

[12]轮烯由于环内氢原子的非键斥力，环上碳原子显然不在同一平面内，在 −150 ℃下测定它的 ^{1}H NMR 谱，说明它有一定的反芳香性，即显示顺磁性环流，使环外质子的化学位移向高场移动，环内质子的化学位移则向低场移动，与含 $4n+2$ 个电子的轮烯正好相反。

31.4.4　[16]轮烯

[16]轮烯在固态下的构型为(12)，X 射线晶体分析说明环上碳原子不在同一平面内，碳－碳键的键长长短交替，分别为 144～147 pm 和 131～135 pm。在 −130 ℃ 下，有 4 个质子的化学位移为 10.56，12 个质子为 5.35，即显示顺磁性环流。

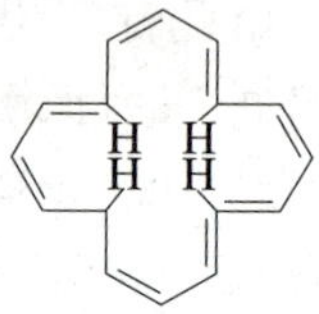

(12)

[16]轮烯

[20]轮烯和[24]轮烯也已合成出来，但研究还不充分。

§ 31.5　带电荷的环烯烃

31.5.1　环丙烯正离子

3－氯环丙烯在二氯甲烷中用 $SbCl_5$ 处理，生成白色沉淀，即环丙烯基六氯锑酸盐(cyclopropenium hexachloro－antimonite)(13)：

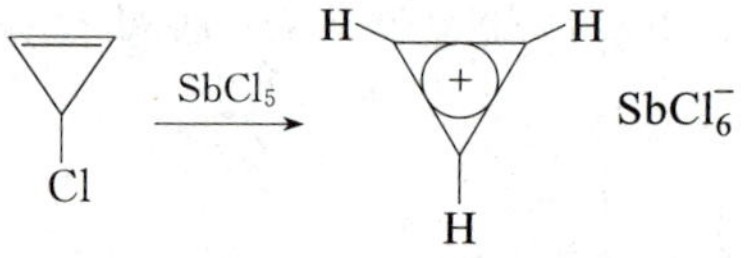

3－氯环丙烯　　(13)

(13)的红外光谱说明三元环呈正三角形。(13)的 ^{1}H NMR 谱中只有一个单峰，$\delta_H=11.1$。将环丙烯基正离子与烯丙基正离子比较，前者比后者更稳定(约 75 $kJ \cdot mol^{-1}$)，因此环丙烯基正离子有芳香性，相当于 $4n+2$ 规律中的 $n=0$。

31.5.2　环戊二烯基负离子

环戊二烯是酸性最强的烃($pK_a=16.0$)，它与碱金属氢化物或碱土金属氢化物反应都能生成环戊二烯基负离子(cyclopentadienyl anion)(14)：

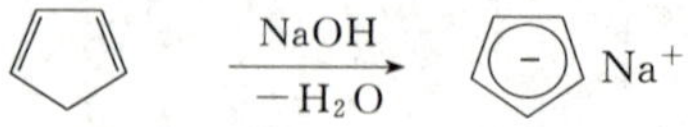

环戊二烯　　(14)

环戊二烯基负离子含有 6 个 π 电子，红外光谱说明碳环为正五边形，^{1}H NMR 谱中只有一个单峰，$\delta_H=5.57$，显示抗磁性环流。由于环带负电荷，因此化学位移值与苯比较移向高场。

31.5.3　草鎓离子

环庚三烯与三苯甲基正离子在乙腈或液体二氧化硫溶液中反应，生成草鎓离子（tropylium ion，15）：

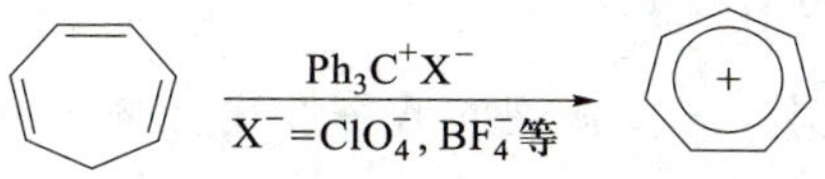

(15)

草鎓盐（tropylium salt）的红外光谱说明草鎓离子中碳环为正七边形，在^{1}H NMR 中$\delta_H=9.28$，显示抗磁性环流。由于环上带正电荷，质子的化学位移值与苯比较移向低场。烷基苯的质谱图中常出现 $C_7H_7^+$ ($m/z=91$) 峰，即为草鎓离子。

含 14 个 π 电子的[12]轮烯二价负离子（[12]annulene dianion，16）和含 18 个 π 电子的[16]轮烯二价负离子（[16]annulene dianion，17）都已合成出来，它们都显示抗磁性环流。

含 20 个 π 电子的[18]轮烯二价负离子（[18] annulene dianion，18）显示顺磁性环流，在−110 ℃下环内质子的化学位移值为 28.1～29.5，环外质子的化学位移值为−1.13，与[18]轮烯本身完全相反。

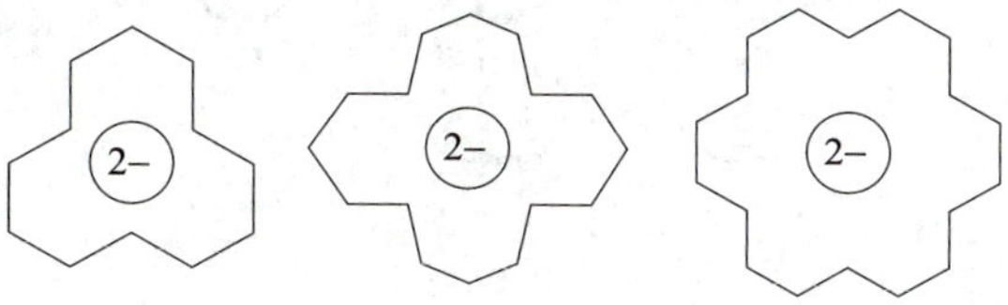

(16)　(17)　(18)

§ 31.6　其他有芳香性的化合物

Hückel 分子轨道为初级的计算方法，简化太多。在 Hückel 以后发展了许多更高级精确的计算方法，补充或修正了 Hückel 规律。例如，对于三线态的轮烯，$4n$ 个 π 电子体系显示芳香性，$4n+2$ 个 π 电子体系显示反芳香性。

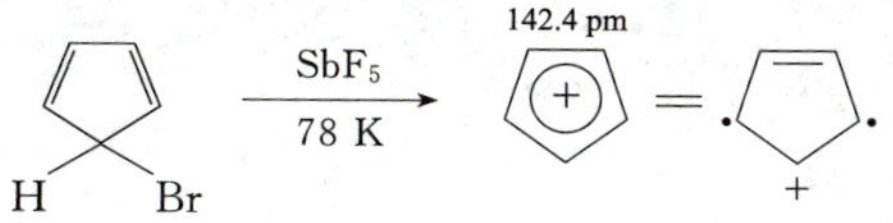

$\delta_H=8.0$　　三线态（有顺磁共振信号）

Hückel 规律是根据平面结构的单环化合物推导出来的，但有许多多环化合物也具有芳香性或反芳香性。例如：

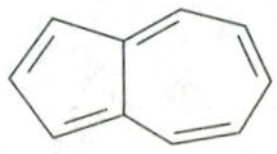

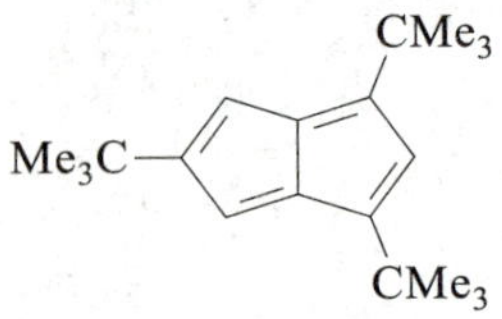

(19)　　(20)

azulene　　tri-*t*-butylpentalene

显示抗磁性环流　　显示顺磁性环流

随着有机化学的发展还出现了许多新型的芳香性化合物。例如：

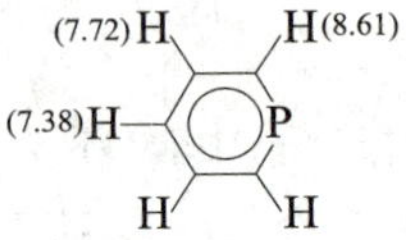

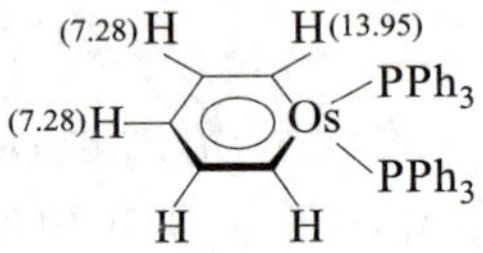

(21)　　(22)

phosphinine　　osmabenzene

（数字表示δ_H）

二茂铁(ferrocene,23)、二苯合铬(dibenzen chromium,24)等夹心型有机金属化合物和富勒烯等也有芳香性,它们都不是平面形结构的化合物,都远超出了 Hückel 规律的范围。

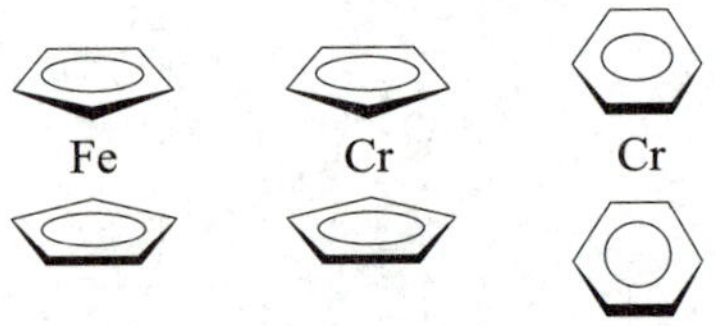

(23)　　(24)

综上所述,芳香性的含义随着有机化学的发展一直在改变,它同时又是有机化学中经常提到的重要概念。可以认为芳香性与有 π 电子的环状化合物在基态下的性质有关:① 比相应的开链化合物更稳定;② 碳-碳键的键长在典型的单键和双键之间;③ ^{1}H NMR 谱显示抗磁性环流;④ 在化学反应性上倾向于保持原有的 π 电子结构,即容易发生取代反应。这几个标准应综合考虑。此外,还有其他性质可以参考,如分子的磁性。$4n+2$ 规律在芳香性概念的发展中起了重要的作用,但目前的知识已超出了这一规律的范围。

参考文献

§ 31.7　阅读材料

31.7.1　Hückel 分子轨道(Hückel molecular orbital, HMO)

Hückel E 是理论物理学家,在 1931—1937 年用量子力学方法来研究有机化合物的结构,对烯烃、共轭多烯烃,特别是环状共轭多烯烃的结构提出了有创造性的见解,为有机化学理论的发展做出了杰出的贡献。

作为一个理论物理学家，为什么一生的主要成就却在化学问题的研究上？从 Hückel 的自传上看，可能是受了 Bohr N 的影响，Hückel 曾在 Bohr 的实验室短期工作（相当于现在的博士后），Bohr 提倡用量子力学的方法来研究化学问题。

1929 年，Lennard-Jones J E 分析了氧分子（O_2）的电子结构，Coulson C A 把他的结果用图表示，如图 31.2 所示。

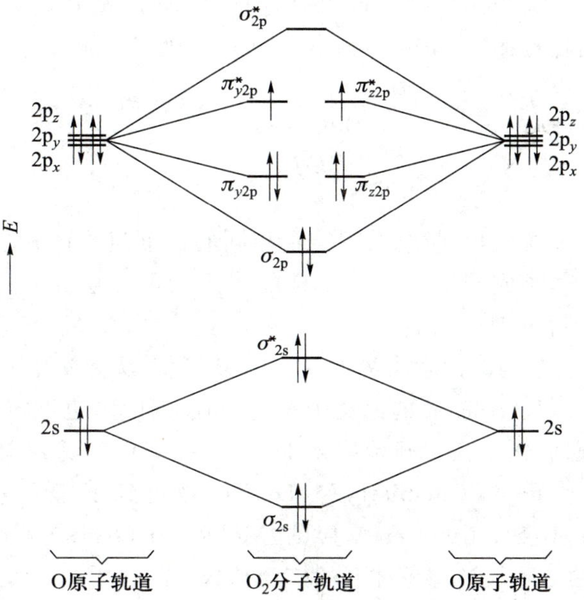

图 31.2 O_2 的分子轨道

由两个氧原子的 2s 轨道组成了 σ_{2s} 和 σ_{2s}^* 两个分子轨道，一个是成键轨道，另一个是反键轨道，由 p_x，p_y 和 p_z 组成 σ_{2p}，π_{y2p} 和 π_{z2p} 三个成键轨道与 σ_{2p}^*，π_{y2p}^* 和 π_{z2p}^* 三个反键轨道。然后根据 Hund 规则把电子填充在这些轨道中，σ_{2s}，σ_{2s}^*，σ_{2p}，π_{y2p} 和 π_{z2p} 上各有一对电子，π_{y2p}^* 和 π_{z2p}^* 上各有一个电子。有电子的成键轨道和反键轨道相抵消，两个氧原子之间只有两个价键，一个 σ 键和一个 π 键，由于在两个分子轨道中有两个未配对的电子，O_2 为三线态，有顺磁性，与实验相符。

Hückel 巧妙地把 Lennard-Johnes 的观点应用于有机化合物，他把一个氧原子换成带有两个氢原子的碳原子，即 CH_2，碳原子的 $2p_x$ 轨道和氧原子的 $2p_x$ 轨道组成甲醛分子中的 C—Oσ 键，碳原子中的 $2p_z$ 轨道和氧原子中的 $2p_z$ 轨道则组成 π_{2p} 轨道，即羰基 C═O 由一个 σ 键和一个 π 键组成。Hückel 认为：如果 CH_2O 分子中所有的原子不在同一平面内，则 C 和 H，H，O 将形成角锥形结构，这样，甲醛的同系物乙醛就会有手性，而实验证明乙醛没有手性：

因此甲醛分子中所有的原子在同一平面内。甲醛分子中碳原子为 sp^2 杂化，但是 sp^2 杂化是在

Hückel 的论文发表以后，在 1933 年由 Mulliken R S 提出来的。因此，Hückel 当时突出了 π_{zp}，没有考虑碳原子上的 3 个 σ 键是用什么轨道形成的。

Hückel 进一步把 O_2 中两个氧原子都换成 CH_2，得到乙烯，并且把乙烯分子中所有的原子都放在同一个平面上，只考虑两个碳原子的 p_z 轨道，由此得出烯键是一个 σ 键和一个 π 键组成的结论，并且认为这就是双键不能自由旋转的原因。

Hückel 对于链状或环状的共轭多烯烃也是这样处理的，先由 CH 结构单元组成碳链或碳环，只考虑 p 轨道之间的相互作用，由此计算出分子中 π 轨道的能级为

链烃 C_nH_{n+2} $\qquad E=\alpha+2\beta\cos\dfrac{j\pi}{n+1} \qquad j=1,2,3,\cdots,n$

环烃 C_nH_n $\qquad E=\alpha+2\beta\cos\dfrac{2k\pi}{n} \qquad k=0,\pm1,\pm2,\cdots,\pm\dfrac{n-1}{2}$或$\pm\dfrac{n}{2}$

这就是说：对于环状共轭多烯烃，有时会出现能量相同的二重简并轨道，当 $n=4m+2$ 时，所有的成键轨道内都有一对电子，形成同惰性气体一样的封闭的电子层。不过 Hückel 当时并没有明确提出 $4n+2$ 规律，这是后来别人总结的。

Hückel 的工作没有引起当时的学术界的注意，物理学家认为简化太多，不值一提，而化学家却认为这不干他们的事，并且 Hückel 的论文中充满公式和计算，也不容易看懂。

到 20 世纪 50 年代以后化学家才开始重视 Hückel 的工作。例如，在 Ingold C K 的“Structure and Mechanism in Organic Chemistry(1953)”中曾提到 σ 键和 π 键。当时化学家偏爱 Pauling 的共振论。1961 年，Streitwieser A Jr 的“Molecular Orbital Theory for Organic Chemists”出版以后，Hückel 的分子轨道理论才开始广泛传播。

Hückel 的创新之处就在于对于量子化学处理方法的大胆简化，使有机化学中的重要观念得以显现出来 。

Hückel 关于芳香性的理论促进了有机合成的发展，为了验证 Hückel 提出的规律，有机化学家合成了大量新奇的非苯芳环，包括各种轮烯。

参考文献

31.7.2 变分法(variation method)

波动方程式可以写作：

$$H\psi=E\psi \tag{1}$$

式中，ψ 表示波函数，H 为 Hamilton 算符，E 为体系的能量。

两边各乘以 ψ 得

$$\psi H\psi=E\psi^2 \tag{2}$$

它在空间中的积分为

$$\int\psi H\psi\,\mathrm{d}\tau=E\int\psi^2\,\mathrm{d}\tau \tag{3}$$

$$E=\frac{\int\psi H\psi\,\mathrm{d}\tau}{\int\psi^2\,\mathrm{d}\tau} \tag{4}$$

A 和 B 两个原子组成的分子的分子轨道 ψ 可以近似地用原子轨道 φ_A，φ_B 的线性组合来表示：

$$\psi = c_A\varphi_A + c_B\varphi_B \tag{5}$$

由此计算出的 E 值比真实的能量大。调节 c_A 和 c_B 可以使计算出来的能量与真实的能量最大限度地接近，办法就是使

$$\frac{\partial E}{\partial c_A}=0, \frac{\partial E}{\partial c_B}=0 \tag{6}$$

将式(5)代入式(3)得

$$\int (c_A\varphi_A + c_B\varphi_B)H(c_A\varphi_A + c_B\varphi_B)\mathrm{d}\tau = E\int (c_A\varphi_A + c_B\varphi_B)^2\mathrm{d}\tau \tag{7}$$

左边展开得

$$\begin{aligned}
&\int (c_A\varphi_A Hc_A\varphi_A + c_A\varphi_A Hc_B\varphi_B + c_B\varphi_B Hc_A\varphi_A + c_B\varphi_B Hc_B\varphi_B)\mathrm{d}\tau \\
&= \int (c_A^2\varphi_A H\varphi_A + c_Ac_B H\varphi_B + c_Ac_B H\varphi_A + c_B^2 H\varphi_B)\mathrm{d}\tau \\
&= c_A^2\int \varphi_A H\varphi_A\mathrm{d}\tau + c_Ac_B\int (\varphi_A H\varphi_B + \varphi_B H\varphi_A)\mathrm{d}\tau + c_B^2\int \varphi_B H\varphi_B\mathrm{d}\tau
\end{aligned} \tag{8}$$

右边展开得

$$E(c_A^2\varphi_A^2 + 2c_Ac_B\varphi_A\varphi_B + c_B^2\varphi_B^2)\mathrm{d}\tau = E\left(c_A\int\varphi_A^2\mathrm{d}\tau + 2c_Ac_B\int\varphi_A\varphi_B\mathrm{d}\tau + c_B^2\int\varphi_B^2\mathrm{d}\tau\right) \tag{9}$$

命：

$$\int \varphi_A H\varphi_A\mathrm{d}\tau = H_{AA}$$

$$\int \varphi_B H\varphi_B\mathrm{d}\tau = H_{BB}$$

$$\int \varphi_A H\varphi_B\mathrm{d}\tau = H_{AB}$$

$$\int \varphi_B H\varphi_A\mathrm{d}\tau = H_{BA}$$

$$\int \varphi_A^2\mathrm{d}\tau = S_{AA}$$

$$\int \varphi_B^2\mathrm{d}\tau = S_{BB}$$

$$\int \varphi_A\varphi_B\mathrm{d}\tau = \int \varphi_B\varphi_A\mathrm{d}\tau = \int S_{AB} = S_{BA}$$

代入式(7)得

$$c_A^2H_{AA} + c_Ac_B(H_{AB} + H_{BA}) + c_B^2H_{BB} = E(c_A^2S_{AA} + 2c_Ac_BS_{AB} + c_B^2S_{BB}) \tag{10}$$

对 c_A 微分得

$$2c_A H_{AA} + c_B(H_{AB} + H_{BA}) + c_B^2 H_{BB} = E(2c_A S_{AA} + 2c_B S_{AB}) \tag{11}$$

对 c_B 微分得

$$c_A(H_{AB} + H_{BA}) + 2c_B H_{BB} = E(2c_A S_{AB} + 2c_B S_{BB}) \tag{12}$$

当 A 和 B 为相同的原子时，$H_{AB}=H_{BA}$，整理式(11)和式(12)得

$$c_A(H_{AA} - S_{AA}E) + c_B(H_{AB} - S_{AB}E) = 0 \tag{13}$$

$$c_A(H_{AB} - S_{AB}E) + c_B(H_{BB} - S_{BB}E) = 0 \tag{14}$$

式(13)和式(14)为联立方程式，要求 c_A 和 c_B 不等于 0，下面的行列式一定等于零：

$$\begin{vmatrix} H_{AB} - S_{AA}E & H_{AB} - S_{AB}E \\ H_{AB} - S_{AB}E & H_{BB} - S_{BB}E \end{vmatrix} = 0 \tag{15}$$

将式(15)展开，得 E 的二次方程式，可以求出两个 E 值，相当于两个分子轨道的能量。也可以求出 c_A 和 c_B。

31.7.3 丁二烯的 HMO

丁二烯分子中的四个碳原子和六个氢原子都位于同一平面内，并以单键互相连接组成分子的框架。每一个碳原子上各有一个 p_z 轨道，由它们组成分子轨道：

$$\psi = c_1\varphi_1 + c_2\varphi_2 + c_3\varphi_3 + c_4\varphi_4 \tag{16}$$

照上面的方法进行计算，分别为 c_1, c_2, c_3, c_4 微分得到一组联立方程式：

$$\begin{aligned} c_1(H_{21} + S_{11}E) + c_2(H_{12} - S_{12}E) + c_3(H_{13} - S_{13}E) + c_4(H_{14} - S_{14}E) = 0 \\ c_1(H_{21} - S_{21}E) + c_2(H_{22} - S_{22}E) + c_3(H_{23} - S_{23}E) + c_4(H_{24} - S_{24}E) = 0 \\ c_1(H_{31} + S_{31}E) + c_2(H_{32} - S_{32}E) + c_3(H_{33} - S_{33}E) + c_4(H_{34} - S_{34}E) = 0 \\ c_1(H_{41} + S_{41}E) + c_2(H_{42} - S_{42}E) + c_3(H_{43} - S_{43}E) + c_4(H_{44} - S_{44}E) = 0 \end{aligned} \tag{17}$$

由此得出行列式：

$$\begin{vmatrix} H_{11} + S_{11}E & H_{12} - S_{12}E & H_{13} - S_{13}E & H_{14} - S_{14}E \\ H_{21} + S_{21}E & H_{22} - S_{22}E & H_{23} - S_{23}E & H_{24} - S_{24}E \\ H_{31} + S_{31}E & H_{32} - S_{32}E & H_{33} - S_{33}E & H_{34} - S_{34}E \\ H_{41} + S_{41}E & H_{42} - S_{42}E & H_{43} - S_{43}E & H_{44} - S_{44}E \end{vmatrix} = 0 \tag{18}$$

Hückel 假定所有的 H_{ii} 都等于 α，H_{ij} 当 i 和 j 相邻时都等于 β，不相邻时都等于零，S_{jj} 都等于 1，S_{jk} 当 $j \neq k$ 时都等于零。这样式(18)就简化为

$$\begin{vmatrix} \alpha - E & \beta & 0 & 0 \\ \beta & \alpha - E & \beta & 0 \\ 0 & \beta & \alpha - E & \beta \\ 0 & 0 & \beta & \alpha - E \end{vmatrix} = 0 \tag{19}$$

命

$$\frac{\alpha-E}{\beta}=\lambda$$

代入式(19)得

$$\begin{vmatrix} \lambda & 1 & 0 & 0 \\ 1 & \lambda & 1 & 0 \\ 0 & 1 & \lambda & 1 \\ 0 & 0 & 1 & \lambda \end{vmatrix}=0$$

展开得

$$\lambda^4-3\lambda^2+1=0$$

解方程式得

$$\lambda=+1.618,-1.618,+0.618,-0.618$$

由此得到丁二烯的 4 个 π 轨道的能级如图 31.3 所示。

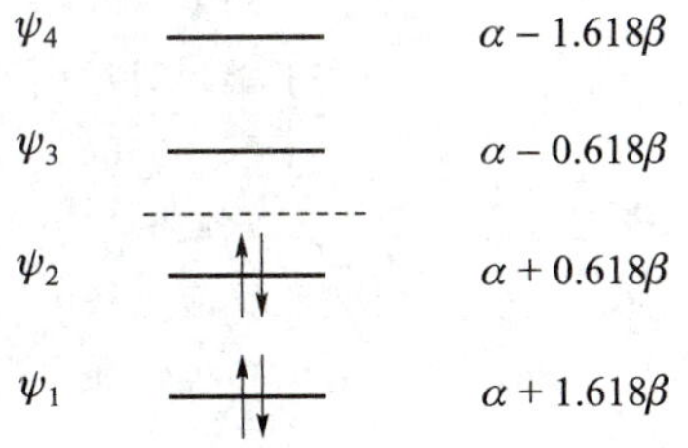

图 31.3 丁二烯的能级

α 称为库仑积分(Coulomb intergral),它代表碳原子上 2p 轨道上电子的能量,假定体系中所有碳原子上的库仑积分都相等,是良好的近似方法。如果体系中有杂原子就不适当了。β 称为共振积分(resonance intergral),它代表两个相邻原子轨道之间的相互作用。假定所有的 β 都相等是相当粗糙的。例如,丁二烯分子中 C(1)—C(2) 键和 C(2)—C(3) 键的键长不相等。C(1)—C(2) 间两个 p 轨道之间的相互作用与 C(2)—C(3) 间两个 p 轨道之间的相互作用显然不同。原子轨道的 $\int \varphi^2 d\tau=1$,假定 $S_{ij}=1$ 是合理的。假定 $S_{jk}=0(j\neq k)$,则是有问题的。根据后来的计算两个相邻的原子轨道的 $S_{jk}(j\neq k)$ 约为 0.25。

Hückel 分子轨道法虽然简化太多,但计算结果与实验基本相符,可能是由于各种计算误差相互抵消所致。

索　引

五　画

六　画

七 画

八 画

九　画

十　画

十 一 画

十 二 画

十 三 画

十 四 画

十 五 画

十 六 画

十 七 画

以人名命名的反应、试剂等

读者意见反馈

为收集对教材的意见建议，进一步完善教材编写并做好服务工作，读者可将对本教材的意见建议通过如下渠道反馈至我社。

咨询电话　400-810-0598

反馈邮箱　hepsci@pub.hep.cn

通信地址　北京市朝阳区惠新东街4号富盛大厦1座

　　　　　高等教育出版社理科事业部

邮政编码　100029